잔디학과 골프장

김형기 · 이상재 공저

선 진 문 화 사

머 리 말

농축산업의 위기를 기회로!!

현대를 사는 우리들은 조상들이 자연(自然)을 소중히 여겼고, 흙을 통하여 우리 민족의 얼과 자취를 지켰다는 사실을 깨달아야 한다. 옛부터 잔디는 주로 풍해(風害) · 수해(水害)로 인한 토양침식방지와 묘역(墓域) 등에 이용되어 왔다. 최근에는 경제성장과 더불어 환경과 녹지사업의 중요성이 인식되면서부터 잔디 이용이 급진적으로 확장되고 있는 실정이다. 또한, **잔디초지의 녹색이 갖는 환경기능**은 우리가 휴식을 취하는데 유쾌한 환경조건을 제공함으로써, 급변하는 고도의 산업사회에 있어서 정신적 풍요로움을 유지시키는데 매우 중요한 역할을 하고 있다.

본서(本書) 「잔디학」은 이러한 시대적 요청에 따라서 저자가 수십여년간 대학에 근무하면서 수집한 각종 자료들을 토대로 하여, 잔디 실무관리에 종사하고 있는 전문인들의 참고서와 초지이용학에 뜻을 둔 대학 및 대학원생들의 심화학습을 위한 기본적인 필독서(indispensable reading book)역할을 할 교재로서의 기능을 다할 수 있도록 심혈을 기울였으나, 본서의 내용이 아직 불충분하고 미비한 점이 많음을 자인(自認)하며, 앞으로 집필을 거듭함에 있어서 더욱 보완 수정할 것을 다짐하는 바이다.

– 개교 60주년 행사에 즈음하여. 1991. 5. 15. 김형기(金炯基)

선진일류조국창조를 눈앞에 두고 있는 상황에서 식물과 인간, 다시 말해서 녹색식물이 우리에게 주는 정서적 · 심리적 건강 효과 이외에 기억력 향상과 창조력 향상에 매우 크다고 봅니다.

최근 개방화로 인해 우리 농촌사회는 대내외적으로 국제화를 위한 치열한 무한경쟁시대를 맞이하게 되었습니다. 이러한 변혁의 시대 상황에 처한 우리 농업의 투철한 신념으로 생존대열에서 낙오되지 않은 최선의 대안책을 마련할 시기가 바로 지금이라고 생각됩니다.

본 **「잔디학과 골프장」 도서**는 이러한 시대적 요청과 농촌부흥운동의 선구자였던 고(故) 상허 유석창(劉錫昶) 박사님의 농 · 축산업에 대한 숭고한 교육이념을 실현시키는데 다소나마 작은 도움이 되었으면 하는 작은 소망에서 집필하게 되었습니다.

이 책이 출판되기까지 도움을 주신 은사님이신 윤익석 한국잔디학회 초대 명예회장님과 박세원 농축대학원 원장님, 김두환 골프장 잔디전공 주임교수님과 한국식물원연구소 소장 박석근 박사님을 위시하여 현재 한국잔디학회 총무이사이신 이재필 박사님, 유전공학육종연구실 선임 연구관이신 유재웅 박사님, 한국골프장비협회 이진우 회장님, 원주-공군골프장 안동훈 선 코스관리부장님과 컴퓨터교정 작업에 도움을 준 정유나(鄭有娜) 선생님과 천국시민권획득을 위하여 자원봉사에 동참하고 있는 주님의 교회 호산나 1부 찬양대원님들 및 고등부 교사님들을 비롯한 모든 성도님들의 하나님 나라 위해 헌신하는 알곡 공동체의 모든 성도님들께 무어라 표현할 수 없을 만큼이나 가슴깊은 감사한 마음을 드립니다. 더욱이 출간을 맡아주신 선진문화사 양희돌 사장님의 노고에도 감사드립니다.

한편, 이 책이 나오기까지 모진 역경과 어려운 상황에서도 부족했던 학문에만 전념할 수 있도록 주님의 사랑으로 도움을 주시고 계신 모친 문장숙 권사님과 아내(김한나, 順德)와 두딸(진경, 원경), 사위(이정훈 , 강은규)들에게 감사한 마음을 전하며, 해맑은 미소로 행복한 삶을 듬북 안겨주고 있는 손자 준성, 준호와 미소천사 손녀 혜나의 밝은 미래가 창조주 하나님께서 인도하고 계심에 대한 무한한 감사와 나의 힘이 되시고 만왕의 왕 되시는 하나님께 모든 영광을 드립니다.

자유민주주의하 통일된 선진조국의 농 · 축산업의 무궁한 발전을 간절히 기원하며
2009년 성탄절에

잔디학(농학)박사 저자 김형기 (金炯基 Dr. SIMON)

머 리 말

골프는 이미 한국을 대표하는 스포츠로 자리 잡았습니다.

한국선수들이 세계 골프의 중심지인 미국투어에서 꿈의 100승을 올릴 것으로 예상되며, 선수들의 성적과 코리아의 태극기가 국가 브랜드 인지도를 고양(高揚)시키고 있다.

한국의 골프산업은 400만명의 동호인을 기반으로 연간시장 규모가 7조원에 달하고 있으며 골프회원권의 시가총액을 포함하면 30조원의 규모에 달해 이제 명실공히 골프는 국가기간산업으로서 지위를 확고히 하고 있다. 전국 골프장의 수는 약 400여개로 공사 및 인허가 중인 골프장을 감안하면 근년 내에 600개에 달할 것으로 전망된다.

골프인구도 매년 증가하여 현재 연간 2600만명에 달하고 있으며 골프가 하계올림픽 종목에 결정되는 등 호재 분위기가 계속 이어지는 현실이다.

이상의 현실이 정점을 지나서 이제는 골프장 과잉과 골프인구 정체로 골프장산업의 불황기가 예상되면서 업계의 자구책 마련이 시급한 실정이다.

즉 골프장의 생존전략으로서 저비용의 설계, 시공 및 관리와 전략적이고 재미있는 코스, 건강한 잔디상태로 변해야 살아남을 수 있다.

또한 이제는 골프장 사업성공의 요소가 "잔디, 음식, 서비스"는 기본이고 "건설원가, 서비스브랜드, 마케팅능력"이 요구되는 무한경쟁 시대이다.

이러한 전환기에 잔디와 골프장 설계, 시공, 관리, 경영의 실체를 정확히 이해하고 파악하는 교재로서 최신의 내용을 정리 보완하여 출판하게 되었습니다.

부족한 부분은 판(版)을 거듭할수록 반영하고 보완할 것을 다짐합니다.

특히 오랜기간동안 건국대 대학원에서 골프장 잔디 전공의 후학 양성에 뜻을 함께하신 김두환 교수님과 이재필 박사 및 여러분께도 깊은 고마움을 전합니다.

또한 출간을 맡아주신 선진문화사 양희돌 대표님의 노고에 감사드립니다.

끝으로 늘 곁에서 묵묵히 봉사해주는 아내와 애증이 서린 듬직한 두 아들(정경, 정화) 및 고향의 농사일에 전념하시는 부모님과 사업에 열정적인 동생 갑재에게 심심한 사랑과 감사함을 표합니다.

Back to the Drawing Board & the Nature!

2010년 새해 아침에

저자 이상재

창간 축사

건국대학교 농축대학원 원장. 농학박사 박세원

무엇보다도 먼저 삶을 너무 아름답고 행복하게 살고 계시는 인생 선배 되시는 김형기 교수님의 『잔디학』 책을 저희 건국대학교 개교 제 60주년행사(1991.5.15)의 일환으로 집필하셨던 『잔디학, 발행 : 선진문화사』 도서를 김형기 교수님과 한국잔디학회장이신 이상재 조경학 박사님하고 골프장의 설계 및 시공과 잔디와 조경분야를 대폭 수정 · 보완하시어 저희 농축대학원 골프장 잔디전공 원생들에게 기본적인 필독서가 될 책을 출간하시게 됨을 진심으로 축하드립니다.

오늘날 우리 인류의 생존은 토양에 의존한다고 해도 과언이 아닐 것입니다. 그럼에도 불구하고 전 세계적으로 농약 등 화학 오염들과 침식작용에 의해 토양이 소실되어 중요한 자원들을 위협하고 있는 실정입니다.

토양의 특성을 보면, 작물들의 성장을 결정하는 필수적인 요소라고 봅니다. 즉 비옥한 토양은 적절한 수분과 용해된 영양분을 공급함으로써 작물생장을 도울 뿐만 아니라 작물 뿌리가 필요로 하는 영양분을 흡수할 수 있도록 특정한 토양환경을 제공하고 있습니다. 이러한 토양 특성을 이용한 잔디학의 출간을 더욱 중요하다고 생각됩니다.

최근 농산물 개방화로 인하여 우리 농촌사회는 대외적으로 국제화를 위한 치열한 무한경쟁(無限競爭)시대를 맞이하여, 본서인 『잔디학과 골프장』은 이러한 시대적 요청과 우리 농촌부흥운동의 선구자이셨던 고(故) 유석창(劉錫昶) 박사님의 농업과 축산업에 대한 숭고하신 교육이념을 굳건한 반석으로 하여 건국대학교의 무궁한 발전을 간절히 소망하는 마음으로 본서의 간행축사를 마칩니다. 감사합니다.

2010년 1월 6일

간행 축사

한국잔디학회회장, 조경학박사 이상재

우리가 살아가면서 끊임없이 마지막까지 동행하는 잔디, 잔디가 중심인 골프장, 「잔디학과 골프장」의 발간을 진심으로 축하합니다. 잔디(Turfgrass)는 자연을 풍요롭게 접할 수 있는 기초이며 골프의 근간이기에 골프장 설계 · 시공 · 관리 · 경영과 잔디학은 불가분의 관계라 할 수 있습니다. 본인이 수년전에 저술한 "골프코스 설계, 시공 · 관리 및 경영"에서 "한국에서는 세계 100대 골프장이 언제쯤 탄생할 수 있을까?"라고 출간사에 서두로 강조한 말이 기억납니다. 우리나라도 이미 세계 100대코스 입성은 물론 400여개 골프장 중 한국 10대 코스도 2년마다 패널리스트(Panelist)들에 의해 선정, 발표되고 있는 실정인데 평가요소 중 코스의 샷 밸류와 잔디관리 상태가 가장 높은 비중을 차지하고 있다. 코스경관의 미적가치는 물론 샷 감각을 결정지으며 경기에도 영향을 미치는 잔디와 코스의 전략성은 코스의 품질 상태를 평가하는 데에도 중요한 부분을 차지한다.

골프장에 경기 행위가 이뤄지는 곳은 바로 잔디이다. 진정한 골퍼(Golfer)라면 누구나 공감하겠지만 잔디의 질에 따라 플레이 수준이 달라진다고 말할 수가 있다. 또한 골프장을 구성하고 골프의 감각을 제공하는데 가장 중요한 요소인 조경과 잔디가 중요하지 않다면 무엇이 중요하겠는가? "잔디 관리수준이 코스의 레벨을 가른다"고 할 수 있다. 한국의 골프산업도 400만 명의 동호인과 세계적 선수들의 성장으로 해외에서도 골프강국의 입지를 굳건히 하고 있다. 한국선수들이 세계 골프의 중심지인 미국투어에서 꿈의 100승 진입을 눈앞에 두고 있는 시기에 골프가 올림픽종목으로 결정되는 등 시대적 요청에 맞추어, 출판되는 **『잔디학과 골프장』**은 골프장의 조성과 관리 및 잔디에 대한 기본적인 대학교재는 물론 대학원에서 심화학습을 위한 필독서(Indispensable reading book)로서 골프장의 산학 분야를 총망라한 최신의 소중한 서적이 될 것입니다.

잔디는 살아 숨쉬는 생명체로서 과학적 데이터 및 토양비료, 생리학 등 여러 학문을 기초로 하는 바 다방면의 자료가 집대성된 본서가 잔디학과 세계적 명문 골프코스의 근원적 문제를 분석하고 해결하는데 훌륭한 교재가 될 것을 확신합니다. 본서는 한국이 골프장조성과 잔디관리의 메카로 성장하는데 또 하나의 징검다리 구실을 할 것이고 고진감래 끝에 출간되어 노고를 진심으로 축하드리며 건승하시길 바랍니다.

2010년 경인년 새해

『잔디학과 골프장』 창간에 대한 서편의 글

Presbyterian Church of The The LORD(정신여 · 중교내) 담임목사 박원호

우리 모두에게는 어릴 적에 잔디밭에서 뛰어놀았던 아름다운 추억이 있습니다.

잔디를 볼 때면, 반사적으로 달려가고, 거기에서 뒹굴고, 뛰고, 드러눕기도하고… 잔디가 깔려진 곳에는 항상 아이들의 요란스러움과 웃음이 있었습니다. 그리고 그 추억은 어른이 되어서도 여전히 우리와 함께하고 있습니다.

잔디는 여전히 우리의 귀한 친구가 되는 것은, 바로 우리의 생명을 품어주고 용납하시는 창조주의 손길을 느끼기 때문일 것입니다.

언제든지 달려가고 싶고, 마음 놓고 밟아도 다시 새롭게 되는 생명의 신비, 무엇을 해도 용납하시는 창조주의 관대하심… 우리 영혼까지 새로워짐을 느낍니다.

잔디는 우리의 영혼에 가장 아름다운 친구인 모양입니다.

색깔이 주는 아름다움, 감촉이 주는 푸근함, 향기가 주는 편안함, 모두가 영혼의 축복들입니다. 존경하는 잔디학 박사 김형기 교수님께서 잔디학에 관한 책을 쓰신 것을 크게 기뻐하고 축하합니다.

김형기 박사님과 잔디는 너무나 잘 어울리는 파트너입니다.

그 분의 모습을 대할 때 잔디의 아름다움이 베어있기 때문입니다. 인격에서 풍겨나오는 천진난만함, 사람을 사랑하시는 모습, 창조주에 대한 경건함, 진리에 대한 거룩한 헌신, 모두가 잔디와 함께 할수밖에 없는 이유들입니다. 무엇보다 김 박사님께는 잔디에 대한 거룩함의 모습이 있습니다. 잔디는 하나님이 돌보시는 존귀한 피조물이며 또한 이 땅 생명의 근원입니다.

결코, 세상 사람들이 말하듯 이용 도구가 아닙니다. 경제적인 가치도 아닙니다. 함께 살아갈 일평생의 친구입니다. 점점 잔디에 관한 관심들이 깊어갑니다. 하지만 친구로서가 아니라, 인간 욕심의 도구가 되어가는 안타까운 모습도 나타납니다.

잔디는 우리에게 모든 것을 허락하지만, 우리는 조금도 우리의 욕심을 양보하지 않으려 합니다. 이 귀한 책인 「잔디학과 골프장」을 통하여, 김형기 박사님의 소망이 전해지기를 바랍니다. 잔디에 관심을 가지고 돌보는 것이, 생명의 공동체에 함께 참여하는 것이 되며, 우리의 영혼을 축복하는 아름다운 친구를 사귀는 것이 되기를 바랍니다.

당연히 사랑으로 가꾸어야 하며, 사랑으로 대해야 할 것입니다. 이 땅에 잔디가 많아지기를 바랍니다. 그리하여 그 잔디가 벌거벗은 영혼들을 덮어주고, 지친 영혼들을 위로해주고, 그리고 어린 생명들에게는 소망과 기쁨의 터전이 되기를 바랍니다.

주후 2010년 1월 6일

CONTENTS

차 례

제 1 편 | 총 론

제 2 편 | 각 론

제 3 편 잔디초지의 특수관리

제 4 편 잔디초지 이용별 실무관리

제 4 장 묘역의 잔디초지 실무관리 418

제 5 장 경사면 녹화잔디초지 실무관리 426

제 6 장 골프장 잔디초지 실무관리 434

제 6 편 | 골프코스 조형 및 해저드

제 7 편 | 골프코스 연못과 그린 · 티 · 벙커 및 잔디공사

제 8 편 | 골프코스의 계절별 관리

제 9 편 | 골프코스의 경영과 골프규칙

제 1 편 총 론(總論)

제 1 장

잔디의 개념(概念)과 특성

1.1 잔디의 의의와 이해

잔디(Lawn)란 화본과(Gramineae)의 다년생 만초(蔓草, Vine)로서 질감(質感)이 매우 좋은 초본식물이며 짧게 깎인 상태로 지표면을 덮고 있는 것과 정원의 잔디초지나 잔디로 덮인 각종 운동구장 등을 가리키는 것으로 비교적 소규모의 잔디초지를 말한다. 여기서 질감(Texture)이란 어떤 물체가 촉감의 경험으로 얻어진 느낌을 시각을 통하여 그 물체의 재질에서 오는 시각적인 특징을 인식하는 것을 의미한다.

잔디초지(草地, Turfgrass)의 정의를 보면, 뿌리는 물론 줄기(Stem)인 포복경(Stolon)과 지하경(Rhizome)까지 땅속에 묻혀 있으면서 지상부가 매우 번무(繁茂)하는 지피식물(Ground cover plants)로서 피복되어 있는 것을 통틀어서 말하고 있다. 우리나라에서는 각종 운동경기장이 잔디로 조성되어 있는 상태를 로운 그라운드, 잔디밭(Lawn ground)라고 말하고 있으나. 이것은 잘못 사용되어진 것이다. 즉 배드민턴(Badminton), 크로킷(Croquet), 발리볼(Volley ball), 호스슈즈(Horseshoes), 보시(Bocee), 위플볼(Wiffleball), 미식축구(Football), 축구(Soccer), 경기장, 경마장, 골프장 기타 산업박람회 등과 같은 대형 잔디초지를 터프(Turf)라고 부르고 있다.

또한 뗏장(Sod)이라 하면 잔디의 뿌리로 차 있는 토양표층을 이식(移殖) 또는 증식(增殖) 할 목적으로 떼어낸 토양표층의 일부를 뜻한다.

흔히 우리가 부르고 있는 잔디의 명칭은 산야(山野)에서 쉽게 볼 수 있는 띠(茅草)에서 유래된 것으로서 모양이 작기 때문에 "작은 띠" 라고 부르다가 잔디, 즉 잔디 음운변화(音韻變化)된 것이 아닌가 생각된다. 그러나 외관적으로 작은 띠이지만 잔디는 임연히 *Zoysia* 속(屬)에 속하는 것으로 띠(*cogongrass*, *imperata*, *cylindrica* var *koenigii* Durand ex Schhinz)와는 아주 다른 식물이라 할 수 있다. 그러나 요즈음 잔디라고 하면 학명(scientific name)상의 *Zoysia* 속 식물뿐만 아니라, 영년생 화본과(永年生禾本科) 식물이 짧게 깎인 상태로 지표면을 덮고 있으면 이를 모두 잔디초지라고 부르고 있는 실정이다.

오늘날 우리가 알고 있는 잔디에 대한 개념의 기원은 인간이 야생동물들을 가축화(家畜化)하면서부터 시작되었으며 이 풀(Grasses)에 대한 언급은 성경(Bible)에서도 찾아볼 수 있다. 특히 서양에서는 우리나라 잔디와는 달리 목초(牧草, Pasturage)용으로 사용되던 것을 조경(造景, Landscape Architecture)용으로 개발하여 이용하고 있는데, 예를 들어 Kentucky bluegrasses, Bent grasses, Rye grasses 또는 Fescuees 등이 그 대표적인 것들이며 이 초종(草種)들을 우리는 "서양잔디"(American and European lawngrass)라고 부르고 있다.

한마디로 말해서, 잔디초지(Lawngrass, Turfgrass)란 지표면을 덮고 있는 수많은 초본류의 지피식물 중에 예초(Mowing)와 답압(Traffic, Trampling)에도 잘 견디며 재생력(Recuperative Potential, Regrowth)이 강한 특성을 가진 다년생초(Perennials)의 초본성 식물을 의미한다.

1.2 기후(氣候)에 따른 잔디 분류

잔디류는 화본과(禾本科)에 속한 다년생인 초종으로서 전 세계적으로 난대, 온대, 한대지역에 널리 분포되어 있으며 거의 600속(Genus)에 약 5,000여종(Species)이 있다.

기후조건에 따라서 잔디의 생태적인 분류를 하여 보면 주로 내한성(耐寒性)의 강약에 의해서 난지형 잔디(Warm Season Turfgrasses)와 한지형 잔디(Cool Season Turfgrasses)로 구분되고 있다.

한국잔디(*Zoysia japonica* Steud, Korean lawngrass)를 비롯하여 Bermudagrass(*Cynodon dactyclon*), St. Augustine grass(*Stenotaphrumsecundatum*(walt) Kuntze), Centipede grass (*Eremochloa ophiuroides*(Munro) Hack), Carpetgrass(*Axonopus Beaur*), Bahiagrass (*Paspalumnotatum* Flugge), Kikuyugrass(*Pennisetum clandestinum* Hochst. ex Chiov) 등은 난지형(暖地型) 잔디에 속한다. 특히, 건우(Bermudagrass 'Konwoo')는 세계적으로 운동장이 많이 쓰이고 있는 버뮤다 그래스를 국내에서 품종개량 한 것으로 앞으로 우리나라 각종 운동장에 적합하며, 정원과 조경공사에 기대되는 품종이다.[1] 또한 우리나라 골프장의 그린(Putting Green)에 사용되는 벤트그래스류(Bentgrasses(*Agrostis* L.), 블루그래스류(Bluegrasses(*Poa* L.), 페스큐류(Fescues(*Festuca* L.)) 등은 한지형(寒地型) 잔디의 주요 초종이다.

이 외에도 Ryegrass(*Lolium* L.), Bentgrasses(*Ammophila* Host), Smooth Brome (*Bromusinermis* leyss), Timothy(*Phleum* L.), Orchardgrass(*Dactylis glomerata* L.), Crested dog's－tail(*Cynosurus cristus* L.), Wheatgrass(*Agropyron* Gaertn) 등이 이에 속한다.

1) 이재필 · 권영주 · 기먹정 · 서한용 · 이상재 · 정종일 · 한인송 · 김두환. 2001. 버뮤다그래스 신품종 '건우'의 LSD(Leaves & Siems Dressing = 입줄기 드레싱) 시공

1.3 잔디의 생육특성(生育特性)

잔디를 재배할 경우에는 무엇보다도 먼저 잔디의 초종 · 품종별 특성과 재배환경에 대한 적응성에 대한 기본지식 등을 알고 이에 적합한 품종을 선택하는 것이 매우 중요하다. 이 외에도 기후조건, 토성(土性) 및 잔디 재배용도별에 적합한 품종을 이용함으로써 안전하게 잔디초지를 조성(造成) 및 관리(管理)를 할 수가 있는 것이다. 한편, 잔디의 생육을 온도반응에 의해 한지형 잔디와 난지형 잔디로 분류된다.

(1) 한지형 잔디(寒地型, Cool Season Turfgrasses)

'겨울용 잔디 또는 북방계 잔디' 라고도 부르며 북방의 춥고 건조하거나 습윤(濕潤)한 지대에서 주로 재배되어지며 하루 평균 기온이 6°C 이상이 되는 3월 초순부터 생장이 시작되어 5월 초순~6월말의 13~20°C사이에서 가장 생육이 활발하고, 7~8월 사이의 평균 기온이 25°C 이상에서는 하고현상(夏枯現狀, Summer Stress, Summer Depression)이 발생되어 생육정지 상태로 머물다가 9~10월이 되어 온도가 20~132°C로 내려가면 다시 생육을 계속하여 연중 2회의 생육기간을 갖고 있으며 녹색(Green Color)이 연중 유지되며 짙은 청록색(青綠色)을 띠는 생육특성을 가지고 있다.

(2) 난지형 잔디(暖地型, Warm Season Turfgrasses)

'여름용 잔디 또는 남방계 잔디' 라고도 하여 남방의 따뜻하고 건조하거나 습윤한 지대에서 주로 재배되는데 하루 평균기온이 10°C 이상이 되는 4월 초순부터 생육이 시작되어 6~8월의

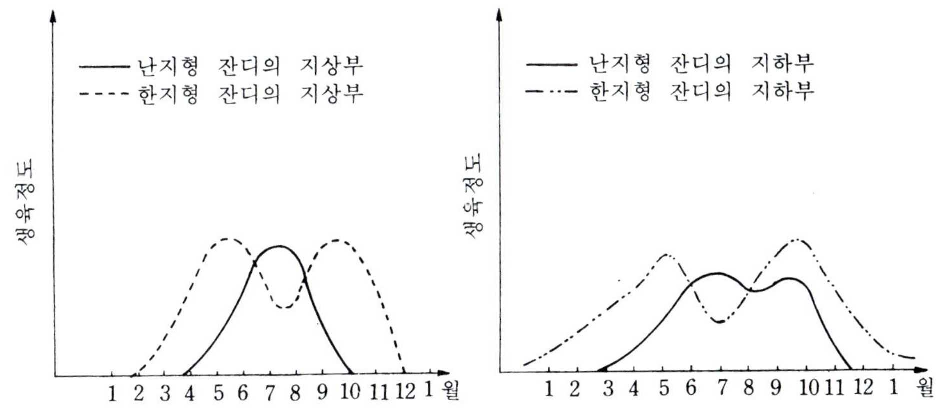

(a) 지상부의 연중 생육곡선

(b) 지하부의 연중 생육곡선

그림 1-1 한지형(寒地型) 및 난지형(暖地型) 잔디

표 1-1 온도(溫度)의 차이에 따른 각종 잔디의 생육(生育)의 변화

종	금잔디(*Zoysia matrella*)			*Bermudagrass*			*Bentgrass*		
항목 / 온도	생체중 (g)	건물중 (g)	수분함량 (%)	생체중 (g)	건물중 (g)	수분함량 (%)	생체중 (g)	건물중 (g)	수분함량 (%)
15°C	0.9	0.4	55.5	1.5	0.4	73.4	7.1	1.2	83.2
20°C	2.0	0.8	60.0	5.4	1.3	76.0	7.8	1.2	82.0
25°C	3.2	1.1	65.6	7.9	2.1	73.5	11.9	1.9	84.0
30°C	4.0	1.2	70.0	12.3	2.3	73.2	7.8	1.5	80.9

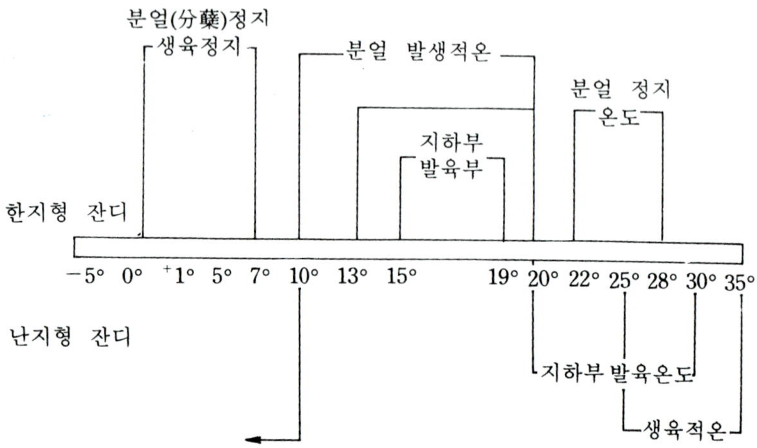

그림 1-2 잔디의 생육환경에 미치는 온도(三井)

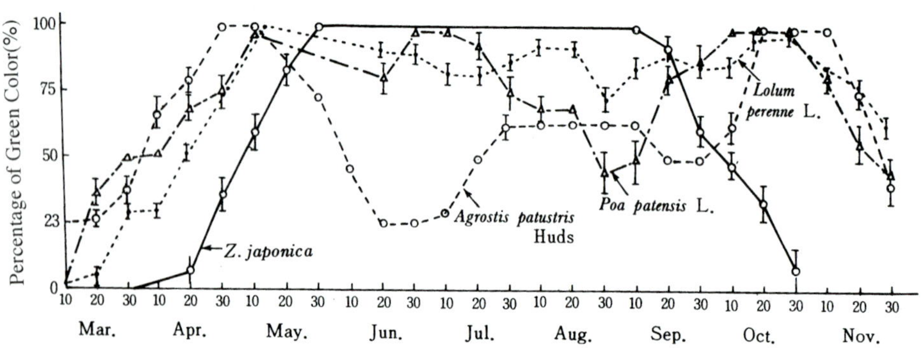

그림 1-3 주요 잔디초지류의 녹색기간(Green Color Period)의 연중 변화곡선

장남기 · 김형기, 1986. 잔디의 녹색기간 연장에 관한 생리 · 생태학적 연구, 한국초지학회지. 6(3) : 131-137.

25~35°C 사이에서 가장 생육이 왕성(生育旺盛)하며, 온도가 평균 10°C 이하가 되어 10월 초~중순이 되면 잎의 색깔이 황변하면서 지상부가 생육정지상태로 휴면(Dormancy)기(休眠期, Quiescene)에 들어간다. 그러므로 이 난지형 잔디는 저온에 약하여 휴면기간인 10월 중순~3

월말 까지는 잎이 담황색(淡黃色)으로 변하고, 대체로 4월 중순~9월말 사이가 생육기간으로 초장(Plant Length)이 짧은 편으로 낮은 예초(耐短刈草性)에 강하고 심근성(深根性) 이어서 내한성(耐旱性), 내서성(耐暑性)이 강하며 조직이 조강하여 내답압성(耐踏壓性)에 강한 특성 등을 갖고 있다.

◉ 속성잔디 버뮤다그래스(Bermudagrass) 신품종 '건우'

('Konwoo' new Cultivar of Bermudagrass with High Speed Coverage)

(1) 품종 특성

① 피복속도가 매우 빠름 (일반 들잔디의 5배 이상)
② 시공이 매우 간편(LSD기술 = 1,000평 1시간 내 잔디식재 완료가능, 5인 인부기준)
③ 한지형 잔디와 덧파종시 4계절 이용가능
④ 잎이 매우 부드러움 (운동시 부상의 위험이 매우 낮음)

(2) 용도

① 각종 운동장용, 축구장용 ② 저렴한 관리비용
③ 도로사면 녹화용 ④ 기타 조경공사용

(3) 규격 및 가격

규 격(1)	주문량	가격(원/ℓ)	운반비	주문	비고
3~5cm 길이로 절단된 잎줄기를 40ℓ, 1,000ℓ 부대(톤백)에 포장	소량 (2,000ℓ 미만)	2,000	별도	사용 3일전	현장 도착가
	대량 (3,000ℓ 이상)	1,500	포함	사용 7~10일전	현장 도착가

◎ **개발과정**
- **개발기관** : 건국대학교 원예학과 유전공학 육종실험실
- **개발연도** : 1997년 (특허등록번호 : 제 0419453호)
- **개발책임자** : 이재필 · 김두환

◉ 고품질 세엽잔디 한국잔디 신품종 '건희'

('Konhee' New Cultivar of Zoysiagrass with High Quality and Narrow Leaves)

(1) 품종 특성

① 품질이 매우 우수(귀족적인 분위기 연출)

② 잡초와의 경쟁력이 매우 높음(묘지용으로 우수)

③ 낮은 예초(1cm 미만) 적응력이 매우 높음(골프장 그린용으로 이용)

④ 잎색이 진한 녹색(주변 식생과 화려한 조화)

(2) 용도

① 정원용 ② 골프장 그린용 ③ 묘지용 ④ 기타 조경용

(3) 적용지역

① 남부지방 : 경상남 · 북도, 전라남 · 북도, 제주도 등

② 중부지방 : 겨울철 피복(차광망) 관리가 필요

(4) 규격과 가격

규 격(1)	주문량	가격(원/ℓ)	운반비	주 문	비 고
폭 40cm × 길이 100cm × 두께 2cm	소량(200m²)	28,000	별도	사용 3일전	현장 도착가
	대량 (3,000m²이상)	7,000	포함	사용 7~10일전	현장 도착가

◎ **개발과정**

- 개발년도 : 1997년 (특허등록번호 : 제 041952호)
- 개발기관 : 건국대학교 생명환경과학대학 원예학과 유전공학/ 육종실험실
- 개발자 : 이재필 · 김두한

그림 1-4 지상낙원인 스위스 Alps 잔디초지경관 농가 전경(Zürich 근교)

제 2 장

잔디초지의 기능

잔디류는 각종 환경에 대한 적응력이 매우 강한 편으로 척박(瘠薄)한 토양을 피복(被覆, Covering)할 목적으로 많이 이용되어 왔으나, 요즈음 국민의 생활수준이 향상되면서 환경미화에 대한 관심이 증가됨에 따라서 그 효용성은 더욱 높아지고 있다. 다시 말해서, 여름 한나절 출렁이는 파도처럼 펼쳐지는 잔디초지의 운치(韻致, Taste, Elegance)는 그 무엇과 비교할 수 없는 자연물 중 낭만의 극치이며, 또한 겨울철에는 금방석이라도 깔아 놓은 듯 차가운 공기에 대해 한없이 포근함을 안겨 주기도 한다.

한편, **잔디초지의 녹색(Green)이 갖는 환경기능은** 우리들이 생활하고 휴식을 취하는데 유쾌하고 편안한 환경을 제공하여 급변하는 고도의 산업화에 의한 정신적 건강을 유지하는 중요한 역할을 하고 있다.

잔디에 관한 연구들을 살펴보면, 미국의 경우는 1885년 Conneticutt 주에 있는 한 정원에서 시작하였으며, 최근에는 잔디의 조직배양(Tissue Culture)을 통하여 변이창출(變異創出)과 품종개량을 하고 있는 설정이다.

우리나라에서의 잔디에 대한 최초의 연구는 1965년 유달영 · 한상주에 의한 「한국잔디의 발아 촉진에 관여하는 요소에 관한 보고」에 이어 1967년 「유달영 · 염도의에 의한 저온처리, 복토(覆土) 및 Polyethylene film이 *Zoysia Japonica* 종자발아에 미치는 영향 등과 같은 시험보고 외에도 적지 않은 보고」가 있다. 최근에는 생활수준의 향상과 잔디에 대한 관심도의 증가 및 중요성의 인식과 어울러 우리나라에서도 1987년 8월 비로소 한국잔디학회가 창립하게 되었다.

잔디초지(Turfgrasses)가 인간생활에서 반드시 필요한 이유는 이 초종만이 갖고 있는 여러 가지 기능면에서도 쉽게 알 수 있다.

① 잔디의 표토유출로 인한 토양의 침식을 억제하는 역할(Soil Conservation)을 하고,

② 주택, 공장, 공원, 학교, 비행장, 고속도로 등의 주위지역의 잔디초지는 바람에 의해 먼지가 비산(飛散)되는 것을 방지하는 효과를 갖으며,

③ 제방(堤防, Dike)의 경사면과 절단면 등의 조경사업의 하부작업용에 필수적이며,

④ 소음흡수(騷音吸收), 반사광 흡수, 국토녹화 등에 효용이 있으며,

⑤ 공기의 정화작용(淨化作用)에 의한 대기오염의 지피식물(ground cover plants)로써 이용

되며,

⑥ 정원이나 도로공원 조성 등으로 인한 경관적 효용(景觀的效用)이 있으며,

⑦ 축구(Soccer), 배드민턴(Badminton), 크로킷(Croquet), 발리볼(Volleyball), 호스슈즈(Horseshoes), 보시, 위플볼(Wiffleball), 미식축구(American football), 테니스(Tennis), 골프장 등 각종 운동경기장 같은 많은 야외 스포츠의 경우 운동경기자의 상처를 감소시켜 주는 완충효과(緩衝效果)의 작용을 하여 잔디위에서 여가선용과 레저활동은 우리에게 육체적인 건강과 정신적인 풍요로움을 제공한다.

⑧ 한편, 우린 나라에서는 옛날부터 한국잔디를 주로 묘역(墓域, gravegard)의 피복에 이용되어 왔다.

이 외에도 잔디는 토양오염 방지기능을 보유하고 있으며 공해에 의한 피해를 극소화시키는데 기여하고 있다. 특히 잔디는 다른 식물보다도 매연 속에 들어있는 아황산가스(sulfurous acid gas), 불소(fluorine, F), 오존(ozone, O_3)과 같은 물질에 저항성이 높은 식물로 알려져 있다.

21 좋은 잔디초종(草種)의 적합한 조건

위에서 기록된 각종 기능을 충족시킬 수 있는 잔디로 이용할 수 있는 적합한 조건들은 아래와 같다.

① 잔디초종은 무엇보다도 땅의 지면을 덮는 지피성(Ground Cover)이 높아야 하며,

② 각종 환경적응성(기후조건 · 토양 · 병충해)이 좋아야 할뿐만 아니라 다년생(Perennials)으로 매년 파종 조성하지 않아도 되는 것으로

③ 일반적으로 생육은 다발형잔디초지(Bunched Type Lawngrasses) 보다는 포복형잔디초지(匍匐型, Creeping Type Lawngrasses)이 유리하며 채종(採種) 및 잔디초지 조성과 관리에 필요한 경비가 최소화 될 수 있어야 한다.

④ 잔디초지는 밀도(Density)가 높으며 줄기와 잎의 크기와 색조가 균일하면서 색깔(푸르름)이 아름답고, 내답압성(Tolerant to step Damage)은 물론 낮은 예초고(刈草高)에 강하며 조강(粗強)하여 탄력성이 있을수록 좋다.

⑤ 또한, 독성이 없어 사람과 가축에 피해가 없어야 함은 물론이고 잔디 생리 및 토양 이화학적 성질에 잘 적응할 수 있어 시비관리가 쉬워야 한다.

⑥ 잔디초지는 휴양 및 운동의 생활공간을 제공할 수 있어야 하므로 답압(踏壓, Trampling or Traffic) 등에 의한 피해가 일어났을 경우에 이를 빨리 회복할 수 있어야 잔디로서의 제기능을 다할 수 있는 것이다. 그러므로 강력한 재생력(Recuperative Potential, Regrowth)을 갖는 것이 매우 이상적인 잔디이다.

특히 잔디초지는 한 번 조성이 되면 수년가 계속 양질의 품질이 유지되면서 피복되어 있어야 한다. 일반적으로 다년생 초종은 식물체 조직이 한 번 형성되면 수년간 생존하기 때문에 양질로서 오랜 기간 유지될 것 같지만, 해를 거듭함에 따라 품질이 저하됨으로 해서 지피(地被)효과가 좋고, 재생력이 매우 강한 다년생 화본과 초종이라 하더라도 식생교체가 원활이 일어나 품질이 저하하는 것을 극복할 수 없는 초종은 잔디로 이용될 수가 없다.

여기서 식생교체라 하는 것은 금년도 현재 식물생체(植物生體)를 형성하고 있는 식생은 작년도의 식생과는 완전히 다르며, 지난 해의 것은 완전히 죽어버리고 금년도의 것은 전혀 새로운 것이어야 하며, 또한 내년도에 새로운 식생이 되어 매년마다 새로운 식생으로 교체됨을 뜻한다.

잔디의 식생(植生, Vegetation)은 교체될 뿐만 아니라 잔디관리에서만 있는 뗏밥주기(配土, Topdressing) 지반까지 점차 새로운 것으로 교체되어 항상 더욱 새로운 잔디초지로 유지되게 된다. 이러한 식생교체(植生交替)는 잔디 재생력과 밀접한 상관관계가 있으므로 생육능력이 강한 것일수록 식생교체의 회전이 빠르다. 이 외에도 토양상태 및 지력이 좋을수록 식생교체가 빨리 일어나게 된다.

그림 2-1 잔디초지와 수목이 인간에게 주는 쾌적한 녹색한경 조성을 토양 휴양적 효과

그림 2-2 성장기 어린이의 두뇌발달 과정에 좋은 영향을 미치는 잔디초지 운동 효과 (자료 : 미국, Philadelphia)

그림 2-3 골프를 위한 잔디초지의 스포츠 기능

그림 2-5 등반을 위한 잔디초지의 스포츠기능 (스위스의 Cosy sertig valley)

그림 2-6 잔디초지와 초식가축(Herbivorous animals)이 인류에게 주는 창조력의 향상과 휴양의 기능 효과를 즐기는 모습(자료 : 김원경. 미국, Philadelphia)

그림 2-4 럭비(Rugby)를 위한 잔디초지의 스포츠기능(뉴질랜드)

그림 2-7 잔디초지의 휴양을 위한 기능 (스위스 Chielon castle 주변의 Montreuxs' swimming pools)

제 3 장

잔디초지의 효용

잔디초지의 효용(Utility)을 보면 무엇보다도 부드럽고 아름답다는 점과 휴식을 위하여 편안하고 마음으로 누울 수 있는 밝은 느낌을 줄 수 있어야 할 것이다. 이러한 잇점 때문에 잔디정원은 옥외실(屋外室)의 구실을 할 수 있으며 양탄자(Carpet) 못지않게 친근감을 주고 있다.

또한 잔디(Lawn)는 포장과 같은 구실을 하며 겨울철의 서릿발에 의한 진토(塵土, Dust & Soil)가 생겨나는 것을 막아주고 건조기에는 먼지가 나는 것을 방지하기도 한다.

이 외에 잔디는 음지를 싫어함으로써 양지에 심게되어 잔디초지에 드러눕게되면 충분한 햇볕을 쪼이는 결과가 된다. 이 밖에도 잔디는 토양보호 차원에서 비가 올 때 산지나 경사지의 토양이 유실되는 것을 막아 주기도 하며, 특히 어린이들에게는 위험성이 전혀 없는 좋은 놀이터로서 제공되어진다. 그러므로 전원을 꾸밀 때에는 가능한 넓은 공간을 잔디초지로 꾸미는 것이 가장 바람직하다고 볼 수 있다.

3.1 경관(景觀)적인 효용

한국, 일본, 중국 등지의 답작(畓作)을 중심으로 문화가 발상된 곳에서는 주로 물, 나무, 돌을 주체로 한 경관을 중요시함으로써 정원, 왕궁, 왕릉, 일반 묘지 등에서 잔디를 사용한 것은 경관조성 보다는 오히려 지표면 보호(地表面保護) 목적으로 이루어 졌다. 그렇지만 문화가 발달함에 따라 생활환경이 향상되고, 목축업(Livestock Farming)을 생업으로서 발전시켜온 서양인들의 문화에 영향을 받게 되면서부터 초지경관(Grasslandscape)을 중요시하는 그들의 정원양식에 영향을 받아 잔디를 중심으로 한 경관조성의 방향으로 변질하게 되었다.

경관이란 우리 주위를 둘러싸고 있는 세계 그 자체이며, 우리가 살고 있는 지구권역(地球圈域)을 바탕으로 어디에서나 볼 수 있고, 느낄 수 있는 그 모든 것을 뜻한다. 그 특성이 평원에 나타나고 있다. 대초원은 수많은 식생과 그들의 꽃으로 지표를 피복하고 있어서 녹색의 장관(壯觀)을 이루고 있는 반면, 한대지방에 가까워질수록 하늘과 식생은 그 색깔과 모양을 달리하는 불모지나 툰드라(Tundra)와 같은 삭막한 북극의 대평원을 보게 된다.

대평원은 모든 경관 중에서 그 형태가 가장 불변적이다. 표면은 평탄하여 물의 침식(Water

Erosion)을 당할 염려가 없고, 표면이 잔디로 보호되어 있기 때문에 바람에 대해서 도 안전하여 별로 변화가 없기 때문에 대초원에 비길만한 압도적 단순성을 지닌 것은 바다와 호수라고 할 수 있다.

(1) 푸른경관(景觀)

우리 인간들에게 푸른 색깔이 주는 의미는 생육, 젊음 및 자연의 풍요로움 등 매우 좋은 인상을 가지게 하고 있다.

특히 조경(Landscape Archchecture)이란 인간 스스로 만들어 낸 자연환경의 일부분으로서 인공적이고 물리적인 환경을 자연적으로 조화된 자연 환경상태로 환원시키려는 노력이라 생각하면, 푸르름이란 의미는 더욱 커진다. 우리는 흔히 잔디를 그린(Green)이라 표현하기도 하는데 이는 잔디가 푸른 경관 또는 푸른 기반을 제공함으로써 그 위의 인공구조물을 좀 더 자연스럽게 만들어 주는 만들게 하여주기 때문이다. 또한 인공구조물 뿐만 아니라 수목(樹木), 화목(花木), 화단(化壇) 등 모든 것이 잔디의 푸른경관 위에 놓여질 경우에는 더욱 그 아름다움을 나타낼 수가 있는 것이다.

(2) 조화미(調和美)

조화는 주로 색이나 모양이 잘 융화(Harmony) 되어진 경우를 말하는 것으로 이는 동질적인 것 사이에서 일어나는 것으로 이질(異質)적인 사이에서는 성립되지 않는다.

또한 이 조화가 극심하게 상반되는 경우를 우리는 대비(Contrast) 또한 대조라고 한다.

조화를 여성적, 대비를 남성적이라고 표현하기도 하는데, 이것을 변화의 비율이 한편은 완만하고 다른 한편은 크기 때문에 나온 말이다.

잔디면은 직선, 곡선, 기타 불규칙선과도 조화를 잘 이루는 특성이 있어 잔디초지위의 경과 대상을 하나로 통일조화 시키는 효과가 있다. 또한 잔디라는 특유의 아름다움으로 통일시킴으로 인해 산만하지 않게 정돈된 미감(美感)을 준다. 일반적으로 물, 돌, 나무 등을 배경으로 한 경관들은 이들 자체가 중심이 될 수 있어, 이 주변의 것은 경관에 아름다움을 더해 주는 역할을 함으로 이들의 조화를 이르게 하는 것은 매우 고도의 가술을 필요로 한다. 잔디도 역시 그 자체로 경관의 주가 될 수 있을 뿐만 아니라 잔디를 이용하여 조화를 이루게 하는 것은 매우 수월하기 때문에 잔디초지의 이용이 점진적으로 확장되고 있는 것이다.

3.2 토양보호 효용(土壤保護效用)

최근 우리나라에서도 국가경제의 급진적인 성장으로 인하여 고속도로 및 고속철도의 건설,

고층아파트 등 택지 및 공장부지의 조성, 댐 및 항만 건설공사 등에 의한 대규모 절토면(切土面, Cutting of Earth)이나 성토면(盛土面)의 경사면에 대한 적절한 지표면의 보호는 건설공사 자체의 원활한 완공을 가져오는 효과가 있다.

(1) 지표면(地表面)의 유실방지

이들 경사면이 잔디로 피복되어 있으면 비록 강우(降雨, Precipitation)라 할지라도 빗방울이 직접 토양에 충격을 가하지 않고 잔디에 충격을 줌으로써 토양의 비산(飛散)을 방지할 뿐만 아니라 잔디로 인해 물이 흘러내려가는 것이 방해 받으므로 유속이 감소하게 된다. 이런 연유로 토양유실(土壤流失) 및 토양붕괴(崩壞)가 방지되는 것은 물론 잘 알려진 사실이다.

(2) 수자원(水資源) 보존

잔디로 지표면이 보호되고 있을 때는 수분이 토양 속으로 스며들어 지하에 저장되지만, 지면이 나지로 되어 있을 경우에는 물의 양이 대부분 유출손실(流出損失)되어 토양침식의 주된 원인이 되기도 한다. 특히 우리나라의 경우 산야가 나지(裸地)로 헐벗고 있어 심한 강우(降雨)를 맞게 되면 이를 흡수치 못하여 토양이 손실되고 있음은 매우 안타까운 일이다. 우리 산야를 녹화(綠花) 함으로써 수자원을 확보함은 물론 국토를 선용하는 일도 매우 중요하다.

3.3 보건적인 효용(保健的 效用)

과거의 조경은 관상의 대상이었지만, 각종 기계문명의 발달로 정신 및 보건위생에 위협받고 있는 오늘날 도시사회에서는 관상 대상뿐 아니라 휴양, 운동의 공지(空地)를 제공할 수 있는 생활의 환경조건으로 변화되고 있다. 물, 돌, 나무 또는 인공구조물 등의 경관구성 재료 중 휴양과 운동효과를 가장 많이 제공하는 재료인 잔디는 다른 어떤 경관 구성요소보다 더 중요한 의의를 가지고 있다.

(1) 레크레이션(Recreation)

오늘날 대대적으로 제창되는 레크레이션 시설은 전원공원(Country Park)으로 각국마다 독자적인 명칭과 독특한 개념을 가지고 있으며, 예를 들면 주립고원(State Park)이나 군립공원이 이에 해당한다.

잔디는 매우 아름다울 뿐만 아니라 그 표면이 탄력이 있는 감촉이 좋기 때문에 우리에게 쾌적한 상태를 제공하여 준다.

특히 인간은 본래 자연적인 동물이기 때문에 인위적이 딱딱한 면 보다는 부드러운 잔디초지에서 보다 나은 쾌감을 느낀다. 예를 들면 독서, 식사, 수면, 놀이 등을 일반적으로 실내에서도 하지만 실외 잔디초지에서도 할 수 있으면 오히려 실내보다 쾌감과 안정감을 더욱 크게 하므로 잔디초지는 옥외실(屋外室)의 역할을 충분히 하고 있다고 할 수 있다.

또한 잔디초지는 광활한 평면을 제공함으로써 우리 인간들에게 해방감을 줄뿐만 아니라 통풍이 자유스러워 신선한 공기와 시원함을 주며 양광(陽光)이 좋을 때에 잔디 위에서 휴양할 때 건강에 매우 좋은 효과를 주게 된다.

(2) 운동(運動)

일반적으로 운동경기에 적합한 대규모 잔디초지(축구장, 경마장, 골프장 등) 도시의 대기오염도를 저하시킨다. 또한 토원은 야생동물을 위한 한정된 식량원과 휴식처를 제공하기도 한다. 잔디의 표면은 탄력이 있고 감촉이 좋기 때문에 쾌감을 줄 뿐만 아니라 경기 도중에 넘어져도 상처를 주지 않음으로 경기자들이 안심하고 경기를 행할 수 있다. 또한 잔디표면이 흙이나 기타의 표면보다 신체의 동력전달효율이 좋기 때문에 경기성적의 향상에 크게 기여하고 있다. 현대의 각종 경기장들은 모두 잔디로 피복되어 있음은 잘 알려진 사실이다.

또한 경기장 뿐만 아니라 일반 정원에서도 잔디초지는 간단한 운동에 이용할 수 있는 공지를 제공함으로써 이를 잘 이용하면 매우 흥미로운 운동도 할 수 가 있는 것이다.

오늘날 현대조경에서 잔디초지를 많이 사용하는 이유는 이 잔디가 운동하기에 가장 이상적인 조건을 제공한다는 이유로 볼 수 있다.

(3) 먼지발생 방지(粉塵發生防止)

잔디초지는 바람에 의해 먼지가 비산(飛散)되는 것을 방지하는데 큰 효과가 있다.

다시 말해서 흙, 시멘트 및 기타 표면에서는 먼지가 많이 발생하여 실내에 먼지가 많이 날아들어오게 되나, 잔디초지에서는 먼지가 발생하지 않고 오히려 주위의 지표에서 발생된 먼지를 흡수, 제거하는 작용을 하기 때문에 정원에 잔디초지를 조성함으로써 운전사 및 조종사에게 많은 시야를 제공해 줄 수 있을 것이다. 각종 실험보고에 의하면, 분진량(粉塵量)은 나지에서 보다 1/4~1/7 정도에 불과한 강한 분진억제력을 갖고 있다고 한다.

(4) 공기정화(空氣淨化)

모든 식물체는 CO_2를 흡수하고 O_2 방출하면서 탄소동화작용(Assimilation)을 하고 있는데, 이렇게 하여 공기를 정화시키고 있는 사실은 오래전부터 알려져 왔다. 더구나 최근 아황산가스(SO_2) 및 오존(O_3)가스 등으로 인한 대기오염이 우려되고 있는 이때 잔디는 이들 공해가스의 제거에도 매우 효과적이다. 즉 식물과 대기간의 기체 교환속도는 대체로 대기이동상태, 잎에 있는 기공(Stoma)의 크기와 분포, 세포 내부간극의 크기 및 엽육세포(Mesophyll)상태에 따라 차이가 있긴 하지만, 잔디는 먼지와 유해가스의 흡착량이라든가 광합성 작용에 의한 산소방출 및 탄산가스 흡수량이 다른 식물에 비해 훨씬 많다는 점이다.

대체로 1ha의 녹지는 12시간당 900kg의 탄산가스를 흡수하고 600kg의 산소를 방출한다고 하며, 이때 흡수된 탄산가스량은 공기 6백만 입방미터 중 탄산가스와 같은 양이다. 여기서 인간이 호흡하는데 필요한 하루의 산소량은 약 0.75kg이고 방출하는 탄산가스는 약 1kg이라고 볼 때 녹지의 정화적 기능(淨化的 機能)은 대단히 높다고 할 수 있다. 또는 잔디의 식재면적보다 거의 10배가량의 넓은 엽면적(葉面積, Leaf Area Index LAI)을 보유하고 있으므로 광합성도 활발하게 수행되어 밀생한 상태라도 생육은 악화되지 않고 단위면적당 광합성에 의한 동화량이 증가된다.

(5) 기온조절(氣溫調節)

잔디초지로 나지에 비하여 야간이라도 기온이 심하게 내려가지 않고 낮에는 온도가 서로 비슷하게 유지되는 것을 볼 수 있다. 특히 여름에는 직사광선 때문에 잎 표면의 온도가 대기기온보다 높고 습도는 증산에 의해 상승하지만, 흐린날이나 우천시에는 대기가 잔디초지와 큰 차가 없고 야간에는 잔디초지 표면이 냉랭(冷冷)해져 지열(Terrestrial Heat)의 보존을 도와준다. 이 때문에 잔디초지는 서릿발을 방지해주는 역할도 한다.

잔디잎은 태양광선을 받을 때 10%는 광반사를 하고, 잎 표면에서는 증산작용으로 약 40%는 기화열로 손실되고, 5%는 광합성(Photosynthesis)에 이용되고 45% 정도가 열에너지로 전환되어 스스로 뜨거워지거나 열복사(Heat radiation)를 하게 된다. 그러나 지표가 시멘트나 아스팔트로 포장된 면에서는 광합성 및 증산작용이 일어나지 않기 때문에 열에너지로의 전환율이 높아 한낮의 시멘트나 아스팔트의 포장면은 잔디표면보다 높은 온도를 보이고 있다. 반면에 겨울에는 잔디면은 지온의 방출을 억제하여 온도를 높이게 되나 시멘트면은 지온방출을 촉진하여 온도를 낮추게 된다. 다시 말해서 잔디는 여름에는 지면을 서늘하게 하고 겨울에는 지면을 덥게 하여주는 역할을 하게 된다. 특히 도시화로 인한 도시형 고온권(Urban Heat Island)이 형성되어 이로 말미암아 부작용이 크게 우려되고 있는 요즈음 잔디의 기온조절효과는 그 의의가 큰 것이다.

(6) 소음제거(騷音除去)

일반적으로 소리는 어떤 면에 부딪치면 반사하는 성질이 있는데 이 반사의 정도는 반사면의 특성과 깊은 연관이 있다. 잔디는 특히 그 잎이 부드럽고 유연하고, 이들로 구성된 잔디면은 일단 소리가 부딪치면 그 반사는 매우 적고 소리를 흡수하는 독특한 성질을 가지고 있다. 아울러 잔디초지는 수목처럼 바람에 의한 소음의 발생도 거의 없다. 각종 기계 및 자동차공장의 잡음으로 그 소음공해(騷音公害, Noise Pollution)가 매우 걱정되는 요즈음 소음을 흡수 제거하여 주는 잔디의 효과는 매우 주목을 끌고 있다.

제 4 장

잔디의 형태

4.1 뿌리의 구조 및 특성

(1) 종자근(種子根)과 부정근(不定根)

화본과 잔디류는 본래 2개의 근계(Root Systems)를 가지고 있으며, 이들의 뿌리형태는 수염모양으로 이루어져 있다. 그 첫째 뿌리는 종자가 발아된 직후에 발달되는 종자근으로서 이를 제1차근(Seminal 또는 Primary Root)이라고도 부르고 있으며, 어린 잔디는 발아 후 일정기간 동안(대개 6~8주 정도)은 수분 및 영양분의 공급원으로서 대부분이 뿌리에 의존하지만, 이 뿌리의 기능은 제2차근이 형성될 때까지의 수주일 동안만 지속된다.

한편, 제2차근(Secondary 또는 Nodal Root)은 부정근(Adventitious Roots) 또는 영구근(Permanent Roots)이라고 하며, 지표면을 향하여 발아된 종자로부터 줄기의 기부(Basal Stem Area)가 신장하게 되며, 이곳으로부터 제2차근이 발생하게 된다.

잔디의 뿌리는 섬유상으로 많은 뿌리를 갖고 있으며 그 분포상태와 양은 환경적, 재배적 및 유전적 요인 등에 따라 달라진다. 이 뿌리의 기능은 잔디를 땅에 고정시킬 뿐만 아니라 영양분과 수분을 흡수하며 대부분의 뿌리는 지하 45~60cm 이내에 분포되어 있지만, 70~90%의 대부분은 지표면 30cm 이내에 분포하고 있다.

뿌리는 생장점(冠部, Crown)이나 곁가지의 마디에서부터 새로 발생되며, 뿌리가 지하 깊숙이 들어가게 유도하려면 토양산도가 pH 5.5~7.0이 최적이고, 토양공기 함량이 높으며 토양 중 독소나 염분함량이 적고, 너무 짧게 깎지 않으며 질소비료는 새순이 무성하지 않도록 적은 양을 사용하여야 한다. 또한 그늘을 피하도록 하며 땅이 다져지지 않게 해 주어야 한다.

뿌리털(Root Hair)은 뿌리에서 가장 중요한 부위이고 뿌리의 표피세포의 신장된 부위를 가리키며 영양분과 수분 흡수기능을 하기 때문에 매우 중요한 역할을 한다. 한국잔디를 비롯한 난지형 잔디류는 어느 표피세포에서도 뿌리털(根毛, Root Hair)세포로 분화할 수 있지만, 한지형 잔디는 근모 형성세포(Trichoblast)인 소형의 표피세포에서만 분화되고 있다.

일반적으로 농약의 피해는 새순보다는 뿌리가 더 심하게 받는다.

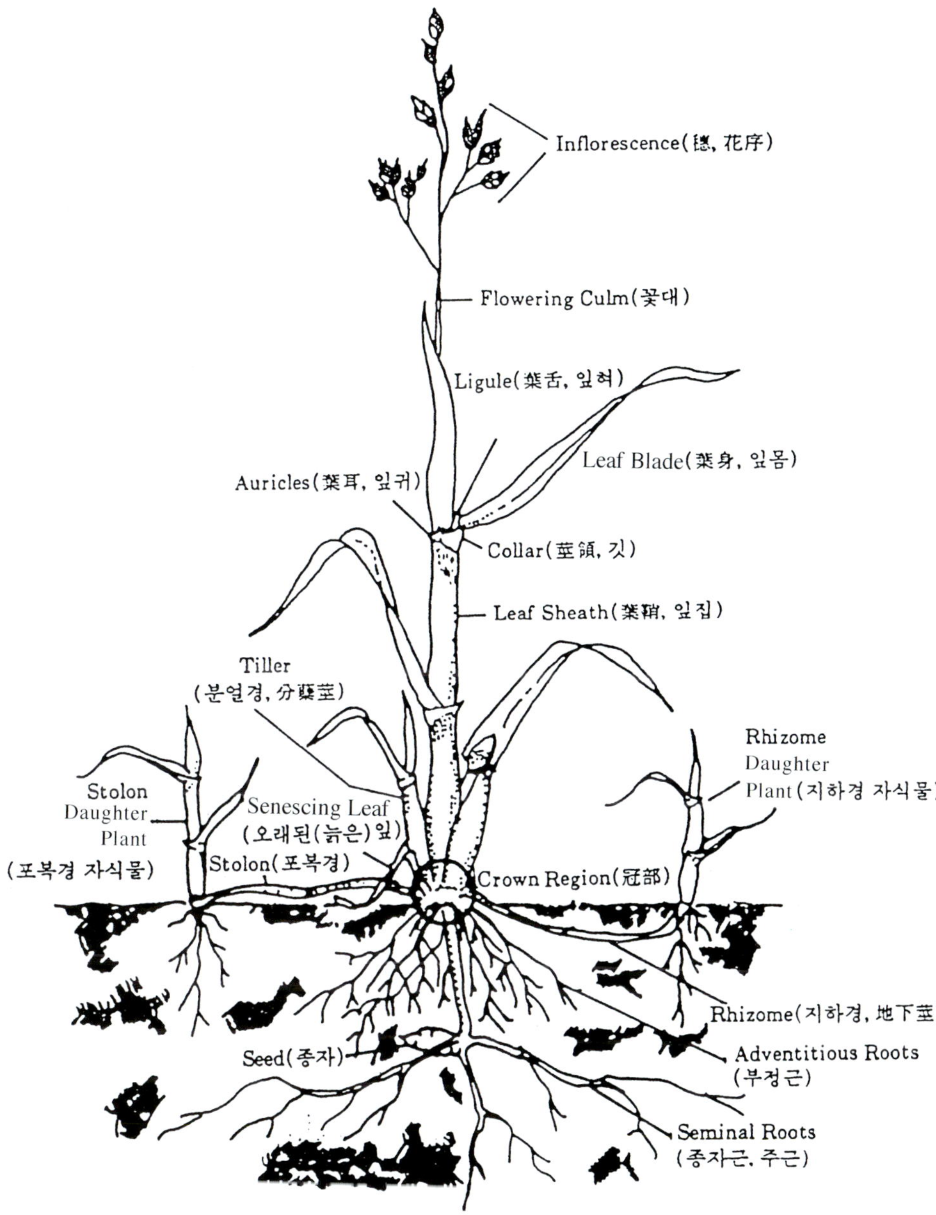

그림 4-1 잔디의 지상 · 지하부의 형태(Turgeon, 1985)

결론적으로 말해서 잔디뿌리 생육은 잔디의 종류, 품종, 토양구조상태, 시비조건, 관수방법, 예초빈도, 잔디조성 후 년수, 답압(踏壓)상태 등의 각종 조건들에 따라서 영향을 받게 된다. 뿌리의 생육에 적합한 토양온도를 보면 Bentgrass와 Kentucky bluegrass를 비롯한 한지형 잔디의 경우에는 10~18°C 정도이며, 한국잔디를 비롯한 난지형 잔디의 경우는 24~29°C 범위인 것으로 보고된 바 있으며, Bentgrass는 15~18°C에서 최고의 뿌리생육을 보였다고 한다. 일반

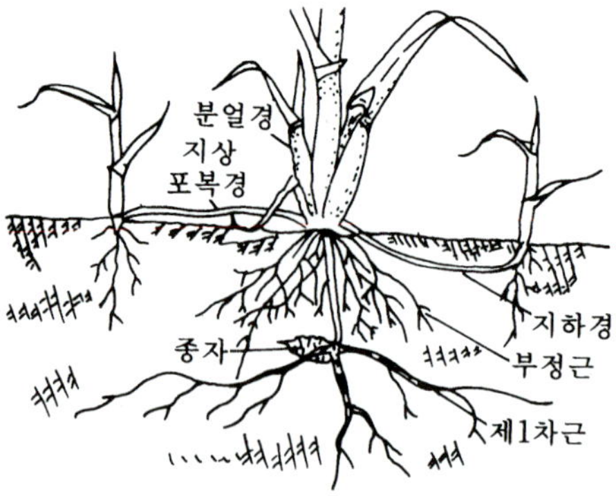

그림 4-2 포복형(Creeping Type) 잔디의 근계(Root System) (A. J. Trugeon. 1985)

적으로 토양의 pH가 5.0 이하로 떨어지면 뿌리의 생육이 제한을 받을 수 있고, 답압에 토양고결(土壤固結)이나 물에 잠김이 원인이 되어 산소가 부족할 때도 뿌리의 생육이 나빠진다. 이 외에도 농약이나 염의 잔유량이 많은 토양조건에서도 뿌리생육을 억제하는 요인이 된다.

(2) 방석형 잔디(Sod – Forming Truf)와 다발형 잔디(Bunched Type Turf)

다년생 화본과 잔디는 초종을 따라서 줄기의 기부에 있는 짧은 마디사이나 지하경(Rhizome) 또는 지상포복경(Stolon)에 의하여 번식생장(繁殖生長)을 할 수 있다. 이러한 초종들은 지하경이나 지상포복경에 의하여 두텁고 밀집된 모양을 형성하므로 이를 방석형 잔디(Sod-forming turfgrass) 또는 포복경형 잔디(Creeping Type Turfgrass)라고 말하고 있다. 이에 속하는 잔디류는 Kentucky bluegrass(*Poa pratensis*), Bentgrass(*Agrostis* spp.), Korean lawngrass(*Zoysia japonica* Steud), Bermudagrass(*Cynodon dactyclon*), Carpetgrass (*Axonopus Beaur* spp.), St. Augustine grass(Stenotaphrum secundatum) 등이 있다.

한 기부의 마디사이로부터 분얼경(Tiller)을 내며 지하경이나 지상포복경을 갖지 않는 초종

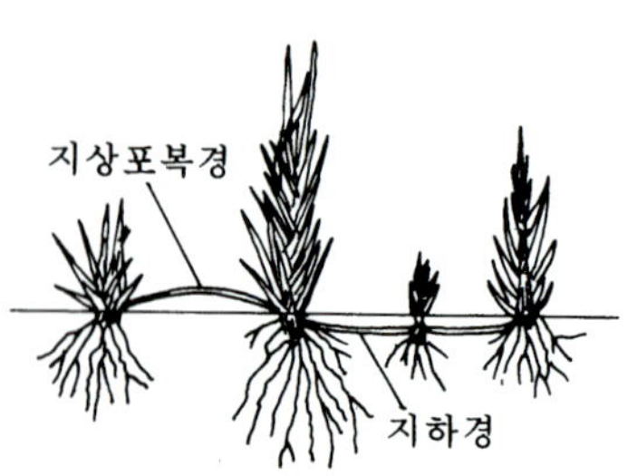

그림 4-3 방석형 잔디초지(Sod – forming turfgrass) 또는 포복형 잔디 (Creeping Type Turfgrass)

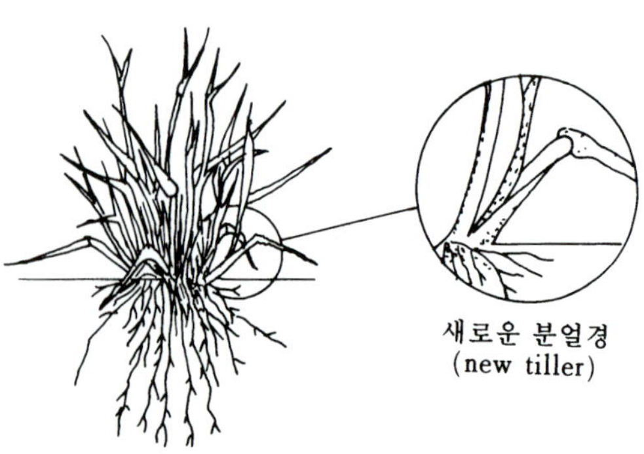

그림 4-4 다발형 잔디초지(Bunched Type Turfgrass with close – up of a new Tiller)

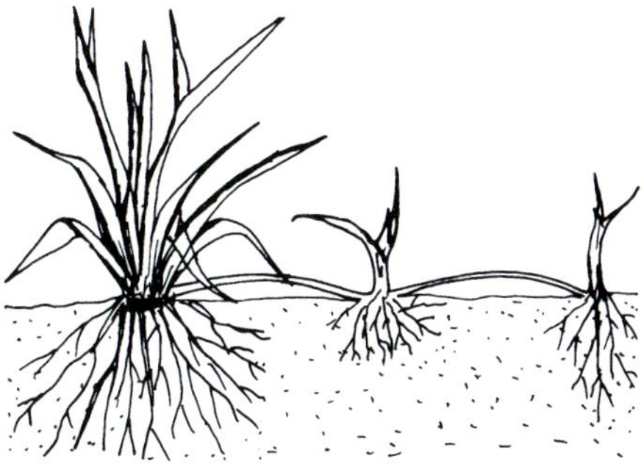

그림 4-5 잔디의 지상포복경 생육습성 (Stoloniferous Growth Habit)

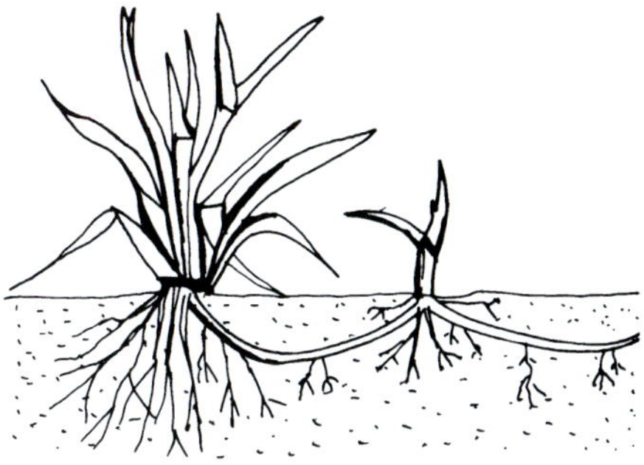

그림 4-6 잔디의 지하경 생육습성 (Rhizomatous Growth Habit)

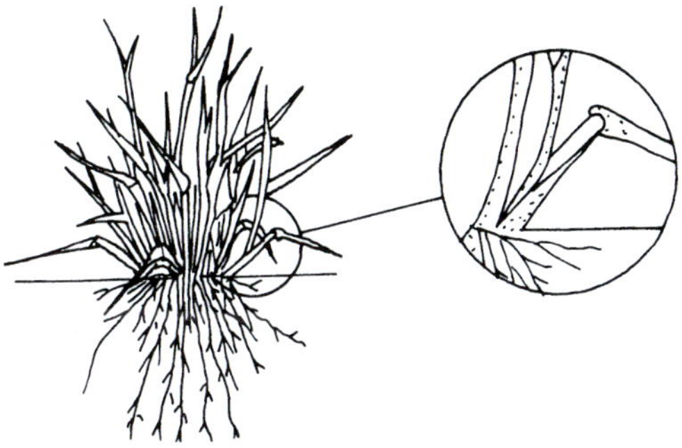

그림 4-7 다발형 잔디의 분얼모습(Tiller emergence)

을 다발형(Bunched Type Turfgrass)이라고 하며, 이와 같은 초종은 종자에 의하여 퍼지는 것이 유일한 번식방법이다. 이에 속하는 잔디류는 Perennial ryegrass(*Lilum perenne*), Red fescue (*Festuca rubra*), Tall fescue(*Festuca arundinacea*), Redtop(*Agrostis alba*), Rough bluegrass(*Poa trivialis*), Bahiagrass(*Paspalum đum*), Timothy(*Phleum* L.), Orchardgrass (*Dactylis glomerata* L.) 등이 있다.

4.2 줄기(莖)의 형태 및 특성

(1) 지하경(Rhizomes)

지하경(地下莖)은 수평으로 신장하는 땅속줄기로서 각 마디에서 하나의 눈(芽)이 발생되어 이것이 곧 하나의 새순인 유경(幼莖, Shoot)이 되며, 결국은 가지를 생산하는 지상부위의 줄기가 된다. 이와 함께 지하경의 각 마디에서는 뿌리가 나오게 된다. 지하경의 경우 선단부가 돌출하여 직립경(直立經)이 되면 새로운 2차 지하경이 형성된다. 또한 지하경이 잘리면 선단부가 급히 토양표면으로 올라와 새로운 식물체를 형성한다. 또한 버티컬 모잉(수직깎기, Vertical Mowing)이 잔디에서 직립경의 밀도(Density)를 높이는데 기여하는 원인이 되기도 한다. 대표적인 잔디가 Kentucky bluegrass와 Red fescue이다.

(2) 지상 포복경(Stolons)

지상포복경(地上匍匐莖)은 지상에 나와 있는 수평의 줄기라고 할 수 있다. 이 지상포복경 역시 각 마디에서 유경(幼莖, Bud Shoot)과 뿌리를 낸다. 따라서 화본과 잔디류는 지하경이나 지상 포복경에 의해서 퍼지는 번식능력을 가지고 있으며, 만일에 환경조건이 알맞은 다면 빽빽한 방석모양의 초형(草型)을 형성하게 된다.

이 지상포복경을 가진 초종으로서는 Bermudagrass(Cynodon L. C. Rich)가 대표적 초종이다. 다시 말해서, 관부(Crown)에서 나온 곁가지가 지표면을 따라 수평선으로 뻗어 가는데 땅위로 나온 것은 지상포복경(Stolon), 땅속으로 들어간 것을 지하경(Rhizome)이라 부르며 형태학상으로도 거의 유사한 구조를 가지고 있으며 이를 통틀어서 가로경 또는 곁가지(Lateral Shoot)이라고도 불리워진다. 즉 Lateral Shoot란 오래된 잎의 엽액(葉腋, Axils)에 있는 싹(Bud) 혹은 오래된 줄기, 지하경, 지상포복경의 마디(節)에서 나오는 가지를 뜻한다. 이것들은 또한 각 마디에서 새로운 뿌리와 새순을 발생시키고 강인한 뗏장(Sod)을 형성하는데 매우 중요한 역할을 하며 잔디초지에 빈자리를 메워 주는 일을 하므로 작은 넓이의 빈자리는 보파(補播, Reseeding, Interseeding)나 보식(補植)을 특별히 하지 않아도 쉽게 새로운 잔디초기가 형성된다. 특히 지하경은 빛이나 CO_2의 농도가 높은 환경(통기상태가 좋지 않은 토양상태), 지나친 질소시비 수준, 가뭄, 저온 및 단일조건 하에서는 생육방향을 옆에서 위로 돌리며 토양표면으로 돌출하여 어린 식물을 형성한다. 또한 위에 기술한 조건과 반대되는 환경은 지하경의 횡적생장을 촉진하여 매우 긴 지하경을 형성한다. 특히 지하경 및 지상 포복경의 관부 부위는 탄소동화물질의 저장기관으로도 중요하며 지상포복경은 지하경에 비해서 상대적으로 쉽게 어린식물을 형성한다.
지상 포복경은 지하경에 비해서 상대적으로 쉽게 어린식물을 형성한다.

지상 포복경은(Stolons)이나 지하경(Rhizome)은 코아링(Coring), 슬라이싱(Slicing), 스파이킹(Spiking) 등의 잔디 갱신작업에 의해 절단된 절간(Internode)의 가장 가까운 마디(Node)로부터 새로운 싹과 뿌리가 형성된다.

Perennial ryegrass, Tall fescue, Chewing fescue, Orchardgrass 등은 지하경이나 지상포복경이 발생하지 아니하는 다발형 잔디로서 다발을 많이 형성하는 특성을 작고 있기 때문에 보통 분얼경(Tiller)으로 뗏장(Sod)을 형성하며, Bermudagrass와 Zoysiagrass는 분얼경, 지하경이 발생하지 아니하는 다발형 잔디로서 다발을 많이 형성하는 특성을 갖고 있기 때문에 보통 분얼경, 지하경 및 지상포복경으로 생육하는 습성을 갖고 있다.

잔디의 분지(分枝)로 이루어진 뗏장을 보면 임간음지 하의 저밀도로 형성된 양상 그림 4-8이며, 수관(樹冠, Canopy)으로 덮이지 않은 양지에서 형성되어진 고밀도의 뗏장이며 그림 4-9, 잔디초지가 잘 이루어진 경우는 그림 4-10과 같다(저자. 1987).

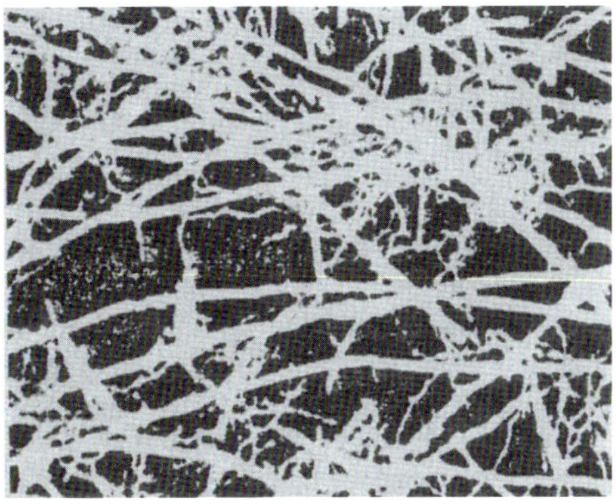

그림 4-8 임간음지(林間陰地) 하의 저밀도 한국잔디 뗏장 *

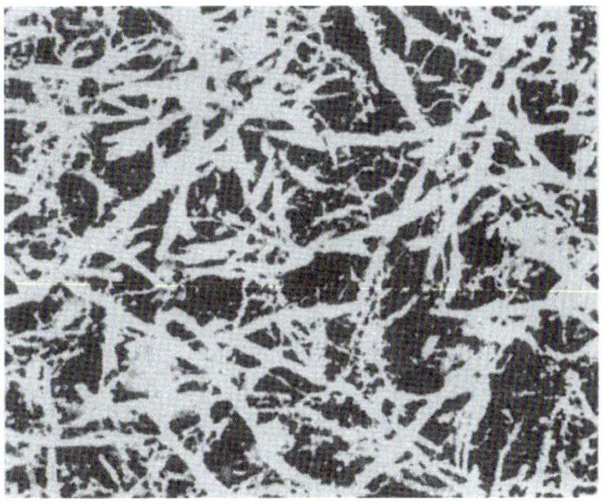

그림 4-9 양지(陽地)에 형성된 고밀도 한국잔디 뗏장 *

* 장남기 · 김형기, 1987. 한국잔디(Zoysia japonica Steud)의 분지 발달양상과 광합성기관의 전자현미경적 구조에 관한 연구. 한국 잔디학회지 : 1(1) 42~48

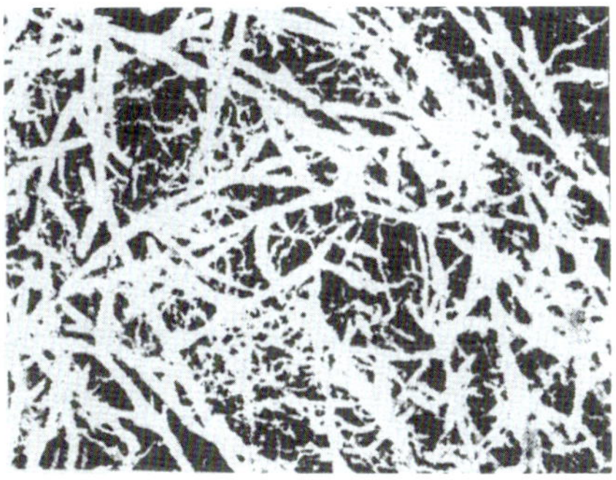

그림 4-10 양지에 형성된 고밀도 한국잔디 초지순군락(草地純群落)의 뗏장 *

그림 4-11 잔디뗏장의 실제모습

a : 잔디뗏장을 형성하고 있는 두께(약 25mm)
b : 잔디 생산에 관여하는 층(Rasen Aktuell. 1989)

(3) 직립경(直立莖)과 분얼경(分蘖莖)

화본과 식물(Gramineae)은 일반적으로 최초로 유일하게 주경(Main Culm)을 갖으며, 이는 마디(Node)와 마디사이(Internode)로 나누어진다(그림 4-12). 생육초기에는 일 절간은 매우 짧게 있다가 생육후기로 주로 신장(伸長)하게 된다. 특히 각 절간의 신장은 기부(基部)부터 시장되지만 지상부위로 갈수록 점진적으로 길게 생육양상을 보이며 맨 끝 부위는 잔디 이삭을 갖은 꽃차례(花序, Inflorescence)가 있다.

일반적으로 줄기(Culm)는 대체로 속어 비어 있고 둥글며, 뚜렷한 마디를 가지고 있는 특징이 있다. 잔디의 경우 대부분의 마디는 지면과 접하는 부위에 밀집되어 있으며, 이 부분의 마디에 있는 곁눈이 신장하는 것을 분얼(Tillering)이라 하고 이들 곁가지를 새끼줄기 또는 분얼경(分蘖莖, Tiller)라고 부른다. 또한 이삭이 나온 잔디의 원줄기를 어미대(母稈) 또는 주간(主稈, Main Culm)이라고 한다. 분얼경(分蘖莖)은 다음에 가지를 쳐서 더 많은 분얼경을 내며 이렇게 해서 단 하나의 줄기는 많은 분얼경을 발생하게 된다(예, Orchardgrass, Kentucky bluegrass 등). 물론 줄기당 분얼경의 수는 파종시의 식생밀도, 잔디조성관리상에 있어서 시비 이용효율에 따라 달라진다.

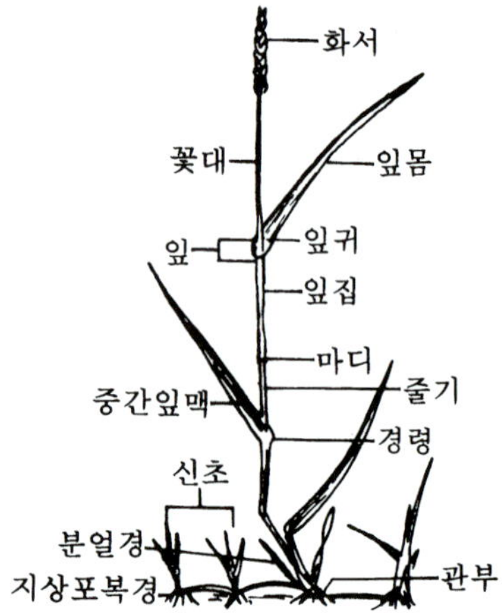

그림 4-12 잔디의 지상부(地上部)의 모식도

잔디의 가지치기 형태 중 분얼경도 역시 밀도를 증진시키는데 크게 기여한다. 분얼경도 가로경(Lateral shoot)으로부터 분류되나 그 가로 생장이 짧으면서 직립하여 어린식물을 형성한다. 분얼경의 생명은 약 1년 정도 혹은 2년 이내이며 새로운 분얼경이 오래된 분얼경과 교체되어 나가면서 밀도를 유지한다.

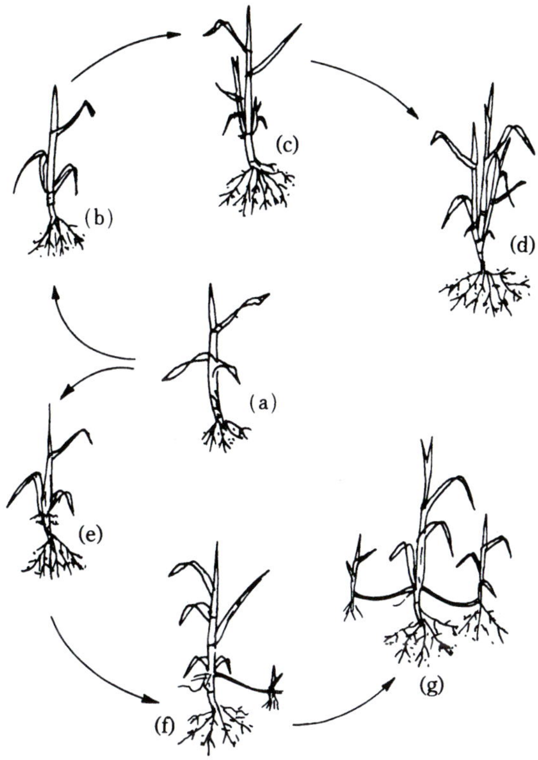

그림 4-13 잔디의 지상 · 하부의 생육양상(A. J. Turgeon. 1985)

(a) 어미순(parent shoot)으로부터 분지모습(Branching)
(b)－(d) 잔디의 잎집내부(葉鞘內部)의 분얼과정(Tilling)
(e)－(g) 지하경 생육(Rhizome growth) 양상(樣相)

4.3 잎(葉)의 형태 및 특성

잔디의 잎은 인간이 식접적으로 원하는 부분으로 제1차적인 수확의 대상이 되며, 여기서 수확이라 함은 초지농업(Grassland Agriculture) 사료작물 이용 면에서와는 달리 이를 예초하여 이용하는 것보다는 지속적으로 잔류시켜 이용한다는 것이다.

먼저 잎의 구조를 살펴보면 크게 잎집(葉鞘, Sheath)과 잎몸(葉身, Leaf blade)으로 나누어진다.

이 부분의 전형적인 모습은 그림 4－12에 나타난 바와 같이 잎집이 아래부분, 잎몸이 윗부분이고 잎집이 주로 물리적 지지(支持), 잎몸은 주로 광합성(Photosynthesis)을 통한 에너지 고정의 역할을 한다.

잎몸과 잎집을 나누는 부분에는 잎혀(葉舌, Liqule), 잎귀(葉耳, Auricle), 경령(莖領, Collar) 등 특유의 구조들이 있어 잔디를 구분하는데 이용되어지고 있다.

잎의 근원이 되는 부분은 줄기의 선단부로서 그림 4－12에 나타난 것과 같이 마디가 엇갈리며 잎이 형성된다. 새로운 잎은 계속해서 겉잎의 속에서 나오게 되며 좁은 공간조직을 뚫고 나오는데 생기는 마찰과 그로 인한 에너지의 손실이 많게 된다.

잔디가 생태적으로 생육되는 과정을 그림 4－13에 도식화 하여 나타내었다.

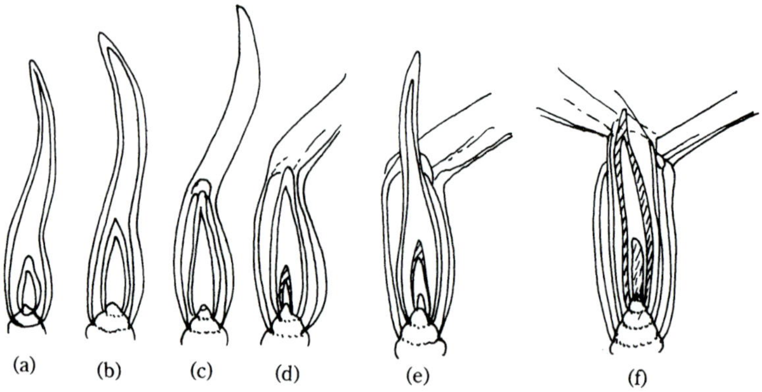

그림 4-14 잎몸(leaf blades)와 잎집(leaf sheaths)이 전개되는 과정(A. J. Turgeon. 1985)

새순에는 어린잎과 짧은 줄기가 함께 있으며, 잎은 관부(Crown)와 곁줄기(Lateral stem)의 마디에 있는 싹으로부터 나와 형성된다. 특히 잎에는 엽록소(Chlorophyll)를 가지고 있어 녹색을 띠고 있으며 태양에너지를 흡수하여 뿌리로부터 제공받은 수분과 기공(Stomata)을 통하여 들어온 탄산가스의 혼합으로 탄수화물(Carbohydrates)을 합성하는데 이것들은 잔디의 생장과 회복(Recuperation)을 위한 재생에 사용된다. 잎의 너비(幅)는 잔디류의 초종에 따라 차이가 있으나 대개 1~4mm 정도로 화본과 잔디의 잎은 안에서부터 말려진 상태로 활발하게 지상으로 뚫고 올라간다. 여기서 노화된 잎은 누렇게 퇴색되면서 죽어간다.

잎몸과 잎집의 기부에는 생장조직이 있으나 잎몸의 기부에 존재하는 생장조직은 조기에 분열을 마치고 세포의 신장만을 지속시키며, 이 신장은 잎몸이 바로 전잎의 잎집에서 완전히 나올 때까지 계속된다.

잔디를 예초한 후에도 잎몸이 계속 생장하는 것은 이에 의거하기 때문이며 이러한 성장의 특성으로 볼 때 잔디의 잎에서 성숙과 노화가 가장 빠른 부위가 잎의 끝이 되며 이는 특히 다른 작물과 다른 특징이라고 볼 수 있다. 잔디깎기를 계속 반복함은 이 노화하는 부분을 계속해서 절단해 주는 것을 의미하는 것이다. 잎의 표층에는 많은 기공들이 있으며 이곳으로부터 수분의 증산(Transpiration)과 탄산가스를 흡수하고 있다.

증산현상이 과도하게 되면 잔디가 시들거나 말라죽게 되지만 증상은 식물체 온도를 낮게 하여 호흡에 의한 영양분의 소모를 감소시켜서 생장을 도와주기도 한다.

잎의 생장은 잔디의 밑에 있는 관부 부위에서 일어나므로 짧게 깎아주어도 심한 피해를 받지 않는 특징을 갖고 있다. 특히 잎의 생장률은 나이에 따라 변화하는 양상을 갖으며, 이것을 살펴보면 가장 오래된 잎은 거의 생육이 중지되는 반면에 가장 새로운 잎이 제일먼저 생장하는 것을 알 수 있다(그림 4-13 참조).

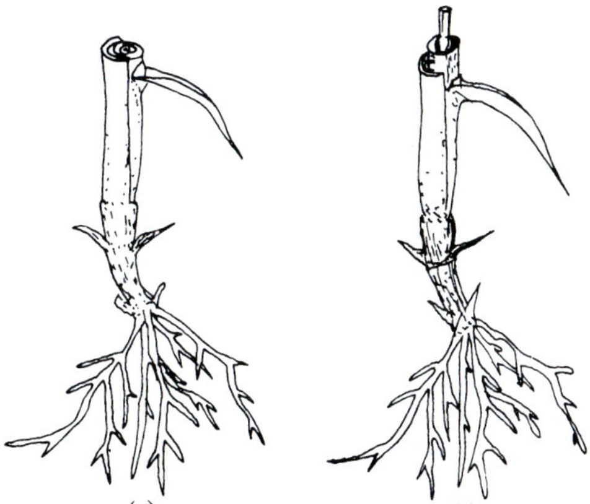

그림 4-15 잔디예초(Mowing) 후 새싹 발생과정 *

(a) 잎집높이(sheath height) 까지 예초된 직후 모습 (b) 예초 후 며칠이내 모습

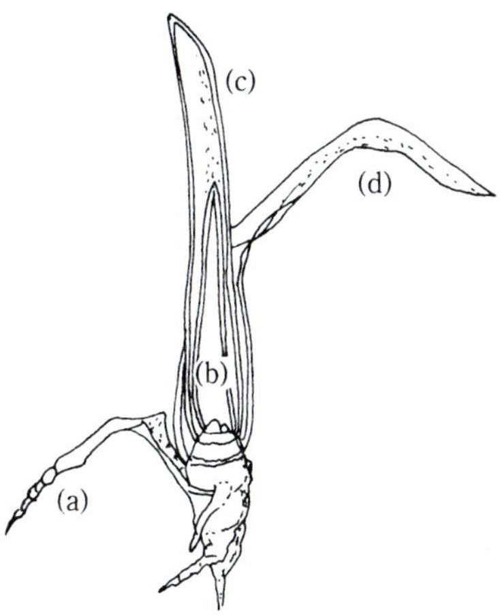

그림 4-16 잔디 새싹(shoot) 내의 잎의 모습 *

(a) 노화된 잎(Senescencing Leaf) (b) 성숙된 잎(Mature Leaf)
(c) 출현중인 잎(Emerging Leaf) (d) 노화된 잎에 쌓인 미성숙된 잎(Immature Leaf)
(* : A. J. Turgeon. 1985)

노화(Senescence)란 잎이 누렇게 변색하며, 마르고 얇아져서 결국 낙엽(Defoliation)이 되는 현상을 뜻한다. 이는 생리적으로는 엽록소(Chlorophyll) 함량의 감소, 수분의 감소, 단백질과 RNA(Ribonucleic acid)의 감소 및 무기염류 등의 감소를 말한다.

노화를 촉진시키고 있는 환경을 보면 질소부족, 칼슘(Ca), 칼륨(K^+) 등의 무기염류 부족, 단일(短日)과 낮은 야온(夜溫), 건조를 들 수 있다.

〈잎의 각종 특징에 의한 잔디초종 식별 요령〉

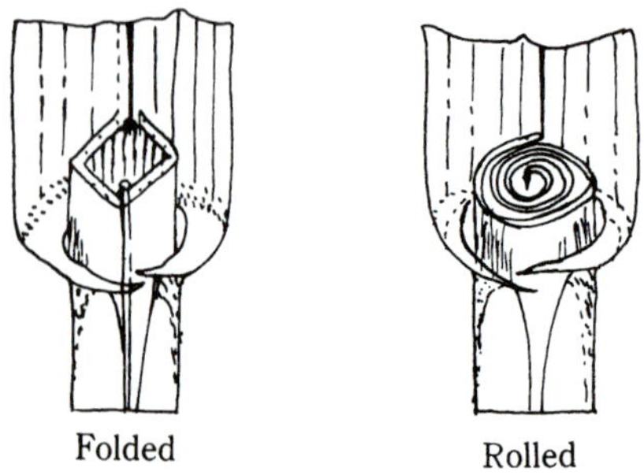

그림 4-17 잔디류의 유경(bud shoot)

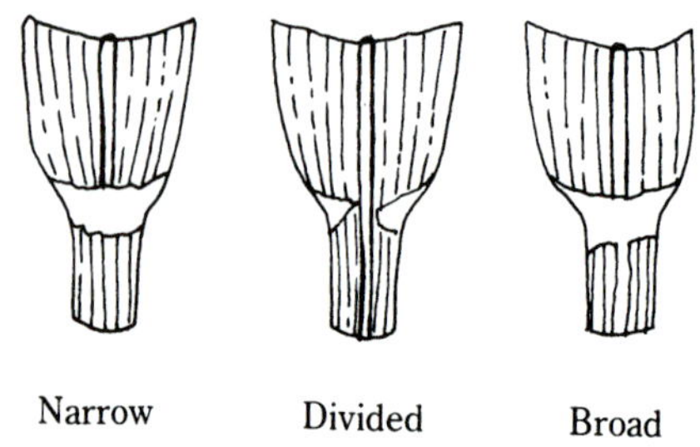

그림 4-20 잔디류의 경령(collar) 모양

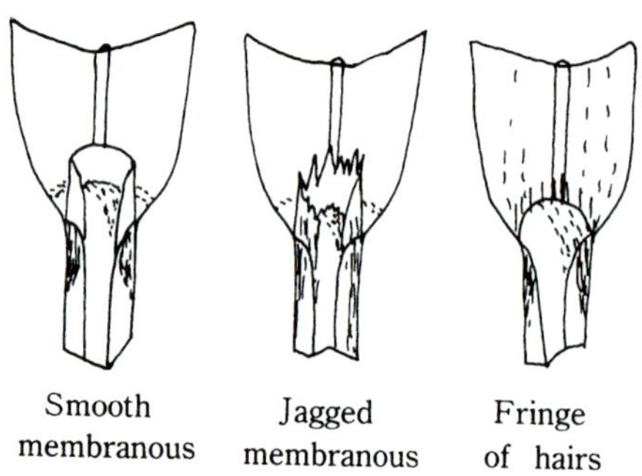

그림 4-18 잔디류의 입혀(葉舌, liqule) 모양

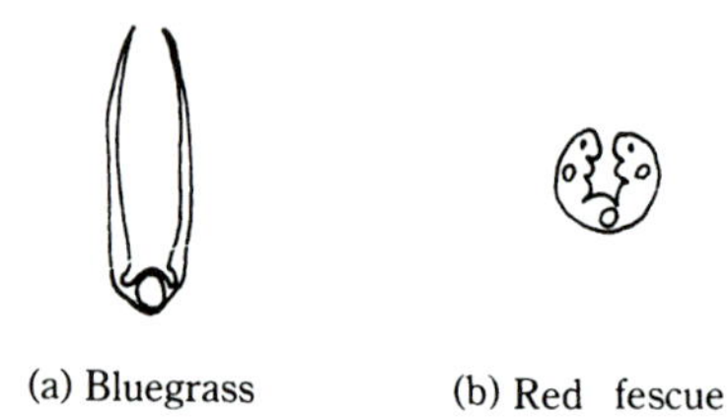

그림 4-21 잔디의 잎이 수분 stress을 받고 접혀진 모양

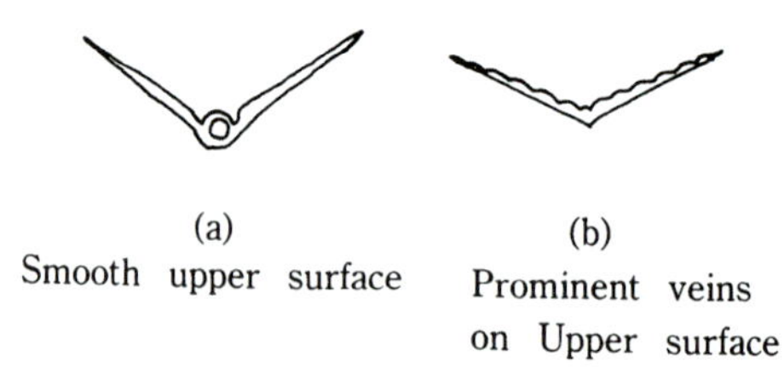

그림 4-22 잔디류 잎몸(leal blade)

(a) Bluegrass

(b) Fescues, Bentgrass 및 Ryegrasses

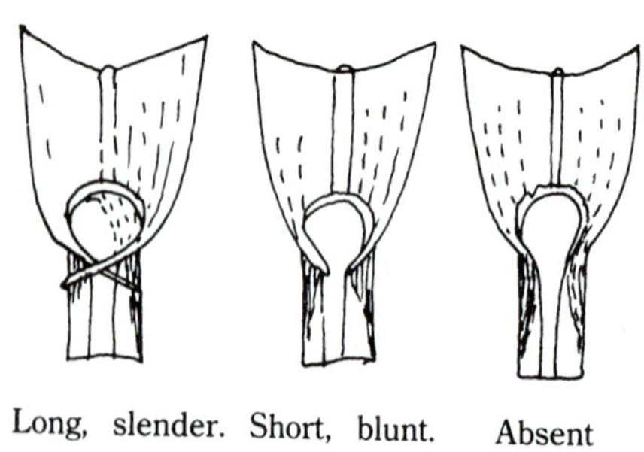

그림 4-19 잔디류의 잎귀(葉耳, auricles) 모양

(1) 잔디초지류 식별(識別)에 이용되는 특징

영양생장을 하고 있는 화본과 잔디류는 유경(Bud, shoot), 잎혀(Liqule), 잎귀(Auricle), 경령(Collar), 잎집(Sheath), 잎몸(Blade) 및 화서(Inflorescence) 등의 특징에 의하여 식별이 가능하다. 그러나 화서(花序)는 특수목적을 갖고 관리되는 잔디초지에서는 볼 수 없다. 그러므로 꽃이 없는 상태에서 겉모양이 비슷한 화본과 식물(Graminaeae)을 식별하기 위하여는 다음의 지상부

각 부위별 특징을 익혀두는 것이 꼭 필요하다.

특히 잔디초지를 조성시 관리자는 잔디류에 대해 식별할 수 있는 지식을 반드시 갖추고 있어야만 한다. 왜냐하면, 잔디의 초종간 식별은 생육중인 잔디초지에서는 용이하나 품종(variety) 간 식별은 그리 쉽지 않기 때문이다.

잔디의 품종 식별방법은 2~3개의 잔디 식물체를 달관(達觀)적으로 조사한 후 가능한 한 시들지 않게 잔디를 채취하여 잎 · 줄기 · 지상포복경 또는 지하경 및 뿌리 등에 대한 정밀조사를 실시하여 품종을 식별하여야 하며, 이 때에 영양생장(Vegetative Growth) 기관들은 환경에 의해서 조금씩 변화될 수 있다는 사실을 유념하여야 한다.

1) 유경(幼莖, Bud Shoot)

화본과 식물은 새싹이 들어있는 유경속의 잎이 배열되어 있는 모양에 때라서 대부분의 경우 2개의 군으로 나누는데 이는 새순을 잘라서 식별하면 된다.

① 유경속에 잎이 포개져 겹친형(Leaf Folded)

㉵ Bermudagrass, Kentucky bluegrass, St. Augustinegrass 등

② 유경속에 잎이 둘둘 말려 있는 구형(Leaf Rolled)

㉵ Zoysiagrass, Italian ryegrass, Creeping bentgrass 등

그러므로 유경속의 잎이 배열된 모양(Vernation)은 식별하는데 있어서 중요한 특징이 되고 있다(clarke 및 campbell 1950).[2)]

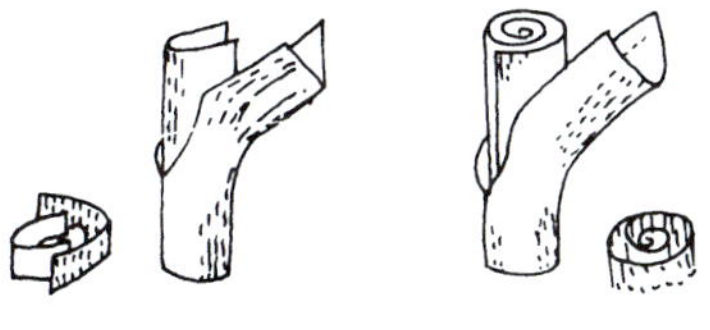

그림 4-23 유경(Bud shoot) 속의 잎이 배열된 모양

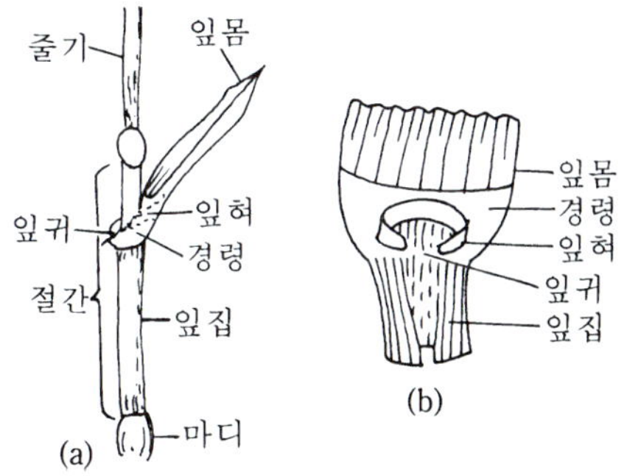

그림 4-24 잔디 잎의 각 기관의 양상 (a)(b)

2) 잎혀(葉舌, Ligule)

잎혀는 잎몸(Leaf Blade)과 잎집(Leaf Sheath)이 마주 닿는 곳에서 혀처럼 밖으로 자란 부위로서 화본과 식물을 식별하는데 가장 확실한 특징이다.

잔디의 잎혀모양(Ligule Types)에는 무형(無形, Absent), 막형(膜型), ㉵ Creeping benrgrass,

2) Clarke, S. E. and J. A. Campbell, 1950. The indentification of certain native and naturalized grasses by their vegetative characters. Canada Dept. Agric. Pub. No. 762.

Fescues, Ryegrasses, Kentucky blueglass), 모발형(毛髮型, fringe of hairs, ㉠ Zoysiagrass, Bermudagrass, St. Augustinegrass)이 있다.

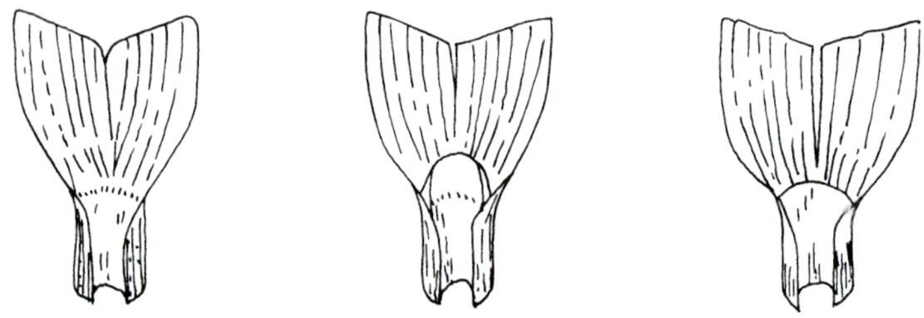

① Absent(무형) ② Membranous(막형) ③ Fringe of Hairs(모발형)

그림 4-25 (a) 잔디류의 잎혀(葉舌)의 모양

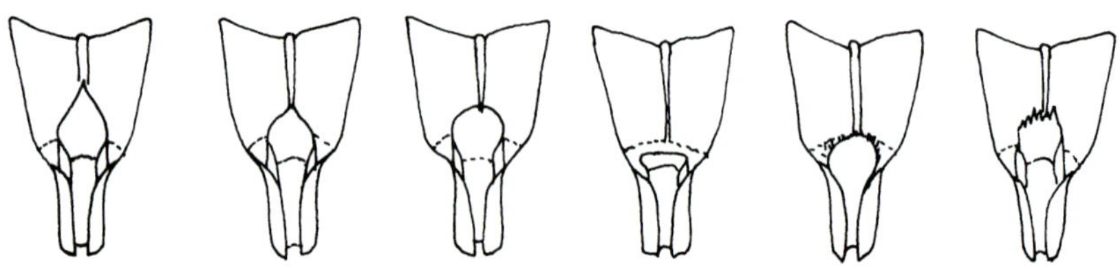

① Acuminate ② Acute ③ Rounded ④ Truncate ⑤ Ciliate ⑥ Toothed

그림 4-25 (b) 잔디류의 잎혀(Ligule)의 가장자리(Margins)의 형태

① 끝이 뾰족하고 날카로운 선예형(先銳型, Acuminate)
② 끝이 예리한 예두형(銳頭型, Acute)
③ 원두형(圓頭型, Rounded)
④ 끝이 잘린 평두형(平頭型, Truncate)
⑤ 가장자리(margins)의 생김새가 작은 털로 둘러쌓인 섬모형(纖毛型, Ciliate)
⑥ 이빨모양을 갖은 치아형(齒牙型, Toothed)

3) 잎귀(葉耳, Auricles)

잎귀는 경령(頸領, Collar) 부위의 양쪽으로부터 돌출한 기관이다. 즉 잎몸과 잎집의 접속부위에 잎이 가장자리로부터 돌출한 귀 같은 것으로서 길이와 모양이 각기 다르던가, 아니면 흔적정도로 되어있는 것도 있다.

① 잎귀가 없는 무형(absent)－Bermudagrass, Creeping benrgrass, Kentucky blueglass, St. Augustinegrass 등
② 갈구리 모양의 발톱형(claw－like)－Annual ryegrass, Perennial ryegrass
③ 잎귀의 흔적만 있는 발육부진형(發育不振型, rudimentary)－Tall fescue

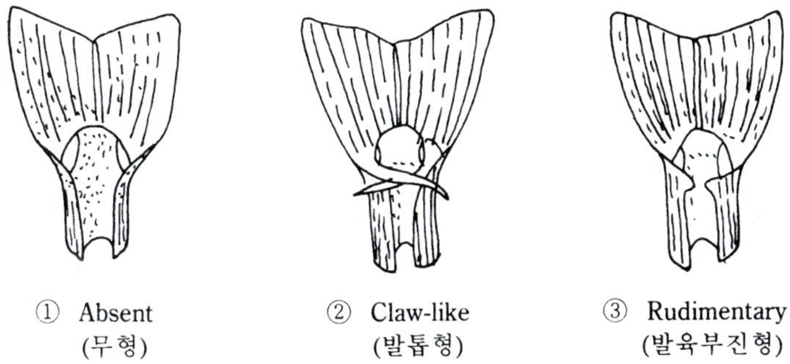

그림 4-26 잔디류에 잎귀(Auricle)의 모양

4) 경령(頸領, Collar)

경령(Collar)은 잎몸과 잎집 사이를 갈라놓는 분기점(分岐點)을 나타내는 분얼조직대 또는 생장대(生長帶, Growing point, meristem)라고 할 수 있으며, 이는 보통 털이 없지만 털이 있을 때도 있다. 또한 잎이나 잎집보다 가벼운 녹색을 갖는 것이 일반적인 특징이다.

① 넓은모양(broad band) – Zoysiagrass, St. Augustinegrass, Bahiagrass, Buffalograss 등

② 좁은모양(narrow band) – Bermudagrass, Carpetgrass, Red fescue 등

③ 잎의 가운데를 관통하고 있는 잎맥에 의해서 갈라져 있는 모양(divided by mideib) – Kentucky bluegrass, Tall fescue 등

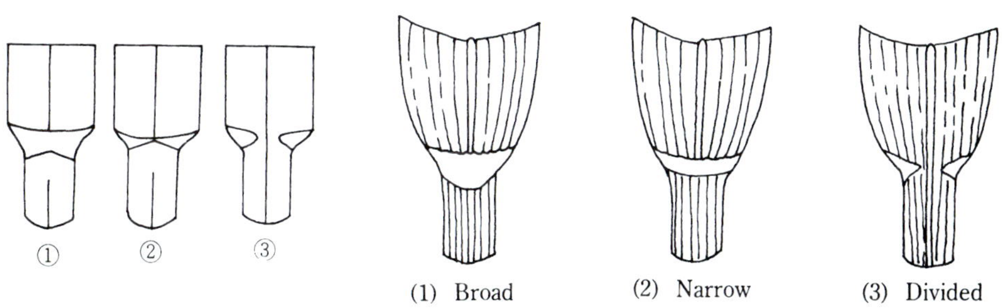

그림 4-27 잔디류에 경령(Collar)의 모양

5) 잎집(葉鞘, Leaf Sheath)

잎집은 줄기(Culm) 또는 어린 잎을 둘러싸고 있는 파이프 모양을 갖은 잎의 아랫부위로서, 대체적으로 둥근형태나 편평한 형태를 갖는다. 때로는 잎의 중근(中筋)에 의해서 용골판처럼 뒤집어 엎어진 모양도 있다.

① 잎집이 그냥 완전히 갈라져 있는 개열형(開裂型, Split)

② 겹쳐져 있는 잎의 가장자리(margins overlapping)로 되어 기부(基部)까지만 갈라져 있는 (Split) 중첩형(重疊型)

③ 잎이 아주 닫힌 폐쇄형(閉鎖型, closed)

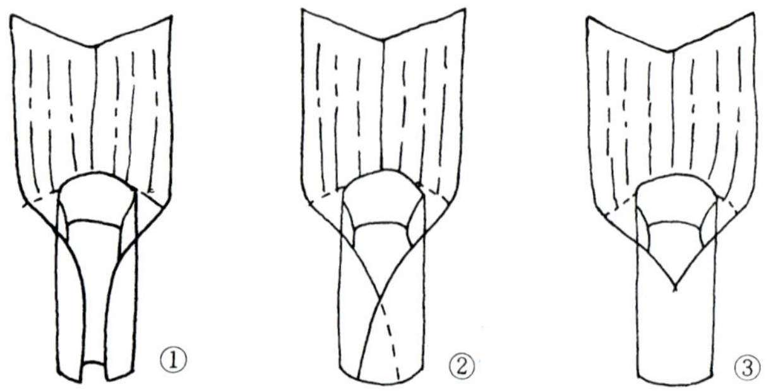

그림 4-28 잔디류 잎집(Leaf sheath)의 모양

6) 잎몸(葉身, Leaf Blade)

잎몸은 경령(Collar)과 잎혀(Ligule) 바로 위에 있는 부분으로, 대부분의 잎몸은 길던가 편평하다. 그러나 어떤 종류는 짧던가 말려있는 것도 있다. 특히 잎몸의 넓이(Width)와 길이(Length)는 화본과 식물의 품종, 관리상태 및 조건, 식생의 밀도, 그리고 연령(年齡)에 따라서 차이가 난다.

잔디 잎몸의 끝(Leaf Blade Tips) 모양에는 (1) 무딘형(Blunt or Rounded, 예 St. Augustinegrass, centipedegrass), (2) 잎끝이 뱃머리 모양의 선두형(船頭型, boat-shaped), 예 Kentucky bluegrass), (3) 잎끝으로 갈수록 점진적으로 차차 가늘어진 모양을 갖는 침상형(針狀型, tapering to a point, 예 Bermudagrass, Creeping bentgrass, Red fescue, Tall fescue, Zoysiagrass) 등이 있다.

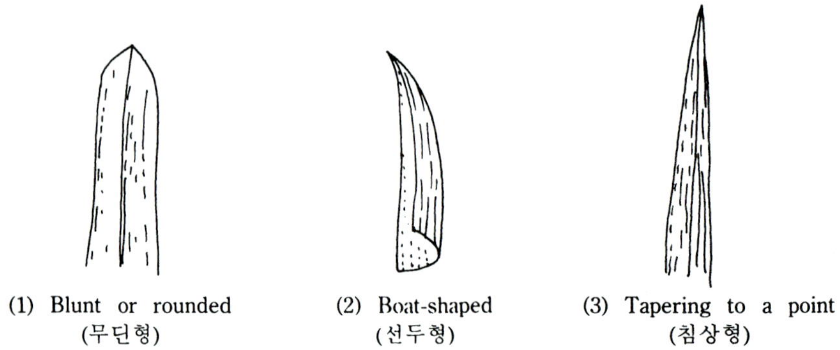

그림 4-29 (a) 잔디류에 잎몸의 끝 모양

또한 가로로 절단된 모양(Shapes Incross Section)에서 V자형(V-Shaped, 예 Kentucky bluegrass), 나사형(Bristle-like), 예 Red fescue, Chewings fescue), 말린형(Folded, 예 Bahiagrass, 편평형(Flat, 예 Bermudagrass, Creeping bentgrass, St. Augustinegrass) 등이 있다.

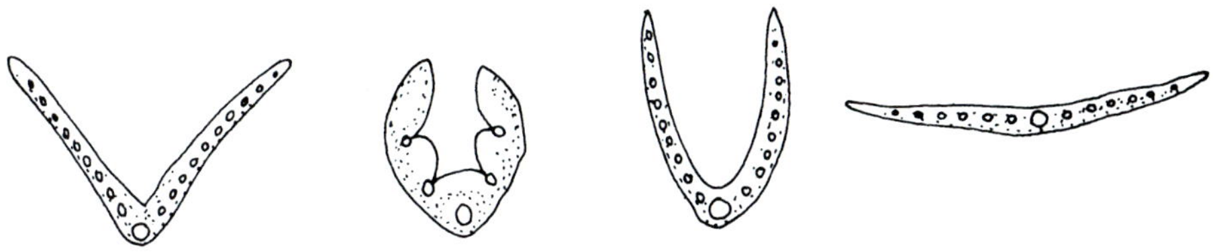

(1) V-Shaped(V사형) (2) Bristle-Like(나사형) (3) Folded(말린형) (4) Flat(편평형)

그림 4-29 (b) 잔디잎의 가로 절단모양(Leaf Shapes in cross section)

표 4-1 주요 잔디초종의 형태적 특성 비교

	초 종	유경속에 잎의 배열된 모양	잎귀 (葉耳)	잎혀 (葉舌) (mm)	잎집 (葉鞘)	잎몸(葉身)			생육형태
						폭 (mm)	끝	기타	
한지형 잔디초지	Chewing fescue	겹침	무	막형 0.2~0.4	편 평 적색바탕	1~2	침상형	나사형	다 발 형
	Colonial bentgrass	말림	무	막형 0.4~1.2	원 형 중첩형	1~3	침상형	편평형	다 발 형
	Creeping bentgrass	말림	무	막형 1~2	원 형 중첩형	2~3	침상형	편평형	포 복 경
	Kentucky bentgrass	겹침	무	막형 0.2~1	편 평 중첩형	2~4	선두형	V자형	지 하 경
	Perennial ryegrass	겹침	발톱형	막형 0.5~1.5	편 평 적색바탕	2~5	침상형	편평형 광 택	다 발 형
	Red fescue	겹침	무	막형 0.2~0.5	원 형 적색바탕	0.5~1.5	둥근형 둥근형	나사형	지 하 경
	Rough bluegrass	겹침	무	막형 4~6	편 평 청색바탕	1~4	선두형	편평형 또는 V자형	지상포복경
	Tall fescue	말림	발육 부진	막형 0.2~0.8	원 형 적색바탕	5~10	침상형	편평형 광 택	다 발 형
난지형 잔디초지	Bahiagrass	겹침 말림	무	막형 1.0	편 평 모발형	4~8	침상형	편평형	다 발 형 지 하 경
	Bermudagrass	겹침	무	모발형 1~3	편 평 중첩형	1.5~3	침상형	–	지하포복경 지 하 경
	Buffalograss	말림	무	막형 0.5~1.0	원 형 개열형	1~3	–	편평형	지상포복경
	Centipede grass	겹침	무	모발형 0.5	편 평 중첩형	3~5	둔각형 둥근형	편평형	지상포복경
	Carpetgrass	겹침	무	모발형 1.0	편 평	4~8	둔각형	–	지상포복경
	St. Augustine grass	겹침	무	모발형 0.3	편 평	4~10	둔각형 둥근형	편평형	지상포복경
	한국잔디	말림	무	모발형 0.2	원 형 중첩형	2~4	침상형	편평형	지상포복경 지 하 경

4.4 꽃(花)과 이삭(穗)의 형태 및 특성

일반적으로 완전하게 자란 화본과 잔디는 인경(鱗莖, Bulbs), 지하경, 지상 포복경, 잎 및 기타 기관이 갖는 특징과 함께 그들의 화서(Inflorescence)의 특성에 의해서 구별이 가능하다.

화서(花序)의 기본적인 구조는 작은 이삭(小穗, Spikelet)이며 모든 화본과 잔디 및 작물의 꽃은 작은 이삭 속에서 생긴다. 이 화서는 일반적으로 하나의 수상화서(穗狀花序, Spike)나 또는 원추화서(圓錐花序, Panicle)로 되어 있든가 때로는 총상화서(總狀花序, Raceme)로 되어 있다.

그림 4-30 화본과 작물의 화서(花序) (Turgeon, 1985)

작은 이삭은 1개의 짧은 줄기, 2개의 호영(護穎, Glumes)과 작은 꽃(Florets)을 가진 1개의 외영(外穎, Lemma) 및 내영(內穎, Palea)으로 되어 있다.

대개 일반적으로 외영은 1개의 까끄러기(芒, Awn)를 가지고 비스듬히 기울어져 있으며, 이것은 외영의 뒤에서부터 생기는 경우도 종종 있다.

작은 이삭의 모양과 크기는 속(Genus)과 종(Species)에 따라 달라지며, 이는 자루가 없이 이삭대에 달려 있든가 또는 하나의 줄기나 꽃자루 위에 생긴다. 또한 호영, 외영 및 내영 등은 길이 · 모양 · 조직 · 연모(軟毛, Trichome) 그리고 엽맥(葉脈, Venation)의 배열에 있어서 다르다. 이런 모든 것들이 화본과 잔디를 식별하는데 도움이 되는 겉모양 이라고도 할 수 있다.

작은 꽃은 1개의 외영과 내영, 2개의 씨방받침, 3개의 수술(Stamen)과 1개의 암술(Pistil)로 되어 있다.

여기서 암술은 나중에 곡실(穀實)이나 또는 배꼽으로 발달이 된다. 한편, 작은 꽃이 달려있는 작은 이삭 중의 줄기는 작은 이삭대(小穗梗, Rachilla)라고 불리운다.

종자이삭(Seed head)는 잔디의 경우 적당한 온도와 일장(日長)조건 하에서 관부위에 있는 원줄기(Main Culm)의 끝으로부터 이삭이 나온다.

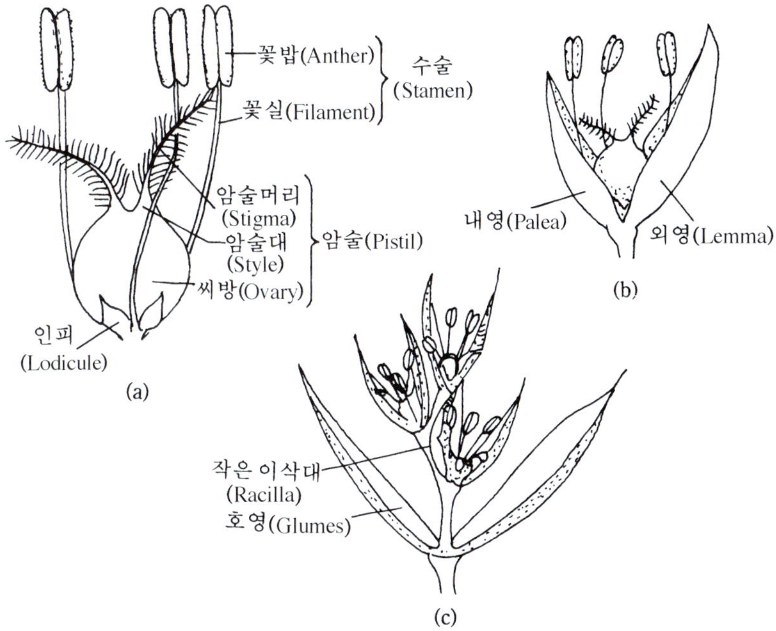

그림 4-31 꽃과 작은 이삭의 모양(A. J. Trugon. 1985)

(a) 화기(Grass Flower)
(b) 열려진 작은 꽃(Floret)
(c) 작은 이삭의 모양(Multiple Floret Spikelet)

잔디의 화기(花器, Flower Organ) 발육은 절간세포가 신장하면서 동시에 형성되는데 이는 늦은 봄~초여름 사이에 주로 생육되지만, 다년생 잔디는 지난해 가을철의 환경조건이 개화량(開花量)을 결정하며 일년생 Bluegrass Bermudagrass는 생육기간에 꽃이 완성된다.

일반적으로 꽃대(Flowering Culm)가 위로 올라오게 되면 잔디의 품질이 저하된다. 그 기계로 깎아주어야 하며, 예를 들면 Carpetgrass, Bahiagrass, Ryegrasses는 예초가 더욱 힘든 초종이다.

산니에 잎의 밀도를 유지하기 위해서는 꽃대가 발생하는 것을 억제시켜야 한다. 지상포복경이나 지하경을 발생시키는 형의 잔디류(Creeping Type Turfgrasses)가 잎이 빈약할 때는 적당히 깎아주면서 시비관리를 잘 하게 되면 보다 좋은 잔디로 조성시킬 수가 있다.

식물의 생육단계로 볼 때 개화 결실 후에 노화가 급속히 진전되는 경우가 많으므로 DNA(Deoxyribonucleic Acid)에서 노화를 지배하는 유전자와 개화를 지배하는 유전자 사이에 깊은 관계가 있는 것으로 생각된다. 한편, 개화결실은 종자가 양분을 떨어지게 하여 양분 고갈의 결과를 초래하는 경우가 많이 발생하는데, 이러한 현상의 경우도 노화에 영향을 미치는 것으로 추측된다. 이에 관여하고 있는 식물호르몬의 역할을 보면 에틸렌(ethylene)과 ABA가 노화를 촉진시키는 물질인 반면 시토키닌(cytokinin)은 노화를 익제하는 물질로 알려져 있다. 특히 이 시토키닌은 세포분열이 왕성한 뿌리의 선단에서 합성하는 것으로 알려져 있어 왕성한 뿌리의 생육과 노화의 지연과는 유관할 것으로 생각되어진다.

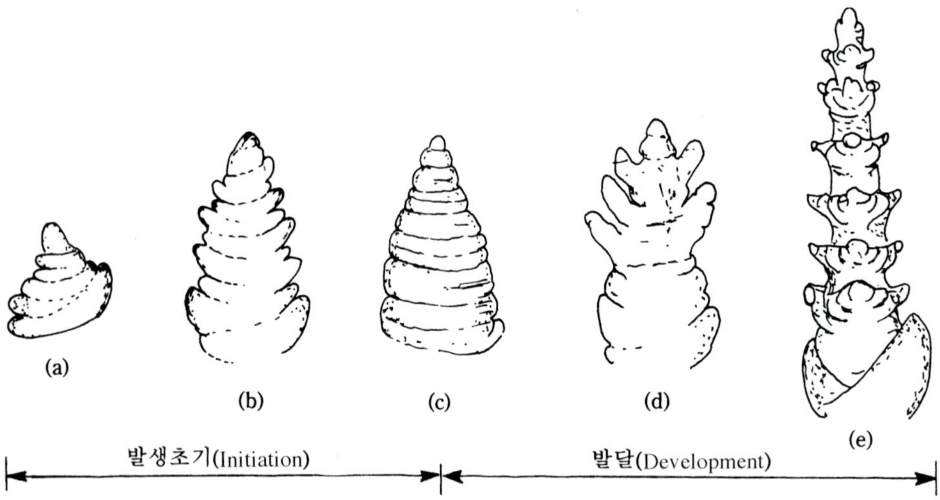

그림 4-32 잔디의 화서(Inflorescence) 발생초기부터 각 단계별 발달과정의 모습(J. Turgeon, 1985)

(a) 영양생장초기(Vegetative)
(b) 신장(伸長, Elongation)
(c) 이중능(稜, Double Ridge)
(d) 소수상화(小穗狀花)의 초기(Early Spikelet)
(e) 소수상화의 형성단계(Late Spikelet Formation Stages)

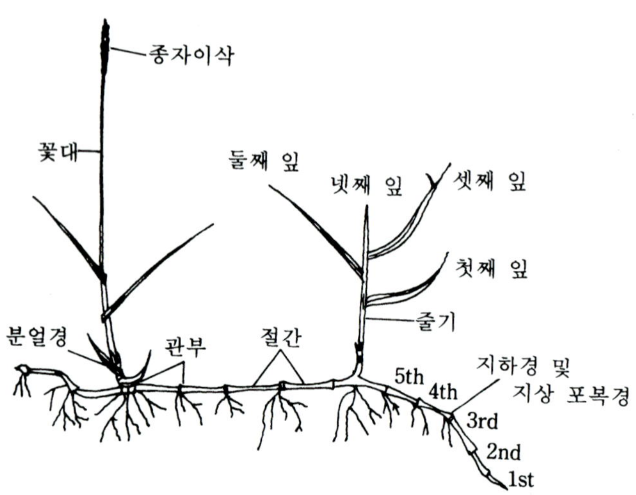

그림 4-33 한국잔디의 각 기관의 형태(Morphology of Organ of *Z. japonica* Steud) * (저자, 1987)[3)]

3) 장남기 · 김형기 · 유준희, 1987, 한국잔디에 있어서 Amylase와 Nitrate Reductase의 기관별 활성분배에 관한 연구. 한국잔디학회지 : 1(1) 49~55.

4.5 종자(種子) 및 형태와 구조

종자가 하나의 식물이 되어지는 것 보다는 많은 종자를 생산하는 생명의 신비가 감추어져 있다. 아무튼 종자의 한 개체가 새로운 생명의 시작을 의미하는 것임에는 틀림없다. 이 종자는 우리 인간과 초식가축(Grass-Eating Animals)에게 대단히 중대한 자원이지만 종자는 인간의 인위적인 도움에 관계없이 자연조건의 상태에서도 충분히 영위하며 살아갈 수 있는 특성을 갖고 있는 것이 종자의 특징인 것이다.

종자의 깊숙한 내부에는 스스로 살아갈 수 있는 힘과 영양분의 근원이 되는 요소들과 다음 세대를 이어가는데 필요한 기타 신비스러운 정보가 감추어져 있다. 일반적으로 자연상태에서 종자가 다른 곳으로 옮겨 흩어지는 데에는 바람, 물, 곤충, 새, 기타 동물들을 매개체로 하여 이동하며, 또한 종자는 이 매개체를 쉽게 이용될 수 있는 형태로 되어 있다.

각종 식물종자는 크기, 모양 , 색 등이 매우 다양하며, 그 모양도 둥글거나 난형(卵型)이거나 타원형 혹은 장타원형 등이 있고, 색깔 역시 검거나 갈색인 것이 많지만 붉거나 희거나 또는 황색, 녹색 등 여러 가지가 있다. 또한 종자의 표면 역시 거칠거나 편평하거나 또는 털이나 고리 같은 것이 붙어 있기도 하다. 종자의 구조 역시 매우 다양하고 복잡한 편이다. 그러나 종자의 구조와 기능은 서로 잘 조화를 이루고 있다고 볼 수 있다. 종피(Seed Coat)가 잘 발달하도록 이상적인 환경을 제공하기도 한다. 배의 발육과 더불어 발달하는 양분이 저장조직은 종자의 기능과 구조가 우리에게 보여주는 조화의 좋은 예라고 할 수 있다.

(1) 우량종자(優良種子)의 조건

일반적으로 종자야 말로 아직도 세계에서 가장 중요한 식량이며 곡류(Cereals)로 알려진 화본과(Graminae) 작물이야 말로 그 어떤 식물보다도 식량작물로 매우 중요하다. 종자를 파종하여 재배하는 모든 식물 가운데 약 90% 이상이 곡실작물인데, 이것은 인간에게 필요한 탄수화물과 단백질을 비롯한 주요 영양물질을 제공하고 있다.

종자는 인간의 식량으로만 이용되는 것이 아니라 그 외에도 많은 용도로 사용되어지고 있다. 즉 종자를 그대로 이용하거나 또는 가공 및 발효시켜 이용한다. 또한 이 외에도 약품을 만드는데 쓰여지기도 한다.

어쨌든, 종자 한 알이 새로운 생명의 시작을 의미하는 것이므로 종자 그 자체에 대한 연구는 생명자체에 대한 연구인 것인다. 종자의 연구는 인류 역사와 더불어 시작되었고, 앞으로도 계속 연구될 것이며 또한 우리에게 큰 공헌을 할 것이다.

종자의 신비로움은 현재까지 많은 학자들의 연구로 인하여 상당히 알려져 왔으나 아직도 미지의 것이 많이 있다. 여기서 우량한 잔디 종자로서의 구비조건을 살펴보면 다음과 같다.

1) 본질적으로 우량(優良)한 인자(因子)를 가진 것

일반적으로 종자는 내병성(耐病性), 풍산성(豊産性), 저장성(貯藏性), 미미성(美味性) 등의 조건들을 구비한 것이라야 한다. F_1(잡종 제1대) 종자를 대개 좋은 종자라고 하는 것도 그 종자가 잡종강세(F_1 Vigour, Heterosis)의 유전원칙에 의해서 위와 같은 조건들의 대부분을 구비해 가지고 있기 때문이다.

2) 순수(純粹)한 종자일 것

고정품종의 종자는 순계(Pure Line)라야 하며 F_1 종자는 양친이 각각 순계인 동시에 그것을 원종(原種, Basic, Foundation, Registered Seed)으로 해서 생산되는 종자이기 때문에 형질 역시 균일해지는 것이다.

왜냐하면 양친이 순계가 되지 못하면 종자도 따라서 형질의 균일성을 갖지 못하기 때문이다.

3) 신선(新鮮)한 종자(種子) 일 것

종자가 묵을수록 생화기능이 감퇴되어 발아세(Germinating Speed)가 점점 약해지다가 나중에는 완전히 발아력을 잃어버리기 때문에 햇종자로서 발아율(Germination Percentage)을 높여야 한다.

4) 청경한 종자 일 것

무엇보다도 종자는 각종 병균이 없어야 함은 물론, 특히 병 없는 지대(地帶)와 병 없는 과(果) 또는 나무 등으로부터 채종(Seed Production)한 것이라야 한다. 왜냐하면 종자에 병균이 묻어 있으면 포장에 심하게 발생되기 때문이다.

5) 완숙종자(完熟種子) 일 것

일반적으로 종자의 숙도에 유숙(乳熟), 황숙(黃熟), 완숙(完熟), 과숙(過熟)의 4가지가 있는데, 유숙은 종자를 누르면 젖빛 같은 물이 터져 나오는 설익은 상태이므로 물론 좋지 않으며, 반대로 과숙은 너무 익어서 종자의 생활기능을 손상시킬 염려가 있으므로 역시 좋지 않다. 그러므로 대체로 완숙정도가 가장 좋다고 할 수 있다.

6) 올찬 종자 일 것

영양불량 상태이나 쭉정이 종자가 되어서는 안되며, 이 외에도 크기, 모양, 빛깔, 냄새, 비중, 중량 등은 작물의 종류와 품종에 따라서 각기 고유한 특징이 있으므로 그 특징을 구비한 것이라야 우량종자이다. 이 외에도 환경적응성(環境適應性)이 좋고, 종자생산량도 많아 종가값이 저렴하고, 협잡물(挾雜物, Inpurity, Inert matter) 및 잡초종자가 혼입되지 않은 것 등을 들 수 있다.

(2) 채종포(採種圃, Seed Farm)의 조건

1) 토성(土性, Soil Texture)

일반적으로 곡식작물 및 사료작물의 경우에 있어서 작물재배는 그 재배목적이 작물의 뿌리, 줄기, 잎, 열매, 꽃 등의 영양체를 식용으로 하는 것이 목적이므로 유기질이 풍부한 비옥한 토양일 경우에 뿌리, 줄기, 잎 등의 이용부위를 무성하게 생육시킬 수 있지만, 종자생산의 경우는 이와 반대로 잘 여물지 못하는 현상을 초래한다. 그러므로 채종지(採種地)는 비교적 척박한 토질에 질소질 비료를 적게 시비하고 인산 및 칼리질 비료를 충분히 시용(施用)하여 재배하여야 질이 좋고 잔디종자를 많이 생산할 수가 있는 것이다.

2) 각종 환경조건

채종장(採種場)은 원종(Pure Breed)이 아무리 좋더라도 ① 채종지대의 기후풍토가 나쁘거나, ② 채종장 부근이나 주의에 다른 품종을 채종하거나, ③ 다른 작물을 재배하는 밭이 주변 가까이에 있어서 교잡될 염려가 있으면 그 곳은 채종장으로서 적당하지 못하다. 특히 채종포가 평야지대에 있을 경우에는 충매(蟲媒) 및 풍매(風媒)로 인하여 교잡되기 쉬우므로 다른 품종을 재배하는 포장과는 상당한 거리로 격리시켜야 한다.

채종적지로는 산골이나 섬과 같은 아주 격리되는 곳이 교잡의 우려가 없어서 순계(Pure Line)의 우량한 종자를 생산할 수가 있을 뿐만 아니라 땅값과 노임이 저렴하기 때문에 생산비가 절감되어 유리하다. 특히 우리나라는 다른 나라보다도 산악지대가 많고 또 남한의 다도해(多島海)에는 크고 작은 수많은 섬들이 많이 있으므로 산골짜기들과 섬들을 이용해서 단일 품종을 기술적으로 실시하면 잔디를 비롯한 모든 곡식 · 사료작물의 채종이 가능하므로 세계적으로 유명한 채종국가를 이룩할 수가 있을 것이다.

즉 종자생산의 경우에 있어서는 기후가 냉량하고 지질은 다소 척박한 지대에서 채종한 것이 대체적으로 우량종자이다. 이는 기후가 냉량한 고원지대에는 병충해가 극히 적기 때문에 그러한 지방에서 채종한 종자는 병이 없고 충실하며 또한 비옥한 토양에서는 질소성분이 많아서 뿌리, 잎, 줄기 등 영양체만이 무성하고 종자는 올차게 여물지 않으므로 비교적 척박한 땅에서 받은 종자가 좋다고 할 수 있다.

(3) 종자의 수명에 영향을 미치는 각종 요인들 (Factors influencing the Life-Span of Seeds)

일반적으로 작물종자의 수명은 작물의 종류와 품종에 따라서 차이가 있지만 꼭 절대적인 것이 아니다. 이는 ① 채종지(Seed Farm)의 환경, ② 종자의 숙도(熟度), ③ 수분함량, ④ 수확 및 조제방법, ⑤ 저장조건 등에 따라서 달라진다.

그렇지만 저장 중의 종자수명에 영향을 미치는 주요 조건은 수분함량 · 온도 · 산소 등이다.

예를 들면 수분함량이 많은 종자는 고온에 정장하게 되면 수명을 극히 단축시키게 되면 또한 고온다습은 호흡속도를 조장하기도 한다.

산소를 완전히 제거하면 무기호흡(無氣呼吸, Anaerobic Respiration)을 하게 되는 까닭에 유해물질이 생성되어 발아를 저해한다. 물론 산소가 충분하여도 많은 호흡을 조장(助長)하여 종자의 수명을 단축시킨다.

결론적으로 종자의 수명을 연장시려면 ① 종자를 충분히 건조시켜야 하고, ② 흡습(吸濕)을 방지해야 하며, ③ 저온으로 저장하는 동시에, ④ 산소도 제약하는 것이 좋다. 이와 같이 저장조건과 조자의 수명은 깊은 상관관계가 있다.

특히 종자의 수명을 오랫동안 연장시키려고 하면 종자가 죽지 않는 범위 내에서 될 수 있는 대로 생활력을 약화시켜둘 필요성이 있다. 이러한 관점에서 보면 저장 중의 환경조건은 온도와 습도의 영향이 매우 크다.

공중습도는 종자의 수분함량에 직접적으로 커다란 영향을 주는 것이며, 또한 종자의 수분함유량은 종자의 종류에 따라 동일한 종자라 하더라도 장소와 시기에 따라 변화됨으로 종자를 취급하는 데에 세심한 주의가 필요하다.

1) 내부요인(Internal Factors)

종자의 물리적 상태와 생태적 상태는 종자의 수명에 영향을 준다. 예를 들면 종자가 파열(破裂)되거나, 약간의 손상을 받을 경우에는 정상적인 종자보다 빨리 퇴화한다. 또한 물리적 증상은 없으나 종자는 생리적으로 지장을 받아 퇴화(Deterioration)가 빨리 이루어지는 수도 있다.

종자가 발아하는 중이거나 또는 생리적으로 완숙(Physiological Maturity) 되기전에 N, K, Ca 등 무기물의 결핍, 구분 및 온도의 부적합 등 나쁜 환경에 놓이게 되면 종자의 수명은 단축되게 된다.

2) 상대습도(相對濕度, Relative Humidity, RH)와 온도

종자의 수명을 좌우하는 중요한 외적인 요인으로는 상대습도(Relative Humidity)와 온도 등이다.

즉 대부분의 식물종자의 경우 80%의 상대습도와 25~30°C 온도에 저장하면 발아력이 빨리 저하된다. 그러나 종자를 50% 이하의 상대습도와 5°C 이하의 온도에 저장하면 10년이상의 발아력을 유지할 수가 있는 것이 보통이다(Tool. 1950)[4]. Harrington(1960)[5]의 보고에 의하면 종자를 안전하게 저장하려면 저장고 내의 상대습도와 화씨온도를 합하여 100이 넘지 않도록 해

4) E. H. Toole, 1950. Relation of seed processing & conditions during storage on seed germination, proceeding of the ISTA. 16 : 214-27.

5) J. F Harrington, 1960. “Drying, Storing, and Packaging seed to maintain germination, vigor,” Seedsmen’s Digest.

야 한다고 보고 하였으며, 또한 L. N. Bass(1967)[6]는 종자를 1~3년 저장하려면 화씨온도가 50°C를 넘지않는 범위에서 상대습도와 합계가 120을 넘지 말아야 한다고 주장하였다.

한편, 온도가 5°C에서 상대습도가 45~50%로 되게하면 대부분이 작물의 종자는 10년이상 저장할 수 있다(Toole, 1957).[7]

3) 저장고내 가스의 조성(Gaseous Composition of Storage Environment)

종자저장고내 공기조성은 대기의 조성(0.03%의 탄산가스, 80%의 질소, 20%의 산소)과 다르면 또한 인위적으로 변경시킬 수 있는 것이다.

저장고내 산소의 농도가 대기 중의 산소농도보다 높을 경우에는 일반적으로 종자의 퇴화를 촉진시킨다.

한편, 냉장고 탄산가스의 농도가 대기 중의 탄산가스 농도와 같을 경우 Red clover 종자의 저장력을 향상시켰다고 하였으며 Toole(1957)[8] F. W. went(1961)[9]의 보고에 의하면 종자를 진공상태로 저장하였을 때 50종의 작물종자의 발아력이 10년 이상 유지되었다고 발표 하였다.

(4) 종자의 퇴화(退化, Seed Deterioration)

종자의 퇴화가 확실하게 나타나는 것은 대개 발아과정 중 또는 어린 삭이 성장할 떼에 알 수가 있다. 그렇지만 조자의 퇴화가 생리적 현상으로 그 증상이 뚜렷하지 않을 경우에는 복잡한 방법에 의해 퇴화의 증상(Symptoms of Seed Deterioration)을 확인할 수밖에 없다(그림 4-34).

그림 4-34는 퇴화하는 작물의 각종 종자에서 흔히 발견할 수 있는 변화과정이다.

이 과정은 생장시험이나 생화학적 분석법에 의해서 확인할 수가 있다.

종자의 퇴화(Retrogression, degeneration)는 결국 발아와 기타 식물의 정상적인 생장발달에 영향을 준다. 가장 먼저 나타나는 증상으로는 어린 싹의 출현이 지연되며, 그 다음에 어린 싹의 생장이나 발아가 늦어진다. 또 다른 종자 퇴화의 증상으로는 종자가 발아 중이거나, 어린 싹 생장초기에는 여러 가지 불리한 환경조건에 견디는 힘이 적어진다.

(5) 종자의 발아력(發芽力)이 감퇴되는 요인

1) 종자 중 효소활력(酵素活力)이 감소된 경우

일반적으로 효소활성의 저하(Enzyme Degradation and Inactivation)는 종자의 노화에서 볼 수 있는 독특한 현상이다. 그러나 이 효소활성의 저하는 기타 가른 변화의 결과이지 그 자체가

6) L. N. Bass, 1967. "Response of Reed Canary grass(*phalaris arundinaceae* L.)" seed to storage conditions.
7) E. H. Toole, 1957. "Storage of Vegetable seeds" U. S. Dept of Agriculture leaflet. 220.
8) G. Evans. 1957. "Red clover seed storage for 23 years" Journal of the British Grassland Society.
9) F. W. Went, 1961. "problems in seed viability and germination," proceedings of the ISTA.

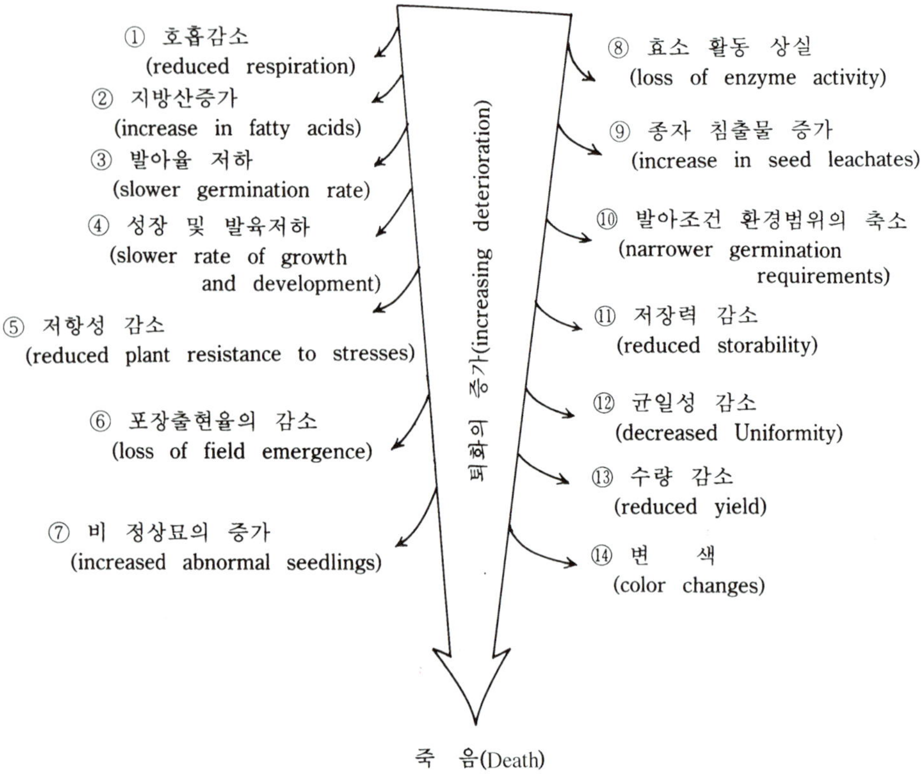

그림 4-34 퇴화종자(退化種子)에서 볼 수 있는 각종 증상[10)]

퇴화의 주 원이이라고 단정하기는 어렵다.

종자에서 효소활성의 저하는 호흡량을 감소시키고, 나아가 ATP의 생성과 발아종자에 필요한 양분의 공급을 감소시키는 결과를 초래하고 있다.

Catalase, Dehydrogenase, Glutamic Acid, Decarboxylase와 같은 효소들의 활성저하가 일반적으로 퇴화하는 종자에서 흔히 볼 수 있다.

2) 종자 중 저장양분(貯藏養分)이 소모된 경우

이는 종자퇴화에 관한 매우 오래된 학설로 엄밀한 근거를 가지고 있는 것은 아니다.

즉 대부분의 종자는 원래 수천년을 살 수 있는 양분을 가지고 있다고 한다(Edwin james. 1960).[11)]

L. V. Barton(1961)[12)]의 조사보고에 의하면 1,000~2,000년 동안 고대 무덤속에서 묻혀온 밀 종자도 대부분의 양분을 저장하고 있다고 하였는데 이는 비록 살아 있지는 않았어도 대부부분

10) L. O. Copeland, 1976. Principles of seed science and Technology. p.199.
11) Edwin James, 1960. "Seed deterioration" 5th Farm Seed Research Conference. p.31-39.
12) L. V. Barton, 1961. Seed Preservation & Longevity(London : Leonard Hill). p.216.

의 저장양분을 그대로 유지하고 있다는 것을 의미한다.

건조된 종자 내에서의 생화학적 분해과정(Biochemical Degradation Process)은 매우 적기 때문에 이것을 대부분은 종자의 일생을 통하여 저장양분을 고갈(Depletion of Food Reserves) 시킨다고 볼 수없는 것이다.

그렇지만 J. F. Harrington(1973)[13)]의 연구에 의하면 호흡은 저장양분의 이동에 관계하는 조직들이 고갈됨으로써 양분이 배(Embryos)에 도달하지 못한다는 것은 보고한 바 있다.

3) 유해물질(有害物質)이 축적된 경우

C. Floris(1970)[14)]의 보고에 의하면 저장고 내에 수분함량이 낮은 상태에서 호흡과 산소의 활성이 저하되면 결국 종자의 발아력을 감소시키는 유해물질이 축적된다고 하였다. 즉 묵은 밀 종자의 배(胚, Embryo)를 노화되지 않은 밀 종자의 배유(Endosperms)에 이식시키고, 반대로 노화되지 않은 배를 묵은 종자의 배유에 옮겼을 때 발아력과 어린싹 발생하는 힘이 저하되었다고 하였는데 이는 노화된 조직 내에 유해물질이 축적되어 있기 때문이다. 또한 발아억제 유해물질(Germination Inhibitor)의 하나로 abscisic acid를 들 수 있다(Harrington. 1969, Martin 등. 1969).[15), 16)]

4) 발아유도기구(發芽誘導機構)가 분해된 경우

이는 종자가 발아를 맨 처음 유도하는 어떤 생화학적 기구가 정상적인 기능을 발휘하지 못하게 되어 퇴화가 되어 버린다는 설이다(Harrington. 1973)[17)]의 보고에 의하면 이 Gibberellin이 일부 노화된 샐러리(Celery) 종자의 발아와 어린 싹이 발생하는 힘을 향상시켰다고 하였다.

5) 가수분해효소(加水分解酵素)가 불활성화된 경우

종자내 수분함량이 발아에 필요한 수준으로 됨에 따라 가수분해효소는 활성화된다. 만일 종자내 수분이 발아에 충분하도록 공급되면 정상적인 발아가 되지만, 만일 수분이 일정기간 계속 공급되지 않으면 종자는 그때까지 양분의 분해에 이용된 에너지의 소비와 분해산물의 축적으로 인해 퇴화가 되게 된다. 이와 같은 종자의 퇴화는 종자내 수분함량이 20% 이상 될 때 빨리 일어나며, 20% 이하일 경우에는 다른 종류의 퇴화가 발생된다고 한다.

---

13) J. F. Hrrington, 1973. Biochemical basis of seed longevity, Seed science and Technology. 1(2) : 453-61.

14) C. Floris, 1970. Again in Triticum durum seeds : Behaviour of emloryos and endosperms from aged as revealed by the embryo-transplanation technique. Journal of Experimental Botany. 21 : 462-68.

15) J. F. Harrington, K, Ryugo 1969. "Abscisic acid component of the beta-inhibitor complex in the Prunus endocarp." Journal of the American Society for Horticultural Science. 94 : 5-8.

16) G. C. Martin, M.I.R. Mason, and H.I. Forde, 1969, "Changes in endogenous growth substances in the embryos of Juglons regia during stratification", Journal of the American Society for Horticultural Science. 94 : 13-17.

17) Edwin James, 1960. Seed deterioration, 5th farm seed Research Conference. p.31-39.

수분함량이 많을 때 활성화되는 가수분해효소로는 Diastase, Amylase 및 Protainase를 들 수 있다.

6) 균(菌)의 침입(侵入)하는 경우

종자의 수분함량이 14~15%일 때에는 대기의 상대습도가 75% 될 때와 잘 평형(平衡)되어 있지만, 15% 이상의 종자수분 함량일 경우에는 균의 침입(Fungal Invasion)에 의한 퇴화가 문제가 된다.

그러나 Edwin James(1960)[18]에 보고에 의하면 밀 종자의 퇴화(種子退化)가 12~14%의 종자수분에서도 발생되기 시작한다고 하였다.

7) 유전적 퇴화(遺傳的 退化)된 경우

간혹 종자의 퇴화가 정상적인 종자조직의 세포기능을 방해하는 일종의 체세포적 돌연변이에 의하여 발생하는 경우가 있다.

이 유전적 퇴화(Genetic Degradation)는 체세포의 돌연변이에 의하여 염색체(染色體)에 이상이 생기는 경우에 흔히 볼 수 있다.

A. Gustagsson(1937)[19]의 보고에 의하면 염색체의 비정상적인 결합이 특히 묵은 보리 종자에서 많이 발생되었다고 보고하였다.

F. D Amann(1952)[20]의 실험에 의하면 묵은 종자에 있어서 나타나는 돌연변이는 저장 중 생성된 물질에 의해서도 유도될 수 있는데 이같은 물질은 마다도 종자의 대사작용의 결과 생긴 분해물질(分解物質)일 것이라고 보고하였다.

그러나 종자의 퇴화를 가져오는 주요 원인의 하나가 유전적 퇴화가 아니라고 주장한 사람도 있다(Harrington. 1973).[17]

8) 분열조직세포의 기아(Starvation of Meristematic Cells)

이 설은 1971년 미농무성에 의해 실시된 종자의 질에 관한 발표회에서 나온 것이다. 그러나 그 원리는 저장양분의 고갈설(Depletion of Food Reserves) 보다도 일찍이 논의된 바 있다(Edwin James. 1960).[20]

이 성에 의하면 호흡은 저장양부의 이동에 관계하는 조직들이 고갈됨으로써 양분이 배(胚)에 도달하지 못한다는 것이다.

또 다른 연구에 의하면 Harrington(1973)[21] 등은 충분한 저장에너지가 있는 곳으로부터 매우 가까이 있는 분열세포들 일지라도 어떤 양분이 고갈(枯渴)이나 상해(傷害)에 의해 죽어 버릴

18) A. Gustafsson, 1937. "Der Tod Als Ein Nuklearer Prozess," Hereditas. 23 : 1-37.
19) F. D'Amaun 1952. "The problem of the origin of spontaneous mutations," Caryologia. 5 : 1-13.
20) Edwin James, 1960. Seed deterioration, 5th Farm Seed research Conference. p.31-39.
21) J. F. Harrington, 1973. Biochemical basis of seed longevity Seed Science and Technology. 1(2) : 453-61.

수 있다. 이 때에 ADP(Adenosine Diphosphate)를 ATP(Adenosine Triphosphate)로 다시 전환시키지 못하여 에너지가 고갈되기 때문에 죽는 것으로 생각된다고 하였다.

이 외에도 ⑧ 종피(種皮)가 물리적 또는 화학적으로 변질한 경우, ⑨ 배(胚)속의 단백질이 응고한 경우, ⑩ 배조직의 세포핵(細胞核)이 퇴화한 경우 등을 들 수 있다.

(6) 종자의 휴면(休眠)

일반적으로 잔디류 종자는 적당한 환경이 주어지게 되면 발아하는 경우와 그렇지 못한 경우로 나뉼 수 있다. 후자의 현상이 발생되는 것은 주로 종자의 휴면(Seed Dormancy)이 관계되며 그 기작(Mechanism)도 매우 다양한 편이다. 휴면이란 성숙종자라도 일정한 기간 발아력을 갖지 못하는 수가 있는 현상을 넓은 의미에서 종자의 휴면이라 하며, 대체적으로 휴면기간(Dormancy Period)은 작물의 종류, 품종 및 저장조건 등에 따라서 차이가 난다. 일반작물을 예로 들어보면 벼는 휴면기간의 거의 없으며, 맥류는 수일~20일, 감자는 2~4개월, 경실종자(Hard Seed)는 수개월~수년으로 알려져 있다.

또한 휴면에는 자발적 휴면(自發的 休眠, Rest, Innate Dormancy)과 타발적 휴면(他發的 休眠, External, Imposed Dormancy)으로 나누어 볼 수 있다. 후자인 타발적 휴면은 발아력을 가진 종자라도 발아에 필요한 제반조건 등이 부여되지 않으면 발아를 못하는 경우를 말하며 저장주의 종자는 이와 같은 상태에 있다고 볼 수 있다.

이에 반하여 자발적 휴면은 진정한 휴면으로 발아에 필요한 조건들을 부여해도 발아하지 못하는 상태를 뜻한다.

O. Fischnich(1961)[22] 등은 가을 보리와 봄 밀의 연구보고에서 2차휴면(Secondary Dormancy)은

① 건조한 보리종자를 50~90°C애 저장할 때

② 가을 보리종자를 20°C 이하에서 높은 습도로 7일간 저장할 때

③ 봄밀을 공기가 밀폐되고 수분이 높으며, 온도가 50°C인 조건에서 하루동안 저장할 때

④ 종자를 온도가 20°C이며 어두운 곳에서 하루내기 3일 동안 물속에 넣을 경우에 2차 휴면이 발생했다고 보고한 바 있다. 이 2차 휴면(Secondary Dormancy)의 기작(機作, Mechanism)에 대해서는 ㉠ 발아에 필요한 대사과정 중 어느 특별한 단계가 억제되거나 또는 ㉡ 성장촉진물질(Growth-Promoting Substances)과 성장억제물질(Growth-Inhibiting Substances)간의 불균형이라는 면에서 연구되어 왔다. 일반적으로 한국잔디의 종자를 제외한 주요 잔디류의 종자는 휴면이 크게 문제되고 있지 않다.

22) O. Fischnich, M. Thielebein, and A. Grahl, 1961. "Sekundare Keimrube bei Getreide," Proceedings of the ISTA. 26 : 89-144.

1) 종피(種皮)의 불투과성(不透過性)

종피(Seed Coat)의 불투수성(Seed Impermeability)의 원인을 살펴보면 다음과 같다.

① 종피의 책상조직(柵狀組織) 내면 막벽(膜壁)에 새포막 사이의 접합물질인 pectin질이 발달하면 불투성이 되는데 건조하면 흡수작용을 상실하기 때문에

② 종류부(種瘤部)의 불투수성에 기인하여

③ 납질(蠟質) · 지방성물질의 발달 등에 의하여 발생한다.

종피의 불투과성은 품종에 따라서도 다르다. Dexter는 여러 가지 Alfalfa 품종을 가지고 실험을 했으나 어떤 일정한 결론을 내리지 못하였다(Dexter. 1955).[23)]

종자의 견고성을 유전적으로 조정하기 위해 Crimson clover를 9세대 동안 물의 불투과성에 대해 선발하였던 결과 견고한 종자의 비율이 1%에서 60%까지 증가했다.

이와 같은 결과 우수한 재파(再播) 특성이 있는 chief라는 품종을 얻은 것이다(Bennett. 1959).[24)]

2) 종피 불투과성의 극복

종피 불투과성의 견고한 종자(Hard seed)들은 가능한 한 빨리 그리고 균일하게 흡수시켜 발아를 촉진시키어 균일한 입묘(立苗)가 되도록 하기 위하여 흔히 파종전 종피파상(種皮破傷)을 한다. 종자를 서로 부딪치게 하는 물리적 충격 또는 마찰시켜 종피에 기계적인 파상을 입힌다. 그러난 너무 지나친 종피파상은 종자를 파괴할 염려가 있다.

황산(sulturic acid), 염산(hydrochloric acid), 수산화나트륨(sodium hydroxide), 아세톤(acetone) 및 알코올(alcohols) 등의 종피파상을 위해 이용되고 있다. 최근에는 라디오 주파의 방사선 조사(Radio Frequency Radiation) 및 절묘한 종피파상법(Intriguing Method of Sacrification)이 이용되기도 한다(Nelson, 1961).[25)]

이 종피파상법은 많은 종자를 포장에 파종학지 않고 소량의 종자를 실험시에서 취급하는 경우에 흔히 이용될 구 있는 방법으로 ① 종자를 끓는 물로 처리하거나, ② 전기침(電氣針)으로 태우거나, ③ 종자의 어는 부위를 면도칼로 자르거나, ④ 종자의 배(胚) 부위를 예리한 침으로 구멍을 뚫던가, ⑤ 때로는 종자를 여러 조건하에 두든가, ⑥ 기타 기계적 충격을 주든가 한다. 약액(藥液)으로는 주로 농황산을 가장 흔히 이용하지만, 처리 후 종자를 완전히 세척, 건조시켜야 하며, 또한 너무 지나친 고농도로 처리하면 종자의 발아에 지장을 초래하기도 한다.

---

23) S. T. Dexter, 1955. "Alfalfa seeding emergence from seed lots varying in origin and hard seed content," Agronomy Jonrnal. 47 : 357-61.

24) H. W. Bennett 1959. "The effectiveness of selection for the hard-seeded character in crimson clover" Agronomy Jonrnal. 51 : 15-16.

25) S. O. Nelson, 1961. "Radio-frequency electric seed treatment," Seed world. 88(12) : 6-7.

3) 경립종자(硬粒種子) 출현에 관여하는 조건

경립종자(Hard Seed)란 종피의 불투수성 때문에 장기간 휴면하는 종자를 의미하며, 이것이 발아하려면 종피의 변성기간, 즉 휴면기간을 경과해야 한다. 이러한 종자는 대개 사초인 Alfalfa, Clover, 강낭콩 등의 콩과작물의 소립종자(小粒種字)에서 흔히 볼 수 있으나, 잔디류의 종자 가운데 간혹 두터운 종피로 인하여 물이나 가스 등을 투과시키지 못해 휴면하는 종자가 있는데 이를 흔히 딱딱한 종자(Firm Seed)라고 부르기도 하며, 이러한 종자가 출현하는데 관여하는 조건들을 보면 다음과 같다.

① 유전적 조건 : Stevenson은 Sweet clover에서 경실(硬實)이 적은 계통의 누년선발(累年選拔)을 계속한 결과 경실이 현저히 감소되었다고 하였다.

② 종자의 숙도 : 일반적으로 잘 성숙한 완숙종자는 미숙한 종자보다 경립(硬粒)이 많은 경향이 있다.

③ 종자의 대소 : 동일한 품종 주에서는 대체로 대립(大粒)인 것에 경실이 적고, 소립(小粒)인 것에 경실이 많은 경향이 있으며, 이는 대립종자에서는 책상조직(柵狀組織)이 퇴화하여 불투수적 경향이 적기 때문이다.

④ 건조(乾燥) : 일반적으로 종자를 급격히 건조하면 경실이 증가하는 경향이 있다. 이는 급건으로 말미암아 종피 책상조직의 Pectin질로부터 급격히 탈수될 때 불가역적 변화가 생겨 종피가 흡수팽창성을 상실하여 경화(硬化)하기 때문이라고 한다.

⑤ 수확 후 일수 : 일반적으로 종자 수확 후 일수가 경과함에 따랄 종피가 변성하여 결실이 감소되는 현상을 나타낸다.

⑥ 종류부(種瘤部)의 형상 : 대개 종류부가 투명한 것을 불투수적이고 경실인데 반하여 백색 불투명한 것은 투수적(透水的)이며 비경실이다.

(7) 종자의 발아(發芽, Germination, Sprouting)

한국잔디를 비롯한 Zoysiagrass류 들은 종자발아가 불량하여 Sodding, 잔디의 영양체 일부분을 일정간격으로 심는 플러깅 (Plugging), 영양번식 방법에는 분얼경, 포복경 및 지하경 조각 등 즉 잔디초지 조성시 사용되고 있는 잔디 중에 조각인 분얼경(Tiller), 포복경(Stolon), 지하경(Rhigone)을 뜻하는 스프릭(Sprigs)을 네트사이에 넣어 짜서 식재할 수 있도록 고안된 공법인 Springing 등의 영양번식 방법으로 증식될 수 밖에 없게 되며 불편한 뿐만 아니라 비용이 많이 소요되며 수출할 수 없는 상황에 놓여있다. 이를 위하여 KOH처리 등에 의한 발아촉진 방법으로 발명특허를 받아 Zoysiagrass류가 종자번식 할 수 있는 길이 열리게 되어 국내에서도 골프장과 각종 경기장들이 실생(實生)에 의해 잔디토지를 조성하고 있다(전우방. 1988).[26]

26) 金遇滂 : 1988, 韓國 잔디(*Zoysia japonica* Steud)의 實生繁殖法確立에 관한 硏究, 東國大學校 學位論文.

한편, 유달영 등[27]은 광선저온 화학약품처리 및 종자의 연령이 한국잔디인 *Zoysia japonica* 종자의 발아에 미치는 영향에 대한 시험에서 황산 75%에서 20분간 침지(浸漬) 후 흡수종자로 -1~3°C에서 30일산 저온처리한 것이 광구(光區)에서 80%(평균발아일수 8~10일간), 암구(暗區)에서 69%(평균 발아일수 6.9일간) 발아하였다고 보고하여 우리 한국잔디의 종자가 대단히 광에 민감한 호광성 종자(Photo-Sensitive Seed)라는 것을 알 수 있다.

그러나 한국잔디는 광선이 없이는 Gibberellin 이나 황산처리만으로는 종자를 발아 시킬 수 없으며 -1~3°C의 저온처리가 발아율을 상승시키는데 효과적이었으며, 광선과 저온처리는 서로 보완작용을 하지만 광선이 저온처리보다 유효하다고 발표하였다.

한국잔디의 수명은 극히 짧은 편으로 2년 이상 묵은 종자일수록 발아율이 현저하게 저하하는 현상을 보이며, 파종 후에 복토(覆土)는 Polyethylene Film이 가장 좋고 그 다음이 가는모래 2mm 정도라고 연구결과를 보고한 바 있다.[28] 또한 노지(露地)에다 파종한 후 양토(壤土)로 1cm 복토(Soil Covering)한 결과 발아율이 54~60% 수준으로 실용화 가능성이 충분하다고 보고를 발표한 바도 있다.[29]

또한, 종피처리에 의한 발아촉진을 위한 효과시험에서 KOH 20%에 40분동안 침청(侵淸) 후 24시간 수세(水洗)한 상태로 처리한 광발아구에서 98% 발아 되었으나, 암발아구에서는 74% 발아율을 보였다. 그러나 40분 이상의 침청은 매우 위험하다고 보고한 바 있다.[30]

江原薫[31), 32)] 등의 연구보고에 의하면 한국잔디(韓國種子)는 발아가 매우 곤란한데, 발아온도가 비교적 고온인 30~33°C에서 발아기간 3주일 동안의 발아율이 무처리 종자가 광구(光球)에서 31.5% 암구(暗區)에서 1.5%이었고, 농황산에 2분 침지종자는 광구에서는 28.0%, 암구에서는 2.5%이었으며, 또한 모래로 10~15분간 마찰시킨 종자는 광구에서 37.0%, 암구에서 2.0% 발아한데 반하여 발아온도가 비교적 낮은 20°C와 25°C 이하에서는 농유산 처리종자만 광구에서 12.5% 뿐이었고 그 외에는 전부 1.5% 이하였으므로 들잔디는 고온발아성(高溫發芽性)을 가진 호광성(好光性)종자(Photoblastic Seed)라 하였다.

Forbes와 Forguson[33]은 잔디종자에 대한 화학약품, 기계적 처리 및 복토 깊이에 의한 잔디 발아

27) 柳達永, 韓相柱 : 1966, 光線, 化學藥品, 低溫 및 種子年齡이 *Zoysia japonica* Steud의 種子發芽에 미치는 영향, 서울大 農大創立 六十週年記念論文集 : 15~18.

28) 柳達永, 韓相柱 : 1966, *Z. Japonica* 種子發芽에 미치는 몇 가지 환경용인에 對한 研究, 서울大 論文集農生系. 17 : 93-98.

29) 柳達永, 韓相柱 : 1968, 播種期 種子年齡 및 覆土가 *Z. japonica* 種子의 發芽에 미치는 影響, 韓國園藝學會誌. 4 : 73-78.

30) 柳達永, 韓相柱, 金日中 : 1974, 種皮處理에 의한 韓國잔디 種子의 發芽促進效果, 韓國園藝學會誌. 15(2) : 187-193.

31) 江原薫, 외 2 : 1963. 芝類の 種子の 發芽じ關する試驗(第1報) 西日本 グリ-ソ 研究所 研究成績報告書. 2(1) : 16-18.

32) 江原薫, 1970, 芝草と芝地. 養賢堂 : 16-18, 140-148. 243-248.

시험에서 내외영(內外穎)을 제거하거나, 75% 황산으로 20분간 처리하는 것이 발아율이 높았으며, 0.64cm 이상 복토구(覆土區, Soil Covering)에서는 발아가 현저히 저하하였다고 보고한 바 있다.

표 4-2 골프코스를 위한 잔디초지파종에 대한 지침서 (미국 : James. B. Beard. 1982)

순위	잔 디 종 류	종자수* / 1b당	최소종자 순 도 (%)†	최 소 발아율 (%)†	Tee, Fairway, and Rough의 파종률‡ 파운드/에어커	킬로그램/에어커	적정발아 온 도 § 화씨(°F)	섭씨(°C)
1	Bahiagrass	272,400	70~75	70~75	160~320	180~360	86~95	30~35
2	Bentgrass :							
	Colonial	8,720,000	95~98	85~90	20~45	22~50	59~86	15~30
	Creeping	6,135,810	95~98	85~90	20~45	22~50	59~86	15~30
	Velvet	11,800,000	90~95	85~90	15~30	17~34	68~86	20~30
3	Bermudagrass(hulled)	2,072,510	90~98	80~85	40~65	45~73	68~95	20~35
4	Bluegrass :							
	Kentucky	1,391,510	90~95	75~80	45~65	50~73	59~86	15~30
5	Rough	2,092,940	90~95	80~85	45~65	50~73		
6	Buffalograss	38,900	85~90	60~70	45~80	50~90	68~95	20~35
7	Carpetgrass	1,123,000	90~95	85~90	65~90	73~100	68~95	20~35
	Centipedegrass	874,759	45~50	65~70	20~35	22~40	68~95	20~35
8	Fescue :							
	Chewings	408,600	95~97	80~85	150~200	170~200	68~77	20~25
	Meadow	227,000	95~97	85~90	300~390	300~390	68~86	20~30
	Red	408,600	95~97	80~85	150~200	170~200	59~77	15~25
	Sheep and hrad	530,000	90~95	80~85	120~170	135~190	59~77	15~25
	Tall	206,570	95~98	85~90	300~390	300~390	68~86	20~30
9	Grama, blue	900,000	40~50	70~75	65~110	73~123	58~86	15~30
10	Lovegrass	1,500,000	95~98	80~85	10~20	1~22	58~95	15~35
11	Ryegrass :							
	Italian	190,680	95~98	90~95	300~390	300~390	68~86	20~30
	Perennial	240,620	95~98	90~95	300~390	300~390	68~86	20~30
12	Wheatgrass, crested	320,000	85~90	80~85	130~220	145~245	59~86	15~30
13	Zoysiagrass	1,006,652	95~97	45~50	90~135	100~150	68~95	20~35

* Can vary up to ±10% depending on the cultivar.

† The underlined number is the preferrde minimum percentage.

‡ Where seed mixtures are utillzed, the appropriate adjusted intermediate seeding rate shold be used, based on the relative percentages of the various turfgrass species constituting the seed mixture. The lower seeding rate listed for each turfgrass species be used in the rough if the budget is restriced and rapid turf establishment with minimum weeds in not of high priority. Use 30% to 50% of the listed rates when overseeding thin turfs.

‡ The optimum temperatures for seed germination as established by the Association of Official Seed Analysts. The first temperature represents a 16-hour Period and the second as 8-hour period.

33) Forbes. I. Jr. and M. H. Forguson : 1948, Effects of strain difference, seed treatment and depth of planting on seed germination of, Agron. J. 40 : 725-732.

잔디종자의 발아에 관계하고 있는 각종 환경조건을 들면 온도, 물, 산소 및 유해가스의 배출 등을 들 수 있으며, 이들의 여건이 적합할 경우에만 발아가 시작된다. 일반적으로 식물호르몬(Plant Hormone) 중 GA와 시토키닌(Cytokinin)이 발아를 촉진하고 ABA가 발아를 억제하는 것으로 알려져 있다.

특히 잔디종자는 배와 배유, 종피로 나눌 수 있는데 종피의 바로 안쪽에는 호분립층(Aleurone Layer)이 있어서 발아시 중요한 역할을 한다. 배는 어린식물체이며, 배유는 발아중 양분을 공급한다. 발아의 과정을 살펴보면, 종자가 물을 흡수하여 생화학적 반응이 발생되어 배유의 양분을 분해할 수 있는 효소가 호분립층에서 생성되어 배유(胚乳, Endosperm)로 전해지며 분해된 양분이 배로 전달이 된다. 잔디종자의 배에서 줄기의 선단부(先端部)와 엽원기(葉元氣)를 보호하며 발아시 올라오는 부분을 콜레옵타일(Coleptile)이라 하며, 이 부분은 광에 의해서 생육이 촉진된다. 메조코딜(mesocotyl) 부분은 Coleoptile의 아래부분으로서 암상태에서 생육이 촉진되고 광하(光下)에서는 생육이 억제되며 Coleoptile이 땅위로 나올때까지 땅속에서 밀어 주는 역할을 하는 경우가 많다. 이는 종자의 저장양분에 비해서 종자가 깊이 심겨지면 Coleoptile이 땅위로 나와 독립하기 전에 양분이 고갈되어 발아(Germination)에 실패할 수 있다. 그러므로 종자크기가 작을수록 파종깊이가 얕아야 한다.

(8) 종자의 크기 및 파종량(播種量, Amout of Seeding, Seeding Rate)

일반적으로 주요 잔디류의 종자 크기, 파종량 및 파종 후 단위면적당 종자수를 보면 표 4-3과 같다.

표 4-3 주요 잔디류의 종자의 상대적 크기 및 파종량

잔디의 종류	g당 립수(粒數)	파 종 량	
		(d/m^2)	(종자수/cm^2)
Zoysia grass	3,015	9.77~14.66	2.95~4.34
Creeping bentgrass	17,378	2.44~4.89	4.19~8.53
Kentucky bluegrass	4,795	4.89~7.33	2.33~3.57
Tall fescue	500	34.21~43.98	1.71~2.17
Perennial ryegrass	500	34.21~43.98	1.71~2.17

주요 잔디종자들의 모습과 상대적 크기는 그림 4-35에서와 같이 Bentgrass의 종자는 매우 작고, Kentucky bluegrass는 중간정도이며, Fescue류와 Ryegrass류가 대체적으로 큰편이다.

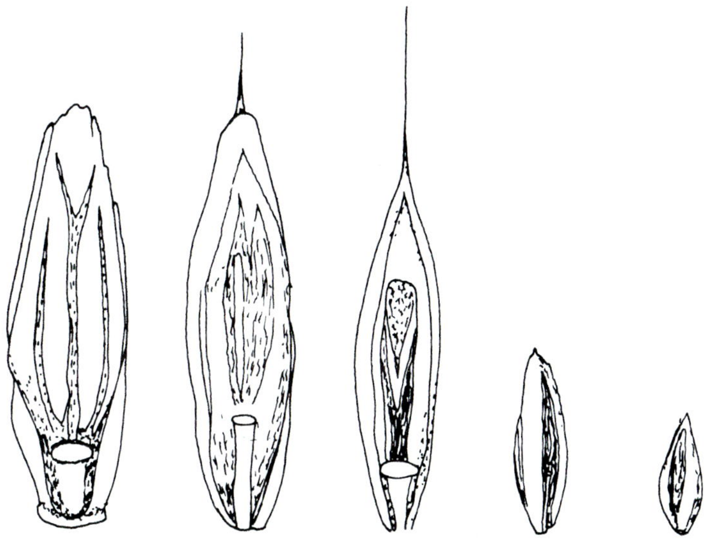

(a) (b) (c) (d) (e)

그림 4-35 주요 잔디종자의 형태 및 크기(A. J. Turgeon, 1985)

(a) Perennial ryegrass (b) Tall fescue
(c) Red fescue (d) Kentucky bluegrass
(e) Creeping bentgrass

표 4-4 각종 잔디초지류(25종)의 한 파운드당 종자수와 파종비율(J. B. Beard. 1973)

순위	잔 디 초 종	종자수(lb)	적정 파종비율(seeding rates)	
			lb per 1,000sq ft	종자수 (per sq in.)
1	Bahiagrass	166,000	6~8	7~9
2	Bentgrass :			
	Colonial	8,723,000	0.5~1	30~60
	Creeping	7,890,000	0.5~1	27~55
	Velvet	11,800,000	0.5~1	41~81
3	Bermudagrass, hulled	1,787,000	1~1.5	12~19
4	Bluegrass :			
	Canada	2,495,000	1~1.5	17~26
	Kentucky	2,177,000	1~1.5	15~23
	Rough	2,540,000	1~1.5	18~26
5	Buffalograss	50,000	3~6	1~2
6	Carpetgrass	1,123,000	1.5~2.5	12~19
7	Centipedegrass	400,000	4~6	11~17
8	Fescue :			
	Chewings	546,000	3.5~4.5	13~17
	Meadow	227,000	7~9	11~14
	Red	546,000	3.5~4.5	13~17

	Sheep	530,000	3.5~4.5	13~16
	Tall	227,000	7~9	11~14
9	Grama, blue	898,000	1.5~2.5	9~16
10	Redtop	4,990,000	0.5~1	17~34
11	Ryegrass :			
	Italian	227,000	7~9	11~14
	Perennial	227,000	7~9	11~14
12	Timothy	1,134,000	1~2	8~16
13	Wheatgrass, fairway	324,000	3~5	7~11
14	Zoysiagrass	1,369,000	2~3	19~28

실제적인 파종량은 파종률로 표시하기도 하는데 이것은 센치평방(cm^2)에 파종되는 종자립수를 뜻한다. 파종률은 잔디초종에 따라 다르고 동일초종이라도 종자의 정립률(整粒率), 발아율에 따라서 차이가 있다.

발아율이나 정립이 같더라도 파종될 포장조건이 불량하다면 파종률은 높아지게 된다.

일반적으로 종자의 파종률(Seeding Rate)은 1cm^{2}의 종자 2~5립(粒)이면 적당하고 혼파(Mixed Sowing)시에 파종량을 환산하여 파종하여야 한다.

파종량이 너무 많아서 밀생하면 잔디가 허약하게 되고 섬유상으로 형성되어 병충해에 약하게 되고 뗏장의 형성이 지연되는 결과를 초래하게 된다. 그러므로 적당한 파종량이 필요하며 이를 보면 다음과 같다.

표 4-5 각종 잔디류의 파종량

	종 류	발아율(%)	정립률(整粒率)%	300평당 파종량
난지형 잔디류	Zoysia grass(한국잔디류)			
	· 자연산종자	45~50	95~97	10~15
	· 발아촉진처리종자	85~90	99	3~4.5
	Bahia grass	70~75	70~75	30~40
	Bermudagrass	80~85	95~98	5~7.5
	Buffalo grass	85~90	60~70	15~30
	Centiped grass	45~50	65~70	20~30
한지형 잔디류	Chewings fescue	80~85	95~97	17~23
	Colonial bentgrass	85~90	95~98	2.5~5.0
	Creeping bentgrass	85~90	95~98	2.5~5.0
	Kentucky bentgrass	75~80	90~95	5.0~7.5
	Perennial ryegrass	90~95	95~98	35~45
	Red fescue	80~85	95~97	17~23
	Rough fescue	80~85	90~95	5.0~7.5
	Tall fescue	85~90	95~98	35~45

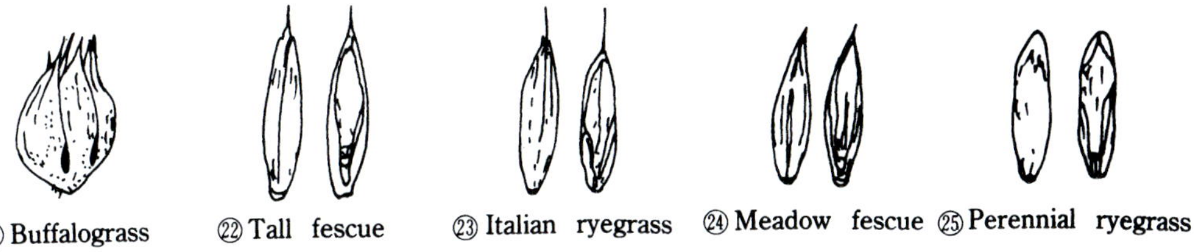

그림 4-36 각종 잔디류 종자의 형태(James. B. Beard. 1982)

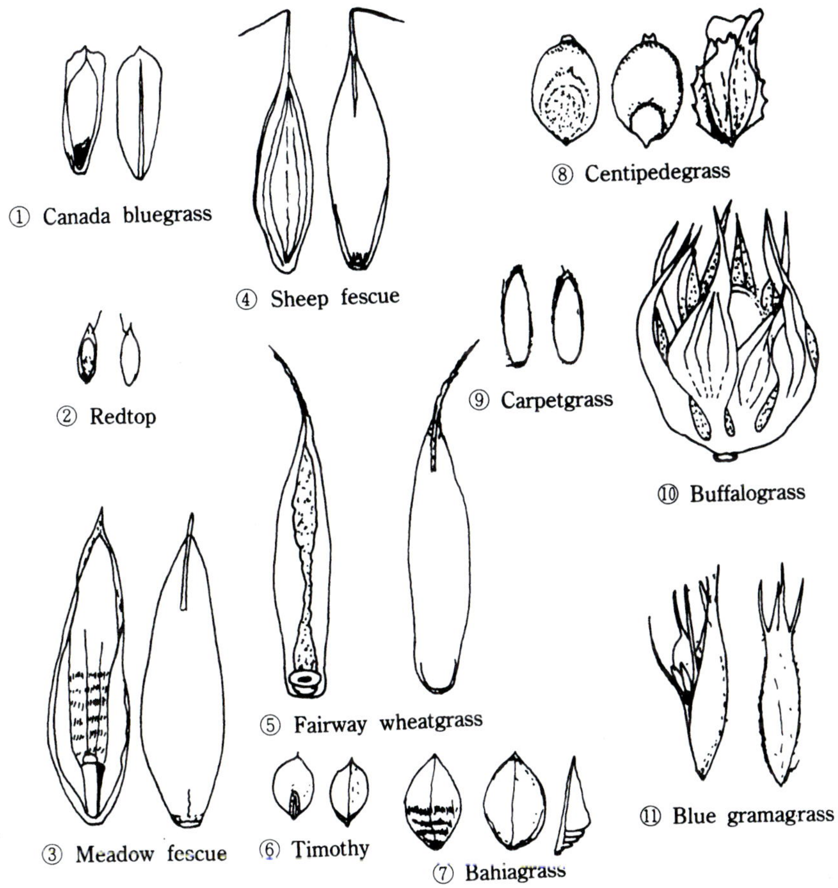

그림 4-37 각종 잔디종자 크기의 상대적 비교[34)]

34) A. F Musil. "Identification of Crop and Weed Seeds," *Agricultural Handbbook* No. 219, Washington, D.C. : United States Department of Agriculture. 1963. p 217.

제 5 장

잔디의 품질평가

잔디의 품질은 평가목적 요구도 및 평가시기에 따라 달라지므로 잔디 품질의 평가는 일반적으로 어려운 문제이다. 예를 들어 골프장의 그린(Putting Green)에서는 경연도(硬軟度, Smoothness)가 무엇보다 중요한 요인이지만 가정의 정원에서는 별로 중요치 않고 조경적인 아름다움을 증진시키기 위해서는 밀도, 균일성 및 잎 색조에 더 큰 비중을 둔다.

잔디의 품질평가는 시각적 평가와 기능적 평가로 크게 둘로 나눈다.

5.1 시각적 평가(視覺的 評價)

잔디의 시각적 측면에서의 품질의 평가요소에는 균일성(Uniformity) 및 밀도(Density), 질감(Texture), 경연도(Smoothness), 색깔(Color), 생육형(Growth Habit) 등 6 종류로 나눈다.

(1) 균일성(Uniformity)

표 5-1 주요 잔디 초종(25종)의 질감(質感) 비교(3.8cm) (James B. Beard. 1973)

범위	잎너비(mm)	잔디 초종 혹은 품종	범위	잎너비(mm)	잔디 초종 혹은 품종
아주섬세	<1	Sheep fescue			Meyer zoysiagrass
		Pennlawn red fescue			Buffalograss
		Chewings fescue	거 침	3~4	Meadow fescue
		Velvet bentgrass			Italian ryegrass
섬 세	1~2	Emerald zoysiagrass			Redtop
		Rough bluegrass			Timothy
		Tiffine bermudagrass			Centipedegrass
		Norlea perennial ryegrass	아주거침	>4	Kentucky 21 tall fescue
중 간	2~3	Astoria colonial bentgrass			Kikuyugrass
		Toronto creeping bentgrass			St. Augustinegrass
		U−3 bermudagrass			Bahiagrass
		Merion Kentucky bluegrass			Carpetgrass
		Annual bluegrass			

좋은 품질의 잔디초지는 외관상 아주 균일해야 한다. 특히 나지(裸地), 잡초, 병충해에 의한 상처, 불규칙한 생육습성 등은 잔디의 균일성을 저하시킨다. 질감, 밀도, 샐깔 및 예초고(刈草高) 등의 차이에 의해서도 균일성은 달라진다.

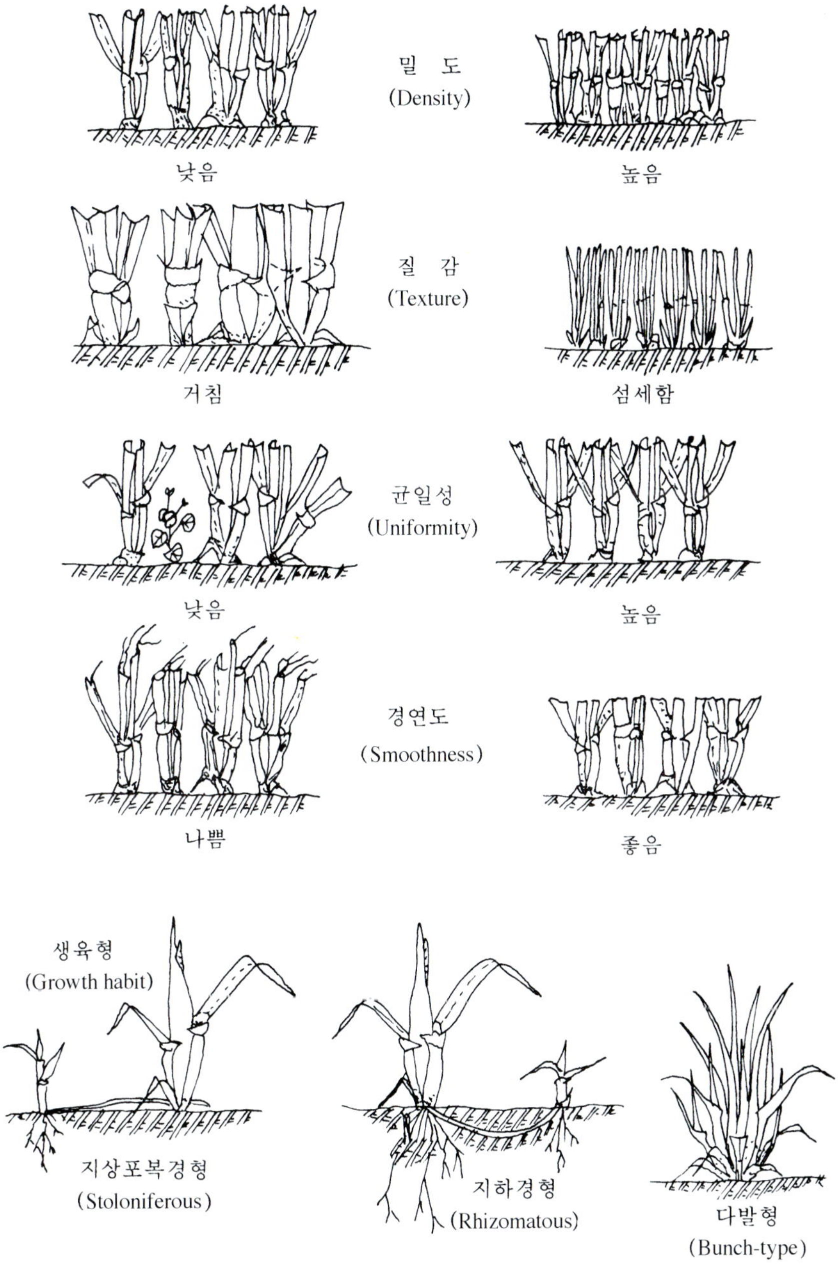

그림 5-1 잔디 품질의 시각적 특성(A. J. Turgeon. 1985)

(2) 밀도(Density)

잔디의 밀도는 단위 면적당 새순(Shoots) 혹은 잎의 수를 말하고 유전적, 환경적, 경종적 요인에 의해 달라지기도 하며, 적절한 토양수분, 낮은 예초 및 질소시비 등은 잔디의 밀도를 증가시킨다.

(3) 질감(Texture)

질감이란 개개의 잎이 잎의 너비(幅)에 의해서 좌우되고 예고(刈高), 시비, 배토(培土) 등의 경종관리 방법에 의해 영향을 받으며 약간 섬세함으로써 중간정도의 질감(엽폭 : 1.5~3mm)이 잔디로 많이 이용된다.

(4) 경연도(硬軟度, Smoothness)

경연도란 플레이(play)를 가능하게 하는 잔디의 표면상태를 말하는데, 특히 골프장의 그린에는 아주 중요하다. 앞의 생육형과 경연도는 달관평가(達觀評價)와 볼의 구름 정도와 거리를 평가하여 부적절한 예초로 잔디잎의 끝이 깨끗하지 못할 경우 볼 구르는 속도와 거리는 단축된다.

(5) 색깔(Color)

잔디에 반사된 빛으로 판단하며 암녹색(暗綠色)에서 밝은 녹색에 이르기까지 다양하며 잎의 색깔이 좋고 나쁨은 주관적인 요소에 의해 좌우되므로 전체적으로 균일한 색깔을 유지케 하는 것이 중요하다. 이를 위해서 기비, 병충해, 약해, 생리장해 등으로 인한 변색을 방지해야 한다.

(6) 생육습성(Growth Habit)

잔디의 생육형은 분얼(Tillering)에 의해 증식을 하는 다발형(Bunch Type), 지면을 수평으로 생장하면서 새순(Shoot)과 뿌리를 내리는 지상 포복경에 의해 증식하는 형(Stoloniferous Turfgrasses)과 지하경에 의해 증식하는 형(Rhizomatous Turfgrasses) 등이 있다. 그린(Green)에서 사용되는 잔디 잎의 생육이 수직인 것을 더 사용한다.

5.2 기능적 평가(機能的 評價)

잔디를 기능적 측면에서 평가하는 요소로는 시각적 평가 요소 이외에 강도(Rigidity), 신축성(Elasticity), 탄력성(Resiliency), 푸르름(Verdure), 회복력(Recuperative Capacity) 등이 있다.

(1) 강도(Rigidity)

강도(剛度)란 압력에 대한 잔디잎의 저항성을 의미하며 내마모성(The Wear Resistance)과 연관이 있고 잔디 조직의 화학성분, 수분함량, 온도, 식물체의 크기, 밀도 등에 의해 영향을 받는다.

한국잔디류(Zoysiagrasses)와 Bermuda grass는 견고성이 매우 높아 내마모성(耐磨耗性)이 강하나 Creeping bentgrass 새포아풀(Annual Bluegrass)의 내마모성은 약한 종이다.

(2) 신축성(Elasticity)

신축성은 압력이 제거되었을 때 잔디잎이 원상태로 빨리 되돌아오는 것(Spring Back)을 말하며 예초 및 어떤 활동에 있어서 약간의 답압(踏壓, Trampling)에 대하여 견디는 잔디의 필수적 성질이다. 신축성은 궁극적으로 잔디가 얼어버렸을 때에는 감소되므로 가을 철 이후의 그린은 서리가 사라지고 신축성이 증가되기 전까지 가급적 사용을 제한하고 있다.

(3) 탄력성(Resiliency)

잔디면이 특성의 변화 없이 충격을 흡수하는 능력을 탄력성이라 하며, 잔디의 잎과 곁가지(Lateral Shoots)에 기인하고 대취층(Thatch layer)도 탄력성에 도움이 되고 토양을 형태와 구조도 탄력성에 중요한 요인이다. 특히 골프장 그린은 정확한 어프로치 샷(Approach Shot)을 나타내기 위해 충분한 탄력성이 있어야 한다.

(4) 예초 후 착생(着生)되어 남은 잔디의 푸르름 상태

잔디상태(Verdure)는 예초 후 착생되어 남아 있는 잔디(Shoot)의 상태를 가치 평가하는 것으로 이것의 증가는 탄력성과 견고성의 증가와 상과관계가 있다. 또한 유전자형(Genotype)과 예초높이에서의 푸르름(Verdure)은 밀도와 직접적인 비례관계를 갖는다.

(5) 회복력(Recuperative capacity)

잔디의 병충해나 답입의 해로부디 회복히는 능력을 회복력이라 하며, 잔디의 초종에 따라 매우 다양하고 경종적, 자연적인 환경조건에 따라 많은 영향을 받는다.

잔디의 회복력을 감소시키는 요인으로는 매우 고결화된 토양, 부적절한 시비, 관수, 온도와 불충분한 광선, 토양내 유독물질의 잔유 및 병충해 등을 들 수 있다.

(6) 수량(Yield)

수량이란 shoot의 예초 후 잘려진 부분(刈草物, Clippings)을 측정한 생산수량을 말하며, 골프장의 관리 책임자들은 그린에서 잘려진 부분의 양으로 새순(新草, Shoot)의 생장된 양을 빨리 측정하여 시비, 관수 및 환경요인들에 대한 반응도 추정하여야 한다. 특히 여름철 그린의 상태 점검에 이용되는 한 방법이다.

(7) 뿌리 발육(Rooting)

뿌리 발육은 뿌리의 생육을 말하며 잔디를 코아(Core)로 뽑아서 뿌리가 보이게 흙을 제거한 후 평가한다. 새 뿌리가 깊게까지 분포되어 있으며 근계의 발육이 양호한 것이고 그렇지 못하면, 특히 생육적기가 아닌 스트레스 기간 , 잔디 생육에 문제를 야기(惹起)시킬 수 있다고 추정할 수 있다.

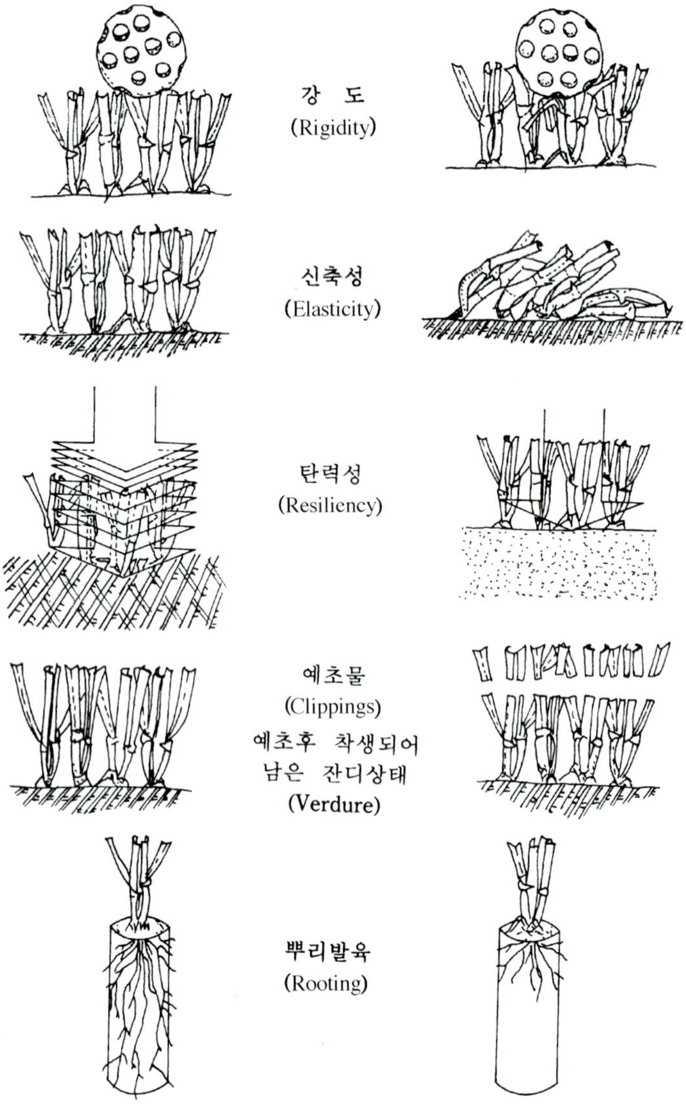

그림 5-2 잔디품질의 기능적 특성(A. J. Turgeon. 1985)

5.3 잔디품종 선택상의 유의사항

잔디를 재배함에 있어 초종이나 품종선택은 잔디초지 조성의 성패를 가름함은 물로 장기간 지속하는데 결정적인 지배요건이 된다. 그러므로 이를 선택함에 있어서 생각하여야 할 사항은 먼저 잔디의 용도를 결정하고 다음은 품종에 대한 평가를 하여야 한다. 잔디평가시 주요 항목은 환경적응성 · 토양적응성 · 혼파성(混播性) · 재배조건 · 병충해 관리 · 사용형태 등이 있다.

(1) 용도(Use)

잔디의 용도는 크게 경관용(공원 · 정원 · 묘원), 경기용(각종 운동장 · 골프장), 초지이용(사방 · 경사면 · 방목지) 등으로 나눌 수 있다.

1) 경관용(景觀用) 잔디

장식용 잔디로는 잎이 가늘고 밀도가 높고 균일하여야 하나 좋은 것은 비용이 많이 들고 관리가 어렵다.

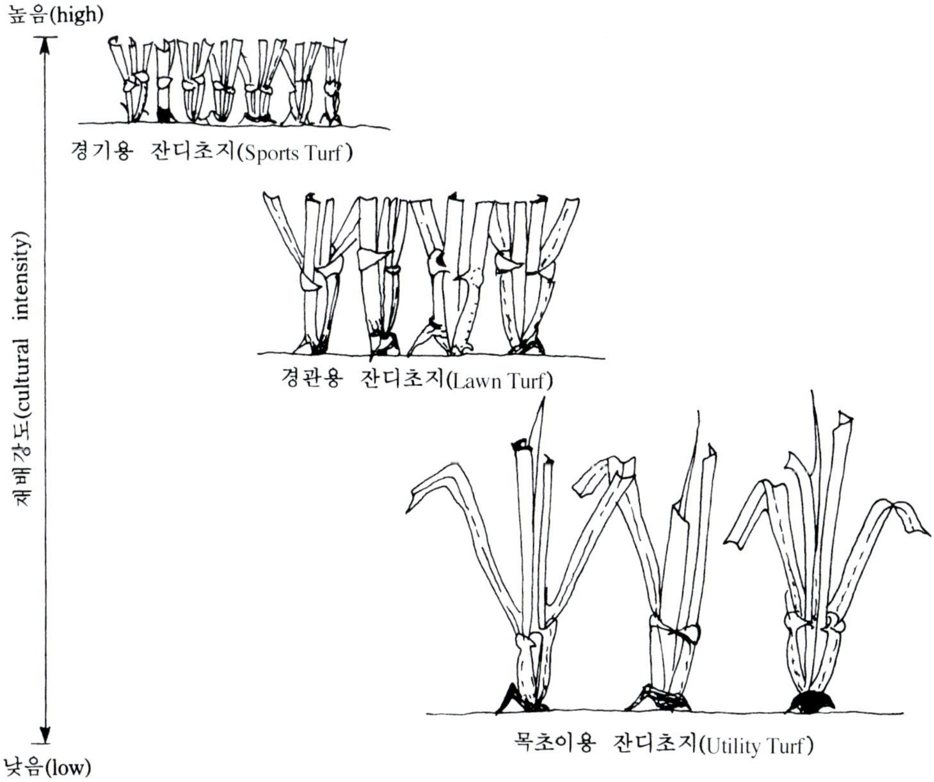

그림 5-3 잔디류의 사용형태(A. J. Turgeon. 1985)

2) 경기용 잔디

경기용 잔디로는 사람의 밟기나 기타 피해가 심하므로 마모되지 않고 밀생에 잘 견디며 뗏장 형성이 우수하고, 피해 후 회복이 빨라야 한다. 지하경이 잘 발달하는 잔디는 경기용으로 대단히 좋아서 사람의 밟음에 아주 강하고 재생력도 높다.

그림 5-4 유아 두뇌의 창의력 발달을 위한 천연잔디초지의 중요성에 대한 교육 현장 (미국 시민들, Philadelphia)

3) 목초용 잔디

실용화된 잔디로는 잔디가 조속히 조성되어 토양침식이 적고 뿌리가 깊게 분포되어 뗏장형 성층을 두껍게 만들어 장기간에 걸쳐 흙을 안전하게 보전하면서 유지관리 비용이 적게드는 것이 좋다.

(2) 잔디의 혼파성(混播性)

어떤 잔디는 토양조건 · 환경조건 · 음지 · 양지 · 사질토(砂質土) · 점질토(粘質土) 등을 가리지 않고 광범위하게 잘 적응되는 것도 있으나 대부분의 잔디는 장 · 단점을 갖고 있으므로 좋은 잔디초지를 조성하기 위하여 2가지 이상의 초종으로 혼파(Mixture) 하기도 하는데 Kentucky Bluegrass에 대한 Red Fescue를 혼파하면 Red Fescue는 음지와 사질토양에서 우점성을 나타내고, Kentucky Bluegrass는 양지와 습한 곳에서 우점성(優占性)을 나타낸다.

그러나 혼파시에는 생육 중에 초종간의 경쟁이 없는 품질과 능력이 공존할 수 있는 것으로 골라서 파종하여야 하는 것에 주의하여야 한다.

잔디의 품질을 결정하는 항목으로 균일성, 질감, 밀도, 잎색, 생육형 등이 있어 담녹색의 Rough bluegrass는 농녹색의 어떤 한지형 잔디와는 혼파 되어서는 안된다. 잔디의 장기간 유지는 잔디 개개의 정착률과 생육형에 따라 결정되는데 밀도가 높은 이 초종의 잔디는 인력으로 제거해 줌으로써 초종간의 정착률(定着率)이 비슷하게 만들어질 수는 있으나, Italian Ryegrass로 빠른 시일 내에 잔디초지를 조성할 때에 Kentucky Bluegrass와 Red Fescue로 혼합하여 혼파하면 정착률에 심각한 문제가 일어날 수 있고, 생육형이 상이하여 파종 불가능한 것은 Creeping Bentgrass, Velvet Bentgrass, Zoysiagrass에 Bermudagrass를 혼파하면 심한 경합 또는 경쟁(Competition)관계가 일어난다.

(3) 환경에 대한 적응성(適應性)

잔디는 내서성(耐暑性), 내한성(耐寒性), 내음성(耐陰性) 등에 의하여 환경가치를 평가한다.

내음성은 가정용 잔디초지의 생육상황에 크게 관여하고 잔디초지를 조성할 때는 자기가 거주하는 곳의 기후가 난지(暖地)인지 한지(寒地)인지를 알고난 후에 이에 맞는 초종선택을 하여야 한다.

(4) 토양에 대한 적응성

토양은 수소이온 농도지수(pH) 반응, 비옥도, 수분, 염분 등으로 평가된다. 적은 면적으로 조성하는 경관용 잔디나 경기용 잔디에서도 pH를 6.0~7.0으로 교정하여 주고 조방적으로 관리하여 초지이용 잔디에서는 pH를 교정하기가 힘드므로 pH 적용범위가 넓은 초종으로 선택하여 파종하여야 한다.

토양수분은 토성과 경토층의 배수가 관계되는데 조사질토(粗砂質土)는 세사(細沙)나 점토질(粘土質)보다 심하며 토양의 긴밀성이 낮고 토양의 염분농도는 해변 및 간척지에서 건조시에 문제가 되고 있다.

(5) 재배조건(栽培條件)

잔디 재배시에 관리 조건들은 계속적으로 부지런히 손질하여 주어야 하므로 경연노, 빌도 등이 우수한 Creeping Bentgrass는 골프장의 그린(Green)용으로는 최적의 잔디이나 관리상 시간과 경비가 많이 소요되므로 일반 정원용 등으로 부적합한 초종이다.

제 6 장

잔디의 일반적 특성

잔디류는 일반적으로 우수한 지피식물(地被植物, Ground Cover Plant)로서 꽃, 조경수(造景樹)와 더불어 각종 조경 및 운동장에 필수적이며 특히 ① 여름철 무더운 날에 반사광을 흡수하여 나지면(裸地面)보다 대기온도를 낮추어 줄 뿐만 아니라 ② 바람 부는 날은 먼지 발생을 억제하여 주는 효과가 있다. 인간이 생활하고 휴식을 취하는데 있어서 잔디의 푸르름은 편안한 환경을 제공하여 줌으로써 급변하는 산업화에 의한 정신적 건강에 매우 중요한 역할을 한다.

6.1 난지형(暖地型) 잔디와 한지형(寒地型) 잔디

잔디를 생태적으로 분류해 보면 내한성(耐寒性, Cold hardiness)의 강약에 따라 난지형 잔디초지류(Warm Season Turf Grasses)와 한지형 잔디초지류(Cool Season Turfgrasses)로 구분되어진다.

난지형 잔디로는 우리나라 골프자의 티(Tee), 페어웨이(Fairway)와 축구장, 야구장 및 학교운동장 등에 사용되어지고 있는 한국잔디(*Zoysia japonica* Steud)와 미국에서 많이 재배되고 있는 Bermudagrass(*Cynodon dactylon*), St. Augustinegrass(*Stenotaphrum secundatum*(walt) Kuntze), Carpetgrass(*Axonpus beauv*) 등이 있다.

한지형 잔디로는 우리나라 골프장의 그린(Green)에 사용되어 지고 있는 Bentgrass(*Agrostis* L.)와 러프(Rough) 지역에 많이 재배되고 있는 Fescue(*Festuca* L.)와 Bluegrass(*Poa* L.) 그리고 Ryegrass(*Lolium* L.) 등이 있다.

이상에서 열거한 잔디들의 각종 특성을 도표로 통하여 알기 쉽게 약술하면 다음과 같다.

표 6-1 잔디의 일반적인 각종 특성

① 더위에 견디는 힘(耐暑性)

강(强)	한국잔디
	Bermudagrass
중(中)	Fescue
	Kentucky bluegrass
	Ryegrass
약(弱)	Bentgrass

② 추위에 견디는 힘(耐寒性)

강(强)	Bentgrass
	Kentucky bluegrass
	Fescue ryegrass
중(中)	한국잔디(야지)
	고려잔디(고려지)
	Bermuca grass
약(弱)	

③ 짧은 예초에 견디는 힘(耐短刈草)

강(强)	Bentgrass
	Bermudagrass
	한국잔디
중(中)	Red fescue
	Ryegrass
	Kentucky bluegrass
약(弱)	

④ 음지에 견디는 힘(耐陰性)

강(强)	Fescue
	Ryegrass
중(中)	Bentgrass
	한국잔디
	Kentucky bluegrass
약(弱)	Bermuda grass

⑤ 가뭄에 견디는 힘(耐旱性)

강(强)	
	Bermudagrass
	한국잔디
	Fescue
중(中)	
	Kentucky bluegrass
	Ryegrass
	Bentgrass
약(弱)	

⑥ 밟힘에 견디는 힘(耐踏壓性)

강(强)	한국잔디
	Bermuda grass
	Ryegrass
	Kentucky bluegrass
중(中)	Fescue
	Bentgrass
약(弱)	

⑦ 비료에 대한 요구도(肥料要求度)

대(大)	Bermuda grass
	Bentgrass
중(中)	Ryegrass
	Bluegrass
	Fescue
약(弱)	한국잔디

⑧ 잔디초지조성(造成)에 소요되는 시간

빠름	Bermuda grass(종자)
	Ryegrass
	Bentgrass(종자)
중(中)	Fescue
	Kentucky bluegrass
	Bentgrass(포복경)
느림	한국잔디

⑨ 한지형 · 난지형 잔디초형의 생장패턴(Cyles & Lawn growth)

1) 한지형 잔디초지류(Cool Season Turfgrasses)

봄과 가을의 서늘한 날씨에는 왕성하게 생장하고, 더운 여름날씨에는 생장이 느리므로 따라서 봄과 가을에 비료를 나누어 적절하게 분사하는 것이 중요하다.

2) 난지형 잔디초지류(Warm Season Turfgrasses)

더운 여름철에는 왕성하게 생장하고, 그 후 추운날씨에는 휴면하게 된다. 생장시기 동안에 계속적으로 적당량의 시비(Fertiliger Application)를 하여준다.

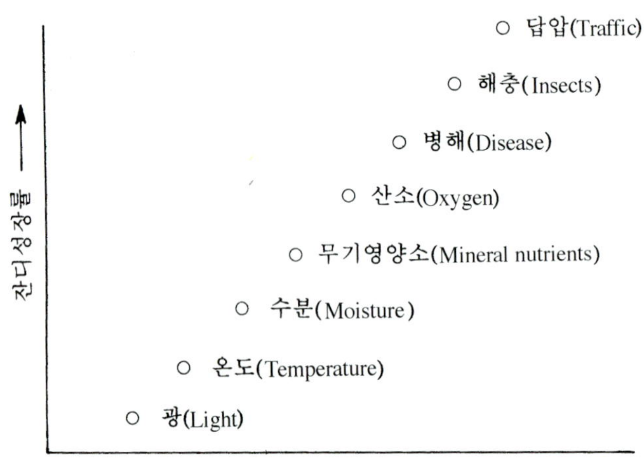

그림 6-1 잔디생육에 제한요소로 나타나는 각종 요인들

모든 잔디는 생리, 생태적으로 강약의 특성을 갖으며 이러한 생육상의 조건으로 그 나라의 기후 풍토에 가장 부합되는 잔디를 선택할 때 최상의 잔디유지가 가능하다.

한국잔디(野芝)는 우리나라 대다수의 골프장에서 사용하고 있으며 외국 등지에서도 Tee지역과 Fairway 지역에서 Bermuda grass와 함께 많이 재배되고 있다. 그 이유로는 서양잔디의 대부분은 푸르름을 유지하는 기간(綠色期間)이 길어서 장점은 있으나, 우리나라의 하절기는 고온에 못견디어 고사해 버리는 하고현상(Summer Depression)이 있기 때문에 우리나라의 경우 일반 골프장에서는 사용할 수가 없는 것이다.

Bentgrass의 경우는 동서양을 막론하고 대다수 골프장의 그린에서 사용하고 있는데 그 이유는 ① 단위면적당의 잎이 많아 잔디의 밀도와 잎조직 및 엽폭(葉幅)이 좋으며, ② 편평하고 공구름에 지장이 없는 미끄러움(硬軟度, Smoothness)이 매우 좋기 때문이다. 그러나 다른 나라의 골프장에서는 고려잔디(高麗芝), Bentgrass와 Red fescue의 혼파 등으로 그린을 조성하고 있는 곳도 있다. 그렇지만 우리나라 경인지역의 경우에서는 고려잔디는 겨울에 동사율(凍死率)이 높기 때문에 Red Fescue는 그린의 공구름 등 그린 플레이(Green Play) 품질면에서 떨어져서 사용하지 않고 있다. 특히 Bentgrass 그린 관리면을 생각해 보면, 이는 한지형 잔디로서 우리나라 여름철의 높은 고온에 견디는 힘(耐暑性)이 약하기 때문에 각 골프장에서는 내장객수를 제한하는 이유가 여기에 있다고 할 수 있다.

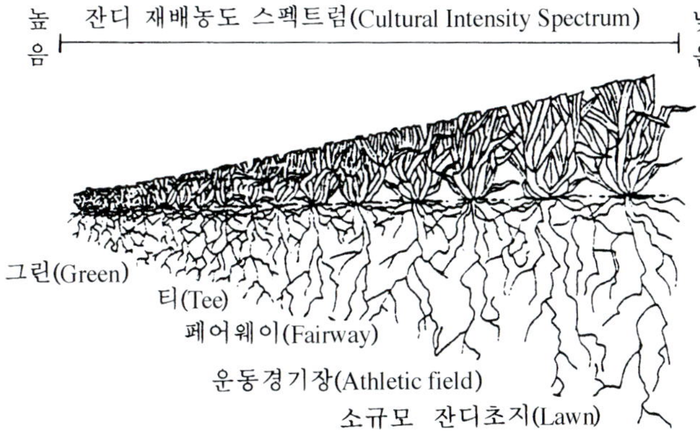

그림 6-2 각종 잔디사용 용도별 재배농도 스펙트럼(A. J. Turgeon. 1985)

6.2 C_3형 잔디(C_3-type turf)와 C_4형 잔디(C_4-type Turf)

(1) 광합성 작용(光合成作用)

무엇보다도 먼저 C_3형 잔디와 C_4형 잔디의 각각 특성을 충분히 이해하여야만 질감의 상태가 좋은 잔디초지를 조성하고 유지 관리하는데 매우 중요하다.

광합성작용(Photosynthesis)은 그림 6-3에서 보는바와 같이 뿌리에서 흡수한 수분과 잎에

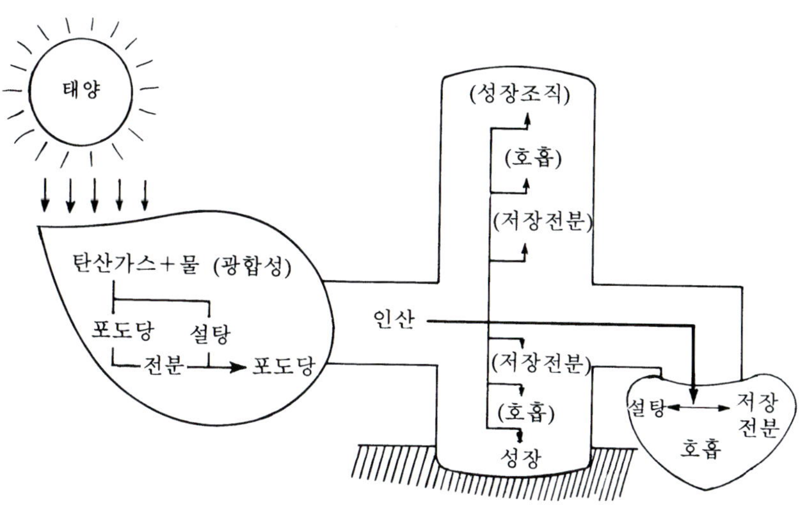

그림 6-3 식물생산과 광합성

서 흡수한 탄산가스(CO_2)를 원료로 하여 엽록소에서 태양에너지(Sun Energy)를 이용하여 포도당(葡萄糖, Glucose)을 합성하는 과정이다. 이 포도당 성분은 뿌리, 줄기, 잎, 종자를 만들고 식물이 생육하는데 필요한 에너지원이 되고 있다. 모든 생물이 생명을 유지하기 위한 호흡작용은 광합성작용으로 만든 포도당을 탄산가스와 물로 분해하고 생활에너지(Life Energy)를 얻는 과정이다.

모든 식물은 광합성작용을 하지 않는 시기에 대비하여 포도당을 저장전분(貯藏澱粉)으로서 축척하고 있다. 그러나 동물은 광합성작용을 행하지 않기 때문에 이 저장양분을 쌀, 보리, 야채, 과일, 채소 등의 형태로 섭취하고 호흡작용에 의해서 생활에너지를 얻고 있는 것이다.

(2) 광합성에 관계하는 환경조건

식물은 광합성작용의 차이로 C_4식물과 C_3식물로 분류되며 한국잔디는 C_4식물에 속하고 일반적으로 대부분의 주요 서양잔디는 C_3식물에 해당된다.

광, 즉 조도와 광합성작용의 관계는 C_4식물은 광이 강할수록 왕성해진다.

그러나 C_3식물은 6만 lux까지는 광이 강하며 강할수록 광합성작용이 왕성해지지만 6만 lux 초과하면 도리어 광합성작용이 감소한다(그림 6－4 (A)).

조도는 맑은 날의 경우 겨울에는 약 2만 lux, 봄 · 가을은 약 4만 lux, 초여름에는 약 6만 lux, 한여름에는 약 8만 lux에 달한다. 그러나 흐린날에는 조도가 약 1/2~1/3 정도 저하되고, 비오는 날에는 약 1/10정도 저하된다. 그러므로 봄, 가을에는 C_3식물 중 서양잔디의 대부분은 생육이 왕성하고 한여름이나 한겨울에는 생육이 부진하다. 또한 한국잔디가 한여름의 강한 햇볕 아래에서 생육이 왕성하고 서양잔디는 생육이 부진한 원인은 기온 때문만이 아니고 광, 즉 조도가 깊이 관여하고 있기 때문이다.

그림 6－4(B)는 기온과 광합성 작용의 관계를 나타낸 것으로 식물은 기온이 10°C 이상에서

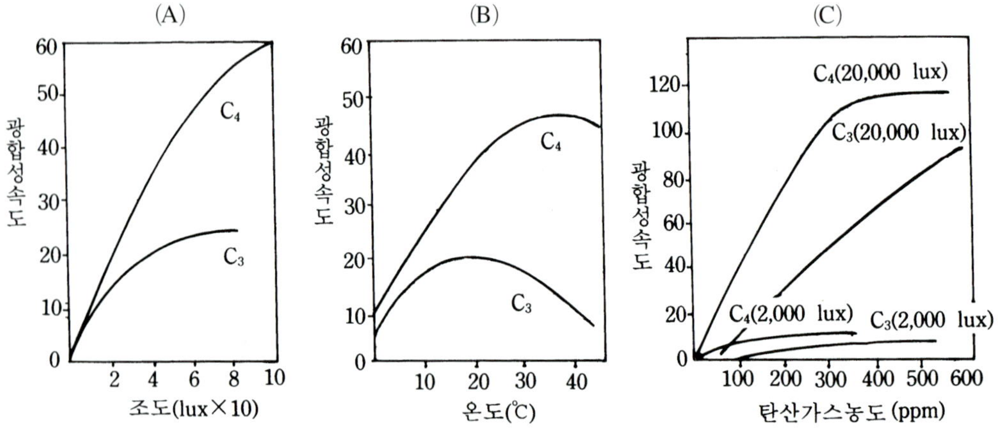

그림 6-4 C_3식물과 C_4식물과 광합성능력 비교

광합성 작용이 일어나고 35°C정도 까지는 기온의 상승에 따라 광합성작용은 활발해진다.

그러나 C_3식물은 기온 5°C부터 광합성작용이 시작되고 25°C정도부터는 기온의 상승에 따라 저하된다.

광합성작용도 일종의 화학반응이기 때문에 온도가 높을수록 잘 일어난다. 그러나 광합성작용의 역반응이라고도 말할 수 있는 호흡작용은 온도의 상승과 비례하여 증가한다. 즉 고온에서 광합성이 감소한다는 것은 광합성으로 생성한 포도당의 양보다도 호흡작용으로 소모하는 포도당의 양이 많기 때문이다.

C_4식물이 고온에 강한 이유는 고온에서 증가한 호흡작용(呼吸作用, Respiration)에 의해서 발생하는 탄산가스를 특수한 조직에서 포도당 합성에 재이용하기 때문이다. 광합성작용을 엔진에 비유하면 C_3식물은 보통 엔진이고, C_4식물은 배기가스를 이용하는 터어보 챠지 엔진(Turbo Charge Engine)이라 할 수 있다.

(3) C_3잔디의 여름대책

건강한 잔디의 상태를 유지시키기 위한 기본은 광합성산물인 포도당을 많이 확보하는 것이다. C_4식물에 속하는 한국잔디의 경우 여름에 광합성작용이 왕성하여 튼튼하지만 C_3식물에 속하는 서양잔디는 여름철의 고온에 의해서 호흡작용이 광합성작용을 상회(上廻)하여 영양실조를 일으키거나 쇠약해진다.

여름철의 고온 · 다일조(多日照) 하에서는 그림 6－4(C)에 나타낸 바와 같이 공기 중의 탄산가스 농도를 높이는 것이 유효하다고 판단된다. 비닐하우스의 채소(菜蔬)재배에서는 탄산가스 시용이 실시되고 있지만 골프장에서는 무리이다. 탄산가스의 시용목적은 광합성작용의 촉진이나 과다한 호흡작용을 억제시키는데 있다. 그래서 골프장의 경우는 탄산가스를 사용하는 대신 광합성작용의 산물(産物)인 설탕이나 초산을 엽면살포(葉面撒布, Foliar Spray)하는 것이 효과가 있다고 생각된다.

살수도 고온대책으로 효과가 있다. 그러나 종래의 스프링클러에 의한 살수는 한발대책(旱魃對策)이고 고온대책으로서는 관수량이 너무 많고 염류집적의 원인이 된다. 그래서 토양수분을 보충하는 것보다 단지 소량만을 뿌려주는 시린지(Syringe) 방법이 추천되고 있다. 이 시린지 살수법은 한여름 1~3회 실시함으로써 한낮에 식물조직의 공기습도를 높여주어 증산을 억제시킴으로써 위조병(Wilt Disease)을 막고 고온 스트레스를 예방하는 효과가 있다.

(4) 잔디의 저온대책

고온대책과 마찬가지로 저온대책도 또한 중요하다. 고온대책은 Bentgrass에 중요하지만 저온대책은 한국잔디에도 중요하다.

Bentgrass는 기온이 5°C 이하로 되면 광합성작용을 중지하고 휴면에 들어간다. 그러나 한국

잔디처럼 잎이 완전히 고사하지 않는다. Bentgrass의 광합성 특성으로 보아 겨울철 추운시기에는 광부족이라고 하기보다는 온도부족이다. 온도부족을 보충하는데 기온으로 보충한다는 것은 불가능하다. 그래서 지온(地溫)을 올리는 것이 전기회사 등에서 연구되고 있고, 근간에는 실용화하는 것도 고려되고 있다. 전열선(溫床線)의 지중매설(埋設) 혹은 암거배수(Underdrainage) 파이프의 수위(水位)를 조절해서 심야전기로 물을 끓여 배수관에 공급하는 것도 고려되고 있다. 난방은 전기에만 국한된 것이 아니고 가스, 석유도 충분히 이용 가능한 것이다.

겨울철에도 온도가 비교적으로 높은 지방의 골프장에서의 피복재료를 이용해서 야간방영을 방지하는 방법이 일반적으로 행해지고 실용적인 효과를 거두고 있다. Bentgrass의 저온대책으로 잔디의 생육만의 문제는 아니고 서릿발이나 땅이 얼어서 들뜨는 문제도 무시할 수 없다. Creeping Bentgrass에서도 고려지(高麗芝)에 비하면 지하경의 발달이 약하기 때문에 서릿발이 서는 날에 기온의 상승에 따라 서릿발이 녹고 난 후 지면이 질척거리게 되어 잔디가 손상을 받는다. 그래서 서릿발이 생기기 어려운 sand green을 조성할 필요가 있는 것이다.

서릿발은 토양 중의 모세관수가 얼어서 생성된다. 서릿발의 생성을 막는 데에는 모관수가 적은 상토를 조성하는 것이 좋다. 이러기 위해서는 팽윤도(膨潤度)가 있는 점토광물을 사용하면 효과가 있다. 모관수와 지온에 관한 문제로서 화산성 흑토는 색깔이 검어서 지온이 올라가기 쉬운 것으로 보여지지만 실제로는 그렇지 않다. 흑토(黑土)는 모세관이 잘 발달하여 수온이 낮은 지하수가 상승하기 쉽고 지온으로부터 증발열을 뺏기기 때문에 지온은 올라가지 않는다.

여름에는 지온이 올라가기 어렵고 지온인 낮은 쪽이 좋지만 여름은 공기 중의 습도가 높아 바람이 불어도 지온이 생각하는 만큼은 내려가지 않는다. 그러나 공기가 건조한 겨울철에 바람이 불면 증발 수분량이 증가해서 지온이 예상외로 저하되는 일이 있다.

(5) 시비관리(施肥管理, Fertilization)

잔디초지의 합리적인 시비는 대체적으로 ① 잔디초종의 종류, ② 토양의 물리 · 화학적인 상태, ③ 관리에 따른 잔디사용 용도별에 따라서 달라지는데 적절한 비료의 선택과 시비적정 시기와 시비량 및 시비방법 등을 잘 고려되어야 한다. 왜냐하면, 합리적인 시비관리에 의해 잔디의 생육이 양호해지면 각종 병충해에 강해지고 내답압성, 내한성(耐寒性), 내서성(耐暑性)이 강하여져 여러 가지 좋지 않은 조건들에도 생육장해가 줄어들며 회복력도 증가하게 되기 때문이다.

잔디의 생체무게 중 75~85%는 수분이며 그 외는 유기물질(Organic Materials)로 구성되어 있다. 그 유기물질은 16가지의 필수원소(Essential Elements)로 이루어져 있으며 질소(N), 인산(P_2O_5), 칼리(K_2O)의 비료 3요소와 그 밖에 칼슘(Ca), 마그네슘(Mg), 황(S)이 상대적으로 높은 구성비율을 차지하며, 미량원소(Minor Elements)인 철(Fe), 망간(Mn), 구리(Cu), 아연(Zn), 몰리브덴(Mo), 붕소(B), 염소(Cl)로 구성되어 있다. 이들 미량원소는 주요 원소(Major Elements)

와 마찬가지로 생육에 있어서 절대적으로 필요한 성분이며 부족시에는 생리적 장애를 일으킨다.

필수원소(Essential Elements)들은 토양 유기물질의 분해와 성분이며 부족시에는 생리적 장애를 일으킨다. 필수원소들은 토양 유기물질의 분해와 시비에 의하여 공급되며 여러 가지 경로를 통하여 흡수 사용된다. 양분요구도(養分要求度, Nutrient Demand)가 달라진다. 가령 토양 내에서 이동성이 거의 없는 인산의 경우에 새로이 조성될 잔디에서는 종자 발아 및 유식물(Seedling)의 발달을 위해 인산이 시용되어야 하나, 뿌리가 충분히 발달된 상태의 잔디에서는 다른 식물군(群)과는 달리 현저히 토양 인산 이용률이 증가하게 되어 결핍되는 경우가 줄어들게 된다. 굳게 다져진 토양(Compacted Soil)에서는 뿌리의 공기 유통이 불량해지면서 호흡률이 저하되어 양분과 수분의 흡수가 불량해져서 생육이 둔화되기도 한다.

1) 각 원소의 역할과 일반적 특성

① 질소(N) : 잔디의 생육에 가장 필요로 하는 성분이며 엽록소, 단백질, 효소의 주요 구성요소이고, 총건물량의 3~6%에 달하며 식물체 내의 이동성이 강하여 부족시는 오래된 잎의 N성분이 전개된 잎이나 생장점으로 이동하여 생육에 사용된다.
질소비료의 과다사용시에는 지나친 지상부의 신장으로 인해 지하부의 생육이 약해지면서 각종 생리장애 및 병충해에 대한 저항성이 떨어진다. 아울러 부족시에는 생육둔화 및 잎이 녹황색으로 변하여, Fairway에서는 달라스팟(Dollar Spot) 등의 병이 침입하기 쉽다.

② 인산(P) : 식물 생체 내의 에너지 전달과 관련되어있는 중요한 원소이며 생장점에 많이 분포되어 있고 총건물량의 0.5% 정도이다. 종자발아 및 유식물 생장, 발근(發根)에 중요하므로 새로이 조성되는 잔디에서는 부족될 수가 있으므로 N과 P의 비율이 1 : 1인 잔디조성용 비료를 사용하여야 한다. 그러나 화본과 식물(Graminae)인 잔디는 뿌리가 다른 식물보다는 잘 발달되어 인산을 흡수하는 능력이 우수하므로 오히려 이미 조성된 잔디에 부적당한 인산의 시용은 잡초종자의 발아 및 생육을 조장(助長)하는 결과를 가져오기도 한다.

③ 칼리(K) : 질소와 더불어 잔디의 발육에 가장 중요힌 원소이며 세포분열에 결정적인 역할을 한다. 답압이나 저온, 고온 등 각종 스트레스에 대해 저항성을 높이며 단백질, 탄수화물, 엽록소의 필수 구성원소이다. 잎의 생장점에 구성비가 높으나 전체적으로 고른 분포를 보인다. 부족시에는 각종 병해(헬민토스포리움, 브라우 팻치, 푸사리움, 달라스팟) 등에 저항성이 약해지고, 한국잔디에서는 분얼(Tillering)이 지연되며, 키가 작아진다.

④ 칼슘(Ca) : 특별한 징후(徵候)가 없는 한 시비할 필요가 없으나 부족시에는 어린잎이 붉은 빛을 띤 생육장애와 레드 스레드(Red Thread)나 파티움 브라이트(Pythium Blight)

에 약해진다.

⑤ 마그네슘(Mg) : 엽록소(葉綠素)의 필수 구성성분이며 각종 효소의 작용을 돕는 조효소(co-enzyme)로서 중요한 역할을 하며, 생체 내에서 이동과 순환이 용이하므로 많은 양이 필요하지는 않다.
만일 질소 시비 후에도 잎의 색깔이 연녹색으로 남아 있고 생육이 촉진되지 않으면 마그네슘 결핍을 조사해 볼 필요가 있다. 그러나 과다하거나 부적당한 시비는 잔디에 생리적 장애(Phycotoxicity)를 유발시키므로 유의하여야 한다.

⑥ 유황(S) : 식물체 내의 단백질 대사의 필수원소(必須元素)이며 심한 알칼리성 토양에서 나타날 수 있으며, 부족시 서양잔디에서는 흰가루병(Powdery Mildew)에 대해 저항성이 약해진다.

⑦ 기타 미량원소(微量元素, Micro, Trace-Element) : 다량원소와 같이 잔디의 발육에 중요하지만 보통의 토양에서는 별도로 시비가 필요가 없다. 간혹 결핍으로 인한 생리적 장애가 발견되면 미량원소를 엽면시비(葉面施肥, Foliar Fertilization, Application)할 필요가 있다.

표 6-2 주요 양분의 결핍(缺乏)과 과잉증상(過剩症狀)

양 분 명	결 핍 증 상(Nutrient Deficiency)	과 잉 증 상(Nutrient Exess)
질 소 (N)	• 잎이 누렇게 되며 생육이 빈약하다. • 잎이 짙은 녹색이 되고 생장이 지나침.	• 열매의 성숙이 빨라지고 수량이 적어진다. • 잎과 줄기가 빈약해진다. • 병충해에 걸리기 쉽다.
인 산 (P)	• 자주색이 된다. • 분얼이 적고 개화 결실이 나쁘다. • 과실은 단맛이 적고 품질이 떨어진다.	• 몹시 지나치면 키가 짧고 잎이 두꺼워 지고 생육이 나빠진다. • 너무 일찍 성숙하여 수량이 줄어든다.
칼 륨 (K)	• 오래된 잎의 끝부터 누렇게 되고 잎 가장자리가 갈색으로 죽어간다. • 어린잎은 짙은 녹색이 되고 자라지 못하고 작은 잎이 된다. 뿌리의 자람이 나쁘고 썩기 쉽다.	• 마그네슘 결핍을 일으킨다.
칼 슘 (Ca)	• 생장이 왕성한 젊은 잎의 끝이 희어지고 곧 갈색으로 죽어간다. • 뿌리의 표피에 콜크층이 생기고 뿌리가 짧고 굵어진다.	• 망간, 철, 붕소, 아연 등의 결핍증이 나타나기 쉽다.
마그네슘 (Mg)	• 늙은 잎의 갓부터 엽맥 사이가 누렇게 된다. • 과실 가까운 잎에 결핍이 나타나기 쉽다.	• 분명하지 않다.
유 황 (S)	• 전체의 생장이 나빠지며 질소의 결핍과 비슷하다.	• 토양을 산성으로 한다. • 뿌리가 썩기 쉽다.
망 간 (Ma)	• 새잎이 엷은 녹색으로 되며 잎이 작다.	• 잎의 끝에 갈색 자주색의 작은 반점이 생김(특히 늙은 잎). 철의 결핍이 나타나기 쉽다.

철(Fe)	• 새잎부터 황백색을 띤다.	• 망간과 인산의 결핍이 나타난다.
붕 소 (B)	• 생장점이 멈추고 오그라들며 후에 문드러진다. • 입자루가 콜크화 한다. • 줄기 뿌리의 중심이 검어진다. • 과실에 주름이 가고 콜크화 한다.	• 잎이 누렇게 시들어간다.
구 리 (Cu)	• 엽맥 사이가 누렇게 되고 뚜렷이 얼룩이 생긴다. • 새잎이 누렇게 된다. • 잎이 작아지며, 새잎의 끝부터 황백화 한다.	• 갈색 반점이 생긴다. • 뿌리가 자라지 못한다.
몰리브덴 (Mo)	• 넓은 잎은 잎의 가장자리가 앞쪽으로 말려든다. 늙은 잎부터 증상이 나타난다.	• 분명하지 않다.
염 소 (Cl)	• 새싹이 누렇게 된다.	• 섬유가 많이 생겨 감자류는 품질이 떨어진다. • 담배의 품질을 떨어뜨린다.

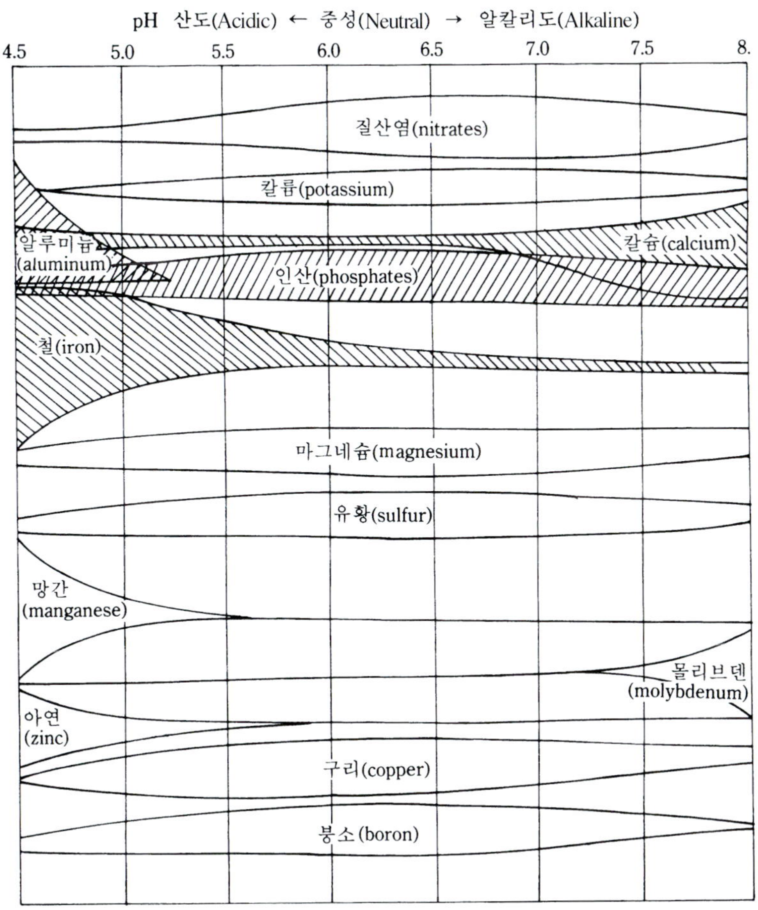

그림 6-5 토양 pH와 잔디 식물 영양분의 유효도(Nutrient Availability) (A. J. Turgeon. 1985)

2) 비료선택

잔디재배를 위한 비료선택은 반응시간, 녹는 정도, 비효(肥效), 가용 살포기구, 예산 등을 고려하여 결정해야 하며, 특히 탱크에서 다른 농약과 혼합해서 분무할 때는 주의를 할 필요가 있다. 수용성이 강한 비료는 비효가 빠르게 나타나며, 천연 유기질비료(Natural Organic Fertilizer)는 토양 미생물에 의해 분해되어 식물에 쓰게 되므로 완효성 비료(緩效性肥料)를 나타낸다. 또한 시비할 때 비료의 형태에 따라 입제비료(粒劑肥料)와 액제비료(液劑肥料)로 나눌 수 있는데, 미국에서는 근래에 와서 액비(液肥, Liquid Manure)의 소모비율이 점점 높아가고 있는 실정이다.

이 밖에 토양의 pH, 잔디의 종류, 시비시기, 잔디의 생육상태 등에 의해 비효(肥效, Fertilizer Response)가 달라질 수 있다.

① **질소질비료(窒素質肥料)** : 질소성분은 잔디가 생육에 필요로 하는 양보다 과다하게 식물체 내로 흡수되는 경향이 있으므로 조금 모자라는 듯이 시비하는 것이 최선의 방법이다. 연간 시비량은 한국잔디로 조성된 Fairway 지역에서는 비료 종류 및 잔디관리 정도에 따라 성분비로 m^2당 4g N에서 최대 16g까지 사용하며 Green지역의 Bentgrass는 12~24g 정도를 여러 차례 나누어 시용하게 된다. 질소질비료는 성질에 따라 속효성인 초안(질산암모늄), 유안(황산암모늄), 요소(urea) 등이 있고, 완효성 비료인(Urea Formaldehyde(UF)), IBDU 등의 분자량이 큰 요소화합물과 이 밖에 요소 입자를 다른 물질로 둘러쌓아 쉽게 녹지 않게 유황을 피복한 SCU(Sulfur Coated Urea)가 있다.

속효성 비료는 물에 잘 녹고 가격면에서 경제적이지만 일시적 농도 장애와 영양마다 또는 비료성분이 유실될 염려가 있으며, 완효성 비료는 분해속도가 느리며 안전한 반면 가격면에서 불리한 점이 있다. 이 중 IBDU는 입자의 크기가 분해속도를 결정하며 Green에 시용될 때는 입자가 고운 것을 쓰도록 해야 한다. UF는 토양내 미생물의 활동에 의해 분해

표 6-3 토양 및 식물체 중의 중요한 N－화합물

화 학 식	화 학 명	주 요 특 성
NH_3^- NO_4^+	질산(염)(nitrate) 암모늄(ammonium)	• HNO_3의 음이온, 식물의 N양분의 주축을 이룸. • NH_3+H_2O 화합물로 생성되며 양이온이며 부식물 분해시 생성된다.
NH_3 $-NH_2$	암모니아(ammonia) 아미노기(amino group)	• 공기 중 가스형태로 적은량 존재(0.05ppm), 부식물의 분해 생성물로 고농도인 경우 유독성분이 됨. • 단백질구성 대표적인 유기질 group.
NO_2^- NO_2 NO	아질산(nitrit) 산화질소 (nitrogen oxide)	• 아질산(HNO_2)의 음이온, 식물 및 토양 중에서 불완전한 질산환원 과정의 생성물. • 아질산에서 통기 불량한 토양 중에서 생성, 가스형태로 휘산된다.

표 6-4 주요 질소질 비료의 종류와 일반특성

구 분	비료명	화학식	N-함량(%)
암모늄계 비료	암모니아가스 암모니아수 황산암모늄	NH_3 NH_3NH_4OH $(NH_4)_4SO_4$	82 – 21
질산계 비료	질산칼슘 질산나트륨(칠레초석)	$Ca(NO_2)_2$ 등 $NaNO_3$	16 16
암모늄-질산계 비료	질산암모늄 석회-질산암모늄 황산-질산암모늄	NH_4NO_3 $NH_4NO_3+CaCO_3$ $NH_4NO_3 \cdot (NH_4)_2SO_4$	35 26 26
아마이드(amide) 비료	요소* 석회질소	$CO(NH_2)_2$ $CaCN_2$	46 22
암모늄-질산-아마이드 비료	요소-질산암모늄	$NH_4NO_3+CO(NH)_2$	28

* 요소는 분해 후 미네랄 질소비료로 이용된다.

속도가 결정되며 물에 쉽게 녹지 않는다.

② 인산질비료(燐酸質肥料) : 토양시험 후 결핍이 발견되면 추비로 사용한는 것이 좋으며 인산(P)의 토양농도는 ha당 60~80kg이 적당하다. 석회, 인산을 주성분으로하는 용과린, 복합비료(Compound Fertilizer)에 들어 있는 인산암모늄 또는 완효성의 산성 토양에 알맞은 용성인비가 있는데 마그네슘(Mg) 성분도 풍부하다.
용성인비는 염기성 비료와는 배합이 가능하나 암모늄태 비료와 섞으면 암모니아가 휘발되므로 주의하여야 한다.
인산질 비료의 필요이상으로 과용시는 오히려 잡초종자의 발아, 생육이 촉진되는 문제가 생길 수 있다.

표 6-5 토양 및 식물체 중의 중요한 인산화합물

화학식	화학명 및 특성
H_3PO_4	정인산
$H_2PO_4^-$ HPO_4^{2-} PO_4^{3-}	제1인산 음이온 제2인산 음이온 제3인산 음이온 ― 무기인산의 주종
H_2PO_3	포스포릴기, 유기화합물과의 공역(共役)을 위한 인산형태
$H_4P_2O_2$	2인산

③ 칼리질비료(加里質肥料) : 토양 농도 측정 후 시비량을 결정하는 것이 좋으며 토양 농도가 ha당 200kg이 적당하다.
토양산화 효과가 적은 염화칼리(KC1)와 황산칼리(K_2SO_4)와 토양을 염기화하는 질산칼리(KNO_3)가 있으며 스트레스가 높은 시기에는 질소의 양과 비슷한 비율로 시비하는 것이 여러 가지 환경에 대한 내성(耐性)을 높여준다.

④ 기타 원소의 시비 : 토양의 pH가 정상일 때 필요한 농도 이상으로 존재하며 과용시비를 하게되면 피해가 날 수 있다.

표 6-6 다량 요소의 토양 및 식물체 중의 특성

원소명	원자량	건조토양 중 보통함량(%)*	흡수이온 형 태	건조식물 체중보통 함량(%)*	보통수량 결정한계 함 량(%) (건물 중)	주 요 생 리 기 능
질소 (N)	14.0	0.3~3	NO_3^- (NH_4^+)	5~50	0.2	단백질, 유기물, 효소, 비타민의 구성원소, 일반이온 작용
인산 (P)	31.0	0.1~1	$H_2PO_4^-$ HPO_4^{2-}	1~5	0.3	Phytin, phosphatide, nueleotide의 구성원소, 일산화 (phosphorylation)를 통한 유기원소의 활성화, 일반 이온작용
유황 (S)	32.1	0.1~1	SO_4^{2-}	0.5~5	0.2	단백질, 효소, 비타민 2차 식물 생성물의 구성원소, 일반 이온작용
칼리 (K)	39.1	2~30	K^+	5~50	2.0	일반 이온작용, 효소의 활성화
칼슘 (Ca)	40.1	2~15	Ca^{2+}	0.5~50	1.0	일반 이온작용, 효소의 활성화, phytin, pectin, 2차 식물생성물의 구성원소
마그네슘 (Mg)	24.3	1~10	Mg^{2+}	1~10	0.3	엽록소 phytin, pectin의 구성원소, 공역(共役)을 통한 효소의 활성화, 일반 이온작물

* % = 천분율(1/1,000)

표 6-7 잔디영양을 위한 필수 무기물 원소(Essential mineral elements, A. J. Turgeon, 1985)

요 구 도	원 소 명	화 학 기 호	유효한 형태
다 량	Nitrogen	N	NH_4^+, NO_3^-
	Phosphorus	P	NPO_4^{2-}, $H_2PO_4^-$
	Potassium	K	K^+
중 간	Sulfur	S	SO_4^{2-}
	Calcium	Ca	Ca^{2+}
	Magnesium	Mg	Mg^{2+}
미 량	Iron	Fe	Fe^{2+}, Fe^{3+}
	Mangancese	Mn	Mn^{2+}
	Boron	B	H_2BO_3
	Copper	Cu	Cu^{2+}
	Zinc	Zn	Zn^{2+}
	Molybdenum	Mo	MoO_4^{2-}
	Chlorine	Cl	Cl^-

표 6-8 미량원소의 토양 및 식물체 중의 특성

원소명	원자량	건조토양 중 보통함량 (ppm)	흡수이온 형태	건조식물 체중보통 함량 (ppm)	보통수량 결정한계 함량(%) (ppm, 건물)	주요생리기능
철 (Fe)	55.9	5,000~40,000	Fe^{2+} (Fe-Chelate)	50~1,000	50	산화, 환원효소의 구성성분, 이에 따라 광합성 및 호흡작용에 기여
망간 (Mn)	54.9	200~4,000	Mn^{-1} (Mn-Chelate)	20~200	40	공역(共役)을 통한 효소의 활성화, 산화 · 환원 효소의 구성성분, 이에 따라 물질대사에 기여
아연 (Zn)	65.4	10~300	Zn^{2+} (Zn-Chelate)	10~100	30	공역(共役)을 통한 효소의 활성화, 광합성작용에 기여, 생장소 생성 촉진 등
동 (Cu)	63.5	5~100 (ø20)	Cu^{2+} (Cu-Chelate)	2~20	8	산화 · 환원효소의 구성성분, 이에 따라 광합성작용에 기여
붕소 (B)	10.8	5~100 (ø15)	$H_2BO_3^-$ HBO_3^{2-}	2~100	30(두과) 5(맥류)	탄수화물 · 에스테르, 세포막 생성, 생장소작용의 조절, 일반 이온기능
몰리브덴 (Mo)	95.9	0.5~5	MoO_4^{2-}	0.2~10	0.4	효소의 구성성분(질산, 환원효소, phosphatase)

3) 시비방법(施肥方法)

일반적으로 장비의 종류에 따라 입제 또는 액제로 시용(施用) 되는데 중량을 이등분하여 각기 다른 방향으로 살포하여 고루 시비되도록 한다.

1년간의 시비계획을 만들어 잔디 생육시기에 맞추어 시비하되 난지형 잔디는 주로 생육초반에 치우쳐 시비하고 늦가을 시비는 동해(凍害, Frost Damage)와 잡초와의 경합(Competition)을 초래시킬 수 있으므로 주의해야 한다. 한지형 잔디는 생육전반부에 과다 시비하게 되면 생육을 과도하게 촉진시켜 북더기잔디(Thatch)의 직접, 환경에 대한 내성(耐性)의 저하를 초래하게 되며 생육 후반부(9월 이후)에 시비율을 높게하는 것이 좋다.

속효성 비료(速效性 肥料, Quick acting Manure)의 경우 소량을 여러 번 나누어 시비하는 것이 이상적이며 한 번에 질소 $4g/m^2$를 넘지 않도록 한다. 특히 고온다습 등 악 조건시 질소의 과다 시용은 많은 생리적 장애를 유발시키게 된다. 적절한 시비 계획과 더불어 북더기잔디인 대취(Thatch) 제거와 통기작업(Aeration)을 정기적으로 행함으로 뿌리의 생육을 촉진시켜 비효를 높일 수 있을 뿐 아니라 보다 건강한 잔디 상태를 유지할 수 있다.

4) 시비량

비료성분 중에 염의 농도가 클 때(질산비료 등)에는 피해가 우려되므로 농도가 약한 액제(질소 3%이하)로 만들어 사용하거나 고온 건조시에는 시비를 하지 않도록 한다.

만일 다량의 비료가 잔디초지 위에 유출되었을 경우 가능한 한 수거하고 나머지는 즉시 물로 씻어 내려야 한다.

① 질소 성분의 계산은 사용할 비료의 표기가 한 예로 30－10－20으로 표기되어 있으면 이것은 총 무게 중 30%가 질소(N), 인산(P_2O_5)이 10%, 칼리(K_2O)가 20%임을 표시한다. 인산과 칼리는 성분비인 P와 K로 표시되어 있지 않으므로 주의하여야 한다.

위의 예에서 시용질소 비료의 총무게(질소만 고려한 경우) = 요구되는 순 성분량/0.3으로 계산된다.

② 인산(燐酸)질 비료는 간접적으로 P_2O_5의 양으로 표시되는데 순 성분량인 P로 환산하려면 (요구량 P_2O_5)＝P×2.3으로 계산한다.

③ 칼리(加里)질 비료는 양으로 표시되어 있고(요구량)＝K×1.2로 계산된다.

토양분석이 없이 시비를 행할 때는 일반적으로 구성비 3 : 1 : 2의 비료를 사용하는 것이 무난하다.

④ 미량원소의 경우, 토양내 가용 활성도는 표 6－9와 같은데 토양이 극히 산성이면 미량원소의 활성도가 갑자기 높아져 미량원소 피해를 입게 되므로 토양의 산성도를 석회 등을 이용해서 산도교정해 주는 것이 중요하다.

⑤ 각 비료의 성분량과 염기도(Salt Index)는 다음과 같다.

염기도가 높을수록 고온건조시 잔디의 비해(肥害, Burning)가 높아지므로 사용시 주의가 요구된다.

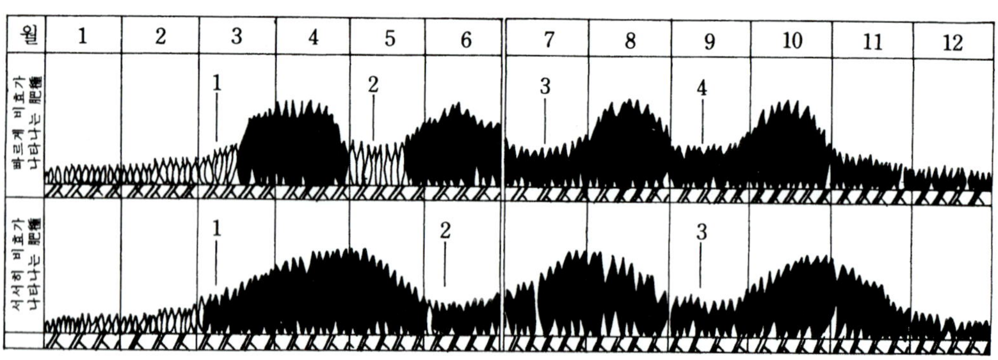

그림 6-6 연간 시비의 효과(E. Habegger, 1985)

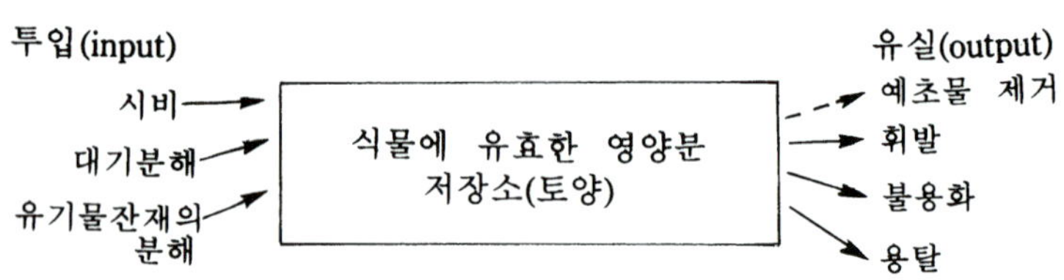

그림 6-7 잔디 생육면에서 본 토양의 영양성분 수급표(A. J. Turgeon. 1985)

표 6-9 비료 3요소의 성분도 및 염기도

	비 료 명	성 분 도(%)	염 기 도(salt index)
1	질소질비료(窒素質肥料)		
	질산암모늄(초안)	35.0N	105
	황산암모늄(유안)	21.2N	69
2	질소질칼리(窒素質加里)	16.5N	100(기준)
	요소(Urea)	46.6N	75
	천연유기물	5.0N	4
3	인산질비료(燐酸質肥料)		
	인산암모늄	21.2N+53.8 PO	34
	중과린산석회	48 PO	10
	용과린	20.0 PO	7.8
4	칼리질비효(加里質肥料)		
	염화칼리(KOl)	60.0 KO	116
	질산칼리	13.8N+46.6 KO	74
	황산칼리(K SO)	54.0 KO	46

주요 잔디초지류의 환경 적응성

1. 고온에 견디는 힘 (High Temperature Tolerance)

Tolerant

- zoysiagrass
- improved bermudagrass
- common bermudagrass
- St. Augustine grass
- bahiagrass
- tall fescue
- dichondra
- kentucky bluegrass
- perennial ryegrass
- creeping bentgrass
- rough bluegrass

Intolerant

고온에 견디는 능력은 재배품종 · 유지관리에 영향을 미치는 모든 종류의 환경요인들에 달려있다.

북방형 목초에 예초를 높이는 것은 고온에 대한 적응성을 향상시킬 것이다.

2. 낮은 예초고 적응력 (Accepts Low Mowing)

Best

- creeping berntgrass(1/4 inch or less)
- improved bermudagrass
- common bermudagrass
- zoysiagrass
- cenlipedegrass
- rough bluegrass
- fine fecues
- perennial ryegrass
- kentucky bluegrass
- St. augusline grass
- tall fescue
- bahiagrass

Worst

예초높이는 첫째로 목초(사초, Forages)의 성장에 의해 결정된다. 지표면에 퍼져있는 목초들은 더 낮게 예초할 수 있다. 일반적으로 Kentucky bluegrass는 1.5 inches 이상 예초하는 것이 유지하기에 더욱 쉽다.

3. 가뭄에 견디는 힘(Drought Tolerance)

Tolerant	common bermudagrass
	improved bermudagrass
	zoysiagrass
	cenlipedegrass
	tall fescue
	fine fecues
	St. augusline grass
	dichondra
	kentucky bluegrass
	perennial ryegrass
	trreping bentgrass
Intolerant	rough bluegrass

목초(사초)는 녹색을 유지하거나 단기간의 가뭄에 견디는 경향이 있는 반면, 만일 심한 가뭄에 처하게 된다면 완전히 소멸해 버릴지도 모른다.

4. 내음성(Shade Tolerance)

Tolerant	St. Augustine grass
	fine fecues
	rough bluegrass
	dichondra
	tall fescue
	perennial ryegrass
	creeping bentgrass
	bahiagrass
	zoysiagrass
	cenlipedegrass
	kentucky bluegrass
Intolerant	improved bermudagrass
	common bermudagrass

목초의 내음성은 많은 영향을 받는다. 만일, 그 장소가 꽤 습기찼다면 우수한 fescues는 완전히 소멸하는 반면 거친 bluegrass는 견딜수 있다. 단 건조한 지역에서는 반대의 현상이 일어난다. 품종간에도 또한 중요한 차이점을 갖는다.

5. 정착 소요시간(Establisjhment Time)

Fast	improved bermudagrass
	common bermudagrass
	perennial ryegrass
	creeping bentgrass
	St. Augustine grass
	rough bluegrass
	tall fescue
	fine fecues
	bahiagrass
	centipedegrass
	kentucky bluegrass
Slow	dichondra
	zoysiagrass

하나의 새로운 식물체가 잔디로 되는데 있어 중요한 점은 잔디 그 자체에 달려있다는 것이다.

잔디가 외관상으로 그리고 토양 그 자체를 유지하고자 한다면, perennial ryegrass or tall fescue의 새 종자 파종을 2~3주에 작업을 할 수 있다.

6. 피복도(Wearability)

High	zoysiagrass
	improved bermudagrass
	bahiagrass
	common bermudagrass
	perennial ryegrass
	tall fescue
	kentucky bluegrass
	fine fecues
	St. Augustine grass
	centipedegrass
	creeping bentgrass
Low	rough bluegrass
	dichondra

비록 꽤 많은 변이가 품종들 사이에 존재한다고 하더라도, 때때로 잔디는 심한 답압에 견딜 수 없다. 예를 들어 'Bbensun' 과 'Baron' Kentucky bluegrass는 오히려 더 답압을 잘 견딘다.

7. 비료 요구량(Fertilizer Requirements)

Least	fine fecues
	bahiagrass
	zoysiagrass
	tall fescue
	centipedegrass
	St. Augustine grass
	perennial ryegrass
	kentucky bluegrass
	rough bluegrass
	common bermudagrass
	improved bermudagrass
Most	dichondra
	creeping bentgrass

잔디가 적은 양을 비료에도 존재하는 반면, 고품질의 잔디는, 단지 증가된 양만큼만 성장한다.

품종, 토양상태, 온도가 비료 요구량에 크게 영향을 미친다.

8. 내한성(Cold Tolerance)

Tolerant	creeping bentgrass
	rough bluegrass
	kentucky bluegrass
	fine fecues
	tall fescue
	perennial ryegrass
	dichondra
	zoysiagrass
	common bermudagrass
	improved bermudagrass
	annul ryegrass
Intolerant	centipedegrass
	St. Augustine grass

한지형 목초(사초, cool-season forages)와는 달리, 난지형 목초는 주로 저온에 견디지 못한다. 대부분의 난지형 목초는 따뜻한 여름 기간에 왕성하게 성장하고 그 후 휴면상태가 되다가, 추운 날씨에는 활기가 없어진다.

제2편 각 론(各論)

제 1 장

한지형(寒地型) 잔디초지류의 특성 및 관리

1.1 블루 그라스류(Bluegrasses)

Bluegrasses(*Poa* L.)에는 ① Kentucky Bluegrass(*Poa pratensis* L.), ② Canada Bluegrass(*Poa Compressa* L.), ③ Rough Bluegrass(*Poa trivialis* L.), ④ Annual Bluegrass(*Poa annua* L.) 등이 있으나 이 중 Kentucky Bluegrass가 잔디로 많이 이용되고 있다.

(1) 특성(特性)

① 한지형 잔디(Cool-Season Turfgrasses) 는 고온시 잘 자라지 못하고 병이 많이 발생하며 서늘할 때 잘 생육된다.

② 질감이 좋고 지하포복형을 가진 하번초(下繁草, Bottom Grass)로서 토양을 쉽게 피복(Coverage) 하여 좋은 잔디를 형성한다.

③ 불완전 포복형(Incomplete Creeping Type)으로 잎의 넓이는 3~4mm이지만 잎의 길이 및 초장이 30~50cm 정도 자라며 5월에 출수(出穗) 개화(開花)하게 되면 그 키가 80cm까지 높아지므로 3~6cm로 자주 깎아주지 않으면 잔디가 될 수 없다.

④ 건조한 토양에서는 잘 자라지 못하므로 항상 관수를 자주해야 하며, 비교적 습하고 중 · 약산성인 비옥한 토양에서 잘 자란다.

⑤ 일반적으로 그늘 밑에서 생육이 다소 약한 편이고 정원, 골프장, 각종 경기장 및 사초(Forage Crops) 등 여러 가지 목적으로 이용되고 있다.

⑥ 답압(Trampling)에 약하기 때문에 과도한 이용을 금해야 하며, 병충해에 약하여 자주 약제살포를 하여야 한다.

⑦ 비료요구도(Demand of Fertilizer)가 높은 편이므로 연중 9~27gN/cm^2정도이고, 수직생육속도가 빠른 관계로 자주 깎아주어야 하는 단점이 있다.

⑧ 가을에 추파(Overseeding)함으로써 겨울동안 난지형 잔디를 푸르게 하는데 이용될 수 있다.

⑨ 여름 고온기에는 하고현상(Summer Depression)이 나타나 생육이 부진(不振)하고 각종 병해가 발생하므로 이 때의 잔디사용은 극히 제한하여야 한다.

(2) 종류

1) 켄터키 블루 그라스(Kentucky Bluegrass)

독명 : Wiesenrispengras, 학명 : *poa pratensis* L.

(a) (b)

그림 1-1 Kentucky Bluegrass의 비교(자료 : A. J. Turgeon, F. A. Giles, and R. I. Courson)

(a) 병에 걸린 모습 (b) 높은 밀도, 짧은 분얼, 밝은 색

그림 1-2 Kentucky Bluegrass

① 유경속의 잎이 배열된 모양(Vernation) …… 포개져 겹친형

② 잎혀(Ligule) …… 얇은 막, 매우 짧으며 길이(0.2~0.6mm) 끝이 잘린(Truncate) 원통형

③ 잎귀(Auricle) …… 잎귀가 없는 형태를 갖는 발육부진형

④ 경령(Collar) …… 넓으며, 잎맥에 의해 갈라져 있는 모양

⑤ 잎몸(Blade) …… V자 모양이며 편평하고 잎끝이 뱃머리 모양의 선두형

⑥ 화서(Inflorescence) …… 열린형으로 피라밋 모양의 원추화서(Panicle)

이 Kentucky Bluegrass는 포아풀속(Geunus)에 속하는 200종의 식물 가운데 한 종류로 중앙아시아에서 기원되었으며 우리나라에서는 "왕포아풀"이라고 불리우며 자라던 것으로 구미 각국에서 거의 대부분의 정원 및 공원의 잔디초지를 이루는 풀로서 서양잔디의 대표적인 초종이다. 이는 서양잔디라고는 하나, 우리나라 농가의 담 밑이나 개울가, 즉 그늘지고 습기가 많은 곳에서 생육하고 있으므로 그늘진 곳에 있는 풀은 거의 대부분의 경우 이 Kentucky Bluegrass임을 알 수 있다.

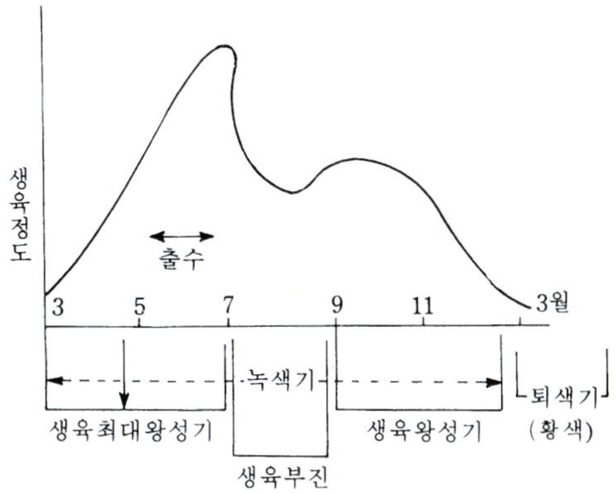

그림 1-3 켄터키블루 그라스의 생육패턴 (Growth Pattern)

그림 1-4 Kentucky Bluegrass 품종비교(파종 후 28일)
(a) 초장이 낮고 섬세한 조직과 뗏장 형성이 잘되도록 육성 개량된 신품종(ARID)
(b) Kentucky Bluegrass 31

Kentucky Bluegrass의 잎은 털이 없으며 부드럽고 가늘고, 길며 짙은 초록색을 띠고 있다. 잎혀(葉舌)는 짧으며 뾰족하다. 꽃은 원추화서(圓錐花序, Panicle)로서 1개의 작은 이삭에는 약 4개의 소화가 착생하며, 종자의 길이가 약 2mm정도이고, 큰 껍질(Tunic)에 가락이 없으며, 중앙부가 두드러지므로 횡단면이 삼각모양을 보이고 있다.

이 초종을 환경조건이 아무리 좋더라도 1년에 1회 이상 개화하지 않는 특성이 있으며, 비옥한 식토(埴土)나 모래 및 자갈 토양에서도 잘 자라며 석회질이 많은 토양을 좋아하며, pH의 범위는 5.8~8.2 사이로 적응력이 넓은 편이다.

특히 생육에 적합한 기온은 15~32°C사이이며 33°C이상에서는 식물체 내에 저장된 탄수화물이 고갈되어 매우 불량한 생육을 보인다(Younger et al, 1976).[35)]

Kentucky Bluegrass는 다년생 잔디초종으로서 지하경을 가지면 환경조건이 좋을 때는 빽빽한 방석모양으로 자라며 뿌리는 근경(根莖, Rhizome) 위의 마디와 분얼경(分蘗莖, Tiller)의 기부로부터 나오며 섬유모양으로 땅속 깊게 뻗는다. 이 초종은 지하경의 빠른 신장에 의한 빽빽한 방석을 형성하는 특성을 가짐으로써 최근 많은 품종이 잔디 및 녹지용으로 육성되고 있으며, 그 품종으로는 아델피, 메리온, 터치다운, 머제스틱 등이 있다.

Kentucky Bluegrass는 유럽과 아시아가 원산지이며 세계의 서늘하고 습기있는 기후에는 어디든지 잔디로서 이용할 수 있다고 소개되어져 왔다(Carrier and Bort, 1916)[36)]

Kentucky Bluegrass가 강력하게 뗏장을 형성하는 특성은 주로 활력있는 지하경(Vigorus

35) Younger V. B. and F. J. Nadge. 1976, Agron. J. 68 : 257－260.

36) Carrier, L. and K. S. Bort. 1916. The history of Kentucky bluegrass and white clover in the United States. Journal of the American Society of Agronomy. 8 : 256－266.

Rhizome)의 발달에 기인된다(Etter. 1951).[37)]

Kentucky Bluegrass는 6월 중순~11월 중순까지 5개월 동안에 Original Shoot에서부터 65.6~196.8cm의 지하경이 뻗는다(Lobenstein. 1962).[38)]

지하포복경은 각 마디로부터 새로운 싹과 뿌리 생성이 가능하다. 조방한 근계(Root System)는 측면에서 보아 토양의 15.2~25.4cm 정도의 비교적 상부에 주로 집중되어져 있다. 어떤 뿌리들은 예초되는 조건에 따라 40.6~60.9cm 까지 깊게 퍼진다(O'Donnell, J. 1966).[39)] 근계는 다년생으로 살아남아 지속되고 있다(Stuckey. 1941).[40)]

Kentucky Bluegrass는 주로 종자에 의해서 번식되어지나 지하경(Below Ground Stem)에 의한 영양번식으로 정착되기도 한다. 염색체수(Chromosome Numbers)의 범위는 28~150개까지로 나타나지만, 40 이하와 90 이상은 매우 드물다.

Kentucky Bluegrass가 잔디초지로 조성되어진 비율은 Ryegrasses나 Fescues류 보다도 더 느린 편으로 보고된 바 있다(De France & Simmons. 1951, Parks & Henderlong. 1967).[41) 42)]

Kentucky Bluegrass는 비가 적게 내리는 서늘하고 건조한 지역에서 관수되어 진다면 더욱 효과적으로 이용할 수 있다.

Shoot 생육은 물과 온도의 스트레스(Stress)가 장기간 계속되는 동안은 실질적으로 많이 감소되며, 경우에 따라서는 지상부의 잎(Foliage)이 갈색화나 비활동적이 되는 여름휴면(Summer Dormancy)이 될 수도 있다는 보고가 있다(Brown. 1943).[43)]

Kentucky Bluegrass는 장기간에 걸친 가뭄기간에 살아남을 수도 있지만, 수분조건이 유리하게 좋아질 경우에는 지하경과 오래된 관부의 마디로부터 새로운 싹이 돋아나기 시작한다.

Kentucky Bluegrass는 저온에 대하여 견디는 힘, 가을철 색조유지(Color Retention), 봄철의 녹색형성비율(Green－Up Rate) 등이 아주 좋다(Sprague & Evaul. 1930).[44)]

37) Etter, A. G. 1951. How Kentucky bluegrass grows, Annuals of the Missouri Botanical garden. 38. 293－375.

38) Lobenstein, C. W. 1962. Observing bluegrasses. Proceedings of the Midwest Regional Turf conference. p. 66－69.

39) O'Donnell, J. 1966. Nutrient removal and rooting pattern of Merion Kentucky bluegrass. Wisconsin Turfgrass Conference Proceedings. p. 29－31.

40) Stukey, I. H. 1941. Seasonal growth of grass roots. American Journal of Botany. 28 : 486－491.

41) De France, J. A. and J. A. Simmons, 1951. Relative period of emergence and initial growth of turf grasses and their adaptability under field conditions. Proceedings of the American Society for Horticultural Science. 57 : 439－422.

42) Parks, O. C. and P. R. Henderlong, 1967. Germination and seedling growth rate of tencommon turfgrases. Proceedings of the west Virginia Academy of Science. 39 : 132－140.

43) Brown, E. M. 1943. Seasonal variations in the growth and chemical composition of Kentucky bluegrass. Missouri Agricultural Experiment Station Research Bulletin 360. p. 1－56.

44) Sprague, H. B. and E. E. Evaul. 1930. Experiments with turf grasses in New Jersey. New Jersey Agricultural Experiment Station Bulletin 497. p 1－55.

Kentucky Bluegrass는 완전히 일광이나 약간의 그늘을 좋아한다. 대부분의 품종은 서늘하고 습한 기후의 음지에서 살아남지 못한다. 이것의 일부분은 흰가루병(Powdery Mildew)에 기인한다. 이와는 달이 온화하고 습한 지역에서는 일부 그늘에 견디어 내기도 하며, 내구력에 대한 저항성(Wear Tolerance)은 중간정도의 이상인 상태를 보인다(Morrish & Harrison. 1948).[45)]

Kentucky Bluegrass가 서늘하고 습한 지역의 각 도처에 널리 분포되어 있지만, 토양적응의 범위는 제한되어 있다.

Kentucky Bluegrass의 토양적응범위를 보면, 비가 많고 축축하며 배수가 잘 되고 비옥하며, pH가 6~7의 중간조직 토양 등을 더 좋아한다(Evans & Ely. 1933, Lapp. 1943, Musser. 1948, Sprague. 1934, Sprague & Evaul. 1930, Sullivan. 1962).[46) 47) 48) 49) 50) 51)]

Kentucky Bluegrass는 산성 알칼리성 토양에 극히 적응력이 약하며, 산성과 척박한 토양에서는 뗏장 형성(Sod Strength)도 좋지 않다(Garner & Damon. 1929, Hartwell & Damon. 1917).[52) 53)]

Kentucky Bluegrass는 습기 및 적당히 물에 잠긴 침수토양(Waterlogged Soil) 조건과 높은 인(Phosphorus) 수준에 잘 견디는 특성이 있다(Juska., Hanson. & Erickson. 1965).[54)]

Kentucky Bluegrass는 혼파조합에 있어서 종종 Red Fescue와 같이 이용되고 있으며, (Erdmann., and Harrison. 1947, Juska. 1959)[55) 56)] 정착률은 Red Fescue보다도 더 늦다.

---

45) Morrish, R. H. and C. M. Harrison. 1948. The establishment and comparative wear resistance of various grasses and grass – legume mixtures to vehicular traffic. Journal of the American Society of Agronomy. 40 : 168 – 179.

46) Evans, M. W,. and J. E. Ely. 1933. Usefulness of Kentucky bluegrass and Canada bluegrass in turfs as affected by their habits of growth. Bulletin of USGA Green Section. 13 : 140 – 143.

47) Lapp, W. S. 1943. A study of factors affecting the growth of lawn grasses. Pennsylvania Academy of Science. 17 : 117 – 148.

48) Musser, H. B. 1948. Effects of soil acidity and available phosphorus on population changes in mixed Kentucky bluegrass – bent turf. Journal of American Society of Agronomy. 40 : 614 – 620.

49) Sprague, H. B. 1934. Utilization of nutrients by colonial bent(*Agrostis tenuis*) and Kentucky bluegrass (*poa pratensis*). New Jersey agricultural Experiment Station Bulletin 570. pp. 1 – 16.

50) Sprague, H. B., and E. E. Evaul. 1930. Experiments with turfgrasses in New Jersey. New Jersey agricultural Experiment Station Bulletin 497. pp. 1 55.

51) Sullivan, E. F. 1962. Effects of soil reaction, clipping height, and nitrogen fertilization on the productivity of kentucky bluegrass sod transplants in pot culture. Agronorny Journal. 54 : 261 – 263.

52) Graner, E. S., and S. C. Damon. 1929, The Persistence of certain lawn grasses as affected by fertitization and competition. Rhode Island Agricultural Experiment Station Bulletin 217. pp. 1 – 22.

53) Hartwig, H. B. 1938. Relationships between some soil measurements & the incidence of the two common *poas*. Journal of the American Society of Agronomy. 30 : 847 – 861.

54) Juska, F. V., A. A. Hanson, and C. J. Erickson. 1965. Effects of phosphorus and other treatments on the development of red fescue, Merion and common kentucky bluegrass. Agronomy Journal. 57 : 75 – 78.

55) Drdmann, M. H., and C. M. Harrison, 1947. The influence of domestic ryegrass and redtop upon the

좀 더 빨리 정착하는 동반초종(Companion Species)으로서의 Red Fescue의 기능은 혼파시 정착하는 동안에 Kentucky Bluegrass와 과도한 경쟁을 하지 않는다. 그 결과로 Red Fescue는 그늘진 곳에서 난 가뭄이 발생되는 지역, 특히 재배밀도(Growing Density)가 낮게 유지되는 곳에서 우점(Dominant)이 되고 있다. 그 반대로 Kentucky Bluegrass는 완전히 일광조건 하에서 재배밀도가 높게 유지되는 곳과 습한 토양에서는 우점종(Dominant Species)이 된다(Divis. 1961, 1967, Juska 등. 1955, Juska. 1956, Roberts & Markland. 1966).[57) 58) 59) 60) 61)]

Kentucky Bluegrass는 회복잠재력(Recuperative Potential)이 아주 강하기 때문에 골프 타구봉에 맞아 뜯겨서, 잔디와 토양이 파진 자국(Divots)의 피해를 입기쉬운 Tee, Fairway 및 운동경기장의 이용에 잘 적응되고 있다. 지하경(Underground Rhizome)은 새로이 시작하는 Shoot 생육을 아주 빠르게 발달시킨다.

Kentucky Bluegrass의 재질은 적절하게 관리되었을 때에만 아주 우수한 상태를 보이며 예초고는 2.5~5.1cm가 적당하다(Beach. 1963, Darrow. 1939, Davis. 1958, Jackson. 1963, Sullivan. 1962, Younger. 1957).[62) 63) 64) 65) 66) 67)] 대부분의 품종들은 만약 1.78cm보다 낮게 예

growth of Kentucky bluegrass and chewings fescue in lawn and turf mix tures. Journal of the American of agronomy. 39 : 682−689.

56) Juska, F. V. 1959. Evaluation of cool season turfgrasses alone and in mixtures. Agronomy Journal. 51 : 597−600.

57) ———. 1961. Turfgrass mixtures−influence of mowing height and nitrogen. Proceedings of the 1961. Midwest Regional Turf Conference. pp. 27−29.

58) ———. 1967. Population changes in Kentucky bluegrass−red fescue mixtures. Agronomy Abstracts. p. 51.

59) Juska, F. V., J. Tyson, and C. M. Harrison. The competitive relationship of Merion bluegrass as influenced by various mixtures, cutting heights, and levels of nitrogen. Agronomy Journal. 47 : 513−518.

60) ———. 1956. Field studies on the establishment of Merion bluegrass in various seed mixtures. Quarterly Bulletin of the Michigan Agricultural Experiment Station. 38(4) : 678−690.

61) Roberts, E. C., and F. E. Markland. 1966. Nitrogen induced changes in bluegrass−red fescue turf populations. Agronomy Abstracts. p. 36.

62) Beach, G. A. 1963. Management practices in the care of lawns. 10th Annual Rocky Mountain Regional Turfgrass Conference Proceedings. pp. 42−45.

63) Darrow, R. A. 1939. Effects of soil temperature, pH, and nitrogen nutrition on the development of *Poa pratensis*. Botanical Gazette. 101−127.

64) Davis. 1967. Population changes in Kentucky bluegrass−red fescue mixtures. Agronomy Abstracts. p. 51.

65) Jackson. 1963. Further notes on the evaluation of some grass varieties. Journal of the Sports Turf Research Institute. 40 : 67−75.

66) Sullivan, E. F. 1962. Effects of soil reaction, clipping height, and nitrogen fertilization the productivity of Kentucky bluegrass sod transplants in pot culture. Agronomy Journal. 54 : 261−263.

67) Younger. 1962. Were resistance of cool season turfgrasses. Effects of previous mowing practices. Agronomy Journal. 54 : 198−199.

초되면 좋은 재질을 영구적으로 유지하기 어렵다. 또한 질소질 비료의 시비에 대한 요구량은 사용 용도별품종에 따라서 변화의 폭을 갖는다.

Kentucky Bluegrass의 품종간의 질소질 비료에 대한 시비요구량(Application Rate)을 보면, Park, Delta 및 Kenblue는 생육기간 중 월별 181~318g/m^2 사이의 범위가 적절하며, Merion의 경우는 454~590g/m^2 사이의 높은 수준을 필요로 한다(Duich & Musser. 1960, Juska. 1963).[68) 69)]

북더기잔디인 대취(Thatch)는 특히 재배강도가 높을 경우에 심각한 문제가 될 수 있다.

Kentucky Bluegrass는 일반적으로 사용되는 제초제(Herbicides)에 대하여 상당히 내약력이 있다(Akerbery. 1942, Duich 등. 1961, Gibeault & Skogley. 1967).[70) 71) 72)] 연중 가장 심각한 병해는 *Helminthosporium*에 의한 요인이 되어 왔으며(Hardison. 1945)[73)], 다른 병해들은 Rust, Strip smut, Powdery mildew, *Fusarium* patch, *Pythuim* blight, Doller spot, Brown patch 및 *Typhula* blight 등에 의하여 발생되기도 한다.

Kentucky Bluegrass의 수많은 변종(Variety)들이 잔디이용을 위하여 선발 · 육종되어 왔다. 가장 일반적으로 이용되는 Cultivar는 Merion, Newport, Park, Prato 및 Windsor 등이 있다. 즉 잎의 질감, 색조, 새싹의 밀도, 생육습성, 지하경의 발달, 내병성 등에 의하여 상당한 변이가 변종사이에서 나타나고 있다(Nittler. 1966).[74)]

특히 앞으로 바람직한 Kentucky Bluegrass의 육종 개발되어야 할 특성은 ① 내병성이 좀 더 강한 변종, ② 그늘의 적응성이 강한 변종, ③ 낮은 예초에 대한 회복력이 좋은 변종 등이라 할 수 있다. 이 초종은 장기간에 걸친 가뭄기간이 계속 될지라도 생존은 가능할 뿐만 아니라 지하경의 마디로부터 새로운 싹의 생육의 수분조건이 유리하게 이루어지게 되면 2~3주일 내에 형

68) Duich, J. M., and H. B. Musser. 1960. Response of Kentucky bluegrass, creeping red fescue and bentgrass to nitrogen fertilizers. Pennsylvania Agricultural Experiment Station Progress Report 214. pp. 1－20.

69) Jaska. 1963. The management of Kentucky bluegrass on extensive turfgrass areas. Park Maintenance. 16(9) : 22－32.

70) Akerbery, E. 1942. Cytogenetic studies in *Poa pratensis* and its hybrid with *Poa alpina*. Hareditas. 28 : 1－126.

71) Duich, J. M., B. R. Fleming, and A. E. Dudeck. 1961. The effect of preemergence chemicals on crabgrass and bluegrass, fescue, and bentgrass turf. Northeastern Weed Control Conference Proceedings. 15 : 268－275.

72) Gibeault, V. A., and C. R. Skogley. 1967. Effects of DMPA(Zytron) on colonial bentgrass, Kentucky bluegrass and red fescue root growth. crop Science. 7 : 327－329.

73) Hardison, J. R. 1945. Observation on grass diseases in Kentucky. Plant Disease Reporter. 29(3) : 76－85.

74) Nittler, L. W. 1966. Seeding characteristics useful in identifying Kentucky bluegrass. Farm Research. 32(1)14－15.

성되어 생육하며, 잔디로서 적절한 피복이 가능하다.

2) 러프 블루 그라스(Rough Bluegrass)

독명 : Gemeines Rispengras, 학명 : *Poa trivialis* L.

그림 1-5 Rough Bluegrass

① 유경(Bud Shoot)속의 잎이 배열된 모양 - 잎이 포개져 겹친형
② 잎혀 - 얇은 막으로 2~6mm 길이, 뾰족한 예각형
③ 잎귀 - 없는 형태
④ 경령 - 비교적 넓고 잎맥에 의해 갈라져 있는 모양
⑤ 잎몸 - 평편, 1~4mm폭, 잎끝이 뱃머리 모양의 선두형
⑥ 화서 - 펼쳐진 원추화서

Rough Bluegrass는 일반적으로 황녹색(yellow green)을 갖은 포복경 잔디로 섬세한 조직을 가지고 있으나, 재배이용에 있어 극히 제한되고 있다. 일반적으로 그늘진 곳의 습하고 비옥한 토양이 최적 생육지이며, 양지 바른 곳에서는 밀도가 낮고 잡초가 번무하기 쉽다.

Rough Bluegrass의 최적 예초고는 1.3~2.5cm이며, 시비수준은 3~6g/m^2/년 정도이고, 관개는 가뭄이 지속될 경우 잔디품질을 유지하기 위하여 필요하며 제초제 등의 피해에 매우 민감한 편이다.

Rough Bluegrass의 생육습성은 약하고, 가느다랗게 옆으로 뻗는 포복경을 가진 포복성(Prostrate)이다. 이 품종은 지하경의 결핍 때문에 빈틈없고 활력있는 뗏장을 형성(Sod Formation)하지는 못한다. 근계(Root System)의 특성을 보면 아주 섬유상으로 비교적 얕게 분포되어 있는 일년생이다(Stuckey. 1941, Welton. 1940).[75) 76)] 이 품종은 윤이 나고, 녹황잎(greenish yellow leaves)과 지상에서 옆으로 뻗는 포복경을 갖고 있기 때문에 Kentucky Bluegrass와 쉽게 구별할 수 있다. 번식(Propagation)은 주로 종자에 의해서 이루어지며, 이는 대개 염색체수가 14와 15개를 가진 이종교배(Cross-Fertilized)된 변종인 것이다(Akerbery. 1942, Fryxell. 1957, Hanson & Carnahan. 1956).[77) 78) 79)]

75) Stuckey, I. H. 1941. Seasonal growth of grass roots. American Journal of Batany. 28 : 486-491.
76) Welton, F. A. and J. C. Carroll. 1940. Lawn experiments. Ohio Agricultural Experiment Station Bulletin 613. pp. 1-43.
77) Akerbery, E. 1942. Cytogenetic studies in *Poa pratensis* and its hybrid with *Poa alpina*. Hereditas. 28 : 1-126.
78) Fryxell, P. A. 1957. Mode of reproduction in higher plants. Botanical Review. 23(3) : 135-233.
79) Hanson, A. A., and H. L. Carnhan. 1956. Breeding perennial forage grasses. USDA Technical Bulletin

Rough Bluegrass는 서늘하고 습한 기후를 가진 세계의 전 지역에서 적응되며 오래 사는 다년생(Perennial)이다. 이 품종은 서늘하고 습하며 그늘진 환경에서 가장 잘 자란다(Sprague & Evaul, 1930).[80]

Rough Bluegrass는 저온에 견디는 힘과 색조 유지도(Color Retention)는 매우 우수하지만, 가뭄이나 고온에 의한 열에는 약하다(Carroll. 1943).[81]

Rough Bluegrass 잔디는 특히 사질토양에서 수분 스트레스(Water Stress)를 장기간 받는 동안에 영구적으로 조밀하지 못하게 되며 심하게 되면 죽게 된다. 또한 아주 약한 내구력을 갖고 있기 때문에 계속되는 답압(Trampling, Traffic)상태 하에서는 잔디유지가 어렵다. 최적의 토양조건으로 pH가 6~7 사이의 비옥한 토양이 아주 좋다.

Rough Bluegrass는 Red Fescue와 Kentucky Bluegrass와 함께 혼파되어 경합되면서 이용되어 왔다. 녹황색은 다른 두 짙은 녹색(dark green)과 조합되었을 때는 조화되지 않는다. Rough Bluegrass는 특히 수분 스트레스(Water Stress)를 받지 않는 습한 토양에서 잡초가 만연될 수가 있다.

Rough Bluegrass는 따뜻하고 습한 지역에서 휴면중인 따뜻한 계절동안에 잔디초지의 겨울추파(Winter Overseeding)를 위하여 성공적으로 이용되어져 왔다. 잔디로서 이 품종의 이용은 아주 제한되어 있는데, 그 이유는 아직까지 잔디용 변종(Variety)이 개발되지 않았기 때문이다.

3) 애뉴얼 블루 그라스(Annual Bluegrass)

독명 : Einjähriges Rispengras, *Poa annua* L.

① 유경속의 잎이 배열된 모양 – 잎이 포개져 겹친형

② 잎혀 – 얇은 막, 0.8~3mm 길이 뾰족한 예각형

③ 잎귀 – 없는 형태

④ 경령 – 비교적 넓은 편, 잎맥에 의해 갈라져 있는 모양

⑤ 잎몸 – 편형, 또는 V자 모양. 2~3mm폭, 잎끝이 뱃머리 모양의 선두형

⑥ 화서 – 작고 펼쳐진 원추화서

그림 1-6 Annual Bluegrass

No. 1145. pp. 1 – 116.

80) 213. Sprague, H. B., and E. E. Evaul 1930. Experiments with turfgrasses in New Jersey. New Jersey Agricultural Experiment Station Bulletin 497. pp. 1 – 55.

81) Chrroll, J. C. 1943. Effects of drought, temperature, and nitrogen on turfgrasses. Plant Physiology. 18 : 19 – 36.

이 Annual Bluegrass는 월년생(Winter Annual) 잔디로서 널리 분포되어 있지만, 아북극 기후와 같은 한랭한 기후의 집약적인 재배지역에서는 다년생(Perennial) 잔디로 유지될 수도 있다.

적정예초고는 2.5cm 이하이며, 시비수준은 3~9g/m²/년. 관개는 가뭄을 느낄 경우에는 거의 매일 실시하여야 한다. 특히 살균제(Fungicides)처리는 Dollar Spot, Brown Patch, *Pythium*, Anthracnose, Show Molds 등의 각종 질병예방을 위하여 필요하다.

Annual Bluegrass는 적절한 재배환경과 토양조건 하에서는 아주 섬세한 잔디조직을 갖으며, 새싹의 높은 밀도, 균등성 등의 특성을 갖는다. 이 품종은 Kentucky Bluegrass 보다도 잎이 일반적으로 더 짧고 넓으며, 부드럽고 밝은 녹색을 띠고 있다. 그러나 색조는 보통 밝은 녹색에서 녹황색(greenish－yellow)까지 이르고 있다.

Annual Bluegrass는 낮게 자라는 소형잔디로서 낮은 예초에 잘 적응되어진다. 뿌리가 내리는 근계깊이(rooting depth)는 일반적으로 Kentucky Bluegrass 및 Colonial Bentgrass와 유사하다(Sprague & Burton. 1937).[82] 그렇지만 매우 얕은 근계범위에서 생존이 가능하다.

이 품종은 매우 높은 밀도를 유지하는 다발형(Bunch Type)이지만, 포복경은 매우 약하게 형성된다.

Annual Bluegrass는 지금까지 총생(Tufted)하고, 다발형의 일년생으로 분류되어져 왔으나, 많은 품종들이 낮게 예초되고 다년생으로 관개가 실시되었으며, 땅을 기는 포복성(Prostrate), 마디에서 뿌리를 내려 뻗어가는 형(Creeping Type)으로 살아남게 되었다.

Annual Bluegrass에서 위에 기술된 변이성(Variability)은 일년생인 *P. infirma* H. B. K와 다년생인 *P. supina* schrad와의 사이에서 잡종(hybrid)으로 시작되어진 것으로 추정되어져 왔다. 일년생형은 직립성 다발형의 생육습성을 가지며 소수의 부정근(Adventitions Roots), 분얼경, 싹이 생산되며, 종자 생산은 휴면요인을 갖은 종자를 아주 많이 갖는다(Hovin, 1957).[83]

Annual Bluegrass의 다년생은 지상포복경의 생육습성을 갖고 수많은 싹, 분얼경(Tiller)과 부정근(Adventitious Root)을 갖는다. 이 종자들은 휴면(Dormancy, Rest)요인을 갖지 않는다 할지라도 파종잠재력에 더 많이 제한을 받고 있다(Arber. 1934, Hovin. 1957, Yongner. 1959).[84] [85] [86] 다년생형은 *P. annua* var. *reptans*(HaussKn). Timm으로 분류되고, 일년생은 P. *annua* var. *anna*(L.) Timm으로 구별할 수 있다.

번식은 주로 종자에 의하며, 이는 이화수분(Pollination) 되어지며, 염색체수는 28개이다

82) Sprague, H. B. and G. W. Burton. 1937. Annual bluegrass(*Poa annua* L.) and its requirements for growth. New Jersey Agricultural Experiment Station Bulletin 630. pp. 1－24.
83) Hovin, A. W. 1957. Variations in annul bluegrass. Golf Course Reporter. 25(7) : 18－19.
84) Arber, A. 1934. Gramineae. Cambridge University Press, London, England. pp. 1－480.
85) Hovin, A. W. 1957. Variations in annual bluegrass. Golf Course Reporter. 26(7)18－19.
86) Younger, 1959. Ecological studies on *Poa annua* in turfgrasses. Journal of the British Grassland society. 14 : 233－237.

(Beddows. 1931, Koshy. 1968, 1969, Lynch. 1903).[87) 88) 89) 90)]

Annual Bluegrass는 예초고가 0.64cm라도 종자생산은 많으며(Younger. 1959),[91)] 한 개체식물에서 Western British Colombia지역의 5월과 8월 사이에 360개의 종자생산이 가능하다(Renny. 1964).[92)]

Annual Bluegrass는 수분(Pollination) 후 다만 1~2일에 잘라진 식물의 원추화서(Panicle)에서 생존하는 종자들이 숙성되는 능력을 유일하게 갖고 있다(Koshy. 1969).[93)]

Annual Bluegrass는 대체로 더위, 가뭄과 저온에 대한 저항성이 아주 약하다. 특히 *P. annua* var *annua*에서 더욱 심한 현상을 보인다(Jackson. 1959, Sprague & Burton. 1937).[94) 95)]

Poa annua var. *reptans*는 심한 추위, 무더운 더위와 가뭄의 스트레스를 받지 않는 적절한 환경조건 하에서는 다년생으로서 유지되어 질 수 있다. Annual Bluegrass의 대부분 포함되는 잔디초지는 각종 환경 스트레스를 받는 동안에 심한 피해와 드문드문한 조밀하지 않은 상태로 종종 되어진다.

이것이 Annual Bluegrass가 잔디초지에서 잡초로 간주되어지는 주된 요인이 되며, 따뜻하고 습한 지역에서 이는 월년생으로서 더 많이 나타난다(Sprague & Burton. 1937, Monteith. 1931).[96)] 이와 반대로, 서늘하고 습한 기후의 일부 더 추운 곳에서는 일년생(Summer Annual)으로서 생육을 보인다. 이는 가뭄 스트레스가 발생됨에 따라서, 여름 Annual 또는 겨울 Annual 둘 중 하나로 생육된다. 이로써 장기간에 걸친 가뭄기간을 피할 수가 있다.

Annual Bluegrass는 습하고 그늘에 대한 환경에 잘 적응되며, 난지형 잔디류 중에서 매연피해(Smog Injury)가 가장 민감하다고 보고된 바 있다(Brobrov. 1955, Jahren 등. 1957).[97) 98)]

---

87) Beddows, A. R. 1931. Seed setting and flowering in various grasses. Welch Plant Breeding Station Series H. No. 12. pp. 5－99.

88) Koshy, T. K. 1968. Evolutionary origin of *Poa annua* L. in the light of karyotypic studies. canadian Journal of Genetics and Cytology. 10 : 112－118.

89) ——. 1969. Breeding systems in annual bluegrass, *Poa annua* L. Crop science. 9 : 40－43.

90) Lynch, R. I. 1903. *Poa annua* not a self－fertilizer. The Gardeners' Chronicle. 33 : 380.

91) Younger. 1959. Ecological studies on *Poa annua* in turfgrasses. Journal of the British Grassland Society. 14 : 233－237.

92) Renney, A. J. 1964. Preventing *Poa annua* infestations. Procedings of the 18th Annual Northwest Turfgrass Conference. pp. 3－5.

93) Koshy. 1969. Breeding systems in annual bluegrass. *Poa annua* L. Crop Science. 9 : 40－43.

94) Jackson, N. 1959. Evaluation of some grass varieties. Journal of the Sports Turf Research Institute. 10(35) : 13－28.

95) Sprague, H. B., and G. W. Burton. 1937. Annual bluegrass(*Poa annua* L.) and its requirements for growth. New Jersey Agricultural Experiment Station Bulletin 630. pp. 1－24.

96) Monteth. 1931. Experimental results at Miami Beach, florida. Bulletin of USGA Green Section. 11(10) : 190－194.

97) Brobrov, R. A. 1955. The leaf structure of *Poa annua* with observation on its smog sensitivity in Los

*Poa annua*는 습하고 섬세한 조직을 갖은 토양에서 가장 잘 생육된다. 또한 pH 5.5~6.5의 높은 인(Phosphorus) 수준 토양이 최적이다(Juska. 1966, Sprague & Burton. 1937, Yongner. 1959).[99) 100) 101)]

Annual Bluegrass는 종종 관개되어지면 조악한 조직과 가뭄토양에서도 잔디가 유지되며, 빽빽하고 고결된 토양(Compacted Soil)에 대한 적응성도 매우 좋다(Klecka. 1937).[102)]

Annual Bluegrass는 고밀도 재배에 반응을 나타내며, 예초고가 2.54cm 또는 더 낮은 예초에 가장 활력있고 경합적이다(Jackson. 1963, Younger. 1959).[103)] 이 품종은 0.51cm 정도로 낮은 예초고에서도 양질의 재질을 유지할 수 있으며, 예초도 수월하다.

Annual Bluegrass는 Dollar spot, Brown patch, *Pythium* blight, *Fusarium* blight, *Fusarium* Patch, *Typhula* blight, *Helminthosporium* spp., Red thread, *Ophiobolus* patch, Stripe smut(Youngner. 1989).[104)]

4) 캐나다 블루그라스(Canada Bluegrass)

독명 : Zusammengedrücktes Rispengras, 학명 : *Poa compressa* L.

Canada Bluegrass는 서유럽 · 아시아가 원산지이며, 서늘하고 습한 기후에 추운 전지역에 널리 분포되어 있다.

① 유경속의 잎이 배열된 모양－잎이 포개져 겹친형
② 잎혀－얇은 막, 0.5~1.5mm, 끝이 잘린 원통형(truncate)
③ 잎귀－없는 형태
④ 경령－좁은 것부터 중간정도 폭, 잎맥에 의해 갈라진 모양. 털은 없으며 반들반들함(glavrous)

Angeles County. American Journal of Botany. 42 : 467－474.

98) Juhren, M., W. Nosle, and F. W. Went. 1957. The standardization of *Poa annua* as an indicator of smog concentration. I. Effects of temperature, photoperiod and light intensity during growth of test－plants. Plant Physiology. 32 : 576－586.

99) 127. Juska. F. V. 1966. Nutritional requirements of *Poa annua* L. 1966. Agronomy Abstracts. p. 35

100) Sprague, H. B., and G. W. Burton. 1937, Annual bluegrass(*Poa annua* L.) and is requirements for growth, New Jersey agrialtural Experement Station Bulletin 630. pp. 1－24.

101) Youngner, V. B. 1959. Ecological studies on *Poa annua* in turfgrasses. Journal of the British Grassland Society. 14 : 233－237.

102) Klecka, A. 1937. Vliv seslapavanina asociaci travanatych porustu. Sborn. Csl. Akad. Zemed. 12 : 715－24.

103) Jackson, N. 1963. Further notes on the evalution of some grass varieties. Journal of the Sports Turf Research Institute. 40 : 67－75.

104) Younger, V. B. 1959. Ecological studies on *Poa annua* in turfgrasses. Journal of the British Grassland Societv. 4 : 233－237.

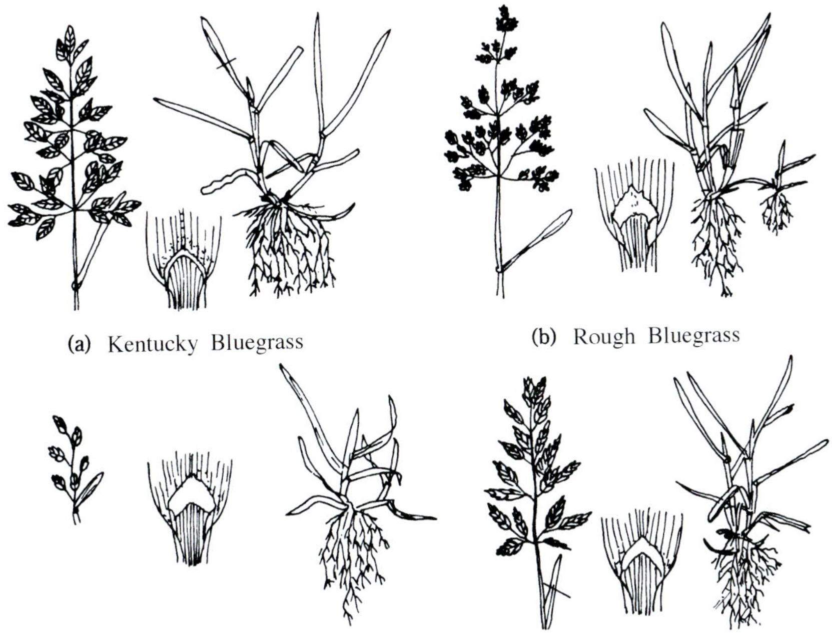

(a) Kentucky Bluegrass (b) Rough Bluegrass

(c) Annual Bluegrass (d) Canada Bluegrass

그림 1-7 각종 블루 그라스류의 형태적 비교

⑤ 잎몸 – V자~편평한 모양까지 다양함. 1~3mm폭, 털이 없으며, 색조는 푸른빛을 띤 색~회녹색

⑥ 화서 – 좁고 뻣뻣하며, 좁은 원추화서(Panicle)

Canada Bluegrass는 조악한 재질을 가진 다소 촘촘치 않은(open) 낮은 잔디밀도(Growing Density)를 형성한다(Sprague & Evaul. 1930).[105]

잎은 특이하게 푸른빛을 띤 녹색(bluish green)으로 재질은 중간정도이다. 줄기 기부의 절간(Internode)은 2cm 정도 가늘고 길게 신장(Elongation)한다. 그 결과로 줄기정점(Stem Apex)은 토양위로 잘 들어 올려지며, 예초에 의해서 잎들의 대부분이 제거된다(Evans & Ely. 1933).[106]이 현상으로 해서 잔디의 외관은 보기가 좋지 않다.

Canada Bluegrass는 짧고 많은 잎으로 퍼지는 지하경을 갖지만, Kentucky Bluegrass만큼 활력 있는 뗏장을 형성하지는 못한다. 근권(根圈, Rhizosphere)는 상당히 깊게 분포되며, 다년생으로 유지된다(Stuckey. 1941).[107]

105) Sprague, H. B., and E. E. Evaul. 1930. Experiments with turfgrasses in New Jersey. New Jersey Agricultural Experiment Station Bulletin 497. pp. 1–55.

106) Evans, M. W., and J. E. Ely. 1933. Usefulness of Kentucky bluegrass and Canada bluegrass in turfs as affected by their habits of growth. bulletin of USGA Green Section. 13 : 140–143.

107) Stuckey, I. H. 1941. Seasonal growth of grass roots. American Journal of Botany. 28 : 486–491.

Canada Bluegrass는 편평한 줄기, 더 긴 잎혀, 청회색(slate blue), 더 낮은 싹의 밀도, 더 짧은 잎몸 등으로서 Kentucky Bluegrass와 분류되어진다. 번식은 주로 종자에 의한다. 염색체의 수는 35, 42, 49, 56개로 보고 된 바 있다(Akerbery. 1942, Hanson & Carnahan. 1956).[108) 109)]

Canada Bluegrass는 서늘하고 습한 기후에 쌀쌀한 일부 지역에서 주로 적응된, 오래 사는 다년생 잔디로 Kentucky Bluegrass의 대부분의 변종보다도 더 가뭄과 그늘에 잘 적응한다(Watkins, Conrey & Evans. 1940).[110)] 내구성(Wear Tolerance)에 대한 적응성은 상당히 좋다(Marrish & Harrison. 1948).[111)]

Canada Bluegrass는 Kentucky Bluegrass가 견디지 못하는 척박한 토양과 가뭄에 잘 적응되어진다(Evans & Ely. 1933).[112)] 이 품종은 섬세한 조직으로 불완전하게 배수되는 점토(Clay)는 잘 배수되는 자갈이 많은 토양(Gravelly Soils)에서도 견디는 힘이 있다. 또한 산성토양에서도 잘 견디며 pH 5.5~6.5 사이에서 생장이 가능하다.

Canada Bluegrass는 특히 좋은 Stoot 밀도나 재질이 좋은 잔디초지를 형성하지 못한다. 이러한 이유로 해서 이용이 제한되고 있다. 이 품종은 Sheep Fescue와 보통 혼파된다. 가장 활발한 생육은 도로변 이용시에 나타나는데 그 예초고(Mowing Height)는 7.6~10cm 정도이다. 이보다 낮은 예초고 에서는 Shoot Density가 유지되지 못하는데 그 이유로는 생장점(Growing Point)이 지표면위로 놓혀지기 때문이다(Evans & Ely. 1933, Hartwell & Damon. 1917).[113)]

Canada Bluegrass는 Kentucky Bluegrass와 혼파시 산성이며 건조하고 척박한 토양에서 우점되지만, pH가 6이상인 비옥하고 습한 토양에서는 Kentucky Bluegrass가 우점(Dominant Species)된다(Hartwig. 1938, Watkins. 1940).[114) 115)] 병해로는 *Helminthosporium* spp., Rust,

---

108) Akerbery, E. 1942. Cytogenetic studies in *Poa pratensis* and its hybrid with *Poa alpina*. Hereditas. 28 : 1－126.

109) Hanson, A. A., and H. L. Carnahan. 1956. Breeding perennial forage grasses. USDA Technical Bulletin No. 1145. pp. 1－116.

110) Watking, J. M., G. W. Conrey, and M. W. Evans. 1940. The distribution of Canada bluegrass and Kentucky bluegrass as related to some ecological fators. Journal of the American Society of Agronomy. 32 : 726－728.

111) Morrish, R. H., and C. M. Harrision. 1948. The establishment and comparative wear resistance of various and grass－legume mixtures to vehicular traffic. Journal of the American Society of Agronomy. 40 : 168－179.

112) Evans, M. W., and J. E. Ely. 1933. Usefulness of Kentucky bluegrass and Canada bluegrass in turfs as affected by their habits of growth. Bulletin of USGA Green Section. 13 : 140－143.

113) Harwell, B. L., and S. C. Damon. 1917. The persistence of lawn and other grasses as influenced especially by the effect of manures on the degree of soil acidity. Rhode Island Agricultural Experiment Station Bulletin 170. pp. 1－24.

114) Hartwig, H. B. 1938. Relationships between some soil measurements and the incidence of the two common *Poas*. Journal of the American Society of Agronomy. 30 : 847－861.

115) Watkins. J. M., G. W. Conrey, and M. W. Evans. 1940. the distribution of Canada bluegrass &

Strip smut, Brown patch, *Ophiobolus* patch, *Pythium* blight 등이 문제가 될 수 있다.

1.2 벤트 그라스류(Bentgrasses, *Agrostis* L.)

벤트그라스는 일반적으로 가장 품질이 좋은 잔디로, 외국의 경우를 보면 정원 및 공원에서 흔히 사용하지 않고 주로 골프장 그린지역(Putting Green)이나 테니스 코트(Tennis Court) 등에 거의 전적으로 쓰이는 초종으로서 매우 재질이 곱고, 엽폭이 2~3mm로 매우 짧은 포복형 잔디이다. 특히 우수한 질의 잔디를 유지하기 위해서는 0.3~1.3cm 정도로 매우 낮게 깎아 주어야 한다. 질소질 비료 요구량은 18~27gN/m^2 정도로 높은 시비량을 필요로 할 뿐 아니라 늘 세심한 관리와 주의가 요구되는 초종이다.

귀리족(Aveneae tribe)에 속하는 잔디류에 사용되는 품종으로 ① Creeping Bentgrass (*Agrostis*) ② Colonial Bentgrass(*Agrostis tenuis*), ③ Velvet Bentgrass(*Agrostis canina*) 및 ④ Redtop(*Agrostis alba*) 등이 있으며 레드톱을 제외한 벤트그라스는 그린 및 스포츠 경기장 같은 집약적인 잔디초지에서 광범위하게 사용되고 있다.

(1) 특성

① 한지형 잔디(Cool−Season Turfgrass)로 여름철에는 잘 자라지 못하며 병해가 많이 발생하나 서늘할 때는 그 생육이 왕성한 편이다.

② 불완전 포복형이지만, 포복력이 강한 포복경을 지표면으로 강하게 뻗는다.

③ 잎의 넓이는 2~3mm 이나 잎의 길이와 초고(Plant Height)는 보통 때는 20~30cm이고 5월에 출수, 개화하면 그 키가 50~60cm까지 생육되기도 한다.

④ 여름철 고온기에는 하고현상(Summer Depression)으로 고온 피해와 병해가 많이 발생되기 쉬운데, 이를 방지하기 위해서는 자주 물을 뿌려 주어야 한다. 특히 주의하여야 할 점은 뿌리가 아주 얕은 관계로 수분부족 현상이 일어나지 않도록 하여야 한다.

⑤ 호광성(好光性) 잔디로 그늘에서는 자랄 수 없으며 특히 건조한 지역에서는 자주 관수를 해 주어야 한다.

⑥ 일반적으로 답압에 약하지만 재생력(再生力, Recupertive Potential, Regrowth)이 강하므로 답압의 피해는 그리 크게 발생하지 않는다.

⑦ 잔디는 건조, 과습, 과비, 병충해에 가장 약하기 때문에 이를 조성하고 관리유지를 하기 위해서는 약제살포를 자주 하여야 한다.

Kentucky bluegrass as related to some ecological factors. Journal of the American Society of Agronomy. 32 : 726−728.

(2) 종류

1) 크리핑 벤트 그라스(Creeping Bentgrass)

독명 : Sumpf straussgras, 학명 : *Agrostis palustris* Huds

그림 1-8 Creeping Bentgrass의 지하부(자료 : A. J. Turgeon, F. A. Giles, and R. L. Courson)

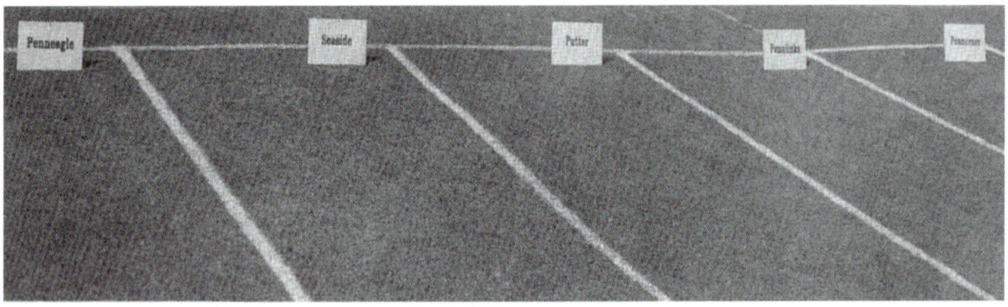

그림 1-9 Creeping Bentgrass의 각 품종간의 특징

표 1-1 Bentgrass 품종의 일당 수분요구량(수분요구량/일)

품 종 명	측정장소	일수분소요량 (mm/d)	예초높이 (cm)	질소 gm/m^2/월
Agrostis palustris 'Penncross' Michigan	*Michigan*	7.9	2.5	무제한
Agrostis palustris 'Penncross' Kansas	*Kansas*	5.0	0.6	5

* 토양수분이 충분한 상태에서 측정되었음.

표 1-2 Bentgrass류의 일반적인 생육특성

잔디 \ 구분	최적 pH	최적 C. E. C* (mg/100g)	생육저온 (°C)	생육정지온도 (°C)
Bentgrass	6~6.5	15~20	20~23°C	5°C 이하

* 양이온치환용량(Cation Exchange Capacity)

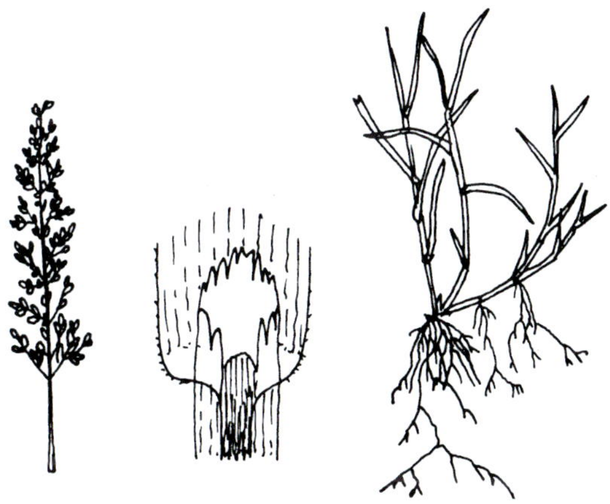

그림 1-10 Creeping Bentgrass

① 유경(Bud shoot)속의 잎이 배열된 모양－잎이 둘둘 말린 구형
② 잎혀(Ligule)－얇은 막, 0.6~3mm길이, 끝이 잘린 원통형
③ 잎귀(Auricle)－없는 형태
④ 경령(Collar)－좁은 것~비교적 넓은 모양까지 있음
⑤ 잎몸(Blade)－2~3mm폭, 이랑처럼 편평형
⑥ 화서(Inflorescence)－좁은 원추화서

골프장과 공을 굴리는 잔디초지(Bowling Green)의 경우에 한지형 잔디로서 가장 많이 이용되고 있으며, 가늘고 섬세한 조직과 포복경을 갖는 품종이다. 적정 예초고는 0. 5~1.27 이용되고 있으며, 가늘고 섬세한 조직과 포복경을 갖는 품종이다. 적정 예초고는 0.5~1.27cm 시비수준은 6.0~12g/m^2/년, 관개는 자주 실시하여야 하며 배토(培土, Topdressing)는 북더기잔디인 대취를 조절하는데 도움이 되고 있다. 품종으로는 Seaside, Penncross, Emerald 및 Prominent 등이 있다.

Creeping Bentgrass는 유럽과 아시아가 원산지이지만, 아주 짧게 예초되며 섬세한 조직을 갖는 잔디초지로 세계 전지역에 분포되어 있다. Creeping Bentgrass는 지표면에서 발달하는 강력한 포복경과 각 마디에서 뿌리와 싹이 새롭게 발생하는 것에서 유래되어 붙여진 이름이다. Creeping Bentgrass와 관련된 문헌에서 상당한 차이가 존재하는데 몇 저자들은 *Agrostis stolonifera* var. *Palustris*(Farwell)로서 이를 인용하고 있다(Armstrong. 1937, Bradshaw. 1958, Philipson. 1937, Piper. 1918).[116) 117) 118) 119)]

116) Armstrong, J. M. 1937. A cytological study of the genus *Poa* L. Canadian Journal or Research. 15 : 281－297.

117) Bradshaw, A. D. 1958. Shudies of variation in bent grass species, I. Hybridization between *Agrostis tenuis* and *A.stolonifera*. Journal of the Sports Turf Research Institute. 9(34) : 422－429.

118) Philipson, W. R. 1937. A revision of the British species of the genus *Agrostis* Linn. Journal of the Linnean Society of London. 51 : 73－151.

119) Piper, C. V. 1918. The agricultural species of bentgrass. Part I. Rhede Island bent and related grasses.

Creeping Bentgrass가 매우 낮게 예초될 때에 좋은 Shoot 밀도, 균등, 좋은 재질을 형성한다. 섬세한 조직을 갖는 이 품종은 빽빽하고 낮게 생육되는 경향이 있으나 좀 더 조악한 조직을 가진 품종은 일반적으로 좀 더 직립적이고 조밀하지 못하다(Holt & Payne. 1952).[120] 색조는 녹황색(greenish yellow)에서 암녹색(dark green)까지 변종(Cultivars)간에 차이가 난다. Creeping Bentgrass는 포복경 생육 입장에서 보면 한지형 잔디류 중 가장 강력한 것 중의 하나이다.

Creeping Bentgrass는 염색체의 수가 28, 56개를 갖는 이화수분이 된다(Church. 1936, Hanson. 1956).[121][122]

Creeping Bentgrass의 조성률은 중간보다 늦은 편이지만, 피해의 회복잠재력은 아주 좋다(Parks & Henderlong. 1967).[123]

Creeping Bentgrass는 세계 대부분의 서늘하고 습한 기후지역에 이용되어지는 오래 사는 다년생 잔디(Perennial)이다. 이는 따뜻하고 습한 지역의 서늘한 일부 지역에서 그린(Green)에 이용된다.

Creeping Bentgrass는 극단적인 온도에 가장 적응력이 강한 한지형 잔디의 하나이다(Beard. 1966).[124]

봄철에 잔디색이 Green−up되는 비율은 늦고, 가을의 저온에 변색은 Kentucky Bluegrass나 Red Fescue 보다도 더 일찍 나타난다(May, 1966).[125]

Creeping Bentgrass는 보통 무더운 여름의 더위 스트레스(Heat Stress)에 유지도지만, 새싹 생육은 심하게 피해를 받으면 근계의 죽음이 일어날지도 모른다(Cooper & Edwards. 1961, Sprague. 1933).[126][127]

높은 토양온도에서 Creeping Bentgrass를 유지하는데 적절한 배수, 관개, 병해관리 등이 특

USDA Bulletin No. 692. pp. 1−14.

120) Holt, E. C., and K. P. Payne. 1952. Variation in spreading rate and growth characteristies of creeping bentgrass seedlings. Agronomy Journal. 44 : 88−90.

121) Church, G. L. 1936. Cytological studies in the *Gramineae*. American Journal of Botany. 23 : 12−15.

122) Hanson, A. A., & H. L. carnahan. 1956. Breeding perennial forage grasses. USDA Technical Balletin No. 1145. pp. 1−116.

123) Parks, O. C., and P. R. Henderlong. 1967. Germination and seedling growth rate of ten common turfgrasses. Proceedings of the West Virginia Academy of Science. 39 : 132−140.

124) Beard, J. B. 1966. Direct low temperature injury of nineteen turfgrasses. Quarterly Bulletin of the Michigan Agricultural Experiment Station. 48(3) : 377−383.

125) May, J. W. 1966. New fine−leafed grass varieties. 12th Rocky Mountain Regional Turfgrass Conference. pp. 55−61.

126) Cooper, J. P., and K. J. R. Edwards. 1961. The genetic control of leaf development in *Lolium*. 1. Assessment of genetic variation. Heredity. 16 : 63−82.

127) Sprague, H. B. 1933. Root development of perennial grasses and its relation to soil conditions. Soil Science. 36 : 189−209.

히 중요하며, 다소 음지에 적응은 되지만 완전한 일광조건에서 가장 잘 생육된다. 내구력에 대한 저항성(Wear Tolerance)은 약하다.

Creeping Bentgrass는 적응되는 토양범위가 넓지만, 비옥하며 적절한 산도를 갖는 섬세한 조직을 띤 토양과 함수능력(Water Holding Capacity)이 좋은 토양이 가장 좋다(Musser. 1948, Sprague & E*vaul*. 1930).[128) 129)]

Creeping Bentgrass의 최적 토양반응은 pH 5.5~6.5이다(Bengtson & Davis. 1939, Lapp. 1943).[130) 131)]

Creeping Bentgrass는 염분토양과 범람(Flooding)에 대한 내염성이 한지형 잔디류 중 가장 우수하다. 그렇지만 빽빽하게 고결(固結)한 토양(Compacted Soil)에는 아주 약하다.

Creeping Bentgrass는 아주 낮게 예초되었을 경우에 가장 아름답고, 섬세한 조직을 갖는 잔디가 만들어진다. 이는 예초고가 0.5~0.75cm로 유지되는 Putting Green과 Bowling Green의 이용을 위해 아주 좋은 한지형 잔디 품종이다. 이 품종은 또한 Fairway, Tee, 소형 잔디초지(Lawn) 및 유사한 장식용 잔디의 높은 재질과 집약적인 재배에 이용되어진다. 간혹, 강력하고 옆으로 뻗는 생육습성을 가진 Kentucky Bluegrass와 같은 한지형 잔디류의 직립성 성장을 위한 여러 가지의 목적으로 이용되기도 한다(David. 1961, Musser. 1948).[132) 133)]

일부의 Creeping Bentgrass는 Bermudagrass처럼 휴면하는 난지형 품종의 겨울 추파에 이용되어지기도 한다. 이러한 목적으로 사용한 경우에는 이 품종은 보통 몇몇 빠른 정착을 가지는 한지형 잔디류를 포함한 혼파의 한 구성초종으로 파종되어 지기도 한다.

Creeping Bentgrass의 예초높이가 1.8cm 이하로 예초를 실시하였을 경우에 가장 좋은 잔디 재질을 형성한다(Lapp. 1943, Sprague. 1933).[134) 135)] 좀 더 높은 포복경을 내는 생육습성

---

128) MUSSER, H. B. 1948. Effects of soil acidity and available phosphorus on population changes in mixed Kentucky bluegrass – bent turf. Journal of American Society of Agronomy. 40 : 614 – 620.

129) Sprague, H. B., & E. E. EVAUL. 1930. Experiments with turf grasses in New Jersey. New Jersey Agricultural Experiment Station Bulletin 497. pp. 1 – 55.

130) BENGTSON, J. W., and F. F. DAVIS. 1939. Experiments with fertilizers on bent turf. Turf Culture. 1 : 192 – 213.

131) LAPP, W. S. 1943. A Study of factors affecting the growth of lawn grasses. Pennsylvania Academy of Science. 17 : 117 – 148.

132) Davis, R. R. 1961. Turfgrass mixtures – influence of mowing height and nitrogen. Proceedings of the 1961 Midwest Regional Turf Conference. pp. 27 – 29.

133) MUSSER, H. B. 1948. Effects of soil acidity and available phosphorus on population changes in mixed Kentucky bluegrass – bent turf. Journal of American Society of Agronomy. 40 : 614 – 620.

134) LAPP, W. S. 1943. Study of factors affecting the growth of lawn grasses. Pennylvania Academy of Science. 17 : 117 – 148.

135) SPRAGUE, H. B. 1933. Root development of perennial grasses and its relation to soil conditions. Soil Science. 36 : 189 – 209.

(Stoloniferous Growth Habit)은 과도한 북더기잔디 대취형성, 한 번에 지나치게 잔디를 낮게 깎아서 줄기나 포복경 및 죽은 잎들이 노출되어 누렇게 보이는 현상인 스캘핑(Scalping) 및 그 결과로 일어나는 잔디 품질의 저하를 초래한다(Juska. 1959).[136)]

어떤 변종은 비록 매일 0.6cm로 예초된 그린(Green)지역에서도 북더기잔디인 대취가 발생했다고 한다. 이 대취가 되는 비율은 정규적인 배토를 통하여 최소화 될 수 있다.

수직예초는 어린 싹의 발달과 포복경의 마디에서 뿌리가 내리는 것을 촉진한다. 질소 시비요구량은 그린 지역의 생육 중에는 1.2g~2g/m^2/월, 좀 더 높은 예초높이를 가진 잔디초지에서는 0.74g~1.48g의 차이를 보인다(Duich & Musser. 1960).[137)]

Creeping Bentgrass 잔디는 일반적으로 관개에 대하여 좋은 반응을 보인다(Harper & Musser. 1950, Watson. 1949).[138) 139)]

Creeping Bentgrass는 Dollar spot, Brown patch, *Helminthosporium* spp., *Fusarium* blight, *Fusarium* patch, *Pythium* blight, Red thread, Stripe smut, and *Typhula* blight 등을 포함한 폭넓은 병들의 침해를 받기가 쉽다(Gaskin. 1965).[140)] 예방적인 살균제(Fungicide) 계획이 종종 병해나 발병이 예상되는 지역에서 실시된다. Creeping Bentgrass는 Kentucky Bluegrass 보다 제초제(Herbicide, Weed Killer)의 피해를 더 받는다(Duich 등. 1964, Skogley & Jogschttz. 1964).[141) 142)] 잎과 뿌리의 피해는 종종 2, 4－D와 2, 4, 5－TP의 사용하는 결과로 초래된다(Callahan & Engel. 1964). Toronto, Congressional 및 C－52와 같은 변종은 2, 4－D에 의해 빈약해지거나 포복경에 피해를 입기 쉬우나 Cohansey, Washington 및 Arlington은 더 적응력이 강하다(Albrecht. 1947).[143) 144)] 영양번식을 하는 Bentgrass의 종자생산량은 상당히 낮다

136) Juska, F. V. 1959. Evaluation of cool season turfgrasses alone and in mixtures. Agronomy. Journal. 51 : 597－600.

137) Duich, J. J. M., and H. B. Musser. 1960. Response of Kentucky bluegrass, creeping red fescue and bentgrass to nitrogen fertilizers. Pennsylvania Agricultural Experiment Station Progress Report 214. pp. 1－20.

138) Harper, J. C., and H. B. Musser. 1950. The effect of watering and compation on fairway turf. Pennsylvania State College 19th Annual Turf Conference. pp. 43－52.

139) Watson, J. R. 1949. Compaction and irrigation studies on established fairway turf. Pennsylvania State College 18th Annual Turf Conference. pp. 88－90.

140) Gaskin, T. A. 1965. Varietal reaction of creeping bentgrass to stripe smut. Plant Disease Reporter. 49(3) : 268.

141) Duich, J. M., B. R. Fleming, and F. Sirianni. 1964. The use of several phenoxy compounds for weed control on bentgrass. Northeastern Weed Control Conference Proceedings. 18 : 530－534.

142) Skogley, C. R., and J. A. Jagschitz. 1964. The effect of various preemergence crabgrass herbicides on turfgrass seed and seedlings. Northeastern Weed Control Conference Proceedings. 18 : 523－529.

143) Callahan, L.M., and R.E. Engel. 1964. The control of chickweed & clover by phenoxy propionics & dicamba compounds in bentgrass . Northeastern Weed Control Conference Proceedings. 18:535-539.

144) Albrecht, H. R. 1947. Strain differences in tolerance to 2, 4－D in creeping bent grasses. Journal of the

(North. 1935).[145)]

2) 코로니알 벤트그라스(Colonial Bentgrass)

독명 : Gemeines Straussgras, 학명 : *Agrostis tenuis* Sibth

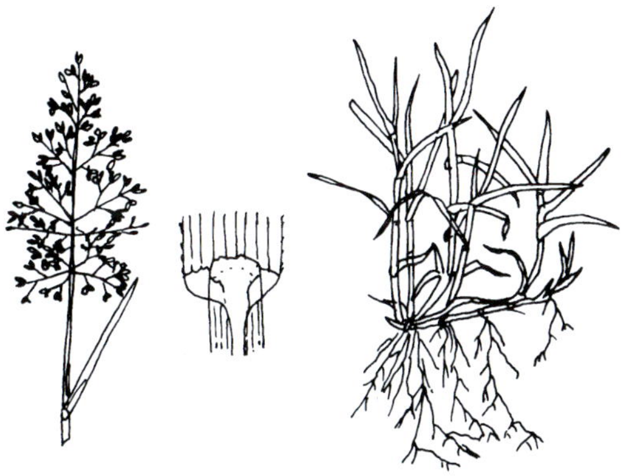

그림 1-11 Colonial Bentgrass

① 유경속의 잎이 배열된 모양－잎이 둘둘 말린 구형
② 잎혀－얇은 막, 0.3~1.2mm길이로 끝이 잘린 원통형(truncate)
③ 잎귀－없는 형태
④ 경령－분얼조직대가 좁은 모양
⑤ 잎몸－이랑처럼 편평함, 1~3mm의 폭
⑥ 화서－펼쳐진 원추화서

이는 잎몸(葉身)이 비교적 단단하고 억센 편이나 초장이 길게 자라므로 그 품질이나 내병성이 Creeping Bentgrass보다 떨어진다. 적절한 시비관리 하에서 잘 배수(Drainage)되는 토양과 약산성~산성토양에서도 비교적 잘 적응된다. 적정 예초높이는 0.75~2cm이며, 시비수준 1.49~8.92g/m^2/년 정도이고, 관개는 가뭄을 느끼지 않을 정도로 자주 실시하여야 한다.

북서유럽, 뉴질랜드 및 미국의 대양기후 지역에서 주로 많이 이용되고 있으며 고온과 가뭄에 대한 저항성은 약하다. 미국 품종으로는 Astoria, Highland가 있고, 북유럽 품종으로는 Holfior와 Boral 등이 있다.

Colonial Bentgrass는 유럽이 원산지이지만, 전 세계의 서늘하고 습한 지역의 도처에 잔디로 이용되어지고 있다. 이는 뉴질랜드와 북미의 뉴잉글랜드 지역에 이식되어 졌다(Lewis. 1934).[146)]이 Colonial Bentgrass를 오래된 몇 문헌에서는 *Agrostis capillaris* Huds나 *Agrostis vulgaris*로 인용된 것도 있다(Piper. 1918).[147)]

Colonial Bentgrass는 직립이고, 섬세한 조직을 가지며 낮은 예초에서 밀도가 높은 잔디를 형성한다. 줄기와 잎은 허약하고 조직이 섬세하며, 색조는 녹황색(greenish green)에서 중간 암

American Society of Agronomy. 39 : 163－165.

145) NORTH. 1935. The relative seed yields in differents species and varieties bent grass. Journal of the American Society of Agronomy. 27 : 374－383.

146) LEWIS. 1934. A greenkeeper's guide to the grasses. 3. The genus *Agrostis*(*cont*). Journal of the Board of Geenkeeping Research. 3(11) : 200－206.

147) PIPER. 1918. The agricultural species of bent grass. Part I. Rhede Island bent and related grasses. USDA Bulletin No. 692. pp. 1 14.

녹색(dark green)까지 있다.

근계(Root System) 는 섬유상 비교적 얕게 분포되며 사실상 일년생이다(Stuckey. 1941).[148)]

Colonial Bentgrass의 지하경과 지상 포복경은 부족하고 아주 짧기 때문에 땅을 기는 포복경은 아주 낮다(Philipson. 1937).[149)]

Colonial Bentgrass는 주로 종자번식(Seed Propagation)으로 이루러지며, 이는 염색체의 수가 28로 이화수분(Cross－Pollinate)된다(Aston & Bradshaw. 1963, Beddows. 1931, 1959, Fryxell. 1957, Hauson & Carnahan. 1956. Jones. 1953, 1956).[150) 151) 152) 153) 154) 155) 156)]

잔디조성률은 상당히 좋은 편이나, 회복성은 보통이하로 약하다(Defrance & Simmons. 1951).[157)]

Colonial Bentgrass는 세계의 서늘하고 습한 지역의 도처에 이용되어 지는 오래 사는 다년생 잔디이다. 저온에 대한 저항성은 아주 좋지만, Creeping Bentgrass 보다는 못하다(Beard. 1966. Evans. 1931, Labeau & Moffatt. 1967).[158) 159) 160)]

Colonial Bentgrass는 봄에 잔디의 색조가 Green－Up 되는 비율은 비교적 낮다(Hartwell &

---

148) Stuckey, I. H. 1941. Seasonal growth of grass roots. American Journal of Botany. 28 : 486－491.

149) Philipson, W. R. 1937. A revision of the British species of the genus *Agrostis* Linn. Journal of the Linnean Society of London. 51 : 73－151.

150) Aston, J. L., and A. B. Bradshaw. 1963. Natural variation in *Agrostis stolonifera* L.(creeping bent) and he value of this grass in turf. Journal of the Sports Turf Research Institute. 11(39) : 7－18.

151) Beddows, A. R. 1931. Seed setting and flowering in various grasses. Welch Plant Breeding Station Series H. No. 12. pp. 5－99.

152) Bradshaw. 1959. Population differentiation in *Agrostis tenuis* Sibth. 1. Morphological differentiation. New Phytologist. 58 : 208－227.

153) Fryxell, P. A. 1957. Mode of reproduction in higher plants. Botanical Review. 23(3) : 135－233.

154) Hanson, A. A., and H. L. Carnahan. 1956. Breeding perennial forage grasses. USDA Technical Bulletin No. 1145. pp. 1－116.

155) Jones, K. 1953. The cytology of some British species of *Agrostis* and their hybrids. British Agricultural Bulletin 5. p. 316.

156) Jones. 1956. Species differentiation in *Agrostis*. ll. *The significance of chromosome pairing in the tetraploid hybrids of Agrostis caning* subsp. *montana* Hartm., *A. tenuis* Sibth. and *A. Stolonifera* L. Journal of Genetics. 54 : 377－393.

157) DeFrance, J. A., and J. A. Simmons. 1951. Relative period of emergence and initial growth of turfgrasses and their adaptability under field conditions. Proceedings of the American Society for Horticultural Science. 57 : 439－442.

158) Beard. 1966. Direct low temperature injury of nineteen turfgrasses. Quarterly Bulletin of the Michigan Agricultural Experiment Station. 48(3) : 377－383.

159) Evans, T. W. 1931. The root development of New Zealand browntop, chewing's fescue and fine－leaved sheep's fescue under putting green conditions. Journal of the Board of Greenkeeping Research. 2(5) : 119－124.

160) Labeau, J. B., and J. E. Moffatt. 1967. A suitable grass for western greens. The Greenmaster. 4 : 1－8.

Damon. 1917).[161] 더위와 물의 스트레스(Water Stress)에 대한 저항성은 비교적 약하고, 음지의 저항성은 중간이지만, 내구력에 대한 저항성은 약하다.

Colonial Bentgrass는 각종 토양에 잘 적응되는 편이지만, 비옥하고 습하며, pH 5.5~6.5의 미세한 조직의 토양이 최상의 조건이다(Hartell & Damon. 1917, Garner & Damon. 1929, Hartwell & Damon. 1917, Juska. 1959. Sprague. 1934, Van Dersal. 1936).[162) 163) 164) 165) 166)]

Colonial Bentgrass는 페어웨이(Fairway), 티(Tee) 및 높은 재질과 미세한 조직의 잔디초지에 다른 한지형 잔디류와 다목적으로 이용되어진다. 이 품종은 강력한 습성으로 해서 Kentucky Bluegrass와 같은 한지형 잔디류의 직립성 성장을 하는 초종과 혼파 되었을 때 나중에는 우점된다(Davis. 1958, Juska & Hanson. 1959, Juska. 1959, Musser. 1948, North, Odland & Defrance. 1938).[167) 168) 169) 170) 171) 172) 173)]

우점은 특히 포복형인 Colonial Bentgrass의 경우, 예초높이가 2.5cm보다 낮을 때, 관개를 자주하고, 높은 시비수준 등의 경우일 때 더 빨리 발생된다(Davis. 1958).[174)]

161) HARTWELL, B. L., and S. C. DAMON. 1917. The persistence of lawn and other grasses as influenced especially by the effect of manures on the degree of soil acidity. Rhode Island agricultural Experiment Station Bulletin 170. pp. 1 – 24.

162) GARNER, E. S., and S. C. DAMON. 1929. The persistence of certain lawn grasses as affected by fertilization and competition. Rhode Island Agricultural Experiment Station Bulletin 217. pp. 1 – 22.

163) HARTWELL, B. L., and S. C. DAMON. 1971. The persistence of lawn and other grasses as influenced especially by the effect of manures on the degree of soil acidity. Rhods Island Agricultural Experiment Station Bulletin 170. pp. 1 – 24.

164) JUSKA. 1959. Evaluation of cool season turfgrasses alone and in mixtures. Agronomy Journal. 51 : 597 – 600.

165) Sprague, H. B. 1934. Utilization of nutrients by colonial bent(*Agrostis tenuis*) and Kentucky bluegrass (*Poa pratensis*). New Jersey Agricultural Experiment Station Bulletin 570. pp. 1 – 16.

166) VAN DERSAL, W. R. 1936. The ecology of a lawn. Ecology. 17(3) : 515 – 527.

167) MUSSER, H. B. 1948. Effects of soil acidity and available phosphorus on population changes in mixed Kentucky bluegrass – bent turf. Journal of American Society of agronomy. 40 : 614 – 620.

168) Sprague, H. B. 1934. Utilization of nutrients by colonial bent(*Agrostis tenuis*) and Kentucky bluegrass (*Poa pratensis*). New Jersey agricultural Experiment Station Bulletin 570. pp. 1 – 16.

169) DAVIS, R. R. 1958. The effect of other species and mowing heights on persistence of lawn grasses. Agronomy Journal. 50 : 671 – 673.

170) JUSKA, F. V., and A. A. HANSON. 1959. Evaluation of cool season turfgrasses. Park Maintenance. 12(9) : 18 – 20.

171) JUSKA. 1959. Evaluation of cool season turfgrasses alone and in mixtures. Agronmy Journal. 51 : 597 – 600.

172) MUSSER, H. B. 1948. Effects of soil acidity and available phoshorus on population changes in mixed Kentucky bluegrass – bent turf. Journal of American Society of Agronomy. 40 : 614 – 620.

173) NORTH, H. F. A., T. E. ODLAND, and J. A. DEFRANCE. 1938. Lawn grasses and their management. Rhode Island Agricultural Experiment Station Bulletin 264. pp. 1 – 36.

174) DAVIS, R. R. 1958. The effect of other species and mowing hights on persistence of lawn grasses.

Colonial Bentgrass는 또한 그린지역(Green)의 제한된 범위로 이용되지만 Creeping Bentgrass보다 적게 이용된다(Anonymous. 1944, Monteith. 1932).[175) 176)]

Colonial bentgrass는 양질의 잔디를 생산하기 위하여 비교적 높은 재배밀도가 요구된다.

최적 예초높이(Cutting Height, Mowing Height)는 0.8~2.0cm 정도이다(Sprague. 1933, Sprague & Evaul. 1930).[177) 178)]

Colonial Bentgrass는 이보다 더 높이 예초되었을 때 과도하게 Thatch현상을 초래하고 있다. 대취의 문제는 때때로 배토(培土, Topdressing)를 않고 더 짧게 예초하게 되면 발생할 수 있다. 이 품종은 Kentucky Bluegrass 보다도 적정 시비수준을 벗어날 경우에 더 잘 견디지만, 높은 영양수준에는 반응이 심하다(Musser. 1948, Sprague. 1943).[179) 180)] Colonial Bentgrass 중 상업적으로 이용되어 온 것은 Astoria와 Highland이다. 일반적으로 포복성이 아닌 품종은 다른 한지형 잔디류와 여러 가지로 혼합되어야 우점종(Dominant Species)이 되지 않을 것이다.

3) 벨베트 벤트그라스(Velvet Bentgrass)

독명 : Hundsstraussgras, 학명 : *Agrostis canina* L.

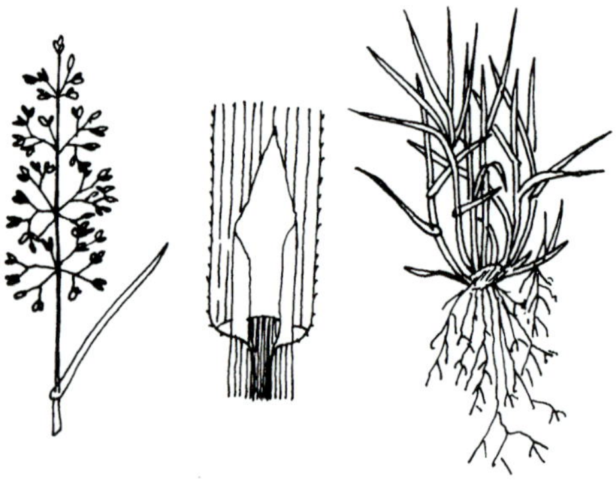

그림 1-12 Velvet Bentgrass

① 유경속의 잎이 배열된 모양–잎이 둘둘 말린 구형

② 잎혀–얇은 막, 0.4~0.8mm길이, 뾰족한 끝을 가진 예각형

③ 잎귀–없는 형태

④ 경령–분얼조직대가 넓은 모양

⑤ 잎몸–편평, 1mm의 폭, 가장자리가 비늘모양(scaly)

⑥ 화서–갈색(reddish)을 띤 펼쳐진 원추화서

Agronomy Journal. 50 : 671–673.

175) Anonymous. 1944. Four year summary of ratings of creeping bents on experimental greens. Timely Turf Topics, June. pp. 2–5.

176) Monteith. 1932. Putting tests upon vent grasses. Bulletin of USGA Green Section. 12(6) : 224–227.

177) Sprague, H. B. 1933. Root development of perennial grasses and its relation to soil conditions. Soil Science. 36 : 189–209.

178) Sprague, H. B., and E. E. Evaul. 1930. Experiments with turfgrasses in New Jersey. Jersey Agricultural Experiment Station Bulletin 497. pp. 1–55.

179) Musser, H. B. 1948. Effects of soil acidity & available phosphorus on population changes on mixed Kentucky bluegrass–bent turf. Journal of American Society if Agronomy. 40 : 614–620.

180) Sprague. 1934. Utilization of untrients by colonial bent(*Agrostis tenuis*) and Kentucky bluegrass(*Poa pratensis*). New Jersey Agricultural Experiment Station Bulletin 570. pp. 1–16.

Velvet Bentgrass는 매우 섬세한 조직이면서, 상당히 높은 밀도를 유지하고 감촉이 좋은 잔디초지를 형성하는 포복경을 가진 잔디(Stoloniferous Grass)이다. 이는 또한 모든 잔디류 중 가장 아름답다.

질소질 비료에 대한 시비의 적정수준은 0.74~1.49/m^2정도가 생육중인 한 달에 필요한 양이다. 관수(Irrigation)는 Creeping Bentgrass 보다도 덜 요구된다.

Colonial Bentgrass는 많은 병해(Damage or Injury by Disease)에 극히 예민한 반응을 보이는데, 이를 보면 Dollarspot, Brown patch, Red thread, *Ophiobolus* patch. Pythium blight, *Typhula* blight, *Fusarium* patch, stripe smut 및 *Helminthosporium* spp. 등이다(North & Oldland. 1934).[181] 또 이 품종은 대부분의 한지형 잔디류보다도 더 제초제의 피해를 받기 쉽다(Mower & Cornman. 1962).[182]

심한 뿌리의 피해가 2, 4-D 이나 2, 4, 5-TD의 이용에 의해서 종종 발생한다.

DCPA와 같은 일종의 잔디 출현전의 제초제(Preemergence Herbicide)는 근계의 피해와 새싹밀도의 감소의 원인을 초래할 수도 있다(Duich & Dudeck. 1961. Gibeault & Skogley. 1967. Skogley & Jagschttz. 1964).[183) 184) 185)]

그림 1-13 Colonial Bentgrass

그림 1-14 Velvet Bentgrass

그림 1-15 Redtop

181) NORTH, H. D. A., and T. E. ODLAND. 1934. Putting green grasses and their management. Rhode Island agricultural Experiment Station Bulletin No. 245. pp. 1-44.

182) MOWER, R. G., and J. F. CORNMAN. 1962. Pre-emergence crabgrass control. Northeastern Weed Control Conference Proceedings. 16 : 489-492.

183) DUICH, J. M., B. R. FLEMING, and A. E. DUDECK. 1961. The effect of preemergence chemicals on crabgrass and bluegrass, fescue, and bentgrass turf. Northeastern Weed Control Conference Proceedings. 15 : 268-275.

Velvet Bentgrass의 적정예초고는 0.5~1cm, 시비수준은 2.97~5.95/m²/년 관개는 자주 실시하여야 하며, 빈번한 배토(Topdressing)는 북더기잔디 대취축적을 방지하는데 도움이 된다. 특히 품질은 가장 좋으나 병해에 약하므로 살균제(Fungicide, Germicide)를 종종 이용하여 이를 방지하여야 한다. 품종으로는 Kingsdown, Kennwood, Ralitan 등이 있으나, 내병성 및 병해 회복편에서 보면 킹스다운이 가장 좋으며, 종가로 잔디조성을 하는 것이 유리한 품종이다.

Velvet Bentgrass는 골프장 Green의 낮은 예초를 위한 정교하며 아름답고, 섬세한 조직을 가진 잔디이며, 이 외에 감촉이 좋은 잔디초지를 요하는 곳에 이용된다(DeFrance. 1938, Garner & Damon. 1929, Monteith & Welton. 1932, North & odland. 1934, Sprague & Evail 1930).[186) 187) 188) 189) 190)]

Velvet Bentgrass의 포복경(Stoloniferous-type, Stolon)에 의해 뻗는 비율은 Colonial Bentgrass 보다도 더 강하지만, Creeping Bentgrass 만큼에는 미치지 못한다. 새싹 생장률은 다소 낮은 편이다(North & Odland. 1934).

뿌리생산은 매우 양호하고 뿌리의 분해율(Root Decomposition Rate)은 아주 느리다(Bell & Defrance. 1944).[191)]

번식은 종자나 포복경에 의한 영양번식(Vegetative Propagation)에 의해 이루어지며, 염색체의 수는 14개이다(Aston & Bradshaw. 1963. Jones. 1956).[192) 193)] 이 품종의 잔디초지에는 조성되는 비율과 회복력은 비교적 약하다.

Velvet Bentgrass는 서늘하고 습한 지역에서 좀 더 추운 일부분에서 주로 이용되어지는 오래

184) GIBEAULT, V. A., and C. R. SKOGLEY. 1967. Effects of DMPA(Zytron) on colonial bentgrass, Kentucky bluegrass and red fescue root growth. Crop Science. 7 : 327 – 329.

185) SKOGLEY, C. R., and J. A. JAGSCHITZ. 1964. The effect of various preemergence crabgrass herhicides on turfgrass seed and seedlings. Northeastern Weed Control Conference Proceedings. 18 : 523 – 529.

186) DEFRANCE, J. A. 1938. The effect of different fertilizer rations in colonial creeping, and velvet bent grass. Proceedings of the American Society for Horticultural Science. 36 : 773 – 780.

187) GRANER, E. S., and S. C. DAMON, 1929. The persistence of certain lawn grasses as affected by fertilization and competition. Rhode Island Agricultural Experiment Station Bulletin 217. pp. 1 – 22.

188) Monteith J., & K. Welton. 1932. Putting tests upon bent grasses. Bulletin of USGA Green Section. 12(6) : 224 – 227.

189) NORTH, H. F. A., and T. E. ODLAND. 1934. Putting green grasses and their management. Rhode Island agricultural Experiment Station bulletin No. 245. pp. 1 – 44.

190) SPRAGUE, H. B., and E. E. EVAUL. 1930. Experiment with turf grasses in New Jersey. New Jersey Agricultural Experiment Station Bulletin 497. pp. 1 – 55.

191) BELL, R. S., and J. A. DEFRANCE. 1944. Influence of fertilizers on the accumulation of roots from closely clipped bent grasses and on the quality of the turf. Soil Science. 58 : 17 – 24.

192) ASTON. J. N., and A. B. BRADSHAW. 1963. Natural variation in *Agrostis stolonifera* L.(creeping bent) and the value of this grass in turf, Journal of the Sports Turf Rsearch Institute. 11(39) : 7 – 18.

193) Jones, K. 1956., Species differentiation in *Agrostis*. I Cytological relationshipa in *Agrostis canina* L. Journal of Genetics. 54 : 370 – 376.

사는 다년생의 잔디(Perennial)이다. 이 품종은 더위와 저온에 잘 견디며, 다른 *Agrostis*에 비하여 가뭄에 대한 저항력이 매우 크다. 그렇지만 연하고 다즙조직(Succulent Tissue)은 시들기 쉽다. 그늘에 대한 저항성(Shade Tolerance)은 아주 좋다.

Velvet Bentgrass는 산성토양(Acid Soil)과 척박한 토양조건에 잘 견디는데, 이는 통광, 통풍이 나쁘고(Poor Aeration), 불충분한 배수 토양에 적응된다는 뜻은 아니다. 토양산도는 pH 5~6이 좋고, 다른 berntgrass보다도 더 산성토양에 견디는 힘이 좋다(Reid. 1932).[194) 195)]

Velvet Bentgrass는 낮게 예초되는 Putting Green 볼을 굴리는 그린(Bowling Green) 및 미세한 조직을 가진 관상용 잔디에 주로 이용된다. 이 품종은 때때로 그늘지역, 공원 등 미세한 조직을 요하는 잔디초지에 이용되기도 하지만 산성 및 배수가 잘 되는 토양에서 우점되는 경향이 있다.

Velvet Bentgrass는 0.5~1.2cm 정도의 낮은 예초 높이로 자주 깎아주는 관리하에 가장양질의 재질을 생산하는 잔디이다. 종자가 되는 경향은 최소화되기 때문에 Thatch가 매우 잘 형성된다. 이 경우에는 자주 일정한 간격으로 낮은 비율로 배토(Topdressing)를 해 주어야 한다. 질소질 비료의 요구량은 0.75~1.5g/m^{2}정도로 생육중인 한 달에 시비한다.

Velvet Bentgrass는 철 황화현상(Iron Chlorosis) 문제가 야기되기 쉽다. 이것은 일반적으로 Copper spot에 아주 민감하다. 그러나 달러스팟(Dollar spot)에 대한 저항력은 상당히 강하다 (DeFrance. 1938, DeFrance. Odland & Bell. 1952).[196) 197)] 이 외에 병해로는 Brown patch, Red thread, *Fusarium* patch, *Pythium* bight, *Ophiobolus* patch, *Helminthosporium* spp. 및 *Typhula* blight 등이 있다.

그림 1-16 Redtop

4) 레드톱(Redtop)

독명 : Flechtstraussgras, 학명 : *Agrostis alba* L.

① 유경속의 잎이 배열된 모양–둘둘 말린 구형
② 잎혀–얇은 막, 1.5~5mm길이 원통형
③ 잎귀–없는 형태

194) Reid M. E. 1933. Effects of shade on the growth of velvet bent and Metropolitan creeping bent. Bulletin of USGA Green Sction. 13 : 131 – 135.

195) Reid, M. E. 1932. The effects of soil reaction upon the growth of several types of bent grasses. Bulletion of USGA Green Section. 12(5) : 196 – 212.

196) DeFrance, J. A. 1938. The effect of different fertilizer rations in colonial creeping, and velvet bent grass. Proceedings of the American Soceity for Horticultural Science. 36 : 773 – 780.

197) DeFrance, J. A., T. E. Odland, and R. S. Bell. 1952. Improvement of velvet bentgrass by selection. Agronomy Journal. 44 : 376 – 378.

④ 경령－넓으며, 갈라져 있는 모양
⑤ 잎몸－편평, 잎끝이 차차 가늘어지는 침상형
⑥ 화서－갈색을 띤 벌어진 원추화서

Redtop은 조악한 질감을 갖는 흐린 녹색을 보이는 지하경을 갖는다. 이는 빠른 지피(地被, Ground Cover)를 촉진시키기 위하여 난지형 잔디와 혼파시 구성되는 초종으로 광범위하게 이용되어지고 있다. 그 이유로는 Redtop은 경합(Competition)에 강하여 유식물(Young Plant) 생장이 좋기 때문이다. Redtop은 새로운 잔디초지의 경우 볼품없는 외관과 내구력이 좋지 않으며, 보호풀(Nursegrass)로서의 Redtop의 이용은 다른 종을 위하여 제한되고 있다.

Redtop은 각종 토양조건에 폭 넓게 적응되어 종종 배(하)수로의 도로변을 따라 식재될 목적으로 혼파됨은 물론이고 다른 습하고 배수가 잘 안되며 척박한 지역에도 이용된다. 보호풀로 이용될 때 다른 식물들은 고립된 덤불(Clump)이나 잔디초지의 균등한 외관을 감소시키는 작은 구획을 남게 된다.

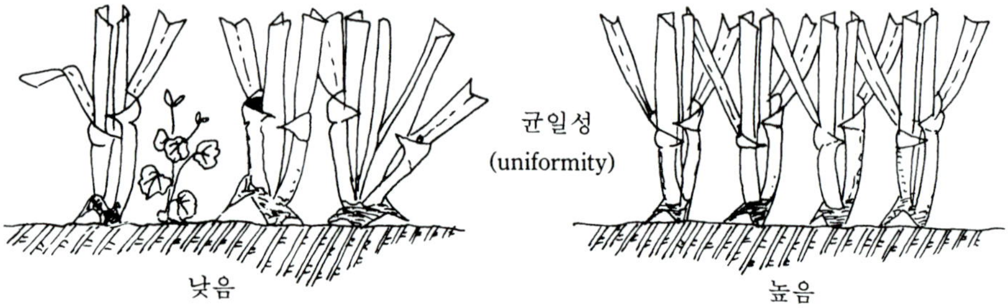

그림 1-17 잔디초지의 가시적인 외관특징(A. J. Turgeon. 1985)

Redtop는 때때로 "repairgrass"로서 피해를 입었거나, 병해를 입은 그린이나 다른 잔디초지를 위하여 이용되기도 하지만, Fine fescue이나 Ryegrasses들이 더 우선적으로 선택되어 이용되어 지고 있다. 지금까지 유효한 품종은 아직 없다.

Redtop은 *Agrostis* 종의 하나로 유럽이 원산지이며, 1945년 이전에는 광범위하게 이용되었지만 잔디 재질면에서 보아 이제는 그렇게 폭 넓게 이용되지는 않고 있다. Redtop의 이름은 종자이삭으로부터 유래되어 붙여진 것이다.

Redtop은 줄기가 많고 조악한 질감을 가지며, 낮은 새싹밀도의 벌어진 잔디초지를 형성한다(Fryxell. 1957, Lapp. 1943).[198) 199)] 잎 조직은 다른 잔디형의 *Agrostis* 종보다도 더 넓으며 잎혀는 다른 *Agrostis*종보다 더 길다.

198) Fryxell, P. A. 1957. Mode of reproduction in righer plants. botanical Review. 23(3)135－233.
199) Lapp, W. S. 1943. A Study of factors affecting the growth of lawn gasses Pennsylvania Academy of Science. 17 : 117－148.

Redtop은 짧은 지하경을 갖지만, 현저하게 탄탄한 뗏장을 형성하지는 않는다. 근계는 일년에 한 번 재생 또는 갱신(Renewal, Renovation)되어진다(Stuckey. 1941).[200]

Redtop은 거의 전적으로 종자에 의해 번식되어지며, 이는 염색체의 수가 28개와 42개를 갖는 이화수분(Cross Fertilization) 되어진다(Fryxell. 1957, Hanson & Carnhan. 1956, Nielsen & Humphrey. 1937).[201] [202] [203] 조성률은 bentgrass 보다는 다소 빠르긴 하지만 보통수준보다 낮다.

Redtop은 가장 폭 넓게 잔디종으로 적응된 것 중 하나이다(Sprague & Evaul. 1930).[204] Redtop은 재배의 농도, 토양 및 각종 환경조건들에 따라서 다년생 또는 단년생 잔디로 반응을 나타낸다. 종자생산을 하는 대부분의 Redtop 식물은 저온사(Low Temperature Kill)와 다른 불리한 환경들로 인하여 죽는 단년생처럼 반응을 보인다(Davis. 1961).

Redtop 잔디초지는 종종 더위 스트레스(Heat Stress) 하에서는 갈색으로 변색되며 줄기가 많아진다. 내구력은 약하다(Hardison. J. R. 1945).[205]

Redtop은 축축하며, 불완전한 배수지, 미세한 조직토양 및 척박한 산성토양에 이용되어지는 난지형 잔디류 중 가장 잘 적응된 것 중에 하나이다. 이는 폭 넓은 토양과 습한 조건에 견디며, 가뭄이나 조악한 조직의 토양에서도 유지된다. Redtop은 다른 *Agrosits*종보다도 다소 높은 pH의 토양에 견딘다(Garner & Damon. 1929, Hartwell & Damon. 1917, Van Dersal. 1936).[206] [207] [208]

Redtop의 이용은 주로 질(質)이 낮은 잔디초지가 형성되기 때문에 제한이 되고 있다 토양 pH, 기후 등에 견디는 힘이 큰 Redtop은 침식방지(Erosion Prevention)를 위하여 도로변, 배수구, 수로 등에 일반적으로 혼파로 이용될 수 있도록 한다.

수십년동안 Redtop은 잔디의 혼파 이용에 있어 임시적인 구성분으로 널리 취급되어 왔지만, 최근의 연구들에 의하면 개량된 Ryegrasses나 Fescues와 비교해서 조성에서 특별히 빠르지 못

200) Stuckey, Z. H. 1941. Seasonal growth of grass toots. American Journal of Botany. 28 : 486 – 491.

201) Hanson, A. A., and H. L. Carnahan 1956. Breeding perennial forage grasses. USDA Technical Bulletin No. 1145. pp. 1 – 116.

202) Nielsen, E. L., & L. M. Hamphrey. 1937. Grass studies. I. Chrmosome members in certain members of the tribes *Festuceae, Avenae, Agrostideae, Chlorideae, Phalarideae* and *Tripsaieae*, American Journal of Botany.

203) Sprague, H. B., and E. E. Evaul. 1930. Experiments with turf grasses in New Jersey. New Jersey Agricultural Experiment Station Bulletin 497. pp. 1 – 55.

204) Davis, R. R. 1961. Turfgrass mixtures influence of mowing height and nitrogen. Proceedings of the 1961 Midwest Regional Turf Conference. pp. 29 – 29.

205) Hardison. J. R. 1945. Observation on grass diseases in Kentucky. Plant Disease Reporter. 29(3) : 76 – 85.

206) Garane, E. S., and S. C. Damon. 1929. The persistence of certain lawn grasses as affected by fertilization and Competition. Rhode Island Agricultural Experiment Station Bulletin 217. pp. 1 – 22.

207) Hartwell, B. L., & S. C. Damon. 1917. The persistence of lawn and other grasses as influenced especially by the effect of manures on the degree of soil acidity. Rhode Island Agricultural Experiment station bulletin 170. pp. 1 – 24.

208) Van Dersel, W. R. 1936. The ecology of a lawn, Ecology 17(3)515 – 527.

하다는 것과 잔디 품질면에서도 임시적인 구성원으로서 가치가 없다는 것이다(Parks & Henderlong. 1967).[209] Redtop은 난지형 잔디초지의 겨울추파(Winter Overseeding) 뿐만 아니라 그린의 임시조치로 행하는 추파를 이하여 이용되어져 왔다(Monteith. J. 1931).[210]

Redtop은 중간~낮은 재배밀도에 잘 순응되어 졌으며, 짧고 빈번한 예초에는 견디지 못한다(Sprague. 1933).[211]

Redtop 잔디초지의 새싹밀도는 만약 예초고를 3.8~5.1cm의 높이로 유지하게 되면 오랜기간 지속될 수가 있다(Davis, R. R. 161).[212] 질소시비 요구량은 생육 중 월 0.74~1.48g/m^2 수준이다.

Redtop은 산성토양과 척박한 토양(Infertile Land)에 적응하고 있지만, 높은 토양산도와 비옥조건 등에 반응을 보인다.

Redtop은 관개가 되어진다면 사질토양지역에서 가장 잘 생육된다. Redtop은 상당히 *Fusarium* patch 피해가 민감하게 반응을 보인다(Cormack & Lebeau. 1959).[213] 이 외의 다른 병해의 가능성을 보면 *Helminrhosporium* spp., *pythium* bight, Red thread, Stripe smut, Dollar spot 및 Blown patch 등이다.

1.3 훼스큐류(Fescues, *Festuca* L.)

훼스큐 그라스류는 김의 털족(族, Festuceae)의 Festuca 속(屬)에 속한 식물들로서 유럽과 아이아의 온 · 한대지방에 걸쳐 여러 종이 자생하고 있으며, 우리나라 산야지에 자생(自生)하고 있는 김의 털(*Festuca ovina* L.) 등도 이에 속한다. 이 Festuca 속에 속하는 잔디류에 사용되는 품종으로는 ① Red Fescue(*Festuca rubra*), ② Chewing Fescue(*Festuca rubra* L. spp. *Commutata* Gaud), ③ Sheep Fescue(*Festuca ovina* L.), ④ Hard Fescue(*Festuca longifolia* Thuill), ⑤ Tall Fescue(*Festuca arundinacea* Schreb), ⑥ Meadow Fescue(*Festuca elatior* L.) 등을 들 수 있으나 Red fescue만 자주 이용되고 있다.

209) Parks, O. C., and P. R. Henderlong. 1967. Germination & seedling growth rate of ten Common turfgrasses. Proceedings of the West Virginia academy of Science. 39 : 132 – 140.

210) Monteith. J. 1931. Experimental resuets at Miami beach, Florida. Balletin of USGA Green Section. 11(10) : 190 – 194.

211) Sprague, H. B. 1933. Root development of perennial grasses & its relation to soil Conditions. Soil Science. 36 : 189 – 209.

212) Davis, R. R. 1961. Turfgrass mixtures influence of mowing height and mitrogen. Proceedings of the 1961. Midwest Regional Turf Conference. pp. 27 – 29.

213) Cormack, M. W., & J. B. Labeau. 1959. Snow mold infection of alfalfa, grasses, and Winter wheat by several fungi under artificial conditions. Canadian Journal of botany. 37 : 685 – 693.

(1) 특성

① 한지형 잔디초지 중에서 가장 내한성(耐寒性)은 강하지만, 여름의 고온에 하고현상이 심하게 발생되어 각종 병해가 많다.

② 다발형 잔디로 포복경(匍匐莖)이 없어 옆으로 신장할 수 없고, 다만 분얼에 의하여 다발수가 증가하게 되어 지면을 피복한다.

③ 3월부터 12월까지 생육하여 녹색을 유지하나, 1 · 2월은 황색으로 휴면한다. 또한 여름철 고온 생육정지기(生育亭止期)에는 잔디 사용을 제한해야 한다.

④ 건조토양에서는 생육할 수 없기 때문에 자주 관수해 주어야 하며, 그늘에도 어느 정도 강하므로 수목(樹木)이나 건물 등의 그늘에 이용이 가능하다.

(2) 종류

1) 레드 훼스큐(Red Fescue)

독명 : Rotschwingel, 학명 : *Festuca rubra* L.

그림 1-18 Red fescue

① 유경속의 잎이 배열된 모양(vernation) – 포개져 겹친형

② 잎혀 – 얇은 막으로 0.5mm길이 정도이며, 끝이 잘린(truncate) 원통형

③ 잎귀 – 없는 형태

④ 경령 – 털은 없으며 좁고, 마디가 없는 형태

⑤ 잎몸 – 1.5~3mm 폭

⑥ 화서 – 좁으며 수축된 모양의 원추화서

Red Fescue는 잎폭이 1.5~3mm로 좁아서 아주 고운 느낌을 줄 뿐만 아니라, 척박한 토양이나 그늘에서도 잘 자라지만 너무 습하거나 과비(過肥)상태인 토양에서는 생육이 불량하다. 추운 지방에서는 Kentucky Bluegrass와 Colonial Bentgrasses와 같이 혼파(Mixed Seeding)하여 많이 이용한다.

적정예초고는 3.5~5mm 높이로 깎아주며, 비료 요구도는 8~9gN/m^2/년이며, 관리는 비교적 용이한 편으로 품종에는 내한성이 강한 Arctared, Boreal, Olds와 짧은 예초에 강한 Pennlawn 등이 있다.

Red Fescue는 잔디의 목적으로 가장 폭 넓게 이용되어지는 *Fastuca*의 한 종이다. 이는 종종 Creeping red fescue로 인용되어진다. 수많은 Red fescue의 품종들이 서늘하고 습한 지역의 도처에, 잔디로 이용하기 위하여 개발되어 왔다. 이는 잔디로 이용되기 이전부터 유럽이 원산지이다.

Red Fescue는 새싹의 높은 밀도, 균등 및 질감이 좋고 미세한 조직을 갖는 잔디를 형성한다(Kjellqvist. 1961).[214] 색조는 중간 녹색부터 암녹색이다. 수직생장률(Vertical Shoot Growth rate)이 대부분의 한지형 잔디류 보다도 더 느리다(Wilson. 1962).[215]

이 품종의 근계(Root System)는 섬유상으로 매우 밀집된 양상을 보인다.

Red fescue는 땅위를 기는 포복습성의 결과로 나타나는 Shoot발달의 특별한 엽초형(Extravaginal type)인 Chewing fescue와 Sheep fescue와 구별되어 질 수 있다.

Red fescue는 지하경(Rhizome, Below Ground Stem) 발달도와 뗏장(Sod)형성에서 Kentucky Bluegrass 보다 약하다(Juska, Hanson & Erickson. 1965).[216]

Red fescue는 주로 종자에 의해 번식되며, 정착률은 아주 좋고, Kentucky Bluegrass 보다도 더 빠르나 Ryegrass 보다는 다소 느리다(Defrance & Simmons. 1951).[217]

Red fescue는 주로 염색체의 수가 14, 42, 56 및 70개를 가진 것으로 이화수분되어 졌다(Bedelows 1931, Church. 1929, Fryrell. 1957, Hanson & Carnahan. 1956, Jenkin. 1955).[218][219][220][221][222]

내구력(耐久力)에 대한 저항성(Recuperative Potential)은 중간 정도이다.

Red fescue는 북미, 유럽과 아시아, 북 아메리카 및 호주 등의 서늘하고 습한 지역의 도처에 폭넓게 분포되어 있는 오래 사는 다년생의 잔디(Perennial)이다. 그러나 Kentucky Bluegrass나 Bentgrass 만큼 폭 넓은 적응범위를 갖지는 못한다. 이는 또한 Creeping Bentgrass나 Kentucky Bluegrass 만큼 저온에 견디지도 못한다. Red Fescue는 더위에 견디는 힘이 부족하

214) KJELLQVIST, E. 1961. Studies in *Fastuca rubra* L. I. lnfluence if environment. Botaniska Notiser. 114 : 403 – 408.

215) WILSON, D. B. 1962. Effects of light intensity and clipping on herbage yields. Canadian Journal of Plant science. 42 : 270 – 275.

216) JUSKA, F. V., A. A. HANSON, and C. J. ERICKSON. 1965. Effects of phosphorus and other treatments on the development of red fescue, Merion and common Kentucky bluegrass. Agronomy Journal. 57 : 75 – 78.

217) DEFRANCE, J. A., and A. SIMMONS, 1951. Relative period of emergence and initial growth of turf grasses and their adaptability under field conditions. Proceedings of the American Society for Horticultural Science. 57 : 439 – 422.

218) BEDDOWS, A. R. 1931. Seed setting and flowering in various grasses. Welch Plant Breeding station series H. No. 12. pp. 5 – 99.

219) CHURCH, G. L. 1929. Meiotic phenomena in certain *Gramineae*. 1. *Festuceae*, *Aveneae*, Agrostideae, *Chlorideae*, and *Phalarideae*, Botanical gazette. 87 : 608 – 629.

220) FRYXELL, P. A. 1957. Mode of reproduction in higher plants. Botanical Review. 23(3) : 135 – 233.

221) HANSON, A. A., and H. L. CARNAHAN. 1956. Breeding perennial forage grasses. USDA Technical Bulletin No. 1145. pp. 1 – 116.

222) JENKIN, 1955. Interspecific and intergeneric hybrids in herbage grasses. IX. *Festuceae arundinacea* with sone other *Festuceae* speciaes. Journal of Genetics. 53 : 81 – 93.

기 때문에 따뜻하고 습한 지역에서는 살아남지 못한다(Sprague & Evaul. 1930).[223)]

Red Fescue의 그늘에 대한 저항성(Shade Adaption)을 보면 대부분이 한지형 잔디류 보다 우수하다(Sprague & Evaul. 1930). 이는 짧아진 일광도 하에서 다른 잔디류의 종보다 더 빠른 잎의 성장이 가능하다는 것이다(Wilson. 1962).[224)] 그렇지만, Red fescue의 재질 및 Shoot Density가 완전 일광조건에서 자라는 것만큼 좋지는 못하다. Red fescue의 수분의 이용률은 더 낮고, Kentucky bluegrass와 Creeping bentgrass보다도 가뭄에 대한 견디는 힘은 더 좋다. 내구력에 대한 저항성은 중간정도이며 건조하고 pH 5.5~6.5 사이의 사질토양에도 잘 견딘다(Hart well & Damon. 1917, Juska. 1959, Juska & Hanson & Erickson. 1965).[225) 226) 227)]

Red Fescue는 배수(排水, Drainage)가 잘 안 되는 토양이나 염분 많은 토양에 견디는 힘이 매우 약하다.

Red Fescue는 서늘하고 습한 지역에 가장 많이 폭 넓게 이용되는 3가지 잔디 중 하나이다. 유럽에서는 볼 놀이를 하는 그린(Bowling Green)에 Bentgrass와 함께 이용되어진다.

Red Fescue는 서늘하고 습한 기후지역의 도처에 Kentucky Bluegrass와 함께 혼파 이용되어진다(Juska & Hanson. 1959).[228)]

Red Fescue는 Kentucky Bluegrass 보다도 더 빠른 잔디초지의 정착률을 갖으나, 조성기간 동안에 지나친 혼합을 하지 않는다(Juska, Tyson & Harrison. 1955, parks & Henderlong. 1967).[229) 230)]

Red Fescue는 Kentucky Bluegrass와 양립할 수 있다(Juska & Hanson. 1959, Erdmann & Harrison. 1947).[231) 232)]

---

223) Sprague, H. B., and E. E. Evaul. 1930. Experiments with turfgrasses in New Jersey. New Jersey Agricultural Experiment Station Bulletin 497. pp. 1－55.

224) Wilson, D. B. 1962. Effects of light intensity and clipping on herbage yields. Canadian Journal of Plant Science. 42 : 270－275.

225) Hart well, B. L., and S. C. Damon. 1917. The persistence of lawn & other grasses as influenced especially by the effect of manures on the degree of soil acidity. Rhode Island Agricultural Experiment Station Bulletin 170. pp. 1－24.

226) Juska. 1959. Evaluation of cool season turfgrasses alone and in mixtures. Agronomy Journal. 51 : 597－600.

227) Juska, F. V., A. A. Hanson, and C. J. Erickson. 1965. Effects of phosphorus and other treatments on the development of red fescue, Merion and common Kentucky bluegrass. Agronomy Journal. 57 : 75－78.

228) Juska, F. V, & A. A. Hanson. 1959. Evaluation of cool season turfgrasses alone & in mixtures. Agronomy Journal. 51 : 597－600.

229) Juska, F. V., J. Tyson, and C. M. Harrison. 1955. The competitive relationship of Merion bluegrass as influenced by various mixtures cutting heights, and levels of nitrogen. Agronomy Journal. 47 : 513－518.

230) Parks, O. C., and P. R. Henderlong. 1967. Germination and seedling growth rate of tencommon turfgrasses. Proceedings of the West Virginia Academy of Science. 39 : 132－140.

Kentucky Bluegrass와 Red fescue가 함께 조성되어진 곳에서 Red Fescue는 보통 그늘 조건, 가뭄과 사질토양(Sandy Soil) 및 재배의 빈약한 강도 하에서는 더 우점(Dominant Species)한다. 그렇지만 Kentucky Bluegrass는 습한 조건, 불완전한 배수 토양, 집약재배 및 완전 일광조건 하에서는 더 우점이 된다(Davis. 1967, Funk. 1963, Juska, Tyson & Harrison. 1955, Jaska, Tyson & Harrison. 1956, Roberts & Markland. 1966).[233) 234) 235) 236)]

Red Fescue는 약한 지하경과 느린 회복률 때문에 각종 운동경기장과 Tee지역(Teeing Ground) 재배되지 않는다. 사업적인 뗏장생산에 이용하는 양은 또한 아주 적다.

Red Fescue는 따뜻하고 습한 지역에서 휴면(Dormancy)중인 Bermudagrass의 겨울추파로 이용된다(Schmidt & Blaser. 1961).[237)] 가을과 봄철의 전환기에 Ryegrass와 Rough bluegrass는 아주 좋은 보기이다. 이것은 또한 Green의 피해를 빠른 시일 내 제공받아야 할 경우와 Bentgrass가 회복될 때까지 경기(Play) 할 수 있는 지표면을 유지하기 위하여 보파되어 질 수도 있다.

Red Fescue는 질소와 물의 최소수준을 포함하여 저농도의 재배가 가능하지만, 적절한 재배관리 하에서는 양질의 잔디재질을 형성한다. 예초고(Mowing Height)는 2.5~6.4cm 사이로 이용되지만 대개 음지조건 하에서 높은 예초로 이용되어진다(Davis. 1967).[238)] 골프장의 Fairway는 1.2~2.5cm 사이에서는 잔디의 질감이 아주 좋다. 그린(Green) 표면은 0.75cm 정도가 아주 적합하다.

질소질 비료의 요구량은 생육 중 월 0.2~0.74g/m^{2}정도로 대부분의 잔디류 품종과 비교하여

231) Erdmann, M. H., and C. M. Harrison. 1947. The influence of domestic ryegrass and redtop upon the growth of Kentucky bluegrass and chewing's fescue in lawn and turf mixtures. Journal of the American Society of Agronomy. 39 : 682－689.

232) Davis, R. R. 1967. Population changes in Kentucky bluegrass－red fescue mixtures. 1967. Agronomy Abstracts. p. 51.

233) Funk. 1963. Effect of cutting height and fertilizer on species composition and turf quality ratings of various turfgrass mixtures. Rutgers Short Course in Turf Management. pp. 47－56.

234) Juska, F. V., J. Tyson, and C. M. Harrsion. 1955. The competitive relationship of Merion bluegrass as influenced by various mixtures, cutting heights, and levels of nitrogen. Agronomy Journal. 47 : 513－518.

235) Juska, F. V., J. Tyson, & C. M. Harrison. 1956. Field studies on the establishment of Merion bluegrass in various seed mixtures. Quarterly Bulletin of the Michigan A gricultural Experiment Station. 38(4) : 678－690.

236) Roberts, E. C., and F. E. Markland. 1966. Nitrogen induced changes in bluegrass－red fescue turf populations. 1966. Agronomy Abstracts. p. 36.

237) Schmidt, R. E., and R. E. Blaser. 1961. Cool season grasses for winter turf on Bermuda purring greens. USGA Journal and Turf Management. 14(5) : 25－30.

238) Davis, R. R. 1967. Population changes in Kentucky bluegrass－red fescue mixtures. 1967. Agronomy Abstracts. p. 54.

볼 때 아주 적은 수준이다(Divis. 1967, Duich & Musser. 1960, Skogley & Ledeboer).[239) 240)]

Red Fescue잔디의 재질이 저하는 질소질 비료의 시비수준이 과도하게 많았을 경우에 발생한다(Davis, 1967). 이와 유사하게도 관수가 과도하게 많이 행하여 졌을 때에도 잔디의 품질저하(Deteriorates)를 초래한다(Davis. 1967, Harper & Musser. 1950, Watson. 1949).[241) 242)]

Red fescue는 토양 중 높은 수준의 인 함량에 견디는 힘이 있다(Juska, Hanson & Erickson. 1965).[243)]

이 북더기잔디, 대취 문제를 제기하지만 Bentgrass나 Kentucky Bluegrass 만큼이나 심각하지는 않다. 하지만, 일단 형성된 Red Fescue의 대취는 잎집의 높은 리그닌(Lignin) 함량 때문에 매우 느린 분해율을 갖는다. Red Fescue는 Kentucky Bluegrass 보다도 일반적으로 제초제 사용에 저항이 약하다(Duich, Fleming & Dudeck. 1961, Gibeault & Skogley. 1967, Mower & Cornmon. 1962, Skogley & Jagschttz. 1964).[244) 245) 246) 247)]

Red fescue의 대부분 중요한 병은 한 특정지역에서 심각한 문제로 대두되었던 Red Thread를 갖은 *Helminthosporium* spp.에 의해 원인이 되었는데, 이는 Kentucky Bluegrass의 *Fusarium* patch와 *Typhula* blight 피해보다도 더 입기 쉽다(Cormack & Lebeau. 1959).[248)]

Red Fescue의 몇 제한된 품종들이 1960 이전에 잔디로 사용하기 위하여 특별히 개발되어 졌다(Hanson. 1965, Youngner. 1957).[249) 250)] 이들 품종은 Duraturf, Illahee, Olds, pennlawn 및

239) Duich, J. M., and H. B. Musser. 1960. Response of Kentucky bluegrass, creeping red fescue and bentgrass to nitrogen fertilizers. Pennsylvania Argricultural Experiment Station Prograss Report 214. pp. 1－20.

240) Skogley, C. R., and F. B. Ledeboer. 1968. Evaluation of several Kentucky bluegrass and red fescue strains maintained as lawn turf under three levels of fertility. Agronomy Journal. 60 : 47－49.

241) Harper, J. C., H. B. Musser. 1950. The effect of watering and compaction on fairway turf. Pennsylvania State College 19th Annual Turf Conference. pp. 43－52.

242) Watosn, J. R. 1949. Compaction and irrigation studies on establishrd fairway turf. Pennsylvania State College 18th Annual Turf Conference. pp. 88－90.

243) Juska, F. V., A. A. Hanson, and C. J. Erickson. 1965. Effect of phosphorus and other treatments on the development of red fescue, Merion and common Kentucky bluegrass. Agronomy Journal. 57 : 75－78.

244) Duich, J. M., B. R. Fleming, and A. E. Dudeck. 1961. The effect of preemergence chemicals on crabgrass and bluegrass, fescue, and bentgrass turf. Northeastern Weed Control Conference Proceeding. 15 : 268－275.

245) Gibault, V. A. and C. R. Skogley. 1967. Effects pf DMPA(Zytron) on colonial bentgrass, Kentucky bluegrass and red fescue root growth. Crop Science. 7 : 327－329.

246) Mower, R. G., and J. F. Cornman. 1962. Pre－emergence crabrass control. Northeastern Weed Control Conference Proceedings. 16 : 489－492.

247) Skogley, C. R., and J. A. jagschttz. 1964. The effect of various preemergence crabgrass herbicides on turfgrass seed and seedlings. Northeastern weed Control Conference Proceedings. 18 : 513－529.

248) Cormack, M. W., and J. B. Lebeau. 1959. Snow mold infection of alfalfa, grasses, and winter wheat by several fungi under artificial conditions. Canadian Journal of Botany. 37 : 685－693.

Rainier 등이다.

2) 톨 훼스큐(Tall Fescue)

독명 : Riesenschwingel, 학명 : *Festuca arundinacea* Schreb

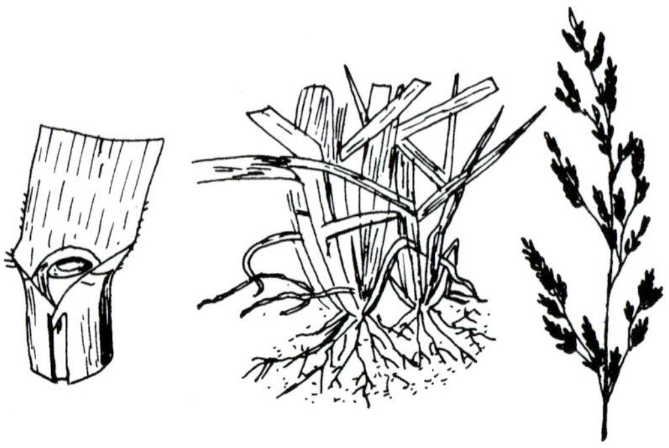

그림 1-19 Tall fescue

① 유경속의 잎이 배열된 모양-둘둘말린 구형

② 잎혀-얇은 막, 0.4~1.2mm의 길이, 끝이 잘린 원통형

③ 잎귀-짧고 무디며 연모(Pubescent)로 덮혀 있는 모양

④ 경령-비교적 넓고 잎맥에 의해 갈라져 있으며, 가장 자리에 짧은 솜털이 있는 모양

⑤ 잎몸-5~10mm 폭, 편평, 용골형

⑥ 화서-수축된 모양의 원추화서

이 Tall Fescue는 엽폭이 5~10mm 정도로 비교적 넓어서 거친 느낌을 주고, 다발형잔디초지(Bunch-Type Grass) 이어서 비교적 피복률(被覆率, Coverage Rate)이 낮은 편이나 어느 종류의 토양에서나 잘 견디고, 특히 내열성과 내건조성이 한지형 잔디류 가운데 가장 강하다.

관리는 비교적 쉬우나 예초고 3.5cm 이상으로 깎아 주어야 하며, 여름의 고온기에는 자주 관수(Irrigation)를 하여야 한다. 켄터키-31 품종은 엽폭이 너무 넓어서 거친 조직을 가지고 있었으나 알타레벨, 하운드덕, 올림픽 등 잔디타입의 옆폭이 좁은 품종들이 새로 많이 개발되어 이용되고 있다.

Tall Fescue는 유럽이 원산지인 한지형 잔디이며, 각종 토양 및 기후조건에 폭 넓게 적응하는 다발형으로 조악한 조직을 가지고 있는 특징이 있다.

Tall Fescue는 보통 한지형 잔디류로 이용되는 어느 품종보다도 더 조악한 잎의 조직을 갖는 매우 낮은 새싹밀도(Shoot Density)를 형성하는 잔디이다. 이는 Kentucky Bluegrass, Red Fescue 및 Ryegrass와 같은 한지형 잔디류로 이용되는 다른 토종들과 잘 혼합되지 않는다.

Tall Fescue는 Meadow Fescue 보다도 더 넓은 잎폭을 갖을 뿐만 아니라 현저한 늑상(肋狀) 조직과 잎의 윗부분의 표면에 암녹색을 나타내고 있다. 비록 짧은 지하경을 가졌더라도 이는

249) Hanson, A. A. 1965. Grass varieties in the United States. USDA Agricultural Handbook No. 170. pp. 1-102.

250) Youngner, V. B. 1957. Fine-leaved fescues as turfgrasses in southern California. Southern California Turfgrass Culture. 7(1)7-8.

아주 약한 방석형의 특성을 지닌 다발형(bunch type)의 생육습성을 갖는다(Porter. 1958).[251)]

대부분의 새로운 싹들은 지하경의 마디보다는 생장점인 관부(Crown)로부터 시작된다(Lopex, Matches & Baldridge. 1967).[252)] 근권(根圈, Rhizosphere, Rooting Zone)는 다른 대부분 한지형 잔디류보다도 더 넓고, 조악하고 깊게 뻗는다. 번식은 종자에 의하고 , 조성률은 Kentucky Bluegrass 보다 더 빠르지만, Ryehrass 보다는 다소 늦다(Parks & Henderlong. 1967).[253)]

Tall Fescue의 염색체 수는 42개를 갖는다(Church. 1929, Crowder. 1953, Jenkin. 1955, Myers & Hill. 1947).[254) 255) 256) 257)]

수분은 타가수정(Cross－Fertilization)에 의하여 주로 이루어진다(Beddows. 1931, Fryxell. 1957, Hanson & Carnalan. 1956).[258) 259) 260)] 회복력(Recuperative Potential)은 중간정도 이하로 약하다.

Tall Fescue는 서늘하고 습한지역과 따뜻하고 습한 지역사이의 변화하는 지대에서 생육될 때 오래하는 다년생 잔디이다. 서늘하고 습한지역의 더 추운지방에서는 이 품종이 저온의 피해를 입기 쉬우며, 짧게 사는 단년생처럼 반응을 나타낸다.

Tall Fescue는 대부분의 다른 한지형 잔디류에 비하여 더위에 견디는 힘(Heat Tolerance)은 상당히 강한 편이다. 잎의 생육은 제한을 받지만, 이 품종은 일시적인 더위에 대한 스트레스를 받는 동안에 적당한 색조와 외관을 유지할 수 있다(Lantz. 1955).[261)]

Tall Fescue는 한지형 잔디류 중에서 가장 가뭄과 내구성에 대한 저항력이 강한 품종의 하나

251) Porter, H. L. 1958. Rhizomes in tall fescue. Agronomy Journal. 50 : 493－494.

252) Lopex, R. R., A. G. Matches, and J. D. Baldridge. 1967. Vegetative development and organic reserves of tall fescue under conditions of accumulated growth Crop Science. 7 : 409－412.

253) Parks, O. C., and P. R. Henderlong. 1967. Germination and seedling growth tate of tencommon turfgrasses. Proceedings of the West Virginia Academy of Science. 39 : 132－140.

254) Church, G. L. 1929. Meiotic phenomena in certain *Gramineae*. I. *Festuceae, Aveneae, Agrostideae, Chlorideae*, and *Phalarideae*. Botanical Gazette. 87 : 608－629.

255) Crowder. 1953. A. survey of meiotic chromosome behavior in tall fescue grass. American Journal of Botany. 40 : 348－354.

256) Jenkin. 1955. Interspecific and intergeneric hybrids in herbage grasses. IX. *Festuca arundinacea* with some other *Festuca* species. Journal of Genetics. 53 : 81－93.

257) Myers, W. M., and H. D. HILL. 1947. Distribution and nature of polyploidy in *Festuca elatior* L. Bulletin of the Torrey Botanical Club. 74 : 99－111.

258) Beddows, A. R. 1931. Seed setting and flowering in various grasses. Welch Plant Breeding Station series H. No. 12. pp. 5－99.

259) Fryxell, P. A. 1957. Mode of reproduction in higher plants. Botanical Review. 23(3) : 135－233.

260) Hanson, A. A., and H. L. Carnahan. 1956. Breeding perennial forage grasses. USDA Technical Bulletin No. 145. pp. 1－116.

261) Lantz, H. L. 1955. Cool season grasses bluegrass. fescue, bent. Golf Course Reporter. 23(2) : 32－37.

이다(Morrish & Harrison. 1948m Youngner. 1962).[262) 263)] 그늘에 대한 저항서은 서늘하고 습한지역과 따뜻하고 습한지역의 중간지대에서는 보통정도이다.

Tall Fescues는 각종 토양조건에 잘 적응되고 있지만, 가장 좋은 토양은 비옥하고 습하며 높은 유기물을 함유한 미세한 조직을 갖는 토양이다. 비옥도가 낮은 토양에서도 적응하고 시비에 대한 반응도 좋다. 최적의 토양산도(Soil Acidity)는 pH 5.5~5.6정도이지만, pH 4.7~8.5까지 견디어 내는 힘이 있다. 알칼리의 염분토양에 견디는 힘, 특히 관개만 되어지면 대부분의 다른 한지령 잔디류 보다도 더 강하다. Tall Fescue는 오랜 시일동안 침수(Submersion)와 만찬가지로 우기(雨期)토양조건에 잘 견디는 힘이 강하므로 종종 배수로에 이용되어 지기도 한다.

Tall Fescue의 거친 잎의 조직은 종종 양질의 잔디를 바라는 곳에서 환영받지 못하지만 그래도 이 품종은 운동경기장, 도로변, 수로, 비행장 등의 낮은 품질을 요하는 곳에서 이용되어져 왔다.

Tall Fescue는 도로변의 경사지를 안정(Slope Stabilization)시키는데 매우 효과적이다. 왜냐하면 이 품종은 잔디초지 종성비율이 빠르고, 깊은 뿌리를 내리며, 불량한 토양에도 정착이 되기 때문이다.

Kentucky Bluegrass 및 Tall Fescue와 함께 이용하는 잔디초지는 톨 훼스큐만으로 구성된 잔디초지보다 더 재질이 좋은 잔디초지가 형성되나. 다른 한지형 잔디류와의 혼파조합서 Tall Fescue는 무게로 70%정도 더 하여야 하며, 이 높은 파종비율을 또한 중요하다.

서늘하고 습한 기후의 일부 추운지방에서 저온에 대한 스트레스는 Tall Fescue가 다소 산발적으로 가늘어지며, 볼 품 없는 덤불(clumps)로 발달된다(Davis. 1958, Juska & Hanson. 1959, Juska & Hanson. 1959, Cantz. 1955, Miller. 1966).[264) 265) 266) 267) 268)]

Tall Fescue는 종종 과도한 답압에 기인하여 유지될 수 없는 Kentucky Bluegrass와 같은 다

262) Morrish, R. H. and C. M. Harrison. 1948. The establishment and comparative wear resistance of various grasses and grass-legume mixtures to vehicular traffic. Journal of the American Society of Agronomy. 40 : 168 – 179.

263) Youngner, V. B. 1962. Wear resistance of cool season turfgrasses. Effects of previous mowing practices. Agronomy Journal. 54 : 198 – 199.

264) Davis, R. R. 1958. The effect of other species and mowing heights on persistence of lawn gasses. Agronomy Journal. 50 : 671 – 673.

265) Juska, F. V., and A. A. Hanson. 1959. Evaluation of cool season turfgrasses. Park Maintenance. 12(9) : 18 – 20.

266) Juska, F. V & A. A. Hanson. 1959. Evaluation of cool season turfgrasses alone and in mixtures. Agronomy Journal. 51 : 597 – 600.

267) Lantz, H. L. 1955. Cool season grasses – bluegrass. fescue, bent. Golf Course Reporter. 23(2) : 32 – 37.

268) Miller, R. W. 1966. The effect of certain management practices on the botanical composition and winter injury to turf containing a mixture of Kentucky bluegrass(*Poa pratenisis*, L.) and tall fescue(*Festuca arundinacea*, Schreb.). Illinois Turfgrass Conference Proceedings. 7 : 39 – 46.

년생인 한지형 잔디류의 서늘하고 습한지역에서 좀 더 추운지방의 운동경기장을 집약적으로 사용할 경우 연 1회 추파(Overseed)가 되어진다.

Tall Fescue는 빠른 조성률과 아주 좋은 내구력(Wear Tolerance) 때문에 운동경기를 하는 전 계절을 통하여 유지되어 질 것이다.

Tall Fescue와 Pensacola Bahiagrass의 혼용은 온화하고 습한지역에 각종 운동경기장을 위한 잔디로 이용되어져 왔다(Youngner. 1958).[269)]

적정 예초높이는 4.3~5.6cm 이나 3. 0cm 보다도 낮은 예초는 적절한 새싹 밀도를 유지하지 못한다. Fairways 처럼 낮은 예초를 위해서는 적당하지 않다. 질소질 비료에 대한 시비요구량은 생육중인 한 달에 0.59~1.49g/m^2정도이다. 높은 질소시비 수준은 서늘하고 습한 지역의 좀 더 추운지방에 저온피해를 증가시킨다(Miller. 1966).[270)]

Tall Fescue 잔디초지와 관련된 Thatch의 문제는 없다. 가뭄에 견디는 힘은 있지만, 이 품종은 관개에 민감한 반응을 보인다. Tall fescue는 얼마간 Crown Rust와 spp. (Hardison. 1945, Kreitlow & Myers. 1947, Keitlow 등 1950).[271) 272) 273)]에는 저항력이 있으나, Brown patch에는 매우 민감한 반응을 보인다(Allison 등 1949).[274)] 이 외에 Patch, Blight 및 Patch 등이 있다.

Tall Fescue는 Alta, Goar, Kenmont, Kentucky 31와 Kenwell 등 다섯 품종이 잔디이용을 위하여 개발되어 왔다. 이 중 Alta와 Kentucky 31이 잔디목적을 위하여 가장 폭넓게 이용되고 있다. Tall Fescue는 잔디이용의 목적을 위하여 많은 바람직한 특징을 소유하고 있지만 잎조직, 지하경(below ground stem)의 발달, 저온에 견디는 힘 등 상당한 육종개발을 필요로 하고 있다.

Perennial Ryegrass 와 Italian Ryegrass의 결합체와 Tall Fescue의 속간교잡(Intergeneric Hybridization)으로 해서 잡종이 생산되기는 하였지만, 잔디형으로 개량된 품종은 아직 보고된 바 없다(Buckner. 1960, Buckner 등 1961, Crowder. 1953, Jenkin. 1934, M'Alpine. 1898, Wit. 1959).[275) 276) 277) 278) 279) 280) 281) 282)]

---

269) Youngner. 1958. Tall fescue – Pensacola bahiagrass combination. Southern Califormia Turfgrass Culture. 8(3) : 24.

270) Miller, R. W. 1966. The effect of certain management practices on the botanical composition and winter injury to turf containing a mixture of Kentucky bluegrass(*Poa pratenisis*, L.) and tall fescue(*Festuca arundinacea*, Schreb.). Illinois Turfgrass Conference Proceedings. 7 : 39 – 46.

271) Hardison, J. R. 1945. Observations on grass diseases is Kentucky. Plant Disease Reporter. 29(3) : 76 – 85.

272) Kreitlow, K. W., and W. W. Myers. 1947. Resistance to crown rust in *Festuda elatior* and *F. elatior* var. *arundinancea*. Phytopathology. 37 : 39 – 63.

273) Kreitlow, K. W., H. Sherwin, and C. L. Lefebvre. 1950. Susceptibility of tall fescue and meadow fescue to *Helminthosporium* infection. Plant Disease Reporter. 34(6) : 189 – 190.

274) Allison, J. L., H. S. Sherwin, I. Forbes, and R. E. Wagner. 1949. *Rhizoctonia soloni*, a destructive pathogen of Alta fescue, smooth brome grass and birdsfoot trefoil. Phytopathology. 39 : 1.

3) 메도우 훼스큐(Meadow Fescue)

독명 : Wiesenschwingel, 학명 : *Festuca elatior* 또는 *F. pratensis* Huds

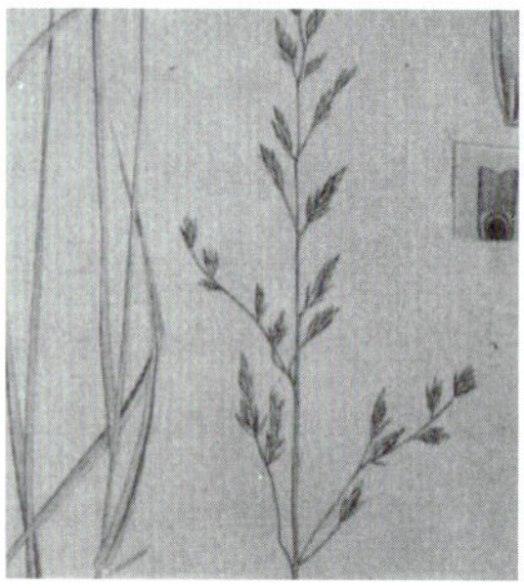
그림 1-20 Meadow fescue

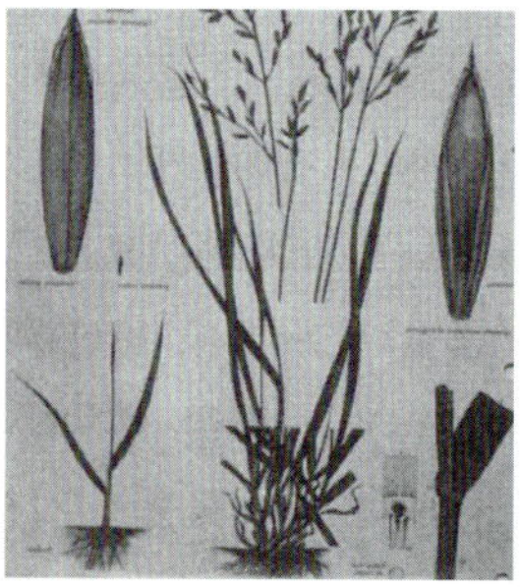
그림 1-21 Meadow fescue

그림 1-22 Meadow fescue

① 유경속의 잎이 배열된 모양－둘둘말린 구형
② 잎혀－얇은 막, 0.2~0.5mm 끝이 잘린 원통형
③ 잎귀－짧고, 털이 없는 발육부진형
④ 경령－넓으며, 마디가 없는 모양
⑤ 잎몸－3~8mm 폭, 이랑처럼 편평형
⑥ 화서－수축된 모양의 원추화서(Panicle)

Meadow Fescue는 Tall Fescue와 유사한 형태이긴 하지만. 가뭄과 더위에 대한 스트레스는 더 약한 편이며, 유럽과 아시아의 온화한 지역에서 유래된 난지형 · 다발형인 잔디이다.

이 품종은 종종 'English Bluegrass' 라고 불리며, Huds로 알려져 유럽 도처에 이용되고 있

275) Buckner, R. C. 1960. Cross－compatibility of annual and perennial ryegrasses with tall fescue. Agronomy Journal. 52 : 409－410.

276) Buckner, R. C., H. D. Hill, and P. B. Burrus, JR. 1961. Some characteristics of perennial and annual ryegrass × tall fescue hybrids and of the amphildiplold progenies of annual ryegrass × tall fescue. Crop Science. 1 : 75－80.

277) Crowder, L. V. 1953. Interspecific and intergeneric hybrids of *Festuca* and *Lolium*. Journal of Heredity. 44 : 195－203.

278) Jenkin, T. J. 1934. Interspecific and intergeneric hybrids in herbage grasses. Initial crosses Journal of Genetics. 28 : 205－264.

279) M'Alpine, A. N. 1898. Production of new types of forage plants－clovers and grasses. Transactions of the Highland and Agricultural Society of Scotland. 5 : 135－165.

280) Wit, F. 1959. Hybrids of ryegrass and meadow fescue and their value for grass breeding Euphytica. 8 : 1－12

281) Terrill, E. E. 1967. Meadow fescue : *Festuca elatlor* L. or *F. pratenis* Hudson Brittonia. 19 : 129－132.

282) Stuckey, I. H. 1941. Seasonal growth of grass roots. American Journal of Botany. 28 : 486－491.

다(Terrill. 1967).

Meadow Fescue는 Tall Fescue와 유사한 토양 및 기후조건에 폭 넓은 적응범위를 갖고 있고, 식물학적으로 Tall fescue와 닮은 점이 많다. 이 품종은 톨 훼스큐 보다도 더 균등하고 미세한 조직을 가지며 선명한 녹색의 잔디초지를 형성한다.

Meadow Fescue는 덤불형이고, 포복형이 아니며 일 년에 한 번씩 재생하는 근계를 갖는다.

뿌리는 깊게 내린다(Stuckey. 1941). 다만 몇 개의 짧은 지하경을 소유하지만 Tall Fescue와 같이 다발형이 아닌 상당히 균일한 뗏장을 형성한다. 분얼과 새싹 밀도는 톨 페스큐보다 우월하다. 번식(Propagation)은 종자로 이루어지며, 조성률은 아주 빠르다. 이는 Kentucky Bluegrass 보다 빠르지만 Tall Fescue나 Ryegrass보다는 늦은 편이다(patel & Cooper. 1961).[283)]

Tall Fescue는 염색체의 수가 14, 28, 42 및 170개를 갖은 타가수정에 의한다(Beddows. 1931, Church. 1929, 1936, Evans. 1926, Hanson & Carnahan. 1956, Jenkin. 1955, Nielsen & Heumphery. 1937).[284) 285) 286) 287) 288) 289) 290)]

Meadow Fescue는 저온에 대한 스트레스를 강약도에 따라서 오래 살든지 아니면 짧게 사는 다년생이 될 수 있으며, 이 품종은 Tall Fescue 만큼 내구력이 좋지 못하다. Meadow fescue는 전 세계의 서늘하고 습한 지역에 적응되어 있고, 약간은 따듯하고 습한 지역에 또는 약간 추운 일부지방에 퍼져 있다.

Meadow Fescue는 Timothy 보다는 더위와 가뭄에 견디는 힘이 더 강하지만 Tall Fescue 보다는 약하다. 온화한 지역에서의 그늘에 대한 적응성은 아주 좋다(Sprague & Evaul. 1930).[291)]

내구력에 대한 저항성은 다른 한지형 잔디류에 비하여 매우 강한 편이다(Youngner.

---

283) Patel, A. S., and J. P. Cooper. 1961. The influence of seasonal changes in light energy on leaf and tiller development in ryegrass, timothy, and meadow fescue. Journal of the British Grassland Society. 16 : 299 – 308.

284) Beddows, A. R. 1931. Seed setting and flowering in various grasses. Welch Plant Breeding Station Series H. No. 12 pp. 5 – 99.

285) Church, G. L. 1929. Meiotic phenomena in certain *Gramineae*. I. *Festuceae, Aveneae, Agrostideae, Chlorideae*, and *Phalarideae*. Botanical Gazette. 87 : 608 – 629.

286) Church, 1936. Cytological studies in the *Gramineae*. American Journal of Botany. 23 : 12 – 15.

287) Evans, G. 1926. Chromosome complements in grasses. Nature. 118 : 841.

288) Hanson, A. A., & H. L. Carnahan. 1956, Breeding perennial forage grasses. USDA Technical Balletin No. 1145. pp. 1 – 116.

289) Jenkin. 1955. Interspecific and intergeneric hybrids in herbage grasses. IX. *Festuca arundinacea* with some other *Festuca* species, Journal of Genetics. 53 : 81 – 93.

290) Nielsen, E. L., and L. M. Humphrey. 1937. Grass studies. I. Chromosome numbers in certain members of the tribes *Festuceae, Hordeae, Avenae, Agrostideae, Chlorideae, Phalarideae*, and *Tripsaceae*. American Journal of botany. 24 : 276 – 279.

291) Sprague, H. B., & B. E. E. Evaul. 1930. Experiments with turfgrasses in New Jersey. New Jersey Agricultural Experiment Station Bulletin 497. pp. 1 – 55.

1962).[292)]

Meadow Fescue는 비옥하고 습한 토양이 최적이지만, 적당량의 물을 공급한다면 사질토양에서도 재배된다. 유럽과 아시아에서 Meadow Fescue는 종종 일반적인 목적의 잔디초지를 위하여 혼파 이용된다. 미국에서는 잔디 목적으로는 매우 적게 이용되어진다.

Meadow Fescue는 Tall Fescue 보다 더 Kentucky Bluegrass나 Ryegrass와 양립하는데 적합하다.

재배상 요구되는 조건들은 Tall Fescue와 유사하며, 예초높이는 308~5.1cm가 적합하지만 2.5cm 이하는 견디는 힘이 없다. 수직 새싹의 생육비율은 Tall Fescue보다 약하다. 질소질 비료의 시비요구량은 생육 중에 월별 0.59~1.48g/m^{2}이다.

이 품종은 특히 사질 가뭄토양에서는 관수의 반응이 강하게 나타나고 있다. Meadow Fescue는 Crown Rust와 *Helminthosporium* spp. 등이 아주 민간하게 나타나는 병이다.

이 외에 Stripe smuet, Brown patch, *Fusarium* patch 및 *Pythium* blight 등이 종종 발생하며, ensign, mimer 및 trader 등의 품종이 있다.

4) 쉬－프 훼스큐(Sheep Fescue)

독명 : Schafschwing, 학명 : *Festuea ovina* L.

그림 1-23 Sheep fescue

① 유경속의 잎이 배열된 모양－포개져 겹친형
② 잎혀－얇은 막으로 0.3mm 길이 원통형
③ 잎귀－없는 형태
④ 경령－털은 없으며, 넓으며 잎맥에 의해 갈라져 있는 모양
⑤ 잎몸－1~2mm 폭, 이랑처럼 된 편평형
⑥ 화서－수축된 모양의 원추화서

Sheep Fescue는 뻣뻣하며 푸른빛을 띤 녹색잎을 가진 다발형 초종으로서 포복경이 아니며, 품종으로 Career가 있다. Sheep Fescue는 북미, 유럽 및 아시아에서 찾아 볼 수 있는 덤불형 다년생 잔디로서 이 품종은 비교적 낮은 재질을 가지고 있기 때문에 잔디 목적으로 폭 넓게 사용되지는 못한다.

Sheep Fescue는 매우 미세한 잎의 조직과 새싹의 생장이 엽초내부형(Intravaginal Type)이기 때문에 생육습성에서 아주 덤불형이 되는 경향이 있다. Sheep fescue는 Red fescue보다도 더 뻣뻣한 잎의 뚜렷한 청녹색에 의하여 구별되어 진다. 뿌리가 뻗는 깊이는 짧게 예초시

292) Youngner. 1962. Wear resistance of cool season turfgrasses. Effects of previous mowing practies. Agronomy Journal. 54 : 198－199.

Chewing Fescue 보다 상당히 짧게 퍼진다(Evans. 1931).[293) 294) 295) 296)]

Sheep Fescue는 종자에 의해 번식되며, 염색체의 수가 14, 42, 56 및 70개를 가져 이화수분된다(Church. 1929, Fryxell. 1957, Hanson & Carnahan. 1956).[297) 298) 299)]

Sheep Fescue는 Red fescue 만큼 서늘하고 습한 기후에 동일하게 잘 적응되어 오래 사는 다년생 잔디이다. 더위에 견디는 힘은 매우 약하다.

Sheep Fescue 극히 가뭄에 저항력이 강하며 사질이나 자갈토양에서도 잘 자란다(Sprague & Evaul. 1930).[300)]

내구성에 대한 견디는 힘은 아주 강하다(Morrish & Harrison. 1948).[301)] 또한 낮은 시비수준하의 산성, 조악한 조직을 갖은 토양을 좋아한다.

Sheep Fescue는 아주 제한된 종자공급으로 인한 잔디 목적을 위하여 아껴서 이용되어진다. 상업적인 종자생산은 주로 유럽에서 생산된다. 이 품종은 서늘하고 습한 기후의 추운지역에서 도로변, 지역 등 낮은 재질을 요하는 잔디로 대개 일반적으로 이용된다. 가뭄과 그늘에 견디는 힘은 대단히 좋다.

Sheep Fescue의 재배농도는 Red Fescue 보다도 낮다. 예초높이(mowing height)가 1.3cm보다 낮은 깎기에 대한 저항성은 약하다(Handoll. 1967, Sprague. 1933).[302) 303)] 이 품종은 관개되지 않은 조건과 질소시비만을 보충하지 않은 명목상 비옥한 토양에서 가장 잘 자란다. 거친 잎

293) Hardison, J. R. 1945. Observations on grass diseases in Kentucky. Plant Disease Reporter. 29(3) : 76–85.

294) Kreitlow, K. W., and W. W. Myers. 1947. Resistance to crown rust in *Festuca elatior* and *F. elatior* ver. *arundinancea*. Phytopathology. 37 : 39–63.

295) Kreitlow, K. W., H. Sherivin, and C. L. Lefebvre. 1950. Susceptibility of tall fescue and meadow fescue to *Helminthosporium* infection. Plant Disease Reporter. 34(6) : 189–190.

296) Evans, T. W. 1931. The root development of New zealand browntop. chewing's fescue and fine–leaved sheep's fescue under putting green conditions, Journal of the Board of Greenkeeping Research. 2(5) : 119–124.

297) Church, G. L. 1929. Meiotic phenomena in certain *Gramineae*. I. *Festuceae*, *Avenae*, *Agrostideae*, *Chlorideae*, and *Phalarideae*. Botanical Gazette. 87 : 608–629.

298) Fryxell, P. A. 1957. Mode of reproduction in higher plants. Botanical Review. 23(3) : 135–233.

299) Hanson, A. A., & H. L. Carnahan. 1956, Breeding perennial forage grasses. USDA Technical Balletin No. 1145. pp. 1–116.

300) Sprague, H. B., & B. E. E. Evaul. 1930. Experiments with turfgrasses in New Jersey. New Jersey Agricultural Experiment Station Bulletin 497. pp, 1–55.

301) Morrish, R. H. and C. M. Harrison. 1948. The establishment and comparative wear resistance of various grasses and grass-legume mixtures to vehicular traffic. Journal of the American Society of Agronomy. 40 : 168–179.

302) Handoll, C. 1967. Grass variety trials. Journal of the Sports Turf Research Institute. 43 : 12–22.

303) Sprague, H. B. 1933. Root development of perennial grasses & its relation to soil Conditions. Soil Science. 36 : 189–209.

은 예초에 다소 힘들며, 이는 Red Thread(Jackson. 1960).[304] Powdery Mildew, Brown Patch 및 Stripe Smut 등이 걸리기 쉽다.

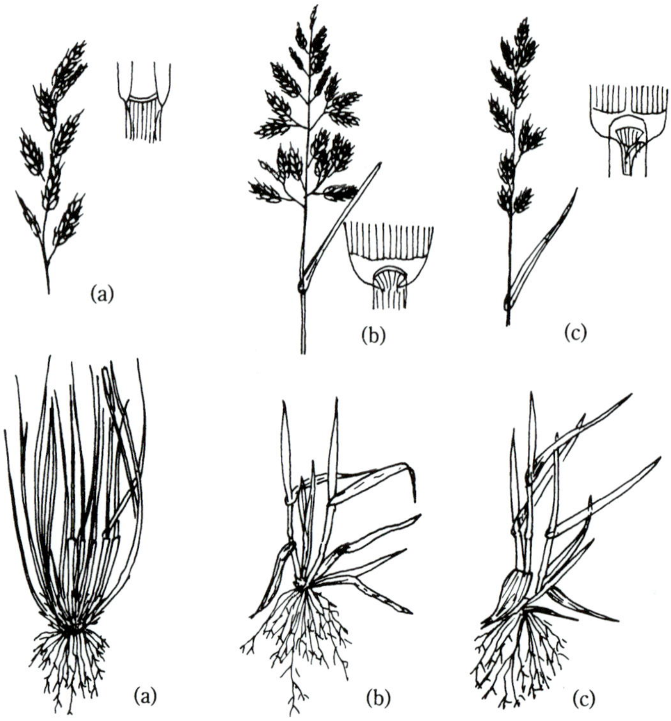

그림 1-24 각종 Fescue의 형태적 특징

(a) Creeping red fescue (b) Tall fescue (c) Meadow fescue

1.4 라이 그라스류(Ryegrasses)

라이그라스류는 온대기후 지대에 분포되어 있는 품종으로 약 10종정도 이지만, 잔디로 이용되고 있는 것은 주로 Perennial(English) Ryegrass와 Annual(Italian) Ryegrass의 두 가지 품종으로 볼 수 있다.

(1) 특성

① 한지형 잔디로는 서늘하고 기후에 잘 자라고 여름철 고온기(高溫期)에는 생육이 정지되며, 다발형잔디로 높이 자라며 포복경이 없다.

304) Jackson, 1960. Further notes on the evaluation of some grass varieties. Journal of the Sports Turf research Institute. 10(36) : 156 – 160.

② 건조한 토양에서도 잘 자라며, 음지(陰地)에서도 비교적 잘 견디는 특성을 갖는다.
③ 8월 말경 난지형 잔디에 추파(追播, Overseeding)함으로써 겨울기간 동안 푸르게 많이 이용되고 있다.

(2) 종류

1) 페레니얼 라이그라스(Perennial Ryegrass)

독명 : Deutsches Weidelgras, 학명 : *Lolium perenne* L.

그림 1-25 Perennial ryegrass

① 유경속의 잎이 배열된 모양(Vernation) – 포개져 겹친형
② 잎혀(Ligule) – 얇은 막으로 0.5~2.0mm 길이 끝이 잘린 원통형
③ 잎귀(Auricle) – 작고 부드러운 갈고리 모양의 발톱형
④ 경령(Collar) – 넓고 잎맥에 의해 갈라져 있는 모양
⑤ 잎몸(Blade) – 편평하고, 2~5mm폭, 광택이 있는 용골형
⑥ 화서(Inflorescence) – 까끄러기가 없는(Awnless) 수상화서(Spike)

Perennial Ryegrass는 "호밀풀"이라고 불리워 왔던 것으로 옆폭이 2~5mm로서 재질이 부드럽고 조성속도가 빠르며 생육이 좋지만, 다발형으로서 옆으로의 번식력이 약하지만 수직번식력이 빠르므로 자주 깎아 주어야 한다. 고온건조에 비교적 약한 편이고 습하고 차가운 날씨에 잘 자라며, 중 ~약산성의 토양에서 최적의 생육을 보인다. 예초고는 4~5cm 정도로 깎아주며, 보통정도의 관리노력이 들고, 매년 9~27gN/m^{2}의 시비량이 요구된다.

종자의 1g당 입수는 약 500립 정도이고, 1ℓ 무게는 200~400g이다.

이 Perennial Ryegrass는 초장이 50~60cm 정도까지 높이 자라며 다년생이긴 하지만 비교적 단명(短命)하며, 난지형 잔디인 Zoysia나 Bermudagrass로 구성되어 있는 경기장이나 골프장 그린(Green)에서 혹은 옥외 조경미화(造景美化)의 효과를 위해서 겨울철 추가 파종시에 가장 많이 이용되는 초종이다.

품종으로는 Manhathan, NK–200, Polo, Pennfine과 Citation 등이 있다.

Perennial Ryegrass는 잔디목적을 위하여 가장 폭 넓게 이용되는 Lolium종으로 가장 최초로 재배된 풀이라 생각된다. 이는 종종 'English ryegrass' 로 인용되어 지기도 한다.

Perennial Ryegrass는 아시아 및 북아프리카의 온화한 지역이 원산지이며, 새싹 밀도 및 균등한 양상을 지닌 중간정도의 조직을 가진 잔디이다. 잎은 윤기 있는 것이 특징이며 아래쪽은 밝은 황녹색을 띠고 있고, 예부터 오래된 품종의 전형적인 잎의 특징은 Kentucky Bluegrass, Red Fescue 등이 혼용되어 이용될 때 양립성이 약한 결과를 초래한다(Lapp. 1943).[305]

Perennial Ryegrass는 적절한 관리가 이루어지면 균등한 뗏장을 형성하는 포복성이 아닌 다발형인 잔디(Bunch-Type Turf)이다. 이 잔디초지의 경우 수많은 분얼경이 재생하는 늦봄동안에는 가늘고 밀도가 낮다. 섬유상의 근계를 갖으며, 원칙적으로 일년생(Annual)이다(Stuckey. 1944).

번식은 종자에 의하여 종자발아와 조성률이 매우 빠르고 직립형인 잎의 신장을 가진 많은 종자를 생산하는 잔디이다(Erdman & Harrison. 1947, Jackson. 1959, Park & Handerlong. 1967, Van Dersal. 1936).[306) 307) 308) 309) 310)]

Perennial Ryegrass는 염색체의 수가 14개인 이화수정한다(Beddows. 1931, Church. 1929, Grans. 1926, Fryrell. 1957, Hanson & Carnahan. 1956, Nielsen & Humphrey. 1937).[311) 312) 313) 314) 315) 316)]

Perennial Ryegrass는 엽아형에 의하여 Italian ryegrass와 구별할 수 있는데, 전자는 새싹에서 접힌 형이지만, 후자는 둥근형이다. 내구력에 대한 저항성은 아주 약하다.

---

305) LAPP. W. S. 1943. A study of factors affecting the growth of lawn grasses. Pennsylvania Academy of Science. 17 : 117 - 148.

306) STUCKEY, I. H. 1941. Seasonal growth of grass rots. American Journal of Botany. 28 : 486 - 491.

307) ERDMANN, M. H., and C. M. HARRISON. 1947. The influence of domestic ryegrass and redtop upon the growth of Kentucky bluegrass and chewing's fescue in lawn and turf mixtures. Journal of the American Society of Agronomy. 39 : 682 - 689.

308) JACKSON, N. 1959. Evaluation of some grass varieties. Journal of the Sports Turf Research Institute. 10(35) : 13 - 28.

309) PARKS, O. C., and P. R. HENDERLONG. 1967. Germination and seedling growth rate of ten common turfgrasses. Proceedings of the West Virginia Academy of Science. 39 : 132 - 140.

310) VAN DERSAL, W. R. 1936. The ecology of a lawn. Ecology. 17(3) : 515 - 527.

311) BEDDWS, A. R. 1931. Seed setting and flowering in various grasses. Welch Plant Breeding Station Series H. No. 12. pp. 5 - 99.

312) CHURCH, G. L. 1929. Meiotic phenomena in certain *Gramineae*. I. *Festuceae*, *Aveneae, Agrostideae, Chlorideae*, and *Phalarideae*. Botanical Gazette. 87 : 608 - 629.

313) EVANS, G. 1926. Chromosome complements in grasses. Nature. 118 : 841.

314) FRYXELL, P. A. 1957. Mode of reproduction in higher plants. Botanical Review. 23(3) : 135 - 233.

315) HANSON, A. A., and H. L. CARNAHAN. 1956. Breeding perennial forage grasses. USDA Technical Bulletin No. 145. pp. 1 - 116.

316) NIELSEN, E. L., and L. M. HUMPHREY. 1937. Grass studies. I. Chromosome numbers in certain members of the tribes *Festuceae, Hordeae, Avenae, Agrostideae, Chlorideae, Phalarideae*, and *Tripsaceae*. American Journal of botany. 24 : 276 - 279.

Perennial Ryegrass는 일반적으로 짧게 사는 단년생으로 생각되어진다. 이는 극단적인 고온이나 저온의 스트레스를 받지 않는다면 불명확하게 유지될 수 있다. Perennial ryegrass는 온화한 겨울과 서늘하고 습한 여름을 갖는 서늘하고 비가 많은 지역에 잘 적응된다.

Perennial Ryegrass는 극도의 추위, 더위와 가뭄에 저항성이 없다(Carrall. 1943).[317)] Perennial ryegrass가 다년생 한지형 잔디류 중 저온에 견디는 힘이 가장 약하여, 서늘하고 습한 지역의 추운 일부지역에서 저온의 추위에 의하여 동사(Freezing Injury)가 쉽게 일어난다(Van Dersal. 1936).[318)]

Perennial Ryegrass의 일부 몇 종은 저온에 대한 저항성을 향상시킨 것도 있다. 그러므로 실제 좀 더 다년생이다. 일부 그늘에 대한 적응성은 좋으며, 내구력에 대한 저항성은 다른 한지형 잔디류와 비교하여 상당히 강하다(Youngner. 1962).[319)]

Perennial Ryegrass는 폭 넓은 토양에 잘 적응한다. 그러나 최적조건은 중간정도의 비옥도(肥沃度, Fertility)를 갖는 중성에서 약산성이다. 그렇지만 적절한 단디 피복은 비교적 척박한 토양에서도 가능하다. 습지 토양에 대한 적응력은 시설을 잘 갖춘 지표배수(Surface Drainge)가 있는 한 좋은 편이다. 염류토양(saline soil)에 대한 적응력은 중간정도의 수준이다.

Perennial Ryegrass는 가정정원, 공원, 묘지, 도로변, 비행장, 골프장의 Fairway, Rough지역 및 일반적 이용목적으로 이용되며, 주로 혼파조합(Mixture Sowing) 되어진다. 이 품종은 높은 침식력을 가진 경사지와 성공적인 정착의 가능성이 낮은 기시의 파종 관개할 수 없는 지역의 가뭄기간 동안 이식할 때 등 빠른 조성과 토양안정을 바라는 곳에 관습적으로 이용되고 가뭄기간 동안 이식할 때 등 빠른 조성과 토양안정을 바라는 곳에 관습적으로 이용되고 있다. 일반적으로 Ryegrass는 20~25%의 종자 혼파수준을 넘어서는 안 된다(종자수를 기준).

종자 혼파시 이보다 높은 수준의 Ryegrass 함량은 Kentucky Bluegrass와 같은 바람직한 잔디 품종들과 과도한 경합을 초래하여 이들 품종의 정착에 해를 미치게 한다(Bell & Tedrow. 1945, Davis. 1958, Erdmann & Harrison. 1959).[320) 321)]

빠른 직립경 생장률(Vertical Shoot Growth)을 갖는 Perennial Ryegrass의 몇 품종들은 가능할 때마다 급속한 조성이 필요로 하지 않는 한 혼파되는 잔디특성을 억제시켜야 한다(Erdmann & Harrison. 1947, Van dersal. 1936).[322) 323)]

---

317) CHRROLL, J. C. 1943. Effects of drought, temperature, and nitrogen on turfgrasses. Plant Physiology. 18 : 19 – 36.

318) VAN DERSAL, W. R. 1936. The ecology of a lawn. Ecology. 17(3) : 515 – 527.

319) YOUNGNER. 1962. Wear resistance of cool season turfgrasses. Effects of previous mowing practies. Agronomy Journal. 54 : 198 – 199.

320) BELL, R. S., and J. C. F. TEDROW. 1945. The control of wind erosion by the establishment of turf under airport conditions. Rhode Island Agricultural Experiment Station Bulletin No. 295. pp. 1 – 22.

321) DAVIS, R. R. 1958. The effect of other species and mowing heights on persistence of lawn gasses. Agronomy Journal. 50 : 671 – 673.

Perennial Ryegrass는 온화한 기후와 토양의 습기에 대한 스트레스가 가장 작은 특징을 가진 유럽지역에서의 일반적인 잔디초지의 주요성분으로서 이용되고 있다. 특히 영국에서는 Soccer, Football 및 Hockey fields 등 겨울철 운동장에 이용되는 잔디초지의 구성으로 폭 넓게 이용되고 있다.

이 품종은 겨울철 운동기간 동안에 내구력의 저항성이 아주 강하다.

또한 Perennial Ryegrass는 Bermudagrass와 같은 휴면하는 난지형 잔디초지의 겨울추파를 위하여 이용되어진다. 겨울동안 높은 비율로 파종할 경우는 빠른 정착과 균등함을 제공받을 수 있을 뿐만 아니라 녹색유지를 연장시킬 수 있다. 봄으로 전환되는 시기에는 Ryegrass의 갑작스러운 감소 때문에 조악해진다(Schmidt & Blaser. 1961).[324]

Perennial Ryegrass는 중간정도에서 중간이하의 재배강도를 요구한다. 최적 예초높이는 3.8~5.1cm이다(Funk. 1963).[325] 2.3cm 이하의 예초 높이에 대한 저항성은 약하다(Jackson. 1960, 1963).[326) 327] Sharp Reel Mower로 적절히 조절하더라도 거칠고 잎의 유관속(Vascular bundles) 때문에 잔디깎기가 아주 어렵다(Lapp. 1943).[328]

질소질 비료의 시비요구량은 생육중인 월별 0.60~1.50g/m^2 정도이다. 이보다 좀 더 높은 시비수준은 환경에 대한 피해 저항성이 감소된다. 관개(Irrigation)는 장기 가뭄기간 동안에 Ryegrass의 생존을 유지하기 위하여 필요로 한다. Thatch는 이 품종에는 문제가 되지 않는다.

Pythium blight은 Perennial Ryegrass의 따뜻한 날씨에 발생하는 어린 식물에 발생하는 병으로 휴면하는 난지형의 품종에 성공적인 겨울추파에 나타나는 중요한 문제이다. Rust, *Fusarium* Patch(Funk, Engel & Indyk. 1966),[329] Brown Patch(Funk 등 1966),[330] Red

---

322) Erdmann, M. H., and C. M. Harrison. 1947. The influence of domestic ryegrass and redtop upon the growth of Kentucky bluegrass and chewing's fescue in lawn and turf mixtures. Journal of the American Society of Agronomy. 39 : 682－689.

323) Van Dersal, W. R. 1936. The ecology of a lawn. Ecology. 17(3) : 515－527.

324) Schmidt, R. E., and R. E. Blaser. 1961. Cool season grasses for winter turf on Bermuda putting greens. USGA Journal and Turf Management. 14(5) : 25－30.

325) Funk. 1963. Effect of cutting height and fertilizer on species composition and turf quality ratings of various turfgrass mixtures. Rutgers Short Course in Turf Management. pp. 47－56.

326) Jackson, N. 1960. Further notes on the evaluation of some grass varieties. Journal of the Sports Turf Research Institute. 10(36) : 156－160.

327) ———. 1963. Further notes on the evaluation of some grass varieties. Journal of the Sports Turf Research Institute. 40 : 67－75.

328) Lapp. W. S. 1943. A study of factors affecting the growth of lawn grasses. Pennsylvania Academy of Science. 17 : 117－148.

329) Funk. C. R., R. E. Engel, and H. W. Indyk. 1966. Ryegrass in New Jersey. 1966 Report on Turfgrass Research at Rutgers University. Bulletin No. 816. pp. 59－67.

330) Mitchell, K. J. 1954. Growth of pasture species. I. Short rotation and perennial ryegrass. New Zealand Journal of Science and Technology. Sec. A. 36(3) : 191－206.

Thread, Stripe Smut, *Typhula* blight 및 *Helminthosporium* spp. 등도 Perennial Ryegrass에 피해를 줄 수 있다.

잔디형의 Perennial ryegrass는 대부분의 1960년 이래 육종 개량되어 왔으나, 아직까지도 개량해야 할 것이 많다. 앞으로 개량이 필요한 특징을 보면, (a) 예초품질, (b) 늦은 수직 새싹 생장률을 갖은 좀 더 소형이고 잎의 많은 생육 특징을 갖은 것, (c) 더위, 가뭄 및 저온의 스트레스에 견디는 힘을 개량할 필요가 있다. 이렇게 된다면 좀 더 영구적으로 잔디초종의 주요 구성요소로서 지금보다도 더 폭넓게 이용될 것이다.

이 품종은 일명 'Annual ryegrass' 라고도 하며, 유럽 남부의 지중해, 북아프리카, 소아시아 지역이 원산지이다.

Italian Ryegrass는 페레니얼 라이그라스와 매우 유사하지만, 심한 온도변화에 대한 저항성은 약하다. 특히 이는 아열대 기후 지역에서 겨울철 운동경기와 녹색유지를 위하여 추파(Overseeding)로 널리 이용되고 있다.

Italian Ryegrass의 잎은 Perennial ryegrass 보다 더 밝은 녹색이며 조직은 더 거칠다(Mitchell. 1954).

밝은 녹색과 윤기 나는 잎을 갖은 Italian Ryegrass는 Kentucky Bluegrass와 Red Fescue 등과 함께 혼용하는 것을 덜 받아들이고 있다. Italian Ryegrass 잔디초지의 새싹밀도, 균등한 양상 및 잔디 전체의 재질 등이 Perennial Ryegrass 만큼 좋지는 못하다.

분얼경 발생은 Perennial Ryegrass와 비교하여 관부(Crown)의 낮은 마디에서 시작된다. 이 결과 어린 식물일 때에 좀 더 많은 총 잎의 면적을 갖는다(Cooper & Edwards. 1961, Mitchell. 1954, Patel & Cooper. 1961).[331) 332) 333)]

2) 애뉴얼 라이그라스(Annual Ryegrass)

독명 : Italienisches Raygrass, 학명 : *Lolium ultiflorum* Lam

① 유경속의 잎이 배열된 모양(Vernation)－둘둘 말린 구형

② 잎혀－얇은 막, 0.5~2mm 길이, 원통형

③ 잎귀－뾰족하며 갈구리모양의 발톱형

④ 경령－넓은 편이고, 마디없는 모양

331) Cooper, J. P., and K. J. R. Edwards. 1961. The genetic control of leaf development in *Lolium*. 1. Assessment of genetic variation. Heredity. 16 : 63－82.

332) Mitchell, K. J. 1954. Growth of pasture species. I. Short rotation and perennial ryegrass. New Zealand Journal of Science and Technology. Sec. A. 36(3) : 191－206.

333) Patel, A. S., and J. P. Cooper. 1961. The influence of seasonal changes in light energy on leaf and tiller development in ryegrass. timothy, and meadow fescue. Journal of the British Grassland Society. 16 : 299－308.

(a) Annual ryegrass (b) Perennial ryegrass

그림 1-26 Ryegrass의 형태적 비교

⑤ 잎몸 – 이랑처럼 편평형, 3~7mm폭, 광택이 있는 모양

⑥ 화서 – 까끄러기를 갖는(awned) 편평한 수상화서(Spike)

Annual Ryegrass의 생육습성은 직립성이고 지하경과 포복경이 없는 다발형이다. 이 품종의 뿌리의 깊이와 양은 Perennial ryegrass 보다도 적다.

Annual Ryegrass는 종자에 의해서 번식하고, 매우 빠른 잔디초지 조성률을 보인다(Parks & Hender long. 1967).[334] 이는 염색체의 수를 14개로 이화수정(Croos – Fertilization)한다(Beddowns. 1931, Evans. 1926, Fryxell. 1957, Hanson & Carnahan. 1956, Nielsen & Hamphrey. 1937).[335] [336] [337] [338] [339] 회복력(recuperative potential)은 매우 약하다.

Annual Ryegrass는 보통 일년생처럼 생육특성을 보인다. 그렇지만, 온화한 온도 하에서는 2년생 혹은 짧게 사는 단년생처럼 반응을 보인다. 이 품종의 각종 환경 적응력 Perennial Ryegrass와 동등하게 비교할 만하다. Italian ryegrass는 한지형 잔디류 중 가장 저온에 대한 내한성이 적다.

Annual Ryegrass의 습기와 더위에 대한 스트레스(Moisture & Heat stress)의 저항력은

334) Parks, O. C., and P. R. Henderlong. 1967. Germination and seedling growth tate of tencommon turfgrasses. Proceedings of the West Virginia Academy of Science. 39 : 132 – 140.

335) Beddows, A. R. 1931. Seed setting and flowering in various grasses. Wetch Plant Breeding Station series H. No. 12. pp. 5 – 99.

336) Evans, G. 1926. Chromosome complements in grasses. Nature. 118 : 841.

337) Fryxell, P. A. 1957. Mode of reproduction in higher plants. Botanical Review. 23(3) : 135 – 233.

338) Hanson, A. A., and H. L. Carnahan. 1956. Breeding perennial forage grasses. USDA Technical Bulletin No. 145. pp. 1 – 116.

339) Nielsen, E. L., and L. M. Humphrey. 1937. Grass studies. I. Chromosome numbers in certain members of the tribes *Festuceae, Hordeae, Avenae, Agrostideae, Chlorideae, Phalarideae*, and *Tipsaceae*. American Journal of botany. 24 : 276 – 279.

Perennial Ryegrass 보다도 한층 더 약하다(Lucanus 등. 1960, Sprague & Evaul. 1930).[340) 341)] 이 품종은 pH 6.0~7.0사이의 비옥하고 축축한 토양에 가장 잘 적응한다. Annual Ryegrass는 낮은 시비수준 하에서 적절한 잔디초지를 형성한다. 축축한 토양조건에 대한 적응성은 좋지만, 침수(Submergence)에 대한 적응성은 약하다.

Annual Ryegrass는 빠르게 조성하고자 하는 잔디초지에 사용되는 종자혼파에 일반적으로 포함되어진다. Annual Ryegrass는 Perennial Ryegrass 보다도 한층 더 경합적이다(Funk. 1963, Funk 등. 1966).[342) 343)] Annual ryegrass는 임시적으로 생장력을 갖은 지피식물(Ground cover plant)로 이용하는데 효과적일 수 있다. 늦은 봄이나 여름에 파종되어지면 균등하면서도 아주 빠르게 녹색지피를 형성하게 된다. 또한 영구적인 잔디정착을 대비하여 늦여름에 경운되어질 수도 있다.

Annual Ryegrass는 따뜻하고 습한지역에서 휴면하는 난지 잔디초지의 겨울추파(Winter Overseeding)를 위하여 이용되어진다. 이른 봄에 품종의 죽음은 난지형 잔디류에 대한 변이로 발생한다(Schmidt & Bloser. 1961).[344)] 추파된 Annual Ryegrass는 또한 *Pythium* bight의 피해를 아주 받기 쉽다.

재배상의 요구조건들은 Perennial Ryegrass와 유사하며, 예초높이는 3.8~5.1cm 사이가 최적이다. 질소 시비요구량 생육 중 월별 0.60~1.50g/m^2 정도이다.

이 보다 높은 질소질 비료의 시비수준은 저온사를 증가시킨다. 이 품종과 관련하는 북더기잔디인 Thatch문제는 야기되지 않는다.

잔디형 품종을 위한 육종개량요구는 Annual Ryegrass가 주로 임시적인 지피작물로서 이용되어지기 때문에 제한되어져 왔다. 지금까지 몇 종들이 개발되었지만, 잔디용을 위하여 현저하게 뚜렷한 특징을 가진 것은 아직 없으며, Astor와 Gulf가 그 대표적인 품종이다.

340) Lucanus, R. K. J. Mitchell, G. G. Pritchard, and D. M. Calder. 1960, Factors influencing survial of strains of ryegrass during the summer. New Zealand Journal of Agricultural Research. 3 : 185 – 193.

341) Sprague, H. B., and E. E. Evaul. 1930. Experiments with turd grasses in New Jersey. New Jersey Agricultural Experiment Station Bulletin 497. pp. 1 – 55.

342) Funk. 1963. Effect of cutting height and fertilizer on species composition and turf quality ratings of various turfgrass mixtures. Rutgers Short Course in Turf Management. pp. 47 – 56.

343) Funk. C. R., R. E. Engel, and H. W. Indyk. 1966. Ryegrass in New Jersey. 1966 Report on Turfgrass Research at Rutgers University. Bulletin No. pp. 59 – 67.

344) Schmidt, R. E., and R. E. Blaser. 1961. Cool season grasses for winter turf on Bermuda purring greens. USGA Journal and Turf Management. 14(5) : 25 – 30.

1.5 휘이트 그라스류(Wheat Grasses)

독명 : Quecke, 학명 : *Agropyron* Gaertn

Wheat Grasses의 품종들은 온대 및 아북극 기후지역에서의 강우량이 적은 목야지(Rangeland)에서 사초로서 매우 중요하며, 또한 관개시설이 되지 않은 지역이 잔디로서 다소 가치를 갖고 있다. 그 품종을 보면 ① Crested(fairway) wheargrass(*Agropyron Christarum* (L.) Gaertn.), ② Western wheatgrass(*Agropyron Smithii* Rydb.), ③ Desert wheatgrass(*Agropyron desertorum*(Fisch, ex Link) Schult.) 등이 있다. 우리나라 산야에 자생하고 있는 개밀(*Agropyron tsukushiense* var. *transiens* O_{HWI})을 비롯한 그 밖의 개밀류(자주개밀 · 가는 개밀 · 털개밀) 등도 이에 속한 종이라 할 수 있다.

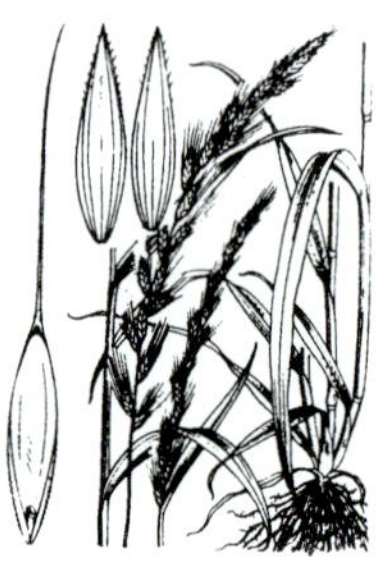

Agropyron yesoense Honda

그림 1-27 자주개밀

Agropyron tsukushiense var. *transiens* Ohwi

그림 1-28 개밀

Agropyron turczaninowii Drobov

그림 1-29 털개밀

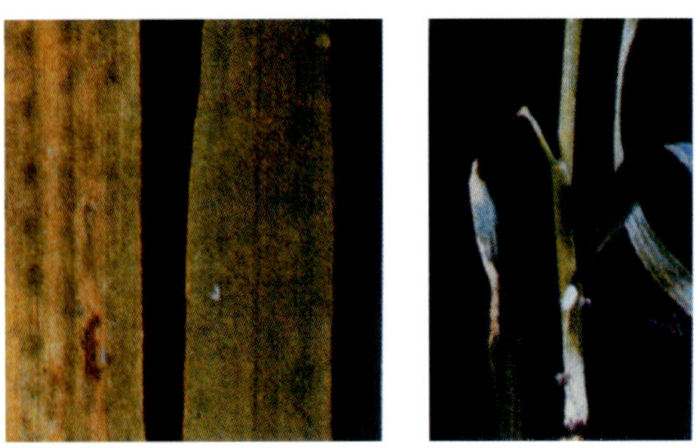

그림 1-30 Wheat Grass의 마그네슘 부족

(a) (b)

그림 1-31 Wheat Grass의 (a) 정상시비 (b) 질소부족

(1) 특성

① Wheat Grass류는 이삭의 모양이 밀과 비슷하여 wheat Grass라는 이름을 붙이게 되었다.

② 이는 대부분 다년생 잔디로서 줄기가 직립성 이고, 초장이 60~90mm에 달하며 포복경이

있는 것과 없는 것으로 구별된다.

③ 따라서, 포복경(Stolon)이 퍼져 잔디초지를 이루는 방석형은 토양 침식(Soil Erosion)방지용으로 널리 이용되며, 다발형은 사료작물생산에 중요한 목초로 인정되고 있다.

④ 종자생산은 다량이며, 수분만 있으면 비교적 낮은 온도에서도 발아가 잘 되고 생육도 빠르므로 잡초와의 경합에서 억압당하지 않는 특성이 있다.

Wheat Grass는 *agropyron* 속 중에 약 150종 가운데서 분류되어진다. 이들은 쉽게 정착되어 조성되며, 각종 토양조건에 폭넓게 적응하며 특히 가뭄에 저항성이 매우 좋으며, 심한 기후변화에 잘 적응한다. 이러한 특징으로 해서 wheat grass들은 춥고 약간 습한 토양과 강우량이 적은 지역에 토양안정(土壤安定)을 위해 아주 유효하다.

(2) 종류

1) 페어웨이 휘이트 그라스(Fairway Wheatgrass)

독명 : Kammquecke, 학명 : *Agropyron Cristatum*(L.) Gaertn

이를 일명 'Crested wheatgrass' 라고도 한다.

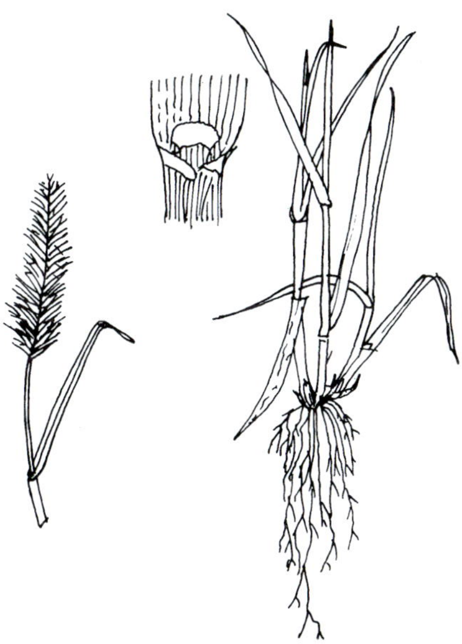

그림 1-32 Fairway Wheatgrass

① 유경(Bud Shoot)속의 잎이 배열된 모양 - 둘둘 말린 구형

② 잎혀(Ligule) - 얇은 막이며, 0.1~0.5mm길이, 짧은 털을 가진 끝이 잘린 원통형

③ 잎귀(Auricle) - 좁으며, 갈구리 모양의 발톱형

④ 경령(Collar) - 넓으며, 잎맥에 의해 갈라져 있는 모양

⑤ 잎몸(Blade) - 편평, 뻣뻣하며 2~5mm의 폭

⑥ 화서(Inflorescence) - 편평한 수상화서(Flattened spike) 까끄러기를 갖은 영(穎)포(glumes awned) 모양

Fairway wheatgrass는 추위와 가뭄에 저항이 강하기 때문에 각종 토양에 잘 견디는 특성을 갖고 있으며, Rocky 산맥 동부에 캐나다와 미국에 걸친 건조지역 및 북미 미시시피강 연안 등의 대초원과 중앙아시아에서 살아남을 수 있는 잔디이다. 그러므로 관개시설이 없는 Fairway 잔디초지와 도로주변에 이용되고 있다. 적정 예취고는 3.8~6.3cm 정도이고, 시비수준은 생육 중 월별 1.5~4.5g/m^{2}정도이다. 관개(灌漑)는 잔디초지

의 질이 저하되는 것을 방지하기위한 최소한계 정도로 실시하면 된다. 품종으로는 Standard Fairway가 있다.

Fairway Wheatgrass는 대부분의 wheatgrass보다도 더 짧고 더 밀도가 높으며, 더 곱고 감촉이 좋은 줄기를 갖으나 늦은 생육을 보인다. 수많은 기부와 줄기잎(Stem Leaves)를 생산하며, 색조는 밝은 녹색이다.

Fairway Wheatgrass의 생육습성은 직립성이고 다발형이며, 다른 Wheatgrass보다는 밀도가 낮은 덤불을 갖는다(Kirk. 1939).[345)] 근계는 넓고 깊으며, 섬유상으로 다년생인 성질을 갖는다(Stuckey. 1941).[346)]

뿌리가 2.4~3.0mm의 깊이에서 관찰되어 졌다. Fairway Wheatgrass는 식물의 전체 부분에 연모(Pubescence)가 있어 Crested Wheatgrass와 구분할 수 있다. 이에 반하여, Crested wheatgrass 잎의 위 표면에만 단지 드문드문한 연모가 있는 것을 알 수 있다.

Fairway Wheatgrass는 종자에 의해서 번식하는데, 많은 종자를 생산한다. 이는 주로 이화수분에 의한다(Fryxell. 1957, Hanson & Carnahan. 1956).[347) 348)] 발아율과 조성률이 매우 좋아서 종자의 파종량(Amount of Seeding)이 부족하거나 잡초가 많은 파종상(Seedbed)에 파종되어 지더라도 적당한 정착이 이루어 질수 있다.

Fairway Wheatgrass는 특히 서늘하고, 건조한 평야와 산지에 잘 적응하는 다년생인 한지형 잔디이다. 섬유상의 근계는 측면으로 자라며, 토양의 표면에 밀접되어 있다. 이것은 Fairway Wheatgrass가 유효 토양수분을 잡초와 쉽게 경합할 수 있는 힘이 있는 것이다.

Fairway wheatgrass는 가뭄에 대한 저항성이 아주 강하며, 저온에도 잘 견디고 종종 낙엽현상(Leaf fall, Defoliation)에도 적응력이 있다. 이 품종은 이른 봄에 생육을 시작하지만, 높은 온도에는 약하다. Fairway Wheatgrass는 덥고 건조한 기간 동안은 휴면되는 가능성을 갖고 있다. 생육은 얼마 후 알맞게 습기 있는 조건이 발생하면 다시 시작한다. 긴 기간의 범람과 축축한 토양에는 약하다.

Fairway Wheatgrass는 모래 · 점토 · 유기물 등이 섞인 비옥한 토양인 양토(Sandy Loam)에서 점토(Clay)까지 폭넓게 이용되며, 특히 비옥한 토양에서 잘 적응되고 있다. 그러나 알칼리 토양에 대한 저항력은 Western Wheatgrass 만큼 좋지는 않다.

Fairway Wheatgrass가 쉽게 조성되는 점과 수분스트레스(Water Stress)에 강한 저항성 등의 특성 때문에 이 품종은 강우량이 적은 평야지 등에서 재생육을 시작하는데 이용할 가장 유용한 잔디이다.

---

345) Kirk, L. E. 1939. A dry－land Turf Culture. 1 : 105－110.

346) Stuckey, I. H. 1941. Seasonal growth of grass roots. American Journal of Botany. 28 : 486－491.

347) Fryxell, P. A. 1957. Mode of reproduction in higher plants. Botanical Review. 23(3) : 135－233.

348) Hanson, A. A., and H. L. Carnahan. 1956. Breeding perennial forage grasses. USDA Technical Bulletin No. 145. pp. 1－116.

Fairway Wheatgrass는 바람과 수분침식을 방지하는 데에 매우 효과적으로 이용되어지며, 또한 이는 조악한 잡초와의 경합에서 성공할 수가 있다. 이 품종이 주로 이용되는 곳은 서늘하고 약간 습한 지역과 강우량이 적은 지역의 도로변 및 잔디의 최소한의 사용지역 등이다(Dudeck & young. 1968).[349)]

Fairway wheatgrass는 또한 운동경기장, 페어웨이(Fairway), 티(Tee) 및 러프(Rough)지역뿐만 아니라 일반적인 잔디목적으로 이용되는 서늘하고 강우량이 적은 지역과 약간 습기지역 등에서 관계되지 않는 조건하에 적절한 잔디초지를 형성한다(Kirk. 1939).[350)]

Fairway Wheatgrass는 재배상으로 보아 중간이하의 농도를 요구한다. 3.81~6.35cm 정도에서 자주 예취하며, 질소시비 요구량은 생육 중 월별 0.30~1.05g/m^2 정도이다. 관개는 최소한으로 유지하며, 만약 그렇지 않으면 잔디초지는 Red Fescue와 같이 가늘게 늘어진다. 이 품종은 북더기잔디인 대취(Thatch) 문제가 없다.

2) 웨스턴 휘이트 그라스(Western Wheatgrass)

학명 : *Agropyron smithii* Rydb.

이는 또한 "Bluestem wheatgrass"라고도 불리워지고 있다.

그림 1-33 Crested Wheatgrass 그림 1-34 Western Wheatgrass

① 유경속의 잎이 배열된 모양－둘둘 말린 구형

② 잎혀－얇은 막, 0.1~0.5mm길이, 가장자리에 섬모를 가진 끝이 잘린 원통형

③ 잎귀－좁고, 1~2mm길이, 집게발 모양이며 털은 없는 발육 부진형

④ 경령－중간정도의 폭, 털은 없고 잎맥에 의해 갈라져 있는 모양

⑤ 잎몸－일반적으로 편평, 1~5mm폭, 뻣뻣한 모양

⑥ 화서－지립형 수상화서

349) Dudeck, A. E., & J. O. Young. 1968. Establishment & use of turf & other ground covers. 1967. Annual Report of the Nebraska Highway Research Project. 1. Progress Report 62. pp. 1－25.

350) Kirk, L. E. 1939. A dry－land Turf Culture. 1 : 105－110.

이는 미국이 원산지로서 주로 잔디초지에 조성에 이용되고 있는 강한 지하경을 갖는 방석형으로서, 푸른빛을 띤 녹색이다. 또한 이는 강한 지하포복경과 가뭄 및 낮은 온도에 견디는 힘이 매우 좋기 때문에 토양과 각종 기후환경에 잘 적응하는 편이다.

특히 도로면 및 토양침식방지에 매우 중요한 잔디로 이용된다.

Western Wheatgrass는 북미의 강우량이 적은 평야에 적응되어 졌다. 그 적응성은 Fairway Wheatgrass보다 다소 폭이 넓으며, 특히 따뜻하고 습한 기후에 분포되어 있다.

생육습성은 세로의 이랑무늬(ribbed)가 된 뻣뻣한 잎이 똑바로 선 직립성이며, 윗부분의 표면은 매우 거칠다. 잎은 아주 단단하게 감싸인 형태이고, 수분스트레스(Water Stress)를 받는 동안은 철사모양을 보인다. 잔디초지는 푸른빛을 띤 녹색을 가진 특징이 있다.

Western Wheatgrass는 빈틈없고 강력한 뗏장(Sod)을 형성하는 활력있는 포복성을 갖는 지하경을 갖는다. 지하경은 지표면에서 약 7.6cm의 깊이까지 뻗는다. 근계는 수분조건에 따라서 약 2.43m까지 길게 뻗는다. 번식은 주로 종자에 의해 이루어 지지만 때때로 특히 수로의 경우 영양번식에 의해 조성되어지기도 한다.

Western Wheatgrass는 주로 염색체의 수 42나 56개를 가진 이화수정이 되어진다(Hanson & Carnahan. 1956).[351)]

Western Wheatgrass는 서늘하고 습하며, 강우량이 적은 지역에 적응된 오래사는 다년생인 잔디이며, 가뭄과 저온에 대하여 견디는 힘인 좋다(Weaver & Albertson. 1943).[352)]

봄철에 녹색으로 Green－Up되는 정도도 매우 좋다. 한여름 가뭄이 계속되는 동안에는 휴면(Dormancy)으로 들어가며, 수분이 유효하게 될 때는 다시 생육이 시작된다.

Western Wheatgrass는 각종 토양조건에 적용되지만, 물이 유효하게 적절히 공급되어진 미세한 질감을 가진 토양에서 가장 잘 자란다. 알칼리 토양의 조건에서 보통정도의 적응력을 갖는다.

Western Wheatgrass는 강력한 지하경, 가뭄과 저온의 저항성 및 토양과 기후조건의 폭넓은 적응력이 있기 때문에 특히 도로변이나 수로 등 가뭄 지역과 하층토(Subsoils)의 식물 재생육을 위하여 혼파되어 이용된다. 잔디초지로 이용될 유효한 품종으로 개발된 것은 별로 없다.

1.6 스므드 브롬(Smooth Brome)

독명 : Queckentrespe, 학명 : *Bromus inermis* Leyss

351) Hanson, A. A., and H. L. Carnahan. 1956. Breeding perennial forage grasses. USDA Technical Bulletin No. 145. pp. 1－116.

352) WEAVER, J. E. and F. W. ALBERTSON. 1943. Resurvey of grasses, forbs and underground plant parts at the and of the great drought. Ecological Monographs. 13 : 63－117.

Bromegrass(*Bromus* L.)는 지구상 거의 100종 가깝게 존재하지만, 이 Smooth Bromegrass 만이 잔디로서 주로 이용되고 있다.

그림 1-35 Smooth Brome

① 유경속의 잎이 배열된 모양－둘둘 말린 구형
② 잎혀－얇은 막, 1mm 보다 짧은 길이, 끝이 잘린 원통형
③ 잎귀－없는 형태
④ 경령－폭이 넓은 편으로 잎맥에 의해 갈라져 있는 모양
⑤ 잎몸－편평, 8~12mm의 폭, 양표면이 매끄러움
⑥ 화서－좁은 원추화서

Smooth Brome은 가뭄, 고온 및 추위에 견디는 힘이 좋기 때문에 온화하고 비가 적은 지역에서 잘 적응한다. 그러나 심한 답압 및 짧은 예초에 견디는 힘이 매우 약하기 때문에 도로변과 적게 이용되는 다른 곳의 이용이 제한되고 있다.

많은 변종들이 목초 및 사초(飼草, Forage Crops)로서 개발되고 있으며, 잔디로 이용되는 품종은 Crested Dog's Tail(*Cynosurus cristatus* L.) 하나이다. 이는 Perennial Ryegrass와 유사한 형태를 갖는 다발형 잔디이다. 유럽에 있어서는 종종 운동장의 잔디를 개량하기 위하여 혼파이용하기도 하지만, 여름철 녹색색조와 겨울의 저온 때문에 이용이 제한된다.

Smooth Brome은 유럽, 시베리아 및 중국이 원산지이다. 현재는 세계의 온화한 지역의 도처에 폭 넓게 분포되어 있지는 않다. 왜냐하면 조악한 잎의 질감 때문에 도로변과 같은 지역 등 침식방지(Erosion Control) 를 위하여 오직 제한되어 이용된다. Smooth Brome은 직립성이고, 조악한 질감, 아주 낮은 잔디품질을 갖은 촘촘치 못한 뗏장을 형성한다. 근계는 넓게 내린다. Smooth Brome은 주로 종자에 의하여 번식되어지며, 이는 염색체의 수가 28, 42, 56 및 70개를 갖고 주로 이화수정된다(Beddows. 1931, Fryxell. 1957. Hanson & carnehan. 1956).[353) 354) 355)]

Smooth Brome의 종자는 크고 납작한 모양으로 가볍고 포(苞, Chaff)와 같은 모양을 하고 있다. 회복력은 중간정도로 좋은 편이다.

Smooth Brome은 전 세계의 서늘하고 습한 지역의 도처에 폭 넓게 분포된 오래 사는 다년생이다. 심한 더위를 갖은 가뭄에 대한 저항성과 저온에 대한 내구력도 매우 강한 편이다.

353) Beddows, A. R. 1931. Seed setting and flowering in various grasses. Welch Plant Breeding Station Series H. No. 12. pp. 5－99.
354) Fryxell, P. A. 1957. Mode of reproduction in higher plants. Botanical Review. 23(3) : 135－233.
355) Hanson, A. A., and H. L. Carnahan. 1956. Breeding perennial forage grasses. USDA Technical Bulletin No. 145. pp. 1－116.

Smooth Brome은 강우량이 적은 지역에서의 긴 건조기간 동안에 휴면이 될 수 있으며, 적절한 수분이 유효하게 되면 다시 생장을 시작한다. 답압에 대한 저항력이 약하다(Morrish & Harrison. 1948).[356)]

Smooth Brome은 깊고 잘 배수된 비옥하며 미세한 토질에서 가장 잘 적응하지만, 질소만 추가로 보충되어지는 사질토양의 거칠은 토질에도 잘 견디는 편이다. 그리고 알칼리 토양조건에는 얼마간 저항력이 있다(Hartwell & Damon. 1917).[357)] 또한 침니(沈泥, Silt)의 침전물과 관련하는 짧은 기간의 범람에도 견디는 힘이 있다.

Smooth Brome은 낮고 잦은 예초에는 견디는 힘이 매우 약하다(Harrison & Hodgson. 1939).[358)]

356) Morrish, R. H. and C. M. Harrison. 1948. The establishment and comparative wear resistance of various grasses and frass-legume mixtures to vehicular traffic. Journal of the American Society of Agronomy. 40 : 168 – 179.

357) Harwell, B. L., and S. C. Damon. 1917. The persistence of lawn & other grasses as influenced especially by the effect of manures on the degree of soil acidity. Rhode Island Agricultural Experiment Station Bulletin 170. pp. 1 – 24.

358) Harrison, C. M., and C. W. Hodgson. 1939. Response of certain perenial grasses to cutting treatment. Journal of the American Society of Agronomy. 31 : 418 – 430.

제 2 장

난지형(暖地型) 잔디초지류의 특성 및 관리

21 한국잔디(Korean Lawngrass 또는 Zoysiagrass)

그림 2-1 잔디 관리만 잘 하게되면 잡초 피해가 없는 것이 특징인 한국잔디 초지 모습

그림 2-2 봄 · 가을의 서늘한 기후에 황색으로 변하기 때문에 잔디 이용이 제한되고 있는 한국잔디(미국, Illinois 농대)

그림 2-3 민족명문사학인 건국대학교 상징 황소상과 주변 잔디초지

한국 원산의 숙근초(宿根草)로서 보통 들잔디라고 부르고 있다. 이는 5~6월에 개화하며, 6~7월에 결실하고 지상부는 늦가을에 생육이 정지되면서 고사한다. 초장은 보통 10~20cm 정도이고 토양은 별로 가리지 않으며, 잔디류 가운데에서 내한(耐旱), 내서(耐暑), 내병, 내충성 등에 대한 내성(耐性)이 강하며 또한 답압(踏壓)에 견디는 힘이 가장 강한 편이다.

특히 잔디관리가 쉬우며 공해에도 잘 견디므로 정원 · 공원 · 경기장 · 골프장 · 경사면 녹화(綠化) 등의 지피식물(地被植物, Ground Cover Plant)로 다양하게 사용된다.

우리나라 방목지식생(放牧地植生) 중 약 40%로 중핵을 차지하고 있으나, 5월부터 9월 까지 5개월 동안 푸른 상태로 있다가 10월초부터 휴면을 시작하여 다음해 봄까지 휴면상태(休眠狀態)를 유지한다고 하였다.[359) 360) 361) 362)]

또한 한국잔디는 발아가 잘 되지 않아서 주로 영양번식에 의존하며, 속(屬)에 속하는 초종으로, 들잔디(*Z. japonica* Steud), 금잔디(*Z. tenuifolia*), 왕잔디(*Z. macrostachya*), 갯잔디(*Z. sinca*)의 4종[363)]과 고려잔디(*Z. matrella*)로 분류되었으나[364)] 최근 isozyme band는 형태적 특징에 따라 *Z. koreana*와 태국과 필리핀에서 자생하는 계통군(系統群)의 7가지로 분류되어 있다.[365)]

(1) 특성

① 난지형 잔디로 여름철에는 잘 자라지만, 겨울철이나 아주 추운지방에서는 생육이 정지되며, 우리나라에서는 5월부터 9월까지 약 5개월간 푸른 상태가 유지되고 나머지 7개월간은 황색(brown color)상태로 있게 된다. 그러므로 이 황색 휴면기간인 겨울철의 황색잔디도 독특한 아름다움으로 평가된다.

② 완전포복경(Complete Creeping Stolon)으로 지하경이 왕성하게 뻗어 옆으로 기는 성질이 강하고, 예초(刈草) 관리면에서 보면 깎아주지 않아도 그 높아지지 않는다.

③ 호광성 잔디로 양지에서는 잘 생육되나 그늘에서는 생육이 매우 느린 단점이 있다. 그러나 토양 응집(凝集)능력이 아주 강하고 높게 자라지 않기 때문에 자주 깎아주지 않아도 된다.

---

359) Lecroy, W. : 1963, Characterizing, zoysia by field and anatomical studies. ph. D. Thesis, purdue Univ.

360) Powell, A. J., R. E. Blaser., and R. E. Schmidt : 1967, physiological and color aspects of turfgrasses with fall and winter nitrogen. Agron. A. 59 : 303－307.

361) Youm, D. Y : 1974, physiological mechanism of seed dormancy and its practical use for seed propagation of Korean lawngrass(*Zoysia japonica* steud) ph. D. Thesis, Coll of Agri., Seoul Nat'l. Univ.

362) Youngner, V. B : 1961, Growth and flowering of Zoysia species in response to temperatures, photo periods, and light intesities. Crop Sci. 1 : 91－93.

363) 北村四郎, 村田原, 小山鐵夫 : 1980, 原色 日本식물도감. 草本編(Ⅱ), 草子葉類, 保育社. pp. 358－359.

364) 李昌福 : 1978, 大韓植物圖鑑, 鄕文社, p. 115.

365) Yeam, D. Y., J. J. Murray, and G. R. Bauchan : 1986, Classification of zoysiagrass using morphological and isozyme traits. Agron, Abst. p. 139.

④ 엽폭(葉幅)이 0.6mm, 잔디높이가 3.0mm정도의 아주 고운 잔디로부터 엽폭이 7.0mm, 잔디높이가 20.0cm의 거칠은 잔디까지 골고루 분포하므로 용도에 따라 적합한 종류를 용도별 선택 · 이용할 수 있는 점이다.

⑤ 토양에 대한 적응성은 건조한 토양과 습(濕)한 토양에서도 잘 견딘다.

⑥ 다른 잔디류에 비하여 답압(踏壓, Trampling)에 매우 강하여, 많이 이용될지라도 그 피해자가 적은 편이다.

⑦ 병충해가 거의 없이 잔디관리가 대체로 쉽고, 각종 공해(公害)에 가장 강한 잔디이다.

표 2-1 한국잔디의 일반적인 생육특성

구분 / 잔디	최적 pH	최적 C. E. C* (mg/100g)	생육저온 (°C)	생육정지온도 (°C)
中芝 · 野芝	5.5~6.5	10~15	27~30°C	13°C 이하

* 양이온치환용량(C. E. C) : cation exchange capaciy

(2) 종류

1) 들잔디(Korean Lawngrass 또는 Japanese Lawngrass)

학명 : *Zoysia japonica* Steud

우리나라 산야에 널리 분포하고 있는 잔디로서 현재 한국에서 사용하고 있는 잔디는 거의 전부 여기에 속한다. 양지(陽地)에서 자라는 다년초(Perennials)로서 줄기가 옆으로 길게 뻗고 마디에서 뿌리가 내린다. 잎은 길이 5~10cm, 나비 2~5mm로서 편평하거나 안으로 말리며, 어릴 때는 양면에 털이 있고 밑부분이 잎집(葉鞘)으로 되며 엽초 가장자리에 털이 있다.

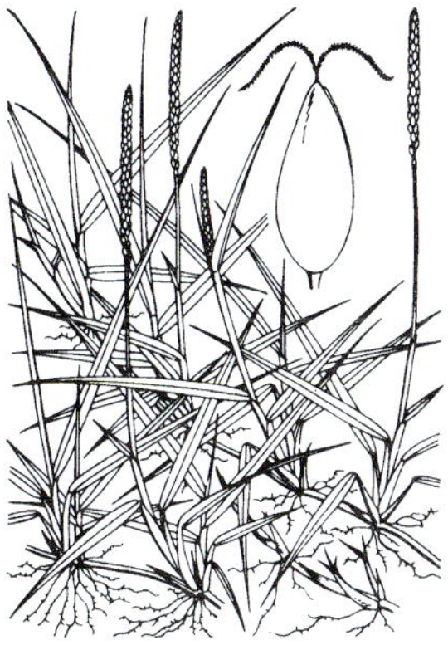

그림 2-4 들잔디

① 유경속의 잎이 배열된 모양(Vernation) – 둘둘 말린 구형

② 잎혀(Ligule) – 0.2mm길이로 모발형

③ 잎귀(Auricle) – 잎귀가 없는 형태를 갖는 발육부진형

④ 경령(Collar) – 넓으며, 마디가 없고 긴털을 갖음

⑤ 잎몸(Blade) – 편평, 2~4mm의 폭, 뻣뻣하며 긴털이 매끄러운 축에 분포되어 있음

⑥ 화서(Inflorescence) – 작고 좁은 총상화서(Raceme)

한국 들잔디의 꽃은 5~6월에 피고 화경(花莖)은 15~20cm 높이로서 끝에 3~5cm 정도의 길이를 갖는 화수(花穗)가 달린다. 이는 영명으로 Korean Lawngrass와 Japanese Lawngrass로 혼용되고 있다. 학명이 *Zoysia japonica*이나 *Zoysia koreana*라고도 불리우며, 일본학자들이

*Z. japonica*로 불러 현재 전 세계적으로 이렇게 불리고 있는 실정이다.

이 잔디는 각종 환경에 대한 적응력이 가장 강하고 토양응집 능력이 강하므로 제방뚝길, 묘소, 공원, 경기장, 경사면 녹화 및 조경 잔디초지 등의 이용에 가장 적합한 잔디로 볼 수 있다.

표 2-2 한국잔디의 분류

(자료 : 北村交雄)

형	한국명	일본명	영 명	초장(cm)	잎의크기(mm)	학 명
대형 (大型)	들잔디	野 芝	Korean lawngrass	15.01	장폭 160.53×4.50	*Zoysia japonica*
중형 (中型)	금잔디	中 芝 大高麗芝 高 麗 芝		11.80 11.54 7.35	11.56×3.81 101.40×3.46 72.01×3.07	*Zoysia matrella*
소형 (小型)		姫高麗芝 朝 鮮 芝		4.30 4.16	42.03×2.08 41.89×1.48	
세형 (細型)	비로도잔디	비로도芝	Korean velvegrass	2. 95	15.22×0.80	*Zoysia tenuifolia*

Zoysia japonica Steud는 다른 두 Zoysia 종인 Z. *matrella*와 Z. *tenuifolia*보다도 더 거친 질감을 갖으며 밀도는 낮은 편으로 저온에 견디는 힘이 더 강하다(Forbes emd. 1955).[366]

2) 금잔디

학명 : *Zoysia matrella* L. Merr

그림 2-5 금잔디

한국에서는 대전 이남지역에서 자생하고 있는 잔디로 일본에서는 중잔디, 고려잔디 혹은 조선잔디라고 부르는 것이다. 엽폭(葉幅)은 1~4mm, 초장 4~12cm까지 분포되는 매우고운 잔디로 비로도잔디와 형태가 비슷하여 잎이 좁고 작으며 안으로 엉성하게 말리고, 나비 1.5~3mm로 관상가치가 들잔디 보다 좋아 조경용으로 많이 이용된다. 경기도 지방에서 월동(越冬)이 가능하나 서울 이남지역에서는 정원, 경기장, 고원용으로 적당하다.

영명 Manilagrass라고하며 품종 에메랄드(Emerald)는 *Z. japonica*×*tenuifolia*와의 교잡종이다.

366) Forbes, I., B. P. Robinson, and J. M. Latham. 1955. Emerald zoysia – An improved hybrid lawngrass for the south. USGA Journal and Turf Management. 7 : 23 – 25.

금잔디는 들잔디 보다 섬세하고 밀도가 높으며 뗏장형성 능력(Sod Strength)도 강하나, 내한성(耐寒性)이 약하여 중부이북지방에서 재배하기가 위험하고 북더기잔디인 대취가 많이 형성되므로 예초 후에는 색깔이 균일하지 못한 곳이 발생되기도 한다. 금잔디 이외에 미국 농림성에서 개량한 Emerald가 번식이 잘 되고 색깔이나 질감이 좋아 정원용으로 현재 많이 이용되고 있다.

Zoysia matrella(L.) Merr는 세 Zoysia종 가운데서 잎 질감, 새싹밀도, 저온에 대한 견디는 힘과 저온의 경우 색조 유지는 중간형을 보이고 있다(Childers. 1947, Daniel. 1955, Forbes. 1947).[367) 368)]

3) 비단잔디(*Zoysia tenuifolia* Willd. ex Trin)

영명으로 Korean velvet grass 또는 Mascarenegrass라고 하고, 일본명으로 비로도잔디(ビロド芝)라 불리는 이 잔디는 중부이남 서해안에서 자생하는 것으로 잎은 가느다란 아주 작고 고운 다년생으로서 뿌리줄기가 옆으로 뻗으며 잎집(葉鞘)의 가장자리에 털이 있다. 이 잔디는 내한성(耐寒性)이 약하여 경기도 지역에서는 월동할 수 없고, 잔디가 연약하여 그 이용에 많은 제약이 있으나 대전 이남지역에서는 정원용으로 권장할만하다.

비단잔디는 생육비율이 아주 늦은 편이고, 근계(Root system)는 얕게 뿌리 내린다.

잔디 목적이용으로는 아열대 지역을 제외하고는 아주 제한하고 있으며, 보통 예초(刈草)하지 않은 잔디로서 유지되어진다(Forbes. 1947).[369)]

4) 갯잔디(*Zoysia sinca* Hance)

그림 2-6 갯잔디

바닷가의 모래땅과 바닷물이 닿는 곳에서 자라는 다년초로서 뿌리줄기(根莖)가 옆으로 뻗으면서 번식한다. 잎은 비스듬히 또는 직립형이며 편평하거나 안으로 말리고 길이 3~9cm, 나비 1~3mm로서 잎집에 긴털이 있다. 화경(Flower Diameter)은 길이 10~25cm이며 화경끝의 화수(花穗, Spike)는 길이 3~5cm, 지름 4~7mm로서 작은 이삭이 밀착하고 소수는 피침형(披針形)으로서 대에 들어붙으면 길이 5~7mm, 지름 1.2~1.5mm이다. 포영(苞穎)은 1개이고 소수와 크기가 같으며 혁질(革質)로서 윤채(潤彩)가 있고 호영(護穎)은 1개이며 길이 3~4mm로서 피침형이고 꽃밥은 길이 1.5~2mm로서 선형(線

367) Childers, N. F. 1947. Manila grass for lawns. Federal Experiment Station of Puerto Rico Circular No. 26. pp.1－26.

368) Daniel. W. H. 1955. Zoysias for midwest lawns. Midwest Regional Turf Foundation Conference Proceedings. pp. 34－35.

369) Forbes, I., and M. H. Ferguson. 1947. Observation on the zoysia grasses. The Greenkeeper's Reporter. 15 : 7－9.

形)이다. 작은 이삭의 길이가 4~5mm인 것이 기보종의 특색이다. 우리나라에서 자라고 있는 것은 일본의 것과 같이 소수(小穗)의 길이가 길기 때문에 변종(var. *nipponica* Ohwi)이라고도 한다.

5) 왕잔디(*Zoysia macrostachya* Fr. et Sav.)

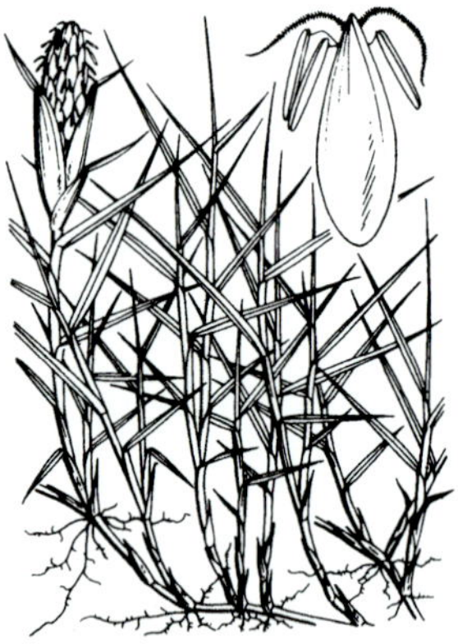

그림 2-7 왕잔디

중부이남의 바닷가 모래땅에서 자라는 다년초로서 뿌리줄기(根莖)는 옆으로 길게 뻗고 마디에서 뿌리가 내린다. 화경(花莖)은 높이 15~20cm로서 잎과 화수(花穗)가 달리지만 잎만 달리는 것이 많다. 잎은 호생(互生, Alternate)하여 옆으로 퍼지며 피침형(披針形)이고 길이 3~5cm, 나비 2~4mm이지만 말려서 지름이 1~2mm로 되며 잎집(葉鞘) 윗부분에 백색털이 있다. 화경 끝에서 6월경에 길이 3~4cm, 지름 6~8mm의 화수(花穗)가 자라서 꽃이 밀생하고 작은 이삭이 들어붙는다. 포영(苞穎)은 1개로서 길이 6~8mm, 나비 1.8~2.2mm이며 호영(護穎)은 도피침형(倒披針形)으로서 1개이고 길이 2mm 이하이며 털이 없다.

표 2-3 Zoysia 잔디의 일반적인 성질

품 종	생육정도	잎너비(mm)	품 질	내한성	내건조성
들잔디(한국잔디, *Z. japonica*)	왕성	4~6	불량	강	강
금잔디(*Z. matrella*)	왕성	1.2~2.0	양호	약	강
비단잔디(*Z. tenuifolia*)	중	1 이하	섬세	아주강함	약
갯잔디(*Z. sinica*)	왕성	3~5	불량	중	약
왕잔디(*Z. macrotachya*)	약	3~5	불량	중	약

표 2-4 한국잔디류 육성품종의 각종 특성

품 종 명	육성지 및 육성년도	특 성	적 응 성	비 고
FC 13521 (금잔디)	미국 알라바마 농시 1930	중정도의 섬세한 촉감 경엽은 고밀도 엽색은 농녹색	내한 · 내음성 강 내건성 불량	번식 · 조성 및 생장 속도가 완만함
메이어 (들잔디)	미국 농시 · 미골프 협회 1951	중정도의 농녹색 중정도의 촉감 및 밀도 대부분 포복경으로 생장	내한 · 내건성 강 내마찰력 춘계의 발아력 및 내음성은 중정도	조성 및 생장속도는 중정도 선충피해 용이 보파는 어려움

에메랄드 (들잔디× 비단잔디)	미국 죠지아 농시 미 농무성 1965	섬세한 촉감, 고밀도 중정도의 농녹색 수관이 폐쇄적 근경(rhizomes) 및 포복경(stolons)생장	내한성 불량 내음성 강 내마찰력 강	달라스폿트(dollor spot)병 및 엽반 병에 약함. 보파는 어려움
미드웨스트 (들잔디)	미국 인디애나 농시 1963	중정도 조악한 촉감 저밀도, 포복경생장 엽색은 농녹색	내한성 강 양호한 색채 보유 조기녹화 기능	초관은 개방적임 보파(補播)기능
비레어 (들잔디)	미국 농무성 1985	중정도 조악한 촉감 밀도양호, 포복경생장	내건 · 내한성 강 가을의 초색은 양호 내마찰력 강	보파는 곤란함
엘도르 (들잔디)	미국 캘리포니아대 1986	중정도의 조악한 촉감 초관이 개방적 중정도의 녹색	가을의 초색 양호	신장속도가 빠름 보파기능

Zoysiagrass는 주로 사방공사(砂防工事)용이나 공원 등지에서 많이 사용 되어온 잔디식물이었으나, 최근에는 레크리에이션(Recreation)의 급격한 증가로 골프장 또는 각종 운동경기장에서 많이 이용되고 있는 실정이다. 특히 우리나라 뿐만 아니라 일본을 위시한 동남아시아 및 미국에서도 크게 각광을 받고 있는 조경(Landscape Architecture) 초본식물(草本植物)로 자리를 굳혀가고 있다.

표 2-5 Zoysia종의 특성비교

(James B. Beard, 1973)[370)]

특 성	*Z. japonica*	*Z. matrella*	*Z. tenuifolia*
① 색조(color)	어두운 녹색	밝은 녹색	아주 밝은 녹색
② 엽폭(leaf width)	3mm	1.5mm	1mm
③ 밀도(shoot density)	보통(medium)	양호(good)	매우 양호(excellent)
④ 생육습성(growth habit)	포복성형	적당한 포복성형	직립성형
⑤ 생장률(growth tate)	완만(slow)	매우 완만(very slow)	극단적으로 완만
⑥ 내저온성(low temp hardiness)	중간(medium)	약함(poor)	매우 약함
⑦ 내열성(heat hardiness)	아주 잘견딤(excellent)	아주 잘 견딤	아주 잘 견딤
⑧ 내한성(drought resistance)	좋음(good)	좋음	좋음
⑨ 답압(wear tolerance)	아주좋음(excellent)	아주 좋음	아주 좋음
⑩ 번식(propagation)	종자(seed) 및 영양번식	영양번식(vegetative)	영양번식

Zoysiagrasses(*Zoysia* willd)는 주로 따뜻하고 습한 지역에서 재배되고 있으며, 잔디목적으로는 ① *Z. japonica*, ② *Z. matrella*, ③ *Z. tenuifolia*의 3가지 품종이 이용된다.

370) James B. Beard. 1973. Turfgrass : science and culture. p.146.

표 2-6 한국잔디의 형태적 특성

채집지	엽장(葉長)	엽폭(葉幅)	총고(叢高)	수경장(穗莖長)	채집지	엽장(葉長)	엽폭(葉幅)	총고(叢高)	수경장(穗莖長)	채집지	엽장(葉長)	엽폭(葉幅)	총고(叢高)	수경장(穗莖長)
	(cm)	(mm)	(cm)	(cm)		(cm)	(mm)	(cm)	(cm)		(cm)	(mm)	(cm)	(cm)
1	9.4	5.6	16.2	16.9	23	4.3	2.0	6.2	5.2	45	12.0	5.6	13.4	19.9
2	2.8	1.6	4.0	7.1	24	4.8	1.9	6.3	–	46	11.8	5.9	3.5	18.0
3	6.8	4.2	7.7	11.0	25	9.7	5.6	9.0	12.2	47	9.9	5.0	10.6	14.4
4	5.8	3.1	6.5	8.3	26	9.6	5.9	10.4	15.6	48	12.1	5.8	12.1	18.7
5	5.9	4.4	8.2	7.9	27	10.71	5.7	11.3	13.0	49	10.9	5.8	12.2	13.5
6	5.1	3.0	6.2	6.7	28	11.5	5.6	11.5	16.1	50	11.3	5.1	9.4	16.8
7	5.2	2.7	7.4	7.0	29	12.4	5.7	13.1	17.7	51	11.4	5.6	13.0	16.3
8	5.2	2.0	6.0	7.0	30	8.9	5.7	9.2	15.1	52	12.2	5.7	12.1	18.7
9	4.9	2.3	7.6	8.0	31	11.3	6.5	10.6	16.9	53	10.3	5.2	13.2	20.3
10	12.1	4.4	17.6	18.4	32	11.5	5.5	13.4	16.3	54	10.4	6.0	11.4	13.6
11	4.5	3.0	7.0	10.3	33	10.2	5.6	13.0	14.2	55	11.5	5.7	12.9	16.5
12	7.4	3.2	9.9	7.7	34	9.3	5.9	12.3	13.5	56	9.7	5.7	9.8	12.8
13	7.3	3.1	8.4	7.9	35	9.7	5.7	9.6	13.5	57	9.6	5.7	9.8	12.8
14	6.3	2.3	9.1	11.8	36	9.4	5.8	12.5	13.3	58	9.3	4.9	11.2	14.1
15	5.7	2.3	9.1	7.5	37	12.2	5.5	13.4	15.8	59	11.2	5.5	11.6	15.4
16	7.2	2.8	9.5	10.0	38	10.2	5.8	10.8	13.9	60	10.9	5.6	11.8	16.6
17	6.1	1.9	7.6	9.2	39	12.9	5.2	11.6	15.5	61	8.1	5.6	8.8	14.5
18	7.5	4.2	8.9	6.5	40	13.3	6.0	12.4	15.9	62	10.7	6.0	13.7	14.6
19	10.6	5.2	14.3	17.2	41	11.4	5.5	11.4	14.8	63	12.0	5.3	15.2	22.0
20	8.8	4.2	11.7	13.7	42	10.9	5.8	13.1	16.5					
21	11.6	5.4	16.9	14.5	43	10.7	5.4	11.8	14.9	Emerald	3.1	1.8	4.5	5.9
22	7.2	3.2	89.7	9.7	44	12.6	6.0	13.1	16.2					

* 자료 : 유달영 등. 1974[371)]

이 모두 열대지방의 동아시아가 원산지이다. 이 Zoysiagrasses 들은 전 세계의 온화하고 습한 기후(Warm Humid Climate)와 중간 기후(Cool Humid ↔ Warm Humid)에 소개되어 이들이 현재 많이 분포되어 있다.

Zoysiagrass는 느린 생장비율을 갖으나 균등하고 밀도 있으며, 낮게 생장하는 좋은 질의 잔디를 형성한다. Zoysia 품종 중 잎의 질감(Leaf Texture)과 색조는 일정하지 않고 가변성을 갖는다. 줄기와 잎은 매우 거칠며 뻣뻣하다. 이로 인해서 예초(Mowing)에 꽤 어려움이 있다. 이들 셋의 Zoysia 종들은 모두 다른 초종보다 작은 축소형으로 포복형 생장습성(Prostrate Growth Habit)을 갖는다.

Zoysiagrass는 매우 강력하게 포복성으로 잔디초지를 형성하는 굵은 지상 포복경과 지하경의 중간단계에 의하여 옆으로 신장된다. Zoysiagrass에 의해서 조성된 빈틈없이 밀도가 높은

371) 유달영, 염도의, 김일중, 김승진. 1774. 한국잔디에 관한 형태적 연구. 한국원예학회지 1511 : 79－91.

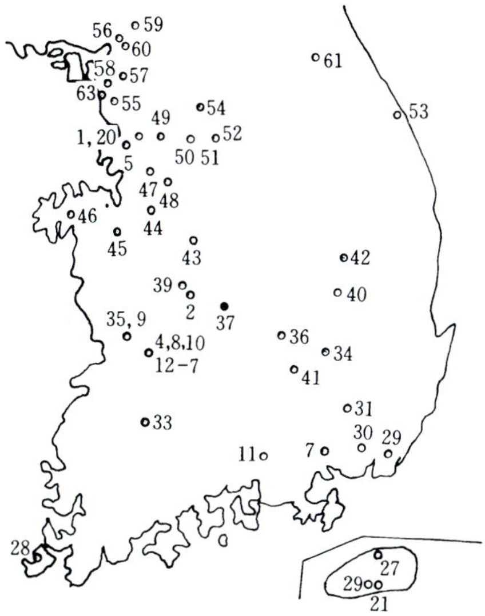

그림 2-8 한국잔디의 채집지(採集地)

잔디초지는 잡초침입(Weed Invasion)에 대하여 더 견디는 힘이 있다. 줄기 및 잎은 별개의 직립 생장습성을 갖는 관부, 지상포복경 및 지하경으로부터 발달된다. 근계는 매우 섬유상이고 적당하게 깊으나, Mascarenegrass는 비교적 얕은 편이다.

개량된 모든 Zoysiagrass의 품종들은 타고난 형질을 확실하게 하기 위하여 스프릭(Sprigs), 이식목적으로 수확한 잔디뗏장 조각인 플러그(Plugs) 및 뗏장(Sod)에 의한 영양번식이 되어진다.

한국잔디 종자는 한정된 양이 생산되어지며, 발아율이 낮은 것을 없애기 위해 외피(Hull)가 벗기어져야 한다(Forbes & Ferguson. 1947).[372] 종자이삭 형성은 Zoysiagrass 잔디초지에서 문제가 안 된다. 잔디초지 조성과 회복률이 매우 늦은 생장률, 특히 측아(Lateral shoots)의 경우에 아주 약하다(Forbes & Ferguson. 1947, Gary. 1967, Hume & Feryre. 1950).[373) 374) 375]

잔디형의 Zoysia종의 기본적인 염색체의 수 20개로 보고되고 있다(Forbes. 1952).[376]

Zoysiagrass는 전 세계의 따듯하고 습하거나 비가 적은지역의 도처에 폭 넓게 적응되어지는

372) Forbes, I., & M. H. Ferguson. 1947. Effects of strain differnces, seed treatment and planting depth on seed gemination of *Zoyia* spp. Journal of the American Society of Agronomy. 40 : 725 – 732.

373) Forbes, I., and M. H. Ferguson. 1947. Observation on the zoysia grasses. The Greenkeeper's Reporter. 7 : 23 – 25.

374) Gary. J. E. 1967. The vegetative establishment of four major turfgrasses and the response of stolonized 'Meyer' zoysiagrass(*Zoysia japonica* ver. Meyer) to mowing height, nitrogen fertilization, and light intensity. M. S. Thesis. Mississippi State University. pp.1 – 50.

375) Hume, E. P., and R. H. Freyre. 1950. Propagation trials with manilagrass. *Zoysia matrella*, in Puerto Rico. Proceedings of the American Society for Horticultural Science. 55 : 517 – 518.

376) Forbes, I., 1952. Chromosome numbers and hybrids in *Zoysia*. Agronomy Journal. 44 : 194 – 199.

다년생이고, 뗏장 형성하는 품종이다. 한국잔디는 난지형 잔디류 중 가장 저온에 견디는 힘이 강하다(Daniel. 1955).[377)]

Manilagrass도 또한 60°F의 최저 생육온도에서 다른 두 Zoysia종 사이에 놓여진다(Daniel. 1955).

낮은 온도에서 색조유지(Color Retention)는 대부분 난지형 잔디류의 다른 품종보다도 더 좋다. Zoysiagrass 는 50~55°F의 낮은 온도에서는 변색(Discolor)되며, 겨울동안에는 휴면상태에 놓이게 된다(Forbes & Ferguson. 1947, Youngner. 1961).[378)] 휴면동안은 녹색색소가 전혀 없으며 뚜렷한 갈백색(brownish white color)이 된다. 휴면중이 Zoysiagrass의 겨울색조는 잔디의 착색제(Colorant)나 한지형 잔디류의 겨울추파 등으로 보완할 수 있다.

Zoysiagrass의 가뭄 및 더위에 대한 저항성은 매우 높다. 비교적 겨울의 추위에는 잘 견디지만, 짧거나 쌀쌀한 여름 기후에는 잘 번성하지 못한다. 따듯하고 습한 지역 하에서의 그늘에 대한 저항력(Shade Tolerance)은 아주 좋다(Hume & Freyre. 1950). Manilagrass는 Meyer나 Emerald 보다도 그늘에 대하여 견디는 힘이 강하다(Burton & Deal. 1962).[379)]

Zoysiagrass의 뻣뻣하고 질감이 좋지 않은 잎과 줄기는 일반적으로 재배될 때 이용하는 잔디에서 가장 내구성이 좋다. 그렇지만 내구력에 대한 저항성은 겨울 휴면기간 동안에 아주 약하다. Zoysiagrass의 생장률은 아주 느리다.

표 2-7 한국잔디의 1일 수분소요량(수분소요량/일)

잔디품종명	측정장소	1일 수분소요량 (mm/d)	예초높이 (cm)	질 소 (gN/m^2/월)
Zoysia Joponica 'Meyer'	Texas	7.2	5	2.5
Z. Joponica 'Meyer'	Texas	5.8	3.8	2.5
Z. Joponica	Arizona	7.6	2	5
Z. matrella	Israel	7.6	3	무제한
Z. hybrid 'Emerald'	Israel	7.5	3	무제한
Z. hybrid 'Emerald'	Texas	6.8	5	2.5
Z. hybrid 'Emerald'	Texas	4.8	3.8	2.5

토양 수분이 충분한 상태에서 측정되었음.

Zoysiagrass의 회복률은 Bermudagrass와 비교하여 보면 아주 느리다. Zoysiagrass는 각종 토양에 폭 넓게 적응하고 있지만, pH 6~7사이의 배수가 잘 되고 비교적 밋밋한 조직을 갖은

377) DANIEL, W. H. 1955. Zoysias for midwest lawns. Midwest Regional Turf Foundation Conference Proceedings. pp. 34－35.

378) Youngner, V. B : 1961, Growth and flowering of Zoysia species in response to temperatures, photoperiods, and light intesities. Crop Sci. 1 : 91－93.

379) BURTON, G. W., and E. E. DEAL. 1962. Shade studies on southern grasses. Golf Course Reporter. 30 : 26－27.

비옥한 토양이 최적이다(Juska. 1959).[380]이는 배수가 잘 안되며 침수토양(Waterlogged Soil)에서의 저항력이 없다. 내염성(Salt Tolerance)은 강한 편이다.

만약 잔디초지의 조성과 회복률이 빨리 이루어지지 않아도 된다면 Zoysiagrass는 또한 각종 운동경기장, 골프장의 티와 페어웨이 지역, 비행장 및 다른 용도의 잡약적인 이용지역에 이용될 수도 있다.

Zoysiagrass의 늦은 생장은 때때로 Bentgrass와 Bermudagrass의 사이의 완충부분(buffer strips)으로 이용되어 진다. 일본에서는 fairway에 이용되고 있다.

Zoysiagrass는 중간정도의 밀도가 유지되며 예초에도 잘 견딘다. 종종 1.9cm 이하의 예초는 과도한 북더기잔디인 대취 축적(Thatch Accumulation)과 부풀어 오른 불규칙적인 표면을 방지하는데 더 좋다.

Zoysiagrass의 느린 생장률은 뻣뻣하고 직립성 생장에 심각한 대취를 유발할 수도 있는데, 특히 이는 집약적인 재배관리와 예초고가 높을 때 발생한다. Zoysiagrass의 거칠고 뻣뻣한 잎 때문에 예초가 아주 어렵다. 마음이 흡족한 잔디의 질을 얻기 위하여는 날카롭고 잘 조정되는 reel－type인 예초기(Mower)가 요구되어진다.

Zoysiagrass는 특히 조악한 조직의 토양과 비가 적은 기후에서 재배될 때 시비와 관개에 대한 반응이 크다. 질소시비 수준은 생육 중에 1.74~2.49g/m^2/월 범위가 요구된다(Chiliders 1947, pritchett & Horn).[381][382] 심한 대취의 축적은 정기적인 수직예초(Vertical Mowing)에 의하여 피할 수 있다.

Zoysiagrass는 보통 잔디로 이용되어지는 대부분과 비교하여 볼 때 비교적 주요 질병 Rust, Helminthosporium leaf spot, Brown patch 및 Dollar spot의 병들이 특정한 조건 하에서 심각한 문제가 대두될 수 도 있다. 선충류(Nematodes)와 Hunting billbugs 등은 잔디에 상당한 피해의 원인이 되기도 한다. 밤나방류(Armyworms), Sod webworms 및 땅강아지(Mole crikets) 등도 또한 문제가 될 수 있으나, Zoysiagrass는 다른 대부분의 난지형잔디 초종보다는 이들의 해충에 의한 피해를 어느 정도 덜 받는다(Childers. 1947).

Zoysiagrass는 Simazine과 Atrazine을 포함한 대부분의 잔디제초제(Herbicide, Weed Killer)에 견디는 힘이 있다(Burteo. 1964, 1965).[383][384]

---

380) Juska, F. V. 1959. The response of Meyer zoysia to lime and fertilizer treatments. Agronomy Journal. 51 : 81－83

381) Childers, N. F. 1947. Manila grass for lawns. Federal Experiment Station of Puerto Rico Circular No. 26. pp.1－16.

382) Pritchett, W. L., and G. C. Horn. 1962. Turf fertilization research. Proceedings of the University of Florida Turf－Grass Management Conference. 10 : 209－215.

383) Burteo, 1964. Tolerance of warmseason turfgrasses to preemergence herbicides : Preliminary report. Proceedings of the Soil and Crop Science Society of Florida. 24 : 137－141.

Zoysia japonica Steud는 보통 Koeran lawngrass 또는 Japenese lawngrass로 알려져 있다. 이는 다른 두 종(*Z. matrella*(L.) merr과 *Zoysia tenuifolia* willd ex Trin)보다도 더 거친 질감과 낮은 새싹밀도 및 저온에 대한 견디는 힘이 우세하다(Forbes, Robinson & Latram. 1955).[385]

Zoysia matrella(L.) Merr는 보통 Manilagrass로 알려져 있으며, 이는 잎의 재질, 새싹밀도, 저온에 견디는 힘 및 저온에서의 색조유지는 중간정도 수준이다(Childers 1947, Daniel 1955, Forbes & Ferguson 1947).

Zoysia tenuifolia willd. ex Trin.은 보통 Mascarenegrass 또는 Korean velvetgrass라 한다.

이 품종은 저온에 견디는 힘이 가장 약하지만 섬세한 재질과 다른 것에 비해 밀도가 가장 높다. 생장률은 아주 느리고 근계(Root System)는 얕다. 이 품종의 잔디목적의 이용은 예초하지 않는 지피식물(地被植物, Ground Cover Plant)로 보통 유지되는 아열대 지역을 제외하고는 아주 제한되어져 왔다(Forbes & Ferguson. 1947).

2.2 버뮤다 그라스류(Bermudagrasses)

독명 : Bermudagras, 학명 : *Cynodon* L. C. Rich

Bermudagrasses는 난지형 잔디류 중에서 가장 중요하며 적응력이 넓은 초종이라 할 수 있다. 우리나라에서는 일명 "우산잔디"로 불리워지며 해안을 따라 강원도 낙산사(洛山寺)까지 자생하고 있지만, 아직 우리에게는 잘 알려지지 않은 잔디로 최근에 비로소, 이에 관한 연구가 본격적으로 시작되고 있다. 경기장의 잔디로 가장 많이 이용되고 있는 잔디로 그 품종은 ① Common bermudagrass(*Cynodon dactylon*), ② Bradly bermudagrass(*Cynodon bradleyi*), ③ Magennis(hyvrid) bermudagrass(*Cynodon*×magennisii) 및 ④ Afeican bermudagrass (*Cynodon trabsvaalensis*) 등이 있다.

(1) 특성

① 온대로부터 열대에 걸쳐서 재배되는 잔디로 온대지방에서는 특히 겨울동안 휴면(Dormancy)에 들어가서 녹색을 상실하게 된다. 우리나라에서는 5월부터 9월까지 약 5개월간 푸른상태로 있으며 나머지 7개월간은 황색으로 있게 된다.

② 불완전 포복형(Incomplete Creeping Type)인 생육양상을 갖고 있지만, 다른 잔디보다 포

384) Burteo, 1965. Warmseason turfgrasses and preemergence herbicides. Golf Course Reporter. 33(3) : 54－56.

385) Forbes, I., B. P. Robinson, and J. M. Latram. 1955. Emerald zoysia－An improved hybrid lawn frass for the south. USGA Journal and Turf Management. 7 : 23－25.

복경의 생장이 빠른 편으로 토양피복(土壤被覆)이 쉽게 이루어진다.

③ 보통 때는 15~30cm의 초장을 보이지만, 7월 출수개화(出穗開化)할 때는 그 키가 30~50cm 정도로 크게 자라므로 자주 깎아주어야 한다.

④ 호광성(好光性)잔디(Photoblastic Turf)로 그늘에서 거의 자랄 수 없으며 건조한 토양은 물론 습한 토양에서도 잘 적응하는 편이다.

⑤ 잔디 중 재생력(再生力)이 매우 강하며, 답압(踏壓)에 의한 피해에 대한 회복력도 빠르고 병충해가 적어 관리가 쉬운 편이다

(2) 종류

1) 코먼 버뮤다 그라스(Common Bermudagrass)

독명 : Bermudagrass ; Fingerhundszahn, 학명 : *Cynodon dactylon*(L.) Pers.

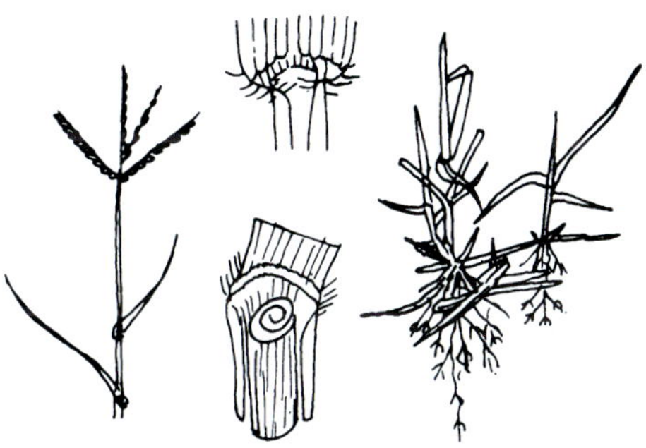

그림 2-9 Common bermudagrass

① 유경속의 잎이 배열된 모양(Vernation) - 포개져 겹친형

② 잎혀(Ligule) - 2~5mm길이로 가장자리에 털이난 세모형

③ 잎귀(Auricle) - 없는 형태

④ 경령(Collar) - 좁으며 마디 없고, 가장 자리에 털이 많음

⑤ 잎몸(Blade) - 편평, 1.5~4mm의 폭 양면 표면에 매끄럽거나 털이 있으며 잎끝이 차차 가늘어 지는 침상형

⑥ 화서(Inflorescence) - 4~5개의 수상화서(Spike)

버뮤다그라스는 잎의 색깔, 재질, 밀도 그리고 환경적응면에 있어서 매우 다양한 수많은 품종들이 있으며, 지상 및 지하 포복경에 의해서 수평성장(Lateral Growth)이 활발하다. 내답압성, 토양적응성, 내건조성이 아주 좋으며 생육이 빠른 편이지만 생육에 따른 빈번한 잔디깎기(刈草, Mowing)가 요구된다.

가정 및 도로변 등 기타 조경사업과 각종 경기장, 골프장 등 아열대 지방에서는 아주 다양하게 이용되는 품종이나 한국에서는 겨울철 내한성(耐寒性) 문제도 그 이용이 대전 이남으로 제한되고 있는 실정이다.

재식밀도가 높은 편이며, 예초높이는 1~3cm 정도로 깎아 주지만 품종에 따라 크게 차이가 있다. 골프장 Tee, Fairway 지역 및 잔디초지를 위한 우수한 품종으로 tifgreen, tifway, tifdwarf 등이 남쪽의 따뜻한 지역에서 많이 이용되고 있으나, 겨울의 급작스러운 혹한의 의한 피해가

큰 문제가 되고 있다.

Midiron는 온대와 아열대 기후사이의 중간지역(Transition Zone)에 위치하며 운동경기장의 내한성에 강한 품종이다. 특히 Tiflawn는 밟힘에 대한 저항성이 좋기 때문에 축구장 등의 이용에 매우 좋은 품종으로, 번식력이 가장 강하고 잔디조성이 가장 신속히 되는 품종으로 자주 깎아주어야 하며, 낮게 예초함으로써 양호한 품질의 잔디를 유지할 수 있다.

Bermudagrass는 지구상에서 따뜻하며, 다습한 지역이건 비가 적은 지역이든 간에 적응하는 다년생 잔디로, 고온이나 가뭄에 견디는 힘은 아주 강하지만 저온에는 매우 견디는 힘이 약하다(Burton 등. 1954).[386)]

Common Bermudagrass는 폭넓게 처음부터 잔디로 이용되어 지고 있으며, 염색체수는 36개이다. 내음성은 매우 약한 반면에 내구력은 아주 강하다.

이 품종은 *Ppythium* blight와 Bbermudagrass mites에 매우 민감한 반응을 보이고 있다(Butler 1963, Freeman. 1958).[387) 388)]

예취고(Mowing Height)는 일반적인 목적일 경우에 1.3~2.5cm 정도로 실시하나, 1.85cm 정도가 최적수준이다. 그러나 tifgreen, tifdwarf, everglades 및 bayshore 등의 개량된 품종일 경우에 있어서는 0.6cm 정도까지 매일 예초도 가능하다(Horn 1967).[389)]

질소질 비료에 대한 시비요규량은 생육하는 동안 한 달에 1,000sq.ft당 360~820g 정도로 필요로 한다(Pritchett 등. 1962).[390)]

Bermudagrass는 Triazine 제초제에 특히 견디지 못하며(Burt. 1964)[391)], 내음성(Shade Tolerance)도 또한 약하다(Burton 등. 1962, Schmidt 등. 1969).[392) 393)]

386) Burton, G. W., E. H. DeVane, and R. L. Carter, 1954. Root penetration, distribution and activity in southern grasses measured by yields, drought symptoms and P^{23} uptake. Agronomy Journal. 46 : 229－233.

387) Butler. G. D., and A. A. Baltensperger. 1963. The bermudagrass eriophyid mite. California turfgrass Culture. 13 : 9－11.

388) Freeman, T. E. 1958. Progress in disease problems. Proceedings of the University of Florida Turf Mangement Conference. 6 : 109－112.

389) Horn, G. C. 1967. Turfgrass variety comparisons. Proceedings of the Florida Turf－Grass Mangement Conference. 15 : 91－99.

390) Pritchett, W. L., and G. C. Horn. 1962. Turf fertilization research. Proceedings of the University of Florida Turf－Grass Management Conference. 10 : 209－215.

391) Burt, E. O. 1964. Tolerance of warmseason turfgrasses to preemergence herbicides : preliminary report. Proceedings of the soil and Crop Science Society of Florida. 24 : 137－141.

392) Burton, G. W., and E. E. Deal. 1962. Shade studies on southern grasses. Golf Course Reporter. 30 : 26－27.

393) Schmidt, R. E., and R. E. Blaser. 1969. Effect of temperature, light, and nitrogen on growth and metabolism of 'Tifgreen' bermudagrass(*Cynodon* spp.). Crop Science. 9 : 5－9.

2) 브레드레이 버뮤다그라스(Bradley Bermudagrass; *Cynodon bradleyi* Shent)

Bradley Bermudagrass는 섬세한 조직, 어두운 녹색, 털이 달린 잎을 가진 포복경인 잔디이다. 이는 중앙 아프리카의 저지대 골프장의 그린(Green)에 이용되는 품종이다.

3) 메이쥐니스 버뮤다그라스(Magennis Bermudagrass; *Cynodon Magennisii* Hurcombe)

Magennis Bermudagrass는 매우 섬세한 조직이며, 가는 줄모양의 지상 포복경(stolon)을 갖은 잔디이다. 이 품종은 Common Bermudagrass와 African Bermudagrass 사이에서 자연적으로 이루어진 잡종(Natural Hybrid)이다.

4) 아프리카 버뮤다그라스(African Bermudagrass; *Cynodon transvaalensis* Burtt-Davy)

African Bermudagrass는 Magennis Bermudagrass와 매우 흡사하며, 종종 연한 털이 달린 잎을 가진 부풀은 모양의 풀이 나타내는데 이는 여러 섬세한 조직을 갖는 잡종 버뮤다그라스의 변조의 하나인 것이다.

2.3 바이아 그라스(Bahiagrass)

학명 : *Paspalum notatum* Flugge

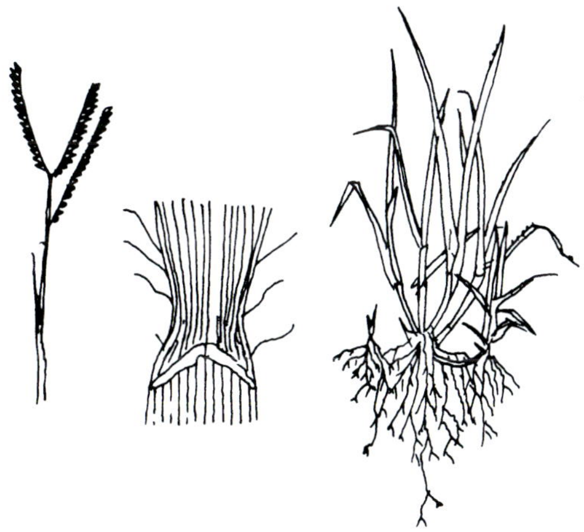

그림 2-10 Bahiagrass

① 유경속의 잎이 배열된 모양-둘둘 말린 구형
② 잎혀-얇은 막, 1mm길이, 끝이 잘린 원통형(truncate)
③ 잎귀-없는 형태
④ 경령-분열 조직대가 넓은 모양
⑤ 잎몸-편평한 것부터 접힌형까지 다양하며 4~8mm의 폭, 가장자리에서 기부까지 털이 있는 모양
⑥ 화서(Inflorescence)-2~3개 중 한 쪽만이 수상화서 같은 총상화서

Bahiagrass는 아열대 지역 및 미국의 동·남부지역이 원산지이며, 이는 다소 제한적이고 특수한 목적인 잔디로 이용되어진다. 각종 토양에 잘 적응하여 사질토, 약산성(pH 6.5~7.5), 비옥하지 않은 토양에서도 질 생육한다.

Bahiagrass는 주로 종자번식(種子繁殖, Seed Propagation)을 하며, 재질과 답압 등에 강하기 때문에 각종 운동경기장, 공원, 골프장, 페어웨이 및 도로면 길가 등에 이용이 적합하다.

예초 관리면에서 종종 크고 수많은 강인한 종자줄기(Seed Stalk)들을 제거하기 위하여 로터리 모아(Rotary Mower)로 예초하여 주어야 한다(Johnson. 1967).[394)]

Bahiagrass는 간혹 질병과 해충문제가 야기되기도 한다. 즉 Brown Patch 및 Dollar Spot가 때때로 해가 발생되고 있다. 땅강아지가 가장 일반적인 해충이다. 유기비소제(Organic Arsenicals), Simazine 및 Atrazine과 같은 잔디 제초제 등이 Bahiagrass에 상당한 피해의 원인이 되기도 한다(Burt. 1964).[395)]

질소질 비료에 대한 시비의 요구량은 생육도중 월 1,000sq.ft 당 45~181g을 필요로 한다(Engibous 등. 1958).[396)] 가을에 질소질 비료에 대한 시비는 특히 중요하며, 북더기잔디(Thatch)가 간혹 문제로 발생한다.

Bahiagrass는 짧게 포복경이나 지하 포복경으로 퍼지는 생육특성 때문에 다소 덤불형(tufted)으로 되는 경향이 있으며, 근계(Root System)은 올찬 그물모양으로 조악한고, 상당히 깊으며 매우 넓게 분포되어 있다. 품종으로는 도로변에 Pensacola가 각종 경기장 이용에는 Argentine이 적합하다(Burton. 1943, Burton 등. 1954, Laird. 1930).[397) 398) 399)]

24 세인트 어거스틴 그라스(St. Augustine grass)

학명 : *Stenotophrum secundatum* (Walt.) Kuntze.

① 유경속의 잎이 배열된 모양－포개져 겹친형

② 잎혀－모발형으로 0.3mm길이

394) Johnson, J. T. 1967. Managing bahiagrass for turf. M. S. Thesis University of Georgia pp. 1－61.

395) Burt, E. O. 1964. Tolerance of warmseason turfgrasses to preemergence herbicides : Preliminary report. Proceedings of the soil and Crop Science Society of Florida. 24 : 137－141.

396) Engibous, J. C., W. J. Friedman, Jr., and M. B. Gillis. 1958. Yield and quality of pangolagrass and bahiagrass as affected by rate and frequency of fertilization. Soil Science Society of American Proceeding. 22 : 423－425.

397) Burton, G. W., 1943. A comparison of the first years root production of seven southern grasses established from seed. Journal of the American society of Agronony, 35 : 192－196.

398) Burton, G. W., E. H. DEVANE, and R. L. CARTER, 1954. Root penetration, distribution and activity in southern grasses measured by yields, drought symptoms and P^{23} uptake. Agronomy Journal. 46 : 229－233.

399) Laird, A. S. 1930. A Study of the root system of some important sod－forming grasses. Florida Agricultural Experiment Station Bulletin 211. pp. 1－27.

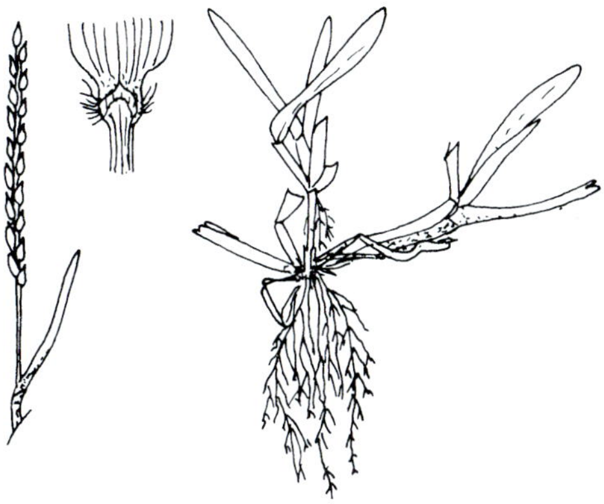

그림 2-11 St. Augustine grass

③ 잎귀－없는 형태

④ 경령－넓고 마디가 없으며, 잎몸의 기부에서 짧은 줄기까지 좁은 모양

⑤ 잎몸－편평, 4~10mm 폭, 짧고 굵은 선단

⑥ 화서(Inflorescence)－짧고 한 쪽만의 수상화서 같은 총상화서

St. Augustine grass는 아열대와 열대지방 걸쳐 정원용으로 폭 넓게 이용되는 난지형 잔디로서 재질이 거칠으나, 지상 포복경에 의한 번식이 강할 뿐만 아니라 그늘에도 아주 강한 특성을 갖고 있다(Burton 등. 1962).[400] St. Augustine grass는 길고 빽빽한 포복경에 의해서 강하게 퍼지는 품종으로서, 근계(Root System)는 섬유상이고 중간정도의 깊이를 갖는 형태이다(Laird. 1930).[401] 색조는 사람의 마음을 이끄는 Blue－Green 색조로 작은 초장을 갖으며, 밀도는 보통 정도로서 아주 조악한 재질을 보이는 것이 결점이다. 하지만 생육기간 중 수분 요구량이 매우 높아 자주 관개를 실시하여야 하고 내건조성, 내한성 등이 약한 단점도 있다. 우리나라에서는 아직 보급이 겨울의 저온으로 인해 불가능한 편이나 내한성 품종육성의 결과에 따라 가능성이 있기도 할 것이다.

번식은 주로 어린가지(Sprigs), 뗏장(Sod) 등과 같은 영양번식에 의존한다. 염색체수는 18, 27, 36개를 갖는다(Long & Bashaw. 1961).[402]

St. Augustinegrass의 강하게 퍼지는 특성으로 인하여 아주 잘 정착(Establishment)하는 결과를 갖게 된다(Gary. 1967).[403]

비록 Bermudagrass나 Zousiagrass보다 각종 환경 및 답압에 견디는 힘은 떨어지지만 이 St. Augustinegrass는 역시 빠른 회복능력을 갖는 특성이 있다.

St. Augustinegrass는 거의 모든 토양에 잘 견디는 편이지만, 특히 습하고 유기질 토양에서 잘 적응한다. 토양반응에 대한 토양산도의 적응범위는 pH 6.5~7.5 사이이며, 내음성(Shade

400) Burton, G. W., and E. E. Deal. 1962. Shade studies on southern grasses. Golf Course Reporter. 30 : 26－27.

401) Laird, A. S. 1930. A Study of the root system of some important sod－forming grasses. Florida Agricultural Experiment Station Bulletin 211. pp. 1－27.

402) Long, J., and E. C. Bashaw. 1961. Microsporogenesis and chromosome numbers in St. Augustinegrass. Crop Science. 1 : 41－43.

403) Gary. J. E. 1967. The vegetative establishment of four major turfgrasses and the response of stolonized 'Meyer' zoysiagrass(*Zoysia japonica* ver. Meyer) to mowing height, nitrogen fertilization, and light intensity. M. S. Thesis Mississippi State University. pp.1－50

Tolerance)에 아주 잘 견디는 초종이다.

예초고는 3.8~6.5cm가 가장 적합하다. Thatch발생은 특히 높은 수준의 시비량으로 인하여 심각한 문제로 나타난다(Pritchett. 1962).[404)]

St. Augustinegrass에 있어서 Brown patch, Gray Leaf Spot, Dollar Spot는 매우 심각한 병해로 나타날 수 있다(Zummo. 1958).[405)]

St. Augustinegrass는 유기비소제(Organic Arsenicals)와 2, 4-D와 같은 Phenoxy-Type 제초제 등은 내약력(耐藥力)이 없지만, Simazine과 Atrazine에 내약력이 있다(Burt. 1964~5).[406)]

25 센티피드 그라스(Centipedegrass)

학명 : *Eremochloa ophiuroides* (Munro) Hack.

그림 2-12 Centipedegrass

① 유경속의 잎이 배열된 모양-포개져 겹친 형

② 잎혀-얇은 막으로 0.5mm 길이로 선단에 짧은 털을 갖는 세모형

③ 잎귀-없는 형태

④ 경령-분얼조직대가 넓고, 마디가 없는 모양

⑤ 잎몸-편평, 3~5mm 폭, 매끄럽고, 기부를 향한 가장자리에 털이 있는 모양

⑥ 화서(Inflorescence)-단일의 수상화서 같은 총상화서

Centipedegrass는 St. Augustinegrass와 섬세한 조직을 갖는 것이 매우 흡사하지만, 잎몸이 잎집과 결합되는 곳에 반 뒤틀림이 없는 것이 특징이다. 생육은 늦으며, 지상 포복경을 갖는 난지형 잔디로서 매우 유용하게 이용된다.

Centipedegrass는 각종 토양조건에 폭 넓게 잘 적응되지만, 특히 습하여 산성토양 및 비옥도

404) Pritchett, W. L., and G. C. Horn. 1962. Turf fertilization research. Proceedings of the University of Florida Turf-Grass Management Conference. 10 : 209-215.

405) Zummo, N., and A. G. Plakidas. 1958. Brown patch of St. Augustinegrass. plant Disease Reporter. 42 : 114-147.

406) Burt, E. O. 1964. Tolerance of warmseason turfgrasses to preemergence herbicides : preliminary report. Proceedings of the soil and Crop Science Society of Florida. 24 : 137-141.

가 낮은 사질토양에서 잘 견딘다. 적정 예초고는 2.54~5.08cm정도, 시비수준은 1.50~2.97g/m^2/월 특히 철 성분의 공급은 황화현상(Chlorosis)을 방지하기 위하여 필요하다.

관개는 가뭄이 계속될 경우에 색조 및 생장유지에 필요하다. 품종 중 Oklawn은 가뭄과 고온 등에서 다른 품종보다도 더 잘 견딘다.

Centipedegrass는 종자번식(Seed Propagation) 및 영양번식(Vegetative Propagation) 둘 다 가능하지만, 종자에 의한 정착되는 비율이 매우 늦기 때문에 Sprigs, Plugs, Sod 등에 의해 번식이 대부분 이루어진다. 정착 및 회복비율은 Zoysiagrass를 제외한 대부분의 난지형 잔디에 비해서 아주 느리다(Gray. 1967, Hein. 1953).[407) 408)]

Centipedegrass는 내음성(Shade Tolerance)은 내음성이 강한 St. Augustinegrass와 매우 약한 Bermudagrass와 비교하여 중간 정도이다(Burton. 1962).[409)]

Centipedegrass의 토양반응을 보면 pH 4.5~5.5가 가장 적합하며, 침수, 염분 및 알칼리 토양에서는 매우 견디는 힘이 약하다(Horn. 1967).[410)]

Centipedegrass는 St. Augustinegrass 보다도 더 쉽게 철 부족현상을 보여주고 있으며(Bryon. 1933),[411)] 특히 질소시비 후에 일반적으로 황녹색을 보인다. 철부족(Iron Deficiency)을 방지하기 위하여 작은 양의 철 성분을 보충 하는것이 필요하다.

Ground Pearls로서 알려진 벌레는 계속 되풀이되어 발생하는 심각한 해충이 될 수도 있다(Horn. 1967).[410)]

Centipedegrass는 유기비소제 제초제에는 견디지 못하나 Simazine, Atrazine 및 Phenoxytype의 제초제에는 견디는 특성이 있다(Burt. 1964, 1965).[412) 413)]

---

407) Gary. J. E. 1967. The vegetative establishment of four major turfgrasses and the response of stolonized 'Meyer' zoysiagrass(*Zoysia japonica* ver. Meyer) to mowing height, nitrogen fertilization, and light intensity. M. S. Thesis Mississippi State University. pp.1－50.

408) Hein, M. A. 1953. Registration of varieties and strains of bermudagrass, Ⅱ.(*Cynodon dactylon* (L.) pers.). Tiffine bermudagrass(Reg. No.3). Agronomy Journal. 45 : 572－573.

409) Burton, G. W., and E. E. Deal. 1962. Shade studies on southern grasses. Golf Course Reporter. 30 : 26－27.

410) Horn, G. C. 1967. Turfgrass variety comparisons. Proceedings of the Florida Turf－Grass Mangement Conference 15 : 91－99.

411) Bryon, O. C. 1933. Yellowing of centipede grass and its control. Florida Agricultural Experiment Station press Bulletin 450. pp. 1－2.

412) Burt, E. O. 1964. Tolerance of warmseason turfgrasses to preemergence herbicides : preliminary report. Proceedings of the soil and Crop Science Society of Florida. 24 : 137－141.

413) Burt, E. O. 1965. Warmseason turfgrasses and preemergence herbicides. Golf Course Reporter. 33(3) : 54－56.

2.6 카페트 그라스(Carpetgrass)

학명 : *Axonopus* Beauv

Carpetgrass는 약 70여종이 있으나, 잔디로서는 Common carpet grass와 Tropical carpetgrass가 주로 이용된다.

(1) 종류

1) 코먼카페트 그라스(Common Carpetgrass : *Axonpus affinis* Chase)

그림 2-13 Common carpetgrass

① 유경속의 잎이 배열된 모양－포개져 겹친형
② 잎혀－1mm 길이로 기부의 가장자리에 털을 갖는 세모형
③ 잎귀－없는 형태
④ 경령－좁은 형태로 마디가 없으며 간혹 털을 갖는 모양
⑤ 잎몸－4~8mm 폭, 뾰족한 끝 가까이에 짧은 털을 갖는 모양
⑥ 화서－셋 수상화서의 총상화서

Common Carpetgrass는 재질이 거칠며, 생육이 늦은 엷은 녹색을 띤 난지형 잔디로서 지상포복경과 종자로 번식된다. 열대지방 및 따뜻한 아열대 기후에 적응된 초종이다.

Common Carpetgrass는 비옥도가 낮으며 습하고 사질 및 산성토양에 적응이 잘 되며, 종자번식에서도 빠른 정착과 재배조건이 까다롭지 않기 때문에 도로변 및 각종 잔디이용에 이용되고 있다. 특히 가파른 경사지 토양의 고정(Soil Stabilization)에 적당하다.

Common Carpetgrass의 적정 예취고는 2.54~5.08cm가 적당하며, 여름동안에 보이지 않는 종자이삭을 잘라내기 위하여 로타리 모아(Rotary Mower)를 사용하여야 한다. 질소질 비료의 시비수준은 2.97g/m^2/년 정도 및 그 이하 수준이다. 관개는 배수가 잘 되는 토양에서 이 잔디를 유지관리하기 위하여 필요로 한다.

Carpetgrass는 낮게 자라는 포복경에 의해서 쉽게 퍼지고 마디에서 쉽게 뿌리가 내려 밀집된 뗏장을 형성한다. 뿌리는 다른 난지형 잔디와 비교해 볼 때 매우 얕게 분포되어 있다(Burton. 1943, 1954).[414)415)]

Carpetgrass는 따뜻하고 습기있는 지역에 주로 적응 되어진 다년생 난지형 잔디로서 저온에 대한 견디는 힘은 극히 약하다. 그런 특성으로 인하여 가뭄에 견디는 힘(Drought Tolerance)이 상대적으로 다른 난지형 잔디에 비해서 약하다(Burton. 1954).

Carpetgrass의 토양반응을 보면 pH가 4.5~5.5 사이에서 가장 잘 자라며, 습한토양을 더 좋아하지만 물에 잠기 토양조건에서는 잘 자라지 못한다. 내염성(Salt Tolerance)도 약하다. 특히 종자에 의한 정착이 쉽고, 척박한 산성토양에 적응하는 힘이 강해서 가파른 경사지 또는 도로변에 토양침식(Soil Erosin)을 방지하기 위하여 이용된다.

2) 아열대 카페트 그라스(Tropical carpetgrass : *Axonopus compressus*(Swarty) Beauv.)

외관 및 환경적응면에서 Common Carpetgrass와 비슷하지만 저온에 견디는 힘이 약해서, 다습한 아열대 및 열대기후에만 극히 제한되고 있다.

27 버팔로 그라스(Buffalograss)

독명 : Buffalogras, 학명 : *Buchlöe dactyloides*(Nutt.) Engelm.

Buffalograss는 섬세한 재질을 가진 회녹색(grayish green)의 포복경형으로 온대 및 아열대 기후 지역의 비가 적은 곳에 잘 생육되는 다년생 난지형 잔디이다.

① 유경속의 잎이 배열된 모양－둘둘 말린 구형

② 잎혀－가장자리의 털, 0.5~1mm 길이

③ 잎귀－없는 형태

414) Burton, G. W. 1943. A Comparison of the first years root production of seuen southern grasses established from see. Journal of the American Society of Agronomy. 35 : 192－196.

415) Burton, G. W., E. H. DEVANE, and R. L. CARTER, 1954. Root penetration, distribution and activity in southern grasses measured by yields, drought symptoms and P^{23} uptake. Agronomy Journal. 46 : 229－233.

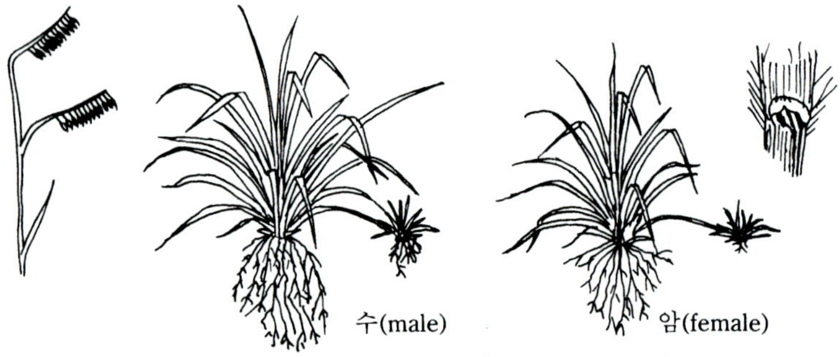

그림 2-14 Buffalograss

④ 경령 – 넓고 마디가 없으며, 긴털

⑤ 잎몸 – 편평, 1~3mm 폭, 양 표면에 여기저기 산재되어 있는 긴털이 있는 모양

⑥ 화서 – 자웅이체(Dioecious), 암술만의 이삭(Pistillate Head), 2~3개 작은 수상화서

Buffalograss는 각종 토양조건에 잘 적응하는 잔디로 특히 가뭄과 고온에 잘 견디는 특성이 있어 비가 적은 지역에 관개하지 않는 잔디용으로 이용되어진다.

예초고는 1.3~3mm 정도로 수직생장이 느리고 때문에 이따금씩 예초한다. 질소시비 수준은 0.74~2.97g/m^2/년 정도이고, 관개는 잔디 유지상 최소 수준이기 때문에 전혀 실시하지 않는다.

Buffalograss는 수많은 포복경에 의하여 빈틈없이 꽉 찬 뗏장을 형성하면서 영양번식을 한다. 근계(Root System)는 다소 얕게 분포되어 있다(Chamrod. 1965).[416] 번식(Propagation)은 종자 및 영양번식이 가능하지만 종자생산량이 매우 적기 때문에 주로 영양번식에 의하여 주로 정착되어 왔다(Savage. 1933).[417]

Buffalograss는 가뭄에 대한 저항력이 매우 좋은데 이는 가장 두드러진 특징 중의 하나이나 (Savage. 1935)[418], 그늘에 대한 적응력은 아주 약하다(Elder. 1954).[419]

Buffalograss는 각종 토양조건에 잘 적응되며, 특히 알칼리 토양에도 상당히 견디는 힘이 강하다. 또한 침수(浸水)에 대하여도 매우 강한 반응을 보인다(Porterfield. 1945).[420]

416) Chamrod, A. D., and T. W. Box. 1965. Drought associated mortality of rang grasses in south Texas Ecology. 46 : 780 – 785.

417) Savage, D. A. 1933. Buffalograss for fairways in the plains states. USGA Green Section Bulletin. 13 : 114 – 149.

418) Savage, D. A., and L. A. Jacobson. 1935. The killing effect of heat and drought on buffalograss and blue grama grass at Hays, Kansas, Journal of the American Society of Agronomy. 27 : 566 – 582.

419) Elder, W. C. 1954. Turfgrasses, their development and maintenance in Oklahoma. Oklahoma Agricultural Experiment Station Bulletin No. B – 425. pp. 1 – 32.

420) Forterfield, H. G. 1945. Survival of buffalograss following submersion in playas. Ecology. 26 : 98 – 100.

Buffalograss는 온화하고 비가 적은 지역에 관개하지 않는 잔디초지, 공원, 운동경기장, 묘지, 도로변 및 비행장 등의 이용에 널리 이용된다(Dudeck & Young. 1968).[421)]

특히 재배상 낮은 밀도를 요하며, 예초고는 1.3~3cm 정도가 잔디이용으로 적정 수준이다.

2.8 그라마 그라스류(Gramagrasses)

독명 : Haarschotengras, 학명 : *Boutelova* Lag.

Gramagrasses는 아열대 기후지역에 주로 비가 적은 지방에서 재배되는 것으로 약 50종이 있다. 마른 잔디초지에서 생육되는 몇 가지 품종 중에서 Blue grama(*Boutelova gracilis*)와 sideoats grama(*Boutelova curtipendula*) 등이 있다.

(1) 종류

1) 블루 그라마(Blue grama, *Boutelova gracilis*(H.B.K) Lag. ex Steud.)

Blue grama는 섬세한 재질을 갖으며 회녹색(grayish green)을 띤다. 매우 약하게 지하경을 갖으며, 비가 적은 지역에서 관개하지 않는 잔디초지나 도로변에서 이용할 수 있는 중요한 잔디이다.

그림 2-15 Blue grma

① 유경속의 잎이 배열된 모양－포개져 겹친 형
② 잎혀－가장자리의 털이 많으며, 0.1~0.5mm 길이
③ 잎귀－없는 형태
④ 경령－넓고 마디가 없으며 긴털을 갖은 모양
⑤ 잎몸－이랑처럼 편평한 형, 잎이 말린 모양, 1~2mm 폭
⑥ 화서－하나~셋 정도의 비틀어진 수상화서(curled spikes)

Blue grama는 고온과 가뭄에 견디는 힘이 매우 강하다(Savage. 1935, Weaver. 1943).[422) 423)]

421) Dudeck, A. E., & J. O. Young. 1968. Establishment & use of turf & other ground covers. 1967. Annual Report of the Nebraska Highway Research Project. 1. Progress Report 62. pp. 1－25.

422) Savage, D. A., and L. A. Jacobson. 1935. The killing effect of heat and drought on buffalograss and blue

Blue grama는 난지형 초종이지만, 저온에 견디는 힘이 강하여 서늘하고 비가 적은 지역에 많이 이용되기도 한다.

번식은 주로 종자에 의하여, 염색체수는 28, 35, 42, 61과 77개라고 한 바 있으며, 정착은 아주 쉽고 이루어 질 수 있다(Fults. 1942). 적정예초고는 5~7.5cm이며, 지금까지 개발된 잔디형의 변종은 없지만, 사초(飼草)로 개발된 품종은 많다.

2) 사이드오트 그라마(Sideoats Grama : *Boutelova curtipendula*(Michx) Torr)

Sideoats Grama는 Blue grama 보다 더 많이 분포되어 있지만, 극심한 가뭄에 Blue grama보다 약하다. 이런 이유로 해서 비가 적은 지역에서의 하등잔디로서 이용은 덜 바람직스럽다. 이 두 종의 모습은 거의 비슷하지만, 엽아형(Vernation)은 둥근형이고 좀 더 길며 잎몸 표면의 adaxial에 따라서 털이 흩어져 있다.

Sideoats Grama는 북미의 비가 적은 대초원 지대(great plains)가 원산지로서 다년생이며 난지형 잔디로서, 짧고 비늘모양의 지하경을 가진 직립형(Erect type)이다. 이 다발형 생육은 Blue Grama와 비교하여 상대적으로 약한 뗏장을 형성할 뿐만 아니라 더 조악하고 키가 더 크다.

잎은 대체적으로 아주 많은 털을 갖고 있으며, 근계는 상당히 넓게 옆으로 퍼지고, 섬유상과 많은 잔뿌리를 가지고 있다. 지하경은 일반적으로 강하게 뻗치는 양상이 아니기 때문에 수평으로 퍼지는 비율이 약하다.

염색체수는 28, 35, 40, 42, 45, 56, 70과 98개로 나타나 보인다(Fults. 1942).[424] 지금까지 개발된 잔디형의 변종은 없지만, 사초(Forage Crop) 이용을 위해 육종개량된 것은 많으며, 간혹 이것은 잔디용 목적으로 이용되어 지기도 한다.

---

gama grass at Hays, Kansas. Journal of the American Society of Agronomy. 27 : 566 – 582.

423) Weaver, J. E. and F. W. Albertson. 1943. Resurvey of grasses, forbs and underground plant parts at the end of the great drought. Ecological Monographs. 13 : 63 – 117.

424) Fults, J. L. 1942. Somatic Chromosome complements in Bouteloua American Journal of Botany. 29 : 45 – 55.

제 3 장

잔디초지류의 각종 특성과 생육환경

3.1 각종 잔디초지류의 특성(特性)

Turfgrasses는 여러 가지의 고려해야 할 사항들을 기초로 하여 잔디초지를 조성함은 물론, 그 환경에 적당한 초종을 선발하는 것이 중요하다.

(1) 정착활력도(Establishment Vigor)

잔디초지를 처음 조성할 때에 급속하게 정착되는 것이, 견고한 토양과 조성 후의 관리를 최소화 하는 것이 가장 바람직하다.

특히 잔디초지 조성지의 전체적인 활용과 계속적인 유지상태 및 잔디의 재질이 정착활력도에 관여하고 있다.

일반적으로 가장 많이 이용되고 있는 난지형잔디초지류(Warm Season Turfgrasses) 및 한지형(Cool Sesaon Turfgrasses) 잔디초지류를 6종씩 비교하여 보면 다음과 같다.

표 3-1 주요 잔디초지류의 정착활력도(Establishment Vigor)

한지형 잔디류		난지형 잔디류
Perennial ryegrass	빠름(fast) ↑	Bermudagrass
Tall fescue		St. Augustinegrass
Fine Fescue		Bahiagrass
Creeping bentgrass		Centipedegrass
Colonial bentgrass		Carpetgrass
Kentucky bluegrass	↓ 늦음(slow)	Zoysiagrass

예를 들면, Perennial ryegrass는 일반적으로 발아율(Germination Rate)이 7일정도로 빠르지만, Kentucky bluegrass는 18일정도 늦다.

(2) 잎 질감(Leaf texture) 및 새싹 밀도(Shoot Density)

Turfgrasses에서 잎 조직과 새싹이 나온는 밀도는 종종 잔디 품종 선발에 이용되는 특징이라 할 수 있다.

표 3-2 주요 잔디초지류의 잎 조직(Leaf Texture)

한지형 잔디류		난지형 잔디류
Tall fescue	조악함(coarse)	Carpetgrass
Perennial ryegrass	↑	St. Augustinegrass
Kentucky bluegrass		Bahiagrass
Colonial bentgrass		Centipedegrass
Creeping bentgrass	↓	Zoysiagrass
Fine Fescue	미세하고 감촉이 좋음(fine)	Bermudagrass

표 3-3 주요 잔디초지류의 새싹 발생밀도(Shoot Density)

한지형 잔디류		난지형 잔디류
Creeping bentgrass	높음(high)	Bermudagrass
Colonial bentgrass	↑	Zoysiagrass
Fine Fescue		St. Augustinegrass
Kentucky bluegrass		Centipedegrass
Perennial ryegrass	↓	Carpetgrass
Tall fescue	낮음(low)	Bahiagrass

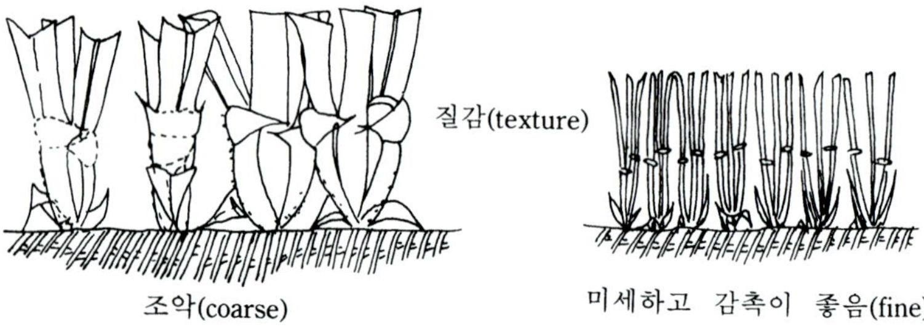

그림 3-1 잔디잎의 질감 비교

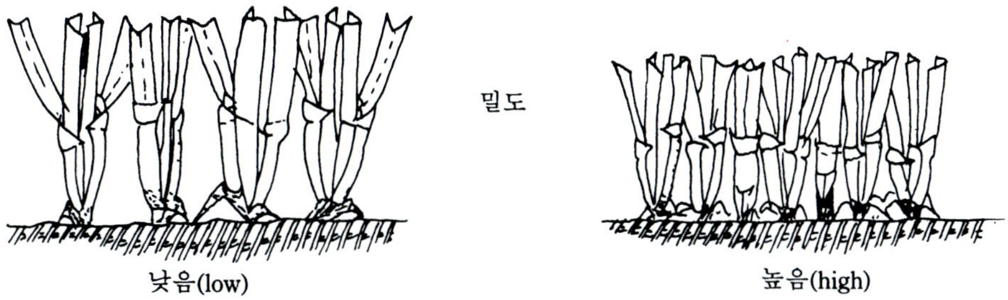

그림 3-2 새싹밀도(Shoot Density)의 비교

(3) 저온(Cold Tolerance) 및 더위(Heat Tolerance)에 견디는 힘

한지형과 난지형 잔디류는 일반적으로 그들 각각의 기후지대(氣候地帶)에 의해 분류되지만, 온도와 습기의 견디는 힘이 폭 넓은 변화를 보인다.

표 3-4 주요 잔디초지류의 저온에 견디는 힘(Cold Tolerance)

한지형 잔디류	강함(high) ↑ … ↓ 약함(low)	난지형 잔디류
Creeping bentgrass		Zoysiagrass
Kentucky bluegrass		Bermudagrass
Colonial bentgrass		Bahiagrass
Fine Fescue		Centipedegrass
Tall fescue		Carpetgrass
Perennial ryegrass		St. Augustinegrass

예를 들면, Creeping bentgrass는 한지형 잔디류 중에서 현저하게 저온에 잘 적응하지만, Tall fescue 및 Perennial rygrass는 동일한 기후조건 하에서 매우 약한 반응을 보이고 있다. 특히 Zoysiagrass 중 한국잔디(*Z. japonica*)는 아북극 기후에서도 살아남을 수 있을 정도로 저온에 강하다.

표 3-5 주요 잔디초지류의 더위에 견디는 힘(Heat Tolerance)

한지형 잔디류	강함(high) ↑ … ↓ 약함(low)	난지형 잔디류
Tall fescue		Zoysiagrass
Creeping bentgrass		Bermudagrass
Kentucky bluegrass		Carpetgrass
Colonial bentgrass		Centipedegrass
Fine Fescue		St. Augustinegrass
Perennial ryegrass		Bahiagrass

예를 들면, 난지형 잔디류가 더위에 견디는 힘은 일반적으로 한지형 잔디류보다 더 강하지만, 한지형 잔디류 중 Tall Fescue는 Perennial Ryegrass 보다도 훨씬 더위와 하고현상(夏枯現象)에 견디는 힘이 강하다.

특히 난지형 잔디류 중 몇 종은 녹색유지를 위하여 한 종 또는 그 이상의 한지형 잔디류를 매년 추파(Overseed)되어져야 한다. 이는 서늘한 계절동안에 푸르른 잔디초지 위에서 각종 운동경기를 즐기고자 하는 인간의 욕망은 다소 해결할 수 있기 때문이다.

(4) 가뭄에 견디는 힘(Drought Tolerance)

잔디의 가뭄에 견디는 힘은 불충분한 강우량(Inadequate Rainfall)이 장기간 동안에 필요로 하는 관개(灌漑)를 공급할 수 없는 곳에서 잔디초종을 선발하는데 가장 중요한 판단기준이 된다.

표 3-6 주요 잔디초지류의 가뭄에 견디는 힘(Drought tolerance)

한지형 잔디류	강함(high) ↑	난지형 잔디류
Fine Fescue		Bermudagrass
Tall fescue		Zoysiagrass
Kentucky bluegrass		Bahiagrass
Perennial ryegrass		St. Augustinegrass
Colonial bentgrass		Centipedegrass
Creeping bentgrass	↓ 약함(low)	Carpetgrass

예를 들면, 한지형 잔디류의 적응지대 범위에서 Fine Fescues는 서늘한 지역에서 가뭄에 대한 적응성이 매우 강한 반면에 Tall Fescue는 조금 더 따뜻한 지역에서 접합하다.

Bentgraasses는 특히 온도가 높을 때 건조한 기간에 가뭄에 견디는 힘이 매우 약하기 때문에 잦은 관개에 높이 의존하고 있다.

난지형 잔디류는 장기간에 걸친 가뭄이 계속되는 동안 녹색을 상실할지 모르지만, 적응되어진 지역 안에서 보통 살아남게 된다.

(5) 내음성

잔디의 재질 저하요인 중 가장 자주 발생되는 원인 중 하나가 그늘이다.

Kentucky Bluegrass 뗏장으로 정착되어진 많은 잔디초지의 경우에 있어서 잡초가 자주 만연되며, 단순히 나무밑과 임간초지(林間草地) 및 건물의 그늘지역에서 죽은 잔디가 자주 발생된다. 그러므로 Kentucky Bluegrass와 Fine Fescue의 혼파조합이 과거와 같이 많이 이용되지는 않지만, Kentucky Bluegrass가 적응하는데 제한요인이 되고있는 불충분한 일광조건이 되는 곳에서는 그늘에 강한 Fine Fescue가 아직까지도 중요한 혼파초종(混播草種)으로 사용되어진다.

표 3-7 주요 잔디초지류의 내음성(Shade Tolerance)

한지형 잔디류	강함(high)	난지형 잔디류
Fine Fescue	↑	Zoysiagrass
Colonial bentgrass		Bermudagrass
Tall fescue		Carpetgrass
Creeping bentgrass		Centipedegrass
Kentucky bluegrass		St. Augustinegrass
Perennial ryegrass	↓	Bahiagrass
	약함(low)	

예를 들면, 난지형 잔디류 중 Bermudagrass는 실제적으로 내음성이 없으나, St. Augustinegrass는 아주 내음성이 강한 편으로 가정 정원용 잔디와 그늘을 갖는 환경하의 잔디초지에 많이 이용된다.

(6) 토양산도에 대한 적응성(Soil Acidity Tolerance)

토양산도반응은 토양의 결합체나 잔디생육을 위한 적절한 토양반응을 제공할 석회(Lime) 등의 토양개량제(Soil Conditioner) 시용에 따라서 조절될 수 있다. 그렇지만, 이것은 밀도가 낮은 재배지의 광대한 잔디초지 조성지에서 실행할 수 없을지도 모른다. 그러므로 토양산도(Soil Acidity)는 어떠한 잔디를 식재(植栽)할 것인가를 판정하는 매우 중요한 결정요소가 될 수 있다.

표 3-8 주요 잔디초지류의 토양산도 적응성(Soil Acidity Tolerance)

한지형 잔디류	강함(high)	난지형 잔디류
Tall fescue	↑	Carpetgrass
Fine Fescue		Centipedegrass
Colonial bentgrass		Bermudagrass
Creeping bentgrass		Zoysiagrass
Perennial ryegrass		St. Augustinegrass
Kentucky bluegrass	↓	Bahiagrass
	약함(low)	

예를 들면, Fescue와 Bentgrasses는 Bluegrass와 Ryegrass 보다도 더 산성토양에 견디는 힘이 강하다. 난지형 잔디류에서는 Carpetgrass와 Centipedegrass도 모두 산성토양에 강하여 잘 적응한다.

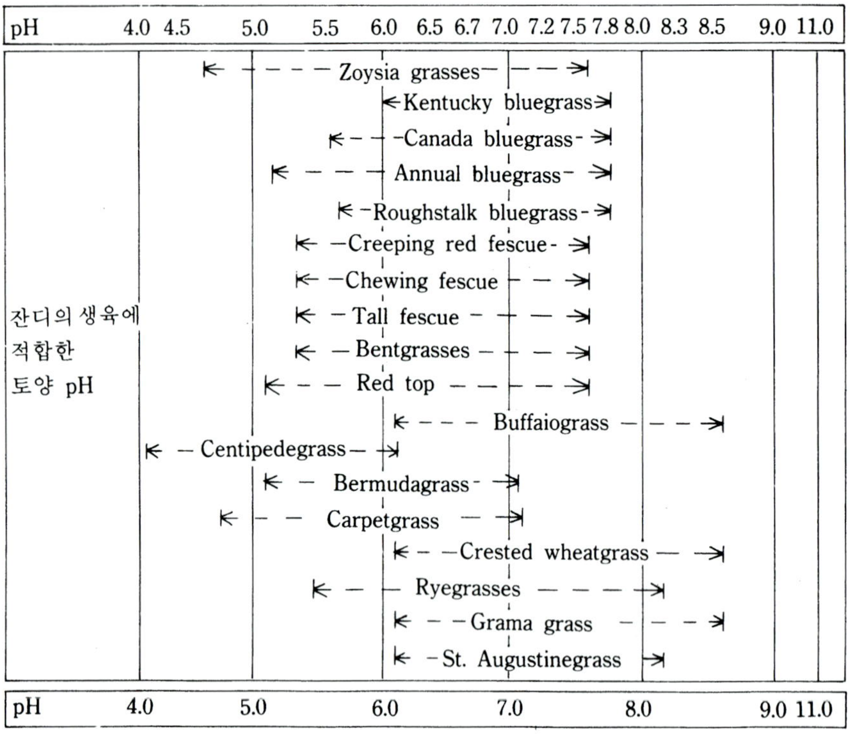

그림 3-3 주요 잔디(18종)의 생육과 토양 pH와의 관계

표 3-9 골프코스에 적합한 토양 화학성(土壤化學性)

항목 \ 지역		그린 (green)	티 (tee)	페어웨어 (fairway)	라프 (rough)
$pH(H_2O)$		6.0~7.0	5.5~7.0	5.5~7.0	5.5~7.0
부식 (%)		2~4% 이하	2~4	2~4	3~6
전질소(T－N) (%)		0.1~0.2	0.2~0.3	0.2~0.5	0.2~0.5
유효태 인산(Bray No. 2mg/100g)		50~100	30~100	30~50	30~50
치환성 염 기 (me/100g)	칼리(K)	0.5~1.0	0.8~1.5	0.8~1.5	0.8~1.5
	칼슘(Ca)	3.8~7.6	3.8~11.4	7.6~15.2	7.6~15.2
	마그네슘(Mg)	1.6~3.2	1.6~4.8	2.4~4.8	2.4~4.8
염기치환용량(me/100g)		5~10	5~15	10~20	10~20
염기포화도 (%)		50% 이상	60% 이상	60% 이상	60% 이상
E.C 전기전도도(傳導度, mmho)		0.2 이하	0.5 이하	0.5 이하	0.5 이하

(7) 침수에 견디는 힘(Submersion Tolerance)

잔디류는 간혹 범람원(Flood Plains)이나 물속에 잠시 동안이나마 침수(浸水, Inundation)되

는 곳의 경사지 등에 식재되어 지기도 한다.

표 3-10 침수에 견디는 힘(Submersion Tolerance)

한지형 잔디류	강함(high)	난지형 잔디류
Creeping bentgrass	↑	Bermudagrass
Tall fescue		Bahiagrass
Colonial bentgrass		St. Augustinegrass
Kentucky bluegrass		Carpetgrass
Perennial ryegrass		Zoysiagrass
Fine Fescue	↓	Centipedegrass
	약함(low)	

예를 들면, Kentucky bluegrass와 Zoysiagrass는 종종 침수 피해가 발생하지만 Creeping Bentgrass는 아주 홍수에 견디는 힘이 강하며, Tall Fescue는 도로변을 따라서 배수구 주변에 이용을 위하여 유익하다. 난지형 잔디류 중에서 Bermudagrass나 Bahiagrass는 침수에 견디는 힘이 현저하게 강하다.

(8) 염분에 대한 견디는 힘(Salinity Tolerance)

간선도로나 인도를 따라 종종 칼슘(calcium)과 염화나트륨(sodium chloride)이 눈이나 얼음을 녹이기 위하여 사용된다. 그 결과로 인하여 염이 흘러 내려가 인접한 잔디를 죽게 한다. 잔디초지에 관개되어지는 어떤 관개수(Irrigation Water)는 염함량이 높은 것이 있는데, 이는 관개되어지는 잔디초지가 염분을 소유하는 토양(Saline Soil)이 된다.

건조한 기후에서는 잔디의 증발(Evaporation)과 증산(Transpiration) 작용으로 해서 물이 위쪽으로 움직이게 되어 토양표면에 염분이 이동하게 된다.

잔디가 염분에 견디는 힘은 초종 및 재배요인(Cultural Factors)에 따라서 변화한다.

표 3-11 주요 잔디류의 염분에 견디는 힘(Salinity Tolerance)

한지형 잔디류	강함(high)	난지형 잔디류
Creeping bentgrass	↑	Bermudagrass
Tall fescue		Zoysiagrass
Perennial ryegrass		St. Augustinegrass
Fine Fescue		Bahiagrass
Kentucky bluegrass		Carpetgrass
Colonial bentgrass	↓	Centipedegrass
	약함(low)	

예를 들면, 한지형 잔디류 중 Creeping bentgrass와 Tall fescue는 내염성이 좋고, 난지형 잔

디류 중 Bermudagrass, Zoysiagrass, St. Augustinegrass들은 염분토양에 아주 강하다.

(9) 예초고에 대한 적응력(Mowing Height Adaption)

높은 예초고(刈草高)에 적응되어진 잔디들은 낮은 예초고를 실시하게 되면 만족하지 못하고 그 반대로 낮은 예초고에 적응된 잔디류는 각종 환경에 대한 자극, 질병, 잡초의 침입 등 높은 예초고 하에서 빨리 재질이 떨어지게 된다.

표 3-12 주요 잔디류의 예초고 적응력(Mowing Height Adaptation)

한지형 잔디류	높음(high) ↕ 낮음(low)	난지형 잔디류
Tall fescue		Bahiagrass
Fine Fescue		St. Augustinegrass
Perennial ryegrass		Carpetgrass
Kentucky bluegrass		Centipedegrass
Colonial bentgrass		Zoysiagrass
Creeping bentgrass		Bermudagrass

예를 들면, Tall Fescus는 5cm나 그 이상으로 예초될 때 만족스런 상태가 되지만, 2.5cm나 그 이하일 경우는 질감이 저하된다. Creeping Bentgrass는 0.6cm 이하의 예초고에 잘 적응되지만, 2.5cm 이상의 예초시는 모양 없이 부풀어 오른 상태가 된다.

(10) 예초에 따른 품질(Mowing Quality Range)

예초에 따른 잔디 재질은 잔디류 초종에 따라서 많은 변이를 보이고 있다.

표 3-13 주요 잔디초지류의 예초에 따른 품질반응(Mowing Quality Range)

한지형 잔디초지류	좋음(good) ↕ 나쁨(poor)	난지형 잔디초지류
Kentucky bluegrass		St. Augustinegrass
Colonial bentgrass		Bermudagrass
Creeping bentgrass		Centipedegrass
Tall fescue		Carpetgrass
Fine Fescue		Zoysiagrass
Perennial ryegrass		Bahiagrass

즉 Perennial Ryegrass와 Bahiagrass의 잎은 예초에 견디는 단단한 유관속(Vascular Bundles)을 가지고 있다.

표 3-14 주요 잔디초지류의 뗏장(Sod) 생산을 위한 예초깊이(Cutting Depths)

상대예초길이 (relative cutting depth)	예초길이 (cutting depth, in*)	잔디초지류
얕음(shallow)	0.3~0.6	Bentgrass
중간(medium)	0.5~0.8	Kentucky bluegrass Bermudagrass Zoysiagrass
두꺼움(thick)	0.7~1.0	Red fescue Tall fescue Meadow fescue
매우 두꺼움(very thick)	0.8~1.3	St. Augustinegrass Bahiagrass Centipedegrass Perennial ryegrass

* 지표면으로부터 측정된 수치(inch).

표 3-15 각종 잔디초종(25종)에서 3.8cm(1.5in)의 예초시 잎의 질감의 비교

질감(texture)	엽폭(leaf width), 단위(mm)	각종 잔디초지류
최상(very fine)	<1	Sheep fescue Pennlawn red fescue Chewings fescue Velvet bentgrass
상(fine)	1~2	Emerald zoysiagrass Rough bluegrass Tiffine bermudagrass Norlea perennial ryegrass
중간(medium)	2~3	Astoria colonial bentgrass Toronto creeping bentgrass U－3 bermudagrass Merion Kentucky bluegrass Aunnal bluegrass Meyer zoysiagrass Buffalograss
조악(coarse)	3~4	Meadow fescue Itlian ryegrass Redtop Timothy Centipedegrass

아주 조악(very coarse)	>4	Kentucky 31 tall fescue Kikuyugrass St. Augusrinegrass Bahiagrass Carpetgrass

(11) 비료 요구량(Fertility Requirement Range)

Creeping bentgrass와 Bermudagrass는 만족스러운 생육과 밀도를 위하여 꽤 높은 수준의 시비요구량을 필요로 한다. 반대로 Fine fescues와 Bahiagrass는 낮은 수준의 시비량에 잘 적응되지만, 과도한 시비는 심한 잡초발생과 병충해를 유발시킨다.

표 3-16 주요 잔디초지류의 시비요구량(Fertility Requirement Range)

한지형 잔디초지류	높음(high) ↕ 낮음(low)	난지형 잔디초지류
Creeping bentgrass Colonial bentgrass Kentucky bluegrass Perennial ryegrass Tall fescue Fine Fescue		Bermudagrass St. Augustinegrass Zoysiagrass Centipedegrass Carpetgrass Bahiagrass

(12) 내병성(Disease Potential)

질병에 걸리기 쉬운 것은 특히 특별한 부지(敷地)에 사용을 위하여 잔디품종을 선발하는데 있어서 고려되어져야 한다. 질병에 대한 발생이 높은 가능성을 갖는 잔디초지류는 종종 여러 가지의 살균제(Fungicide, Germicide)의 처리를 요한다.

표 3-17 주요 잔디초지류의 질병 가능성(Disease Potential)

한지형 잔디초지류	높음(high) ↕ 낮음(low)	난지형 잔디초지류
Creeping bentgrass Colonial bentgrass Fine Fescue Kentucky bluegrass Perennial ryegrass Tall fescue		St. Augustinegrass Bermudagrass Zoysiagrass Carpetgrass Bahiagrass Centipedegrass

예를 들면, 짧게 예초된 Creeping bentgrass와 Bermudagrass는 Dollar spot, Brown patch 및 다른 질병들의 발생을 방지하기 위하여 살균제 살포가 요구된다. Tall fescue와 Centipedegrass는 비교적 발생률이 낮다.

(13) 북더기잔디인 대취 발생률(Thatching Tendency)

Creeping Bentgrass와 Bermudagrass를 포함한 몇 개의 잔디 초종은 과도한 북더기잔디의 축적이 될 수 있는데, 이는 많은 요인들로부터 급격히 재질을 저하시켜 잔디를 병에 걸리기 쉽게 만든다.

대취(Thatch)는 간혹 Tall Fescus와 Bahiagrass 잔디에 문제가 되고 있다.

표 3-18 주요 잔디초지류의 대취 발생추세(Thatching Tendency)

한지형 잔디초지류	높음(high) ↑ ↓ 낮음(low)	난지형 잔디초지류
Creeping bentgrass		Bermudagrass
Colonial bentgrass		St. Augustinegrass
Kentucky bluegrass		Zoysiagrass
Fine Fescue		Centipedegrass
Perennial ryegrass		Carpetgrass
Tall fescue		Bahiagrass

(14) 내구성에 대한 저항력(Wear Resistance)

각종 운동경기장, 골프장의 Green, Tee 및 Fairway 등과 같이 집중적인 재배를 요하는 잔디초지는 답압(Traffic)의 내구력과 피해로부터 빨리 회복되는 능력 등이 매우 중요하다.

표 3-19 주요 잔디초지류의 내구성에 대한 저항력(Wear Resistance)

한지형 잔디초지류	강함(high) ↑ ↓ 약함(low)	난지형 잔디초지류
Tall fescue		Zoysiagrass
Perennial ryegrass		Bermudagrass
Kentucky bluegrass		Bahiagrass
Fine Fescue		St. Augustinegrass
Creeping bentgrass		Carpetgrass
Colonial bentgrass		Centipedegrass

예를 들면, Tall Fescue는 한지형 잔디류 중에서 가장 내구력이 강한 초종이지만, 낮은 예초(刈草), 높은 시비수준 등의 재배적인 높은 강도에 적응성이 낮기 때문에 경기장 잔디로 적합하다.

표 3-20 각종 잔디초지류(17종)가 적응되는 지역에서 생장할 때 상대 내구력 비교

상대 내구력(Relative Wear Tolerance)	잔디초종(Turfgrass Species)
매우좋음(excellent)	Zoysiagrass
좋음(good)	Bermudagrass
	Bahiagrass
	Tall fescue
중간(medium)	Perennial ryegrass
	Kentucky bluegrass
	Meadow fescue
	Canada bluegrass
	Red fescue
	St. Augustinegrass
나쁨(poor)	Carpetgrass
	Creeping bentgrass
	Redtop
	Colonial bluegrass
	Centipedegrass
아주나쁨(very poor)	Timothy
	Rough bluegrass

(15) 회복력(Recuperative Capacity)

Kentucky Bluegrass나 Perennial Ryegrass는 상당히 내구성(耐久性)에 대한 저항력이 있다. 또한 Kentucky Bluegrass의 경우 회복력이 좋으며, 그 뿐만아니라 높은 재배강도에도 적절히 잘 적응되고 있다.

표 3-21 주요 잔디초지류의 회복력(Recuperative Capacity)

한지형 잔디초지류		난지형 잔디초지류
Creeping bentgrass	강함(high) ↑	Bermudagrass
Kentucky bluegrass		Zoysiagrass
Tall fescue		St. Augustinegrass
Perennial ryegrass		Bahiagrass
Fine Fescue		Carpetgrass
Colonial bentgrass	↓ 약함(low)	Centipedegrass

예들 들면, Creeping Bentgrass는 오직 내구성에 대한 저항력이 다소 약하지만, 회복력은 매우 강한 편이다. 난지형 잔디류 중 Bermudagrass는 상당히 내구력도 있고, 회복력도 매우 강하다. 반대로 Zoysiagrass는 내구력이 매우 강하지만 피해로부터 회복되는 능력은 다소 약하다.

표 3-22 주요 잔디초지류(14종)의 회복 잠재능력(Recuperative Potential)의 상대비교

회복 잠재능력(recuperative potenrial)	잔디초지류(turf grasses)
매우좋음(excellent)	Bermudagrass
	Zoysiagrass
양호(good)	St. Augustinegrass
	Kentucky bluegrass
	Creeping bentgrass
중간(medium)	Red fescue
	Carpetgrass
	Colonial bluegrass
나쁨(poor)	Centipedegrass
	Meadow fescue
	Bahiagrass
	Tall fescue
아주나쁨(very poor)	Perennial ryegrass
	Timothy

3.2 각종 잔디초종별 생육환경

(1) 잔디초지류의 생육습성(生育習性)

표 3-23 주요 잔디초지류(14종)의 회복 잠재능력(Recuperative Potential)의 상대비교

순위	잔디초종	생육습성	재배밀도	잎의 질감
		(Cool, Humid Region)		
1	Colonial bentgrass *Agrostis tenuis*	Short stolons or rhizomes	Medium to medium high	Medium fine to fine
2	Creeping bentgrass *Agrostis palustris*	Stoloniferous	Medium high to high	Fine
3	Velvet bentgrass *Agrostis conina*	Stoloniferous	High	Fine
4	Annual bluegrass *Poa annua*	Bunch-type to stoloniferous	Medium high to high	Medium to fine
5	Canada bluegrass *Poa compressa Short*	Rhizomatous	Low to medium	Medium to fine
6	Kentucky bluegrass *Poa pratensis*	Rhizomatous	Low to medium	Medium to fine
7	Rough bluegrass *Poa trivialis*	Short stolons	Low	Medium

8	Smooth brome *Bromus inermis*	Rhizomatous	Low	Coarse
9	Chewings fescue *Festuca rubra* spp. *commutata*	Bunch－type	Low to medium	Very fine
10	Red fescue *Festuca rubra*	Short rhizomes	Low to medium	Very fine
11	Sheep fescue *Festuca ovina*	Bunch－type	Low	Very fine
12	Hard fescue *Festuca longifolia* (F. ovina spp. duriuscula	Bunch－type	Low to medium	Very fine
13	Tall fescue *Festuca arundinacea*	Bunch－type	Low to medium	Medium to coarse
14	Orchardgrass *Dactylis glomerata*	Bunch－type	Low	Coarse
15	Perennial ryegrass *Lolium perenne*	Bunch－type	Medium to medium high	Medium to fine
16	Timothy *Phleum pratense*	Bunch－type	Low	Coarse
		(Cool, Warm Arid Region)		
1	Blue grama *Bouteloua gracilis*	Short rhizomes	Low to medium low	Fine to medium
2	Buffalograss *Buchloe dactyloides*	Stoloniferous	Low to medium	Fine to medium
3	Sideoats grama *Bouteloua curtipendula*	Short rhizomes	Low	Fine to medium
4	Fairway wheatgrass *Agropyron cristatum*	Bunch－type	Low to medium	Medium to coarse
5	Western wheatgrass *Agropyron smithii*	Rhizomatous	Low to medium	Medium fine to coarse
		(Warm, Humid Region)		
1	Bahiagrass *Paspalum notatum*	Short rhizomes and stolons	Low to medium	Medium to coarse
2	Bermudagrasses *Cynodon* spp.	Stoloniferous and rhizomatous	Low to high	Medium to fine
3	Carpetgrasses *Axonopus* spp.	Stoloniferous	Low to medium	Medium to coarse to coarse
4	Centipedegrass *Eremochloa ophiuroides*	Stoloniferous	Medium	Medium to medium coarse
5	Kikuyugrass *Pennisetum clandesrinum*	Rhizomatous and stoloniferous	Medium	Medium to coarse

6	St. Augustinegrass *Stenotaphrum secundarum*	Stoloniferous	Medium	Coarse
7	Zoysiagrasses *Zoysia* spp.	Stoloniferous and rhizomatous	Medium to high	Medium to fine

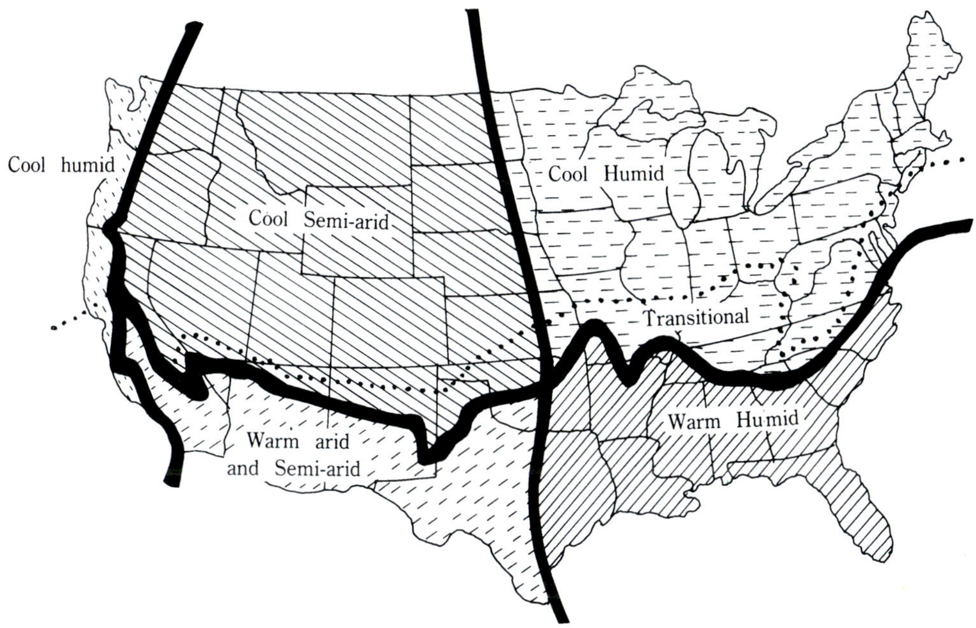

그림 3-4 미국에 있어 잔디초지의 생육적응 및 분포 현황

(2) 주요 잔디 혼파조합(混播組合)

표 3-24 잔디초종별 혼파의 실제적인 예

혼 파 (mixture sowing)	잔디초지의 질감	유지수준	적응환경	추천 파종비율 (lb/ 1,000seq ft)
	(Cool Arid of Cool Humid Regions)			
Kentucky bluegrass				
Improved varieties	Good to excellent	Medium to high	Full sun	1 to 2
Common types	Fair to good	Low to medium	Full sun	1 to 2
Kentucky bluegrass/ fine fescue 50:50	Fair to good	Low to medium	Partial shade	3 to 4
Fine fescue	Poor to good	Low	Partial shade to full sun	3 to 5
Kentucky bluegrass/ Perennial ryegrass 75 : 25	Good	Medium to high	Full sun	2 to 3

Rough bluegrass	Fair	Low	Partial shade	1 to 3
Tall fescue	Fair to good	Low to medium	Partial shade to full sun	4 to 7
Fairway wheatgrass	Fair	Low	Full sun	3 to 5
Bentgrass	Excellent	High	Partial shade to full sun	0. 5 to 1
Zoysiagrass	Good to excellent	Medium to high	Full sun	Vegetatively established, (occasionally seeded)
	(Transition Regions)			
Kentucky bluegrass/ Perennial ryegrass 75:25	Good	Low to medium	Full sun	2 to 3
Tall fescue	Fair to good	Low to medium	Partial shade to full sun	4 to 7
Tall fescue/ Kentucky bluegrass 90:10	Fair to good	Low to medium	Partial shade to full sun	4 to 7
Zoysiagrass	Good to excellent	Medium to high	Full sun	Vegetatively established
	(Warm Arid or Warm Humid Region)			
Bermudagrass				
Hybrid	Excellent	Medium to high	Full sun	Vegetatively established
Common types	Good	Low to medium	Full sun	1 to 2
Tall fescue	Fair to good	Low to medium	Partial shade to full sun	5 to 7
Bahiagrass	Fair	Low	Full sun	4 to 6
Buffalograss	Fair to good	Low to medium	Full sun	3 to 6
Centipedegrass	Fair to good	Low	Full sun	1/4 to 1/2
Zoysiagrass	Good to excellent	Medium to high	Partial shade to full sun	Vegetatively established
St. Augustinegrass	Fair to good	Low to medium	Partial shade to full sun	Vegetatively established

제 3 편 잔디초지의 특수관리

제 1 장

잡초관리(雜草管理)

1.1 잡초의 개념

잡초의 존재가치는 평가하는 사람의 인식에 따라서 곧 잘 달라지는 경우가 많다. 이 기준은 대부분 작물과 경합(Competition), 병충해의 서식처(Habitat), 일광, 수분, 영양분 등이 경합적이고 유해하며 바람직하지 않는다는 몇몇 사람 위주의 가치관에 기초하고 있다. 그러므로 이런 관점에서 보면 잡초(Weed)가 인간의 이용가치의 기준면에서 불필요한 존재로 느껴진다.

잡초란 “원하지 않는 곳에서 자라는 식물”로 정의할 수 있으며 잡초란 “없어야 하는 식물”이라는 사람의 가치관에서 비롯된 것이다.

예를 들면, 골프장, 그린(Green) 위에 존재하는 Zoysiagrass는 아무리 바람직한 상태를 유지한다하더라도 그 목적에 위배됨으로 잡초임에 틀림이 없다. 또한 페어웨이(Fairway) 가운데 부분적으로 군락(群落, Colony, Community)을 이루고 있는 Creeping Bentgrass나 Kentucky Bluegrass 역시 잡초임에 틀림이 없다고 볼 수 있다. 그러므로 상황에 따라서 잡초의 범위가 바뀜으로 그에 대한 대책과 잡초 방제법을 그 상황에 맞추어 달리하여야 한다.

1.2 잡초의 분류 및 일반적 특징

잡초는 잎의 형태에 따라서 크게 광엽잡초(廣葉雜草)와 화본과 잡초(禾本科雜草)로 나눌 수 있으며, 생장주기에 따라서는 1년생(Annuals), 2년생(Biennials) 그리고 다년생(Perennials)으로 나눌 수 있다. 일년생 잡초는 그 발아시기에 따라 하계 일년생(Summer Annuals)과 동계 일년생(Winter Annuals)으로 나누어지며, 문제되는 잡초의 종류를 정확하게 분류하여야 그 효과적인 방제 대책을 세울 수 있다. 하계 일년생 잡초는 봄에서부터 늦여름까지 계속해서 발아를 하며, 동계 일년생 잡초는 가을과 봄의 비교적 서늘한 기후에서 생식생장을 하고 그 생명을 다한다. 다년생 잡초는 여러 해에 걸쳐서 영양생장(Vegetative Growth)과 생식생장(Reproductive Growth)을 계속한다.

잔디의 생육환경은 문제되는 잡초의 종류 및 그 가해 정도를 결정하여 준다. 그 환경이라 함은 자연적이거나 인위적으로 조성한 기후요인과 물 관리나 잔디 깎기 등의 물리적 요인, 토양관리나 비료, 농약 등의 화학적 요인, 잡초 등의 생물적 요인 등이 있다. 대부분의 일년생 및 2년생 잡초는 종자로 휴면함으로써 생육이 불가능한 시기를 넘기는 생태적인 특성을 가지고 있기 때문에 그 종자번식력은 매우 크다. 다년생 잡초의 경우는 그 종자번식(Seed Propagation)은 필요성이 상대적으로 적기 때문에 종자에 의해 번식력은 비교적 약하나 영양기관에 의한 잔유 재생력이 강하다.

잡초는 단위종자의 크기가 작고 저장양분이 적지만 종자수를 많게 함으로써 생존 기회를 증가시키는 경향을 가지고 있다. 잡초종자는 생명력이 비교적 길어서 생육에 적합한 조건이 주어졌을 때만 발아가 진행되는 상태를 가지고 있다. 생육조건은 잡초의 종류에 따라 다르나, 일반적으로 토양의 수분, 양분온도가 중요하고 바랭이와 같이 발아에 광이 요구되는 광발아(光發芽) 종자도 있다. 잡초는 단기간 내에 영양생장과 생식생장을 마쳐 생육기간을 단축하므로 종자생산의 횟수가 많으며 연약한 환경에도 번식할 수 있는 특성이 있다. 따라서 잡초의 생리생태를 이해함으로써 효과적인 잡초방제 대책이 중요하다. 일년생(Annuals) 잡초의 경우는 발아 후 제초(除草) 하는데 드는 노력과 경비가 막대하여, 발아 자체를 억제함이 가장 효과적이다. 다년생(Perennials) 잡초의 경우는 영양기관 전체를 죽일 수 있는 방법이 바로 발아억제가 사용되어져야만이 가능하다.

1.3 잡초가 잔디에 미치는 영향

잡초가 잔디에 주는 직접적인 피해를 보면 광, 수분, 양분 및 생육공간 등의 경합에 있다. 특히 잔디가 전체 또는 부분적인 생육요소의 한계상황에 처하였을 때 그 피해의 정도는 심해진다.

병 또는 다른 생리적 장해에 의해 악화된 잡초가 있으며 잔디의 생육이 불량하여 병충해(Disease & Insect Pest)나 기상재해의 피해가 크게 된다. 잡초는 점차 잔디생육에 부적당한 생태를 만들게 됨으로 잔디의 상대적 경합력이 약해지고 정상적인 생육에로의 회복이 어려워진다.

어떤 식물 토양 중에서 다른 식물 작용을 억제하는 물질을 분비하여 다른 식물의 침입을 방지하고 경합(Competition)에서 우위를 유지할 수 있는 경우도 있다. Perennial Ryegrass의 경우는 다른 초종의 생장을 억제하는 어떤 물질을 분비하는 것으로 알려져 있는데 잡초방제의 측면에서 응용할 수도 있을 것이다. 잡초방제학(Weed Science)에의 응용에는 못 미치고 있으며, 앞으로는 매우 중요한 과제로 인식 되어져야 할 것이다.

1.4 잔디초지에서 문제가 되는 주요 잡초

(1) 봄에 발생하는 화본과 잡초(禾本科 雜草)

1) 돌피(Barnyardgrass, *Echinochola crus-galli*)

주로 나지(Bare Land)와 도랑근처에서 흔히 볼 수 있는 일년생 잡초이다. 잔디초지에서 계속적으로 자주 잔디를 예초(刈草)하게 되면 땅위에 납작한 형태의 생장을 하며 적응한다.

잎은 편평한 30~50cm 길이로, 폭 5~15mm, 털이 없으며 잎집의 아랫부분은 홍자색(紅紫色)을 띠며 납작한 형태를 가진다. 잎혀(Ligule)가 없는데 벼나 잔디는 잎혀가 있는 형태이다.

그림 1-1 Barnyardgrass의 부위별 형태

꽃은 7~8월에 피고 원추화서(圓錐花序, Panicle)는 길이가 10~20cm정도이며, 분얼은 위로 올라 갈수록 짧아지고 밑 부분의 길이는 3~5cm정도이다. 작은 이삭은 난형(卵形)이며 길이는 2~4mm로 적자색(赤紫色)으로 겉에 가시 같은 털이 있는 것이 특징이다. Barnyardgrass는 종자에 의해 번식되며, 다발형 생육습성(Bunch Growth Habit)을 갖는다.

(a)

(b)

그림 1-2 돌피(Barnyardgras) 생육초기(a)와 꽃대(b) 모습

그림 1-3 Barnyardgrass의 개화(anthesis, flowering)모습

2) 바랭이(Crabgrass, *Digitaria sanguinalis* L.)

경작지 밭에서 흔히 볼 수 있는 1년생 잡초로서 밑부분이 지상을 기면서 마디에서 뿌리가 나고 측지(側枝, Lateral Branch, Shoot)와 더불어 초장이 40~70cm 정도까지 생장한다. 잔디초지에서 가장 문제가 되는 잡초 중의 하나이며, 생육이 대단히 왕성하여 잔디의 생육을 크게 방해한다. 잎은 8~20cm, 길이 5~12cm 폭으로 연한 녹색이며, 엽초에 흔히 퍼진 털이 있는 것이 특징이다. 잎혀는 흰 빛이 돌고 길이가 1~3cm이며 꽃은 7~8월에 핀다.

그림 1-4 Carbgrass(바랭이)의 대형

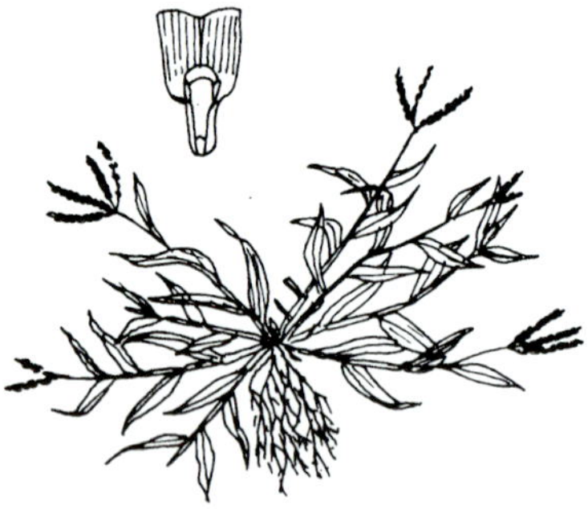

그림 1-5 Carbgrass 잡초모습

그림 1-6 Carbgrass의 털이 없는 평탄형

그림 1-7 Crabgrass잡초(대형)모습

(2) 봄에 발생하는 일년생 광엽잡초(廣葉雜草)

1) 마디풀(Prostrate knotweed, *Polygonum aviculare*)

길가에서 흔히 자라며 이른 봄에 나타나며 초장이 30~90cm이고 털이 없으며, 직립형인 것도 있으나 흔히 옆으로 비스듬히 퍼지고 가지가 많이 갈라지는 특징이 있다. 낮게 자라는 특성을 가져서 잔디초지에서 문제가 될 수 있다. 잎은 호생(互生, Alternate)하고 긴 타원형으로 길이 1.5~4cm, 폭 3~12mm이며, 흰색의 꽃이 6~7개월에 핀다. 이 잡초는 내답압성(耐踏壓性)이 강하여 많이 밟혀지는 잔디초지에서 문제가 되기 쉽다.

그림 1-8 Prostrate knotweed

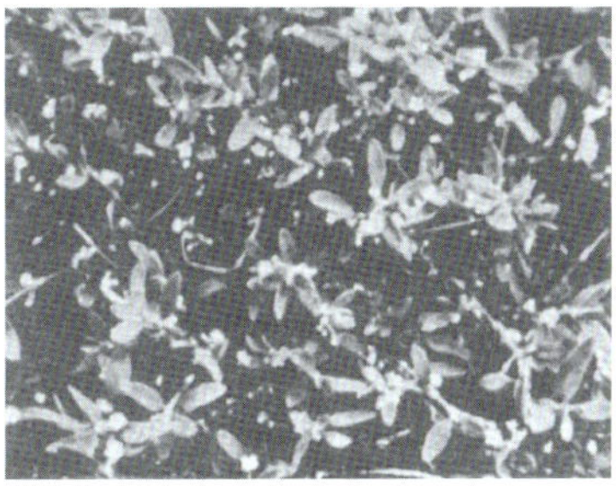

그림 1-9 Prostrate knotweed 잡초의 실제모습

2) 쇠비름(Common Purslane, *Portulaca oleracea* L.)

경작지인 포장에서 흔히 자라는 일년생 잡초로서 털이 없고 초장이 15~30cm에 달하며 적갈색(赤褐色)이고 가지가 많이 갈라지며 비스듬히 옆으로 퍼지는 특징이 있다. 새로 조성하는 잔디초지에 나타나기 쉽다. 줄기가 적색을 띠며 뿌리가 넓게 퍼져서 손으로 제거하기가 대단히 어렵다. 가뭄에 강하고 작고 노란 꽃이 6월부터 가을까지 계속 피며, 열매는 타원형이고 중앙부가 옆으로 갈라져서 긴 대가 달린 많은 종자가 나온다. 종자는 1주당 10,000~15,000개 정도의 종실이 생산되고, 찌그러진 원형이며 검은 빛이 돌고 가장자리가 약간 토돌토돌하다.

그림 1-10 Common purslane

그림 1-11 쇠비름(Common Purslane)의 생육초기

그림 1-12 Common Purslane의 개화(開花)모습

3) 애기땅빈대(Prostrate Spurge, *Euphorbia supina* Raf. ex Boiss.)

밭이나 원야(原野)에서 자라는 1년생 잡초로서 원줄기는 지면을 따라 퍼지며, 길이가 10~20cm이고 잎과 더불어 털이 다소 있다. 늦봄에 나타나며 잎을 자르면 우윳빛 즙액이 나오고 잔디를 낮게 깎을 때 문제가 되기 쉽다. 잎은 대생(對生, Oppsite Leaf)하며 긴 타원형이고 양끝이 둥글며 길이 5~10mm, 폭 2~4mm로서 가장자리에 둔한 잔 톱니가 있고 중앙부에 붉은 빛이 도는 갈색반점(褐色斑點)이 있다.

종자는 길이 0.6mm 정도로서 4각상 타원형(四角狀楕圓形)이며 3개의 능선이 있고 표면에는 몇 줄의 옆주름이 있는 특징이 있다.

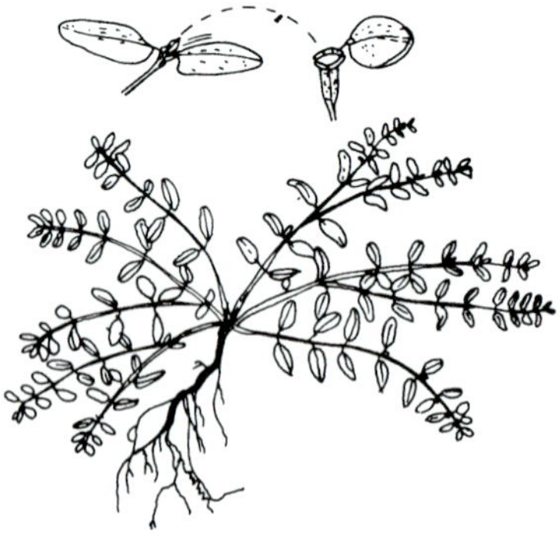

그림 1-13 Prostrate Spurge

그림 1-14 Prostrate Spurge 잡초의 실제모습

(3) 봄에 발생하는 2년생 광엽잡초

1) 소리쟁이(Curly Dock, *Rumex crispus* L.)

습지를 좋아하는 2년생~다년생 잡초이다. 줄기는 곧추 자라며 녹색바탕에서 자주빛이 돌고 뿌리가 비대(肥大)해진다. 근생엽(根生葉)은 긴 타원형으로 길이 13~30cm, 폭 4~6cm로서 가장자리가 파상(波狀)이다. 낮게 자라는 특성을 가지고 있으며 저장양분이 많아서 더위에 매우 강한 잡초이다.

그림 1-15 Curly Dock

1. 식물하부 2. 줄기 3. 근생엽 4. 종자

그림 1-16 Curly Dock 잡초의 실제모습

열매는 세모가 지고 3개의 내화피(內花被)로 둘러싸이며 이는 넓은 난형(卵形)으로 길이 4~5cm, 폭 3.5~4.5mm로서 톱니가 없으며 사마귀 같은 혹은 1.5~2mm의 길이이다.

2) 점나도 나물(Mouseear Chickweed, *Cerastium holosteoides*)

밭이나 원야(原野)에서 자라는 2년생 잡초로서 낮게 자라는 특성을 가지고 있다. 초장 15~25cm이며 가지가 많이 갈라져서 비스듬히 자라고 흑자색(黑紫色)이 돌며 털이 있다.

잎은 대생(對生, Oppsite Leaf)하며, 난형 또는 난상 피침형(卵狀披針形)으로 가장자리가 밋밋하며 양끝이 좁으며 잔 솜털이 있다. 줄기에 털이 많고 땅을 타고 퍼져 나간다. 잎은 작고 털이 많으며 5~7월에 하얀 꽃이 핀다. 잔디초지에서 문제가 되기 쉬운 잡초이다.

그림 1-17 Mouse-Ear Chickweed

1. 꽃 2. 씨주머니 3. 종자

그림 1-18 Mouse-Ear Chickweed 잡초의 실제모습

3) 잔개자리(Black medic, *Medicago lupulina* L.)

일년생, 이년생 또는 간혹 다년생처럼 반응을 보이는 잡초로서 종자로 재생하는 두과(Legume)식물이다. 식물전체에 짧은 털이 있고 밑 부분에서 가지가 많이 갈라져 옆으로 기거나 비스듬히 선다.

잎은 엽병(葉柄)이 있으며 작은 잎이 3개이고 타원형이고 양끝이 둥글거나 넓으며 7~17mm, 6~15mm 폭으로서 위 가장자리에 잔톱니가 있다. 이는 주로 녹비(綠肥, Green Manure) 또는 목초(牧草)로 이용되던 것이 야생화한 것이다. 곧은 뿌리(Taproot)는 얕게 퍼지며 초장은 30~60cm 정도이다.

그림 1-19 Black medic

그림 1-20 Black medic 잡초의 실제모습

(4) 봄에 발생하는 다년생 광엽잡초

1) 토끼풀(White clover, *Trifolium repens*)

초식가축의 목초로도 사용되며 잔디초지에서 매우 심각한 문제가 되는 다년생(Perennial) 또는 더운 기후 지역에서는 월년생(Winter Annual)인 잡초이다. 콩과 식물로 주로 종자번식(Seed Propagation)을 하지만, 포복경줄기(Stoloniferous Stems)에 의하여 옆으로 퍼진다. 뿌리는 섬유상이며, 줄기는 땅을 기는 포복성 생장(Prostrate Growing)이고 마디에서 뿌리가 내리며 매트(mat)를 형성하며 흰 꽃이 6~7월에 핀다. 손으로 제거하기가 어렵고 땅속 영양기관이 많아서 재생이 매우 쉽다.

이러한 생육특성을 갖는 white clover는 특히 낮은 예초를 요하는 그린(Putting Green)에서도 살아남는 특징이 있다.

그림 1-21 White clover

그림 1-22 White clover 잡초의 실제모습

2) 서양 민들레(Dandelion, *Taraxacum officinale*)

유럽이 원산지인 다년생 잡초로서 잔디초지나 목초지에서 흔히 볼 수 있으며, 뿌리가 깊이 들어가는 특징이 있다. 잎은 지면에서 사방으로 퍼진다. 잎은 타원형이고 밑의 부분일수록 좁고 안면에 털이 없으며, 가장자리가 밑을 향해 우상(羽狀)으로 갈라져 있다. 꽃은 양성(兩性)으로서 3~9월에 피며 모두 열매를 맺는다. 지름이 2~5cm로 황색종자이며 잎이 없는 화경(花梗, Peduncle) 끝에 1개씩 위로 향해 달린다. 뿌리나 줄기가 일부 남아서 재생하기도 하며 바람에 씨를 날려서 번식한다. 잔디초지에서 문제가 많이 되는 잡초 중의 하나이다.

유럽에서는 잎을 샐러드(Salad)로 사용하며 뉴질랜드에서 뿌리를 커피 대용으로 사용하기도 한다. 이 민들레는 종자와 뿌리관부(Root Crown)로부터 재생되거나 번식한다. 뿌리는 직근(Taproot)으로 많이 분지된 관부를 갖으며, 쓴맛이 나는 백색유액(Milky Juice)이 있다.

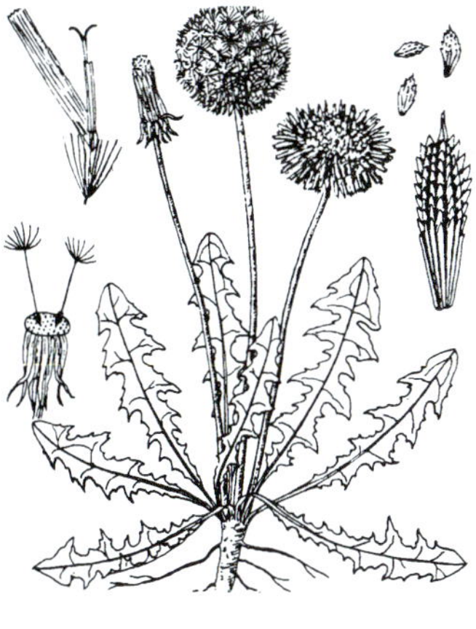

그림 1-23 Dandelion

그림 1-24 Dandelion 잡초의 실제모습

3) 애기수영(Red sorrel, 독명 : Feldampfer ; Kleiner Ampfer, *Rumex acetosella*)

산지나 원야(原野)의 잔디초지에 볼 수 있는 다년생 잡초로서 초장은 30~80cm이며 원줄기는 원주형(圓柱形)으로 많은 줄을 갖고 있는 홍자색(紅紫色)을 띠고 있다. 뿌리에서 생기는 잎은 총생(叢生, Rosette, Fasciculation)하며 호생(互生)으로 발생한다. 꽃은 5~6월 피고 10~30cm의 원추화서(Panicle)에서 윤생(輪生, Verticillate, Whorled)한다. 화경(花梗)이 짧으며 연한 녹색을 보인다. 꽃받침은 6개이고 꽃잎은 없으며 수꽃은 6개의 수술이 있고, 꽃밥은 노란색으로 밑으로 향해 처진다. 암꽃은 3개의 암술대가 있으며 잘게 갈라진 암술머리는 홍자색이다. Red Sorrel는 종자와 포복성의 지하경에 의하여 재생 · 번식되어진다. 뿌리와 지하경은 넓게 퍼져 있으나 얕게 내린다. 척박한 토질이나 습하고 산성토양에도 잘 견디는 편이다.

그림 1-25 Red Sorrel

그림 1-26 애기수영(Red Sorrel) 잡초의 실제모습

(5) 봄에 발생하는 사초(飼草)와 잡초

1) 방동사니(Yellow Nutsedge, *cyperus* spp.)

사초과(sedge) 일년생 잡초로서 들이나 밭 근처에서 흔히 자란다. 초장이 10~60cm이고 곧

추 자라며 화경(花莖)이 삼각형이다. 잎은 뿌리에서 발생하고 화경은 호생(互生)하며 나비 2~6mm로서 선형(線形)으로 가냘프고 연하다. 화경은 잎 사이에서 각 1개씩 생겨나와 잎같은 포(苞, Bract)가 달리고 길이가 다른 가지에서 갈라져서 각기 많은 작은 이삭이 달리는 특징이 있다.

비교적 습한 곳을 좋아하며 연한 녹색을 띤다. 줄기가 삼각형이고, 지하경이 있어서 잘라도 재생이 되기 쉽다. 이 Yellow Nutsedge는 종자 및 실 같은 지상포복경(Stolon)에 의하여 재생 번식되어지며 단단한 1~2cm의 괴경(塊莖, Tuber)에 의해 없어진다(사진참조).

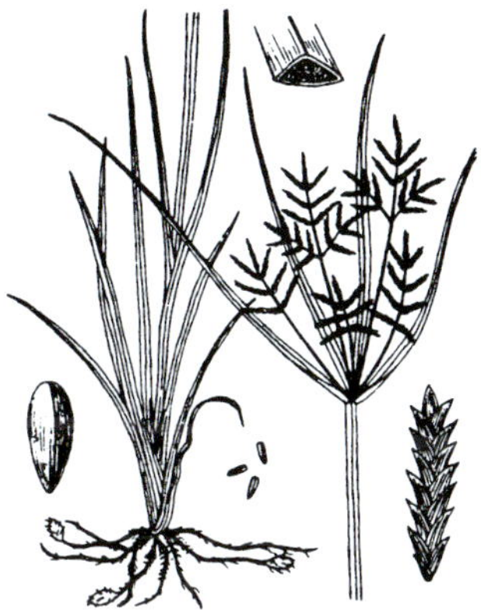

그림 1-27 Yellow Nutsedge

그림 1-28 Yellow Nutsedge 잡초의 실제모습

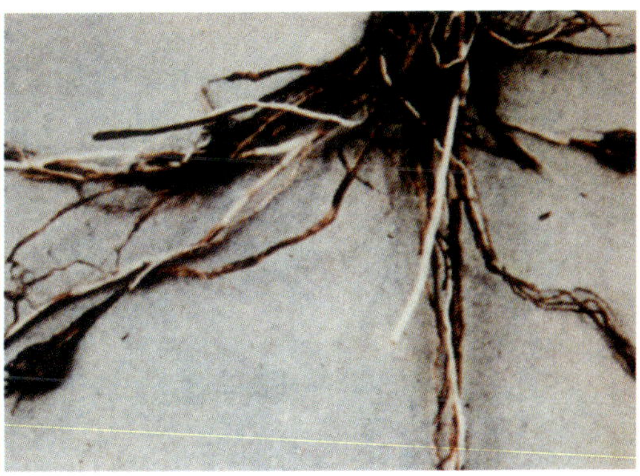

그림 1-29 Yellow Nutsedge 잡초의 지하부

2) 톨 훼스큐(Tall Fescue, *Festuca arundinacea* Schr.)

유럽, 북부 아프리카, 서부 시베리아가 원산지로 주로 사료용 건초(乾草, Hay) 및 청예초(靑刈草, Soilage)로 이용하고 원야나 황무지에서도 잘 적응하고 있다. Tall Fescue는 Meadow Fescue보다 초장이 뚜렷이 크기 때문에 식별이 용이하며 잎이 퍼지고 잎 표면이 짙은 녹색을 띠며, 잎은 골이 파여 있고 거칠지만 반질반질하게 광택이 나며 짙은 녹색이다. 잎집은 짧고 줄기는 느슨하게 싸고 있으며, 작은 잎혀를 가지고 있다. 꽃은 원추화서(圓錐花序)로 가지의 길이는 10~30cm 정도이며, 꽃은 6~7월에 개화하고 주로 타가수정(他家受精, Cross Fertilization)을 한다. 뿌리가 150cm 정도로 깊이 뻗는 다년생 북방형 잡초로 도복(倒伏, Lodging)과 추위에도 잘 견디며 재생력도 강하다.

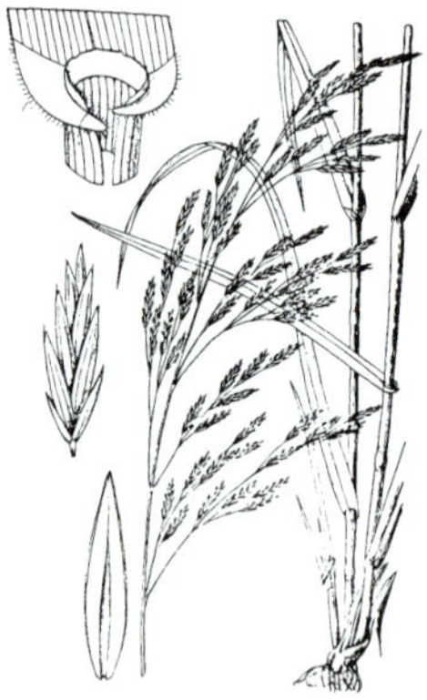
그림 1-30 Tall fescue

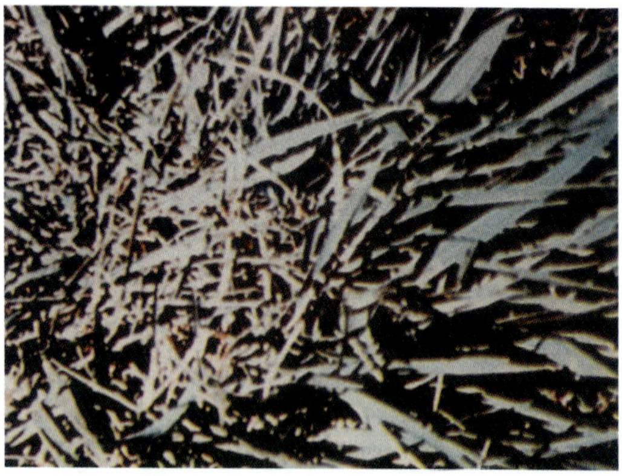
그림 1-31 Tall fescue 잡초의 실제모습

(6) 늦봄~초여름에 발생하는 일년생 화본과(一年生 禾本科) 잡초

1) 금강아지풀(Yellow Foxtail, *Setaria glauca*(L.) Beauv.)

일반 강아지풀(*Setaria viridis*(L.) Beauv.) 원야(原野)에서 흔히 자라는 1년생(Annuals) 잡초로서 토양이 비옥하고 잔디의 밀도가 낮은 곳에서 크게 문제가 된다. 잔디에서 문제가 많이 되는

그림 1-32 Yellow Foxtail

그림 1-33 Yellow Foxtail 잡초의 실제모습

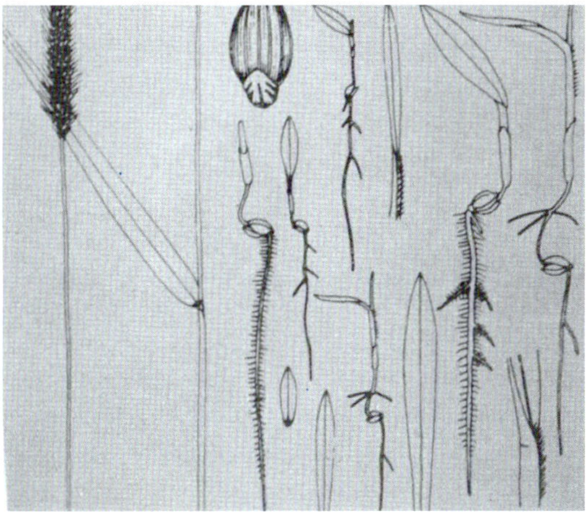

그림 1-34 Yellow Foxtail 부위별 형태

금강아지풀(*S. glauca*)은 엽초(葉草)에 털이 없으며 잎혀가 퇴화하여 털이 줄로 돋는다. 초장이 20~50cm인 일년생 잡초로 밑부분에서 가지가 갈라지며 위 끝에 잔털이 있다. 꽃은 8월에 피고 화수(花穗)는 곧추서며 길이 3~10cm로서 원주형(圓柱形)이고 황금색이다. 작은 이삭(小穗, Spikelet)은 3mm길이 정도이다.

2) 왕바랭이(Goosegrass, *Bleusine indica*)

양지쪽 도로변 또는 경작지 근처에서 자라는 1년생 잡초로서 초장이 30~80cm이다.

주로 바랭이가 발아를 시작한지 수 주 후에 늦게 발아를 한다. 잎은 편평형으로 길이 15~60cm, 폭 3~7mm 으로서 밝은 녹색이다. 밑부분 안쪽에 긴 털이 있으며 잎혀(Ligule)는 길이 1mm 정도로 백색이고 톱니가 있다. 꽃은 8~9월에 피며, 원줄기 끝에 우산모양이 수상화서(穗狀花序, Spike)가 달리고 가지는 7~15cm 길이, 지름 1mm 정도로 3~7개 정도이다.

작은 이삭은 녹색이고 난형이고 길이 4~5mm로서 편평하며 4~5개의 작은 꽃이 들어있고 가지 한쪽에 두 줄이 밀착한 형태이다. 매우 늦게 퍼지면서 자랄 수 있어 잔디를 낮게 깎을 때도 문제가 되기 쉽다. 내답압성이 강하고 배수(排水, Drainage)가 잘 안 되는 토양에서도 잘 자란다. 종자와 조악한 덤불(Coarse Tufted)에 의해 재생되는 특징이 있으며, 빽빽하게 밀집된 조직을 갖은 토양(Compacted Soil)과 골프장의 그린(Putting Green)의 작은 예초에도 견디어 살아남는다.

그림 1-35 Goosegrass

그림 1-36 Goosegrass 잡초의 실제모습

(7) 늦봄~여름에 발생하는 다년생 화본과(多年生 禾本科) 잡초

1) 쥐꼬리새(Nimble Will, *Muhlenbergia schreberi* J. F. Gmelin)

산지의 수풀 가장자리에서 주로 자라는 다년생 잡초(Perennial)로서 종자에 의해 번식되며 습한 토양을 좋아한다.

잔디초지에서는 약간 푸른기의 녹색을 띠며 군락(群落, Colony, Community)을 이루고 있어 우산잔디(Cynodn Dactylon (L.) Pres.)와 비슷하여 구별이 어렵지만 우산잔디는 꽃대(花梗, Flower Stalk)가 2개 이상의 가지를 치나 이 초종은 꽃대가 가지를 치지 않는다. 잎은 편평형으로 길이 5~15cm, 폭 2~4mm로서 잎집(Sheath)과 더불어 분녹색(粉綠色)이다. 잎집은 다소 편평하여 잎혀는 짧고 잔털이 있는 특징이다. 꽃은 8월에 피며 원추화서(圓錐花序)는 7~15cm

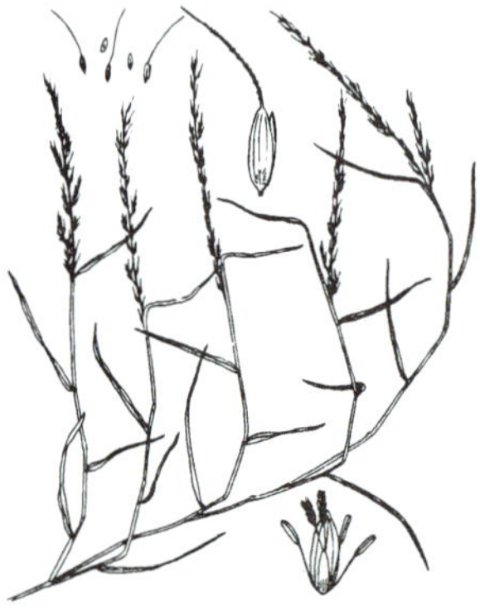

그림 1-37 Nimble Will

그림 1-38 Nimble Will 잡초의 실제모습

길이로서 끝이 약간 밑으로 쳐지고 가지가 1개씩 달리며 작은 이삭은 길이가 2.5~3.0mm 정도이다. 수술은 3개이고 꽃밥은 0.8mm길이 정도이다.

(8) 봄이나 가을에 발생하는 광엽잡초(廣葉雜草)

1) 괭이밥(Yellow Woodsorrel, *Oxalis* spp.)

공지(空地)에서 흔히 자라는 다년생 잡초로서 줄기는 밑에서 가지를 치지 않고 위쪽으로 가면서 가지를 치며 털이 있다. 꽃은 노란색이고 5개의 꽃잎이 있다. 잎은 호생(互生, Alternate)이고 3개의 작은 잎이 옆으로 퍼져 있으며 일광(日光)이 부족하거나 없을 때는 오므라드는 특징이 있다. 작은 잎은 길이와 폭이 각각 1~2.5cm로서 가장자리와 뒷면에 원줄기와 더불어 털이 약간 있다. 괭이밥은 각종 토양조건에 잘 견디는 특성으로 각처의 나지(裸地)에서 생육하는

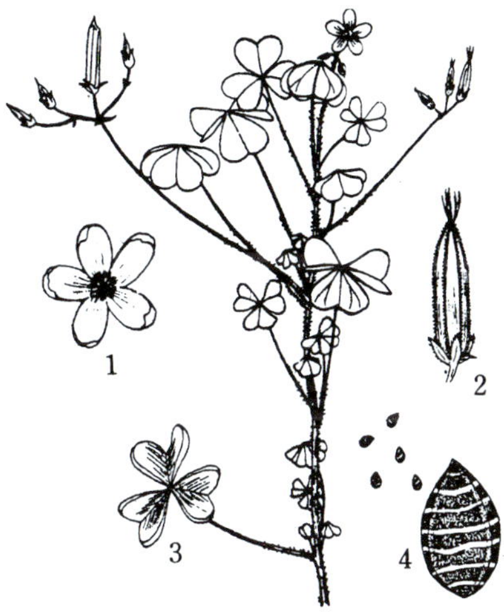

그림 1-39 Yellow woodsorrel

1. 꽃 2. 꽃봉오리 3. 잎 4. 종자

그림 1-40 Yellow woodsorrell 잡초의 실제모습

잡초로 원뿌리가 깊이 땅속으로 들어가고 그 위에서 많은 대가 나와 옆으로 또는 위를 향해 비스듬히 자라며 가지가 많이 갈라지고 10~30cm길이 정도이다.

2) 질경이(Plantains, 독명 : Breitwegerich ; Grosser Wegerich, *Plantago major* L.)

도로변 또는 나지에서 흔히 볼 수 있는 다년생 광엽잡초로서 질경이는 원줄기가 없고 많은 잎이 뿌리에서 나와 비스듬히 퍼지며 엽병(葉柄)은 길이가 일정하지 않으며, 대개 잎과 길이가 비슷하고 밑부분이 넓어져서 서로 얼싸 안는다. 또 낮게 자라는 폭으로서 평행된 엽맥(葉脈)이 있고 가장자리가 파상(波狀)이다. 꽃은 6~8월에 피며 백색이다. 화수(花穗, Spike)는 전 초장의 1/3~1/2이고 털이 없으며 포(苞, Bract)는 좁은 난형이고 꽃받침보다 짧으나 거의 없는 것이 많다.

질경이는 다년생 이지만 간혹 일년생으로 각종 환경조건 등에 따라 반응을 보일 수 도 있으며 종자에 의한 번식이 이루어진다.

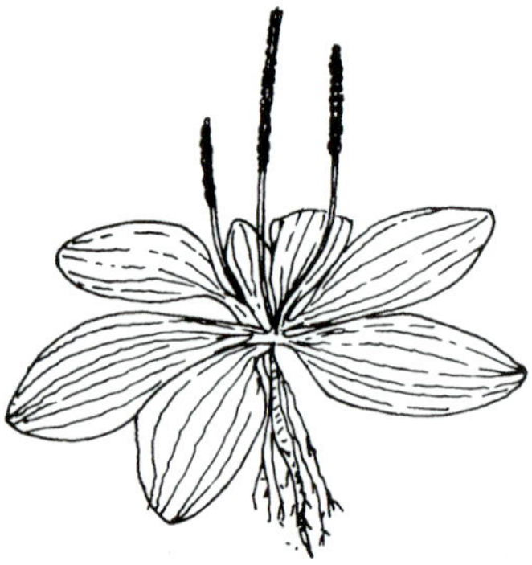

그림 1-41 Plantains Broadleaf

그림 1-42 Plantains Broadleaf 잡초의 실제모습

3) 창질경이(Buckhorn Plantain, 독명 : Spitzwegerich, *Plantago lanceolata* L.)

질경이과에 속하며 유럽이 원산지인 다년생 잡초이다. 뿌리줄기(根莖)가 굵고 육질인 것이 특징이다. 잎은 난형이며 곧추선 모양을 하며, 양끝이 좁고 초장이 10~30cm 길이로서 위를 향하여 털이 나 있다. 꽃은 8월에 피며 화경(花梗)은 30~60cm길이로서 끝에 수상화서가 달리고 화서는 처음에는 둥글지만 자라면서 수상(穗狀)으로 된다.

창질경이는 종자에 의해 재생이나 번식되어지며, 곧은 뿌리(Taproot)는 단단하고 강하며 가느다란 작은 뿌리를 갖는다.

그림 1-43 Buckhorn Plantain

그림 1-44 Buckhorn Plantain 잡초의 실제모습

4) 고사리(Adderspit, 독명 : Adlerfarn *pteridium aquilinum* ver. *latiusculum*)

햇볕이 잘 드는 곳에서 잘 생육하는 다년생 잡초이다. 생육특성을 보면 굵은 지하경이 옆으로 뻗으면서 군데군데 잎이 나오고 높이가 80cm 정도까지 달한다. 엽병(葉柄)은 20~80cm 길이로 연한 볏짚색이며 우편(羽片) 밑을 제외하고는 털이 없는 상태이지만 땅에 묻힌 아랫부분은 흑갈색이고 털이 있는 모양이다. 잎몸(Leaf Blade)은 계란모양의 삼각형으로서 길이가 50cm, 폭이 40cm 정도까지 자라며, 우상(羽狀)으로 갈라지고 뒷면에 털이 약간 있으며 엽맥(葉脈)은 2개씩 2~3회 갈라진다. 초식가축(草食家畜, Herbivorous Animals, Grass-Eating Animals) 중 소의 고사리 중독은 외국에서 19세가 말부터 bracken poisoning이라 불리어 왔으며, 우리나라에서 제주도에서 발생빈도가 다른 지역보다 높다.

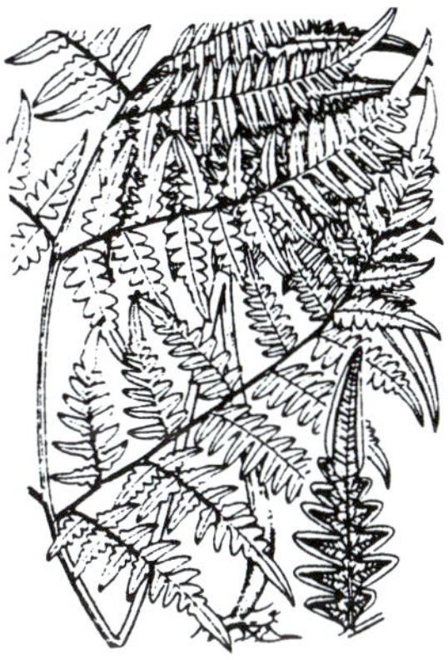
그림 1-45 Adderspit

그림 1-46 Adderspit 잡초의 실제모습

(9) 가을에 발생하는 광엽잡초

1) 광대나물(Henbit, 독명 : Ackertaubnessel, *Lamium amplexicaule*)

경작지나 도로변에서 자라는 2년생 잡초(Biennial) 또는 월년생(Winter Annual)으로서 밑에서 가지가 많이 갈라져 여러 대가 한 군데에서 자라고 원줄기는 가늘고 네모가 지며 자줏빛이 든다. 난지형 잔디의 휴면 중에 문제가 될 수 있으며 모양이 우스워서 광대나물이라 부른다. 초장이 10~30cm 높이 정도이고 밑 부분에서 가지가 많이 갈라져 여러 대가 한군데에서 자라며 원줄기는 가늘고 네모가 나 있으며 자줏빛이 색체를 띤다. 광대나물의 잎은 대생(對生, Ppposite Leaf)하고 밑 부분의 것은 지름이 1~2cm 정도이다. 꽃은 4~5월에 피고 홍자색이며, 꽃받침은 5mm 길이 정도로 5개로 갈라지고 잔털이 있다. 종자와 뿌리줄기(Rooting Stems)에 의해서 재생되는 번식력을 갖는다.

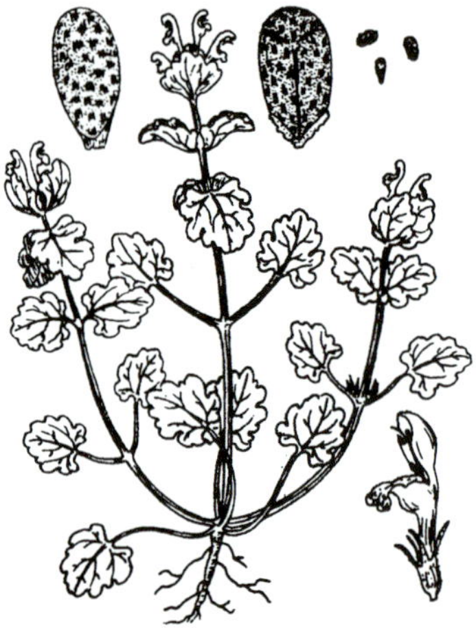

그림 1-47 Henbit

그림 1-48 Henbit 잡초의 실제모습

(10) 기타 잡초(其他雜草)의 종류

그림 1-49 참억새

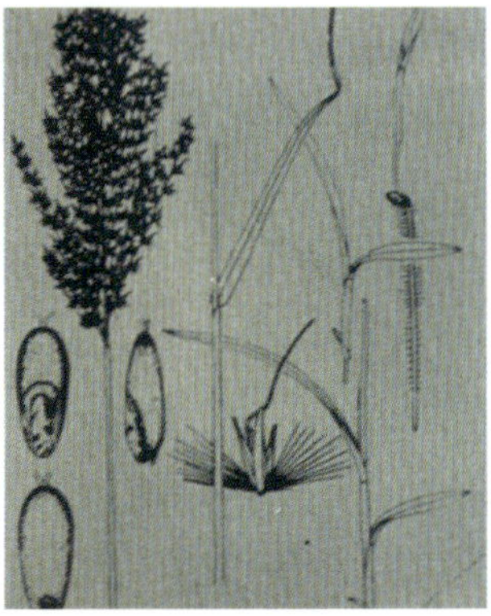

그림 1-50 참억새 부위별 형태

그림 1-51 띠

그림 1-52 독말풀

그림 1-53 제비쑥

그림 1-54 쐐기풀

그림 1-55 돼지풀

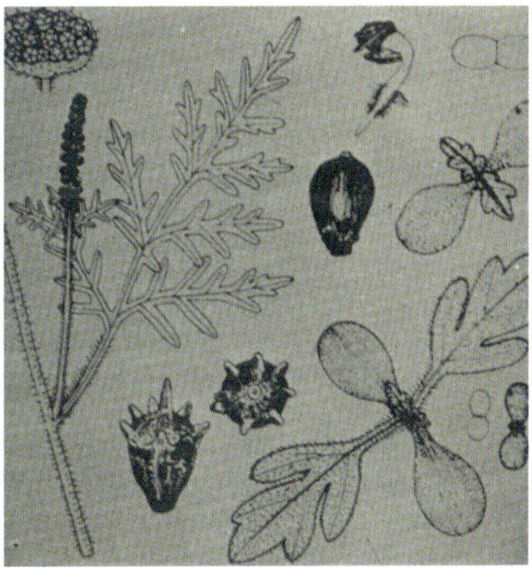

그림 1-56 돼지풀의 부위별 형태

그림 1-57 (a) 여뀌

그림 1-58 (b) 개화모습

그림 1-59 애기똥풀

그림 1-60 대극

그림 1-61 환삼덩굴

그림 1-62 환삼덩굴 부위별 형태

그림 1-63 고마리

그림 1-64 꽃다지

그림 1-65 꽃다지 부위별 형태

그림 1-66 명아주

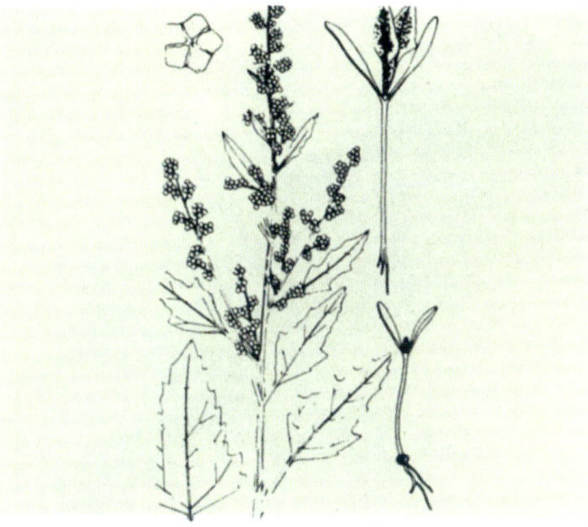

그림 1-67 명아주 부위별 형태

그림 1-68 개비름

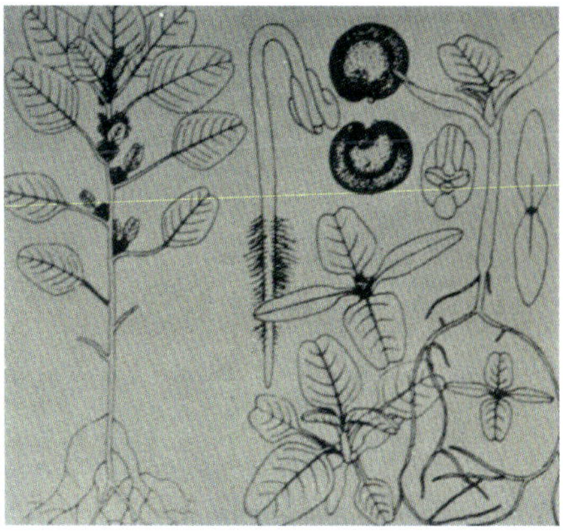

그림 1-69 개비름의 부위별 형태

그림 1-70 향유

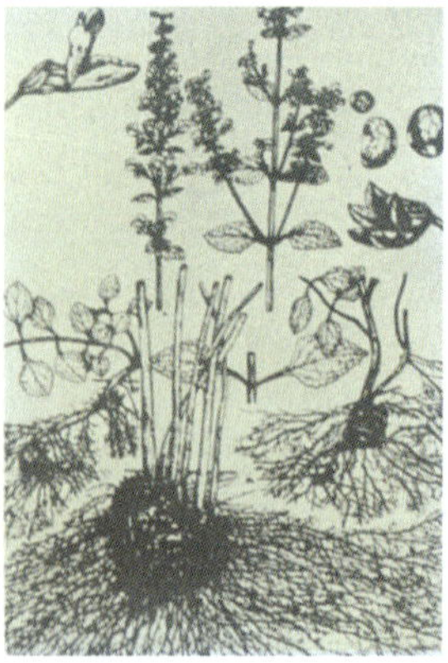

그림 1-71 향유의 부위별 형태

그림 1-72 털도깨비 바늘

그림 1-73 털도깨비 바늘의 부위별 형태

그림 1-74 망초

그림 1-75 망초의 개화 모습

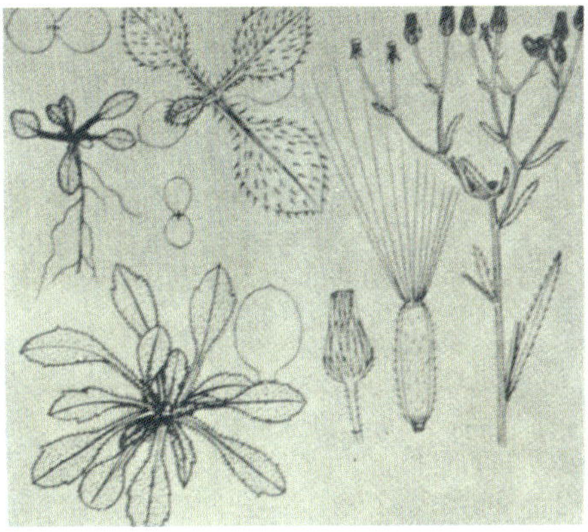

그림 1-76 망초의 부위별 형태

그림 1-77 진득찰

그림 1-78 쑥

그림 1-79 쑥의 부위별 형태

그림 1-80 닭의장풀

그림 1-81 닭의장풀의 개화된 모습

그림 1-82 그령

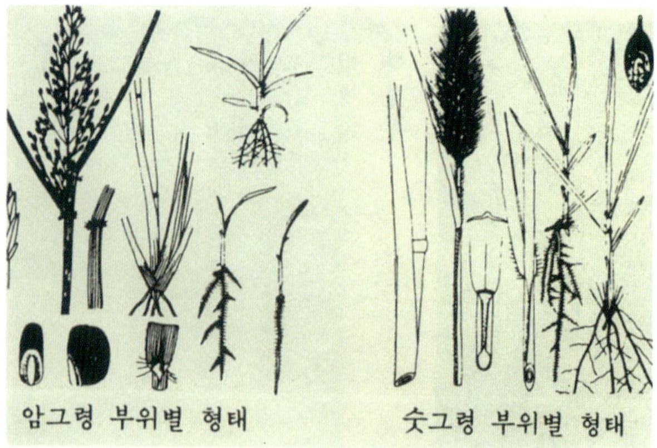

그림 1-83 그령의 부위별 형태

그림 1-84 금방동사니

그림 1-85 금방동사니의 부위별 형태

그림 1-86 며누리 배꼽

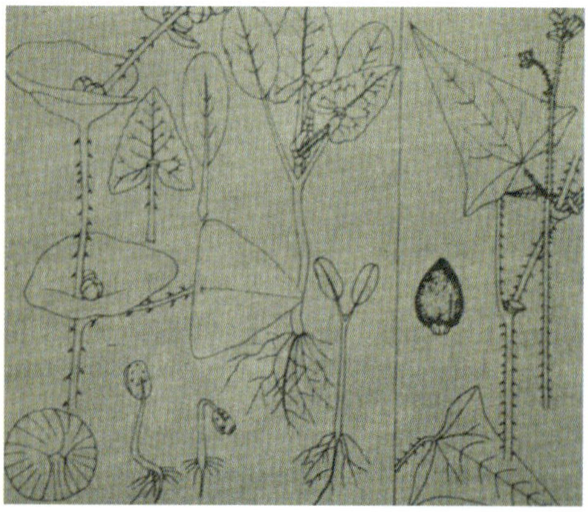

그림 1-87 며누리 배꼽의 부위별 형태

그림 1-88 참소리쟁이

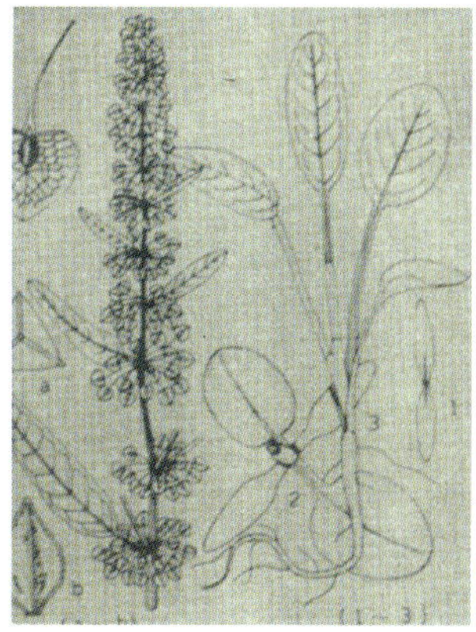

그림 1-89 참소리쟁이 부위별 형태

그림 1-90 수영

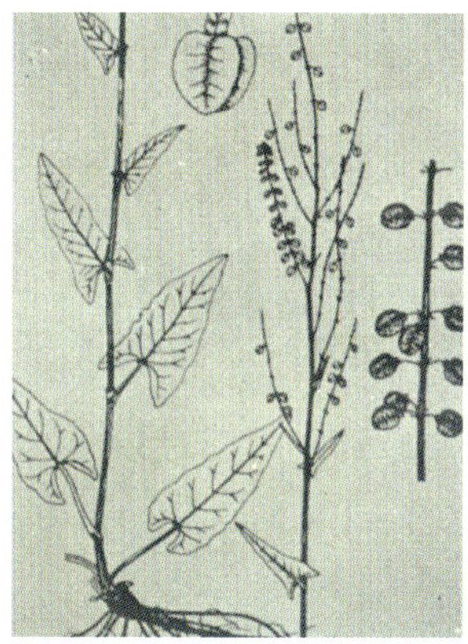

그림 1-91 수영의 부위별 형태

그림 1-92 도꼬마리

그림 1-93 도꼬마리의 부위별 형태

1.5 잡초 방제법(雜草防除法)

제초제를 사용하지 않고 잡초를 방제함은 기본적으로 예방적 방제와 물리적 방제로 볼 수 있다.

(1) 예방적 방제(豫防的 防除)

예방적 방제의 경우는 잔디의 생육에 가장 적합한 조건을 만들어 줌으로써 생태적으로 약간의 차이가 있는 잡초로 하여금 그 경쟁력을 약화 시키는 것이다. 이 조건이란 시비, 관수, 잔디 깎는 높이 및 빈도, 토양의 이화학적 성질을 모두 포함한다. 비료가 과다할 경우, 특히 인산질 비료 과다시, 포아풀속(屬, *Poa*)의 경우 문제가 심해질 수 있으며 토양 pH도 6.0에서 7.0사이로 유지되는 것이 좋다. 이용 빈도가 높아서 토양이 다져진 데는 마디풀이나 금방동사니류가 들어오기 쉬우니 토양통기(Soil Aeration) 작업을 해 주는 것이 좋다. 잔디초지에서 잡초는 항상 기회를 노리고 있다가 적당한 환경이 되면 문제를 일으킬 수 있으므로 잔디생육에 최적의 조건을 제공함이 가장 으뜸되는 잡초 예방책이라 볼 수 있다.

(2) 물리적 방제(物理的 防除)

물리적 방제의 경우는 잡초를 인력으로 제거하는 방법으로 인력수급문제, 경제성 등을 고려할 때 어려운 점이 많다. 잔디의 상태가 불량하거나 약해의 위험성이 높은 상황하에서는 물리적 방법이 병행되어지나 토양 중 새로운 잡초 종자에서 발아환경을 제공할 수 있는 가능성 또한 포함하고 있다.

(3) 화학적 방제(化學的 防除)

살초력이 있는 화학물질, 즉 제초제를 이용하여 방제하는 방법을 말한다.

1) 제초제(除草劑)의 종류

제초제는 약제가 흡수되어 효력을 발생하는 방법에 따라 3가지로 크게 분류할 수 있다.

① 접촉성 제초제(Contact Herbicides)

이 부류의 제초제는 식물의 부위에 닿아 흡수되나 분무된 곳에서만 살초한다. 작용기작상 제초제가 식물 전체에 고르게 살포되었을 때만 그 효과를 높일 수 있어 다년생 잡초(perennials)의 지하부 제거에는 비효율적이다. 약효가 빠른 것이 특징이며 온도가 낮을 때는 그 약효가 떨어진다. 대부분 비선택성으로 그라목손 등의 파라코제가 이 종류에 속한다. 토양잔류성은 적은 것으로 알려져 있다.

② 이행성 제초제(Systematic Herbicides)

이행성 제초제는 외부조직의 일부에서(잎, 줄기, 뿌리) 흡수되어 체내로 이동이 되므로 식물 전체가 죽어가나 그 약효가 천천히 나타난다. 선택성 제초제가 이 부류에 속하나 근사미와 같은 비선택성 제초제(nonselective herbicide)도 포함된다. 광엽제초제로 알려진 2, 4－D가 좋은 예이며, 발아전 제초제도 이 부류에 속하는 것이 많다.

③ 토양 소독제(Soil Sterilants, Soil Disinfection)

토양 소독제는 종자를 포함한 모든 생명단위를 제거할 수 있는 약제로 그린 등 조성 후 잡초 방제가 어려운 경우에 이용될 수 있다. 약효(藥效)의 지속기간은 종류에 따라 다르나 일정기간 경과 후에야 이용할 수 있다.

2) 잔디용 제초제의 특성

① 발아(發芽)전 처리 제초제(Pre－emergence Herbicide)

㉠ Simazine(CAT : 시마네 ; 수화제 50%, 입제 1%)

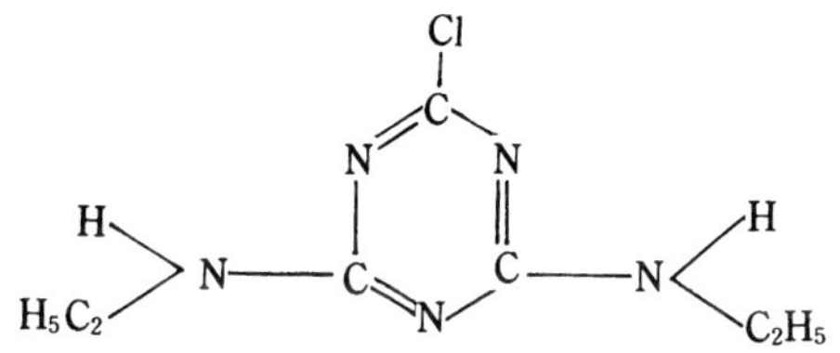

$C_7H_{12}N_5Cl$
MW : 201.7

〈화학명〉

2－Chloro－4, 6－bis(ethylamino)－1, 3, 5－triazine

- 저항성 잔디 : Zoysiagrass에만 사용가능
- 사용농도 및 방법 : 봄 잡초발생 2~3주 전 0.1~0.5g a.i/m^2
  가을 잡초발생 2~3주 전 0.2~0.25g a.i/m^2 살포
- 작용특성 : 뿌리에 흡수되어 지상부 경엽으로 이동되며 광합성을 저해하여 고사(Mortality)시킨다.
- 대상잡초 : 1년생 화본과 광엽 및 방동사니과 잡초
- 토양내 행동특성 : 이동성 0~1cm, 사질토양 2~3cm, 북더기잔디인 대취(Thatch) 많은 곳 0~0.5cm 잔효성 60~90일
- 주의사항 및 기타 : 고온기 처리시 약해가 발생하므로 주의한다.

ⓛ Oxadiazon(론스타 유제 12%)

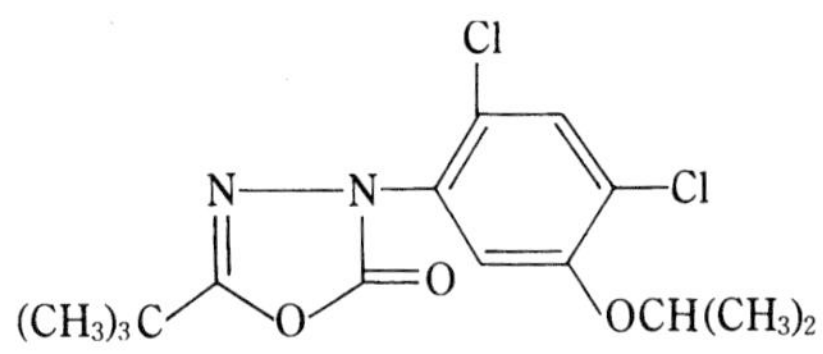

〈화학명〉

5－tert－butyl－3(2, 4 dichloro－5－isopropoxy) 1, 3, 4－oxadiazol－2－one

- 저항성 잔디 : Zoysiagrass에만 사용가능
- 사용농도 및 방법 : 봄 잡초발생 전 0.1~0.2g a.i/m^2 살포
- 작용특성 : 발아하는 유아부가 토양표면의 약제 처리층을 통과하면서 약제가 흡수되고, 지상부 노출 후 광이 조사됨에 따라 갈변하여 고사(Mortality)된다(약효발현을 위해 광이 필수적이다).
- 대상잡초 : 1년생 화본과 및 일부 광엽잡초
- 토양내 행동특성 : 이동성 1cm 이내로 극소, 잔효성은 길다.
- 주의사항 및 기타 : 주변 관상수목 및 화훼류에 약제비산시 약해가 발생하므로 저압으로 바람 적은 날 살포한다.

ⓒ Pendimethalin(스톰프 : 유제 31.7%, 입제 5%)

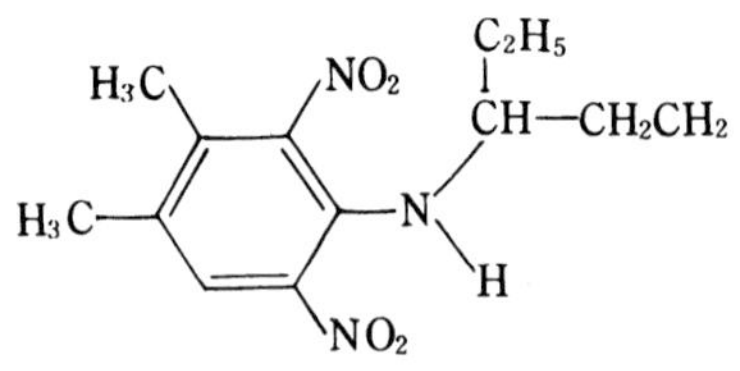

〈화학명〉

N－(1－ethylpropyl)－2, 6－dinitro－3, 4－xylidin

- 저항성 잔디 : 조성된 Zoysiagrass에 안전, Bentgrass에 약해 있다.
- 사용농도 및 방법 : 봄 잡초발생 전 0.25~0.5g a.i/m^2
  여름 잡초발생 전 0.3~0.5g a.i/m^2 살포
- 작용특성 : 토양표면에 처리층이 형성되고 잡초의 발아시 근부와 유아부의 일부에 약제가 흡수되며 생장점의 세포분열 및 신장을 저해하여 고사시킨다.
- 대상잡초 : 1년생 화본과 및 일부 광엽, 방동사니과 잡초
- 토양내 행동특성 : 이동성 0~2cm 이내 경사지 측방이동 거의 없다. 잔효성 120일 이내

• 주의사항 및 기타 : 토양입자에 흡착성이 크나 어류에 독성이 있으므로 경사지 아래 연못 등에 약액이 유입되지 않게 주의한다.

ⓡ Napropamide(데브리놀 : 유제 21.8%, 입제 10.0%)

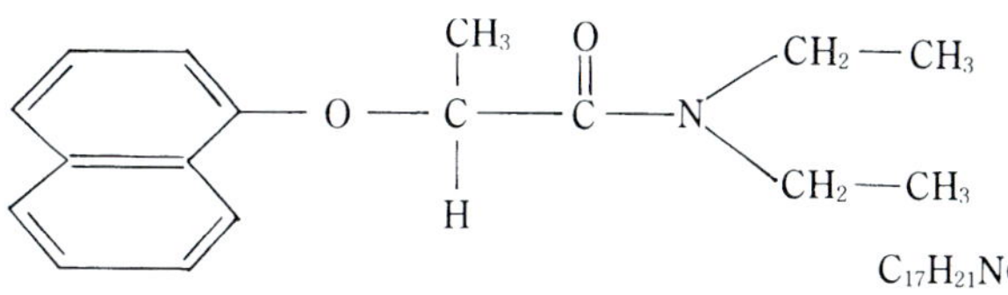

$C_{17}H_{21}NO_2$
MW : 271.36

〈화학명〉

(RS)−N, N−diethyl−2−(1−naphtyloxy) propionamide

• 저항성 잔디 : Zoysiagrass에만 사용가능
• 사용농도 및 방법 : 봄 잡초발생 전 0.2~0.3g a.i/m^2
가을포아풀 발생 전 0.1~0.3g a.i/m^2 살포
• 작용특성 : 토양표면 2~3cm에 처리층이 형성되어 잡초의 발아시 유아부 및 근부에 흡수되고 생장점의 세포분열을 저해하여 고사시킴.
• 대상잡초 : 1년생 화본과 및 일부 광엽잡초
• 토양내 행동특성 : 이동성 0~3cm, 잔효성 약 4개월
• 주의사항 및 기타 : Bentgrass에 약해가 크므로 그 주변에서의 사용을 피한다. 가을철 과다사용시 봄에 잔디 출아를 저해하므로 주의한다.

ⓜ Trifluralin(트리린 : 유제 44.5%, 입제 2.5%)

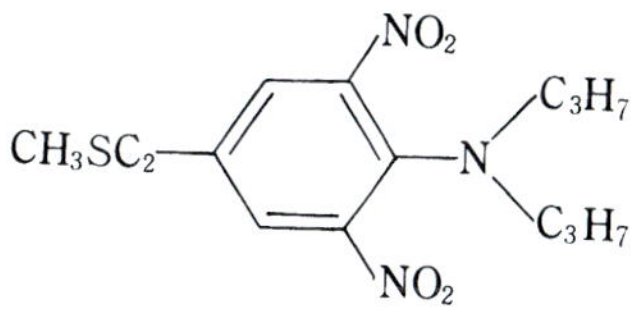

〈화학명〉

2−2−2−trifluoro−2, 6−dinitro−N, N−dipropyl−p−toluidine

• 저항성 잔디 : Zoysiagrass에 사용가능, Bentgrass에 피해 크다.
• 사용농도 및 방법 : 봄 잡초발생 전 0.1~0.5g a.i/m^2 정도 살포
• 작용특성 : 근부 및 일부 유아부에 약제가 흡수되어 세포분열과 신장을 저해하여 고사된다.
• 대상잡초 : 1년생 광엽 및 화본과 잡조

- 토양내 행동특성 : 이동성 2cm, 잔효성 30~50일(여름), 4~6개월(겨울)
- 주의사항 및 기타 : 잔디의 뿌리에 저해 효과가 있어 근활착이 불량한 지역이나 답압으로 인한 뿌리손상지역에는 살포를 금한다.

ⓑ Nitralin(프리나빈 : 수화제 50.0%)

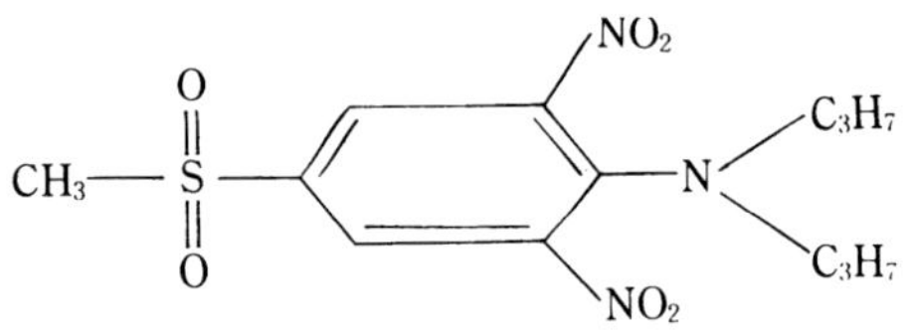

$C_{13}H_{19}N_3O_6S$
MW : 345.4

〈화학명〉

4－methyl sulphonyl－2, 6－dinitro－N, N－dipropyl aniline

- 저항성 잔디 : 조성된 Zoysiagrass에 사용가능
- 사용농도 및 방법 : 잡초발생 전 0.15~0.25g a.i/m^2
- 작용특성 : 근부 및 유아부에 흡수되어 세포분열 및 신장을 저해하여 고사된다.
- 대상잡초 : 1년생 화본과, 방동사니과 및 일부 광엽잡초
- 토양내 행동특성 : 이동성 0~3cm, 잔효성 4~50일
- 주의사항 및 기타 : 봄철 잔디 맹아시기 및 생육불량지역에 사용을 금한다.

ⓢ DCPA(국내 미등록, 닥탈 : 수화제 500%, 입제 5%)

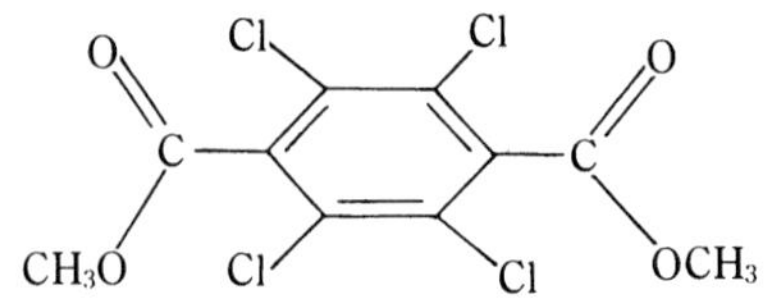

DCPA, dimethyl tetrachloroterephthalate

- 저항성 잔디 : 모든 잔디에 사용가능, 단 Bentgrass의 경우 심한 예초(Mowing)를 하였을 때난 골프장 그린에는 사용을 금한다.
- 사용농도 및 방법 : 잡초발생 전 0.45~1.12g a.i/m^2 살포
- 작용특성 : 발아억제형으로서 주로 유근부에 흡수, 이행되며 지상부 신장을 억제하며 고사시킨다.
- 대상잡초 : 1년생 화본과 및 일부 광엽잡초
- 토양내 행동 특성 : 이동성 2~3cm(식양토), 3~4cm(사양토), 잔효성 3개월

ⓞ Siduron(국내미등록, 국외상표명 : Tupersan ; 수화제 50.0%)

〈화학명〉

1 − (2 − methylcyclohexyl) − 3 − phenylurea

- 저항성 잔디 : 대부분의 잔디에 적용이 가능하나, Bermudagrass에는 약해 있다.
- 사용농도 및 방법 : 잔디초지 조성시 잔디 파종 후, 잡초 발아전 또는 발아시에 0.6~0.7g a.i/m^2 살포, 조성된 잔디의 경우는 잡초 발아 전에 0.6~1.0g a.i/m^2 살포
- 작용특성 : 잡초 발아시 유근부에 흡수, 이행되어 광합성을 저해하여 고사시킨다.
- 대상 잡초 : 1년생 화본과 일부 광엽잡초
- 토양내 행동특성 : 이동성 0~2cm, 잔효성 45~60일(반감기)
- 주의사항 및 기타 : 살포시 자주 흔들어 주고 예초가 짧은 Bentgrass 그린에서 살포를 금한다.

㉧ Benefin(국내미등록, Balan : Balfin 수제화 25.0%, 입제 2.5%)

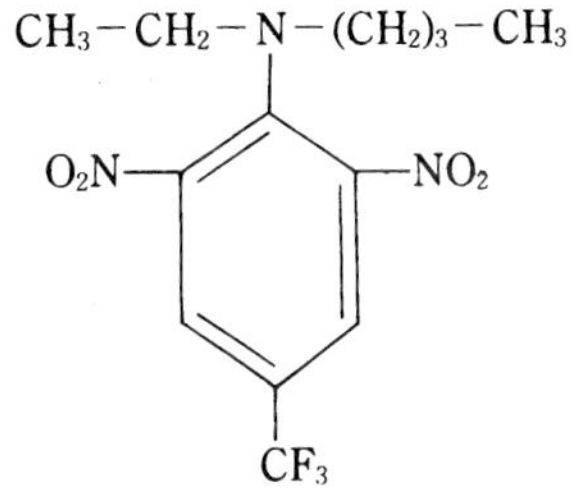

$C_{13}H_{16}F_3N_3O_4$
MW : 335.28

〈화학명〉

N − buthyl − N − ethyl − α, α − trifluro − 2, 6 − dinitro − P − toluidine

- 저항성 잔디 : Zoysiagrass 및 Kentucky bluegrass에 안전하나 Bentgrass에는 약해 위험성이 있다.
- 사용농도 및 방법 : 조성된 잔디초지에 잡초발생 전 0.17~0.3g a.i/m^2 살포
- 작용특성 : 잡초 발아시 유근, 유아부 및 자엽에 흡수되어 분열조직(Meristematic Tissue)을 저해함으로써 고하시킨다.
- 토양내 행동특성 : 이동성 0~2.5cm, 잔효성 2~3개월
- 주의사항 및 기타 : Zoysiagrass에 특히 안전하고 토양입자(Soil Particle)에 흡착성이 강하여 용출이 적으므로 어류에도 안전하다.

㉨ Bnsulide(론빠 : Bentsan 유제 50.0%)

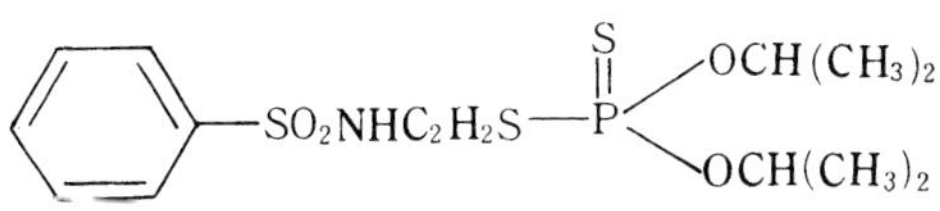

S－2－benzene sulfonamido ethyl－O, O－diisopropyl phosphorodithioate

- 저항성 잔디 : 모든 잔디류에 안전한 세계적으로 가장 널리 쓰이는 잔디용 제초제
- 사용농도 및 방법 : Zoysiagrass의 경우 잡초발생 전, 발생시에 0.7~1.0g a.i/m^2을, 생육이 양호한 Bentgrass 그린에는 0.5~0.7 a.i/m^2을 살포
- 작용특성 : 잡초 발아시 유아부 및 근부에 흡수되어 생장점의 분열조직을 저해시켜 고사된다.
- 대상잡초 : 1년생 화본과 및 일부 광엽잡초
- 토양내 행동특성 : 이동성 0－7－8cm, 잔효성 120~140일

㉪ 경엽처리용 제초제(莖葉處理用 除草劑, Post－Emergence Herbicides)

ⓐ 2, 4－D(이사디 아민염 : 액제 40.0%)

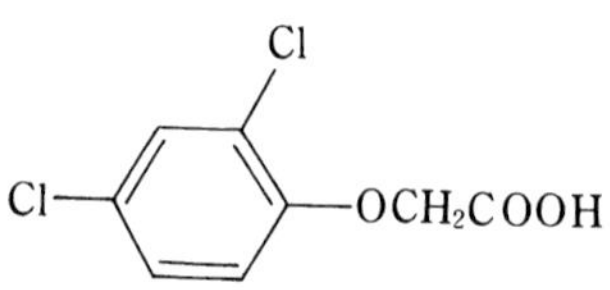

〈화학명〉

2, 4－D or (2,4－dichlorophenoxy) acetic acid

- 저항성 잔디 : Zoysiagrass 사용가능
- 사용농도 및 방법 : 잡초생육기에 0.1~0.2g a.i/m^2 살포, 잔디 맹아시 1.0g a.i/m^2 사용
- 작용 특성 : 식물체 내에 흡수, 이행되어 세포의 이상분열(Abnormal Meristem)에 의해 호흡이 증가하고 광합성 능력이 저하되어 고사된다.
- 대상잡초 : 1년생 광엽 및 일부 화본과 잡초
- 토양내 행동특성 : 이동성 3~4cm, 잔효성 15~20일(여름), 30~50일(봄, 가을)
- 주의사항 및 기타 : 고온시기에 살포시 잔디 잎이 일시적으로 황백화(Chlorosis)되나 7~10일 후 회복된다.

ⓑ MCPP(엠씨피피 : 액제 50.0%)

저항성 잔디, 제초작용 특성 및 대상잡초는 2, 4－D와 동일하고 사용농도는 여름기 0.15~0.25 a.i/m^2, 가을철에는 0.2~0.25g a.i/m^2을 살포한다. 토양내 이동성은 4~6cm이며 잔효성은 20~30일 정도이다. 휘산성이 커서 바람에 의해 약액이 비산되므로 저압으로 살포한다. 클로버(clover) 방제에 효과가 높다.

ⓒ Dicamba(반벨 : 액제 48.2%)

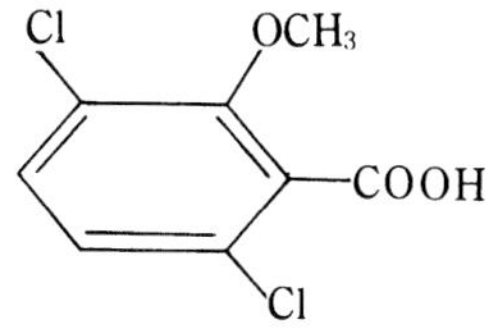

〈화학명〉

3, 6－dichloro－2－metoxy benzoic acid

- 저항성 잔디 : Bentgrass에 사용 못함.
- 사용농도 및 방법 : 잡초 생육기에 0.04~0.06g a.i/m^2 살포
- 작용특성 : 식물체내에 호르몬의 이상, 교란작용에 의해 호흡이 증가하고 광합성이 저하되어 고사된다.
- 대상잡초 : 1년생 광엽잡초
- 토양내 행동특성 : 이동성 4~6cm(식토), 8~12cm(사양토), 잔효성 60~90일
- 주의사항 및 기타 : 통양내 이동폭이 크므로 주변 관상 수목류에 피해가 크다. 가능하면 1년에 1회 정도로 사용을 제한하며 경우에 따라 토양처리가 가능하다.

ⓓ Bentazon(밧사그란 : 액제 40.0%)

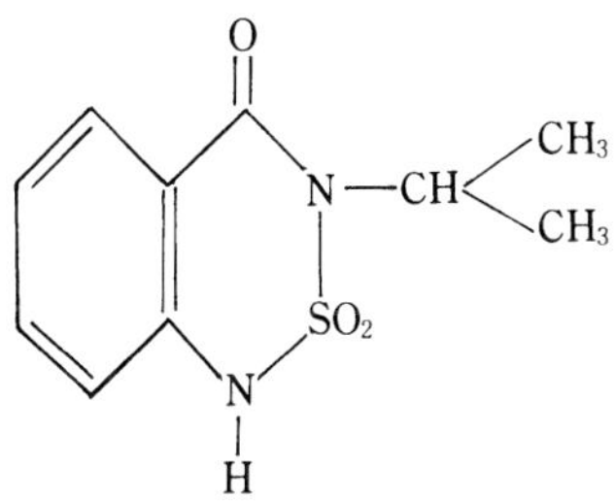

〈화학명〉

3－isopropyl－1, H－2, 1, 3－benzothiodiazin－4(3H)－one－2,2－dioxide

- 저항성 잔디 : Zoysiagrass 및 Kentucky bluegrass에 안전, Bentgrass에 사용 못함.
- 사용농도 및 방법 : 조성된 잔디초지에 0.4~0.6g a.i/m^2을 경엽 및 토양 처리한다.
- 작용특성 : 경엽에 약제가 흡수되어 광합성을 저해, 고사시킨다. 토양처리시 체내 이행성이 커서 뿌리에서 약제흡수 후 경엽으로 이행되어 살초작용이 나타난다.
- 대상잡초 : 1년생 광엽 및 방동사니과 잡초, 다년생 방동사니과 잡초
- 토양내 행동특성 : 이동성 0~8cm, 잔효성 중간정도(논에서 반감기는 15~30일 이상)
- 주의사항 및 기타 : 제초작용 발현이 늦게 나타난다(2~7일 이상).

ⓔ DSMA(국내미등록, 상표명 : Ansar－8100 ; 수화제 80.0%)

〈화학명〉

- 저항성 잔디 : Zoysiagrass 및 Kentucky bluegrass에 사용가능
- 사용농도 및 방법 : 잡초 생육기에 0.2~0.3 a.i/m^2 살포
- 대상잡초 : 2~3엽기의 화본과 잡초
- 토양내 이동성 및 잔효성이 매우 짧다. 새로 조성된 잔디밭에는 사용을 피한다.

ⓕ MSMA(국내미등록, 국외상품명 : Ansar－529, Daconate)

DSMA와 유사하며 1년생 화본과 및 광엽잡초 방제에 효과적이다.

처리농도는 0.2g a.i/m^2 살포이고 토양내 이동성 및 잔효성은 중간정도이다.

ⓖ Fenoxaprop－ethyl(국내미등록, 국외상품명 : Acclaim ; 유제 1.0%)

잔디용 제초제 중 가장 최근에 개발된 경엽처리용 제초제로서 1년생 화본과 잡초방제에 효과가 높다. 사용량은 0.01~0.05 a.i/m^2으로서 소량처리로도 효과적이며 접촉형 제초제(Contact Herbicide)이나 부분적으로 이행성도 인정된다.

㉢ 비선택성 제초제(非選擇性 除草劑, Non－Selective Herbicide)

이 부류의 제초제는 잡초뿐만 아니라 작물까지도 살초력을 보이는 것으로서 새로운 잔디초지 조성시 또는 Zoysiagrass의 휴면기에 겨울잡초 방제를 위하여 사용할 수 있다.

ⓐ Glyphosate(글라신 액제, Roundup, 근사미. 액제 30.5%)

식물체내 이행성 제초제를 아미노산합성을 저해하여 결국 광합성을 저해, 고사시킨다. 토양에는 살포 즉시 불활성화 되면 반감기는 16일 정도이고 0.1~0.5g a.i/m^2을 사용한다.

ⓑ Paraquat(파라코액제, Gramoxone, 그라목손. 액제 24.5%)

광엽잡초보다 화본과 잡초에 효과가 크며 접촉형 제초제로서 체내 이행성이 적어 다년생 잡초의 지하부에는 영향이 적다.

광합성 대사 중 전자전달계를 교란시켜 살초작용을 나타낸다. 토양 중에서 즉시 불활성화 되며 독성이 높으므로 살포시 피부에 닿지 않게 주의한다. 지금까지 국내외에서 잔디용으로 사용이 가능한 제초제의 현황과 일반적으로 사용되어지는 제초제들의 사용방법 및 그 특성을 보면, 많은 제초제들이 잔디초지에의 적용이 가능한 것과 실질적으로 제초제를 사용함으로써 합리적이고도 체계적인 잡초방제(雜草防除)를 할 수 있다는 것을 알 수 있었다. 그러나 국내에서는 아직까지도 그 사용이 매우 저조한 상황이고, 그 이유는 제초제의 사용시 잔디에 대한 약해(藥害, Spray(=chemical) Injury)의 우려가 가장 클 것이라 생각된다. 앞으로 잡초방제에 소요되는 인력과 경비문제 등의 이유로 잔디초지에서의 제초제 사용이 불가피한 상황임을 고려할 때, 기존의 제초제들에 대한 잔디초지 이용가능성 파악의 연구와 환경오염(環境汚染, Environmental Pollution)에 매우 안전하면서 높은 선택성을 지니는 잔디 전용의 새로운 제초제의 개발이 시급한 과제라 하겠다.

표 1-1 잔디에 이용가능한 선택성 제초제의 종류 및 특성

일반명	처리농도 ga.i/m^2	처리 방법	잔디에 대한 약해			1년생 잡초			다년생 잡초			이동성	잔효성	어독성 (ppm)	비 고
			Zo	K.B	Be	화본과	광엽	방동 사니과	화본과	두과	방동 사니과				
2.4－D*	0.1～0.2	경	T	T	M	－	＋＋＋	＋＋	－	＋＋	＋＋	중	소～중	저	
MCPA	0.1～0.2	경	T	T	M	－	＋＋＋	＋＋	－	＋＋	＋＋	중	소～중	저	
MCPP*	0.15～0.25	경	T	T	M	－	＋＋＋	＋＋	－	＋＋＋	＋＋	중	소～중	저	
Dicamba*	0.04～0.06	경	T	T	S	－	＋＋＋	＋＋	－	＋＋＋	＋＋	중～대	장	저	주변 수목주의
Trichlorpyr	0.15～0.25	경 · 토	T	T	S	－	＋＋＋	＋＋＋	－	＋＋＋	＋＋	중～대	중	저	주변 수목주의
Simazine*	0.1～0.25	토	T	X	X	＋＋＋	＋＋＋	＋＋＋	＋＋＋	－	－	소	중～장	저	고온시 약해주의
Siduron	0.6～0.9	토	T	T	T	＋＋＋	＋	－	－	－	－	소	중～장	저	
Methyldymron	0.1～0.2	토	T	T	X	＋	－	＋＋＋	－	－	＋＋＋	소	중～장	저	
Lenacil	0.16～0.2	토	T	X	X	＋＋＋	＋＋	－	－	－	－	소	중～장	저	
Bentazon*	0.4～0.6	토	T	T	M	－	＋＋＋	＋＋＋	－	－	＋＋＋	중	소～중	저	
CNP	0.25～0.5	토	T	X	X	＋＋＋	＋＋＋	＋＋＋	－	－	－	소	중	저	
Oxadiazon*	0.15～0.2	토	T	M	X	＋＋＋	＋＋＋	＋＋＋	－	－	－	소	중	3.2	
Napropamide*	0.2～0.4	토	T	S	X	＋＋＋	＋	＋	－	－	－	중	장	3.2	
Chlorphtalin	0.2～0.3	토	T	X	X	＋＋＋	＋＋＋	＋＋＋	－	－	－	소	소	저	
Acephenone	0.3～0.4	토	T	T	T	＋＋＋	＋	＋	－	－	－	소	소	저	
Orthobencarb	0.6～0.75	토	T	X	X	＋＋＋	＋	＋＋＋	－	－	－	소～중	중	3.25	
Asulam*	0.08～0.12	토	T	S	X	＋＋＋	＋＋	－	＋＋＋	－	－	중～대	소～중	저	고온시 약해주의
Benefin	0.17～0.3	토	T	T	M	＋＋＋	＋	＋	－	－	－	소	중	4.2	
Trifluralin*	0.1～0.25	토	T	T	X	＋＋＋	＋	＋	－	－	－	소	중	4.2	
Peudimethalin*	0.25～0.5	토	T	M	X	＋＋＋	＋＋	＋＋＋	－	－	－	소	장	8.5	
Bensulide	0.75～1.5	토	T	T	T	＋＋＋	＋	＋	－	－	－	중～대	장	1.2	
Butamifos	0.1～0.2	토	T	X	X	＋＋＋	＋＋	＋＋＋	－	－	－	중	장	저	
Nitralin	0.15～0.25	토	T	T	M	＋＋＋	＋	＋	－	－	－	소	소	장	
Isouron	0.05～0.1	경 · 토	S	X	X	＋＋＋	＋＋＋	＋＋＋	－	－	－	소	중～장	저	
Ioxynil	0.06～0.12	경	T	T	S	－	＋＋＋	－	－	－	－	소	소	0.32	
DSMA	0.2～0.4	경	T	M	X	＋＋＋	＋＋＋	＋＋＋	＋＋	＋＋＋	＋＋	소	소	저	

저항성
대 : T
중 : M
소 : S
극소 : X

살초효과
＋＋＋
＋＋
－

처리방법
토 : 발아전 토양처리
경 : 경엽처리
경 · 토 : 경엽 및 토양처리

Zo : Zoysiagrass
K.B : Kentucky bluegrass
Be : Bentgrass
* : 국내등록된 제초제

1.6 제초제의 살포방법(撒布方法)

(1) 조제방법에 따른 제초제의 구분

1) 액제(液劑, Salt Concentrates)

제초제를 물에 잘 녹여 액체로 만든 것이다. 살포시 저어줄 필요가 없다.

2) 현탁액제(懸濁液劑, Emilsifiable Concentrates)

기름에 녹을 수 있는 약제를 현탁액화(emulisifying) 시킬 수 있는 물질과 섞어서 만든 것으로서 기름에는 잘 녹으나 물에는 잘 녹지 않는다. 물에 섞었을 때는 기름과 물을 섞어주는데 도움이 되는 물질(예 : 비눗물) 등을 넣어 물과 어느 정도 섞여진 상태를 유지시켜주나 물에 녹는 것은 아니다. 살포시 가끔 저어 주어야 한다.

3) 수화제(水和劑, Flowable Suspension)

물에 잘 녹지 않는 약제를 표면적이 넓은 다른 물질(clay나 talc)과 물을 잘 젖게하는 물질을 첨가해서 물에 넣어 잘 퍼지게 조제한 것이며, 물에 녹는 것은 아니다. 살포시 저어 주어야 한다.

4) 액화제(液和劑, Flowable Suspension)

수화제와 비슷하나 약제를 이미 물에 섞어서 탱크에 넣으며 잘 섞이도록 조제한 것이다. 살포시 저어 주어야 한다.

5) 입제(粒製, Granules)

약제와 다른 물질(중량제)을 넣어 입자로 조제한 것으로 일반적으로 농도를 낮추어서 고르게 살포시킨다. 큰면적 살포시는 경제적으로나 사용상 불리한 점이 많다.

(2) 살포장비의 종류

1) Hose-end 분무기(噴霧機)

소규모의 정원에서 주로 이용되는 형태이며 호스의 끝에 용기를 부착하여 물이 나가는 힘에 의해 약제가 일정속도로 빨려 들어가며 섞여진다. 간편하고 작동이 용이하나 대규모의 살포는 어렵다.

2) 수동식(手動式) 분무기

공기를 압축시키거나 압축된 탄산가스를 이용해서 손에 들고 살포하는 형태로, 소규모의 부분적인 살포에 편하다. 기계를 작동시킬 수 없는 곳이나 그린 주변살포에 간편하게 이용될 수 있다.

3) 지게식 분무기

수동식 분무기와 비슷하나 등에 지고 움직이며 일반적으로 농가에서 많이 사용하고 있다.

4) 동력 분무기(動力噴霧機, Power Sprayer)

동력 분무기에는 여러 가지 형태가 있을 수 있지만 보통 분당 4*l*에서 10*l*정도의 속도로 분무가 가능하고 압력은 cm^2당 10~20kg 정도가 가능한 것이 일반적이다. 잔디에서는 분무시 2~6kg/cm^2의 압력이 필요하다. 분무기의 노즐의 형태에는 일반적으로 원형 분무식과 일자 분무식이 있으나 용도에 따라서 다르게 이용된다. 고르게 뿌려져야 하고 방울이 떨어지면 약해가 발생할 우려가 있을 때는 일자형을 많이 쓰고 있는데 잔디관리에서도 이 형을 많이 사용한다.

(3) 약제의 혼합살포(混合撒布)

잔디에 쓰이는 약제는 기본 물질로 볼 때 1,200종류 정도 되고, 그 조제형들을 포함하면 60,000여 종류에 달한다. 이들의 혼용은 경우에 따라서 큰 문제를 제기하고 약해를 가져올 수 있으며 확실한 정보를 가지고 있지 않는 한 독립적으로 사용하는 것이 안전하다. 혼합 살포시 농약회사나 전문가에 의뢰하여 그 혼합을 결정하는 것이 바람직하다.

표 1-2 우리나라 잔디초지 잡초방제용 제초제 품목

제초제 구분	제초제명	상표명	물 20*l*(1말) 300평당 사용량			대 상 잡 초	영 명
			당사용량	약량	살포량		
발아전 처리제	벤설라이드유제	론빠	200*l*	3*l*	300*l*	바랭이, 강아지풀, 새포아풀, 돌피, 명아주, 냉비, 비름.	Bensulide
	파미드 수화제	데브리놀	33q	500q	300*l*	바랭이, 새포아풀, 왕바랭이, 명아주, 강아지풀, 쇠비름.	Napropamide
	펜디 수화제	스톰프	75q	750q	200*l*	강아지풀, 바랭이, 돌피, 새포아풀, 괭이밥, 광대나물, 여뀌, 별꽃, 비름.	Pendimethalin
경 엽 처리제	엠시피피 액제	-	67m*l*	500m*l*	150*l*	별꽃, 클로버, 민들레, 냉이, 명아주, 쇠뜨기.	MCPP (Mecoprop)
	디캄바 액제	반벨	27m*l*	200m*l*	150*l*	클로버, 민들레, 마디풀, 명아주, 쇠비름, 냉이.	Dicamba
	디캄바디 액제	반벨디	17m*l*	100m*l*	120*l*	클로버, 쑥, 쇠뜨기, 일년생 광엽잡초, 다년생 광엽잡초.	Dicamba +2, 4-D

표 1-3 잔디초지에 발생하는 계절별 주요 잡초

(농약연구소)

계절	일 년 생 잡 초		다 년 생 잡 초	
	화본과	방동산이과, 광엽	화본과	방동산이과, 광엽
봄	새포아풀 둑새풀	명아주, 개여뀌, 망초, 개망초, 실망초, 별꽃, 명아주, 여뀌, 흰명아주, 주름잎, 점나도나물, 벼룩나물, 광대나물, 냉이, 개미자리, 말냉이, 방가지똥, 벼룩이자리, 마디풀		클로버, 제비꽃, 민들레
여름	바랭이 민바랭이 왕바랭이 강아지풀	애기땅빈대, 닭이장풀, 석류풀, 쇠비름, 깨풀, 털비름, 중대가리풀, 개비름, 매듭풀, 방동산이	띠 참억새 수크령	쑥, 참소리쟁이, 호장근, 벋음씀바귀, 피막이풀, 민들레, 질경이, 괭이밥, 쇠뜨기, 숙부쟁이, 애기수영, 향부자
가을 및 겨울	새포아풀 둑새풀	별꽃, 벼룩나물, 점나도나물, 개망초, 망초, 실망초, 개불알풀, 벼룩이자리, 광대나물		클로버, 애기수영

표 1-4 잔디초지 제초제

(농약연구소)

품목별(상표명)	적용 잡초	사 용 적 기	사용량(10a당)
펜디수화제(스톰프)	일년생 잡초	잡초 발아전	750g
파미드수화제(데브리놀)	일년생 잡초	잡초 발아전	500g
벤설라이드유제(론파)	일년생 화본과 잡초	잡초 발생 2~3주전	3*l*
디캄바액제(반벨)	일년생 광엽 잡초 및 클로버	클로버 생육초기(4~5개월)	200m*l*
디캄바디액제(반벨디)	일년생 광엽잡초	광엽잡초 생육초기(4~5개월)	100m*l*
엠시피피액제	일년생 광엽 잡초 및 클로버	클로버 생육기(4~5개월)	500m*l*
엠시피액제	일년생 광엽잡초	잡초 생육기	2,000m*l*
옥시펜유제(고올)	일년생 잡초	잡초 발아전	500m*l*

표 1-5 골프장에서 발생하는 각종 잡초의 현황*

Weed species	Life cycle①	Abundance②		Frequency③	
		May	Sept.	May	Sept.
Graminales, 벼과					
Alopecurus aequalis, 둑새풀	a. b	+	+	18.8	0.7
Arthraxon hispidus, 조개풀	a	–	+	–	11.1
Aurundinella hirta, 새	p	–	+	–	8.3
Cymbopogon tortilis, 개솔새	p	–	+	–	0.7
Cynodon dactylon, 우산잔디	p	+	+	0.7	2.1
Digitaria sanguinalis, 바랭이	a	+	+++	5.8	100.0
Digitaria violascens, 민바랭이	a	–	+	–	4.8
Echinochloa crus-galli, 피	a	–	+	–	15.2
Eleusine indica, 왕바랭이	a	+	+	3.5	9.7
Eragrostis ferruginea, 그령	p	–	+	–	11.1
Eragrostis multicaulis, 비노리	a	–	+	–	1.4
Glyceria ischyroneura, 진들피	p	–	+	–	0.7
Hemarthria sibirica, 쇠치기풀	p	–	+	–	6.3
Imperata cylindrica, 띠	p	–	+	–	6.3
Leersia japonica, 나도겨풀	p	–	+	–	2.1
Miscanthus sinensis, 참억새	p	–	+	–	2.1
Paspalum thunbergii, 참새피	p	–	+	–	13.9
Pennisetum alopecuroides, 수크령	p	–	+	–	9.0
Poa annua, 새포아풀	b	+++	+	86.1	18.8
Poa sphondylode, 포아풀	p	–	+	–	1.4
Setaria viridie, 강아지풀	a	+	+	1.4	20.8
Erigeron bonariensis, 실망초	b	+	+	0.7	4.9
Compositae, 국화과					
Artemisia princeps, 쑥	p	++	+	17.3	22.9
Aster yomena, 쑥부쟁이	p	–	+	–	1.4
Bidens tripartita, 가막사리	a	–	+	–	7.0
Centipeda minima, 중대가리풀	a	+	+	0.7	6.3
Eclipta prostrata, 한련초	a	–	+	–	2.7
Erigeron annus, 개망초	b	+	+	12.5	4.9
Erigeron bonarlensis, 심망초	b	+	+	0.7	4.9
Erigeron canadensis, 망초	b	+	+	24.3	18.1
Hemistepta lyrata, 지칭개	b	+	–	3.5	–
Ixeris chinensis, 선씀바귀	p	+	+	4.2	12.5
Siegesbeckia pubescens, 털진득찰	a	–	+	–	9.0
Sonchus oleraceus, 방가지똥	b	+	+	1.4	2.1
Taraxacum platycarpum, 민들레	p	+	+	10.4	18.1
Yongia sonchifolia, 고들빼기	b	+	+	4.9	4.9
Caryophyllaceae, 석죽과					
Arenaria serpyllifolia, 벼룩이자리	b	+	–	9.7	–

Cerastium holosteoides, 점도나도나물	b	+	+	17.4	1.4
Dianthus sinenis, 파랭이꽃	p	−	+	−	2.1
Sagina japonica, 개미자리	b	+	−	2.1	−
Stellaria alsine, 벼룩나물	b	+	+	20.2	4.2
Stellaria aquatica, 쇠별꽃	b, p	+	+	0.7	4.9
Stellaria filicaulis, 실별꽃	p	+	−	0.7	−
Stellaria media, 별꽃	b	+	+	4.9	4.2
Leguminosae, 콩과					
Amphicarpaea edgeworthii, 새콩	a	−	+	−	0.7
Cassia mimosoides, 차풀	a	−	+	−	9.7
Kummerowia striata, 매듭풀	a	+	+ +	1.4	29.8
Medicago staiva, 알팔파	p	−	+	−	2.8
Phaseolus nipponensis, 새팥	a	−	+	−	3.5
Pueraria thunbergiana, 칡	p	−	+	−	1.4
Trifolium repens, 토끼풀	p	+ + +	+ +	51.4	44.5
Vicia terasperma, 얼치기완두	b	+	+	0.7	1.4
Polygonaceae, 마디풀과					
Persicaria blumei, 개여뀌	a	+	+	1.4	4.9
Persicaria hydropiper, 여뀌	a	+	+	4.2	18.1
Persicaria perfoliata, 며느리배꼽	a	+	+	4.9	5.6
Persicaria thunbergii, 고마리	a	+	+	4.9	11.8
Polygonum aviculare, 마디풀	a	+ + +	+	70.8	11.8
Rumex acetocella, 애기수영	p	+ +	+	32.8	13.2
Rumex acetosa, 수영	p	+	+	3.5	7.0
Rumex crispus, 소리쟁이	p	+	+	13.9	3.5
Cyperaceae, 사초과					
Cyperus amuricus, 방동사니	a	+	+	8.0	21.5
Cyperus diffomis, 알방동사니	a	−	+	−	0.7
Eleocharis aciclaris, 쇠털골	a	−	+	−	1.4
Fombristylis miliacea, 바람하늘지기	a	+	+	0.7	2.1
Kellinga brevifolia, 파대가리	p	+	+ +	15.3	36.1
Cruciferae, 십자화과					
Capsella bursa-pastoris, 냉이	b	+ +	+	47.2	4.2
Draba nemorosa, 꽃다지	b	+	−	4.2	−
Lepidium virginicum, 콩다닥냉이	b	+	+	10.4	1.4
Rorippa islandica, 속속아풀	b	+	+	4.2	4.9
Euphorbiaceae, 대극과					
Acalypha australis, 깨풀	a	−	+	−	18.8
Euphorbia humifusa, 땅빈대	a	−	+	−	4.9
Euphorbia supina, 애기땅빈대	a	−	+	−	3.5
Phyllanthus ussuriensis, 여우주머니	a	−	+	−	8.3
Labiatae, 꿀풀과					
Ajuga multifora, 조개나물	p	+	−	5.5	−

Lamium amplexicaule, 광대나물	b	+	+	0.7	0.7
Mosla dianthera, 쥐깨풀	a	−	+	−	6.3
Stachys riederi, 석잠풀	p	−	+	−	1.4
Amaranthaceae, 비름과					
Achyranthes japonica, 쇠무릅	p	−	+	−	9.0
Amaranthus lividus, 개비름	a	−	+	−	0.7
Amaranthus mangostanus, 비름	a	+	+	0.7	2.1
Chenopodiaceae, 명아주과					
Chenopodium album, 명아주	a	+	+	6.3	7.6
Chenopodium ficifolium, 좀명아주	a	+	+	7.0	2.8
Chenopodium glaucum, 취명아주	a	−	+	−	0.7
Scrophulriacear, 현삼과					
Lindernia procumbens, 발뚝외풀	a	−	+	−	2.1
Mazus japonicus, 주름잎	a	+	+	0.7	2.1
Veronica didyma, 개불알풀	b	+	−	4.9	−
Commelinaceae, 닭의장풀과					
Aneilema keisak, 사마귀풀	a	−	+	−	2.8
Commelina communis, 닭의장풀	a	+	+	5.5	20.8
Convolvulaneae, 매꽃과					
Calystegia hederacea, 애기메꽃	p	−	+	2.1	6.3
Calystegia japonica, 메꽃	p	+	−	2.8	−
Juncaceae, 골풀과					
Luzula capitata, 꿩의밥	p	+	+	14.6	2.1
Luzula multiflora, 산꿩의밥	p	+	+	0.7	3.5
Liliaceae, 백합과					
Allium monanthum, 달래	p	−	+	−	0.7
Scilla scilloides, 무릇	p	+	+	9.0	13.2
Onagraceae, 바늘꽃과					
Ludwigia prostrata, 여뀌바늘	a	−	+	−	0.7
Oenothera odeoata, 달맞이	b	+	+	0.7	0.7
Rosaceae, 장미과					
Duchesnea chrysantha, 뱀딸기	p	+	+	9.7	0.7
Rubus crataegifolius, 산딸기	p	+	+	7.6	4.9
Rubiaceae, 꼭두서니과					
Galium spurium, 갈퀴덩굴	b	−	+	−	1.4
Galium trachyspermum, 네잎갈퀴	p	−	+	−	1.4
Urticaceae, 쐐기풀과					
Equisetum arvensis, 쇠뜨기	p	+	+	14.6	9.7
Pilea peploides, 물통이	a	+	−	7.7	−
Acanthaceae, 쥐꼬리망초과					
Justicia porcumbens, 쥐꼬리망초	a	−	+	−	10.4

Araceae, 천남성과					
Pinellia ternata, 반하	p	−	+	−	0.7
Asclepiadaceae, 박주가리과					
Metaplexis japonica, 박주가리	p	−	+	−	9.0
Borraginaceae, 지치과					
Trigonotis peduncularis, 꽃마리	b	+	+	1.4	2.1
Cannabinaceae, 삼과					
Humulus japonicus, 환삼덩굴	a	+	+	3.5	8.3
Lythraceae, 부처꽃과					
Lythrum anceps, 부처꽃	p	−	+	−	0.7
Lobeliaceae, 숫잔대과					
Lobelia chinensis, 수염가래꽃	p	−	+	−	11.8
Oxalidaceae, 괭이밥과					
Oxalis corniculata, 괭이밥	p	+	+	13.9	33.3
Papaveraceae, 양귀비과					
Chelidonium majus, 애기똥풀	b	+	+	4.9	0.7
Plantaginaceae, 질경이과					
Plantago asiatica, 질경이	p	++	+	47.9	34.0
Portulaceae, 쇠비름과					
Portulaca oleracea, 쇠비름	a	+	+	0.7	11.1
Pteridaceae, 고사리과					
Pteridium aquilinum, 고사리	p	−	+	−	0.7
Ranunculaceae, 미나리아제비과					
Ranunculus chinensis, 왜젖가락나물	b	+	−	0.7	−
Solanaceae, 가지과					
Solanum nigrum, 까마중	a	−	+	−	4.8
Umbelliferaceae, 산형과					
Hydrocotyle sibthorpioides, 피막이	p	+	+	9.7	18.1
Vioraceae, 제비꽃과					
Viola mandshurica, 제비꽃	p	+	+	15.9	23.6

① Life cycle : a : annual, b : biennial, p : perennial.

② Abundance : based on importance value(%), +++ : higher than 10%, ++5−10%, + : lower than 5%, − : not observed.

③ $\text{Frequeny}(\%) = \frac{\text{No. of plot identified species A}}{\text{Total plot number}(144)} \times 100$

* 김길웅 외 4인, 1990. 골프장에 발생하는 잡초종. 한국잔디학회지. 4(1) : 31−41.

표 1-6 잔디초지의 잡초방제로 사용되는 제초제 현황 (미국 : A. J. Turfgeon)

순위	일 반 명	상 품 명	적 용①		대 상 잔 디②										최초의 대상③
			지역	시기	KB	CB	FF	TF	PR	BE	ZO	SA	CE	BA	
1	Atrazine	Aatrex	F, S	Pr, Po	N	N	N	N	N	I	I	S	S	N	BL, AG
2	Benefin	Balan	S	Pr	S	I	I	S	S	S	S	S	S	S	AG
3	Bensulide	Bentasan	S	Pr	S	S	S	S	S	S	S	S	S	S	AG
4	Bentazon	Basagran	F	Po	S										
5	2,4-D	(Srveral)	F	Po	S	N	S	S	S	S	S	N	S	S	BL
6	DCPA	Dacthal	S	Pe	S	I	N	S	S	S	S	S	S	S	AG, speedwell
7	Dicamba	Banval	F	Po	S	I	I	S	S	S	S	I	S	S	BL
3	Endothall	Endothal	F	Po	I	I	I	O	O	–	–	–	–	–	annual bluegrass
9	Glyphosate	Roundup	F	Po	–	–	–	–	–	–	–	–	–	–	general, esp. PG
10	Mecoprop	(Srveral)	F	Po	S	S	S	S	S	S	S	I	I	S	BL
11	Metribuzin	Sencor	F, S	Pr, Po	N	N	N	N	N	S	I	I	I	I	BL, AG
12	Napropamide	Devrinol	S	Pr	N	N	N	N	N	S	S	S	S	S	AG
13	Organic Arsenicals④	(Many)	F	Po	I	I	N	I	I	S	S	N	N	N	AG
14	Oxadiazon	Ronstar	S	Pr	I	N	I	S	O	S	S	–	–	–	AG
15	Pronamide	Kerb	S	Pr, Po	N	N	N	N	N	S	–	–	–	–	annual bluegrass
16	Siduron	Tupersan	S	Pr	S	I	S	S	S	N	S	S	S	S	AG
17	Simazine	Princep	S	Pr, Po	N	N	N	N	N	I	S	S	S	N	BL, AG

① Application sites include : foliage(F) and soil (S) ; application timing is preemergence(Pr) or postemergence(Po).

② Turfgrasses listed are the cool-season species : Kentucky bluegrass(KB), creeping bentgrass(CB), fine fescues(FF), tall fescue(TF), and perennial ryegrass(PR) ; and warm-season species : bermudagrass(BE), zoysiagrass(ZO), St. Augustinegrass(SA), centipedegrass(CE), and bahiagrass(BA), Tolerances include : safe(S), intermediate with possible short-term injury(I), not recommended because of severe injury or death(N), and unknown(O).

③ Primary targets incluce : annual grasses(AG), broadleaf weeds(BL), and perennial grasses(PG).

④ Organic arsenicals include DSMA, MSMA, and MAMA.

표 1-7 선택성 제초제인 2, 4－D, 메코프랍, 디캄바로 방제할 수 있는 광엽잡초들

(미국의 예, A.J.Turgeon)

일 반 명	학 명	2, 4－D	Mecoprop	Dicamba
Bindweed, field	*Convolvulus, arvensis* L.	S－I	I	S
Bittercress, hairy	*Cardamine hirsuta* L.	S－I	S－I	S
Burclover, California	*Medicago polymorpha* L.	I－R	I	S
Buttercup, creeping	*Ranunculus repens* L.	S－I	I	S
Carpetweed	*Mollugo verticillata* L.	S	S	S
Carrot, wild	*Daucus carota* L.	I	I	S
Chicory	*Cichorium intybus* L.	S	S	S
Chickweed, common	*Stellaria media*(L.) Cyrillo	R	S－I	S
Chickweed, mouseear	*Cerastium vulgatum* L.	I－R	S－I	S
Cinquefoil, common	*Potentilla canadensis* L.	S－I	S－I	S－I
Clover, crimson	*Trifolium incarnatum* L.	S	S	S
Clover, hop	*Trifolium agarium* L.	I	S	S
Clover, white	*Trifolium repens* L.	I	S	S
Cranesbill	*Geranium carolinianum* L.	S－I	S－I	S
Daisy, English	*Bellis perennis* L.	R	I	S
Daisy, oxeye	*Chrysanthemum laucanthmum* L.	I	I	I
Garlic, wild	*Allium vineale* L.	I	R	S－I
Hawkweed, mouse－ear	*Hieracium pilosella* L.	S－I	R	S－I
Healall	*Prunella vulgaris* L.	S－I	S－I	S
Henbit	*Lamium amplexicaule* L.	I－R	I	S
Ivy, ground	*Glechoma hederacea* L.	I－R	I	S－I
Knapweed, spotted	*Centaurea maculosa* Lam.	I	I	S
Knotweed, prostrate	*Polygonum aciculare* L.	I－R	I	S
Lambs－quarters, common	*Chenopodium alvum* L.	S	S	S
Lespedeza, common	*Lespedeza striata*(Thunb.)H.＋A.	I－R	S	S
Mallow, roundleaf	*Malva rotundifolia* L.	I－R	I	S－I
Medic, black	*Medicago lupulina* L.	R	I	S
Mugwort	*Artemisia vulgaris* L.	I	I－R	S－I
Mustard, wild	*Brassica kaber* L.	S	I	S
Onion, wild	*Allium canadense* L.	I	R	S－I
Pearlwort, birdseye	*Sagina procumbens* L.	I－R	S	S
Pennycress, field	*Thlaspi arvense* L.	S	I	S
Penywort, lawn	*Hydrocotyle sibthorpioides* Lam.	S－I	S－I	－
Pepperweed, field	*Lepidium campestri*(L.) R. Br.	S	S－I	S
Parsley, piert	*Alchemilla microcarpa* Boissier Reuter	R	S	S
Pigweed, prostrate	*Amaranthus blitoieds* Wats.	S	S	S
Pineappleweed	*Matricaria matricarioides*(Less.) Porter	I－R	I	I
Plantain, broadleaf	*Plantago major* L.	S	I	R
Plantain, buckhorn	*Plantago lanceolata* L.	S	I	R
Purslane, common	*Portulaca oleracea* L.	I	R	S

Shepherds – purse	*Capsella bursa – pastoris*(L.) Medic.	S	S – I	S
Sorrel, red	*Rumex acetosella* L.	I – R	R	S
Speedwells	*Veronica* spp.	I – R	I – R	I – R
Spurge, prostrate	*Euphorbia supina* Raf.	I	I	S – I
Spurweed	*Soliva sessilis* P. + K.	I – R	R – I	I – R
Strawberry, wild	*Fragaria vesca* L.	R	R	S – I
Thistles	*Cirsium* spp. *Cardulus* spp.	S – I	I	S
Violet, wild	*Viola* spp.	I – R	I – R	I – R
Wood sorrel, yellow	*Oxalis stricta* L.	R	I – R	I
Yarrow, common	*Achillea millefolium* L.	I	I – R	S
Yellow rocket	*Barbarea vulgaris*(R.) Br.	S – I	I	S – I

* 방제 가능 여부(S : 가능, I : 중간, R : 불가)

1.7 잔디초지의 잡초 방제용과 제초제

(1) 잔디휴면기 처리제 – 자료 : (사단법인) 한국 골프장 경영협회 부설 한국잔디연구소 관리 정보지(2009. 10~12월)

표 1-8 화본과 광엽잡초 방제용

품목명	제형	일반명	함량(%)	상표명(회사)	적용작물	작용잡초	사용시기	사용방법	약량/물량(10a당)
디클로베닐	입제	dichlobenil	6.7	카소론(동방)	한국잔디	일 · 다년생	잡초발생전(잔디휴면기)	토양	4kg
디클로베닐 이마자퀸	입제	dichlobenil +imazaquin	3.5+1	카이저(동방)	한국잔디	일 · 다년생	잡초발생전(잔디휴면기)	토양	5kg
글리포세이트 암모늄 옥시플루오르펜	입상수화제	glyphosate-ammonium +oxyfluorfen	36+2	대장군	한국잔디	일 · 다년생	잔디발아 30일전까지	경엽처리	500g/100ℓ

표 1-9 광엽잡초 방제

품목명	제형	일반명	함량(%)	상표명(회사)	적용작물	작용잡초	사용시기	사용방법	약량/물량(10a당)
아이속사벤	액상수화제	isoxaben	50	길쌈(하이텍) 캐치풀(경농) 봄비네(동방)	잔디	일년생(광엽)	잡초발생전(3하~5상, 늦가을)	토양	60ml/200ℓ

(2) 발아제 처리제(토양처리제) – 자료 : (사단법인) 한국 골프장 경영협회 부설 한국잔디연구소 관리 정보지(2009. 10~12월)

표 1-10 입제형 제초제

품목명	제형	일반명	함량(%)	상표명(회사)	적용작물	작용잡초	사용시기	사용방법	약량/물량(10a당)
이나자퀸	입제	imazaquin	3	산소로(영일)	한국잔디	일 · 다년생	잡초발생전(토양경엽처리효과)	토양	6kg
페녹슐람 피라조설퓨론에틸	입제	penoxsulam +pyrazosulfuron-ethyl	0.08+0.05	풀전사	한국잔디	일 · 다년생	잡초발생전	토양	6kg
플라자설퓨론	입제	flazasulfuron	0.15	파란들(하이텍)	한국잔디	일 · 다년생	잡초생육초기	토양	6kg

표 1-11 수화제형 제초제(물에 희석 분무살포용)

품목명	제형	일반명	함량(%)	상표명(회사)	적용작물	작용잡초	사용시기	사용방법	약량/물량(10a당)
나프로파마이드	수화제	napropamide	50	동부파미드(하이텍) 이비엠풀사이트(인바이오) 파미놀(에스엠) 데브리놀골드(경영) 영일파미드(영일)	잔디	일년생	잡초발생전	토양	500g/300ℓ
나프로파마이드	입상수화제	napropamide	49.5	데브리놀플러스(경농,판매-한얼)	잔디	일년생	잡초발생전	토양	500g/300ℓ
나프로파마이드 옥시플루오르펜	수화제	napropamide +oxyfluorfen	30+12	푸르메(경농)	잔디	일년생	잡초발생전	토양	500g/200ℓ
디티오피르	수화제	dithiopyr	38	디멘존(정밀,다우)	잔디	일년생	잡초발생전	토양	100g/200ℓ
디티오피르 아이속사벤	수화제	dithiopyr + isoxaben	12+15	초원	잔디	일년생	잡초발생전	토양	100g/200ℓ 300ℓ
벤플루랄린 아이속사벤	수화제	benfluralin+isoxaben	50+4.5	그린스타(경농)	잔디	일년생	잡초발생전	토양	500g/200ℓ
펜디메탈린	입상수화제	pendimethalin	57	펜타곤(바스프)	잔디	일년생	잡초발생전	토양	300g/100ℓ
프로디아민	입상수화제	prodiamine	63	한목(성보) 어명(신젠타)	잔디	일년생	잡초발생전	토양	150g/300ℓ

플루세토설퓨론 이마자퀸	입상 수화제	flucetosulfuron+imazaquin	5+10	잔디로	한국 잔디	일·다년생	잡초발생전	토양	500g/ 200ℓ
피리뷰티카브	수화제	pyributicarb	47	터프그린	잔디	일년생	잡초발생전	토양	750g 장기미생산

표 1-12 액상형 제초제(물에 희석 분무살포용)

품목명	제형	일반명	함량 (%)	상표명 (회사)	적용 작물	작용잡초	사용시기	사용 방법	약량/ 물량 (10a당)
나프로파마이드	유제	naprpamide	21.8	이바엠파미드 (인바이오) 나프로파마이드 (바이엘) 파워리놀 (판매-한얼)	잔디	일년생	잡초발생전	토양	1.000ml /300ℓ
나프로파마이드	액상 수화제	naprpamide	30	뉴데브리놀 (동방)	잔디	일년생	잡초발생전	토양	800ml/ 300ℓ
디티오피르	유제	dithiopyr	32	디멘존(하이텍, 정밀, 다움)	잔디	일년생	잡초발생전	토양	150ml/ 200ℓ
리뉴론 티노벤카브	유제	linuron+ thiobencarb	10+60	아시매(성보)	잔디	일년생	잡초발생전	토양	500ml/ 200ℓ
벤플루랄린	유제	bentfluralin	25	새그린(경농) 영영(동방)	잔디	일년생	잡초발생전	토양	1.000ml /200ℓ
에토퓨메세이트	액상 수화제	ethofumesate	42	프로그라스	한국 잔디	일년생	잡초발생전	토양	300ml/ 200ℓ
오리잘린	액상 수화제	oryzalin	40	써프란(하이텍) 오리잘린(성공)	잔디	일년생	잡초발생전	토양	200ml/ 200ℓ
옥사디아길	액상 수화제	oxadiargyl	34.5	훼낙스	한국 잔디	일년생	잡초발생전	토양	200ml/ 200ℓ
옥사디아존 펜디메탈린	유제	oxadiazon+pendimethalin	4+15	해돋이(정밀)	잔디	일년생	잡초발생전	토양	300ml/ 200ℓ
옥사지클로메폰	액상 수화제	oxaziclomefone	30	해솜잔디키퍼 (아리스타)	잔디	일년생	잡초발생전	토양	100ml/ 200ℓ
옥시플루오르펜	유제	oxyfluorfen	23.5	고올(경농) 노고지리(삼공) 푸레만(동방)	잔디	일년생	잡초발생전	토양	500ml/ 200ℓ
카펜스트롤	액상 수화제	cafenstrole	40	롱패스	한국 잔디	일년생	잡초발생전	토양	500ml/ 200ℓ
펜디메탈린	액상 수화제	pendimethalin	45	샤프트 (영일, 바스프)	잔디	일년생	잡초발생전	토양	500ml/ 200ℓ

펜디메탈린	칼슘 현탁제	pendimethalin	35.7	스톰프 (바스프)	잔디	일년생	잡초발생전	토양	500ml/ 200ℓ

(3) 생육초기 처리제(잡초 3~5엽기)

표 1-13 화본과 광엽잡초 방제용

품목명	제형	일반명	함량 (%)	상표명 (회사)	적용 작물	작용잡초	사용시기	사용 방법	약량/ 물량 (10a당)
사이클로설파뮤론	수화제	cyclosulfa muron	10	매끄니 (바스프)	잔디	일년생	잡초 10cm이내	경엽	300g/ 200ℓ
이슐람소듐	수용 성입제	asulam sodium	87.6	사스록스 (바이엘)	잔디	일년생	화본과 2~5엽기	경엽	300g/ 200ℓ
이슐람소듐	액제	asulam sodium	37.0	아지란 (바이엘)	잔디	일년생	바랭이 3엽기이내	경엽	800g/ 200ℓ
아이오도설퓨론 메틸소듐	입상 수화제	iodosulfuron-methyl sodium	10	데니티니	한국 잔디	일 · 다년생	바랭이 3엽기이내	경엽	20g/ 150ℓ
이마자퀸	액제	imazaquin	20	톤-앞 (영일)	잔디	일 · 다년생	바랭이 3~4 엽기, 세포 아풀 생육 성기, 광엽 5cm경(토 양, 경엽처 리 효과)	경엽	400ml/ 200ℓ
트리플록시설퓨론 소듐	입상 수화제	trifloxysulfur on-sodium	72.5	모뉴먼트 (신젠타)	잔디	일 · 다년생	바랭이 3엽 기이내,세 포아풀 생 육성기, 광 엽 5cm경	경엽	8g/ 150ℓ
페녹슐람	액상 수화제	penoxsulam	3	살초대첩	잔디	일 · 다년생	바랭이 3엽기이내	경엽	400ml/ 200ℓ
플라자설퓨론	입제	flazasulfuron	0.15	파란들 (하이텍)	잔디	일 · 다년생	잡초생육 초기	토양	6kg
플라자설퓨론	수화제	flazasulfuron	10	파란들 (하이텍)	잔디	일년생	바랭이 3엽기	경엽	75g/ 150ℓ
플라자설퓨론	입상 수화제	flazasulfuron	25	시바겐	한국 잔디	일년생	잡초생육초 (바랭이3엽기)	경엽	30g/ 150ℓ
플루세토설퓨론 이마자킨	입제	flazasulfuron +imazaquin	0.3+2	잔디로	한국 잔디	일 · 다년생	잡초생육초기 (쑥10cm이내)	토양	8kg
플루록시피르멥틸	유제	fluroxypyr-meptyl	20	보루	한국 잔디	일 · 다년생	잡초생육 초기	경엽	300g/ 100ℓ

플루세토설퓨론	수화제	flucetosulfuron	0.5	존플러스	잔디	일 · 다년생	잡초생육초(바랭이3엽기)	경엽	50g/150ℓ
플루세토설퓨론	입제	flucetosulfuron	0.5	존플러스	잔디	일년생	잡초생육초(바랭이3엽기)	토양	6kg
플루세토설퓨론 피라조설퓨론 에틸	입상 수화제	flucetosulfuron+pyrazosulfuron-ethyl	4+3	템플러	한국잔디	일 · 다년생	잡초생육초기(바랭이3엽기이내)	경엽	400g/100ℓ

표 1-14 화본과 잡초 방제용

품목명	제형	일반명	함량(%)	상표명(회사)	적용작물	작용잡초	사용시기	사용방법	약량/물량(10a당)
페녹사프로프-피-에틸	유제	fenoxaprop-p-ethyl	7	매드시(성보)	잔디	일년생(화본과)	화본 3~5엽기	경엽	100ml/100ℓ
메타미포프	유제	metamifop	10	그린손	잔디	일년생(화본과)	화본 3~5엽기	경엽	100ml/100ℓ

표 1-15 광엽잡초 방제용

품목명	제형	일반명	함량(%)	상표명(회사)	적용작물	작용잡초	사용시기	사용방법	약량/물량(10a당)
벤타존 엠시피에이	액제	bentzone+MCPA	31+4.6	밧사그란엠60(바스프)	잔디	일년생(광엽)	잡초 생육초기	경엽	500ml/100ℓ
카펜트라존에틸	유탁제	carfentrazone-ethyl	21.3	애임에이스(영일) 어피니티(에프엠씨)	잔디	일년생(광엽)	잡초 생육초기	경엽	35ml/200ℓ
카펜트라존에틸	입상 수화제	carfentrazone-ethyl	40	애임(영일)	잔디	일년생(광엽)	잡초 생육초기	경엽	18.8g/200ℓ
트리클로피르 타이에이	액제	triclopyr-TEA	30	뉴갈론(동방), 트리클로피르 티이에이(경농)	잔디	일 · 다년생(광엽)	광엽 생육기(생육왕성기)	경엽	500ml/200ℓ
피라조설퓨론 에틸	수화제	pyrazosuifuron-ethy	5	그린큐(삼공)	잔디	일년생(광엽)	잡초 생육초기	경엽	200g/200ℓ
피라조설퓨론 에틸	입상 수하제	pyrazosuifuron-ethyl	5	골프그린(하이텍) 그린키퍼(정밀)	잔디	일년생(광엽)	잡초 생육초기	경엽	200g/200ℓ

표 1-16 클로버, 광엽잡초 방제용

품목명	제형	일반명	함량 (%)	상표명 (회사)	적용 작물	작용잡초	사용시기	사용 방법	약량/ 물량 (10a당)
디캄바	액제	dicamba	48.2	반벨(성보)	잔디	클로버	생육초기 (4하)	경엽	200ml/ 150ℓ
메코프로프	액제	mecoprop	50	영일엠시피피 (영일)	잔디	클로버	클로버생육 기(4~5월)	경엽	300ml/ 150ℓ
메코프로프-피	액제	mecoprop-p	47.4	초병(하이텍)	잔디	일 · 다년생 (광엽)	잡초 생육초기	경엽	300ml/ 150ℓ

자료 : (사단법인) 한국골프장 경영협회 부설 한국 잔디 연구소관리 정보지(2009. 10~12월)
제공 : 문병철/농산물 안정성부 유해화학과 연구관

제 2 장

병해관리(病害管理)

2.1 병의 개념(槪念)

모든 식물의 경우 발병요인을 보면 병균의 침입과 부적절한 각종 환경요인 등에 의하여 식물의 생장저해를 초래하는 각종 생리적 장애 현상을 들 수가 있다.

결과적으로 식물의 병해는 ① 식물의 기관의 분화 및 발달, ② 세포분열(Cell Division), ③ 수분과 양분의 흡수 및 이동능력, ④ 광합성(Photosynthesis)과 그 산물의 이용과 저장기능, ⑤ 각종 신진대사(Metabolism)의 기능저하 등으로 인한 생리적 장애와 불균형을 가져오게 된다.

일반적으로 잔디의 병명을 동정(同定, Identification)하기 위해서는 잔디의 지상 · 지하부 병징(病徵, Disease Symptom)을 면밀히 관찰하고 병원균의 형태와 병징 · 환경 · 초종의 연령 등 각종 환경 및 관리요인을 참고하여 감정할 수 있다.

잔디가 식재(植栽)되어 있는 곳은 정원, 공원, 도시의 녹지대, 각종 운동장 및 도로의 경사면 등이나 이 중 골프장에서 병의 발생이 심각한 문제로 침해를 받고 있는 실정이다.

잔디는 원래 각종 병해에 대해서 일반적으로 강한 식물이지만 골프장의 경우는 잔디의 생육시에 끊임없이 답압과 계속되는 예초 등으로 장애를 받고 있어 각종 병원균이 쉽게 침해를 할 수 있다.

2.2 병의 발생과 요인

식물체의 발병을 초래하는 병원체는 곰팡이(Fungi), 박테리아(Bacteria), 바이러스(Virus) 및 선충류(線蟲類, Nematode) 등이 있다. 잔디의 경우는 주로 곰팡이에 의해 발병이 되는데, 이는 실 같은 균사(Hypha)를 잔디 세포 내에 기생(寄生, Parasitism)시키면서 세포를 파괴, 또는 유해물질을 분비하여 병을 유발시키고 있다. 이 외에 무생물적 요인에 의해 나타나는 것으로 환경 · 영양 및 농약 등의 요인으로 해서 나타나는 생리적 장해로 인한 병이라 할 수 있다.

잔디병의 발생에 관여하는 각종 환경요인을 보면 광, 온도 및 습도이며 이외에도 토양의 물리 · 화학적인 조건과 식물체의 상해유무 등을 들 수 있다.

2.3 주요 잔디병

(1) 갈색 잎마름병(브라운 패취, Brown Patch)

1) **병원균** : 라이조토니아 솔라니균(*Rhizoctonia solani* Kühn)

2) **발생대상** : 대부분의 잔디류

3) **특징** : 주로 잔디의 잎, 줄기, 관부에 발생되는 병으로 예초 높이가 낮은 Bentgrass류의 Green 지역에서 주로 장마철 습할 경우에 암회색으로 나타나며 심할 경우 패취 전체가 갈색으로 고사하기도 한다. 초기에는 *Helminthosporium* 점무늬병 또는 엽고병(葉枯病, Leaf Spot)과 유사한지만 점진적으로 갈색병반이 커지기 시작하여 짙은 살색을 보이는데, 직경이 심한 것은 수십 cm 정도까지 확대되는 둥근형이다(보통 10~15cm 직경의 황갈색 병반).

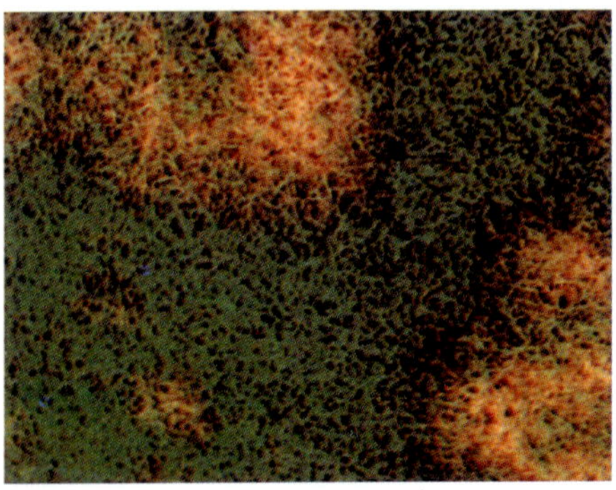

그림 2-1 Brown Patch의 암갈색 병반(病斑)

그림 2-2 Brown Patch의 초기병반 모습(Bentgrass)

4) **발생** : 6~7월 또는 8~9월에 잘 발생되며 경기 지방에서는 8~9월에 발생되는 경우가 더 많다. 병이 심해지면 직경 30~50cm의 갈색병반을 형성하고 병이든 잎의 갈색균사와 가끔 흑갈색의 균핵(菌核)이 나타난다. 고온다습(25~32°C)하고 산성인 토양(pH 4~6)에 심하다. 기온이 27~30°C가 되면 급증하는 전염속도를 보이며 갈색병반은 32°C이상의 고온이 되면 전염이 둔화된다. 여름 하절기에 질소질 비료를 적절히 사용하지 못했을 때는 더 큰 문제가 될 수 있다.

5) **병균 생활사** : 식물체내 아니면 토양면에서 겨울에는 월동하며 늦은 봄 기온 15~21°C되면 병원균이 활동하기 시작하여 24°C를 전후하여 식물체 내에 침입한다. 여름철 25~32°C에 활동이 활발하여 균사(菌絲)가 다른 식물체로 전염하여 병이 만연(蔓延)된다.

그러나 32°C 이상 고온에서는 잠시 활동이 위축되었다가 초가을이 되면 다시 죽은 잎에서 발병하기 시작한다. 이병은 보통 잔디잎은 물론 뿌리까지 모두 침입하여 식물체 전체를 괴사(壞死) 시키는 전염성이 강한 무서운 병이다.

현재 균에 의해서 발생되는 잔디의 병은 Bentgrass류의 Brown Patch와 Winter Patch, Zoysia 계통의 잔디에 Large Patch 및 Yellow Patch 등이 발생한다.

(2) 대형 갈색 잎마름병(Large Brown patch)

1) **병원균** : *Rhizoctonia solani*(AG 2－2형)

2) **발생대상** : 한국잔디 등의 난지형 잔디

3) **특징** : 발생초기에는 지상부의 잎이 갈색으로 변하고 원형병반이 형성되며 환경조건이 병에 알맞게 되면 원형병반이 급속히 확대 2~3cm 정도까지 늘어난다. 병징(Disease Symptom)을 보면 아침 이슬이 있을 때 선명히 나타나며, 밝은 노란색은 병균이 활동 중이며 퇴색한 오렌지색인 볏짚 빛깔의 병반은 활동이 중지 상태임을 알 수 있다(그림 2－3).

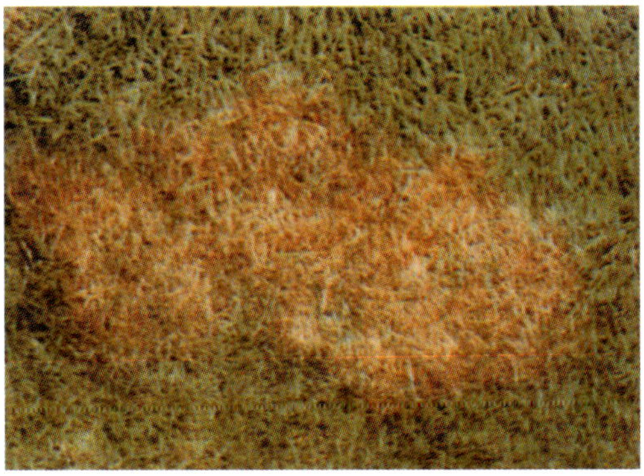

그림 2-3 Zoysia잔디에 발생한 Large Brown Patch의 전형적인 병반모습

4) **발생** : 습지(濕地) 하에서 봄과 가을에 두 차례 발생하지만 지역에 따라서 환경과 관계없이 병이 나타나기도 한다. 특히 북더기잔디 축적으로 인해 통기성, 투수성이 불량하고 잔디가 노쇠(老衰)해지고 지력(地力)이 약해지면 발생률이 높아진다.

비가 많이 오는 봄, 가을에 거의 발병하고 온도가 15°C 전후인 저온에 발생이 심하다. 병세 진전 상황은 강우 때마다 10~20cm씩 직경이 확대되어 간다. 과다한 질소질 비료의 사용이 원인이 될 수 있는데 봄 · 가을 3~4일의 계속적인 강우가 예상되면 미리 지난년도의 발생지역에 약제를 살포하여 예방하는 것이 좋다. 발병지의 잔디는 구름형태로 시들고 직립경의 아래쪽에 병균이 침입하여 줄기가 쉽게 뽑혀 나오는 특징이 있다.

5) 병균 생활사 : *Rhizoctonia solani* 병균 중의 한 계열로 저온다습을 좋아하는 곰팡이로 생활사는 Brown Patch와 비슷하다.

표 2-1 *Rhizoctonia*균에 의한 잔디병의 특징

(자료 : 이두형)

병 명	감수성 잔디	병 원 균	병원균의 활동온도	발병 시기	발병 시기
Brown patch (갈색 잎마름병)	벤트 그라스 (Bentgrass)	*R. solani* AG1－1(IA) *R. solani* AG2－2(IIIB)	고온기 (22~28°C)	7월~9월	직경 수십cm의 둥글고, 짙은 갈색 패취(patch)
Large patch (대형갈색 잎마름병)	*Zoysia*계 잔디	*R. solani* AG2－2(IV)	중온기 (15~20°C)	4월~5월, 10월	직경 수m의 대형 갈색 패취(patch)
Yellow patch (황색 잎마름병)	*Zoysia*계 잔디	*R. solani* AG－Q	저온기 (10°C)	3월~4월	직경 수십cm의 둥근 황색 패취
Winter patch (황갈색 잎마름병)	벤트 그라스 (Bentgrass)	*R. solani* AG－Q *R. cerealis* (?)	저온기 (10°C)	겨울	직경 수십cm의 둥근 황갈색 패취(Patch)

표 2-2 라지패취(Large Patch)의 방제에 추천되는 살균제

농약명	일반명	표준 사용량 (g/m^2)	약제의 특성	고시현황
리조렉스	Tolclofosmethyl	0.5~1g	• 유기인계 살균제로서 잔효성이 길다. • 알칼리성 약제와 섞어 쓰지 말 것. • 서양잔디(Bentgrass)에서는 약해의 우려가 있으므로 주의하여야 한다.	• 고시시험중 • 일본(등록)
로브동	Oxine copper + iprodione	2g	• 보호살균작용을 가진 유기동과 광범위 • 살균제 이프로의 혼합제 • 약효 지속시간이 김. • 알칼리성 약제와 혼합시 약해 우려	• 잔디고시(브라운 패취)
폴리옥신디	Polyoxin D	1g	• 카바메이트 계통의 하이단토인계 화합물 • 농업용 항생제로 예방효과와 치료효과가 있다. • 알칼리성 약제와 섞어 쓰지 말 것.	• 일본(등록) • 포리옥신디 · 치람으로 잔디고시(브라운 패취)
몬카드	Flutolanil	1g	• 예방, 치료효과 있으며 약효 지속기간이 긴 침투 이행성 약제 • 알칼리성 약제 혼용시 약해 우려	• 일본(신청중) • 설부병약으로 등록

몬세렌	Pencycuron	1g	• 요소계 살균제 • 예방, 치료효과 있으며 약효 지속기간이 김.	• 일본(신청중)

(3) 피시움 브라이트(*Pythium* Blight, 솜털 썩음병(綿腐病))

1) 병원균 : *Phythium aphanidermatum*, *Phythium ultimum*

2) 발생대상 : 한지형 잔디류는 대부분(Bentgrass의 경우는 반응이 특히 심한 편임)

3) 특징 : 대개 Bentgrass류의 잎, 줄기, 뿌리 부위에 발생되며, 발생하면 병반진전이 매우 빠른 편이다. 특히 하절기 심한 강우 후에 발생되어 불규칙적인 형태로 확산되며 잔디초지 표면이 마르고 갑작스럽게 갈변하면서 고사된다. *Phythium*에 감염된 잔디잎은 물에 젖어 땅에 늘어져 수침상(水浸狀)이 되며, 가까이 냄새를 맡아보면 특유의 냄새가 난다. 또한 이른 아침에는 어두운 갈색을 나타내며 손가락으로 잎을 문지르면 그리스(Grease)를 발라 놓은 것처럼 미끈미끈한 느낌을 느낄 수 있다. 이런 이유로 Grease Spot이라고 불리워지기도 한다. 주로 병 발생은 그린(Green)의 습한 부위를 중심으로 확장되어지고 그린 표면의 물의 흐름을 따라서 병반이 형성되며 예초기(刈草機)에 의해서 예초 방향으로 줄무늬 형태의 병반이 형성되기도 한다. 특히 밤에 높은 습도가 지속되면 감염된 잔디의 잎은 매트화 되고 하얀 솜털모양의 곰팡이 균사가 잔디표면을 덮는다. 이러한 현상을 흔히 면부병(Cottony Blight)이라고 한다. 이 밖의 몇몇 *Phythium*균은 잔디뿌리에 침해하는데 뚜렷한 병반을 나타나지 않지만, 생육이 지연, 잎이 연녹색화 등 일반적으로 잔디의 건전함을 약화시킨다. 이 현상은 저온기에 흔히 발생하고 있다.

4) 발생 : *Phythium*균에 의한 병은 ① *Phythium* blight, ② 그리스 스팟(Grease Spot), ③ 면부병(Cottony blight), ④ 설부병(Snow blight) 등이 있다. *Phythium*균은 거의 모든 잔디 품종에 병원성을 가지고 있으며, 차고 습한 기후에서 발병이 시작되지만, 이 기간 동안에는 병징(Disease Symptom) 을 발견 및 동정(同定, Identification)이 거의 불가능하며, 가장 뚜렷한 병징이나 심한 피해는 무덥고 습한 조건이 계속되면 나타난다. 이 병이 감염되면 잔디는 하룻만에 치명적인 손상을 입게 된다.
고온형(24~30°C)은 무늬를 나타내는데 배수불량의 그린지역에 나타난다. 처음에는 직경 3cm정도의 반점이 여러 개 나타나서 24시간 내에 전염된다. 배수가 불량하고 질소가 과다한 그린에 발생하기 쉬우며 여름철 장마기에 특히 유의해야 한다. 저온형(15~18°C)은 가을에 나타나는데 줄기가 물에 젖어 죽어버린 것 같은 고사부를 형성한다. 이 병은 비옥도가 높은 토양, 배수불량수지, 적설량이 많은 지역에서 주로 발생한다.

5) 병균 생활사 : 일단 감염되면 물의 이동에 따라 균사를 퍼뜨려 가는데 균사(菌絲, Hypha,

Mycelium)가 생장하는 속도는 극히 빠르다. 다른 곰팡이와 비슷한 생활사를 가지고 있는데 포자체(胞子體, Sporophyte)로 지내다가 적절한 온도와 높은 토양습도를 만나면 일시에 균사를 퍼뜨려 잎과 뿌리까지 침입한다. 토양 pH에는 별로 무관하다. 또한 식물조직에 감염된 균사나 감염된 흙이 관리장비인 예초기(Mower) 등이 경기자(Player)의 신발에 묻어서 더 넓은 지역에 까지 병이 퍼지게 되므로 특히 유의하여야 한다.

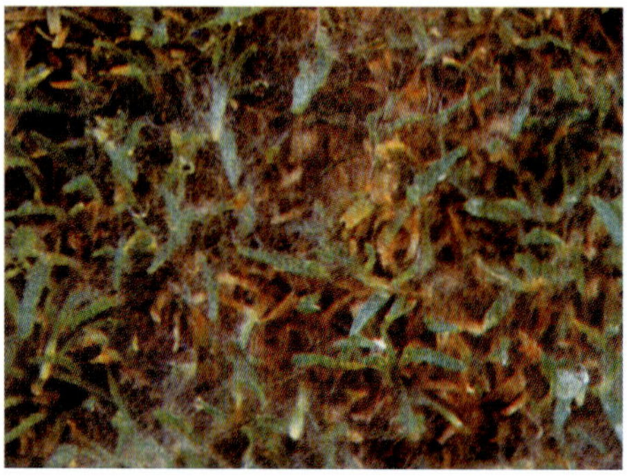

그림 2-4 습한 상태에 발생된 하얀 솜털모양 *Pythium* 균사모양

그림 2-5 *Pythium* Blight의 전형적인 병반이 만연된 모습(배수가 나쁜습지에 많이 발생)

(4) 잎마름병(葉枯病, *Helminthosporium*)

1) **병원균** : *Helmimthosporium* 곰팡이속
Curvularia spp.
Helmimthosporium spp.
Drechslera spp.
Bipolaris spp.

2) **발생대상** : 대부분의 잔디류

3) **특징** : 발생초기에 붉은 반점이 잎에 나타나기 시작하고 군락적으로 3~7cm 적갈색의 불규칙인 병반(病斑, Lesion)이 발생하기 시작하여 차츰 암갈색 또는 회색 병반으로 확대된다.

4) **발생** : 이른 봄에 갈색반점으로 시작하여 늦봄~여름에 뿌리까지 침입하여 매우 심각한 문제를 초래하며, 잔디 초종에 따라 직경 10, 15, 40cm의 병반을 형성한다.

5) **병균 생활사** : 월동되어진 포자체가 식물에 붙어 지내다가 봄이 되면 작은 반점을 형성하면서 차츰 지하로 내려가 생장점과 뿌리까지 침입하여 균사를 왕성하게 번식 시킨다. 균의 일반적인 생육적온은 25°C 전후이며 여름, 가을 장마기에 대단히 균사활동이 활발

해진다. 한 여름철 고온기에 불규칙 모양의 큰 반점(Spot, Blotch)을 잔디에 남기고 습한 가을철에 한하여 더 활동하다가 월동하며 식물체에 균사(Hypha, Mycelium)로 주로 전염되고 포자(胞子, Spore)로도 전염된다.

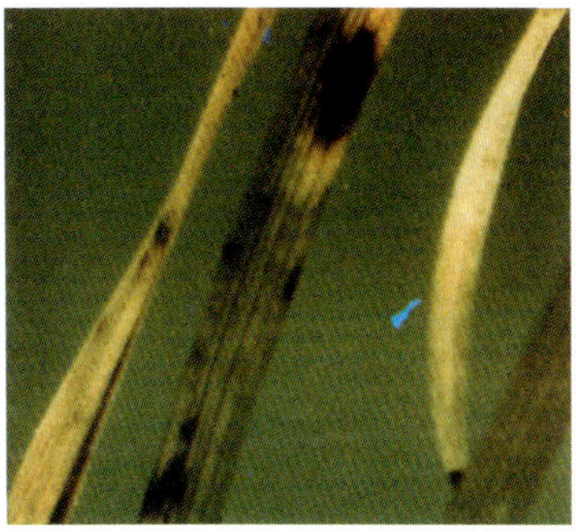

그림 2-6 *Helmimthosporium* 병반이 발생된 잎의 실제 모습

(a)

(b)

그림 2-7 *Helmimthosporium*의 전형적인 병반이 잔디 초지에 만연된 모습

(5) 녹병(錄病, Rust)

1) **병원균** : *Puccina* spp. 속(屬)의 곰팡이 종류

2) **발생대상** : 한국잔디류 및 한지형 잔디

3) **특징** : 담자균류에 속한 녹병균이 잔디 잎에 발생하게 되면 철(鐵)의 녹모양의 포자덩어리가 형성된다고 하여 녹병이라고 명명(命名)되었다. 디의 잎에 불규칙적인 빨갛게 약간 오렌지색으로 진한 갈색의 2~3mm정도의 병반이 나타나기 시작하며, 여름 포자가 발생되어 군락(群落)을 형성하기 시작하면 잎이 녹이슨 것 같이 보인다. 경기자(Golfer)들이 러프(Rough)지역에서 바지 끝 하단에 붉은 가루가 묻어있는 것이 발견되었을 때는 녹병이 발생됨을 알 수 있다.

이 병은 여러 화본과 작물(벼과, Grass Family, Graminae)에서나 또는 잡초에 까지 세계적으로 문제가 되기 때문에 등한시하여 그냥 내버려두면 상당히 피해를 줄 수 있는 병이 되기도 한다.

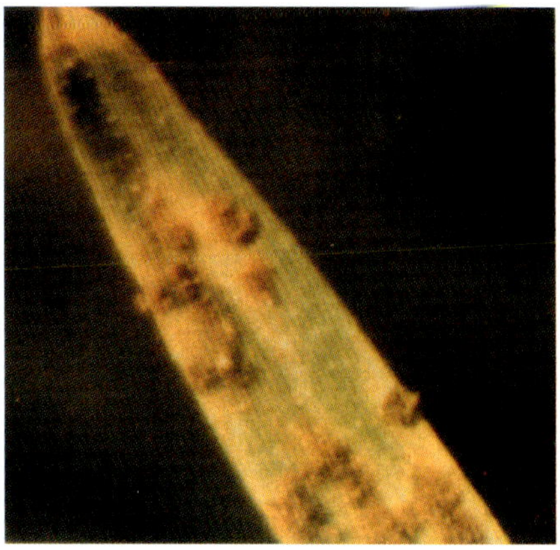

그림 2-8 Rust 병반의 실제 모습
(Kentucky bluegrass)

4) **발생** : 5~6월 또 9월 중순~10월 하순 사이에 연 2회에 발생하는데 17~22°C정도의 기온에서 습윤(濕潤)할 때 나타난다. 병원균은 고도 포자 분화를 통하여 잎과 줄기에 기생한다. 균사가 발아하여 식물체 조직을 뚫고 신장하는데 잔디 세포로 파괴시키면서 영양을 취하여 생장하다가 다시 포자체(Sporophyte)를 만드는 전형적인 기생성 곰팡이 종류이다. 가을이 되면 잎줄기에 흑색 반점(Spot, Blotch)이 생긴다. 질소가 결핍된 잔디(Tee, Fairway, Rough 등)에서 발생되기 쉬운 병으로 Kentucky bluegrass, Ryegrass, Tall fescue 및 Zoysiagrass 등이 이 병에 민감한 잔디이다. 또한 봄철에 과수원에 가보면 배나무 잎 뒤에 무언가 노르스름한 것이 툭 튀어 나온 것을 볼 수 있는데 이것은 녹병이다.

5) **병균 생활사** : 분류학상 담자균류에 속하는 곰팡이로서 보통 연 2회 발생하는데 여름포자는 4개의 포자로 구성된다. 월동용 겨울포자는 2개의 포자를 가지고 있는데 현미경 하에서 곤봉 모양을 하고 있다. 80% 이상의 다습 저온에 빠른 속도로 번식하며 동물 또는 공기로 포자를 이동시키는데 관리장비를 통한 전염이 심한 편이다. 잔디의 잎줄기에서 늦가을에 흑색의 반점을 남기며 포자체(Sporophyte)로 월동한다.

그림 2-9 녹병에 걸린 잎(상)과 정상적인 잎 (Kentucky Bluegrass)

그림 2-10 Rust의 전형적인 병반이 잔디초지에 만연된 모습

(6) 점균병(Slim Molds)

1) **병원균** : 점균류(Myxomycetes)
Physarum cinereum(*Mucilago spongiosa*)

2) **발생대상** : 대부분의 잔디류

3) **특징** : 진디잎에 부연 먼지가루가 덮어진 것 같은 모양 다시말해서 잿빛 먼지곰팡이 병으로서 모든 잔디초종에 발생되지만, 군락(群落) 형태의 생선알 또는 벌레똥 같은 회색포자

(灰色胞子)가 보일 때는 점균병으로 보아야 한다. Slim Mold라고 해서 점질균(粘質菌)이라는 콧물처럼 끈적끈적한 물질을 내면서 자라는 곰팡이가 있다. 이것이 점균(Slime Mold)이라고 하는 병인데, 이는 잔디잎에 무언가 하얀 잿빛처럼 곰팡이가 묻어 있는 것을 볼 수 있는데 이를 손을 건드려 보면 먼지처럼 털려 나간다. 이러한 점균에 의한 병은 잔디 자체에는 그렇게 피해를 주지 않으며, 그리고 이 병은 농약을 살포했을 때 쉽게 없어지는 병이다. 일반적으로 잔디초지를 고사시키는 일은 발생하지 않지만 잔디초지의 녹색 미관을 손상시키고 있다.

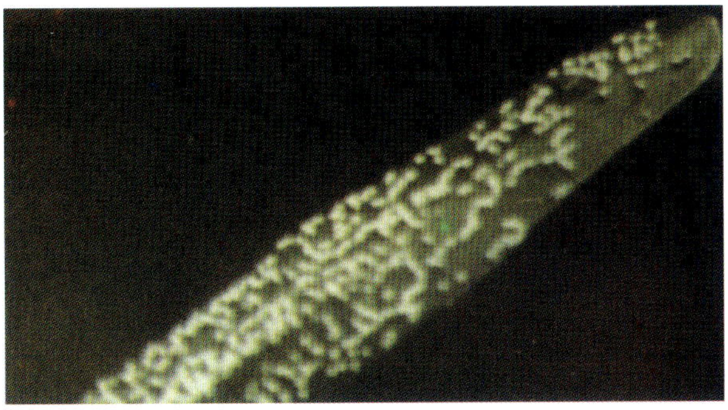

그림 2-11 Slime Molds 병반(病斑, lesion))의 실제모습

4) **발생** : Rough이나 fairway지역에 5월 중순에서 7월 상순까지, 그 후 9월 상순경에 연 2회 발생한다. 경기지방에서는 7~8월 고온다습기, 특히 잔디초지에 물 빠짐이 나쁘고 배수가 잘 안돼서 온기(溫氣)가 많은 지역에 흔히 나타나는데 키가 높게 자라난 들잔디나 고려중지(高麗中芝)에 주로 보인다. 왕성한 포자체에 의해 광합성이 저해되며 균이 침범한 곳에 박테리아나 곰팡이가 2차로 전염된다.

5) **병균 생활사** : 보통 다른 생물체에 기생하는 세균과 사상균의 중간 형태인 Myxomycetes 속에 속하는 균으로서 침상의 포자가 형성되는데 1~5mm 정도 크기이다. 고온다습 해질

그림 2-12 Slime Molds가 만연(spread quickly)된 잔디초지 모습
(잎이 회백색 포자의 소괴(小塊)가 밀생된 상태)

때 잔디식물체의 잎에 노출되어 포자를 형성하는 활동하며 저온 다습할 때 토양 중에 잠복한다. 활동 중 유기부패물에 다른 병원균이 침입하므로 이물질의 퇴적을 막아야 한다.

(7) 동그라미 고사병(페어리 링, Fairy Ring)

1) **병원균** : 각종 담자균류(*Antobasidiomycetes*)

2) **발생대상** : 대부분의 모든 잔디류

3) **특징** : Fairy ring 병반의 초기에는 짙은 녹색의 고리모양의 환을 형성하며, 간혹 잔디초지 토양이 건조한 시기에는 고리부분이 건조하게 되어 병해의 발생이 심하게 발생하기도 한다. 병원균의 종류는 하나가 아니며, 현재까지 어떤 것이 주원인이냐 하는 것이 정확히 밝혀져 있지는 않지만, 여기에 관여하고 있는 버섯을 생기게 하는 곰팡이의 종류가 여러 종류가 있다고 생각된다. 이 병의 특징은 우선 끊어져 있는 원모양으로 어떻게 보면 클로버 모양으로 동그랗게 말라 들어가는 것이 특징이다. 병반(lesion)은 차츰 원형으로 그 직경이 커진다. 병반은 20~cm정도 이지만, 많은 경우 2개 이상의 병반이 동시에 나타나는데 7~8월 고온건조시에 일시적으로 사라진 것처럼 보일 경우도 있으며 병반이 지나간 곳에는 잔디밀도가 낮아지고 황색으로 남는다. 잡초발생이 원형병반의 중앙지대에 주로 발생한다.

그림 2-13 Fairy Ring 병반(病斑)이 발생된 지역의 실제모습(Cool－Season Turfgrasses)

4) **발생** : 한국잔디가 싹이 나면서부터 병반이 보일 때도 있으나 주로 장마기에 나타난다. 토양 중의 나무조각 등이 부식되면서 발생되기 쉬운데 퇴비를 쓰든지 자체에서 제조한 유기질비료 물질을 사용할 때 병이 발생될 염려가 있다. 여러 가지 복합 곰팡이 종류가 원형병반의 바깥쪽으로 번져 나가는데 27℃, pH 6.5 전후에서는 확산속도가 최대이다. 직경이 1m에서 수십 m에 이르기도 하며 영국의 오래된 골프코스에서는 지름이 몇 100m에 이르는 것도 있다. 이 균은 각종 담자균류에 의한 것으로, 토양 중에 균사(菌絲)의 형으로서 월년, 생활하며 보통 봄과 가을에 발생한다. 특히 장마기 전후에는 많이 발생한다. 이 균은 버섯에 형성된 포자

(Spore)에 의하여 비산, 전파하지만 유기물이나 농기구 또는 신발 등에 의해서도 전파된다.

그림 2-14 Fairy Ring 발병된 잔디초지

5) **병균 생활사** : Scleroderma, Lycoperdon, Marasmius 등의 담자균의 복합 발생하므로 생활사도 다양하다. 보통 늦봄이나 장마철에 활동이 왕성하여 1년에 1~2m폭으로 병반이 커진다. 특별한 방제방법은 없으나 우선 버섯 종류를 박멸하고 토양소독, 관리개선(완숙 유기질을 사용, 통기 및 유수성을 도모, pH를 높이는 등)을 통하여 병반 확산 속도를 늦추고 병반(病斑)형성을 억제 할 수 있다. 토양교체, 훈증 살균(Metamsodium 등 이용) 방법이 있으나 작업이 힘들다. 현재 각 골프장에서 실시하는 표면 시약 살포는 별 효과가 없으며 2차 감염을 예방하는데 다소 도움이 되지만 궁극적으로는 토양 침투 살균제의 개발이 요구되고 있다.

(8) 달러 스팟(Dollar spot)

1) **병원균** : *Sclerotinia homoeocarpa*

2) **발생대상** : 주로 한지형 잔디류

3) **특징** : 한국잔디, Bentgrass, Kentucky bluegrass, Perennial rgegrass 등의 초지에서 발생하는 동전 크기의 반점형태로 나타나며 대개 이른 아침에 병반부위에 솜털 모양의 균사가 형성되는 특징이 있다. 잔디잎 또는 줄기에 불규칙으로 황록색 또는 황갈색의 반점이 발생한다. 이른 아침 이슬이 남아 있을 때 간혹 균사(Hypha, Mycelium)를 눈으로 볼 수 있다. 병이 진전되면 병반(病斑) 주위는 보릿짚 색깔의 변색부를 부분적으로 나타내며, 잎이 마르고 잔디가 어린 아이의 머리에 기계독이라고 하여 머리가 듬성듬성 빠져있는 것처럼 되어 고사하게 된다. 병반의 크기는 동전 모양의 직경 3~5cm로 확대된다. 이 병은 주로

*Sclerotinia*라고 하는 균핵(菌核)은 곰팡이 씨가 뭉쳐 쥐똥과 비슷한 균핵을 만들어 내는 것이 특징이다. 그런 균핵은 그저 생기는 것이 아니고 거미줄과 곰팡이실, 즉 Mycelium 안에 번식을 해서 그 다음에 거기에 균이 뭉쳐 가지고 균핵이 생긴다. 아주 습한 곳에 가서보면 하얗게 곰팡이실이 피어 있고 또, 그 곰팡이실이 많이 번져 있는 곳에 가서 보면 아파토시야라고 해서 솥뚜껑처럼 생긴 버섯이 많이 번져 있으며 발병이 심한 것이다.

4) 발생 : Dollar Spot의 특징은 다른 병과 달리 잔디에 질소 부족과 건조한 토양 상태에서 많이 발생하며 주로 초여름과 초가을에 많이 발생한다. 병반이 보릿짚색 갈대를 형성하고 주위는 진한 갈색을 띠는 것이 특징적이다. 낮게 예초되는 잔디에서는 병반이 직경 5cm정도이고 깍는 높이가 높은 잔디는 잎에만 병반이 나타나는데 직경이 5cm 이상이다. 여름에 Dollar Spot을 보인 곳은 초가을 기온이 높고 습한 기후에 다시 한 번 발생한다. 또 이 병은 잎이 썩거나 할 때에 검은 균핵이라는 것도 형성하는 것이 Dollar Spot이다.

5) 병균 생활사 : 병균은 균핵과 균사의 상태로 지하 생장점인 관부(Crown)와 뿌리에서 월동하다가 기온이 15°C에 이르면 활동을 시작한다. 활동 최적 온도는 20~27°C인데 산성 토양 (pH 3~5.5)에서는 활동이 더욱 심해진다. 가을이 되어 습도가 높고 온도가 25°C전후가 되는 때에 재발하다가 기온이 내려가고 건조해지면 균핵을 형성하여 지하부로 숨게 된다. 면사 모양의 균사와 흑색 소립자 균핵은 토양, 공기, 물 등의 불량한 환경조건 등을 통하여 전염되며 관리 장비를 통하여서 병이 전파된다. 발병상태가 심하게 되면 번식과 점염이 빠르게 되므로 제거하여야 한다. 넓은 잔디초지라 하더라고 병원균(세균, pathogenic bacteria, 진균 pathogenic fungi)이 조그마한 구석에 있기 마련이다.

그림 2-15 Dollar Spot가 만연된 잔디초지
(직경 5cm의 병반 크기임)

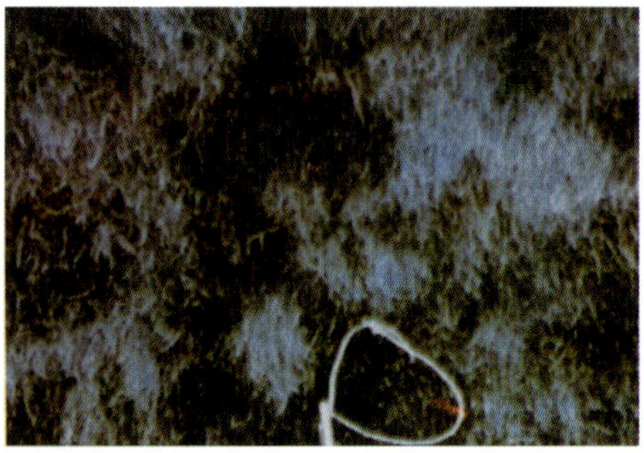

그림 2-16 Dollar Spot 병반이 만연된 잔디초지의 모습

따라서 그것을 그냥 두었을 경우에는, 그 전염속도가 빠르기 때문에 사람 수가 많이 들더라도 이런 것을 비닐봉지에 담아서 없애버려야 한다.

(9) 구리빛 반점병(카퍼 스팟, Cooper Spot)

1) **병원균** : *Gloeocercospor sorghi* D. Bain et Edg

2) **발생대상** : Bentgrass

3) **특징** : 처음에는 붉은 반점이 식물체의 잎에 나타나다가 구리 빛깔의 반점(Spot, Blotch)이 2cm 직경으로 형성되기 시작하며 10cm 정도의 동전만한 동그란 무늬가 확산되며, 색깔은 점점 진해져서 검붉은 색을 띠며 죽는 병이다.

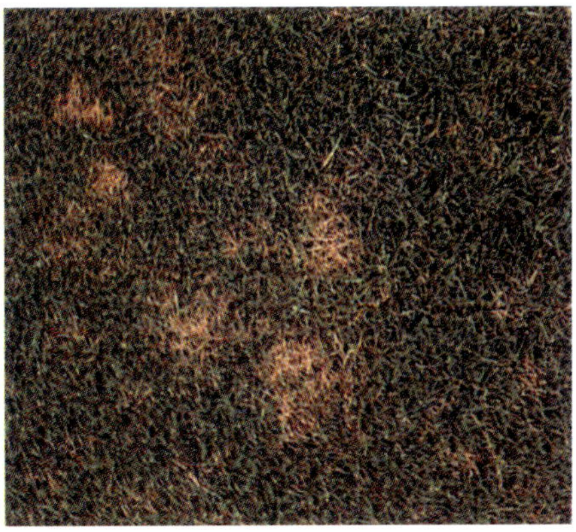

그림 2-17 Cooper Spot(병반 : 직경 3~10cm)가 만연된 잔디초지의 모습

4) **발생** : 잎에 피해가 나타나는 증상이 동그란 모양이 주변으로 도는 병무늬를 갖는 병으로서 Bentgrass에 주로 나타나는데 Colonnial과 Velvet bent에는 심하게 발생되는 편이다. 병반은 둥글거나 타원형을 이루고 수가 많아지면서 크기가 확대된다. 6월에서 9월까지 21~27°C의 기온과 다습한 상태에서 심해지며 산성 토양에서 많이 발생한다. 병반의 테두리는 붉은 빛을 띠며 중앙부의 잔디는 고사하거나 엷은 녹색을 보인다. 계속되는 고온다습으로 인하여 병이 심해지면 젤라틴(gelatine) 형태의 균사 집합체가 식물을 덮는다.

5) **병균 생활사** : 병원균은 작고 검은 포자체로 월동을 한 후에 봄에 발아한다. 고온(20~28°C)다습한 기후에서 무성생식(無性生殖, Asexual Reproduction)을 하며 다른 식물체에 전염하는데 물과 장비에 의해 전염되기도 한다.

(10) 푸사리움 브라이트(개구리 눈병, Fusarium blight)

1) **병원균** : *Fusarium roseum*, *Fusarium tricinctum*

2) **발생대상** : 한지형 잔디

3) **특징** : 고온다습 하에서 주로 발생하는데 발생초기에는 잔디초지에 소금을 뿌려놓은 것과 비슷한 또는 모래를 뿌려놓은 것과 자국이 잎에 군데군데 보인다. 이러한 고사 형태의 병반이 차츰 개구리눈의 모양으로 나타나 이를 일면 Frog－Eye Disease라고 한다. 잔디초지에서 분홍빛의 균사가 자라는 것이 지표면의 뿌리(根)나 생장점(Growing Point) 조직

에서 관찰 될 수 있다.

4) **발생** : 감염된 잔디초지는 원형 또는 타원형 병반이 형성되며 빠르게 고사형태로 죽어간다. 사질토나 배수가 잘 안 되는 점질토(粘質土, Clay Soil) 보다는 배수는 잘 되지만 질소질비료가 부족한 상태의 질소질비료의 비절(肥切)현상을 가져오는 잔디초지에 많이 발생할 수 있는 병이다. 일반적으로 잘 가꾸어진 잔디초지에도 배수가 불량 건조한 곳에서부터 시작을 해서 하얗게 말라가면서, 중간에 섬을 만들어 놓은 것 같이 큰 강이 흘러가면서 섬을 만들어 놓은 것 같은 인상을 주는 것이 *Fusarium*균에 의한 병의 특징이라 할 수 있다.

5) **병균 생활사** : 낫 모양의 포자가 환경이 적합해지면 빠른 속도로 생산되는데 이것들은 바람에 의하여 1차로 전염된다. 잎의 표면 조직에는 포자는 12시간 내에 발아하여 엽상조직(葉狀組織)을 파괴하기 시작한다. 연분홍 또는 회색의 균사가 지면의 온도가 20°C 이상이 되고 습해지고 북더기잔디인 대취(Thatch)가 축적된 상태에서는 번식이 강해진다. 또한 과다한 질소비료, 노후화 된 잔디, 선충류(Nematode)가 존재하는 곳에서는 병의 발생이 더욱 심해진다.

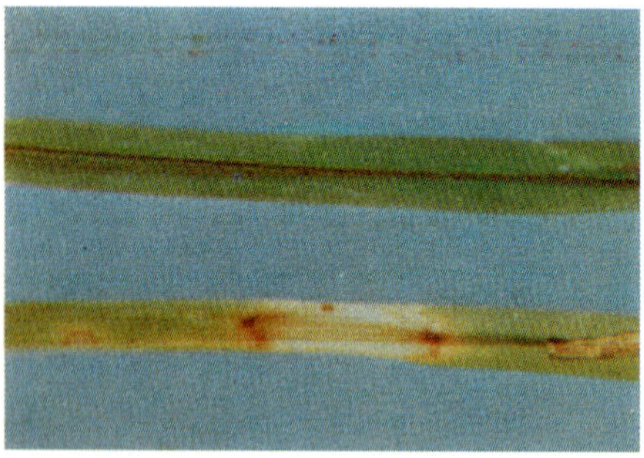

그림 2-18 *Fusarium* Blight 병반의 잎(상)의 정상 잎(하)

그림 2-19 *Fusarium* Blight 병반이 만연된 모습(Kentucky Bluegrass)

(11) 레드 스레드(Red Thread, Pink Patch)

1) **병원균** : *Corticium funciforme*

2) **발생대상** : 한지형 잔디류

3) **특징** : 잔디 잎이나 줄기 부분에 약간 붉은 색을 띤 반점(Spot)이 나타났다가 점진적으로 이런 것이 급속도로 퍼지면 균에 침입된 부분이 갈색으로 변하면서 마르는 병으로 아직까지 우리말의 병명은 없다. 이 병은 봄, 가을에 비가 자주오는 시기에 특히 습한 지역에

그림 2-20 Kentucky Bluegrass 잔디초지에 발생된 Red Thread 담적갈색(淡赤褐色)의 병반모습

서 또한 나무가 심어져 있어서 그늘지는 지역, 배수가 잘 되지않는 지역에서부터 발생을 시작하는 병이다. 병은 습도가 높은 15~24°C에 젤라틴 형상의 균사로 퍼지는데 잔디생육이 느리거나 질소나 칼슘(calcium)이 부족한 토양에서 자주 발생한다. 특징적으로 분홍색깔의 균사집합체가 바늘모양(침상)으로 잎집 부위에서 나타난다. 병에 전염된 잔디에는 불규칙한 원형 병반이 붉은빛을 띠며 직경이 3~10cm의 크기를 이룬다.

5) 병균 생활사 : 병균은 핑크빛을 띤 포자체 상태로 죽은 잎이나 줄기에서 월동한다. 기온이 상승하고(20°C 전후) 습해지면 특이한 붉은 형상으로 전염된다. 다른 병균과 다르게 영양결핍을 보이는 식물체에 더욱 잘 기생한다.

(12) 흰가루병(Powdery mildew, 白粉病)

1) 병원균 : *Erysiphe graminis*

2) 발생대상 : 주로 한지형 잔디류

3) 특징 : 기온이 낮아지고 습하며 약광 하에서 특히 잔디초지가 밀집되어 자라는 곳에서 발견되는데 균사가 회백색의 얇은 막 같이 잎의 표면에서 번식된다.

4) 발생 : *Fusarium* blight 같은 노후된 잔디초지에서 일어날 수 있는 병과는 달리 이 병은 유묘기에 피해를 많이 입게 된다. 병은 주로 늦여름 또는 봄, 가을에 저온다습 할 때 많이 발생한다. 병에 감염된 잎은 황변 하다가 마침내 갈색으로 변하며 그때 가루 형태의 물질이 식물체 내부에 나타난다. 지금 화본과의 맥류 등에서는 세계적으로 이 병 때문에 매년 감수(減收)를 초래하고 있는 실정이다.

5) **병균 생활사** : 병원균 곰팡이인 *Erysiphe graminis*는 겨울동안 포자상태로 지상부의 죽은 조직 속에 지내다가 봄에 잎의 뒷면에 기생을 시작하게 된다. 기온이 시원하고 다습하면 균사(菌絲, Hypha)가 잎 전면에 퍼지면서 잎 전체가 묽은 밀가루 모양을 하게 된다.

Bentgrass, Ryegrass Kentucky Bluegrass에 심하고, 특히 Kenblue, Merion 등의 품종에는 전염성이 강한 편이다. 그러나 흰가루병 약으로 나와 있는 여러 가지 원예용 약제를 사용하여 제 때에 살포하면 쉽게 방제가 되는 병이다.

그림 2-21 Powdery Mildew 병반의 실제모습(Kentucky Bluegrass)

그림 2-22 Powdery Mildew에 걸린 잎(상)과 정상적인 잎하(Kentucky Bluegrass)

그림 2-23 Powdery Mildew가 만연된 잔디초지

(13) 오피오 바루스 패취(Ophio Bolus Patch)

1) **병원균** : *Ophiobolus graminis*

2) **발생대상** : 한지형 잔디초지류 중 Bentgrass, Kentucky bluegrass

3) **특징** : 암갈색인 실모양의 기다란 균사가 지표면의 잎집 매트(Mat)를 형성하기 시작하여

그림 2-24 Ophio Bolus Patch의 병반

색깔이 점점 진해져 간다. 발병 초기에는 갈색 반점이 잎에 나타나서 건조되면서 마침내 고사 형태로 퍼져 나간다.

4) **발생** : 감역지역은 방제하지 않으면 매년 30cm 정도로 직경이 커져 나가서 보통 1m까지 번져 나간다. 피해 받은 잔디 중앙부는 차츰 회복이 되어가지만 보식(Supplemental Planting)하거나 추파(Overseeding)할 필요가 있다. 물곰팡이의 일종으로 물이 흐르는 방향으로 병반이 빠른 속도로 번져 나간다.

5) **병균 생활사** : Bentgrass 등의 한지형 잔디에 기생하는데 저온다습 할 때 병이 발생하여 브론즈(Bronze)빛의 병반을 형성하다가 겨울 동안에는 회색 병반으로 남게 된다. 다음 해 늦봄에서 초여름까지 활동이 강해지다가 고온건조 기후 하에서는 포자체(Sporophyte)로 지낸다.

(14) 춘계 황화병(Spring dead spot, 黃化病)

1) **병원균** : *Pythium*, *Fusarium*, *Rhizoctonia*, *Curvularia*, *Helminthosporium*균 등

2) **발생대상** : 난지형 잔디초지류 중 Bermudagrass와 Zoysiagrass에 많이 발생

3) **특징** : 봄과 가을에 Zoysia잔디초지에 발생되며, 봄 3~4월에 정상적인 잔디싹이 발생함과 동시에 직경 30~50cm 전후의 근사원형으로 잔디초지가 회색으로 되며 맹아(萌芽, Sprout)가 진행하게 되면 그 부분이 담회색(淡灰色)으로 변해 뚜렷하게 된다. 불규칙 병반이 단독으로 또는 여러 개 겹쳐서 발생하며 심할 경우에 그 부분은 완전히 고사(枯死, Withering to Death)된다. 피해부의 잔디는 줄기의 하부 및 뿌리는 갈색~적갈색으로 되고 이어서 흑갈색으로 말라서 죽는다. Bermudagrass의 감염된 지역에서는 뿌리나 포복경이 심하게 썩고 병반부위의 잔디의 회복이 아주 느리고 황폐화 되거나 병반(病斑)부위

에 잡초가 발생하기도 한다.

4) **발생** : 대취(Thatch) 축적이 심하고 잔디 깎는 빈도가 낮은 남향쪽의 러프(Rough) 지역에 많이 발생한다. 경사진 지역에 건조에 대한 피해 형태와 때로는 완전히 병반 모양을 나타내기도 한다. 발병 첫해와 그 다음해에서는 여름에 들어서면서 회복을 하지만, 방제하지 않고 몇 년을 지나면 뿌리까지 완전히 고사하여 회복되지 않는다. Bermudagrass에 있어서는 온도가 차거나, 토양이 습한 가을이나 봄에 발생이 심하다. 피해는 잎의 생장이 시작되는 봄에 가장 격심하다.

5) **병균 생활사** : 주로 *Pythium*이나 *Fusarium* 병균으로 보고되어 있었으나, *Helminthosporium*과 *Rhizoctonia*의 병균도 함께 발견된다. 주로 저온(5~10°C)에 병반이 형성되고 산성, 보수력이 약한 사질토양(砂質土壤, Sandy Soil), 배수가 아주 양호한 경사지에 발생 빈도가 높다. 유기잔사의 축적과 지표면의 갈변 현상도 동반한다. 현재 이 병을 유발시키는 직접적 병균이나 원인이 규명되어 있지 않으나 여러 가지 물리적, 화학적, 세균적인 현상이 복합되어 발생한다.

그림 2-25 Spring Dead Spot가 광대한 잔디초지에 만연되고 있는 모습

그림 2-26 Spring Dead Spot가 완전히 병반이 펴진 상태의 잔디초지 모습

(15) 설부병(雪腐病, Snow Molds)

1) **병원균** : *Typhula incarnata*(갈색소립 균핵병), *Thphula ishikariensis*(흑색소립 균핵병), *Sclerolinia borealis*(대립 균핵병), *Fusarium nivale*(홍색 설부병), *Pythium* spp.(갈색 설

부병) 등

2) **발생대상** : 주로 난지형 잔디류에 큰 피해가 나타나지만 한지형 잔디에도 간혹 발생

3) **특징** : 겨울철 강설기간(11월~이른 봄) 중에 전반적으로 감염되어 3월 하순에 심하게 발생된다. 여러 가지 균들이 관여하는데 주요한 설부병에는 ① *Typhula* blight, ② *Fusarium* Patch, ③ Snow Scald, ④ Coprinus Snow mold, ⑤ Frost Scorch, ⑥ *Pythium* spp.에 의한 설부병 등이 있다. 현재 경인지방의 일부 골프장에서 *Typhula* blight와 *Fusarium* Patch가 발생되고 있으나, 그 외의 설부병들은 거의 문제가 되지 않는 실정이다. 이른 봄 눈이 녹으면서 그 경계선에 부패된 형상의 병반을 보이면 설부병으로 생각해도 좋다.

4) **발생** : 생육적온(生育適溫) 0°C 내외이나 −5~22°C에서 생육이 가능하다. 강설기간에 전면적으로 감염되며 −2~5°C에 극성을 부린다. 병원균(Pathogenic Bacteria, Fungi)은 적온 하에서 급속히 전염되어 잎 조직을 파괴하고 고사형태를 보이게 된다. 잎 하단부나 생장점까지 침범하여 완전히 고사시키기도 하며 매년 재발을 유도한다. 포자(胞子, spore)의 형태도 병원균에 따라 다양한데 매우 작은 것부터 4mm크기까지 다양한 종류가 있다. 병반은 불규칙적인 것, 타원형 등 다양한데 이른 봄에 흑갈색의 패취 형태를 나타낸다.

5) **병균 생활사** : 대개 강설(snowfall)이 시작될 때 병원균이 있던 곳의 토양병이 감염된 식물체의 일부분인 유기잔사에서 활동이 시작되는데 눈이 덮여 있는 상태(0°C 내외의 지표면 온도)에서 크게 전염된다. 설부병(Snow Molds)의 종류에 따라 3월 눈이 녹으면서 특색 있는 병반을 구성하여 활동하다가 기온이 상승하면 다시 지하에 잠복한다. 거의 모든 설부병원균은 물과 장비에 의해 전염이 아주 빠르며 여름 고온을 지낸 뒤 가을에 이르러 저온다습 해지면 지표 또는 지하에 있는 식물체에 포자체(Sporophyte)로 잠복한다.

표 2-3 겨울철 설부병(雪腐病)에 관여하는 몇 가지 병원균

번호	병 명	병원균	병원균의 활성온도	병의 특징
1	Gray snow mold (*Typhula* blight) (회색 설부병)	*Typhula incarnata*(갈색) *Typhulaishikariensis*(흑색) *Typhulaidohoensis*	0~18°C	• 균핵을 형성한다. • 균핵의 색깔은 흰색, 핑크색, 갈색으로 점차 변한다. • 5~1cm의 황갈색 원형 패취 형성

2	Pink snow mold (*Fusarium* patch) (홍색 설부병)	*Fusarium nivale Gelachia* (*Gelachia nivalis*)	(−6~30°C)	• 균핵을 형성하지 않음 • 초생달 모양의 많은 분생포자 형성 • 감염된 잔디잎은 핑크색으로 변함 • 패취 주위에 핑크색균사 매트를 형성한다.
3	Coprinus snow mold (코프리너스 설부병)	*Coprinus psychromorbidus*	5~15°C (0°C)	• 균핵을 형성하는 계통과 형성하지 않는 계통이 있음 • 하얀 솜털같은 균사체와 함께 전형적인 원형패취를 형성함
4	Snow scald (눈 버짐)	*Myriosclerotinia bolealis* M	5~10°C (−5 가능)	• 균핵을 형성한다. • 약 15cm 정도의 움푹파진 패취를 형성하며, 잎은 수침상으로 되어 회색의 곰팡이 균사로 덮힘
5	Frost scorch (String of pearls)	*Selerotinia rhizodes*	16°C	• 균핵을 형성한다. • 감염된 잎은 밝은 황색을 띠다가 하얗게 색깔이 바랜다. 냉해와 유사함 • 잎은 건조되어 말리고 한쪽 면에 검은 색의 균핵은 진주목걸이처럼 한 줄로 형성된다.
6	*Pythium* spp.	*P. horinouchiens* *P. iwayamai* *P. graminicola* *P. paddicum*		• 뚜렷한 병징은 나타나지 않지만 잔디의 색깔이 엷어지거나 잔디의 생육이 늦어진다.
7	Winter crown rot (겨울에 발생하는 관부썩음병)	미동정(未同定) (Basidiomycetes)	−4~18°C 적온 : 12~15°C	• 균핵을 형성한다. • 패취 주위에 회색균사를 형성함. 푸사리움패취와는 대조적임

표 2-4 몇 가지 설부병(雪腐病)을 일으키는 균의 검색표

1. 균사(菌絲, hypha)가 꺽쇠결합(clamp connection)으로 되어 있다.	
① 균핵(菌核)을 형성하며 균사(菌絲)는 흰색 내지는 회색이다.	
㉠ 균핵은 공모양, 달걀모양, 넓적한 구형(*Typhula*)	*T. incarnata*
ⓐ 균핵의 크기는 약 5mm, 오렌지색, 빨간색, 갈색으로 변함	*T. ishikarienris*
ⓑ 균핵의 크기는 약 2mm, 호박색, 갈색, 검정색으로 변함	
㉡ 균핵은 불규칙한 형, 폭이 1~3mm, 흰색, 황갈색 어두운 갈색으로 변함	*Coprinus psychromorbidus*
② 균핵을 형성하지 않음. 균사는 흰색 내지는 회색	*C. psychromorbidus*
2. 균사에 꺽쇠결합이 없다.	
① 균사에 격막이 없고 흰색이며 잎에 유자낭 형성	*Pythium species*
② 균사에 격막이 없고 흰색이며 잎에 있다.	
㉠ 균핵을 형성한다.	
ⓐ 균핵은 구슬같고, 크기가 1~5mm, 흰색내지는 검정	*Scleroitum rhizoides*
ⓑ 균핵의 형태가 다양하다.	
−균핵은 흰색 내지는 오렌지색	*Acremonium boreale*

–핵은 흐릿한 검정색	*Myriosclerotinia borealis*
㉡ 균핵을 형성하지 않음	
ⓐ 균사는 희거나 핑크색이고, 초생달 모양의 포자형성	*Fusarium nivale*

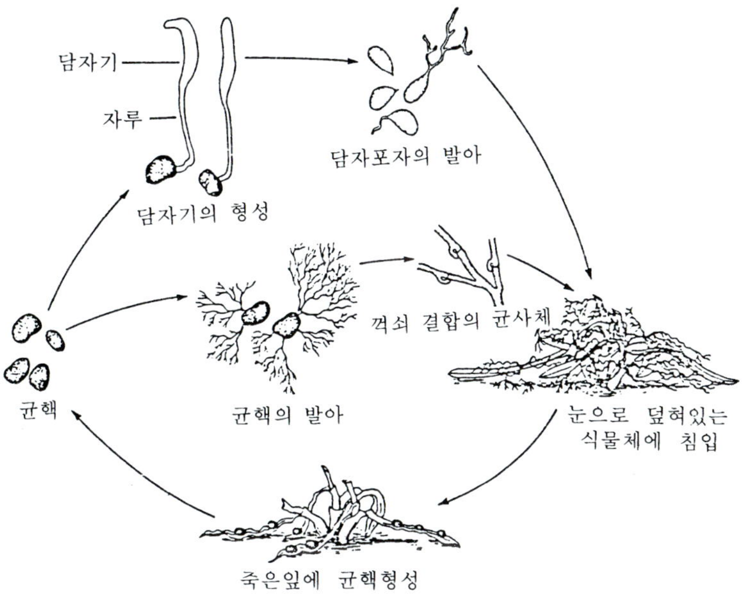

그림 2-27 *Typhula incarnata*에 의한 Typhyle Blight의 병환(病環)

그림 2-28 설부병(갈색 소립균핵)

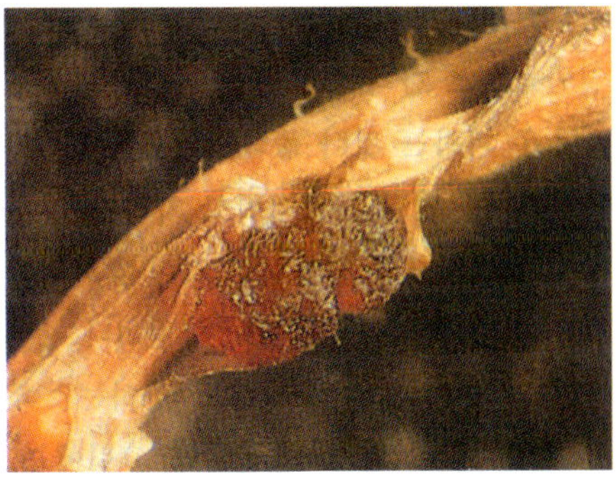

그림 2-29 잔디의 줄기가 함입되어 형성된 의 갈색의 균핵

그림 2-30 *Typhula incarnata*에 의한 설부병의 격심한 발병상태

그림 2-31 잔디초지에 발생한 *Typhula*의 담자기

그림 2-32 Snow molds 피해를 입은 잔디초지 모습

(16) 침적병(시즈미 病)

1) 병원균 : *Fusarium*, *Pythium*, *Helminthosporium*균 등

2) 발생대상 : 난지형 잔디류

3) 특징 : 대체적으로 봄에 발생하는 황화병과 발생하는 시기는 비슷하며, 잔디싹(Bud Shoot)이 솟아나는 4월경 직경 5cm의 병반이 10~15cm 크기가 홀 컵(Hole Cup) 보다는 약간 크게 퍼지며 황화현상을 보인다.

4) 발생 : 병원균에 의해서 1차적으로 병이 발생하였다가 그 후 불량한 환경으로 인하여 2차 그 지역이 감염된다. 병반 내부에 잔디가 조금씩 남는 형태와 중심부만 완전하고 주위가 고사하는 타원형이 있다. 겨울철 저온 건조시에 발병되며 잔디가 밀식화 되어 있고 표토

층에 이질 객토층(異質客土層)이 형성되어 있으면 발병이 심해진다. 봄철 황화병처럼 건조, 비탈면에 많이 나타나며 사질토양의 대취(Thatch)가 심한 곳에 발병할 확률이 높다. 4월 하순에서 5월 중순의 건조기에 병반이 뚜렷이 형성되면서 6월에 최대 활동기를 맞이하였다가 그 후 차츰 회복기(Period of Convalescence)를 맞는다.

5) **병균 생활사** : 토양에 잔류하면서 매년 같은 환경조건이 되면 재발생하며 토양의 물리, 화학성에 크게 좌우된다. 당해의 각종 기후조건에 따라 심하게 발생되기도 한다. 복합병균과 환경에 의해 병발(併發)이 조정되므로 생활사가 복잡하며 일관성이 없다.

그림 2-33 침적병에 걸린 잔디

그림 2-34 침적병이 만연된 잔디초지 모습

24 잔디 주요병 조기발견(早期發見)을 위한 판단요령

표 2-5 잔디병 조기발견 판단(判斷)요령

병 명	병의 특징
1. 갈색 잎마름병 (Brown patch)	• 대체로 타원형과 부정형을 이루면서 직경 10~15cm 정도의 황갈색의 병반(lesion)이 나타난다. • 잎이 고사(枯死)하는 색깔과 같이 보인다. • 포복경과 직립경(直立莖)과의 사이에서 나타난다. • *Helminthosporium*(잎마름병)과 처음에는 구분이 어렵다. • 병이 발생한 잎(病葉)에서 화색의 고사와 때로는 흑갈색의 균핵이 생긴다.
2. 피시움 브라이트 (*Pythium* blight) (솜털썩음병, 線腐病)	• 물이 흐른 후처럼 점점이 작은 반점이 관찰되었을 때 • 고온다습시 잎에 황갈색 병반이 지름 3cm 전후의 부정형(不定形)으로 많이 나타난다. • 병에 걸린 잎은 물에 잠긴 것 같이 땅에 붙어 있다.

	• 7~8월에 나타난다.
3. 헬민토스포리움 (*Helminthosporium*) (잎마름병, 葉枯病)	• 도장한 잔디에 20~30cm, 둥글고 붉은 색이 선명하게 적갈색을 볼 수 있을 때 • 잎의 지름 10~15cm 갈색 타원형의 둥글고 선명한 병점(病點)을 발견했을 때 • 부정형 내지 타원형으로 3~7cm 농갈색의 회색 병반이 형성될 때 • 처음 갈색 병반이 잎에 점으로 나타난다. • 6월초~8월까지 고온다습기 • *Pythium*과 다른 잎이 땅에 붙지 않는다.
4. 녹병(Rust, 銹病)	• 난지형 잔디의 엽맥에 불규칙한 적갈색의 병점(病點)이 보일 때 • 6월부터 보이기 시작하여 9월에 가장 심하다. • 거미줄 같은 균사가 보일 때 • 거미가 만든 새집상태의 균사 • 여기저기 흑색의 작은 점이 보일 때 • 짙은 분홍색의 균사 • 황색의 반점 • 엽맥에 불규칙한 적갈색의 반점 • 잎에 불규칙한 적갈색의 반점 • 잎이 짙은 녹색에서 선단부터 점차 황갈색으로 변함 – 칼륨결핍(K) • 새로운 잎만이 일어나는 병점(황색) – 철(Fe)결핍
5. 점균병 (Slime Molds)	• 새등모양의 회백색(灰白色) 또는 암회색(暗灰色)으로 도장한 들잔디에 나타날 때 • 잔디잎에 수없이 많은 고기알 모양의 회색(灰色) 포자(胞子)가 보일 때 • 7~8월에 고온다습기에 나타난다.
6. 동그라미 고사병, 페어리링 (Fairy Ring)	• 질소질비료, 요소비료를 잘못하여 흘린 것처럼 진한 녹색의 단상(丹狀)이 보였을 때 • 진한 녹색의 반원을 그리며 나타난다. • 장마기 전후부터 가장 많이 발생한다. • 발생시기 6~9월에 많이 발생한다.
7. 달러스 팟 (Dollar Spot)	• 아침이슬이 있는 잔디면에 점상(點狀)과 붉은 단상(丹狀)에 균사 같은 것이 보여졌을 때 • Green에 동전크기 정도 되는 황갈색과 황록색 단상(丹狀)이 4~6월에 보여졌을 때 • Green에 개(犬)발자국 정도 볏짚색으로 파여진 느낌
8. 구리빛 반점병 (Copper Spot)	• 직경 3~10cm 정도의 반점(斑點)이 강한 적색(赤色)을 띠고 있을 때
9. 춘계 황화병 (Spring Dead Spot)	• 발아와 동시에 직경 15~30cm 큰 patch가 단독으로 또는 겹쳐져 새눈이 보이지 않는다. • 봄 일찍 들잔디 발아와 동시에 발생하여 병세는 약 1개월 계속됨 • 심한 것은 고사하고 약한 것은 5월 말~6월이 되면 소생한다.
10. 침적병(시스미病)	• 춘계황화병이 생기는 시기는 비슷하다. • 발아 후 4월 직경 12~15cm 정도의 크기로 꼭 홀컵보다 약간 큰 것이 특징이다. • 병반 부위 내에 건전한 잔디가 조금씩 남는 것과 중심부만 건전하고 주위가 고사하는 도넛모양을 나타내는 것 등이 있다.

25 주요 잔디병의 방제법

잔디병의 발생은 병원균 생육의 최적온도, 습도가 조성됨에 따라서 잔디의 생육이 부진하거나 연약하게 자랄 때 많이 나타난다.

잔디에 발생하는 병은 대부분 여름철 고온다습할 경우 많이 생기며, 특히 잔디는 항상 답압으로 발자국에 의한 병균의 전염이 심하고 병원균으로부터의 잔디격리는 매우 힘든 일이기도 한다.

(1) 내병성(耐病性)이 강한 품종의 이용

일반적으로 잔디의 병은 잔디초종의 종류에 따라 발생하는 병도 차이가 있으며, 또 발생정도도 다르다. 따라서 흔히 병이 잘 발생하지 않는 잔디 종류를 이용하는 것이 좋다. 예를 들면 한국잔디는 서양잔디류에 비하여 훨씬 병이 적게 발생하고 그 정도도 약하다. 그러나 서양잔디류는 여름철 고온다습이 계속되는 동안에 하고현상(Summer Depression)과 함께 병 발생이 심한 편이다. 예를 들면, Bentgrass는 Kentucky bluegrass보다 병 발생이 심하며, Bermudagrass나 Fescuegrass는 Kentucky bluegrass보다 병 발생이 훨씬 덜하기 때문이다.

(2) 재배 및 관리법에 의한 경종방제(耕種防除)

1) 토양준비(土壤準備)

일반적으로 토양이 잔디생육에 적당하면 병의 발생이 적다. 토양물리적 성질이 좋아 물이 잘 빠지면서 동시 함수능력이 높아 잘 마르지도 않게 토양개량제(Soil Conditioner) 등이 혼합되면 병의 발생이 적어진다. 또 토양에 적당한 영양분이 있어 잔디의 생육이 균일하게 또 적당하게 진행되면 병의 발생이 적어지므로 토양 준비시에 유기물이나 유기질비료인 퇴비 등이 혼합되면 병 발생이 적어지게 된다.

2) 배수(排水)

건전한 잔디생육을 도모하기 위하여 표면배수(表面排水), 심토배수(深土排水), 배수관배수 등이 원활이 이루어지면 병 발생도 적어진다.

3) 통풍(通風)

통풍이 불량하면 잔디가 연약(軟弱)하게 자라서 병의 발생이 많아지므로 잔디초지의 통풍이 잘 되도록 해주어야 한다.

4) 관수(灌水)

과습상태 되면 발생이 촉진되므로 우리나라에서는 고온다습기(高溫多濕期)인 장마시기에 관수를 무리하게 많이 하면 안 된다.

5) 비료의 과다시용(過多施用)을 피할 것

비료의 과다시용이나 금비시용(金肥施用)은 잔디를 연약하게 빨리 자라게 하므로, 병 발생이 우려되는 장마철에는 금비의 시용이나 유기질비료의 과다한 시용을 피해야 한다.

6) 잔디깎기의 높이(刈草高, Mowing Height)와 병해(病害)

여름 고온다습기에 잔디의 높이가 높으면 통풍이 좋지않고 광투과량(光透過量)이 적어 잔디가 연약하게 자라게 되어 병 발생이 많고, 너무 낮게 깎아도 잔디 생육이 부진하여 병이 발생한다. 그러나 대부분의 경우 잔디가 높은 것보다는 낮게 깎는 것이 안전하다.

(3) 살균제(Fungicide)에 의한 방제

1990년 현재 잔디병에 대한 품목고시된 살균제를 보면 Brown Patch병에 이 프로캡탄수화제, 토리옥신 · 치람수화제 등이며 Rust병에 티디폰수화제, Powdery Mildew병에 지오판수화제 뿐이다. 미국의 경우 잔디초지관리에 많이 사용되는 살균제의 종류를 보면 표 2-6과 같다.

표 2-6 잔디관리에 많이 이용되고 있는 살균제(Fungicide)들의 영명 및 국내시판명

순위	일반명		상표명	
	영명	국내 품목명	미국	국내
1	Anilazine		Dyrene, Dymec, Lescorene proturf Fungicide Ⅲ, Lofts Lawn Fungicide, Professional Lawn Disease Control	
2	Benomyl	베노밀 수화제	Lebanon Fungicide Type B, Tersan 1991, Benomyl, Ferti－lome systematie Fungicide, Benomyl turf Fungicide	벤레이트(50%)
3	Cadmium Compounds		Caddy, Cadminate, Lebanon Fungicide type C	
4	Captan	캡탄(수화제, 분제)	Captan, Orthocide	오소싸이드(50%) 캡탄분제(5%)
5	Chloroneb		Proturf Fungicide Ⅱ, Teremec Sp. Terraneb Sp, Chloroneb	
6	Chlorothalonil	타코닐 수화제	Daconil 2787, Lebanon Fungicide Type D, Pro Turf 101－V Beoad Spectrum Fungicide, Green Gold Turf Fungicide, Ortho Lawn Disease Control, Lawn Fungicide 2787, Thal－O－Nil, Fertilome Broad Spectrum Liquid Fungicide, Fungi－Gard, The Andersons Daconil, Ornathol	다코닐(75%)

7	Cyclohexamide		Daconil 2787, Lebanon Fungicide Type D, Pro Turf 101－V Beoad Spectrum Fungicide, green Gold Turf Fungicide, Ortho Lawn Disease Control, Lawn Fungicide 2787, Thal－O－Nil, Fertilome Broad Spectrum Liquid Fungicide, Fungi－Gard, The Andersons Dacinill, Ornathol	다코닐(75%)
8	Dinocap	디노 수화제	Dikar, karathane LC, WD	카라센(18%)
9	Etridiazole	에디졸 유제	Koban, Rerrazole	안타(15%)
10	Fenarimol	훼나리 유제, 수화제	Rubigan	훼나리 유제 (12.5%)
11	Iprodione	이프로 수화제	Chipco 26019, ProTurf Fungicide Ⅵ	로브랄(50%)
12	Mancozeb	만코지 수화제	Fore, Formec 80, Lesco 4	다이센엠-45(75%)
13	Maneb	마네브 수화제	Dithane M－22, Maneb Spray, Maneb Liquid Fungicide	
14	Mercury		Calo－Clor, Calo－Gran	
15	Chlorides Metalaxyl	메타실 (입제, 수화제)	Subdue, Apron, ProTurf Pythium Control	리도밀(25%)
16	PCNB or Quintozene		Lesco PCNB, Terraclor, Turfcide, Lawn Fungicide Spray, Lawn Disease Preventer	
17	Pheylmercuric acetate		PMAS	
18	Propamocarb	파모 액제	Banol	프리엔(66.5%)
19	Thiophanateethyl		Cleary's 3336	
20	Thiophanateethyl ＋thiram		Bromosan	
21	Thiophanatemethyl	지오판(액상수화제, 수화제, 도포제)	Fungo 50, ProTurf Systemic Fungicide	코빈(40%) 톱신엠(70%) 톱신페스트(3%)
22	Thiram	치람 수화제	Labanon Fungicide Type T, Lesco Thiram 75, Spotrete, Thiramad	쓸마내(80%)
23	Triadimefon	타이폰 수화제	Bayleton, ProTurf Fungicide 7	바리톤(5%)
24	Vinclozolin	빈졸 수화제	Vorlan	놀란(50%)
25	Zineb	지네브 수화제	Zineb, Zineb Spray, Zineb Garden Fumdicide	
26	Tolclofos methyl	트로스 수화제		리조렉스(50%)
27	Captafol	캡타폴 수화제	Difolatan	디포라탄(80%)
28	Inprodione＋Captan	이프로캡탄수화제		약손(56%)

2.6 주요 잔디병의 방제대책

표 2-7 주요 잔디병의 방제대책과 약제

순위	병 명	방제대책	약 제
1	갈색 잎마름병, 브라운 패취 (Brown Patch)	① 장기적으로는 배수를 원활히 해줄 것 ② 산성토양을 개선시킬 것 ③ 적절한 수준의 가리질비료를 사용할 것 ④ 병해가 조기 판단된 경우 예방과 소독을 겸하여 시약을 실시할 것	① 이프로 수화제(로브랄) ② 훼나리 ③ 클로로타로닐(다코닐) ④ 지오판수화제(톱신-M) ⑤ 베노밀(벤레이트) 등
2	Large Brown Patch (라지 브라운 패취)	① 골프장 스타트 홀에 소독조를 비치하여 외부로부터 병균 유입을 방지 ② 배수불량지역이나 과습한 토양을 개선 ③ 가을 발생지역에 필히 시약할 것 ④ 잔디 생육변화를 상세히 기록 · 관찰 하도록 하여 적기에 적절한 대책을 수립	봄에 발아시 ① 훼나리 ② 이프로수화제 PCNB ③ 캡탄수화제(오고사이드) 등을 사용 계획방제에 주력
3	*Pythium* Blight (피시움브라이트) (솜털 썩음병)	① 배수(排水)에 크게 관계되는 병이므로 green의 과다 관수를 피할 것 ② 배수개선 대책을 수립 ③ 장마전 7~10일 간격으로 미리 약제를 살포	① 메타실수화제(리도밀) 0.3~0.6g/m^2 ② 캡타플 수화제(디포라탄, 모두나) ③ 바리톤 ④ 에디졸 등
4	잎마름병, 엽고병 *Helminthosporium*	① 배수 개선책을 수립 ② 올바른 균형 시비 계획 ③ 예초시 다른 지역으로 전염되지 않도록 유념	① TPN(다코닐) ② 이프로수화제(로브날) ③ PCNB ④ 만코지 수화제(다이센 M-45 등)
5	녹병(Rust)	① 배수를 개선하고 질소질비료를 균형 시비토록 할 것 ② 예초된 잔디와 장비(mower) 등을 통한 전염을 예방 ③ Rough지역에 잔디의 적정예초 높이를 지킬 것 (너무 높이 자리에 방치하지 말 것)	① 클로로 타로릴(다코닐) 예방용 : 1.2~1.5g/m^2 치료용 : 2.5~3.3g/m^2 ② 만코치수화제(다이센 M) ③ 바리톤(baylaton) ④ 페나리(penari) ⑤ 시스탄(systhane)
6	점균류 (Slime Molds)	① 경종적 방제는 유기질부패(有機質腐敗) 잔사를 제거토록 할 것 ② 토양이 과습하지 않도록 유지관리 ③ 발생빈도가 높은 지역은 발병기를 전후하여 질소질비료 시용에 주의	① 지네브 수화제(1g/m^2) ② 석회유황합제(50배 정도) 발병전 또는 발병 초기에 살포
7	Fairy Ring (페어리 링)	① 부식 유기물이 많은 잔디밭은 이를 제거 ② 과도한 대취(thatch)의 축적을 피할 것	① Metamsodium 혹은 메칠브로마이드 등에 의한 훈증

		③ 과다한 질소질비료와 과습한 토양환경을 피할 것 ④ 병반 부위에 깊이 구멍을 뚫고 침투제를 첨가하여 5~10l/m^2 이상의 약제를 대량 토양관주	처리
8	Dollar Spot (달라 스팟)	① 경종적 방제 : 토양의 물리 · 화학성 개선 (토양산도 교정, 통기성 증대 등) ② 배수시설을 강화 ③ 질소질 비료의 시용을 약간 늘릴 것 (2~3주 간격) ④ 발병시는 매주 약제 살포	① 베노밀 수화제(벤레이트를 0.3~0.6g/m^2) ② 다코닐(1.2~3.3g/m^2) ③ 로브랄(0.6g/m^2) ④ PCNB ⑤ TPN 600배액
9	Cooper Spot (카퍼 스팟) (구리빛 반점병)	① 경종적방제 : 토양성분 분석을 실시하여 균형된 시비 ② 토양 산성화(土壤酸性化) 방지	① 다코닐 수화제 예방 : 1.5g/m^2 치료 : 3.3g/m^2 ② 이프로 수화제(로브랄) (0.6~0.8g/m^2) ③ 지오판 수화제 (톱신-M, 0.4g/m^2)
10	Fusarium Blight (푸사리움 브라이트) (개구리 눈병)	① 재배적 방제 : 이 병에 강한 품종을 선택 ② 북더기잔디인 대취 축적을 방지 ③ 발병지역은 여름철 질소질비료 시용에 주의	① 이행성 곰팡이 살균제 (sytetmic fungicide) ② 털산 1991.
11	Red Thread (레드 스레드) (핑크 팻치)	① 토양산도를 교정 ② 질소와 칼슘의 시비량을 적절히 증가	① 다코닐 1.2~3.3g/m^2 ② 털산 1991(벤레이트)
12	흰가루병, 백분병 (Powdery Mildew)	① 토양이 과습되지 않도록 관리 ② 과다한 질소질 시비를 피할 것 ③ 예초고는 적정수준을 유지 ④ 발병전 에어레이션(aeration)을 실시하면 환기가 좋고 thatch 축적속도가 저하되어 병에 강한 결과를 초래	① 베노밀(벤레이트) (1g/m^2) ② 일반 살균제(fungicide)
13	Ophio Bolus Patch (오피오 바루스 팻치)	① 토양분석에 따른 비료 3요소의 균형시비 실시 ② 석회사용에 주의 ③ 토양 pH 6으로 교정하면 병의 활성이 저하되므로 황산암모늄을 사용하기도 함	① 재배적 방법만이 가능 ② 현재는 유기수은제 사용이 금지됨
14	Spring Dear Spot (춘계황화병)	① 건조한 지역, 배수가 잘 되는 경사지의 경우… 겨울에도 정기적 관수실시 ② Thatch 축적을 제거 ③ 부적당한 질소시용으로 rough지역 잔디는 웃자라게 하지 말 것 ④ 객토(客土)는 가을쯤 실시토록 할 것	① 켑 탄, ② 닥 콜 (접촉성 곰팡이 약제) + ③ 바리톤, ④ 털 산 (이행성 약제) 함께 혼용하여 방제
15	설부병 (Snow Bolds)	① 눈이 한 곳에 계속 쌓이지 않도록 제설작업을 실시 ② 배수시설을 개선	① 타코닐(2.4~3.3g/m^2) ② 훼나리 수화제 (2.4~4.8g/m^2)

		③ 약제처리시기는 11월 초~하순사이에 실시	③ PCNB ④ 톱신 등
16	침적병	① Fairway 지역 : 산도 교정실시(석회시용 등) ② 토양개량제(土壤改良劑, soil conditioner)를 투입 토양 물리 · 화학성을 개선 ③ 건조지역은 정기적으로 관수 실시	① 유기유황제(600~1,000배) ② Spring dead spot와 동일한 약제 사용이 가능

표 2-8 잔디초지에 발생하는 병과 그 방제용 농약

순위	병 명	발생대상 잔 디	발생예상시기 (방제주기)	방제농약 (농도g ai/m²)	비 고
1	Brown Patch (브라운 패취) Large Patch (라지 패취)	Bentgrass (들잔디)	5~10월 5~21일 5~10월 (5~21일)	로브랄(0.6) 톱신엠(0.4~0.6) 다코닐(0.9~3.3) 쓸마내(1.2~1.8) 코빈(0.8~1.2) 약손 훼나리(0.5~1.0) 리조렉스 벤레이트(0.6~1.2) 디포라탄, 모두나	
2	Coopper Spot (카퍼 스팟)	Bentgrass	4~11월 (7~21일)	다코닐(1.2~3.3) 로브랄(0.6~0.8) 톱신엠(0.4)	
3	Dollar Spot (달라 스팟)	Bentgrass	3~11월 (7~21일)	바리톤(1.5~3.0) 쓸마내(1.2) 벤레이트(0.3~0.6) 놀란(0.6) 로브랄(0.6) 디포라탄, 모두나 다코닐(1.2~3.3) 톱신엠(0.4) 코빈(0.7) 훼나리(0.2~0.5)	
4	Fairy Ling (페어리 링)	모든 잔디	연중	Chloropicrin	부분적 토양 갱신 필요
5	*Helminthosporium* (헬민토스포리움)	Bentgrass 들잔디	5~10월 (7~21일)	로브랄(0.6) 마네브수화제 다코닐(1.2~3.3) (1.2~2.4) 다이센엠45(1.2~1.8) 지네브수화제 놀란(0.6) (1.2~2.4)	
6	*Pythium* Blights (피시움 브라이트)	Bentgrass 들잔디	4~11월 (5~10일)	프리엔(0.4~1.2) 디라탄, 모두나 안타(1.5~3.0) 라도밀(0.3~0.6)	
7	녹병(Rust)	들잔디	5~10월 (7~14일)	바리톤(1.5~3.0) 지네브(0.6~1.2) 다이센엠45(0.6~1.2) 다코닐(1.2~3.3)	
8	Snow Molds (스노우 몰드) Fusarium Patch Typula blight	Bentgrass 들잔디	10~3월	바리톤(7.5~12.0) 훼나리(2.4~4.8) 로브랄(0.6~1.2) 다코닐(2.4~3.3)	여러 병균의 복합적 증상
9	Spring Dead Spot (춘계 황화병)	Bentgrass 들잔디	10~3월	벤레이트(0.6~1.2) 코빈(0.8~2.2)	여러 병균의 복합적 증상

				훼나리(2.4~3.2) 톱신엠(0.4~0.7)	스노우몰드 약제 첨가
10	Algae (조류, 藻類)	모든 잔디		다코닐(1.2~3.3) 다이센엠45(1.2~1.8)	
11	Mosses(이끼)	모든 잔디		황산철(4~16)	

표 2-9 잔디 초종별 병의 종류와 병원균 (미국 : A. J. Turgeon. 1985)

순위	잔디의 병	병 원 균 (Pathogen)	병해에 민간한 잔디 초종											
			KB	AB	CrB	CoB	RF	TF	PR	BE	ZO	SA	CE	BA
1	Anthracnose	*Colletorichum graminicola*	×	××	×		××		××					
2	Bacterial wilt	*Xanthomonas* spp.	×	×	×				×	×				
3	Brown patch	*Rhizoctonia solani* ; *R. zeae*	×	××	××	××	×	××	××	×	×	××	×	×
4	Copper spot	*Gloeocercospora sorghi*			××	×								
5	Dollar spot	*Lanzia* spp. ; *Moellerodiscus* spp.	×	××	××	××	×		×	××	×	×	×	×
6	Downy mildew(Yellow turf)	*Sclerophthora macrospora*	×		×		×		×			×		
7	Fairy ring	*Agaricus* spp. ; *Lepiora* spp. ; *Marasmius* spp., etc.	×	×	×	×	×	×	×	×	×	×	×	×
8	Gray leaf spot	*Pyricularia grisea*							×	×		××	×	
9	"*Helminthosporium*" diseases													
10	melting out/leaf spot	*Drechslera poae*(formerly *H. vagans*)	××											
11	leaf spot	*Bipolaris sorokiniana* (formerly *H. sorokinianum*)	××	××	××	×	××		×					
12	blight(netblotch)	*Drechslera dictyoides* (formerly *H. dictyoides*)	×				××	××	××					
13	red leaf spot	*Drechslera erythrospila* (formerly *H. erythrospilum*)			×	×								
14	browm blight	*Drechslera siccans* (formerly *H. siccans*)							××					
15	leaf blotch	*Bipolaris cynodontis* (formerly *H. cynodontis*)								××				
16	zonate leaf spot	*Drechslera gigantea* (formerly *H. giganteum*)	×		×					××				
17	crown and root rot	*Bipolaris tetramera* (formerly *H. tetramera*)								××	××			
18	Necrotic ring spot	*Leptosphaeria korrae*	××							××				
19	Pink patch	*Limonomyces roseipellis*	×	×	×	×	××		××	×				
20	Powdery mildew	*Erysiphe graminis*	××				×							
21	*Pythium* blights	*Pythium aphanidermatum* ; *P.ultimum*	×	××	××	××	×	×	××	×	×	×	×	×
22	Red thread	*Laetisaria fuciformis*	××	×	×	×	××	××	××	×	×			

순위	잔디의 병	병 원 균 (Pathogen)	병해에 민간한 잔디 초종											
			KB	AB	CrB	CoB	RF	TF	PR	BE	ZO	SA	CE	BA
23	Rusts													
	stem rust	*Puccinia graminis*	××	×	×		×			×				
	stripe rust	*Puccinia striiformis*	××											
	crown rust	*Puccinia coronata*			×	×		×	××					
	Bermuda grass rust	*Puccinia cynodontis*								××				
	St. Augustine grass rust	*Puccinia stenotaphii*										×		
	Zoysia grass rust	*Puccinia zoysiae*									××			
	leaf rust	*Puccinia crandaleii*		×			×						×	
	leaf rust	*Puccinia poae −subeticae*	×	×									×	
	leaf rust	*Puccinia recondita*	×	×			×							
24	Slime molds	*Physarum cinereum* ; *Mucilago spongiosa*	×	×	×	×	×	×	×	×	×	×	×	×
25	Smuts													
	stripe smut	*Ustilago striiformis*	××	×	××	×			×					
	flag smut	*Urocystis agropyri*	××		×	×								
26	Snow molds													
	Typhula blight	*Typhula incarnata* ; *T. ishikariensis*	×	××	××	××	×	×	××					
	Fusarium patch	*Fusarium nivalis*	×	××	××	××	×	×	×	×				×
	snow scald	*Myriosclerotinia(or Sclerotinia) borealis*	×	××	××		×	×	×					
	Coprinus snow mold	*Coprinus psychromorbidus*	×											
27	Southern blight	*Sclerotium rolfsii*	×	×	×				×	×				
28	Spring dead spot	*Leptosphaeria* spp.								××				
29	St. Augustine grass decline	SAD virus										××		
30	Summer patch	*Phialophora graminicola*	××	×										
31	Take − all patch	*Gaeumannomyces graminis*	×	×	××	××		×						
32	Yellow patch	*Rhizoctonia cerealis*	××		××									
33	White patch	*Trechispora spp.* ; *Melanotus phillipsii*	×		×	×	×	×						

Susceptible turfgrasses include : Kentucky bluegrass(KB), annual bluegrass(AB), creeping bentgrass(CrB), colonial bentgrass(CoB), red fescue(RF), tall fescue(TF), perennial ryegrass(PR), Bermuda grass(BE), zoysia grass(ZO), St. Augustine grass(SA), Centipedegrass(CE), and bahia grass(BA), Where a particular disease is of primary importance for a specific turfgrass, the symbol ×× is uses ; × indicates that the turfgrass may be susceptible to the discase under some conditions or is of minor importance.

표 2-10 각종 잔디류 병해방제를 위하여 사용되는 살균제(Fungicides)

(미국 : A. J. Turgeon. 1985)

순위	일 반 명	상 품 명	살균제 종류																		
1	Anilazine	Dymec 50, Dryene, ProTurf F－III		×	×		×			×					×	×		×			
2	Benomyl	Tersan 1991, ProTurf DSB	×	×			×		×			×		×				×		×	
3	Cadmium	Caddy, Cadtrete, Cadminate, Kroimad		×	×		×				×		×		×			×	×		
4	Captan	Captan		×		×															
5	Chloroneb	ProTurf F－II, Teremec SP, Tereneb SP													×				×		
6	Chlorothalonil	Daconil 2787, Pro Turf 10－IV	×	×	×		×			×	×					×	×		×		
7	Cychoheximide	Actidione TGF		×			×						×			×					
8	Ethazol	Koban, Terrazole											×								
9	Fenarimol	Rubigan		×			×		×			×						×			×
10	Iprodione	Chipco 26019, ProTurf F－6		×			×		×		×		×			×				×	×
11	Mancozeb	Fore, Formec 80	×	×	×										×	×					
12	Maneb(& zinc)	Tersan LSR	×	×												×			×		
13	Mercuries	Calo－Clor, Calo－Gran																	×	×	
14	Metalaxyl	Subdue						×							×						
15	PCNB(Quintozene)	Terraclor 75		×			×				×								×		
16	PMA	PMAS																×	×		
17	Propamocarb	Banol												×							
18	Thiophenate－ethyl	Cleary's 3366	×	×	×		×	×			×		×		×		×		×		
19	Thiophenate－methyl	Fungo 50, Pro Turf Systemic	×	×	×		×	×			×		×		×		×		×		
20	Thiram	Chipco Thiram 75, Spot－Trete		×		×	×														
21	Triadimefon	Bayleton, ProTurf F－7	×	×	×		×	×			×	×		×	×	×	×	×			
22	Vineclozolin	Vorlan		×			×		×					×				×			

Anthracnose Brwon Patch Copper Spot Damping－off Dollar Spot Downy Mildew Summer Patch Gray Leaf Spot *"Helminthosporium"* Disease Necrotic Ring Spot Pink Patch Powdery Mildew Pythium Blight Red Thread Rusts Smuts Snow Mold(Typhula Blight) Snow Mold(*Fusarium* Patch) Yellow Patch

제 3 장

해충관리(害蟲管理)

3.1 해충의 개념

이 지구에 서식(棲息, Habitation)하는 곤충의 종류만 해도 십만 여종이 넘고 있다. 이들 중 해충으로 간주될 수 있는 것은 약 10%도 못 미치고 있는 실정이다.

일반적으로 해충(Harmful Insect)이라 하면 각종 농작물을 재배할 때 사람이나 농작물에 대하여 직접으로나 간접으로 해로운 벌레를 총칭해서 말한다. 그러나 해충이라고 해서 모든 생육단계에서 잔디에 해를 끼치는 것은 아니기 때문에 그 생활사와 피해를 입히는 단계를 충분히 이해하는 것이 이에 대한 대책을 수립하는데 매우 중요하다고 할 수 있다. 또한, 해충에 따라서는 어떤 단계에서는 오히려 익충(益蟲)의 역할을 하는 경우도 있으므로 계획 없이 무조건 적인 방제는 생태계(Ecosystem)의 파괴를 초래하는 결과가 발생하므로 더욱 심각한 상황을 유발할 수 도 있다.

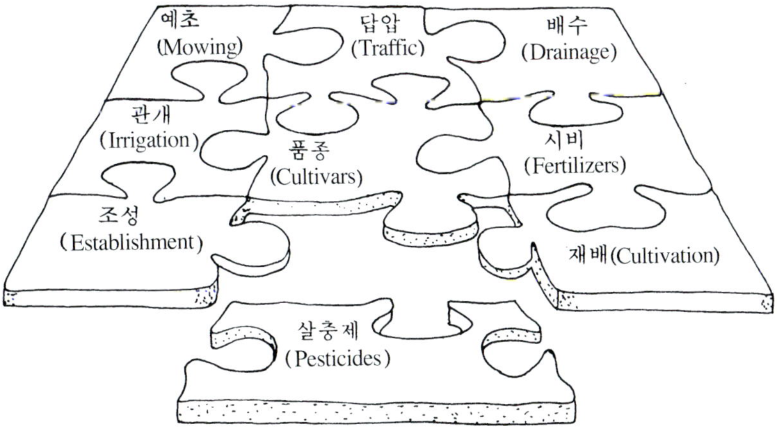

그림 3-1 건강한 잔디초지의 유지를 위하여 살충제뿐만 아니라 각종 재배적 요인이 결합된 모양

(A. J. Turgeon. 1985)

3.2 해충의 종류

주로 잔디초지에 나타나 피해를 입히는 해충을 크게 여섯 개의 군(群)으로 분류할 수가 있다.

① 잔디 뿌리를 가해(加害)하는 해충－White grubs, Billbugs, Wireworms, Mole Cricket, Ground pearls 등

② 잔디의 잎과 줄기를 가해하는 해충－Sodwebworms(lawn moths), Armworms, Cutworms, Grasshoppers, Lucerne moth, Striped grass loopers 등

③ 잔디의 수액을 빨아먹어 피해를 주는 경우－Chinch bugs, 진딧물, 응애류

④ 표면을 불균일하게 하거나 구멍을 내어 피해를 부는 경우－개미, 벌, Cicada－Kieler 등

⑤ 잔디초지에 기생(寄生, Parasitism)을 하나 큰 피해를 입히지 않는 경우－지네류, 여치류 등

⑥ 잔디에 피해를 주기보다는 잔디밭에 기생하며 사람에 해를 주는 경우－벼룩, 모기, 개미 등의 6개 군으로 분리하는데, 이를 종류별 그 피해가 큰 해충을 대상으로 각각의 특성을 알아보기로 한다.

(1) 뿌리(根)에 피해를 주는 해충류

1) 굼벵이(풍뎅이 유충, White grubs)

몇 개의 풍뎅이 종류의 애벌레(幼蟲)가 이에 해당하며 보통 11년생과 2~3년생 및 다년생으로 크게 분류하여 볼 수 있다. 일년생을 대체적으로 생활사(Life Cycle)를 1년 내에 마치며, 성충(成蟲)이 땅속에서 나온 후 알이 토양표면 또는 토양층에 낳고 알이 부화(孵化)하여 애벌레(Larva)의 상태로 잔디의 뿌리를 먹고 자라므로 상황이 따라서 그 피해가 심각하여 질 수도 있다. 이 굼벵이는 우리나라의 골프코스(Golf Course)에 발생하는 가장 무서운 토양해충이다. 굼벵이의 종류는 매우 많아서 미국에서만 무려 150여종에 달한다. 우리나라에서도 10여종이 발생 이들 중에 3~4종만이 주요하다. 중부지역 및 북부 고령지에 발생되는 고려 노랑풍뎅이, 큰검정풍뎅이, 참검정풍뎅이 등이 있다.

애벌레인 굼벵이는 흰색 또는 회색이며 갈색의 머리와 6개의 다리를 가지며 항상 "C"자 모양으로 구부러져 있는 형태가 그 특징이다. 완전히 자란 굼벵이는 보통 1~3.8cm정도이다.

현재, 우리나라에서는 잔디초지에 가해를 입히는 풍뎅이류의 연구조사가 전무한 상태이므로 어떠한 종이 문제가 되는지 알 수 없지만 목초지(牧草地, Pasture)에서 많은 풍뎅이 종류가 발생하는 것으로 미루어 보아 잔디초지에도 적지 않은 종의 풍뎅이가 틀림없이 관여하고 있을 것이다.

표 3-1 지역별 굼벵이 종류 및 밀도(농기연. 1985)

(단위 : 마리)

종류별 지역	고려노랑 풍뎅이	우찌다콩 풍뎅이	큰검정 풍뎅이	창검정 풍뎅이	다색줄 풍뎅이	애 풍뎅이	흰점박이 꽃무지	애우단 풍뎅이	줄 풍뎅이	*Shoposops* 풍뎅이	총계
수원	1,076	143	67	7	52	15	3	2	0	0	1,365
평택	173	55	10	4	0	2	3	0	0	0	247
장호원	20	0	10	4	0	2	0	0	0	0	36
서산	71	25	10	3	0	1	34	9	0	0	153
성환	176	8	38	3	0	0	1	4	0	0	230
대관령	20	0	20	48	172	0	0	0	7	71	388
계	1,536	231	155	69	224	20	41	15	7	71	2,369

* 마리/수원(50×50cm), 기타 지역(100×100cm)
* 조사시기 : 10월 하순

일반적으로 잔디초지에 문제가 되는 굼벵이의 동정(同定, Identification)은 항문의 형태에 따라서 구분되어진다(그림 3－1).

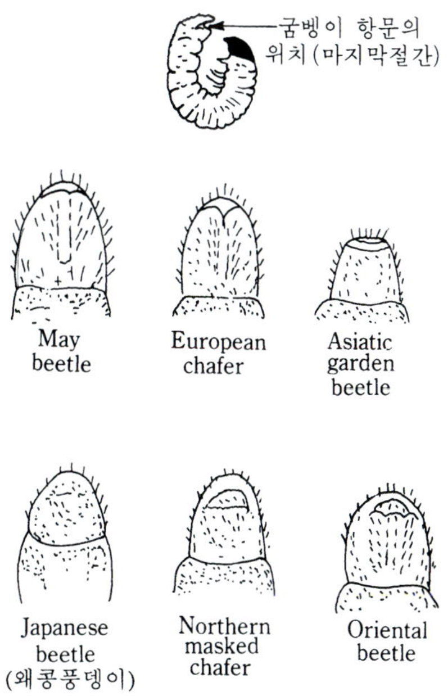

그림 3-2 굼벵이 종류별 항문형태

(J. B. Beard. 1979)

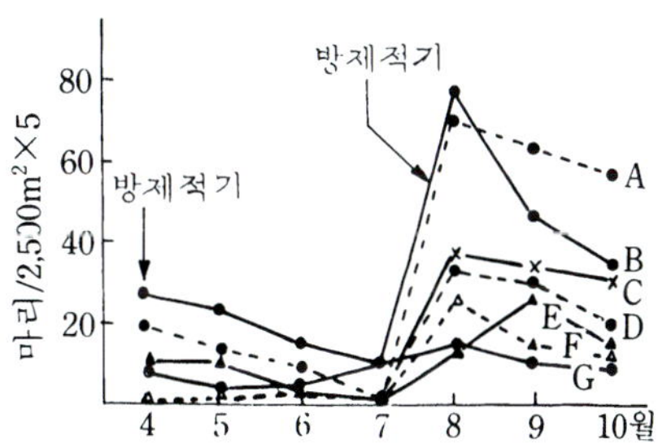

그림 3-3 목초지 굼벵이류의 발생소장

(농업기술연구소. 1985)

A : 우찌다 콩풍뎅이 E : 다색줄 풍뎅이
B : 고려 노랑풍뎅이 F : 애 풍뎅이
C : 큰 검정풍뎅이 G : 참정 풍뎅이
D : 애우단 풍뎅이 B : C : D :

일반적으로 풍뎅이류에 대한 골프코스의 피해형태는 유충인 굼벵이에 의한 잔디뿌리의 식해(喰害), 성충인 풍뎅이에 의한 골프장 주변 수목의 피해 및 이들의 발생에 의한 간접적인 피해로 나타날 수가 있다.

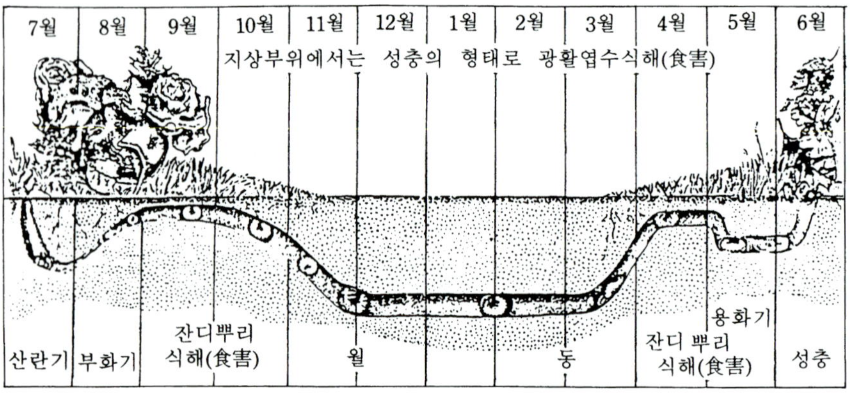

그림 3-4 왜풍콩뎅이(Japanese Beetle)의 생활사
(Malcolm C. Shurtleff. 1987)

그림 3-5 풍뎅이류의 애벌레인 Grub인 잔디뗏장속의 모습

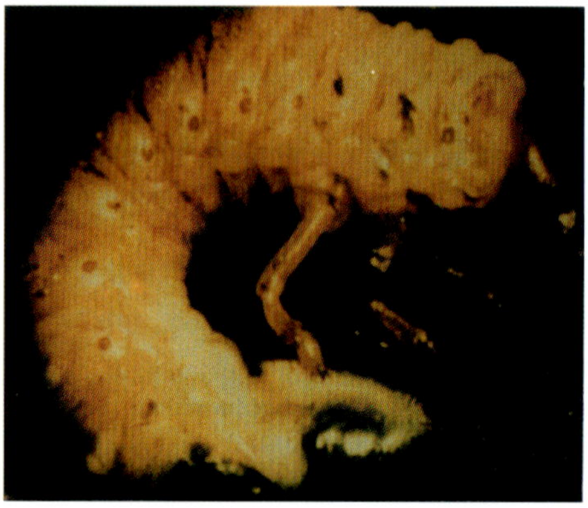

그림 3-6 일년생 풍뎅이 (Annual White Grub)의 모습

① 방제대책

㉠ 해충은 무엇보다도 서식할 수 있는 환경을 최대한으로 줄이는 것인데, 굼벵이는 미숙퇴비(未熟堆肥)를 과다사용하게 되면 발생량이 많아지므로 이를 피하는게 좋다.

㉡ 굼벵이 성충인 풍뎅이는 광엽활엽수(廣葉闊葉樹)의 잎을 먹이로 이용하게 하므로 골프장 주위에 이와 같은 수목을 식재하는 것을 피할 것.

② 약제 방제시 유의사항

㉠ 약효(藥効)가 우수한 토양살충제를 선택하여야 한다(수화제로 디프록스, 다이아토, 더스반 등, 입제로는 에토프입제, 아이포입제 등).

㉡ 약제가 토양에 완전히 침투할 수 있도록 약제처리를 하여야 하며, 약제 처리 전에 충

분히 살수 하거나 비가 온 직후 약제 처리하는 것이 더욱 효과적이다.

㉢ 굼벵이의 발생소장(發生消長)을 잘 파악하여 방제적기(8월경)에 약제를 살포함으로써 약효를 오릴 수 있도록 한다.

(a) (b)

그림 3-7 (a) 유충과 (b)성충 (체장 10~12mm)

그림 3-8 Annual White Grub에 의해서 피해를 받은 잔디초지 모습

2) 검정풍뎅이(학명 : *Lachnosterna kiotoensis* B.)

풍뎅이과(科)의 딱정벌레 목(目)에 속하는 해충으로 우리나라와 중국의 분포되어 있으며, 기주식물(寄主植物)은 살구, 배, 사과, 포도나무 등이다. 성충은 수명이 길며 기주식물에 날아들어 잎과 새싹을 식해(食害)하여 피해를 주나, 초지 등의 피래도 이들의 유충인 것이다. 특히 유충인 굼벵이는 초지나 잔디초지에 발생하여 식물의 뿌리를 잘라먹기 때문에 잔디는 죽게되어 갱신(更新)이 필요할 정도로 황폐되는 경우가 많다.

1년에 1회 발생하며, 굼벵이 상태로 땅속에서 월동하여 이듬해 4월부터 지표부근의 뿌리를 갉아먹는다. 부화된 유충은 약 2주일 동안 부식을 먹다가 그 후 식물의 뿌리를 먹으며 9~10월이 되면 땅속에서 월동한다. 방제법으로 비산석회 또는 비산연 40g을 물 10*l*에 희석하여 뿌려주면 된다.

그림 3-9 검정풍뎅이

그림 3-10 검정풍뎅이 초지의 피해 모습

3) Billbugs

Billbugs는 여러 가지 종들이 잔디에 해충으로 알려져 있다. Phoenix Billbug(학명 : *Sphenophorus phoeniciensis*)는 미국의 남서지방에서 주로 Bermudagrass 잔디초지에 문제가 되고 있으며, Hunging Billbug(*Sphenophorus venatus vestitus*)은 특히 Zoysiagrass에 피해를 주는 해충으로 알려져 있다. 이와 Bluegrass Billbug(*Sphenophorus parvulus*)는 주로 가정의 정원이나 다른 잔디초지의 Kentucky Bluegrass에 나타나는 해충이다. 이들은 모두 성충이 뿌리와 줄기를 씹어서 피해를 주고 있다. 성충(c)은 0.6~1.9cm정도 체장을 갖으며 채색을 흙색 또는 검정색으로부터 어두운 황색까지 나타나고 있다. 생활사를 보면 지난해 발생된 잔디초지이나 그 근처에서 월동을 한다. 봄철에 이 해충은 보도나 차도변에 득실득실하게 나타나기도 한다. 알은 대지 Bluegrass의 관부위 줄기에 놓는다. 성충에 대해 방제는 잔디 군엽(群葉)에 살충제(Insecticide) 살포나 봄철 성충이 이동하려고 할 때 대취(Thatch) 에 살포하면 된다.

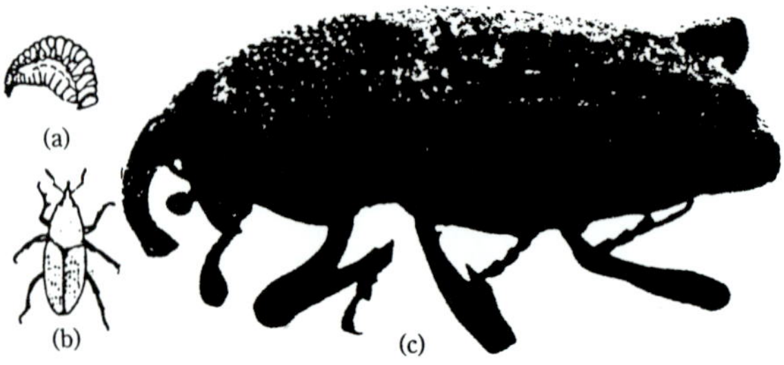

그림 3-11 Billbug의 (a) 유충, (b), (c) 성충의 모습

그림 3-12 Billbug에 의해 잔디잎이 식해(食害)되는 모습

4) 방아벌레(Wire worms or Broad click beetle, 학명 : *Melanotus senilis* Candeze)

Wire worms의 유충이 잔디식물의 뿌리와 줄기에 구멍을 뚫고 그 속으로 먹어 들어간다. 성충은 암수 모두가 납작하며 몸길이가 암컷은 10~12mm, 수컷은 9~10mm쯤 되는 긴 갑충(甲

蟲)인데 몸의 바탕색은 흙색이지만 갈색의 미모(微毛)로 덮여 있어 갈색으로 보인다. 번데기는 몸길이가 10mm 가량이며 가슴의 전방 · 좌우 · 후방 · 중앙 · 배 끝에 한 쌍씩의 긴 자모가 나 있고 가슴의 후연(後緣) 양쪽에도 1개씩 나 있는 특징이다. 생활사를 보면 3~4년에 1회 발생하며 번데기로 월동한다. 노숙유충은 9월경 땅 속에서 번데기가 되며 이듬해 6~7월에 번데기를 탈피하여 성충이 되어 우화(羽化, Emergence)가 된다. 기주식물(寄主植物)이 죽거나 여름철 기온이 너무 높으면 땅속 깊이 들어간다. 특히 여름철에는 낮동안 땅속 깊이 들어가 숨고 밤에만 나와서 가해하고 있다.

그림 3-13 Wire Worms의 유충모습

5) 땅강아지(Mole crickets, 학명 : *Gryllotalpha africana* Palisot de Beauvois)

땅강아지는 메뚜기목(目, Orthoptera), 땅강아지과(科, Gryllotalpidae)에 속하는데 성충은 황갈색(黃褐色) 내지 흑갈색(黑褐色)이며 온몸에 월모(越毛)가 빽빽이 나 있다. 앞다리는 짧고 튼튼하며 두더지의 앞다리와 비슷하여 땅을 파는데 적합하게 생겼다. 앞은 타원형(楕圓形)이고 산란 초기에는 백색이지만 점차 암자색(暗紫色)으로 변한다. 약충(若虫)은 성충과 비슷하나 날개가 짧다. 이 Mole cricket는 지표밑을 잠행(潛行)하며 통로에 있는 각종 식물의 지하부를 가해한다. 월동약충은 땅이 풀리면서 활동하기 시작하는데 이들은 어린잔디의 지하부를 직접 가해하기도하지만 지표밑에 갱도를 뚫어 지표를 들뜨게 함으로써 어린 잔디를 말라죽게 하는 간접적인 피해도 크다. 주요 가해식물은 각종 채소류(菜蔬類), 맥류(麥類), 파류 등 그 범위가 대단히 넓다. 이 Mole cricket는 1년에 1회 발생하여 땅속에서 월동한다. 월동충(越冬虫)은 4~6월 사이에 땅속 15cm 정도 깊이에 타원형의 토와를 만들고 그 속에 50~70개의 알을 무더기로 낳는다. 지표밑에 갱도를 뚫고 각종 식물의 뿌리를 가해하는 한편, 땅속의 곤충이나 지렁이와 같은 것도 먹는다.

① **방제법** : 파종할 때나 이식(移植) 전에 토양 살균제 diazinon 입제(粒劑), padan 분제, birlane 분제(粉劑), volaton 분제, thiolix 분제를 10a당 6~9kg을 토양에 잘 섞이도록 처리한다.

배수가 좋지 않은 땅에서 피해가 심하므로 배수를 좋게 하여 주기도 하며 또는 낙엽 · 쇠똥 · 짚 등을 군데군데 놓고 가마니

그림 3-14 Mole Crickets의 실제모습

로 덮어 유집(誘集)한다.

(2) 잎(葉)과 줄기(莖)에 해를 주는 해충류

1) 표충나방(Sod Webworm, 학명 : *Pediasia*(Crambus) *teterrelus* Zincken)

그림 3-15 표충나방(Sod Webworm)의 모습

잔디잎에 가해를 주는 해충류는 크게 Sod webworm, Cut worm류(거세미 나방류의 애벌레) 및 Armyworm(멸강나방류의 애벌레)로 나눌 수 있는데 잔디 해충들의 생태적 특징을 파악하여 피해 발생이 예상시기를 미리 추정하고 그에 대한 방제대책을 세워야 한다고 본다.

그림 3-16 Sod Webworm 유충(larva)과 성충(adult)

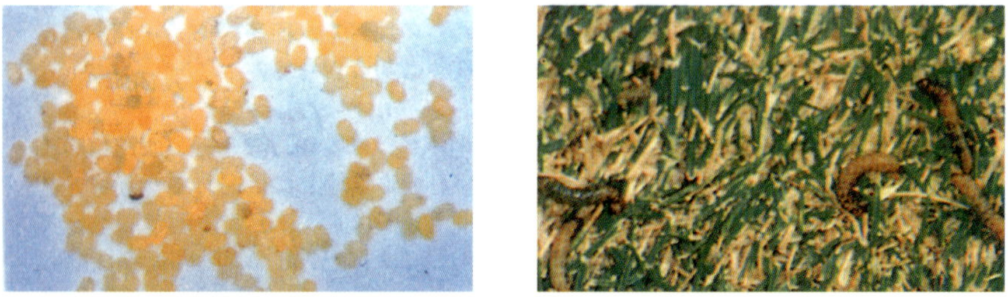

그림 3-17 Sod Webworm, Bluegrass의 산란(産卵)당시 모습과 농약 살포 후 잔디초지에 나타난 모습

Sod Webworm은 잔디초지의 가장 파괴적인 해충 중의 하나로서, 새로 잔디를 조성한 잔디초지에서 특히 문제로 대두되고 있다. 나방류로서 유충의 크기는 20mm 이하이며, 잎과 줄기를 갉아먹어 각종 잔디에 해를 줄 수 있다. 대체로 알을 까서 성충이 될 때까지 6~8주 정도의 기간을 보통 3~4주 정도로 이 때가 잔디의 피해가 가장 큰 기간이다.

그림 3-18 Sod Webworm에 의해 가해를 받은 피해 잔디초지

2) 거세미 나방류(Cutworms, 학명 : *Agrotis segetum* Deniset Schiffermiiller)

Cut worms의 해충(害虫)은 거세미나방의 종류인 거세미나방(*Agrostis fucosa*), 검거세미나방(*Agrostis ipsilon*), 숯검은 밤나방(*Agrostis tokionis*)을 비롯하여 도둑나방(*Mamestoa brassicae*) 및 잔디밤나방(*Spodoptera depravata*)을 포함하고 있다. Cutworms은 두꺼운 몸을 갖는 모충(毛蟲, Caterpillars)의 하나이다. 이는 어두운 밤에 날아다니는 나방류(Moths)에 의해 생겨난 알에 의하여 부화가 되며 크기가 40~50mm에 달하며 1세대에 30~40일 정도 소요된다. Cutworm의 피해는 관부(Crown)위의 잎몸을 씹는 해충과 비슷하다.

그림 3-19 농약 살포 후 지표면에 나타난 거세미 나방류의 애벌레들

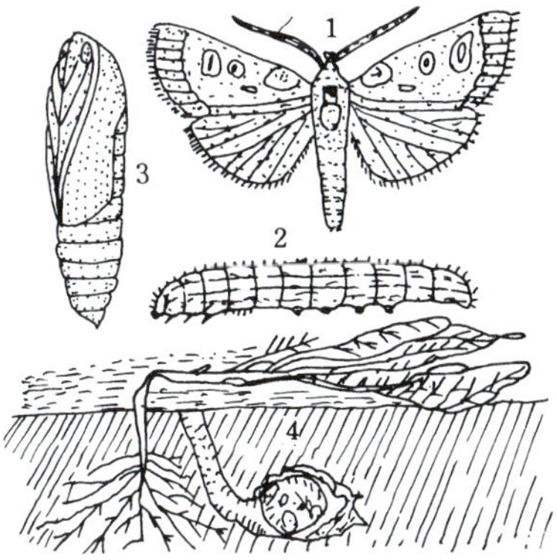

그림 3-20 거세미 나방

1. 성충(成蟲) 2. 유충(幼蟲)
3. 번데기 4. 피해묘(被害苗)

그림 3-21
(a) Cutworms의 부화직전 난괴(卵塊)상태
(b) 부화(孵化) 직후의 유충 (c) 노숙유충(老熟幼蟲)

그림 3-22 Cutworms의 성충
(체장 13mm 전후)

이들 중에서 골프장의 잔디를 가해하여 큰 피해를 주는 것은 거세미나방과 검거세미나방 2종이며 이들의 골프코스에서 발생 상태에 대해서는 아직 우리나라에서는 잘 아려지고 있지 않으나 일본의 경우, 발생지역이 북해도에서 구주까지 넓은 범위에 걸쳐서 발생하는 것으로 보아 우리나라 전역에서도 발생되리라 생각된다. 성충은 야간에 활동을 하며 비행력이 매우 크다.

① 거세미나방(Turnip Moth, Cutworm, 학명 : *Rusidrina deprarata* Butler)

㉠ 성충(成蟲) : 성충은 머리와 가슴이 황갈색이고 다리는 회갈색이며, 담색종은 3개의 무늬가 뚜렷하다. 날개를 편 상태의 체장은 약 40mm 정도이다(그림 3－11). 성충은 야생성으로 우화(羽化) 후 2~4일째쯤에 교미를 한다. 교미행동은 밤 12시가 지나서부터 행해지는데 그 빈도는 새벽 1시경부터 증가하기 시작하여 4시경에 최고에 달하며 일출(日出)이 가까워짐에 따라 급격하게 감소한다. 교미 후 3~4일부터 산란을 시작하는데 일반 농작물에서는 하엽과 뿌리 주위에 산란하는 습성이 있으나 골프장의 잔디초지에서는 Bentgrass의 Green과 ryegrass 등의 러프(Rough)지역에 산란한다. 실내에서 사육한 암컷 1마리당 산란수는 130~1,110개 정도로 여러 군데 산란한 것을 볼 수 있다. 이들의 평균수명은 약 15일 정도이다.

㉡ 난(卵) : 크기는 0.6~0.5mm이고 산란 직후에는 엷은 백황색(白黃色)인데 점점 갈색으로 변한다. 산란기간은 29°C에서 약 10일이고 난부화율(卵孵化率)도 양호한 편이다.

㉢ 유충(幼蟲) : 유충은 길이가 40mm정도이고 일반적으로 뚱뚱한 형이며 표충나방의 유충이 날씬한 것과는 대조적이다. 유령기에는 녹색을 띠지만 성장하면 머리는 흑갈색을 띠며 몸은 녹색을 띤 회갈색이 되고, 배면은 담회록색이다. 24°C에서 사육할 경우 난

에서 부화한 유충이 6령충으로 성숙하기에는 약 30일이 소요되며 토양 중에서 번데기로 변하며 일반적으로 유충상태로 월동을 한다.

㉣ 용(蛹, 번데기) : 약 30일간의 유충기를 거친 후 용화(蛹化)한다. 번데기는 갈색이고 길이는 20mm 정도이며 무게는 숫컷의 경우 약 40mg, 암컷은 470mg이며 번데기 기간은 24°C에서 약 16일로 비교적 긴 편이다. 발육이 경과함에 따라서 갈색에서 흙갈색으로 변한다.

② 검거세미나방(Black Cutworm, 학명 : *Agrotis ipsolon* Huf－nagel)

㉠ 성충(成蟲) : 성충은 날개를 편 길이가 약 44~56mm이고 몸의 길이는 약 20mm로서 비교적 큰 나방이다. 수컷은 전체적으로 회갈색이며 전연부(前緣部)만이 극히 암갈색이지만 암컷은 흙갈색을 띤다. 성충은 야행성이고 밭에서는 식물체의 하엽과 뿌리 가까이에 점점이 산란을 한다. 골프장에서는 거세미나방과 동일하게 Bentgrass의 그린(green)에 점점이 산란한다. 암컷 1마리당 산란수는 약 2,500개 정도로 극히 살란수가 많으므로 주의하여야 한다.

㉡ 난(卵) : 알은 수십립씩 뭉쳐서 산란한다. 크기는 0.6×0.6mm의 만두형이고 산란직후는 담백색인데 점차 황갈색이 되어 부화한다. 25°C에서 사육할 경우 난기간은 5일이다. 부화율은 90%로 아주 양호한 편이다.

㉢ 유충(幼蟲) : 성숙한 유충은 체장이 약 40mm에 달하며 체색은 암갈색이고 6령 유충을 경과하여 토양 중에서 용화(蛹化)한다. 실내 사육시 유충기간은 25°C에서 약 15일이고 거세미나방보다는 약간 빠르다.

㉣ 용(蛹, 번데기) : 용기간(蛹期間)은 25°C에서 약 10일이고 용의 체장은 약 21mm, 무게는 수컷의 경우 310mg, 암컷을 경우 330mg이다. 용은 갈색에서 흙갈색으로 되어 우화(羽化)힌다.

그림 3-23 Black Cutworm 성충
(체장 약 20mm 전후)

③ 유충(幼蟲)에 의한 잔디피해

거세미나방과 검거세미나방의 유충에 따른 피해는 Green과 Tee지역에서 현저하게 나타난다. Rough Fairway에서도 피해를 발생하고 있으나 초장이 길기 때문에 발견하기가 어렵다. 잔디의 품종에 따라서 피해양상이 다르며 Zoysiagrass에서는 그 피해가 적고 Bentgrass, Italian ryegrass, Perennial ryegrass, Bermudagrass, Orchardgrass 등의 서양잔디의 패해가 심하다. 이것은 거세미나방과 검거세미나방의 식이(食餌)선호성에 기인한다. 이러한 유충들에 의한 잔디의 피해양상을 보면 Bentgrass Green 위에 직경 8cm, 깊이 7cm의 생식공을 만들기 위해서 잔디의 줄기나 뿌리를 자르기 때문에 잔디가 반점형으로 갈변하여 고사한다. 이러한 증상은 병해와 비슷함으로 혼돈하기 쉽다. 2~3령기의 유충이 많이 발생하면 1m^{2}의 면적에 10~20개의 생식공이 형성되기 때문에 그 피해는 아주 크다.

거세미나방과 검거세미나방의 1~2령기 유충은 잔디위에서 이을 식해하나 3~4령기 이상에서는 생식공을 만들어서 주간에는 토양 중의 굴속에서 잠복하다가 야간에는 잔디위에 나와서 식해한다.

이들은 머리를 위로 잠토하여 깊이 7cm 이내에 대부분의 개체가 생식하고 있다. 고랭지의 목초지(牧草地, Pasture)에서는 거세미나방의 유충이 이상발생하는 경우가 가끔 있기 때문에 서양잔디를 사용하고 있는 골프코스에서 주위가 요구된다.

그림 3-24 농약을 살포 후 잔디초지에 모습을 드러낸 Cutworm

3) 멸강나방류(Army Worms)

멸강나방류(*Sidenidis unipuncta* Haworth 밤나방과 나비목)는 잡식성(雜食性) 이어서 잔디과 화본과식물 및 뽕나무 까지도 가해(加害)한다. 이는 연 2회 정도 발생하는 것으로 많은 수의 애벌레들이 갑자기 나타나서 군대와 같이 잔디초지를 지나가며 피해를 주어 이를 일명 "군대벌레"라고 불리운다.

Army Worms는 밤에 날아다니는 나방류의 유충으로서 길이는 30~35mm 까지 자라며 몸통의 옆에는 줄이 있고 밤에 잔디잎을 먹으며 생장점까지 피해를 줄 수가 있다. 생활사(生活史)를 보면 번데기로 땅속의 토와(土窩)에서 월동(越冬)한다(따뜻한 곳에서는 성충으로 월동한다). 첫 번째 세대는 5월 하순~6월 중순에 나타나며 알은 4~5일 정도 후에 부화를 하고, 노숙우충까지 가해를 하는데, 부화에서부터 약 25일정도 걸린다. 작을 때에는 눈에 띄지 않다가 커지면서 갑자기 피해를 주는 것으로서 온도에 따라 그 생육속도가 다른다. 두 번째 세대는 7월 중순~8월 하순 상이에 나타나며, 다시 산란을 하고 부화가 되어 피해를 입힐 수 있다. 부화유충은 1~5일간 엽육(葉肉)만을 갉아 먹다가 낮에 지표면에 숨어 있다가 좀 더 자란 후에는 잎 · 줄기 등을 포식하기 때문에 기주식물(寄主植物)은 며칠 이내에 잎집(葉鞘)만 앙상하게 남는다. 특히 새로 조성한 논밭에 심하게 발생하는 편이다. 해마다 발생정도가 차이가 나서 그 피해가 예상될 때는 예방약제를 하여야 한다.

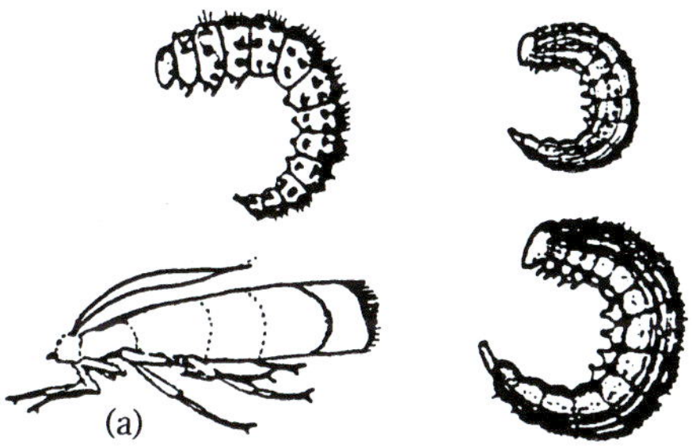

그림 3-25 잎과 줄기에 가해를 주는 해충류
(a) Sod Webworm (b) Army Worm (c) Cut Worm

① **방제법(防除法)** : 대단위로 발생되었을 경우에는 약령유충기(약력유충기)에 DEP · MEP · PAT 등 유기인제(有機燐劑)를 1,000배로 희석하여 10a당 140l정도 뿌려준다. 특히 목초지에서는 예초 후 살충제를 뿌리는 것이 더욱 효과적이다. 유충이 대이동을 할 때는 고랑을 파서 차단(遮斷)하기도 한다. 특히 멸강나방과 나비목에 속하는 해충으로 우리나라에 비롯하여 일본, 중국, 인도, 오스트리아, 미국 등지에 분포되어 있으며, 우리나라에서는 목초지(牧草地)에 가장 큰 해를 주는 해충이다. 발생은 해에 따라 다르나 적게 발생할 경우에는 주로 옥수수와 같은 큰 화본과 사료작물의 잎속에 홀로 살면서 부드러운 잎을 갉아 먹으며, 심할 때는 딱딱한 줄기만 남기고 잎은 다먹어 버리고 하루저녁에 수 ha씩 피해를 준다. 4령기가 지나면 낮에는 줄기사이에 숨어 있고 밤에만 잎에 올라와서 잎가를 계단상으로 식해(食害)를 한다. 보통 1년에 3~4회 발생으로 처음 나타나는 시기는 5월 하순~6월 초순경에 나타나며 6월 중순경에 피해가 심하다. 2회는 7월상 · 중순 3회 8월중 · 하순, 4회는 10월 상순경에 나타난다.

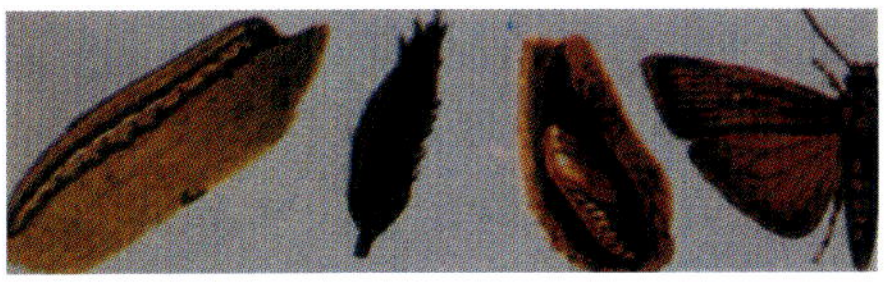

그림 3-26 초지 내에서의 멸강나방의 일생
(난괴(卵塊)유충 ⇨ 번데기 ⇨ 성충)

그림 3-27 옥수수 포장 내의 멸강나방의 일생
(난괴유충 ⇨ 번데기 ⇨ 성충)

(3) 잔디의 수액(水液)을 빨아먹어 해를 주는 해충류

1) 긴노린재(Chinch Bugs)

이는 옥수수, 귀리, 밀, 보리 등 일반작물 및 사료작물에서도 종종 그 피해를 볼 수 있으며, 물론 잔디초지에서도 발생하는 해충의 하나이다. 성충의 크기가 1.2cm 정도로 몸은 검은 색이고 흰색의 날개가 한 쌍 있다. 조에 따라 차이는 있으나 잔디 생육기간 중 2~5세대 정도를 가질 수 있으며 Bentgrass, Fescue, Kentucky bluegrass 및 Zoysiagrass 등지에서 피해가 발생하고 있다.

그림 3-28 Chinch Bug의 성숙단계 모습

그림 3-29 Chinch Bug damage

그림 3-30 Chinch Bug의 피해잔디초지 모습

2) 초록장님 노린재(Green leaf bug, 학명 : *Lygus bucorum* Mayr)

Green leaf bug는 노린재목(目, Hemiptera), 장님노린재과(科, Miridae)에 속하며 성충의 체색은 선녹색(鮮綠色)의 작은 곤충이다. 앞가슴 등쪽에 회흑색(灰黑色)의 짧은 선이 세 줄 있으며 앞날개는 선녹색이나 막상부(膜狀部)는 담흑색(淡黑色)이다. 약충도 성충과 비슷한 모양인 날개만 덜 발달되어 있다.

① **기주(寄主)와 피해** : 성충과 약충이 가지 · 수박 · 호박 · 풀 등에서 흡즙(吸汁)한다. 기주의 눈 부근에 모여 엽액(葉液)을 빨아먹기 때문에 피해 잎은 발육이 불량해 진다. 이 해충의 발생경로는 잘 알려져 있지 않으나 어린 유충형태로 월동하는 것 같다. 월동한 어린 유충은 4월부터 나타나지만 5월에 피해가 가장 심하며 5월 하순경 우화(羽化, Emergence)하여 성충이 되는데 그 후 10월까지 알, 약충, 성충을 볼 수 있으나 확실한

경과는 모른다. 알은 기주식물(寄主植物)의 조직 내에 낳고, 산란기간은 약 14일, 유충기간은 약 15일이다.

② **방제법(防除法)** : 유기인계 살충제(有機燐系 殺蟲劑)로서 방제가 가능할 것이다.

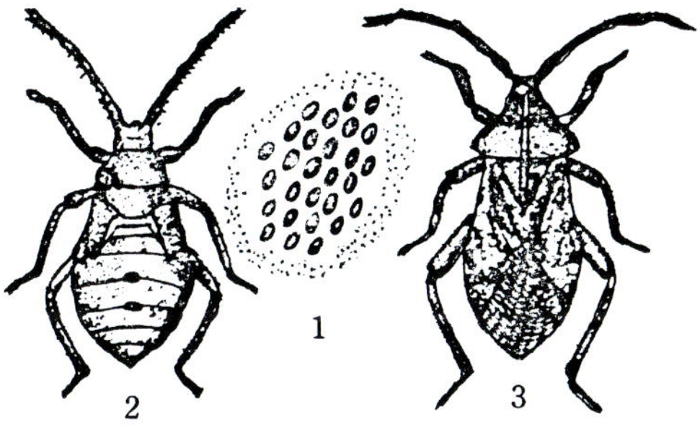

그림 3-31 Green Leaf Bug

1. 알(卵)　2. 약충(若蟲)　3. 성충(成蟲)

그림 3-32 Green Bug

그림 3-33 Green Bug 피해상황

3) 진딧물류(Aphids) 및 응애류(Mites)

진딧물류는 매미목(目, Homoptera) 진딧물과(科, Aphidae)에 속하며, Zoysiagrass에 심각한 피해를 주지 않는 것으로 생각되나 응애류는 그 피해가 엽맥을 따라 나타나며 노랗게 탈색이 되고 말리어 virus병과 유사한 증상을 보이고 있다.

그림 3-34 잔디의 수액을 빨아먹는

(a) 진딧물　(b) 응애

응애(Mite)는 지구상의 거의 모든 지역에서 발견되며 한 줌의 흙이라도 세밀히 조사하면 반드시 여러 종류의 응애를 볼 수 있는데 장소에 따라서는 수천마리를 발견할 수도 있다. 응애는 민물이나 바닷물에 사는 것도 있고 식물이나 동물에 기생하는 것, 부식을 먹는 것 등 종류가 극히 많다.

① 완두수염 진딧물(Pea apide, *Acyrthodi phon* Pisum(Harris))

완두수염 진딧물은 주로 목초지(Alfalfa, Clover류, Vetch류 등)에 발생하여 피해를 주는 해충이지만 잔디초지의 경우도 간혹 발생하기도 한다. 주로 두과작물의 생장점에 피해를 주나 성충과 유충은 잎, 줄기, 꽃에 까지도 침해하며 초지에 만연이 되면 생육이 정지되고 생산량이 감수될 뿐만 아니라, 질을 저하시킨다. 피해 증후(被害症候)를 보면 생육이 정지되고 시들면서 위 부위에 붙어있는 잎들은 연한 녹색으로 되고 아랫잎은 황색으로 변하여 죽게 되며, 이런 경우 포장을 관찰하며 땅바닥에 진딧물의 허물이 벗은 흰 껍데기로 덮여 있는 현상을 볼 수 있다. 이런 경우에는 잔디 생육은 정지되고 잡초가 침범하여 포장이 황폐하게 되며, 또한 내한성(耐旱性)도 매우 악화시킨다.

성충은 부드러운 체구를 갖고 있으며, 활동은 아주 느리게 움직이고, 색깔은 연한 녹색으로부터 진한 갈색으로 길이는 3mm, 폭은 1.5mm정도이다. 클로버나 잔디의 줄기에 알상태로 월동하고 봄철에 두과작물이 생육을 시작하면 녹색의 날개 없는 작은 암컷은 알에서 부화(孵化, Hatching)하고, 교미를 하지 않고 번식한다. 알에서 부화된 이들은 성장하는 잔디에 해를 끼치며 계속 번식을 한다. 어린 진딧물은 기후조건에 따라 5~50일 만에 성숙하게 된다. 봄부터 여름까지 발생하는 진딧물은 전부 암컷으로 50~150일간 생존기간 중 번식을 하게 된다.

9월 하순이나 10월 중에 날개달린 수컷과 날개 없는 암컷이 교미를 하여 산란(產卵)하는데 처음 산란한 암컷의 색깔은 노란색을 띠나 곧바로 녹색으로 변하며, 검은 광택을 낸다. 진딧물은 딱정벌레, 무당벌레, 물잠자리 등의 성충이나 유충에 의하여 잡아먹히며, 거미나 새떼에 의하여 잡아먹히는 경우도 있으며, 고온이나 혹한 날씨와 소낙비는 진딧물의 피해를 감소시킬 수 있다.

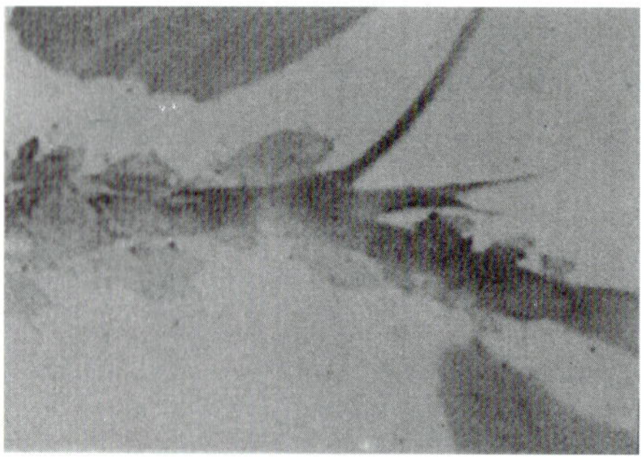

그림 3-35 완두수염 진딧물의 밀집번식상태

그림 3-36 완두수염 진딧물의 성충

② 응애류

응애는 자웅이체(雌雄異體)이며 모양이 비슷하지만 암수를 구별할 수는 있다. 대부분의 응애는 수차례에 걸쳐 1~몇 개의 알을 낳지만 어떤 응애는 한꺼번에 많은 알을 낳기도 한다. 알은 대개 알껍질로 덮여있으며 이것은 그 속에 있는 배(胚)를 보호한다. 응애의 생활사를 보면 알 · 중란(重卵, Deutovum) · 부화약충(Larva) · 전약충(Protonymph) · 후약충(Deutonymph) · 제3약충(Tritonymph) 및 성충으로 구성된다.

㉠ 방제법 : 진딧물의 천적(天敵, Natural Enemy)은 그 종류가 많은데 이들 중 무당벌레류, 꽃등애유충, 기생벌류 등은 매우 유익한 천적이므로 이들을 보호 · 이용토록 하며, 약제 방제로는 Metasystox, Primo, Malathion을 1,000배로 희석해서 10a당 90~140*l* 살포한다. 응애의 천적으로는 곤충, 포식성 응애 및 선충(線蟲) 등이다.

4) 초록애매미충(Green Leaf Hopper. 학명 : *Chlorita flavescens* Fabricius)

Leaf hopper는 매미목(目, Homoptera), 매미충과(科, Jassidae)에 속하며 성충의 체장은 2.5mm가량이고 채색은 담녹색(淡綠色)인데 날개 끝부분은 담회색이다. 머리는 담황녹색(淡黃綠色)이고 복안(複眼)은 회갈색이며 얼굴은 황색이다. 촉각(觸角)은 흑색이고 머리의 중앙에 갈색의 칼무늬가 있으며, 그 양쪽에 타원형 무늬가 있다. 약충(若蟲)은 성충과 비슷하나 몸의 크기가 작고 날개가 없으며 약충은 처음에는 담황색이나 자라면 담녹색으로 변한다.

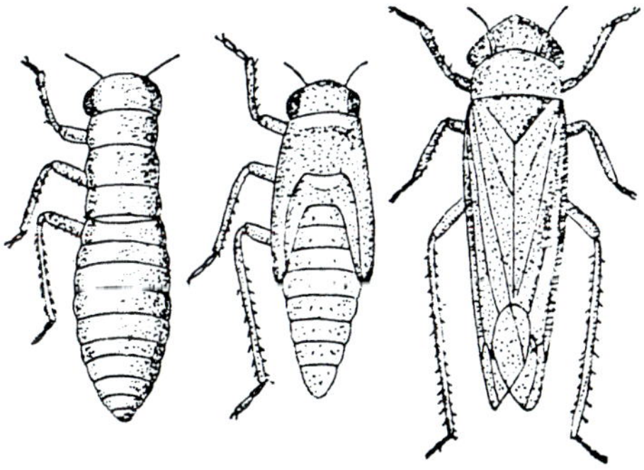

그림 3-37 초록애매미충의 성충과 약충

Leaf Hopper는 각종 농작물의 잎 뒷면에서 즙액(汁液)을 빨아 먹는데 가해부위는 불규칙한 회백색 반점이 생기며 피해가 심하면 잎전면이 백색으로 변한다. 1년에 4~6회 발생하고 잡초 또는 나무줄기 및 껍질 밑에서 알이나 성충으로 월동한다.

① **방제법** : 유기인계 살충제나 Carbamate계 살충제를 뿌려준다.

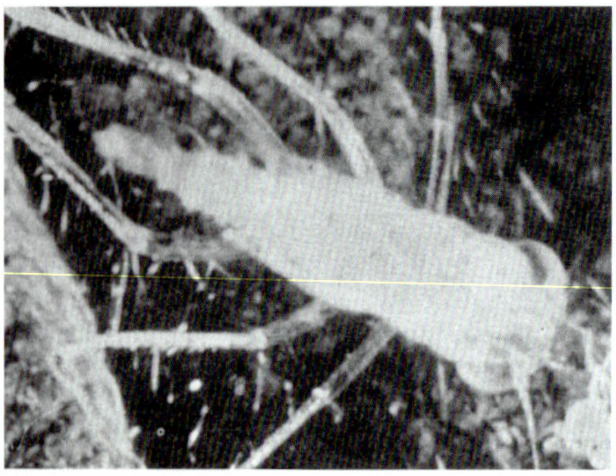

그림 3-38 Leaf Hoffer(Photato)

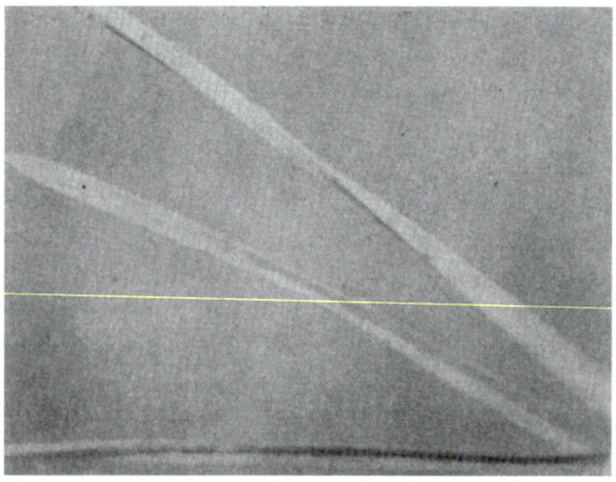

그림 3-39 Leaf Hoffer 피해

(Fredrc Miller, Fr. 1990)

(4) 표면을 분균형 구멍을 내는 해충류

1) Cicada Killer(Sphecus speciosus)

이 해충은 몸길이가 3.7cm정도나 되는 장수말벌이다. 체색은 흑색과 황색을 보이며, 알은 며칠 동안 부화된다. 성충은 초여름에 우화(羽化)한다. Cicada Killer는 곤충을 포식하는 것이지만 구멍을 파고 흙을 쌓아 올리는 것은 양질의 잔디초지에 성가신 대상이 될 수도 있다.

그림 3-40 Cicada Killer

(Fredric Miller. Fr. 1990)

(5) 잔디초지에 기생을 하나 큰 피해를 입히지 않는 경우

1) Millipedes & Centipedes

Millipedes(*Diploda* spp.)는 종종 약 일천 개 다리를 갖은 지렁이라고 불리며 이는 해충은 아니지만 가늘고 긴 30쌍 이상의 다리를 갖는 지렁이 모양의 곤충이다. Centipeds(*Chilopoda* spp.)은 15쌍 이상의 다리를 갖은 가늘고 길며 평평한 지렁이 모양의 동물이다. 이들은 부식(腐蝕)된 식물체를 먹는다. 때때로 이들은 어린 식물의 부리를 먹음으로 해서 피해를 주기도 한다.

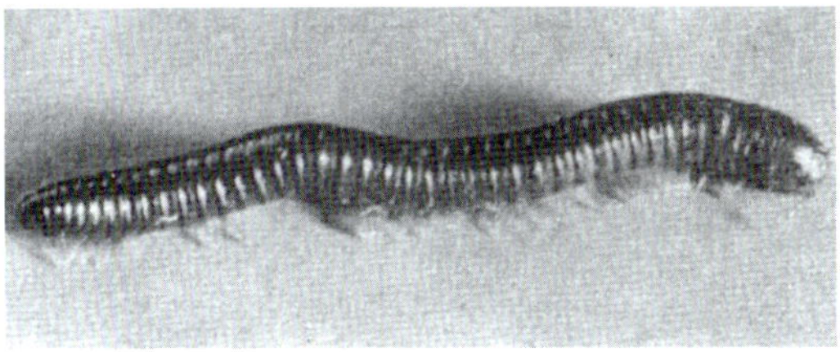

그림 3-41 Millipede

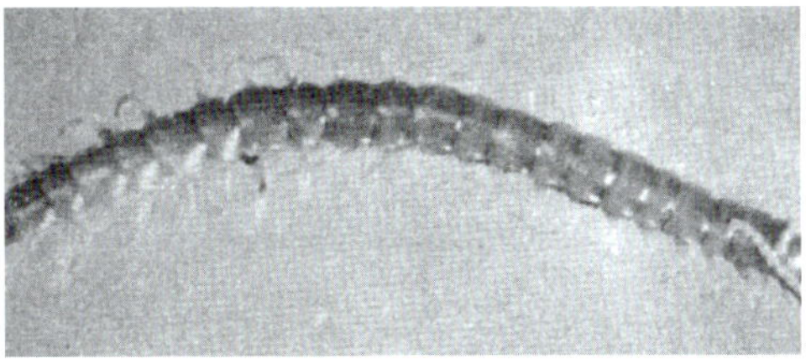

그림 3-42 Centipede

3.3 해충과 방제대책(防除對策)

해충을 방제하는 방법에는 여러 가지가 있으며 각각의 방법은 나름대로 가치가 있다. 그러나 어떤 한 가지 방제법이 모든 해충에 언제어디서나 적용되어 성골할 수 는 없다. 과거 30여년간 살충제 일변도의 해충방제(害虫防除)는 여러 가지 부작용을 야기시켜 해충문제는 보다 심각하고 복잡하게 되고 있음을 우리는 경험하고 있다.

해충문제의 합리적인 해결은 해충방제의 궁극적 목표가 해충에 의한 경제적 손실을 막는 일이며, 경제적 손실이란 해충과 작물의상호작용에 의하여 결정된느데 대해 해충의 발생상황은 작물을 중심으로 한 생태계의 기능적 발현(發顯)임을 이해하고 해충밀도를 경제적 피해 허용수준 이하로 억제하고 유지할 수 있도록 가능한 한 여러 가지 수단을 통일성 있게 계획하고 적용해야 하겠다.

표 3-2 잔디초지에 문제가 되는 해충들과 그 방제약제

해 충 명	방 제 약 제									기타 참고사항 (물의 양)
	벤카브	세빈	더스반	다수진	Lsofenphos (of tand)	모캡	파라치온	디프	아시드	
개미				×						개미구멍 근처에 처리
진딧물	×			×			×		×	진딧물이 발견된 곳과 그 주변 1m(m²당 150cc정도)
Army Worm		×		×						벌레가 나타나는 곳에 (m²당 120cc정도)
Chinch Bug	×	×	×	×				×		벌레가 발견되는 부위, 반복 처리가 필요할 수도 있음 (m²당 1,000~1,200cc정도)

Cut Worm		×		×						벌레가 발견되는 부위 (m^{2}당 120~150cc정도)
Grubs Black Turfgrass Ataenius 그 외의 grubs	 ×		 ×	 × ×	 × ×	 ×	 × ×	 × ×		벌레가 작을 때나 알깐 직후 가 효과가 큼 Isofenphos가 효과적 (m^{2}당 12~20l 정도)
응애류				×						봄에 처리하는 것이 효과적 (m^{2}당 120~150cc정도)
Sod Webworm	×	×	×	×	×	×	×	×		벌레가 발견되는 부위, 반복 처리가 필요할 수도 있음. (m^{2}당 120cc정도)
Wire Worm				×						(m^{2}당 12~20l 정도)
Bill Bug		×		×						봄에 처리하는 것이 효과적 (m^{2}당 12~20l 정도)
땅강아지류	×		×	×			×			초여름, 땅강아지 집근처 (m^{2}당 12~20l 정도)

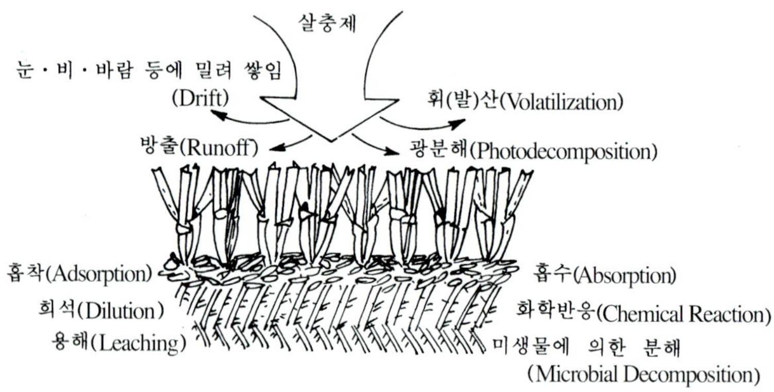

그림 3-43 살충제(Pesticide)가 자연환경 내에서 영향을 받기 쉬운 요인

(A. J. Turhgeon. 1985)

그림 3-44 잔디초지의 지렁이 피해

그림 3-45 잔디초지의 두더지 피해

표 3-3 잔디초지에 피해를 주는 해충(害蟲)들과 방제약제(防除藥劑)

순위	해 충		방 제 약 제 (상표명)
	영 명	일 반 명	
1	White grubs	왜콩풍뎅이류	다이아톤, 벤카프, 디프록스
2	Bill bug	노린재류	더스반, 다이아톤
3	Wire worm	방아벌레류	다이아톤
4	Mole cricket	땅강아지	다이아톤, 더스반, 벤카브
5	Sod webworm	표충나방류	다이아톤, 더스반, 벤카브
6	Cut webworm	거세미 나방	더스반, 디프록스
7	Army worm	야도충(멸강나방)	세빈, 나크액싱 수화제, 디스빈, 디프록스
8	Grass hopper	메뚜기류	더스반, 세빈, 나크액상 수화제
9	Lucerne moth	등심무늬들명나방	세빈, 나크액상 수화제
10	Striped grass looper	구름무늬 나방류	세빈, 나크액상 수화제
11	Chinch bug		더스반
12	Aphid	진딧물류	오트란, 더스반
13	Leaf hooper	매미충류	다이아톤, 세빈, 나크액상 수화제
14	Scale insects	깍지벌레류	다이아톤, 더스반, 마라치온
15	Spittle bug	거품벌레류	다이아톤, 세빈, 나크액상 수화제
16	Mite	응애류	다이아톤, 더스반, 마라치온
17	Ants	개미류	더스반, 다이아톤
18	Ground nesting Bee and wasp	말벌류	세빈, 나크액상 수화제, 다이아톤

19	Sow bug and pill bug	쥐며느리	다이아톤, 더스반
20	Millped and centiped	노래기, 지네	다이아톤, 세빈, 나크액상 수화제
21	Earwing	양 집개벌레	다이아톤, 더스반
22	Crickets	귀뚜라미류	다이아톤, 더스반
23	Fleas	벼룩류	더스반, 세빈, 나크액상 수화제
24	Thrips	대관령 총제벌레	다이아톤, 세빈, 나크액상 수화제
25	Spider	거미류	더스반, 다이아톤
26	Cane flies	각다귀류	더스반
27	Turf grass weevil	바구미류	더스반, 다이아톤

표 3-4 잔디초지관리에 많이 이용되고 있는 살충제(Pesticides)들의 영명 및 국내시판명

순위	일 반 명		상 표 명	
	영 명	일 반 명	미 국	국 내
1	Acephate	아시트(수화제, 유제)	Orthene	오트란
2	Bendiocarb	벤카브 입제	Turcam	벤카브 입제
3	Carbaryl	나크(수화제, 분제, 액상 수화제)	Sevin	세빈 나크액상 수화제
4	Carbophenothion	가보치 수화제	Trithion	트리치온
5	Chlorphyrifos	그로포(입제, 수화제, 유제)	Dursban	더스반
6	Diazinon	다수진(분제, 유제, 입제, 수화제)	Diazinon	다이아톤
7	Dicofol	디코폴(유제, 수화제)	Kelthane	켈센
8	Ethion	에치온 수화제	Ethion	에치온 수화제
9	Ethoprop	에토프 입제	Mocap, Proturf nematicide	모캡
10	Fensulfothion	미등록	Dasanit, Terracur P	
11	Isofenphos	미등록	Oftanol	
12	Malathion	마라치온 유제	Cythion, Karbofos, Malathion	마라치온
13	Methomyl	미등록	Lannate	
14	Pirimiphos – ethyl	프리미 입제	Primicid	프리미시드
15	Propoxur	폭사(수화제, 입제)	Blattanex, Baygon, Suncide	
16	Propyl	미등록	Aspon	
17	Thiopyro phosphate			
18	Toxaphene	미등록	Toxaphene	

19	Trichlorfon	디프(액제, 수화제)	Dylox, Proxol	디프록스

(1) 잔디초지에 발생하는 해충의 종류

1) 멸강나비(Armyworms), 거세미 나방(Cutworns) and Fiery Skippers

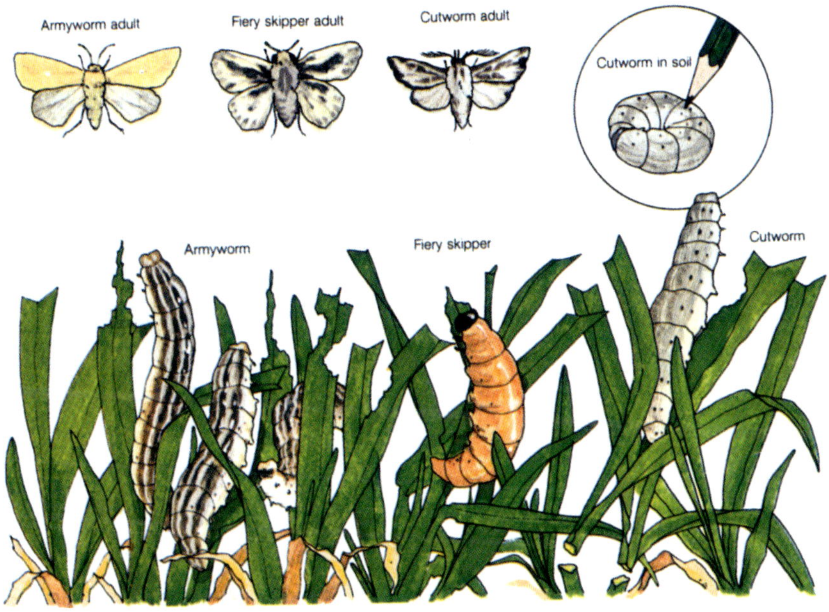

그림 3-46 멸강나비(Armyworms), 거세미 나방(Cutworns) and Fiery Skippers

① 증상 : 이 세 나방의 해충은 위의 초지의 잎몸을 갉아먹는다. 그들이 가해를 주는 것은 표충나방과 비슷하다. 멸강나방류는 둥글고, 헐벗은 잔디의 지역에서 발생한다. 만일 많은 수의 멸강나방류가 있다면 초지 토양 수준에 의해 피해를 입는다. 거세미 나방류는 지표면 가까이 초지의 잎몸을 갉아먹고 Fiery skippers는 최소한 문제를 야기하나, Bentgrassd, Bermudagrass Bermudagrass 교잡종에서는 심각하게 해충의 피해를 가진다. 거세미 나방류 도한 특정한 지역에서는 bluegrass 잔디에 문제가 된다.

② 특징 : 멸강나방류는 노란빛을 띤 흰색이며, 그들 머리엔 거꾸로된 'Y' 표시가 있다. 뿌리를 자르는 벌레들도 뚱뚱하며, 부드럽고 거의 말려있는 채 발견되고 보통 흑갈색이다. 어떤 것은 점이 있거나 줄이 쳐진 것도 있다. Fiery skippers는 다른 유충들과 쉽게 구별된다. 그들은 약 1inch로 갈색빛이 도는 노란색이며 어두운 갈색머리와 긴 목을 가지고 있다.

③ 방제 : 아시트(acephate), 나크(carbaryl), 그로포(chlorpytifos), 혹은 다수진(diazinon)을 함유한 살충제들 모두 유용하다.

2) 노린재류(Billbugs)

① 증상 : 작고 각각 별개의 원형의표본이 노란빛을 띠거나 갈색이 된다. 성충의 노린재류는 뿌리를 먹고 살며 사멸된 지역에서는 이들은 사초줄기를 통해 토양 밖으로 쉽게 올라온다.

그림 3-47 노린재류(Billbugs)

② 특징 : 노린재류의 다른 종들은 가각 다른 종류의 초지를 좋아한다. 최남단의 지방에서는 Bermudagrass와 Zoysiagrass가 주로 피해를 입고, 북쪽 지방에서는 Kentucky Bluegrass를 더 좋아한다. 대부분의 피해는 늦여름에 발생한다.

③ 방제 : 한 여름에 한 구획의 넓이당 하나 이상의 노린재류 유충을 발견한다면 다수진(Diazinon)이나 폭사(Propoxur)와 같은 살충제를 사용한다.

3) 긴노린재(Chinch Bugs)

① 증상 : St. Augustinegrass 잔디에서 Kentucky bluegrass와 Creeping bentgrass 등이 종종 피해를 본다. 노란색의 얼룩을 각각 중심으로 갈수록 더욱 피해가 심하며 잔디의 햇빛이 잘 드는 장소로 한정된다.

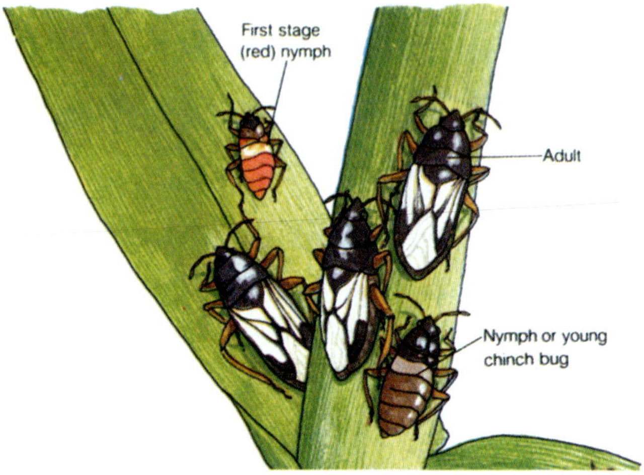

그림 3-48 긴노린재(Chinch Bugs)

② 특징 : 긴 노린재류는 초지의 잎과 줄기의 밑으로 기어 다니며 식물의 수액을 빨아 먹는다.

③ 방제 : 저항에 잘 견디는 'Floratam' St. Augustinegrass를 기르거나, 그로포(chlorpynfos),

다수진(diazinon), isofenphos, NPD, 폭사를 살포한다.

4) 클로버 응애류(Clover Mites)

① 증상 : 응애는 겨울을 나기 위해 따뜻한 곳을 찾게 되어 이 해충을 처음 볼지도 모른다. 응애는 처음에는 클로버나 잔디와 비슷한 초종에서 산다.

그림 3-49 클로버 응애류(Clover Mites)

② 특징 : 붉은 빛이 도는 작은 응애류는 목초의 엽신의 뒷표면에서 살고 또한 이를 먹는다. 때때로 그들의 집이 모여 있기도 하다.

③ 방제 : 보통 다른 곤충들, 혹은 다른 해충에 대한 살충제에 의해 억제한다. 다수지(Diazinon), 디코폴(Dicofol), 살충제, 등록된 상표의 약제를 사용한다.

5) 각 다귀류(Crane Files)

① 증상 : 각 다귀류의 의한 잔디 피해는 초지의 한 구획, 종종 잔디의 가장 자리부터 일어난다. 심하게 피해를 입었을 때 초지 위로 토양을 덮고 있는 갈색빛 해충을 발견할 것이다. 갈색빛이 도는 약 1 inch 정도 회색의 유충들로 지표면 바로 아래에서 발견될 것이다.

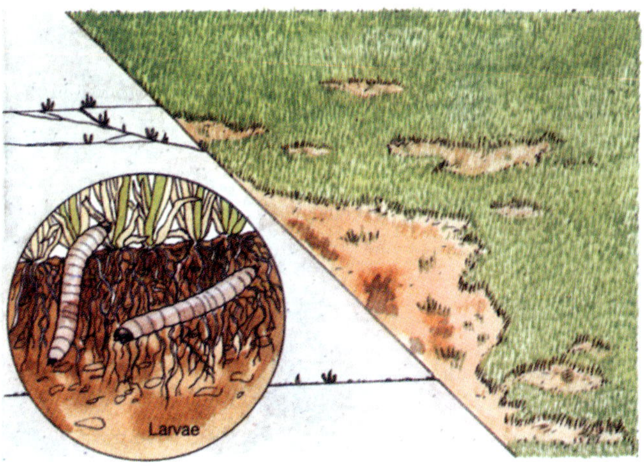

그림 3-50 각 다귀류(Crane Files)

② 특징 : 각 다귀류의 성충은 모기와 비슷하게 보인다(그들은 물지도 않는다). 성충은 잔디에 해를 주지 않는다. 그러나 늦여름에 잔디에 알을 낳고 일이 부회(Hatching)하여 애벌레 상태 때 잔디의 잎을

먹고 자라므로 피해를 준다. 겨울의 추위는 그들에게 별로 영향을 주지 않는다. 가장 심각한 피해는 봄철에 발생한다.

③ 방제 : 피해가 처음으로 일어날 때 다수진이 포함된 살충제를 사용하라. 방제는 봄철에 가장 효과적이다.

6) 지렁이(Earthworms)

① 증상 : 작은 제방이나 수풀의 잔디 도처에 흩어져 있다. 방이나 폭우 뒤에 아코디언 모양의 가늘고, 2~10inches의 벌레가 토양을 가로 질러 움직이는 것을 볼 수 있을 것이다.

그림 3-51 지렁이(Earthworms)

② Earthworms는 죽은 초지의 뿌리와 줄기를 먹는다. 그들이 토양의 지표면과 지하부의 유기물을 섞어줌으로써 잔디에 도움을 준다. 또한, 지푸라기가 쌓여지는 것을 줄이고, 토양을 통해 공기와 수분의 이동을 향상시킨다. 지렁이와 그들의 허물(즉 소화된 토양)은 보통 습하고, 기름진 토양에서 발견된다.

③ 방제 : Earthworms는 토양에 이로와 방제 방법들은 보통 행해지지 않는다. 만일 토양 제방에 방해가 된다면 가장 좋은 해결방법으로 갈퀴로 그들을 제거시키는 것이다.

7) 초록장님 노린재(Greebugs)

① 증상 : 초지의 녹색깔의 얼룩들이 나무아래에 나타난다. 이러한 초지의 얼룩들은 갈색으로 변한 뒤 곧 죽는다. 피해는 잔디초지의 양지바른 곳으로 퍼진다. 엽신 또한 노란색에서 중심부분이 검은빛을 띤 녹색깔의 반점으로 변한다.

② 특징 : 초록장님 노린재는 식물의 수액을 빨아먹고, 독을 주입시키는 작은 진딧물류이다. 그들은 통제가 잘 안되었을 경우 전잔디 식생에 피해를 줄 수도 있다. 수분이 부족하거나 과비료의 Kentucky Bluegrass잔디는 특히 초록장님노린재에 피해를 입기 쉽다. 온화한 겨울철과 서늘한 봄철이후 곧바로 피해를 입는다.

③ 방제 : 피해의 증상이 처음으로 나타날 때 아시트(Acephate)를 함유한 살충제를 잔디에 뿌린다. 피해가 계속 나타나면 반복한다. 적당한 수분과 비료의 사용설명을 따른다.

그림 3-52 초록장님 노린재(Greebugs)

8) 잡충류의 애벌레(Grubs)

그림 3-53 잡충류의 애벌레(Grubs)

① 증상 : 늦봄이나 이른 가을에 얼룩들의 불규칙한 모양을 살펴보면 땅의 기복이 심한 곳에서 새들, 두더지(Moler), 너구리(Roccoons), 스컹크(Skunds)들이 이 유충을 찾기 위해 잔디에 피해를 줄 수도 있다.

② 특징 : 이 유충은 많은 종류의 딱정벌레들의 애벌레이다. 그들은 흰색 또는 회색이며 갈색의 머리와 검정색의 부분도 있다. 3쌍의 다리를 가져 다리가 없는 노린재 유충과 구별된다. 성충의 딱정벌레는 늦봄과 여름에 정원주변에서 발견된다.

③ 방제 : 잔디가 이미 유충에 의해 피해를 입었다면 ('C' 자 모양 유충들) 그들은 초지의 잎들과

지푸라기, 그리고 토양의 층에 의해 고립되었다고 생각할 수 있다. 약제를 충분히 살수한 후 토양에 침투할 수 있도록 처리해야 한다. 잎(지푸라기)을 제거한 후, 그로포(Chlorpyrifos), 다수진(Diazinon), Isofenphos, 너프(Trichlorfon)를 포함한 살충제를 사용한다.

9) 매미충(Leaf Hoppers)

① 증상 : 이 작은 곤충들은 잔디표면에 어느 정도 존재한다. 이 매미충류가 번성할 때는 새로 씨뿌린 잔디의 얼룩을 빼 성숙한 잔디를 표백시키거나 병들게 보이게 한다.

② 특징 : 매미충류는 완전히 성충이 된 후에도 크기가 매우 작다. 보통 녹색이나, 노란색이거나 회색빛을 띠기도 한다.

그림 3-54 매미충(Leaf Hoppers)

③ 방제 : 살충제 처리는 보통 하지 않는다. 매미충류는 잔디보다는 인간에게 더 피해를 준다. 필요하다면 아시트(Acephate)나 다수진(Diazinon)이 효과적으로 조절할 것이다.

10) 땅강아지(Mole Crickets)

그림 3-55 땅강아지(Mole Crickets)

① 증상 : 땅강아지는 일반적으로 초지를 시들게 한다. 그들은 난지형 초지, 즉 Bahiagrass,

Bermudagrass, Zoysiagrass에게 발견된다. 당신은 손가락 크기 정도의 통로를 발견하거나 노출된 땅에서 이들을 볼 수 있을 것이다.

② 특징 : 땅강아지는 약 1.5~2inches 정도의 크기로 갈색 내지 회색빛 갈색을 띤다. 그들은 보통 귀뚜라미와 비슷하다. 머리와 앞다리를 제외하고는 훨씬 크다. 초지의 뿌리를 먹어 지표면 부위의 뿌리를 말라 죽게 한다.

③ 방제 : 가장 흔한 방법으로 폭사를 포함한 땅강아지 미끼이다. 밤이 되기 전에 잔디에 미끼를 사용하고 물을 준다. 혹은 봄에 처음으로 땅강아지를 본 후 약 일주일 뒤에 다수진을 사용한다.

11) 두더지(Mole) 및 땅 다람쥐(Gophers)

그림 3-56 두더지(Mole) 및 땅 다람쥐(Gophers)

① 증상 : 두더지를 발견할 때는 잔디에 3~5인치 넓이로 일어나는 산등성이를 발견할 것이다. 이러한 능선은 때때로 갈색을 띤다. Gophers는 잔디초지의 토양에 초생달 모양의 작은 언덕을 만든다. 가까이 접근해 보면 아마도 각각의 작은 언덕 아래에 구멍을 발견할 것이다. Gophers는 미국 서부지역에서 처음으로 발견되었다.

② 특징 : 두더지와 Gophers 둘다 지하에 사는 철치류다. 두더지는 유충들을 먹는 반면 Gophers는 식물의 뿌리나 식물 전체를 먹는다. 각각 복잡한 목의 뿌리와 재배한 잔디에 피해를 야기하고, Gophers 경우 잔디를 절단하면서 먹는다.

③ 방제 : 올가미가 Gophers를 제거하는 가장 좋은 방법이다. 이것은 두더지가 그들 통로의 구조를 만들 때 사용하는 일시적인 방법이기 때문에 소비적이다. 유충이나 좋아하는 먹이를 없앰으로써 두더지를 제거한다.

12) 비마토데류(Nematodes)

① 증상 : 초지는 느리게 성장하고, 여위고, 노란색을 띠며, 여름에는 가뭄에 영향을 많이 받는다. 이것은 포화, 비료 배수와 같은 처리의 반응이 아니다. 뿌리가 뭉뚝하고 얇게 되며, 돌출되거나 몰식자를 보여준다. 완전한 특성은 전문적인 실험실의 분석으로 해야 한다.

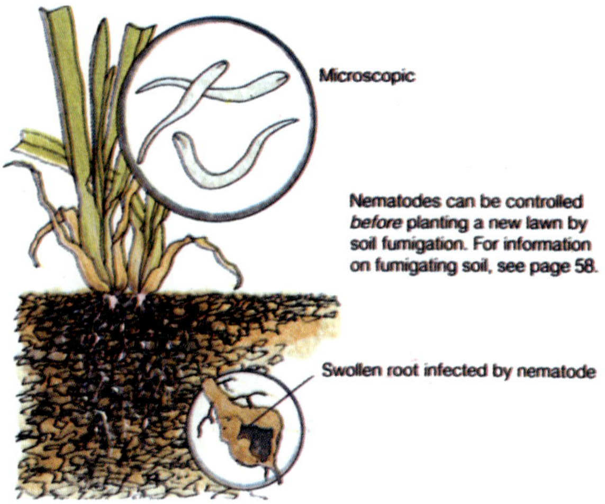

그림 3-57 비마토데류(Nematodes)

② 특징 : Mematodes는 토양에서 흔히 나타난다. 이 잣은 벌레는 너무나도 작아서 현미경을사용해야 볼 수 있으나, 과학자들은 그들이 지구상의 가장 흔한 생물이라고 한다. 수천의 다른 종류가 있으나 단지 몇몇이 식물에 피해를 준다.

③ 방제 : 초지를 가능한 한 건강하게 키운다. 만일 피해를 주는 Nematodesr가 전문가에 의해 확인 된다면 경험이풍부한 해충조절 전문가에게 자문을 구한다.

13) 괄태충(Slugs) 및 달팽이(Snails)

그림 3-58 괄태충(Slugs) 및 달팽이(Snails)

① 증상 : 아침에 그들의 은백색의 자국으로 놀라기도 한다. 만일 담쟁이덩굴의 모퉁이나 혹은 조밀하게 지표면을 덮고 있을 때 달팽이류를 발견할 수 있다. 이 해충들은 초지를 먹거

나 가까이 있는 초지를 그들의 은신처로 사용한다.

② 특징 : 이것들은 꽤 잘 알려진 특징을 가진다. 그들은 낮에는 시원하고 응달진 지역에 숨고 밤에는 먹는다.

③ 방제 : metaldehyde나 methiocard을 함유한 미끼(Bait)를 사용한다.

14) 표충나방류(Sod Webworms)

그림 3-59 표충나방류(Sod Webworms)

① 증상 : 늦봄이나 여름, 직경 1~인치의 죽은 얼룩들이 정상적으로 성장하는 초지들에서 나타난다. 피해를 입은 지역을 별도로 본다면 포충나방류를 지적할 수 있다. 또 다른 증거는 그들의 초록색으로 그을린 배설물이다. 새들과 잔디초지를 먹는 두더지류(Moles)는 아마도 큰 표본을 나타낼 것이다.

② 특징 : 포충나방류의 성충은 담황색으로 Zigzag로 날아다니는 나방이다. 나방 자체는 잔디에 피해를 주지 않지만 잔디에 알을 떨어뜨려 부화하여 굶주린 모충으로 발달한다. 표충나방류는 밤에 서식한다. 그들은 초시의 잎신을 갉아먹는다.

③ 방제 : 아시트, 나오, 그로포, 다수진, Isfenphos, NDPs, 폭사, 다프를 사용한다. 포충나방류가 덜 좋아하는 잔디를 만들기 위해 Thatch를 제거한다.

15) 각종 해충류(Nuisance Pests)

① 개미류(Ants)

개미는 그들이 만드는 개미집 때문에 문제가 된다. 직접적으로 초지를 먹거나 다른 방법으로 해를 끼치지는 않는다. 그로포, 다수진을 뿌리거나 미립자로 두 달 동안 개미를 방제 할 수 있다.

② 진드기(Brown Dog Ticks)

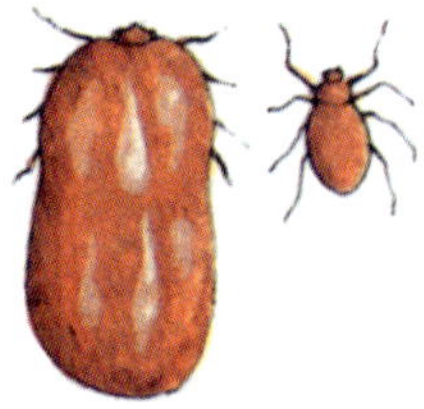

이 해충은 목질류 가까이의 잔디에는 보통 있는 종이다. 진드기는 봄과 초여름에 가장 왕성하게 활동한다. 바세린을 바른 피부에서는 진드기를 질식사 시킨다. 나오(carbaryl), 그로포(chlorpyrifos), 다수진(diazinon) 등을 잔디에 뿌린다.

③ 벼룩류(Chiggers)

Chiggers는 곤충이 아니다. 그들은 활동적인 거미류이거나 진드리로 토양에 알을 낳는다. 부화 후 성충은 초지나 나무위로 기어올라서로 부딪치기 위해 동물을 기다린다. 다수진(Diazinon), 그로포(Chlorpyrifos)의 스프레이(Sprays)처럼 Diethyltoluamide을 포함한 repellents가 효과적이다.

④ 왕집게벌레(Earwung)

이것은 단단하고, 어두운 붉은 갈색의 곤충으로 낮 동안은 어두운 곳에 숨는다. 그들의 집게는 보기처럼 위험하지 않으며, 다른 집게벌레에 비해 유용하다. 저녁에 폭사를 함유한 덫을 놓거나 나크, 그로포, 다수진을 뿌린다.

⑤ 벼룩류(Fleas)

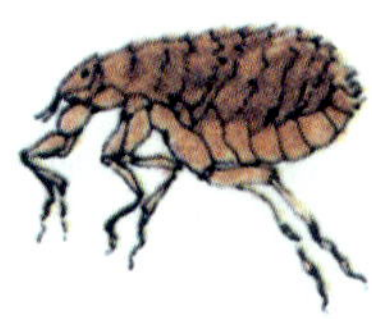

벼룩은 개나 고양이 주인에게 흔히 잘 알려져 있다. 그들은 애완동물에서 떨러져 아와 또 다른 동물을 위해 잔디에서 기다린다. 살충제 나크(Carbaryl), 그로포(Chlorpyrifos), 다수진(Diazinon) 혹은 마라톤유제(Malathion)는 좋은 조절제이다.

⑥ 모기류(Gnats)

작은 크기로 날아다닌 gnats는 여러 가지로 모기와 비슷한, 대부분 알을 낳을 때 물을 필요로 한다. 그들이 잔디주의를 떼를지어 모여 있을 때 성가시게 군다. 가장 좋은 방제법은 뿌옇게 스프레이(spray)를 뿌리는 것이다.

16) 간혹 발생되는 해충류(Occasional Pests)

이 그룹에 포함된 곤충류와 해충류는 특별한 경우에 상당한 피해를 야기시킨다. 그들 중에 긴 노린재나 풍뎅이류 혹은 포충 나방류처럼 그렇게 흔하지 않다. 상대적으로 한정된 지역에서만 여러 가지 문제를 일으킨다. 지네(Centipedes), 노레기(Millipedes), 쥐며느리(Sowbugs), 방아벌레(Wireworms) 등은 방대하게 퍼져있으나 심각한 피해는 거의 일으키지 않는다.

① 응애류(Bermudgrass Mites)

이것들은 그들이 야기시키는 피해에 의해 가장 잘 아려진 현미경적인 해충류이다. 피해를 입은 Bermudagrass 잔디류는 잎들이 모두 짧아진 종이다. 이 피해를 입은 지역은 잔디의 질감을 저해한 후, 서서히 노란색으로 변한 후 죽게 된다. 당신은 때때로 흰 종이 위에 피해를 입은 잎을 흔들어서 Bermudagrass Mites를 볼 수 있다. thatch층을 제거 하거나 다수진을 사용한다.

② 귀뚜라미류(Crickets)

귀뚜라미는 잔디를 많이 먹지는 않으나, 겨울동안 당신의 집안으로 이동한다면 문제를 야기시킨다. 방제를 하려면 그로포(chlorpynfos)를 살포하거나, 다수진 약제(Diazinon Granules), 집 주의에 비슷한 화학 살균제를 뿌린다.

③ 벼룩, 풍뎅이(Dichondra Flea, Beetles)

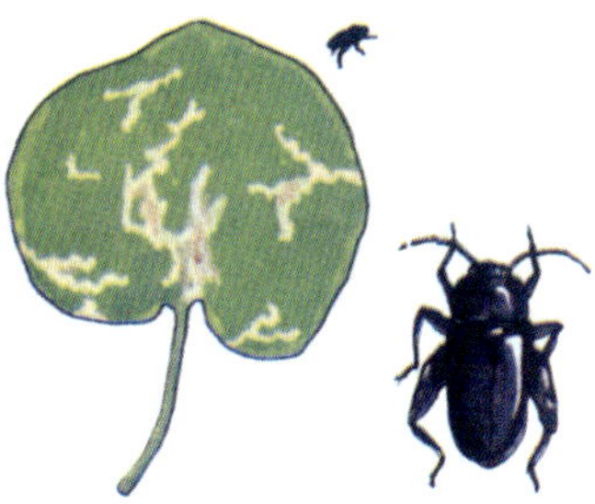

이 작은 beetles류는 해가 없는 것처럼 보이지만 그들은 빨리 dichondra 잔디를 파괴할 수 있다. 그들은 하얀 종이에 대면 쉽게 볼 수 있다. 당신이 어는 지역에서든지 4~6개월 동안은 볼 수 있다. 그로포(Chlorpyrifos), 다수진(Diazinon)으로 방제한다.

④ 메뚜기류(Grasshoppers)

메뚜기류는 한번에 많이 모였을 때나 잔디에 피해를 준다. 그들은 보통 늦여름에 시골 혹은 교외 지역에서 가장 번성한다. 화학적 방제가 거의 필요치 않으나, 그로포(Chlorpyrifos)가 효과적이다.

⑤ Ground Peart

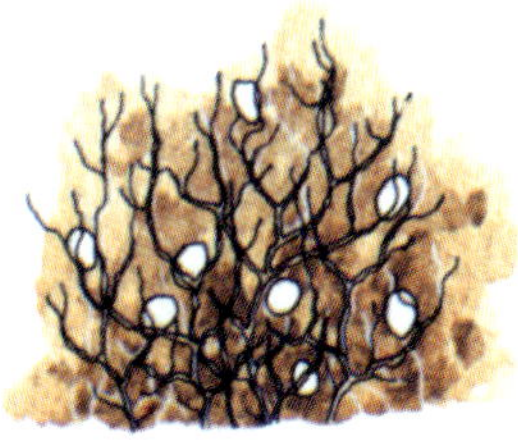

이 작은 Pearls은 Bermudagrass와 Centipedegrass의 뿌리에 부착된다. 약 직경 1/8 inch로 뿌리를 먹음으로써 초지에 피해를 준다. 다음에 언급한 시비, 예초에 의해 예방한다. 어떤 화학적인 방제도 현재는 사용되지 않고 있다.

⑥ **노레기, 지네(Millipedes, Centipedes)**

비록 잔디에 거의 피해를 주지 않을지라도 이 벌레와 같은 생물들은 때때로 잔디에서 발견된다. 쥐며느리처럼 서늘하고 습기찬 지역을 좋아한다. 마당에 많이 있다면 쓰레기 혹은 나무더미를 쌓아올린 것을 치워 그들을 방지한다. 심할 때는 다수진(Diazinon)을 살포한다.

⑦ **Pearl Scale**

미국 남서부에서 Bermudagrass 교잡종에 특히 심각한 문제이다. 5월 중순에서 시작하여 6월 내내 매일 7~14일 동안 다수진(Diazinon)으로 살충한다.

⑧ **Periodecal Cicadas**

이 큰 벌레들은 여러 해 동안 토양 깊숙이 산다. 그 지역을 떠날 대는 많은 수의 구멍을 낸다. 성충은 오리혀 잔디보다도 관목(Shrubs)과 나무에 피해를 준다.

⑨ **쥐며느리(Sowbugs and Pillbugs)**

이 종들은 형태나 행동에있어 서로 비슷하나, Pillbugs는 그 자신을 공처럼 굴리는 것이다. 둘다 부식된 유기물(Organic Matter)을 먹는다. 서늘하고 습기찬 지역을 제거하거나, 잎들과 유기물부식물을제거하거나, 그로포(Chlorpyrifos) 혹은 다수진 등의 살충제 처리를 한다.

⑩ **거품벌레류(Spittlebugs)**

거품벌레류는 거의 잔디에 많은 피해를 주지는 않지만 보통 잔디에서 서식한다. 그들은 다른 식물에 피해를 주나, 먹는 동안은 거품같이 보이는 물질 밑에 숨어있어 이에 명명되었다. 필요하다면 나크(Carbaryl), 다수진(Diazinon)에 의해 방제되어진다.

⑪ 방아벌레류(Wireworms)

Click beetles의 어린 유충(lerva)은 잔디의 뿌리를 먹는다. 갈색이며 약 1인치의 길이 이다. 그들은 잔디에 상당히 많이 존재할 때만 피해를 준다. 죽은 초지를 절단하는 뿌리 위에서 유충을 찾고자 한다면 이것을 주목하라. 다수진(Diazinon)으로 방제한다.

표 3-5 각종 잔디류 해충과 살충제(insects) 현황

(미국 : A. J. Turgeon. 1985)

순위	잔디초지에 발생하는 해충의 종류(insects)		살충제에 의한 방제											
1	Ants	Formicidae family				×	×							
2	Aphids	Aphididae family					×				×			
3	Army worms	Noctuidae family				×							×	
	common	*Pseudaletia unipuncta* Haworth			×	×							×	
	fall	*Spodoptera frugiperda* J. E. Smith			×		×							×
4	Bees and Wasps	Hymenoptera order			×		×							
5	Billbugs	Curculionidae family												
	bluegrass	*Sphenophorus parvulus* Gyllenhal			×		×		×			×		
	hunting	*Sphenophorus venatus vestita* Chttn.			×		×			×			×	
	Phoenix	*Sphenophorus phoeniciensis* Chttn.			×		×			×			×	
6	Chinchbug	Lygaeidae family												
	hairy	*Blissus hirtus* Montandon	×	×	×	×	×		×	×			×	
	southern	*Blissus insularis* Barber	×	×	×	×	×		×	×		×	×	
7	Cicada killer	*Sphecius speciousus* Drury			×		×							
8	Cutworms	Noctuidae family			×		×							×
9	Frit flies	*Oscinella frit* L.					×				×			
10	Grubs	Scarabaeidae family												
	Black turfgrass ataenius	*Ataenius spretulus* Haldeman					×			×			×	
	European chafer	*Amphimallon majalis* Razoumowski		×		×	×		×	×			×	
	Japanese beetle	*Popillia japonica* Newm.		×		×	×		×	×			×	
	May beetle, June bug	*Phyllophaga* spp.		×		×	×		×	×			×	
	Northern maskes chafer	*Cyclocephala borealis* Arrow		×		×	×		×	×			×	
	Southern masked chafer, annual white grub	*Cyclocephala immaculata* Olivier		×		×	×		×	×			×	

순위	잔디초지에 발생하는 해충의 종류(insects)		살충제에 의한 방제											
11	Lef hoppers	Cicadellidae family		×	×		×			×				
12	Mites	Acarina order							×			×		
13	Mole crickets	Gryllotalpidae family		×		×	×		×	×			×	
14	Periodical cicadas	*Magicicada septendecim* L.			×									
15	Scale insects	Coccidae family												
	(Bermudagrass scale)*	Odonaspis ruthae Kotinsky			×	×		×						
	ground perals	Margarodes meridionalis Morr.												
	rhodesgrass scale**	Antonina graminis Maskell			×	×		×						
16	Sod webworm	Crambus spp.	×	×	×	×	×		×	×		×	×	×
17	Turfgrass weevil					×	×			×				
18	Wireworms	Elateridae family					×							

* ( ) Not an official common name

**Actually a member of the mealybug(Pscudococcidae) family

Aspon Bendiocarb Carbaryl Chlorpyrifos Diazinon Dicofol Ethoprop Isofenphos Malathion Pirmiphosethyl Propoxur Trichlorfon

3.4 잔디초지용 농약

(1) 농약의 개념

농약(農藥)이라 함은 수목(樹木) 및 농림산물(農林産物)을 포함한 모든 농작물을 가해하는 균, 곤충, 응애, 선충, 바이러스 기타 농림수산부령이 정하는 동식물 방제에 살균제, 살충제, 제초제와 농작물의 생리기능을 증진 또는 억제하는데 사용되는 생장조절제(Growth Regulator) 및 약효를 증진시키는 자재를 말한다(농약관리법 제2조)라고 규정하고 있다. 농약의 사용대상은 농작물(수목, 농림산물)과 농림수산부령이 정하는 기타 동식물(달팽이 · 잡초 등)을 포함한다.

(2) 농약사용의 중요성

일반적인 농약사용의 궁극적인 목적을 본다면 농업생산물의 양적증대와 질적 향상을 위하여 작물의 재배기간 또는 저장 중에 발생하는 해충 및 잡초를 효율적으로 방제하여야 하는데 이를 위하여 필수적으로 필요한 것이다. 따라서 농약은 농업 생산량의 양적 증대 및 질적 향상 과 농업노동력을 절감하고 농산물의 수확기를 조절하여 농가 소득증대 또는 소기의 목적을 달성하기 위하여 필수 불가결한 농업자재(農業資財)인 것이다.

(3) 골프장 사용가능 농약현황

표 3-6 잔디초지용(고시농약) 살균제 현황

구분	농약명	품목명	상표명	유효성분(%)	물 20l(1말)당 사용량	m^2당 사용량	10a(300평)당 사용량		적용대상
							약량	살포량	
살균제	붉은별 무늬병약	티디폰 수화제	바리톤	5.0	40g	2g	약액이 흐르지 않을 정도로 골로루 뿌림		잔디 · 녹병
	브라운 패취병약	포리옥신 · 치람수화제	–	31.1	40g	2g	1,000l(1l/m^2)		잔디 · 브라운 패취병
	점무늬 낙엽병약	카프로 수화제	로브동	50.5	40g	2g	2kg	1,000l	잔디 · 브라운 패취병
	흰가루 병약	지오판 수화제	톱신엠	70.0	13g	1.7g	약액이 흐르지 않을 정도로 골로루 뿌림		잔디 · 브라운 패취병

표 3-7 국내 잔디용 제초제(고시농약) 현황

구분	농약명	품목명	상표명	유효성분(%)	물 20l(1말)당 사용량	m²당 사용량	10a(300평)당 사용량		적용대상
							약량	살포량	
제초제	논잡초약	엠시피 액제	–	19.5	200ml	2ml	2,000ml	200l	들잔디 · 광엽잡초
	밭잡초약	핀디 수화제	스톰프	50.0	75g	0.8g	750g	200l	들잔디 · 1년생 잡초
	밭잡초약	디캄바 액제	반벨	48.2	27ml	0.2ml	200ml	150l	잔디 · 클로버
	밭잡초약	디캄바디 액제	반벨디	46.7	17ml	0.1ml	100ml	120l	잔디 · 광엽잡초
	밭잡초약	엠시피피 액제	–	50.0	67ml	0.5ml	500ml	150l	들잔디 · 클로버
	밭잡초약	파미드 수화제	데브리놀	50.0	33g	0.5g	500g	300l	잔디 · 1년생 잡초
	밭잡초약	파미드 유제	데브리놀	21.8	120l	0.6ml	600ml	100l	1년생 잡초
	밭잡초약	벤설라이드 유제	론파	50.0	200l	3ml	3l	300l	잔디 · 화본과 잡초
	과수원잡초약	옥시펜 유제	고을	23.5	50l	0.3ml	300ml	120l	1년생 잡초

표 3-8 수목(樹木)용(고시농약)

구분	농약명	품목명	상표명	유효성분(%)	물 20l(1말)당 사용량	10a(300평)당 사용량		적용대상
						약량	살포량	
살충제	잎말이나방약	디프액제	디프록스	50	20ml	약액이 흐르지 않을 정도로 골고루 뿌림		사과(잎말이나방), 프라타나스(흰불나방), 소나무(솔나방)
	잎말이나방약	디프 수화제	디프록스	80	20ml			
	잎말이나방약	메프수화제(유제)	스미치온 호리치온	40	20ml	약액이 흐르지 않을 정도로 골고루 뿌림		사과, 배, 소나무
	잎말이나방약	파프 수화제	엘산씨디알	40	20g	약액이 흐르지 않을 정도로 골고루 뿌림		사과, 감귤, 복숭아, 배, 감, 소나무
	잎말이나방약	그로포 수화제	더스반	25	20g	약액이 흐르지 않을 정도로 골고루 뿌림		복숭아(심식나방), 사과(잎말이나방, 진딧물), 소나무(솔나방), 현사시나무(황철나무 알락하늘소)

살충제	멸구·이화명나방약	카보입제	후라단, 큐라텔	3	–	50g/흉고직경cm	소나무(솔잎혹파리)
	진딧물약	모노포액제	아조드린, 뉴비크론	24		원액 0.5ml/직경cm	소나무(솔잎혹파리) 사용적기–6월중
	진딧물약	포스팜액제	다이메크론	50		원액 0.3ml/흉고직경cm	소나무(솔잎혹파리)
	진딧물약	지오파녹액제	다카목스	3		30g/흉고직경cm	소나무(솔잎혹파리)
	굴나방약	트리무론수화제	알시스틴	25	3.3g	약액이 흐르지 않을 정도로 골고루 뿌림	소나무(솔나방)
	응애약	아미트유제	마이캇트	20	20ml	약액이 흐르지 않을 정도로 골고루 뿌림	소나무(응애)
	담배나방약	지오릭스유제	–	35	29ml	약액이 흐르지 않을 정도로 골고루 뿌림	소나무(솔나방)
	흰불나방약	비티수화제	슈리사이드	–	20	약액이 흐르지 않을 정도로 골고루 뿌림	소나무(솔나방) 프라타나스(흰불나방)
	흰불나방약	주론수화제	디밀린	25	이태리포플러, 프라타나스 3.3g 소나무·잣나무 5g	약액이 흐르지 않을 정도로 골고루 뿌림	이태리포플러, 프라타나스(흰불나방), 소나무·잣나무(솔나방)
	잎말이나방약	디디브이피유제	–	50	20ml	약액이 흐르지 않을 정도로 골고루 뿌림	프라타나스(흰불나방)
	잎말이나방약	델타린유제	데시스	1	20ml	약액이 흐르지 않을 정도로 골고루 뿌림	프라타나스(흰불나방)
	심식나방약	다수진수화제	다이아톤	34	20g	약액이 흐르지 않을 정도로 골고루 뿌림	소나무(솔나방) 오리나무(오리나무잎벌레)

표 3-9 골프장 잔디와 관련된 규제농약 일람표

(한국잔디연구소)

농약명	품목명	상표명	함유량(%)	규제내용	규제근거
탄저병약	지네브수화제	–	72	품목폐지	농림수산부고시 제90–5호
노균병약	만토지액상수화제	–	33	–	〃
잘록병약	메로닐·캡탄수화제	–	80	–	〃
응애약	마이트수화제	–	22	–	〃
응애약	티시수화제	싸이란티시	23	–	〃

산림잡초약	피크람	케이핀피크린	6mg/개	–	〃
브라운 패취병약	이프로캡탄수화제	약손	56	품목의 적용삭제	〃
탄저병약	다코닐수화제	다코닐 타로닐	75	잔디의 사용제한 및 잔디용품목고시 보류 농약	환경처 → 농림수산부
응애약	디코폴수화제	켈 센 디코폴	35	–	〃
검은별 무늬병약	캡탄수화제	오소사이드	50	–	〃
탄저병약	캡타폴수화제	디포라탄	80	–	〃
이화명나방약	그로포입제	더스반	2	–	〃
이화명나방약	그로포수화제	더스반	25	–	〃
멸구 · 이화명나방약	카보입제	후라단 큐라텔	3	–	〃
토양해충약	지오릭스분제	마릭스	3	–	〃
담배나방약	지오릭스유제	–	35	–	〃
솔잎혹파리약	테믹입제	–	15	–	〃
잎말리나방약	디프수화제	디프록스	80	–	(5월)
응애약	프로지수화제	오마이트	30	–	〃
굴나방약	프로싱수화제	스미사이딘	5	–	〃
접무늬썩음병약	베노밀수화제	벤레이트	50	–	〃

(4) 골프장 잔디초지용 등록된 농약현황

『2008년 7월 이후 살균제 1품목, 제초제 1품목이 등록에서 제외되었고, 살균제 8품목, 제초제 12품목이 잔디용으로 새롭게 등록되었다. 이로써 2009년 7월 현재, 잔디용 등록농약은 살균제 91품목, 살충제 17품목, 제초제 59품목, 생장조정제 2품목으로 모두 169품목이다. 더불어 기존에 등록되었던 살균제 중 3품목(표 참조)에 대하여 적용병해가 추가되어 적용대상이 확대되었다.』

표 3-10 현재 등록 제외된 잔디용 농약 (2009. 7 현재)

구분	품목명	상표명	계 통	일반명	유효성분(%)	물20/당 사용량	살포량	적용 병해충 잡초	독성 구분	어독성
살균제	데부코나졸 분산성액제	디포라탄	트리아졸계	tebuconazole	12.00	20ml	충분히	라지패취	저독성	3
살충제	벤설라이드 유제	론파	유기인계	bensulide	50.00	200ml	300ml /10a	화본과 잡초	저독성	2

표 3-11 적용대상 확대품목 (2009. 7 현재)

구분	품목명	상표명	계 통	일반명	유효성분(%)	물20l당 사용량	살포량	적용 병해충 잡초
살균제	아족시스트로빈 사이프로코나졸 액상수화제	하운드	스트로빌루린계 +트리아졸계	azoxystrobin+ cyproconazole	17.3+6.7 (24.00)	2.86ml	1l/m^2 충분히	라지패취 녹병
	프로피코나졸 유제	배너	트리아졸계	conazole	25.00	6.7ml	1l/m^2	라지패취 달라스팟 탄저병
	플루디옥스닐 수화제	메달리온	시아노피롤계	fludioxonil	48.50	4g	1l/m^2	라지패취 달라스팟

표 3-12 신규(추가) 등록된 잔디용 농약 (2009. 7 현재)

구분	품목명	상표명	계 통	일반명	유효성분(%)	물20l당 사용량	살포량	적용 병해충 잡초	독성 구분	어독성
살균제	에트리디아졸 미탁제	잔디존	유기유황제	etridiazole	20.00	10ml	2l/m^2	피시움 블라이트	저독성	3
	에폭사코나졸 액상수화제 (표기내용 미설정)	오프스	–	–	–	–	–	브라운패취 라지패취	–	–
	포세틸알루미늄 입상수화제	시그니처	유기인계	fosetyl-Al	77.00	50g	1l/m^2	피시움 블라이트	저독성	3
	플루실라졸 입상수화제	카자테 올림프 고스트	트라아졸계	flusilazole	20.00	3.3g	1l/m^2	브라운패취 라지패취	저독성	3
	플루톨라닐 아이소프로티올레인 수화제	뉴그린	아닐라이드계+유기유황계	flutolanil+isoprothiolane	25+20 (45.00)	20g	1l/m^2	라지패취	저독성	3
	플루톨라닐 아이소프로티올레인 수화제	뉴그린	아닐라이드계+유기유황계	flutolanil+isoprothiolane	12+20 (32.00)	40ml	1l/m^2	라지패취	저독성	3
	하이멕사졸 · 메타락실-엠액제	성보다찌밀골드다찌에이스	이속사졸계+아실알라닌계	hymexazol+ metalaxyl-M	+30+2 (32.00)	40ml	1l/m^2	피시움 블라이트	저독성	3
	헥사코나졸 입상수화제	침투왕	트리아졸계	hexaconazole	2.00	10g	1l/m^2	라지패취 브라운패취	저독성	3

제초제	메타미포트 유제(10%)	그린손	아릴옥시 페녹시프로피 오네이트계	metamifop	10.00	20m*l*	100*l* /10a	일년생잡초 및 (화본과잡초)	저독성	1
	비스피리박 소듐액제	나마니	피리미디닐치오벤조에이트계	bispyribac-sodium	2.00	60m*l*	100*l* /10a	일년생잡초	저독성	2
	아이오도설퓨론 메틸소듐 입상수화제	데스티니	설포닐 우레아계	iodosulfuron-methyl sodium	10.00	2-2.5g	160-200*l* /10a	일년생잡초 및 다년생잡초	저독성	3
	엠시피에이 액제	팜가드	페녹시계	MCPA	50.00	30m*l*	200*l* /10a	일년생잡초 및 다년생 광엽잡초	저독성	3
	옥사디아길 액상수화제	훼낙스	옥사 디아졸계	oxadiargyl	34.50	20-25m*l*	160-200*l* /10a	일년생잡초	저독성	3
	카펜스트롤 액상수화제	롱패스	트리아졸계	cafenstroole	40.00	50m*l*	200-300*l* /10a	일년생잡초	저독성	3
	페녹슐람 피라조설퓨론에틸입제 (0.13%)	풀전사	트리아졸로+피리미딘설폰아마이드계	penoxsulam+pyrazosulfuron-ethyl	0.08+0.05 (0.13)	–	6kg /10a	일년생잡초	저독성	3
	플루세토설퓨론, 이마자퀸입제	잔디로	설포닐우레아계+이미디졸리논계	flucetosulfuron+imazaquin	0.3+2 (2.30)	–	5kg /10a, 8kg /10a	일년생잡초, 일년생 및 다년생잡초	저독성	3
	플루세토설퓨론 이마자퀸입상수화제	잔디로	설포닐우레아계+이미디졸리논계	flucetosulfuron+imazaquin	5+10 (15.00)	50g	200*l* /10a	일년생 및 다년생잡초	저독성	3
	플루세토설퓨론 피라조설퓨론에틸 입상수화제(7%)	템플러	설포닐우레아계+설포닐우레아계	flucetosulfuron-ethyl	4+3 (7.00)	55g	100*l* /10a	일년생 및 다년생잡초	저독성	3
	플루세토설퓨론수화제	존플러스	설포닐 우레아계	flucetosulfuron	50.00	5g	200*l* /10a	일년생잡초, 다년생잡초	저독성	3
	플루세토설퓨론입제	존플러스	설포닐 우레아계	flucetosulfuron	0.50	–	6kg /10a	일년생잡초	저독성	3

	(0.5%)									

자료 : (사단법인) 韓國 골프장 經營協會 부설 韓國잔디硏究所 (2009. 10).

살균제 : 91 살충제 : 17 제초제 : 59 생장조정제 : 2 총 169개 품목 2009. 7. 1 현재

※ 장기미생산 3품목(살균제 2, 제초제 1), 표기내용 미설정 2품목(살균제 2)도 포함

표 3-13 잔디용 품목등록농약 일람표

구분	품목명	상표명	계 통	일반명	유효성분(%)	물20l당 사용량	살포량	적용 병해충 잡초	독성 구분	어독성
살균제	뉴아리몰 유제	미엑스 케이	피리미딘계	nuarimol	9.00	20ml	충분히	녹병	저독성	3
	디니코나졸 수화제	빈나리	트리아졸계	diniconazole	5.00	10g	충분히	녹병	저독성	3
	디페노코나졸, 폴리옥신디 수화제	뉴리더	트리아졸계+항생제	difenoconazole+polyoxinD	4+25 (6.50)	20g	충분히 1l/m²	라지패취 브라운패취	저독성	3
	디페노코나졸 유제 (10%)	푸루겐 디페노코나졸	트리아졸계	difenoconazole	10.00	10ml	충분히	녹병	저독성	2
	디페노코나졸 유제 (20%)	황금알	트리아졸계	difenoconazole	20.00	5ml	충분히	녹병	저독성	2
	디페노코나졸 유탁제	균가네	트리아졸계	difenoconazole	5.00	20ml	충분히	녹병	저독성	2
	디페노코나졸 미탁제 (표기내용미설정)	푸루겐	–	–	–	10ml	충분히	녹병	저독성	–
	마이클로뷰타닐 수화제	시스텐	트리아졸계	myclobutanil	6.00	13g	충분히	녹병	저독성	3
	만코제브 메탈락실 수화제	리도밀엠지 리도다이센	디치오카바메이트계+아실아라닌	mancozeb+metalaxyl	56+7.5 (63.50)	40g 33g	충분히 1l/m²	탄저병 피시움 블라이트	저독성	3
	메탈락실 수화제	리도밀 삼공메타실 에프엠티 메타실	아실아라닌계	metalaxy	25.00	10g	1l/m²	피시움 블라이트	저독성	3
	메탈락실-엠 액제	리도밀 골드	아실아라닌계	metalaxyl-M	43.00	2.5ml	1l/m²	피시움 블라이트	저독성	3

살균제	메탈락실-엠 액제	리도밀 골드	아실아라닌계	metalaxyl-M	48.00	5ml	1l/m^2	피시움 블라이트	저독성	3
	메탈락실-엠 수화제	리도밀 골드	아실아라닌계	metalaxyl-M	12.00	10g	1l/m^2	피시움 블라이트	저독성	3
	메트코나졸 액상수화제	살리꾼	트리아졸계	metconazole	20.00	6.7ml 10ml	충분히 1l/m^2	녹병 설부병 달라스팟 라지패취 브라운패취 탄저병	저독성	3
	메프로닐 프로피코나졸 수화제	늘푸른	카복시아니라이드계+트리아조계	mepronil+propiconazole	50+4 (54.00)	40g	1l/m^2	라지패취 브라운패취	저독성	1
	메프로닐 수화제	논시	카복시아니라이드계	mepronil	75.00	20g	1l/m^2	브라운패취 설부병	저독성	3
	바실루스서브틸 리스디비비 1501 입제	홀인원	미생물농약	bacillus substilis DBB1501	10×10_6 cfu/mg	–	10kg /10a	브라운패취	저독성	3
	발리다마이신에이 액제	동방바리문 아문다 영일바리문 용마루 정밀바리신 성보바리문 경농바리신 올풍	항생제	validamycin-A	5.00	20ml	1l/m^2	브라운패취	저독성	3
	비터타놀 수화제	리버티 바이코 방파제 아라비타놀	트리아졸계	bitertanol	25.00	10g	충분히 1l/m^2	녹병	저독성	3
	사이조파미드 액상수화제	미리카트	시아노이미다졸계	cyazofamid	10.00	10ml	충분히	피시움 블라이트	저독성	3
	사이프로코나졸 입상수화제	센티넬	트리아졸계	cyproconazole	38.00	2g	충분히 1l/m^2	녹병 라지패취 춘고병	저독성	3
	스트렙토마이세스 고시키엔시스 WYE324 액제	쎄이프그로	미생물농약	streptomyces goshikiensis WYE324	10×10_7 cfu/mg	200ml	400ml /m^2	라지패취	저독성	3

살균제	스트렙토마이세스 콜롬비엔시스 WYE20액제	마이코싸이드	미생물농약	streptomyces colombiensis WYE20	$10\times10_7$ cfu/mg	200ml	400ml /m^2	브라운패취	저독성	3
	아족시스트로빈, 사이프로코나졸 액상수화제	하운드	스트로빌루린계+트리아졸계	azoxystrobin +cyproconazole	17.3+ 6.7 (24.00)	286ml	충분히 1l/m^2	라지패취 녹병	저독성	2
	아족시스트로빈 입상수화제	헤리티지	스트로빌루린계	azoxystrobin	47.00	2g	1l/m^2	라지패취 브라운패취 피시움 블라이트 춘고병 설부병 탄저병	저독성	2
	아족시스트로빈 입상수화제 (50%)(장기미생산)	헤리티지	–	–	–	–	–	–	–	–
	에트리디아졸, 티오파네이트메틸 수화제	가지란	유기유황계 +카바메이트계	etridiazole+ thiophanate - methyl	10+55 (65.00)	20g	1l/m^2	브라운패취	저독성	3
	에티리디아졸, 폴리옥신디 수화제	굳샷	유기유황계 +트리아졸계	etridiazole+ polyoxin D . zincsail	10+2.25 (12.25)	40g	1l/m^2	브라운패취 피시움 블라이트	저독성	3
	에티리디아졸, 헥사토나졸 유제	풀스윙	유기유황계	etridiazole+ hexaconazole	20+3 (23.00)	10ml	1l/m^2	라지패취 피시움 블라이트 브라운패취	저독성	3
	에티리디아졸 미탁제	잔디존	유기유황계	etridiazole	20.00	10ml	2l/m^2	피시움 블라이트	저독성	3
	에티리디아졸 수화제	시방	유기유황계	etridiazole	35.00	10g	1l/m^2	피시움 블라이트	저독성	3
	에티리디아졸 유제	안타	유기유황계	etridiazole	25.00	10ml	1l/m^2	피시움 블라이트	저독성	3
	에폭사코나졸 액상수화제 (표기내용미설정)	오프스	–	–	–	–	–	브라운패취 라지패취	–	–
	옥사딕실 · 프로피네브 수화제	굳케어플러스	옥사졸리디논+디치오카바메이트계	oxadxyl+ propined	8+56 (64.00)	40g	1l/m^2	피시움 블라이트	저독성	3

살균제	이미녹타딘트리스알베실레이트 · 티람 수화제	참조네	구아니딘계+카바메이트계	iminoctadine tris(albesilate)+thiram	20+48 (68.00)	20g	1l/m² 충분히	브라운패취 탄저병	저독성	1
	이미벤코나졸 수화제	확시란	트리아졸계	imibenconazole	15.00	10g	충분히	녹병	저독성	3
	이미벤코나졸 입상수화제	블랙홀	트리아졸계	imibenconazole	30.00	5g	1l/m² 충분히	녹병 달라스팟	저독성	3
	이프로디온 수화제	로브랄 균사리 새시로 에프엠티 이프로 새노브란 로데오	디카복시미드계	iprodione	50.00	20g	1l/m²	브라운패취	저독성	3
	이프로다온 · 티오파네이트메틸 수화제	다스린	디카복시미드+벤즈이미다졸계	iprodione+thiophanate-methyl	30+40 (70.00)	20g	1l/m²	브라운패취 라지패취	저독성	3
	카벤다짐 가스가마이신 수화제	고추탄	카바메이트계+항생제	carbendazim+kasugamycin	40+3.45 (43.45)	20g	충분히	탄저병	저독성	3
	코퍼하이드록사이드 · 스트렙토마이신 수화제	타미나 코퍼하이드록사이드 · 스트렙토마이신무기동제+항생제	무기동제+항생제	copper hydroxide+streptomycin	50+10 (60.00)	40g	충분히	조류	저독성	3
	크레속심메틸 액상수화제	스트로비	스트로빌루린계	kresoxim-methyl	42.00	6.7ml	충분히	녹병	저독성	1
	테부코나졸 수화제	실바코	트리아졸계	tebuconazole	25.00	10g	1l/m²	브라운패취	저독성	3
	테부코나졸 유제	호리쿠어	트리아졸계	tebuconazole	25.00	10ml	1l/m² 충분히	녹병 라지패취 탄저병 브라운패취 설부병 달라스팟	저독성	3
	테부코나졸 액상수화제	스텔스	트리아졸계	tebuconazole	20.00	10ml	1l/m²	라지패취 브라운패취	저독성	3
	테부코나졸 입상수화제	밀리언 버전업	트리아졸계	tebuconazole	25.00	10ml	1l/m²	라지패취	저독성	3
	톨클로프스메틸 수화제	리조렉스	유기인계	tolclofos-methyl	50.00	40g 20g	1l/m²	라지패취 설부병	저독성	3

	톨클로프스메틸 액상수화제 (장기미생산)	리조렉스	–	–	–	–	–	–	저독성	-
	트리나디메놀 수화제	바이피단	트리아졸계	triadimenol	5.00	20g	1l/m^2	녹병	저독성	3
	티리아디메폰 수화제	바리톤 일순위 성보티디폰 티디폰골드 에스엠티디폰	트리아졸계	triadimefon	5.00	40g	충분히	녹병	저독성	3
	트리포린 유제	경농사프롤 삼공사프롤 트리포린	유가염소계	triforine	17.00	20ml	충분히	녹병	저독성	3
	트리플록시스트로빈 입상수화제	에이플	스트로빌루린계	trifloxystrobin	50.00	5g	1l/m^2	라지패취 브라운패취	저독성	1
	트리플루미졸 수화제	트리후인 큰댁 배못	트리아졸계	triflumizole	30.00	20g	1l/m^2 충분히	브라운패취 녹병	저독성	2
	팀람 수화제	아띠	디치오카바메이트계	thiram	80.00	40g	1l/m^2	브라운패취 설부병	저독성	1
살균제	티오파네이트메틸 수화제	톱신엠 톱네이트-엠 삼공지오판 정밀지오판 성보지오판 에프엠티지오판 아리지오판 동방지오판 지오판엠 슈퍼톱탄	카바메이트계	thiophanate-mrthyl	70.00	13g	충분히	브라운패취	저독성	3
	티오파네이트메틸 · 티람수화제	호마이 금나락	카바메이트+디치오카바메이트계	thiophanate-mrthyl+hiram	50+30 (80.00)	20g	1l/m^2	브라운패취	저독성	1
	티플루자마이드 액상수화제(2%)	그래탐	아닐라이드계	thifluzamide	21.00	4ml	1l/m^2	라지패취 설부병	저독성	3
	티플루자마이드 입제	그래탐	아닐라이드계	thifluzamide	3.00	–	1l/m^2	라지패취	저독성	3
	페마리몰 수화제	경농훼나리 동부훼나리	피리미딘계	fenarimol	12.00	20g	1l/m^2	브라운패취	저독성	3
	펜뷰코나부졸티플루자마이드 액상수화제	금수레	트리아졸계+아닐라이드계	fenbuconazole+thifluzamide	2+2 (4.00)	20ml	1l/m^2	라지패취	저독성	2

살균제	펜사이큐론 수화제	몬세렌 갈무리 나이샷 크린문 성보펜시쿠론 이비엠문사리 문고카트 킬러문	요소계	pencycuron	25.00	20g	1l/m²	라지패취	저독성	3
	펜사이큐론 액상수화제	몬세렌 갈무리 농프로 크린문	요소계	pencycuron	20.00	20ml	1l/m²	라지패취	저독성	3
	펜사이큐론 입상수화제	세렌터프	요소계	pencycuron	50.00	10g	1l/m²	라지패취	저독성	3
	펜사이큐론 테부코나졸 액상수화제(24%)	울타리	페닐우레이+트리아졸계	pencycuron+ tebuconazole	20+4 (24.00)	10ml	1l/m²	라지패취	저독성	3
	펜사이큐론 테부코나졸 액상수화제(25%)	터프시바	페닐우레이+트리아졸계	pencycuron+ tebuconazol	15+10 (25.00)	13.3ml	1l/m²	라지패취 브라운패취	저독성	3
	펜사이큐론 티플루자마이드 유제	영그네	페닐우레이+아닐라이드계	pencycuron+ thifluzamide	6+1 (7.00)	20ml	1l/m²	라지패취 브라운패취	저독성	2
	포세틸알루미늄 수화제	알리에테	유기인계	fosetyl-Al	80.00	40g	1l/m²	라지패취 브라운패취	저독성	3
	포세틸알루미늄 입상수화제	시그니처	유기인계	fosetyl-Al	77.00	50g	1l/m²	피시움 블라이트	저독성	3
	폴리옥신디 티오파네이트메틸 수화제	보람	항생제+카바메이트계	polyxin D zinc salt+ thiophanate-methyl	1.13+40 (41.13)	40g	1l/m²	라지패취 브라운패취	저독성	3
	폴리옥신디 수화제	영일 바이오	항생제	polyxin D zinc salt	2.25	40g	1l/m²	브라운패취 설부병	저독성	3
	폴리옥신디 입상수화제	프르른	항생제	polyxin D zinc salt	5.00	20g	1l/m²	라지패취 브라운패취	저독성	3
	프로사이미돈·만코제브 수화제	다이렉스	디카복시미드+유기유황	procymidone +mancozeb	15+50 (65.00)	20g	충분히	탄저병	저독성	2
	프로사이미돈·하이드로클로라이드 액제	프리엔	카바메이트계	propamocarb hydrochloride	66.50	40ml	1l/m²	피시움 블라이트	저독성	3

살균제	프로피네브 수화제	안트라콜 영일프로피 동방프로피	유기유황계	propineb	70.00	40g	충분히	탄저병	저독성	3
	프로피코나졸 유제	베너	트리아졸계	propiconazole	25.00	6.7m*l*	1*l*/m²	라지패취	저독성	2
	플루디옥소닐 수화제	메달리온	시아노피롤계	fludioxonil	48.50	4g	1*l*/m²	라지패취	저독성	2
	플루디옥소닐 액상수화제	사파이어	트리아졸계	fludioxonil	20.00	10m*l*	1*l*/m²	라지패취	저독성	3
	플루시리졸 입상수화제	카자테 올림프 고스트	트리아졸계	flusilazole	20.00	3.3g	1*l*/m²	브라운패취 라지패취	저독성	3
	플루톨라닐 · 아이소프로티올레인 수화제	뉴그린	아닐라이드계+ 유기유황계	flutolanil+ isoprothiolane	25+20 (45.00)	20g	1*l*/m²	라지패취	저독성	3
	플루톨라닐 · 아이소프로티올레인 유제	뉴그린	아닐라이드계+ 카바메이트계	flutolanil+ isoprothiolane	12+20 (32.00)	40m*l*	1*l*/m²	라지패취	저독성	3
	플루톨라닐 프로파모카브하이드로클로라이드 액상수화제	포청천	아닐라이드계+ 카바메이트계	flutolanil+ propamocarb hydrochloride	5+35 (40.00)	40m*l*	충분히	라지패취	저독성	3
	플루톨라닐 유제	몬카트	아닐라이드계	flutolanil	15.00	20m*l*	1*l*/m²	브라운패취 라지패취	저독성	2
	피라클로스트로빈 입상수화제	카브리오에이	스트로빌루린계	pyraclostrobin	18.80	10g 5g	충분히 1*l*/m²	달라스팟 라지패취 브라운패취 피시움 블라이트	저독성	1
	라클로스크로빈 유제	카브리오	스트로빌루린계	pyraclostrobin	22.00	5m*l*	1*l*/m²	라지패취	저독성	1
	하이멕사졸 · 메타락실 액제	다찌에이스	이속사졸계+아실알라닌계	hymexazol+ metalaxy	130+4 (34.00)	40m*l*	1*l*/m²	피시움 블라이트	저독성	3
	하이멕사졸 · 메타락실-엠 액제	성보다찌 밀골드 다찌에이스	이속사졸계+아실알라닌계	hymexazol+ metalaxyl-M	30+2 (32.00)	40m*l*	1*l*/m²	피시움 블라이트	저독성	3

살균제	하이멕사졸 액제	동부다찌가렌 정미다찌가렌 다찌원 경농다찌가렌 다찌가렌골드	이속사졸계	hymexazol	30.00	40ml	1l/m^2	피시움 블라이트	저독성	3
	헥사코나졸 수화제	풍마니	트리아졸계	hexaconazole	5.00	8g	1l/m^2	달라스팟	저독성	3
	헥사코나졸 액상수화제 (2%)	라피드 삼공헥사코나졸	트리아졸계	hexaconazole	2.00	10ml	1l/m^2	라지패취 브라운패취 설부병 녹병	저독성	3
	헥사코나졸 액상수화제 (5%)	한빛	트리아졸계	hexaconazole	5.00	4ml	충분히 1l/m^2	녹병 라지패취 브라운패취 설부병	저독성	2
	헥사코나졸 입상수화제	침투왕	트리아졸계	hexaconazole	2.00	10g	1l/m^2	라지패취 브라운패취	저독성	3
살충제	다이아지논·에토펜프록스 수화제	뚝섬	합성피레스로이드계+유기인계	diazinon+ ethofenprox	25+8 (33.00)	20g	충분히 1l/m^2	열강나방 검거세미나방 굼벵이류	저독성	2
	델타메트린 유제	데시스 델타메트린 에스엠델타린 장원	합성피레스로이드계	delfamethrin	1.00	20ml	충분히	거세미나방	보통 독성	1
	비펜트린 입제	스퍽	합성피레스로이드계	bifenthrin	0.20	–	6kg /10a	거세미나방	저독성	1
	사이플루트린·테부피림포스 입제	카핀다	피레스로이드+유기인계	cyfluthrin+ tebupirimfos	0.1+2.0 (2.10)	–	2kg /10a	굼벵이류	저독성	3
	에토펜프록스·테부페노자이드 유제	비상탄	합성피레스로이드+벤조일하이드라진계	etofenprox+ tebufenozide	10+4 (14.00)	20ml	1l/m^2	검거세미나방	저독성	3
	에토펜프록스 수화제	트레본	합성피레스로이드계	etofenprox	10.00	20g	1l/m^2	거세미나방	저독성	3
	에토프로포스 입제	모캡 에스캅	유기인계	ethoprophos	5.00	–	6kg /10a	굼벵이	저독성	3
	이미다클로프리드 액상수화제	코니도	클로로니코티닐계	imidacloprid	8.00	20ml	500l /10a	굼벵이류	보통 독성	3
	이미다클로프리드 분산성액제	어드마이어	클로로니코티닐계	imidacloprid	20.00	4ml	1l/m^2	굼벵이류	저독성	3

살충제	카두사포스 입제(6%)	럭비, 카두사포스	유기인계	cadusafos	6.00	–	3kg /10a	거세미나방	저독성	2
	카보설판 입제(3%)	마샬 쌀지기 카보설판	카바메이트계	carbosulfan	3.00	–	6kg /10a	거세미나방	저독성	3
	클로르피리포스 · 디플루벤주론 수화제	야무진	유기인계+ 벤조일페닐 우레아계	chlorpyrifos+ diflubenzuron	20+7 (27.00)	20g	충분히	멸강나방	보통 독성	2
	클로르피리포스메틸 유제	경농그로 메렐단	유기인계	chlorpyrifos -methyl	25.00	20m*l*	1*l*/m^2 충분히	검거세미나방 굼벵이 멸강나방	보통 독성	2
	트랄로메트린 유제	토벌대	합성피레스로이드계	tralomethrin	1.30	20m*l*	1*l*/m^2	거세미나방	보통 독성	1
	티아메톡삼 입상수화제 (23.5%)	플래그쉽	치아니 코티닐계	thiamethoxa m	23.50	4g	1*l*/m^2	굼벵이류	저독성	3
	페니트로티온 유제	스미치온 메프치온 경농메프 새메프 페니트로티온	유기인계	tenitrothion	50.00	20m*l*	3*l*/m^2 140-160*l* /10a	풍뎅이 잔디밤나방	저독성	3
	피라클로포스 수화제	스타렉스 세찬	유기인계	pyaclofos	35.00	20g	충분히	거세미나방	저독성	1
제초제	나프로파마이드 · 옥시플루오르펜 수화제	푸르메	혼합제	napropamide +oxyfluorfen	30+12 (42.00)	50g	200*l* /10a	일년생잡초	저독성	3
	나프로파마이드 수화제	동부파미드 이비엠풀 사이트 파미놀 데브리놀골드 영일파미드	아미이드계	napropamide	50.00	33g	300*l* /10a	일년생잡초	저독성	3
	나프로파마이드 유제	나프로파미드 파워리놀	아미이드계	napropamide	21.80	67m*l*	300*l* /10a	일년생잡초	저독성	3
	나프로파마이드 액상수화제	뉴데브리놀	아미이드계	napropamide	30.00	53m*l*	300*l* /10a	일년생잡초	저독성	3
	나프로파마이드 입상수화제	데브리놀 플러스	아미이드계	napropamide	49.50	33g	300*l* /10a	일년생잡초	저독성	3
	디캄바 액제	반벨	페녹시계	dicamba		27m*l*	150*l* /10a	클로	보통 독성	3

제초제	디클로베닐 · 이마자퀸 입제	카이저	니트릴계+이미다졸리논계	dichlobenil+imazaquin	48.20	–	5kg /10a	일년생및 다년생잡초	저독성	3
	디클로베닐 입제	카소론	니트릴계	dichlobenil	3.5+1 (4.50)	–	4kg /10a	일년생및 다년생잡초	저독성	3
	디티오피르 · 아이속사벤 수화제	초원	피리딘계+벤자아마이드계	dithiopyr+isoxaben	6.70	10g	200-300l /10a	일년생잡초	저독성	3
	디티오피르 · 페녹슐람 수화제	그린캅	피리딘계+트리아졸로피리미딘설폰아마이드계	dithiopyr+penoxsulam	12+1.5 (11.50)	13.3~20g	200-300l /10a	일년생잡초	저독성	3
	디티오피르 수화제	디멘존	피리딘계+	dithiopyr	38.00	10g	200-300l /10a	일년생잡초	저독성	2
	디티오피르 유제	디멘존	피리딘계+	dithiopyr	32.00	15ml	200-300l /10a	일년생잡초	저독성	2
	리뉴론 · 티오벤카브 유제	아시매	우레아계+카바메이트계	thiobencarb+linuron	10+60 (70.00)	100ml	200l /10a	일년생잡초	보통독성	3
	메코프로프 액제	영일엠시피피	페녹시계	mecoprop	50.00	67ml	150l /10a	잡초(크로바)	보통독성	3
	메코프로프-피 액제	초병	페녹시계	mecoprop-p	47.40	40ml	50-200l /10a	일년생 및 다년생 광엽잡초	보통독성	3
	메타미포프 유제(10%)	그린손	아릴옥시페녹시프로피오네이트계	metamifop	10.00	20ml	100l /10a	일년생잡초(화본과잡초)	저독성	1
	벤타존 · 엠시피에이 액제	밧사그린 엠60	벤조치아디아지논계+페녹시계	bentazone+MCPA	31+4.6 (35.60)	100ml	100l /10a	일년생 및 다년생 광엽잡초	저독성	3
	벤플루랄린 · 아이속사벤 수화제	그린스타	디니트로아닐린계+아미드계	benfluralin+isoxaben	50+4.5 (54.50)	33~50g	200-300l /10a	일년생잡초	저독성	3
	벤플루랄린 유제	새그린	디니트로아닐린계	benfluralin	25.00	67~100ml	200-300l /10a	일년생잡초	저독성	2
	비스피리박소듐 액제	나마니	피리미다닐치오벤조에이트계	bispyribac-sodium	2.00	60ml	100l /10a	일년생잡초	저독성	2
	사이클로설파뮤론 수화제	매끄니	설포닐우레아계	cyclosulfamuron	10.00	30g	200-250l /10a	일년생잡초	저독성	3

제초제	이슐람소듐 수용성입제	아수록스	카바메이트계	asulam sodium	87.60	30g	200l /10a	일년생잡초	저독성	3
	이슐람소듐 액제	아지란	카바메이트계	asulam sodium	37.00	80ml	200l /10a	일년생잡초	저독성	3
	아이속사벤 액상수화제	길쌈 캐치풀	아미드계	isoxaben	50.00	4~6ml	200-300l /10a	광엽잡초	저독성	3
	아이오도설퓨론 메틸소듐 입상수화제	데스티니	설포닐우레아계	iodosulfuron-methyl sodium	10.00	2~2.5g	160-200l /10a	일년생잡초 및 다년생 잡초	저독성	3
	에토퓨메세이트 액상수화제	프로그라스	벤조퓨란계	ethofumesate	42.00	30~40ml	150-200l /10a	일년생잡초	저독성	3
	엠시피에이 액제	팜가드	페녹시계	MCPA	50.00	30ml	150-200l /10a	일년생잡초 및 다년생 광엽잡초	저독성	3
	오리잘린 액상수화제	써프란	디니트로 아니린계	oryzalin	40.00	20ml	200-250l /10a	일년생잡초	저독성	3
	옥사디아길 액상수화제	훼낙스	옥사디아졸계	oxadiargyl	34.50	20~25ml	160-200l /10a	일년생잡초	저독성	3
	옥사디아존 · 펜디메탈린 유제	해도지	디아졸계 +디니트로 아니린계	oxadiazon+ pendimethalin	4+15 (19.00)	30ml	160-200l /10a	일년생잡초	저독성	2
	옥사지클로메폰 액상수화제	해솜잔디 키퍼	옥사지논계	oxaziclomefone	30.00	10ml	200l /10a	일년생잡초	저독성	2
	옥시플루오르펜 유제	고올모고 지리	디페닐 에테르계	oxyfluorfen	23.50	50ml	200l /10a	일년생잡초	저독성	2
	이마자퀸 액제	톤-앞	이미다졸리논계	imazaquin	20.00	32~40ml	200-250l /10a	일년생 및 다년생잡초	저독성	3
	이마자퀸 액제	산소로	이미다졸리논계	imazaquin	3.00	–	6kg /10a	일년생 및 다년생잡초	저독성	3
	카펜스트록 액상수화제	롱패스	트리아졸계	cafenstrole	40.00	50ml	200-300l /10a	일년생잡초	저독성	3
	카펜트라존에틸 유탁제	애임에이스 어피니티	아릴 트리아졸리논계	carfentrazone-ethyl	21.30	3.5ml	200l /10a	일년생잡초	저독성	3
	카펜트라존에틸 입상수화제	애임	아릴 트리아졸리논계	carfentrazone-ethyl	40.00	1.88g	200l /10a	일년생잡초	저독성	3

제초제	트리클로피르티이에이 액제	뉴갈론 키타	아릴옥사알카노익에시드계	triclopyr-TEA	30.00	50ml	200l /10a	일년생 및 다년생 광엽잡초	저독성	3
	트리플록시설퓨론소듐 입상수화제	모뉴먼트	설포닐우레아계	trifloxysulfuron -sodium	72.50	0.6~0.8g	150-200l /10a	일년생 및 다년생잡초	저독성	3
	페녹사프로프-피-에틸 유제	매드시	아릴옥시페녹시 프로피오네이트계	fenoxaprop -P-ethyl	7.00	20ml	100l /10a	일년생잡초 (화본과)	저독성	2
	페녹슐람 · 피라조술퓨론에틸 입제(0.13%)	풀전사	트리아졸로피리미딘설폰아마이드계+설포닐우레아계	penoxsulam+ pyrazosulfuron -ethyl	0.08+ 0.05 (0.13)	–	6kg /10a	일년생잡초	저독성	3
	페녹슐람 액상수화제 (3%)	살초대첩	트리아졸로피리미딘설폰아마이드계	penoxsulam	3.00	13.3~20ml 40~50ml	200-300l 160-200l /10a	일년생잡초 일년생 및 다년생잡초	저독성	3
	펜디메탈린 입상수화제	펜타곤	디니트로아니린계	pendimethalin	57.00	60g	100l /10a	일년생잡초	저독성	3
	펜디메탈린 액상수화제	샤프트	디니트로아니린계	pendimethalin	45.00	50ml	200-250l /10a	일년생잡초	저독성	2
	펜디메탈린 캡슐현탁제	프로올	디니트로아니린계	pendimethalin	35.70	50ml	200-250l /10a	일년생잡초	저독성	3
	프로디아민 입상수화제	한목	디니트로아니린계	pendimethalin	63.00	10g	300l /10a	일년생잡초	저독성	3
	플라자설퓨론 수화제	파란들	설포닐우레아계	flazasulfuron	10.00	7.5~10g	150-200l /10a	일년생잡초	저독성	3
	플라자설퓨론 입제	파란들	설포닐우레아계	flazasulfuron	0.15	–	6kg /10a	일년생 및 다년생잡초	저독성	2
	플라자설퓨론 입상수화제	시바겐	설포닐우레아계	flazasulfuron	25.00	3g	150-200l /10a	일년생잡초	저독성	3
	플루록시피르멥틸 유제	보루	피리딘카르복실릭에시드계	fluroxypyr -mepthyl	20.00	60ml	100l /10a	일년생 및 다년생잡초	저독성	3

제초제	플루세토설퓨론 · 이마자퀸 입제	잔디로	설포닐우레아계+	flucetosulfuron+imazaquin	0.3+2 (2.30)	–	5kg/10a 8kg/10a	일년생잡초 일년생 및 다년생잡초	저독성	3
	플루세토설퓨론 · 이마자퀸 입상수화제	잔디로	설포닐우레아계+	flucetosulfuron+imazaquin	5+10 (15.00)	50	200l /10a	일년생 및 다년생잡초	저독성	3
	플루세토설퓨론 · 피라조설퓨론에틸 입상수화제(7%)	템플러	설포닐우레아계+ 설포닐우레아계	flucetosulfuron+pyrazosulfuron-ethyl	4+3 1(7.00)	55g	100l /10a	일년생 및 다년생잡초	저독성	3
	플루세토설퓨론 수화제	존플러스	설포닐우레아계	flucetosulfuron	50.00	5g	200l /10a	일년생 및 다년생잡초	저독성	3
	플루세토설퓨론 입제(0.5%)	존플러스	설포닐우레아계	flucetosulfuron	0.50	–	6kg /10a	일년생잡초	저독성	3
	피라조설퓨론에틸 수화제	그린큐	설포닐우레아계	pyrazosulfuron-ethyl	5.00	20g	200l /10a	일년생 광엽잡초	저독성	3
	피라조설퓨론에틸 입상수화제	골프그린 그린키퍼	설포닐우레아계	pyrazosulfuron-ethyl	5.00	20g	200l /10a	일년생잡초	저독성	3
	피리뷰티카브 수화제 (장기미생산)	터프그린	–	–	–	–	–	–	저독성	–
식물 전멸 제초제	글리포세이트암모늄 옥시플루오르펜 입상수화제	대장군	유기인계+ 디페닐에테르계	glyphosate ammonium+ oxyfluorfen	36+2 (38.00)	100g	100l /10a	일년생 및 다년생잡초	저독성	3
생장 조정제	트리넥사팍에틸 미탁제	래스모	카복실릭에시드에스테르계	trinexapac-ethyl	25.00	8ml	100l /10a	생장억제	저독성	3
	프로헥사디온칼슘 액상수화제	비비풀	아실사이클로헥산디온계	prohexadione-calcium	20.00	10ml	100l /10a	생장억제	저독성	3

* 표기내용 미설정 품목 – 등록은 되어있으나 제품의 생산여부가 결정되지 않아 상표에 표기될 내용이 확정되지 않은 품목으로 생산여부가 미지수임.
* 장기 미생산 품목 – 등록은 되었으나 회사의 사정으로 장기간 생산이 되지 않은 품목으로 재고가 있는 경우는 사용이 가능하나 앞으로 등록이 취소될 가능성이 높음.

자료 : (사단법인) 韓國 골프장 經營協會 부설 韓國잔디硏究所 (2009. 10–12).

제 4 장

예초관리(刈草管理)

조성된 잔디초지가 밀집된 군락(群落)을 이루면 정규적인관리가 행해지는데, 일반적 관리에서는 예초, 시비, 병충해와 잡초방제 및 관수(Sprinkling of Water) · 배수(Draining, Drainage) 등을 들 수 있다. 그러나 골프장에서의 정원 및 일반 공원, 잔디초지관리와는 기본적으로 다르다. 특히 극심한 답압을 받아서 토양이 고결되기 쉬고 샷(Shot)으로 잔디가 잘려 나간다. 잔디초지토양이 파진 자국인 디봇(Divot) 또한 그린(Green)에서는 볼이 유연하게 굴러야 하기 때문에 항상 짧은 상태로 1년 내내 미관이 유지되어야 한다. 따라서 이러한 관리작업은 잔디의 형태, 요구하는 잔디의 품질, 잔디의 종류, 영양소와 구분의 공급, 생육단계, 해당 면적의 크기 및 기계와 기구의 존재 유무에 따라 시기와 빈도가 크게 달라진다.

4.1 일반 예초관리

예초는 잔디를 아름답게 유지함과 동시에 골프장에서는 경기에 적합한 잔디를 유지하기 위한 중요한 관리작업 중 하나이다. 이러한 예초는 잔디면을 평탄하게 하고, 잔디의 분얼을 촉진하며 미관을 향상시키는 등의 목적을 위해 행해진다. 즉 잔디를 정기적으로 적당한 높이에서 예초하면 다음과 같은 효과를 가져온다.

① 잔디의 분얼이 촉진되고 포복경의 신장도 증가하여 밀도가 높은 잔디초지가 형성.[425]

② 잡초는 소멸하고 침입을 적게 되는 등 잡초방제 효과.[426]

③ 미관을 증가시켜 휴식처나 운동장 등의 이용에 적합.[427]

그러나 만일 잔디를 자연상태로 방치하면 경엽(莖葉)은 도복되어 투광(投光)과 통기가 불량해진다. 이로 인해 식물체 하부는 연백색으로 되고 잔디는 쇠약해져서 잡초가 침입하게

425) ALBERT, W. B. 1927. Studies on the growth of alfalfa and some perennial grasses. Journal of the American Society of Agronomy. 19 : 624－654.

426) CURTIS, O. F. 1951. Maleic hydrazide for frass control in fruit plantings. Proceedings of the 5th Annual Northeastern Weed Control Conference Supplement. pp.115－117.

427) MCCCRTY, E. C., and R. PRICE. 1942. Growth and carbohydrate content of important mountain forage plants in central Utah affected by clipping and grazing. USDA Technical Bulletin No. 818. pp.1－51.

되어 잔디는 잡초와 경쟁(Competition)하다가 없어지게 된다.

(1) 예초와 잔디

잔디는 관리에서 적당한 예초는 잎의 생장을 촉진하고, 너무 낮은 예초는 잔디 고사 등의 반응을 나타낸다. 여기에서 적당한 예초란 잔디의 특성에 상응하는 적정 예초 높이와 예초 빈도를 말한다. 즉 잔디의 종류에 의해 적정 예초고 보다도 낮게 베면 즉시 약체화 되거나 재생(Regrowth)하지 못하여 고사하게 된다. 또한 저예초고(低刈草高)에 잘 견디는 상당히 낮은 예초에도 생장을 계속한다. 이와 같이 잔디의 종류에 따라 예초에 대한 반응이 다르다.

Roberts(1958)는[428] Astoria Bentgrass, Kentucky Bluegrass, Merion Bluegrass 및 Creeping Red Fescue 등 4종의 잔디에 대하여 예초 높이 6mm, 18mm, 36mm의 3단계로 하여 뿌리 생육의 영향을 실험하였다: 그 결과는 뿌리의 생육이 Astori > Merion > Kentucky > Creeping 순으로 저하되어 4종의 잔디간에 예초고에 따라 뿌리생육의 차이를 나타냈고 또한 모든 품종이 예초고가 낮을수록 천근화로 된다.

저 예초시에도 영양의 공급이 양호하다면 뿌리의 생육은 문제가 되지 않는다. 또한 시비를 동반하는 예초시 잔디의 지상부는 표준시비에서 가장 양호한 생육을 나타냈고, P나 K가 소량인 것은 N의 결핍이 P나 K의 소량보다 양호한 생육을 보였다. 이러한 결과로 인해 예초와 시비도 잔디관리에서 중요하다고 할 수 있다. 이와 같이 잔디는 일정기간 예초하면 뿌리(根)의 생육이 억제되고 예초고가 낮을수록 감퇴가 더욱 심하다.[429] 그러나 단지 연 1~2회만 예초하는 잔디에 비해 정기적으로 적당한 예초 높이에서 예초하는 편이 잎의 총생산량을 증가시킨다. 이는 잔디의 잎을 소량으로 빈번하게 예초하는 것이 잔디의 생장을 자극하기 때문이다.[430]

(2) 예초와 재생(再生)

양질의 잔디는 생장점이 지면 가까운 곳이나 뿌리 등 낮은 위치에 있기 때문에 저예초고에서도 왕성한 재생력을 갖추고 있다. 잔디의 재생부분은 생장이 계속되고 있는 예초잔엽(殘葉), 미예초의 어린잎, 엽맥이 있는 분얼아(芽) 등이어서 높은 예초시에는 높게 되고 낮게 예초되면 낮게 되는 변동성을 가지고 있다. 또한 이러한 성질은 주립성(株立性) 등의 생육형에 의해 차이가 있는데 포복경은 매우 변동성이 크다. 따라서 이들의 재생부분을 제거하지 않는 것이 중요한데 이는 잔디가 급격한 예초고 변화에 약한 성질이 있기 때문이다.

---

428) ROUBERTS, E. C. 1958. The grass plant－feeding and cutting. Golf Course Reperter. 26(3) : 5－9.

429) VARRTNOU, H. 1967. Responses of five genotypes of Agrostis L. to variations in environment. Ph. D. Thesis Oregen State University. pp.1－149.
MADISON, J. H., Jr. 1960. The mowing of turfgrass. I. The effect of season, interval, and height of mowing in the growth of Seaside bentgrass turf. Agronomy Journal. 52 : 499－452.

430) MCBEE, G. G. 1966. Effects of mowing heights in Texturf 1F bermudagrass turf. Texas A&

(3) 예초 높이(刈草高, Mowing Height)

예초 높이는 토양표면으로부터 예초될 잔디의 높이를 말하는데 이를 지배하는 요인은[431] ① 잔디의 생육형, ② 생육단계, ③ 토양수분, ④ 계절과 기후(특히 기온과 강우), ⑤ 잔디의 이용 형태 등이다.

잔디의 생육형이 주립성(株立性)에서는 포복형보다 높게 예초하는데 일반적으로 Bluegrass류와 Fescue류 등 주형(株型)은 2~3cm 이하의 예초고에 견디지 못하고 Zoysia류, Bentgrass류, Bermudagrass류의 포복형은 1cm 이하의 상당히 낮은 예초에서도 견디어 낸다.

표 4-1 주요 잔디류의 종류별 적정예초고

상대 예초고	예 초 고	잔디 초종
매우 낮음(very close)	0.2~0.5	Creeping bentgrass Velvet bentgrass
낮음(close)	0.5~17	Colonial bentgrass Annual bluegrass Bermudagrass Zoysiagrass
중간(medium)	1~2	Buffalograss red fescue Centipedegrass carpetgrass Kentucky bluegrass Perennial ryegrass Meadow fescue
높음(high)	1.53	Bahiagrass tall fescue St. Augustinegrass Fairway wheatgrass
매우 높음(very high)	3~4	Canada bluegrass Smooth brome

그러나 주형(株型) 중에서도 낮은 예초고에 견디어 내도록 여러 품종이 개량되었는데 그들을 보면 Bluegrass류의 Merion, Fylking, Cougar와 Fescus류의 Pennlawn, Illahee 등이다.[432),433),434),435)] 표 4－1은 잔디의 종류별 예초고의 기준을 나타내었다.

431) Schuz, H. 1983. Rasen－Anlage and pflege von zier－Gebrauchs－Sport－und Landschaftsrasen Verlag Eugen Ulmer, Stuttgart. 164－177.

432) Davis, R. R. 1958. The effect of other species and mowing height on persistence of lawn grasses. Agronomy Journal. 50 : 671－673.s

433) Engel, R. E. 1955. Resists diseases, close cutting－Merion bluegrass. New Jersey Agriculture. 37(2) : 10－11.

434) Juska, F. V., and A. A. Hanson. 1963. The management of Kentucky bluegrass on extensive turfgrass areas. Park Maintenance. 16 : 22－32.

잔디의 생육단계, 토양수분, 기후 등의 변화에 의해 예초고를 조절할 필요가 있다. 특히 생육초기와 후기에는 예초고를 높게 하고 생장이 왕성할 때에는 낮게 예초한다. 또한 토양수분이 적은 건조기간에는 높은 예초고로 하든지 예초간격을 연장하며 더욱 나쁜 조건 하에서도 예초고의 급격한 변화를 피해 10~15일 간격으로 서서히 행하는 것이 좋다. 즉 1회 예초는 잎몸의 1/4~1/2만을 하고 6~12mm 이상을 그대로 놓아두어야 한다. 또한 예초고의 결정요인으로 잔디의 이용형태가 지배적이다. 즉 정원이나 공원에서는 미관을 높이고 휴식 혹은 유희 등의 이용에 적합하기 위해서는 약 3cm 예초고가 좋은데, 물론 이는 잔디의 생육을 위해서도 바람직한 예초고(Mowing Height)다.[436]

경기장이나 골프장에서는 경기에 지장이 없도록 잔디의 예초고를 결정해야 하기 때문에 다른 관리작업과 관련하여 잔디의 생육사에 장애를 경감하는 범위에서 경기장에 요구하는 예초고를 유지해야 한다. 특히 그린 등의 특수한 목적 잔디에서는 낮은 예초고가 요구되므로 잔디의 관리에 있어 고도의 기술이 필요하다. 일반적인 잔디의 예초고는 일반정원에서 15~30mm, 도시공원 20~30mm, 운동장 20~25mm, 골프장의 그린(Green) 4.5~6mm, 티 그라운드(Tee ground) 12~15mm, 페어웨이(Fairway) 18~25mm 및 라프(Rough) 40~50mm 범위이다.[437]

(4) 예초시기와 횟수

예초시기는 잔디의 생육과 깊은 관련이 있기 때문에 잔디의 계절적 생장상태와 관련하여 그 시기를 결정해야 한다. 즉 양질의 잔디 생산을 위해서는 생육성시에 주로 예초가 실시된다. 잔디의 생육기는 잔디의 종류에 따라 차이가 있다. 즉 북방형(한지형) 잔디의 생육을 개시하는 최저온도는 5°C 전후인 반면에 남방형(난지형) 잔디는 10°C 이상이며 생육적온은 각각 18°C 전후와 22°C 이상이다. 또한 한지형 잔디는 22°C 이상에서, 난지형 잔디는 −10°C 이하가 계속되면 생육장애를 일으키게 된다. 즉 5~20°C의 온화한 기간이 한지형 잔디의 생육기에 해당하고 20°C 이상이 고온시기는 난지형 잔디의 생육기에 접하게 된다.

우리나라에서는 수원을 기준으로 볼 때, 한지형의 생육시기는 4월부터 11월 상순에 이르고 있으나 그 중 7월과 8월은 고온으로 인한 생육 불량기간이며 난지형은 4월 중순부터 10월 중순까지 생육을 계속한다. 따라서 정원이나 공원 등과 같은 잔디에서는 한지형의 경우 5~6개월과 난지형에서는 6~7개월간의 예초가 가능하다. 그러나 스포츠 잔디 등과 같은 특수한 이용목적의 잔디에서는 예초기간이 연장된다. 즉 골프장그린과 같이 다시비(多施肥) 집약적 재배가 행해지는 경우와 경기에 지장을 주지 않도록 잎끝을 자주 예초하는 스포츠 잔디의 경우 등에서

435) Wood, G. M., and J. A. Durxe. 1961.

436) 金炯基. 1988. 韓國잔디(*Zoysiagrass japonica* steud) 刈取後 再生過程 중 生長, 건물중, Amylase 및 Nitrate reducrase 활성도 변화에 관한 연구. 삼육대 논문집 제 20집. pp.355−363.

437) 江原薫, 鍋島英男(1965) : 西日本 연보고서. 4(1).

는 생육의 시작시기와 마지막 시기를 각각 1개월씩 연장하여 8~10개월을 예초기간으로 결정하는 것이 일반적이다.

예초 횟수는 잔디의 생육상태에 의해 좌우되는데 이러한 잔디의 생육단계를 지배하는 요인은 ① 생육시기, ② 잔디의 종류, ③ 잔디의 이용목적, ④ 기후(특히 기온과 강우량), ⑤ 토양수분, ⑥ 다른 관리와의 관계 등이다. 따라서 이들의 지배요인에 의해 예초 횟수가 결정되어 잔디의 생육기에 소량으로 충실하게 예초가 행해지는 것이 이상적이다. 그러나 이용목적에 따라 예초 횟수에 큰 차이가 있다. 즉 3~4회 정가 예초하는 정원의 잔디가 있는 반면에 매일 예초하여 연간 100회 이상 예초가 행해지는 골프 그린도 있다. 이는 정원이나 공원의 일반잔디의 예초는 높은 예초고(刈草高)로 될 수 있는 대로 획수를 적게 하고 골프장 그린의 특수한 경기용 잔디는 낮은 예초고로서 예초간격(Mowing Interval)을 줄임을 말한다. 한편, 일반 잔디에서는 월 1회보다 빈도를 높게 하여 양질의 잔디(양호한 식생구성)을 얻을 수 있고, 반대로 특수용도의 잔디에서는 예초에 의한 생육장애를 줄이기 위해 빈도를 줄이는 경우도 있다.

4.2 예초방법과 잔디 질감(質感)

예초방법은 잔디의 이용목적, 면적, 기복(起伏), 경사도 등에 의해 차이가 있으나 일반적으로 기계사용이 요구된다. 사람의 손에 의한 것은 극소 면적이나 기계사용이 불가능한 잔디로 제한된다.

(1) 예초기(刈草機, Mower)

예초를 위해 사용되는 예초기의 기본적인 형은 Reel식, Rotary식, Vertical식, Sicklebar식이며, 이들은 소형~대형, 수압식, 자주식, 견인식 및 Gasoline 엔진~전기모터 등 그 성능, 구동방식에 따라 종류가 다양하다.

일반적으로 소형 로타리(Rotary)식 예초기가 릴(reel)식 보다도 조작과 수리가 간단하며 고장이 적고 가격이 저렴하여 대체로 높은 예초고를 요하는 가정용으로 많이 사용되고 있는 반면에 정확한 예초고와 깨끗한 예초작업을 위해서는 6마력 엔진의 릴리 예초기가 널리 사용된다. 예초기는 잔디의 면적, 경사도 및 그 이용 목적에 적합한 것을 선택하나, 적당한 예초기를 구하기 위해서는 조작이 용이한 것, 조정이 간단한 것, 견고한 것, 적당한 마력(馬力)을 가지고 있는 것 등도 고려해야 한다.

(2) 잔디의 질감

Bentgrass류(類)에서 너무 짧게 예초하면 소용돌이 모양을 형성하게 되는데 이를 'Grain' 이라 말한다. 이러한 상태에서는 잔디의 잎의 잔디의 표면에 횡으로 약간 길게 피복하게 되므로 수분의 침투 등이 나쁘고 또한 그린(Green)에서는 퍼팅질감(Putting Quality)도 불량하게 된다. 이러한 Grain도 잔디성상의 일종이다.

일반적으로 골프장 그린 등과 같이 짧게 빈번한 예초가 행해지는 잔디는 잔디의 생육에 여러 가지 성상이 나타나게 된다. 즉 ① 산악지대에서는 잎이 산쪽으로 향한다. ② 해안에서는 잎(줄기)이 바닷가 쪽으로 향한다. ③ 일정한 방향의 예초에 의해 잎의 생장이 한쪽으로 치우친다. ④ 일정한 방향의 답압(Trampling, Traffic)에 의해서도 동일한 경향이 나타난다. ⑤ 잔디가 경사를 이루고 있으며 관수 등에 의해서 잎끝이 물의 흐름에 영향을 받게 된다. 또한 잔디가 일정한 방향으로부터 인위적 작용을 계속적으로 받게 되면 잎이 도복되고 생장의 편향이 나타나게 된다. 이외의 수직예초(Vertical Mowing)로 밀생한 경엽(莖葉)을 줄이고 동시에 북더기잔디인 대취(Thatch)의 제거와 잔디방석(Mat)의 경감 등을 행하여 잔디의 성상에 상당한 효과를 나타내는 것도 있다. 이러한 작업을 주로 Manilagrass, 개량된 Bermudagrass, Creeping Bentgrass 등의 잔디가 조밀할수록 예초 횟수를 높여야 한다. 또 생장조절제 등의 약품에 의한 잔디의 생장억제는 주로 예초 횟수를 줄이기 위한 한 가지 방법으로 행해지나 일반적으로 아직 보편화되고 있지 않다.

4.3 각종 잔디 예초의 실제

(1) 정원 잔디

일반 가정용 잔디로 자주 사용되는 Mascarenegrass는 생장이 빠르지 않은 편이나 예초간격을 현저하게 연장시키면 초장이 지나치게 신장하여 줄기가 미관을 손상시킨다. 따라서 이러한 가정의 잔디에서는 주 1~2회, 10~20mm 높이로 예초되어야 양호한 잔디를 유지하게 된다. 그러나 경우에 따라서 그린(Green)과 같은 잔디를 유지하게 된다. 그러나 경우에 따라서 Green과 같은 잔디를 필요로 할 때에는 5~7mm 높이로 예초해야 한다. 일반적으로 가정용 잔디도 다른 용도의 잔디와 마찬가지로 빈번하게 조금씩 예초하는 것이 바람직하다. 가정용 잔디가 Kentucky Bluegrass로 조성되었을 경우에는 50.8~63.5mm의 높이로 예초하고 Merion Bluegrass는 보다 낮은 25.4~38.1mm의 높이에서 예초하면 Bermudagrass는 이들 중 가장 낮게 예초를 행한다. 예초 횟수는 원칙적으로 예초 전에 상당히 높게 신장이 되지 않도록 하며 한 번에 잔디의 잎몸(葉身)을 25.4mm 이상 예초하는 예초간격을 설정해서도 안 된다. 또한 잔디의 생육왕성기에서는 최소한 주 2회 이상 예초가 행해져야 한다.

(2) 운동장 잔디

운동경기장의 잔디에서는 주로 한지형 잔디가 이용되고 있으며 봄에는 규칙적으로 약 32mm 높이로 예초하나 가을에는 19mm 이하로 낮은 예초를 지양하고 있다. 이것을 겨울에 잔디의 포복경 혹은 예주(刈株) 및 뿌리에 저장양분을 높게 하여 월동성을 높이고 다음 해에 재생을 양호하게 하기 위함이다. 특히 럭비장에서는 심한 답압 등에 저항할 수 있도록 여름철 종반기에 64~74mm의 높이로 잔디를 신장 시킨다. 일반적으로 비교적 조악한 잔디에서는 한지형 잔디를 연간 30회 이상 예초하는 것이 바람직하다.

(3) 골프장 잔디

1) 그린(Green)

그린의 예초는 경기에 가장 큰 영향을 미치기 때문에 세심한 주의를 갖고 작업이 행해져야 한다. 예초 전에 그린의 표면은 작은 요철부분도 없고 평탄해야 한다.

일반적으로 22″, 26″ 혹은 3면 전자동 릴(reel)식의 그린 예초기가 사용되는데, 이 때 칼날은 예리해야 하며 정확하게 설치되어야 한다. 예초높이는 계절, 잔디의 생육형 및 생장정도에 따라 다르다. Bentgrass와 Bermudagrass는 최고의 예초고는 보통 8mm 이하로 하는데 일반적으로는 4.0~5.0mm의 예초고를 취한다. 그러나 중점토 토양에서는 이보다 더 낮은 예초 높이가 요구된다.

양질의 Creeping Bentgrass와 Velvet Bentgrass에서는 3.2mm로 예초해도 해가 없고 Colonial Bentgrass와 Bermudagrass의 최저 예초고는 이보다 약간 높다. Manilagrass는 그린에서 이른 봄에 7mm 정도에 예초되고 생육이 왕성하게 진행됨에 따라 6mm부터 5mm 혹은 4.5mm 까지 낮은 예초가 가능하다. 그러나 늦가을에도 점차 예초고(刈草高)를 높여야 한다. 간혹 그린에서 높은 예초고는 매트나 스펀지(Sponge)화를 조장하며 토입(土入)이나 솔질(Brushing)을 필요로 하게 된다. 그러나 만일 이러한 경우에 갑자기 예초 높이를 저하시키면 균형을 이룬 지상부와 뿌리가 균형이 깨져 잔디는 손상을 입게 된다. 따라서 조금씩 예초고를 낮추어서 예초를 자주 행해야 한다. 또한 병해나 기타 해로부터 그린을 회복시키기 위해 어느 기간 동안은 예초를 하지 않고 생장시키는 경우도 있다. 그 후 다시 예초를 개시할 때에는 1회 예초는 예초고를 높게 하고, 바람직한 예초고에 도달될 때까지 2~3주에 걸쳐 서서히 낮추어 예초한다.

예초빈도(Mowing Frequency)는 기후상태, 물의 양, 시비량 및 그 밖에 잔디의 생장에 미치는 영향에 의존한다. 그린을 매일 예초하게 되면 최고로 좋은 Putting Quality를 얻게 되는데, 이는 생장이 빠른 잔디는 물론이고 생장이 느린 잔디에서도 좋다. 또한 그린의 장소에 의해 생장속도의 차이가 발생되거나 혼파로 인한 생장의 차이는 예초빈도를 높임으로써 이러한 차이로 인한 불균형을 경감시킬 수 있다.

2) 페어웨이(Fairway)

페어웨이의 예초도 역시 경기에 큰 영향을 미치고 있다. 잔디가 너무 길게 신장되면 볼은 잔디 속에 파묻히기 쉽기 때문에 이로 인해 우드(Wood)에 의한 Shot은 물로 아이언샷도 만족스럽게 행할 수 없다. 또한 너무 짧은 예초는 잔디의 수명을 단축시킨다. 그러나 요즈음 골프장에서는 이러한 단점에도 불구하고 페어웨이가 짧게 예초됨을 요구한다. 간혹 페어웨이가 매트(Mat) 상태 혹은 스펀지 상태로 되어서 club 헤드에 의한 잔디의 절단이 곤란할 뿐만 아니라 경기자에게는 불필요한 운동량을 증가시킨다.

한편, 페어웨어의 shot는 볼의 안착이 양호해야 하는데, 이를 위해서는 짧은 예초로 볼을 잘 지지하게 하고 볼이 잔디 안으로 파묻히지 않게 하며 볼의 날라감(run)도 충분하게 한다.

Bentgrass, Bermudagrass, Carpetgrass, Centipedegrass 및 그 외에 초장이 짧은 포복경의 잔디로 조성된 페어웨이는 보통 12.7～19.1mm 높이로 예초하는 한편, Mascarenegrass와 Buffalograss에서는 19.1～25.4mm의 높이에서 예초한다.

예초의 높이는 계절에 따라 조절된다. 즉 Mascarenegrass류, Bluegrass 및 Fescuse류는 생육이 왕성한 계절에 짧게 예초해도 별로 피해가 없고 Bentgrass와 Bermudagrass는 특히 생장이 빨라 만일 높게 예초되면 잔디방석 상태 혹은 스펀지 상태로 되기 쉽기 때문에 높은 예초고는 바람직하기 못하다.

예초빈도(Mowing Freguency)는 잔디의 생육속도에 의해 좌우되는데 일반적으로 엽신(葉身)의 길이가 약 6.4mm 이상 신장하지 않도록 예초간격을 설정해야 한다. 만일 예초간격을 연장하여 즉 잔디가 38.1mm에서 58.1mm의 높이로 신장하도록 방치하면 다음에 한 번 잔디를 낮게 예초할 때에는 동일한 높이로 예초 횟수가 많이 행해진 지역보다 피해가 심하다. 주로 대취(Thatch)를 축척하여 잔디를 악화시키기 때문이다. 따라서 이러한 경우에는 일반적인 Fairway 예초기에는 집초상자가 없기 때문에 별도로 소제기(Sweeper)를 이용하여 이들을 제거하는 것이 바람직하다.

3) 티(Tee)

티에서는 너무 높게 tee－up을 하게되면 볼이 잔디 꼭대기에 놓이게 되어 shot를 할 수 없게 되므로 주의를 기울여 잔디를 너무 높지 않게 유지해야 한다. 잔디의 생육조건이 양호하고 또한 생육이 빠른 잔디에서는 일반적으로 매일 예초가 행해진다. 한편, Kentucky Bluegrass, Fescue류, Mascarenegrass류 및 Buffalograss와 같이 생육이 느린 잔디의 경우에는 예초간격을 길게 하는 것이 좋다. 그러나 높은 예초고에서 스펀지상태로 되기 쉬운 Bentgrass와 Bermudagrass로 조성된 티에서는 낮은 예초고로서 자주 예초가 행해져야 한다.

4) 러프(Rough)

러프는 주로 shot를 잘못했을 경우에 벌칙을 행하는 곳으로, 예초 높이는 페어웨이 보다 높고 빈도도 낮다. 일반적으로 예초높이의 제한은 없으나 보통 40~50mm로 예초하고 7~10일에 1회 정도가 최성기(最盛期)의 표준이다. 그러나 최근에는 골프장의 영업방침이 A라프와 B라프로 나누어져 있어 페어웨이 측면의 비교적 볼이 들어가기 쉬운 러프(Rough)는 페어웨이(Fair-way)와 비슷한 예초 높이(Mowing Height)로 하고 경기진행을 촉진하는 볼의 분실을 막는 서비스도 하고 있다.

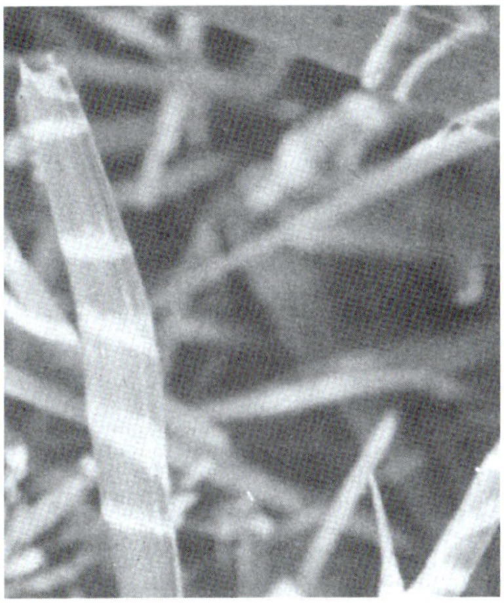

그림 4-1 무딘 예초기(Dull Mower)는 잎몸(leaf blade)에 흠과 상처를 입힐 뿐만 아니라, 잔디초지를 약화시켜 더 많은 질병을 초래하는 원인이 되는 모습 (자료 : 미국, Illinois 농대)

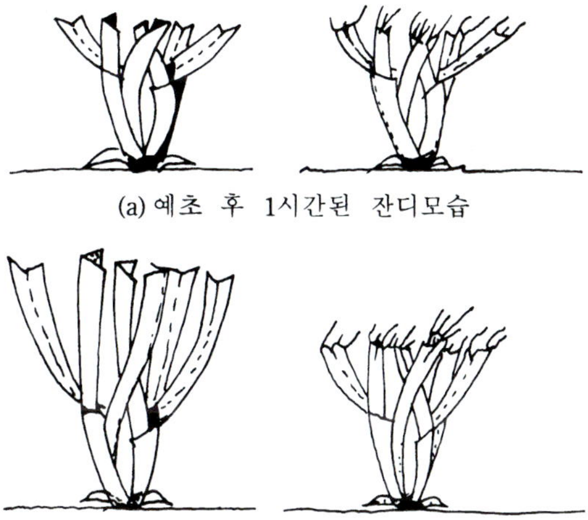

(a) 예초 후 1시간된 잔디모습

(b) 예초 후 하루지난 잔디모습

그림 4-2 (a) 날카로운 예초기의 날과 (b) 무딘 예초기의 날로 깎아진 잔디잎의 비교모습

그림 4-3 (a) 잔디가 예초되는 실제모습 (Hallway. 1985 Der Rasen)

그림 4-4 소형 Rotary Mower

그림 4-5 Front Rotary Mower

그림 4-6 Gany Tractor Mower

그림 4-7 Boom Mower

그림 4-8 Disc Edger

제 5 장

관수관리(灌水菅理)

무엇보다도, 잔디의 생육에 있어서 물의 기능과 물의 소요량을 이해하고 잔디의 생장과정에서 물의 흡수, 저장 및 증산작용(蒸散作用, Transpiration)에 따른 토양상태의 영향에 대해서 이해할 수 있어야만 질이 좋은 골프장 잔디를 얻을 수가 있을 것이다.

5.1 물의 기능과 중요성

일반적으로 물은 식물의 전 생육단계에서 필요하며 발아과정으로부터 조직의 형성, 양분 흡수에 이르기까지 적당량의 수분 공급이 요구되고 있다. 잔디의 건물 1g이 형성되는데 약 500~600배의 물이 소요되고 있다. 즉 요수량(要水量, Water Reqirement)이 500~600정도가 된다.

물은 용매(溶媒)로써 작용하여 식물의 영양물질을 녹여 운반하며, 흙속에 물이 녹아있는 질소화합물 등과 같은 다른 요소들의 뿌리를 통해 흡수하여 뿌리 끝으로부터 잔디잎 꼭대기까지 온전한 흐름을 통하여 운반하고 있다. 물의 기능을 보면 물을 영양성분 물질의 일부분임과 동시에 탄산가스, 질소 등 원료물질과 햇빛으로부터 이루어지는 탄소동화작용(Photosynthesis)은 물로 여기서 생성되는 양분을 식물의 각 부분에 다시 운반 공급하는 중요한 일을 맡고 있다. 즉 물은 광합성의 원료물질로 작용하며 영양분의 잔디체내 이동에 관여하고 있다.

일반적으로 흙속에 용해되어 있는 질소의 양은 희박하기 때문에 이 과정 중에 쓰여지는 물의 양은 대단히 많다. 과도하게 농축된 물질들이 물에 녹아 식물에 바로 흡수되며 각 조직을 해치게 된다. 물은 잎에서 증산작용을 통하여 식물체의 온도를 조절한다. 여기서 토양으로부터 수분공급량이 잎에서 증발되는 양에 미치지 못하면 식물은 시들어 버린다.

흙속에 충분한 수분을 공급함은 필수적인 것으로, 흙속에 살고 있는 유기미생물들의 발생과 활동을 왕성하게 하여 이들이 잔디 찌꺼기나 죽은 뿌리 기타 유기잔재(有機殘滓)들을 분해시킨다. 특히 이런 종류의 물체들이 분해되지 않고 남아 있으면 잔디가 불건전한 상태가 되어 골프플레이어(Golf Player)를 위한 양호한 잔디상태를 유지할 수 없게 된다. 충분한 물의 공급과 유기미생물의 왕성한 분해작용은 부식물을 다량 생성하여 수분의 함유능력과 기타 흙의 물리적 성질을 크게 개선시킨다. 식물의 경우는 물론 잔디에 물의 공급은 실로 매우 중요하면서도 필수 불가결 하다고 할 수 있다.

5.2 잔디에 소요되는 물의 양

생육속도가 빠른 잔디의 경우에는 늦은 잔디보다 더 많은 물을 필요로 한다. 또한 잔디의 밀도, 뿌리조직의 심도와 잔디의 예초고 등이 물의 소비속도에 영향을 미치고 있다.

한편, 잎으로부터의 증산작용(蒸散作用)은 잔디가 사용하는 물의 양에 영향을 끼치는 중요한 요소가 된다. 토양과 식물의 수분포텐션(Water Potential)이 감소하면 증산작용이 억제되고 잔디체내 양분과 수분의 이동과 생육이 억제된다.

증발산(Evapotranspiration)은 강우라든지 습도, 온도, 일조 그리고 바람 등 기상요소의 영향을 받으며, 또한 흙속의 수분함량의 직접적인 영향을 받는다. 토양 속에 수분이 풍부하면 양분은 통상적으로 더욱 묽게 되고 따라서 식물은 정상적인 양분요구량(養分要求量, Demand of Nutrient Element)을 만족시키기 위해 충분한 양의 양분을 확보해야 하므로 다량의 물을 흡수하여 발산(發散)하지 않으면 안 된다. 토양속의 용액이 고농도의 양분을 함유하고 있으면 식물은 물을 조금 흡수하고도 충분한 양분을 섭취할 수가 있다.

잔디가 하루에 소비되는 물의 양은 위에서 기술한 제반요인에 따라 크게 변화하는데, 개략적으로 보아 잔디 면적 1a당(100m^2) 40.6～243.5l에 달한다. 그 잔디에 필요한 실질적인 관개량과 이에 적합한 시설을 면밀히 산정하여 적용해야 한다. 즉 최상의 잔디 상태유지는 최적의 완전한 관개에 있는 것이다.

5.3 요수량(要水量)의 결정

일반적으로 잔디에 소요되는 물의 양은 먼저 지연적인 강수(降水, Precipitation)에 의존하여야 하고, 보조적으로 인위적인 관개에 의해 공급받게 된다. 식물이 생육기간 중에 축적된 건물량과 이 기간에 뿌리에서 흡수된 수분량을 대비하게 되면 식물에 흡수된 물이 각종의 생리작용을 통해서 얼마만큼 식물의 생장에 이용되었는가를 표시하는 수치(數値), 즉 요수량을 얻을 수 있다.

요수량(Water Requirement)이란 단위중량(1g)의 건물을 생산하는데 필요한 수분량(g)이라는 개념을 표시하는 수치이며, Hughes 및 Henson(1930)에 의하여 제시된 것이다. 이런 경우 생육기간 중의 흡수량(吸水量)은 그동안의 증산량(蒸散量)과 거의 같다고 간주하고 흡수량 대신에 증산량을 쓰는 것이 보통이며 요수량을 일명 증발계수(Transpiration Coefficient)라고도 한다.

증산비(Transpiration Ratio)란 작물의 생육말기의 건물량에 대한 그 기간 중의 증산량의 비를 뜻하며, Briggs 및 Shantz(1913)에 의하여 제창되었다. 즉 건물량이 5g인데 대하여 증산량이 2,000g이라고 하면 증산비는 400 : 1 혹은 500이며 대부분의 작물이나 잡초에서는 300~500이 보통이다.

또한, 증산효과(Efficiency of Transpiration)란 증산계수의 역수이며 일정량의 물을 소비 혹은 요구한 결과로서 조성된 건물량이 어느정도 인가를 나타내는 수치이며, Maximov(1929)에 의하여 사용되었다. 보통 1,000g 수분의 증산에 의하여 조성된 건물량을 g으로 표시한다. 증산계수는 같은 작물이라도 환경에 따라서 다르고 건조지에서는 습윤지에 있어서 보다도 크다. 이와 같이 이 값은 변화폭이 큰 것이며, Maximov(1929)는 증산계수 내지 요수량의 다소와 작물의 내건성(耐乾性)과의 사이에는 평행적 관계가 있는 것으로 단정할 수는 없다고 보고한 바 있다.

일반적으로 거의 대부분의 골프장에서는 Green, Fairway의 관수는 Sprinkler를 사용하고 있다. 스프링클러에 의한 관수는 잔디 생육에 부족한 물의 보급과 토양 표층에 집적된 염기를 씻어내고 토양온도를 조절하며 입상비료 시용 후에 관수를 함으로써 고농도의 비료로 인하여 발생하는 잎마름 증상을 방지하는데 그 목적이 있는 것이다.

5.4 위조(萎凋) 현상(wilting)

식물체 내의 함수량이 저하되면 세포는 팽압(膨壓, Turgor Pressure)을 잃고 팽만의 상태를 벗어나므로 조직이나 기관은 조직이나 기관은 조직긴장을 잃는다. 그렇게 되면 잎이나 줄기의 상부에 있는 세포벽이 얇은 유조직(柔組織)으로 이루어져있는 부분은 위조현상(萎凋現象, Nilting)을 일으킨다. 따라서 식물체가 위조의 징후를 나타낼 경우에는 체내에 수분부족이 일어나고 있다는 것을 나타내는 것이 되는데 줄기의 하부라든가 묵은 잎 등과 같이 세포벽이 비후(肥厚)하며 목화(木化), 코르크화 된 조직에서는 수분감퇴가 일어나지만 외관적으로는 위조가 나타나지 않는다. 포장의 작물은 토양속의 물의 부족이나 대기의 지나친 건조 등에 의하여 흔히 체내 수분의 부족을 초래하는 일이 있으며, 이와 같은 때에는 관수나 그 밖의 적절한 재배적 조처를 취해야 하므로 위조의 양상에 의하여 작물체내 수분의 상태를 판정한다든가 위조의 생리적인 의미를 충분히 이행하는 것 등이 필요하게 된다.

(1) 위조의 단계

식물체 내의 수분이 감소할 때 그 정도에 따라서 위조가 서서히 진행되면서 결국에는 식물이 수분부족으로 인하여 말라 죽게 된다. 보통 위조의 정도는 점진적으로 진행되며 이를 분명하게 구별한다는 것이 어렵지만, 초발위조(Incipient Wilting) 일시적 위조(Temporary Wilting), 영구위조(Permanent Wilting) 등 셋으로 크게 나우어진다.

초발위조(初發萎凋)하는 것은 잎의 함수량이 저하하고 잎의 세포가 얼만큼 팽압을 잃고 있어도 외관적으로 아직 위조의 징후를 나타내지 않은 상태를 뜻한다. 하루 중 증산작용(蒸散作用)이 가장 왕성한 시각에는 함수량이 대단히 저하하고 흔히 초발위조의 상태로 되며 그 결과로서 증산작용이 감퇴되는 경향이 나타나고 있다. 이와 같은 함수량 저하를 초발위조하고 한다.

일시적 위조(一時的 萎凋)란 초발위조가 더욱 진행된 상태이며 세포는 팽압을 잃고 외관적으로 위조상태를 나타내지만 강우나 관수에 의하지 않아도 쉽게 회복되는 것을 뜻한다. 예를 들면 여름의 맑게 갠 날에는 오후가 되면 작물이 흔히 이 상태에 빠지지만 밤사이에 세포는 차차로 팽압이 높아져서 아침에는 위조로부터 회복되는 경우를 말하며 이 초발위조나 일시적 위조는 다 같이 작물의 증산작용이 흡수작용(吸水作用)보다 클 때에 일어난다.

영구위조(永久萎凋)라는 것은 위조의 정도가 일시적 위조보다도 더욱 진행된 상태이며 물을 주어서 토양수분을 늘리면 회복된다. 그러나 물을 주지 않으면서 식물을 포화수(飽和水) 증기상태의 공기 중에 24시간 이상 둠으로써 증산작용을 제한해 다시는 회복할 수 없는 상태를 뜻한다. 식물이 이와 같은 상태에 이르게 되면 이를 영구위조점(Permanent Silting Point)이라고 부르고 이 때의 토양함수량을 토양의 건조중량의 백분율로 표시한 수치를 그 토양의 위조계수(Wilting Coefficient)라고 한다. 대개 영구위조점보다 더욱 위조가 진행되면 잎은 점차로 건조고사에 들어가고 생리적인 모든 작용이 중지되어 잔디는 죽게 된다.

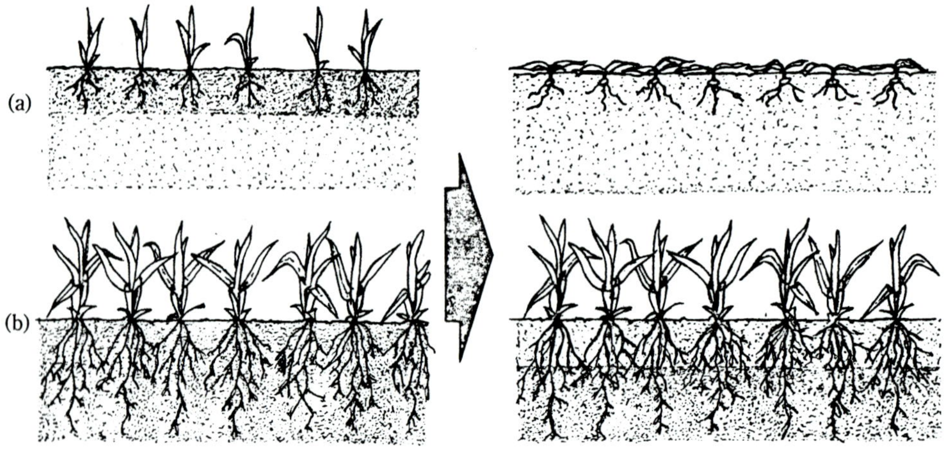

그림 5-1 새로 조성된 잔디초지(a)와 기존 잔디초지(b)의 관수 요구량

5.5 관개강도(灌漑强度)

잔디초지에서의 관수는 살포(撒布) 그 자체에 만족할 것이 못되며, 관수된 물의 양이 전부 토양 중으로 들어가야만 된다. 이러한 점으로 보아서 투수계수와 관개강도에 중요한 의미를 갖는다. 일반적으로 투수(透水)계수는 토성(土性)에 따라서 상이하게 나타나는데 관수를 하여도 이것이 토양 중에 들어가지 않고 지표면으로부터 흘러 나가면 실제 물을 계획했던 양만큼 보급(補給)한 것이 안 된다. 그러므로 투수속도(透水速度)가 늦은 잔디초지에서는 소량씩 나누어 관수할 필요가 있으며, 특히 경사지에서는 표면으로 흘러가는 물이 많으니 상당히 주의하여야 한다. 즉 잔디초지 표면을 물이 흘러 내려가게 되면 그 이상 관수하여도 토양 중에 들어가지 않고 외부로 유출된다. 이와 같은 현상이 발생하면 일시 관수를 중단하고 잠시 후 다시 나머지 물을 주도록 하여야 한다. 이 문제는 골프장의 경우 그린(Green)에서 심하므로 주이하여야 한다. 대체적으로 투수계수가 적은 그린 페어웨이(Green Fairway)는 고아링(Coring), 스라이싱(Slicing), 스파이킹(Spiking) 등의 작업 후 관수하면 물이 토양 중에 들어가기 쉽고 관수효율이 높아진다. 여기서 Coring 작업은 잔디초지의 증발산량을 증가시키는 것을 감안하여야 한다.

관수의 원칙은 유효근군(有效根群) 부근까지 포장용수량(圃場容水量)이 될 때까지 충분히 관수하되 정상적인 생육에 지장을 주는 수준을 넘어서는 안 된다. 즉 물을 줄 때는 충분히 관수하고 잔디가 건조해 들어갈 때는 그 건조에 견딜 수 있는가 하는 것은 정상생육 방해 수준을 넘어설 무렵까지이나 이 판단은 잔디잎이 물 부족으로 인하여 말려들어가기 시작할 때로 보면 된다.

물 부족상태를 오랜 시간 방치해 두면 차후 회복이 극단적으로 나쁘게 되니 특히 그린에서는 주의를 요한다. 평상시 조금씩 관개를 하면 잔디의 뿌리는 수분조건이 좋은 표토(表土, Top or Surface Soil)에 근군역(根群域)을 형성하고 뿌리가 얕은 잔디가 된다.

5.6 관수(Irrigation)의 균일성

관수관리를 균일하게 실시한다는 것은 대단히 중요한데, 이는 그리 쉬운 작업은 아니다. 관수의 불균일은 비료의 효력에도 영향을 주어 잎의 색조의 차이는 물로 생육의 차이 등을 야기시킨다.

스프링클러(Sprinkler)에 의한 균일관수는 평탄지로서 바람이 없는 상태이고 적정수압(適正水壓)으로서 100% 오버랩(Over Rap)이라는 조건이 필요하다.

균일관수를 하고자 할 때는 가능한 한 바람이 없는 무풍(無風)상태에 가까운 시간에 관수를 실시해야 하는데, 이는 바람이 불 때는 풍속에 따라 크게 관수효과에 영향을 미치고 있기 때문이다. 실제로 골프장 등 잔디 이용 포장지에서는 스프링클러에 의한 균일관수의 결과를 측정하여 볼 가치가 있는데, 이를 위한 간단한 방법으로는 동일한 규격의 깡통 몇 개를 그린(Green)지역 내에 고정하여 거기에 모이는 물의 양을 측정하며 판정토록 한다. 그 결과 소요시간 안에 예정량의 관수가 이루어지지 않은 상태로 관수 균일성이 없으면 그 대책을 강구하여야 할 것이다.

5.7 살수관개(撒水灌漑) 시설

(1) 스프링클러(Sprinkler)

1) 구조(構造)

스프링클러는 살수기, 배관, 펌프 및 원동기로 구성되어 있다.

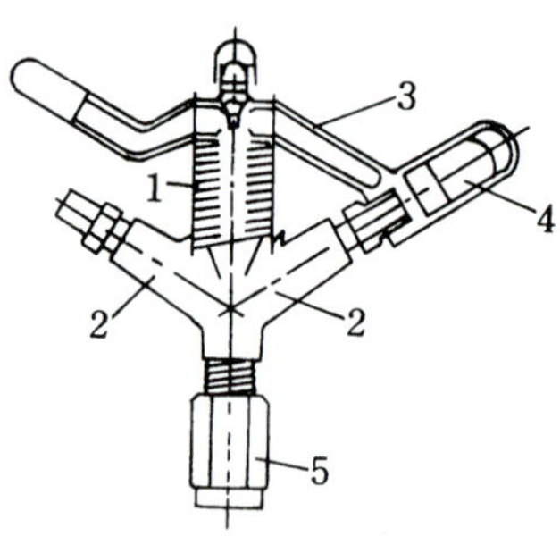

그림 5-2 스프링클러의 노즐

1. 스프링 2. 분사관
3. 반동 아암 4. 반동판
5. 너트

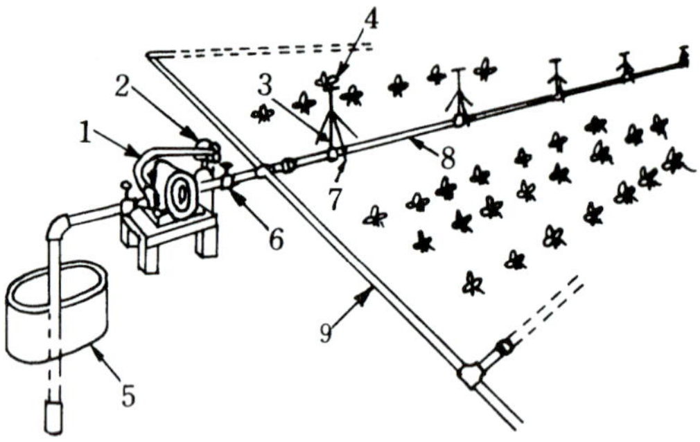

그림 5-3 스프링클러의 구성

1. 라이지 2. 모우터 3. 입상관(라이저) 4. 스프링클러 노즐 5. 우물펌프 6. 슬루우스 밸브 7. 지주 8. 살수파이프 9. 송수파이프

스프링클러 세트에는 배관고정식(配管固定式)과 살수파이프와 같은 배관의 일부를 이동시키는 배관이동식(配管移動式)이 있다. 스프링클러에는 고정식과 회전식이 있고, 회전식에는 그 회전속도에 따라 회전이 선회식(旋回式)과 회전이 느린 완전식(完全式)이 있는데, 많이 사용되는 것이 완전식이다.

① 살수기(撒水機)

Y형의 분사관 본체와 반동 아암을 갖춘 것으로서 오른쪽 분사관의 선단에서 압력수가 분출되면 반동판의 반동 아암에 닿아 그 반동으로 본체가 회전하도록 되어 있다. 아암은 스

프링의 힘으로 본래의 위치에 되돌아가고 다시 분사수를 받아 앞과 같이 반복한다. 이렇게 해서 본체는 매분 1∼2회 저속으로 회전하며, 살수기를 중심으로 하여 원형으로 살수한다. 분사관의 선단에는 지름 3∼10mm의 분사구멍이 있고, 보통 원 · 근 살포를 맡는 좌우 2개의 노즐로 되어 있다. 살수기는 수압(水壓)의 크기에 따라 저압용(0.4∼1.0kg/cm^2), 보통용(1.0∼2.0kg/cm^2), 중간압용(3.0∼4.0kg/cm^2), 고압용(4.2∼7.0kg/cm^2)의 구별이 있고, 살수지름도 10m 내외의 작은 범위에서부터 40∼60m까지 있다.

② 배관(配管)

송수관(간선), 살수관(지선) 및 입상관(立上管)으로 되어 있다. 송수관은 합성수지관(合成樹脂管) 또는 석면관(石綿管)을 사용하며, 포장의 한 구획에 설치한다. 종류는 가반식(可搬式)과 정치식(定置式)이 있고, 가반식은 이음(Joint)으로 연결하여 운반 및 이동이 가능하다. 정치식은 대면적의 살포에 사용되며, 대부분은 지하에 매설하여 고정한다. 매설(埋設) 깊이는 포장작업에 지장을 주지 않도록, 그리고 겨울에 동결 방지를 위해 1m정도의 복토(覆土)를 필요로 한다.

살수관은 송수간선에 살수기에 물을 압송하기 위한 지선(支線)이며, 송수관에 직각 또는 살수 반지름의 60% 정도의 거리마다 연결한다. 운반에 편리하도록 알루미늄 합금 또는 합성수지제의 경량관이 쓰인다. 배수관은 보통 구경 38∼75mm로서 1개의 관 길이는 4m 또는 6m의 짜리가 있다. 또 포장 가까이에 적당한 수로가 있을 때에는 송수관을 없애고 가반식 펌프에서 직접 살수관에 송수하여 이를 점차 이동시킨다. 입상관은 살수관에서의 물을 살수기에 유도하는 구경 25mm의 직립관(直立管)이며, 살수반지름과 대략 같은 간격으로 살수관에 고정되며, 그 선단에 살수기를 끼워 넣도록 되어 있다. 입상관의 높이는 작물의 종류에 따라 다르나 보통 1m 정도이며, 작업중의 요동을 막기 위해 지주(支柱)로 지지한다.

③ 펌프(Pump) 및 원동기(原動機)

보통 다단 터어빈 펌프, 고속회전의 원심펌프가 사용되지만, 소규모의 경우에는 기어 펌프, 롤러 펌프 등의 회전펌프가 쓰인다. 또 수원이 6m 이상의 깊이에 있을 경우에는 깊은 우물펌프(Deep Well Pump)를 사용하는 것이 좋다. 일반적으로 스프링클러용 펌프는 양정(陽精)이 높으므로 임펠러(Impeller)를 보호하기 위해 체크 밸브(Check Valve)의 사용이 바람직하며 펌프구동용 원동기로서는 전동기 또는 내연기관을 사용하지만, 때때로 트랙터의 엔진을 사용하는 경우도 있다. 또 저압용 살수기(低壓用 撒水機)에서는 물을 일단 탱크에 양수(揚水, Water Pumping)하고, 그 수압에 의해 작동시키는 경우가 있다.

2) 스프링클러의 특징

① 적은 수량으로 관개가 가능하며 일반 유구관개보다 수량을 약 1/2 내지 3/4을 절약할 수

있으므로 열량도 그 만큼 절약된다.

② 토양을 굳지 않게 하며 유실도 방지되고 동상해(凍傷害, Damage of Frostbite) 및 염해(鹽害, Salt Injury)에 대한 방지 효과가 있다.

③ 시비, 농약살포가 가능하고 작물의 성장을 촉진시켜 20~50% 증수함은 물론 농산물의 질을 향상시킨다.

④ 어느 토양이나 평지, 경사지를 막론하고 관수할 수 있으며 골프장 잔디, 과수원 목초지, 운동장 잔디 등을 단시간에 관수가 가능하다.

⑤ 시간적 구애를 받지 않고 자동 컴퓨터시설로 야간에도 관수할 수 있으며, 특히 작물의 생리(生理, Physiology)에 맞도록 수분과 온도조절이 가능하며, 또한 과수의 착색(着色)을 촉진시키는 효과가 있다.

⑥ 시간이 절약되며 노동력이 절감된다.

(2) 살수관개의 부품

살수관개의 비품은 분무정부(噴霧頂部, Head), 밸브(Valve), 조절장치(Control Devices), 관(Pipe), 부속품(Fitting), 펌프(Pump)의 6가지 부품으로 되어 있으며, 이것이 관개방법을 결정하는데 요구되는 기본적인 비품이다.

1) 분무정부(Head)

물이 살수되는 부분으로 그 형태에 따라 다음과 같이 4가지로 나뉜다.

① 분무 살수기(Spray Head)

관개지역을 분무하기 위하여 고정된 동체(胴體)와 분사공(噴射孔)만으로 된 가장 간단한 살수기로 모든 형태의 관개시설에 이용된다. 좁은 잔디지역과 불규칙한 지형에 사용되는 것으로 살수형태는 다양하다.

② 분무입상 살수기(Pop-up Spray Head)

분무두(頭)의 변형으로 분무공은 같으나 물이 흐를 때 동체가 입상관(立上管)에 의하여 분무공이 지표면위로 올라오고 물이 흐르지 않으면 다시 지표면과 같게 된다.

③ 회전입상 살수기(Rotary Pop-up Head)

물이 흐르면 동체로부터 분무공이 올라와서 회전하면서 살수된다. 대규모의 자동 살수관개조직에서 오늘날 가장 많이 사용되는 것으로 전회전과 반회전의 2종류가 있다.

④ 회전 살수기(Rotary Head)

관개지역에 살수하도록 회전하며 한 개 또는 여러 개의 분무공을 갖는다. 원형이나 분원형으로 살포되며, 작은 주거지역부터 큰 농경지까지 이용된다. 넓은 잔디지역에 사용함이 가장 효과적이다.

2) 조절기(Controllers)

조절기는 살수의 양과 빈도가 다른 지역에 관리를 간소화한 원격조절밸브를 작동시키기 위해 사용되어지는 시계장치로 단일 밸브를 작동시키기 위한 기계적인 것과 전산화된 체계가 있으나 요즈음 자동제어시스템(Automatic Control System)을 사용한다.

종래의 수동적인 펌프 및 밸브의 조작을 자동제어를 이용함으로써 수동적인 조작이 요구될 때와는 달리 모든 공정이 이 기기를 사용함으로써 자체에서 그 때의 상황에 따라 저절로 솔레노이드 밸브(전자밸브)를 작동시킴으로 인해 인력절감, 경비절감, 시설의 수명연장 등을 꾀할 수 있다. 스프링클러의 자동제어는 넓은 지역에서 시설하여야 할 필요를 느끼게 되는데 특히 골프장, 제철소의 저탄장, 대규모 농장 등에 이용된다. 또한, 관개는 물론 식물(작물)의 쿨링(cooling), 서리 보호를 위해서도 사용되어진다. 관개의 시간과 수량을 자유롭고, 정확하게 조절하여 식물(작물)의 상태에 따라 적절하게 생육시킬 수 있다.

예) ① 5분에서 1시간의 주기기로 개별적으로 조절되어 질 수 있다.

② 살수하고자 하는 일시, 혹은 요일의 주기로도 조절 가능하다.

살수한 물이 식물(작물)에 유효하게 흡수되도록 필요한 살수량을 몇 번 나누어 반복할 수 있다(동시에 필요량을 살수하므로 해서 토양의 침수속도를 초과함으로 인한 물의 유실, 표토유실(表土流失)을 방지).

스프링클러를 각각 제어하여 살수 가능하므로 배관 관경을 줄이고 송수펌프의 용량도 줄일 수 있는 조건이 된다.

우천시에는 작동하지 않도록 살수주기에 대해 수동조작도 가능하다.

3) 펌프(Pump)

펌프는 수원(水源)에서 살수조직에 작동할 수 있는 수압을 주기 위하여 자주 사용된다. 펌프의 설계나 선택은 기계뿐만 아니라 복잡한 수력학이 포함된다. 펌프에는 일반적으로 원심펌프, 터빈펌프, 잠항펌프가 있다.

표 5-1 살수(Sprinkling)계통의 부품

구 성 부 품	중 요 사 항
관(pipe)	• 선정요인 : 수리적 특성, 관의 강도, 관의 내구성, 토양의 종류, 관설치 비용, 받침과 지지의 형태, 관부설 깊이, 부속품 • 관의 종류 : 규격, 재료(강관, 동, 아연도금철관, 석면시멘트관, 주철관, 콘크리트관, 스테인레스관, 폴리에틸렌관, 고밀폴리에틸렌관, ABS프라스틱관, PVC관 등), 형태
펌프(pump)	• 선정요인 : 수리적 특성, 내구성, 작동용량, 설치비용, 작업 용이성 • 펌프의 종류 : 원심펌프, 터빈펌프, 잠항펌프
	• 선정요인 : 대상지의 면적, 살수계통의 특성, 내용기간, 설비비용, 작업 용이성, 운

밸브(valve)	용유지 관리성, 작동 편이성 • 밸브의 종류 : 작동형식(수동조절밸브, 자동조절밸브), 기능(수압조절밸브, 진공방지밸브, 검사밸브, 유속조절밸브, 정류량밸브, 감압밸브 등)
역류방지장치 (black flow prevention devices)	• 살수계통과 급수관로 사이의 교차점에 설치함 • 종류 : 대기진공차단기 혹은 비 싸이폰, 수압형 진공차단기, 이중점검 밸브, 역류 차단기, 감압 역류 차단기 등
조절기(controllers)	• 선정요인 : 살수의 양과 빈도, 대상면적, 유지관리성, 내용기간, 부품, 설치비용, 디자인 • 종류 : 전산조절기, 독립조절부, 전산조절기, 전자식 기계조절기
기 타	• 전선(wire), 밸브표시기(valve makers), 받침(block)과 지지(supports)

(3) 살수관개 시설의 관리

단순한 기구로서 교묘한 성능을 지닌 스프링클러는 언제나 물만 보내주면 수십년을 잘 돌아간다고 생각하는 사람이 많다. 스프링클러를 물만 사용할 때는 10년 이상 안심하고 잘 돌아갔으나 요즈음 농약, 액비(液肥, Liquid Manure) 등을 살수하기 때문에 고장률이 급증하고 있다. 스프링클러는 365일 매년 연속적으로 사용하는 것이 아니기 때문에 습기나 건조로 인한 불순잔류물이 고착되어 성능에 중요한 장애를 가져오기 때문에 사용이 끝난 뒤에는 반드시 깨끗한 물로 씻어 주어야 하며, 적어도 봄에 뽑아서 점검하여 건조한 곳에 청결하게 보관하였다가 사용하는 것이 오랫동안 사용할 수 있는 비결이다.

헤드의 회전 부위에 기름을 사용하여 청소하거나 혹은 윤활유 등을 바르는 것은 절대 금물이다.

1) 스프링클러의 성능의 수압(水壓)이 너무 높아도 너무 낮아도 좋지 않으므로 반드시 적정 압력을 유지하여 주어야 한다.

2) 스프링클러 헤드(Head)를 부착할 때 테이프나 실 또는 본드 같은 것을 나사부분에 바르거나 감아서 부착하지 말고 반드시 그대로 부착하야 하며 헤드의 밑부분의 일부라고 파이프에 닿는 것은 절대 금물이며 P.V.C 파이프나 P.E 파이프에 부착시키면 회전에 많은 지장이 있으며 스프링클러는 충격으로 돌아가기 때문에 반드시 금속관에 부착 고정하여 사용하여야 한다.

① 소형 스프링클러

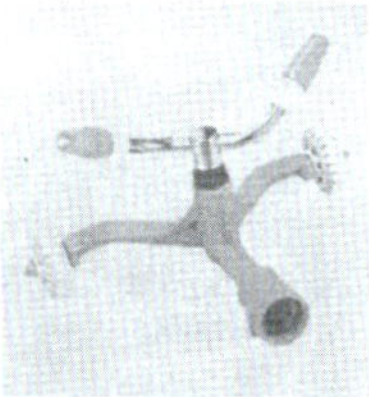
C-20

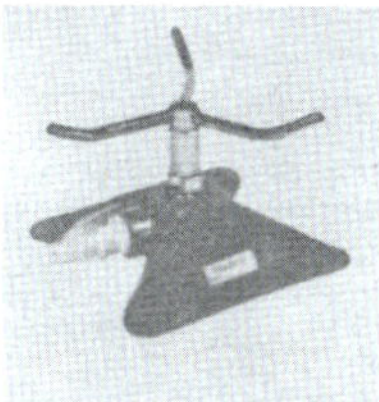
C-30

- 취부구경 : 15mm(1/2″)호스사용
- 상용압력 : 0.5~1.5kg/cm²
- 유 량 : 10~20l/min
- 분사폭 : 6~10m

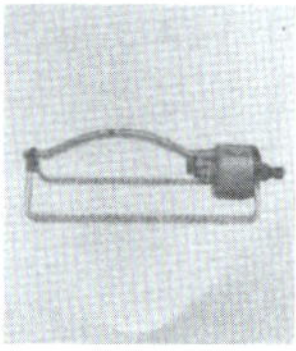

tango 15

- 취부구경 : 15mm(1/2″)호스사용
- 상용압력 : 0.5~1.5kg/cm²
- 유 량 : 20~20l/min
- 분사폭 : 8m

그림 5-4 각종 소형 스프링클러

㉠ HS 20, HS 22 성능표

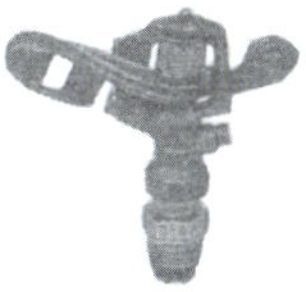
HS 20 (전회전용)

HS 22 (전회전용)

(취부구경 : 1″)

노출구경 (mm) / 압력 (kg/cm²)	5.8×4.6		5.8×4.6		5.8×4.6		5.8×4.6	
	살수량 (l/min)	직경 (M)	살수량 (l/min)	직경 (M)	살수량 (l/min)	직경 (M)	살수량 (l/min)	직경 (M)
2.5	56.0	34.0	62.4	37.0	72.1	38.0	84.4	39.5
3.0	61.4	37.0	68.4	38.0	79.0	39.4	92.5	41.0
3.5	66.6	39.4	74.1	42.2	85.6	45.0	100.2	45.4
4.0	71.2	41.0	79.3	43.4	91.6	45.6	107.2	46.4
4.5	75.6	43.6	84.2	45.0	97.2	46.2	113.7	47.0

용도 : 농업용, 원예과수목, 소채류, 정원잔디밭, 목초지 등
재질 : 청동 도금제
특징 : ① 대형 · 중형 스프링클러에 비해 살수 분포가 균일함
② 전 회전용과 부분 회전용으로 구분 생산되어지므로 어떤 조건에서도 설치가 가능함
③ 부분 회전용은 전 회전용으로도 사용 가능합니다.
④ 부분 회전용의 조정 가능각도 40~320°

㉡ HS 70, HS 71, HS 75 성능표

HS 70 (전회전용)

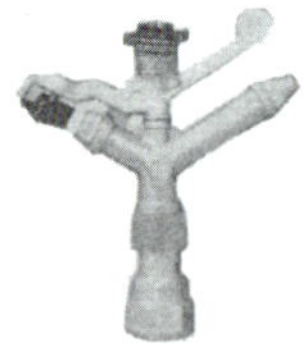
HS 71 (전회전용)

HS 75 (부분 회전용)

(취부구경 : $\frac{1}{2}$″)

노출구경 (mm) / 압력 (kg/cm²)	3.2×2.0		3.6×2.0		4.0×2.4		4.4×2.4	
	살수량 (l/min)	직경 (M)	살수량 (l/min)	직경 (M)	살수량 (l/min)	직경 (M)	살수량 (l/min)	직경 (M)
1.5	11.0	22.4	13.0	23.2	16.0	24.0	20.5	24.6
2.0	12.7	22.8	15.1	23.8	18.7	25.2	23.5	26.0
2.5	13.7	23.4	16.7	24.8	21.2	26.2	26.0	27.2
3.0	14.9	24.0	17.9	25.8	23.7	27.0	28.3	28.0
3.5	15.6	24.6	18.9	26.4	26.0	27.4	30.6	28.6

② 중형 스프링클러

㉠ HS 88F, HS 88P 성능표

HS 88F (전회전용)

HS 88P (부분 회전용)

(취부구경 : 1$\frac{1}{4}$″)

노출구경 (mm) / 압력 (kg/cm²)	6.0		7.0		8.0		10.0	
	살수량 (l/min)	직경 (M)	살수량 (l/min)	직경 (M)	살수량 (l/min)	직경 (M)	살수량 (l/min)	직경 (M)
2.0	34.9	31.0	42.5	33.0	55.5	36.0	96.8	39.0
2.5	38.1	34.0	47.3	36.0	61.8	39.0	96.8	42.0
3.0	41.3	36.0	52.0	38.0	68.0	42.0	106.3	44.0
3.5	44.0	38.0	56.0	40.0	73.3	43.0	113.6	46.0
4.0	46.8	40.0	60.1	42.0	78.6	45.0	120.9	48.0

용도 : 분사조절핀

특징 : ① 농업용 : 채소류, 과수목, 목초지관개

② 일반산업용 : 저탄장 방진, 저목장 양생, 운동장 분진방지, 잔디구장, 골프장 살수

③ 대형 스프링클러

㉠ HS 102F, HS 103P 성능표

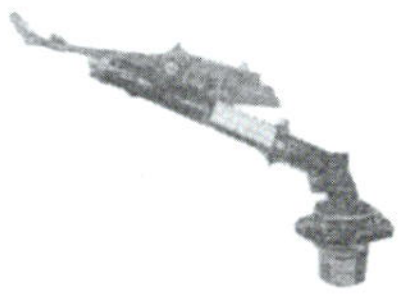

HS 102F

HS 103P

(분사각 : 23°, 취부구경 : 2″)

압력 (kg/cm²) \ 노출구경 (mm)	12.7mm(0.5″)		15.2mm(0.6″)		17.7mm(0.7″)		20.3mm(0.8″)	
	살수량 (l/min)	직경 (M)	살수량 (l/min)	직경 (M)	살수량 (l/min)	직경 (M)	살수량 (l/min)	직경 (M)
3.0	184.8	57.0	260.4	61.8	351.6	66.2	464.4	72.1
3.5	198.6	60.2	282.0	65.6	379.8	70.4	501.6	75.8
4.0	211.8	63.6	301.8	69.2	406.2	74.2	535.8	80.4
4.5	223.2	66.6	320.4	72.2	430.8	77.8	568.2	84.6
5.0	234.6	69.0	337.8	75.0	454.2	81.2	598.8	88.2

㉡ HS 102P 성능표

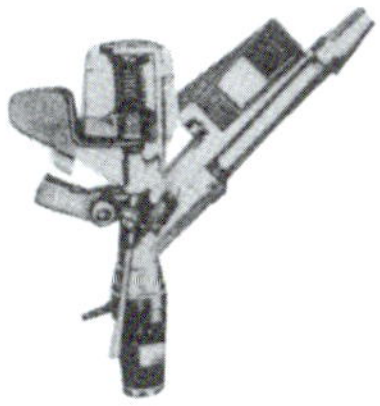

HS 102P

(분사각 : 45°, 취부구경 : 2″)

압력 (kg/cm²) \ 노출구경 (mm)	21.0×9.6		23.0×11.0		25.0×13.0	
	살수량 (l/min)	직경 (M)	살수량 (l/min)	직경 (M)	살수량 (l/min)	직경 (M)
6.0	820	85	1,010	87	1,237	90
6.5	840	86	1,065	90	1,292	98
7.0	860	88	1,105	95	1,350	105
7.5	890	90	1,136	98	1,383	107

용도 : 일반 산업용－저탄장 방진, 제철회사 코크스야드 살수, 그라운드 살수, 모래먼지 방지, 저목장 양생

재질 : 청동 및 알루미늄, 스텐레스스틸

특징 : ① 속사통 안에 정류관(vane)이 장치되어 있어 와류를 방지하고 바람의 영향을 최소로 하여 살수거리를 최대로

할 수 있다.

② 소형 스프링클러보다 살수 면적이 약 10~20배 크므로 시설이 간단하다.

③ 내식성을 충분히 고려하여 청동, 알루미늄, 스텐레스스틸 등 다양한 재질로 생산하여 용도에 따라 선택하실 수 있다.

④ 스텐레스스틸(본체)은 해수에 안전하게 쓸 수 있다.

⑤ 부분 회전용은 전 회전용으로도 사용 가능합니다.

⑥ 부분 회전용 조정 가능 각도 40~320°

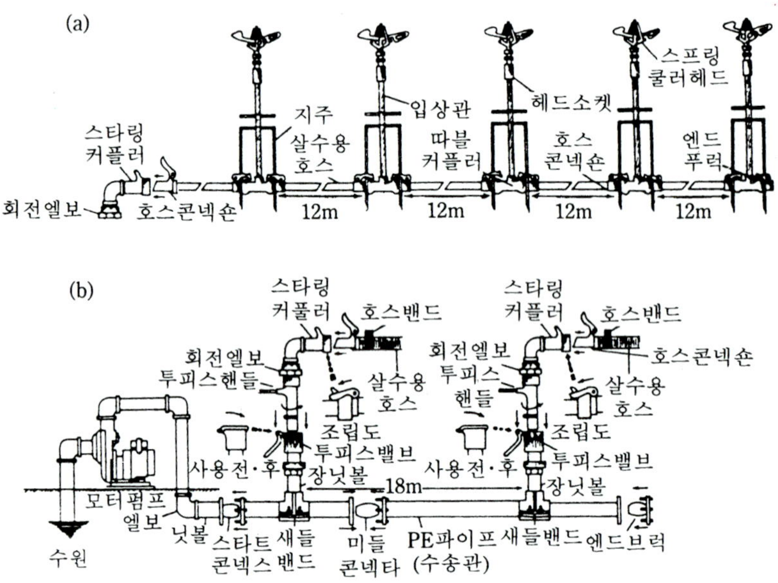

그림 5-5 이동식 스프링클러 셀(set) 조립도(a)와 메인라인 송수관 및 취수구 설치도(b)

양수량(揚水量) – 펌프가 단위시간에 양수하는 물의 양을 뜻하며, 이 양수량(Q)

$$Q = A \times V$$

A : 배출관 단면적(m^2), V : 관내유속(m/sec)

또한 펌프의 크기는 배출관의 내경으로 표시하는데 관내유속은 대체로 1.5~3m/sec 정도이므로 내경에 의해 양수량이 산정(算定)된다.

(4) 살수관개시 검토사항

1) 기초자료

① **지형도 축적** : 대규모 대상지의 경우 1 : 3,000 이상의 대축척이 필요하다. 주택의 경우 1 : 100 이상의 도면이 유익하다.

② **도면 표기** : 대상지의 모양과 소유권, 건물, 보도, 차도, 주차장, 조명등, 전신주, 계단 등의 정확한 치수와 위치, 등고선과 경사도 등이 도면에 표기되어야 한다.

③ **수집자료** : 잔디지역에 근접한 창문의 위치, 살수 금지지역, 수목의 위치와 규모, 살수범

위와 위치를 제한하는 관목과 산울타리, 장래 식재될 지역과 수목

㉠ 토양의 종류, 풍향과 풍속

㉡ 급수원의 종류와 위치, 급수압 등의 자료가 확보되어야 한다. 이 때 급수압 보다 낮은 수압에서 작동될 수 있는 살수계통이 되어야 한다. 경우에 따라서 펌프를 사용할 수도 있으나 대부분 예산범위에서 검토되어야 한다.

2) 관수량(Irrigation Requirement)

식물에 어느 정도 물이 필요하며 얼마나 자주 그리고 얼마동안 관수계통을 작동시켜야하는 문제는 대상지의 세부 기후가 가장 큰 영향을 미치고 있다. 식물의 필요수량을 토양과 토양표면으로부터 대기로 증발(Evaporation)된 감소수량과 식물에 의해 실제로 증산(Transpiration)된 수량에 의해 결정된다. 그와같은 증발과 증산을 합쳐서 증발산(Evaportanspiration) 혹은 E.T 라고 한다. 증발산된 수분의 양을 토양의 단위 면적당 잠열(潛熱, Latent Heat)의 이동이나 수심(水深) 혹은 수두(水頭)로 표시한다.

수문학에서 고유증발량이란 토양이 충분히 젖었을 때 그 토양이 가질 수 있는 최대의 증발산량을 말하며 잠재증발산량(Potential Evapotranspiration)이란 수분이 충분히 공급될 때의 증발산량을 말한다.

잠재증발산량은 대기의 온도와 습도의 영향을 받는다(표 5－3 참조).

실증발산량은 식물의 성장단계, 잎과 줄기의 밀도 등 식물의 특성과 배치에 따라 다르게 나타난다. 그러나 강우량(The Amount of Rainfall) 또는 강우량이 고유증발산량 보다 많은 경우 식물의 최대생산에 필요한 수분이 충분한 것을 나타내며 이 때의 실증발산량을 고유증발산량과도 같아질 수도 있다. 결국 고유증발산량이 가해지는 수량보다 많은 기간이 계속될 때는 식물은 저장된 토양수분을 이용해야 한다. 저장수분은 건조가 계속될수록 그리고 토양의 보수력(保水力)이 작을수록 적다.

건조가 계속되면 마침내 실증발산량이 고유증발산량을 초과하게 되고 이때의 차이만큼을 물의 부족량으로 볼 수 있다. 물 부족이 극심하게 되면 식물의 생육력이 크게 감소하여 푸름을 상실하게 됨을 방지하기 위하여 관수를 해야 한다.

3) 최대강수강도(Maximum Precipitation Rates)

관수량은 토양의 특성과 밀접한 관계가 있는데 무엇보다도 관수량은 물을 얼마나 빨리 흡수하는가를 나타내는 토양의 흡수율(Intake Rate)과 밀접하다. 거친 사질토에서 물을 빨리 흘러가나 점토에서는 낮은 흡수율 때문에 느리게 흡수된다. 그리고 점토(粘土, Clay)의 경우 보수력(Water Retention)이 사질토보다 높기 때문에 수분을 오래 간직한다(표 5－2 참조).

그러나 이런한 점 때문에 강수(관수와 비, 눈 등을 포함)의 유출, 침식, 흙탕물이 발생되어 물을 낭비하고 물 피해를 일으킬 수 있다.

우리나라의 자연토는 점토나 양토이나 모래와 섞어 사질양토를 만들 수 있다. 사질양토에서 보통 15mm 깊이에서 25mm정도, 보통 토양에서는 30～45mm정도의 유효수분을 저장할 수 있다. 대체로 우리나라에 적용될 수 있는 강수강도는 표 5－5와 같다.

4) 강수강도

살수관개에서 강수강도(Precipitation Rate, in/hr or mm/hr) 결정에 영향을 미치는 요인은 토양의 흡수율과 공급수량을 관수하는 시간계획이다. 여기서 강수강도는 관수량을 관수면적으로 나눈 값이다. 관수량을 GPM, 살수면적을 A로 하면 강수강도＝(96.3×GPM)/A이 된다.

강수강도를 토양의 침투능력보다 크게 하면 관수에 의한 피해가 생기게 된다. 살수 도중에 증발손실을 적게 하기 위하여 강수강도의 허용한계 내에서 가능한 한 크게 하여야 한다. 토양이 물을 흡수하는 비율은 물의 공급방법에 따라 달라질 수 있다. 저압살수를 하면 수적(水滴)이 커서 입자가 미세한 경우보다 토양표면이 빨리 다져져 흡수율을 작게 한다. 또 지표면 상태도 중요한 강수상도의 결정인자가 된다. 즉 토양의 다져진 상태와 표면의 지피식물의 유무상태도 충분히 조사하여 어떤 경우라도 침수율보다 작은 강도의 살수를 해야 한다. 이와함께 상토(床土, bed soil)가 경사진 경우의 강수강도는 그 정도에 따라 조정되어야 하고 최대 강수강도 표 5－5를 바탕으로 상정될 수 있다.

5) 살수강도

살수강도는 살수강도를 바탕으로 요구수량이 정해지고 살수기에 의해 이러한 시간에 일정한 면적에 물을 살수하는 것을 말한다. 일정시간에 주어진 요구수량을 살수하는데 관수시간과 1회 관수량 및 살수기의 배치간격에 의하여 살수기의 용량이 정해진다. 결국 살수강도는 살수기의 용량을 살수기 1개의 살수면적으로 나눈 값이 된다. 일본에서는 8～15mm/hr 강도를 가진 살수기를 많이 사용한다. 미국에서는 보다 나은 살포를 위하여 살수강도를 5.1mm/hr 보다 작지 않도록 한다. 우리나라의 경우 보통 10mm/hr의 수준이나 대상에 따라 다소의 증감이 가능하다.

6) 급수용량과 급수압의 결정

관수계통에 필요한 급수용량과 살수계통을 위한 살수기에 이르는 연결점(point of connection, POC)에서 작용하는 수압을 결정하여야 한다. 그때의 수압은 정수압(Static Water Pressure), 계량기의 규격, 급수관경, 급수관의 길이, 급수관의 유형 등의 자료를 통해 결정된다.

관수계통에 요구되는 급수용량(GPM으로 표시됨)을 결정하는 데는 3가지의 한계가 주어진다.

① 계량기를 통과할 때의 압력손실이 급수원이 최소정수압의 10%를 초과하지 말아야 한다.

② 관수를 위한 급수 계량기를 통해서 최대급수 용량은 급수계량기의 최대한도 내에 있어야 한다.

③ 관수관을 통할 때 유속은 5에서 7.5 F.P.S(feet per second)의 범위 내에 있어야 한다. 이 세 가지 한계를 충족시킬 수 있는 최소한의 급수용량(G.P.M으로 표시됨)을 택하게 된다. 그러나 급수관이 길이와 급수관의 종류에 따라 수정된 급수용량을 택하게 되며 그로부터 급수원에서 P.O.C까지의 모든 부품(밸브, 관 등)과 설치 지점의 고저차에 의한 압력손실을 구하고 각 계통의 관망에 지니고 있는 작용압력을 계산할 수 있게 된다.

7) 살수기와 살수범위의 선정

살수기는 기능적으로 여러 종류로 나눠지고 있다. 그리고, 여러 가지의 분무정부와 분무공, 부속장치에 의해 보완될 수 있다(표 5－4 참조).

살수범위는 살수기의 배치방식과 살수효율과 연관이 있다. 살수기의 간격은 대부분 살수작동 직경의 60~65%에서 이루어진다. 그러나 풍속, 토양, 습도, 기온 등에 따라 살수효율이 달라질 수 있다. 아울러 낙하수적(水滴)의 칫수, 살수계획시간, 살수강도를 고려하여 살수기를 배치하여야 한다.

8) 살수계통의 결정과 관개 계획의 검토사항

급수용량과 급수압에 따라 살수기의 배치유형이 달라지게 된다. 그에 따라 부품과 밸브의 규격결정과 함께 전 계통에서의 관경과 관망의 요구압력을 선정하게 된다. 이러한 살수계통을 적정하게 운영하기 위하여 조절기가 배치되고 그에 따른 전선과 밸브선의 규격을 결정하면서 관수계통이 검토된다.

표 5-2 토양의 특성

종 류	질 감	구성분	흡수율	보수력	배수/침식
사토(砂土, sandy soil)	거 칠 음	모 래 양질사토	매우높음 높 음	매우낮음 낮 음	낮은 침식률 좋은 배수
양토(壤土, loamy soil)	약간 거칠음	사양토 양 토	약간높음 약간높음	약간낮음 약간낮음	낮은 침식률 좋은 배수
	중 간	미사양토 양 토 미사질식양토 미사토	중 간 중 간 중 간 중 간	약간높음 약간높음 약간높음 약간높음	약간의 배수 약간의 배수 약간의 배수 약간의 배수
	약간 고음	검토질 양토 사질 식양토 미사질식양토	다소낮음 다소낮음 다소낮음	높 음 높 음 높 음	
점토(粘土, clay soil)	고 음	사 질 점 토 미사질 점토 점 토	낮 음 낮 음	높 음 높 음	배수불량 심한 침식

표 5-3 잠재증발산량

기 후	1인 잠재증발산량(mm)
춥고 다습한 기후	254～318
춥고 건조한 기후	318～508
따뜻하고 다습한 기후	381～508
따듯하고 건조한 기후	508～535
덥고 다습한 기후	653～762
덥고 건조한 기후	762～1143 (큰숫자가 최악의 경우임)

표 5-4 살수기의 종류

구 분	종 류	특 성
분무살수기 (spray nead sprinklers)	• 관목분무정부 (shrub spray head) • 입상분무정부 (pop－up spray head) • 표면분무정부 (surface spray head)	• 작은 관목지역에 사용 • 스프레이 노즐(spray nozzle)이 나온 관에 덮혀져 장악됨 • 소규모 잔디지역용 • 살포에 지장이 없을 경우 사용 • 잔디용을 위해 처음 고안된 형 • 휀스프레이 노즐(fan spray nozzle)이 플렌지(flange)로 둘러 쌓임 • 충격살수기와 같음
회전살수기 (rotating sprinklers)	• 분무공 장착 (riser mounted) • 회전입상 (rotating pop－ups : 일명 rotors)	• 비교적 큰 관목과 지피된 지역에 사용 • 자동살수 관개계통에 사용 • 물이 흐를 때 분무공이 올라오며 회전 살수됨
거품식과 점적식 관수장비 (bubblers and drip irrigation devices)	• 영반경 혹은 단반경형 (zero radius short radius types) • 초저장형 (ultra lowvolume)	• 0.5～3Gpm의 형이 일반적임 • 협소한 지역에 사용 • 점적을 아주 작게 하거나 낮출 때 사용 됨

표 5-5 최대 강수강도(maximum precipitation rates)

토 성	경사 0~5%		5~8%		8~12%		12% 이상	
	피복지	나지	피복지	나지	피복지	나지	피복지	나지
거친 사질토	51	51	51	38	38	25	25	13
조밀한 표토 위의 거친 사질토	44	38	31	25	25	19	19	10
균일한 경사질 양토	44	25	31	20	15	15	19	10
조밀한 표토 위의 경사질 양토	31	19	25	13	19	10	13	8
균일한 식양토	25	13	20	10	15	8	19	5
조밀한 표토 위의 식양토	15	8	13	6	10	4	8	3
중점토 혹은 점질 양토	5	4	4	3	3	2	3	2

(1)

(2)

(3)

(4)

(5)

그림 5-6 각종 잔디초지의 관수(灌水) 광경

1. 정원 2, 4. 골프장 3. 공원 5. 운동경기장

제4편 잔디초지 이용별 실무관리

제 1 장

공원잔디초지 실무관리

1.1 공원의 잔디초지조경

공원(Park, Public Garden)은 도시계획시설의 하나로 시민의 보건, 휴양 및 정서생활의 향상에 기여함은 물론 위락을 위한 활동에 이용되는 장소로서도 도시의 건전한 발전과 공공복리의 증진을 그 설치목적으로 지방의 공공단체가 주가 되어 설치하는 녹지공간(綠地空間)이라 정의할 수 있다.

우리나라 공원녹지에 관한 법률로서 『공원법』은 광역공원이 도립공원과 국립공원에 관하여 규정하고 있다. 그러나 도시공원은 도시계획법에 기초를 두고 있으며, 『도시계획법』 제2조에서는 도시공원을 도시계획의 하나로 규정하고 있다. 또한 동 시행령 제3조에서는 도시공원을 어린이 공원, 자연공원, 근린공원(近隣公園), 묘지공원(墓地公園) 등의 4가지로 분류하고 있다.

그림 1-1 주택지 근처의 근린공원(近隣公園)의 잔디초지와 꽃의 아름다움을 조화시킨 조경(저자, 스위스 zürich의 Paradise Park(기숙사)에서의 유학 시절)

그림 1-2 천연잔디초지 공원의 리모델링을 위한 The Osmo-Drain 레일 설치 광경(미국)
(자료 : KSA 인터내셔날, 조양래)

일반적으로 공원을 이용하는 목적은 여러 가지로 생각할 수 있지만, 밝은 공간을 통한 잔디광장은 도시시민에게 있어 매우 매력적인 기능을 갖고 있다.

공원잔디초지에 이용되는 잔디류는 한국잔디 중 들잔디(*Zoysia japonica* Steud), 금잔디(*Z. matrella*) 등이 주종(主種)으로 이는 관리가 용이하고, 각종 환경조건에 잘 적응되며, 경관의 조화성 등이 우수하기 때문이다. 이 외에도 Bermudagrass, Kentucky Bluegrass 이지만, 지역에 따라서 Bentgrass 등의 사용도 가능하다.

(1) 공원의 조경

1) 어린이 공원 조경계획(造景計劃)

어린이 공원은 15세 이하의 어린이가 주로 이용하게 되므로 근린단위가 기본(도보로 5~8분 정도)이 되어 교통사고의 위험이 없고 보행자 전용도로와 접하고 있으며 안전하게 접근이 용이한 곳이라야 한다. 어린이 공원은 유아의 놀이와 휴식 및 보호자의 휴식공간을 들 수 있다.

어린이 공원의 기능면을 감안하여 어린이의 놀이시설, 물, 모래 등을 대상으로 이용하는 놀이와 잔디초지 등을 대상으로 술래잡기, 구기운동(球技運動) 등 동적인 놀이 및 휴식공간 등의 정적인 놀이가 균형을 잘 이루어 질 수 있도록 설계되어저야 한다.

일반적으로 어린이 공원은 평탄지가 좋으며, 유모차 동행에 지장이 없는 한, 완만한 경사지가 있으면 더욱 좋고 남향이라야 좋다. 또한 놀이의 형태에 따라서 지형의 변화를 주는 것도 바람직하다.

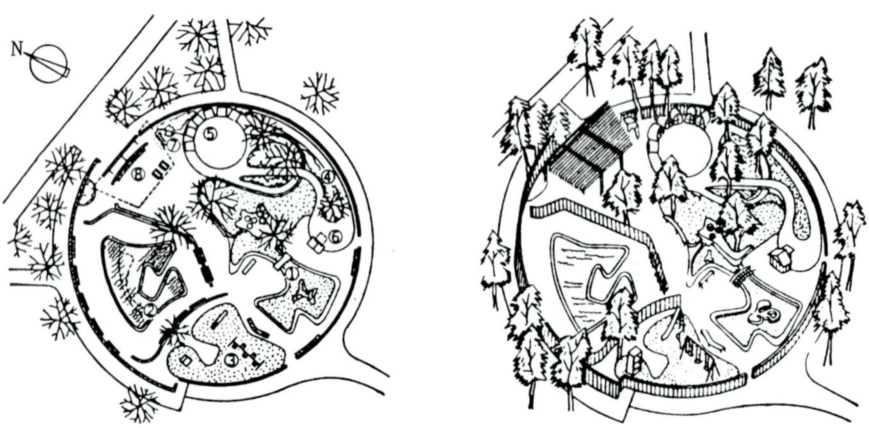

(a) 평면도(平面圖) (b) 투시도(透視圖)

그림 1-3 어린이 놀이터의 한 설계자의 예

① 모래밭 ② 도보지 ③ 유희장
④ 세발 자전거용 길 ⑤ 차고 ⑥ 관리사
⑦ 오두막집 ⑧ 퍼어골라

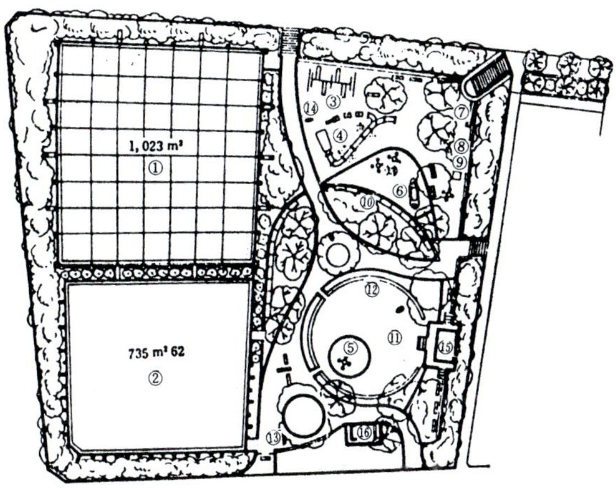

① 공치기 광장
② 공던지기 광장
③ 그네
④ 기타 터널
⑤ 모래사장
⑥ 배(船)
⑦ 미끄럼틀
⑧ 소형 정글짐
⑨ 어린이 집
⑩ 벽돌벽을 가진 벤치
⑪ 어린이 잔디초지
⑫ 원형 벤치
⑬ 테이블세트
⑭ 음수대
⑮ 관리사무실
⑯ 화장실

그림 1-4 일본 동경의 大町公園(면적 0.5ha)

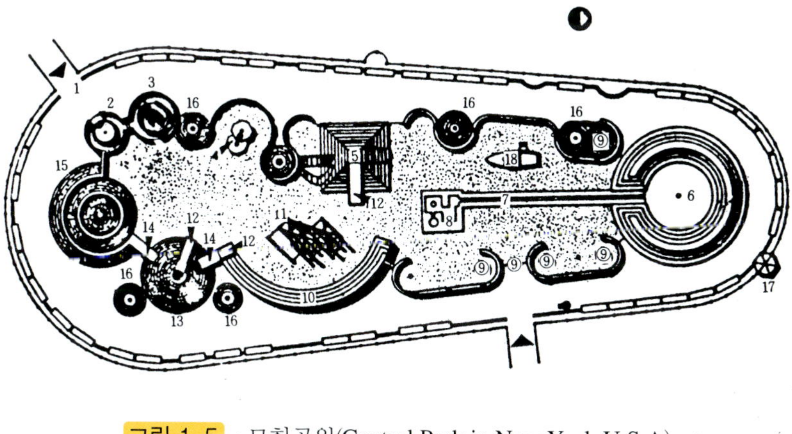

그림 1-5 모험공원(Central Park in New York U.S.A)

1. 입구	5. 파라밋	9. 탁자	13. 화산
2. 탑	6. 분수푸울	10. 원형극장	14. 굴
3. 미로	7. 수로	11. 기어오르기 막대	15. 동심원의 언덕
4. 나무집	8. 얕은 푸울	12. 미끄럼대	16. 나무구멍

그림 1-6 잔디초지 출입금지로 보도에 앉아 그림을 그리는 모습(서울어린이 대공원)

그림 1-7 잔디초지 위에 누워서 자연광을 즐기고 있는 광경(남이섬)
(자료 : 정유나, 어린이집 교사)

그림 1-8 주택 앞 · 뒷면이 모두 어린이 정원으로 꾸며진 경관

그림 1-9 우리나라의 전형적인 주택정원 경관(이화여자대학교내 아령당)

그림 1-10 녹지기능을 최대한으로 살린 잔디공원초지의 경관(방콕 pattya시 Nong Nooch Village)

그림 1-11 어린이 놀이터 경관(서울 드림랜드)

그림 1-12 어린이 공원의 경관 (스위스 Zürich)

그림 1-13 잔디초지 위에서 휴식을 만끽하는 비둘기(서울 덕수궁)

2) 자연공원(自然公園)의 조경계획

자연공원은 일명 풍치공원(風致公園, Park of Landscape Area)이라고도 불리며 산악이나 구릉(丘陵), 산림, 원야(原野), 호수, 하천, 해양 등을 주제로 한 것으로 그 규모가 비교적 크고 될 수 있는 대로 인공을 가미하지 않고 자연상태 그대로를 보존 유지해야 하는 특성을 갖고 있다. 따라서 자연공원의 잔디조경 설계는 공원입구 등 내객이 밀집하는 지역에서는 통행을 금지시키고 경관 감상의 대상만 되어야 한다. 그러나 공원 내부에서는 그 지역이 넓어 내객(來客, Visitor)에 의한 잔디의 피해가 적은 편이므로 일반적으로 자연공원의 잔디조성 및 관리는 가장 용이하다고 할 수 있다.

그렇지만, 자연공원 내에서도 경관과 놀이시설 등이 집중되는 지역이 있으므로 이러한 지역은 도시공원 잔디초지관리와 같은 방법을 취하여야 한다.

일반적으로 자연공원 내에는 일정한 거리를 두고 휴식정소가 분포되어 있어 내객의 휴식과 식사 및 숙영(宿營)이 가능해야 하는데 이러한 지역도 흔히 잔디로 조성되는 것이 통례이며, 보통 도로의 근처나 물가에 설치하게 된다. 이 공원의 이용자는 광역적(廣域的) 이용자와 주변에 거주하는 사람들의 지역적 이용자를 생각할 수 있으며, 광역적 이용자는 주로 자동차를 이용하여 주차장으로부터 공원 진입로를 도보로 이용된다.

자연공원은 부지(敷地)가 넓기 때문에 관리용 통로도 상당히 필요하나, 이와 같은 도로는 되도록 호수나 제방(堤防)가로 몰아 공원내 보행자 공간을 난잡하게 하지 않도록 배려되어야 하며 원로(圓路)는 수변지(水邊地)의 환경을 충분히 맛볼 수 있도록 물가를 따라 배치하여 이 길을 따라 보행하는 사람은 굽이치는 수로(水路)의 경관을 만끽할 수 있도록 하는 것이 더욱 효과적이다.

그림 1-14 호수주변 자연공원초지의 경관(스위스 Kreuzlingen Am Bodensee)

그림 1-15 산림지(森林地) 주변의 자연공원초지의 경관(싱가포르 Botanic Garden)

그림 1-16 자연공원초지의 종합적인 경관(스위스의 Lugano)

그림 1-17 자연고원의 잔디초지 위에서 일광욕(日光浴)을 즐기는 모습(스위스 Zürich)

3) 근린공원(近隣公園)의 조경계획

근린공원은 근린주거자의 이용을 대상으로 설치되는 공원으로서 주민의 휴양 오락적 이용을 위해 제공하여지는 도시공원의 하나로 청소년 등의 스포츠적 이용이 주가 되므로 시설도 동적(動的)인 것이 적지 않은 편이다.

근린공원은 유치거리(誘致距離) 500m정도로서, 걸어서 7~8분 소요되는 곳마다 배치되는 것이 바람직하며 면적은 약 2ha정도가 표준이므로 도시 내에 있어서의 푸른 자연의 거점으로서도 큰 의의(意義)를 가지게 된다. 일반적으로 근린공원은 산책 · 휴식 · 독서 등 정적인 이용을 수용하는 열린 공간(open space)이라고 할 수 있으나, 동적인 레크리에이션(Recreation) 활동에 대한 요구도가 증대하고 있으므로 근린공원의 기능의 확대가 바람직하다. 다시 말해서, 학교나 아동공원에 근린공원을 결합시킬 경우에는 적극적이고 동적인 휴양활동을 보완하는 시설을 학교운동장이나 아동공원에 계획할 수 있으므로 근린공원 본래의 정적인기능, 즉 경관의 감상, 휴식, 산책, 명상 등의 장소를 함께 설계하도록 한다.

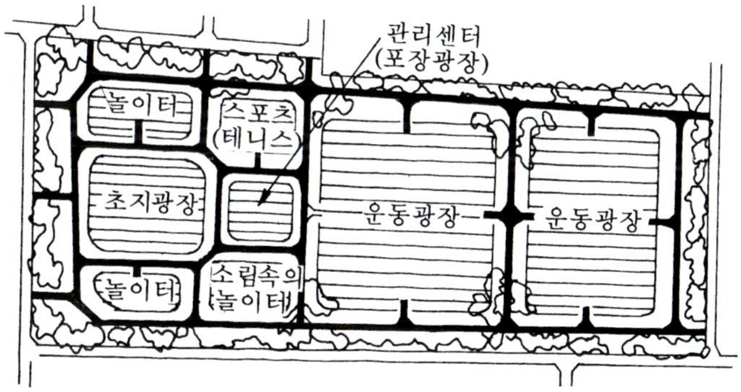

그림 1-18 근린공원(近隣公園)의 구성도

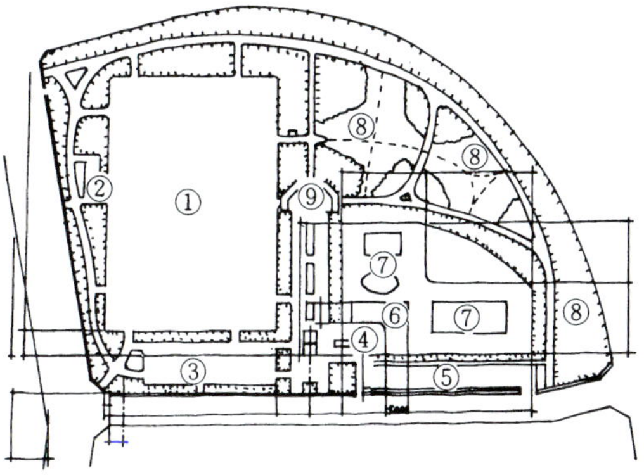

① 운동광장
② 매점
③ 유희장
④ 광장
⑤ 주차장
⑥ 탈의실
⑦ 푸울(pool)(a)
⑧ 푸울(pool)(b)
⑨ 피난처

그림 1-19 근린공원의 예

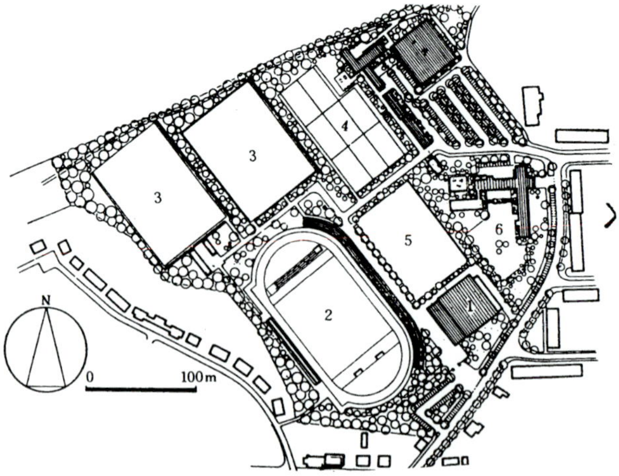

그림 1-20 근린공원에 학교 및 운동경기장을 결합시킨 예 (서독, Rhein 주 Essen시의 예)

1. 체육관겸 지구휴게센터 2. 주경기장 3. 연습경기장
4. 정구장 5. 학교운동장 6. 학교

그림 1-21 파리의 근린 공원과 에펠탑

그림 1-22 네덜란드 Rotterdam시 항구주변의 근린공원 조경

4) 종합공원(綜合公園)의 조경계획

일반적으로 종합공원은 각종 도시시설(都市施設)이나 문화시설(文化施設)과 관련지어 계획됨으로써 중앙공원(中央公園)이라고 불리는 일이 많다. 이와같은 경우에는 지역 중심으로서의 광장적 기능도 요구된다.

종합공원은 대도시의 중심적 대공원으로서 전 도시민의 휴식, 관상, 운동 등을 목적을 위하여 화려하고 뛰어난 자연경관초지의 식물원 · 축구장 등 및 후생시설을 종합적으로 설치한 대규모의 공원을 말한다.

종합공원의 이용대상은 도시 전체 규모에까지 확대되어 이용자의 연령폭도 넓고 이용형태도 매일 이용, 주말 이용에 월별 · 계절별의 이용을 고려해야 하므로 여러 가지 야외 레크리에이션의 행위가 포함되게 되어 변화가 풍부한 이용형태가 나타나게 된다. 특히 종합공원에서는 도시의 중심적 자유공간으로서 각종 행사나 대회 등이 개최되는 일도 많고, 이를 위한 광장이나 야외무대, 집회장(集會場) 등이 계획되는 일도 적지 않다.

종합공원은 연간을 통해 이용자가 많으므로 음식점이나 매점 등이 여러 곳에 많이 필요하고 주차장은 계획적으로 배치되어야 한다. 또한 방송설비, 안내표시, 전화 등의 배치되도록 하고 야간 이용을 대비하여 조명계획도 설치토록 하여야 한다.

종합관리를 위하여 주가 되는 관리시설로서는 관리사무소, 감시소, 창고, 차고, 재료적치장(積置場), 묘포장(苗圃場), 소각처리장(燒却處理場) 등이 필요하다.

대종합공원은 신체장애자의 이용도 적지 않으며, 이외에 유아용 유모차의 이용도 많으므로 계단을 쓰지 않고도 승강(昇降)하 수 있는 완경사(緩傾斜)를 여러 곳에 설치도록 하는 배려도 잊지 말아야 한다. 득히 국제적인 행시에서는 이런 점이 의무화되어 있으며 앞으로의 종합공원계획에 있어서 반드시 고려되어야 할 사항이다.

그림 1-23 '88올림픽 공원(Olympic park)

종합공원의 부지(敷地)도 최소 10ha 이상의 수준이고 적정규모는 40ha 이상으로 이 공원은 도시의 녹색경관(綠色景觀) 요소로서 중요한 존재가 되고 있다.

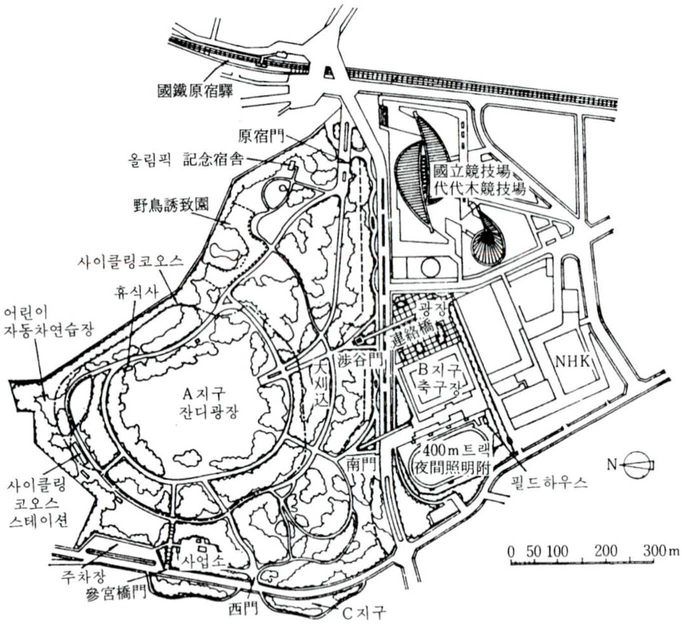

그림 1-24 종합공원의 설계예(日本 代代木公園)

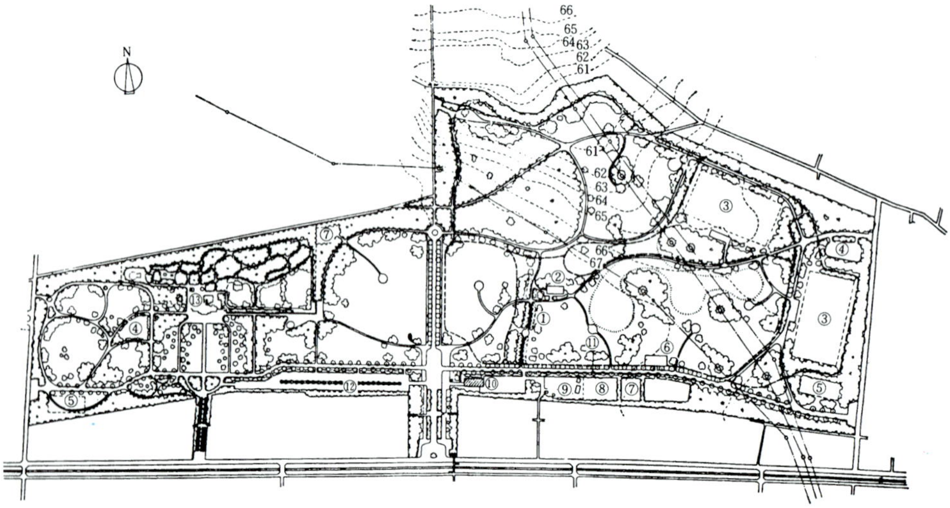

그림 1-25 종합공원의 기본계획도

① 화원 ② 휴게소 ③ 운동광장 ④ 아동유원 ⑤ 예비주차장 ⑥ 자전차보관소 ⑦ 소각장
⑧ 예비모판 ⑨ 묘원(苗園) ⑩ 사무소 ⑪ 자전차도로(…) ⑫ 주차장 ⑬ 향토관

제 2 장

정원(庭園)잔디초지의 실무관리

2.1 정원의 잔디초지조경(造景)

정원(Garden)이라 함은 그곳에서 상주(常住)하고 있는 사람들이 옥외실(屋外室)로서 항상 이용할 수 있는 장소를 뜻한다. 정원의 이용은 내객(來客) 본위가 될 것이 아니라, 가족이나 주위의 상주자(Habitual Residents) 본위로 이루어져야 한다. 흔히 정원에서의 잔디초지(Lawn)를 놀이터로서의 이용을 금하는데 이는 잘못된 것으로 정원잔디의 목적은 유희장(Recreation, Play Ground)으로서의 이용에도 있는 것으로 정원설계 및 조성시부터 이를 유의하여야 하며 토양조성을 조절하여 재생력을 강하게 함으로써 답압의 피해를 신속하게 복구할 수 있도록 해야 한다.

물론 정원공사(庭園工事, Landscaping)는 공원 및 경기장에 비하여 그 사용자가 제한되어 있기는 하나 그 규모가 적기 때문에 단위면적당 사용량을 감안하여 지반공사(地盤工事)및 잔디관리를 달리하여야 한다.

일반적으로 정원은 흔히 관상, 휴식, 놀이 및 운동을 본위로 한 것 등등으로 분류되어 질수가 있다. 이러한 결정의 요인들은 상주자들의 인적구성 상황이나 그들의 취향(趣向)에 따라 결정되며 이들 중 하나만이 아니라 몇 개의 혼합형태로도 이루어 질 수 있다.

예를 들자면, 관상을 본위로 한 정원은 잔디초지 조성면적이 대체로 적으나 유희(Recreation, Amusement) 및 운동(Field Sports)을 본위로 할 경우에는 잔디초지조성 면적이 커져야 할 것이다.

가정정원(Sweet Home Gardening)은 개인정원이라고도 할 수 있으며 가족구성원의 사용을 목적으로 하여 만들어지기 때문에 소유주의 경제적인 여건과 취향에 따라 많은 변화가 있을 수 있다. 즉 가옥의 방향, 정원의 크기, 가족구성원의 연령 등에 따라 변화가 있으나 대부분의 경우 잔디 유지(Lawn Keeping)는 휴양 목적으로 이용될 수 있어야 한다.

정원계획을 하는데 먼저 주의해야 할 일은 건물과 밀접한 조화를 이루어야 한다는 것이다. 건물 및 건물의 위치도 그 주위의 정원과 함께 그곳에 거처하는 가정의 생활계획에 연관되기 때문이다. 여러 가지의 생활방식에 대응해서 건물내 및 건물 주위의 공간이 쓰이는 것으로 무계획적이 되면 물건을 두는 장소나 쓰레기통과 같은 것으로 되기 쉽다.

인간생활이 요구하는 장소는 모든 경우 다른 여러 가지 조건 중에서 우리들은 정원에서 거처하는 생활에 맞도록 건물 주위의 공간을 만들지 않으면 안 된다. 그러므로 가장 바람직한 것은 정원도 포함해서 가족의 생활방식에 맞추어 계획되어 져야 하는 것이다.

그림 2-1 겨울의 잔디초지정원의 조경

그림 2-2 정원의 통로를 잔디초지로 이용한 정원

그림 2-3 잔디초지정원의 조경(스위스)

(1) 정원의 조경계획(造景計劃)

특히 가정정원에는 원로(苑路), 화단(花壇), 수목(樹木), 분수(噴水), 정원가구(庭園家具) 등이 설치될 수 있는데 이들 모두가 잔디초지 위에 놓이는 형식을 취하는 것이 좋을 뿐만 아니라, 가장 바람직한 일이다. 정원은 가족 등의 적은 인원이 사용하므로 규모가 작다고 하더라도 토양을 약간만 개량하고 잔디초지관리에 조금만 주의를 하면 어느 곳이라도 좋은 양질의 잔디 유지가 가능한 것이다. 다만 원로의 경우만은 유지가 곤란하므로 잔디위에 시멘트 블록(Cement Block)이나 돌을 사이를 떼어서 놓음으로 자연적인 풍취가 있게 하여야 할 것이다.

잔디초지(Lawn)를 활용하기 위해서는 잔디초지 중앙에 이용 공지를 만들어 놓아야 하며 대부분의 경우 가옥과 반대되는 방향의 가장자리에 화단 수목 등을 식재함으로써 가옥에서 바로 잔디초지에 나올 수 있는 형태를 취하고 있다.

가족의 생활을 위한 정원공간은 중요한 것으로 보통 가장 큰 면적을 차지하고 있으며, 여기서 정원에 대한 조망(眺望), 일광, 적당한 그늘을 가지고 바람맞이를 완화시키고 체계적으로 정리하여 생활요구에 맞추도록 하여야 한다.

그림 2-4 주말농장용 정원의 잔디초지조경 경관(스위스)

어느 특정한 일을 하기 위해 쓰이는 정원공간은 집안의 작업과 연관해서 생각하지 않으면 안된다. 특히 이에 대한 계획이 없다면 정원의 질서가 흐트러지기 쉽다. 예를 들면, 아파트의 경우 세탁물은 요즈음 눈에 뜨이는 것 중의 하나로서 집안과 발코니(Balcony)에서 생활의 통일된 계획이 없는 것이 원인이 도고 있다. 이에 발코니 공간의 사용구분을 명확히 함으로써 비교적 잘 해결될 수 있는 것으로 생각된다. 개인정원의 경우에 있어서도 이와 같은 실내와 옥외의 용도의 통일을 정원 조경계획시 누락되게 된다면 많은 불편이 초래될 것이다.

현대 우리사회의 경제적 사정으로 이들은 충분히 고려할 수 있는 경우는 어려움이 있기도 하지만, 이상적인 정원공간에는 어린이를 위한 놀이터, 가정주부를 위한 부엌주변, 주인을 위한 서재 등을 들 수가 있다.

각 가정이 뒤뜰에 어린이를 위한 놀이터와 놀이시설을 갖는다는 것은 가장 바람직한 일이나 현재의 도시환경과 우리들의 경제적 능력으로는 어려운 실정이긴 하지만, 가능하다면 풀장, 모래밭(砂場), 탁구(Ping Pong), 배드민턴(Badminton) 같은 놀이터가 만들어질수 있을 것이다. 이 외에 부엌 주변에는 세탁물 건조장, 오물장, 소각장(燒却場) 등이 필요하므로 다른 부분과 경계하는 것을 잊지 말아야 한다.

옛날부터 정원의 전정(前庭)의 조경은 주거하는 사람의 취미를 나타낸다고 하여 중요시 되어 왔다. 부지(敷地)가 좁다고 해서 도로에 접해서 건물을 세워 부엌의 오물을 외부에 노출시키고 있는 것은 하류상점에서 도로에 물건을 진열하여 통행을 방해하고 있는 것과 흡사하다고 할 수 있다. 앞뜰이나 본뜰(Main Garden), 뒤뜰, 놀이터 등의 건물조경계획은 건물의 용도와 부지내외의 상황에 의해 결정된다.

그림 2-5 정원의 잔디초지 조경(스위스)

그림 2-6 주택 밖의 정원의 잔디초지조경(스위스)

그림 2-7 정원초지의 조경(스위스)

(2) 옥상정원(屋上庭園, Loop Garden)

옥상정원은 도심지의 큰 건축물에 대해 문제시 되고 있으며, 철근과 콘크리트에 의해 만들어지는 근대 건축에는 종종 대단히 큰 옥상의 정원공간이 생긴다. 그러므로 식물이 심겨져 있고 없고 간에 이 공간은 정원공간으로서 쓰이고 있는 현상이다. 때로는 놀이기구가 놓이기도 하고, 단순히 광장으로서 공 놀이터를 사용하기도 하고 정원답게 식물이 심겨지기도 한다. 그러나 옥상정원은 여러 가지 제약을 받고 있다. 건물의 구조상 중량이 큰 것은 사용할 수 없으며 흙도 많이 사용할 수 없다. 따라서 식물은 천근성(淺根性, Shallow-Rooted)으로 바람 및 직사광선에 충분히 견딜 수 있으며 건조에도 강한 식물(잔디초지류 등) 및 기타 재료를 이용해야 할 것이다.

2.2 공동주택단지(共同住宅團地)의 잔디초지조경

주택단지는 건축용지, 교통용지, 녹지용지의 3가지로 대별할 수 있으며 이들 각 용지의 비율은 여러 가지 환경조건에 따라 다르다고 할 수 있다. 일반적으로 건축형식이 고층화(高層化) 할수록 주택용지의 비율은 감소하고 녹지 및 교통용지율이 증대하게 된다. 이들 용지가 차지하는 건축, 교통, 녹지의 각 시설의 형태나 배치가 지형이나 식물경관 등의 특징과 같이 주택단지의 경관을 만든다.

그림 2-8 공동주택단지 내의 잔디를 이용한 휴식공간(스위스)

(1) 녹지시설(綠地施設, Plan for The Green Zone)

녹지시설을 산책시설, 레크리에이션 시설, 식재(植栽)의 관점에서 논하기로 한다.

1) 산책(walk, stroll)시설

일반적으로 주택단지에 거주하는 사람이 단지 경관을 관상하는 기회는 많으며 관상장소도 여러 곳이 된다. 그러나 관상기회가 제일 많은 것은 산책중이며, 장소는 보행의 노선위에서 이다. 물론 실내에서 창밖의 조망도 중요하고 벤치(Bench)나 휴게소 등의 고정적 시점부터의 조망도 중요하다. 그러나 경관이 눈에 들어오는 것과 경관을 즐기는 것과는 차이가 있다.

2) 레크리에이션(Recreation) 시설

공동주택단지의 레크리에이션 시설은 어린이의 놀이터를 중심으로 하여 생각하지 않으면 안 된다. 건축이나 교통시설의 배치 · 설계부터 놀이터의 위치, 면적, 설비에 우선적인 배려가 있어야 할 것이다. 중층의 아파트단지에서는 2~4동(棟)에 놀이터 1개소를 설치할 필요가 있다. 이 레크리에이션 시설은 일반적으로 남쪽이나 북쪽의 어느 한쪽이거나 혹은 이 두 가지를 조합한 것이 많고 이에 따라 놀이터나 공동시설은 모양이 결정되고 있다. 어린이 놀이터의 면적은 200~500m^2가 적당하지만 여기에 노인이나 어머니들의 휴식시설을 병설하는 것이 바람직스럽다. 이 외에 분수(噴水)를 어린이의 휴식공간으로 활용할 수 있는 극히 얕은 못(Spray Pool)은 매우 매력적인 여가선용 시설이 될 것이다. 이와같이 종래 소개된 놀이기구의 개선이나 새로운 놀이시설의 고안이 기대되고 있다.

3) 공동주택의 식재경관(植栽景觀)

식물은 다른 고정적 시설과 달리 시간의 흐름에 따라 현저히 변화하므로 식재계획의 시초에 장래의 유지관리 계획을 세워두지 않으면 안 된다. 공동주택의 유지관리는 주택경영자가 예정하는 관리비 및 거주자가 집세 이외에 부담하는 비용과 임의적으로 제공하는 노력 등에 의하여 수행된다.

우리나라의 현상으로는 공동주택 특히 그의 정원이나 식물의 관리에 많은 비용을 들이는 것은 곤란할 때가 많으므로 가급적 관리에 손이 많이 가지 않는 식물의 종류와 무육방법(撫育方法)을 택하는 것이 좋다. 공동주택단지의 식재경관은 잔디 등 지피식물(Ground Cover Plant), 수목류(樹木類), 화초류(花草類)의 3가지로 이루어진다.

① **잔디와 나무** : 공동주택단지의 식재경관은 고목류(古木類)에 의해서 골격이 구성된다. 자연에서 자란 거목이나 수풀은 단지 경관의 구성요소로서 건축물이나 지형에 못지않은 중요한 요소가 된다. 잘 자란 고목은 하루아침에 얻어지는 것이 아니므로 주택개발지의 기존수목(既存樹木)은 가급적 보존하지 않으면 안 된다. 그렇지만 고목을 보존할 수 있는 경우는 매우 적으며 대부분 새로이 나무를 심지 않으면 안 된다. 특히 새로이 나무를 심을 경우

에도 수목을 중심적으로 크게 키울 계획으로 나무의 종류이나 토양을 선택하여야 한다. 수목을 균등한 분포로 공지에 식재하는 것은 결코 바람직한 방법은 아니며, 무작정 많은 나무를 심어 두는 것이 좋다는 생각을 하는 것은 주의할 점이다. 그러므로 토양의 각종 입지조건 등을 감안하여 조건이 좋은 곳에 중심적으로 나무를 심으면 수목의 분포밀도에 자연히 경쾌한(rhythmical) 변화를 초래하여 경관적으로 볼 때 뛰어난 효과를 나타낸다. 또한 적절한 곳에는 군단적(群團的)으로 식재하여 임분(林分)을 형성하면 더욱 좋다.

공동주택단지에 있어서 나무를 충분히 키우기 위하여 중요한 것은 인간과 식물의 생활공간의 분리인데, 이를 위해 인간과 식물과의 사이에 선을 긋는 것은 주로 뿌리의 둘레에 사람이 넘을 수 없는 장해물을 설치함으로써 소기의 목적을 달성할 수가 있을 것이다.

② **지피(地被) 조경** : 잔디초지(草地)는 가장 뛰어난 지피(Ground Cover)이지만 조성비, 관리비가 많이 들므로 간혹 잔디에 대행하는 지피재료가 요구되어 지기도 한다. 이러한 관점에서 잔디관리에 많은 비용을 들일 수 없기 때문에 관리가 쉽고 병충해가 적은 잔디로 선택해야 한다. 정원의 잔디초지는 관상, 휴식, 놀이를 주 목적으로 하고 또 간단한 운동도 하는 만큼 사실상 고도의 집중적인 관리가 절실하게 필요한 것은 아니다. 이 때문에 정원의 잔디는 어떤 종류의 정원이건 들잔디(*Zoysia japonica* Steud), 금잔디(*Zoysia tenuifolia*), Kentucky Bluegrass의 3종(種)이 많이 이용된다.

정원잔디를 심을 지역은 햇빛이 잘 드는 양지와 건물 북향이나 수목밑 등의 음지로 나눌 수 있는데 양지는 금잔디와 들잔디, 음지에는 Kentucky Bluegrass를 심어야 하고, 양지

그림 2-9 공동주택가에 설치될 잔디초지 조성 모습(미국)
(자료 : KSA 인터내셔날, 조양래)

와 음지의 경계가 되는 곳에는 한국잔디와 Kentucky Bluegrass가 자연적으로 서로 어울리도록 하는 것도 공동주택 정원의 지피재료는 사람에게 밟히면 충분한 생육을 할 수 없으므로 출입금지 가능한 장소에만 사용하기도 한다. 이외의 지피재료로는 Bermudagrass, Carper Grass 등이 유망시 되며, 최근의 공동주택단지는 구릉지에 개발되는 일이 많아 넓은 절성토면(切盛土面)의 노출이 문제가 되고 있다. 이 노출사면(露出斜面)을 방치하면 침식을 받아 붕괴하기 때문에 시급히 지피식물(Ground Cover Plant)로 덮을 필요가 있다. 이와 같이 비탈면에는 Weeping Lovegrass, Creeping Red Fescus 및 Kentucky－31 Fescus 등이 초본지피(草本地被)로서 좋은 성적을 거두고 있다.

그림 2-10 잔디의 꽃의 아름다움을 조화시킨 정원초지경관(독일)

그림 2-11 잔디정원의 간이원탁 휴식공간(독일)

그림 2-12 정원의 휴식공간인 정자(Pavilion)
(사진 : Rainer Blunck, 스위스)

③ **화초류(花草類, Flowers)** : 공동정원의 초지를 거주자가 개인적으로 차지하는 것은 원칙적으로는 바람직한 것이 못되지만, 거주자 중에는 가정원예(家庭園藝)에 대하여 대단히 강한 애착심을 갖는 사람들이 적지 않다. 이들에게는 땅을 일구고 꽃이나 채소를 가꾸는 것은 없어서는 안 될 레크리에이션(Recreation)이 되므로 그러한 거주자가 공동정원에 원예용 작은 화단을 가지는 것을 허용하지 않을 수 없을 것이다. 이런 경우 각자에게 임의로 만들게 하면 복잡한 회단 무더기가 산재(散在)하게 되므로 한 장소에 모아 일정한 면적을 지정해 줄 필요가 있다. 면적은 보통 약 2~3m² 정도이면 충분하며, 이 정도라면 정원의 공공성(公共性)을 크게 해치는 일이 없이 각자의 취향에 맞는 화훼원예(花卉園藝)를 할 수 있을 것이다.

그림 2-13 정원의 화초의 조화된 조경
(Martin Stangl. 1977. Mein Bobby der Garten 독일)

2.3 정원잔디초지의 연간작업계획

정원에 있어서 잔디초지관리 작업은 무엇보다도 매우 중요한데, 일반적인 연간 작업실무계획을 보면 표 2-1, 2-2과 같다.

표 2-1 한국잔디류(들잔디 및 금잔디)로 조성된 정원의 연간 작업량

작업 \ 월	1	2	3	4	5	6	7	8	9	10	11	12	작업빈도
잔디깍기													6회 4회 매월 2회
살 수													6회 4회 매월 2회
배 토													1cm 연 2회
시 비													30－20－20g/m^2 연 6회
병해예방													여름철 주 1회
충해예방													연 5회
제 초													연 7회
에어레이션													연 2～3회

표 2-2 켄터키 블루그라스(Kentucky Bluegrass)의 연간 작업량

작업 \ 월	1	2	3	4	5	6	7	8	9	10	11	12	작업빈도
잔디깍기													6회 4회 매월 2회
배 토													연 2회
시 비													연 9회
병해예방													7～10일치, 연 3회
충해예방													연 2회
버티키트													연 1회
에어레이션													연 1회

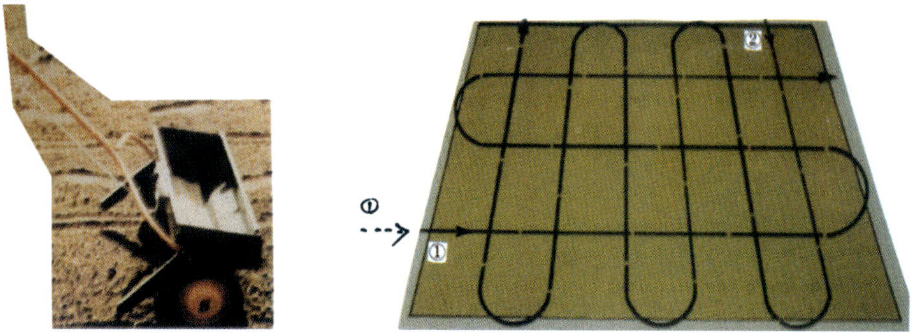

그림 2-14 균일한 종자파종(Seed Spreader)및 시비(Fertilizer)를 위한 십자형(Crisscrossing) 살포광경. (Stephanie J. Edge. 1985)

2.4 정원잔디초지의 관개시설(灌漑施設)

잔디식물은 생체주의 약 80~85%가 물로서 구성되어 있는 만큼 물의 역할이란 이루 말할 수 없이 중요하다. 이러한 물이 풍부한 상황에서는 전혀 그 필요성을 실감하지 못하나 극심한 가뭄이 계속되는 상황이 되면 살수 필요성은 매우 절감하게 된다.

원래 살수관개는 농작물의 증산을 위한 시설(농기구)로서 개발되어 왔으나 최근에 들어 정(공)원, 각종 체육시설, 관관휴양지 등의 제반활동을 위한 공간에서 식재(植栽)되는 지역의 식물과 잔디를 유지관리하기 위하여 많이 사용되어 지고 있다.

(1) 살수시설(撒水施設)의 종류

대체로 정원관리를 위하여 일년에도 수십차례 정원에 물을 관수를 해야 하는데 이를 위하여 영구적으로 관개시설을 설치하게 되면 많은 시간을 절약할 수가 있을 것이다.

① **살수용 호스를 이용하는 방법** : 이 정원용 호스(Garden Hose) 살수방법은 편리한 곳에 수도꼭지를 설치하여 호스를 사용하는 방법으로 스프링클러(Sprinkler) Head와 호스구입에 따른 최소한의 비용으로 살수효과를 충분히 낼 수 있는 장점이 있다.

그림 2-15 정원의 살수광경

(2) 스프링클러를 이용하는 방법(Sprinkler System)

이 관개시설은 설치(設置)하는데 많은 비용이 들기는 하여도 손으로 관수하는데 소비되는 많은 시간을 절약시켜 주며, 또한 자동 영구적 스프링클러 시스템(Automatic Permenant Sprinkler System)은 정원 잔디초지에 물을 살수되도록 시간을 맞춰 놓으면 스프링클러를 잠그는 것과 과다하게 살수해서 일류(溢流, Overflow) 상태가 될 염려도 없으므로 매우 효과적이다.

그림 2-16 정원의 스프링클러 장치를 이용 관수광경(스위스)

(3) 적하(滴下)관개 방법(Drip Irrigation System)

이 관개시설은 튜브(Tubu)와 호스(Hose)로 구성되어 있으며, 이 시스템은 매시간 동안 계속해서 땅속으로 천천히 물을 떨어뜨리는 장치이다.

이 장치에는 인치(Inch)평방당 5~25파운드의 낮은 압력을 작동하도록 하기 때문에 재료값은 비교적 싼 편이다. 그러나 물의 각각의 식물에 운반해야 하기 때문에 많은 재료를 구입하게 된다. 하나의 완벽한 장치를 하는 데는 일반적으로 스프링클러 시스템과 비교하여 많은 비용이 소요된다.

최근까지만 해도 적하(滴下)시스템은 주로 공학적인 어려움이 많았었지만, 기술의 향상과 더불어 스프링클러 시스템설치 때와 마찬가지로 별다른 어려움 없이 적당한 지점에 알맞게 디자인(Design)하여 설치할 수 있게 되었다. 식물의 뿌리는 너무 가물거나 과다(過多)한 관수를 하는 것보다 항구적인 물 공급이 효과적이어서 조금씩 물을 관수함으로써 식물의 생육이 더 좋아지는 효과가 있다.

〈범 례〉

Pipe lines
Valves
Hookup to service line
Hookup to garden faucet
Circuit 1 : Stream spray
Heads on sloping bank

Circuit 2 : Lawn heads
Circuit 3 : Shrub heads
Circuit 4 : Shrub heads
Circuit 5 : Stream spray heads
Circuit 6 : Shrub heads
Bubbler heads
Circuit 7 : Lawn heads

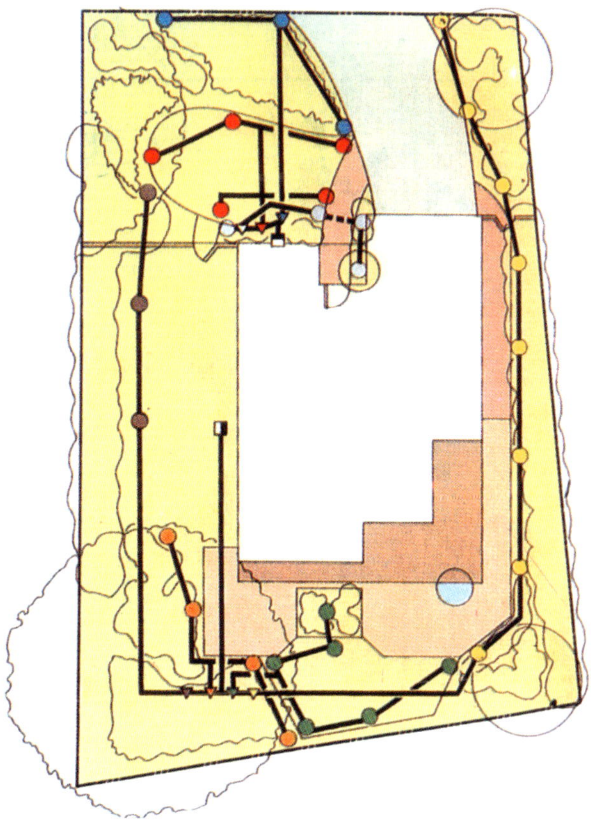

그림 2-17 스프링클러(Sprin kler) 설치 계획도

(자료 : 환경과 조경, 1990)

(a)

(b)

그림 2-18 잔디정원의 관수(Bewasserung) 광경

자료 : (a) Hallwag. Der Rasen p. 93.(독일)
(b) Peter F. C. wolff. 1984. Rasen, Wiesen, Boden decker p. 70(독일)

2.5 정원잔디초지의 시비관리(施肥管理)

잔디초지는 같은 장소에서 계속적으로 재배되는 다년생(多年生)식물일 뿐만 아니라, 해마다 여러 번씩 잔디깎기를 실시해 주어야 하므로 양분소모가 크다. 그러므로 소모된 양분을 공급하여 계속적으로 아름다운 잔디초지를 유지하기 위해서는 일정한 양의 비료를 여러 회에 나누어서 시비해야 한다. 시비량은 토양조건이나 비료의 종류, 기상조건 등에 의하여 달라지나 일반적으로 잔디의 생육상태를 보아 비료의 종류와 시비량을 결정해야 한다.

대체로 사용되는 비료의 종류를 보면, 퇴비(堆肥), 계분(鷄糞) 등의 유기질 비료와 요소(尿素), 과인산석회(過燐酸石灰), 염화칼리(鹽化加里) 등의 화학비료가 있는데 그 중 질소질 비료를 주로 시용하고 인산(燐酸) 및 칼리 등은 거의 동일한양 정도를 살포한다. 즉 잔디초지 m^2당 소요시비량은 성분량으로 질소 5~10g, 인산 2~3g, 칼륨 5g 정도가 필요하다. 퇴비나 계분은 잘 발효 살포이른 봄에 사용할 것이며 N, P, K 비료는 잎 계분기가 없을 때 흙과 모래 등은 증량제(增量劑)와 섞어 사용하할 균일한 살포와 비효(肥效)를 높일 수 있다. 비료 살포시 주의할 사항은 만일 아침이나 비가 온 뒤 잎 계분은 가 있을 때 사용하면 비료가 잎에 묻어 잔디 잎을 태우는 일이 생기므로 이슬이나 빗물이 완전히 마른 이후에 실시한다. 또한 비료를 살포한 후에는 비료가 잔디 잎에 남아 있지 않도록 비(Broom) 등을 사용하여 털어 주는 것이 좋다.

정원에서의 잔디초지는 답압(踏壓)이 비교적 적기 때문에 병해의 발생이 적고 또 잔디요 비료를 특별히 제조하기가 어려워 일반적으로 화학비료를 사용하게 된다. 한국잔디인 들잔디 및 금잔디 4, 6, 8월에 분시(分施)해도 좋으나, Kentucky Bluegrass에 있어서는 최소한 5～8회로 분시 해야 하며, 특히 7, 8월에는 지나친 생육을 막기 위해 시비를 하지 않는게 좋다.

표 2-3 한국잔디초지류(들잔디 및 금잔디)의 정원 및 공원의 시비계획

(단위 : g/m²)

월 \ 비료		요소	복합비료			관인산석회	석회	N	P	K	Ca
		NPK	N	P	K	16	60				
4월	상										
	중										
	하	3						1.35			
5월	상										
	중										
	하	5		10		2	5	3.85	1.92	1.6	3
6월	상										
	중	5		10				3.85	1.6		
	하										
7월	상										
	중	10						4.5			
	하										
8월	상										
	중										
	하	5		10			5	3.85	1.6	1.6	3
9월	상										
	중										
	하			10		5		1.6	2.4	1.6	
합계		12.6	6.4	6.4	6.4	1.12					
N		12.6	6.4					19.0			
P				6.4		1.12			7.52		
K					6.4					6.4	
Ca							6				6
합계		28		40		7	10	19.0	7.52	6.4	6

주 : 여기서 공원(公園)은 공원 내의 정원과 유사한 잔디초지지역을 가르킴.

2.6 정원잔디초지의 예초관리(刈草管理)

일반적으로 초장(草長)이 짧고 밀생되어 양탄자를 깔아 놓은 같은 촉감과 아름다운 정원의 잔디초지를 조성하여 이를 유지하기 위해서는 잔디를 자주 깎아 주어야 한다. 잔디 깎는 예초

횟수는 품종과 생육시기, 토성(土性) 등에 따라 다소 차이가 있으나 한국잔디인 금잔디 및 들잔디는 5~9월까지 월 2~4회 정도 깎아주어야 한다. 서양잔디의 경우에는 생장속도가 빠르고 초장이 길기 때문에 생장이 빠른 5~6월과 9~10월 사이에는 7~10일 간격으로 자구 깎아 주고 다른 시기는 생장상태를 보아 가면서 실시하되, 가능한 한 초장이 4cm 이상 넘지 않도록 하는 것이 보기도 좋고 예초하기도 좋다. 잔디 예초에 사용되는 기구로는 낫이나 잔디깎기용 가위, 수동식 예초기(Hand Lawn Mower), 동력식 예초기(Rotary Lawn Mower) 등이 있다.

(a) 잔디예초용 가위

(b) 실험용 예초기(Trimmer)

그림 2-19 정원잔디초지의 예초 모습

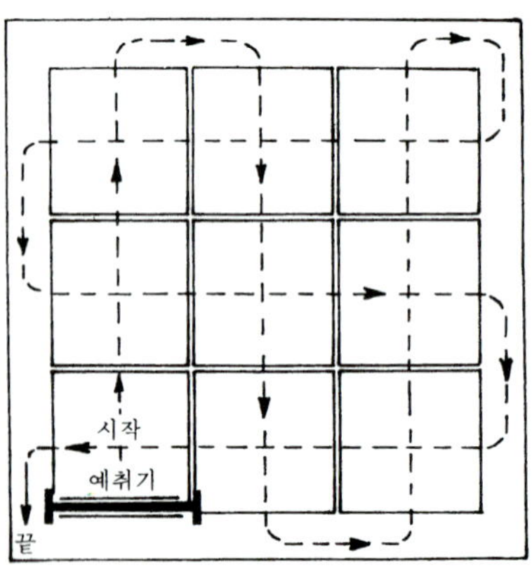

그림 2-20 정원잔디초지의 예초 순서

그림 2-21 수동식(手動式) 정원용 예초기로 잔디깎는 모습(제草機, Hand Lawn Mower)

그림 2-22 넓은 정원의 잔디예초용 전동식(電動式) 예초기

27 북더기잔디인 대취(Thatch)의 관리

그림 2-23 북더기잔디의 형성광경

그림 2-24 대취(Thatch)의 축적되어 있는 모습 (Stephanie J. Edge)

그림 2-25 잔디 깎기 후 예초물(刈草物)을 제거하는 모습

대취는 유기물(Organic Matter)의 분해(Decomposition)를 더디게 하는 결과를 초래하기 때문에 이를 제거하여 주는 것이 정원잔디 관리상 필요하다.

대취(Thatdr)의 제거작업은 적어도 봄 · 가을에 한 번씩 이 형성층(Thatch Layer)이 1.27cm 정도 보다 적었을 때 실시하여야 하며, 만약 심한 북더기잔디가 축적(蓄積)되면, 정원잔디는 완전히 갱신(Renovation)을 필요로 하게 될 것이다.

2.8 제초(除草) 및 병해충 방제관리(防除管理)

정원의 잔디초지의 경우에도 다른 용도의 잔디초지와 마찬가지로 계속적으로 손질해야만 이상적인 상태를 유지시킬 수 있다. 만약 잔디초지관리를 소홀히 할 경우에는 볼품이 없어질 뿐만 아니라, 심한 경우에는 잔디초지 유지가 불가능하고 잡초밭으로 변하는 경우가 많기 때문이다.

특히 잡초는 생각지 못할 정도로 많이 발생하며 그대로 방치할 때에는 외관상 매우 보기 흉할 뿐만 아니라, 햇빛을 좋아하는 잔디초지들은 점차적으로 자취를 감추어 버린다.

평소에 잡초가 눈에 띄면 손으로 뽑아버려야 하는데 토끼풀이나 매듭풀 등은 재생력이 매우 강해서 뿌리의 일부가 남아 있으면 다시 자라므로 꽃삽이나 대나무조각 등을 사용하여 뿌리까지 완전히 제거해 버려야 한다. 특히 토끼풀의 경우는 잔디초지에 나는 가운데 가장 대표적인 존재로서 손으로 완전히 제거해 버리기가 어려운 실정이다. 제초제(Herbicide, Weed Killer)로는 잔디에 피해를 주지 않으면서 기타의 잡초를 없애기 위해서 제초제의 특성을 알고 사용하여야 할 것이다(좀 더 자세한 사항은 잡초관리 편을 참조하길 바람).

잔디초지의 관리를 소홀히 하게 되면 잡초가 심하게 발생될 뿐만 아니라 각종 병충해의 필가 만연되어 잔디 특유의 아름다운 미관이 손상될 경우가 많으며, 이는 특히 고온다습한 환경조건에서 많이 발생하게 된다(좀 더 자세한 사항은 병해관리 및 해충관리편을 참조하길 바람).

그림 2-26 정원잔디초지의 제초광경

그림 2-27 잔디관리를 잘못하여 나지(裸地) 공간이 발생 된 곳에 클로버(White Clover)가 침입된 모습

그림 2-28 제초제(Suitable Herbicide)로 잘 관리한 정원의 모습

29 정원잔디초지의 갱신(更新)

잔디는 일정한 장소에서 여러해 동안 자라기 때문에 뿌리의 노쇠(老衰)현상이 일어나 생육이 불량하게 된다. 노화된 잔디뿌리를 갱신(Renovation)하기 위해서는 잔디를 보통 20cm 정도의 폭으로 줄로 나누어서 한 줄씩 교대로 뛰어서 떠 내고, 떠낸 자리에 잔디초장(草長) 높이로 비료가 혼합된 토양인 비토(肥土)를 넣어 주어 가볍게 밟아주게 되면 조성 후 1년 이내에 옆에 이식(移植)된 잔디의 지상포복경(Stolons) 및 지하경(Rhizomes) 등이 옆으로 뻗어 완전히 새로운 잔디초지가 형성하게 된다. 이렇게 떠낸 자리가 잔디로 완전히 채워지면 다음에 떠내지 않는 줄의 잔디를 상기와 같은 방법으로 갱신시켜 주는 것을 뜻한다.

그림 2-29 잔디로부터 속이 비어 있는 가지(Tine이나 Spoon 등)를 사용하여 토양으로부터 코아를 추출하는 작업, 속이 비어 있어 가느다란 통(Tine)을 부착한 기계를 사용하여 Green, Fairway 등의 잔디표면의 토면의 토양에 구멍을 내는 작업인 코아링(Coring)의 토양갱신작업 모습. 이는 일명 통기(Aeration)으로 코아링 된 구멍을 통하여 공기의 유통을 좋게 되어 토양개선의 효과가 있다. (독일, Gallwag. 1958. Der Rasen p.91)

그림 2-30 수직으로 회전하는 칼날로 토양의 표토를 연속적으로 절단(절단 깊이, 5~8cm, 1회 실시)하여 포복경(Stolon)과 근경 또는 지하경(Rhizome)의 재생(再生)을 높이고, 발근(發根)을 촉진시키며 통기성(通氣性)을 높이는 작업인 슬라이싱(Slicing)의 토양갱신작업 모습. (독일, Peter F. C. Wolff. 1984. p.65)

그림 2-31 스파이크의 침과 같은 끝이 뾰족한 침봉(토양표면에 1~2cm 깊이)을 잔디초지에 꽂아 통기성을 높이기 위한 스파이킹(Spiking) 작업 모습.(독일, Peter F. C. Wolff. 1984, Rasen, siese, Bodendecker. p.67)

그림 2-32 정원 잔디초지 조성을 위하여 뗏장(Sod)을 이식(移植)하는 모습

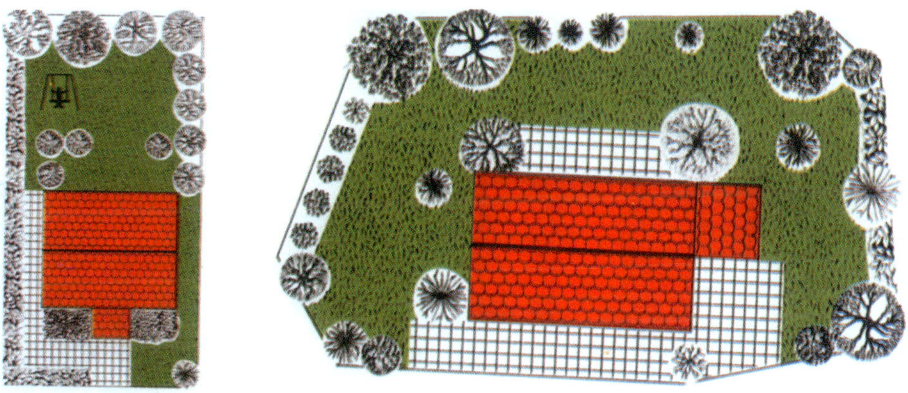

그림 2-33 정원 잔디초지 조성계획의 예(例) (독일, Hallwag. Ver Rasen p.7～8)

일반적으로 잔디초지의 경우에 사람이 심하게 밟거나 기계작업을 하게 되면 토양 개개의 입자들이 서로 압력을 받아서 밀도가 높아진다. 이러한 고결토양(Soil Compaction)은 통기불량, 표면유수 증가, 잔디뿌리의 발육불량과 잔디의 생육, 밀도, 품질 등이 저하하게 된다. 이 토양의 고결성(固結性)은 표토층이 5～7.5cm 깊이에서 주로 일어나는데 토양입자(Soil Particle)가 미세하며 습한 토양, 낮게 예초되는 잔디초지인 잔디가 빈약한곳에서 자주 발생한다. 교정방법(矯正方法)으로 잔디초지 전체를 바꾸어 주면 되지만, 이 방법은 시간과 경비가 많이 소요되므로 위의 그림 등에서 볼 수 있는 재배방법을 통한 토양 물리성을 개선하는 방법을 대개 이용하고 있다.

결론적으로 잔디의 생육이 불량해지지 않도록 하거나 잔디상태가 불량해 졌을 경우에 잔디초지를 회복시키는 갱신(Renovation) 작업은 잔디의 노화, 병충해, 과습, 건조, 답압 등 부분적 악화부분을 재생(Regrowth)시키기 위해 토양통기(Aeration), 스파이크(Spike), 대취릴(Thatching Reel), 버티칼 모아(Vertical Mowing), Brushing 등 기계작업 및 여러 가지 방법 등으로 토양의 물리성(Phsical Properties of Soil)을 개량해 주는 것을 뜻한다.

제 3 장

각종 경기장(各種競技場)의 잔디초지 실무관리

3.1 운동경기장 잔디초지의 특성

운동경기(運動競技)에 있어 무엇보다도 조경재료(造景材料) 중에서 가장 이상적인 것이 잔디초지이다. 그래서 현재 세계 선진국 거의 대부분의 경기장이 천연잔디초지로 되어 있으나, 우리나라에서는 아직까지도 매우 미흡한 상태에 있다. 잔디는 운동시 쾌적의 상태를 제공하여 주지만 잔디초지자체가 답압(踏壓)에 크게 피해를 받는다. 특히 운동경기장은 그 사용빈도가 많아서 가장 강력한 충격을 잔디에 가해(加害)를 주는 만큼 양질의 잔디면을 유지한다는 일은 대단히 어려운 일이다.

(1) 경기장 잔디의 구비조건

① 특히 경기장용 잔디초종은 답압(踏壓)에 잘 견디며 재생력이 강한 잔디로 선택할 것
② 경기장 조성시부터 배수장치(排水裝置)는 물론 관수장치(灌水裝置)가 반드시 설계되어져야 하며 이를 이용한 적절한 잔디관리가 이루어져야 한다.
③ 잔디생육이 잘 될 수 있도록 토양표층(土壤表層)을 관리하여 잔디생육에 양호한 지반을 구축하여야 한다.
④ 때에 따라서는 잔디초지 사용을 통제하여 잔디초지의 피해회복(被害恢復)을 꾀해야 하며 극심한 경우에는 예비 잔디초지에서 잔디를 이식하여 피해지역을 교체해야 한다.
⑤ 또한 잔디의 시비, 시약(施藥), 관수, 예초 및 통기작업 등의 각종 관리가 고려되어져 설계되어야 한다.

3.2 경기장의 종류별 잔디초지관리

(1) 잔디초지로 조성된 학교운동장

① 학교운동장은 제한된 면적에 많은 학생이 육상, 축구, 농구, 배구의 각종 경기는 물론 체조 및 놀이장소 등 다목적으로 사용되는 곳이다. 이 때문에 학교운동장은 양질의 잔디로 유지한다는 것은 많은 어려움이 있다. 우리나라의 경우는 일반적으로 한 개 정도의 다용도 운동장을 가지는 것이 보통인데 특히 이러한 경우는 운동장을 잔디초지로 유지한다는 것이 거의 불가능한 일이다. 이럴 때는 잔디초지에 강력한 피해를 주는 운동구역을 제한하여 이 지역만은 지면 그대로 유지할 수밖에 없다. 운동은 이 지역에서만 허용토록 하고, 이 운동장 이외의 지역을 잔디초지로 만들어 학생들의 휴식처(Place of Relaxation)나 간단한 놀이장소(Play Ground)로 제공하면 된다.

한편, 학교 운동장은 방학 때는 그 사용이 매우 적어지므로 이러한 특성을 잘 이용하여 집중적인 관리를 하여 피해를 복구토록 해야 한다. 이러한 잔디초지관리에 대한 성공여부는 이들의 제한관리 조치가 잘 수행되는가에 좌우된다. 즉 한 학교에 2개 이상의 운동장이 허용되는 형편이라면 방학 중 집중적인 관리 또는 지면(地面)운동장과 잔디전용 운동장으로 구분하면서 잔디의 피해상황을 보아 제한함으로써 잔디초지 운동장을 이용하는 것은 가능하다고 본다.

학교 운동장은 보통 들잔디로 조성하나 그 품질을 좋게 하기 위하여 금잔디(Merr)로 조성할 수도 있으며, 만약 봄 · 가을철에 녹색(綠色)의 운동장(Play Ground)을 사용하려 할 때는 Kentucky Bluegrass를 혼파(混播)하는 것도 바람직하다.

그림 3-1 한국잔디초지(*Zoysia japonica* Steud)로 조성된 축구경기장

그림 3-2 천연잔디 축구장 리모델링을 위한 오스모드(The Osmo-Dyain)레인 설치된 축구장

(2) 축구(蹴球) 및 럭비 경기장

축구 및 럭비 경기장은 통상적으로 경기장 전면 잔디초지로 조성되어 지며, 이들 경기장은 선수들의 스파이크화(Spike)에 의한 잔디의 피해정도(被害程度)카 크기 때문에 이 피해를 단기간 내에 회복할 수 있도록 잔디의 생육이 가장 왕성하고 재생력이 강한 상태로 유지해야 한다. 그러기 위해서는 경기장 설계 당시부터 경기장 토층(土層) 밑에 배수장치(排水裝置)는 물론 자

갈, 모래 등을 깔고 그 위에 흙, 모래, 토탄(土炭) 등을 배합한 표토를 깔므로써 잔디생육을 왕성하게 하여야 한다. 또 물 관리를 위한 스프링클러(Sprinkler)장치를 하여 관수를 철저히 실시할 수 있어야 하며 조성 후에 시비, 시약, 배토(Topdressing), 통기(Aeration), 잔디깎기(Mowing) 등 철저한 잔디초지관리가 뒤따라야 한다. 특히 이들 경기장의 경우 골(Goal) 문전의 피해가 가장 극심하므로 때에 따라서 이 지역의 일부 잔디를 야간에 예비단지의 새 잔디와 전면 교체하며 경기자에게 지장이 없게 해야 한다.

우리나라에서는 전부 들잔디로 조성되고 있는데 금잔디로의 조성이 바람직하다. 만약 주경기가 3월, 4월에 혹은 10월, 11월에 계획되면 이때에 황색으로 있는 한국잔디 보다는 Kentucky bluegrass, Fescue grass 또는 ryegrass 및 Bentgrass를 혼파(混播)하면 더욱 좋을 것이다.

그림 3-3 한국잔디(*Zoysia japonica* Steud)로 조성된 축구 잔디초지구장의 경기모습
(서울 강남구 대치조기축구회)

그림 3-4 미식축구 잔디구장의 경기모습
(Kentucky Bluegrass)

그림 3-5 신속한 배수가 될 수 있도록 사질 지반위에 조성된 럭비 잔디구장(미국)

그림 3-6 천연잔디 축구장 리모델링을 위한 The Osmo-Dyain 설치 광경(미국)
(자료 : KSA인터내셔날, 조양래)

(3) 야구 잔디초지구장(野球場)

야구장은 축구 및 럭비 잔디초지구장과는 달리 선수들의 행동범위도 베이스(Base)를 중심으로 집중되어 있다.

야구는 격심한 운동이 아니어서 야구 경기장은 통상적으로 전면적에 잔디초지를 입히지 않고 피래가 극심한 일부지역, 즉 포수(捕手), 일루(一壘), 이루, 삼루 및 이를 연결하는 지역과 내야지역(內野地域)은 잔디를 식재(재식, Planting)하지 않고 나머지의 부분만 잔디초지를 심는다. 이렇게 함으로써 그 모양도 더 아름다움을 유지할뿐만 아니라, 여러 가지 편리한 점도 많이 있다. 물론 잔디를 심는 지역은 축구장에서와 같이 전면적으로 배수(排水) 및 관수(灌水)장치를 해야 하며 지반조성(地盤造成) 및 관리방법도 유사한 점이 많다.

그림 3-7 한국잔디초지(*Zoysia japonica* Steud)로 조성된 야구 연습경기장

그림 3-8 야구 잔디초지구장(잠실)

그림 3-9 야구 잔디초지구장의 자동관수(自動灌水) 관경(미국)

(4) 육상 잔디경기장

일반적으로 답압(Trampling, Traffic)에 의한 피해가 가장 극심하게 일어나기 때문에 지표면(地表面) 그대로를 이용하는 경우가 많지만, 과거의 경우 국제경기에서는 흔히 잔디초지를 사용하였으나, 오늘날은 거의 이용하지 않고 있다.

육상경기장에 사용되는 잔디초지는 그 품질이 아주 좋아야 하고 피해가 심하게 발생했을 때는 손쉽게 교체(交替)할 수 있어야 한다. 이 육상경기장의 조성 및 관리는 일반적으로 축구 및 야구장에서의 경우보다 좀 더 세심한 주의를 요한다.

(5) 잔디초지로 조성된 경마장

보통 말이 달리는 지역에는 잔디를 심지 않고 그 내외(內外)의 공지(空地)에 잔디를 심어 관람객(Spectator)을 위한 경관을 조성한다. 특히 경마장 내에 시야를 가리지 않도록 하기 위하여 수림(樹林)의 식재(植栽)는 거의 하지 않으며, 장내의 조경은 거의 잔디에 의존한다.

경마장의 잔디는 관상 위주인 만큼 답압에 의한 잔디피해가 거의 없어 잔디의 조성 및 관리는 아주 용이하게 할 수 있다. 들잔디, 금잔디 또는 Kentucky Bluegrass로 조성하는데 일반적으로 답압이 적으므로 정원의 잔디초지와 같은 특성이 있다.

그림 3-10 잔디로 조성된 경마장(영국)

3.3 각종 경기장의 잔디초지 일반관리

경기장의 잔디초지는 경기를 목적으로 조성되는데, 특히 국내 국제적인 각종 경기는 그 대회

기간 동안에 최상의 상태로 잔디를 유지할 수 있어야 한다.

특히 경기장 잔디초지는 지반(地盤) 및 배수가 잘 되게 설치되어져야 하며 시비, 시약 및 관수가 집중적으로 행하여지는 상태에서 잔디깎기도 자주 행하여짐으로써 양질의 잔디로 유지하게 되어야 한다. 이런 연유로 잔디가 마치 사경재배(砂耕栽培)와 같은 특성이 있으므로 이의 관리는 매우 복잡하고 어렵다.

(1) 시비(施肥, Fertilizer Application)

잔디의 초종(草種)에 따라서 시비요구량은 다소의 차이는 있지만, 일반적으로 적은 비료를 자구 주도록 하여야 하며, 가능한 한 속효성(速效性) 화학비료 보다는 유기질 비료(有機質肥料)나 완효성 비료(緩效性肥料)를 시비하여야 더욱 효과적이다. 특히 주의해야 할 것은 들잔디, 금잔디 등의 Zogsiagrass와 Bermudagrass 등의 난지형(暖地型) 잔디는 여름철 시비를 금지해야 하며, 잔디생육을 촉진하는 특수비료만을 시용해야 한다.

시비계획(Fertilizing Program) 작성시에 유념할 사항은 그 기후에 적합한 우점종(Predominate Species)을 위주로 하여야 하며, 수년간에 걸친 잔디전문가 경험을 토대로 작성하도록 하는 것이 좋다.

그림 3-11 잔디경기장의 시비 광경(미국)

표 3-1 한국잔디 Bermuda Grass 연간시비계획(年間施肥計劃)

(단위 : g/m^2)

월 \ 비료	요소	유안	복합	콩깻묵	계분	용성비	관린산석회	염화칼리	석회	N	P	K	Ca
	N P K	N	N P K	N P K	N P K	P K	P	K	Ca				
	45	21	16 16 16	5 2 15	3 3 15	20 30	16	60	60				
3월 상중하		10 10	10							2.1 3.7	1.6	1.6	
4월 상중하	10		10	10	10	20	10		20	7.4	7.7	7.9	12
5월 상중하	5		20	20	20					7.05	4.2	3.8	
6월 상중하			20	20	20	5	5			4.8	5.0	5.3	
7월 상중하			10	20	20					3.2	2.6	2.2	
8월 상중하			5	5	5					1.2	1.05	0.95	
9월 상중하	5		10 10	20 20	20 20	5 10	5 10	5	10	5.45 3.2	4.4 4.4	3.7 5.5	6
10월 상중하			10	10	10	10	10	5	10	2.4	5.7	7.9	6
계	9	4.2	16.8 16.8 16.8	6.25 2.5	3.75 3.75 1.875	10 15	6.4	6.0	2.4				24
N	9	4.2	16.8	6.25	3.75					40.00			
P			16.8	2.5	3.75	10	6.4			39.45			
K			16.8	1.875	1.875	15		6.0					
Ca									2.4				24
통계	20	20	105	125	125	50	40	10	40				

표 3-2 경기장의 Kentucky Bluegrass, Bentgrass, Fescuegrass의 연간 시비계획

(武田啓治)

구분 / 비료명	비료성분비					비료성분비									시비量(年間)	年間시비성분量(g/m²)				
	N	P_2O_5	K_2O	CaO	MgO	3	4	5	6	7	8	9	10	11	g/m²	N	P_2O_5	K_2O	CaO	MgO
배합비료어분	8.5	5.9				20			10						30.00	2.55	1.77			
골분	4.1	22.3				10			20						30.00	1.23	6.69			
어박	5.5	2.0	1.0			30			50						80.00	4.40	1.60			
류가(硫加)			50.0			7			10						17.00			8.50		
본델	10	6	8			25									25.00	2.50	1.50	2.00		
오르가린	8	8	8				30								30.00	2.40	2.40	2.40		
若土入別燐	12	8	7					30							30.00	3.60	2.40	2.10		0.90
木本유린 액1호	12	3	4						20						20.00	2.40	0.60	0.80		
약土入초산石회액비	10	0	2	10	4					30					30.00	3.20		0.60	3.00	1.20
요소	46										(5)				(5.00)	(2.30)				
산리찌	6	4	2									40			40.00	2.40	1.60	0.80		
Sonne	10	5	6		1								30		30.00	3.00	1.50	1.80		0.30
뇨소인복합액비1호	12	5	7											20	20.00	2.40	1.00	1.40		
비율																10	7.04	7.09	1.004	0.736
月별성분量	N					6.23	2.40	3.60	6.82	3.00	(230)	2.40	3.00	2.40	29.88	29.88				
	P_2O_5					5.51	2.40	2.40	6.65			1.60	1.50	1.00	21.06		21.06			
	K_2O					5.30	2.40	2.10	6.30	0.60		0.80	1.80	1.40	21.20			21.20		
	CaO									3.00					3.00				3.00	
	MgO							0.9		1.20			6.3		2.40					2.40
回數																				
성분量 (年)누계					N		8.66	12.26	19.08	22.08		24.48	27.48	29.88						
					P_2O_5		7.91	10.31	16.96	16.96		18.56	20.06	21.06						
					K_2O		8.20	10.30	16.60	17.20		18.00	19.80	21.20						
					CaO					3.00		3.00	3.00	3.00						
					MgO			0.90	0.90	2.10		2.10	2.40	2.40						

그림 3-12 잔디구장의 배토(Topdressing) 광경(미국)

(2) 잔디깎기(刈草)

경기장의 잔디초지는 시비, 관수 및 기타 조건들이 매우 약한 편이기 때문에 잔디의 생육이 왕성하다. 그렇지만 잔디의 품질과 잎의 질감(質感)을 좋은 상태로 유지해야 하기 때문에 자주 예초관리를 하여야 한다. 만일의 경우 자주 예초하지 못하게 되면 잔디가 너무 자라서 통풍불량, 광선 불투과 잔디의 연약 등으로 병이 많이 발생한다. 그러므로 자주 깎아주지 않으면 좋은 상태의 잔디초지로 유지될 수가 없다.

그림 3-13 잔디구장 예초광경(자료 : 미국 John F. Shoulders)

표 3-3 경기장 예초관리표

잔디초종	예초높이(cm)	잔디 생육기간 중 예초 간격일수(일)
Kentucky bluegrass	2.5～5.1	2～7
Tall fescue	4.4～5.7	2～7
Perennial ryegrass	2.5～5.1	2～7
Bermudagrass	1.3～3.8	2～4

수직깎기인 버티칼 모잉(Vertical Mowing)은 수직으로 향한 칼날을 이용해서 수평의 날을 바르게 회전시켜 지나치게 뻗은 포복경이나 옆으로 누운 잎을 잘라 내며, 에어레이션(Aeration) 후의 얕은 버티칼 모잉은 코아(Core)를 깨뜨려서 토양의 재형성을 도우는 효과가 있기도 하고 그렇지 않은 경우도 있다. 이 버티칼 모잉 작업은 종종 북더기잔디인 Thatch가 극심한 경우에 한하여 각종 경기자에서 사용이 제한되어 지기도 하는데 이는 특히 잔디초지를 재조성하는 동안에는 금지되고 있다.

그림 3-14 버티칼 모아(Vertical Mower) (자료 : 미국 John F. Shoulders)

(3) 관수(灌水)

잔디가 생육하는데 물이 절대적으로 필요하다는 것은 말할 필요가 없다. 그러면 어느 정도 필요한가 하는 것이 문제가 된다. 식물의 경우 요수량(Water Requirement)이란 것은 건물 1g을 생산하는데 필요한 물의 양을 말한다. 일반적으로 잔디의 요수량(要水量)은 500～600g 이다. 즉 Zoysiagrass 1,000³(10a)당 연간 건물생산량(乾物生産量)을 500kg 이라 가정하면 1년간 필요한 물의 양은 250～300 ton 이상이 된다. 이를 좀 더 구체적으로 설명하면 Zoysiagrass의 생육기를 3월 하순～10월 하순까지 약 240일간으로 보면 1년간이라도 240일간에 필요한 물의

그림 3-15 지하배수관 설치에 의하여 관수가 이루어지는 자동 Pop－Up Sprinkler

양이 250～300톤(Ton) 이라는 것이다. 또한 관수를 균일하게 실시한다는 것이 대단히 중요한 일이지만 그리 쉬운 작업은 아니다. 특히 경기장의 배수관 심토배수층(心土排水層)의 설치 및 배수가 잘 되는 상토(床土)에 잔디초지가 조성되었으므로 관수를 자주 균일하게 실시해 주어야 한다. 특히 영구적인 이용목적을 가지고 설치되는 경기자의 관수시설 시스템은 가능하다면 토양수분을 자동적으로 측정하여 적절한 시기에 관수를 행할 수 있도록 자동화된 설계를 하는 것이 바람직하다.

(4) 잡초방제(雜草防除, Weed Control)

자연계(自然界)에 있어서 환경은 항상 변호하고 식물의 군락(群落, Colony, Community)도 그 환경변화에 대응하여 그 구성종(種)과 구조가 변화해 가고 있기 때문에 각종 운동장의 관리부주의로 잡초가 번무(繁茂)하게 되면 잔디의 품질을 매우 손상시킬 뿐만 아니라, 잔디초지의 유지도 불가능하게 된다. 잔디초지를 유지하는데 잡초방제는 빼 놓을 수 없는 관리이지만 잔디초지에 주로 침입해 오는 잡초의 생리 및 생태를 알지 못하고는 적절한 잡초방제 관리를 할 수

그림 3-16 경기장 잡초방제를 위하여 제초제를 살포하는 광경(미국)

없다는 것을 우선 인식하여야 한다. 경기장의 잔디초지는 특히 양질로 유지되어야 하는데 인력에 의한 제초는 잔디의 표면에 상처를 내고 또 잡초가 다소 있더라도 자주 깎아주는 상태에는 미관 및 이용에 큰 불편이 없으므로 경기장의 잔디는 흔히 제초제의 사용으로 잡초를 방제한다.

표 3-4 경기장 잔디초지(Kentucky Bluegrass, Bentgrass, Fescuegrass)의 약제살포계획

(단위 : g/m^2)

약 품	월	4월				5월				6월				7월				8월				9월				10월				계
	주	1	2	3	4	1	2	3	4	1	2	3	4	1	2	3	4	1	2	3	4	1	2	3	4	1	2	3	4	
살균제	Tersan 1.5g 1,000배				0				0																				0	4.5
	Tersan 2g 1,500배										0		0	0	0	0	0	0	0	0	0		0		0		0			26.0
	Usplun 3g 1,000배																0	0	0	0	0									15.0
	TMTD 3g 700배				0				0		0		0		0														0	18.0
	TMTD 5g 700배														0	0	0	0	0	0	0		0		0		0			50.0
살충제	Adrin 0.5g 700배				0			0			0									0										2.0
	Hepta 유제 0.5g 1,000배							0			0									0										1.5
제초제	Dacthal 0.1g 1,000배	0																0												0.1
	Zytron 0.15g 1,000배	0																0												0.15
	Banvel – D 0.1g 2,000배						0	0																		0	0			0.2
	TRIBAC 1g 1,000배						0	0																		0	0			4.0

(5) 각종 경기장 잔디초지 유지를 위한 기타 종합관리

각종 잔디 경기장의 관리를 원활시 하기위해서는 무엇보다는 다음과 같은 조항을 유념하여 합리적이고 체계적인 관리계획을 세우도록 하여야 한다.

① 환경조건에 적합한 잔디 초종을 선정하여 이용토록 할 것

② 토양산도(pH) 조절 관리

③ 시비(Fertilization)

④ 예초(Mowing) 관리

⑤ 관수(Irrigation) 관리

⑥ 재배(Cultivation) 및 배토(Topdressing) 관리

⑦ 잡초 방제(Weed Control) 관리
⑧ 병해 방제(Disease Control) 관리
⑨ 경기 후 잔디보수(Postgame Repair) 관리
⑩ 신한 답압지역의 잔디 갱신작업(Renovation of Heavy Traffic Areas)관리
⑪ 잔디이용조절(Turf use Control) 관리 등을 들 수 있다.

표 3-5 잔디구장 조성에 이용되는 잔디초종

한지형 잔디	난지형 잔디
Kentucky bluegrass Tall fescue Perennial ryegrass Bermudagrass	Bermudagrass Korean lawn

※ 주의 : 초종 및 품종간 혼파초지이용(混播草地利用)시는 특히 그 지역에 잘 적응되어 질 수 있는 것으로 선발 이용토록 하여야 한다.

표 3-6 경기장 잔디초종에 적합한 토양산도

해당 초종	토양산도 범위	비 고
대부분의 이용잔디	pH 6.0～6.5	초종간 다소 차이는 있음

표 3-7 한국잔디(*Z. japonica* Steud) 운동경기장 연간 작업력

작업 \ 월	1	2	3	4	5	6	7	8	9	10	11	12	작업빈도
잔디깎기													6회 4회 매월 2회
배 토				—									1cm 연 2회
시 비				—		—		—					20 − 15 − 15g/m² 연 3회
병해예방					—								연 1회
충해예방				—					—				연 7회
제 초			—	—	—	—			—	—	—		연 2회
살 수					—					—			연 2~3회

표 3-8 금잔디(*Z. matrella* (L) Merr) 운동경기장의 연간 작업력

작업 \ 월	1	2	3	4	5	6	7	8	9	10	11	12	작업빈도
잔디깎기													6회 4회 매주 2회
살 수													4회 2회 매주
배 토				—		—					—		2cm 연 3회
시 비			—	—	—	—	—	—	—				30 – 15 – 25g/m^2
병해예방	—	—	—	—	—	—	—	—	—	—	—	—	연 8회
충해예방				—	—	—			—	—			연 12회
제 초			—	—	—	—			—	—	—		연 5회
살 수													연 7회
에어레이션				—					—				연 2회
버티컷트					—			—	—				연 3회

표 3-9 Kentucky bluegrass 운동경기장 연간 작업력

작업 \ 월	1	2	3	4	5	6	7	8	9	10	11	12	작업빈도
잔디깎기													6회 4회 매주 2회
살 수	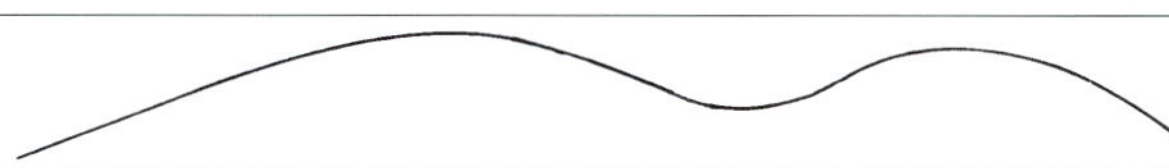												4회 2회 매주
배 토			—	—	—	—	—	—	—	—			2cm 연 8회
시 비	—	—	—	—	—	—	—	—	—	—	—	—	50 – 50 – 30g/m^2
병해예방	—	—	—	—	—	—	—	—	—	—	—	—	연 12회
충해예방				—	—			—	—	—			매주 연 5회
제 초			—	—	—	—		—	—	—			연 7회
에어레이션			—	—					—				연 3회
버티컷트					—	—	—		—				연 4회
로울링	—	—	—							—	—		연 5회

표 3-10 Bent 잔디초지 운동경기장 연간 작업력

작업 \ 월	1	2	3	4	5	6	7	8	9	10	11	12	작업빈도
잔디깎기													6회 4회 매주 2회
배 토													연 6회
시 비													연 12회
병해예방													
충해예방													매주정도
에어레이션													
버티컷트													연 2~4회
보 수													연 3회
답 압													연 4회
살 수													
서리피해예방													연 1~2회

그림 3-17 잔디초지가 매우 심하게 밟히어 표토가 긴밀토양(Soil Compaction)이 된 토양층(Compated Layer 모습)

운동장의 과도한 사용으로 인하여 심하게 표토가 진압(Compaction)되어진 경우에 토양갱신(Renovation) 작업을 위해서 에어레터(Aerator)로 구멍을 내줌으로써 고결토양층을 관통하게 되어 이곳에 뿌리가 활력 있게 생육하게 된다. 이 토양의 긴밀성은 표토층이 5~7.5cm 깊이에서 주로 발생하는데 토양입자가 미세하고 습한 토양, 낮은 예초, 잔디가 빈약한 곳에서 잘 발생된다. 이를 교정하기 위한 토양갱신작업으로 통기작업(Coring), 수직으로 회전하는 칼날로 표토를 절단하는 작업인 슬라이싱(Slicing), 축구화의 스파이크의 징(Stud)과 같은 끝이 뾰족한 침봉을 잔디초지에 꽂아 통기성을 높이는 작업인, 스파이킹(Spiking) 등이 단단하고 긴밀토양(Compacted Soil)의 교정에 효과가 있다. 이외에도 과도한 북더기잔디(Thatch)로 또한 잔디뿌기가 얕게 내리는 원인이 되므로 제거하는 것이 바람직하다.

에어레터(Aerator)에는 그 사용용도에 따라 몇 가지 종류가 있다. 사진은 디스크(Disc)에 설치된 타인(Tines)을 장착한 형태이다.

그림 3-18 잔디 운동구장에 사용되는 에어레터(Aerator)
(자료 : John. F. Shoulders. 1985. 미국)

이 크랭크축 에어레터는 잔디초지를 약 7.5cm 정도 깊이로 관통하여 토양의 코아(Core of Soil)를 캐내고 있다.

그림 3-19 크랭크축(직경 1.8～2.5cm)을 갖는 에어레터
(자료 : John. F. Shoulders. 1985. 미국작물학회)

그림 3-20 스위퍼(Sweeper)
(자료 : John. F. Shoulders. 1985. 미국)

이 스위퍼(Sweeper)는 각종 예초기(刈草機)에 의해 지표면에 남게 되는 Thatch를 효과적으로 제거하는 청소기로서, 주로 버티컷팅(Verticutting) 실시 후에 이용되어지는 청소작업으로 이는 또한 운동경기에 의하여 잔디초지 위에 올려진 공을 골프채(Golf Club, Driver)로 칠 때 골프채의 헤드에 의해 잔디와 토양이 파진 잔디조각인 디봇(Divots)과 각종 불순물을 제거하는데 유효한 작업기이다.

그림 3-21 프러그(Plugging)작업

이 잔디의 영양체 일부분을 일정 간격으로 심는 것인 플러깅(Plugging)은 운동 경기후 보수작업(Postgame repair)의 하나로 밀생된 높은 양질의 잔디초지에서는 경기로 인하여 생긴 잔디조각을 수선하는데 가장 좋은 방법의 하나이다.

그림 3-22 배토로 디보트를 채워주는 작업
(자료 : John. F. Shoulders. 1985. 미국)

배토(Topdressing)로 Divots를 채워주는 작업에서 가장 유념하여야 할 사항은 대치되는 배토용 토양혼합(Soil Mixture)은 경기장의 토성과 동일한 것으로 채워주어야 한다. 이 작업 후에는 밀도가 떨어지는 잔디초지에 잔디를 추가로 파종하는 보파(Spot Reseeding, Interseeding)하여 주는 것이 회복촉진을 위하여 효과가 더욱 좋다.

그림 3-23 경기장 잔디초지 파종기
(Turf Seeder. 미국)

이 파종기는 일단 조성되어진 잔디초지를 그대로 유지하면서 이를 없애지 않고 추파조성초지(Overseeding Established Turf)에 사용되는 유용한 기구로서 식물이 생육하는 동안에 잔디초지의 밀도(密度)가 낮은 곳에 추가로 파종하는 작업에 매우 적합하다.

그림 3-24 파종기에 의해 바퀴자국(Groove)이 난 상태
(자료 : John. F. Shoulders. 1985. 미국)

잔디 파종기에 의해 잔디초지에 형성된 바퀴자국의 홈이 파진것(Groove)은 종자가 어린싹으로 출현(Emerge)하는 것을 촉진시켜 주는 효과가 있다.

그림 3-25 경기장 잔디초지에 배토된 광경

적절한 토양혼합이 이루어진 배토작업, 즉 잔디를 갱신하거나 양질의 잔디면으로 향상 시키기 위해 잔디초지 위에 흙 또는 모래를 뿌리는 작업(Topdressing)은 부정근(Adventitious Root)을 증가시키고 대취의 분해를 촉진하며 토양을 개량시키는 효과와 지표면을 평편하고 균일하게 하므로 중요하다. 이외에 종자를 피복하여 종자가 토양과 접촉하여 발아(發芽, Spouting)할 수 있도록 안전하게 하는 효과가 있다.

그림 3-26 잔디초지 냉해(冷害) 방지
포리에틸린 보호피복 광경(미국)

구멍이 뚫어진 잔디초지의 보호피복(Vented Field Covers) 비닐은 늦은 봄이나 이른 봄의 쌀쌀한 기온 중에도 새싹을 빠르게 정착(定着, Establishment)시킬 수 있는 효과를 가진다.

(a) (b)

그림 3-27 (a)그대로 방치된 잔디초지와 (b)피복된 잔디의 비교모습

구멍을 뚫린 깨끗한 Sheets로 피복이 된 지역은 빠른 잔디생육과 녹색은 유지하고 있는 반면(b) 그대로 방치된 지역(a)은 아직까지 휴면상태(Dormant)를 보여주고 있는 모습을 볼 수 있다.

그림 3-28 경기 잔디구장의 뗏장 입히기(Sodding) 작업광경(자료 : John. F. Shoulders. 1985. 미국)

각종 운동경기장의 잔디초지 조성시 짧은 기간 내에 조성하기를 원할 경우에는 뗏장(18×18cm, 20×20cm)과 뗏장사이에 일정한 간격을 두지 않고 전체를 뗏장으로 입히는 방법인 평떼(Sod Mat Sodding)작업으로 잔디초지를 만들 수 있다. 이 경우 잔디의 뿌리가 정착하기 위하여서는 잔디를 다양한 규격(예: 가로 20cm×세로 20cm)의 크기로 재단하여 일정한 두께로 떠낸 것인 뗏장(Sod) 이식 후 2주일 동안은 종종 관수를 해 주어야 한다. 이식(利殖) 바로 전에는 Sodbed가 습기가 있는 축축한 상태 이어야 한다.

그림 3-29 잔디경기장 조성을 위한 뗏장이식 광경 (미국 작물학회)

경기장 잔디초지 조성을 수주일 안에 마치기 위한 기계 이식법의 인력을 이용한 뗏장이식 방법도 있다. 잔디초지 조성을 위한 충분한 시기가 있다면 종자파종이 가능할 것이다.

그림 3-30 잔디구장 진압광경(캐나다)

진압(Rolling)작업은 운동경기장 유지관리를 위하여 필수적인 관리 주의 하나로, 이는 뗏장 이식 후 평편한 지면을 만들기 위하여 필요할 뿐만 아니라, 축축한 기간에 경기를 속행하였을 때 지표면을 평편하게 하기 위해서도 수행된다. 특히 주의할 것은 진압에 의해서 과도한 토양고결화(Excessive Compation) 되는 것을 피하여야 하고, 너무 중량이 무거운 Roller를 사용하지 말아야 한다.

그림 3-31 심한 강우량으로부터 잔디보호를 위해 실시하는 피복 광경(스웨덴)

만약 운동경기가 비가 오는 것과는 상관없이 진행될 사정이라면, 마른 잔디구장을 유지하기 위하여 피복하여 관리토록 하여야 할 것이다.

최종적으로 각종 운동경기용 잔디초지의 피해를 최소한으로 줄이기 위한 종합대책을 들면 다음과 같다.

① 잔디초지가 젖어 있는 상태에서는 잔디구장 사용을 최대한으로 제한하는 것이 가장 바람직하다.

② 답압(Traffic)의 피해현상이 심하게 나타난 지역은 회복될 동안 다른 경기장을 사용토록 한다.

③ 잔디가 겨울동면(Winter Dormancy)으로부터 다시 회복될 때 까지 봄철 잔디이용을 가능한 한 피할 것

④ 토양 밑이 아직 동결(凍結)되어 지표면이 해동(解凍)되고 있을 때는 잔디초지의 출입을 금할 것

⑤ 처음 파종하여 잔디초지를 조성한 지역과 새롭게 뗏장(Sod) 이식이 된 지역의 경우 완전하게 정착(定着)이 되고 조성이 완료될 때 까지는 잔디초지 사용을 금할 것 등이다.

제 4 장

묘역(墓域)의 잔디초지 실무관리

4.1 묘원(墓園)의 잔디조경계획

묘지(墓地, Cemetery)와 묘소 (墓所, Graveyard)는 인간의 영면(永眠)의 성지(聖地)이며 우리 조상님들의 추억이 담긴 땅이기도 하다. 따라서 이러한 목적에 맞추어 적절한 부지(敷地, Site, Lot)를 선정하는 것이 매우 중요하며, 묘지공원 또는 공원묘지(Park Cemetery)도 역시 이에 어울리는 환경을 담은 계획내용을 지녀야 한다는 점을 강조하고 싶다.

무엇보다도 묘지공원나 공원묘지의 조성에는 각종 지형지물이나 표면굴곡 등 원인으로 인하여 조성면적이 큰 대면적일 경우은 파종(Sowing, Seeding)에 의해 조성하겠지만, 일반적으로 잔디뗏장(Sod, 예 : 가로 20cm×세로 20cm)이나 줄무늬(Stripping) 심는 방법을 이용하는 편이다.

특히 국립묘지(The Natioal Cemetery)은 물론이고 개인적인 묘지(Cemetery)는 일단 한 번 설정되면, 좀처럼 이전이 매우 어려운 일이므로 부지의 선정(Selection of Cemetery Site)에 있어서 이와 같은 목적에 합치한 환경을 가진 토지일 것은 물론 현재와 장래에 있어서 도시의 토지이용계획에 지장을 줄 우려가 없는 위치를 고르도록 하야 한다.

흔히 도시근교의 Green belt(綠地)안에 묘원(墓園)이 계획되는 것도 이와 같은 이유 때문이다.

묘지(墓地)는 무엇보다도 배수가 양호하고 양지바른 곳에 골라서 조성되었으므로 배수가 불량한 묘원은 거의 없으리라 생각한다. 특히 조상의 묘소 앞에서 자손이라면 누구나 잘 지피(地被)된 잔디(Ground Cover Turf)관리를 생각하여 본 적이 없는 사람은 아마 한 사람도 없을 것이다.

묘소(Graveyard)는 병원이나 학교 또는 각종 운동시설 등과 인접(隣接)을 피하고, 또 화장터의 병설은 바람직하지 못하다. 또한 묘원에는 한식(寒食)이나 추석(秋夕) 등 특정된 날에 성묘객(省墓客, Visitors to One's Ancestral Tomb)이 몰리게 되면 그 가운데에는 노령자(old, advanced age)도 적지 않다. 그러므로 성묘를 위한 교통수단이 확보되어 동시에 묘지안의 동선(動線)도 극단으로 승강(昇降)하지 않고도 되는 경사가 적은 부지인 것이 바람직하다.

묘원(墓園) 전체의 토지이용형태를 보면 묘소가 30%, 도로와 광장이 35%, 그 밖의 건물과 잔디 및 나무 등의 식재지가 35% 수준이 표준이지만, 최근에는 녹지면적이 증대되는 경향이 있다. 그러나 묘지의 토지이용률은 경영계획상 용지비(用地費), 조성 및 관리비 및 부지의 지형에 따라서 묘지이용률에 한도가 생기게 마련이다. 최근 토지사정으로 말미암아 기복(起伏)이 심한 구릉지(丘陵地)에 터를 잡는 일이 적지 않은데 이런 경우에는 묘지이용률이 30%선 이하인 경우도 있다.

매장형식은 석탑(石塔, Stone Pagoda, Tower)을 세운 일반묘지 형식이 많았었지만, 현재의 토지사정에서 특히 대도시 주변에는 광대한 평면 묘지용 부지를 염가로 구입하는 것은 어렵게 되어 있다. 이런 점들을 감안할 때 앞으로는 용지난을 고려하여 벽면(The Surface of a Wall)묘지(壁面墓地)이거나 납골당(納骨堂, Charnel House) 등을 포함한 새로운 입체적인 납골형식이 많이 채택될 것으로 생각된다.

묘원(墓園)에는 24시간 개방(open)되어 있는 형식과 야간에는 폐쇄되는 형식이 고려된다.

묘역의 시설이 파손되는 것을 막거나 풍기(風紀)상 또는 보안상의 문제에서는 폐쇄형(閉鎖形)이 좋지만, 광대한 구역을 전역에 걸쳐 폐쇄하는 것은 주위의 교통사정상 곤란해질 때도 있다.

묘원은 묘소(墓所, Graveyard)라는 균질의 시설이 광대한 면적을 차지하기 때문에 어쨌든 성묘객의 입장에서 위치의 확인이 어려워지기 쉽고 부지의 명확성이 아쉽다. 따라서 계획 당초부터 경관계획이 성묘객의 유도하는 기능을 할 수 있게 검토되어야 할 것이다. 또한 통상적으로 성묘객은 특정일에 집중해서 모이고, 그 밖의 날에는 극히 적다. 그러므로 급수시설이나 주차장 등의 객량산출(客量算出)은 가장 효율적인 운영방식을 고려하여 결정짓도록 해야 한다. 끝으로 묘원계획에 있어서 관리시설에 대한 계획이 흔히 조잡하고 불충분해지기 쉽다. 특히 청소나 소각처리(燒却處理) 방법은 합리적인 조직을 계획에서 충분히 검토할 필요가 있다. 또 묘원에는 선향(線香)은 빼 놓을 수 없는 것이며, 잔디초지의 묘지에서는 소화(消火) 문제도 검토해 둘 필요가 있다.

(a) (b)

그림 4-1 (a) 농촌부흥운동의 선구자이었던 (고) 상허(常虛) 유석창(劉錫昶) 박사의 묘
(b) 수많은 축산입국(畜産立國)의 기수(旗手)들을 배출시키신 (고) 상허(常虛) 유석창(劉錫昶) 박사 묘역

그림 4-2 조상의 묘역에 생육이 왕성한 시기에 Hand Mower로 잔디깎는 모습(경기도 이천시 설상면)

그림 4-3 김수환 추기경 서거 1주년(2. 16)을 기리며(경기도 용인성직자공동묘지)

표 4-1 묘원(墓園) 구성시안

기호	割地의 기본단위	면적규모	면적규모			서비스 · 보안 · 관리시설					
			도로폭 m	주차장	표시 안내문	조명	청소 시설	급배수 시설	광장 휴식시설	관리 시설	수경 시설
L	묘소 lot	6~12	1.5~3.0 (도로)				휴지통	하수말단			기존 수목의 보존, 무육
L·G	묘소열구 Lot group	600×1,200 (L×100)	1.5~3.0 (통로)		1~4소 설치		1~2 개소	급수전	L·G중심 휴식공간		소화단·벤치·잔디광장·잔디묘소
B	묘소지구 Block	600×1,200 200 L×1,000 LG×10	6.0~10.0 지선			1~4 개소	소각장	50m 간격 1개	휴식정자		광장·잔디밭·벤치·퍼어걸러·화단 등
Z	묘역 Zone	$6\times10^4\times$ 12×10^4 L×1,000 LG×100 B×10	8~10.0 차·보도 분리 부간선	동시주차 능력 10~20대					서비스 센터(화장실·매점)	작업사·묘포·자재적치장	상기이외에 분수·벽천·조상이 놓이는 대형 광장
C·P	묘원 Cemetery park	$6\times10^5\times$ 12×10^5 $+4\times z$	18.0~20.0 (간선차 보도분리) 20~30 (진입로)						센터	사무소·온실·작업원 휴식사·창고	이상의 시설 이외에 위령탑 모뉴먼트가 설치되는 중심광장 주변의 식수대

註 : 1) 성묘길은 주요 도로에서 묘원까지의 approach를 뜻한다.
2) 중심 center에서 집중적으로 필요시설을 정비하는 것도 고려할 수 있다.
3) →는 면적증가에 따라 그 시설을 증가하는 것을 표시한다.

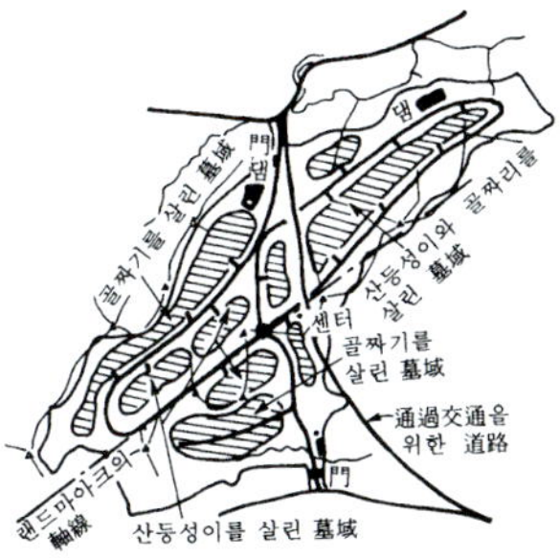

그림 4-4 묘원부지에 대한 구성도

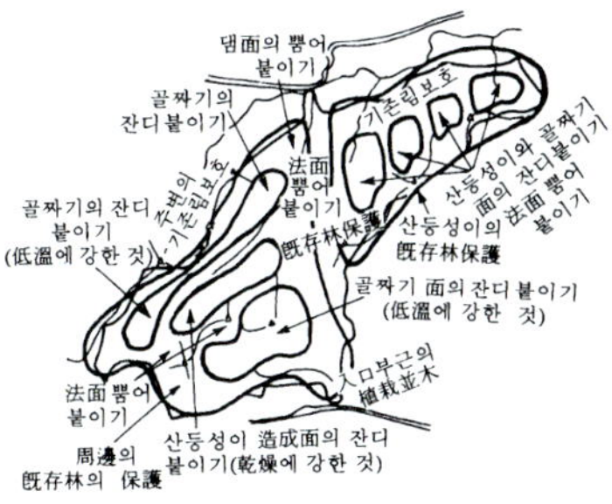

그림 4-5 묘원부지에 대한 식재(植栽) zoning도(圖)

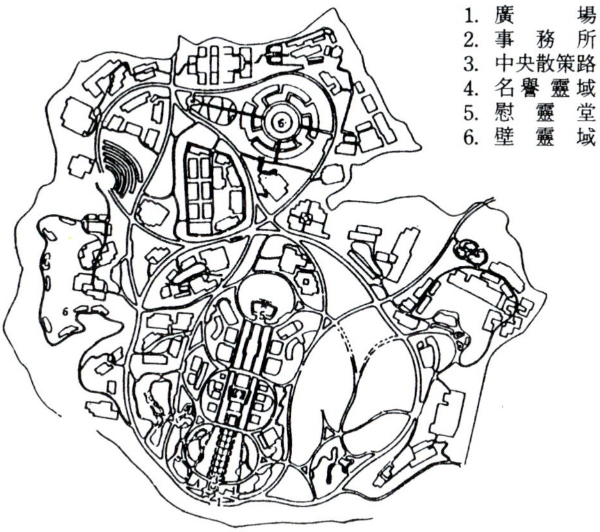

그림 4-6 묘원(墓園)의 한 가지 예

4.2 묘지(墓地)의 잔디초지관리

우리 인간의 영면(永眠)의 성지인 묘지를 잘 관리하는 것은 돌아가신 조상에 대한 은덕(恩德)을 기리고 후대 자손들에게는 본보기를 보여 주는 교육도장(教育道場)이기 때문에 묘지(墓地)는 너무 사치스럽게 꾸며도 좋지 않고 극히 자연적인 미와 경관을 최대로 조화를 이루도록 하는 것이 좋다. 그렇지만, 잔디초지의 관리소홀로 인하여 클로버(Clover) 등 각종 잡초가 침입(weedy yard)하게 되면 묘역(墓域)미관(美觀)은 매우 보기 흉한 상태가 되고 만다. 현대인의 바쁜 생활 중 잠시 시간을 이용하여 묘소를 찾아갈 때 어느 정도 잔디초지의 푸름이 지닌 아름다운 미관을 유지하기 위한 잔디초지관리를 소개하면 다음과 같다.

(1) 묘지잔디초지 생육환경(生育環境)의 개선

① 묘역(墓域)의 잔디생육지는 보수력이 좋지 않은 토양, 즉 왕모래 등 사질토(砂質土)의 경우에는 아무리 환경적응이 잘 되는 잔디라 할지라도 오래 가는 내구성(耐久性)이 약한데, 이는 수분공급을 받지 못하여 가뭄 피해(旱害)를 받기 때문이다. 그러므로 묘소는 유기물(Organic Substance, Organic Matter)이 풍부한 양토(Loam Soil)이던지 식양토(埴壤土, Clay Loam)를 최소한 20~25 두께의 표토(Topsoil)로 객토하여 주어야 한다. 특히 객토(客土, Soil Addition, Soil Dressing)되는 흙은 이탄(泥炭)이나 톱밥 등 완숙된 유기물을 중량으로 15~20% 첨가시키어 토양물리성(土讓物理性, Physical Properties of Soil)을 개량하여 주는 것이 필요하다.

② 객토(客土, Soil Additon) 실시요령은 우선 1/2로 나누어 10~15cm의 객토층에 농용석회(農用石灰)를 1.0~2.0kg/3평 혼합하여 같은 양의 하층토(下層土)인 모래흙의 깊이 10~15cm에 고루 섞어서 양토와 모래의 각 50% 혼합층을 20~30cm 이상으로 만들어 주고 그 위에 나머지 객토용 흙을 약 10cm 정도로 깔아준다.

③ 기비(基肥, Basal Fertilization) 및 시비방법은 제1편의 시비관리편에 상술(詳述)되었으므로 이를 참조 및 간단한 시비수준은 정원잔디초지편의 시비관리를 참조할 것임. 기비로 혼합한 후 흙을 펴준 뒤에는 고루 밟아서 잘 다져주고 특히 흙을 올려 덮어서 무덤을 만드는 일, 즉 봉분(封墳) 밑을 잘 다져서 잔디생육상 유리하도록 하여 준다.

④ 뗏장(Sod)의 이식(Transplanting)은 평지법(平地法, Sodding) 방법을 이용할 수 있는데, 이는 뗏장을 작은 틈도 없이 평편하게 깔아 주면 즉시 잔디초지를 조성할 수 있는 잇점을 갖는다. 잔디초지면적의 단위는 평(坪)을 사용하는데, 1평의 크기는 3.3m^{2}이므로 뗏장 1매의 크기를 길이 60cm×폭 30cm로 한다면 18매(枚), 또는 길이 45cm×30cm로 하여 24매를 묶어서 한 평으로 하고 있다.

⑤ 잔디를 떼어낼 경우에 있어서 잔디 두께가 중요한데, 실제적으로 얇은 잔디가 두꺼운 것보다 뿌리의 착근력(着根力)이 빠르다. 대부부의 잔디초지류는 약 2cm 이내 깊이로 떼어내지만, Bahiagrass, St. Augustinegrass 및 Tall Fescue 등은 더 깊게 떼어 이용되고 있다.

⑥ 일반적으로 묘소(墓所, Graveyard)는 지반과 파종상(播種床, Seedbed) 작성이 뗏장이 수송되기 전에 완성되어있으므로 뗏장을 군데군데 적은 무더기로 분산시켜 쌓아 놓은 후 손수레 등으로 운반하여 사용토록 하는데, 특히 주의할 점은 뗏장이식의 경우는 잔디초지가 깔리는 하층부의 흙(파종상과 접촉부위)이 마르지 않고 습기가 충분히 있어야 뗏장이 착근이 빨라 정착(定着)이 수월하다. 뗏장을 이식하는 방법으로는 장기판 모양으로 네모지게 똑바로 까는 방법과 벽돌을 쌓는 모양으로 엇갈리게 하여 까는 방법 등이 있다.

⑦ 뗏장을 이식(移植)한 후 파종상의 흙과 동일한 토성을 갖은 흙으로 반드시 채워서 덮어 주

어야 한다(Topdressing). 잔디 뗏장을 깔 때에 뗏장을 잡아당기어 늘어진 상태로 시공하게 되면 조성 후 잔디초지에 요철(凹凸)이 생기게 되므로 밀집시켜서 깔아야 한다. 경사면의 경우에서는 말못을 뗏장위에서 박아 고정시켜 줌으로써 흘러내리는 것을 방지가 가능하며, 까는 모양은 벽돌 쌓는 모양으로 엇갈리게 아래쪽에서부터 위로 향하여 시공하되 등고선(等高線)을 따라 좌우 옆으로 깔면서 한 단계씩 점차 올라가도록 한다.

⑧ 뗏장이식 작업이 끝나면 롤러(Roller)의 무게 100～130kg 정도로 눌러주어야 뗏장이 바닥의 흙과 잘 밀착(密着)이 되어 잔디 생육환경을 좋게 해 주어야 한다. 롤러의 진행방향은 뗏장의 길이 방향으로 밀리지 않도록 하여 수직으로 눌러 주어야 한다.

⑨ 뗏장이식을 완료하고 롤러로 눌러 준 다음에는 가능한 한 빨리 잔디뿌리 하층부위까지 깊게 관개살수(灌漑撒水)를 하여 주어야 하는데, 대체적으로 뗏장은 보수력이 매우 낮아서 특히 햇볕이 나거나 공기가 건조하고 바람이 부는 날에는 특히 유의하여야 한다.

⑩ 잔디를 눌러주는 진압작업(踏壓, Trampling, Traffic)은 해빙, 지렁이, 두더지, 개미 등에 의하여 부풀어진 토양의 표면을 다져주는 것으로, 새순(Sprout, Shoot)이 토양의 양 · 수분을 흡수할 수 있는 좋은 조건을 만들어 주는 효과가 있다.

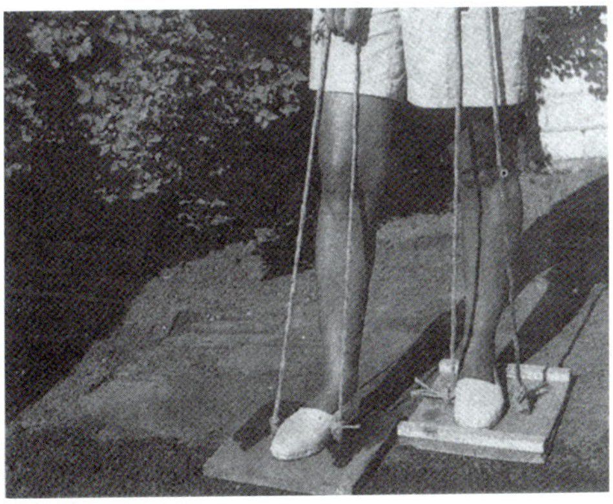

그림 4-7 묘지 잔디초지에 적합한 진압방법

⑪ 잔디초지류는 음지(陰地) 하에서는 생육이 매우 불량하므로 잔디가 생육이 유지되기 위해서는 1일 5～6시간 정도는 최소한도로 햇빛을 받을 수 있어야 하는데, 그러므로 묘역 주변에 큰 나무가 있는 곳은 햇빛이 들 수 있도록 가지치기 또는 벌목(伐木)을 실시하여 주어야 한다. 특히 묘역(墓域) 내에 아카시아나 찔레나무 등 잡관목이 있으면 곡괭이로 뿌리를 파내려고 하지 말고 이행성 제초제(Systematic Herbicides)인 근사미를 묻혀주면 단단히 세거할 수가 있다. 불충분한 일광(Daylight)조건이 되는 묘역에서는 그늘에 강한 Fine Fescue가 St. Augustinegrass가 많이 이용되고 있다.

그림 4-8 Creeping red fescue는 예초되지 않은 지피잔디와 종종 다른 Bluegrass와 함께 혼파이용시 수목(樹木) 등 음지에 이용되어 지기도 하는 모습 (자료 : Ken Smith. 1985)

⑫ 잔디초지의 관리 소홀로 인하여 빈약한 잔디묘소가 되었을 경우, 일반적으로 잡초의 침입이 가능하다. 그 예를 들자면, 토양이 극산성토양(極酸性土壤), 과다하게 과습토양(過濕土壤), 통기불량한 토양(通氣不良土壤), 양분결핍(養分缺乏) 상태에 있는 토양, 심한 밟힘, 낮은 예초고(刈草高), 각종 병 · 해충(病 · 害蟲, Disease and Insect Pest) 등에 의하여 잡초가 만연(Weed Infested) 될 수 있다.

⑬ 묘역에 나타나는 잡초종을 보면 클로버, 수영, 고사리, 소리쟁이, 그령, 억새 등이 적지 않게 피해를 주고 있다. 특히 잔디보다 키가 큰 장초형 잡초가 침입하게 되면 그늘 피해(Shade Injury)로 인하여 잔디의 생육 및 적응이 매우 약화된다.
잔디가 빈약하거나 밀도(密度, Density)가 저하되는 곳에서는 시비(施肥, Fertilizer Application)와 관수(灌水, Irrgation, Watering)등 실시하여 하는데(시비관리 및 예초 · 관수관리편 참조), 겨울이 임박한 늦가을 이 외의 어느 때라도 무방하다. 시비(施肥)를 하게 되면 대체로 잡초(雜草, Weed)가 더욱 무성하게 되어 잔디초지를 오히려 해롭게 하게 되는 경우도 있으므로 반드시 잡초제거(雜草防除, Weed Control)을 같이 병행하여 주어야 한다. 아카시아 · 찔레나무 등 목본류(木本類, Arbor)와 클로버 · 쑥 · 그령 등 숙근성(宿根性) 잡초류(Perennial Weed) 및 기타 모든 잡초제거에 항상 유념하여 잔디초지관리를 하여야 한다(잡초관리편을 참조할 것).

⑭ 잔디초지가 겨울동안에 흙이 얼었다가 봄이 되어 녹게 되면 표층토(Top Soil, Surface Soil)가 부풀어 오르므로 이것이 반복되게 된다면 잔디가 들떠서 토양수분 및 양분흡수기능이 악화되어 말라 죽게 된다. 이러한 서릿발 피해를 방지하기 위하여 이른 봄~늦은 봄

까지 발로 밟아 주던지 소형 Roller 등을 이용하여 눌러 주어야 한다.

⑮ 이 외에 병해충(病害蟲, Disease and Insect Pest) 등에 의하여 우리나라 묘소에서 잔디초지가 군데군데 죽거나, 고사현상(枯死現象, Withering to Death)을 종종 볼 수가 있다. 이를 위해서는 사전 방제대책을 알아 둔 후 이를 대처하는 것이 가장 현명한 잔디초지관리 방법이 될 것이다(병해관리와 해충관리편이 상세히 기술하였으므로 이를 참조하면 많은 도움이 될 것이다).

제 5 장

경사면(傾斜面) 녹화(綠化)잔디초지 실무관리

5.1 경사면 잔디초지의 특성

각종 국토개발 및 토목공사로 인하여 발생되는 경사면(Inclined Plane)을 보호유지하고 토양침식(Soil Erosion)을 방지할 목적으로 비탈면에 잔디초지를 이용한 지피식물(Ground Cover Plant)을 식재하여 토양보존과 환경 및 경관보존의 목적 등으로 경사면의 잔디식재(植栽)가 매우 중시되고 있다.

즉 경사면 잔디초지기능을 보면 강우와 바람 등에 의하여 발생되기 쉬운 토양침식을 방지하는 효과가 있을 뿐만 아니라, 지피용 잔디에 의한 경사면의 피복은 경사지면의 미기상(微氣象)을 완화하고 겨울철 야간에 토양수(土壤水)가 동결(凍結)되고, 주간의 온도가 상승하게 되면 융해하는 것을 막아주는 효과가 매우 크기 때문에 경사면을 보호하는 기능을 가지고 있다. 즉 잔디초지는 본래 토양유실을 방지하기 위한 지피식물로의 이용이 그 시용 목적이었던 만큼 경사면의 녹화용으로 잔디초지류가 가장 많이 이용되는 것은 당연하다 할 수 있다. 특히 유념해야 할 것은 경사면의 표토층이나 양질토에 의한 객토(客土)가 흘러내리지 않도록 잔디초지식생을 빠른 기일 안에 정착시키는 것이 매우 중요하다. 이를 위하여 잔디뿌리가 경사 토양에 활착되어 수분과 양분을 충분히 흡수할 수 있도록 관리에 만전을 기하여야 할 것 이다. 그런데, 경사면은 그 면적이 광대하므로 이에 대한 잔디초지조성 및 관리는 적지 않은 문제점을 갖고 있다. 그러나 경사면 잔디녹화지역은 답압에 의한 피해가 거의 없는 지역이므로 잔디의 재생력은 낮을지라도 토양응집력(土讓凝集力)이 강하고 관리가 소홀히 하여도 좋으며, 아울러 녹화기능을 충족시켜 좋은 경관을 이룰 수 있는 잔디초지일수록 좋다.

5.2 경사면의 종류 및 특성

(1) 고속도로(高速道路) 경사면 잔디초지조경

일반적으로 도로경사면은 관상의 대상만 되므로 답압의 피해는 전혀 받지 않고 재생력의 증강을 위한 지반조성(地盤造成)은 불필요하지만, 그 면적이 너무 광대하여 지반 작업이 필요하다 하더라도 사실상 불가능한편이다. 한편, 이의 관리도 매우 어려우므로 일단 잔디가 한 번 조성되면 거의 방치상태에서도 경관을 이울 수 있는 잔디류를 선택하여 피복(被覆)하는 것이 중요하다.

특히 경사면은 기온, 바람, 눈 등 각종 기상조건과 구배(勾配), 심토노출(心土露出) 및 양분결핍 등 토양조건이 잔디의 생육과 유지에 부적합할 경우가 발생하면 이들 환경조건을 인위적으로 개선하지 않으면 안 된다.

또한 경사면 녹화용 잔디는 대체로 시공 후의 관수는 일반적으로 하지 않기 때문에 가뭄에 잔디가 고사(枯死, Withering to Death)하지 않을 정도의 토양수분을 보유할 수 있는 것이라야 한다.

또한, 경사면으로의 과다한 수량의 유출(流出)은 비탈진경사면의 붕괴를 초래할 우려가 있기 때문에 경사면의 상단후면(上端後面)으로 배수로를 만들어 수량유출을 막아야 한다.

그림 5-1 고속도로 경사면의 잔디조경을 위한 조성초기 모습

그림 5-2 콘크리트 경사틀(Concrete Slope Framing)로 공사를 한 고속도로 경사면의 잔디 경관(일본)

(2) 택지(宅地) 및 제방(堤防, Bank, Embankment) 경사면 잔디조경

택지(Building Land) 경사면의 잔디초지는 이용지가 좁은 주택지의 주위에 위치하게 되므로, 보통 이를 활용하여 경관효과를 노리는 반면 휴영지로서의 이용이 수반되어야 한다. 또한 이 지역은 완만한 경사지인 만큼 그 사용량에 제한이 있기 때문에 답압에 의한 피해가 발생하지 아니하므로 방치상태로 놓여지는 경우가 흔히 많다. 그렇지만 보기 좋고 훌륭한 잔디초지경관과 좀 더 효과적인 이용을 위해서는 적절한 유지관리를 하여야 한다.

그림 5-3 공동주택단지경사면의 잔디 경관

그림 5-4 심한 경사면의 잔디뗏장 이식 광경

제방의 경사면은 일반적으로 그 경관이 좋기 때문에 휴양지로 이용되는 경우가 많지만 제방 보호를 위해여는 제방 경사면의 이용이 극히 제한되어져야 한다. 물론 제방 경사면의 잔디초지는 관리를 못할 정도로 그렇게 광대한 면적이 아닌 만큼 적절한 관리만 잘하여 준다면 좋은 경관의 잔디초지로 이용될 수가 있다. 그렇지만 제방 경사면은 무엇보다도 제방보호를 최우선으로 하여 유지관리 되여야 할 것이다.

이런 목적을 위해서는 토양응집력이 특히 강한 잔디초지류로 피복해야 하는 것이다.

그림 5-5 제방 경사면의 잔디초지경관(서울특별시 한강변)

그림 5-6 경사면의 잔디초지 조성방법(造成方法)

5.3 경사면(傾斜面)의 시공(Construction Work)계획

식물이 생육하는 데는 표토와 자연적으로 조성되어 있는 생태계는 더할 나위 없이 중요한 것으로 가급적 이를 파괴하지 않는 시공계획이 수립된다면 가장 좋다. 즉 공원 및 녹지사업의 초지이용으로는 사정만 허락한다면 수백년에 걸쳐서 만들어진 땅 표면을 그대로 조경의 소재(素材)로 해서 조경공사를 할 수 있다면 이것보다도 더 좋은 것은 없는 것이다.

건축물, 고속도로, 광자 등도 일반적으로 땅을 절취 또는 성토(盛土)해서 평탄지로 조성되지만 잘 연구만 한다면 자연적인 경사면을 그대로 잘 이용할 수가 있다.

어쨌든 자연의 토지 표면을 휴양, 도로 및 주거 등의 목적 등으로 이용하는 데는 작든 크든간에 지형을 개조하여야 하는데 이를 부지조성(敷地造成, The Selection of Building Site)이라 말한다.

이 부지 조성시 고려되어야 할 사항은

① 식물을 새로 식재(植栽)하고나 하는 땅에는 식물의 생육을 위해서 영양분이 부족 되지 않는 흙이 표면에 덮이도록 할 것. 물론 외부에서 흙을 객토(客土)할 경우나 식재예정부지는 대형공사기계 등에 의해서 토양이 단단하게 다져지지 않도록 주의하여야 한다.

② 땅을 돋우거나 깎아내는 면은 경사면의 침식붕괴(浸蝕崩壞)가 생기지 않도록 안정된 구배(勾配)로 해야 한다.

(1) 절토(切土)작업

절토작업은 공동주택단지, 공원, 경사면의 녹화사업 등을 위하여 흙을 깎아내는 작업을 뜻하며, 경사면의 녹화를 위한 시공작업 중 우선 절토(切土)를 들 수 있다. 이 작업은 불도저(Bulldozer) 등에 의하여 점질토(粘質土)의 작업면에 수분(水分)의 함량(含量)이 많으면 기계의 작업능률이 떨어진다. 그러므로 작업면의 배수에 주의하고, 가로 세로면에 충분한 구배(勾配, Slope)를 만들어 물이 고이지 않도록 하여야 한다. 물론 시공 중 경사면에서 물이 솟으면 즉시 배수로 설치토록 한다. 또한 겨울철 토목공사에서 서릿발이 심하게 발생할 때에 이를 그대로 방치하면 서리가 녹아서 토양을 연화(軟化)시키므로 서리가 녹기 전에 반드시 이를 불도저(Bulldozer)로 밀어내야만 한다.

(2) 성토(盛土, Earth laid on the Ground)작업

성토작업이란 경사면의 녹화사업을 위하여 흙을 쌓는 것을 말하며 건축물, 도로, 수로(水路), 각종 배관의 기초 등 난단하게 다져야 할 부분의 성토에서는 재료를 단단히 다지는데 적합한 함수비(含水比)로 조제해서 성토해야 한다. 따라서 이 성토작업 중 소나기 등에 의해서 작업면에 물이 고이지 않도록 항상 배수를 생각하면서 작업을 진행해야 한다.

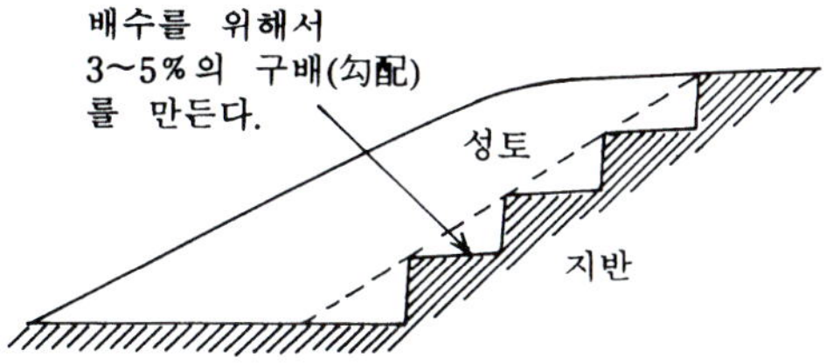

그림 5-7 성토(盛土)와 지반의 접합공법

흙을 깎아서 돋우는 데는 흙을 깎아내기 전에 지반(地盤)의 함수율(含水率)을 저하시키는 준비 작업을 해야 한다. 점질토양에서는 토양함수비의 저하에 여러 날이 소요되므로 배수로 공사(排水路工事)를 빨리 진행시킨다.

또한 성토할 기초지반은 시공기계에 의해서 부서지지 않도록 주의를 해야 한다. 성토할 기초지반이 약할 때는 기초지반을 건조시켜서 진압(Traffic)이 잘되도록 미리 배수공사를 해야 하는 때도 있다. 배수로의 깊이는 0.5~1.0m 정도로 하고 여기에 투수성 재료를 묻어 암거(暗渠)로 한다. 성토가 두꺼운 때(1.5m 이상)에는 50cm정도 두께의 자갈을 깔아서 배수도랑으로 대체할 수도 있다.

성토작업은 20~30cm 두께의 엷은 토층의 평행으로 하는 것이 중요하며, 한 층의 흙을 깔을 때마다 평편하게 진압정지하고 불도저나 회전롤러(Roller)도 7~10회 이상 반복 진압한 다음 또 흙을 반입(搬入)한다. 이 일을 정확하게 지키지 않으면 단단히 다져진 성토(盛土)는 완성할 수 없다. 토양의 진압효과는 재료로 이용될 토양의 수분함량 비율과 밀접한 관계가 있으며, 가장 적합한 수분을 함유할 때에 진압하면 최대밀도를 유지할 수 있다.

성토작업의 원래지반과 검토한 각 층에 3~4%의 배수구배를 설치해서 표면을 평탄하게 하고 오목(凹)한 부분이 생기지 않도록 주의한다.

기초지반과 성토를 한 접속부위는 토목공사에서 약점이 되기 쉬운 곳으로 토양이 많은 수분을 함유한 때에 이 면(面)이 미끄러 내려서 붕괴될 염려가 있다. 이를 위한 방지책으로 벤칭(Benching)이 행하여진다.

Bentching 규격의 표준은

① 기초지반이 암반(岩盤)이 아니고 흙인 경우 단의 높이 50cm 이상 폭을 100cm 이상으로 한다.

② 기초지반의 암반인 경우는 기초지반 표면의 수직면에서 폭 40cm 이상의 높이에 설치한다고 하나, 기계를 이용한 토목공사에서는 기계의 폭 때문에 상기의 규격보다 훨씬 넓어진다.

(3) 성형(成形)작업

경사면의 성형작업은 잔디 생육기반을 조성한 후 녹화(綠化)를 성공시키는 데에 중요하며, 이를 위한 절토면의 안정처리는 그림 5-8과 같고, 경사면의 붕괴(Collapse)를 막기 위한 공법은 그림 5-9와 같다.

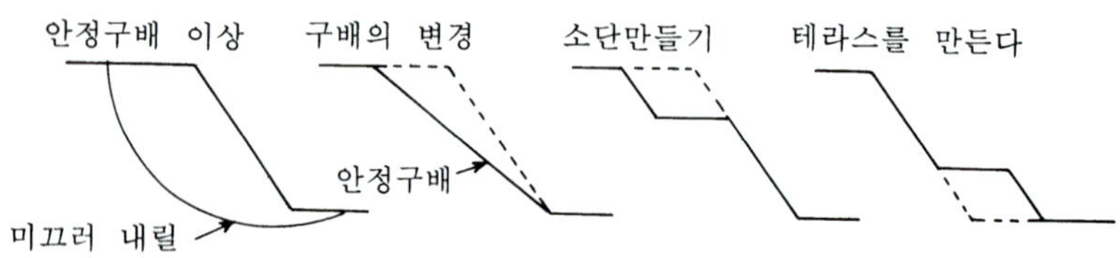

그림 5-8 절토면(切土面)의 안정처리

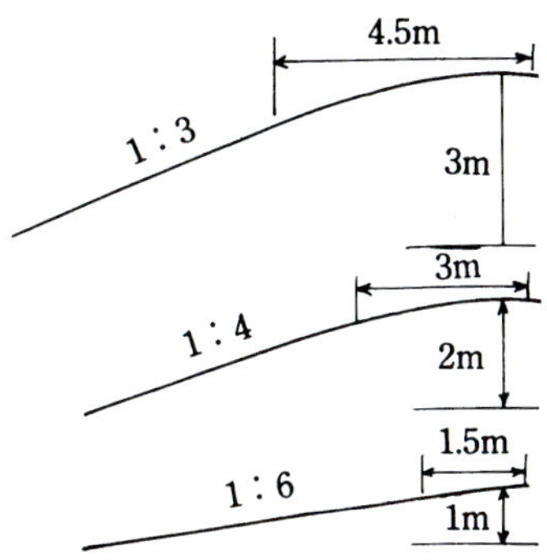

그림 5-9 경사면의 Rounding 수법(경사면의 높이에 따라 곡선의 길이를 정한다)

경사면은 토질과 환경에 알맞은 안정구배(安定勾配)로 조성하는 것이 원칙이나 안정구배 이상의 절토면이 있는 때의 안정처리법을 그림으로 표시하면 다음과 같다(그림 5－9).

경사면은 특히 상부나 아랫부분에서 무너지기 쉽다. 경사면 상부 및 하부의 라운딩(Rounding)수법은 이 결점을 없애고 경사면을 한층 안정시키는 효과를 가지고 있고, 시각적으로도 자연 상태의 완만한 기복(起伏, Undulation)에 가까워서 자연의 지형(地形)과 잘 조화되는 효과가 있다.

특히 경사면의 어깨부분은 Rounding수법은 경관적으로 부드러운 감을 주게 되므로 필요한 곳은 가능한 넓은 범위로 라운딩 하는 것이 좋다.

(4) 잔디 생육환경(生育環境)을 위한 주의사항

① 경사면초지는 각종 기상조건과 토양조건 등이 잔디의 생육환경에 접합하지 않을 경우는 가능한 이를 개선토록 하여야 한다. 그 예로 pH 4 이하거나, 9 이상일 경우에는 잔디생육(生育)이 매우 곤란하다.

② 경사면의 지표토가 유실되지 않도록 안정된 경사면에 식생정착(植生定着)이 필요하므로 빠른 시일 내에 잔디초지가 이루어 질수 있도록 하여야 한다.

③ 경사면의 녹화는 일반적으로 시공 후 관수는 실시하지 않기 때문에 가뭄에 대비하여 잔디가 고사(枯死)하지 않을 정도의 토양수분을 보유하고 있는 것이 좋으며, 내한성(耐旱性)이 강한 잔디를 선택함이 중요하고 아울러 생육을 위한 지반의 토양두께도 최소한 15cm 이상 되어야 한다.

④ 절토면(切土面)의 경우 표토(Topsoil)가 심토(하층토, Subsoil)로 노출되어 형성되지 않도록 한다.

⑤ 성토(盛土) 공사 중 소나기 등에 의해서 작업면에 물이 고이지 않도록 항상 배수(排水)를 생각하면서 작업에 임해야 하며, 또한 성토할 기초지반은 시공기계에 의해서 부서지지 않도록 주의하여야 한다.

⑥ 경사면은 일반적으로 유기질의 결핍과 척박한 토양이 노출되는 것이 보통이므로 이를 위하여 토양개량을 하든가 양질토(良質土)로 객토(客土)할 필요가 있다.

⑦ 경사면에 뗏장 붙이기를 실시할 때는 잔디떼가 들뜨지 않아야 토양침식 방지효과를 최대한으로 얻을 수 있으므로 이를 유념하면서 시공토록 하여야 한다.

5.4 경사면의 잔디초지조성 및 일반관리

경사면에서는 지반조성과 상토조성(床土造成)은 하지 않으며 배수시설로는 경사면 산마루에 배수로를 만들어 강우시에 경사면 상부의 수량이 경사면으로 흐르지 않게 해야 한다. 경사면에 식재되는 잔디로는 한국잔디인 들잔디가 가장 좋으며 장소에 따라서 Weeping Lovegrass를 파종(播種) 이용하기도 한다.

(1) 잔디초지조성법의 종류

경사면의 잔디조성 방법에는

① **평떼공법(Sod Mat Sodding)** : 이는 뗏장을 수평방향으로 나열하고 잔디와 경사면이 밀착(密着)할 수 있도록 잘 누르면서 배토(培土)하며, 일반적으로 대나무 등을 이용한 꼬챙이로 고정하는 시공법이다.

② **절파(切播)공법** : 경사도가 완만한 곳에서 실시할 수 있는 방법 중의 하나로 지상포복경(Stolon)과 지하경(Rhizome)의 2가지 동시의 생육특성을 갖은 한국잔디초지류를 절단한 것은 인력과 기계 등을 이용하여 경사면에 펼쳐서 영양번식을 할 수 있도록 표토를 뿌려 진압하는 시공법이다.

③ **줄떼공법(Line Sod, Strip Sod)** : 성토(盛土)경사면에 객토(客土)를 하여가면서 약 30cm의 일정간격으로 단을 만들어 수평으로 15～20cm 정도의 치수(穉樹)로 줄떼를 지어가면서 시공하는 방법이다. 다시 말해서 잔디초지의 뗏장을 잘라서 줄무늬처럼 심는 영양번식 방법이다. 이외에 프라그 공법과 분사파종공법, 씨드 벨트(Seed belt)공법 등이 사용되기도 한다.

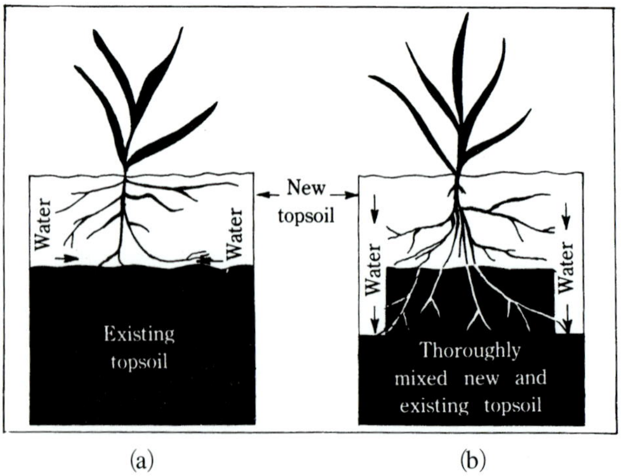

그림 5-10 표토(Topsoil)의 수분흡수(水分吸收) 모습(자료 : 미국 Illinois 농대)

그림 5－6에서 보는 바와같이 기존의 표토에 새롭게 형성된 표토층(表土層)은 이전의 표토(old topsoil)와 분리되기 때문에 수분흡수가 제한되어 잔디뿌리가 이러한 조건 하에서는 적절한 깊이까지 자라지 못한다(a). 바람직한 방법은 표토깊이를 20～30.5cm 정도 수준을 유지하면서 중간부터～밑까지는 새로운 표토와 기존 토양과 함께 혼합하도록 하는 것이 잔디뿌리 생육과 정착에 매우 유리하다.

토양의 단면(斷面)에서 A_0층의 표토는 풍화가 이루어진고 유기물분해가 잘 되어 있어서 식물이 생육하는데 가장 좋은 토양층이다. 이 토층이 기계를 이용한 토목공사에서 완전히 무시되어 밀려나거나 흙을 돋우는 때 땅속에 묻혀버리고 만다. 그리고는 식재를 할 때 새로운 밭흙을 객토(客土)하고 시비를 하고 있는 것은 매우 불합리한 점이라 할 수 있다.

서독에서 연방건설법(Bundesbaugesetz) 39조의 표토보호 규정에 따라서 표토보호의 방법으로, 토목공사 전에 표토를 20～30cm 두께로 깎아서 그림과 같이 보존해 두었다가 정지가 끝난 뒤에 식재부분에 깔아서 표토를 활용하고 있다.

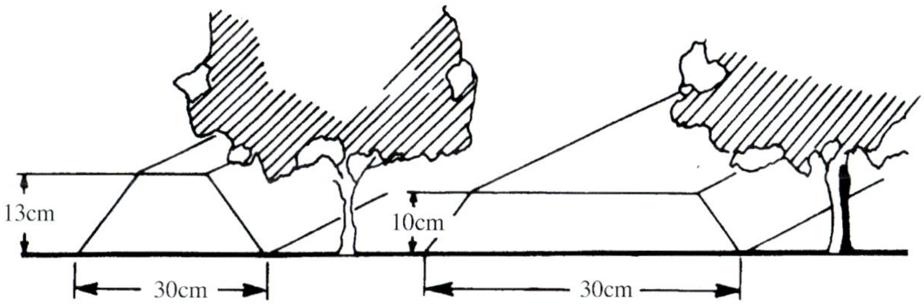

그림 5-11 표토보존법(表土保存法)의 규격 (독일)

경사면의 잔디초지관리는 잔디 예초, 관수, 병충해 방제, 배토, 통기작업 등은 특별한 경우를 제외하고는 거의 하지 않으며 시비와 제초작업만을 행한다.

대부분의 경우 급경사지이기 때문에 제초작업은 인력에 의한 제초만 행하여지며 시비는 화학비료를 분시시비법(Hydro Fertilizing)에 의하여 행해지고 있다.

경사면의 시비관비를 보면 시공당시에 시비를 실시하여야 하며, 이것의 비료에 대한 지속기간도 짧아서 대개 시공 후 1년도 못되어 비료가 부족현상을 초래한다. 그런데 종래부터 추비(追肥)의 필요성이 강조되고 있지만 구체적으로 시비방법에 대하서는 확실한 것이 없고 거의 실시되고 있지 않는 현상이다. 특히 경사면은 일반 농경지와는 지형조건이 차이가 있으므로 어떻게 유효하게 추비를 실시하느냐가 경사면의 잔디 유지관리상 중요한 문제로 대두될 것이다. 또한 주의할 점은 액상비료(液狀肥料)나 입상비료(粒狀肥料) 등을 살포할 경우는 비료성분이 유실이 최소화 되도록 행해야 한다.

제 6 장

골프장 잔디초지 실무관리

6.1 골프장 잔디초지 일반관리

(1) 그린(Green)

골프장의 그린관리는 골프 코스(Golf Course)에서의 생명이라 할 수 있을 만큼 매우 중요하다. 이는 집약적인 관리가 요구되며, 고도의 기술과 특수한 재배조건을 필요로 한다.

그린잔디의 질(Quality)을 구성요소, 즉 시각적 측면으로서는 단위 면적당 지상 줄기의 수에 대한 측정치를 말하는 밀도(Density), 잔디 잎의 엽폭에 대한 측정치를 말하는 질감도(Texture), 잔디초지가 대등한 모습으로 나타나는 균일성(Uniformity), 잔디 색깔에 대한 색조(Color), 생육 습성(Growth Habit), 부드러운 정도에 따른 경연도(硬軟度, Smoothness) 등이며, 기능적인 측면에서는 잔디위에 볼이 얹혔을 때 견디는 경도(Rigidity), 잔디가 누워진 후 원상태로 돌아가는 (Spring Back) 능력, 답압에 대한 탄력성(Resiliency) 예초 생산성(Yield), 병해 및 충해(Disease and Insent Pest)로부터의 회복능력(Recuperative Capacity) 등이 있다. 위의 사항들을 골프 경기자(Golf Player)의 개성에 맞도록 그린 토양의 물리적 및 화학적 성질을 개선, 각종 병충해의 예방 및 방제, 기타의 관리 작업을 합리화하는 것은 그린 관리(Green Management)의 중요성이라 할 수 있다.

자료 : 미국골프코스설계자협회

(America Society of Golf Course Architecture(ASGCA) by Jeffrey D. Blume)

현지 취재 : Golf seimar. 김성진

자료 : Golf Seminar 2008. 5. 김성진

1) 시비(施肥, Fertilizer application)

Green에서의 양분요구도는 살수량, 토양내 양분 함유람, 기후와 잔디의 품종에 따라서 차이가 있다. 시비관리방법(Method of Fertilizer Application)은 토양분석에 기초한 골프코스의 상태로 따라 코스 관리자에 의해 선택되어야 한다.

① **시비목적** : 토양 중에 부족한 영양분을 보충해 줌으로써 Green잔디의 왕성한 생육과 충실한 잔디초지유지를 도모하는데 그 목적을 둔다.

② **시비적기와 시비량** : 정기적이고 철저한 토양비료(N－P－K) 분석을 토대로 하여 질소비료의 보충은 정기적으로 생육 잔여기간을 통해 실시하지만 칼리(K)와 철(Fe)의 사용은 필요에 따라서 그 때마다 보충하면 된다.

질소시비 이용률, 시비율, 토양을 통한 양분 용탈률(溶脫率), 잔디의 색조 및 줄기의 생장률을 고려해서 실시한다. 저온해가 문제가 되는 지역, 고온 또는 한해(旱害)가 예상되는 곳에서는 질소시비량을 조절하여야 한다. 특히 여름에 철(iron, Fe)과 칼리질비료(質肥料)의 보충 공급이 요구될 수도 있다. 칼리질 비료가 잔디의 마모(磨耗, Wear)에 견디는 저항력, 내서성(耐暑性, Heat Resistance), 내동성(耐冬性, Winter Hardiness), 내한성(耐寒性, Cold Hardiness)의 개선을 위해 스트레스 기간에 사용하는 반면, 철(Iron, Fe)은 잔디의 색상을 유지하고 엽록소(Chlorophyll) 형성 능력을 높이기 위해 사용해야 한다. 그린(Green)에 대한 비료는 연간 8～15회에 나누어 실시하는데, 대부분 봄과 가을에 사용된다.

Bentgrass Green에서는 연간 16～32kg/10a 이상의 질소가 요구될 수도 있다.

질소의 과다 시용은 오히려 질소결핍 보다도 더 큰 문제를 유발할 수 도 있다. 질소과다는 잔디의 질을 나쁘게 하고, 고엽퇴적층인 Thatch의 축적, 병충해 유발을 증대시키고, 환경 적응력을 양화시키며, 잔디를 약하게 하여 근계(Root System)의 약화, 탄수화물 축적결핍에 의한 회복능력을 감소시키는 원인이 되기도 한다.

질소는 언제나 더 시비할 수도 있으나 지나친 시용에 의한 즉각적인 나쁜 결과는 막을 수 없다.

칼리질 비료는 토양 특히 모래로 조성된 뿌리 지역(Sand Root Zones)을 통해 용탈(溶脫, Leaching)되기 쉽다. Green애서 뿌리의 생장을 촉진시키는 것과 아울러 내서성(耐暑性), 내한성(耐寒性)을 유지시키는 것도 아주 중요하다. 칼리 시비 계획은 토양분석 결과에 의하는 것이 가장 좋다. 경우에 따라서 더 많은 양이 요구되기도 하나, 일반적으로 질소의 50～70% 정도이며, 봄과 늦여름, 초가을이 시비 적기이다. 칼리는 20～30일 간격으로 고온, 가뭄, 마모 등이 심한 시기에 사용되기도 한다.

인산(P)은 Green에서 질소와 칼리보다도 더 적은 양이 요구되며, 시비량(Amount of Applied Fertilizer)은 토양조사 결과에 기초를 두어야 한다. 봄과 늦여름～초가을 동안에 대개 연 1～2회 정도 시비한다. 고인산 현상이 오래된 그린에서아주 보편적으로 나타나는데 침윤(浸潤)된 인산형태가 인산의 용탈의 결과를 초래할 수 있는 곳, 특히 모래 토양에서 지나친 고인산율을 피해야 한다는 것은 중요하다. 이상에서와 같이 시비의 적기와 시비량은 잔디의 생장, 생리에 따른 영향, 생장과정, 자연환경 조건, 토질 등의 여러 가지 종합적인 판단에 따라 결정한다.

③ **시비시 주의사항** : 살포 후 곧 바로 살수하며, 특히 잎에 묻은 비료로 인하여 비료해(肥料害)가 발생하지 않도록 충분히 살수할 것

2) 병충해(病蟲害) 방제

① **약제예방 목적** : 각종 병해로부터 Green을 보호하고 건강한 상태의 그린 상태를 유지하기 위하여 실시한다. 시약 시기는 4～10월 사이에 실시되지만 집중적으로 시약 사용 시기는 6～9월이며, 대상은 각 홀(Hole)의 A, B 그린이다.

② **병 · 충해(Disease and Insect Pest) 예방계획** : 병해를 최소화하는 가장 좋은 방법은 보다 나은 관리를 통하여 건강한 잔디를 유지시켜 주는 것과, 지나친 북더기잔디(Thatch)의 축적을 피하는 것이다. 예방계획에 있어서의 살균제의 시용은 계속적으로 같은 살균제를 사용하는 것보다는 살균제를 교호적(交互的)으로 사용하는 것이 더 바람직하다. 그 예로써 Dollar spot과 같은 병해가 발생했을 때 똑같은 살균제의 계속적인 사용은 그 병해에 대한 저항성을 오히려 유도 전개시키는 경향이 있다. 그러므로 잠재적으로 심각한 병 발생의 우려가 있을 시기에는 계속적인 단일 살균제의 시용을 피하고 광범위하게 살균제를 선택하여 방제함이 중요하다. 약제살포 계획은 기상 정보와 실무경험에 기초하여야 한다.

Bentgrass Green은 각종 잔디 질병에 해를 받기 쉬우며, *Pythium* Blight, *Fusarium* Blight와 같은 겨울 질병은 벤트그린(Bent Green)에서는 첫 번째의 계속적인 강설이 내리기 바로 전쯤에 예방 살균제(Germicide; Bactericide)의 적용으로 억제될 수 있다. *Fusarium* Patch는 초가을에 발생하며, Dollar Spot는 기온이 낮은 봄과 가을에 발생하기 쉽다. 반대로 Brown Patch와 *Pythium* Blight는 통상적으로 덥고 습한 날씨, 특히 배수가 나쁜 토양에서 한여름에 발생하기 쉽다.

여러 가지 관리 기술에 따라서 잔디의 병해 경감을 유도할 수 있다. 또한 적당한 칼리의 유지와 지나친 질소 영양분의 시용을 피하는 것도 병해를 경감 시킬 수 있다. 후자의 경우에서 예외적인 세 가지의 잔디초지 질병, 즉 Dollar Spot, Rust, Red Thread 등은 질소질 비료의 결핍 증상이 있을 때 가장 심각해질 수 있다.

그림 6-1 국산 차량 합재형 약제 살포(Liguid Sprayer) 탱크 전경 (자료제공 : 성산 종합기계(주) 문진홍)

그림 6-2 본 제품은 현대 마이티 2.5톤에 스테인레스 2,000ℓ 탱크를 탑제한 국산 약제 살포기(자료제공 : 성산종합기계(주) 문진홍)

잔디 질병의 원인이 되는 많은 병원체는 물의 유무에 따라 감응되므로 물 관리가 매우 중요하다. 예를 들면, 잔디잎의 위의 자유수(Free Water)는 대개 한 개 또는 여러 개의 세포로 구성된 곰팡이의 증식단위인 포자(Spore) 발아와 침해에 필요하다. 지나친 살수는 토양상태를 물에 침윤(浸潤)시켜 병원체의 활동을 촉진시킬 수도 있다. 오히려 만약 기온이 높다면 Green에 물을 뿌려주는 시린지(Syringing)에 의해 매일 이른 아침 이슬의 제거와 잎의 발산시킴으로써 병해 문제를 경감시키는 것이 대단히 중요할 수도 있다. 지나친 대취 또는 맷트(Mat) 축적을 피하는 관리의 실제도 병해유발을 최소화 하는데 있어서 또한 중요하다.

* 매트(Mat) ...대취의 아래 부분에 형성되어 흑색의 벨트 상으로 완전히 부패는 하지 않고, 섬유가 퇴적한 것과 같은 상태의 것을 일컫는다. 토양의 일부와 같이 되어 있지만 미분해 유기물을 많이 포함하고 있다. 일반적으로 Green의 경우, 표토 5cm 깊이까지의 상토와 대취(thactch)가 혼합된 것을 의미한다(자료 : 잔디용어 해설집).

③ 시약 살포시 주의사항

㉠ 안전모, 마스크, 고무장갑 등을 착용하고, 바람을 등지고 약물이 45~60°로 퍼지게 하여 칼라지역까지 골고루 뿌린다.

㉡ 기온이 28°C 이상시에는 분무상태가 되지 않게 하고 고온(30°C 이상) 하에서는 일단 작업을 금지할 것

㉢ 살포시 구석구석은 세밀히 관찰하여 Green상태 및 발병정도를 메모하여 기록 관리토록 할 것

㉣ 특히 비가 온 후에 젖은 땅 장비 진입금지토록 하여야 하는데 이는 장비 바퀴자국 등에

의한 피해를 예방하기 위한 것이다.

ⓜ 농약봉지는 한 곳에 모아 소각하고, 작업 후 탱크 안에 약을 완전 제거한 후 물로 세척토록 한다.

3) 예초(刈草, Mowing)

① **예초목적**

㉠ 잔디의 생육면을 평탄하게 하고, 각종 잡초의 침입을 적가하며 제초(除草)효과를 갖도록 하는데 그 목적이 있다.

㉡ 잔디의 지표면 근처의 잔디 생장점(Crown)으로부터 새로운 줄기가 나오는 분얼(分蘗, Tillering)을 촉진시키며, 미관을 높이기 위해 실시한다.

㉢ 골프 플레이어(Golf Player)에게 좋은 경기조건을 제공하기 위한 것으로 그린 관리에서는 필수적인 것이다. 예초시기는 3월 중순~11월 말 사이로 실시하지만, 겨울에도 잔디의 면 정리를 위하여 수시 실시한다.

② **예초관리**

Green의 낮고 잦은 예초는 실질적으로 잔디에 심한 물리적 스트레스를 가하여 뿌리의 깊이, 탄수화물의 축적, 회복능력, 환경적 스트레스에 대한 내성(耐性)에 모두 불리하게 영향을 끼친다. 그린의 잔디를 깎기 전에 외적인 장해물의 여부를 살펴야 한다. 막대기, 돌, 금속물과 같은 딱딱한 물질들이 그린에 박히거나 예초기의 회전날에 박히는 것을 막아야 한다. 또한 그린 예초시 병의 활동 상황, 충해, 건조, 습해 등을 정정할 수 있어야 한다. 그린은 깎기 전에 볼 마크(Ball Mark) 자리의 수정(Green Repair)이 선행되어야 하며, 볼 마크 자리가 수정이 안 되거나 잘못된 곳에서는 잔디의 자라는 속도가 느리고, 잔디를 깎을 때 이런 부위가 벗겨진다. 줄기 생장이 왕성한 시기에는 매일 매일의 예초가 플레이에 가장 좋은 상태를 유지시켜 줄 수 있다. 그렇지 않을 경우 줄기의 밀도를 어느 정도 경감시키고 잎 질감을 거칠게 하는 결과를 가져올 수도 있다. 이런 것들은 볼의 움직임을 예측할 수 없게 하고, 부가적으로 볼의 속도를 경감시키는 원인이 된다. 많은 일들이 밤동안에 길게 일어서므로 그린은 플레이가 시작되기 전인 이른 아침에 깎는 것이 좋다.

예초(Mowing)는 때때로 배토(培土), 시비(施肥) 등을 했을 때는 하루쯤 거를 수도 있다. 이럴 때는 Green표면의 굵은 모래나 오물들을 제거하기 위해 낡거나 오래된 그린모어(Green Mower)를 사용함으로써 윗날과 밑날(Reel and Bed knife)의 손상을 최소화 할 수 있을 것이다. 그린잔디의 가장 효과적인 예초고는 4.8~6.4mm 이나 3~7.6mm까지 다양할 수도 있다. 만일 잔디의 밀도를 유지할 수 있고 그린이 심하게 윤곽이 들어나지 않는 한 짧게 깎는 것이 좋을 것이다.

③ **예초작업**

㉠ 연료, 오일, 예초 높이, 예초날(刀)의 상태, 누유(漏油)현상 등의 작업전 장비 점검토록 할 것

㉡ 그린을 1/2 등분한 중앙지점에서 예초를 시작하고 직선으로 왕복주행하며, 좌 → 우,

우 → 좌를 기본으로 하여 매일 잔디 깎는 방향을 바꾸어 주는 것을 원칙으로 한다.

㉢ 잔디 깎는 속도는 분당 90~100보 정도로 기계에 끌려가지 않을 정도로 실시하며, 여름철 그린상태가 약할 때는 속도를 늦춘다.

④ 예초시 작동순서

㉠ 그린으로 이동 완료하면 바퀴를 빼어낸다(스탠드를 밟아서 기계를 세운 후 바퀴를 뺀다).

㉡ 양바퀴를 빼어낸 후 스탠드를 올리고 날 넣기를 작업 위치로 올린다.

㉢ 손잡이를 살며시 눌러서 앞롤러를 들은 다음 주행 레버를 당겨서 전진한다.

㉣ 기계가 그린 위에 들어서면 주행하던 상태에서 앞롤러를 내려준다.

㉤ 깎인 잔디(刈芝物)가 풀통 안으로 들어오는지 확인하면서 예초작업 시행

㉥ 그린의 끝에서 회전을 할 때는 손잡이를 살짝 눌러서 앞 Roller를 들어준 사이에서 회전을 한다.

⑤ 예초시 주의사항

㉠ 타구에 의한 위험 방지 등으로 인한 피해예방을 위해 안전모 착용할 것

㉡ 그린에 잡석 및 장애물이 많으면 날에 손상우려가 있으므로 제거 후 작업실시

㉢ 각종 병해 조기 예방 및 잔디관리를 원활히 하기 위해(건조피해 등) 그린 관찰을 작업 전 세심히 점검할 것

㉣ 그린에 플레이 중이면 경기가 끝난 후 작업실시(소음주의)하며, 특히 무거운 신착용을 피하는 것이 좋다(Green 손상).

㉤ 매일 작업 후 예초기는 필히 정비 및 점검 하도록 할 것

㉥ 우천으로 인하여 그린에 물기가 많으면 예초작업은 일반 보류하는 것이 좋다.

㉦ 전체 예초를 완료한 후에는 칼라를 한 바퀴 돌면서 마무리 짓는다. 그러나 Green상태 불량시는 실시하지 않는 것이 좋다.

그림 6-3 골프장 Putting Green 광경
(전 일본 오븐골프선수권자, 제1호 한국 연덕춘 프로)

그림 6-4 제주도 핀크스 GC에서의 최경주 선수
(자료 : Golf Seminar, 2008. 5)

4) 관수(灌水)

① **살수(撒水)목적** : 입상비료(Granular Fertilizer)를 용해시켜 그린(Green)의 비해(肥害)를 방지하고 비료성분의 토양침수를 돕고 한해(旱害)로 인한 잔디의 고사를 방지하는데 있다.

② **관수 관리** : 관수는 그린 유지에 있어서 가장 어려운 경작체계 중의 하나로서 각 그린지역 지형, 방향 토양구조, 잔디의 초종과 품종, 답압의 정도, 뿌리의 깊이, 증발률(蒸發率)에 의한 영향을 고려하여 필요에 따라서 실시해야 한다.

관수는 가능한 한 깊이하되 자주 하지 않는 것이 좋다. 그러나 지극히 낮은 예초를 하는 Green에서는 근계의 깊이와 뿌리의 양이 경감되므로 물의 흡수능력이 제한되어 관수 빈도가 증가하게 된다. 매일 매일 가벼운 관수가 필요할 수도 있는데 이는 토양구조가 아주 치밀한 천근성이며 뿌리 지대에 모래량이 아주 많은 곳에서의 한여름에 더욱 필요하다.

Green의 집약적인 관수는 밤에 이루어지며 볼 마크(Ball Mark) 밟은 자욱과 병반 부위에는 특히 물용량이 치밀해지는 경향이 있다. 토양 표면위의 잉여수가 밑으로 배수가 됨으로써 집약적인 답압피해가 예상될 때에는 깊은 관수계획이 아주 중요하다. 또한 초저녁에 계획된 집약적인 그린의 관수는 여분의 표면수를 더 많이 흩으려 뜨린다. 동이 트는 새벽녘에 가벼운 관수는 이슬방울 같은 것을 제거시킬 수 있다. 이것은 곰팡이(Fungi)가 활동하기 좋은 환경적인 요소를 줄이고, 이른 아침 시간에 보다 좋은 플레이(Play)의 조건을 갖추어 주게 한다. 관수는 너무 습하거나 마른 부위가 없도록 균일해야 한다. 이러한 살수율은 토양 침윤과 스며 나오는 비율에 따라 조정되어야 한다. 물의 사용율은 그 지역의 기후조건, 잔디의 종류와 품종, 관리체계, 토양형태, 토양의 보수력(保水力, Water Holding Ability), 침투율, 유효습도에 따라 통상적으로 매주 25～50mm(매일 3.5～7.6mm) 정도이다. 국부적으로 마른 부위의 부분 살수가 가끔 필요할 때가 있는데 특히 Green 가장자리가 그렇다. Bentgrass의 뿌리는 토양온도가 24°C 이상으로 한여름 열의 스트레스를 받는 기간 동안에는 빈번하게 쇠약해진다. 이것은 수분의 흡수능력을 손상시키고, 강한 햇빛, 고온, 낮은 상대습도, 바람상태에 기인해서 빠른 증발의 시간이 되는 한낮에 위조현상을 증가시키는 결과가 된다. 시각적으로 위조증상(wilting)이 발생시 바로 관수하지 않으면 잔디가 고사(Wiltering to Death)하는 것 같이 보인다. 토양의 표면온도를 낮추기 위하여 혹서기에 고온 장해를 방지시키기 위하여 소량의 관수를 해 주는 것인 시린징(Syringing)은 단지 위조나 한낮에 강한 열을 경감시키고져 한낮의 기계적으로 이용해서는 안 된다. 열을 낮추기 위한(Cooling) 목적의 시린지는 통상적으로 증발이 용이한 공중습도(空中濕度)가 충분히 낮은 시간이 오전 11시～오후 2시 사이에 시행되어야 하며, 실시기간 시기는 4월～10월 중에 행한다.

위조현상(Wilting)이 극심한 상태에서는 스트레스(Water Stress)가 심하며 오전 10시～오후 5시 사이에 하루 2～4회 정도 시린지가 필요할 수도 있다. 시린지의 양은 단지 잔디 잎이 젖을 정도로서 충분하며 토양이 젖어서는 안 된다. 이상과 같이 그린의 관수는 토양

수분의 식물에 대한 역할, 토양 수분, 기상적 조건에 의한 물의 소모, 기타 토양수의 성격, 유효수분의 문제, 토양 중의 물의 이동 등에 기초한 보다 과학적인 관수가 필요하며 이를 보다 합리화하기 위해서는 각 골프 코스의 Green 토양의 물리 구조를 파악하고, 잔디의 근권(Rhizosphere)의 조사(5～15cm), 관수의 시간(pF 1.8～2.2, 여름 건조시 pF 1.5～2.3), 관수량 및 회수, 균일 살포 등의 문제를 고려해야 한다.

그림 6-5 탱크용량(600ℓ) 차량에 연계된 Sprayer와 대형탱크(1,136ℓ) 및 살수 폭의 살수광경 (자료 : TORO)

③ 관수시 주의사항

㉠ Green에 액상비료(Liguid Fertiliger)를 시비한 후 물이 뿌려지지 않는 곳은 밟지 말 것(밟은 자국에 의한 피해방지)

㉡ 살수 호스가 설치된 경우는 바람을 등에 지고 살수할 수 있도록 하고 호스의 연결부분이 그늘지지 않도록 할 것(잔디초지가 긁히는 현상방지)

㉢ 물이 고일 정도로 한꺼번에 많이 주지 말 것(물이 고인 곳으로 비료가 흘러서 농도 장해를 초래할 가능성이 있기 때문이다.)

그림 6-6 골프장 잔디초지의 관수 광경(미국)

㉣ 시비 살수 완료 후 남아 있는 비료 입자가 있는지를 파악할 것

㉤ 고온시에는 비해 우려가 심하므로 시간이 걸려도 완전하게 뿌려줄 것(1홀 소요시간 10~20분 내외정도)

5) 잔디초지의 갱신(更新, Renovation)

골프장의 그린 잔디초지는 그 사용 목적에 따라 집약적인 관리에 따른 다비 밀식, 영년재배, 과도의 답압 등으로 잔디의 생리, 생태로 본다면 가혹한 조건으로 인해 자체에서 발생하는 장해도 때로 크게 나타난다. 더불어 자연환경의 영향 역시 민감하게 받게 된다. 대부분 Green의 토양구조는 잔디에 있어서 반드시 이상적인 구조라고만 할 수는 없다. 가령 조성시 가장 이상적인 토양구조에 따라 그린을 만들었다 해도 오랜 시일의 경과로 불량화 되는 경우가 많은데, 예를 들면 토양의 고결, 기타 불량의 물질의 집적 또는 토양의 물리, 화학성의 약화, 노후화는 시간의 흐름에 따라 점차 진행된다. 이러한 잔디의 노후화를 방지하기위해, 또는 퍼팅감(Putting Feeling)를 조정하기 위하여 잔디의 갱신이 필요하며, 이에는 광범위하게 재조성까지도 포함되나 통상적으로 관리적, 측면에서의 갱신은 그린 토양구조의 개선, 일상의 예초, 시비, 시약, 관수, 갱신의 의미를 가진다고 볼 수 있다. 관리상의 순수한 갱신작업으로는 배토(Topdressing), 에어레이션(Aeration), 스파이크에어(Spike Aire), 버티 캇팅(Verti Cutting) 등이 있다.

① **그린(Green) 토양의 물리성, 화하성의 갱신** : 토양의 물리성, 화학성에 대한 무제는 조성시 충분히 검토되어야 할 문제로써 이에 대한 문제는 차후 Green관리에 따른 잔디의 양, 부를 좌우하는 가장 결정적인 요소가 된다. 물리성과 화학성은 상반하는 관계, 즉 통기(通氣), 투수(透水)를 촉진시키는 모래의 보비력(保肥力)은 0(Zero)에 가깝고, 보비력을 증가시키기 위해서는 점토광물, 부식 등을 필요로 하며, 이 양이 과다할 때는 통기, 투수는 악화된다. 따라서 통기, 투수와 보비력의 문제를 원만히 해결할 수 있는 물리성, 화학성을 고려한 상토(Root Zone Soil, 잔디의 뿌리부분이 주로 생육하는 토양층이라야 한다. 이상적인 투수력은 포화상태에 있어서 최저 100~150mm/hr 이상(이상적임)의 투수능력을 갖으며 보비력은 10~15ml/100g 토양 정도 수준이다. 이러한 인공적인 상토구조가 요구되는 것으로서 모래의 입경분포 pH는 분석 결과에 따라 양질의 것을 선택해야 한다. 모래의 겨우 1~0.5mm 조사가 전층을 차지하는 것이 가장 이상적이긴 하지만, 그덧은 실제상 어렵고 70% 이상 함유하고 구형의 것이면 좋을 것이다. pH의 경우 극단적인 산성, 알칼리성으로 되면 비료요소의 고정, 염기의 불균형 등으로 식물생장에 부적당한 장해가 발생할 우려가 있으므로 중성에 가까운 pH가 필요하며(Bentgrass 6.0~6.5), 지속적인 수정이 요구된다.

6) 배토(培土, Topdressing)

① 배토의 목적

㉠ 물리적 효과

ⓐ 그린 표면의 작은 요철(凹凸)부위 수정에 의한 Putting Quality의 향상

ⓑ 그린 면을 평편하게 하여 잔디의 균일한 생육을 도모

ⓒ 잔디초지 표층토의 물리성을 개량하게 되어 토성개선(土性改善)효과

㉡ 생리 생태적 효과

ⓐ 그린 에어레이션(Aeration)후 구멍보수

ⓑ 토양 갱신(Soil Renovation) 효과

ⓒ 발아 보호력 촉진

ⓓ 부정근(不定根) 증가

ⓔ 맷트(Mat) 형성을 경감

ⓕ 토양 멀칭(Mulching) 효과로 건조방지

* 토양멀칭(Mulching) ...잔디의 생육촉진, 잡초방제, 토양고결 되는 것을 방지, 잡초발생 방제의 목적으로 토양과 어린 잔디 묘를 보호하기 위해 토양 표면을 톱밥(Sawdust), 낙엽, 짚 등으로 덮어 주는 것을 의미하고 있으며 이를 토양피복이라고도 말하고 있다.

② 배토의 소독

보통 퇴비 등은 퇴적시에 발효열로 잡초종자가 사멸하나, 배토의 경우는 잡초종자가 혼입되므로 가장 주의 하여야 한다. 병균의 사멸은 무론 잡초종자를 사멸시키기 위하여 배토를 소독하여야 하는 것이 원칙이며 통상전기, 중유, 석탄 등을 이용한 가열법에 의하여 배토를 소독한다. 증기소독의 경우 71°C로 30분이면 잡초종자가 죽는다.

③ 배토의 작업 및 순서

배토(Topdressing)는 그린에서 생물학적으로 고엽축적층인 Thatch를 억제시키는 효과적이고 유용한 방법이다. 이외에도 배토는 유연성에 대한 교정, 견고한 그린, 고밀도의 잔디, 토양의 낱알, 구조의 억제 등의 효과를 갖으며 보다 좋은 배토(일명 : 뗏밥주기)를 위해서는 장기간 동안의 계획이 필요하다.

배토의 목적은 뿌리 분포지(根圖)를 좋은 물리적 특성을 갖도록 하는 것으로 기본 토양과 비슷한 성질과 조직을 가져야만 한다. 이질층의 형성을 물과 공기의 출입을 막아 주기 때문에 다른 성질의 배토물질을 사용하는 것은 최대한으로 피해야 된다. 특히 혼합토양은 잘 준비되어져야 하며, 배토에 있어서는 조금은 거친 모래를 함유하는 혼합토의 장기간 사용이 보다 효과적이다. 작업시기는 4～6월, 9～11월 사이에 실시하지만 통기작업인 에어레이션(Aeration, Coring) 후 또는 수시로 실시한다.

㉠ 작업순서

ⓐ 배토량을 적정수준으로 맞추어 조절한다.

ⓑ Green의 중앙을 중심선으로 잡아 기준을 정하고, 배토기(培土機)가 그린 위에 올라 주행하는 상태에서 작업레버를 작동하여 배토 흙이 뿌려지게 한다.

ⓒ 직선으로 주행하며 그린의 끝에 도달하면 주행하던 상태에서 작업레버만 위로 밀어서 배토 흙이 멈춰지게 하고 멀리 돌아서 회전한다(급하게 회전하면 앞바퀴가 밀려서 잔디가 손상된다).

ⓓ Green의 끝에서 돌아서 처음 작업했던 선에 맞춰서 왕복으로 주행하며 작업하되, 너무 많이 겹치치 않게 하고 사이가 생겨서도 안 된다.

주의 : 그린 위에서 배토기를 멈추는 일이 없도록 하는데 이는 기계가 재출발시 그린잔디 상태가 손상되는 것을 방지하기 위해서이다.

④ 배토시기, 횟수 및 양

그린 에어레이션(Green Aeration) 직후, 발아발근(發根) 직전, 병 후의 회복양생, 물리적 · 생리적 · 생태적 효과가 큰 시기에 실시하며 연간 7～8회 정도로 하지만 7～8월 배토는 고온장해가 우려되므로 가능하면 피하는 것이 좋다.

⑤ 배토작업상 주의사항

㉠ 배토사 적재 후 경사지 오를 경우 앞바퀴 들림에 주의(가능한 한 후진으로 올라가도록 함)

㉡ 그린 위에서 정지하지 말고 이상이 있는 것 같으며 밖으로 나와서 정차토록 한다.

㉢ 그린 칼라손상에 유의하는데, 이는 기계에 의한 피해가 있으면 회복이 늦기 때문이다.

그림 6-7 국산제품인 Fair-Way 배토기와 살포광경
(자료 : (주) 城山綜合機械. 문진홍)

7) 통기작업(Aeration, Coring)

그린의 갱신작업(更新作業) 비교적 커다란 위치를 차지하는 에어레이션은 Bentgreen의 경우 봄, 장마기전, 가을(3월, 4월, 6월, 7월)에 행해지며 이에 대한 목적은 표토의 경직과 고결을 방지하고, 노화된 잔디를 갱신하는 효과, 축적된 북더기잔디인 대취(Thatch)를 제거하고 노화된 물리성을 개량하며, 통기성(通氣性)을 좋게 하고 투수력(透水力)을 촉진시키는 주요 효과는 다음과 같다.

① 통기작업(Aeration)실시 목적

㉠ 대취(Thatch)의 제거(除去) : 북더기잔디인 대취의 축적은 그린에서 통상적인 문제로서 배토의 결과 상토(Bedsoil)와 북더기잔디가 혼합된 것을 맷트 현상이라 하며, 적당한 맷트의 충적은(7.6mm 이하) 오히려 답압에 견디는 회복능력을 증가시키고 토양고결을 방지하는 효과가 있어 그린에 이익이 될 수 있으나 지나친 맷트(Mat)의 충적은 각종 병해충을 증가시키고 Putting Glority가 나빠지며, 퍼팅이 느려지고 예초시 잔디가 눕게 되며, 각종 비효나 농약의 효과가 경감된다.

Thatch의 축적을 피하기 위해서는 지나친 질소 비료의 시용을 피하고, 강한 줄기생장을 유도해야 한다. 또한 잔디 생장이 왕성한 시기에 1주 간격의 가벼운 수직깎기(Vertical Mowing, 0.8～3.2mm)은 상당히 효과적이다. 그 밖에 대취 억제를 위한 방법으로는 산성화된 토양에서의 가볍고 잦은 석회 시비(1～1.5kg/30평), 잔디초지의 생육촉진, 투수력 향상, 토양갱신 등을 위하여 잔디초지에 구멍을 뚫는 작업인 코아링(Coring)에 의한 그린관리, 가볍고 잦은 버티 캇팅, 가볍고 잦은 질소질 시비, 작은 예초 등을 들 수 있다.

㉡ 두꺼워진 잔디층(매트)의 해소 : 1회의 그린 에어레이션 작업으로 제거되는 비율은 그린 스메아는 스파이크 날의 내경 10mm 구멍의 펀치 5cm로 3.8%이다. $1m^3$당 예초되는 대취와 잔디 찌꺼기, 토양은 약 1.9l 이다.

㉢ 산소의 공급(通風, 通光) : 잔디초지가 건전하게 생육하는 데에는 산소 공급이 충분해야 한다. 그린에는 잔디 찌꺼기, 대취의 집적, 잔디가 두꺼워지고 쉽고 또한 답압으로 인해 고결되어 있으므로 산소 결핍상태가 되기 쉽다. 그러므로 그린 스에아(Green Saire)로 구멍을 뚫어 에어레이션 해 주어 산소가 토양 중에 들어가기 쉽게 해주는 일은 매우 중요하다. 특히 산소 결핍상태로 되기 쉬운 장마 전에 실시하게 되면 그의 효과는 매우 크다.

㉣ 투수성(透水性) 촉진 : 우기, 특히 장마철에 있어서 잔디가 건전하게 생육하기 위해서는 100～150mm/hr의 투수가 필요하다. 또한 배수가 잘 안 되는 그린은 우기 후에는 연약해져 사용 못하게 된다. 6～8월이 되면 잔디가 밀집되는 경우가 많고, 살수를 해도 물이 닿지 않는다. 고결이 심한 것은 표층 0～5cm까지이므로 투수성 촉진의 대책으로 중요하다.

㉤ 답압으로 인한 고결(固結) 대책 촉진 : 심각한 북더기잔디인 대취 문제(2.5cm 이상)는 바로 잡기가 아주 어렵다. 특히 그린의 경우와 같이 밀식 재배일 경우 신초(new shoot)와 뿌리를 발생하는 능력이 저하되는 경향이 있고, 더욱이 다비(多肥) 되므로 필요이상으로 신장하여 굵어진다. 이 상태가 진행되면 여러 가지로 장해가 생기게 된다. 잔디 생육에 어떠한 마이너스 조건이 증가하게 되면 잔디자체의 갱신능력이 저하되어 있으므로 그린이 황폐되고 재생되는 데에 많은 시간을 요하게 된다.

이러한 그린의 밀식다비재배(密植多肥栽培)로 인한 피해를 어떻게 배제시키는가의 문제가 중요과제이며 그 수단 중의 하나가 대취(Thatching)이다. 이 작업은 Thatching reel, 수직깎기 예초기(Vertical Mower) 등의 기계로 하여진다. Thatch으로 잔디의 샃찌, 뿌리, 줄기, 잎 등을 절단 제거하여 새로운 뿌리, 줄기 잎 등이 신장할 수 있는 공간을 만들어주게 된다. 그러나 이 작업 자체가 잔디에 상처를 주는 작업이므로 건조장해를 박기 쉽다. 그러므로 작업시기의 선택과 작업시기의 시점에 잔디의 생육상태 등을 고려하여 작업의 정도 등에 세심한 주의를 해야 한다.

② 통기작업(Aeration) Coring 작업순서

㉠ 그린스에아(Green saire) 장비를 그린의 가장자리를 따라 돌면서 작업을 시작할 수 있도록 그린의 칼라지점에 정지시킨다.

㉡ 장비 뒤쪽의 처리물(코아) 모으는 판이 그린 중앙쪽으로 모이도록 조절한다.

㉢ 유압조절 레버를 밑으로 눌러서 장비를 내리고

㉣ 펀치 작동레버를 최하단 구멍에 맞춘 다음에 전진레버를 서서히 당겨준다.

㉤ 그린의 중앙쪽으로 작업이 진행되어 회전반경이 좁아지면 급한 회전을 피하고 전진레버를 밀어서 기계를 정지시킨다.

㉥ 유압조절 레버를 들어 올려서 기계를 들어주며, 펀치 작동레버를 최상단 구멍으로 변경하고 전진레버를 살며시 당긴 다음 그린 밖으로 나가서 회전하고 원래의 위치에 돌아와서 작업을 빨리한다.

③ 통기작업(에어레이션, Aeration) 작업시 주의사항

㉠ 생육정지기(生育靜止期) 및 30°C 이상의 고온기에는 에어레이션이 위험하므로 이를 피하여 실시토록 할 것

㉡ 작동 중 이상 있으며 그린 밖으로 이동한 후 즉시 정지하여 점검토록 할 것(그린 손상 절대금지)

㉢ 그린에 기름이 떨어지면 잔디가 고사(枯死)되므로 누유현상(漏油現象)을 철저히 살피면서 실시할 것

㉣ 펀치가 짧아지면 충분한 Aeration 작업이 안 되며, 또한 흔들림과 빠지는 것을 주의 할 것

8) 스파이크 에어(Spike Aire)

① Spike Aire 작업목적

㉠ 표토(表土)의 경직방지 및 생육발화 촉진

㉡ 잔디의 생육조절, 줄기생장억제

㉢ 잔디뿌리의 절단 및 매트(Mat)현상 억제효과 등을 있으며, 작업시기는 Aeration 실시 전 5~9월 중 월 3회 정도로 실시한다.

② Spike Aire 작업

이는 그린 지상부를 절단을 해 가는 작업으로서 벤트그라스 그린(Bentgrass Green)은 줄기가 옆으로 누워있고 그 줄기에서 잎이 나와 잇는 것이 많다. 이 결과 시비, 시약(施藥)의 효과가 경감되고, 살수(撒水)의 효과도 높아지지 않는다. 이런 문제의 해결과 함께 잔디의 노화(老化)에 대한 갱신이란 측면에서도 스파이크에어는 효과가 있다.

그림 6-8 스파이크 에어(Spike Aire) 작업기

㉠ Green을 2등분하여 시작지점을 잡은 다음 톱날을 내리고 직선으로 주행하여 그린 끝에서 톱날을 들어 올리고 회전하여 먼저 지나온 선에 맞추어 왕복주행하며 작업을 실시해 나가며(그림 6-8 참조), 소요시간은 종 · 횡 실시할 경우 30~40분 내외로 실시한다.

③ Spike Aire 작업시 주의사항

㉠ 타구에 의한 사고 방지책으로 작업시 안전모를 착용할 것

㉡ 연료탱크의 용량이 적으므로 별도로 휘발유를 담아서 손잡이에 결고 수시로 보충해가면서 작업시에 응하도록 할 것

㉢ 그린 위에 기름이 흐르지 않도록 각별히 유념할 것

㉣ 그린이 균일한 생육이 안 되면 퍼팅(Putting)이 불규칙해질수 있으므로 사이가 생기지 않도록 작업할 것

㉤ 소음관계로 가능한 한 플레이 중에 작업하는 것은 피할 것

㉥ 평상시 이동할 경우에는 앞바퀴에 동력이 전달되므로 앞바퀴의 힘으로 주행(走行)하지만 Green 위에서 작업시에는 손잡이 부분을 아래로 눌러서 앞바퀴를 들고 톱날에 의해서 전진함

㉦ 회전할 경우는 앞바퀴와 날이 같이 돌아가기 때문에 Green 위에서는 손잡이를 아래로 눌러서 앞바퀴를 들고 칼라까지 나온 다음 앞바퀴를 내리고 회전하도록 한다.

㉧ 왼쪽 손잡이에 부착되어 있는 클러치(Cluch)를 잡았다가 놓았다가 하면서 톱날을 내리고 올리고 작업한다(그림 6－8 참조).

9) 그린 버티칼 작업(Green Vertical)

① Green Vertical 작업의 실시목적

㉠ 밀집(密集)된 그린을 솎아 내고 잔디생육을 활성화하기 위하여 실시하며 아울러 스펀지현상을 교정하는데 그 의의가 있으며 작업시기는 5～6월, 9월에 실시한다.

② Green Vertical 작업 방법

㉠ 연료, 엔진오일을 날의 깊이 정도 및 벨트 등 버티칼 모아(Vertical Mower)장비 점검할 것

㉡ Vertical 날의 깊이를 조정하고

㉢ 그린을 1/2 등분하여 중앙에서 시작하여 가장자리에 완료토록 실시한다(Green의 앞·뒤로 왕복 주행하며 작업).

㉣ 특히 악셀레이터(Accelerator)는 상(上)으로 높아 작업실시하며, 작업소요시간은 1 hole당 30분 내외로 실시할 것

③ Green Vertical 작업시 주의사항

㉠ Thatching Rill 작업보다 강하게 실시하지만, 그린 위에 바퀴자국이 생기므로 주의를 요한다.

㉡ 그린 위에서 작업실시는 Green 손상과 직결되므로 숙달자에 의하여 작업이 행해지도록 할 것

10) 대취 제거기(Thatching Rill)

① Thatching Ring의 실시목적

㉠ 밀집된 잔디의 상태를 완화시켜서 잔디 활성화를 유도하는 효과

㉡ 축적된 북더기잔디인 대취를 제거하므로 토양의 물리성을 개량하는 효과

㉢ 잔디가 옆으로 뻗어나가는 줄기(Stolon)를 끊어주는 잎의 직립생장(直立生長)을 도모하는 효과 등으로 그 실시 목적을 갖는데, 이 작업시기는 5~월, 9월에 행한다. 그러나 장마철 및 생육 불량시는 실시를 금해야 한다.

② Thatching Ring 작업순서

㉠ 연료상태(휘발유), 엔지오일, 톱날의 상태 및 엔진소리와 톱날의 회전 등의 가동상태 등 장비 점검

㉡ Green에 도착하면 Green을 반으로 나눈 지점을 선정하고 스탠드르 세우고 양쪽 바퀴를 빼어낸다.

㉢ 날 넣기 장치를 위로 올려서 작업위치에 놓고, 주행레버를 서서히 당겨서 그린 위에 올라간다.

㉣ 작업속도는 80~90보/분 정도로 하여 톱날이 긁어내는 북더기잔디인 대취의 정도를 잘 관찰하면서 작업을 진행한다.

㉤ 그린의 끝에서 회전을 할 경우에는 손잡이를 살짝 눌러 앞롤러를 들고 회전토록 할 것

㉥ 한 Green에서 작업이 완료되면 다음 장소로 이동을 하는데 우선 날 넣기를 풀고 바퀴를 끼운 후 다른 그린 지역으로 이동하도록 한다.

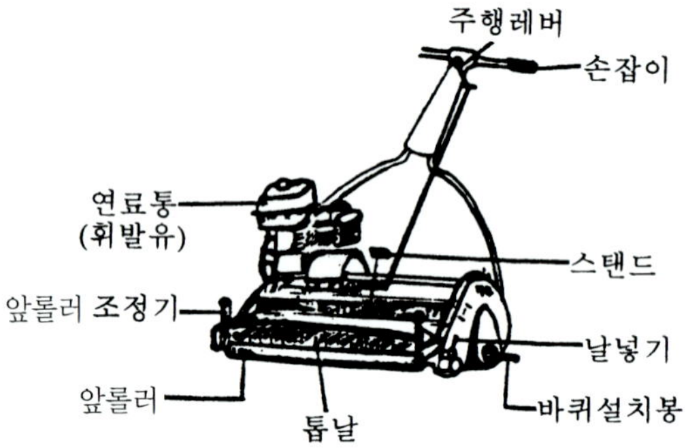

그림 6-9 대취제거기(Thatching Ring) 작업기

③ Thatching Rill 작업시 주의사항

㉠ 그린지역에 상처를 크게 입히는 편이므로 중복작업을 금할 것

㉡ 예초 전에 실시하는데 일반적으로 Thatch가 많기 때문에 실시 후에 반드시 잔디 예초를 실시할 것

㉢ 첫줄 실시 후 반드시 날의 깊이를 확인토록 할 것

㉣ 날(刃)의 깊이는 앞롤러와 몸체롤러를 수평으로 하고 측정토록 할 것

㉤ 겹치는 부분이 있으면 피해가 심하여 회복이 늦으므로 특별한 주의를 요한다.

그림 6-10 앞롤러와 몸체롤러의 수평모습

11) 그린 솔질(Green Brush)

① Green Brush 작업의 실시목적

㉠ 지면에 밀착된 잔디초지를 바로 세워서 통기성(通氣性)을 좋게 하고 매트(Mat)현상, 스펀지현상을 미연에 방지하는데 그 실시하는 목적이 있다. 작업시기는 5월, 9월에 실시한다.

② Green Brush 작업순서

㉠ 살수, 골프경기의 플레이 진행 등으로 인하여 잔디가 누운 곳을 역방향으로 일으켜 세워 주는데, Brush를 45° 정도로 눕혀서 몸쪽으로 끌어당겨서 잔디를 일으켜 세운다.

㉡ 솔질을 한 후 곧 예초를 실시하고 깊은 곳은 배토를 해서 잔디면을 교정하도록 할 것

㉢ 작업은 생육이 왕성한 5~6월, 9월에는 주 1회 정도 실시한다.

③ Green Brush 작업시 주의사항

㉠ 런너(Runner) 및 잔뿌리가 들리는 것을 방지하기 위하여 브러시가 떨리지 않도록 끌어당긴다.

㉡ 답압(Trampling, Traffic)의 해가 완연한 지역, 색상이 연녹색으로 약해 보이는 곳 등 잔디가 나쁜 곳은 잔디상태 악화방지를 위하여 피해서 실시할 것

12) 그린 로링(Green Rolling)

① Green Rolling 작업의 실시목적

㉠ 지상포복경이 위로 뜨는 것을 억제하여 절간(Intermode)을 절단하게하고 잔디를 밀생시켜 주는 효과

㉡ 잔디밭의 요철을 교정하며 잔디의 분얼(Tillering)을 증진시키고 포복경의 신장을 좋게 하며, 이 작업은 봄 · 가을에 실시한다.

② Green Rolling 작업시 주의사항

㉠ 점토질(粘土質) 토양은 Green Rolling 작업횟수를 줄여야 하는데, 이는 토양이 굳고 단단해지면 배수(排水)가 나빠지기 때문이다.

㉡ 토양수분이 과다할 경우에는 잔디가 수분과 함께 짓눌러지므로 피해가 크게 발생될 우려가 있으므로 이를 피할 것

㉢ 그린 위 주행 중 기계정지 되도록 하지 말아야 하는데, 이는 재출발할 때 잔디손상을 방지를 위한 것이다.

㉣ 그린 상태를 살펴가며 실시하며, 무거운 장비이므로 주의하여 취급하여야 한다. 특히 속도가 늦은 관계로 지루함을 느끼기 쉬우니 안전사고에 유의해야 한다.

㉤ 1홀당 작업소요시간은 40분 내외로 18홀의 경우 약 2일간을 실시토록 해야 한다.

13) 볼 마크(Ball Mark)

① Ball Mark 작업실시 목적

골프볼(Golf Ball)의 낙하로 인한 Green 손상 부위에 대한 보수를 함으로써 깨끗한 그린을 유지하는데 그 목적을 두며, 작업시기는 3~12월 사이 그린지역이 동결(凍結)전까지 연중 실시한다.

② Ball Mark 고르는 요령

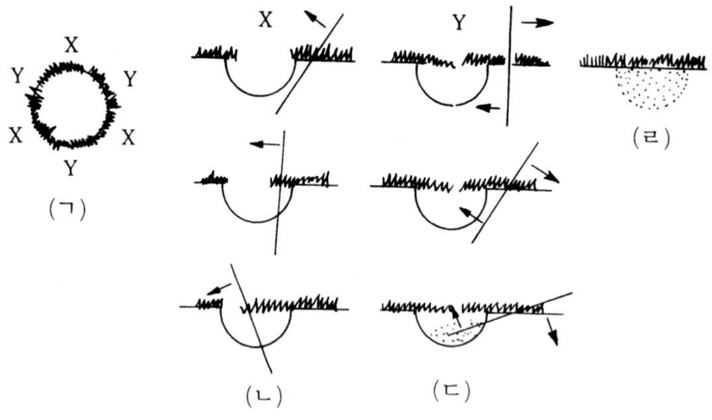

그림 6-11 Ball Mark를 고르는 요령 (James B. Beard. 1985)

㉠ Ball 낙하지점의 주위에서 X지점은 잔디를 끌어당겨주고, Y지점에서는 흙을 돋구어 올려준다.

㉡ Ball 낙하(落下)로 패인 지점의 주의 1cm 정도에 침을 꽂아서 잔디를 끌어 당겨주고

㉢ 수직(垂直)으로 꽂은 후 밑부분의 흙을 북돋어 올려주며

㉣ 완료된 후 손으로 두드려 평탄하게 한다. 특히 여름철 또는 건조할 경우에는 살수를 실시해 주며 계속적으로 각 hole을 순환하면서 반복 실시토록 한다.

③ Ball Mark 작업시 주의사항

㉠ Hole Cup 교체지역 건조방지(乾燥防止)를 위한 살수 실시할 것

㉡ 여름철 하절기(夏節期) Ball Mark 후에도 건조방지를 위해서 살수

㉢ 타구에 의한 사고방지를 위하여 안전모를 착용하고 작업에 임할 것

㉣ Green 주의 환경정리를 하면서 각종 병 발생에 대한 이상유무 확인토록 할 것

14) 홀컵(Hole Cup) 교체

① Hole Cup 교체 작업 실시목적

Green 위 홀컵 위치를 수시로 변경함으로써 그린 일부분이 집중답압에 의한 손상을 방지한다. 작업시기는 연중 실시하는데, 특히 내장객이 150인 이상으로 날씨가 나쁜 날을 아침과 정오에 2회씩 실시한다.

② Hole Cup 작업방법

㉠ 홀카터(Hole Cutter)로 잔디 초벌 뚫기(최소 2.5cm 이상)부터 잔디 부분만을 살짝 찍어 낼 것

㉡ 2차 뚫기(25cm 깊이)－Hole Cutter 깊이만큼 작업

㉢ 잔디면 보다 2.5cm 깊게 Hole cup 설치

㉣ 교체된 지역에 2차 뚫기에서 나온 흙으로 다시 흙 넣은 후 잔디를 식재하고 잔디면을 정리한다.

③ Hole Cup 작업시 주의사항

㉠ 특히 우천시 또는 우천 후에 설피라는 Hole Cup은 높은지역에 설치토록 할 것

㉡ 균일한 퍼팅(Putting)이 될 수 있도록 교체된 지역에 요철 부위가 없도록할 것

㉢ 여름철에는 그린칼라 쪽으로 설리래서 밟고 지나가는 거리를 축소시키며 안전사고 방지를 위하여 반드시 안전모 착용토록 할 것

15) 예비홀 준비

① 예비홀 작업 실시목적

겨울철 동절기 일부지역 집중사용으로 인한 그린의 손상방지 및 그린 동결(凍結)시 Hole Cup 교체작업의 편의를 도모하기 위해서 실시하며, 그 시기는 11월 말~12월 초 Green이 동결하기 직전에 작업이 행해진다.

② 예비홀 작업방법

㉠ 홀 뚫기 : 평상시보다 3～5cm 깊게 하여 약 25cm 정도로 좌우로 회전하며 수직으로 뚫는다. 만약 수직이 되지 않으면 홀핀(Hole Pin)이 바로서지 않는다. 보통 칼을 사용 2～3cm 정도의 잔디초지 흙만 남기고 나머지는 제거할 것

㉡ 솔잎 넣기 : 솔잎의 2～3cm 정도 골고루 다지면서 홀 구멍의 4/5까지 넣는데, 만약 다짐이 약하게 되면 홀 구멍의 잔디가 부풀어 올라 손상을 입거나 미관상 좋지 못하다.

㉢ 모래넣기 : 모래를 자연스럽게 다지지 말고 그린지면과 같이 하여 넣을 것

㉣ 잔디 넣기 : 잔디를 넣어 발로 다지게 되면 그린면과 수평으로 되는데 이보다 조금 낮게 하는 것이 좋다.

㉤ 배토작업(Topdressing) : 겨울철 동절기 건조에 고사하지 않기 위한 작업으로 홀 이음새 주위에 모래로 배토한다.

㉥ 기타 : 겨울철 사용시 찾기 쉽게 하기 위하여 색상을 갖은 나일론줄 등을 넣어서 잔디밭 위로 1cm 정도 약간 나오게 표시해 둔다.

③ 예비홀 작업시 주의사항

㉠ 예비홀 설치간격 A. Green의 경우 3m 이상(9개소)
B. Green의 2m 이상(12개소)

㉡ 홀 구멍은 좌우로 회전을 주어가며 뚫고 수직이 되도록 해야 하며, 완료 후 모래 덮기도 용이하게 확인을 할 수 있는 방안을 표시하고 골고루 사용하는 것이 그린 보호면이 좋다(홀당 소요시간은 20～30분 정도로 18홀의 경우 8시간 정도가 소요된다).

16) 피복개폐(被覆開閉)

① 피복개폐 작업실시 목적

㉠ 서리피해 방지와 겨울철 녹색잔디유지 및 겨울철 그린 보호하는데 그 목적이 있다. 작업시기는 11월~3월 사이로 대개 첫 서리예상 1주전부터 늦서리 지난 후 까지를 말한다.

② 피복개폐 작업

㉠ Fairyway쪽에서 그린 뒤쪽으로 연속으로 접으며, 특히 통로를 피하여 외곽지 쪽으로 단정하게 접어놓을 것

㉡ 핀(Pin)은 수거하여 보이지 않는 곳으로 모아두며, 소요인원은 5~6명이 실시하지만 노련하게 숙달된 사람을 양쪽 끝에 배치하여 개폐토록 한다.

③ 피복 개폐작업의 주의사항

㉠ 3°C 이상시로 날씨가 맑을 경우에는 개폐하며 바람을 많이 받는 쪽에 핀을 철저히 박아 날려가는 것을 방지할 것

㉡ 개폐시 Green에서 뛰지 말도록 하는데, 이는 동결된 상태에서 발자국에 의한 손상방지를 위해서이고, 작업장소는 각 hole A. green 및 B. green이다.

(2) Green 지역의 잔디관리

표 6-1 Putting Green 지역 관리실무(Bentgrass)

순위	관리항목	관 리 내 용 요 약	
1	예초 높이 및 빈도	4.8~7.5mm, 매일	
2	예초물(Clippings)	제거할 것	
3	시비(Fertilization)	질소(N)	잔디생장기 : 0.25~0.35kg/30평, 30평당 0.05~0.15kg을 10~15일 간격으로 속효성 질소질비료를 사용한다. 완효성 질소질비료는 0.15~0.35kg을 30~40일 간격으로 사용한다. 질소의 시비는 여름에는 가능한 한 피한다.
		인산(P)	토양 시험에 기포해서 적용할 것. 봄~가을이 가장 좋음. 완전 분해된 비료를 사용하는 것이 효과적
		칼리(K)	점토(粘土)성분이 포함되어 있는 토양은 토양시험에 기포할 것. 거친 밀도의 토양은 30평당 1.5~2.5kg의 칼리를 요구한다. 대개 생장기간에 4~6회에 나누어 실시
		철(Fe)	28.4~56.7g/30평 수준 적용(필요에 따라서)대개 가장 문제가 되는 시기는 여름이다.
4	토양산도(pH)	pH 5.5~6.5토양 시험결과에 따라 석회 시용	
5	관수(Irrigation)	뿌리 지대에 까지 관수한다. 시각적으로 위조현상(萎凋現象)이 보이기 바로 전에 실시한다. 한낮의 시린지(syringing)가 위조현상을 막기 위해 필요할 수도 있다.	
6	배토(Topdressing)	Thatch 억제를 위해 매년 최소한 2~6회를 실시한다. 봄과 가을에 30평당 0.15~0.3m^2를 실시	
7	스파이킹(Spiking)	필요에 따라 실시(표면이 조밀해 졌을 때)	
8	병해(Disease Control)	예방에 중요하며 병해가 나타나는 증상에 따라 약제 살포한다. 방제 계획을 세우되, 특히 습하고 더운 여름철에 주의한다.	

표 6-2 Putting Green 지역의 병해 상황

(미국, James B. Beard. 1985)

발생병해	Bentgrass greens	Bermudagrass greens
살균제(fungicide)로 방제가 어려운 병		Spring dead spot
적절한 살균제 사용으로 방제가 가능한 병	Brown patch* Dollar spot* Fusarium patch *Helminthosporium* diseases* *Pythium* blight* *Typhula* blight*	Dollar spot
	Abtgracbise Copper spot	

간혹 문제되는 병	Downy mildew(yellow tufts) Fairy ring *Fusarium* blight Red thread Slime mold Stripe smut Takeall patch Winter crown rot(LTB)	Brown patch Fairy ring *Pythium* blight Slime mold

* 또한 우점된 Bermudagrass Greens에 추파(Overseeded)된 한지형 잔디류도 해당, 방제가 어려움.

표 6-3 Putting Green 지역 해충 발생 상황

(미국, James B. Beard. 1985)

발생병해	Bentgrass greens	Bermudagrass greens
살균제(fungicide)로 방제가 어려운 해충		Mole cricket
적절한 살충제 사용으로 방제가 가능한 해충	Black turfgrass ataenius Chinch but Cutworm Sod webworm White grub	Armyworm Bermudagrass mite Cutworm Sod webworm White grub
간혹 문제되는 해충	Armyworm Frit fly Japanese beetle Turfgras weevil	Bermudagrass scale Ground pearl Rhodesgrass mealybug

(3) 티(Tee) 지역의 잔디초지관리

표 6-4 Tee 지역의 관리실무*

(대상 : Zoysiagrass)

순위	관리항목	관 리 내 용 요 약	
1	예초 높이 및 빈도	7.6~13mm, 2~3회/주	
2	예초물(Clippings)	제거 또는 그대로 방치	
3	시비(Fertilization)	질소(N)	15~30일 간격으로 0.13~0.38kg/30평에 사용한다.
		인산(P)	토양시험에 기초한다. 일반적으로 봄~초가을이 가장 좋다. 완전 분해된 비료의 시용이 효과적이다.
		칼리(K)	양질의 토양으로서 토양시험에 기초한다. 30평당 1.5~30kg 정도로서 생장기후에 3~5회 실시한다.
		철(Fe)	시각적인 결핍 증상이 보이면 실시한다.
4	토양산도(pH)	pH 6.0~7.0을 유지	

5	관수(Irrigation)	시각적으로 위조현상이 보이기 직전
6	배토(Topdressing)	1년에 1～4회 봄과 가을에 0.2～0.4m^3/30평 실시
8	병해(Disease Control)	특별한 병해 발생의 우려가 있을시 살균제 살포하고 계속적인 관리로 한다.

* 좀 더 상세한 사항은 부록을 참조할 것.

(4) 페어웨이(Fairway) 지역의 잔디초지 관리

표 6-5 Fairway 지역의 관리 실무*

(대상 : Zoysiagrass)

순위	관리항목	관 리 내 용 요 약	
1	예초 높이 및 빈도	1.3~2.5mm, 2~3회/주	
2	예초물(Clippings)	그대로 방치	
3	시비(Fertilization)	질소(N)	생장기에 11～22kg/300평 시용
		인산(P)	매년 1회씩 토양 조사 후 적정량 시용
		칼리(K)	토양조사에 기초로 질소 비율에 50～70% 시용
		철(Fe)	특별히 결핍현상이 나타나면 시용
4	토양산도(pH)	pH 6.0～7.0으로 유지관리하고 토양조사를 기초로 석회를 시용하여 교정한다.	
5	관수(Irrigation)	뿌리의 끝까지 충분히 관수한다. 시각적으로 위조현상이 보이기 바로 전에 실시한다.	
6	배토(Topdressing)	이른 봄과 가을에 연 2회 실시하는 것이 바람직하나 필요에 따라 실시한다.	

* 좀 더 상세한 사항은 부록을 참조할 것.

표 6-6 Fairway 지역에 발생하는 초종별 일반 병해 상황

(미국, James B. Beard. 1985)

초종 / 병명	Annual bluegrass	Bentgrass	Bermuda grass	Fine leafed fescues	Kentucky bluegrass	Pernnialry egrass	Zoysia grass
Anthracnose	×	×					
Brown patch	×	×	×			×	
Copper spot		×					
Dollar spot	×	×	×	×	×	×	
Downy mildew (yellow turfts)	×	×	×	×	×		
Fair ring	×	×	×	×	×	×	×
Fusarium blight							
Fusarium patch	×	×		×	×	×	

Helminthosporium diseases	×	×	×	×	×	×	
Nematodes			×				
Powdery mildew			×	×	×		
Phthium blight	×	×	×	×	×	×	
Red thread	×	×		×	×	×	
Rust					×	×	×
Slime mold	×	×	×	×	×	×	×
Smut	×	×			×		
Spring dead spot			×				
Takeall patch		×					
Typhula blight	×	×		×	×	×	
Winter crown rot	×	×		×	×		

표 6-7 Fairway 지역에 발생하는 초종별 해충 상황

(미국, James B. Beard. 1985)

초종 / 병명	Annual bluegrass	Bentgrass	Bermuda grass	Fine leafed fescues	Kentucky bluegrass	Pernnialry egrass	Zoysia grass
Ants	×	×	×	×	×	×	×
Armyworm	×	×	×	×	×	×	×
Bermudagrass mite			×				
Bermudagrass scale			×				
Billbug					×		×
Black turfgrass ataenius	×	×				×	
Chinch bug	×	×		×	×	×	
Cutworm	×	×	×	×	×	×	×
Frit fly	×	×			×		
Ground pearl			×				
Japanese beetle	×	×	×	×	×	×	×
Mole cricket			×				
Sod webworm	×	×	×	×	×	×	×
Turfgrass weevil	×						
Whit grub	×	×	×	×	×	×	×

표 6-8 Fairway 지역의 예초(Mowing)실무

(미국, James B. Beard. 1985)

순위	초 종	예초높이 (in)	예초높이 (cm)	
1	Annual bluegrass, intensively irrigated	0.5～0.8	1.3～2.0	2～3.5

2	Bentgrass, irrigated	0.5～0.9		2～3.5
3	Bermudagrass : irrigated Not irrigated	0.5～0.8 0.7～1.0	1.3～2.0 1.8～2.5	2～3.5 7～14
4	Buffalogrss	0.7～1.0	1.8～2.5	7～2.1
5	Fine leafed fescues, very limired irrigation	0.7～1.0	1.8～2.5	7～2.1
6	Kentucky bluegrass : irrigated Not irrigated	 0.7～1.0 1.0～1.2	 1.8～2.5 2.5～3.0	 2～3.5 7～14
7	Kilkuyugrass, irrigated	0.5～0.7	1.3～2.8	2
8	Zoysiagrass, irrigated	0.5～1.0	1.3～2.5	2～3.5

표 6-9 Fairway 지역의 잡초발생 상황

(미국, James B. Beard. 1985)

잡초문제	한지형 잔디초지류		난지형 잔디초지류	
선택성 제초제(selective herbicides)로 살초(殺草)가 어려운 초종	Annual bluegrass Coosegrass Nutsedge Tall fescue		Dallisgrass Kikuyugrass Nutsedge	
선택성 제초제로 살포가 가능한 초종	Common chickweed Crabgrass Dandelion Henbit Knotweed Mouse ear chickweed Plantain Spotted spurge White clover		Annual bluegrass Carbgrass Goosegrass Henbit Knotweed Spotted spurge Spurweed White clover	
간혹 문제되는 초종	Algae Barnyardgrass Black medic Curly dock English daisy Foxtail Groundivy Healall Knotgrass Mallow Moss	Nimblewill Pearwort Purslane Shepherdspurse Speedwell Spurge Thistle Velvetgrass Will carrot Will onion Yarrow	Algae Bahiagrass Barnyardgrass Dichondra Dilaree Johnsongrass Knotgrass Moss Quackgrass Rescuegrass Sandbur	Sedges Smutgrass Speedwell

표 6-10 Fairway 지역의 주요 잔디 초종별 유효한 품종 현황

(미국, James B. Beard. 1985)

Bentgrasses	Kentucky bluegrasses	Fine leafed fescues	Perennial ryegrasses	Bermudagrasses
개량된 품종들				
Emerald	A−20	Agram	Barry	Midiron
Penneagle	Adelphi	Atlanta	Belle	Ormond
Penncross	America	Banner	Birdie	Santa Ana
Seaside	Aquila	Bilhart	Blazer	Texturf 10
	Banff	Checker	Caravelle	Tifway
	Baron	Dawson	Citation	Tifway II
	BenSun	Ensylva	Dasher	Vamont
	Brika	Fortress	Deiray	
	Bonnieblue	Highlight	Derby	
	Bristol	Jamestown	Diplomat	
	Cheri	Koket	Eika	
	Columbia	Ruby	Eton	
	Eclipse	Shadow	Fiesta	
	Enmundi	Wintergreen	Goalie	
	Enoble		Jackpot	
	Fylking		Loretta	
	Georgetown		Manhattan	
	Geronimo		Manhattan II	
	Glade		NK−200	
	Majestic		Omega	
	Merion		Palmer	
	Merit		Pennant	
	Midnight		Pennfine	
	Mystic		Prelude	
	Nugget		Premier	
	Parade		Regal	
	Plush		Yorktown	
	Ram I		Yorktown II	
	Rugby			
	Scenic			
	Shasta			
	Sydsport			
	Touchdown			
	Vantage			
	Victa			

(5) 골프장 잔디초지의 각종 갱신(Renovation)방법

표 6-11 잔디초지 통기갱신(通氣更新)용 기계

주 목 적	작 업 용	해 당 기 계
통기(Aerification)	코아링(Coring)	그린쉐어(Green Saire) 버티화이아(Vertifier) 에어화이아(Aerfier) 모타에어(Motor Aire)
	스파이킹(Spiking)	스파이크에어(Spike Aire) 스파이카(Spiker)
	스라이싱(Slicing)	레노베타(Renovator) 로운에어(Lawn Air)
갱신(Renovation)	레노베이팅(Renovating)	레노베이아(Renovaer) 로운에어(Lawn air)
	레이킹(Raking)	버티칼모아(Vertical Mower)
	버티캇팅(Verticuting)	버티칼타(Verticutter)

그림 6-12 배토광경(Topdressing)

(a) 레노베이아(Renovaire) (b) 그린 쉐어(Green Saire)

그림 6-13 통기작업(Aeration, Coring)

① Coring Tines ② Slicing Tines ③ Open Spoon Tines

그림 6-14 통기작업(Aeration, Coring) 의 3가지 종류

그림 6-15 Green지역의 스파이크 에어(Spike Aire)

그림 6-16 버티칼 슬라이서(Vertical Slicer)

표 6-12 라프(Rough) 지역에 발생하는 우점초종*

초 종	생활사	안양컨트리클럽		대구컨트리클럽	
		5월	9월	5월	9월
바랭이	일년생	−	+ + +	+	+ + +
왕바랭이	일년생	−	+	+	+
강아지풀	일년생	−	+ + +	−	+ + +
피	일년생	−	+ +	−	+
마디풀	일년생	+	−	+	−
매듭풀	일년생	−	+ + +	−	+ + +
괭이밥	일년생	+	+	−	+ +
닭의 장풀	일년생	+	+	+	+
여뀌	일년생	−	+	+	+ +
쥐꼬리망초	일년생	−	+	−	+ +
환삼덜굴	일년생	−	+	−	+
새포아풀	월년생	+ +	+	+	−
둑새풀	월년생	+	−	+ +	−
민들레	월년생	+	+	+	+ +
벼룩나물	월년생	+	+	+ +	+
망초	월년생	+	+	+	−
쑥	다년생	+ + +	+ +	+	+ +
토끼풀	다년생	+ + +	+ +	+ +	+ +
애기수영	다년생	+ +	+ +	+ +	+
꿩의 밥	다년생	+	+	−	+
쇠뜨기	다년생	+ +	+	+ +	+
파대가리	다년생	+	+ +	−	+ + +
피막이	다년생	+	+	−	+ +
수염가래꽃	다년생	−	+	−	+
질경이	다년생	+	+	+ +	+

* 발생빈도 : + + + ; 다, + + ; 중, + ; 소

(6) 골프장 각 지역의 잡초 및 병해 발생상황
(자료 : 한국골프장경영자협회 한국잔디연구소)

표 6-13 그린(Green) 지역에 발생하는 우점초종

초 종	생활사	안양컨트리클럽		대구컨트리클럽	
		5월	9월	5월	9월
바랭이	일년생	+	+++	+	+++
마디풀	일년생	+	−	++	−
매듭풀	일년생	−	−	−	+
방동산이	일년생	−	+	+	−
새포아풀	월년생	+++	+	+++	+
냉이	월년생	+	−	+	−
토끼풀	다년생	+	+	+	+
피막이	다년생	+	+	−	−
애기수영	다년생	+	−	+	+
파대가리	다년생	−	+	+	+

표 6-14 티(Tee) 지역에 발생하는 우점초종

초 종	생활사	안양컨트리클럽		대구컨트리클럽	
		5월	9월	5월	9월
바랭이	일년생	−	+++	+	+++
마디풀	일년생	++	+	+++	+
괭이밥	일년생	+	++	+	+1
새포아풀	월년생	+++	−	+++	+
냉이	월년생	++	−	+	−
토끼풀	다년생	+	+	+	+
질경이	다년생	++	+	+	−
피막이	다년생	+	+	−	+
파대가리	다년생	+	+++	+	+++
애기수영	다년생	+	+	+	+

표 6-15 페어웨이(Fairway) 지역에 발생하는 우점초종

초 종	생활사	안양컨트리클럽		대구컨트리클럽	
		5월	9월	5월	9월
바랭이	일년생	+	+++	+	+++
마디풀	일년생	+++	−	+++	−
괭이밥	일년생	+	−	−	+
매듭풀	일년생	−	+	+	+
새포아풀	월년생	+++	−	++	+

냉이	월년생	+	−	+	−
토끼풀	다년생	++	+	++	++
피막이	다년생	+	+	+	+
애기수영	다년생	++	+	+	+
파대가리	다년생	−	+	+	+
쑥	다년생	−	−	−	+

표 6-16 잔디초지 병해방제 약제

병해충명	품목명(상표)	물 20/당 사용량	사용법 및 특기사항
브라운패취병 (전용약제)	포리옥신디 치람수화제	40g (500배)	• 혼합제(항생제 1.13%＋디오지 카바메이트계 30%) • 1,000(1/m²)10a • 발병직전부터 7일 간격 • 어패류에 독성 강함
브라운패취병 (전용약제)	지오판수화제 (톱신엠)	13g (1,500배)	• − (70%) • 발병초기부터 10일 간격
	카프로수화제 (로브동)	40g (500배)	• 혼합제(유기동계 34%＋하아단초인계 16.5%) • 발병초(장마직전)부터 7일 간격
녹 병 (적용약제)	티디폰수화제 (바리톤)	40g (500배)	• − (50%) • 발병초기(5월 또는 9월)부터 10일 간격

표 6-17 주요 병해의 발생시기 및 방제약제

병 명	1월	2월	3월	4월	5월	6월	7월	8월	9월	10월	11월	12월	방제약제(g/m²)
춘고병 (Rhizoctonia성)													르브랄(1g), 톱신엠(0.7g), 벤레이트(0.7g)
라지팻치													리조렉스(0.5～1g), 모세론(1g), 로브랄(1g), 포리옥신디 치람(2g)
녹 병													바리톤(2g)
엽고병													로브랄(0.6g) 다이센엠45(1.2～1.8g)
피시움 블라이트													리도밀(1g)
브라운패취													포리옥신디 치람(2g), 로브동(2g), 톱신엠(0.7g)
달라스팟													벤레이트(0.7g), 로브랄(1g)

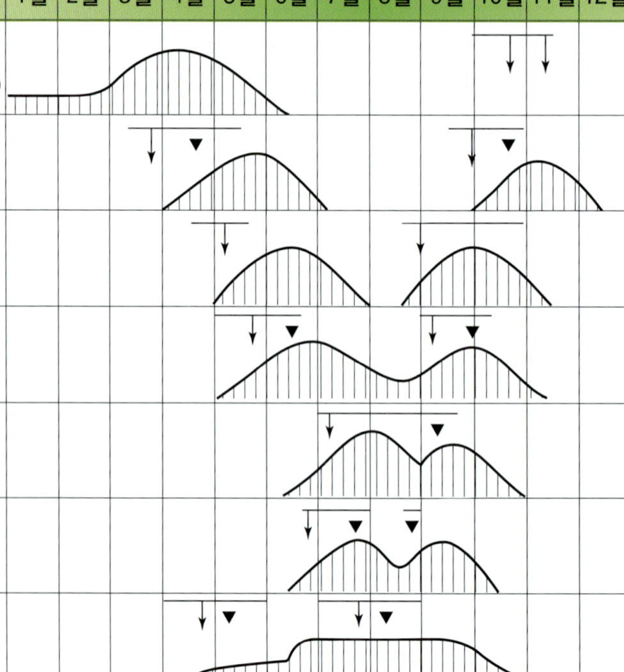

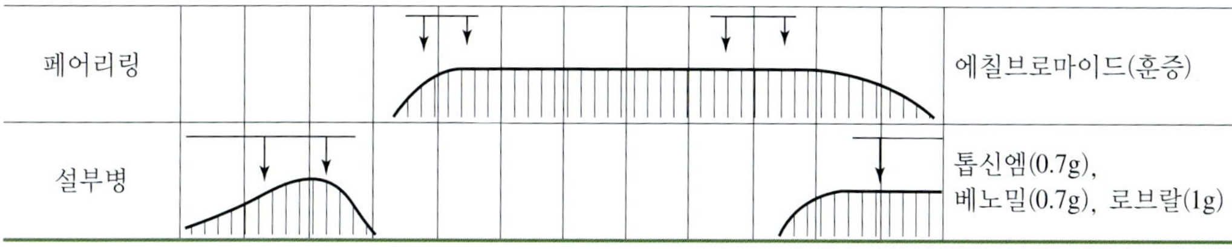

▶ : 발생시에만 spot spray 시용의 적기(이하 동일)
↓ : 전면시용의 시기

6.2 골프장 잔디초지에 대한 연간 월별 종합관리

출처 : 자료(사단법인 한국골프장경영협회 부설 한국잔디연구소, 2009. 1)

(1) 1월 관리요점

1) 그린(Green)의 종합관리

① 일반관리

㉠ 집중답압 피해 예방 : 혹한기에 2～3주 휴장실시, 80～100명 답압기준으로 홀컵교체, 그린의 인, 아웃지역의 집중답압분산, 경계줄 설치

㉡ 건조예방 : 온도상승시 건조피해가 우려되므로 관수 실시. 피복그린은 온도상승시 잔디의 호흡량 증가로 인하여 수분요구량이 많아지므로 오전 중에 적당량의 살수 필요

㉢ 그린피복 : 동계기간 중 피복은 2월말에 잔디 신초생장을 촉진할 수가 있으나 여름철 하고현상이나 발병은 비피복그린에 비하여 많은 편이므로 피복여부에 신중을 기해야 됨.

㉣ 제설작업 : 그린의 잔디가 상하지 않도록 주의 깊게 실시. 적설량이 적고 자연스럽게 녹을 수 있는 기온일 경우에는 토양수분공급 차원에서 방치하는 것도 잔디손상과 건조해 예방에 효과적임. 단, 적설량이 많은 지역에서는 잔디보호를 위하여 2～3수 성노 휴장하는 것이 바람직함.

㉤ 토양개량제 선정 : 개량제 사용여부와 사용량은 토양분석결과를 바탕으로 결정해야 됨. 제오라이트는 입경 1.5～2.0mm, CEO가 110me/100g 이상인 입상제품 선택. 제오라이트는 사용 후 오랜 기간이 경과하면 입자가 파괴되어 배수불량을 유발할 수 있으므로 과량사용은 금해야 됨. 피트모스는 유기물 함량 85% 이상인 Fine등급으로 선택

㉥ 관리장비 점검 : 휴한기 동안 관리장비의 정비 · 보수 및 연간 사용부품 사전확보

2) 티(Tee) · 페어웨이(Fair way) · 러프(Rough)의 종합관리

① 일반관리

㉠ 겨울관수 : 겨울가뭄 예방을 위하여 주기적인 상수, 특히 한지형 잔디로 조성된 티는 건조피해 방지가 필수적임.

㉡ 배토사 구입 : 상토의 토성 및 유기물 함량에 따라 점토, 모래, 미사 함량을 달리한 배토사 구입. 배수 불량한 곳은 점토 함량이 거의 없고 미사 10% 이내, 모래 80% 이상의 모래위주의 배토사 선택

㉢ 배토사 준비 : 입경 0.2～1.0mm가 60% 이상인 모래구입. 하천부지의 작물재배지 모래에는 간혹 선충, 중금속 및 농약 등이 함유되어 있으므로 구입 전에 철저한 분석이 요구됨. 연구소에서 배토사의 입경, 산도 및 염분 등을 회원사에 한하여 무료분석 제공

㉣ 티잉그라운드(Teeing Ground)의 답압 분석 : 티잉그라운드 동선에 답압이 집중되는 지역은 동선을 변경하거나 피복제를 깔아 잔디보호

② 잡초예방

㉠ 제초제 저항성을 보이는 월년생 잡초(새포아풀, 선개불알풀, 주름잎 등)에 대한 저항성 생물검정 및 관리대책 미리 분석.

③ 기 타

㉠ 분석대상 중금속 : 토양환경보전법에 적용되는 중금속은 비고, 구리, 6가크롬, 납, 구은 카드뮴, 아연, 니켈, 불소 등이 있으며, 모래나 부산물 비료의 구입 전에 사전분석이 필요하다.

㉡ 배토사 잔류분석대상농약 : 엔도설판, 다코닐

3) 조경수목

① 일반관리

㉠ 설해예방을 위한 상록수 가지치기 : 2～3월 소나무 등의 상록수에 습한 눈이 쌓이면 가지가 찢어지거나 줄기가 부러진다. 가지치기를 하지 못한 나무는 쌓인 눈을 털어주고 농한기를 이용하여 12～2월에 가지치기 한다.

② 병해충관리

㉠ 겨울해충 응애류와 솔껍질깍지벌레 방제작업 : 겨울 가뭄이 15～20일 이상 계속되고 소나무 엽색이 퇴색할 경우 가지를 털어 응애류의 활동을 확인, 필요 시에는 시약한다. 솔껍질깍지벌레 피해발생기인 12월에 이미다클로프라이드 0.6m*l*/흉고직경 cm를 수간주사 한다. 역은 새잎이 나오기 전 동절기 휴면기에 석회유황합제를 2주 간격으로 2회정도 살포한다.

㉡ 소나무재선충 방제작업(2월, 7월, 12월 참조) : 감염 우려지역은 1～3월 줄기에 직경 6mm 내외, 깊이 9cm의 구멍을 뚫고 살선충제를 수간주입 한다. 방제약으로 1～2월 모란텔타트레이트(그린가드), 아바멕틴(로멕틴, 올스타), 에마멕틴벤조에이트(에이팜)

를 수간주사하고, 솔수염하늘소 활동기인 4～5월까지는 포스티아제이드(선충탄)를 토양 처리한다. 또 월동 유기충기에 피해목을 벌채하여 밀폐 후 메탐소듐(킬퍼)를 원액처리 한다.

㉢ 전정(8월 참조) : 12～2월에 내한성이 강한 낙엽수는 밀생한 가지, 도장지, 맹아지, 돌출한 가지, 역지 등을 제거하여 수관 내부로의 통풍과 햇빛 투과를 좋게 한다.

(2) 2월 관리요점

1) 그린(Green)

① 일반관리

㉠ 관수 : 온도상승과 바람으로 인한 건조해 예방을 위하여 주기적인 관수. 수분측정기로 토양수분을 측정하여 관수시점 결정. 바람이 많은 그린이나 조성된지 3년 이내의 그린은 건조해 발생이 더 심하므로 세심한 관찰이 요구됨. 특히 착색제를 살포한 그린은 건조증상을 확인할 수 없으므로 세심한 관찰과 주기적인 관수실시

㉡ 피복그린 관리 : 피복한 그린의 잔디는 연약할 수 있으므로 온도상승시 수시로 개폐하여 탄산가스를 배출하고 산소와 직사광선 공급

㉢ 롤링작업 : 서릿발 방지와 제설작업으로 인한 그린면의 요철을 제거하기 위하여 2월 중 · 하순부터 롤링작업 실시

② 시비관리

㉠ 규산질비료는 가용성 규산이 25% 함유되고, 비해가 거의 없어 연중시비가 가능함.

③ 병해충 · 잡초방제

㉠ 피복그린의 병해방제 : 내부온도가 3°C 이상 상승시 개폐하여 옐로우패취병이나 설부병의 발생여부를 점검. 발병증상이 있을시 라지패취나 브라운패취 방제약제를 1회 시약

㉡ 잡초 방제 : 월동하며 생육중인 2년생 잡초인 새포아풀 및 다년생 잡초를 대상으로 핀셋 및 제초후크를 이용하여 뿌리까지 제거

2) 티(Tee) · 페어웨이(Fair way) · 러프(Rough)의 종합관리

① 병해충 · 잡초방제

㉠ 설부병 예방 및 방제 : 눈이 녹을 때에는 각종 설부병이 발생하므로 눈이 오기 전에 로브랄 0.6～1.2g/m^2 살포하여 예방

㉡ 춘고병 방제시약 : 남부지방의 경우 2월 말경 예방시약 실시. 봄철에 강우가 잦을 경우 감염이 이루어짐으로 기상 등을 고려 1회 시약. 예방약제로는 침투이행성 약제, 지효성 강한 약제 좋음.

㉢ Kentucky bluegrass 및 새포아풀 방제 : 한국잔디에 혼입된 한지형 잔디의 방제를 위

하여 경렵처리제(비선택성 제초제)나 이슬람 수용성 입제(1.5g/물*l*) 사용하되 살포물량이나 잔디생육상황에 따라 약해가 유발될 수 있으므로 주의가 요구됨.

② 기 타

㉠ 시설보수 및 야생화 재배 : 코스내 각종 시설물의 보수 및 도색작업 실시. 온실 내에서 야생화 파종 및 재배지역 선정

㉡ 배토사 조제 및 보관 : 배토사 조제시 토양분석에 의하여 제오라이트, 피트모스, 소석회분말, 석회고토 등의 혼합여부를 결성하되 혼합된 배토사는 물기가 없는 곳에 보관

㉢ 스프링클러 점검 : 2월 중 · 하순경에 스프링클러 헤드나 배관을 점검 실시하고, 동파부분이나 전자변 등의 이상유무 점검 필요

㉣ 제설용 염화칼륨 피해 예방 : 카트도로 주변 잔디 및 수목에 제설용 염화칼슘 피해를 최소화 할 수 있도록 주의

3) 조경수목

① 일반관리

㉠ 설해예방을 위한 상록수 가지치기(1월 참조)

② 병해충관리

㉠ 무녹병 및 사과나무붉은별무늬병 방제(10월 참조) : 겨울포자 발아기인 3월 하순~4월 상순경 향나무 대상으로, 녹포자 비산기인 7월 초순 사과나무 속 구목에 만코제브 · 뉴아리몰(비엑스알), 페나리몰 · 프로피네브(모두존), 기타 붉은별무늬병 약을 5일 간격으로 2~3회 살포한다. 특히 사과나무류에는 4월 하순~5월 중순 비온 직후 2~3회 살포한다.

㉡ 솔잎혹파리 방제 : 성충 및 유충 발생초기 (5-6월)에 페니트로티온 (메프, 스미치온)을 수관 살포하고 아세타미프리드(마스그린), 이미다클로프리드(어드마이어), 티아메톡삼(아타라)을 수간주사 한다. 4월 하순~5월 하순, 1월에 디이아지논(다이아톤), 에토프로포스(모캡), 이미다클로프리드(코니도), 카보퓨란(후라단)을 토양전면 처리한다. 저년도 피해목에는 시비하여 수세를 회복시킨다.

㉢ 리기다푸사륨가지마름병 방제 : 3월에 테부코나졸(바이칼)을 구간주사하고 병원균 활동이 왕성한 5~6월 프로클로라즈 · 테푸코나졸(두아졸)을 수관살포 한다.

㉣ 소나무재선충방제작업(1월, 7월, 12월 참조) : 사업장내 · 외 소나무 해송을 반출 또는 반입금지. 단, 사업장 내에서 이동은 무관함. 피해가 의심되는 나무가 발견되면 즉시 관할 시 · 군 · 구에 신고한다. 특히 소나무류는 반드시 허가를 득한 후에만 사업장 내외로 반입할 수 있다.

(3) 3월 관리요점

1) 그린

① 일반관리

㉠ 예비홀컵 제거, 고사된 잔디제거 및 이식

㉡ 관수 및 롤링작업 : 건조부분이 없도록 철저한 살수, 볼구름 향상을 위한 롤링작업 실시

㉢ 배토작업 : 요철부분의 교정과 볼구름 향상을 위해 얇은 배토 실시

㉣ 통기작업 : 산소공급과 뿌리발육 촉진을 위해 8월 하순경 실시(남부지방). 통기작업 후 온도의 급강하에 의한 냉해에 주의하고 빠른 회복을 위하여 직경이 작은 타인을 사용함. 통기작업 후 배토

② 시비관리

㉠ 휴면 중이던 잔디뿌리 생육이 시작되는 시기이므로 과시비에 의한 염류

③ 병해충 · 잡초방제

㉠ 옐로우패취병 방제 : 10월 하순~12월 초순과 2월 하순~3월 중순경에 발병됨. 발시기가 잔디생육이 나쁜 시기이므로 발병되지 않도록 예방 위주의 방제, 브라운패취병 방제약제 시용

㉡ 설부병 방제 : 고랭이 한지형 골프장의 경우 해빙기에 제설작업 및 예방시약 실시

㉢ 잡초방제 : 종자발아하는 1년생 초종. 예를 들어, 새포아풀 등의 발생이 많은 그린을 대상으로 아이속사벤 액상수화제(0.06ml/200ml/물/m^2) 토양

2) 티(Tee) · 페어웨이(Fair way) · 러프(Rough)

① 일반관리

㉠ 잔디보호자재 제거 : 보경로에 깔아놓은 솔잎이나 보호자재는 잔디 신초가 올라오기 전에 제거

㉡ 스위퍼 및 배토작업 : 고엽을 예초한 후 스위퍼를 실시하고 3~5mm 정도 배토 실시

㉢ 관수 : 건조하기 쉬운 지역에 부분적인 살수

② 병해충 · 잡초방제

㉠ 춘고병 방제 : 작년에 발생이 많았던 지역 및 건조하기 쉬운 지역을 중심으로 예방시약 실시. 예방약제로 침투이행성 약제, 지효성이 강한약제가 좋다. 방제약제로는 라지패취(Large Patch)나 브라운패취(Brown Patch) 방제로 등록된 약제가 효과적이다.

㉡ 잡초방제 : 발아전 제초제 살포, 새포아풀, 바랭이를 포함한 화본과 및 관엽잡초의 발생이 많았던 곳에 대한방제는 첸디메탈린(0.5ml/200ml물/m^2) 및 아이속사벤 액상수화제(0.06ml/200ml/물/m^2)량으로 처리. 혼합처리도 가능(주의 : 발자전 제초제의 사용량이 너무 많은 경우 한국잔디의 맹아출현 시기가 지연될 수 있으니 적량 사용 필요)

㉢ 설부병 방제 : 한지형 잔디로 조성된 골프장의 경우 해빙기에 제설작업 및 예방시약 실시

3) 조경수목

① 일반관리

㉠ 시비 : 과 · 화목의 개화기이므로 뿌리 주변에 방사상 구덩이를 파고 시비, 진달래, 철쭉, 영산홍 등 군식한 화목류는 유기질비료 20kg에 화학비료 200g을 혼합하여 땅위에 흩뿌리기 한다.

② 병해충관리

㉠ 겨울해충 응애류와 솔껍질깍지벌레 방제작업(1월 참조)

㉡ 향나무하늘소 방제 및 피해부위 제거 : 10월부터 이듬해 2월까지 향나무 하늘소 피해가지 또는 줄기는 잘라서 태우고 유기질비료(15～20kg/그루)와 화학비료(200-300 g/그루)를 혼합 시비한다. 3~4월에는 7일 간격으로 살충제를 2~3회 이상 수관 및 수간 살포한다.

㉢ 잠복소 수거(8월 참조) : 3월 중순 이후 한낮의 평균기온이 10°C 이상 오르기 전에 철거하여 태운다. 너무 일찍 철거하면 아직 활동하지 않은 천적 등의 유익한 곤충이 제거된다.

㉣ 리기다푸사륨가지마름병 방제(2월 참조) : 5～10월 바람을 타고 잎의 기공가지의 상처를 통해 전염된다. 5～6월 진딧물, 거품벌레 등의 흡즙성 해충방제를 철저히 하여 어린가지가 상처를 받지 않도록 한다. 피해수목에는 시비 등으로 나무를 건강하게 키운다.

㉤ 부란병 방제(11월 참조) : 전정, 동해 상처에는 반드시 이미녹타딘트리아세테이트(베푸란), 티오파네이트메탈(지오판, 톱신페스트), 폴리옥신디(부란카트), 폴리옥신디, 티오파네이트 메틸(보람)을 처리한다.

(4) 4월 관리요점

1) 그린(Green)

① 일반관리

㉠ 예초 : 잔디하엽 및 묵은 뿌리 제거와 예고를 낮추기 위해 그린모아(Green mower)에 브러쉬와 릴을 부착한 주기적인 예초로 잔디밀도와 공구름 속도를 향상시킴.

㉡ 통기 및 배토작업 : 생육이 왕성한 시기이므로 통기작업 실시. 통기작업 후 코아구멍에 90% 이상 차도록 배토량을 설정하되 배토주기는 신초생장과 공구름 속도를 감안하여 조절

② 시비관리

㉠ 잔디뿌리 생육을 높이기 위해 엽면시비 보다는 입상비료를 시비해 잔디 밀도 향상

㉡ 그린칼라 주변에 비료 살포될 경우 한국잔디 황화현상유발 주의

㉢ 봄철 잔디뿌리 발근촉진과 보수력증대를 위해 실시하는 부식산(분말)시비는 배토사와 혼합하여 통기작업 후에 살포하는 것이 효과적임.

㉣ 옐로우패취(Yellow patch)병반지역의 회복 및 녹화를 촉진시키기 위하여 황산이온이 함유된 유안이나 철분비료 시비

③ 병해충 · 잡초방제

㉠ 굼벵이방제 : 그린 주변에 월동한 굼벵이에 의한 피해를 예방하기 위하여 살충제 시약

㉡ 잡초방제 : 3월 말~4월 초 발아전 제초제 살포(3월 참조)

2) 티(Tee) · 페어웨이(Fairway) · 러프(Rough)

① 일반관리

㉠ 예초 : 연간 관리할 예고를 정하기 주기적인 예초로 잔디신초의 생장을 촉진시킴.

② 시비관리

㉠ 황화잔디 회복 : 황화현상 발생 지역에 요소와 EDTA－Fe를 각각 800～1,000배액으로 혼합하여 1～2회 살포

㉡ 첫 시비는 한지형 잔디 4월 초순경. 한국잔디 4월 하순경에 처리

③ 병해충 · 잡초방제

㉠ 라지패취(Large Patch, Rhizoctonia) 방제 : 벚꽃개화기에 라지패취 병반이 발생하기 시작한다. 남부지역의 경우 1차 예방시약 실시. 세심한 예찰실시. 라지패취병 억제목적으로 소석회 100g/m^2 시비

㉡ 춘고병 방제(3월 참조)

㉢ 제초제 살포 : 3월 말~4월 초에 발아전 체조체 살포(3월 참조). 작업 효율성을 위해 발아전 제초제에 경엽처리제를 혼합하여 살포하는 것도 가능하며 잔디생육상태와 기후조건을 반드시 고려

㉣ 굼벵이 방제 : 상습적으로 발생하는 지역위주, 물빠짐이 좋은 지역 등 굼벵이 상습발생지를 중심으로 모캡, 코니도, 아타가, 렐단 등을 시약. 늦여름~가을철 방제가 더 중요

3) 조경수목

① 일반관리

㉠ 이식작업(4～5월) : 낙엽수류의 이식은 4월이 좋고 단풍나무류는 수액 이동이 빠르기 때문에 4월 초순이 적기이다. 일찍 해동되는 해에는 2월 하순~3월 초순에 해도 큰 무리 없다.

㉡ 시비(3～6월, 10～11월, 6월 참조) : 과 · 화목류, 솔잎혹파리 피해목(21－17－17비

료) 등 수세불량목이 유기질비료(15～20kg/그루)와 화학비료(200～300/그루)를 혼합 시비한다.

② 병해충관리

㉠ 소나무류 피목가지마름병 : 환경이나 병해충 또는 생리적 노쇠 등으로 1~2년생 가지가 말라죽고 심하면 나무 전체가 고사한다. 병든 가지의 수피를 벗겨보면 병환부의 경계가 뚜렷하고 경계부위에는 검은 색의 포자퇴가 나타난다. 시비관리 등의 육림작업을 철저히 하고, 병든 가지는 6~7월에 잘라 소각하여 포자 비산을 막는다.
봄철과 자낭포자 비산기인 7~8월까지 만코제브 · 마이클로뷰타닐(시스텐엠), 만코제브 · 메탈락실(리도밀엠지), 만코제브 · 뉴리아몰(비엑스알)을 살포한다.

㉡ 진딧물류 방제(5월, 7월 참조) : 모든 침엽수류와 새순이 일찍 나오는 활엽수를 대상으로 진딧물 발생유무를 예찰 확인하고 살충제를 살포한다. 초봄에는 발생한 진딧물 방제가 효과적이다.

(5) 5월 관리요점

1) 그린(Green)

① 일반관리

㉠ 예초 : 예고는 잔디생육, 상태에 따라 3.5～4mm로 유지하고 잔디깎기시 수시로 브러쉬 및 대칭릴 부착하여 실시

㉡ 통기작업 및 배토 : 생육이 왕성한 시기이므로 강한 갱신작업 실시. 통기작업 후 모래만으로 배토 1～2회 실시

㉢ 버치컬모잉 : 장마기 및 한여름을 대비하여 잔디밀도 조절, 대취제거를 위하여 5월 중 1회 실시

② 시비관리

㉠ 잔디생육이 왕성한 시기로 다량원소 시비와 병행하여 미량원소가 함유된 복합비료 균형시비

㉡ 망간, 아연 등이 함유된 미량원소 복합비료 시비

③ 병해충 · 잡초방제

㉠ 달라스팟 방제 : 일일평균기온 18～20°C에서 달라스팟 발생. 달라스팟의 방제는 병이 발생된 이후에 시작하게 되면, 저항성균 유발이 용이하게 되므로 항시 예방적으로 실시. 예방약제로 호리쿠어, 로브랄 시약. 단 한약제 연용 금지

㉡ 페어리링 방제 : 봄 건조시 페어리링에 의한 건조해 발생주의. 담자균류 방제약제에 계면활성제를 혼합하여 살포한다. 미부숙유기질 비료를 사용하지 않는다. 발생지역에는 건조하지 않도록 충분한 관수를 실시한다. 상습 발생지는 통기작업. 버티칼 모잉 등을 실시한다.

2) 티 · 페어웨이 · 러프

① 일반관리

㉠ 예초 : 한국잔디 티는 25mm, Bent는 5.5mm, KB는 20mm. 페어웨이는 한국잔디 30mm, Bent와 KB는 티와 동일

㉡ 한국잔디의 황화현상 : 5월 중순까지 황화현상이 지속되면 반드시 그 원인(비해, 약해, 습해 등)을 구명하여 처방

② 시비관리

㉠ 한국잔디 : 뿌리 성장의 촉이므로 과다시비에 의한 비해 발생 주의

㉡ 보비력과 보수력이 낮은 코스는 유기질비료를 N5% 기준, 40～50g/m^2 처리

㉢ 한지형 잔디 : 미량원소 복합비료 시비

③ 병해충 · 잡초방제

㉠ 라지패취(Large patch)병 방제 : 남부지역의 경우 2차 시약, 중부지역의 경우 1차 시약 실시(4월 참조)

㉡ 굼벵이 방제 : 성충 발생기에 맞추어 페로몬트랩 설치하여 포획(4～6월 참조). 여름철 이후 어린 유충기에 농약을 이용한 방제에 역점

㉢ 잔디깍지벌레 방제 : 상습발생 지역에 메프 시약

㉣ 잡초방제 : 경엽처리 제초제에 의한 약해 발생시 회복이 1개월 이상 걸리기 때문에 사용상 주의해야 하며, 생육중인 다년생 사초과 잡초 파대가리를 대상으로 신규 등록약제인 페녹슐람 액상수화제를 0.3m*l*/150m*l* 물/m^2 농도로 부분 경엽처리

3) 조경수목

① 일반관리

㉠ 소나무 순 꺾기 : 5월 중순경 새순이 굳기 이전에 실시. 너무 일찍 순꺾기 하면 2차 생장을 하여 가지가 총생한다. 10cm 길이로 자란 순을 2～3개만 남기고 모두 따버린다. 남은 순이 충분히 자란 5월 중순순의 2/3를 꺾어서 잘라 버린다.

㉡ 이식목 뿌리돌리과 줄기감기 : 이듬해 봄 이식준비를 위하여 이식대상목은 뿌리돌림한다. 수세약화목, 이식목은 흙바르기 또는 줄기감기하여 수세를 회복시키고 소나무좀 등의 해충침입을 예방한다.

② 병해충관리

㉠ 유아등 설치(5~9월): 흰불나방, 기타 나방류 해충, 풍뎅이류 등의 발생장소을 조사하고 문제해충의 성충침입을 예방한다.

㉡ 진딧물 방제(4월, 7월 참조) : 각종 침엽수와 활엽수류의 새순발생 이후에 진딧물약을 표준농도보다 약하게 희석하여 2회정도 살포한다.

㉢ 층층나무해충 황다리독나방 방제(5월) : 잎을 갉아먹는 유충기에 페니트로티온(스미치온, 메프치온) 25g/ 물 20l를 살포한다. 2000년부터 골프장 조경수와 골프장 부지내 자생 층층나무에서 크게 발생하여 피해가 점차 확대되고 있다.

㉣ 풍뎅이 방제(티 · 페어웨이관리 4월, 5월, 8월 참조)

㉤ 솔거품벌레 방제(2월, 3월, 10월 참조)

㉥ 피목가지마름병 방제 : 소나무, 잣나무의 병든 가지는 6～7월까지 잘라서 소각하고 8월까지 시약한다. 겨울-봄철 가뭄피해를 받지 않도록 하고 쇠약목은 부산물 비료와 화학비료를 혼합시비 한다.

(6) 6월 관리요점

1) 그린

① 일반관리

㉠ 예초 : 예초고는 3.5～4mm로 유지하고 잔디깎기시 수시로 브러쉬 및 대칭릴 부착

㉡ 중 · 하순경부터 장마기에 접어들므로 배수불량의 그린을 대상으로 통펀치 에어레이션 실시

㉢ 스파이킹, 관주기 작업 : 통펀치 작업이 어려울 경우에 실시

② 시비관리

㉠ 고온다습한 기후의 내답압성과 내병성 강화를 위해 칼슘이나 규산 액비를 엽면시비

㉡ 6월 중 · 하순경부터 질소시비량을 줄여 내환경성을 강화시킴.

③ 병해충 · 잡초방제

㉠ 브라운패취 방제 : 장마전에 15일간격 2회 살포

㉡ 파티움블라이트 방제 : 마지막 통기작업 후, 장마 전에 예방시약 약제 내성균의 출현이 쉬우므로 동일 약제를 연속하여 2회 이상 사용 금함.

㉢ 탄저병 방제 : 6월 말부터 10월에 걸쳐 고온 다습한 시기에 주로 발생하는데 발병초기에 잎이 담황색으로 변색도고 병이 진전됨에 따라 적갈색으로 고사함. 파티움블라이트 방제시 탄저병 동시방제

㉣ 조류 방제 : 조류 방제제로 2～4주 간격으로 예방살포. 이미 심하게 발생한 경우에는 배토실시, 모든 약제의 약해 주의

㉤ 해충방제 : 굼벵이, 검거세미밤나방, 잔디포충나방 방제시약

2) 티 · 페어웨이 · 러프

① 일반관리

㉠ 한국잔디 티는 22mm, Bent는 6mm, KB는 20mm. 페어웨이는 한국잔디 30mm, Bent

와 KB는 티와 동일

㉡ 슬라이싱 작업, 통기작업 실시 : 슬라이싱 작업을 실시하여 잔디 밀도를 높임. 통기작업을 실시하여 토양의 고결화를 완화시키고, 배토로 신초의 생장촉진 배수부량 지역에는 코아물을 수거하는 것이 필요함.

㉢ 장마철 대비 : 맨홀 및 측구 청소실시. 붕괴의 우려가 있는 성토면은 비닐을 덮어 빗물의 침투방지

② 시비관리

㉠ 입상칼슘과 규산(100～150/m^2) 시비

③ 병해충 · 잡초방제

㉠ 라지패취병 방제 : 장마 전에 전면시약 실시. 남부지역의 경우 3차 시약, 중부지역의 경우 2차 시약

㉡ 페어리링 방제 : 곰팡이 균사가 근권에 균사매트를 형성하게 되어 균사의 소수성 때문에 수분침투되지 않나 건조현상으로 잔디고사 됨. 방제는 통기작업 후 시약하고 방제 약제는 라지패취나 브라운패취 방제 약제 살포

㉢ 멸강나방 방제 : 쥐똥나무 개화기에 성충비래. 녹생토공법으로 조성한 러프지역에 특히 발생이 많음. 철저한 예찰을 통하여 발견 즉시 야무진, 너미더, 뚝심(1,000배액) 등을 살포

㉣ 잡초방제 : 경엽처리 제초제 모뉴먼트(입수), 이슐람(수용입) 등으로 바랭이류, 새포아풀 부분 경엽처리 방제

3) 조경수목

① 일반관리

㉠ 시비(5～6월, 4월 참조) : 농업용 화학비료(200～300g/그루) 또는 산림용 고형복비(1～2개/흉고직경cm)를 시비한다.

② 병해충관리

㉠ 유아동 및 페로몬 트랩 설치 : 5～9월 유아등 및 페로몬 트랩을 설피하여 검거세미나방 등의 나방류와 풍뎅이류의 발생을 예찰한다. 특히 페로몬 트랩은 종 특이성이 있으므로 대상해충을 정확히 파악하여 사용해야 한다. 풍뎅이류 특히, 참콩풍뎅이, 녹색콩풍뎅이 및 등얼룩풍뎅이는 페로몬 트랩을 대량 설치하면 예찰효과가 크다.

㉡ 풍뎅이 방제 : 5～9월 유아등 및 페로몬 트랩에 의해 풍뎅이의 발생이 확인되면 성충의 습성에 맞게 약제를 살포한다. 예를 들어, 등얼룩풍뎅이는 연산홍의 관목류 틈에서 주로 발견되며 주황긴다리풍뎅이는 사방오리나무, 벚나무, 아그배나무를 선호하며, 집단으로 모여 잎을 가해한다. 참콩풍뎅이는 무리를 지어 장미와 같은 화훼류와 살구

등의 과실을 가해한다.

㉢ 소나무잎마름병 방제(4월, 12월 참조)

㉣ 소나무순나방 방제 : 피해가 발생하는 5~6월에 붉게 마르는 새순을 잘라 소각한다.

㉤ 향나무녹병(2월, 10월 참조) : 향나무와 중간기주 사과나무류 모두 시약해야 약효가 있다.

㉥ 버즘나무방패벌레, 진달래방패벌레 방제(7월 참조) : 5월초 · 중순에 살충제를 살포한다.

(7) 7월 관리요점

1) 그린

① 일반관리

㉠ 예초 : 예고는 잔디품종이나 내장객 수에 따라 4mm 정도로 상향조정하여 광합성량을 높여 잔디생육 촉진

㉡ 배토 : 0.5mm 정도의 부분 배토 수시 실시

② 시비관리

㉠ 마모, 병 스트레스 회복을 위해 소량 질소 필요.

㉡ 질소시비량은 최소로 유지(0.5g/m^2)

㉢ 엽색향상을 위한 EDTA－Fe 엽면시비.

③ 병해충 · 잡초방제

㉠ 이슬털이 : 병원균의 발생을 조장할 수 있으므로 이른 아침에 이슬제거 작업 실시

㉡ 병방제 : 고온다습한 시기이므로 브라운패취, 파티움블라이트, 탄저병의 발생이 우려됨. 피티움블라이트, 탄저병, 브라운패취, 조류 등 방제, 1~2주 간격으로 방제시약 실시

㉢ 피티움블라이트 방제약제 : 메타락실제 및 그 혼합제 등이 효과적이다. 그러나 연용할 경우 내성균을 유발할 수 있으므로 다른 계통의 약제와 교호 살포한다.

㉣ 탄저병 방제 : 6월 하순의 예방적 방제가 발병 후의 치료적인 방제보다 효과적이다. 방제약제는 프로피수화제, 터부코나졸유제 등이 있다.

㉤ 검거세미밤나방, 잔디포충나방 방제 : 방제약제는 잔디굼벵이 및 잔디밤나방에 고시된 약제를 충분히 살포

2) 티 · 페어웨이 · 러프

① 일반관리

㉠ 예초 : 한국잔디 티는 22mm, Bent는 7mm, KB는 25mm. 페어웨이는 한국잔디 25mm, Bent와 KB는 티와 동일

㉡ 버티칼모잉 : 한국잔디의 경우 잔디의 절간을 잘라 분얼 촉진시켜 밀도를 향상시킴. 대

취를 제거하여 라지패취의 발생을 줄이고 약제의 침투를 향상시킴.

② 시비관리

㉠ 한국잔디의 밀도를 높이기 위한 시비량 증대

③ 병해충 · 잡초방제

㉠ 라지패취(Large patch)병 방제 : 장마기에 발생한 병반이 대하여 부분시약 실시. 장마기에는 약제의 유식이 많으므로 침투이행성 약제를 사용하거나 전착제를 첨가하는 것이 좋음.

㉡ 라이족토니아 잎마름병 방제 : 장마기에 예고가 높은 러프지역에 주로 발생함. 상습발생지에 라지패취나 브라운패취 방제약제로 고시된 트로스 수화제, 터부코나졸유제, 펜시쿠론 수화제 등의 방제약제를 일주일 간격으로 2회 정도 시약

㉢ 땅강아지 방제 : 스퍽, 모캡, 아티라 등의 효과적이다.

㉣ 잡초방제 : 생육중인 잡초를 대상으로 선택성 경엽처리제초제의 부분처리(점처리) 이용한 잡초방제(6월 참조)

3) 조경수목

① 일반관리

㉠ 태풍피해 예방 가지솎기(7～8월) : 태풍피해가 예상되는 지역에서는 가지솎기하여 빽빽한 수관을 정리하여 비바람에 대한 저항성을 높인다. 천근성 수목은 태풍이 오기 20일 전에 수관을 정리하여 나무가 넘어지지 않도록 한다.

② 병해충관리

㉠ 깍지벌레 방제 : 자귀나무, 후박나무, 사철나무 등의 활엽수와 상록수에 깍지벌레 피해유무를 관찰하고 새잎이 완전히 나온 이후 약제를 살포한다.

㉡ 복숭아유리나방과 방제 수간도색 : 산란기인 7~8월에 수성페인트로 수간도색하여 산란 기피효과를 얻는다. 이 때 살충제를 혼합하여 도색하면 효과가 과 있다.

㉢ 대추나무 · 오동나무빗자루병 방제 : 7～8월 매개충 담배장님노린재, 썩덩나무노린재, 끝동매미충을 방제하고 피해수목에는 옥시테트리싸이클린 수화제 100g/물 20l를 1l/직경 10cm로 수확 30일 전까지 2～3회 수간주사 한다.

㉣ 무궁화 진딧물류 방제(4월, 5월 참조) : 월 1회 정도 진딧물을 표준농도 이하로 살포, 가뭄이 계속되어 진딧물 피해가 심한 소나무와 잣나무에도 부분시약 한다.

㉤ 재선충 방제(1, 2, 12월 참조) : 남부 피해지역에서는 1～3월 해송과 소나무에 수간주사 한다.

(8) 8월 관리요점

1) 그린

① 일반관리

㉠ 예초 : 예고는 4~5mm 정도로 유지. 예초량과 엽색을 확인하여 잔디의 생장상태에 따라 조정

㉡ 배토 : 조류발생지역 등에 1~2mm 정도의 부분 배토 수시 실시

㉢ 관수 : 고온기 건조피해 예방을 위해 부분적인 시린징 관수 수시 실시

② 시비관리

㉠ 중하순경에 잔디회복을 위해 0.5-0-0.5 2주 간격 2회 처리. 황산이 함유된 입상비료는 피해유발 위험이 높으므로 9월 중순 이후에 시비

㉡ 잔디생육 상태에 따라 시비량과 시비시기 조절적용

③ 병해충 · 잡초방제

㉠ 이슬털이 : 이른 아침에 이슬제거 작업 실시

㉡ 병해방제 : 고온다습한 시기이므로 브라운패취, 피티움블라이트, 탄저병의 발생이 우려됨. 피티움블라이트, 탄저병, 브라운패취, 조류 등 방제 : 1~2주 간격으로 방제시약 실시. 약제 연용에 의한 내성균의 출현에 주의, 2~3종의 약제를 교대로 살포, 특히 잔디 생육이 불량한 하절기에 트리아졸 계통의 살균제 처리는 약해를 유발시킬 수 있으므로 사용주의

㉢ 해충방제 : 그린 및 경사지에 굼벵이 피해 주의. 검거세미밤나방, 잔디포충나방 방제

2) 티 · 페어웨이 · 러프

① 일반관리

㉠ 예초 : 한국잔디 티는 22mm, Bent는 7mm, KB는 25mm. 페어웨이는 한국잔디 25mm, Bent와 KB는 티와 동일

② 시비관리

㉠ 한국잔디 : 강원 · 경기지역은 저장양분 축적을 위한 마지막 시비를 8월 하순경 실시

㉡ 한지형 잔디 : 티와 페어웨이에 미량원소 복합비료 1회 시비

㉢ 라지패취 방제용 소석회 시비 : 토양산도를 고려하여 m^2당 100g 시비하되 pH 7.0 이상일 경우에는 금함.

③ 병해충 · 잡초방제

㉠ 라지패취(Large patch)병 방제 : 가울철 발생을 대비하여 8월 말경에 저면적인 예방시약 실시

㉡ 한국잔디 달라스팟 방제(7~9월) : 특히 중지에 잘 발병됨. 방제약제로는 헥사코나졸

액상수화제, 지오판수화제, 터부코나졸유제, 프로피 수화제 등

㉢ 굼벵이 방제(8~10월, 6월 참조) : 유아등 및 페로몬 트랩에 의해 파악된 우화 최성기로부터 한 달 이내 피해지역을 대상으로 집중방제 실시

㉣ 노랑굴파리 방제 : 라지패취 병반과 유사하며 세심한 관찰이 요구되며, 성충을 방제하는 것이 가장 효과적이며, 유충기 방제는 메프유제 등이 효과적임.

3) 조경수목

① 일반관리

㉠ 나무다듬기(9월, 10월 참조) : 새순이 늘어진 등나무는 짧게 잡아주고 건물주변의 향나무는 솎음전정을 한다. 일찍 전정한 개나리, 철쭉, 진달래, 영산홍 등은 웃자란 가지를 정리한다.

㉡ 태풍피해 예방 가지솎기(7월 참조)

② 병해충관리

㉠ 소나무류 깍지벌레 방제 : 소나무굴깍지벌레 등 깍지벌레류의 철저한 발제 실시

㉡ 잠복소 설치(3월, 9월, 11월 참조), 미국흰불나방 방제(3월, 9월, 11월 참조) : 8월 중순 이후 잠복소를 만들어 각종 나방류 유충의 월동처를 제공하고 3월 중순 이후에 제거한다. 제2화기인 7월 하순~8월 중순에 수관살포하여 산란 성충과 가해초기 유충을 방제한다.

㉢ 태풍기, 장마철 병해충 예방 및 방제 : 각종 병해충 발생이 잦은 장마기와 고온기에는 항상 발생예찰 기능을 가동한다.

㉣ 무궁화 진딧물류 방제(4월, 5월, 7월 참조)

㉤ 향나무녹병 및 사과나무 붉은별무늬병 방제(2월, 10월 참조)

㉥ 소나무잎마름병 방제(4월, 12월 참조)

㉦ 전정(1월 참조) : 7~8월 태풍을 대비하여 밀생한 가지를 솎아 나무가 넘어지는 등의 재난을 대비한다.

(9) 9월 관리요점

1) 그린

① 일반관리

㉠ 예초 : 기후와 잔디의 생육에 따라 예초고를 4mm로 하향 조정

㉡ 통기작업 및 배토작업 : 여름내 고결화된 상토층에 유해가스 방출과 산소를 공급하여 뿌리 발육촉진. 통기작업 후 배토, 특히 잔디를 이식한 곳에는 부분 배토와 롤링작업 실시해 요철제거. 통기작업 시기는 잔디 생육상태를 반드시 점검한 후에 결정함.

② 시비관리

㉠ 과잉시비 금지 : 고온이 지속될 경우나 잔디뿌리가 짧을 경우에는 속효성 비료보다 완효성비료 시비

㉡ 잔디 엽색과 밀도를 높이기 위해 EDTA－Fe 1,000배액으로 엽면시비

③ 병해충 · 잡초방제

㉠ 이슬털이 : 이른 아침에 이슬제거 작업 실시

㉡ 해충방제 : 그린 주위에 주둥무늬차색풍뎅이 피해에 주의. 검거세미밤나방, 잔디포충나방 방제

㉢ 브라운패취 방제 : 고온 · 다습한 시기에 발생하여 9월 하순까지 병세 지속 브라운패취용으로 고시된 약제 1주일 간격으로 2회 정도 실시

㉣ 달라스팟 방제 : 트리아졸계 계통의 약제는 벤트그래스, 켄터키블루그래스의 생육을 억제할 수 있으므로 생육불량한 시기에는 다른 계통의 약제 이용이 바람직함.

2) 티 · 페어웨이 · 러프

① 일반관리

㉠ 예초 : 9월은 잔디생장량이 적어지고 휴면을 위해 저장양분을 축적하는 시기이므로 한국잔디 예초고를 티와 페어웨이 모두 25mm 상향조정. Bent Tee와 Fairway는 모두 6mm, 켄터키블루그래스 티와 페어웨이는 모두 20mm로 상향조정

② 시비관리

㉠ 한국잔디 : 중부지방을 중심으로 저장양분 축적을 위한 마지막 시비는 9월 초순까지 완료

③ 병해충 · 잡초방제

㉠ 라지패취 방제 : 가을 강우시에는 격발하는 경우가 많으므로 방제적기를 놓치지 않도록 철저한 예찰실시. 15일 간격 2회정도 전면시약 실시

㉡ 라이족토니아 잎마름병 방제 : 예초고가 높은 러프(Rough)지역에 주로 발생함. 상습발생지에 라지패취 방제약제 1회 시약

㉢ 녹병방제 : 가울에 녹병이 심하게 발생하면 광합성이 감소하고 양분의 소실이 많아 이듬해 맹아출현이 나빠지는 원인이 됨. 녹병(Rust), 라지패취(Large patch)를 동시에 방제할 수 있는 호리쿠어가 효과적임.

㉣ 잡초방제 : 8월 말경부터 가을철에 문제가 되는 월년생 잡초인 새포아풀, 선개불아풀 등의 방제를 위하여 발아전 처리제 시약하고, 생육중인 잡초가 9월부터는 개화 · 결실하는 시기이므로 종자결실 전에 반드시 제거하여 확산방지

3) 조경수목

① 일반관리

㉠ 추계이식(10월 참조) : 낙엽활엽수, 가을이식을 위하여 그해 봄 또는 전년도에 뿌리돌림한 나무를 이식한다. 추계 이식한 나무는 반드시 줄기감기하고 필요시 물주기 한다.

㉡ 가지다듬기(8월 하순~월, 8월, 10월 참조) : 봄에 일찍 수형정리를 한 개나리, 철쭉, 진달래 등은 새로 자란 순이 어지러우므로 수형정리 차원의 다듬기를 한다. 다듬기 정도가 심하면 이듬해 꽃 피기가 불량하므로 유의해야 한다.

② 병해충관리

㉠ 깍지벌레는 응애류 방제(9~12월, 1월, 7월 참조) : 일찍 낙엽 또는 단풍드는 나무, 잎이 탈색되는 나무를 대상으로 깍지벌레류와 응애류의 발생유무를 확인하고 시약한다.

㉡ 녹병방제(3~8월, 2월 참조) : 소나무혹병, 소나무잎녹병, 포플러잎녹병, 자귀나무녹병 등 방제

㉢ 미국흰불나방 방제(8월, 11월 참조) : 초기 발생기에 유충이 군서하는 가지를 잘라 소각한다.

(10) 10월 관리요점

1) 그린

① 일반관리

㉠ 예초 : 잔디하엽 및 묵은 뿌리 제거와 낮은 예고를 위해 그린모라에 브러쉬와 릴을 부착한 주기적인 예초로 잔디밀도와 공구름 속도를 높임.

㉡ 통기 및 배토작업 : 잔디생육이 왕성한 시기이므로 갱신작업 실시. 통기작업 1회 정도와 배토 1~2회 실시

② 시비관리

㉠ 잔디생육이 왕성한 시기이므로 최고의 잔디품질을 위해 균형시비

㉡ 고토, 철, 망간, 아연 등 부족되기 쉬운 미량원소 공급

③ 병해충 · 잡초방제

㉠ 옐로우패취 방제 : 기온이 10~20°C인 늦가을에 비가 자주 올 때 발생하므로 1월 중순~11월 초순경 브라운패취병 관련고시 농약으로 예방시약

㉡ 굼벵이 방제 : 가을철 피해 방제 중요

㉢ 이끼 방제 : 한 여름에 방제하는 것은 잔디에 약해가 발생하므로 가을철 방제가 유리, 약제는 제초제 야임을 10,000~20,000배로 살포하고 배토병행(약해주의)

㉣ 달라스팍 방제 : 일일 평균기온 18~20°C에서 달라스팟 발생. 방제약제로 로브랄, 플루디옥소닐 시약. 단, 연용금지

2) 티 · 페어웨이 · 러프

① 일반관리

㉠ 예초 : 10월은 잔디생장량이 낮아지고 휴면을 위해 저장양분을 축적하는 시기이므로 한국잔디 예고를 티는 25mm, 페어웨이는 30mm로 상향조정. Bent 티와 페어웨이는 6mm, KB티와 페어웨이는 20mm

② 시비관리

㉠ 한지형 잔디 : 티, 페어웨이는 입상규산질비료 50～100/m^2 시비

③ 병해충 · 잡초방제

㉠ 라지패취병 방제 : 휴면 전에 가끔씩 발병이 되므로 예찰을 실시하여 발병증상이 보이는 지역에 부분적인 시약 실시

㉡ 춘고병 예방시약(9월 참조) : 일일 최고기온이 18～20°C일 때 춘고병에 감염됨으로 이 시기에 브라운내취병이나 라지패취병 방제용 약제로 예방시약 실시

㉢ 녹병 발생 : 가을에 녹병이 심하게 감염되면 광합성이 감소하고 양분의 소실이 많아 이듬해 맹아출현이 나빠지는 원인이 됨. 녹병, 라지패취를 동시에 방제할 수 있는 호리쿠어가 효과적임.

㉣ 잡초방제 : 온도가 10°C 이하로 저하되며 약효가 떨어지기 전에 켄터키 블루그래스나 새포아풀을 대상으로 모뉴먼트 0.02g/ 물*l*의 저농도로 잡초잎에만 살짝 묻게 부분경엽처리. 이 때 그린에 날리지 않도록 주의

3) 조경수목

① 일반관리

㉠ 추계식(9월 참조) : 9～10월경의 추계 이식은 식물의 조직이 목질화 되어 수분스트레스를 적게 받아 낙엽활엽수 이식에 적합한 계절이다.

㉡ 가을시비(9～11월) : 깊이 20cm의 구덩이를 대상, 윤상, 방사상, 점상 등으로 지형에 맞게 파고 15kg/직경 20cm를 넣고 산림고형복비 10알 내외로 시비한다. 특히 이식한 나무에서는 건조한 겨울가뭄과 봄 가뭄에 대비하여 시비한다.

㉢ 나무다듬기와 월동준비(8월, 9월 참조) : 화목류의 웃자란 가지 정리, 기온이 떨어지고 서늘한 절기인 초가을에는수목의 자람이 정지되지만 여름동안 웃자라서 솟아난 가지들은 그대로 둘 경우 시각을 어지럽히므로 균형있게 다듬기한다.

㉣ 내한성이 약한 나무 월동준비(11월 참조)

② 병해충관리

㉠ 깍지벌레류와 응애류 방제(9～12월, 1월, 7월, 9월 참조)

㉡ 독나방 방제(4～5월, 8～10월, 5월 참조) : 유충가해기에 살풍제를 수관살포한다.

㉢ 향나무녹병 및 사과나무 붉은별무늬병 방제(2월, 6월 참조) : 향나무, 사과나무, 명자나무, 모과나무, 배나무, 산사나무, 야광나무, 윤노리나무를 대상으로 시약한다.

㉣ 솔거품벌레(2월, 3월 참조) : 5～8월 펜토에이트(영일파프, 엘산). 기타 진딧물약을 거품 속으로 약액이 침투하도록 충분히 살포한다.

(11) 11월 관리요점

1) 그린

① 일반관리

㉠ 그린피복 : 피복그린은 2월중 온도상승시 녹색잔디 제공이 가능하고 건조해 예방효과가 있음. 동계병해가 발생할 수도 있으므로 기온이 높을 경우에는 개폐하여 환기 및 살수하고 예방시약 실시

㉡ 배토사 선택 : 배토사 및 혼합자재는 상토와 동일한 입경 및 혼합비율로 살포하는 것이 원칙이나 상토층에 대취축적이 많고 매트화가 잘된 그린은 유기자재의 혼합없이 모래만 배토. 배토사 선택은 입경, 산도, 전기전도도 및 염분 등을 분석한 다음에 구입해야 됨.

㉢ 홀컵 교체 : 그린홀컵은 100명 기준으로 잔디상태에 따라 교체

㉣ 답안분산 : 그린주변의 집중 답압지역은 통로차단 및 동선을 변경하여 답압을 분산시키고, 피복제 등의 보호용 재료를 깔아 잔디의 관부를 보호해 주되 이른 봄철에 제거함.

② 병해충 · 잡초방제

㉠ 설부병 방제 : 눈이 많은 지역이나 눈이 오랜 기간 녹지 않는 골프장은 각종 설부병이 발생하므로 눈이 쌓이기 직전에 2회 정도 로브랄과 톱신엠을 각각 1,000배액($1l/m^2$)으로 살포하여 발병 예방

㉡ 토양 및 경엽처리제 살포 : 약제처리를 못하였거나 그린주의에 자주 발생하는 새포아풀이나 파대가리 등이 후발생 되었을 경우 약제살포(3월 참조).

2) 티 · 페어웨이 · 러프

① 일반관리

㉠ 각종 시설물 설치 및 보수 : 카트 및 작업도로 설피 및 복수. 코스내 배수시설 등의 보수와 시설물 도색작업. 휴한기 동안 코스관리장비의 정비 · 보수 및 연간 사용할 소모품 확보라고 특히 외제장비는 부품조달에 시간이 많이 소요되므로 미리 준비해야 함.

② 시비관리

㉠ 토양수분석을 통한 시비계획 수립 : 금년도엔 그린, 티, 페어웨이, 러프와 조경지경의 잔디 및 수목의 생육상태가 불량했던 곳은 토양을 분석하여 분석결과를 내년도 시비관리에 반영, 골프코스 토양은 1～2년 마다 주기적으로 분석하여 시비로 인한 토양화학

성의 변화를 파악하여 시비계획수립. 토양시료 채취는 마지막 시비 30일 후에 채취

③ 병해충 · 잡초방제

㉠ 설부병 방제 : 눈이 많은 지역이나 눈이 오랜 기간 녹지않는 골프장은 각종 설부병이 발생하므로 눈이 살이기 직전에 2회 정도 로브랄과 톱신엠을 각각 1,000배액(1l/m^2)으로 살포하여 발병예방

㉡ 경엽제초제 살포 : 한국잔디에 발생한 새포아풀, 켄터키블루그래스 등의 제거를 위해 경엽제초제 1회 부분 살포. 이 때 주의점은 농약 농도와 살포량을 기준량에 맞추어 살포해야 한국잔디에 해가 없으며, 그린에도 날려가지 않도록 주의해서 살포해야 됨.

3) 조경수목

① 일반관리

㉠ 내한성이 약한 나무 월동준비 : 뿌리 주변부 피복, 지표면에 볏짚, 낙엽 등으로 깔아준다. 난대성 수종 배롱나무 등은 짚, 부직포 등으로 줄기와 가지감기를 한다.

㉡ 멀칭 : 척박지, 경사지에서는 멀칭을 하여 뿌리권의 동해 예방, 겨울가뭄 피해를 막는다.

② 병해충관리

㉠ 깍지벌레류와 응애류 방제(1월, 3월, 7월, 9월 참조)

㉡ 쇠약목, 특별관리대상 목표시 : 쇠약한 낙엽수는 잎이 떨어지기 전에 줄기에 유색테입을 감아 두었다가 농한기에 관리작업을 한다.

㉢ 부란병 방제(3월 참조) : 사과나무과에 속하는 모든 나무는 겨울철 가지치기 할 때 절단면은 반드시 방부처리 한다. 구덩이를 파고 매년 유기질비료를 시비한다. 병환부는 제거하고 도포제를 발라준다. 휴면기에는 피시피동수화제, 포리옥신디 · 지오판 수화제를 살포한다.

㉣ 솔껍질까지벌레 방제작업 : 남부지방 해송이 치명적인 피해를 주는 솔껍질깍지벌레의 휴약충기인 3월에 부프로페진액상수화제를 10일 간격으로 2～3회 살포한다. 성충 우화기인 5월에 깍지벌레약 또는 살충제를 살포한다. 피해발생기인 12월에 수간주사 한다.

㉤ 미국환불나방 방제(8월, 9월 참조) : 8월 하순에 나무줄기에 잠복소 설치, 발생초기에 흰불나방약을 10일 간격으로 2~3회 수관살포 한다.

(12) 12월 관리요점

1) 그린

① 일반관리

㉠ 집중답압 피해예방 : 혹한기에 2～3주 휴장실시. 100명 답압기준으로 홀컵교체. 그린의 인, 아웃지역의 집중답압분산, 경계줄 설치

㉡ 건조예방 : 겨울 가뭄시 건조해가 우려되므로 관수 실시. 피복그린은 온도 상승시 잔디의 호흡량 증가로 인하여 수분요구량이 많아지므로 오전 중에 적당량의 살수 필요

㉢ 배토사 준비 : 입경 0.2～1.0mm가 70% 이상인 모래구입. 하천부지의 작물재배지 모래에는 간혹 선충, 중금속 및 농약 등이 함유되어 있으므로 구입 전에 철저한 분석이 요구됨. 연구소에서는 배토사의 입경, 산도 및 염분 등을 회원사에 한하여 무료분석 제공

㉣ 토양개량제 선정 : 제오라이트는 입경 1.5～2.0mm, CEO가 110me/100g 이상인 입상제품 선택. 제오라이트는 시비 후 오랜 시간이 경과하면 입자가 부서져 배수불량을 유발할 수 있으므로 과량사용은 금해야 됨. 피트모스는 유기물 함량이 85% 이상인 Fine 등급으로 선택. 개량제 사용결정은 토양분석결과를 토대로 해야 예산낭비 및 과인사용으로 인한 피해를 줄일 수 있음.

㉤ 제설작업 : 그린의 잔디가 상하지 않도록 주의 깊게 실시. 제설량이 적고 자연스럽게 녹을 수 있는 기온일 경우에는 토양수분공급 차원에서 방치하는 것도 잔디 손상과 건조해 예방에 효과적임.

2) 티 · 페어웨이 · 러프

① 일반관리

㉠ 배토사 구입 : 상토의 토성 및 유기물 함량에 따라 점토, 모래, 미사 함량을 달리한 배토사 구입, 배수 불량한 곳은 점토 함량이 거의 없고 미사 10% 이내, 모래 80% 이상의 모래 위주의 배토사 선택

㉡ 겨울관수 : 겨울가뭄 예방을 위하여 주기적인 살수, 특히 한지형 잔디로 조성된 티와 그린은 건조방지가 필수적임 티와 페어웨이 마운드부분과 토심은 얕은 절토지역도 세심하게 관찰하여 건조해에 유의

㉢ 그린피복 : 건조해 방지 및 동해 방지효과는 있으나 오랫동안 피복할 경우 설부병 발병이 우려되므로 주기적인 점검이 요구됨.

② 기타

표 6-18 토양환경보전법의 토양오염기준

(단위 : mg/kg)

물　질	우려기준	대책기준
카드뮴	1.5	4
구 리	50	125
수 은	4	10
납	100	300
6가 크롬	4	10

아 연	300	700
니 켈	40	100
불 소	400	800
유기인화합물	10	–

3) 조경수목

① 소나무재선충병 방제 특별법 요지(1월, 2월, 7월 참조)

㉠ 산림소유자 의무 : 재선충병에 감염된 소나무류 또는 감염우려목의 소유자는재선충병이 발생하였거나 발생우려가 있을 때에 구제 · 방제하여야 한다.

㉡ 신고 : 재선충병에 감염됨 소나무류를 발견한 자는 인근 행정기관에 신속히 신고하여야 한다.

㉢ 이동제한 : 산림소유자는 감염목을 판매 이용할 수 없다. 『소나무 재선충병 비상대책에 따른 소나무류(소나무, 해송) 이동제한 특별지침』에 의하면 지경 2cm 이상인 국내산 소나무, 해송의 생목, 원목, 제재목 및 폐목 등은 2005. 11. 1~2006. 6. 30까지 사업장 내 · 외로 이동할 수 없도록 하고 있다.

㉣ 피해지역 산림관리 : 산림소유자는 모두베기 방법에 의한 감염목 벌채작업을 한 경우에는 사전 전용허가를 받은 경우를 제외하고는 그 벌채지에 조림하여야 한다.

㉤ 재선충병 발생을 신고한 자 또는 감염목을 무단으로 이동시킨 사실을 신고한 자는 대통령령에 의해 포상금을 지급한다.

② 병해충관리

㉠ 소나무잎마름병 방제(4월 참조) : 과습하지 않도록 하며, 습한 곳에는 배수하여 뿌리생장을 좋게 한다. 새잎이 나온 뒤에는 엽면시비하고 동제 계통의 살균제를 3~4회 살포한다.

6.3 골프장 코스관리 일정표

표 6-19 골프장 코스(Golf Course)관리 일정표

구분		1월	2월	3월	4월	5월	6월	7월	8월	9월	10월	11월	12월
		상·중·하	상·중·하	상·중·하	상·중·하	상·중·하	상·중·하	상·중·하	상·중·하	상·중·하	상·중·하	상·중·하	상·중·하
그린 – Green	시비 N:P:K (g/m^2)	($N-P_2O_5-k_2O$:순성분량%)		2–1.5–1.5	2.5–1.5–1.5	3–1–3	2–1–2	1–0–0.5	1–0–1	2.5–1.5–2	2.5–1.5–3	1.5–1–3	
	시약			엘로우패취 설부병	달라스팟	달라스팟	달라스팟 탄저병	피티움 브라운패취 거세미나방	피티움 브라운패취 거세미나방	달라스팟 브라운패취 거세미나방	달라스팟 엘로우패취	설부병	설부병
	갱신				통기작업	통기작업 버티컬모양	통기작업 (6mm무공)			통기작업	통기작업		
	예초			4mm	3.5~4mm 그루빙2회/월	3.5~4mm 그루빙2회/월	3.5~4mm	4mm	4mm	4mm	3.5~4mm 그루빙2회/월	4mm	4mm
	기타		건조시관수	건조시관수 롤링작업	통기후배토 $4mm/m^2$ 수시배토 $0.5mm/m^2$/주	통기후배토 $4mm/m^2$ 수시배토 $0.5mm/m^2$/주	수시배토 $0.5mm/m^2$ /주	수시배토 $0.5mm/m^2$ /주	수시배토 $0.5mm/m^2$ /주	통기후배토 $4mm/m^2$ 수시배토 $0.5mm/m^2$/주	통기후배토 $4mm/m^2$ 수시배토 $0.5mm/m^2$/주	수시배토 $0.5mm/m^2$/주 동계홀컵 준비	건조시관수
티(Tee) · 페어웨어(Fairway) · 러프(Rough) – 한국잔디	시비 N:P:K (g/m^2)				2.5–2–2	유기질비료 40~50 (N5%)	2–1–2	3–2–2	3–2–3				
	시약		춘고병 시약	잡초토양 처리	굼벵이 바랭이류 토양처리	라지패취	라지패취	라지패취 (부분시약)	라지패취 잎마름병	라지패취 녹병 잡초토양처리	춘고병 세포아풀 경엽처리		
	갱신			스위퍼			버티컬모잉	통기작업					
	예초				T:25mm F/W:30mm	T:25mm F/W:30mm	T:22mm F/W:30mm	T:22mm F/W:25mm	T:22mm F/W:22mm	T:25mm F/W:25mm	T:25mm F/W:30mm	T:25mm F/W:30mm	
	기타		건조시관수	건조시관수 동계티 제거			배토 $5mm/m^2$		배토 $5mm/m^2$			동계티 설치	건조시관수

※ 본 코스관리 일정표는 경기 · 중부지역을 기준으로 작성. 남부지역, 제주지역은 봄 · 가을 10～20일 차이 감안 적용

※ ■ : 월중 관리작업 시기를 표시함.

※ 출처자료 : 사단법인 한국골프장 경영협회 부설 잔디연구소

표 6-20 골프장 코스(Golf Course)관리 일정표

구분		1월	2월	3월	4월	5월	6월	7월	8월	9월	10월	11월	12월
		상 중 하	상 중 하	상 중 하	상 중 하	상 중 하	상 중 하	상 중 하	상 중 하	상 중 하	상 중 하	상 중 하	상 중 하
티(Tee) · 페어웨어(Fairway) – 한디형 잔디	시비 N:P:K (g/m^2)	($N-P_2O_5-k_2O$:순성분 량%)			2.5–2–2	3.5–1–3	2–0.5–1.5		2–0.5–2	3.5–1–3	3.5–1–3		
	시약			엘라우패취 설부병	달라스팟 잡초토양 처리	달라스팟 광엽잡초 경엽	달라스팟 탄저병	피티움 브라운패취	피티움 브라운패취	달라스팟 브라운패취	달라스팟 세포아풀 경엽	설부병	설부병
	갱신				통기작업	통기작업 버티컬모양				통기작업	통기작업 버티컬모양		
	예초			Bent:7mm KB:25mm	Bent:6mm KB:20mm	Bent:5.5mm KB:20mm	Bent:6mm KB:20mm	Bent:7mm KB:25mm	Bent:7mm KB:25mm	Bent:6mm KB:20mm	Bent:6mm KB:20mm	Bent:8mm KB:20mm	Bent:8mm KB:20mm
	기타		건조시관수	건조시관수 롤링작업	배토 B:$3mm/m^2$ KB:$5mm/m^2$	배토 B:$3mm/m^2$ KB:$5mm/m^2$				배토 B:$3mm/m^2$ KB:$5mm/m^2$	배토 B:$3mm/m^2$ KB:$3mm/m^2$	건조시관수	건조시관수
조경 수목	시비 (g/그루)		복합비료 250~300g				엽면시비 요소 1,000~2,000배					유기질비료 10kg	
	시약	소나무 재선충 응해	소나무 재선충 깍지벌레	향나무 하늘소	소나무잎 마름향나무 하늘소	푸사리움병 솔거품벌레 진딧물	솔잎혹파리 풍뎅이	빗자루병 흰불나방	녹병 굼벵이	깍기벌레 응애 굼벵이			소나무 재선충 깍기벌레
	전정	침엽수류				소나무순꺾기						낙엽수류	
	이식		소나무	낙엽수류								낙엽수류	
	기타				잡복소 수거	유아등 설치			잡복소 설치		활동준비	줄기감기 근권피복	

※ 본 코스관리 일정표는 경기 · 중부지역을 기준으로 작성. 남부지역, 제주지역은 봄 · 가을 10~20일 차이 감안 적용

※ ■ : 월중 관리작업 시기를 표시함.

※ 출처자료 : 사단법인 한국골프장 경영협회 부설 잔디연구소

제 7 장

골프장 주요 수목(樹木)의 연간 병충해 관리계획

7.1 골프장내 각종 나무의 병

출처 자료 : Golf Seminar(Golf Course Operation Journal, 2008. MAY)

표 7-1 골프장내 각종 나무의 병

(자료 : 사단법인 한국골프장 경영협회 한국잔디연구소)

순위	병 명	병원균	대상수종	병 징	병원균의 생리 · 생태	방제시기												방제 방법	약제	농도 (배)
						3월		4월		5월		6월		7월		8월				
						15일		15일		15일		15일		15일		15일				
1	잎떨림병 (Needle cast)	*Lephodermium pinastri*	소나무류	4~5월경 잎에 황갈색 반점, 수시로 낙엽되며 심할 때는 나무가 말라 죽는다. 가을에 6~11cm 간격으로 흑색의 횡막이 생겨있고 그 중간에 타원형의 흙생종반이 형성됨.	병원균은 지표면에 떨어진 병엽에서 자낭포자의 형으로 월동하여 다음해의 전염원이 된다.				○			○		○				병엽은 한곳에 모아서 태우고 유기물이 결핍되지 않도록 유의	톱신엠 벤레이트	1,000 1,500
2	잎마름병 (Needle blight)	*Cerospora pini* *Diplodia pinea* *Discosia pini*	소나무류	병엽을 조기낙엽시켜 세력을 약하게 함	4월 하순부터 10월 까지 발생								○	○					톱신엠 다이젠45	1,000 500
3	흰가루병 (powdery mildew)	*Sphaerotheca pannosa*	장미	병환부의 표면에 흰색의 곰팡이(균사 및 분생포자)	이른봄 기온이 낮으면 많이 발생							○		○				춘기에 흐린 날이 계속되는 방제	훼나리 톱신엠	1,000 1,000
4	반점 낙엽병		해당화, 모과, 명자		6월 이후 더위가 계속되고 습도가 높을 때 발생한다.					○		○	○	○				통풍을 양호하게 하여 준다.	포리옥신 로브랄	1,000 1,000
5	균핵병 (菌核病)	*Sclerotinia fructigena*	배나무, 사과나무, 양벗나무, 비파나무, 복숭아나무	주로 열매에 발생, 드물게 나뭇가지나 화총에도 발생. 처음 열매 표면에 갈반이 생겨 2~3cm에 달할 때 그 위에 백색 포자덩이가	병원균은 주로 균사 또는 자형으로 병과나 병환부에서 월동하여 다음해의 1차 전염원이 되며, 핵을 형					○	○							피해과와 병든 가지는 제거하여 태우고 표토를 갈아 덮어 지면의 병원균이	다이젠 M45 톱신엠	500 1,000

				발생	성하여 1～2년간 생존하며 전염원이 된다.													토양속에 깊이 묻히도록 한다.		
6	잎오갈병 (Leaf curl)	*Taphrina deformans*	복숭아나구, 살구나므, 자두, 매실	잎(신초), 꽃, 열매에 발생. 잎이 적색 또는 황색을 띤 종기가 생겨 이것이 점차 비후해져 잎이 주름이 잡히고 오그라진다.	병원균은 분생포자형으로 나무 줄기의 표면이나 눈에서 월동. 1차 전염원이 된다.			○										가을이나 이른 봄에 약제 살포하면 쉽게 방제, 그늘지고 습한 곳을 피할 것	디포라탄 다닐코	800 600
7	세균성구멍병 (Bacterial shot hole)	*Xanthomonas pruni*	복숭아나무, 오얏나무, 살구나무, 매화나무	주로 잎에 발생하나 나뭇가지, 열매에도 발생한다. 잎에 수침상(水浸狀)의 작은 반점이 생겨 점차 확대하여 병환부는 말라 죽이고 탈락하여 구멍이 생긴다.	나뭇가지의 궤양부에서 월동하며 제1차 전염원으로서 기주식물체의 상처나 기공을 통하여 침입					○		○			○			병에 걸린 잎이나 나무 가지는 소각	부라마이신 (아그렙토)	800
8	붉은별무늬병 (Scab)	*Venluria pirina*	배나무, 해당화, 모과, 명자	잎에 처음에 중맥 지맥을 따라서 부정형, 타원형 또는 원형의 흑색 병반이 생기며, 그 후에 그을음 모양으로 변한다.	봄에 비올 때 바람타고 전염됨. 향나무가 중간 기주				○	○	○							비배관리에 유의하여 비절이 되지 않도록 하고 춘기에 비온 후 바로 시약	바리톤 훼나리	1,000 3,300
9	꽃썩음병 (Blossom blight)	*Sclerotinia mali*	사과나무, 해당화	발병 부위에 따라 잎썩음병, 열매썩음병, 줄기썩음병이라고 한다. 병환부는 시들고 그 위에 회백색의 가루모양 덩이(분생포자)가 생긴다.	일명 모니리아병이라고도 하며 5～6월경 비가 많이 내릴 때 발생이 심하다. 전염경로는 과수의 균핵병과 비슷하다.			○	○									병든 열매, 가지를 제거 소각, 표토를 깊이 갈아 엎어 버린다. 싹트기 전에 PCP제를 뿌	로브랄	

																		리고 그 후 다이크론에 티우람을 섞어서 뿌림.		
10	갈색무늬병 (Blotch)	*Marssonia mali*	사과나무, 해당화, 벚, 자두	잎의 표면에 둥근 황갈색무늬가 생겨 나중에 불규칙형으로 되며 병반위에 검은 小粒이 만들어진다. 잎의 건전부위는 누렇게 변하나 병반부의 가장 자리는 오랫동안 녹색으로 남아 있으며 조기 낙엽을 초래한다.	4～5월경 후부터 발생하나 최성기는 7～8월이다. 병원균은 바람에 의하여 전염되며 기주의 각피를 직접 뚫고 체내에 침입한다.								○	○	○	○		수세가 약한 나무에 발생하기 쉬우므로 밀식을 삼가고 적절한 비배관리에 의하여 나무가 왕성하게 자라도록 한다.	포리옥신 다이젠 45	1,000 500
11	탄저병 (Anthracnose)	*Gloeosporium cingulata*	사과나무, 양앵두, 복숭아, 배나무, 양벗나무	열매에 주로 발생하지만 나뭇가지에 발생하는 일도 있다. 열매의 표면에 연한 갈색의 둥근 무늬가 생기고 차차 커지면서 움푹해지며 검은 색의 小粒으로 동심원을 이룬다. 습기가 많을 때는 병반위에 연분홍색의 점액으로 싸인다.	주로 성숙기에 많이 발생하며 고온다습할 때 심하다. 2차적으로 빗물, 곤충 등에 의해서 옮겨져 각피를 뚫고 침입한다.										○			비배관리에 유의하여 수세를 왕성하게 한다.	디포라탄 다이젠 45	800 500
12	부란병 (Canker)	*Valsa mali*	사과나무, 해당화, 오동	줄기나 나뭇가지에 발생한다. 처음 수피는 갈색이 되어 약간 부풀어 오르고 쉽게 벗겨지면 알코올 냄새를	2월 하순～3월 상순경부터 발생하기 시작한다. 병원균은 주로 기주 식물체의 상처를 통		○											수세를 강하게 하고 작업시 나무에 상처가 나지 않도록 주의하	승홍 석회유 황합제	1,000 700

				발산하며 건조하면 움푹하게 들어간다.	해 체내에 침입한다.													며 병환부는 도려내어 승홍이나 석회유황합제를 바른다.		
13	줄기마름병 (Endothia canker)	*Endothia – parasitica* *Valsa – leucostoma* *Diaporthe – ambigna*	밤나무 참나무속 식물 호두나무 복숭아나무 양배나무	나뭇가지나 줄기에 발생. 나중에는 시들고 말라 죽는다. 병반부는 처음 적갈색으로 변하며 그 위에 등황색 小粒이 밀생하고 상어 껍질과 같이 된다.	3월부터 발생하여 6～7월에 격심하여 9～10월까지 계속된다. 병원균은 병환부에서 월돌하여 다음해 봄에 비바람, 새, 곤충 등에 의하여 전염되며 기주의 상처를 통해 침입한다.	○					○	○	○	○				무병모를 심고 동해 등으로 인한 상처에 유의한다. 병환부 제거 후 약제를 바름	석회유황합제 Oxytetra-cycline	7
14	빗자루병 (Witcher bloom)		오동나무 대추나무	연약한 작은 자지가 많이 발생하고 담갈색의 작은 잎이 밀생하여 마치 빗자루나 새집모양을 이룬다. 병징이 계속 되다가 결국 나무 전체가 말라 죽는다.	• 오동나무 : 담배장님노린대에 의해 매개되며 병든 나무의 분근을 통해서도 전염. • 대추나무 : 발병주의 分株 목에 의하여 전염	○			○							○		이병 식물은 빨리제거 소각. 7~9월 하순에 살충제를 살포하여 매개충을 구제한다. 4~5월 경과, 9～10월 경에 oxyte–tracycline을 수간주입		7

표 7-2 해충 부분(출처 자료 : 사단법인 한국골프장 경영협회 한국잔디연구소)

순위	해충명	대상수종	해충의 생태	방제시기 3월		4월		5월		6월		7월		8월		방제방법	방제약	농도(배)	비 고
				15일		15일		15일		15일		15일		15일					
1	솔잎혹파리	적송, 해송	솔잎의 기부에 침입하여 수액을 빨아먹는다.					○	○	○						테믹 : 수관폭 주위에 준다. 다이메크론 : 수관주입	테믹 다이메크론	10kg/근원직경(cm) 0.30.8cc/근원직경(cm)	테믹은 맹독성이므로 사용시 주의요망. 산림청장 허가시 사용가능
2	소나무 좀	적송, 해송, 잣, 리기다	줄기 3m 이하에 주로 침입. 2차 피해는 신초부위(유의)			○	○			○						이 식목은 줄기에 새끼와 흙을 발라줌	스미치온 피레스	1,000 1,000	
3	측백하늘소	측백나무, 향나무	주로 쇠약한 나무에 침입		○	○	○									잎에 묻지 않게 줄기에 시약	스피치온 다이아톤	500 500	똥을 밖으로 배출하지 않아 발견이 어렵다.
4	흰불나방	활엽수	엽맥만 남기고 가해. 4령기 까지는 거미줄 속에서 가해							○				○		1화기 발생시 인공포살	더스반 주론수화제	1,000 2,000	디프테렉스는 벚에 약해가 나타남. 2화기에 피해가 심하다.
5	응애류	활엽수, 침엽수	1년에 5~10회 발생. 가뭄시 특히 다발한다.			○	○	○							○		아카루 켈센	1,000 1,000	1세대 20~25일 향나무에 다발함.
6	진딧물류	활엽수, 침엽수	봄과 가을에 많이 발생하고 여름 우기에 적게 생긴다.				○	○	○	○					○		피리모	1,500	4월 침엽수에 철저히 방제
7	재성충	잣, 적송, 해송	수염치레 하늘소가 매개 비산거리 : 자력 100m, 태풍 3km						○	○	○	○				수염치레하늘소를 방제	스미치온	1,000	재선충이 침입한 나무는 100% 고사
8	깍지벌레류	활엽수, 침엽수	연 2~3회 발생 그을음 병을 유발시킴	○				○	○							2~3회 시약	슈프라사이드 기계유제	1,000 50	기계유제 2월~3월초 시약

9	풍뎅이류	벚, 느티, 밤, 활엽수	성충이 잎을 가해 유충(굼벵이)으로 땅속에서 월동		○						○	○	○				세인빈수화제 니크수화제	1,000 800	
10	박쥐나방	자작, 벚, 밤네군도 단풍	1년 혹은 2년에 1회 발생한다.					○	○							잡초를 제거하고 지표에 살포	마라치오 스미치온	1,000 1,000	피해지가 고사하거나 태풍으로 부러진다.
11	회양목명나방	회양목	실을 토하고 그속에서 잎을 가해, 중부지방 1회, 남부지방 2회 발생						○	○				○			디프테레스 피레스	1,000 1,000	5월상~9월 중까지 발생
12	잎말이나방	화해당, 벚, 밤, 살구, 매실	잎을 말고 그 속에서 엽육을 갉아 먹는다.					○			○				○	발생 초기에 방제	스미치온 피레스	1,000 1,000	줄기 부위에 시약 5월상~9월중까지 발생
13	유리나방	살수, 벚, 매실, 자두, 앵두, 옥매	1년 1회 발생 가해 4~7월까지											○	○	도포제 도포는 8월 초 이전에 실시한다.	스미치온 다이아톤	500 500	줄기 부위에 시약
14	복숭아심식나방	복숭아, 살구, 자두, 사과	연 2회 발생								○				○	과일속에 들어가기 전에 시약한다.	이피엔 피레스	1,000 1,000	
15	밤바구미	밤	벌레똥을 밖으로 내보내지 않고 과일가해											○	○	복숭아 명나방과 같이 방제한다.	호리치온 피레스	800 1,000	벌레똥을 밖으로 내보냄. 밤에 피해가 심하다.
16	복숭아명나방	밤, 복숭아, 자두	연 2회 발생. 1회 복숭아, 2회 밤, 밤송이 속에서 월동									○	○	○		밤송이 제거나 소각	호리치온 피레스	800 1,000	벌레똥을 밖으로 내보냄. 밤에 피해가 심하다.
17	밤나무순혹벌	밤	밤나무 눈에 기생을 해 혹을 만들어 순이 자라지 못함								○	○				저항성 품종 식재	이피엔 디프테렉스	1,000 1,000	

18	밤나무혹나방	밤	유충이 밤나무 수꽃을 식해 심하면 엽육도 가해함						○	○				○	○		디프테렉스 스미치온	1,000 1,000	밤의 수확량을 줄인다.
19	텐트나방	참나무, 벚나무	가지에 거미줄을 치고 그 속에 유충이 모여서 식해						○	○						심한 지역만 선별시약	스미치온 피레스	1,000 1,000	피해지가 고사하거나 태풍으로 부러진다.

* 벚나무에 약해가 나타나는 약제 : 디프테렉스, DDVP, 다이메크론
* 활엽수류를 가해하는 개각충, 깍지벌레, 진딧물 등을 방제하기 위하여 2월에 기계유제 사용과 3월에 석회유황합제 사용을 적절히 하면 5～6월의 병해충방제에 효과를 기대할 수 있다.
* 침투성 약제는 대다수가 단풍나무에 약해의 우려가 있다.

제 8 장

각종 잔디초지조성 · 관리용 기계

8.1 골프장 잔디초지조성 · 관리용 기계의 종류와 특성

그림 8-1 핸드모아(Hand Mower)

① 용도 : 가정용 잔디 깎는 기계
② 엔진 : 수동식(手動式)
③ 예초폭 : 200~300mm
④ 예초고 조절 : 10~29mm
⑤ 예초능력 : 100~150m^2/hr

① 용도 : 학교, 공장 등의 정원 및 화원 잔디 깎기가 최적
② 엔진 : 로빈 EY 10B형 4싸이클 102cc, 2.3ps
③ 예초폭 : 400mm
④ 예초고 조절 : 10~30mm
⑤ 예초능력 : 2,000~2,400m^2/hr

그림 8-2 가든(정원)모아(Garden Mower)

그림 8-3 그린모아(Green Mower)

① 용도 : 골프장 그린(green)지역
② 엔진 : 로빈 EY 15B형 4싸이클 142cc, 3.5ps
③ 예초폭 : 560~660mm
④ 예초고 조절 : 4~40mm
⑤ 예초능력 : 2,500~3,400m^2/hr
⑥ 특징 : 앞롤러로 눌린 잔디가 역회전하는 브러시로 바로 세워서 캇타(cutter)에 의해 예초됨(회전 브러시형).

그림 8-4 티 모아(Tee Mower)

① 용도 : 골프장 티(tee)지역
② 엔진 : 로빈 EY 15D형 4싸이클 142cc, 3.5ps
③ 예초폭 : 560~660mm
④ 예초고 조절 : 4~40mm
⑤ 예초능력 : 2,500~3,400m^2/hr
⑥ 특징 : 알루미늄의 뒤 롤러는 폭이 넓어 안정. 우물정(井)형 롤러면은 미끄럼을 방지하여 tee주변의 경사진면을 예초하는데 효과적임.

그림 8-5 어프로치 모아(Approach Mower)

① 용도 : 굴곡이 심한 산악코스 지역
② 엔진 : 로빈 EY25－2B형 4싸이클 252cc, 7ps
③ 예초폭 : 760mm
④ 예초고 조절 : 10~60mm
⑤ 예초능력 : 3,000~6,000m^2/hr
⑥ 특징 : 작업환경에 맞게 좌 · 우 · 상 · 하로 작동하므로 굴곡이 심한 지역에서도 고르게 예취가능(브레이크와 넓은 저압타

그림 8-6 로타리 모아(Rotary Mower)

이어를 부착 안전하게 작업가능)

① 용도 : 밀생(密生)한 잔디, 잡초 예초용(雜草刈草用)

② 엔진 : 로빈 EY 23B형 4싸이클 225~ 252cc, 6~7ps

③ 예초폭 : 640mm

④ 예초고 조절 : 20~90mm(원터치 회전핸들)

⑤ 예초능력 : 2,400~3,000m^2/hr

⑥ 특징 : 선회방향의 사이드 클러치를 손으로 잡으면 한쪽 바퀴가 고정, 어떤 장소에서도 손쉽게 방향 전환이 가능, 안전한 작업 가능, 경쾌한 후진도 가능

그림 8-7 대형 로타리 모아(Rotary Mower)

① 용도 : 잔디면이 요철인 곳의 넓은 면적도 단시간 예초가능

② 엔진 : 로빈 EY 44－2D형 4싸이클 433cc, 10ps리코일 스타트

③ 변속 : 전진 3단, 후진 1단

④ 예초폭 : 1,000mm

⑤ 예초고 조절 : 20~70mm

⑥ 예초능력 : 3,500~7,000m^2/hr

⑦ 특징 : 저속부터 고속까지 작업조건에 따라 적합한 속도로 운행가능, 후륜조향장치의 작은 반경으로 회전가능(전륜구동식임), 집구기(集球機)도 부착 사용가능

그림 8-8 버티칼 모아(Vertical Mower)

① 용도 : 수직으로 회전하는 날을 이용하여 잔디를 자르거나 북더기잔디인 대취 (thatch)의 제거에 사용
② 엔진 : 조상식(吊上式)
③ 클러치 : 유성(遊星)기어 클러치
④ 예초폭 : 760mm
⑤ 예초능력 : 2,000~2,700m^2/hr
⑥ 특징 : 과밀한 잔디의 스펀지 상태를 해소하는 잔디 쇄신기로서 소형트랙터에 부착하여 사용할 수 있도록 개발된 견인식 버티칼 모아. 이를 운반시에는 칼날 본체를 조장시켜 안전하고 기민하게 목적지로 이동이 가능하며 간단하고 효율적인 작업을 할 수 있다.

그림 8-9 3연 버티칼 모아
(3 Gang Vertical Mower)

① 용도 : 페어웨이(Fair-way), 어프로치 등 광범위한 잔디에서 활력을 불어 넣는데 사용하는 대형기계이다.
② 엔진 : 조상식
③ 클러치 : 유성기어 클러치
④ 예초폭 : 2,100mm
⑤ 예초능력 : 10,000~13,000m^2/hr
⑥ 특징 : 광대한 페어웨이 지역도 단시간에 캇팅작업이 가능. 엔진은 탑재하지 않은 견인식이기 때문에 고장이 없으며 취급이 수월함. 60″오토스위퍼(automatic sweeper)를 함께 사용하면 더욱 효과적. 잔디의 과밀화와 스펀지 상태를 완전히 해소가 가능

그림 8-10 3연(連) 갱모아(3 Gang Mower)

① 용도 : 골프장의 라프(rough)지역, 광대한 공원 및 운동경기장 잔디예취
② 엔진 : 견인식(牽引式)
③ 클러치 : 최신식 유성(遊星)기어 클러치
④ 예초폭 : 2,100mm
⑤ 예초고 조절 : 12~60mm
⑥ 예초능력 : 15,000m^2/hr
⑦ 특징 : 일반 견인식으로 최신식 유성기어 방식으로 조작이 쉽고 견고함.
⑧ 참조 : 타입이 조상식도 있는데, 이는 운반 주행시에는 트랙터의 유압장치로 들어 올려 간단하게 이동할 수 있는 특징

그림 8-11 5연(連) 갱모아(5 Gang Mower)

① 용도 : 작업도로가 협소한 산악골프장 및 평탄한 코스에서도 이동 및 작업의 능률을 올릴 수 있는 장비임.
② 엔진 : 조상식(吊上式), 타이어 접지(接地)폭 : 1,500mm
③ 타이아 : 6.50×10 8pLY
④ 예초고 조절 : 20~80mm
⑤ 예초능력 : 2,500m^2/hr
⑥ 특징 : 갱모아 본체 및 유니트 전체가 완전히 지상에서 떠올라 매달린 형태로 이동, 단일 유압 실린더에 의한 연동식 유니트이기 때문에 어떠한 형식의 갱모아 보다도 연경이 가능 취급 간편한 점

그림 8-12 전자동 7연 트랙터모아 (Automatic 7 Gang Trackter Mower)

① 용도 : 산악코스 및 경사면 잔디 예초
② 엔진 : 미쓰비시 4D 31T형 수냉 4기통 3,300cc, 디젤 78ps/3,000 rpm
④ 변속 : 전진 4단, 후진 1단
⑤ 속도 : 최고 40km/hr
⑥ 예초폭 : 4,400~4,600mm
⑦ 캇타(Cutter) : 7연식 유압회전(油壓回轉)
⑧ 예초고 조절 : 12~60mm
⑨ 예초능력 : 최고 50,000m^2/hr 수준
⑩ 핸들 : 원형핸들 후륜조향 輪燥向)
⑪ 특징 : 경사면에 적합한 4륜구동의 뛰어난 주행성능. 잔디의 깎은 면을 아름답게 남기고 유압 고속회전 캇타가 부착된 최신대형 예초기. 자동차의 핸들처럼 조향핸들은 유압 파워 스티아링을 부착하여 조작이 가벼움. 운전자 좌석조정이 가능하여 작업시 편안한 자세로 운전이 가능

그림 8-13 잔디초지(모서리) 잡초예초기 (Lawn Edger)

① 용도 : 평지의 잔디 또는 방카주면(bunker) 및 도로 가장자리의 잔디 및 잡초 예초
② 엔진 : 로빈 E.C 0.6BC 2싸이클 60.8cc, 2.5ps
③ 예초폭 : 300mm
④ 예초고 조절 : 10~110mm
⑤ 예초능력 : 700m^2/hr
⑥ 특징 : 캇타는 수평에서 수직까지 자유자재로 각도를 조절가능

그림 8-14 후레임 모아(Frame Mower)

① 용도 : 하천, 제방, 도로, 공장, 비행장 등의 면적의 초지 및 운동장, 야구장, 공원 등의 잔디깎기용
② 엔진 : 미쓰비시 G11p 4싸이클, 510cc, 15ps 쎄루부(付)
③ 변속 : 전진 3단, 후진 1단
④ 예초폭 : 820mm
⑤ 예초고 조절 : 10~110mm
⑥ 예초능력 : 1,200~3,000m^2/hr
⑦ 특징 : 전용 변속기를 탑재하여 중심이 극히 낮고 안정되어 급경사나 요철이 심한 지대에서도 안정된 작업이 가능. 변속은 전진 3단, 후진 1단으로 작업조건에 맞춰 적합한 속도를 선택이 가능하다.

그림 8-15 스위퍼(Sweeper)

① 용도 : 골프장 그린(Green)지역을 청소하는 기계
② 엔진 : 로빈 EY 15B 4싸이클 142cc, 3.5ps
③ 변속 : 전진 1단(브레이크付)
④ 청소폭 : 660mm
⑤ 청소능력 : 2,900~3,600m^2/hr
⑥ 청소방식 : 회전 브러쉬 강제 집진식(集塵式)
⑦ 차륜 : 공기입 타이어 3.00~64pLY 구동축직결형(驅動軸直結型)
⑧ 특징 : 급경사를 내려올 때에는 엔진브레이크가 작동 제동 효과를 발휘가능. 작업시 안전성이 높은 점

그림 8-16 자동 스위퍼(Automatic Sweeper)

① 용도 : 골프장 페어웨이(Fairway) 지역의 청소기

② 엔진 : 4기통 가솔린 1,789cc, 76ps

③ 변속 : 4륜수동 전진 5단 후진 1단 ×부변속 2단

④ 청소폭 : 1,520mm

⑤ 청소능력 : 8,000~10,000m^2/hr

⑥ 청소방식 : 회전 브러시 집진식(集塵式)×강제흡인(吸引)후로와×4 싸이클

⑦ 특징 : 회전브러시식의 청소기구에 강력한 부로와식 흡입기구를 부착된 대용량의 청소방식의 기계. 잔디의 북더기잔디인 대취(Thatch), 불수물을 강력하게 긁어내어 바스켓에 흡입. 강력한 등판능력 발휘하는 전진 5단, 후진 1단의 변속으로 코스조건에 기민하게 주행. 옵션에 따라 주행차량, 디젤엔진, 에어컨 부착도 가능

(a) (b)

그림 8-17 (a) 잔디 파종기(Turf Seeder), (b) 잔디추파기(Over Seeder)

그림 8-18 스파이크 에아(Spike Aire)

① 용도 : 새로운 잔디 쇄신기로서 디스크 형태의 캇터를 갖춘 소형 에어레터(Aerator)

② 엔진 : 시바우라 GEE 15R형 4사이클 147cc, 4ps

③ 절폭 : 580mm

④ 예초능력 : 900~1,500m^2/hr

⑤ 특징 : 잔디를 가는 면으로 째어서 뿌리를 절단하며, 잔디밀도의 적정화, 통풍성, 투수성을 향상시켜, 시비와 배토의 효과를 증진. 절단면은 가는 선으로 째었기 때문에 작업 후 발로 플레이가 가능. 작업 후 바로 플레이가 가능. 절단작업은 잔디의 건강상태에 따라 수시로 실시 가능. 차바퀴는 튜브타입 타이어로서 전 · 후 4분이며 잔디의 손상을 입히지 않고 안전하게 작업이 가능. 8개 방향에 칼날면이 있는 캇터는 차바퀴와 동시에 수직회전하며 14매가 부착

그림 8-19 코스 에아(Course Aire)

① 용도 : 골프장 페어웨이(Fair-Way), 어프로치 및 그린지역에 이용되는 소형 트랙터에 견인하여 사용하는 에어레터

② 구동방식 : PTO 구동

③ 천공심 : 90mm

④ 천공폭 : 1,080mm

⑤ 천공능력 : 1,100~1,500m^2/hr(PTO 600rpm)

⑥ 천공피치 : 90~105mm(PTO 600rpm)

⑦ 속도 : 1~1.4km/hr(PTO 600rpm)

⑧ 특징 : 넓은 작업폭과 PTO 회전수로 작업속도를 맞추면서 효율적인 작업이 가능. 황방향, 종방향, 모두 핏치의 간격을 조정 가능. 잔디의 상태에 맞추어 쇄신, 갱신작업도 가능

그림 8-20 그린 스에아(Green Saire)

① 용도 : 골프장 그린지역의 잔디 쇄신기
② 엔진 : 로빈 EY 35B형 4싸이클 334cc, 8.5ps
③ 변속 : 후진 2단
④ 구멍간격 : 50mm 상호간격
⑤ 천공심 : 70mm
⑥ 천공폭 : 610mm
⑦ 천공능력 : 650~900m^2/hr
⑧ 속도 : 천공(穿孔) 1.3km/hr, 운송 6.3 km/hr
⑨ 특징 : 잔디에 산소를 주입시키고 토양을 개량시켜 주는 잔디쇄신기. 매년 그린쇄신 작업을 하여 줌으로써 잔디의 병해방제 효과. 본체의 승강은 핸들 옆의 유압레버에 의해 간단히 작업할 수 있기 때문에 그린잔디 주변에서 작업교체가 가볍고 용이

그림 8-21 리노베이타(Renovator)

① 용도 : 골프장 페어웨이 등 광대한 잔디초지 등에 잔디의 갱생 및 육성을 목적으로 제작된 쇄신기
② 단수 : 6~12단
③ 승강 : 수동식, 유압펌프 고저압 2단
④ 능력 : 3,000~10,000m^2/hr
⑤ 절심 : 4~100mm 40
⑥ 특징 : 잔디성장의 노화를 방지, 잔디의 육성을 목적으로 밀생한 잔디의 뿌리를 절단하여 흙면에 구멍을 열어주며 공기의 유통을 좋게 하고 일광의 흡수를 촉진하는 기계. 견인차에 연결작업시 광대한 초지라도 단시간에 작업가능 함.

①

④

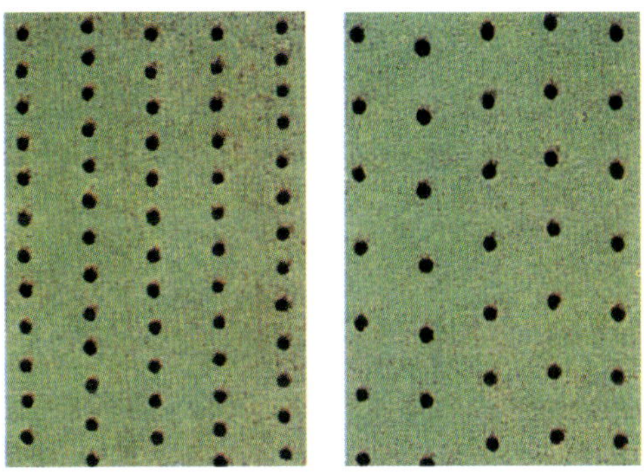

②

⑤

③

그림 8-22

① 코아링 작업기(Coring Machine)
② 코아링 실시 간격의 예
③ 코아링 파괴기(Core Destroyer)
④ 코아링 수확기(Core Harvester)
⑤ 코아링 수확기(Core Harvester)

그림 8-23 에어레터(Aerator)

그림 8-24 버티칼 슬라이서(Vertical Slicer)

그림 8-25 수동식 버티칼 컷터

그림 8-26 잔디뗏장 절단기 (Sod Cutter)(1~3) 및 잔디뗏장운반기계(Sod Tote Trailer)

그림 8-27 점파기(Spot Seeder)

그림 8-28 비료 살포기(Chemical Fertilizer Spreader)

그림 8-29 동력취출축(PTO)

(a)

(b)

그림 8-30 (a) 3연(連) 정지(整地)롤러, (b) 공원롤러

① 용도 : 골프장, 운동장, 정(공)원 등의 정지작업

② 타입 : 견인식(牽引式)

③ 롤러직경 : 600mm

④ 폭 : 2,300mm

⑤ 중량 : 750~1,500kg

⑥ 특징 : 철제의 드럼에 물 또는 모래를 주입하여 사용 용도에 따라 중량조절이 가능하고 손으로 견인할 수 있는 핸들을 준비하며 롤러 1개도 수동견인이 가능하다.

그림 8-31 벙커(Bunker) 정리기(슈퍼라이더)

① 용도 : 골프장 경사진 벙커 정리
② 엔진 : 로빈 EY 40C형 4싸이클 388cc, 10ps 셀모타 기동
③ 변속 : 전·후진 공히 유압완전 무단(無段) 변속
④ 차륜 : 22×11－10 대형저압타이어 3륜식(輪式)
⑤ 핸들 : 원형핸들 전륜조향(前輪操向)
⑥ 특징 : 경사진 벙커작업에도 자유자재로 경쾌한 기동성을 발휘. 산악코스의 작업과 이동도 좋음. 가볍고 둥근 핸들은 안정된 작업 자세를 유지시켜 주행시 노면에서 쇼크(Shock)도 아주 적게 받으며 운전이 가능. 폭 1,750mm의 고르개는 벙커의 상황에 따라 자유롭게 움직임. 모든 조건에서도 균일하게 정리(곱게 다듬어 줌)하여 벙커면을 보기 좋게 만든다.

그림 8-32 약제살포(藥劑撒布)용 탱크차

① 용도 : 약제살포
② 탱크 : FRP 1,000ℓ
③ 엔진 : 메이끼 G 7LE형 10ps(셀付)
④ 분무기능력 : GP 100형, 35kg/cm^2
⑤ 살수량 : 100ℓ /min
⑥ 호스 : 16×50m
⑦ 차륜 : 견인차
⑧ 특징 : 대형 동력 분무기를 정착한 견인식 탱크차. 견인식의 밸런스도 좋고 대형 FRP 탱크는 강도가 높아 내약품성이 높음. 기계식의 교반기구도 완비하여 약품의 농도를 늘 일정하게 유지가능

그림 8-33 자주식(自走式) 약제살포용 탱크차

① 용도 : 약제살포
② 탱크 : FRP(1,000)~2,000ℓ
③ 엔진 : 로빈 EY 21ASR형 15ps
④ 능력분무기 : GP 150형 35kg/cm^2
⑤ 흡수량 : 150ℓ /min
⑥ 호스 : 19ø×50m
⑦ 특징 : 대형동력 분무기를 탑재한 자주식(自走式) 탱크차. 기동성과 밸런스가 좋고 조작도 용이. 스테인리스 탱크는 고강도로서 녹슬지 않음. 노즐의 개폐는 운전석에서 조작할 수 있기 때문에 혼자서도 살포가능

(a)

① 용도 : 그린지역 배토 살포기
② 변속 : 전진 2단, 후진 1단
③ 살포폭 : 1,000mm
④ 살포두께 : 조정 개폐장치에 따라 조절가능
⑤ 용량 : 0.3m^2
⑥ 특징 : 살포두께는 핸들 손 가까이의 조절레버에 의해 자유롭게 가감이 가능. 주행 고무 롤러는 좌우의 사이가 벌려있지 않기 때문에 바퀴 자국을 남기지 않고 안심하고 그린 위를 작업할 수 있음.

(b)

그림 8-34 배토 살포기(培土撒布機)

① 용도 : 4륜구동 덤프트럭 차량에 장착된 자주식(自走式) 배토기
② 변속 : 전진 5단, 후진 1단 부변속(副變速) 2단
③ 살포폭 : 체인 콘베아식 강제 살포
④ 살포두께 : 조정 개폐장치에 따라 조절
⑤ 용량 : 최대 2,000kg(1.6m^2)
⑥ 특징 : 배토 흙의 적재와 살포를 적은 인원으로 신속히 일괄작업화가 가능. 살포능력은 차제의 PTO(동력전달장치)를 이용 살포조작을 운전석에서 작동가능. 후미의 사터에 의해 배토량을 원하는 양으로 정확히 조절이 가능

그림 8-35 배토기(Topdresser)

① 용도 : 골프장 그린 지역
② 특징 : 운전자가 손쉽게 살포량을 조절 가능(PTO 클러치)

그림 8-36 페어웨이용 배토기(Topdresser)

① 특징 : 살포량을 원터치로 조절 가능.

② 주의 : 살포폭도 정확하고, 특수 고무롤러를 사용하여 잔디손상을 최대한 방지하여야 한다(적재중량, 380kg, 길이×폭×높이 1,900×1,300×1,060mm).

그림 8-37 집구기(集球機)

① 용도 : 운전자가 전방을 주시하며 집구 작업.

② 엔진 : 로빈 44-2D형 4싸이클 433cc, 10ps 리코일 스타트

③ 변속 : 전단 3단, 후진 1단

④ 집구폭 : 3,000mm

⑤ 집구능력 : 8,000~12,000m^2/hr

⑥ 특징 : 3m 폭 집구부분의 차량의 앞부분에 장착. 회전반경이 적은 3륜식 후륜 조정장치. 코너 또는 구석진 곳에 작업이 편리. 로터리 모아 옵션 가능

그림 8-38 제설용 송풍기(Snow Blower)

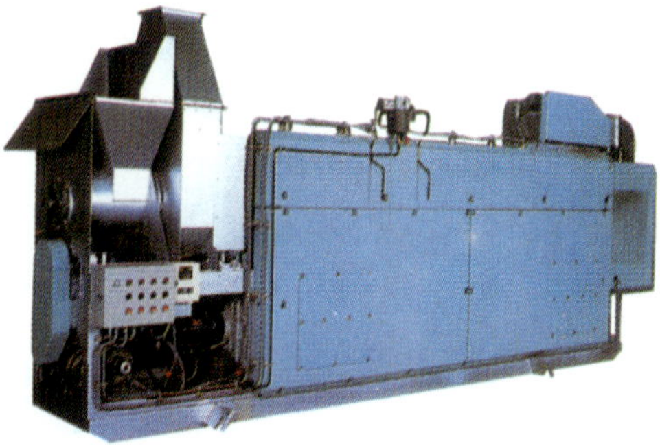

그림 8-39 전자동 소토기(燒土機)

① 용도 : 소토작업의 전공정을 자동제어
② 소토방법 : 열풍순환식(熱風循環式)
③ 소토능력 : 1.5~4.0m^3/hr
④ 소토온도 : 80~150℃
⑤ 특징 : 토양의 반입에서 가열 · 배출까지 일연의 작업공정은 정확하게 자동으로 control 하여줌. 소토의 가열온도, 버너출력, 배기 등 전부 자동으로 하여 주기 때문에 인력이 필요 없음.

그림 8-40 잔디관리용 삼륜차(Turf Care Vehicles, Runabout)

그림 8-41 잔디관리용 운반설비 부품(Carrier Set)

그림 8-42 잔디관리 기자재 운반차(4 Wheel Turf Truck)

그림 8-43 벙커의 지표 마무리작업을 깨끗이 해주는 벙커 레이크(Bucker Rake)

그림 8-44 벽 둘레 장애물 주변 등의 예초기(Trimmer)

그림 8-45 소형 약제차

① 용도 : 소량 약제 살포
② 탱크 : FRP 120ℓ
③ 엔진 : 시비우라 GEF 15R형 2.5ps
④ 능력분무기 : GP30형 35kg/cm^2
⑤ 흡수량 : 30ℓ /min
⑥ 호수 : 8.5ø×30m
⑦ 차륜 : 골프카트

그림 8-46 골프 카트(Golf Cart)

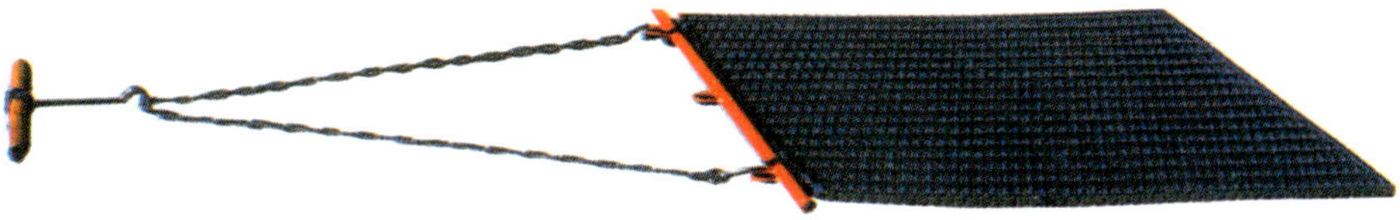

그림 8-47 배포살포기용 스틸매트(Steel Mat) (1,400m×90m)

그림 8-48 골프장 전용 트랙터(Turf Tire Tractor)

① 특징 : 잔디 보호용 광폭터프타이어를 부착하여 잔디에 손상을 주지 않고 작업이 가능. 파워 스티어링 장치로 뛰어난 회전성을 발휘하며 회전반경이 좋은 작업능률이 높은 점. 20~370마력(용도에 따라 선택이용)

그림 8-49 릴모아 그라인더(Reel Mower Grinder)

8.2 골파장 코스관리 장비들의 종류

(자료제공 : 한국골프장비 협회 회장, 이진우, 2010. 1. 25)

- 그린모아(자주식)
  - 그린을 예초(잔디깍기)용 자주식 장비

- 티모아(자주식)
  - 티 예초(잔디깍기)용 자주식 장비

그린용 타이어

- 그린모아(승용식)
  - 승용식으로 그린을 예초하는 장비

티, F/W용 타이어

- 티모아(승용식)
  - 승용식으로 티를 예초하는 장비

- 그린 관주기(Ride-on)
  - 수압으로 그린에 관주 작업하는 장비
  - · 살충제, 수화제, 에어레이션 작업 등

- 그린 에어레이터(Ride-on)
  - 그린내 토양개량 및 갱신을 위한 통기작업용 장비

● 그린 버티드레인(승용식)

- 자주식으로 그린 토양 갱신 등

● 자주식 그린 배토기(자주식)

- 그린내 모래를 살포하는 장비

● 그린 배토기(승용식 : 옵숀)

- 승용식으로 그린 모래 살포

● 코아 수거기

- 그린 통기 작업 후 다목적 작업차에 부착하여 코아물을 수거하는 장비

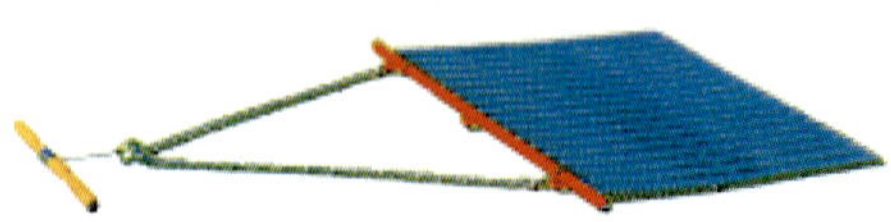

● 그린 스틸매트

- 그린 배토작업 후 배토사를 코아구멍으로 넣고 평탄하게 하는 작업

● 그린 팻트(수동식)

- 그린 배토작업 후 그린내 비료 등을 살포하는 수동식 장비

● 비료 살포기(자주식)
- 자주식으로 그린 및 티주변 비료 살포

● 동력 살분무기(배부식)
- 배부식으로 그린/필드 비료 살포용

● 그린 멀티 스위퍼(승용식)
- 그린내 굵은 모래, 예지물, 코아물 등 청소 및 수거

● 그린 스위퍼(자주식)
- 그린내 굵은 모래, 예지물 등을 청소 및 수거

● 그린 버티컬 모아(자주식)
- 그린 잔디의 지하경을 수직으로 절단하며 댓취물을 제거하는 장비

● 그린 컨디셔너(자주식)
- 그린 표토층에 칼날(커터)이 땅속깊이 들어가 흔들어주며 분쇄하는 장비

● 엔진 Roller(자주식)

- 봄, 가을그린 잔디 들뜸을 눌러주고 그린 및 필드 잔디의 보식, 이식 후 눌림작업

● 그린 Roller(승용식 아이롱)

- 그린의 표토층의 요철제거 및 적절한 고결을 형성하는 장비

● 어프로치 모아(자주식)

- 그린 및 티 주변, 어프로치 등을 예초

● 티 어프로치 모아(승용식)

- 티, 어프로치 등을 예초

● 견인식 갱모아(견인식)

- 트랙터로 견인하여 F/W를 예초하는 장비

● 승용식 3갱모아

- 그린, 티 주변 등 협소한 지역의 예초작업에 기동성이 양호한 장비

● 승용식 7갱 트랙터 모아

- 릴캇타가 리어타입으로 F/W 및 A러프 예초에 적절한 장비이다.

● 승용식 5갱 트랙터 모아

- 릴캇타가 후론트 캇타방식으로 F/W를 주로 예초하는 장비

● F/W스위퍼(P.T.O견인식)

- F/W코스내 잔디의 고사물/댓취물 등을 수거하는 장비

● F/W배토기 (P.T.O견인식)

- F/W내 잔디의 생육/토양개량을 위한 모래를 살포하는 작업

● 동력 분무기(P.T.O견인식)

- F/W내 제초제 살포, 살수작업용 장비

● 리노 베이터 (트랙터 P.T.O)

- F/W내 갱신 작업용으로 칼날/tine을부착하여 표토층 갱신 잔디의 지근작업을 위한 장비

● 소드캇타

- 뗏장 채취용이며 잔디 이식, 보식을 위한 장비

● F/W 비료 살포기

- F/W내 비료, 규산질, 유기질 등을 살포하는 장비

● 견인식 3단 Roller(F/W용)

- 봄, 가을 들뜬 잔디를 로울링 하거나 F/W 배토후 요철을 제거하는 장비

● 차량탑재 동 분무기

- 살수 작업용(시비, 살수, 시약 등)

● F/W 스틸매트

- 배토 작업후 평탄작업/잔디속으로 모래가 골고루 들어 가도록 하는 작업

● 벙커 레이커

- 벙커내 요철을 없애는 장비 · 스파이크 자국, 빗물 자국 등

- 자주식 로타리 모아
  - 자주식으로 기어 변속하여 러프지역, 협소한 지역을 예초하는 장비

- 수동, 자주식 로타리 모아
  - 수동식/자주식으로 협소한 지역을 예초작업용 장비

- 승용식 로타리모아
  - 승용식으로 러프 및 법면 예초작업용 장비

- 배부식 예초기
  - 작업자 등에 메고 협소한 지역 또는 급경사지에 예초작업용 장비

- 래핑 머신
  - 모아 장비의 회전릴/밑날을 래핑작업하는 장비(무딘날을 세우는 작업)

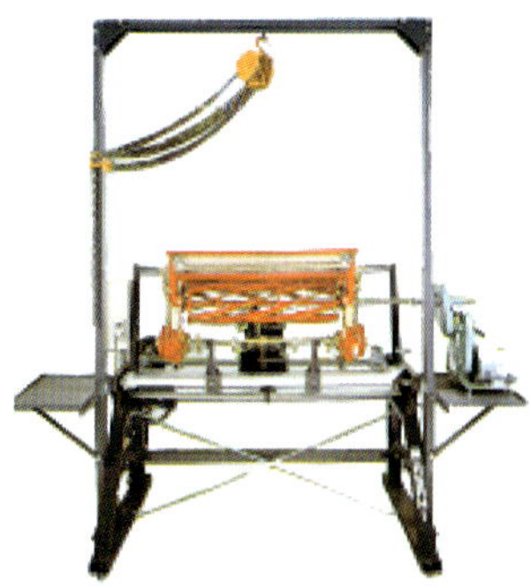

- 라운모아 스패너(대형 연마기)
  - 회전릴/밑날을 연마하는 장비이며 1,2차 연마작업을 한다.

● 모래 선별기

- 모래속에 이물질, 자갈, 굵은 모래 등을 제거하고 일정한 규격으로 선별하는 장비

● Power Blower

- 등에 메고 에어생산으로 낙엽, 눈, 이물질 등을 청소작업하는 장비

● 다목적 작업차

- 운반작업, 옵숀작업용 작업차(옵숀 : 버티컬 리프트,목토 분쇄기, 코아 수거기, 제초제 시약, 그린 배토기 등)

● 목재 분쇄기

- Golf장 조경 작업시 생산되는 나뭇가지 분쇄를 위한 이동식 장비

● 그린 배토기(옵숀)

- 다목적 작업차에 장착하여 그린내 모래를 살포하는 장비

● 버티컬 리프트(옵숀)

- 다목적 작업차 P.T.O를 이용하여 유압을 상승시키며 작업하는 장비

● 소토사 살포

- 소토사 및 그린 모래를 살포하기 위한 장비이며 수시배토 등에 용이하다.

● 트랜쳐

- 배수불량지역 배수관 설치를 위한 배수로 굴착(파는) 장비

농업용

Golf장 전용

● 트랙터

- 견인작업 및 옵숀작업
  옵숀작업(트레일러, 로우더, 갱모아작업, 동력분무기 견인, F/W배토기 견인, F/W스위퍼 견인, F/W스틸매트 견인)

● 굴삭기

- 모래 선별작업의 모래 공급, 터파기 그린공사, 나무이식 등에 투입되어 작업

● 장비 운반 트레일러(저상)

- 코스작업에 필요한 견인식/자주식 장비 운반용으로 사용

● 트레일러

- 흙, 모래, 예지물 등 운반장비 · 트랙터에 견인하여 P.T.O이용작업

- 오토바이
  - 이동용 장비
    경기진행, 코스점검, 작업전달 등

- 농약살포기(스프레이어)
  - F/W의 병충해 발생 및 예방을 위해 농약살포 전용장비 이용

- 엣지 캇타
  - 그린칼라 또는 벙커에 잔디가 뻗어 나오는 것을 캇트하는 장비

- 전동카/모노레일 카
  - 경기 진행을 위한 골퍼 및 골프 클럽의 홀 이동

- Cart(수동식)
  - 1백 또는 2백을 싣고 수동식으로 이용

- Cart(개인용)
  - 개인이 소지하고 다니면서 이용

● 양수기

– 골프장내 배수 불량시 이용되는 장비

● 엔진톱

– 나무 절단작업용 장비

● 전정기

– 울타리나무, 쥐똥나무 등을 모양내기 위한 전정장비

● 분무기

– 세레스 차량, 경운기, 소형엔진 등의 P.T.O 동력 이용으로 수압생산

● 바이브레이터

– 잔디이식/보식 전 후 흙, 모래 등을 다짐(눌림)작업을 위한 장비

● 고지 엔진전정 가위

– 높은 나뭇가지 전정시 사용하는 장비

- 고지 엔진톱
  - 높은 나뭇가지치기 작업용 장비

- 생활용 무전기
  - 경기진행, 작업상황, 지시 등의 연락에 필요한 비품

제5편 골프코스 설계 · 시공

제 1 장

골프코스 개발 및 인 허가

전국 골프장의 2009년 내장객이 26백만 명에 근접해 연간 내장객 3천만명 시대 개막을 예고했다.

대부분의 사업분야가 저금리 저성장 시대에 고전하고 있지만 폭발적인 골프인구 증가로 골프장 사업은 호황기를 누리고 있으며 골프장 사업에 대한 관심이 증가하고 있다. 특히 지자체, 기업, 외국인 투자자, 심지어 개인들까지 골프장 사업에 많은 관심을 나타내고 있다. 그러나 이 같은 분위기와 달리 연간 골프장 승인 건수는 손으로 꼽을 수 있을 정도에 불과하다. 그만큼 골프장의 사업절차와 조건이 어려운 실정이다.

골프장은 체육시설업종으로서 해당 시 도지사에게 사업계획 승인 후 등록신청을 하여야 한다.

강, 운하, 호수, 그리고 산림들이 흥미롭고 도전적이며, 놀라운 레이아웃을 형성하고 있는 Myrtle Beach의 코스

세계에서 가장 극적인 트랙을 제공하는 곳, South carolina의 Caledonia Golf and Fish club

가파른 법면을 절개하고 계곡부는 호수를 만들어서 조성된 코스

골프장 인허가 절차가 까다롭고 복잡하지만 법과 기준대로 진행되는 일은 그나마 나은 편이다. 대부분 시민환경단체의 반발로 난관에 부딪치고 있는 실정이므로 신속하고 원활한 골프코스 개발을 위한 친환경적이고 효율적인 정보와 체계적이고 완벽한 사전 준비가 필요하다.

표 1 골프장 인허가 과정

종 전	개편후	
	단일시설	복합시설
준도시지역 시설용지지구로 국토이용계획 변경	도시계획시설 결정	제2종지구단위계획구역 (관광 · 휴양형)지정
↓	↓	↓
체육시설의설치이용에 관한 법률에 의한 인 · 허가	도시계획시설 실시계획 인가	체육시설의설치이용에 관한법률에 의한 인 · 허가
↓		↓
건축허가	↓	건축허가
↓		↓
준공	준공	준공

1) 단일시설은 골프장등 하나의 체육시설만 설치하는 것을 말함

2) 복합시설은 골프장과 스키장, 골프장과 콘도 등 2가지 이상의 시설을 복합적으로 설치하는 것을 말함.

천혜비경의 금강산 골프코스

표 2 골프장개발사업승인절차

기초조사 ▼	시행자: 도시관리계획(안), 토지적성평가, 환경성, 경관성, 교통성 검토 등
관리지역 및 도시계획시설 결정입안 제안 ▼	시행자: 토지면적 80% 확보 또는 동의서
관리지역 및 도시계획시설 결정여부 통보 ▼	시장 · 군수: 제안자에게 60일 이내 통보 (30일 연장 가능)
관리지역 및 도시계획시설 결정 입안 ▼	시장 · 군수
공람 · 공고(주민의견 청취) ▼	2개이상 일간신문 공고/14일 이상 일반 공람 (군의회 의견 청취, 군 도시계획위원회 자문)
관리지역 및 도시계획시설 결정입안 확정 ▼	시장 · 군수
관리지역 및 도시계획시설 결정(변경) 신청 ▼	시장 · 군수 → 도지사
관계행정기관 장과 협의 ▼	30일 이내 의견제시(산림청, 환경청 등) (사전환경성 검토 협의)
도 도시계획위원회 심의 ▼	
결정고시 ▼	도지사
일반공람 ▼	시장 · 군수
사업시행자 지정신청 ▼	사업시행자 (신청서 → 환경, 교통, 경관, 재해영향평가사업계획 승인신청서)
도시계획시설 사업시행자 지정고시 ▼	시장 · 군수
도시계획시설 실시계획 인가신청서 작성 ▼	사업시행자 (농지, 산림형질변경 허가 및 기타 허가 등)
도시계획시설 실시계획 인가 신청 ▼	사업시행자
시 · 군 관련실과 협의 ▼	30일 이내 의견제시
실시계획인가신청서 전달 ▼	시장 · 군수
관계행정기관장과의 협의 ▼	인허가의제처리 (체시법에 의한 사업계획 승인) - 30일 이내
공람 · 공고(주민의견 청취) ▼	2개 이상 일간신문 공고, 20일 이상 일반 공람
결정고시(사업승인) ▼	도지사
사업시행 ▼	사업시행자
준공신청 ▼	사업시행자(시장, 군수 전달)
준공공고 ▼	도지사
체육시설업 등록	

골프장 개발 방법

골프장 개발은 통상 토지 매입부터 인허가 추진 최종 사업승인까지 최소 2년 이상 소요되는 장기적인 사업이다. 특히 골프장 개발은 주택사업과 달리 환경과 지역 주민과의 공감대 형성이 관건인 만큼 골프장 사업에 대한 사전 입지 검토, 사전 홍보, 사전 의견 수렴, 사전 협의 등의 개념활용이 필요하다.

국토의 계획적 · 체계적 이용을 통한 난 개발 방지와 기반시설이 갖추어진 친환경적인 개발로 효율적인 국토발전을 위하여 2003년 1월 1일부터 국토의 계획 및 이용에 관한 법률이 시행된지 수년이 지났다. 이제 골프장 개발에도 종전 국토이용관리법에서 「선 계획-후 개발」의 사전 계획 개념을 적용하게 되었다.

골프장 건설부지 선정

골프코스 개발에 적합한 부지는 코스의 레이아웃 및 시공비에 절대적인 영향을 미친다. 일반적으로 골프장 시공비는 500~1,000억원

암벽을 옆으로 끼고 있는 위협적인 코스

구부러진 팔꿈치 모양의 par5 홀이 걸작인 도전적 Myrtle Beach의 코스

내외로 이는 부지의 형상과 지형에 좌우된다. 따라서 인허가가 가능한 부지이면 전문가의 자문을 통하여 모든 검사 항목을 철저히 조사해야 한다.

1. 출입로: 출입이 편리한 기존의 도로 및 접근로가 있는가?
2. 경관: 골퍼들을 만족시킬만한 훌륭한 경관이 있는가? 호수변, 바닷가 주변, 강변 등에 위치한 부지는 이상적이다.
3. 면적: 홀 배치가 가능한 충분한 면적인가?
4. 방향
   1) 플레이 및 잔디의 생육을 고려하여 남북으로 뻗은 부지인가?
   2) 부지내의 주요 바람 방향이 부지 모양과 유사한가? 즉, 동쪽으로 치우치고 남쪽의 일사광을 받을 수 있는 방향이 좋다.
5. 수원: 부지내 물이 흐르는 계곡, 샘, 호수 등이 있어 충분한 물을 확보할 수 있는가? 즉, 갈수기를 대비하여 1일 이용 가능한 물이 1,500톤 이상(18홀 기준) 되어야 좋다.
6. 토질: 잔디의 생육에 적합한 토질인가?
7. 법적제한: 제법규상 문제여부?

골프장 입지 기준

골프장이 법적으로 들어설 수 없는 부지는 광역상수보호구역 상류방향 유하거리 20km, 일반상수원보호구역의 상류방향으로 유하거리 10km, 취수장(상수원 보호구역 미고시지역의 경우를 말한다)의 상류방향 유하거리 15km이내의 지역과 그 하류 방향으로 유하거리 1km 이내의 지역에 위치하거나 환경정책 기본법 제22조의 규저에 의한 특별 대책지역안에 위치하는 경우이다.

또한 골프장 사업계획지내의 산림(「산림자원의 조성 및 관리에 관한 법률」 제2조 제1호의 규정에 의한 산림을 말한다)에 대한 원형보전지 확보율이 100분의 20이상이어야 한다.

골프코스 개발 사업 추진 단계

1. 입지 현황 및 조건 조사
   - 토지적성평가
   - 환경성, 교통성 등
   - 도시관리계획(안)
2. 사업 타당성 분석
   - 수지 분석
   - 시공비용 분석
   - 공종별 자금 투자 계획
   - 자금확보 방안 수립
3. 현장 답사를 통한 자연환경 조사
   - 지형, 식생, 하천, 기타 지역 특성 등
4. 지방자치단체와의 인·허가 가능 및 골프장 개발 사전협의
5. 전문업체의 자문을 받아 세부적인 법규를 검토
   - 도시계획 시설의 결정구조 및 설치기준에 관한 규칙, 산지 전용허가 기준 세부검토 등
6. 설계 및 인·허가 시행

표 3 중점 사전환경성 검토항목, 검토방법과 사항

중점 검토항목	검토방법 및 사항
지형 및 경관	– 과도한 지형변화로 인한 경관훼손의 우려가 있는지를 검토한다. – 골프장 사업계획 부지면적 중 경사도 25도 이상(25m×25m 기준)인 지역의 면적이 40% 이상 포함되지 아니하도록 한다.
녹지 및 생태	– 양호한 생태자연도를 나타내는 권역(지역)을 포함하고 있는지 여부를 검토한다. –「자연환경보전법」 제34조 제1항 제1호의 규정에 의한 생태자연도 1등급 권역 등 자연환경이 양호한 지역은 원형 보전을 원칙으로 한다. – 골프장 사업계획 부지 내에 「야생동·식물보호법」 제2조 제2호의 규정에 의한 멸종위기 야생 동·식물이 서식하고 있는 지역은 골프장 사업계획 부지에서 제외하는 것을 원칙으로 한다.
수질환경	– 하천·호수의 수변지역 훼손으로 인한 동 지역의 환경적 기능 상실 여부를 검토한다. – 골프장 사업계획 부지에 다음의 지역이 포함되지 아니하도록 한다.(오수 및 강우에 의한 오염물질 등 유출수 처리대책을 중점 검토한다.) (1) 유효저수량 30만m^3이상인 호수·농업용저수지의 만수위선으로부터 300m 이내인 지역 (2) 국가하천 및 지방1급 하천의 양안 300m 이내인 지역 (3)「한강 수계상수원, 수질개선 및 주민지원 등에 관한법률」, 「낙동강수계 물관리 및 주민지원 등에 관한 법률」, 「금강 수계 물관리 및 주민지원 등에 관한 법률」, 「영산강·섬진강 수계 물관리 및 주민지원 등에 관한 법률」 제4조의 규정에 의하여 지정된 수변구역 경계로부터 300m 이내인 지역
경사면	가. 경사도 25도 40% 이상 제척 혹은 보전 나. 절개면수직높이 15m 이하 다. 5부능선 개발제한
진입도로	8~10m 이상
그 밖의 지역적 특성	제1호 내지 제3호 각목 외의 중대한 환경영향이 있는지 여부와 그 밖에 지역적 특성 등을 고려하여 골프장 입지의 적정성여부를 검토한다.

제 2 장

골프코스 설계

2.1 골프코스의 올바른 이해

1. 시하우스 코스는 백 나인에 있는 두 개의 파3 홀만 쳐 보아도 그만한 값어치가 있는 코스이다. 잘 알려지지 않았지만 훌륭한 링크스 코스이며, 뱀버그부터 비드넬까지 해변을 따라 멋진 경관이 펼쳐지고 판 아일랜드까지 보이는 곳이다.
2. 티 박스에 올라서면 눈앞에 펼쳐진 동해바다의 대자연을 품에 가득 안은채, 속세를 두루 살피는 신선이 된 듯하다.
3. 죽음의 계곡이라 불리는 데스밸리는 라스베가스로부터 216km떨어진 곳에 위치하며 비행기로는 40분 정도 소요된다. 경이로운 자연경관으로 관광객의 눈길을 사로잡아 버린다.
4. 곳곳에 23개나 벙커가 도사리고 있어서 볼이 벙커에서 벙커로 옮겨 다니는 일이 부지기수다. 스코어야 어찌됐든 이 홀에서 벙커를 피해 홀아웃할 수만 있다면, 대단한 행운이다.

골프장학

골프장학(Golf Course Science)은 골프라는 경기가 한정된 부지 위에서 이루어질 수 있도록 골프코스를 계획, 설계, 시공, 관리 및 경영하는 학문을 말한다. 골프장학은 예술, 토목공학, 조경 및 경영을 포함하는 종합 분야이며 조경(landscape architecture)의 특수 전문분야로 볼 수 있다.

골프코스 설계와 시공은 경기의 흥미를 고려한 기하학적 디자인과 친환경적 조경 디자인 및 관리 등 비용 최소화를 위한 조경, 토목 기술을 요한다.

예술 　 토목공학 　 조경

Art + Civil Engineering + Landscape

Architecture + Management = Golf Course Science

경영 　 골프장학

골프의 기원

오늘날 시행되고 있는 골프의 원형은 15세기경 스코틀랜드에서 발단된 것으로 보는 것이 통

2

3

4

설이다. 1413년, 스코틀랜드에서 골프 경기가 있었던 것이 사실이기 때문이다. 또 골프의 발상지로 알려진 스코틀랜드의 세인트앤드루스 대학 도서관에는 1552년에 기록한 한 장의 양피지가 있는데, 이것이 현재까지 발견된 가장 오래된 골프에 관한 문헌이다.

그 밖에 골프에 관한 역사적 기록은 거의 스코틀랜드 의회의 궁정 기록에서 발견되고 있는데, 1744년 스코틀랜드의 수도 에든버러에 골프 협회가 조직되어 경기를 한 것이 골프 클럽과 경기의 시초로 알려져 있다.

일반적으로 골프의 기원을 말할 때, 흔히 스코틀랜드의 양치기 소년들이 양떼를 돌보면서 스틱으로 돌을 쳐서 들토끼의 구멍에 넣으며 즐긴 것이 골프의 시초가 되었다고 말한다. 하지만 이 양치기 소년의 골프 설(說)은 사실(史實)에 근거를 둔 것으로 보기 어렵고, 스코틀랜드에서 독자적으로 발달되었다는 견해가 유력하다. 아무튼 골프는 스코틀랜드에서 비롯된 구희(球戱)라는데는 이의가 없다.

'골프' 란 스코틀랜드의 고어(古語)로 '치다' 의 '고프', 즉 'gouft' 가 그 어원(語源)인데다가 스코틀랜드의 지형이 골프장으로 적격이었다. 스코틀랜드 북방(北方) 해안에는 링크스라고 불리는 기복이 많은 사원(砂原)이 있었는데, 멋진 잔디와 잡목이 우거진 작은 언덕으로 이어진 지형이 골프코스로 안성맞춤이었다.

더욱이 이것이 공유지(公有地)여서 시민이 자유롭게 이용할 수 있었다.

또한 이곳은 들토끼가 많이 서식하였는데, 토끼들이 잔디를 깎아 먹어 평탄하게 된 곳을 그린(green), 즉 오늘의 퍼팅 그린(putting green)이라 하였고, 그린과 그린을 연결하는, 양떼들이 밟아 평탄해진 넓은 길을 페어웨이(fairway)라 불렀다.

골프코스의 분류

현대적인 정규 골프코스는 기본적으로 18개 홀(hole)로 구성되며, 각 홀은 골프 규칙에 합당한 규격을 갖추고 있다. 넓은 의미로는 규격미달의 코스도 모두 포함하여 골프코스(golf course)라고 통칭한다.

우리나라 법규에 의한 분류

가. 회원제(private) 골프장: 회원에 한하거나 회원에게 우선적인 이용의 기회가 있는 골프장

- 사단 법인제
- 주주 회원제
- 예탁금 회원제

나. 대중(public)골프장: 모든 골퍼에게 똑같이 이용의 기회가 있는 골프장

- 정규 대중골프장: 18홀 이상 골프장
- 일반 대중골프장: 9홀 이상 18홀 미만 골프장
- 간이골프장: 3홀 이상 9홀 미만 골프장

홀수 및 길이에 따른 분류

- 정규 18홀 골프장
- 대중 9홀 골프장
- 파 3형(par-3 type) 골프장
- 피칭 앤 퍼팅장(pitching & putting course)
- 칩핑 앤 퍼팅장(chipping & putting course)
- 퍼팅장(putting course)

설립 목적에 따른 분류

가. 비즈니스형(business type) 골프장: 우리나라 골프장의 90% 이상이 이에 해당하며 주로 영업을 위한 골프장이 해당된다.

나. 리조트형(resort type) 골프장: 남녀노소가 편안하게 플레이를 즐길 수 있도록 만든 골프장을 말한다.

다. 컨트리 클럽형(country club) 골프장: 미국 및 유럽에 많은 골프장 형태로서 지역주민의 여가활동을 위해 자발적인 출자를 통하여 만든 골프장으로 클럽활동을 위한 장소로 이용되는 골프장을 말한다.

골프코스의 구성

골프 코스는 보통 18홀을 1단위로 하며, 18홀을 돌며 플레이하는 것을 1라운드라고 한다. 18홀에는 1번에서 18번까지 홀 번호가 붙어 있고, 1번부터 9번 홀까지를 '아웃(Out)코스', 10번에서 18번 홀까지를 '인(In)코스' 라고 한다. 여기서 '아웃코스' 는 클럽하우스를 중심으로 코스로 나간다는 'Going Out' 이라는 뜻이고, '인코스' 는 코스에서 클럽하우스로 들어온다는 'Coming In' 이라는 뜻에서 비롯된 말이다. 또한 골프코스에 따라서 27홀 혹은 36홀 이상인 코스가 있다.

홀(Hole)의 구성요소

골프 코스는 18홀을 1단위로, 하나의 홀은 4개의 구역인 티잉 그라운드(teeing ground), 스루 더

그린(through the green), 해저드(hazard), 그린(green)으로 구성되어 있다. 각 홀의 세부 구성요소는 티, 페어웨이, 그린, 러프, 해저드, 아웃 오브 바운즈(out of bounds), 보행로, 카트 도로 등이다.

1) 티잉 그라운드: 각 홀의 제 1타를 치기 위해 지정된 지역
2) 스루 더 그린(Through the Green): 현재 플레이하고 있는 홀의 티잉 그라운드 및 그린을 제외한 코스 내의 모든 지역과 코스 내에 있는 모든 해저드
3) 그린: 잔디를 3~4mm높이로 짧게 깎아 양탄자처럼 된 퍼팅을 위한 장소
4) 해저드: 벙커나 바다, 연못, 개울 등의 워터 해저드를 포함한 장애물

티(Tee) 또는 티잉 그라운드(Teeing ground)

티(tee)는 티잉 그라운드의 줄임말로 홀의 출발장소이다. 각 홀에서 제 1타를 치는 장소 또는 공을 올려놓고 치는 좌대('T'자 모양)를 티라고 한다. 티는 홀을 높이 쌓은 후 그 위에 잔디를 심고 평탄하게 만들어진 사각형 모양의 구역이다. 티는 그린과의 떨어진 거리 차이에 따라 챔피언 티(champion tee), 또는 백 티(back tee), 레귤러 티(regular tee) 또는 미들 티(middle tee), 프론트 티(front tee) 및 레이디스 티(ladie's tee) 등으로 불린다.

페어웨이(Fairway)

페어웨이는 티에서 그린 사이의 잔디를 1.5~2cm정도 짧게 깎은 지역을 말하며, 잔디의 밀도가 매우 높고 볼 라이(ball lie)가 좋아 플레이하기 좋은 지역이다. 페어웨이 폭은 홀의 형태 및 경기의 진행 속도에 따라 다르며 일반적으로 I.P.(1타를 쳤을 때 공이 떨어지는 지점, (landing area) 지점에서 러프를 제외한 페어웨이 폭은 37m(40 yards) 이내이다. 그러나 롱 드라이브(long drive)를 사용할 경우 페어웨이 폭은 46m(50 yards) 정도이다.

그린(Green)

그린은 카펫과 같은 고운 잔디를 식재하여 퍼팅(putting)을 하는 장소로서 골프장에서 가장

5. 비디를 건너치는 색다른 즐거움을 만끽할 수 있다.
6. 클럽 나인브릿지의 18번 홀은 '선택' 이 필요한 홀이다. 티잉 그라운드에서 보이는 왼쪽 수림대를 넘겨서 티샷을 해 투온을 노리거나, 오른쪽 페어웨이로 안전하게 티샷을 해 쓰리온을 하든 '택일' 을 해야하는 것이다.

5

6

> “골프 코스는 보통 18홀을 1단위로 하며, 18홀을 돌며 플레이하는 것을 1라운드라고 한다. 18홀에는 1번에서 18번까지 홀 번호가 붙어 있고, 1번부터 9번 홀까지를 ‘아웃(Out)코스’, 10번에서 18번 홀까지를 ‘인(In)코스’라고 한다. 각 홀의 세부 구성요소는 티, 페어웨이, 그린, 러프, 해저드, 아웃 오브 바운즈(out of bounds), 보행로, 카트 도로 등이다.”

중요하다. 18홀 골프장에서는 보통 18개의 그린(one green system일 경우)이 있다. 잔디는 고품질 잔디인 크리핑 벤트그래스(creeping bentgrass)로 조성되며 일반적으로 잔디 높이는 3~4mm내외의 높이로 유지된다. 그린 하나당 면적은 400~1,000m^{2}로 최대폭은 23~28m 내외며, 길이는 35~42m 내외이다. 그린의 모양은 불규칙한 타원형으로 여러 개의 홀 컵을 놓을 수 있도록 구성된다.

러프(Rough)

러프는 그린이나 페어웨이 등의 주변에 잔디가 5cm내외로 길게 자라고 있는 곳이다. 넓은 의미에서 러프는 골프코스 내의 페어웨이 이외의 부분, 즉 풀이나 나무 등이 그대로 있는 지대를 말하지만 좁은 의미에서는 페어웨이선의 바깥 부분과 아웃 오브 바운즈(out of bounds)선의 안쪽 부분을 말한다.

러프의 설치 목적은 너무 짧은 샷이라든가 터무니없는 방향의 샷을 했을 경우 플레이를 어렵게 하기 위해서이다. 조성법에 따라 A러프, B러프, C러프, 헤비 러프(수목지대, 급사면 등과 같이 잔디가 없는 러프) 등으로 구분된다. A러프는 잔디 길이가 페어웨이의 잔디보다 길며 볼 상태도 잔디 속에 들어가 있어 볼을 치기에 어려운 곳이다. B러프는 잔디나 갈대 등의 길이가 긴 곳으로 볼을 페어웨이로 탈출시키기 매우 어려운 곳이다. 우리나라에서는 B러프가 있는 골프장이 드물지만 외국에서는 B러프를 코스의 난이도를 높이는데 많이 사용한다.

해저드(Hazard)

해저드는 홀 내에 있는 벙커, 바다, 호수, 연못, 하천, 개울, 도랑, 배수구, 수로 등 물의 유무와 상관없이 이와 유사한 형태의 장애물을 말한다.

벙커(Bunker)

벙커는 주변 지형보다 깊게 조성한 후 모래, 잔디 등 다른 재료를 깔아 놓은 곳이다. 벙커는 위치에 따라 구분되며 페어웨이의 좌우에 있는 사이드 벙커(side bunker), 페어웨이 중앙 부근까지 나와있는 크로스 벙커(cross bunker), 그린 주변에 있는 그린 벙커(green bunker)가 있다. 또한 벙커 내에 있는 내용물의 종류에 따라 모래벙커(sand bunker), 잔디로 되어 있는 그래스 벙커(grass bunker)로 구분한다.

아웃 오브 바운즈(Out of bounds: OB)

플레이가 금지되는 지역이다. 일반적으로 OB라고 부르며 흰 말뚝으로 표시한다. 반대인 '인 오브 바운즈(In of bounds)' 는 코스 내를 의미한다.

카트 도로(Cart path)

카트도로는 골프 백, 골퍼, 캐디를 싣고 나르기 위한 카트 및 관리장비가 다니는 길이다. 노면은 배수가 양호하게 하고 도로상에 공이 멈추지 않도록 한다.

홀의 종류

홀의 길이는 티(백티) 중앙에서부터 그린의 중앙까지의 거리를 말한다. 18홀을 1단위로 하는 골프코스는 어느 것 하나 같은 구성으로 된 홀이 없으며, 거리에 따라 3종류가 있다.

길이에 따른 홀의 종류

홀의 종류	남자	여자	규정 타(par)
숏 홀(short hole)	250 야드 이하	210 야드 이하	파 3
미들 홀(middle hole)	251~470 야드	211~400 야드	파 4
롱 홀(long hole)	471 야드 이상	401~575 야드	파 5

※ 1 yard = 0.9144m

홀 종류와 길이

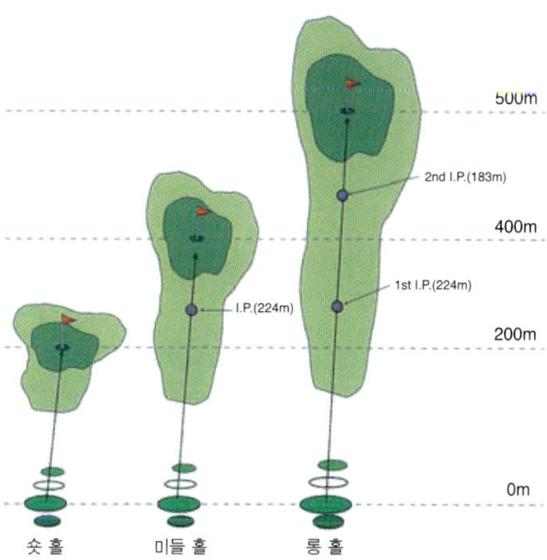

홀 종류에 따른 상대적 길이

2.2 일반적 고려사항

설계 개요

최고의 골프코스를 탄생시키기 위해 설계자는 훌륭한 레이아웃과 멋있는 조형도, 철저한 배수, 관개시설 등의 설계로 업무가 끝나는 것이 아니다. 적어도 잔디와 수목에 관한 풍부한 지식으로 조경(식재)설계까지 할 수 있어야 한다. 자신이 설계한 골프코스가 어떻게 시공, 조성되며 차후 어떻게 관리되는가를 정확히 알고 설계에 임하여야 할 것이다.

한편 부실공사 방지를 위해 설계단계에서 지반조사 및 현장답사 등 철저한 기초 조사를 시행해야 한다. 도면과 시방서를 모방위주로 하지 않고 이해 관계자나 전문가 등의 의견을 수렴하여야 하며, 경제적이고 흥미 있는 설계를 위해 개성 있고 다양한 각 홀의 레이아웃과 동시에, 시공과 관리를 고려한 설계가 되어야 명문 골프장이 탄생할 수 있는 것이다.

캥커루와 코알라의 고향 서호주의 해변을 따라 펼쳐진 케네디베이 C.C는 호주의 NO.1 퍼블릭 골프장으로 선정되었다.

설계시 3대 구비조건

골프는 다른 운동과 달리 각 계층의 남녀노소가 즐기는 스포츠이다. 설계자는 모든 골퍼가 만족할 수 있는 코스를 설계해야 한다. 골프장은 설계자에 의해서 창조되는 18개의 작품들로 구성되는 미술관(art gallery)과 같은 것이며, 이 창조물들의 위대성은 코스 관리자들의 노고와 함

> 골프는 다른 운동과 달리 각 계층의 남녀노소가 즐기는 스포츠이다. 설계자는 모든 골퍼가 만족할 수 있는 코스를 설계해야 한다. 골프장은 설계자에 의해서 창조되는 18개의 작품들로 구성되는 미술관(art gallery)과 같은 것이며, 이 창조물들의 위대성은 코스 관리자들의 노고와 함께 가치가 더욱 높아진다고 할 수 있다. 이를 위해 고려해야하는 3가지 사항으로는, 골프는 경기로서 흥미로워야 한다. 코스가 아름다워야 한다. 사후 유지 관리가 쉽고 경제적이어야 한다.

께 가치가 더욱 높아진다고 할 수 있다. 골프코스 설계시 고려해야 하는 3대 기본 사항이 있다.

- 첫째: 골프가 경기로서 흥미로워야 한다. 골프는 본질적으로 누구나 즐길 수 있는 스포츠로서 경기성(playability)이 있어야 하며 자기의 전기량을 발휘하여 승부를 겨루면서도 흥이 나고 재미가 있어야 한다.
- 둘째: 코스가 아름다워야 한다. 이것은 플레이어가 감성적으로 느끼는 것으로 홀 하나 하나는 물론 코스 전체가 주변경관과 조화가 이루어져야 한다.
- 셋째: 사후 유지 관리가 쉽고 경제적이어야 한다. 아무리 잘 만든 코스일지라도 수목의 관리와 특히 잔디상태가 완벽하지 못하면 그 가치가 상실된다. 설계시부터 작업도로의 계획과 비용을 적게 들이면서 효과적인 관리가 되도록 배수, 토목 및 조형 계획이 되어야 한다.

코스설계의 기준

명문 코스를 평가하는 기준이면서 설계에 반영되어야 할 다음의 기본원리는 여러가지 여건이 불합리할지라도 설계자는 최선을 다하여 반영하여야 한다. 이를 위해서 설계자는 부여된 여건인 땅, 바람, 나무, 물, 그리고 잔디의 5대 소재를 100% 활용하여 현실에 맞는 최적 설계를 해야 한다. 또한 즐겁고 편안하며 흥미롭고 공정한 플레이가 이루어지도록 코스가 조성되어야 한다. 특히 안전을 가장 최우선 순위에 두면서 코스를 실계해야 한다.

안정성(safety)

- 적정한 홀간 중심선 간격을 최소 80m 이상 확보한다.
- 골프채 및 골프공에 의한 플레이어 및 관리자의 안전성을 확보하는 설계를 한다. 예를 들면 위험 지역에 있는 골퍼를 보호하기 위해

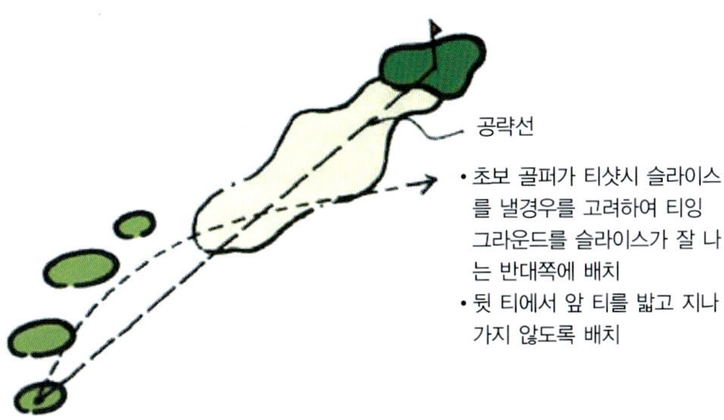

안정성을 고려한 티잉 그라운드의 배치

골프의 시선이 지평선 보다 높도록 티잉 그라운드를 높인다.

- 초보자 티샷은 주로 슬라이스이므로 홀의 오른쪽 안전에 주의한다. 예를 들면 티잉 그라운드의 위치를 어긋나게 배치하거나 홀의 오른쪽에 벙커, 러프, 연못, 숲 등의 완충지대를 설치한다.
- 설계자가 안전을 고려한 기타 지역으로는 통로, 가파른 경사지, 계단, 다리, 높은 절벽, 고목 등과 위험한 야생동물, 독성 식물 등이 있는 지역이다.

거리의 다양성(flexibility)

- 모든 수준의 골퍼를 수용할 수 있도록 각 홀마다 코스 길이에 변화를 주는 설계를 한다. 즉 홀의 거리는 지표상 거리가 아니고 수평거리(공중)로 백 티잉 그라운드의 중앙에서 그린의 중심까지를 말한다.
- 홀 내에서 길이를 다양하게 만들기 위해 티잉 그라운드의 위치를 조절할 수 있다. 예를 들면 챔피언 티는 최초 낙구지점에서 250m(270yd) 정도 떨어진 거리에, 핸디캡이 없는 남성용 티는 220m(240yd) 정도, 일반 골퍼의 티는 약 190m(210yd) 정도, 여성 고급 및 시니어 남성의 티는 대개 약 160m(175yd) 정도, 초보자와 노년용 티는 약 130m(140yd) 정도 거리에 위치시킬 수 있다.
- 일반 남성은 드라이브 샷 시 공이 도달하는 평균 거리는 182m(199yd)이며, 여성은 120m(13yd)이다.

샷 밸류(shot value)

- 특정 샷의 어려운 정도와 골프 샷의 다양성을 말한다.
- 샷 밸류는 주어진 샷에 대한 거리, 목표지역, 공이 놓인 조건에 따라 허용될 수 있는 실수의 범위를 나타낸다. 즉 샷 밸류는 샷의 거리, 목표 지역의 크기, 해저드의 위험 정도 및 샷을 할 지점에 따라 달라진다.
- 목표지역의 크기는 핸디가 없는 골퍼와 일반수준의 골퍼가 페어웨이의 낙구지역이나 그린에 안착할 성공확률이 66%인 경우를 기준으로 정해진다.

공정성(fairness)

- 다양한 위험과 보상이 가능한 해저드의 적절한 배치로 골퍼가 선택할 어프로치가 다양해질 수 있도록 홀을 설계한다. 즉 공정성은 어떤 골프코스를 이용하는 골퍼들의 잠재능력이 모두 발휘될 수 있도록 설계하는 것이다.
- 불공정한 코스 설계의 예는 골퍼가 공을 살짝 건드리는 정도로 퍼팅을 했는데도 멀리 굴러가는 경사가 심한 그린이나, 아주 어려운 해저드가 배치되어 가능한 샷이 대부분의 골퍼들의 능력 밖에 있으면 그 홀은 불공정한 홀이다.

점진성(progression) 또는 난이도(resistance to scoring)

- 플레이를 거듭할수록 샷 밸류가 점점 높아지도록 코스를 설계하는 것이다. 즉, 코스를 부담이 없는 샷밸류에서 시작하여 6, 7, 8홀로 갈수록 점점 어려워지며 9번홀에서 한번의 절정에 이르게 설계를 하는 것이다.

경기 진행속도(flow)

- 한 라운드를 마치는데 걸리는 시간이 4시간 이내가 될 수 있도록 코스를 설계하는 것이다. 이는 라운드 시간이 길면 골퍼들은 집중력 저하로 플레이의 질이 떨어지고 라운드의 즐거움도 줄어들기 때문이다.
- 경기의 진행속도를 느리게 하는 요인은 깊은 러프나, 빠른 그린 및 풀이 많이 자란 해저드 등이다.
- 경기의 진행속도는 페어웨이가 넓을수록, 홀 내에 해저드가 적을수록, 홀이 짧을수록 빨라진다.

2004년 US오픈을 개최한 시네콕힐스G.C는 미국 100대 골프장 중 상위 3위의 코스

미적요소(aesthetics) 또는 기억성(memorability)

- 완벽한 골프코스는 공정하며 재미있는 샷으로 플레이를 할 뿐만 아니라 추억의 장소로 기억될 만한 볼거리가 있도록 설계한다.

균형성(balance)

- 인코스와 아웃코스의 파 수, 샷밸류 및 골프코스 길이 등을 균형 있게 배분하는 것이다.

자연상태 그대로 보존되어 있는 태국의 Par3홀 블루 사파이어 코스

관리 효율성(maintenance cost)

- 유지관리비용은 골프코스를 어떻게 설계하느냐에 따라 좌우되므로 유지관리가 편리할 수 있도록 코스를 설계한다. 예를 들면 코스관리시 가장 어려운 점은 배수가 불량해서 발생하는 생리장해 및 병해 문제인데 자연배수, 암거배수 및 표면배수 등이 잘 될 수 있도록 실계한다.

British open이 11번째 열린 Royal O.B 골프클럽의 여러 세트의 티잉 그라운드와 여러 개의 벙커를 갖춘 1610야드의 15번 홀은 호이레이크의 마지막 파3홀이며, 디강이 쌓아놓은 모래언덕 사이를 지나는 마지막 홀이다

공사계획(construction planning)

- 투입되는 예산과 시간을 고려하여 최대의 수익을 올릴 수 있도록 설계를 한다.
- 발주자들이 어디에 비용을 지출하고자 하는지? 공사 및 유지관리 비용이 얼마인지? 현장의 문제점과 해결 방안이 무엇인지? 등을 고려하여 설계한다.
- 토량 이동이 최소화될 수 있도록 설계를 한다.

대회 개최 능력(tournament quality)

- 골프코스를 건설하는 목적에 따라 경기를 위한 코스와 회원들의 오락을 위한 코스로 설계를 한다.
- 대회 개최를 위한 코스의 길이는 7,000~7,200yd가 일반적 기준이며 남성대회를 위해서는 약 6,200m(6,800yd) 이상, 여성대회를 위해서는 약 5,500m(6,000yd) 이상이어야 한다. 또한 코스의 기능적인 측면에서 볼 때 페어웨이는 좁지만 좋은 낙구지역, 그린마다 4개 이상의 홀컵 자리 및 넓은 연습 지역을 갖추도록 설계를 한다.
- 설계자는 갤러리를 위한 배려로 5,000~8,000대 규모(국제대회)의 완벽한 주차장, 홀과 홀 사이에 관중을 위한 분리지역, 다리, 페어웨이 횡단보도, 스코어 보드의 설치, 관람석 위치, 화장실, 음식점, 응급실, 전화, 고객 안전시설 등을 고려하여 설계를 한다.
- 메달 플레이(Medal Play)와 매치플레이(Match Play) 수용가능
  - Medal Play: 전체 타수가 가장 적은 사람부터 순위를 정하는 게임방식
  - Match Play: 홀별로 이긴 횟수가 많을 때 승자가 되는 게임방식

구 분	기 준	적 용(일반코스 기준)	비 고
코스 길이	일반적으로 7,000~7,200yds가 이상적	7,300yds	
그린	면적 400~600m^2 이상의 싱글 그린 (10개소 이상의 핀 포지션)	600~800m^2 싱글그린	
티 그라운드	면적 150m^{2}이상 세로로 15야드(2m×7일) 이상	160m^2, 15m이상	
페어웨이 폭	PGA 투어 – 30~50yds 전영오픈 40~60yds	50~70yds	
연습장	길이 300yds, 25타석 이상 어프로치나 벙커샷 연습 공간 필요	300m(328yds)30타석 벙커샷, 피칭공간	
퍼팅그린	15개소 이상의 홀컵을 위한 800~1,000m^2 필요	800m^2 이상 2개소	

※ 기준: PGA 투어(Augusta National), 전영오픈(St Andrews) 코스 재원

코스설계와 관리의 관계

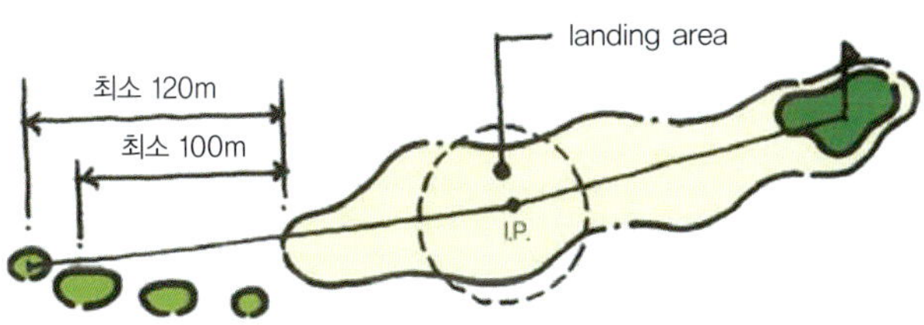

I.P: 교접점(첫 번째 티샷 후 공이 떨어지는 위치, intermediate point)

현장에서 임시 플레이 선의 설정 및 규격

플레이어들은 누구나 골프장의 잔디상태가 완전하기를 기대한다. 실제로 어느 골프장을 방문할 때 첫인상으로 가장 강력하게 느끼는 것은 바로 잔디의 질이며, 최고 상태의 잔디에서 플레이하기를 원한다.

2006년 톰 도악이 설계한 퍼블릭 코스로 골프매거진 선정 최고의 코스로 꼽힌 퍼시픽 듄즈의 4번홀

골프코스 내의 잔디 품질은 설계자의 설계기법에 따라 코스관리자로 하여금 최상의 잔디상태를 유지할 수 있도록 관리에 도움이 되기도 하고 반대로 지장을 주기도 한다.

따라서 설계자는 플레이의 전략을 위하여 어떤 홀의 급경사 지역이 특별히 필요한 경우를 제외하고는 장비에 의한 잔디 깎기가 가능하도록 경사도를 배려하여야 한다. 또한 필요한 부분에 지하 배수 시설과 함께 전지역에서 표면 배수가 완벽하게 이루어지도록 설계하여야 할 것이다.

관리를 위한 설계는 사전에 충분한 조사와 연구가 필요하며 다년간의 설계 경험이 축적되어야 한다. 경제원칙에 입각하여 능률적인 관리를 이루기 위해서 첫째, 관리대상 면적을 최소화하여야 한다. 둘째, 기계화 관리를 극대화시킨다. 셋째, 답압을 분산시켜 잔디의 마모를 감소시켜야 한다.

관리면적의 최소화

우리나라와 같은 산악지형에 위치하는 대부분의 골프장은 사면이 많이 발생하므로 일상관리가 필요한 사면의 면적을 최대한 축소시켜야 한다. 급경사의 사면은 장비를 이용한 관리가 어려울 뿐만 아니라 작업시 위험하기 때문이다.

또한 잔디관리가 필요 없는 연못, 호수, 개수로 등 수면시설을 적극적으로 설치하고 평지일지라도 수목을 고밀도로 식재하여 잔디 면적을 최소화하는 방향으로 설계해야 한다. 예를 들면 전방부분의 페어웨이 면적을 줄여 대신 러프 면적으로 대치한다.

기계화 관리의 극대화

각 홀의 구성 요소인 티, 페어웨이, 그린, 벙커, 수면 등의 윤곽선을 모두 곡선화하여 장비 운행 속도와 회전반경 등에 알맞도록 설계한다. 동시에 코스관리자와 협의하여 어느 홀에나 각종 장비나 작업차량이 신속히 진입하여 연속적인 작업이 편리하도록 관리 도로망을 계획 설치하고 고저차가 심하게 나지 않도록 한다.

답압의 분산

우리나라 골프장의 1년 내장객 수는 골프장마다 차이가 있지만 18홀 골프장을 기준으로 할 때 7만~10만명 내외로 미국과 일본의 2~3배이다. 이는 우리나라 그린키퍼의 잔디 관리수준이 이미 세계 최고임을 증명하는 것이다. 그러나 과다 이용으로 인한 잔디의 각종 피해가 많이 나타나고 있으므로 티와 그린에 접근 및 출입하는 경로를 한 방향이 아닌 다방면에서 가능하도록 위치와 형상을 계획하며 특히, 그린 주변의 벙커 배치에 각별한 주의가 필요하다. 또한 투 그린 시스템(two green system)의 채택, 홀 핀을 많이 꽂을 수 있는 적합한 그린 면적, 스트레스에 강한 잔디 품종의 추천 등의 대안이 설계시 고려되어야 할 것이다.

코스 디자인 개념의 발전

1920년대 이후 코스 설계는 세가지 개념이 대중화되어 있었는데, 즉 Penal, Heroic,

Strategic 개념의 설계 개념이다.

그리고 미국에서 1950년을 전후하여 골프장 건설의 전성기가 왔을 때, 넷째 개념인 Freeway 골프코스가 생겨났다.

골프장을 검토하고 설계하는 데는 이 네가지의 개념을 이해하는 것이 중요하다.(표4 참조)

> "최고의 골프코스를 탄생시키기 위해 설계자는 훌륭한 레이아웃과 멋있는 조형도, 철저한 배수, 관개시설 등의 설계로 업무가 끝나는 것이 아니다. 적어도 잔디와 수목에 관한 풍부한 지식으로 조경(식재)설계까지 할 수 있어야 한다. 자신이 설계한 골프코스가 어떻게 시공, 조성되며 차후 어떻게 관리되는가를 정확히 알고 설계에 임하여야 할 것이다."

표 4 홀설계 양식의 개념별특징(Design Style)

홀 설계 개념	특 징
전략적 설계 (Strategic design)	• 전략적 설계는 기술이 낮은 골퍼들에게는 패널티(penalty)를 주지 않으면서, 샷을 잘한 골퍼에게는 보상을 하며, 모든 골퍼들이 잘하는 부분을 최대한으로 발휘할 수 있도록 아름답고 즐거운 코스로 설계된 홀. • 공략선의 각도에 따라 위험과 보상이 주어지는 설계방법. 예를 들어 해저드를 두려워하지 않고 대담하게 샷을 한 경우 보상을 받도록 하는 것.
벌칙형 / 형벌적 설계 (Penal design)	• 특정한 샷의 가치를 강요하고 다른 샷을 선택할 대안이 없으며, 완전하지 못한 샷에 벌을 주는 설계 방식. • 한 코스에 4~5개 홀 이상 형벌적 개념으로 설계되었으면 그 코스는 형벌적 코스로 간주. • 형벌적 코스는 프로골퍼와 일반골퍼와의 실력차이가 뚜렷이 나타나므로 프로골퍼들이 선호. • 규정된 목표지점에 정확하게 도달하지 않으면 안 된다.
모험형 / 영웅적 설계 (Heroic design)	• 전략적 코스 설계와 형벌적 코스 설계 개념이 절충된 설계 방법. • 조심성이 많은 골퍼의 홀 공략선이 해저드를 피하고자 할 경우, 그린에 도달하는데 더 많은 샷을 할 수밖에 없도록 설계된 홀. • 반면 과감하게 도전하는 골퍼의 홀 공략선이 해저드를 넘기고자 할 경우 성공하면 단순하고 안전한 두 번째 샷을 할 수 있도록 설계된 홀. • 현대의 설계개념을 주도한다. • 더 많은 위험이 따르면 더 많은 혜택이 있다.
프리웨이 설계 (Freeway design)	• 정사각형 또는 직사각형 모양의 티와 계란형의 벙커를 양쪽에 대칭으로 거느린 원형 그린을 배치한 홀, 또한 페어웨이의 잔디를 직선형으로 깎고 수목은 가드레일을 설치한 것처럼 직선으로 배열한 홀. • 골퍼들이 가장 짧은 시간에 플레이를 마칠 수 있도록 설계한 홀로 많은 인원을 수용할 수 있는 장점이 있음. • 골퍼들의 기량을 차별화 시키는 수단이 샷의 비거리와 그린의 기복에 적응하는 능력밖에 없는 것이 단점.

홀의 설계개념

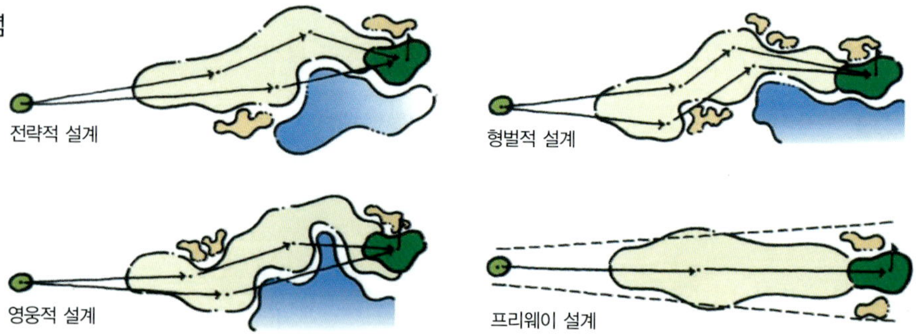

한국 10대 코스 선정기준(Top 10 Courses in Korea)

샷밸류(Shot Value)

샷 밸류는 단일 의미로는 특정한 샷의 어려운 정도를 말하지만 집합적 의미로는 한 코스에서 요구되는 샷의 다양성을 의미한다. 훌륭한 코스는 골프백 속에 14개의 클럽이 있다는 것을 염두에 두고 골퍼들이 가진 기량을 완벽하게 발휘할 수 있도록 다양한 코스 디자인을 제공해야 한다.

공정성(Fairness)

해저드의 종류와 어려움의 정도, 그리고 각 홀까지의 어프로치 방법이 골퍼의 수준에 따라 얼마나 공정하게 확보되었는지를 의미한다. 베스트 코스는 다양함 속에서도 공정성을 확보하고 있어야 한다. 홀 공략 루트가 하나밖에 없거나 200m가 넘는 호수 위로 볼을 날려야 하는 등 홀 공략에 요구되는 샷이 일반적인 골퍼들의 능력 범위 밖에 있다면 이는 각 골퍼들의 기량에 따른 어프로치의 공정성을 훼손하는 것이다.

리듬감(Rhythm)

최상의 코스라면 라운드가 거듭될수록 골프의 묘미가 파악되어야 한다. 부담 없는 샷에서 시작해 점점 어려워지다 7~9번홀에 이르러서는 절정을 이루고 다시 10번홀부터 서서히 난이도가 높아지다 마지막 16~18번홀 부근에서는 극적인 역전이 이루어지는, 마치 한 편의 잘 짜여진 교향곡과 같은 리듬감을 느낄 수 있어야 한다.

코스관리상태(Conditioning)

명문 코스는 골퍼가 언제나 자신의 기량을 십분 발휘할 수 있도록 최적의 상태로 코스를 관리해야 한다. 잔디 관리 수준이 코스의 레벨을 가른다.

골프장을 구성하고 골프의 감각을 제공하는데 가장 중요한 요소가 잔디와 조경이다.

심미성(Esthetics)

아름다운 코스는 골프의 묘미뿐만 아니라 코스를 둘러싼 자연환경과의 절묘한 조화를 통해 골퍼에게 보다 충분한 휴식과 볼거리를 제공해 라운드의 즐거움을 안겨주어야 한다.

안전성(Safety)

골프는 스포츠이므로 라운드 도중 본인이 부상을 당하거나 다른 사람에게 부상을 입힐 것에 대한 불안감을 완벽하게 제거해 안전하고 편안한 플레이를 보장해야 한다. 베스트 코스는 골퍼가 어느 지점에서 샷을 날릴 것인가를 충분히 고려해 완벽한 안전성을 확보하고 있어야 한다.

시설(Facilities)

최고의 코스에 걸맞는 뛰어난 시설을 갖춰야 한다. 품위 있는 인테리어, 골프장의 아이덴티티를 드러내는 로비, 최상의 메뉴를 갖춘 레스토랑, 편리한 라커, 샤워실과 화장실의 청결 상태 등이 포함된다.

종업원의 친절 및 전문성(Service & Professionalism)

베스트 코스는 단순히 코스뿐만 아니라 그곳에 종사하는 종업원이 얼마나 최고의 서비스를 제공하는지가 중요하다. 특히 캐디의 경우는 라운드의 조언자이자 동반자로서의 전문성과 친절함을 갖추고 있어야 한다.

전통 및 기여도(Tradition & Contribution)

최고의 골프장은 오랜 역사 속에서 대회 유치와 자선골프대회 개최 등 골프계 발전에 얼마나 기여했는지도 중요하다.

2.3 주요 구성요소

홀의 종류별 고려사항

- 시작 홀인 1번과 10번 홀은 골퍼들이 편안하게 플레이할 수 있도록 하였는가?(짧은 파 4홀로 슬라이스쪽에 해저드가 없도록 한다. 또한 그린의 기복을 적게 한다)
- 1번과 10번홀 티를 클럽하우스 가까이에 배치하여 골퍼가 출발 홀을 선택할 수 있도록 하였는가?
- 경기 진행을 빠르게 하기 위해 2, 3번 홀까지 파 3홀 배치를 피하였는가?
- 안전을 위해 인접한 홀 사이에 완충지대를 설치하였는가?
- 낙구지점에 선행 골퍼들이 있는지 볼 수 있는가?

로드랜드코스는페어웨이까지모두벤트그라스이고러프는중지를식재해가을이면색대비가뚜렷하다. 우드4, 6번과레이크3, 4번홀이만나는지점

- 특별한 자연이 없는 곳에는 벙커, 해저드, 인위적인 조형물 등을 조성 또는 설치하였는가?
- 롱 홀 4개, 미들 홀 10개, 숏 홀 4개인가?
- 인접 홀간의 간격은 200feet(60m) 이상인가?
- 인접 홀과의 고저차가(landing area 부분) 5m 이내인가?
- 그린에서 다음 티까지의 거리가 90m 이내인가?
- 상향식 홀은 연속해서 2개 이상 배치하지 않았는가?(2개 이상 배치하면 골퍼가 쉽게 피곤함)
- 상향식 홀의 배치시 롱 홀과 미들 홀의 경우 티와 그린의 고저차가 20m 이내인가?(그러나, 540yd 롱 홀의 경우 고저차가 20m 이상)
- 하향식 홀의 배치시(숏 홀은 제외) 티와 그린의 고저차가 30m 이내인가?
- 에버리지 플레이어가 즐길 수 있도록 홀이 설계되었는가?
- 두 번째 샷을 할 때 선행 플레이어가 보이지 않을 정도로 업-다운(up-down)이 심하지 않도록 하였는가?
- 도그레그(dog leg)홀인 경우 낙구지점의 폭이 60yd 이상이며 꺾이는 각도가 30~90°이내인가?

홀별 차별화 기법

- 홀마다 설계 개념(전략적, 형벌적, 영웅적, 프리웨이 설계)을 달리한다.
- 홀의 길이를 달리한다.

• 파수를 조절한다.
• 홀의 종단 기울기를 달리한다.
• I.P. 지점을 조절한다.
• 벙커의 위치 및 모양을 조절한다.
• 각 홀마다 특정 수목을 식재한다.

숏 홀

• 플레이어들이 많이 밀리는 곳으로 그린과 주변환경에 신경을 써서 조형 및 조경을 하였는가?
• 골퍼의 실력차이가 나도록 어렵고 재미있게 설계되었는가?
• 숏 홀을 2~3번째 홀에 배치하였는가?(Tee주변이 혼잡하여 경기진행에 지장)
• 숏 홀 2개 정도는 해저드(연못, 벙커)를 적게 하고 페어웨이를 넓게 하였는가?
• 숏 홀은 내리치는 곳에 배치하였는가?(상향일 경우는 그린면이 보이지 않음)
• 많이 밀리는 숏 홀에 티 하우스를 배치하였는가?

미들 홀

• 파 로테이션이 자연에 순응하는가?
• 미들 홀이 3개 이상 겹쳐지지 않게 배치하였는가?
• 스타트 홀은 긴 파 4 또는 파 5로 구성되었는가?
• 플레이어의 능력을 향상시키는 홀로 설계되었는가?

롱 홀

• 점수를 만회할 수 있도록 9번, 18번 홀은 롱 홀을 배치하였는가?
• 플레이 진행 속도를 빠르게 할 필요성이 있는 홀에 롱 홀을 배치하였는가?
• 1번 홀은 쉽게 만들어 고객의 혼잡을 피하였는가?(해저드, 벙커 등의 배치를 제한)

홀 구성요소별 고려사항

그린

1) 형태

• 어프로치 샷 후 볼이 굴러서 온 그린(on green)되는 것보다 샷을 하여 올릴 수 있도록 주변보다 2~5m 높게 한다.
• 숏 홀에서는 티에서 그린이 보이도록 한다.
• 주변 벙커나 마운딩 형태에 맞추어 잔디 깎기 선의 리듬을 살릴 수 있게 그린 기복(undulation)을 준다.

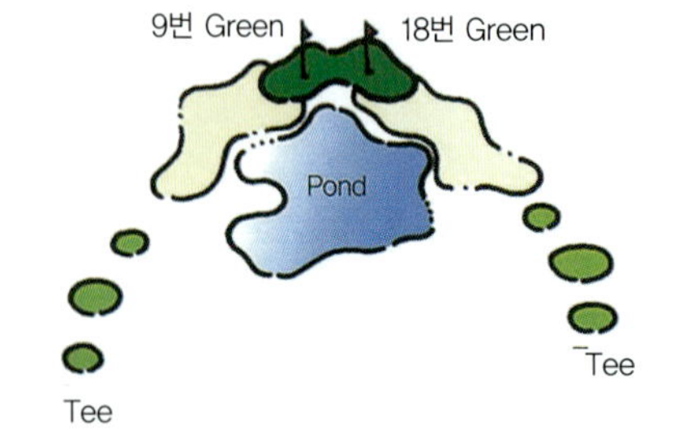

〈아웃코스와 인코스의 마지막 두 홀을 연결한 땅콩형 그린〉

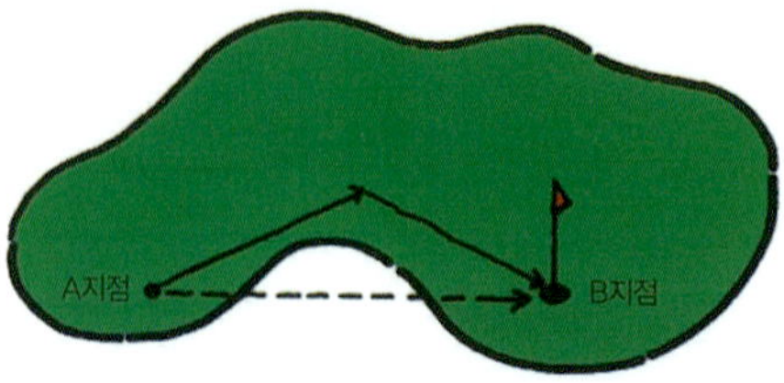

〈A지점에 온 그린되었을 때 본의아니게 한벌타를 받아야 되는 잘못된 그린형태 : 땅콩형 그린을 잘못 설계한 경우〉

- 그린 코너에 홀 핀이 설치될 경우 등고선형의 기복을 준다.
- 그린의 후방은 공이 흘러 내지리 않도록 완만한 경사를 유지하거나 벙커를 설치한다.
- 관리 장비의 회전을 위해 그린 칼라의 폭을 1.0~1.5m 이상 확보 한다.
- 그린 다음의 티와 고저차가 7m 이내로 한다.
- 그린 다음의 티와 거리가 60yd 이내로 한다.
- 그린의 배수는 3~4개 방향으로 배수가 될 수 있도록 한다.

2) 경사

- 그린 전면은 홀 핀 2~3개 정도가 티 방향으로 경사지게 한다.
- 그린이 작을수록 경사는 완만하게 한다.
- 스캘핑 현상(scalping)을 방지하기 위해 그린면의 경사는 1(높이1m: 길이100m)~3% 이내로 한다.
- 2단 그린에서 변화지점의 구배는 10~15% 정도로 하며 각 단에서 볼이 멈출 수 있도록 기복을 둔다.
- 그린 앞부분의 경사는 1:6경사, 뒷부분은 1:4의 경사를 유지하도록 한다.
- 통상 3~6m의 거리 내외는 거의 동일한 경사로 한다.

3) 규격

- 홀 핀(pinable area) 한 곳 당 반경은 3m 이상으로 한다. 플레이가 많은 코스에서 잔디가 가장 심하게 손상되는 부분이 홀 컵 주위 반경 3m 이내이기 때문이다.(각 홀컵 자리의 손상면적은 $A=\pi r^2$, $A=3.14\times(3)^2=28m^2$)
- 그린의 홀 핀 수는 홀 핀을 14회 이상 옮길 수 있도록 한다. 이는 손상된 크리핑 벤트그래스가 생육기에 회복

〈종단 방향에서 본 그린의 종류〉

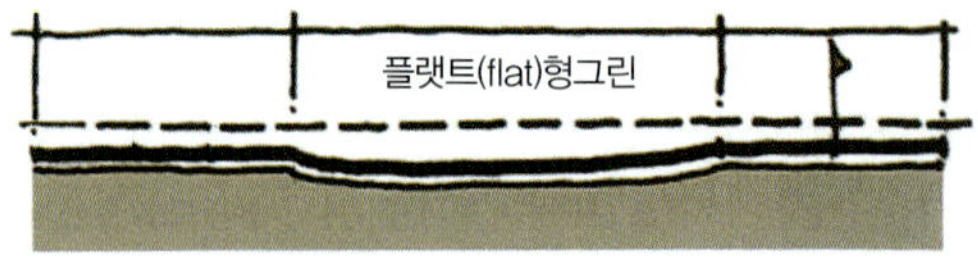

- 단조로운 그린 경관임
- 그린주변에 벙커 및 해저드 필요
- 영국형 골프장에 많이 조성되어 있음

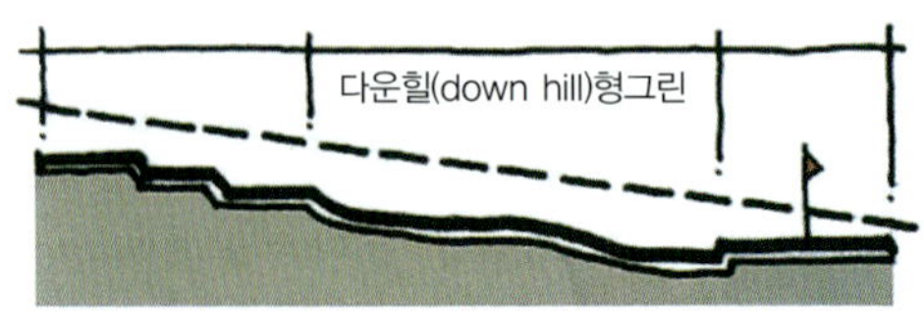

- 주변경관과 조화가 필요
- 내려다 볼 때 그린의 형상을 눈으로 쉽게 확인 가능
- 주변의 우수한 경관을 홀내로 끌어들일 필요가 있음

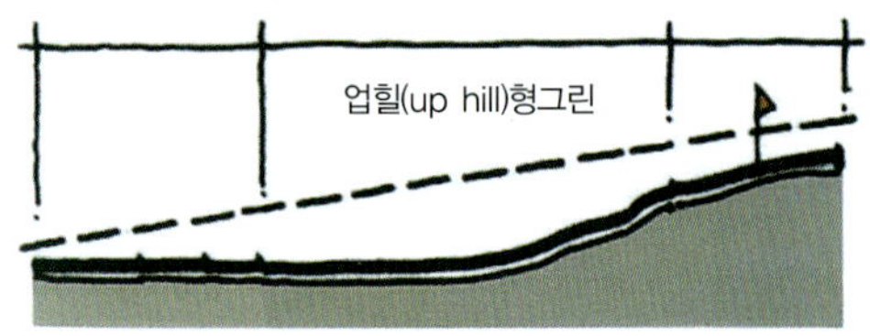

- 그린의 형상이 확인되지 않음
- 티에서는 그린의 위치 확인이 어렵지만 어프로치 샷시 그린의 형상이 보이도록 설계하는 것이 좋음

되는데 2주가 소요되기 때문이다.

• 그린 가장자리 4.6m 이내에는 홀 핀을 놓을 수 없으므로 충분한 그린 면적을 확보한다.
• 면적은 골프장 그린의 시스템에 따라 다르며 원 그린 시스템의 경우 그린 한 개당 면적은 400~1,000m^2(28m^2×14개≒400m^2) 정도로 한다(골프장 그린의 수명은 평균10년).
• 그린의 폭은 25~30m 내외로 한다(그린의 장축의 길이는 25yd 이내, 단축의 길이는 15yd 이내).
• 그린 칼라 폭은 0.7~1.5m 이내로 한다.
• 그린 앞 에이프론(apron) 폭은 7~8m이며, 길이가 15m 이내로 한다.

티

1) 형태

• 부정형의 불규칙적인 곡선 또는 3~4개의 원이 서로 중복(클로버 모양, 땅콩 모양, 사각형 등)되도록 한다. 티의 가장자리는 곡선으로 처리한다.
• 골퍼가 샷 후 다른 티를 밟지 않도록 배치한다.
• 지형에 따라 자연스럽게 분포시키며 티에서 I.P. 지점이 보이도록 한다.

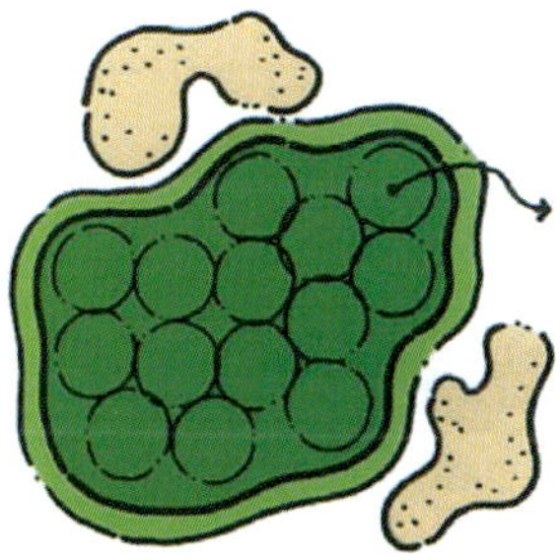

〈그린의 면적은 홀컵을 14번 이상 옮길 수 있는 면적이나 형태가 되어야 한다.〉

• 큰 규모의 1개 티는 중앙부의 배수가 불량해지고 답압이 심하므로 피한다.
• 티를 사각형으로 조성할 때 잔디 관리를 하기 편리하지만 'Tee'를 많이 꽂기 위해서는 원을 여러 개 겹친 형태가 좋다.
• 티 주위의 사면은 주위환경에 맞추어 조형하되 가능한 한 완만한 구배로 하여 보행 및 관리에 지장이 없도록 한다.
• 전 홀의 그린에서 다름 홀 티로 이동하는 보경로는 레귤러 티의 중심부에 연결되도록 한다.
• 좌, 우는 부정형으로 처리한다.
• 낙구지점의 볼이 보이게 티의 높이는 0.5~1.0m 정도로 한다.
• 1번 홀의 티나 18번 홀의 그린이 클럽하우스 100m 이내의 거리가 좋다.
• 카트 도로에서 티의 위치는 가까운 것이 좋다.

2) 경사

• 티 표면의 경사는 그린의 반대편 방향(전방 상승 경사)으로 물이 흐르도록 한다. 이는 다운 스윙시 클럽이 티 그라운드를 치게 되는 확률(디봇트)을 줄이기 위함이다.

- 오르막 홀의 티 표면 경사는 1~2%로 한다. 즉, 1/60(높이가 1m일 때 밑변이 60m)으로 한다.
- 평지형 홀의 티 표면 경사는 1/100 으로 한다.
- 내리막 홀의 티 표면 경사는 안전감을 부여하기 위해 수평 또는 0~0.5%의 경사가 좋다.
- 티 뒷부분의 경사는 1: 3(33%)을 유지한다.
- 티의 잔디 관리를 위해 장비의 진출입이 용이한 경사는 1:4(25%)이다.

3) 방향

- 티의 방향은 티의 중심으로부터 중앙선상의 I.P. 지점을 목표로 조성한다.
- 티의 전방 가장자리 선은 플레이선과 직각으로 한다.
- 2개 그린의 경우 티 방향은 두 그린 중간 방향을 향하게 한다.
- 우측 또는 좌측 그린에 해저드가 있는 경우 상대적으로 안전한 그린의 안쪽 가장자리를 목표로 티의 방향을 정한다.

퍼시픽듄즈골프코스의형제와같은밴돈트레일스골프코스의2번홀

야자수가무성하게우거져동남아코스를연상시키는사인빌골프장

4) 규격

- 티의 면적은 지형과 잔디의 종류, 답압의 정도, 티의 배치, 기후, 잔디의 회복력에 따라 다르다.
- 홀 당 티의 최소면적은 300m^2, 평균 면적은 500m^{2}전후가 좋다.
- 파 4, 파 5홀의 티 면적은 300~500m^{2}전후가 좋다. 그러나 입장객이 많은 우리나라와 같은 경우 600~900m^{2}정도로 조성

비율경사	퍼센트(%)경사	활동제한
1 : 2.5	40	특수 승용식 장비로 잔디를 깎을 수 있다.
1 : 3	33	일반 승용식 장비로 잔디를 깎을 수 있다.
1 : 4	25	그린과 티 사이의 최대 허용 경사
1 : 10	10	100m 이내 거리의 최대 허용 한계
1 : 50	2	그린의 최저 허용 경사
1 : 100	1	표면 배수를 위한 평균 최저 허용 경사
1 : 1,000	0.01	일반 배수관의 최저 경사 허용 한계

〈그린, 티, 티와 그린 사이의 경사가 경기, 배수 및 잔디관리에 미치는 영향〉

한다.

- 챔피언 티를 포함한 백 티 면적은 100m²전후가 좋다.
- 벤치와 재떨이 배치 및 가벼운 스윙이 가능한 여유 공간을 준다.

벙커

1) 기능

- 플레이상 전략적 흥미를 부여한다.
- 실수한 샷에 패널티(벌점)를 부여한다.
- 홀의 아름다움을 극대화한다.
- 플레이의 진행방향을 지정한다.
- 그린과 티 및 홀 사이를 분리하는 역할을 한다.
- O.B. 나 로스트(lost) 볼을 방지한다.

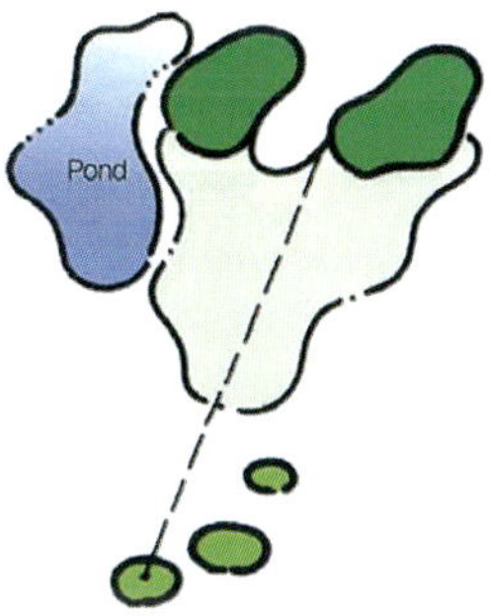

〈좌측 그린에 해저드가 있어 티의 방향을 우측 그린의 안쪽으로 설정〉

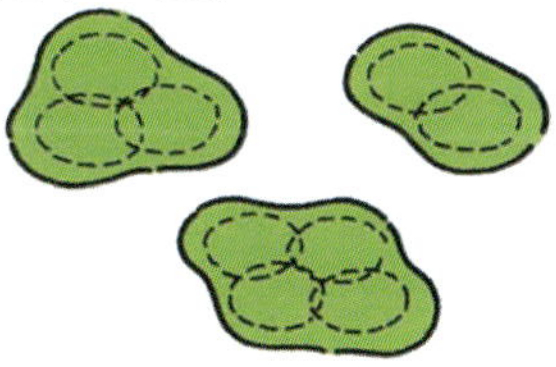
〈티잉그라운드의 모양〉

2) 형태

- 벙커와 그린사이의 거리는 수동식 그린모어로 잔디를 깎을 경우 0.9~1.2m, 3갱 모어로 깎을 경우 2.4~3m의 공간을 확보한다.
- 티에서 벙커의 바닥이 보여야 한다.
- I.P. 지점에서는 그린 벙커의 일부가 보여야 한다.
- 시계(視界) 및 배수를 위하여 평탄한 지형보다는 마운딩이 약간 있는 지점에 배치한다.
- 그린 뒤쪽의 벙커 슬로프는 백 스윙을 고려한 완만한 턱으로 한다.
- 벙커의 가장자리는 흥미 있도록 하며 잔디 깎기를 고려하여 곡선으로 한다.
- 벙커는 입경이 0.25~1.0mm인 모래를 10~15cm두께로 균일하게 포설한다.
- 벙커 가장자리의 모래가 비 온 후 흘러내리지 않도록 한다.
- 벙커 내로 물이 흘러가지 않도록 마운딩을 한다.
- 배수가 원할하지 못할 경우 잔디벙커로 설계한다.

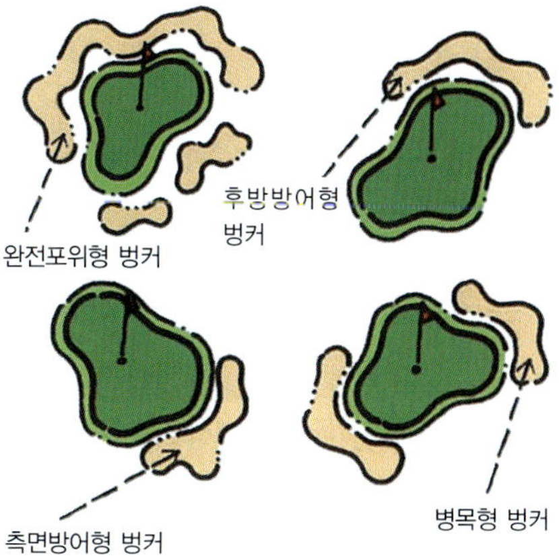

〈위치에 따른 그린벙커의 종류〉

- 그린 주변의 급경사로 공을 잘 못 쳤을 경우 공이 그린 벙커로 굴러가게 설계한다.

3) 깊이

- 그린의 높이와 벙커의 깊이는 벙커의 폭에 따라 결정한다(즉, 1타로 온 그린을 시킬 수 있도록 한다)
- 페어웨이 벙커는 샷의 변화에 대응할 수 있도록 그린에 가까울수록 깊게 한다.
- 페어웨이 벙커는 우드 샷으로 스윙이 가능하도록 깊이 60cm정도로 낮게 한다.
- 그린에서 130~150yd 지점의 벙커는 70~75cm깊이로 미들 아이언샷 스윙이 가능하도록 약간 깊게 한다.
- 그린 앞쪽의 벙커는 샌드웨지의 사용이 가능하도록 90cm이상의 깊이로 한다.
- 30~40yd 근처의 그린 벙커는 앞쪽이 깊게 뒤쪽은 얕게 한다.
- 벙커의 높이는 지면보다 높게 설치한다.

페어웨이

1) 형태

- 티로부터 100~120m 정도 떨어진 곳에서부터 페어웨이 시작지점이 되게 한다.
- 페어웨이 폭은 30~60m 이내로 한다(최소20m(22yd)~36m(40yd) 내외). 그러나 벙커가 있는 경우 55m(60yd) 정도로 넓게 한다.
- 기량이 낮은 골퍼들을 위한 페어웨이 폭은 55~75m로 하고 싱글 골퍼를 위한 페어웨이 폭은 27m 정도로 한다.
- 페어웨이는 티의 중심에서부터 좌우로 15°각도 이내에 위치하도록 한다.
- 18홀당 페어웨이 총면적은 120,000~240,000m^2로서 평균 200,000m^2정도로 한다.
- Landing area 또는 Intermediate point(I.P.)는 챔피언 티에서부터 200~270m 정도로 한다.
- 페어웨이에 해저드가 인접해 있는 경우 페어웨이 폭은 45m(50yd) 이상으로 한다.
- 페어웨이 폭은 골퍼가 티샷할 때 공략선 좌우 15°이내로 하며, 각 홀마다 불규칙하게 한다.
- 페어웨이 형태와 면적은 설계자의 설계목적에 적합하도록 그린키퍼가 잔디 깎기 높이를 조절하여 페어웨이 형태와 넓이를 조절한다(페어웨이 잔디 깎기시 폭은 티에서 그린으로 갈수록 점점 넓어지도록 하며 낙구지점의 폭은 27~37m 정도로 좁아지도록 깎는다).

2) 경사

- 배수를 위한 페어웨이 경사는 2% 이상으로 강우후 3분 이내에 완전히 물이 빠질 수 있도록 한다.
- 배수는 페어웨이 바깥으로 유도하며 표면배수로(할로우)의 길이는 맨홀까지 45m 이내로 한다.
- 맨홀로 향하는 표면배수로의 경사는 잔디의 종류에 따라 다르다. 한지형 잔디로 페어웨

이가 조성될 경우 2%, 난지형 잔디로 조성될 경우 3% 이상으로 한다.

러프

1) 기능

- 플레이상 전략적 흥미를 부여한다.
- 실수한 샷에 패널티(벌점)를 부여한다.

2) 형태

- 기존 지형과 조화가 되도록 한다.
- 마운드 처리가 자연스러우며 배수가 잘 되도록 한다.
- 볼은 찾기 쉽고 샷은 하기 어려운 식생을 도입한다.
- 깊은 러프는 잔디 높이를 6.3cm정도로 깎는다.
- 러프의 폭은 4.5m~6m를 유지한다.
- 모든 러프에 동일한 잔디 품종을 균일하게 심는 것보다 특정 위치에는 특정 식생(갈대, 소나무 숲, 관목 등)을 심는 것이 좋다.

제 3 장

골프코스 조경 및 시공

3.1 조경수의 역할

조경설계 및 시공시 조경수목의 정확한 이해

대부분의 훌륭한 코스에서 가장 극적이며 눈길을 끄는 지형물은 조경수목이다. 일반적으로 골퍼들은 수목을 해저드로 생각하지만 수목이 시각적 · 청각적인 방어막이 되고, 미적 가치를 부여하고, 동물의 서식지를 보호하고, 실수한 샷을 막아주는 안전 방벽이 되는 등의 많은 다른 역할을 수행한다는 것을 염두에 두어야 한다. 덧붙여 설계자들은 때때로 수목을, 골퍼들이 샷을 선택하고 수행하는 것을 돕기 위해 이용한다. 예를 들어 수목은 적당한 샷 라인을 지시하거나 거리계산을 도와주는 그린의 배경 역할을 하기도 한다.

1. 한 그루나 한 그룹의 수목을 보았을 때 자문해 봐야 할 첫 번째 것은 살짝 잘못 치거나 조정이 잘못된 샷이 수목에 맞거나 수목 아래나 뒤의 다음 샷에 상당히 악영향을 끼칠 장소에 떨어질 가능성이 있는가 하는 것이다. 만약 그렇다면, 수목은 골프코스에서 골퍼가 피하고 싶은 지역이 되므로 해저드의 정의에 꼭 들어맞게 된다.
2. 물이 2차원적인 해저드라면 수목은 3차원적인 도전물이다. 3차원이므로 이 수직적인 해저드는 종종 훨씬 더 복잡한 샷 선택 과정이 필요하게 된다. 수목을 넘어서 그 아래로 또는 그를 통과하여 경기하고자 하면, 적당한 방향과 거리를 선택하고 계산해야 할 뿐아니라 필요한 샷의 고도도 결정해야 한다. 반면에 만약 골퍼들이 구부러진 코스 안쪽의 큰 수목과 같

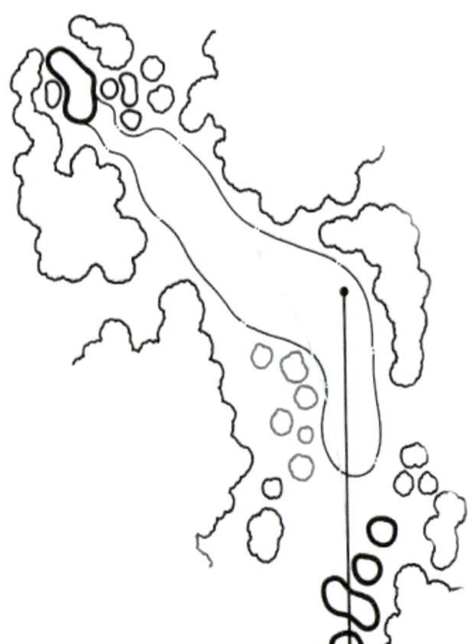

종종 dogleg 홀에서 조경수목이 사용되면, 적당한 커브를 쓸줄아는 골퍼는 중요한 이익을 얻게 될 것이다.

이 수목을 도는 모양의 샷을 하려면 우에서 좌로 혹은 좌에서 우로의 곡선율을 계산해야 한다. 그런 후에 이 3개의 변수가 있는 샷을 해야 되는데 분명히 방향과 거리라는 2개의 변수가 있는 샷 보다 훨씬 더 어려울 것이다.

연습장에 있을 때는 각 클럽으로 칠 때 어떤 모양으로 칠 수 있는가 뿐 아니라 얼마나 높이 칠 수 있는지 파악하도록 노력해야 할 것이다. 궤도와 모양에 대한 원칙을 이해하도록 그 지역 PGA 프로에게 수업을 받는 것을 고려해 보라. 이런 지식이 수목 해저드가 내놓는 3차원의 도전을 성공적으로 다룰 수 있게 도와준다.

3. 수목 해저드에 관련한 샷이 까다로울 수 있음을 인식했다면 문제의 수목 해저드를 넘거나, 그 아래로 가거나, 돌아서, 또는 통해서 가는데 따른 난이도를 골퍼의 샷 수행 기술에 관련하여 평가해 보라. 난이도가 높다면 정면 공격을 피할 수 있는 방법이 있는지 상황을 분석해 봐야 한다. 다시 말하면 체스와 꼭 마찬가지로 미리 몇 수를 생각해 보아서 현재의 적당한 수가 다음 샷의 선택 사항과 부분적으로 연결될 수 있는지 보라. 다음 샷에 잠재적인 수목과 관련된 문제를 정확히 고려한다면, 골퍼는 샷의 방향을 올바로 선택하거나 쉬는 것에 의해 그런 문제를 완벽히 피해갈 수도 있다.
4. 울창한 숲이 우거진 지역에서 수목을 제거하게 되면 페어웨이 복도가 생긴다. 여기서 설계자는 수목을 그렇게 자름으로써 페어웨이를 구부려 놓는 경우가 많다. 이런 기술은 종종 경기자에게 샷을 선택하도록 만드는데, 이런 구부러지거나 커브가 있는 홀에서는 경기자가 티 앞에서 한 번 쉬거나 홀에 맞게 더 긴 샷을 쳐야 하기 때문이다.

바깥쪽 경계가 가령 티에서 210야드 밖에 떨어지지 않은 숲이 우거져 있는 바나나 모양으로 왼쪽으로 굽은 홀을 생각해 보자. 또 그 홀이 430야드 파2의 홀이라고 가정해 보자. 이제 골퍼는 티 샷을 직선으로 200야드 보내거나 230야드를 날려 그린으로 보내거나, 안쪽의 수목을 놀고 바깥쪽 수목들에는 닿지 않도록 오른쪽에서 왼쪽으로 샷을 할 수 있다. 만약 골퍼가 홀의 흐름에 맞게 샷을 모양지을 수 있다면 골퍼는 상당한 이익을 얻을 수 있다.

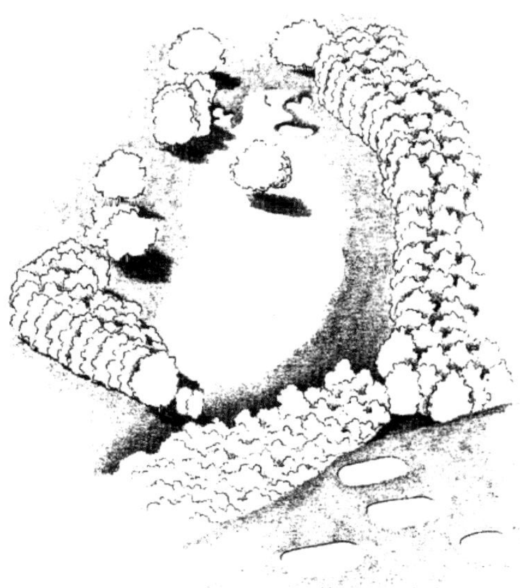

캘리포니아 Stanford University Golf Course의 파4의 12번 홀에 있는 한 그루의 참나무는 홀의 전략에 있어서 중요한 영향력을 가진다.

5. 간간히 수목이 서 있는 지역은 설계자들이 이를 적절히 이용하여 조합하는 것이 상당히 어렵다. 또 많은 골퍼에게 수목 한 그루나 조그만 무리의 수목은

이에 도전하는 것이 가치 있는 것일지 결정하기가 상당히 어렵다. 작은 수목들이나 조그만 숲이 티에서 그린에 이르기까지 골프 홀의 거의 모든 부분을 방어하는 데 이용될 수 있다. 예로 한 그룹의 수목이 드라이브 지역 근처에 위치하여 그 위로나 아래로나 돌아서나 그 멀리로 샷을 해야 하게 만든다. 또는 한 그룹의 수목이 그린 옆에 위치하여 퍼팅지역의 구석을 방어할 수도 있다. 어떤 식이든 수목이 있으면 성공적으로 이를 공략하면 중대한 이익을 얻을 수 있는지 없는지를 자문해 봐야 하며 그 속에 빠지면 탈출이 얼마나 어려울지를 또한 자문해봐야 한다.

6. 때때로 수목 한 그루가 한 홀의 전략에 중요한 구성 요인이 될 수 있다. 수많은 방식으로 이렇게 만들 수가 있다. 설계자는 첫 번째 낙구지역에 한 그루의 수목을 놓아서 티샷을 더 어렵게 만들고 더 정확한 샷을 하도록 만들 수 있다. 그런 수목은 또한 경기자가 경기를 그 왼쪽으로 할 것인지 그 오른쪽으로 할 것인지를 결정하게 한다. 캘리포니아 오렌지카운티의 코토 드 카자의 364야드 파4의 2번홀에는 떡갈나무 한 그루가 드라이브 지역을 상당히 좁히고 있다.

골퍼는 이 떡갈나무의 오른쪽과 그 근처의 콜렉션 벙커를 도는 도박을 할 수 있고 훨씬 더 안전한 왼쪽으로 경기할 수 있다. 만약 그들이 도박을 하고 또 성공한다면 그들은 더 짧은 어프로치 샷과 그린으로의 더 좋은 각도를 보상으로 받게 된다. 만약 그들이 티에서 성공적으로 샷을 하

골프장 개발은 기존 자연환경의 대규모 지형 변화와 훼손이 불가피하므로 경관복원적 측면에서 조경수목의 적재적소 식재가 필요하다.

일례로 기존 자연림을 고려한 수목 식재로 기존 수림을 강화하고, 긴 사면의 기슭이나 상하부 등은 기존 수림에 가까운 형으로 식재해야 한다. 골프장에 식재된 조경수목은 환경보전 기능, 경기와 안전기능, 수경기능 등을 한다면 수목과 벙커를 넘어서 훨씬 더 어려운 어프로치 샷을 해야 한다. 골퍼는 또 티에서 보기에는 무해해 보이는 수목 한 그루가 페어웨이 가장자리 근처 첫 번째 낙구지역을 넘어 위치해 있는 것을 발견할 수 있다. 당구에서와 마찬가지로 골퍼가 세컨 샷을 위해 어떤 종류의 곤경을 얻을지 분석할 때 이 수목은 갑자기 굉장히 중요해진다.

때때로 골퍼는 첫 번째 낙구 지역이나 그 너머의 페어웨이 한 중앙에 똑바로 위치한 수목 한 그루를 만날 수 있다. 그것은 수목을 어떻게 다룰지 결정하는 것이 매우 혼란스러운 문제일 수 있지만, 보통 홀의 다른 지형물이 최적의 통로에 대해 힌트를 제공할 것이다. "캘리포니아의 스탠포드 대학 골프 클럽"의 470야드 파4의 12번 홀에는 티에서 340야드 떨어진 지점의 중앙에 큰 떡갈나무가 서 있다. 이런 경우에 홀의 길이 때문에 많은 골퍼는 수목을 향해 똑바로 경기한 다음 그다음 샷에서 그수목을 어떻게 피할지 걱정하게 된다.

마지막으로 한 그루의 수목이 그린의 한 구석을 방어하며 페어웨이의 어떤 지점에서 그린의 그 부분으로 접근을 불가능하게 만들 수가 있다. 텍사스 포트 워스의 컬러니얼 컨트리 클럽의 387야드 파4의 15번 홀에는 빅 애니라는 이름의 큰 피칸나무(호두나무의 일종)가 서 있어서 페어웨이의 오른쪽에서 그린으로의 접근을 막고 있었다. 큰 폭풍에 그 수목이 없어지자, 홀의 경기 양상이 극적으로 바뀌었다. 이처럼, 단지 수목 한 그루가 재미있는 샷 선택 기회를 만들 수 있으나 폭풍이나 질병으로 언젠가 그 수목이 사라질지 모르므로 설계자는 한 홀의 주요 지형물로 수목 한그루를 배치하기 위해서는 상당히 어려운 결정을 내려야 하는 것이다.

7. 다른 지형물과는 달리 수목은 자연적인 성장, 질병, 곤충, 노쇠, 폭풍, 가지치기, 그밖에 다른 원인들로 인해 끊임없이 키와 넓이와 모양이 바뀐다. 그래서 수목들은 단지 제한된 기간 동안만 홀에서 특정 전략적인 역할을 하게 되며 점진적이든 갑작스럽든 수목의 변화가 홀의 경기 특징을 바꿔 놓을 수 있다.
8. 오랫동안 골프 샷의 모양과 궤도를 제어하는데 달인으로 여겨졌던 전설적인 벤 호간의 집에서 가까운"컬러니얼 컨트리 클럽"은 모든 페어웨이 위에 줄지어선 빽빽한 수목에 의해 좌우되며 모양과 궤도를 제어할 수 있는 경기자가 아주 유리하다. 호간이 활동하던시절이 코스에서 자주 경기하면서 그의 믿을 수 없을 정도의 샷 기술을 갈고 닦았다고 널리 알려져 있다. 호간처럼 코스에서 수목을 만났을 때 철저히 각 샷을 분석함으로써 수목이 무성한 코스에서의 경기 기술을 향상시키도록 모든 기회를 이용해야 할 것이다.
9. 워터 해저드와 수목 해저드는 경기에 있어 다양한 도전을 제시한다. 이들은 둘 다 잘못 다루어지면 골퍼의 스코어를 높일 것이며 그 과정에서 골퍼의 혈압을 올릴 것이다. 그러나 만약 골퍼가 그들의 기능과 목적을 이해한다면 그들은 골퍼가 더 나은 샷을 할 수 있도록 가이드의 역할을 해 줄 것이다.

조경설계 및 시공의 기본 법칙

설계자는 어떤 코스라도 전반적인 조경설계에 대한 자문을 받아야 한다. 요즘에는 너무나 많은 코스들이 홀 분리용 공간 채우기 식으로 보이도록 만들어졌다. 만약 처음부터 코스의 풍광을 만들어야 하는 곳이라면, 대규모의 수목 심기를 통해 다른 코스들과 확실히 구별되게 만들 수 있을 것이다. 만약, 요즘 사용되는 대규모 토목공사와 비슷한 수준의 비용을 조경에 투자한다면, 분명히 뛰어난 시각적 효과를 거둘 수 있을 것으로 믿는다.

반면에, 기존의 많은 코스들에서는 전망, 심한 경우에는 샷을 가로막는 위치에 수목을 심어놓은 경우도 많다. 주로 사업주가 일방적이나 정책적으로 결정한 조경공사비에 사용할 수 있는 예산을 활용하기 위한 작품일 경우가 많다. 코스에 대한 전반적인 검토를 골프와 조경에 대한 개념을 정확히 이해하는 골프장 조경전문가가 하지 않고 임의적으로 행해진 경우에는 코스를 엉망으로 만들어 놓기 십상이다.

1. 수목을 심을 때는 3그루 이상씩 그룹을 지어라. 한 그룹을 구성하는 수목의 수는 대게는 홀수의 배치가 더 눈을 즐겁게 한다.
2. 혹시 있을지 모를 질병이 모든 수목을 없애는 일이 없도록 몇 개의 다른 종류를 심어라. 그 지역에서 자라는 향토 수목들을 사용한다.
3. 페어웨이를 따라 일렬로 심는 것과 동일한 형식을 따르는 배치를 피하라. 자연스럽도록 만들어진 골프장 전망에서 부자연스럽게 튀어 보일 뿐 아니라, 한 그루라도 죽는다면 그 규칙적인 배열자체가 깨져버린다.
4. 원래부터 상록수가 자라던 곳이 아니면 낙엽수를 주로 사용하라. 관목이나 상록수는 가지를 자르면, 그 가까이에 가지를 늘어 뜨리는 경향이 있으며, 이는 리커버리 샷의 기회를 박탈할 수도 있다. 이런 종류의 수목은 안전망이나 코스의 경계를 구별해주는 시각적인 완충용으로 사용하는 것이 좋다.

안전성을 고려한 수목 식재

대상 지역	목 적	식재 방향
인접 홀 사이	홀분리및전략적	부분적으로 교목류 위주의 완충 수림대 조성
그린과 다음 티 사이	홀격리및통행유도	교목류 밀식(20m 이상)
홀과 관리도로 사이	차폐 및 공의 비산 방지	상록수에 의한 완충공간 조성

계절별 수종 선정

구 분	특 성	대상 수종
봄	꽃, 생동감, 이른봄의상징수	• 관목: 개나리, 진달래, 철쭉, 조팝나무, 황매화 • 교목: 목련, 산수유, 벚나무, 이팝나무, 매실나무
여름	녹음, 그늘제공, 푸르름의상징수	• 관목: 장미, 눈주목, 해당화, 남천, 말채 • 교목: 느티나무, 회화나무, 모감주나무, 자작나무, 자귀나무
가을	단풍, 열매, 풍요로움과 결실의상징수	• 관목: 화살나무, 무궁화, 매자나무, 명자나무 • 교목: 홍단풍, 배롱나무, 감나무, 팽나무, 모과, 산사, 계수
겨울	눈꽃, 청결함과 깨끗함의상징수	• 관목: 낙상홍, 피라칸사, 좀작살, 마가목 • 교목: 소나무, 독일가문비나무, 전나무, 구상나무

5. 많은 수의 작은 나무 대신에 몇 그루의 큰 표본목을 사용하라. 작은 나무들을 빽빽하게 심는 실수를 자주 범하는데, 이는 몇 년만 지나면 너무 빽빽해져서 솎기작업이 필요하기 때문이다.
6. 시간이 가면서 그린과 티 지역에 많은 그림자를 드리워서 잔디 관리에 문제를 일으킬 수 있는 수목은 피하라. 또한, 뿌리를 얕게 내리거나, 버드나무와 같이 낙엽이나 꽃털가루 등 쓰레기가 많이 발생하여 코스 관리 및 위생에 문제를 일으키는 수목은 피하라.
7. 도그레그(dogleg)의 안쪽 모서리나 페어웨이의 착지점 부근에는 심지 마라. 이럴 경우 다음 샷이 수목의 영향을 받는지의 여부가 몇 야드 거리 차이의 운에 의해 결정될 것이다. 반면에, 두 착지점 사이에 위치한다면, 다음 샷에 미치는 수목의 영향은 드라이브 샷의 정확도에 반비례할 것이다. 즉, 정확한 드라이브 샷은 수목의 영향을 적게 받도록 한다.
8. 각각의 홀에 비슷한 패턴의 배식을 피하라. 수목들은 각각의 홀이 가지는 시각적인 다양성을 더하는 역할을 해야 한다.
9. 거리 표시를 목적으로 페어웨이의 가장자리에 관목을 심지 마라. 부자연스럽게 보일 뿐 아니라, 잔디깎기할 때는 큰 골치덩이가 된다.

골프코스내 조경수의 기능

골프장 개발은 기존 자연환경의 대규모 지형 변화와 훼손이 불가 피하므로 경관복원적 측면에서 조경수목의 적재적소 식재가 필요하다. 일례로 기존 자연림을 고려한 수목 식재로 기존 수림을 강화하고, 긴 사면의 기슭이나 상하부 등은 기존 수림에 가까운 형으로 식재해야 한다. 골프장에 식재된 조경수목은 환경보전 기능, 경기와 안전기능, 수경기능 등을 한다.

1. 조경수목의 환경보전 기능

- 방음효과 : 일렬(一列)로 식재한 산울타리에 지엽(枝葉)이 무성하면 2~3dB(decibel)의 소음이 감소된다.
- 대기정화 : 폭 10m의 수림대는 NO_2, SO_2, HC 등 가스상태의 오염물질을 연간 10kg 정도 흡수한다.
- 미기후 조절 : 녹지지역은 도심부의 기온보다 2~5°C 정도 낮다.
- 홍수, 눈사태, 풍해 등 기상재해의 완화
- 토지의 붕괴나 침식, 토사 유출 등의 토양보전

2. 조경수목의 경기 및 안전 기능

- 야드목 : 티 선상에서 플레이어가 친 공이 어느 정도의 거리선 상에 있는가를 알려주는 기능을 한다. 주로 티에서 약 200m, 그린에서 100m 또는 150m 선상에 독립수로 식재하며 적송, 반송 등이 주로 이용된다.
- 방해목 : 코스내 페어웨이 상에서 플레이를 방해할 목적으로 미들 홀이나 롱 홀에 독립 식재한다. 여기에 식재된 조경수목은 일종의 해저드 역할을 하며, 도그레그 홀인 경우에 볼의 방향을 유도하기 위해 식재하며 수형이 뛰어난 수종을 선택해야 한다.
- 안전목 : 인접 홀의 폭이 좁아 플레이어의 안전이 우려되는 지역에 수목을 식재하여 공의 방향을 유인한다.

3. 아름다운 경관 조성

아름다운 경관 조성이 필요한 지역은 클럽하우스 주변이나 코스내에 사람의 시선을 끄는 연못, 절벽 등의 특이지형이다. 이런 곳에 수려한 조경수를 식재한다면 각 홀에 인상 깊은 개성을 부여하고 플레이어는 각 홀마다 새로운 경관을 즐길 수 있게 된다. 이는 조경 수목이 갖는 형태, 질감, 색채를 이용하여 이질적인 주변경관에 동화되게 하거나 풍치성을 부여하기 때문이다.

개성을 느끼게 하는 수법으로는 티 주변의 조경수, 해저드를 형성하는 수목군, 원경이 되는 그린 주변의 수목 등에 각각 특징을 갖게 한다. 보경로, 즉 그린에서 다음 티 사이의 보도는 다음 홀에의 도입부이고, 골퍼의 기대감과 기분전환의 장이므로 마음이 온화해지도록 하는 수목의 선정 및 배치가 바람직하다.

조경수목의 효과

조경수목은 기본적으로는 사람들에게 녹음을 제공해 주며, 아울러 그것을 이용하는 방법에 따라 다양한 실용적 효과와 미적 이용효과, 생태적 효과를 얻을 수 있다.

1. 실용적 효과

실용적 효과로는 녹음 제공, 바람 조절, 온도 저하, 차폐 및 은폐, 소음완화, 대기 정화, 토양 침식 조절, 공간 분할, 꽃과 잎의 향기 제공, 유실수의 과수 생산 등이 있다.

2. 미적 효과

미적 효과로는 수목마다 고유한 색, 형태, 질감을 갖고 있어 코스에 수목을 여러 가지 방법으로 조합하여 식재함으로써 경관적인 아름다움을 느낄 수 있다. 이 밖에 단독으로 큰 교목을 식재하여 형태미를 얻을 수 있고, 관목을 군식하여 집단적인 아름다움을 얻을 수 있으며, 수목을 전정한 토피어리를 이용햇 조형미를 얻을 수 있다.

3. 생태적 효과

생태적 효과로는 수목을 식재함으로써 주변 토양이나 물의 생태계와 활발히 상호 작용하는데, 이를 통해 코스의 생태적 가치를 높일 수 있다. 아울러 수목의 향기와 꿀은 곤충을 불러들이며, 열매는 새들의 먹이가 되어 새들을 자연스럽게 코스내로 유도함으로써 동물들에게 서식 기반을 제공해 준다.

이러한 조경수목의 기능은 수목의 종류에 따라 특성이 달라지게 되므로 수종별 특성을 잘 파악해야 하며, 관리적 측면에서도 월별 · 계절별로 달라지므로 시간에 따른 변화를 사전에 충분히 이해하여 실용적 · 미적 · 생태적 측면에서 조화로운 기능을 수행하도록 해야 한다.

3.2 식재의 원리 및 위치별 지침

조경 식물재료의 시각적 특징

식물재료가 가지고 있는 다양한 시각적 특징을 적절히 이용하면 다양한 공간분위기를 만들 수 있다. 그러기 위해서는 식물자체가 가진 재료의 시각적 특성을 잘 이해할 수 있어야 한다. 식물재료의 기본적인 시각적 특징요소는 형태, 질감, 색채로 구분할 수 있다.

형태(Form)

- 형태는 식재설계시 제일 먼저 고려해야 할 요소이다. 형태는 먼저 수목 하나하나의 개체가 가진 수형이라는 관점과 수목집단이 결합되어 형성하는 실루엣(윤곽선)이라는 관점으로 구분된다. 형태란 주로 2차원적(길이, 넓이) 특성보다는 3차원적(길이, 넓이, 두께)인 특성을 우선적으로 생각해야 한다.
- 개개 식물의 형태는 잔가지나 굵은 가지의 배열과 방향에 의해 결정되어 수관윤곽선 모

양으로 나타난다. 수종에 따라 침엽수류는 주로 직선적이고 기하학적인 형태를, 낙엽활엽수는 곡선을 가진 자연 형태를 나타내는 경우가 많다.

- 설계가는 수형을 생각할 때 우선적으로 수목 하나하나의 형태보다는 집단 식재가 이루어내는 전체의 실루엣에 더 관심을 가질 수 있어야 한다.

애리조나 스코츠데일에 위치한 메리오츠 카멜 코스는 이곳 190개 코스중 하나로 각 18홀은 마치 미술을 사랑하는 사람들의 유명한 작품과 같다.

질감(Texture)

- 질감은 식재구성에서 두 번째 고려할 식물소재 특성요소이다. 식물재료의 질감을 결정하는 요인은 식물체 표면의 촉감, 줄기, 가지, 잎의 크기, 잎 표면의 질 등이다. 이 질감은 상대적인 개념으로서 식물들 간의 비교에 의해 결정되며, 식물을 바라보는 거리, 수목의 수령, 계절에 따라서도 바뀐다.
- 질감은 공간의 상대적인 크기가 달라 보이게 해주는 역할을 한다. 즉 거친 질감을 많이 사용하면 실제 공간보다 작아 보이며, 고운 질감을 많이 사용하면 더 넓게 보이는 경향이 있다.
- 동일한 질감을 지나치게 많이 사용하면 지루한 느낌이 들고, 지나친 대비는 부자연스럽게 느껴지므로 질감의 변화는 보는 사람의 눈이 가장 거친 곳에서 가장 고운 곳으로 자연스럽게 이동되도록 연속적인 변화를 준다. 거친 질감 다음에 더 고운질감을 가진 나무를 심을 때는 고운 질감의 나무를 비례적으로 더 많이 사용하는 것이 좋다.

색채(Color)

- 색채는 식물재료의 강한 호소력 있는 시각적 특징이지만 제일 나중에 고려해야 할 요소이다. 수목의 색채를 좌우하는 꽃이나 단풍은 강렬하지만 그 감상기간이 짧기 때문에, 이러한 색감만을 기조로 배치하면 꽃, 열매, 단풍이 진 나머지기간은 주변과 조화를 이루기 어렵게되므로 신중해야 한다.
- 식물이 가진 잎의 초록색의 변화는 지속적이고, 양적으로도 색채에 가장 큰 영향을 주는 색이다. 따라서 녹색 잎을 가진 수목과 화려한 꽃 색을 가진 수목은 9 : 1 정도로 월등히 수가 많아야 한다.
- 같은 초록색 안에서도 암녹색, 회록색, 적록색 등과 같은 세밀한 색을 활용하여 배식하면 대비와 흥미를 오랜기간 동안 유지할 수 있다.

위스콘신주의 에린힐스 골프코스는 러프에 화본과 식물인"킴의털의 바다"풀이 무성하여 아일랜드 링크스의 분위기를 풍김

조경수의 식재 디자인 원리

식물재료의 기본적인 시각적 특성요소(형태, 질감, 색채)를 적절히 선택하고 배열하여 다양한 식재 디자인 원리를 연출할 때 조경식재 공간의 미적 품격이 높아지게 된다. 또한 여러 디자인 원리들의 성공적인 조합(composition)을 통해 궁극적으로 통일성이라는 조형원리를 달성할 수 있다. 이들을 달성하기 위해서는 형태, 질감, 색채와 같은 식물재료의 특징 요소를 잘 응용하고 아래와 같은 미적원리들을 적절히 구현함으로써 가능하다.

통일성

- 통일성이란 부분들이 질서 있는 단위로 전체적인 유기적 관련성을 갖도록 하여 일관된 구성이라는 인상을 갖게 하는 것이다.
- 한 식재단위에서 다른 식재단위로 비슷한 형태, 질감, 색채의 반복을 통해 전체구성에 통일성을 부여할 수 있다. 이러한 식재공간은 관찰자가 공간을 이동할때 비슷한 효과를 체험하게 함으로써 통일성이 이루어지게 된다.
- 통일성이 저해되는 경우
  - 한 곳에 너무 많은 설계 아이디어가 표현된 경우
  - 동선, 건물, 여러 공간이 전체 계획과 논리적인 관련성이 없을 경우
  - 건물 자체보다 그 앞에 장식적인 수목이나 화려한 화단을 강조한 경우
  - 엑센트 용 조형수목을 과다 사용한 경우
- 통일성을 높이는 경우

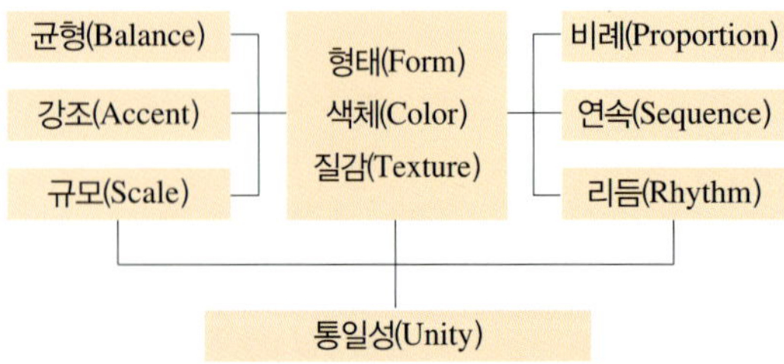

- 부분적인 설계공간을 위요하는 공간으로 형성하는 경우
- 한 그룹에서 다른 그룹으로의 전환이나 반복이 예측되는 경우
- 유사한 형태, 질감, 색채의 수목을 사용하는 경우

• 패턴을 만드는 데 있어서 그 기저에 관련성을 유지하는 경우

균형

- 균형은 시각적 평형을 고려해 무게중심을 이룰 수 있게 설계요소를 배치하는 것이다. 균형은 단지 보는 것으로 만이 아닌 느낌으로 발견할 수 있다. 형태, 질감, 색채요소를 조절함으로써 시각적 무게감을 조절한다. 기하학적 형태, 거친 질감, 낮은 채도의 수목은 시각적으로 무겁게 느껴진다.
- 균형에는 대칭균형과 비대칭균형이 있다. 대칭균형은 정형적이나, 비대칭균형은 자유스러우면서도 조화감을 주므로 비대칭균형의 원리를 식재설계에 많이 적용하는 것이 좋다.

강조

- 강조는 중요한 것을 덜 중요한 것으로부터 구분해 내는 과정이다. 강조요소의 이용으로 보는 사람의 주의력을 집중시키며 극적인 효과를 나타낼 수 있다.
- 주어진 경관 내에서 강조의 원리는 조심스럽게 다루어져야 한다. 너무 많은 강조점 등은 보는 사람에게 불쾌감을 줄 수 있고 혼돈의 원인이 된다.
- 개별수목의 형태, 색채, 질감의 대비와 집단수목에서 간격의 대비, 크기의 변화는 강조역할을 수행한다.

규모(스케일)

- 규모는 사물이나 수목의 절대적 또는 상대적인 크기, 치수를 가리키는 척도이다. 식재설계 시에는 절대적인 규모보다는 시각적인 감지에 의해 느껴지는 상대적인 규모가 더 많이 활용된다.
- 좁은 공간에 열매나 꽃이 큰 수목이 있을 경우 무겁고 부담스럽게 느껴지듯이 수목 각 요소의 크기가 주변상황에 적절히 맞아야 한다. 특히 사람의 신체치수(human scale)를 고려하여 수목이나 화단의 규모나 배치를 결정하는 것이 중요하다.

연속

- 한곳으로부터 다른 곳으로의 움직임, 전이, 또는 변화가 동일함을 의미한다. 연속은 시선

에 방향성을 주어 한 부분으로부터 다른 부분으로 자연스럽게 움직여 나가게 한다.

- 형태, 질감, 색채의 적절한 연속은 보는 사람의 눈을 질서 있게 공간을 따라 이동하도록 허용한다. 세 가지 요소를 동시에 활용하면 연속성을 잃기 쉬우므로 한두 가지 요소만으로 연속성을 부여한다(예 : 색채는 통일을 유지하면서 형태만을 약간 변화시킴).
- 질감과 색채는 시선의 이동이 급격한 변화보다는 자연스럽게 전이될 수 있도록 중간 질감, 색채를 완충요소로 적절히 사용한다.

조경수종 구성과 식재 방법론

식재할 수종선성은 조달청 고시수종과 민간인의 보유현황에 의거하여 선정여부를 결정하는데, 코스의 수목자체가 지닌 물리적 요소를 통해 구현 가능한 기능적 가치를 종합적으로 판단하여 이루어진다. 또한 코스의 여러가지 환경조건이 수목의 생리, 생태적 조건과 맞는지를 고려한다. 이러한 것이 검토되면 마지막으로 수많은 형태, 질감, 색채를 가진 수목 재료를 적절히 조합하여 구현하고자 하는 미적조형원리에 합당한 형태를 창조할 수 있도록 개개의 식재수종을 조합하고 배치한다.

조경수종 선정

그러나 식재를 위해 구성 수종을 선정하는 데는 이러한 수목의 시각적 특징인 물리적 요소뿐 아니라, 다양한 생태적, 생리적 요소를 함께 고려한다.

조지아에서 가장 유명한 관광명소인 스톤 마운틴 골프클럽의 레이크 몬트코스는 600m 높이의 바위가 광대한 산을 이루고 있음

- 물리적 요소 : 성목 시의 크기, 형태(실루엣과 수형구조), 질감, 개화 및 열매특성, 낙엽특성, 색채, 향기
- 생리 · 생태적 요소 : 내한성(천연분포, 식재분포), 수분요구도, 토양요구도, 광선요구도(음양성), 환경피해(풍해, 설해, 공해) 적응성, 병해충관리요구도
- 기타 일반적 요소 : 재료의 구입 용이성 및 가격, 식재지의 여유공간, 연중 감상 가능성, 주변 건축양식과의 조화, 호산성 · 호알칼리성 수종의 조합, 지역 향토수종 여부, 이식 및 활착 용이성

식재 방법론

일반적인 배식과정에 따를 경우 범하기 쉬운 평면적이고 2차원적인 배식을 방지하고 3차원적인 식재입면의 특징을 잘 살리면서 디자인 요소 및 원리를 검토할 수 있는 대안으로서 입면구성을 먼저 구상한 후 규격을 결정하고 수종선정을 하는 대안적 방식에 대해 살펴본다.

- 입면구상에 의한 방법론
  - 식재구성선행방식 : 수목의 형태, 질감, 색채요소를 중심으로 먼저 구상
  - 식재구성 조합 : 규격 결정 및 평면배식 → 수종선정
  - 일반적 장식 : 수종선정 → 식재구성 조합 → 규격 결정 및 평면배식
- 공간의 틀짜기에 의한 방법론

  식재공간은 규격과 크기가 큰 수목을 통해 공간의 틀(frame)이 짜여져 나가므로, 식재설계 순서를 식물소재의 규격이 큰 상층목(대교목–소교목)부터 중층목(대관목–중관목–소관목)의 순으로 틀을 짜듯이 복층적으로 하는 배식설계방식이다.

  하층을 이루는 초화류, 지피류가 식재될 화단은 1차적으로 먼저 위치와 형태를 구획하여 배식을 결정한 후, 아래의 상층, 중층 번호 순서에 따라 순차적으로 식재구상을 한다.

  - 대교목(수고 : 4m 이상), 소교목(수고 : 2.5~4m), 대관목(수고 : 1.5~2.5m), 중관목(수고 : 1.0~1.5m), 소관목(수고 : 1m 이하)

조경설계 및 시공 과정

기본자료 및 현지 조사

1) 기초조사

해당부지에 잠재되어 있는 메시지를 파악하여 그것을 설계에 반영하는 데 있다. 즉 개성적 연출과 독자적 본질을 부여할 수 있는 부지의 장단점을 찾는데 있다. 우선 부지의 자연지형 경관과 잘 조화되도록 하는 것이 매우 중요하다. 이는 흥미로운 연출이 가능한 부지의 여건을 읽고 이해하는 작업이라 볼 수 있다. 특히 골프장의 가치를 높이는데 있어서 조경 배식은 가장 큰 역할을 하고 있다.

- 입지분석 : 인문사회적 여건은 접근 가치, 진입도로 여건, 주변의 토지이용여건, 물리생태적 여건은경사도, 방위, 가용면적, 동식물의 분포현황
- 지형조사 : 급경사지, 평지, 계곡지 등의 표고차이, 산, 바다, 전원 등의 조망과 경관의 변화 및 다양성
- 수문조사 : 배수와 급수문제 해결, 지표수 및 지하수 자원분석 후 적정량의 수원 확보

2) 생태계 및 자생식물 조사

원래부터 대상 부지내 살고 있는 자생식물이나 향토식물이 그 지역의 기후풍토에 가장 적

애틀랜타의 프로그코스는 60개가 넘는 크고 웅장한 백색 모래 벙커가 소나무 사이로 펼쳐져 있음

합한 식물이다. 일정지역을 표본지로 설정 후 조사하여 경제성을 판단하되 가식장 위치 등을 충분히 고려한다.

3) 토양조사

토양이 지니고 있는 물리적, 화학적, 생물학적인 성질을 조사한다. 물리적 구조는 입자의 크기에 따라 자갈, 모래, 양토, 점토로 분류하며 화학적 성질에는 산성도가 매우 중요하다. 식물에는 15~16가지의 필수원소와 8~9가지의 미량원소가 있는데 이 중에서 한 가지라도 부족하면 정상적으로 자랄 수 없다.

4) 기후조사

지리적 범위에 따라 대기후, 중기후, 소기후로 분류한다.

특히 소기후는 대상지 주변 1~10km 정도로 고도, 호소, 해안, 수륙, 삼림의 분포에 따라 기온에 차이가 많이 나타난다. 소기후는 물론이고 국지적인 특성에 따른 미기후에 관한 자료가 필요하다. 소기후와 미기후에 대한 정보는 그 지역의 원주민으로부터 얻는 것이 정확하다.

5) 경관분석

관찰하는 위치에 따라서 상이하게 지각되므로, 경관의 시각적 특성을 잘 이해하고 나서 우수하고 인상 깊은, 드라마틱한 자연경관을 결정하여야 인상 깊은 코스로 각인될 수 있을 것이다.

조경설계 및 시공

1) 기본개념 파악 : 사업주 혹은 발주처의 기본개념을 파악하고 그 틀에 맞도록 계획을 진행

하는 것이다. 골프장 시공시 가장 기본적인 것은 골프장 전체의 기본적인 개념을 어떻게 설정할 것인가 하는 점이다. 주변의 자연 경관, 골퍼들의 심리적 환경, 경기 운영 등에서 환경의 균형을 살리도록 코스설계 단계부터 조경에 대한 명확한 개념 설정과 계획을 수립해야 한다.

2) 전체 코스 이미지 구상 : 코스 레이아웃 단계부터 각종 분석을 통해 도출된 부지의 잠재력과 내재된 문제점을 해결하기 위해 경기, 경관, 유지 관리, 경제성의 종합적인 판단을 해야 한다. 전 코스 이미지 구상은 전체에 통일성을 유지하면서도 부분적으로 변화를 부여하여 공간의 질서를 확립하여야 한다. 결국 보전하거나 더욱 강조함으로써 경관이미지를 명확하게 표현할 필요가 있다.

3) 코스별, 위치별 테마구상 : 진입로, 클럽하우스, Out · In 코스로 구분하여 지형적 특성을 반영한 테마를 설정하거나 계곡, 산악, 호수, 구름, 계류 코스 등으로 지형을 토대로 먼저 거시적 구상을 한다. 이것을 기본으로 습지, 호수, 수면, 암반, 기암절벽 등의 세부적 경관과 미시적 경관을 분석한다.

4) 심미적 구상 : 전체적으로 산만하지 않은 통일성이 있으면서도 단조롭지 않은 다양성의 상호 개념이 적절히 조화된 미적 구성을 이루어야 한다.

5) 생태적 친환경 구상 : 주어진 면적에 코스를 모두 배치하면서도 보전할 가치가 있는 지역

대자연이 그려내는 한 폭의 그림으로 유명한 '캐나다의 로키'는 세계적으로 그 풍광이 뛰어나기로 잘 알려져 있으며 대자연의 웅장함과 순수함을 가장 느낄 수 있는 로키산맥 중 캐나다에 해당하는 트래킹의 명소에 위치하고 있음

을 보존하면서 조경적 이용을 할 수 있다면 자연지형을 최대한 살린 상대적 코스를 구상할 수 있다.

기본계획

프로젝트에 관한 기본전제가 정해지면 각종 자료들의 분석, 종합 및 기본 구상 단계를 거쳐 기본계획안을 수립한다. 기본계획은 토지이용계획, 교통동선계획, 시설물배치계획, 식재계획 등으로 구성된다.

기본설계 및 실시설계 / 시공

기본 계획안을 발전시켜 설계 공간에 구현될 수 있도록 구체화하는 작업이다. 실시설계는 기본설계의 내용을 시공이 가능하도록 정확한 시공방법 및 치수를 포함하는 공사용 실시도면과 내역서 및 시방서를 작성하는 것을 말한다.

1) 현황분석

2) 레이아웃상의 기본적 고려사항

- Out Course 및 In Course를 대별하고 각 Course별로 2개 정도의 Zone을 설정하고 그에 따른 특성 부여
- 기본계획에서 나타나는 전략적, 기능적 식재와 조형적, 시각구조적 식재 그리고 생태적, 경관적인 식재
  - 차폐식재 : 대상부지 외곽, 경계부, Green 후면
  - 경계식재 : 전 홀 Green과 후 홀 Tee, 홀과 홀 사이, 지역과 인접 홀
  - 위요식재 : Green 후면
  - 훼손지 복구 및 경관의 질 향상
  - 개별 홀에 독자성 부여 : 지형적 독자성이 약한 홀에 경관수, 화관목 군식 처리
  - 부지내의 양호한 경관요소 도입 : 산, 바다, 호수, 계곡 등 시선개방 및 유도, 차경수법의 활용
  - 유지 관리의 편의 도모 : 관리장비가 통과할 정도로 Mounding의 변화와 완만한 조성 (20% 이내의 경사)

3) 기본방침

설계자의 코스 및 배식 디자인 개념을 수렴하여 가장 자연에 가깝고 골프장이 생긴 후에도 "여기가 골프장이다"라는 것보다 "와보니 골프장이 있구나"를 느낄 수 있는 원래의 지형경관과 자연생태계를 최대한 보호, 복원한다는 전제를 두고 방침을 정한다.

- 기존수목의 최대 보존과 활용, 지역환경조건과 지역적 특성 고려, 지역고유의 향토수종 최대 활용, 토양과 기후에 적합한 수종선정, 주변환경과의 조화 및 훼손지의 자연경관 회복, 계절적 감각과 시각적 이미지 부각을 위한 식재, 지역별 · Hole별 특성 부여

4) 수목 선정 원칙

– 지역기후 및 환경에 적응할 수 있는 수종, 전통 향토수종, 병충해 방제 및 유지관리에 용이한 수종, 다량구입이 용이하고 가격이 저렴한 수종, 경제성이 있는 수종

– 자연감 · 계절감이 있는 것 : 꽃, 열매, 수피, 단풍이 아름다운 수종

5) 배식 기본원칙

– Play 측면 : 목표감, 안정감 제공, 편익성, 쾌적성, 흥미유발

– 경관조성측면 : Image 부각, 경관조성, 안정성 측면, 관리 경영측면

6) 부분별 지형별 식재개념

– 평지, 개활지, 계곡부, 능선부, Hole 사이, 돌출지형, 단층지형, 곡지(谷地), Tee 주변, Green 주변

7) 조경시공

배식설계도의 완성과정

배식설계를 하는 것은 많은 경험을 필요로 한다. 다양한 수목 중에서 알맞은 수목을 선택하고 설계도면에 수목의 위치를 결정하는 것은 많은 시간과 노력이 필요한 작업이다. 때로는 설계 중 이미 그려진 수목의 위치를 다시 고치거나 보완하는 반복적인 작업이 이루어져야 한다. 이러한 과정을 간단히 요약하면 다음과 같다.

① 어디에 심고자 하는 수목을 결정한다.

② 침엽, 활엽, 상록, 낙엽, 교목, 관목을 일정한 규칙에 따라 수종별 표기기호를 결정하고 도면의 축척에 맞게 표기기호의 크기를 결정한다.

③ 표기는 보존수목이나 상징수목, 교목을 먼저 표기하고 관목, 초화류의 순서로 표기한다. 만약 배식이 충분하지 않거나 만족스럽지 못하면 계속 보완하여 최종 배식설계도를 완성한다.

④ 인출선을 사용하여 표기하는 방법과 표기기호를 사용한 방법 중 한 가지를 선택한다.

⑤ 인출선을 사용할 경우 동일한 종류의 수목을 군식할 때는 표기기호의 중심을 연결하여 동일한 종류임을 나타내고 인출선을 그린 후 수목주수, 수종명, 규격을 적어 넣는다.

⑥ 표기기호를 사용할 경우 표기기호를 도면에 표기하고 범례에 표기기호에 대한 설명을 적는다.

표시기호

- 수고(H : Height, 단위 : m) : 지표면에서 수관 정상까지의 수직거리
- 수관폭(W : Width, 단위 : m) : 수관투영면 양단의 직선거리
- 흉고직경(B : Breast, 단위 : cm) : 지표면에서 1.2m높이 부위의 수간의 직경
- 근원직경(R : Root, 단위 : cm) : 지표면 부위 수간의 직경
- 지하고(C : Canopy, 단위 : cm) : 수간하단부 돌출된 줄기에서 지표면까지의 수직높이
- 주립수(S : Stock, 난위 : 시(枝)) : 근원부로부터 갈라져 나와 포기를 이루는 줄기의 수
- 줄기의 길이(L : Length) : 근원부로부터 줄기의 끝까지 길이(관목이나 묘목)

수목규격의 표시방법

조경수목의 규격을 나타내기 위해서는 수고(樹高), 수관폭(樹冠幅), 흉고직경(胸高直徑), 근원직경(根元直徑), 지하고(枝下高) 등의 측정기준을 사용하는데 수종에 따라 규격표시방법을 달리 적용한다.

- 수고×수관폭 : 잣나무, 젓나무 등 상록교목과 회양목, 철쭉과 같은 관목
- 수고×흉고직경 : 은행나무, 버즘나무, 왕벚나무 등 흉고 아래까지 가지가 나지 않고 수관이 곧게 뻗은 낙엽교목
- 수고×근원직경 : 단풍나무, 감나무, 느티나무, 모과나무 등과 같이 근원부나 흉고 아래에서 가지가 갈라지는 낙엽교목이나 소나무, 등나무, 묘목
- 수고×수관폭×주립수 : 개나리, 쥐똥나무 등 여러 개 나오는 낙엽관목

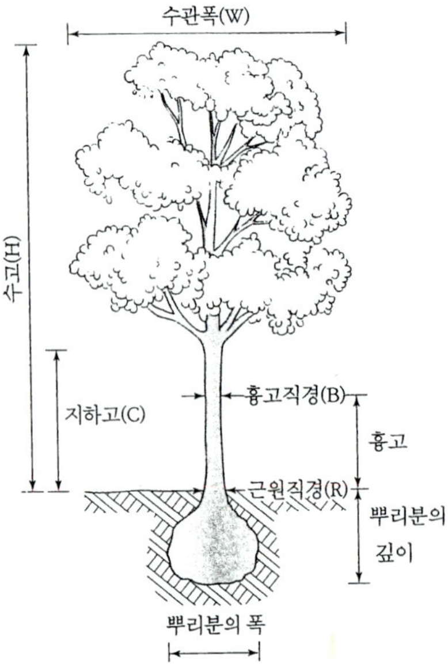

수목규격

- 년생×분얼 : 식물의 생육연수와 뿌리에서 가까운 줄기의 마디수를 사용하여 표기하는 초화류

3.3 식재설계와 시공지침

식재 기본 설계시 고려 사항

식재시 고려사항

보기에 아름다워야 하고 기본 기능을 갖도록 한다.

- 낙엽처리가 곤란하므로 낙엽수를 그린 북쪽에는 심는 것을 삼가할 것
- 수목을 그린 가까이 식재하는 것을 지양함(양분쟁탈, 그늘, 통풍방해)
- 통상 볼이 닿는 범위 내에서는 하지(아랫가지)가 퍼지는 교목이나 관목의 식재를 배제(특히 가시가 있는 나무 제외)
- 가로수처럼 일렬식재 지양
- 코스내 화목류의 군식장려 특히 티나 그린후면부, 보경로 등(여러 종류의 꽃을 3계절 계속 볼 수 있도록 함)

- 휴게소 주변에 등나무, 능소화, 다래나무, 칡, 으름덩굴, 인동 등을 심어 꽃, 열매, 그늘을 제공하므로 운치가 있다.
- 도그레그 홀(Dogleg hole) : 블라인드 홀(Blind hole)이 되지 않도록 주의
- 연못주변 및 아일랜드(섬)에 나무를 너무 많이 식재하지 말 것

구역별 조경식재 계획, 설계

지역별 4계절 특성 도입

- A 지역 : 가을
- B 지역 : 봄
- C 지역 : 여름(수경요소 도입 : 주로 호수 또는 연못이 많은 지역)
- D 지역 : 겨울(산악형)

거대한 벙커와 갈대, 바위가 환상적 조화를 이루는 보라C.C.의 에드워드 코스

홀별 조경식재 계획, 설계

- 홀별 특징부여 : 수종선정
- 홀별 목표부여 : 워밍업(Warming up), 흥미, 도전, 감상, 전환, 마무리
- 홀별 주변여건감안 임무부여 : 차폐, 경관등

방향지시 / 해저드 수목

- 방향지시 기능 : 롱(Long)홀의 I.P 지점, 호수 및지형적 해저드 위치 지역, 블라인드 홀, 도그레그 홀
- 해저드 기능 : 벙커 주변(역전의 코스), 전략적 코스
- 독립 경관수 기능

수경관의계획, 설계

주변여건 및 호수와 연못의 분위기와 맞게 선택 한다.

에지(Edge)의 조경처리 종류

- 잔디처리 : 잔잔함, 관리곤란, 정밀한 수위 조절이 필요
- 콘크리트 : 거침, 마감처리 곤란, 견고
- 침목 : 부드럽움, 미끄러움

세계 최대 규모의 골프클럽으로 기네스북에 정식 등록되어 있는 중국의 미션힐스 C.C.는 180개홀이 3,300만평의 부지에 10개코스가 조성되어 있다. 이 중 하나인 아기자기한 '아니카 소랜스탐' 코스

- 원목 : 부드러운 자연미
- 산석 : 자연색감, 견고
- 거친 자연석 : 남성적, 거칠고 투박하여 수면과 강한대비
- 자연석 놓기 : 자연미, 수면, 잔디와의 조화
- 자연석 쌓기 : 인공+자연미, 견고
- 호박돌 쌓기 : 부드러움, 배색, 견고

주요 부분별 잔디 시공 및 사면녹화 계획, 시공

부분별 잔디시공

티(Tee), 그린(Green), 페어웨이(Fairway), 러프(Rough), 벙커(Bunker)주변, 그린주변, 성·절토사면, 경암 및 연암석 노출 부위 등 부분별로 잔디시공법을 달리한다(평떼, 줄떼, 파종, 녹생토, 시드 스프레이, 지하경 등).

가) 사면의 종류 : 암사면, 토사면(절토, 성토)

나) 녹화공법의 종류

(1) 암사면 녹화공법 : 상부에 칡 등을 하향으로 심고 하부에는 등나무, 담쟁이 등을 상향식재 하는 덩굴 식재공법

(가) 완전노출: 암질이 양호하고 경관가치가 있을 때 이를 보존하여 자연적인 경관 특징이 있게함.

(나) 부분노출 및 제비집 공법 : 부분적으로 양호한 암부분만 노출시키고 그 외는 제비집을 지어 소나무, 누운향, 개나리 등을 식재해서 조화시킴.

(다) 모르타르뿜어붙이기 : 암질이 구조적으로 안정되지 못해 낙석 등의 위험이 따를 때 사용하는 공법

(라) 노출면정리 : 암질은 양호하나 발파등으로 인한 미관상 불량한 훼손부위를 깎아서 정리 조형하는 공법으로 섬세한 시공이 요구됨.

(마) 암반녹화공법 : 녹생토, R/S녹생토, 식생토, Fiber Soil 녹화(STEP공법, SF자연표토 복원공법, 법면녹화 배토습식공법, 암반사면 부분녹화공법, 원지반 식생정착공법, 폐자재를 이용한 법면 녹화 공법)

(바) 성토사면화 : 경사가 비교적 완만한 암석일 때 암석을 깎아내고 성토사면을 조성 후 식재하는 공법

(2) 토사면 녹화공법

(가) 성토사면 : 상단부위는 잔디식재, 그 이하는 묘목, 관목, 꽃잔디, 서양잔디+향토초종 시드 스프레이(Seed Spray, 급속녹화 및 침식방지)

- 자연환경보전 중시지역 : 향토재래초종, 야생화도입

(나) 절토사면 : 하단부위는 3~5m 잔디식재 그 이상은 묘목, 관목, 시드 스프레이

(3) 기타 : Net, Coir Net, Anchor Mat, Texsol, Codra, ERS, TR Spray 공법외

시공 및 관리상 문제

1. 이식(굴취, 운반, 수간보호, 분의 크기)
2. 식재(식혈, 정지, 전정) : T/R Ratio
3. 관리시 정지 및 전정 : 개화 및 결과습성 중시
4. 중요 병충해 방제 : 깍지벌레, 응애, 솔나방, 복숭아유리나방, 부란병, 피목지고병

위치별 수목 식재 설계와 시공

그린주변 조경수목 식재설계 및 시공

1) 개념

- 골퍼의 심리적 안정을 위한 차분한 공간을 형성한다.
- 홀의 특성 및 이미지를 부여한다.
- 그린의 배경을 형성하여 공략 목표로서 인지성을 강조한다.

2) 지침

- 그린 주변의 지형적, 경관적 특성을 고려하여 홀의 이미지를 강화한다.

보기엔 잔디보다 모래가 더 많은 것 같지만 125개 남짓한 이곳 벙커는 실제로 플레이에 장애가 된다기보다, 페어웨이의 윤곽을 잡고 그린의 가장자리를 구분하는 시각적 효과가 더 크다. '퍼거토리' 골프코스는 인디애나 주에서 가장 짧은 티와 가장 긴 티를 모두 보유하고 있다.

- 그린 후사면에 스크린 효과 연출을 위해 질감이 고운 수종으로 식재한다. 주로 상록 교목을 식재하여 목표물에 대한 인지도를 높여야 한다.
- 일조 및 통풍을 고려하여 그린 주변에 여유공간을 충분히 확보한다. 이는 오전 중의 일조 및 통풍 부족으로 아침 늦게까지 그린에 이슬이 남아 플레이를 방해하기 때문이다. 또한 수목을 그린에 너무 가까이 식재하면 안 된다. 몇 년 후 성장하여 뿌리가 그린의 잔디까지 뻗어나가 양분을 흡수하여 잔디생육을 저해하기 때문이다.
- 잔디 생육을 저해할 수 있는 광엽활엽수의 식재를 지양하고 필요시에는 그린 가장자리에서 10m 이상 격리한다. 이는 수목의 그림자가 그린에 드리워지면 습기, 낙엽, 균사의 침입 등으로 잔디의 생육이 저해되기 때문이다. 또한 성목 식재시 수관 폭을 고려하고 낙엽수는 가을철 낙엽처리가 곤란하므로 그린의 남쪽에 심는 것은 피한다.
- 플레이 지역은 나무의 아래가지가 퍼지는 교목이나 관목 등의 식재를 배제한다(가시가 있는 나무는 수종 선정 시 완전 제외).
- 그린 뒤가 개방된 곳은 공이 머물 수 있는 충분한 여유 공간을 조성한다.
- 심근성이고 바람에 강한 수종을 선택하여 가지가 바람에 부러져 그린면의 손상이나 플레이의 지장을 방지한다.
- 착각에 의한 미스 샷을 범하지 않도록 스카이 라인을 조절한다. 수직요소가 강하면 실제보다 짧아 보이고 개방되어 있으면 멀리 보이게 되므로 수목에 의해 스카이라인을 조절한다.
- 그린주변의 동선체계를 고려하여 답압에 의한 잔디 마모를 줄일 수 있도록 통로를 분산시킨다.
- 홀인원이나 이글에 대비한 기념식수 공간을 확보한다.
- 코스 내 화목류로 홀을 조성할 경우 꽃은 일주일 이상 유지될수 있는 수종을 선택한다. 또한 꽃도 한 종류에 한하지 말고 사철꽃이 끊이지 않도록 한다.

3) 도입수종

조형성이 강한 소나무, 잣나무, 스트로브잣 나무 등의 상록교목을 주로 식재한다. 또한 자작나무, 메타세쿼이아 등의 낙엽교목을 랜덤으로 식재하여 자연스러운 분위기를 연출한다. 그러나 낙엽이 많이 발생되는 수종은 가급적 배제하는 것이 좋다.

티주변 조경수목 식재설계

1) 개념

- 골퍼가 플레이를 최초로 시작하는 장소로 긴장감을 풀고 첫 번째 샷을 할 수 있도록 심리적 안정을 유도할 수 있는 공간을 형성한다.
- 경기, 대기 및 휴식기능이 조화를 이룬 공간을 형성한다.

- 홀 자체의 특성이 강한 공간을 형성한다.
- 유지관리가 편리한 공간을 형성한다.

2) 지침

- 차분한 분위기의 정적 공간을 창출한다. 상록수를 위주로 하되 낙엽수를 혼식하여 위요수림(수목으로 둘러싸인 공간)을 조성한다.
- 화목 및 유실수를 수경요소로 도입하되 배식이 산만하지 않도록 하고 티 위치보다 뒤쪽으로 배치한다.
- 필요시 티의 경계를 위해 전정에 강한 관목으로 경계 식재를 하고 생울타리의 경우 수고 50cm 이내의 수종을 선택한다.
- 대기자의 편의를 위해 그늘집(shelter), 벤치, 녹음 등을 제공한다.
- 다른 팀의 티 샷을 관람할 수 있도록 하고 기타 수경요소를 도입한다.
- 티 전방에 플레이를 저해할 수 있는 대교목 식재는 피한다.
- 잔디면적 및 티의 유효면적을 고려하여 수목이 티에 너무 근접하지 않도록 적정거리를 유지한다.
- 잎이 크고 낙엽이 쌓이기 쉬운 수종인 광엽(廣葉) 활엽수는 피한다.
- 샷의 목표방향에 지장을 주는 현란한 수목 배치는 피한다.
- 식재시 태양고도 및 방향을 고려하며 통풍을 위한 여유 공간을 확보한다.
- 티 샷시 낙하지점의 조망이 방해받지 않도록 한다.
- 스타트 홀은 미들 홀인 점을 감안하여 전방 20m 지점까지는 시선을 유도할 수 있는 식재 계획을 수립한다.
- 스타트하우스와 챔피언 티 간에 시야가 차단되지 않도록 식재한다.
- 미들 홀이나 롱 홀인 경우에 티에서 그린까지 시각적으로 멀게 보이기 때문에 방향유도 식재를 한다.

2006년 브리티시 오픈이 열렸으며 클래식 코스의 대명사인 '턴베리' 코스는 모든 것이 최상이지만 특히 레이아웃이 탁월하다.
멋진코스 디자인과 코스경관, 환경 등이 세계최고의 코스이다.

- 미들홀이 나롱 홀티의 뒤쪽 또는 좌우측에는 숏 홀의 소교목 보다는 키가 크고 지하고가 낮은 큰 교목을 선택하여 방풍의 효과를 나타내도록 계획한다.

3) 도입수종

상록수로 잣나무, 소나무, 반송, 주목 등과 낙엽수인 영산홍, 철쭉, 박태기, 꽃사과, 명자나무, 벚나무, 살구나무, 회화나무, 목백합, 자작나무 등을 배치한다. 또한 대기자가 그늘 밑에서 쉴 수 있도록 수관 폭이 넓고 녹음이 풍부한 수종을 선택한다.

페어웨이 및 러프 주변 식재 설계

1) 개념

- 주변 환경과의 조화를 최대한 고려한다.
- 해저드 기능을 수행하게 하여 수목의 전략적 가치를 증대시킨다.
- 홀 간의 상호 혼란을 방지한다.
- 단조로움을 해소할 수 있도록 식재 패턴을 다양하게 한다.
- 야드목식재 및 그린으로서의 시계를 형성한다.
- 경기시 불리한 위치에 떨어진 공을 이상적인 경기선으로 보내려 할 때 참조지점을 제공한다.
- 생태적 및 관리적 측면을 고려한 식재를 한다.
- I.P. 지점에 넓은 낙구지점(landing area)을 확보한다.

2) 지침

- 정형적인 식재 패턴을 지양하고 자연형 식재를 유도한다. 가로수처럼 일렬 식재를 피하고 군식으로 단계적인 외곽을 형성시킨다.
- 인접 홀과의 분리를 위한 완충 수림대는 폭이 20m 이상으로 조성한다. 특히 분리 수림대 사이에 관리도로가 있을 경우에는 각 티에서 도로가 보이지 않도록 차폐 식재를 한다.
- 롱 홀은 지루함을 야기하지 않도록 다양한 경관을 연출하고 그에 맞는 수종선정 및 배식을 한다. 특히 I.P. 지점 및 좌우 러프 지역에 불량경관은 차폐하고 양호경관이 도입되도록 한다.
- 페어웨이 지역은 식재를 하지 않는 것이 원칙이나 경기의 도전의식을 고취하고 흥미를 유발하기 위해 도그레그 홀을 조성할 경우 그린 진입을 방해할 수 있는 수목 해저드의 배식을 고려한다.
- 낙구지역(landing area)은 최대한 넓은 면적을 확보하고 페어웨이가 좁게 느껴지지 않도록 한다.
- 프라이머리(Primary) 러프 지역은 대형목을 이용한 지표식재, 요점경관 식재, 거리 표지목 식재 및 특성수 식재를 한다.

2005년 최고의 새로운 캐나다코스로 선정된 '다코다듄즈 골프링크스'는 협곡과 숲, 습지대를 넘어 울퉁불퉁한 구릉의 중턱에 자리잡고 있다.

- 헤비(Heavy) 러프 지역은 경기 및 관리의 효율성을 고려하여 지하고가 높은 수종을 분산 식재하고 평균 5m 이상의 식재거리를 유지한다.
- 절토 및 성토지에는 기존 수림을 최대한 활용하고 러프와의 인접부에는 라운딩을 하여 부드러운 잔디 사면을 강조한다.
- 주변경관과의 조화를 고려하여 가급적 이질적인 수종은 회피한다.
- 경사지의 지표 유출(surface run-off)과 침식 방지를 위해 생태적 측면을 고려한 식재를 한다.
- 관리장비의 원활한 통행을 위해 6m 이상 수목의 식재 간격을 확보한다.
- O.B구역은 경기자와 직접 관계가 없기 때문에 자유로이 대담한 식재를 할 수 있다.
- 각도가 심한 도그레그 홀에 수고가 높은 수종을 식재하면 경기의 흐름이 어렵게 되고 관목류만을 식재하면 플레이를 쉽게 조절할 수 있으므로 두 가지 모두 병행하여 계획한다.
- 플레이의 진행을 방해하기 위한 목적의 벙커 주변은 낙엽이 떨어지지 않고 하얀 모래와 어울리는 수종(예 : 적송, 잣나무, 독일가문비 등)으로 계획한다.

3) 도입수종

상록수로 잣나무, 소나무, 자귀나무, 리기다 소나무 등과 낙엽수 중 참나무, 목백합, 자작나무 등과 지표가 될만한 독립수를 사용한다.

홀과 홀 사이 주변식재설계

1) 개념

- 경기자의 안전을 도모한다.

- 홀 간 분리 및 완충식재 기능을 부여한다.
- 홀 자체의 독립성을 부여한다.
- 인접 홀과의 시선을 차단한다.

2) 지침

- 완충 분리 수림대는 홀 간의 거리, 기존 수림의 유무 및 상태, 지형 조건 등에 따라 다양하게 조성한다.
- 절토 및 성토 지역은 사면 하단부인 러프 지역으로 갈수록 큰 나무를 저밀도로, 상부로 갈수록 작은 나무를 고밀도로 식재한다.

3) 도입수종

홀 간 분리 기능을 할 수 있는 수종은 소나무, 잣나무, 젓나무, 스트로브잣나무, 독일가문비, 은행나무, 느티나무 등이다.

진입로 주변 식재 설계

1) 개념

- 골프장의 품위를 결정하고 골퍼들이 기대감에 부푸는 공간이므로 상징성과 독창적인 이미지를 부여한다.
- 통일성을 가지는 수목을 선정하고 배치한다.
- 유지관리에 용이한 수종을 선택한다.
- 하계 녹음 조성, 동계 일조권 확보 및 적설에 의한 안전성을 유지한다.

2) 지침

- 10여 년 후의 수목 성장을 고려하여 수목 터널을 조성한다.
- 기존 수림대와 최대한 조화를 이루는 수종을 선택하여 식재한다.
- 지역의 특성을 고려한 향토수종을 선정하여 지역적 특성을 부여한다.
- 가로수의 하부식생은 생울타리 식재를 한다.
- 진입시 차량내부에서 풍경 전체가 부분적으로 보이도록 수목식재 간격을 고려한다.
- 진입시 시선방향에 분수, 조각, 클럽하우스의 전경 등의 아이스탑(eye stop, 시선이 머무는 곳)을 배치하여 진입방향을 명확히 한다.
- 통로의 안전과 미화에 세심한 주의를 한다.

3) 도입수종

소나무, 은행나무, 왕벚나무, 자작나무 느티나무, 자귀나무, 회화나무, 목백합, 마가목 등으로 진입로의 분위기를 연출할 수 있다.

보경로 주변식재설계

1) 개념

- 비교적 자연이 남아있는 곳으로 기존식생을 최대한 활용한다.
- 골퍼들에게 인상적인 곳으로 기억될 수 있도록 연출한다.
- 경사지나 구릉지를 이용해 폭포, 개수로 등을 창출한다.
- 날아오는 공을 골퍼나 캐디가 맞지 않도록 안정성이 높은수종을 선택하거나 배식한다.

2) 지침

- 진입부의 식별성을 높일수 있도록 주변과 대조를 이룰 수 있는 수종을 선정 및 배식한다.
- 전이감이 조성될 수 있도록 다양한 경관을 연출한다. 즉, 주요 조망지점에 수경요소 도입을 위해 화목류 및 유실수를 식재한다. 또한 쾌적한 이동을 위한 녹음 조성과 차경 수법으로 양호한 경관이 도입되도록 한다.
- 방향감을 주기 위해 열식에 의한 유도식재를 한다.
- 다음 티주변에 여유 공간이 없을시 다음 홀에 대한 기대감 조성을 위한 홀 특성수를 도입한다.
- 조망 및 소음에 의한 상호 혼란을 방지할 수 있도록 완충식재를 한다. 보경로의 길이는 이 동상의 편의를 위하여 65야드 이내가 바람직하나 최소한 20야드 이상의 완충 수림대를 조성한다.
- 보경로가 짧을 때는 교목류를 밀식하여 완충효과를 증대시킨다.
- 보경로가 길면 경기지연 및 피로감이 가중되므로 지루함을 방지할 수 있는 수경요소를 도입한다.
- 클럽하우스에서 스타트 티로의 이동보도는 골퍼들이 최초로 플레이를 하기 위해 가는

골프계의 전설인 잭니클라우스에 의해 설계된 라스베이거스의 '베어스 베스트' 코스는 몬타나에서 멕시코에 이르는 코스에서 가장 멋진 잭의 18홀을 경험할 수 있다.

보도로서 너무 밀집된 식재나 시선을 차단하여 긴장감을 유발시키는 식재는 회피한다.

3) 도입수종

- 살구나무, 복숭아나무, 밤나무, 자두나무, 벚나무, 명자나무, 박태기나무, 개나리 등을 군식 또는 단식하여 이상적인 분위기를 창출한다.

관리도로 주변 식재 설계

1) 지침

- 코스에서 도로가 않보이게 차폐식재를 한다.
- 규모가 큰 관리장비의 이동을 고려하여 지하고가 높은 수종을 선택한다.
- 관목보다는 교목을 위주로 배식한다.

2) 도입수종

홀사이에 있는 관리도로는 소나무, 잣나무 등의 교목류를 식재하고, 사면과 인접한 관리도로는 낙상홍, 해당화, 조릿대등의 관목을 식재한다.

제 4 장

골프코스 토목설계 및 시공

4.1 토공사 및 토공의 안정과 절 · 성토

토공사

골프장 조성은 토목, 건축, 수자원, 조경 등을 종합적으로 논할 수 있으나, 우리나라와 같이 거의 산악지에 건설되는 경우에는 외국과는 달리 자연의 지형을 잘 살린 친환경적 조경과 토목이 가장 기초가 됨은 누구도 부인하기 어려울 것이다. 따라서 설계 시공시 주의 사항을 조경에 이어서 토목 사항을 중심으로 서술한다.

일반사항

- 현장이 측량 성과품과 일치하는가를 시공자와 발주처가 함께 확인하여 차후의 분쟁요소를 없애야함은 물론, 필요할 경우에는 현장 여건에 따라 설계 변경을 행해야 한다.
- 부지의 경계선을 확인하여 타인의 부지를 침범하지 않도록 해야 하는 동시에 벌채 경계선도 명확히 하여 불법적인 산림 훼손이 되지 않도록 한다.
- 복토와 조형토(18홀당 일반적으로 45만m^3)의 확보계획(절토장소, 집적장소 등)을 면밀히

설악프라자 C.C.는 코스에 서면 울산바위등 설악산의 기암괴석이 병풍처럼 펼쳐져 있다. 또 푸른 바다가 손에 잡힐 듯 한눈에 내려다보인다. 문자 그대로 천혜비경인 셈이다.

아이다호주 도넬리 타마랙 리조트에 있는 오스프리 메도우즈. 타마랙은 고도가 높아서 볼이 멀리 나가고, 264야드의 파3인 17번 홀에서는 이런 거리 증가 효과가 더욱 반갑다.

세운다.

- 시공중 우수로 인한 토사 유출이 하류부 배수로 및 농경지를 훼손하지 않도록 토사 유출 방지 시설을 우선 계획한다.
- 절 · 성토 법면 구배가 완만할수록 슬라이딩(Sliding)의 염려가 없고 좋은 조형 작업이 가능하며 잔디의 활착률이 높아지므로 설계 도서상에 급구배가 없는지 사전에 검토한다.
- 토공 도면에 충실하여 각 측점마다 각각 다르게 주어진 법면 구배와 평면상의 S곡선에 일치되도록 시공하여 홀의 특성을 살릴 수 있어야 한다.
- 모든관로(스프링클러, 표면배수관, 용수관로 등) 매설 지역은 추후 침하로 인하여 수로가 형성되지 않도록 되메우기를 한 후 다짐 장비로 철저히 다짐을 행하여야 한다.

토공설계

각 홀의 종단면 계획을 확정한 다음 코스전체에 대한 토공계획도(Grading Plan) 또는 조형계획도(Shaping Plan)를 작성하는데 다음 사항이 반영되어야 한다.

- 각 홀의 종단면 경사도나 횡단면 경사도가 잔디를 깎기 위한 장비(모아)의 작업이 신속하고 능률적으로 이루어질 수 있도록 설계하여야 한다. 가능한 한 완경사이어야 한다.
- 대소마운드를 조성할 때에는 오름과 내림의 경사도가 과격하여 기계장비로 잔디 깎기에 지장을 주거나 깍지못하게 되거나 또는이와 같은 급경사로 돌출된 꼭대기 부분의 흙까지 깎이거나(Scalping), 움푹 패인 부분에서 잔디가 깎이지 않는 경우가 발생하면 안 된다.

• 조형 도면은 코스가 완성된 상태를 그린 도면이므로 강우시 전표면의 지표수가 고르게 분산되어 소정의 배수 유입구로 신속히 유입하여 배제될 수 있도록 각별히 유의하여 설계하여야 한다.
• 지표수를 분산시켜 유입시킴에 있어서 그 경사도를 완만하게 하여 표면의 토사(떼밥등)나 이물질이 동반 유입되지 않도록 배려해야 한다.

토공배분

골프 코스 토공은 토량과 공사 면적이 일반 토목공사보다 크기 때문에 보다 정밀한 토량 계산과 토공 배분이 필요하게 된다. 특히 토량의 배분은 공사비를 크게 좌우하게 되므로 토공은 능률적인 방법으로 시행해야 한다.

전체 계획에 대해서는 첫째로 절토와 성토의 균형이 중요하며 절토량과 성토량이 적절한 균형을 이루도록 설계에 반영하여 코스 조정을 한다. 그리고 동시에 공사비 절약을 생각해야 한다.

각 홀 외에 클럽하우스 등의 부지조성, 관리도로, 연못 등 모든 것을 고려한 후 토공배분의 계획을 수립한다. 그러나 지형과 기타 관계로 트럭의 왕래가 곤란한 경우는 다른 홀과 주위의 지형과의 코스배치상 문제가 없다면 그 홀 내에서 표준 기준면을 설정, 그 범위 이내로 절 · 성토량을 조절하는 방법도 있다.

토량운반 계획에 있어서 기본 원칙은, 먼저, 운반거리를 가능한한 단축한다. 두번째로, 토량은 높은 곳으로부터 낮은 곳으로 이동한다는 원칙이 있으나 골프장의 특수성으로 인하여 이 외에도 주의해야 할 점을 몇 가지 생각해보면 토사 운반 기계의 성능을 고려하여 자연 보존 지구는 파괴되지 않도록 순회 루트를 설정한다. 그리고 가능한한 운반 거리가 최소화되도록 하며 불도저의 운반 거리는 50m로 하는 것이 바람직하다.

따라서 인접 홀은 거의 100m 이내 이므로 각 홀마다(평균 홀의 길이 400m)의 토량이동을 생각하기전에 인접홀과의 토량 이동을 검토하는 방법도 있다. 이상의 내용을 기초로 하여 시공법과 지형의 특성, 코스 전체의 형상과 용적을 검토한 후 시공이 용이한 방식으로 계획하는 것이 중요하다.

토공사

• 현장 여건상 곤란한 점도 있겠으나 표토 제거와 집적 작업을 설계 물량에 충분히 반영해 놓았음에도 불구하고 시행하지 않는 경우가 많다. 이것은 공사발주시 발주자의 인식 부족으로 무시해 버리는 경우도 있으며 간혹 중요성을 간과해 버리고 시공단가와 물량을 대폭 축소하여 발주하는 경우가 있다.
• 시공편의상 초기 단계에 절토사를 성토 지역에 먼저 소모해 버리고 최종단계에서 암반발파석을 마감재료로 피복하는 경우가 있다.
• 성토시 발파석과 토사를 반드시 혼합 성토하여야만 발파석 사이의 공간을 메워서 강우시 침투수가 성토법 면측부나 하단부에서 돌출 배수되어 법면이 손상내지 붕괴되는 사고를

방지할 수 있다.

- 토공사의 성토 전지역을 전압함이 바람직하나 건설 비용의 부담관계로 그린이나 티 지역 정도로 국한시키는 경우가 많은데 가급적 전지역을 전압함이 좋다. 전압이 철저히 이행되지 않은 경우 차후 강우로 인해 침하현상은 불가피하며 이로 인하여 배수 불량지역이 새로이 발생하고 경사면에 세굴이 일어난다. 설계시부터 대비하여야 하며 시공감리 시에 특별한 주의를 가지고 임해야 한다.

절 · 성토

1) 절 · 성토의 조절방법

절 · 성토의 토공량은 공사 전체에 있어서 균형을 유지하는 것이 원칙이겠으나 만약 균형이 이루어지지 않는 경우에는 어떤 방법으로든 부족 토량의 조달 및 잔토를 처리해야 한다.

2) 절 · 성토의 시공

코스 시공시 절 · 성토를 해야하는 경우 면밀한 계획을 세우는 일은 일반 토목 공사와 차이가 없다. 그러나 골프장의 코스 시공이라는 특수성에서 볼 때 그 주의사항을 열거해 보면 다음과 같다.

즉 절토를 하는 경우 기존 사면을 절토한 법면은 붕괴에 대한 안정이 훨씬 저하된다. 따라서 시공에 있어서는 시공 사면의 배수에 충분히 주의를 해야함과 동시에 토성의 변화에 대해서 매우

고요한 숲에서 자연과 문화 그리고 스포츠의 만남. 일상의 피로를 말끔히 씻고 풍요로운 삶의 여유를 만끽하고 싶은 골퍼들에게 오크밸리는 웰빙휴가형 리조트이다.

주의를 기울여야 한다. 또한 절토가 끝난 법면은 즉시 녹화하여 방호해야 하지만 이때 법면의 마감을 평탄하게 하는 것 보다는 요철로 처리하는 것이 기존 지형과의 조화는 물론 식물의 발아 및 착생에도 좋다. 절토 지반에 있어서도 필요에 따라서 불량토를 제거해야 할 필요가 있다.

성토를 하는 경우 먼저 성토의 기초 지반에 문제가 없는 곳을 선정하는 것이 원칙이겠으나 지하 용출수가 나오는 곳이나 연약한 지반에 있어서는 이러한 연약한 표토의 제거 및 치환, 배수 등의 처리에 충분한 주의가 필요하다. 그리고 기초 지반이 시공 기계로 인하여 파괴되지 않도록 하고 그루터기, 잡초 등을 필히 제거하여 유기물의 부식으로 성토 접촉부에 경계면이 형성되지 않도록 한다.

성토 재료로서 절토한 것을 사용하는 경우 토질의 선택이 불가능하므로, 성토로서 사용할 수 없는 재료 이외에는 시공법을 연구하고, 토질이 나쁜 경우와 성토 높이가 높을 때는 성토의 사면 안정을 시험시공에 따라 확인한 후 시공한다. 그리고 시공 중의 배수에는 매우 주의를 기울여 강우에 의한 재해가 발생되지 않도록 한다.

성토시 비탈면의 경사는 성토시의 안정에 충분하도록 안정계산에 의해서 결정하는 것이 좋으나 일반적으로 〈표 1〉과 같이 성토재료, 성토높이에 따라 경험적인 표준치를 사용하여 현지의 지형, 지질, 기상조건, 인접하는 구조물, 비탈면 보호공의 종류, 시공법 등을 고려하여 결정하여도 좋다.

표 1 성토재료 및 성토높이에 대한 비탈면 표준경사

성토재료	성토높이(m)	경사
입도분포가 좋은 모래 자갈진흙	0~5	1.5~1.8
	5~15	1.8~2.0
입도분포가 나쁜 모래	0~10	1.8~2.0
암괴, 호박돌	0~10	1.5~1.8
	10~20	1.8~2.0
모래질흙 견고한 점질토	0~5	1.5~1.8
	5~10	1.8~2.0
연한 점질토	0~5	1.8~2.0

3) 절 · 성토량의 비율

흙은 토량입자와 그 간극을 물과 기체가 채움으로서 성립되는데 이 입자와 물+기체와의 비율(간극비)에 따라 흙은 체적을 달리한다. 따라서 절 · 성토를 하는 경우 절토하기 전, 운반할 때, 성토한 후(다짐된 흙)의 3가지 시점에서 흙의 체적 변화가 있다. 토공 계획을 수립할 때 이 토량의 변화를 명확하게 추정해 두어야 한다.

- 자연 상태의 토량 : 원래 상태로서 깍아내기 전의 토량
- 흐트러진 상태의 토량: 깍아내어 운반되는 토량
- 다져진 상태의 토량 : 다짐되어 성토된 토량

이상의 상태에 따른 체적 비율은 절토하기 전의 토량을 기준으로 정의한 것을 다음식으로

전형적인 피트다이의 코스인 리버코스는 거친 강을 건너가는 가혹한 테스트의 무대로 222야드의 파3홀이다.

표시한다.

$$\text{변화량 L} = \frac{\text{흐트러진 상태의 토량(m}^2\text{)}}{\text{자연 상태의 토량(m}^2\text{)}}, \quad \text{변화량 C} = \frac{\text{다져진 상태의 토량(m}^2\text{)}}{\text{자연 상태의 토량(m}^2\text{)}}$$

또 평균 변화율을 표로 표시한다.

변화율 "L"은 운반계획, 변화량 "C"는 배분계획을 수립할 때 필요하게 된다. 그러나 절 · 성토량이 많은 경우에는 토량 변화율을 정확하게 파악하기 위하여 먼저 토질시험을 실시한 후 계획을 수립하는 것이 좋다. 이때 기계의 하중에 의한 초기 침하, 압밀침하, 공사중 운반중의 손실 토량 등도 참작해야 할 필요가 있다.

4) 성토시 유의 사항

- 계곡부 제일 밑 바닥을 암(岩)으로 성토하여 맹암거 역할을 하도록 한다.
- 용수 지역에 성토할 경우에는 요수를 별도로 처리하여 성토한 후 성토 법면이 슬라이딩 하지 않도록 해야 한다.
- 배수 구조물 주위의 성토는 배수 구조물에 손상이 가지 않도록 조심스럽게 한다.
- 성토 부위 원지반의 층따기 작업을 시행하여 차후 법면 슬라이딩의 가능성을 줄여야 한다.
- 암반 위의 복토는 적어도 50cm 이상의 두께로 하여 잔디 생육에 지장이 없도록 한다.

5) 절토시 유의 사항

- 횡단도를 잘 보아 절토 하단부(Fairway, 접속부)의 완곡선을 잘 살려서 과절토로 인한 되메우기가 발생하지 않도록 할 것.
- 근본적으로 상부의 토사와 하부의 암(岩)을 섞어서 처리한다는 생각을 갖지 말아야 한다.
- 암반 절토시는 수시로 암반 물량을 검측하여 차후 분쟁의 요소를 없애야 한다.
- 작업의 순서상 모든 홀을 한꺼번에 착수하여 현장을 산만하게 하지말고 토공이 어느 정도 진행되면 한홀 한홀 씩 티에서그린쪽으로 완성해 나가면서 조형 작업을 행한다.

표 2 토량의 변화율

종별	L	C
경암(硬岩)	1.70~2.00	1.30~1.50
보통경암(普通硬岩)	1.55~1.70	1.20~1.40
연암(軟岩)	1.30~1.50	1.00~1.30
호박돌(玉石)	1.10~1.15	0.95~1.05
력(礫)	1.10~1.20	1.10~1.05
력질토(礫質土)	1.15~1.20	0.90~1.00
고결(固結)된 력질토(礫質土)	1.25~1.45	1.10~1.30
모래	1.10~1.20	0.85~0.95
암괴(岩塊), 호박돌섞인모래질흙	1.15~1.20	0.90~1.00
모래	1.20~1.30	0.85~0.90
암괴(岩塊), 호박돌섞인모래질흙	1.40~1.45	0.90~0.95
점질토(粘質土)	1.25~1.35	0.85~0.95
력(礫)이섞인점토	1.35~1.40	0.90~1.00
암괴(岩塊), 호박돌섞인점토	1.40~1.45	0.90~0.95
점토(粘土)	1.20~1.45	0.85~0.95
력이섞인점토	1.30~1.40	0.90~0.95
암괴, 호박돌섞인점토	1.40~1.45	0.90~0.95

토공의 안정

1) 사면의 안정

골프장의 법면은 그 대부분이 완만한 구배를 갖고 있으며 수목 및 잔디로 피복되어 있어 엄밀한 안정 계산을 필요로 하지 않는 경우가 많다. 그렇다고 허술한 토공사를 하면 사고를 불러일으킬 위험이 많으며 특히 연약 지반에서의 절 · 성토 및 다량으로 절토한 후의 법면은 불안정하므로 안정계산을 한 후 시공에 임할 필요가 있다.

사면의 붕괴는 경사면 토대의 내부에서 움직이고 있는 전단 응력(높은 부분이 낮은 부분으로 이동하려고 하기 위하여 움직이는 힘)이 그 지반의 전단 강도를 넘었기 때문에 전단 파괴면이 발생하여 일어나는 일이 많다.

그 원인으로는 지반에 작용하는 중력, 빗물 등의 침투등이 있다.

대책으로서는 다음과 같은 내용을 들 수 있다.

절토면의 경우에는 토질의 선택이 불가능하기 때문에

- 구배를 완만하게 한다.

금강산 골프장의 산과 바위, 물과 그린이 아름답게 어우러진 코스는 어디가 금강산인지, 어디가 코스인지 착각이 들 정도로 빼어난 경관을 자랑한다.

- 지하 용출수 및 우수의 배수 처리를 한다.
- 법면 보호를 한다.
- 산마루 측구를 조성한다.

등을 들 수 있으며 또한 법면을 잔디등의 식생으로 피복하는 일도 사면을 안정시키는 유효한 방법의 하나이다. 그러나 목본류의 적극적 도입은 산림을 관리하는 측과 법면관리자 측 사이에 의견의 차이가 있으므로 사면의 내부인자와 외부환경인자를 충분히 고려한 후 검토한다.

2) 연약 지반 대책

연약 지반은 대부분이 퇴적한 충적층이다. 일반적으로 점토, 실트, 피트, 유기질토 및 부드러운 모래로부터 형성된 과포화된 토질로 구성되어 있는 지반을 말한다. 그 일반적인 토성은 다음과 같다.

- 함수비 : 60~80%
- 토립자의비중 : 2.65~2.75
- 액성 한계 : 45 ~100%
- 밀도 : 1.5~1.7t/m^3
- 일축압축강도 : 4t/m^{3}이하
- 공극비 : 1.5~2.5

표 3 연약지반의 개량 공법

치환공법	파괴치환 굴착치환 강제치환
Drain공법	Sand drain, Paper drain, Sand compection Pile 공법등
전기화학적개량공법	전기 화학적 고결
지반고결법	주입법 열적처리법 동결법
선행재하공법	

이들 지반에 대한 대책 공법을 소개하면, 〈표 3〉과 같으며 이 가운데 공사 중의 시공관리를 고려하여 좀 더 유효한 공법을 선택할 필요가 있다.

3) 토양 배수

절토 법면의 법면고 유지와 성토의 기초 지반을 안정시키기 위하여 지하 배수를 행하는 일이 필요하게 된다. 지하 배수를 함으로써 기초 지반의 간극수압 저감, 공극비 저감, 상토의 동결과 동상방지의 효과가 있다.

그 방법으로는 배수구와 집수정을 조성하여 지하 수면을 필요한 깊이보다 낮게 하고, 진공 흡입법과 전기 침투법 등으로 함수량을 감소시키는등 여러가지를 들 수 있으나 지하수는 지하전면에 일정하게 분포되어 있지 않고 어떤 부분의 지하수맥으로 이동하고 있으므로 사전에 충분한 조사를 한 후 배수를 할 필요가 있다.

US여자오픈을 개최하기도 한 메도우 벨리스 코스의 'wed and wild'라는 별명은 너무나 적합해 보인다.

위스콘신주에 있는 휘슬링 스트레이츠의 아이리시 코스는 수없이 들어선 김의털 벙커사이를 구불구불 지나가면서 계속 변화하는 코스이다.

4.2 상토 및 배수공사

오염이라곤 찾아볼 수 없는 광활한 대자연의 신비와 18홀 하나하나마다 특색있는 난이도를 적절히 부여해 전 홀 모두가 개성이 살아있어 감동과 흥분을 자아내게 하고 있는 파인밸리 C.C

상토

표토채집

표토는 기존의 현 지면으로부터 최소 0.2m의 깊이로 채취되어야 하며 0.2m 깊이로 마무리된 지층 위에 다시 깔아야 한다. 모든 표토는 하층토 또는 돌, 나무뿌리 등이 없어야 한다.

표토 채집 시에 나오는 모든 쓰레기, 돌, 나무, 뿌리, 죽은 나무, 그루터기 등은 체가름으로 선별되어 작업현장으로부터 치워져야 한다.

또한 도급자는 채집된 표토를 코스의 토공이 완전히 끝난 후 포설될 때까지 현장내 야적이 가능한 지역에 보관하여 선별할 책임이 있고 균등한 재질로 유지시킬 책임이 있다. 또한 현장감독의 승인이 있으면 도급자는 깊이 0.2m 이상 표토를 채집할 수도 있다. 모든 표토는 토공작업 종료 후 잔디파종과 발아에 지대한 영향을 미치는 것으로서 전 코스에 필요한 절대 표토량은 여하한 경우라도 확보하여야 한다.

표토의 이용과 보존

식물의 생육에 있어서 유기물이 충분하게 분해된 표토는 더욱 필요한 것이다. 그러나 유감스럽게도 토목 공사에서는 중장비로 하층 토양과 혼합시켜 버리는 일이 많다. 대체로 표토로 이용 가능한 토심은 0.8~1m 정도이며 표토를 상토로 이용하기 위하여 시공 방법을 검토할 필요가 있다.

표토를 보존할 경우 가장 중요한 사항으로서는 표토의 특성을 잃지 않도록 해야 한다. 그러기 위해서는 침압, 풍화, 우수에 의한 유효성분의 유실 등에 대하여 충분히 주의를 해야한다. 그리고 표토의 보관은 가능한 한 단기간에 처리하는 것이 바람직하다.

보관 장소는 공정을 검토한 후 선정하되 절 · 성토가 행해지지 않는 곳이어야 하며 우수가 유입되지 않는 곳이어야 한다.

상토의 질과 양

“골프장의 생명은 양질의 잔디이며 양질의 잔디는 양질의 상토에서만 생육된다”

때문에 토공사는 얼마만큼이나 우수한 상토를 확보할 수 있느냐에 따라서 성패가 결정된다. 그러면서도 넓은 부지에서 대량으로 일정량의 상토를 확보하는 일은 매우 어렵다.

그린은 답압에 의하여 고결화되지 않으며 물빠짐이 좋고 잡물질이 섞여 있지 않는 순사질토를 이용한다. 그린용 상토의 두께는 홀컵을 만들기 위해서는 적어도 30~40cm가 필요하지만 그 이하가 되면 배수가 불량하게 되므로 주의가 필요하다.

호숫가의 오솔길을 따라서 배치된 빌라와 대 · 소 연회장이 고품격 명품골프장의 이미지를 연출하는 파인리즈 C.C

에프론, 칼라와 티의 토질은 그린과 똑같은 것으로 해야 하지만 두께는 15~20cm 정도이면 충분하다.

페어웨이에서는 강우 후의 플레이에 지장을 초래하지 않고 잔디의 뿌리 썩음을 방지하기 위하여 사질토를 사용하는 것이 좋고 두께는 20~30cm로 한다.

러프는 페어웨이와 동질의 토질로 지반이 암층일 경우는 초목의 생육에 필요한 복토를 시행하여야 한다. 상토의 필요량을 계산할 때는 좀 여유있게 계산해야 한다. 또한 그린과 티는 전체 홀이 동질의 토질로 이루어져야 하기 때문에 구입 재료의 경우 필히 토량을 확인할 필요가 있다.

상토 작업

상토 작업을 하는 경우 주의할 점은 이미 조형 작업이 끝난 코스에서 이루어지기 때문에 상토작업으로 인한 재 작업이 되지 않도록 면밀히 계획을 세워 시행해야 한다.

상토로 쓰고자 하는 흙은 외부에서 반입하는 것이나 현장에서 채취한 것에 관계없이 초목의 종자, 나무조각, 돌, 뿌리 등이 혼합되지 않도록 하여야 하며 필요한 두께를 확인하여 필히 그 이상의 두께로 가능한 한 균일하게 포설한다. 도중에 수시로 품질관리 검사를 하여 확인한다. 그리고 공사중 지하시설물이 파손되지 않도록 흙의 포설은 경량장비로 하여야 한다. 상토가 부족한 경우는 가조성 마감에 세심한 주의를 기울인다. 가능한 한 암석과 잡물을 제거하고 그 위를 상토로 덮도록 한다.

표토깔기

토공상의 완성된 지면에는 0.65m 두께의 양질토의 옥토를 포설하고, 다진 후 최종표고가 정지계획도에 표시된 계획고와 같아야 한다. 정지될 지역에 필요한 성토가 0.65m 혹은 그 이하인 곳에는 표토를 기존 표면 위에 최종계획고까지 덮어야 한다.

이런 지역은 표토를 덮기 전에 잘 정리되어야 한다.

배수

배수시스템설계

완벽한 배수시스템의 설계는 세밀하고도 정확한 토공계획도(조형도)에 의하여 가능하다.

- 표면수가 갇힘이 없이 모두 배제될 수 있도록 유입부(지점)를 빠짐 없이 정지해야 한다.
- 지하배수 또는 지표배수(개수로)망을 유기적으로 짠다.
- 티의 형상은 구형(사각형)으로부터 곡선의 자유형을 개선하여 기계작업 속도를 높인다.
- 지형상 허락되는 한 장비의 진 · 출입이 편리하도록 티가 동일 평면상에 놓이도록 한다.
- 표면에 극소한 경사를 두어 표면배수를 원활하게 한다.
- 배양토를 개량하고 필요하면 지하 배수시설을 설치한다.
- 플레이어들이 티의 여러 방향으로부터 접근할 수 있도록 통로를 배려한다(장식용 울타

리식재 등을 배제한다).

이상과 같이 설계시 고려하여야 할 사항들을 개략적으로 살펴보았는데 설계자는 이와 같은 내용을 설계도면과 시방서에 철저히 정확하고 구체적으로 표현, 명기해 놓아야 한다.

푸른 물과 사계절 상록의 초록잔디, 흰모래의 벙커가 절묘한 조화를 이루고 있는 쾌적한 고성 파인리즈 C.C

배수공사

골프장 건설공사 과정에서 가장 중요한 것은 배수임은 말할 나위가 없다. 배수가 원활하지 않으면 건설 공사는 성공할 수 없으므로 시공자는 배수 구조물이 여러가지 관점에서 타당하게 설계되어 있는지 사전에 검토하고 착공해야 한다.

1) 정부 기관의 요구 사항, 특히 환경처의 요구가 시시각각으로 변하므로 설계 당시에 없었던 요구 사항이 시공 중 뿐만 아니라 시공이 거의 완료된 상태에서도 적용되어 시행자를 난감하게 만드는 일이 허다하므로 정부기관의 의도를 수시로 알아 볼 필요가 있다.
2) 구조물의 역학적 측면에서 깊이나 위치에 따라 또 작업 순서에 따라 파손의 염려가 없는지의 검토가 반드시 필요하며, 특히 THP관(고밀도 파형관)이나 이와 유사한 제품을 시공의 용이성 때문에 사용했다가 낭패를 당하는 경우가 많다.

또 콘크리트 제품의 경우도 현장 강도가 설계 강도에 못미치는 경우가 있을 수 있으므로 콘크리트의 품질 관리 또한 고려의 대상이 된다.

파인리즈 C.C의 클럽하우스 입구와 연못

3) 수리적인 측면에서 해당 배수 구조물이 감당할 유역 면적과 배수 단면, 그리고 배수로의 구배뿐만 아니라, 배수 구조물의 구배 변화에 따른 토사 집적의 가능성도 검토하여 구조물이 막혀서 일어나는 하자의 가능성도 배제해야 한다.

4) 유속이 크면 물과 함께 흐르는 토사로 인한 구조물이 세굴되며 오랜세월이 흐르면 역학적으로 불안정한 구조물이 될 가능성이 있으므로 이에 대한 검토도 필요하다.

5) 나선형 파형 강관(Corrugated Steel Pipe)을 시공할 때는 시방서의 내용을 숙지하여 매설해야 하고, 관연결시 수밀성을 최대한 보장해야 하며 되메우기 양질토(모래질흙)를 사용해야 한다.

6) 배수 구조물의 기초는 집중 하중이 전달되지 않도록 면밀한 주의가 필요하며 암반 위에 설치한다고 해서 기초를 생략하는 우를 범해서는 안된다.

7) 배수 구조물의 기초는 원칙적으로 원지반이나 절토 지반에 두도록 하고, 부득이 성토 지반에 설치시는 성토고를 가능한한 적게 되도록 하고 이 때는 기초 지반 다짐에 있어서 정성을 다해야 한다.

8) 절토, 성토 법면의 소단에 둔 배수 구조물은 반드시 종단상 물이 흐르도록 시공하는 것이 중요하나 종종 이를 무시하여 낭패를 당하는 경우가 있다.

9) 소단의 물을 모아 하부로 흐르게 하는 오픈 배수로의 경우 종종 유수가 점프 현상을 일으

키는 경우가 있으므로 이의 방지도 고려해야 한다.

10) 표면 배수 구조물의 유의 사항
- 표면 유입구의 간격이 50m 보다 멀어지지 않아야 페어웨이의 과다한 세굴을 막을 수 있다.
- 표면 배수로에는 토사의 퇴적이 심하므로 표면 유입구를 통해서 관으로 토사가 유입되지 않도록 시공 중이나 완료 후 잔디가 활착할 때까지 세심한 주의를 기울여야 한다. 예를 들면 맨홀 바닥에 토사가 퇴적할 수 있는 포켓(Pocket)을 두고 수시로 청소해주며 유입구 근방은 시공중 토사가 직접 유입되지 않도록 모래 주머니 등으로 높여 보호하는 일 등이다.
- 어느정도 시공이 완성 단계에 이르면 우기에 나뭇잎 등 이물질이 유입구 격자를 막아 물이 페어웨이에 범람하는 경우가 있다. 이 경우 유입구가 신속히 발견되도록 유입구에 깃발을 꽂아주는 것도 한 방법이다.
- 코스의 상부인 산림 보존 지역에서 유입되는 물에는 나뭇가지 등이 있어 유입구를 막는 경우도 있으므로 이의 적절한 대책도 고려해야 한다.
- 가능한한 성토부쪽에 표면 배수의 유입구를 두지 않도록 한다.

11) 평면상으로 보아 유수의 방향이 갑자기 변하는 곳에는 유속이 큰 경우 유수의 점프로 인한 하자의 위험이 있으므로 이를 방지할 수 있는 구조물이 필요하다.

12) 그린의 가드벙커 등에 위치한 유입구의 계획고는 토공 계획고를 참고하고 골프장의 특성을 고려하여 시공해야 한다.(보통 토공 계획보다 1m 정도 낮게 시공한다)

13) 사업지구 경계선 말단부에서 지구 외부의 배수 연결은 반드시 기존 배수로에 직접 연결시켜야 한다.

배수공사시 유의사항

배수구조물은 토목공사 시방서의 기준대로 설계 시공되어야 하며 골프장에서는 특히 다음 사항을 유의해야 한다.

- 유입구 부근은 유입구 상단의 높이와 유입 유역의 지반 높이가 잘 맞아서 세굴이 없이 유입되도록 정확히 시공되어야 한다. 되메우기 이후 다짐을 철저히 하여 강우시 침하로 인하여 유입구 부근이 세굴되는 경우가 많다.
- 개수로 연단을 따라 되메우기를 철저히 하고 다져서 접촉부에서 세굴됨이 없이 우수가 원만하게 유입되어 흐르도록 각별한 주의가 필요하다.
- 각 구조물의 연결을 철저히 하여 누수됨이 없어야 한다. 특히 페어웨이의 성토법면 상단을 연하여 배수관을 설치할 경우 장차 침하로 인한 연결부위의 어긋남으로 발생된 누수가 세굴을 일으켜 법면을 파괴시킬 수 있다.

설악산과 금강산이 손에 잡힐듯이 가까이 보이는 파인리즈 C.C는 설악의 배경과 금강산의 자태를 한눈에 관찰할 수 있는 천혜의 입지에 있다.

배수구조물 지반 부분의 견고한 시공과 유입 및 배출부분의 세심한 시공만이 하자 발생을 방지하며 잔디관리에 만전을 기할 수 있다.

배수관설치

- 적절한 배수시설의 설치를 위해 설계도면에 따라 지면에 도랑을 파야한다.
  도랑파기 작업은 공사감독의 승인을 받은 경우를 제외하고는 관 설치작업 지침보다 90m 이상 앞서서는 안된다.

파인밸리코스는 파인과 밸리로 구분된다. 파인코스는 계곡과 능선을 살려 원래의 지형대로이고 밸리코스는 태고의 신비함과 오염되지 않은 자연의 친환경 코스이다.

코스법면을 따라 이어지는 야생화숲이 볼거리를 제공하고, 자연친화형 생태골프장의 모습이 기존의 소나무숲과 조화를 잘 이루고 있는 파인밸리C.C

• 배수관이 도로, 보도, 주차장 혹은 그와 유사한 지면을 지나는 경우 지정된 배선기준에 따라 콘크리트, 모래, 자갈, 혹은 여타의 승인된 고립상 자재를 이용하여 완전하게 채워져야 한다.

• 그린의 아래에 배수관을 설치하는데 있어서 도급자는 파헤쳐진 도랑이 다시 되메워지기 전에 파놓은 흙이 도랑에 들어가거나, 혹은 되메우기 작업 중 되메우기 흙과 섞이지 않도록 각별히 주의해야 한다.

관의 기초는 기초지반이 연약할 경우 설계도에 표시되어 있지 않아도 미리 공사감독에게 설계변경 요청 후 승인을 받아 지반을 양호한 상태로 보강시켜 시행해야 한다.

• 관의 설계도에 표시된 바와 같이 매설고에 맞추어 설치해야 한다. 관을 설치하고 검사를 받은 후 도급자는 즉시 승인된 되메우기 재료로 그린의 토상 표면까지 도랑을 다시 채워야 한다. 그린 이외의 지역에는 도급자는 상부 되메우기 재료를 0.15m의 승인된 표토로 채우고 꼭꼭 다진 후 동결심도 이상의 깊이가 되도록 해야 한다.

• 도급자는 관설치 작업 후 준공 전에 주변의 높이보다 낮아진 모든 도랑은 주변의 높이와 같게 표토로 채워야 하며, 페어웨이와 러프의 떼입히기 시방서에 따라서 공사감독이 승인한 방법에 맞도록 도급자 비용으로 다시 떼를 입혀야 한다.

4.3 골프장 시공절차

1. 골프장 건설공사 시공절차(Flow)

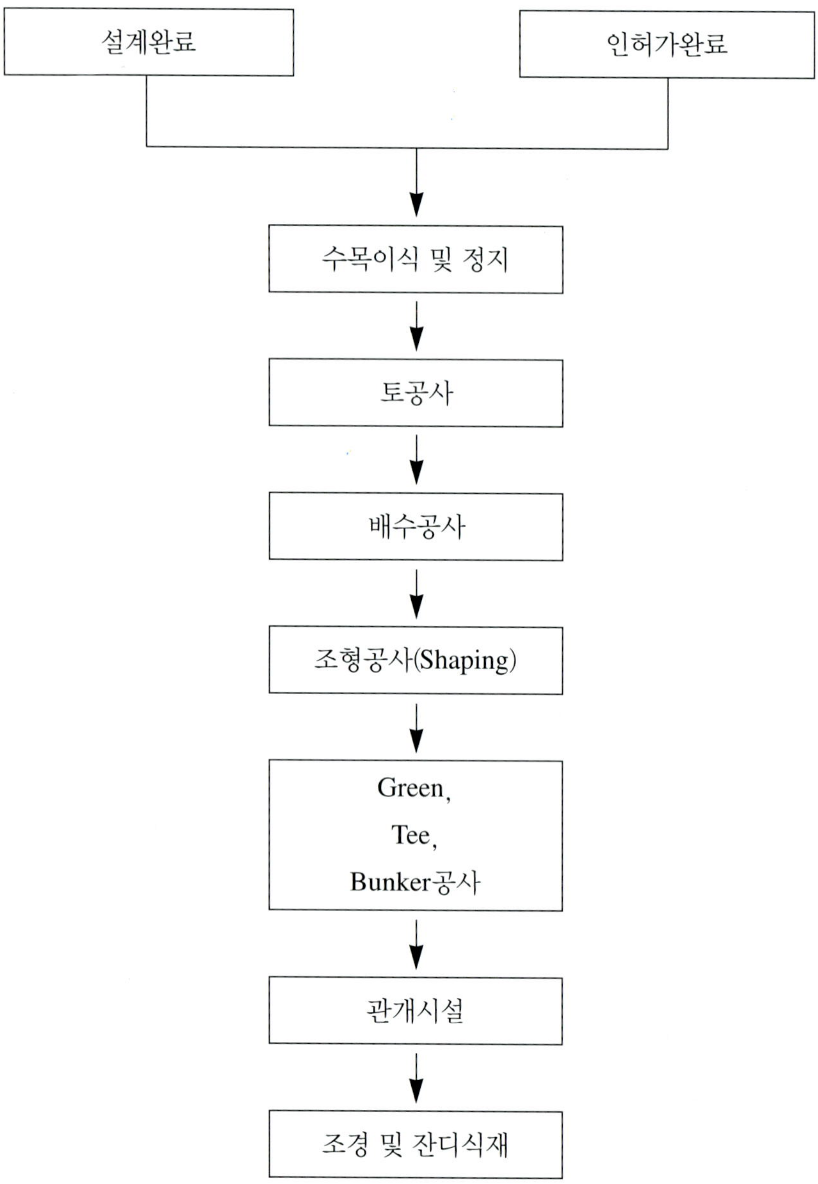

2. 정지공사(Site Clearing)

① 방법

- Layout 확정후 보존지역 표시(측량)
- 수목이식 및 정지(Site Clearing)
- 수목이식시 수종, 수량 파악 및 조경 설계자와 협의
- 폐기수목 법규에 의거 처리

② 작업순서

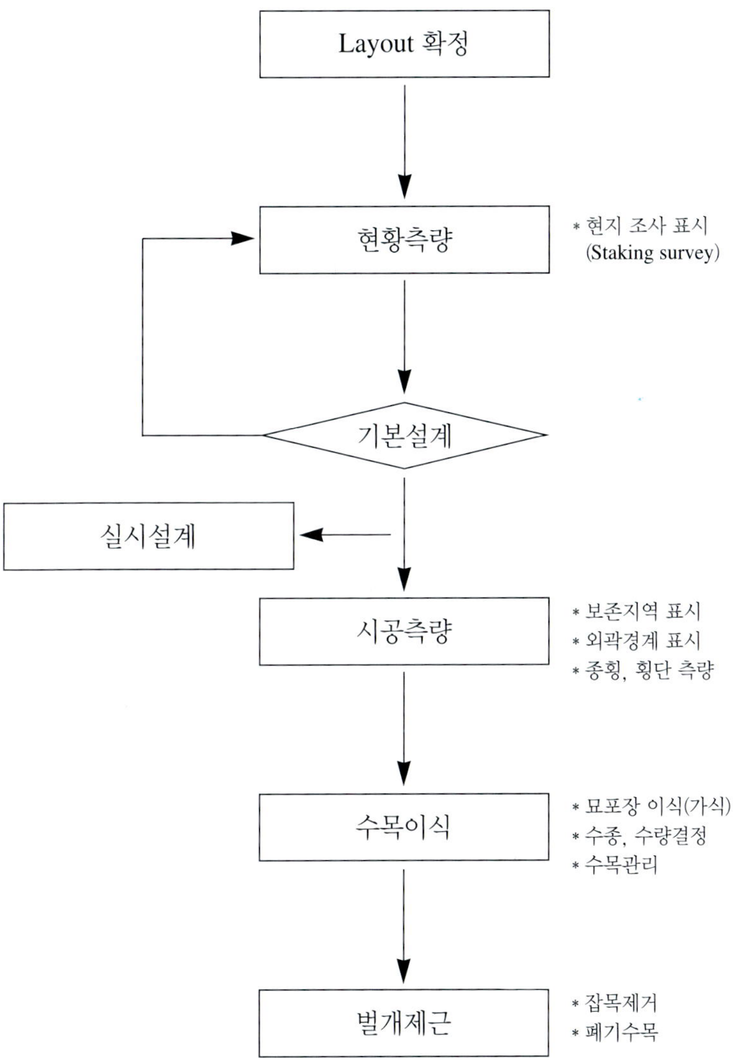

3. 토공사

① 방법

- 복토용 토사 충분하게 확보
- 토공 운반거리 최소화
- Hole별 / Block 분할 시공 검토
- 성토작업 비탈면 층따기 실시
- 강우등에 의한 토사유출 방지시설 설치
- 도면 검토 및 토공량 조절(Balance Check)

② 작업순서

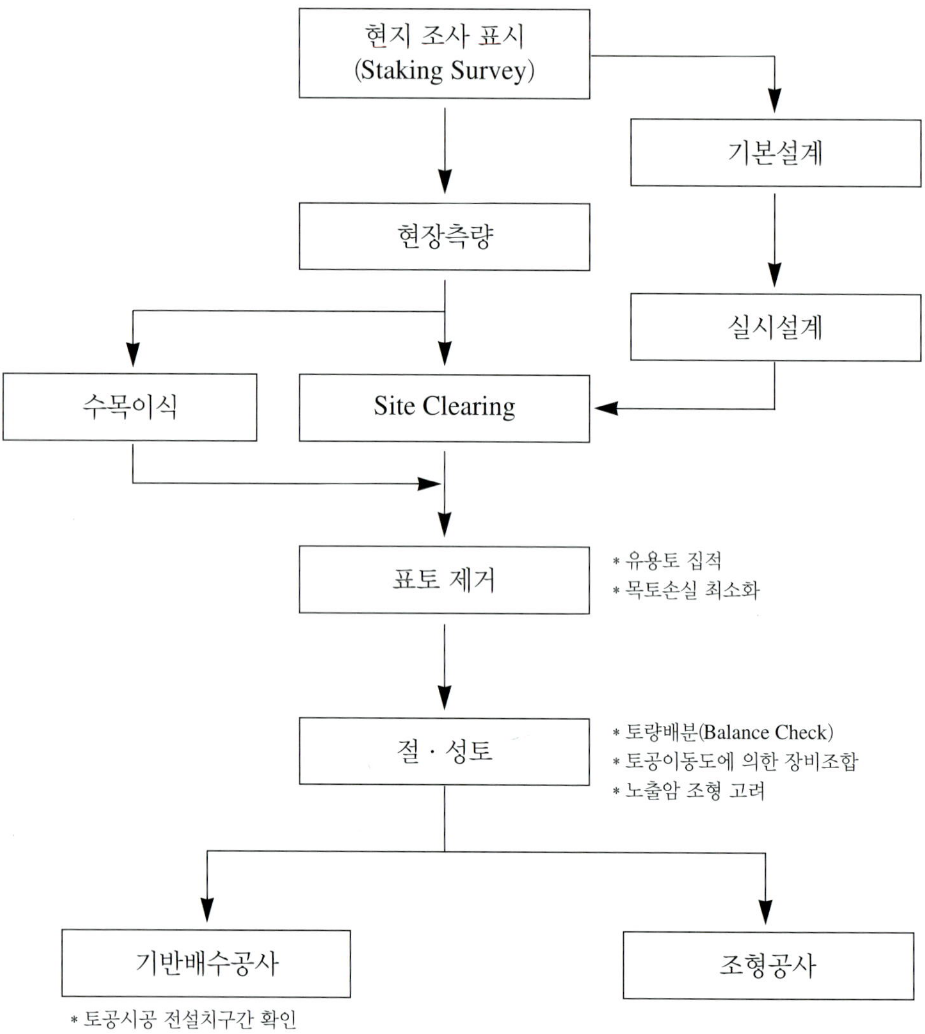

4. 배수 구조물 공사

① 방법

- 물흐름의 최소구배 유지
- 맨홀주변 맹암거 설치
- 조형 마무리 선과의 조화 고려
- 연못(pond)유입시 관내에 물이 고이지 않게 시공
- 가능한 맨홀뚜껑 규격 작게, 원형 사용
- 터파기 및 되메우기량 최소화

② 작업순서

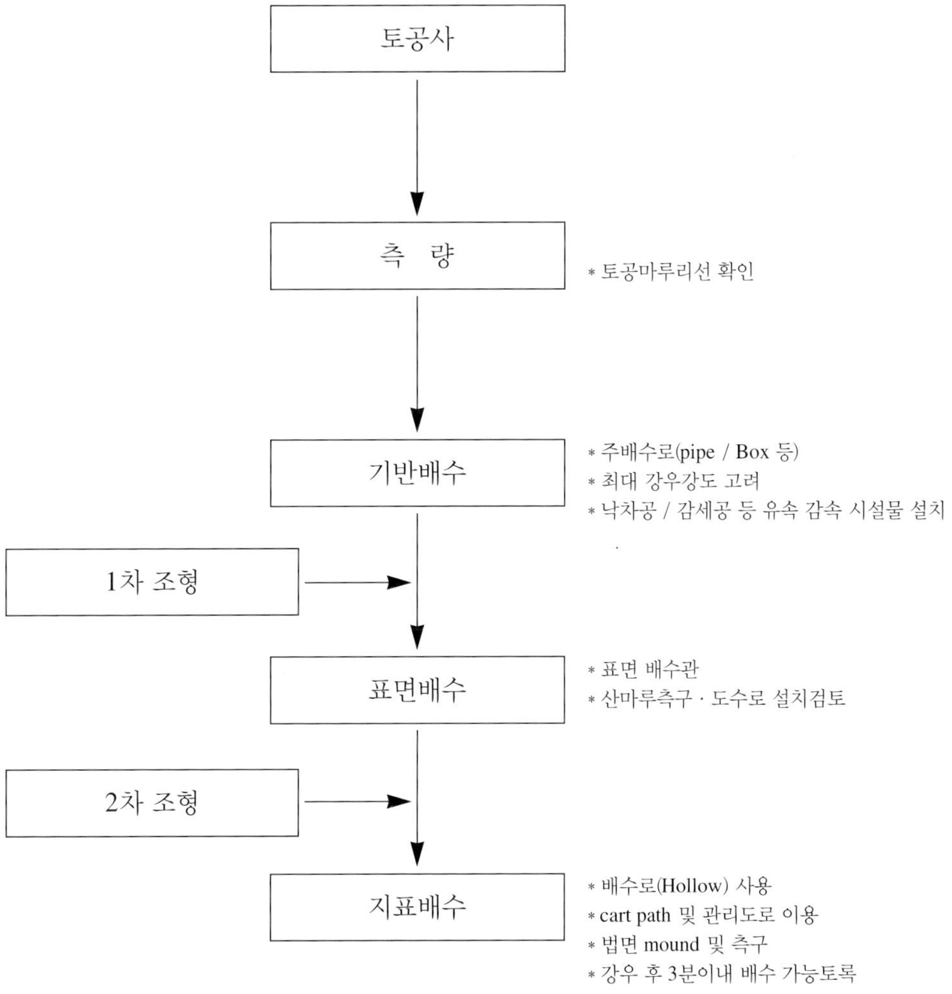

5. 조형공사

① 방법

- 원칙
  - 원지형 이용
  - 자연환경에의 조화 융합
  - 변화(원금감 유지) → 가장 훌륭한 조형은 자연스러움이다.
- Course 전체의 적정구배 유지
- 배수로(Hollow) 선상 집수구 설치
- 수목과의 조화 고려
- 직선이 없는 부드러운 곡선처리

② 작업순서

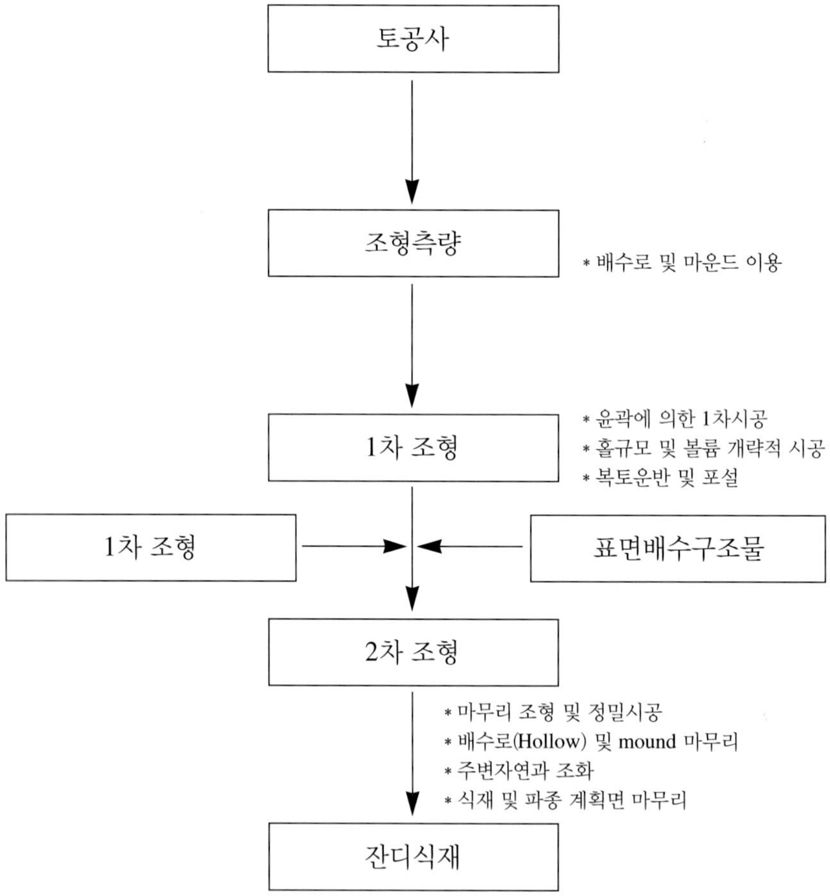

6. 그린, 티, 벙커(Green/Tee/Bunker)공사

① 방법

- Hole 조형과의 조화검토
- 측량 및 말목 설치
- 맹암거 구배 유지
- 맹암거 시공시 부직포 사용여부 검토
- 골격 규격(모래, 자갈) 준수
- Hole 조형 완료후 Green 터 파기 실시

② 작업순서

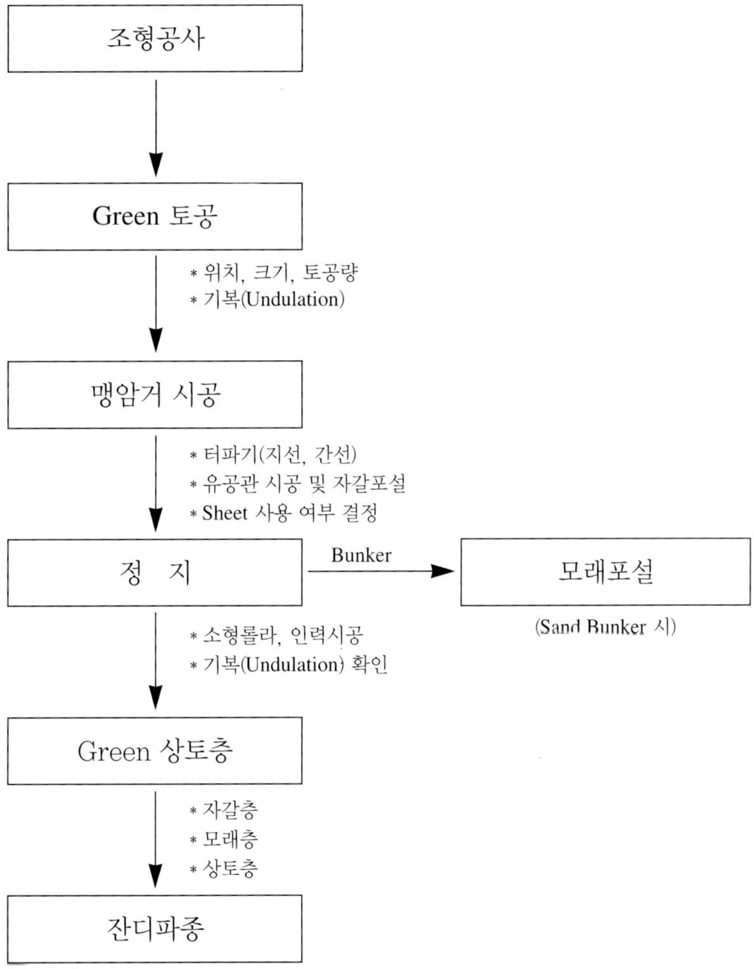

44 관개시설 공사

관수시설의 필요성

우리나라의 연간 평균 강수량은 900~1,300mm 정도로 이중 장마기에 70% 이상 내린다. 이 기간을 제외한 봄과 가을은 잔디의 중요한 생육기이지만 물이 부족한 시기이다. 충분한 수원을 확보하지 못한 일부 골프장의 경우 10~15일 이상 건조한 날씨가 지속되면 물을 확보하지 못해 생육 중인 잔디가 건조 피해를 입는다.

남도의 무공해 청정지역 중산간지대에 위치한 아크로C.C.는 골프와 먹거리를 함께 즐길 수 있는 여행지로 영암아리랑 민요의 고장이다.

봄철의 건조 피해는 잔디의 초기 생육을 나쁘게 하고, 가을 건조 피해는 잔디의 양분축적을 감소시켜 동해 피해, 늦은 그린 업 등의 증상이 나타난다. 따라서 코스의 잔디 품질을 최상으로 유지하기 위해 균일한 관수를 위한 대책(자동관수, 반자동관수, 인력관수 등)이 필요하다.

충분한 수원이 확보되면 물을 코스 내에 골고루 관수할 수 있는 스프링클러 공사를 한다. 관수 시설 공사시 주의할 점은 용수의 확보, 관수 시간, 관경, 물탱크 용량, 수압, 바람의 방향과 강도, 지형, 토양의 투수율, 물의 질(연수, 중수, 수돗물) 등을 고려해서 설치한다.

관수시설의 종류

관수 시스템 설치시 최대 관수량은 10mm/회 이상이 되도록 한다. 물탱크 용량은 갈수기를 대비하여 한국 잔디로 페어웨이를 조성할 경우는 1,500톤 이상, 한지형 잔디로 페어웨이를 조성할 경우는 2,000톤 정도가 좋다. 관 매설 깊이는 60cm 이상으로 하여 겨울 동파 피해를 줄인다. 관수 시스템 기종별 특성은 〈표 1〉과 같다.

관수시설 공사의 일반사항

골프장의 관수시설 공사는 조형이 어느 정도 완료되면 시작하고 18홀 골프장 당 공사비용은 10~15억원이 소요되고 공사기간은 6~24개월 정도이다.

관수시설 공사의 범위는 1) 골프코스 스프링클러 시설공사, 2) 자동제어 공사, 3) 상기 공사와 관련된 옥외 토목공사 등이 포함된다. 18홀 골프장에 설치될 관수시설의 제원은 다음 내용과 같다.

- 관수시설의 종류는 반영구적인 팝업 스프링 클러가 주로 이용된다.
- 물탱크용량은 1,500~2,000톤으로 시공 비용은 3억~4억원이 소요된다.
- 펌프용량은 1회 관수시 2개 홀 전체를 관수할 수 있도록 한다.
- 관수용 파이프의 직경은 메인 관수관은 ∮250mm, 보조 메인관수관은 ∮200mm, 메인지관은 ∮100mm, 보조지관은 ∮50mm를 사용한다.

표 1 관수 시스템 주요 종별 특성

스프링클러 기종	기어식 팝업 스프링클러	로터리형 충격식 팝업 스프링클러	레인건
시설방식	스프링클러를 지하에 매설하여 관개하는 고정식 시스템	스프링클러를 지하에 매설하여 관개하는 고정식 시스템	지하에 레인건 장탈착을 위한 BOX를 설치하여 관개 시마다 Rain-gun을 장착하여 관개하는 이동식 시스템
스프링클러의 크기	• 높이 37.1cm • 지표면 크기 25.7cm	• 높이 29.2cm • 지표면 크기 12.1cm	
작동방식	기어식	충격식	
기준압력	6.0kg/cm^2	6.0kg/cm^2	6.0kg/cm^2
살수형	166.8 LPM	166.8 LPM	1,014 LPM
살수반경	24.7m	24.8m	55.1m
노즐크기	8.73mm, 5.95mm	9.52mm	25.4mm
연결구경	D40(나사식)	D25(나사식)	D50(나사식)
배관관경	D75, D50	D75, D50	D100
회전범위	20도~340도 (각도조절용)	30도~345도 (각도조절용)	
누수방지 기능	있음 (CHECK VALVE)	있음 (CHECK VALVE)	
살수앙각	23도	25도	23도
케이스재질	강화 플라스틱	강화 플라스틱	CAST ALUMINUM 外
내장된 헤드재질	황동	플라스틱	
관개 용수량	10.0mm/day	10.0mm/day	

소나무군과 물이 감싸고 있는 그린의 푸르름이 더욱 싱그럽게 느껴지는 블루헤런 C.C.

- 홀에 따른 관수헤드의 수는 숏홀의 경우는 30개 정도가 적당하다.
- 그린 하나당 헤드수는 6개(각도 조절용, 180° 또는 270°) 정도가 좋다.
- 그린의 균일한 관수를 위해 필요한 헤드 1개당 압력은 5~7kg/cm^{2}이다.
- 헤드 하나당 살수 직경은 평균 30m이다.
- 그린 하나당(600m^2) 1일 관수량은 3톤을 기준으로 한다.

스프링클러 시설 공사시 점검사항

잔디 및 수목관리에 항상 사용하는 중요한 시설로서 다음 사항을 점검한다.

- 스프링클러 헤드의 성능을 확인하고 배치간격이 정확한지 점검한다.
- 배관 시에 연결부분의 공법이 확실한지 점검한다.
- 배관후 되메우기할 때 모가난 암석이 배관재에 접촉되지 않았는지 점검한다.
- 매설 깊이는 그 지역의 동결심보다 더 깊이 매설되었는지 점검한다.
- 제어용 및 전원공급 케이블의 방수가 확실한지 점검한다.
- 보수공사 시에 재굴착을 위한 경고용 유색 테이프의 부착여부를 점검한다.
- 스프링클러 헤드에 부착된 스윙 엘보는 그 기능이 확실한지 점검한다.
- 스프링클러 헤드의 상단이 지면과 잘 일치하는지 점검한다.
- 월동기에 동결로 인한 파손을 줄이기 위해 퇴수가 완전히 이루어지도록 퇴수구 또는 퇴수변이 적절히 배치되었는지 점검한다.

관로 터파기

- 관접합을 위한 터파기는 바닥의 굴착이 완료된 후, 관접합에 소요되는 한도에서 필요한 길이, 깊이, 폭으로 하며 지시된 깊이 이하 또는 과다 굴착하지 않도록 한다.
- 관부설을 위한 굴착은 토공 최종 계획선 지면부터 최소한 60cm 이상의 흙을 덮을 수 있는 깊이라야 하며, 전선의 매설을 위한 굴착은 토공 최종계획선 지면부터 최소한 30cm 이상의 흙을 덮을 수 있는 깊이라야 한다.
- 관로의 바닥은 추가 굴착할 필요가 있는 부분을 제외하고는 흙 위에 있는 관의 각 단면이 균일한 지지를 받도록 하고 일정한 경사를 준다.
- 되메우기에 적합하지 않거나 필요없는 흙은 제거한다.
- 급수구, 배수구, 가스관, 전기 그리고 다른 시설물들은 관로 굴착시 중복되면 보호한다.
- 관로의 되메우기 작업은 관접합 및 자동제어 공사가 완료된 후 감독자의 확인을 받은 후 실시하며, 밸브류 등이 분실되지 않도록 밸브 보호공을 설치한다.
- 되메우기 작업후 포크레인 등으로 왕복하여 흙을 다진다.

스프링클러 시설 공사시 중요사항 결정

시공방법

신설 골프장의 경우 스프링클러시설 공사는 조형공사가 마무리되면서 시작하게 되는데 일부 배관공사 완료 후 재조형을 하는데서 오는 문제가 크다. 관이 파손되고 각종 밸브류가 깊이 매설되어 재시공 부분이 발생하고, 차후 운영상 불편한 사항이 많이 발생하므로, 세심한 공정관리와 시공회사간의 긴밀한 협조가 중요하다.

또한 주관인 경우의 매설깊이는 70~90cm이고, 지관의 경우는 60~70cm 정도이다. 이 깊이로 관을 매설하여 전자밸브류 및 전자기기의 조작이 손에 닿을 수 있을 정도가 관리하는데 유리하다.

기구를 이용한 조작은 고장의 원인이 되기 때문이다. 기존코스의 시공과 신설코스의 시공은 하자 부분에서 현격한 차이가 있다.

배관재질의 선택

스프링클러 공사에 사용되는 파이프로는 주로 강관, SUS관, PVC관, PE관, 내충격수도관 등을 사용할 수있다.

관종별 모두 장단점이 있으나 현재의 여건으로는 PE관으로 시공하는 것이 바람직하며, 볼트너트류, 기타 부품은 가능한 한 녹이 슬지 않는 SUS재질의 제품을 사용하는 것이 수명 연장을 위해 바람직하다.

스프링클러헤드의 구분

1) 작동방식에 따른구분

스프링클러헤드는 작동방식에 따라 기어식과 충격식으로 구분된다. 깨끗한 물을 사용하는 온화한 기후에서는 기어식이 유리하며, 튼튼하고, 견고한 것을 원하고 연못물을 많이 이용할 때는 충격식이 유리하다.

① 기어식(GEAR TYPE)

- 작동원리 : 스프링클러 내부에 기어가 장치되어 있어, 스프링클러 아래로 들어온 물을 빠른 속도로 회전시켜서 감속기어를 통해 스플링클러를 알맞게 회전시킨다.
- 용도 : 깨끗한 원수의 이용시 유리하다.
- 장점 : 작동시 소음이 거의 없고, 가격이 충격식에 비해 저렴하다.
- 단점 : 모래나 이물질이 섞이지 않도록 주의해야 한다. 또한 구조가 복잡하여 고장의 발생 우려가 충격식에 비해 높다.

② 충격식(IMPACT TYPE)

- 작동원리 : 스프링클러 노즐에서 분사되는 물줄기의 충격에 의해 뒤로 밀렸다가 다시 돌아오면서 몸체를 치면서 스프링클러를 회전시킨다.
- 용도 : 튼튼한 제품으로 우리나라 실정에 맞는 타입이다.
- 장점 : 스프링클러 입구에서 노즐까지 물이 직통으로 흐르기 때문에 효율적이며, 모래나 작은 이물질이 섞여 있더라도 작동에 지장이 없으며, 그 적용범위가 넓다. 또한

왓슨이 설계한 해먹 비치의 컨서버토리는 진 해먹 비치 리조트에서 작년 11월에 개장했는데, 개울과 폭포, 그리고 조개껍질과 백사로 채운 140개의 벙커가 눈을 사로잡는다. 170야드의 파3홀로 아일랜드 그린까지 10층 높이의 고도차를 보이는 8번 홀에는 디지털 카메라를 갖고 가는 게 좋을 것이다.

구조가 간단하고 견고하여 고장이 거의 없다.

- 단점 : 작동시 충격에 의한 소음이 발생하며, 수압의 변화에 따라 회전 속도에 차이가 있다. 또한 가격이 기어식에 비해 고가이다.

2) 배관구성에 따른 구분

배관구성에 따라 여러 개의 헤드를 묶어 제어하는 BLOCK SYSTEM과 각각의 헤드를 개별 제어하는 VALVE IN HEAD SYSTEM으로 나눌 수 있다.

① BLOCK SYSTEM

- 구성 : 3~4개의 스프링클러를 BLOCK으로 묶어 1개의 전자밸브를 설치하여 제어하는 방식이다.
- 장점 : 관로의 안정성이 높으며, BLOCK내 이상 발생시 타지역의 관수가 가능하다. 또한 유지관리가 용이하고, 전선소요량이 적다.
- 단점 : 지역별 정밀관수가 불가능하다.

② VALVE IN HEAD SYSTEM

- 구성 : 전자밸브가 스프링클러 헤드에 부착되어 각자 개별 제어하는 방식이다.
- 장점 : 필요한 스프링클러만 작동시킬 수 있으므로, 지역별로 정밀 살수가 가능하며, 균등 살수가 가능하다. 다만 러프지역의 사각 발생이 적도록 구성되어 있다.
- 단점 : 각 스프링클러마다 CABLE JOIN BOX가 필요하고, 자연압 관수시 수압이 스프링클러까지 작용하고 있으므로, 관로 파손시 큰 피해가 발생할 우려가 있다. 또한 제어 케이블이 많이 소요되며, 차후 지반침하 및 복합공정으로 인하여 고장 발생빈도가 높으며, 시공 및 유지관리가 불편하다. 어느 특정부분 파손시 타지역의 관수가 불가능하다.

③ 기타

- V.I.H SYSTEM은 연못에서 직접 가압 관개하는 방식으로 코스가 주로 평지인 외국에서 많이 이용하고 있는 SYSTEM이다.
- 산악지형이 대부분인 국내 골프장에서는 대부분 BLOCK SYSTEM을 선택하고 있다.
- V.I.H SYSTEM은 초기 공사수행시 복합공정상 많은 관로가 파손되며, 준공후 지반침하로 인한 하자 발생시 타지역의 관수도 불가능해진다.
- 제어선이 길고 복잡하여 단선시 수리가 어렵다.

④ 국내사례

- V.I.H SYSTEM 설계 → BLOCK SYSTEM으로 설계변경 시공한다.
- V.I.H SYSTEM으로 시공했다가 BLOCK SYSTEM으로 재시공한다.
- V.I.H SYSTEM으로 시공했다가, 9홀 추가 시공시 BLOCK SYSTEM으로 공사하는 경우가 있다.

전자밸브의 선택

- 유량조절기능, 압력조절기능, 자체세정기능이 내장된 황동재질의 제품을 사용하는 것이 유리하다.
- 플라스틱 제품은 10년 이후는 문제가 발생한다.
- 자체 세정기능 : 전기적으로 작동되는 물이 깨끗한 물로 보내질 수 있는 스트레이너 기능을 한다.

배관설치 및 접합

- 관설치는 지형이 낮은 곳에서 높은 곳으로 향하도록 한다.
- 관설치시 축 경사를 주의하며, 관내의 공기가 완전히 빠질수 있도록 하며, 배수배출구로 향한 관은 최소한 1/100의 경사를 준다.

2007년 미국 LPGA 개막전이 열렸던 하와이의 Turtlebay 코스는 바다, 숲, 바람이 잘 조화를 이루고 있으며, 이 해안가에는 등푸른 거북이가 있어서 '터틀베이'라는 명칭을 갖게 되었다.

- 자갈이 많거나 암석이 많은 지대에서는 부등 침하가 일어나지 않도록 관 바닥면을 토사로 골고루 채워 돌이 받치거나 돌이 직접 닿지 않도록 한다. 반면, 연약지반에서는 관 받침목으로 충분히 받쳐 부등침하를 방지한다.
- 관설치 전에 관의 내부를 철저히 청소하고 설치 중단시에는 입구를 막아 물, 흙 및 기타 이물질이 입구로 들어가지 않도록 막아야 한다.
- 관을 터파기 바닥면에 놓은 후 각접합부나 경사가 잘못되었을 경우 관을 들어내어 터파기를 다시 하여 바닥면을 다듬어야 한다.
- 터파기 바닥면이나 기후 조건이 관설치에 부적합할 때에는 감독자의 승인 없이는 관을 설치해서는 안 된다.
- 관접합부는 설치되는 방향으로 설치한다.
- 관을 접합하기 전에 관 및 관의 접합부에 이물질이나 기름 등이 없도록 깨끗이 닦는다.
- PEM 파이프는 상용압력 10kg/cm^{2}에서 사용할 수 있는 수도용 단층관으로서 다음과 같은 성능을 갖고 있어야 한다.
  - 내구연한 : 50년이상
  - PEM 파이프의 온도별 파괴강도

- PEM 파이프 접합 : 직경 75mm 이상의 대구경은 융착접합, 직경 50mm 소구경은 나사 접합에 의하여 시공하도록 한다.

밸브류 설치

- 공기변 및 배수변은 계획 도면에 준하여 설치하되 현장의 배관 여건을 감안하며 사전에 감독자의 승인을 얻어야 한다. 특히 배수변은 구역내 가장 낮은 지점에 설치하되 배수된 물이 가장 가까이의 배수관까지 중력에 의하여 배수 또는 자연 침투할 수 있도록 별도의 조치를 한다.
- 각 밸브설치 개소마다 사전 감독자의 승인을 받은 밸브 보호상자를 설치하며, 최종 계획고와 일치해야 한다.

스프링클러 설치

- 팝업 스프링클러 헤드와 Q.C. 밸브는 도면에 요구된 대로 계획 위치에 수직으로 또 지면과는 수평으로 설치되어야 한다.
- 팝업 스프링클러 헤드와 Q.C. 밸브는 최종적으로 스윙조인트에 접속하여 설치할 때 반드시 배관의 이물질 등을 철저하게 씻어낸 후에 설치한다.
- 팝업 스프링클러 헤드의 보호를 위한 스윙조인트는 나사부의 부식방지와 외부의 충격으로부터 헤드를 보호할 수 있도록 원활한 스윙이 가능한 플라스틱 재질을 사용하며, 누수가 없도록 제작하여야 한다.
- Q.C. 밸브의 보호를 위한 스윙조인트는 나사부의 부식방지와 외부의 충격으로부터 Q.C. 밸브의 보호를 위하여 연재질의 부속을 사용한다.
- 전자밸브나 드레인 밸브, 에어벤트의 설치를 위한 분기는 PEM 융착 Saddle Tee를 사용하여 배관한다.

스프링클러 헤드 규격

- 케이스(CASE) : 강화플라스틱
- 몸체(BODY) : 강화플라스틱
- 연결구는 D25이며 각도 조절용은 30~340°의 조절이 가능하며, Inlet에 Filter가 있어야 한다.
- CHECK-O-MATIC 기능이 있어야 한다.
- 헤드의 사양

표 2 헤드의 기종별 압력, 유량, 살수 반경 및 각도 조절

사양 / 기종	압력 (kg/cm^2)	유량 (LPM)	살수반경 (M)	각도조절
734-52-34	4.2	81	19.5	360°
765-52-64	4.2	68.5	19.5	30°~360°

결선

- 케이블의 설치방법은 감독자와 협의하여 전선관식 또는 직매설식으로 한다.
- 케이블은 설치 전후에 강우 등 수중 피해 방지와 가능한 한 직사광선을 받지 않도록 보호하며 굴곡되지 않도록 각 연결 단말부에는 충분한 여유가 있도록 한다.
- 자동제어반 등의 접지 공사시 매설 및 배선 방법에 대하여는 전기 공작물 규정에 의한다.

펌프 스테이션(Pump station)

골프코스를 관리하는데 소요되는 관수량은 기후, 잔디종류, 토양의 보수성, 토양 물리성 등에 따라 다르다. 따라서 코스내의 특성을 감안하여 물탱크 용량을 산정하며, 일반적으로 갈수기 시 18홀 골프장의 1일 물 최대 사용량인 1,500~1,800톤(홀 당 약 100톤)을 수용할 수 있도록 만들어야 한다.

골프장의 관수를 위한 압력은 자연 수압을 이용하므로 펌프 스테이션은 골프장 부지 내에서 가장 높은 산 정상에 위치시킨다.

우리나라 골프장의 관개시설시 공통적인 문제점과 해결방안

원수공급의 문제

1) 원인

지하수의 이용이 유리하나 현재의 여건으로는 연못물을 혼용하는 것이 대부분이므로, 그

일본의 치바현 최대 어항 마을인 조시에 위치한 카밀리아 힐스 C.C.는 아기자기하게 잘 다듬어진 조경이 인상적이다.

린 관개시 병충해 등의 피해가 많다.

2) 해결방안 : 그린, 티 관로와 페어웨이 관로를 분리 시공하여 지하수는 그린, 티의 관개를, 연못물로는 페어웨이만 관개하도록 하는 방법이 있다.

스프링클러 헤드의 회전 불량

1) 원인

- 스프링클러의 적정사용압력이 미달할 때
- 스프링클러의 동시 작동수량이 많을 때
- 헤드의 높이가 지면보다 낮아 관개시 이물질이 유입될 때
- 잔디뿌리가 헤드내부로 들어갈 때

2) 해결방안

- 적정압력인가 확인하여 보완(가압펌프를 설치하거나 감압밸브를 조정)
- 관경과 가압펌프의 사양을 고려하여 동시 살수 수량을 결정
- 헤드의 높낮이 조절 및 헤드 주변 잔디 관리

스프링클러헤드의 누수

1) 원인

- 스프링클러의 헤드고무박킹 부분의 누수
- 전자밸브의 완전한 차단이 안될때

2) 해결방안

- 주관구간에 일부 스트레이너를 설치
- 전자밸브에 자체 세정기능(CP)이 내장된 제품을 사용

자동제어 설비의 오작동

1) 원인

- 초기 시공시 제어선 단선부분이 많고, 절연 상태가 불량할 때

2) 해결방안

- 단선부위를 조사하여 연결하고, 절연상태를 점검하여 완전한 밀봉상태가 유지될 수 있도록 하여야 한다. 제어선 내부에 습기가 발생한 구간은 구간별로 제어선을 교체한다.
- 컴퓨터식인 경우는 제어선을 2mm 단선으로 시공하고, 루프형식으로 묶어서 작동시키도록 한다.
- 제어선 교체시 또는 기존 코스 공사시 Ditch Witch 장비를 이용하면, 잔디공사를 하지 않고 시공이 가능하므로 코스잔디의 훼손을 최소화할 수 있다.

관로의 파손, 누수의 문제점

1) 원인

- 관로에 과다한 압력이 작용될 때
- 재질 선택의 잘못으로 노후가 빨리 이루어질때

2) 해결방안

- 과다한 압력이 작용되는 지점에는 감압밸브를 설치하여 보완
- 주관 물탱크 방출구 부분에 마스터 밸브를 설치하여 지관 개시 관로의 압력을 차단
- 재질 선택이 잘못된 부분은 부분적인 보수 교체가 필요

제6편 골프코스 조형 및 해저드

제 1 장

골프코스 조형 및 시공

1.1 조형의 방법 및 기준

조형

설계자와 컨설턴트의 아이디어를 반영하여 수준 높은 조형을 할 수 없다면, 아름다운 코스는 만들어질 수 없을 것이다. 그린과 벙커의 상세한 구현은 바로 설계예술의 초석이며, 도면에서 어떻게 보이는가 보다는 실제로 구현되는 3차원 면에서의 모습이 더 중요하다. 따라서, 설계자의 의도를 제대로 이해하고 컨설턴트의 자문내용을 반영하여 그것을 실행에 옮길 수 있는 조형기사를 찾고, 그와 좋은 유대관계를 가지는 것이 사업주 및 설계자로서는 절대적으로 필요한 부분이다.

1차 조형

조형(Shaping)은 단조로운 코스에 자연미와 원근감을 부여하는 조경적인 측면과 플레이시 경기적인 측면을 고려하여 이상적인 코스가 조성되도록 부지를 곡선으로 다듬는 작업을 말한다.

스코틀랜드의 언덕에서 '자연의 엄격함에 도전' 하는 것으로 골프 운동이 탄생한 이후, 골프코스 조형의 원칙은 반드시 자연미를 살린 언둘레이션(undulation, 기복)을 표현해야 한다. 또한 조형 작업에 따라 코스의 전략성과 난이도가 좌우되기 때문에 코스의 공간미 구성시 마운드의 위치 및 크기, 할로우(hollow)의 위치 및 크기, 그린의 경사, 벙커 수, 길이, 넓이 등을 고려하여야 한다. 조형 경관이라는 것은 일정한 시간과 특정한 장소에서 생성된 하나의 문화적 결과이고 4차원적 특성을 지니기 때문이다. 특히 코스의 경관은 티에서 그린을 향하여 조성되므로 조형의 효과도 그린을 향하여 원근감이 나타나도록 한다.

초벌 조형작업은 흙의 안정성을 꾀하면서 절토, 운반, 성토하는 작업으로 많은 토량의 경제적인 이동작업이다. 따라서 초벌 조성비용은 일반적으로 절 · 성토 작업에 의한 부피(m^3)로 계산하지만 조형비용은 면적(m^2)으로 계산된다.

아랍의 미래, 사막의 도시 두바이에 있는 몽고메리 리조트 코스의 18홀 그린주변은"사막과 바다, 그리고 골프"라는 훌륭한 관광상품을 만들어 내고 있다.

조형시 어려운 점은 설계자, 조형가, 발주자 등의 다양한 요구에 부응하여 섬세하고 아름다운 코스가 조성되도록 해야 한다는 것이다. 이들의 의견을 반영하고 조율하는 사람을 코디네이터(coordinator)라하며 코디네이터는 골프장에 대해 다양한 경험과 지식을 소유한 사람이어야 한다. 일부 골프장은 발주자의 요구만 일방적으로 반영하여 조형을 마무리하여 경기력 및 경관을 훼손시키는 사례가 있으므로 경험 있는 코디네이터가 적극 설득하고 조정을 해야 한다.

조형의 기능

조형은 골프코스 내에 자연미의 일종인 언둘레이션을 표현하는데 있다. 언둘레이션은 위치, 모양, 크기, 전략적 요소 등에 따라 다르다. 조형의 기능은 '구분한다', '가린다', '잇는다', '에워싼다' 는 4가지 기본적인 기능이 있다.

- 구분한다 : 각 홀간의 외부와 내부를 구별하는 산능선의 역할을 한다.
- 가린다 : A점에서 B의 동작과 행동 등이 보이지 않도록 마운드 등으로 차단한다.
- 잇는다 : 클럽하우스에서 홀의 티까지 연속적으로 조형을 하여 골퍼를 시각적으로 유도한다.
- 에워싼다 : 주차장, 관리도로, 배수처리 시설 등의 보기에 좋지 않은 시설물을 차폐한다.

아름드리 숲이 우거진 둔덕에 새소리, 바람소리뿐인 조용한 동네. 이른 아침 마을 시니어골퍼들이 끼리끼리 모여 티 오프를 기다리고 있는 서호주의 웸블리 코스

서호주의 웸블리 올드코스는 600년 된 유칼립스 거목과 함께 이 동네의 쉼터, 놀이터, 믿음의 광장이다. 천수를 누린 거목들이 하늘을 덮어서 코스를 계곡처럼, 첩첩산중 덮어 정글을 연상시킨다.

조형의 미적 가치

조형이 미적으로 이용될 수 있는 방법은 많지만 코스에서 주목할 만한 기능은 아래와 같다.

1) 동적 : 코스 내에 변화를 부여하여 움직임과 활기찬 느낌을 준다.
2) 시각조절 : 코스 내외의 좋은 풍경을 시각적으로 끌어당기거나 보이고 싶지 않은 부분을 감춘다.
3) 보완 : 코스 환경을 완성시키거나 마무리짓거나 이미 있는 환경을 보충해 준다.
4) 통일 : 본질적으로 다른 여러가지 요소를 결합시키고 통일성을 준다.
5) 강조, 전환, 유화, 존재 : 고유영역을 강조하고, 방향을 유도하는 역할을 하며 절 · 성토로서 기하학적인 요소를 부드럽게 하고, 시설물의 중요성, I.P 지점 및 거리를 표시한다.

조형의 3대 원리

1) 다양성(diversity)

자연의 다양성처럼 코스 내 다양함을 부여하기 위해 벙커, 연못, 마운딩, 절 · 성토 등을 같은 모양으로 조형해서는 안되며 식재에 있어서도 계절적 다양함을 발휘할 수 있도록 조형한다. 특히 홀을 위아래 방향으로 경사를 주어 원근감 및 플레이의 다양성을 부여하고 할로우를 통하여 원활한 배수가 되게 한다.

2) 원근감(perspective)

원근감은 평지에서 롱홀을 배치할 경우, 심리적인 피로감을 줄이고 웅장한 조형을 위해 많이 이용된다. 원근감을 표현하기 위해서는 조형시 조형선이 도로와 같이 일직선이 되지 않도록 해야 한다. 또한 고궁의 돌을 일정하게 배치해 놓듯이 등간격이 되지 않도록 한다. 특히 원근감을 극대화하기 위해서는 수목을 활용한다. 일례로 티 주변에는 진한 수목을 조밀하게 심거나 그린 주변에 연녹색의 수목을 군식하여 홀 주변에 농담(濃淡)이 나타나도록 한다면 원근감 있는 웅장한 경관을 얻을 수 있다.

3) 아이스톱(eye stop)

아이스톱이란 산, 암석 등의 지형이나 지물, 클럽하우스, 교량 등의 건축물 등으로 시선을 끌어들이거나 고정되는 지점을 의미한다.

따라서, 조형시 홀내 골프의 시선이 집중될 수 있도록 아이스톱을 설치하며 방향성과 목표가 명확해지도록 조형을 한다. 이는 명확한 방향성과 목표가 골퍼에게 안도감을 주기 때문이다.

조형이 필요한 지역

- 표면배수를 위한 할로우 지역
- 해저드의 의미를 가진 마운드가 필요한 지역
- 자연의 위험지역과 조화가 필요한 지역
- 수목 식재 지역에 복토가 필요한 지역
- 분리를 위한 마운드가 필요한 지역
- 구조물과 조화 및 시각적인 고려를 위해 마운드가 필요한 지역
- 평평한 지역

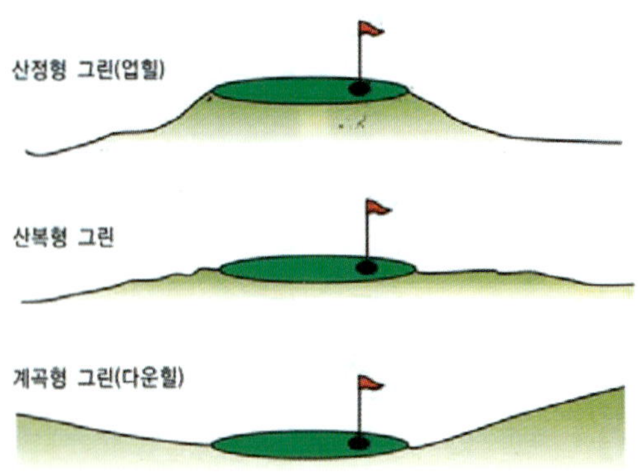

지형에 따른 그린의 종류

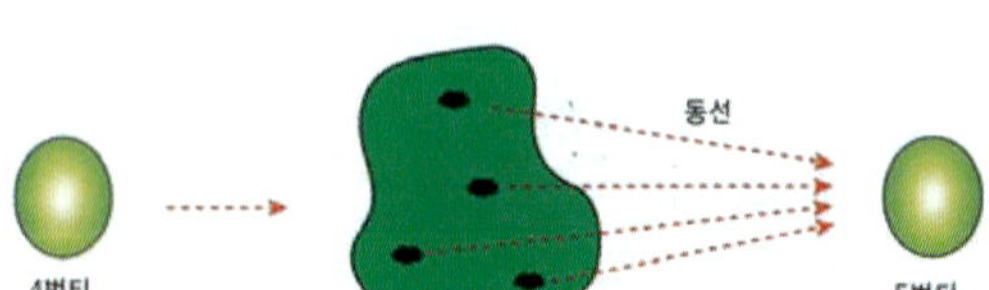

홀컵의 위치에 따라 퍼팅 후 그린 위에서 동선이 분산되는 그린 모형(○)

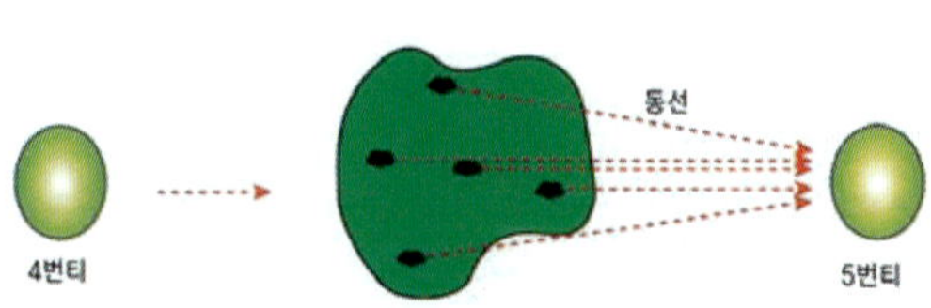

그린 위에서 동선이 집중되어 답압 피해가 예상되는 그린 모형(×)

코스 조형에 고려해야 할 조건

조형의 일정한 원칙은 없으나 좋은 샷을 할 수 있도록 조형을 하기 위해 다음과 같은 조건이 고려되어야 한다.

- 자연환경에 조화되어야 한다. 골프장은 거대한 자연 속에 하나의 작은 자연을 조성하는 일이므로 이를 고려하여 조형한다.
- 조형은 티로부터 그린을 향해 웅대한 무대와 같은 조형 효과를 나타내도록 하며 같은 코스가 생기지 않아야 한다. 단조로운 조형은 골퍼들의 흥미 유발이 어려우며 식상한 코스로 골프장 이미지를 떨어뜨리는 원인이 된다.
- 각 홀마다 개성 있는 조형으로 골퍼가 다양한 전략으로 코스를 공략할 수 있

도록 하고 새로운 홀에 대한 기대감을 가질 수 있도록 한다.

- 배수를 위한 할로우를 고려한다. 우리나라의 경우 장마가 잦아 원활한 배수가 되지 않는 골프장의 페어웨이는 침수피해를 입거나 장비의 진입이 어렵기 때문에 적기 잔디 관리가 곤란해서 많은 문제를 야기한다.
- 해저드의 역할을 할 수 있는 마운드를 만든다.
- 자연적인 해저드와 조화될 수 있도록 한다.
- 기존 수목과 조화를 이룰 수 있도록 조형을 한다.
- 홀간을 구별하기 위해 마운드 조형과 수목을 이용한다.
- 직선이 없는 사형(뱀 모양) 조형을 한다.
- 조형이 마감된 표면의 토사는 양질토로 마감하고 6cm 이상의 토석 및 이물질은 모두 제거하여야 하며 불량토사는 하층부에 시공한다.

기존 경관과 홀의 조형방법

골프장 부지가 가지고 있는 지형을 충분히 활용하고 주변 지형의 아름다움을 차용(借用)하여 그 골프장 나름의 분위기를 연출하는 것이 필요하다. 예를 들어 짧은 홀인 경우, 그린이 멀리 보이도록 주변 경관, 자연물 등을 활용하는 것이 우수한 조형 테크닉이라고 할 수 있다.

1) 기존의 우수한 자연물이 있는 홀의 조형

기존의 연못, 개울, 거목 및 수림 등이 그린 주위에 있는 경우 우수한 자연물이 홀 안으로 유도될 수 있도록 조형을 한다. 이런 곳은 숏홀을 배치하기 적당한 곳이다.

2) 특별한 자연물이 없는 홀의 조형

특별한 자연물이 없는 홀은 주위의 우수경관을 차경하는 수법을 사용하거나 그린 옆에 상식 밖의 크고 깊은 벙커를 설치하거나 연못의 한 가운데에 그린을 배치함으로써 홀의 단조로움을 극복할 수 있다. 이런 곳은 미들 홀을 배치하기 적당한 곳이다.

3) 대지 형태에 준하는 조형

골프코스 부지의 경계선과 지형에 의해 한정된 대지 자체의 모양에 따라 조형하는 수법이다. 이런 곳은 롱홀을 배치하기 적당한 곳이다.

홀 구성요소별 조형 기술

계획부지 내 홀을 배치하여 1차 조형을 마치면 반드시 시험 라운딩을 통하여 홀의 문제점을 분석하고 위치를 수정 보완해야 한다.

1) 그린

- 18홀 중 난이도가 높은 해저드 주변의 그린 조형은 너무 복잡하지 않도록 부드럽게 한다.
- 표면의 다짐을 완벽히 한다.(발자국이 생기지 않을 정도로 물과 롤러로 다짐, 그린 조성 후 1~2개월 후 파종하는 것이 좋음)

거목들이 쓰러져 이끼가 파랗게 끼어 있기도 하고 깊은 계곡에 아침 햇살이 살포시 드리우는 웸블리 코스는 고풍스럽고 조용한 동네에 어울린다.

- 골프장의 운영방침에 따라 언둘레이션을 조절한다. 이는 그린의 경사가 급하면 경기 진행 속도가 느리기 때문이다.
- 그린 주변의 급경사로 공을 잘못 쳤을 경우, 공이 뒤로 굴러가지 않도록 한다.
- 플랫트(flat)형 그린으로 설계된 경우 주변 경관에 신경을 써서 단조로움을 해소한다.
- 다운 힐(down hill)형 그린은 그린이 한눈에 보이므로 주변 경관과 조화롭게 구성되도록 한다.
- 업힐(up hill)형 그린은 그린의 형상이 티에서 보이지 않으므로 100yds 앞에서는 그린의 모양이 보이도록 한다.
- 표면 배수를 고려하여 1% 이상의 경사를 준다.
- 계곡형 그린은 주위의 표면수가 유입되지 않도록 하고 빠른 그린을 유지하기 어려운 단점이 있으므로 유의한다.
- 그린의 모양은 퍼팅 후 다음 홀로 이동시 동선이 분산될 수 있도록 한다.

2) 티

- 티의 단면은 높이가 낮고 턱이 완만하도록 한다. 높이가 높으면 잔디에 힘을 주고 밟으므로 손상이 매우 심하기 때문이다.
- 선행 골퍼에게 방해가 되지 않는 장소에 나무를 식재할 수 있는 공간을 준다.

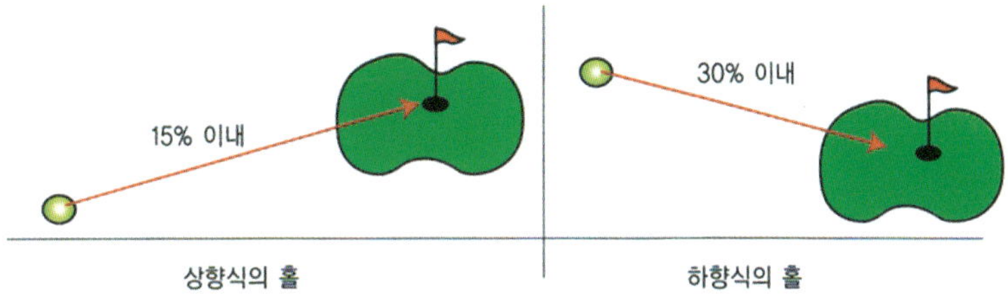

지형에 따른 페어웨이의 이상적인 경사

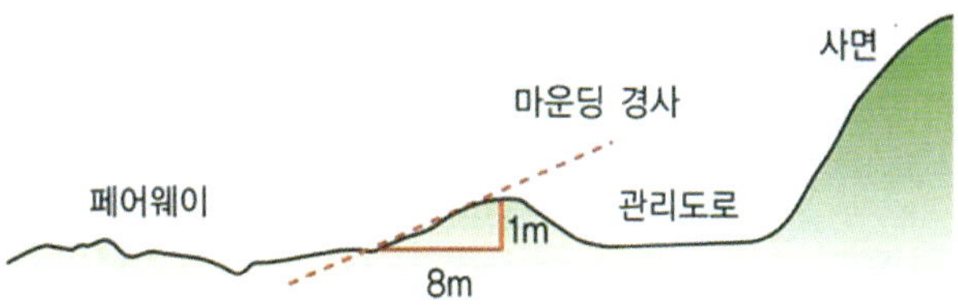

페어웨이와 연결되는 도로 주변의 마운딩(1 : 8 경사)

- 티의 마운딩은 잔디깎기시 장비의 회전이 용이하도록 한다.
- 챔피언 티, 레귤러 티, 레이디 티 등을 분산 배치하여 레귤러 티에서 티샷 후 이동시 선행티를 밟지 않도록 한다.
- 카트 도로와 티 사이는 가능한 한 짧게 하여 잔디의 피해를 줄인다.

3) 페어웨이

- 티로부터 전방 120cm 정도 떨어진 지점부터 조형을 한다.

두바이에서 전형적 사막코스의 진수를 맛볼 수 있는 아라비아 랜치스 G.C.는 코스의 잔디와 조경관리를 위해 매일 500만 리터 이상의 바닷물을 담수처리한 물이 필요하다.

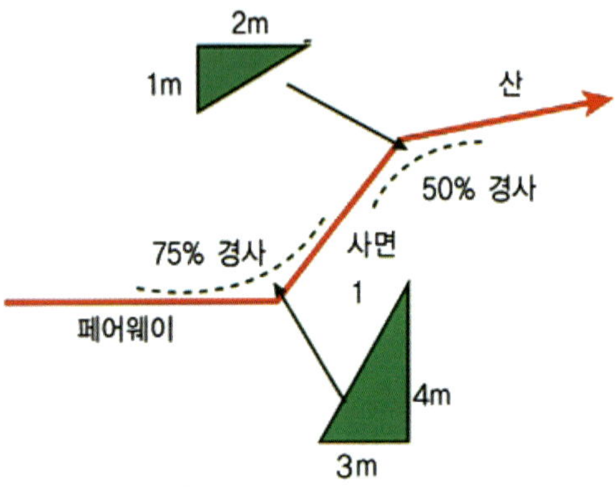

사면의 하단부 및 상단부의 절토 각

- 성토부에 계곡이 있는 경우 마운딩을 한다.
- 지그재그의 사형 곡선을 사용하여 조형을 한다.
- 할로우의 흐름이 계속 연결되도록 조형을 한다.
- 배수를 위한 집수정은 페어웨이 밖에 설치한다.
- 배수로의 조형선은 가능한 짧게 한다.
- 페어웨이의 종단 경사가 하향일 때 경사율은 30% 이내로 한다.
- 페어웨이의 종단 경사가 상향일 때 경사율은 15% 이내로 한다.
- 페어웨이가 관리통로와 연결되는 부분의 마운딩 비율은 1 : 8 또는 1 : 10 정도로 한다.

페어웨이를 벗어나 숲에 들어가면 로스트 볼이 되든가 언플레이블을 선언할 수 밖에 없어서, 일명 도박의 코스로도 유명한 웸블리 올드 내지옥의 코스다.

용추폭포는 높이 5m 정도의 작은 폭포, 흐르는 물이 구슬같이 흰 바위들과 어울려 물이 흐른다기 보다는 바위가 흐르는 모습. 이 기암괴석을 이름하여 와룡추라 하듯이 흡사 하늘에서 내려 온 용이 누워 있는 형상이다. 지금도 가끔씩 용녀가 내려와 목욕을 한다고 믿어지고 있을 정도로 신비로운 분위기 연출. 골프장에 도입하면 일품일 듯 하다.

4) 벙커

- 골퍼가 쉽게 볼 수 있도록 조형을 한다.
- 페어웨이의 물이 흘러 들어가지 않도록 조형을 한다.
- 그린 벙커는 그린 쪽을 높게 마운딩하고 반대편은 낮게 조형을 한다.

5) 사면

- 사면의 위쪽 가장자리는 둥글게(rounding)한다.
- 사면의 하단부는 라운딩으로 처리하며 밑변과 높이의 비율을 3 : 4로 유지한다.
- 비정형적으로 조형 및 절토를 한다.
- 사면의 높이가 높을 경우는 단을 나눈다.

6) 할로우(잔디 수로, Hollow)

- 러프내에 있는 할로우는 잔디가 길게 자라므로 4~5%의 경사를 유지한다.
- 가능한한 모든 할로우는 연결이 되도록 한다.
- 할로우의 끝은 맨홀과 연결이 되도록 한다.
- 배수시설이 없는 러프의 경우 빗물이 페어웨이로 들어오지 못하도록 할로우 조형을 한다.

7) 마운드(Mound)

- 마운드 조성 위치는 설계도면에 표기된 곳으로 한다.
- 마운드 조성에 사용하는 흙은 양질의 흙을 사용한다.
- 부등 침하가 발생하지 않도록 다짐을 한다.
- 마운드는 우수의 흐름이 정체되지 않도록 한다.
- 마운드는 등간격이 되지 않도록 한다.
- 페어웨이 할로우의 양쪽 고저차는 5m 이내로 한다.

2차 조형

- 1차 조형 후 최종점검을 실시한다.
- 예비 라운딩 후 경기장의 문제가 되는 곳을 보완한다.
- 배수가 문제되는 곳을 재정비한다.
- 관리상 문제되는 곳을 유지 · 관리가 용이하도록 수정한다.
- 경관상의 문제되는 곳을 아름답고 주변과 조화스럽게 조형한다.

제 2 장

골프코스 해저드

2.1 벙커

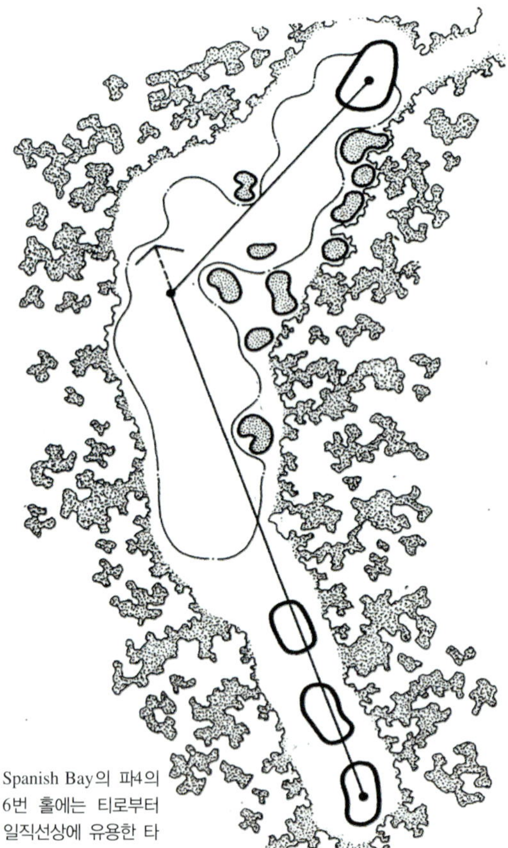

Spanish Bay의 파4의 6번 홀에는 티로부터 일직선상에 유용한 타깃 벙커가 있다.

모래와 물은 골프의 전통적인 장애물이다. 골프 자체가 맨 모래가 여기저기 있으며, 크고 작은 시냇물이 흔한 스코틀랜드의 모래밭 링크스 코스에서 발전했기 때문이다. 인공적으로 만든 코스에서 워터 해저드의 수는 제한적이고 벙커가 주 장애물인 이유는, 벙커가 자연적인 모든 코스에서 사용되었고, 만들기 쉽고, 상대적인 벌타의 가치 때문이다. 오늘날 뮤어필드나 세인트 앤드류에서 발견할 수 있는 자연적으로 만들어졌던 벙커의 흔적은 "항아리 벙커(pot bunkers)"들로, 많은 경우에 뗏장을 겹겹이 쌓아 만들어진 것들이다. 그러나, 초기의 벙커는 동물들이 긁고 파서 만들어진 맨땅이 바람에 의해 넓혀진 모래밭이었을 뿐이었다. 그 후, 규격화된 골프장이 만들어질 때 홀의 재미를 더하기 위해 벙커는 필요한 요소로 인정되었고 건설 및 관리를 위한 다양한 방법이 동원되었다. 가장 흔한 두 가지 방법으로는 언덕의 경사진 곳에 모래를 뿌려놓는 방법과 잔디나, 뗏장, 또는 철로 버팀목 등을 만들어 특정지역을 제한적으로 모래가 있도록 만드는 것이었다. 현대의 설계자들이 링크스 코스에 있는 벙커들을 흉내내어 만드는 것은 벙커의 발생과 역사를 비추어보면 당연한 결과라 할 수 있다.

Bobby Jones는, "워터 해저드에 빠지는 것은 비행기 추락사고와 같아 그 결과는 말 그대로 끝이다. 그러나 벙커에 빠지는 것은 자동차 사고와 같아 회복의 기회는 주어진다"라고 하였다.

벙커들은 골프코스에서 가장 중요한 조형물이라고 말할 수 있다. 골프가 발생한 스코틀랜드를 되돌아 보면, 나무가 있기 전에는 코스에서 가장 중요한 전략적 조형물이 바로 벙커들이었다. 다른 뚜렷한 조형물이 없는 상황에서 골프의 재미를 더하기 위해 가장 중요한 역할을 벙커가 한 것이 사실이다. 벙커에 대한 모든 것, 어디에 어떻게 배치되었는가? 얼마나 큰가? 경사는 얼마나 심한가? 그리고 탈출을 위해 요구되는 기술 수준은 어느 정도인가? 등은 중요한 사항이었다. 오늘날 벙커는 장애물로서의 역할 이상을 가지고 있다.

전통적으로 벙커는 샷 밸류를 만들어 내는 동시에 홀을 공략하기 위한 전략수립에 영향을 주기 위해 사용되었다. 이런 전략적인 역할과 동시에 미적인 면을 부가시키고, 페어웨이의 착지점과 그린 설정을 구분하기 위해서도 사용되었다. 요즘에는 환경적인 문제를 해결하기 위해 사용되기도 하는데, 특히 코스 내의 환경적으로 민감한 생태지역을 분리하는 완충지 역할을 하기도 한다.

우리가 목표로 하는 다양성, 독특함, 그리고 아름다움을 계속 창조하기 위해서는, 문제를 해결하기 위한 또다른 방법을 지속적으로 찾아야만 한다. 많은 골프장들이 미적인 이유, 장애물로서의 역할, 그리고 구조물들의 구분을 위해 백개가 넘는 벙커들을 가지고 있는 경우도 많다.

벙커의 형태

알파벳 순서에 따라 여기에 8가지의 벙커 형태와 그들의 경기 특징이 있다. 똑같은 벙커가 별명을 제외하고 때때로 2~3개의 다른 벙커 형태로 분류될 수 있음을 기억하여야 한다.

1) 캐리 벙커(Carry Bunker, 건너뛰는 벙커) : 이 벙커는 페어웨이 쪽으로 일부 뻗어 나와 보통 평평하거나 낮게 놓여 있는 벙커로 골퍼들은 바로 이 벙커를 넘어갈 수가 있다. 비록 캐리 벙커가 어려워 보일지라도 그것은 항상 좋은 착륙지역에서 충분히 멀고 또 뛰어 넘기 쉽게 위치되어 있다. 비록 이런 벙커에 빠지더라도 평평하고 호의적인 라이 덕택에 상대적으로 탈출이 쉽다. 일단 캐리 벙커를 만났다고 생각되면 이 모래 구조물에 대해 심하게 걱정할 필요는 없다. 이런 형태의 벙커는 도그레그(dogleg, 구부러진 형) 홀의 안에서 자주 볼 수 있다.

2) 콜렉션 벙커(Collection Bunker, 모아주는벙커) : "욕조"벙커 또는 "모임"벙커로 알려져 있으며, 주위 지형이 볼을 벙커로 모아 가도록 되어 있을 경우 생긴다.

   콜렉션 벙커는 한 분대의 병사를 수용할 정도로 크고 깊은 군사 벙커와 비슷한 대형 벙커처럼 매우 깊을 수 있다. 이런 형태의 벙커에는 보통 앞쪽에 높은 담이 있어서 빠져 나오려면 뒤나 옆으로 경기를 해야 한다.

   콜렉션 벙커는 일반적으로 아주 벌칙적(penal)이라서 이를 피해가기 위해 온 힘을 다해야 한다. 다시금 여기에서도 샷을 정확히 결정하기 위해서는 벙커의 타입을 판단하는 것이 중요하게 된다. 이런 분석을 잘하지 못하면 재난을 불러들이는 격이다. 콜렉션 벙커에 빠

생츄리 코브 골프클럽은 퀸즈랜드 주에서 가장 경치가 아름다운 생츄리 코브에 위치한 골프장으로 호주 최고의 골프 코스중 하나로 손꼽힌다.

질 경우에는 빠져 나오는데 가장 좋은 샷을 하도록 하라. 홀쪽으로 볼을 굴리는 것은 부차적인 문제가 된다.

3) 데퍼니션 벙커(Definition Bunker, 정의 벙커) : 설계자는 주로 티로부터의 착구지역이나 파5홀에서 2번째 샷의 착구지역, 또는 그린 같은 목표 지역을 부각시키기 위해 이런 형태의 벙커를 이용한다. 데퍼니션 벙커의 난이도는 매우 다양하다. 입구가 날렵한 깊은 벙커를 탈출하는 것은 얕은 벙커에서 하는 것보다 훨씬 더 어려운데, 일반적으로 벙커 난이도는 필요한 샷의 길이와 타입, 또 페어웨이와 관련한 위치에 따라 정해진다. 데퍼니션 벙커는 가장 자주 볼 수 있는 형태이다.

또한 데퍼니션 벙커는 특히 그린으로의 어프로치 샷 같은 솟구치는 샷을 할 때 거리를 판단하는데 도움을 줄 수 있다. 이런 경우에 벙커는 깊이에 대해 정보를 준다. 요령은 깃대의 얼만큼이 보이는지를 연구하는 것이다. 깃대의 대부분을 볼 수 있다면 그것이 벙커에 매우 가까이 있다는 것이고, 만약 그렇지 않다면 깃대가 그린의 훨씬 뒤쪽에 위치할 수 있으므로 이런 부가적 거리를 고려해 샷 선택을 조정할 수 있다.

4) 디렉셔널 또는 타깃 벙커(Directional or Target Bunker) : 잘 설계된 홀에서는 종종 샷을 해야 하는 선 또는 방향을 밝혀 주기 위해 벙커를 이용한다. 때때로 가장 장타의 골퍼들 이외에는 닿을 수 없어 의미 없어 보이는 페어웨이 벙커를 끼워 넣기도 하는데, 이는 겨냥 시에 이정표로 사용하기 위함이다. 이런 수법은 골퍼들에게 홀이 흘러가는 형태에 대해 감을 더 주기 위해 구부러진 홀에서 흔히 사용된다.

5) 페이스 벙커(Face Bunker) : 그린 콤플렉스의 일부로서 이 벙커는 그 얼굴을 다가오는 골퍼에게 항상 보여준다. 전략적으로 이 벙커는 위장을 위한 것으로 그린의 실제 거리를 숨기는 역할을 한다. 그것이 유발하는 어려움의 정도는 그"얼굴"의 각도에 따라 틀려진다. 경사가 더 가파를수록 벙커는 더 어려워진다. 그 전방 쪽에 내리막 경사가 있는 페이스 벙커는 어렵고 때로는 샷을 치기 불가능하게 만든다.

6) 팟 벙커(Pot Bunker, 항아리 벙커) : 작고 둥근 모양의 벙커는 보통 양편이 매우 가파르기 때문에 탈출을 위해서는 상당히 솟구치는 샷을 해야 하고, 골퍼가 몸을 두기에 비좁은 벙커 내의 공간으로 인해 회복 샷이 상당히 어렵다. 팟 벙커는 오래된 링크 코스에 흔하고 또 요즘 설계자들이 크기와 깊이 면에서 강화된 이런 벙커를 많이 만들고 있기 때문에 최신 코스에서 주로 많이 볼 수 있다. 전 세계적으로 가장 유명한 팟 벙커 중 하나는 파인 밸리의 10번 그린의 앞 쪽을 막고 있는 벙커이다. 이 벙커는 너무 가파르고 깊어서 경기할 수 없을 정도의 라이가 많다. 보통 탈출을 위해서 매쉬로 5~6번의 스윙이 필요할 정도다.

7) 세이빙 벙커(Saving Bunker, 구원 벙커) : 훨씬 더 나쁜 운명에서 구해줄려고 설계된 벙커로 이 벙커는 그 날 하루를 구해준다. 예를 들어, 캘리포니아 미션 비조의 비조 컨트리 클럽의 520야드 파5의 14번 홀의 벙커는 잘못 친 샷이 가파른 언덕에서 굴러

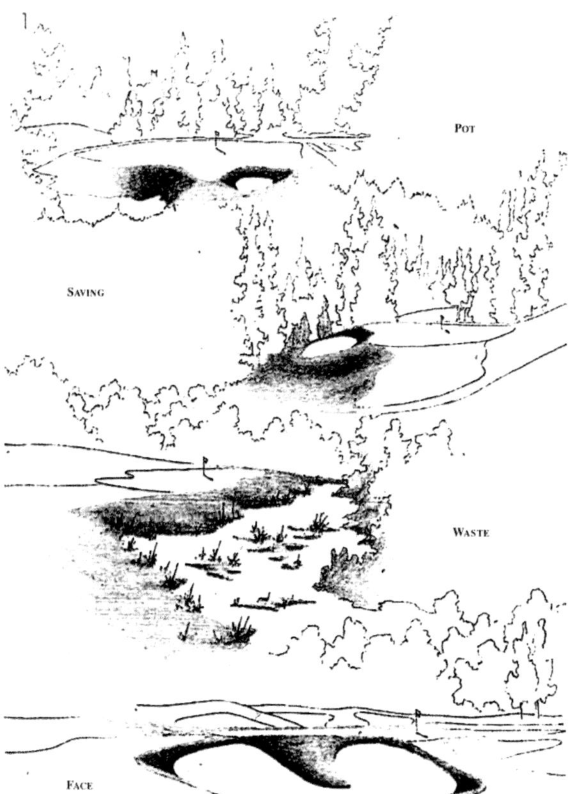

Pot, Saving, Waste, Face 벙커는 각각 특성이 다르며 샷을 선택하는데 있어서 이들의 경기적 특성을 이해하는 것이 가장 중요하다.

떨어지는 것을 막기 위해 만들어졌다. 믿거나 말거나, 설계자들이 벙커를 만들 때 순전히 새이비스트가 되는 것은 아니다.

종종 세이빙 벙커는 심한 경사나, 물 경계 밖 지역, 뒤쪽 끝에 문제거리가 있는 그린 뒤 등에 위치한다.

매우 벌칙적인 지역에 근접해 위치한 세이빙 벙커를 찾아보라. 그러면 당신은 설계자가 "문제 거리가 기다리고 있으니 이 지역을 피하시오"라고 말하고 있다는 것을 알 수 있을 것이다. 또한 당신은 차라리 벙커 속 모래가 다른 문제거리보다 훨씬 더 우호적이라는 것을 인식해야 하며 이 정보를 샷 선택에 고려해 넣도록 하라.

마찬가지로, 그린이 멀리 흘러가도록 뻗쳐 있는 심한 측면 경사 위에 솟아 있을 경우, 샷을 잘못 쳤거나, 클럽 선택이 잘못 됐거나, 너무 짧게 볼이 착륙하는 등의 경우에 공이 언덕 바닥으로 굴러가는 것을 막기 위해 벙커를 하나 만들어 둘 수 있다.

8) 웨이스트 벙커(Waste Bunker, 황무지 벙커) : 길고 대부분 평평하며 낮게 위치해 있는 웨이스트 벙커는 땅이 단단하며 그 측면이나 사방에 자연 초목이 둘러싸고 있는 경우가 많다. 보통 웨이스트 벙커는 길이가 50야드 이상씩이며 페어웨이의 상당 부분을 방어한다. 때때로 그 중심부에 작은 섬 같이 튀어 나온 곳이나 드문드문 반도 같은 지역이 있어서 특이한 라이가 생기게 된다. 대부분의 경우에 모래는 다져져 있어, 잘 관리가 되어있을 경우에는 탈출하기가 좋다. 만약 웨이스트 벙커 안에 떨어 졌을 경우 비결은 장거리 샷을 하려면 공을 모래에서 깨끗이 덜어내도록 하는 것이고, 짧은 샷을 하기 위해서는 강타를 날리기 보다는 칩샷을 하는 쪽이 낫다. 웨이스트 벙커는 또한 장애물과 함께 있어서 더 나쁜 결과를 당하지 않도록 보호해 준다.

군산C.C.는 전체 코스면적의 36%가 호수로 국내에서는 유일하게 외국 골프장과 같은 호수 위에 떠있는 골프장을 연상케 하고 있으며, 클럽하우스에서는 서해안 일출과 일몰을 감상할 수 있는 등 자연적 배경도 뛰어나다.

웨이스트 벙커와 혼동해서는 안되지만 매우 관련되어 있는 것으로 웨이스트 지역(waste areas, 황무지)이라는 것이 있다. 이것들은 모래와 자연적인 초목과 원래 거기에서 자라고 있던 식물들이 결합되어 있는 지역이다. 웨이스트 지역은 엄밀히 말해 해저드는 아니지만 페어웨이를 가로지르거나 한 홀의 전 길이를 둘러싸거나 하면서 골프 코스의 많은 부분을 방어하는데 효과적으로 이용될 수 있다. 거의 사후 관리가 필요하지 않으며 또한 초기 전통적인 링스크 코스에서 특이하고 어려운 라이를 많이 만들어 냈다. 이런 지역의 불확실성 때문에 만회 플레이는 다양한 문제거리에 직면하게 되므로 웨이스트 지역은 극히 주의하여서 접근해야 한다. 이 장소에서"의심스러우면 웨지로 쳐 내라"라는 오래된 격언은 정말 들어맞는다.

점점 더 오늘날의 설계자들은 풀 웅덩이와 습지를 코스 안에 집어넣고 있다. 이런 것들은 모래만큼 눈에 띄지는 않으면서 종종 특이한 스탠스와 라이를 만든다. 풀로 된 벙커나 습지가 모래 벙커 보다 쉬워 보이긴 해도 특히 전문 경기자에게는 실제로 훨씬 더 어려울 수 있는데, 그것은 이런 풀이 보통 러프 정도의 길이이므로 공의 조절이 훨씬 더 어렵기 때문이다. 그러므로 모래 벙커가 그 홀에 없다고 해서 완전히 자유라고 생각하진 말아라. 눈에 덜 띄지만 잠재적으로는 훨씬 더 치명적인 이러한 지역을 주의 깊게 찾아보아야 한다.

벙커의 위치

"장애물을 어디에 두어야 할지에 대한 질문은 너무나 광범위한 주제이지만, 기본적인 원칙은 강조하고 싶다. 즉, 어디에 위치하든 불공정하지 않다는 것이다. 골퍼가 공을 보내고 싶은 가장 좋은 위치에 장애물이 설치되었을 때가 가장 재미있는 상황이 된다. 왜냐하면, 이 때는 그 장애물을 극복하든가 아니면 피하든가의 결정과 실행을 하여야 하기 때문이다."

1) 골프의 초창기에는 이미 형성된 벙커를 중심으로 다른 홀들이 그 주위에 만들어 졌다. 최근의 골프장 건설에서는, 코스의 특성을 강조하기 위해 설계과정에서 특별한 위치에 벙커를 설치하게 되었다. 사실, 벙커는 홀의 재미를 더하기 위해 필요하다고 판단되면 어디에도 쉽게 추가할 수 있는 장애물이 되었다. 벙커는 다양한 목적으로 설치되는데, 특별한 실수에 대한 벌칙을 주기 위해 만들어지거나, 또는 더 심한 장애에 빠지는 것을 막아주기 위해서도 설치할 수 있다. 예를 들어, 협곡의 가장자리에 만들어진 벙커는 협곡에 빠질 수 있는 샷을 막아주는 역할을 할 수 있다. 반쯤 가려진 샷의 방향을 지시하거나, 두 개의 홀이 합쳐지는 지역으로 공을 날리지 못하게 하기 위한 목적 등의 시각적인 목적으로 벙커를 만들 수도 있다.

   시각적인 효과를 위해 만들어진 벙커는 오해를 불러일으키거나 이상하게 보일 수도 있다. 최근에는 홀의 방향을 바꾸기 위해 보통 도그레그의 바깥에 위치한 둔덕에 넓은 벙커를 많이 활용한다. 그러나 이와 같은 거대한 벙커를 설치할 경우에는 골퍼가 이를 극복하기 위해 심혈을 기울이도록 설계되어야 하는데, 단지 방향을 바꾸기 위해서라면 뭔가 이상하다. 홀의 바로 정중앙에 벙커가 위치하기 때문에, 홀을 공략하기 위해서는 벙커를 넘기든가, 아니면 멀리 돌아가야만 하게 되어 있다.

이것이 바로 벙커의 기본 가치이다. 즉, 어떤 방향으로 공략할 것인지를 선택하는데 결정적인 영향을 미치고 장애물에 주의를 기울이지 않으면 손해를 보게 만드는 것이다. 반면, 기본적인 가치를 만족시키기 위해 중요하게 고려되어야 할 사항은 수준에 따라 비거리가 다르다는 사실이다. 모든 수준의 골퍼들에게 모든 경우에 영향을 미치도록 벙커를 만들 수는 없기 때문에, 벙커 위치를 결정할 때는 몇몇의 골퍼들에게 몇몇의 상황에서 영향을 미치도록 할 수 밖에 없다. 대부분의 사람들이 선택하는 방향으로 벙커를 설치하면 흥미를 더하기 위한 목적으로 인정될 수 있다. 단, 모든 홀에서 티에서부터 일정한 거리에 위치시켜 특정한 골퍼에게만 불이익을 주지 않도록만 한다면. 근대의 전략적 코스 설계의 기초가 된 사실은, 보통의 골퍼는 자기 스스로 문제를 만들고, 티에서 100에서 200야드 떨어진 곳에 벙커를 만들어 두면 이들을 더욱 곤란하게 만들 수 있다는 것이다. 그러나, 이 법칙을 그대로 따라 만드는 경우에는 다른 수준의 골퍼에게는 지루하게 느껴진다. 모든 골퍼들이 골프의 흥분을 느껴야 한다.

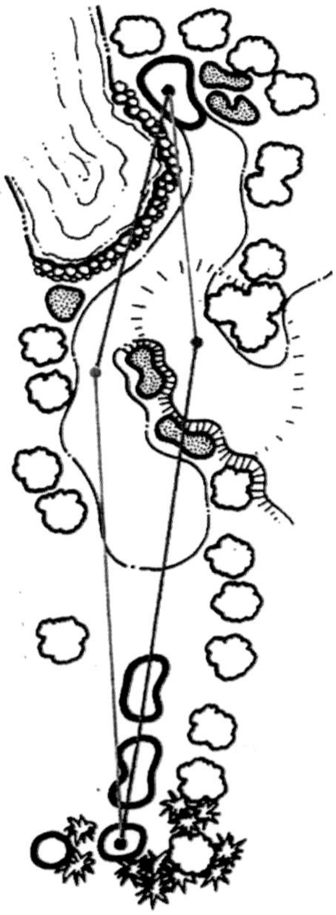

Windsor의 파4의 18번 홀의 센트럴 벙커형은 착륙지역에서 별개의 teeing option을 제공한다.

2) 벙커 배치에 대한 초기 이론들은 벙커를 골퍼가 그린으로 근접해 가는 것을 대충막는 "벽"과 같은 것으로 보았다. 시간이 흘러 벙커는 부정확하거나 약하게 친 샷을 붙잡는 잘 배치된"덫"으로 여겨지게끔 되었다. 해저드의 배치는 3가지 요인에 의해 영향받게 되었는데, 오늘날 경기자들의 샷 거리가 늘어난 점, 전문가와 중급자와 초급자 각각을 시험할 수 있는 코스를 만들고자 하는 좋은 설계자들의 욕구, 적절히 배치되고 설계된 벙커의 시각적 효과가 경기 경험에 미치는 영향 등이 그것이다.

설계자가 어떤 개념을 갖고 당신에 도전하고 있는지를 생각해 볼 때는, 코스 위의 일반적인 벙커 배치를 분석하는 것부터 시작하라. 종종 이런 접근이 전 라운드를 통해 이용할 수 있는 전략을 세우는데 도움이 될 것이다. 예로, 스페니쉬 베이에서 설계자는 스코틀랜드 전통에 따라 링크스 코스를 설계했다. 여러 개의 벙커를 배치하여 경기자가 공을 바로 그린 근처로 날리도록 유도하는 현대적인 그린 방어 이론과는 상반되게도, 10개의 홀에 벙커는 그린 근처의 한개 밖에 없다. 스페니쉬 베이에서 공중에 뜬 샷이 항상 퍼팅 지역에 착륙하지 않도록 그린을 딱딱하게 만들었다. 다음으로, 굴러 오는 샷을 불러들이기 위해 입구를 열어 놓았지만, 또한 성공하기 위해서는 적당한 각도에서 공을 목표지점으로 바운드해야만 하는 지형물을 만들어 두었다.

그러나 스페니쉬 베이는 페어웨이 착륙지역 내와 그 주변을 따라 수많은 벙커 형태가 있다. 즉, 스페니쉬 베이는 4개의 홀에서 중앙 벙커 형을 이용하고 있고 7개의 홀에 그룹 벙커형(cluster bunker pattern)을 쓰고 있으며, 절반 이상의 홀에서는 틀 벙커 형(framing bunker pattern)을 이용하고 있다. 그러므로 첫눈에는 활짝 열린 것으로 보이던 코스가 많고 다양한 타입과 형태의 벙커 덕택에 좁고 정확을 요하는 도전거리로 변하게 된다.

벙커의 유형

다음으로 우리가 마주하게 될 6가지 일반적인 벙커 형을 분석하고자 한다. 비록 이들이 위에서 언급되었던 벙커 형과 관련되어 있어도, 전략을 세울 때는 이것들을 샷 선택에 영향을 끼치는 명백한 해저드로 간주해야 할 것이다.

1) 중앙 벙커형(central bunkering) : 중앙 벙커형은 페어웨이를 두 부분으로 나누며 특정 착륙 지역에 대한 둘이나 그 이상의 선택사항을 제시해 준다.

이 형은 어떤 착륙지역에도 있을 수 있지만, 대부분의 경우에 티 샷 착륙지역이나 파5인 경우도 있으며 2개 정도의 페어웨이가 그 옆에 있을 정도로 충분히 길다. 원저 클럽의 377야드 파4의 18번 홀에는 티 근처에 중앙 벙커가 있다. 이런 벙커에 직면했을 때는 구체적인 길을 선택해야 한다. 왜냐하면 우유부단 했다가는 거의 예외없이 벙커에서 어려운 어프로치 샷을 하게 되기 때문이다.

2) 그룹 벙커형(cluster bunkering) : 그룹벙커 개념은 3개나 그 이상의 벙커를 잇달아 놓아 단조롭거나 개방적인 홀에 명확한 시각적 대조를 더해 주는데 이용된다. 이런 형태는 보통 방향을 지시해 주는데 이 벙커를 완전히 벗어나면서 홀로 가는 가장 좋은 길을 어디서 찾을 수 있는지 보여준다.

3) 크로스형(횡단형, Cross patterns) : 티 근처의 일련의 벙커들은 보통 페어웨이의 폭을 대각선으로 이분하도록 놓여진다. 나는 이들의 각을 날가롭게 해서 더 복잡 다양한 거리 대 방향 분석이 나오도록 하는 것을 좋아한다. 거리를 더 많이 단축할수록, 벙커를 못 넘어갈 가능성은 더 커진다. 좋은 예로 3개의 늘어선 벙커가 대각선으로 배치되어, 경기자가 거리와 방향을 동시에 계산하도록 만든다. 이 벙커 중 하나에 빠지면 회복하기가 꽤 힘들다.

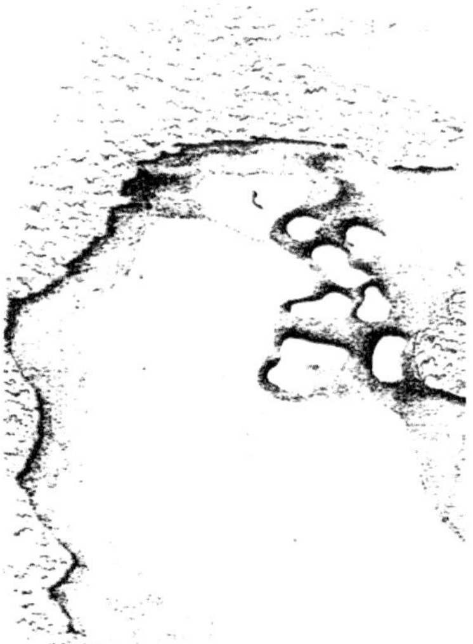
Poipu Bay Resort 파5의 2번 홀과 같은 그룹형 벙커는 골퍼들에게 위험 신호를 주는 것이다.

때때로 크로스형 벙커는 페어웨이를 거의 각이 없

이 똑바로 가로지를 수도 있다. US오픈이 자주 열렸던 볼트스롤 컨트리 클럽의 하급코스 623야드 파5의 17번 홀에서 이를 발견할 수 있다. 이런 설계에서 거리 요인은 방향보다 더 중요해지므로 이들 장애물을 안전하게 넘어갈 수 있는 클럽과 샷 선택에 집중해야 한다.

4) 테두리형 또는 괄호형(Framing or Bracket Patterns) : 페어웨이나 그린의 반대쪽에 쌍으로 또는 여러 쌍으로 배열되어 있으면서 괄호형 벙커는 페어웨이 착륙지역과 그린의 입구를 짜듯이 좁히며 경기자는 이 벙커 사이나 아니면 이를 넘겨서 공을 쳐야 한다. 또한 이런 벙커는 티 샷을 착륙시킬 지점이나 어프로치 샷을 어떤 각도로 할 지를 정확히 계획하도록 만든다. 괄호형 벙커는 예전에는 티에서 200야드 쯤 떨어진 곳에 하였었고, 요즘에는 프로의 드라이브 지역(티에서 240에서 270야드 떨어진 곳)에 부정확한 샷을 벌주려고 배치되고 있다. 때때로 긴 파4나 파5의 홀에서 단타자와 장타자를 시험하기 위한 2벌의 괄호형 벙커가 배치되어 있음을 볼 수 있다.

Poppy Hills의 파5의 4번 홀은 골퍼의 모든 능력을 시험하는 엇갈리는 벙커형이다.

보다 더 중요한 기능으로 그 근처에 괄호형 벙커가 있으면 다양한 난이도의 깃대 위치가 생길 수 있다. 일반적으로 그린의 중심 근처에 깃대가 있으면 더 쉬울 것이고, 가장자리 근처에 있다면 공략하기 더 어려울 것이다. 토너먼트 경기 임원들과 감독자들은 이런 요인을 이용하여 어떠한 경기에도 거기에 적합한 난이도 수준을 맞출 수 있도록 골프 코스의 구성을 미세 조정할 수 있게 된다.

5) 갈지자형(Staggered Patterns) : 이것은 괄호형의 변형으로 (멕켄지나 틸링 하스트같은 건축가들이 이용했는데) 페어웨이의 양쪽으로 벙커를 같은 위치에 쌍으로 배열하는 것이 아니라 거리를 다르게 배치하는 것이다. 이런 배열은 어떤 벙커가 샷에 더 큰 영향을 미칠지에 대해 경기자가 심사숙고하게 된다. 현대의 여러 벌의 티가 다양한 거리와 기술 수준의 경기자들을 각각 방어하는 것과 비슷하게 갈지자형 벙커는 경기자가 홀을 공략하는 수단으로 완전히 거리에 의존하기 보다는 정확성을 고려하게 하려고 만들어 진다. 좋은 예로 오른쪽 상단그림에서 보듯이 파피힐즈의 560야

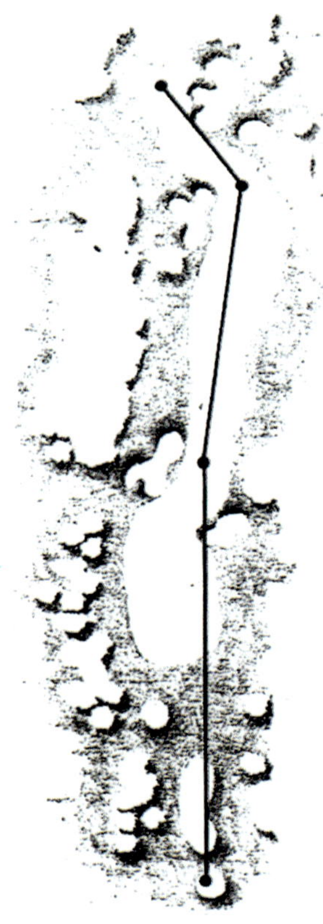

아일랜드 그린은 연못과 벙커가 에워싸고 있어서 주의와 전략성이 요구되는 휘닉스파크 골프장

드 파5의 4번 홀이다.

적절히 잘 이용되면 이런 벙커는 단순한 페어웨이 면을 구불구불한 형태로 바꿀 수 있고 골퍼들이 어떤 착륙지역을 겨냥할지에 대해 심사숙고하게 만들어 준다. 비록 이런 형태의 벙커는 주로 티 근처의 착륙지역에서 볼 수 있지만 최종 목표 지점 근처에서도 곧잘 볼 수 있다.

6) 에워싸는 형(Surronding Pattern) : 이런 벙커형은 티샷이나 어프로치 샷이 짧은 홀의 경우 사방에서 그린을 철저히 방어하기 위한 경우에만 쓰이는 형태이다. 이런 벙커가 있는 경우의 샷은 명중 아니면 바로 실패가 된다. 그린을 놓치면 벙커에 빠지거나 더한 일을 당하게 된다. 이 독특한 벙커형은 앞선 다른 유형보다는 자주 볼 수 없는데, 이같은 형의 2가지 좋은 예로 페블비치의 103야드 7번 홀을 들 수 있다.

2.2 워터 해저드

골프 코스에서의 물은 보통 (1) 강, 개울, 시내 (2) 호수, 못 (3) 바다 (4) 늪이나 습지대 등의 형태이다. 워터 해저드에서 샷을 선택할 때는 그 위치와 홀의 중심선에 관련한 각도와 그 모양을 고려해야 한다. 이런 특징 중 어느 한 가지만 무시해도 흠뻑 젖고 끝날 것이다.

홀의 중심선에 관련해서 해저드는 수직, 평형, 대각선, 휜 형(홀의 배치가 그 각의 안쪽에 위치한 물을 빙 둘러싸고 있을 때) 등으로 배치될 수 있다. 워터 해저드의 위치는 티 근처, 페어웨이 안 또는 그린 근처에 근접 등이 있을 수 있다.

"해저드(hazard)" 바로 이 단어는 위험, 공포, 곤란함 등을 상기시킨다. 사실 이것들이 골프에서 해저드가 불러 일으켜야 할 감정들이다. 그러나 반대로 이런 감정들이 당신이 적절한 샷을 과감하게 결정할 가능성을 줄이게 한다. 설계자가 어떻게 해저드를 쓰는지 이

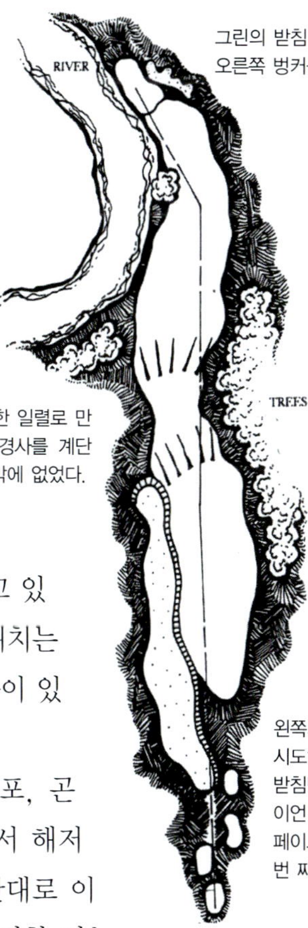

그린의 받침벽은 강에서 높이 솟아 있으면서 오른쪽 벙커를 더욱 깊게 만든다.

왼쪽에 있는 나무는 길 중앙을 따른 두번째 샷을 방해하여, 온그린을 시도한다면 나무의 왼쪽으로 긴 아이언 샷을 요구하고, 쓰리온을 노린다면 2번째 샷으로는 나무의 오른쪽으로 최대한 멀리 보내는 샷을 요구한다. 또 하나의 방법은 피칭으로 나무를 넘길 수 있는 지점에 레이업 하는 것이다.

페어웨이를 최대한 일렬로 만들기 위해 심한 경사를 계단식으로 줄일 수 밖에 없었다.

왼쪽의 버려진 벙커는 드로우를 시도하다 훅이 난 샷을 벌주고, 받침벽의 높이를 생각하면 긴 아이언 샷으로 벙커의 장축을 따라 페이드 샷을 날리지 못하는 한 3번 째 샷이 엄청 길게 된다.

블랙울프 런-리비에라 코스(다이의 작품)의 16번 홀, 5600야드, 파5

해함에 따라 당신은 많은 경우에 해저드와 결부되는 부정적인 생각을 없애거나 줄일 수 있게 될 것이다.

그 아름다움을 보는 법을 배우기만 한다면, 해저드의 아름다움은 항상 당신이 그 장애물에 빠지는 것은 아니라는 점이다. 그것은 단지 걱정되는 장애물일 뿐이다. 전설적인 골퍼 바비 존스가 말한 한 마디가 그것을 다 요약해준다. 어떤 해저드도 그 가치는 벌칙적이기 보다는 심리적인 경우가 대부분이다. 골프 규칙에 따라 해저드에 빠지면 탈출이 어렵거나 불가능하게 보여 의식적으로 피하고자 노력하는 지역이라고 명명할 것이다. 다시 말해 당신과 게임이 관련되는 한 가까이 가기 싫은 지역이 될 것이다. 어떤 경기자에게 심각한 해저드인 지역이 그 샷 수행의 기술 차이로 인해 다른 사람에게는 해저드가 아닐 수 있으므로, 이 개념은 지극히 개인적인 것일 때가 많다. 예로 경사진 라이는 어떤 골퍼에게는 골치 아픈 해저드일 수 있지만 솜씨 좋은 경기자에게는 거의 혹은 아예 문제가 안 될 수도 있다.

1. 워터 해저드들은 골퍼에게 가장 극적인 순간들을 만들 수 있는 동시에 가장 당황스러운 순간도 만들 수 있다. 주어진 코스 부지에 자연스럽게 형성된 아름다운 워터 해저드가 있는데도 이를 활용하지 않는다 실로 부끄러운 일이지만, 근대의 많은 코스들에서 실제로 일어나는 상황이기도 하다. 또 다른 면으로는, 토지 개발자가 호수 주변이나 해안변을 다른 목적으로, 예를 들어 집이나 호텔, 콘도 등을 만들기 위해 남겨두고 그 외의 부지에 코스를 만들거나, 또는 환경론자들이 호수나 시냇가는 코스에서 흘러나오는 물로부터 보호되어야 한다고 주장하기 때문에 천연적인 워터 해저드를 실제 코스에서 활용하지 못하기도 한다. 어떤 경우에는 코스의 배수와 관개를 위해 연못이나 저수지가 필요한데도 자연적으로 만들어진 것이 없어 인공적으로 만들어야 할 경우도 많다. 이 경우, 워터 해저드를 만들지 않고도 이들 목적을 달성할 수 있다면, 가격대비 효율을 세심하게 따져볼 필요가 있다. 특히, 너무 많은 수의 워터 해저드가 초보자의 머리 속에 들어오게 되면 경기가 너무 어려워진다는 점도 고려해야 할 것이다.
2. 한편, 많은 코스 개발자나 퍼블릭 코스관리자들은 일반인들이 워터 해저드가 있는 것과 좋은 코스를 동일시하기 때문에 어느 정도의 워터 해저드는 자신들의 코스에 존재해야 한다고 주장한다. 그러나 일반인들의 기대에 영합하게 되면, 그 코스는 지극히 평범한 코스는 될지언정 아주 뛰어난 코스가 될 수는 없다.

워터 해저드의 역사는 링크스 코스에서 발견되는데, 좁은 시냇물들이 코스를 가로질러 바다로 흘러 들어가는 모습에서 찾을 수 있다. 이 점에서는 대부분의 스코틀랜드 코스들도 영국의 링크스코스와 비슷하여, 워터 해저드가 둘 내지는 세 개의 홀에서 그 역할을 한다. 그러나, 옛날의 볼은 깃털로 만들어져 물에 빠지더라도 뜨기 때문에 영국의 골프 정신에서 찾을 수 있는 “찾을 수 있으면 쳐라”라는 원칙에 맞게 만회샷을 시도할 수 있었다는 것을 기억해야 할 것이다. 인공적으로 만든 첫 번째 워터 해저드는 1900년 일리 팍(Willie Park)

이 영국의 써닝데일(Sunningdale)코스의 5번 홀 그린 근처에 만든 조그만 연못이다. 코스 설계의 황금기를 거치면서도, 호수변이나 해변을 끼고 있는 코스를 제외하고는 워터 해저드를 찾기는 쉽지 않았다. 사실, 세계에서 가장 뛰어난 코스들 중에서 워터 해저드가 전혀 없는 것도 많이 있는데, 예로는 로얄 멜버튼(Royal Melbourme), 뮤어필드(Muirfiled), 그리고 올림픽-레이크(Olympic-Lake) 등이 있다.

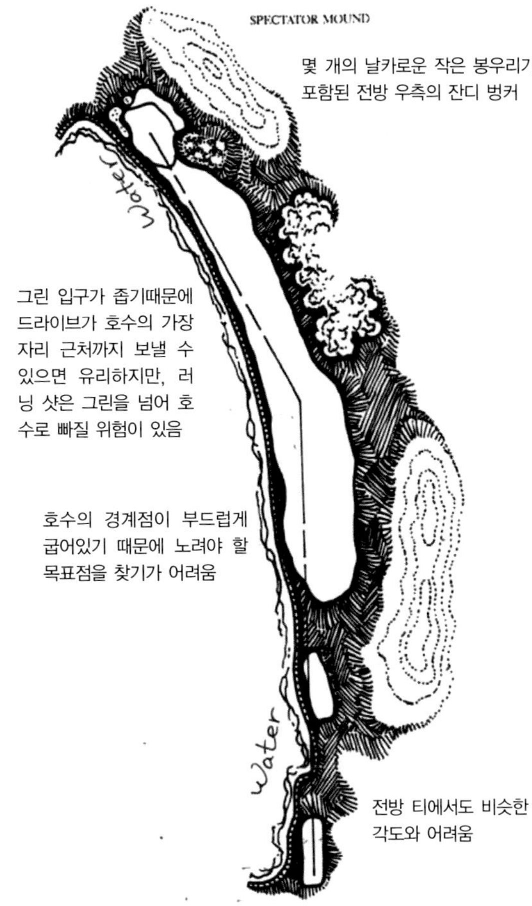

티피씨 앳 소우그라스-스태디움 코스(TPC at Sawgrass-Stadium Course, 다이의 작품)의 18번 홀, 4400야드, 파4

3. 워터 해저드를 처음으로 제대로 활용하기 시작한 사람은 1940년대 후반의 로버트 트랜트 존스(Robert Trent Jones)였다. 그는 자신의 코스 설계 철학인 영웅학파를 실현하기 위해 가장 완벽한 장애물이 워터 해저드라고 보았다. 또한 워터 해저드가 가지는 벌타의 의미는, 지난 30여년 간 급격한 발달을 이룬 클럽-스틸 샤프트와 샌드웨지의 발명-에 의해 잃어버린 샷의 가치를 만회하기에 좋은 방법으로 활용될 수 있다고 보았다. 가장 선호하는 장애물은 물이라고 항상 얘기하였으며, 실제로 그가 설계한 마우나 키이(Mauna Kea), 더 듄즈(The Dunes)와 재설계한 오클랜드 힐스(Okland Hills), 오그스타 내셔널에서 가장 중요한 구성요소이다. 몇몇 비평가는 존스는 워터 해저드를 너무 많이 사용한다고 믿고 있다. 이 장의 시작에서 보인 바비 존스의 말은, 그들이 애틀란타의 피치트리 골프 클럽(Peachtree Golf Club)을 공동으로 설계할 때 존스에게 충고한 말 중의 하나이다.

4. 근대 설계에서, 워터 해저드의 사용은 도가 지나치다고 생각한다. 부분적으로는 플로리다에 많은 수의 코스가 만들어진 이유도 있다. 이곳에서는 코스뿐 아니라 다른 목적으로 개발된 땅의 배수를 위해서도 워터 해저드는 반드시 필요하고, 이곳에서 코스를 설계하면 거의 예속적으로 워터 해저드를 만들게 되어, 심지어는 자연적인 워터 해저드가 없다면 인공적으로 만들기 위해 50피트 높이의 댐을 만들기도 한다. 이런 경향의 장점은, 플

로리다에서 처음으로 만들어진 섬 그린인데, 그것이 바로 티피씨 앳 소우그라스(TPC at Sawgrass)의 17번 홀이다. 실제로 71번째 미국오픈을 위해 설계된 코스로, 챔피언십 경기를 위해서는 나쁘지 않지만, 섬 그린 때문에 다른 많은 좋은 점들이 나쁘게 보이기도 한다. 또 다른 정점의 예로는 36홀 중 27개의 홀에서 워터 해저드를 발견할 수 있는 올드 마쉬 골프 클럽(Old Marsh Golf Club)이 있다. 워터 해저드가 이 정도로 과도하게 사용되면, 물을 피하기 위한 노력과 실패했을 때 물가에서 드롭하는 것이 피곤할 정도가 되고, 많은 골퍼들이 이런 곤경에 빠지게 되면 늪지 역시 쉽게 상할 수 있다.

5. 물은 골프의 이상적인 장애물은 아니다. 경기를 할 수 없는 상황을 만들어 속절없이 벌타를 받아야 하는데, 이는 골프 원래의 속성이 공을 찾을 수 있으면 어디에서든지 샷을 할 수 있고, 장애물에서 빠져 나오는 맛이 골프의 재미를 더하게 하는 중요한 요소임을 감안할 때 쉽게 판단할 수 있다. 따라서, 워터 해저드는 설계에서 엄격하게 조절된 상태에서 극히 제한적으로 사용되어야 한다. 워터 해저드를 포함한 홀을 설계할 때는 세 가지 요소가 고려되어야 한다. 먼저, 장애물은 보여야 한다. 골프에서 최악의 사태는 위험요소가 뚜렷하게 나타나지 않는 곳에서 벌타를 받게 되는 것이다. 초보자에게는 반드시 넘겨야 할 상황이 극복 가능성이 전혀 없는 벽이 되어 버릴 수 있으므로 장애물을 설치할 때는 항상 둘러갈 수 있는 가능성을 열어두어야 한다.

스크래치 골퍼 이상의 수준을 가진 사람은 벙커에서 탈출하는 기술에 익숙하여 벙커에 빠지는 것을 두려워하지 않지만, 워터 해저드의 경우는 진짜 물 위를 넘어가야 하기에 끊임없이 자신의 라이를 의식해야 한다. 예를 들어 내리막 라이에서 워터 해저드를 건너는 샷을 치는 것은 대부분 골퍼에게 성공률이 낮다. 라이가 나쁠 때는 보수적일 필요가 있다. 만약 공을 잘 치고 좋은 라이가 있을 때는 적극적으로 나서라. 하지만 당신이 거의 칠 가능성이 없는 샷을 치려고 시도하지 마라. 쉬는 것과 무서워 물러서는 것을 혼동하지 마라. 쉬는 것의 첫 번째 규칙은 만약 쉬어야 한다면 쉬라는 것이다. 다시 말하자면

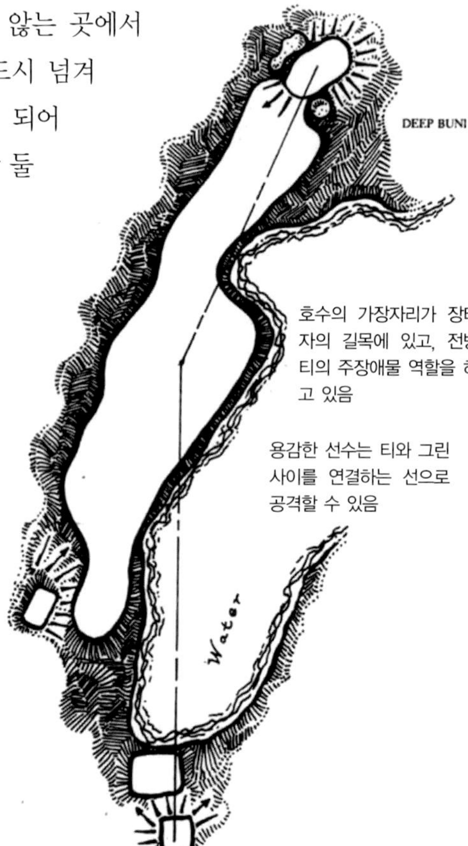

예일 대학교 골프 코스(Yale University Golf Course, 맥도널드/레어노르의 작품)의 4번홀, 4430야드, 파4

다음 샷에 좋은 각도로 칠 수 있도록 해저드 앞에 떨어지도록 하라.

홀의 어떤 지역에 물이 위치하고 있는가가 골퍼들의 판단 과정에 역시 중요하다. 예를 들어 일반적으로 티 근처에 위치한 물은 골퍼들의 주의를 혼란시키지만 중대한 실수를 하지 않는 한 크게 벌칙적이지는 않다.

6. 일반적으로 페어웨이 근처의 물은 다음 샷을 위해 더 좋은 공격 각도나 거리 이익을 획득하기 위해 물에 더 가까이 가도록 유혹하는 경향이 있다. 어떤 결정을 하느냐는 어떤 주어진 상황에서 다양한 위험과 그 보상을 잘 판단하는데 달려있다. 이 위험 보상이라는 방정식 보다는 덜 중요하지만 물을 착륙 지역 근처에 위치시키는 또 다른 이유는 잘못 계획되거나 수행된 샷을 잡으려는 데 있다. 마지막으로 물이 페어웨이를 바로 가로질러 위치해 있다면 설계자는 당신이 안전하게 물을 넘어갈 것인지 아니면 보수적으로 접근하여 칠 것인지를 묻고 있는 것이다.

7. 그림에 직면해 있는 물은 흔히 볼 수 있는 것이며 또한 골프에서 가장 어려운 샷 중의 하나이다. 물을 피해야 할 뿐 아니라 공을 안전하게 그린 위에 멈춰야 한다. 경험적으로 말해 가장 기본적인 방법이라면 이 해저드를 건너가는데 적당한 클럽을 확실히 선택하는 것이다. 즉 기술 수준에 따른 다양한 선택을 해야 한다는 것이다. 매우 솜씨가 좋은 경기자는 이런 상황에서 풀 샷(full shot, 장타)을 칠 것이므로 충실하게 칠 수 있는 클럽을 고를 것이다. 그러나 대부분의 골퍼는 가장 실수를 줄일 수 있는 클럽을 택해야 한다.

파이어스톤 컨트리 클럽의 625야드 파5의 16번 홀에는 이런 타입의 상황을 잘 보여준다. 호수가 퍼티 지역 가장자리에 가깝고 버티고 있는데 그린과 물 사이에는 좁은 띠 모양의 러프가 있을 뿐이다. 오타나 사소한 계산상의 착오만 있어도 이 수중 무덤에 공이 빠지게 된다. 더욱 주의를 기울여서 클럽을 선택하기 전에 야드 거리, 바람, 습도, 온도 같은 입수 가능한 모든 정보를 분석해보라. 최종 선택을 할 때에는 세상에서 가장 훌륭한 경기자도 잘못하면 다른 클럽을 하나 더 선택해야 한다. 만약 전문가들이 이런 경우에 그린의 뒤쪽으로 공을 보내고자 한다면 당신도 또한 그렇게 해야 할 것이다.

8. 그린의 앞에 위치하고 있는 물을 무시하는 좋은 방법은 물 위에 있는 벙커 가장자리, 나무, 언덕 등 눈에 띄는 지형물에 집중하는 것이며 그린의 뒤쪽으로 멀리 경기하는 것이다. 설계자는 종종 시각적인 명확성을 위해서 그린 위에 지형물을 조합해 넣으므로 영리한 골퍼라면 그것을 잘 이용할 것이다. 이런 지역으로 주의를 돌림으로써 앞에 놓인 워터 해저드는 당신이 사고 과정에 부차적인 것이 되어 샷 수행 전에 부정적인 생각을 불러 일으킬 가능성이 사라지게 된다. 전문 경기자들은 이런 방법을 수년 동안 써 왔다.

9. 그린을 둘러싸고 있는 물은 드문 경우인데, 실수를 조금도 용납하지 않는다. 설계자가 이런 형태를 이용하는 가장 흔한 두 가지 상황은 (1) 상대적으로 짧은 파3홀이나 (2) 어프로치 샷이 짧은 파5홀이다. 기본 규칙은 그린의 중앙까지의 거리를 계산한 다음 그 중앙을 겨냥하

> “스파이글래서 힐 골프 코스의 520야드 파5의 11번 홀은 이점을 잘 보여 준다. 20야드 정도 폭의 큰 완충지대는 퍼팅지역과 그린 앞 쪽을 막고 있는 큰 연못 사이에 놓여 있다. 이 지대는 게다가 상당히 가파른 경사로 되어 있고 그 위에는 잘 자란 러프가 있다. 항상 이런 완충 지대를 조심하고 이를 샷과 클럽 선택에 고려해 넣도록 하라.”

는 것이다. 물 가장자리에 가까이 놓인 깃대를 겨냥한다면 설계자가 당신에게 유혹하고 있는 그대로 하게 되는 것이다. 드문 경우 비상 탈출 지역이 있을 수 있지만 그것에 의존하지는 말아라. 이런 형의 홀만큼 벌칙적인 홀은 드물 정도이니 신중하고 보수적인 샷을 선택해야 한다.

10. 그린으로 공을 칠 때 우리 설계자들이 “완충 지대(buffer zone)”라 부르는 워터 해저드 가장자리와 퍼팅지역 가장자리 사이의 지역에 특히 주의를 기울여야 한다. 이 지역은 경사나 벙커, 언덕, 또는 단순히 평평한 지역일 수 있다. 종종 골퍼는 워터 해저드를 넘어가면 좋은 결과가 보장된다고 예상한다. 하지만 그들은 물 가장자리와 퍼팅 지역의 앞 부분 사이에 부가적인 거리를 고려하지 못하고 있는 것이다. 이런 지역에 떨어지면 깊은 러프에서 탈출해야 하는 등의 불유쾌한 놀라움이 기다리고 있을 수 있다.
    스파이글래서 힐 골프 코스의 520야드 파5의 11번 홀은 이점을 잘 보여 준다. 20야드 정도 폭의 큰 완충지대는 퍼팅지역과 그긴 앞 쪽을 막고 있는 큰연못 사이에 놓여 있다. 이 지대는 상당히 가파른 경사로 되어 있고 그 위에는 잘 자란 러프가 있다. 항상 이런 완충 지대를 조심하고 이를 샷과 클럽 선택에 고려해 넣도록 하라.
11. 완충 지대와 본질을 종합적으로 이해하는 것이 중요하다. 예를 들어 물을 따라 있는 짙은 풀은 잘못친 볼이 물속에 빠지는 것을 막고 회복이 가능하게 해 줄 수 있다. 반면에 바위

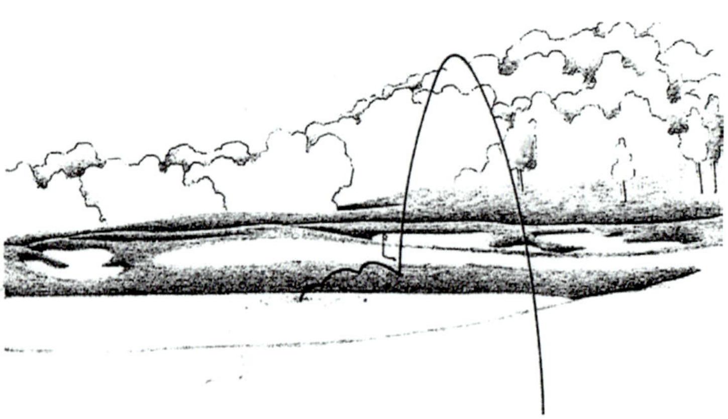

타이완 Sun Rise Country Club의 파5는 13번 홀과 같은 버퍼 존(Buffer zone)이 회생의 기회를 주지 않는다.

나 벌칙적인 러프, 또 다른 가차없는 지형물은 어떤 도움도 안 될 것이다. 이런 상황에서 클럽을 선택할 때는 실수할 가능성이 약간 있더라도, 해저드나 완충 지대를 확실히 넘어갈 수 있는 것으로 하라.

워터 해저드에서 가장 믿을 수 없을 만큼 아슬아슬하게 탈출한 것으로 1975년 캐나다 오픈이 있다. 퀘백의 로얄 몬트리올 골프 클럽의 426야드 파4의 16번 홀에서 경기를 시작하면서 프로인 팻 피치몬스는 큰 연못 한가운데 있는 작은 섬 위에 과감한 티 샷을 착륙시켰다.

그 연못이 어느 정도 얕았기 때문에 캐디가 피치몬스를 어깨에 메고 물을 건너갔다. 도착하자 피치몬스는 그린으로 세컨샷을 하였고 기적적으로 파를 하였다. 피치몬스는 바지 버리는 것을 개의치 않았는데 특히, 그의 트레이드 마크가 낡은 바지였기 때문이리라.

12. 워터 해저드라는 위험과 싸울 만반의 준비를 하였다 하더라도 아무도 재난에서 완벽하게 안전하지 않음을 기억하라. 1985년 매스터즈에서 커티스 스트레인지는 수월하게 경기를 진행하고 있었고 확실한 승자가 될 것으로 보였는데, 파5의 13번과 15번 홀에서 세컨 샷이 물에 빠지고야 말았다. 1986년 마스터즈에서 시브 볼레스테로스는 3회 우승의 희망이 15번 홀의 세컨 샷과 함께 물에 가라 앉는 것을 보았고, 결국 잭 니콜라우스가 6번째 타이틀을 차지하게 되었다. 보통 골퍼들은 물에서 회복하지 못한다. 그러나 예외는 있다. 1983년 매스터즈에서 볼레스테로스는 165야드 파5의 13f번홀의 래스크릭에 약간 잠겨있는 공을 구해 내는데 성공했다. 신발 한 짝을 벗고 크게 물이 튈 것에 대비해 우비용 바지를 입은 후에 그는 장대한 강타를 날렸고 이 샷이 그의 추진력을 살려 주었다.

13. 어떤 종류의 샷을 할 것인지를 결정할 때, 드라이브가 잘 맞았을 경우에는 공략선에서 약간 벗어나더라도 장애물은 충분히 넘길 수 있는 방향으로 샷의 방향과 종류를 선택하기 때문이다. 프로들이 주로 빠지는 함정은 부드럽게 구부려진 원호인데, 이상적인 라인에서 약간 댕기거나 민 경우에는 장애물에 빠지게 된다. 한 예로는 티피씨 앳 소우그라스의 18번 홀 티 샷의 경우가 그러하다. 다른 하나의 해결방안은 Yale의 4번 홀에서 찾을 수 있는데, 상당한 장타자가 보낼 수 있는 지점에 워터 해저드가 파고 들어 페어웨이의 폭을 좁히도록 만든 것이다.

14. 몇몇의 코스에서는 워터 해저드가 페어웨이의 폭을 좁혀 좀 더 정교한 티 샷을 요구한다. 도널드 로스(Donald Ross)의 하이랜즈 컨트리클럽(Highlands Country Club)의 10번 홀 같은 경우에는 이러한 점을 아주 잘 보이고 있다. 세찬 개울이 도그레그 굽힘점의 오른쪽을 파고들어 아이언으로 티 샷을 한 뒤 우드로 온그린을 시도하던지, 아니면 좁은 페어웨이에 위험을 감수하고 드라이브를 하여 성공하면 짧은 어프로치로 그린을 용이하게 공략하는 길을 택하든지 선택을 강요하고 있다. 로버트 트랜트 존스가 만든 유명한 사우스 캐롤라이나 주 미틀 비치(Mytle Beach)에 있는 더 듄즈의 13번 홀은 위에서 설명한 두 가지

원칙을 함께 이용한 경우이다.

15. 이 홀은 싱글톤(Singleton) 호수를 끼고 구비 돌아가도록 만들어져 있는데, 티에서 호수를 넘기는 것은 불가능하지만, 페어웨이의 오른쪽에 티 샷을 보낼 수 있으면 샷으로 호수를 넘기기는 쉽도록 되어 있다. 반면, 티 샷을 안전을 위해 왼쪽으로 보낸다면, 대부분은 다시 한 번 더 안전한 위치에 두 번째 샷을 날려야 하고, 3온을 기대할 수는 없게 된다. 사실 이와 같은 홀은, 호수변을 따라 특정 부분을 전략적으로 메워서 만들어진 경우이다. 지금은 이런 식으로 호수를 메우는 시공이 엄격하게 금지되고 있기 때문에 앞으로는 거의 못 만들게 될 것이다.
16. 현재 워터 해저드와 관련되어 유행하고 있는 양식은, 육지와 물의 구별을 위해 돌이나 철로 버팀벽을 만드는 것이다. 이러한 받침벽들은 워터 해저드와 땅과의 경계점에서 발생하는 관리상의 어려움을 해결해 줄 수 있는 방법으로 크게 환영받았다. 특히, 물의 수위 변화에 따라 땅이 씻겨 내려가는 문제라든가, 워터 해저드 주위의 잔디를 깎는데 발생하는 어려움 등을 해결할 수 있는 좋은 수단이 될 수 있었다. 받침벽을 유행시킨 장본인인 피터

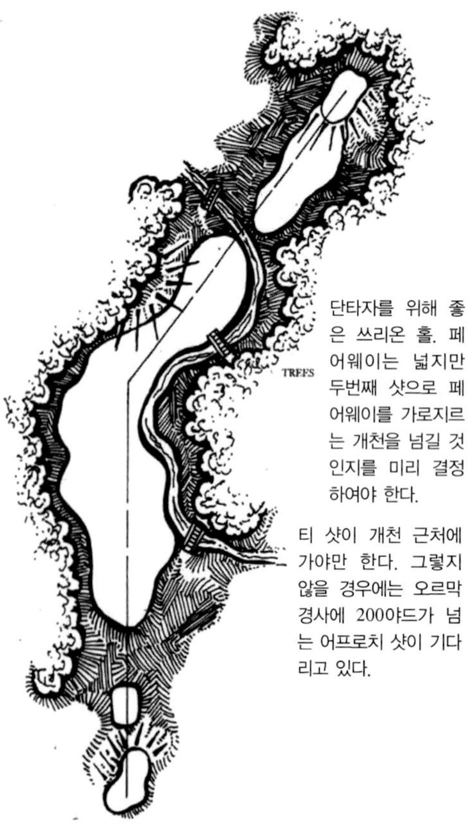

하이랜드 컨트리 클럽(Highlands C. C, 로스의 작품)의 10번 홀, 431야드, 파4

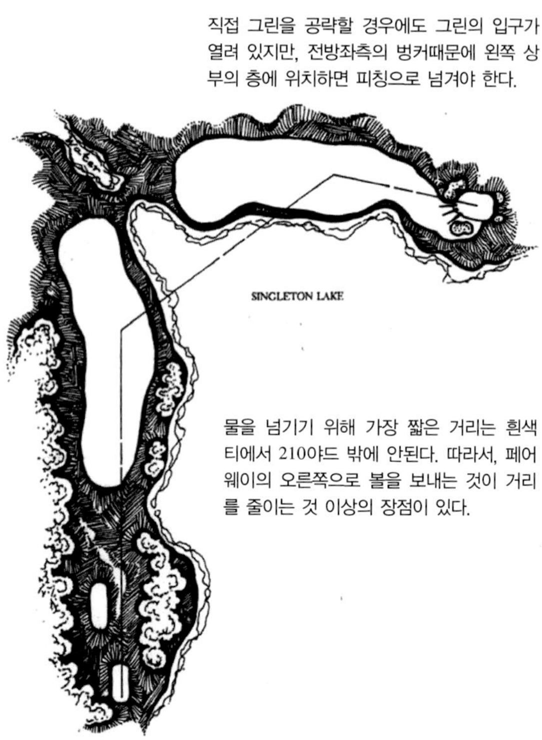

더 듄즈 R.(트랜트 존스의 작품)의 13번 홀, 576야드, 파5

최근 국내 베스트 코스인 핀크스 골프클럽에는 많은 홀을 따라 시원한 연못가에 수변식물이 심겨있다. 또한 푸른 한지형잔디와 몇 가지 클럽인 고유의 문화코드도 겸비하고 있다.

프리스틴밸리 골프클럽은 수도권 골프장 중 자연이 가장 잘 보존된 지역에 위치하고 있다는 평을 받으며 자연 친화적인 생태골프 클럽의 면모를 더욱 성숙시키고 있다.

다이(Pete Dye)는 수면이 계절에 따라 변하기 때문에 발생하는 문제는 설계시에 그 경계점을 분명하게 설정하여 해결할 수 있다는 점에서 이의 사용에 마음이 끌리게 된다. 그러나, 장점이 있는 동시에 단점도 많이 있다. 만약 그린이 받침벽이 모서리와 접하게 되면, 그린 모우어(mower)를 돌릴 수 없기 때문에 벽 근처의 잔디면이 협소하여 문제가 발생할 수 있다.

또한, 만드는데 돈이 많이 들고, 철로 버팀목과 같은 경우에는 시간이 가면서

중국 4대 강의 하나인 주강에서 맨 동쪽으로 흘러나가는 동강 강가에 위치하고 있는 동관은 아편전쟁의 진원지였다. 중국 최남단에 위치하고 있는 힐유 G.C의 마스터코스 18번홀 폭포가 절경이다.

파손되는 문제가 있다. 옛날에는 크레오소트나 황산구리 등으로 방부처리를 할 수 있었으나, 지금은 이들의 사용을 엄격하게 제한하고 있기 때문에 시간이 가면서 파손되는 것을 고려해야 한다. 마지막으로, 워터 해저드 전체와 비슷하게, 받침벽의 사용이 너무나 많은 코스에서 사용되고 있기 때문에 이들이 가졌던 독특한 맛이 사라져버렸다.

17. 개인적으로는 받침벽을 싫어하는데, 가장 근본적인 이유로 워터 해저드를 좋아하지 않기 때문이다. 간단히 말해서 워터 해저드는 만회의 기회를 없애버린다. 워터 해저드와 관련하여 가장 흥분을 일으키는 샷은 장애물의 가장자리에서 시도하는 리커버리 샷이다. 한 예로, 1985년 마스터즈 경기가 열린 레이즈크릭(Rae's Creek)의 67번째 홀에서 시도한 용감한, 그러나 결국에는 무모한 시도로 판명난 커티스 스트레인즈(Curtis Strange)의 샷이었다. 오늘날, 관리상의 어려움을 해결하기 위해 만들어진 받침벽들이 즐비한 코스에서 경기를 하는 프로들은 샷이 잘못되면 만회할 수 있는 기회도 없이 벌타를 받아들여야만 하는 상황이다. 어떤 벌타라도 간단히 말해서 "골프가 무엇인가?"라는 질문의 답과는 거리가 있다.

제 7 편 골프코스 연못과 그린 · 티 · 벙커 및 잔디공사

제 1 장

골프코스 연못 조성공사

기능

해저드로서의 기능, 아름다움을 제공, 코스 내 자연수의 보관, 잔디관리에 활용, 농약이 하천으로 유실되는 것을 방지한다.

위치

조형을 시공하기 전 기존산지의 계곡 아래 부분에 연못을 위치시키면 물이 잘 모인다. 절토와 성토가 겹친 부분에의 연못의 배치는 누수 현상이 많이 발생하므로 피한다.

하루에 몇 시간 이상 햇볕이 드는 장소가 좋다. 많은 잎이 떨어지는 나무 근처는 피한다. 이는 연못으로 떨어지는 잎들이 썩어서 물을 심하게 오염시키고 물속의 산소 부족을 야기하기 때문이다. 또한 소나무 잎과 같은 침엽은 물에서 꺼내기가 매우 어렵기 때문이다.

아놀드 파머가 디자인한 빌라무라의 '포르투칼의 빅토리아'는 새로운 코스로 월드컵(웨일즈가 우승)을 개최하면서 국제적인 명성을 얻었다. 22개의 연못은 수많은 폭포와 연결되어 있다. 전장이 7,000야드인 빅토리아 코스에서 월드컵에 참가했던 많은 선수들이 17번 홀과 18번 홀이라는 암초를 만나 좌초하는 경우가 잦았다.

면적 및 시공비

18홀 규모의 골프장 하나 당 연못 면적은 일반적으로 30,000~50,000m^2(축구장 3~5개 면적 정도)이다. 이는 30년 최대 강우량과, 유역(계곡)에서 모이는 수량을 고려한 면적으로 법적으로 명문화되어 있다.

골프장 연못 하나의 시공 기간은 15~20일 정도 소요되며 m^{2}당 시공비는 3~5만원 정도이다. 골프장 하나당 연못 공사 설계비는 방수방법, 연못 면적 등에 따라 차이가 있지만 보통 10~15억원 내외이다.

깊이

연못의 깊이는 연못 생태계를 위해 최소한 1m 이상이어야 한다. 이는 물고기의 동면을 위한 최적수온이 영상 4°C이고 영상 4°C의 수온에서 물은 가장 높은 산소 농도를 유지하기 때문이다. 만일 영하 20°C까지 내려가면 깊이 1m의 연못 수온은 정확히 영상 4°C가 된다. 따라서 연못의 깊이가 충분치 못하면 연못전체가 얼어붙을 수 있기 때문이다.

연못 방수법

우리나라의 골프장은 대부분 산지에 위치하고 있기 때문에 연못물의 누수를 막기 위해 특수 방수처리를 하고 있다. 현재 국내에 이용되고 있는 방수법은 쏘일 벤토나이트 방수법(불투수성 점토를 이용한 방수법, Soil Bentonite), 시트류 방수법[EPDM 시트 방수법(인공합성 시트를 이용한 방수법, Ethylen Propylene Diene Monomer), ECB(Ethylen Copolymer Bitumen), CPE(Chorinated Polyetylene), PVC(Propylene Vinyl Copolymer)], ESS-13 방수법(식물성 수지를 이용한 방수법), 콘크리트 방수, 우레탄 방수, 아스팔트 멤브레인 방수 등이 있다. 그러나 미국, 유럽 및 중국 등의 일부 골프장 연못은 자연형 연못을 조성하므로 특별한 방수 처리가 필요 없는 곳도 있다.

쏘일 벤토나이트 방수법

(1) 정의

이 공법은 현장에서 쉽게 구할 수 있는 토양에 적당한 양의 고품질 나트리움 벤토나이트를 혼합한 후 현장에 포설하고 다짐을 하여 방수처리 하는 방법이다. 영어로는 Soil Bentonite Sealing Liners(SBL), Compacted Clay Liners(CCL) 또는 Bentonite Enriched Soil Liners(BESL)로 불린다. 이 공법은 양질의 순수한 점토를 구할 수 없을 경우 토양과 벤토나이트 제품을 혼합하여 점토층과 같은 효과를 낼 수 있도록 개발된 가장 경제적인 시공법이다.

쏘일 벤토나이트 방수법은 미국에서는 오래전부터 사용되었던 공법이며 천연물질(천연 토

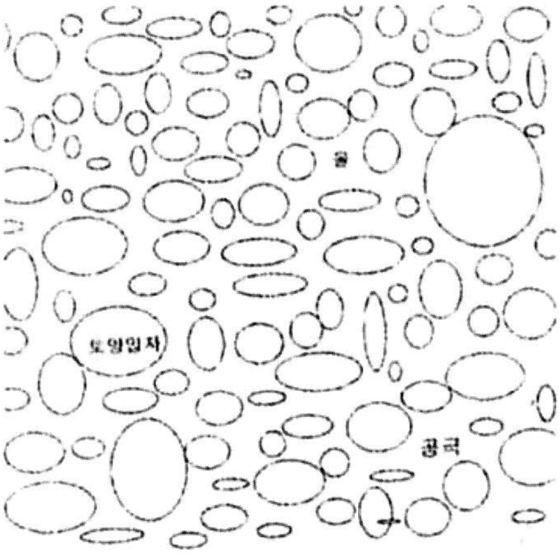

체가름 토양 매커니즘

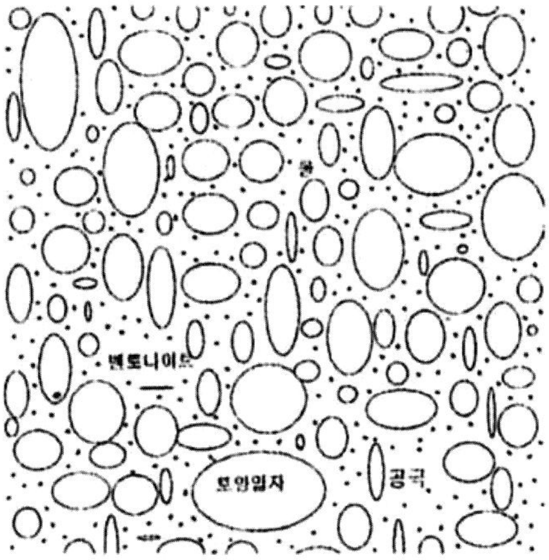

토양+벤토나이트 방수 원리

양, 벤토나이트)만 사용하므로 환경 친화적이다. 최근에 우리나라에서도 쏘일 벤토나이트 방수법에 대한 관심과 필요성이 높아지고 활용되고 있다.

쏘일 벤토나이트 방수법의 원리는 그림과 같이 아주 간단하다. 자연 방수는 작은 토양 입자가 큰 토양 입자 사이의 공극을 채워서 물이 새지 않도록 하는 것이다. 그러나 토양입자들의 입자분포가 불규칙하여 물이 누수가 될 때 벤토나이트를 사용하면 위의 그림에서 처럼 벤토나이트가 불어나서 토양사이에 생긴 공극을 채워줌으로써 방수의 기능을 유지하게 된다.

(2) 벤토나이트란?

① 생성

벤토나이트란 특수한 점토에 속하는 광물로서 미국 와이오밍주의 피트벤톤(Peat Benton)이란 지층 이름에서 따온 명칭이다. 벤토나이트는 수천만 년 전 화산이 폭발하여 생성된 1차 광물이 화학적 풍화작용을 받아 새로이 팽창형 점토광물로서 함유된 치환성 양이온의 종류에 따라 여러가지 이름으로 불려지며 보통 나트륨의 함량이 많은 Montmorillonite를 주성분으로 한다.

② 종류

벤토나이트는 입자의 크기에 따라 분말 또는 알갱이로 분류한다. 분말 벤토나이트는 200메쉬 체에서 약 75% 이상 통과하는 제품이다. 반면 알갱이 벤토나이트는 10/40메쉬에서 약 80% 이상 통과하는 제품이다.

연못공사와 달리 토목현장에서는 혼합의 효율성, 수화의 신속성을 고려하여 분말형의 벤토나이트를 사용한다. 그러나 벤토나이트가 염분 또는 침출수가 나오는 곳에 사용될 경우 일반 물보다 팽윤도가 훨씬 감소하므로 폴리머 또는 분산제를 첨가해서 사용하기도 한다.

③ 품질

벤토나이트의 품질 기준은 벤토나이트를 어떠한 용도로 사용하는가에 따라 달라진다. 예를 들면 주물용 벤토나이트는 점결성(Bonding Property)을 중요시하고 매립지, 인공 연못 및 댐 등의 방수목적으로 사용되는 벤토나이트는 팽윤도, 흡습성 등이 중요시되고 있다.

④ 특성

벤토나이트의 가비중은 0.75~0.9 정도이다. 벤토나이트의 비중과 혼합 대상인 토양의 비중이 다르므로 혼합 비율은 중량비로 하는 것이 정확하다.

벤토나이트의 화학적인 성분은 아래와 같으며 광물질이므로 그 생성지점에 따라 약간씩 달라지므로 화학적인 특성은 중요시되지 않는다.

- SiO_2(시리카) – 60.25%
- Al_2O_2(산화알미늄) – 18.95%
- Fe_3O_2(산화철) – 3.63%
- TiO_2(이산화티타늄) – 0.27%
- CaO(산화칼슘) – 0.15%
- Na_2O(산화나트륨) – 2.21%
- MgO(산화마그네슘) – 1.75%
- K_2O(산화칼륨) – 0.09%
- Other(기 타) – 0.08%
- H_2O(결정수) – 8.10%
- L.O.1(잔류보) – 4.31%

⑤ 혼합비

벤토나이트와 흙의 혼합비는 벤토나이트의 품질과 흙의 입자의 분포에 따라 다르다. 흙의 입자 분포에 따라 벤토나이트를 선정한 후 실제로 몇 가지 배합비로 혼합하여 최적 다짐도, 수분, 투수계수를 측정한 후 가장 안전한 수

표 1 쏘일 벤토나이트와 시트(sheet)방수법의 장단점 비교

공법	장점	단점
쏘일 벤토나이트 방수법	• 자연 친화적 공법 • 수질 개선 효과 • 수생식물 식재 가능 • 공사 기간 단기소요 • 자동화 기계설비에 의한 시공으로 완벽한 방수기능	• 양질토 확보가 어려울 경우 양질의 토사 확보로 예산증가 • 우기에 시공이 불가능
시트 방수법	• 공사비 적정 • 완벽한 방수기능 유지 • 가장자리의 다양화	• 공사기간이 짧다 • 시공이 복잡하여 하자 발생 가능성이 높다 • 시공시 부대공정이 많다 • 누수시 원인규명이 어렵다

치가 보장되는 배합비를 결정해야 한다.

⑥ 벤토나이트와 흙의 혼합비 결정

벤토나이트와 흙의 혼합비는 벤토나이트의 품질과 흙의 입자의 분포에 따라 다르다. 흙의 입자 분포에 따라 벤토나이트를 선정한 후 실제로 몇가지 배합비로 최적 다짐도, 수분, 투수계수를 측정한 후 가장 안전한 수치가 보장되는 배합비를 결정해야 한다.

(3) 장단점

쏘일 벤토나이트 방수법의 장점은 벤토나이트가 물에 접촉되면 팽창하여 방수효과가 생기므로 영구적인 방수가 보장되며 천연 광물을 사용하므로 환경 친화적이다. 또한 불활성 광물을 사용하므로 물성이 변하지 않으며 어류, 식물 등의 성장에 전혀 지장을 주지 않는다. 특히 온도의 변화에 따른 방수막 기능에 변동이 없고, 설치 시공이 간편하다. 보수도

표 2 EPDM 방수 시트의 종류 및 특성

분류	가소성 시트 EPDM(열 융착식)	열 경화성 시트 EPDM(열 접합식)
제품명	브릿지 스톤형 H-EPDM 시트	EPDM 시트
제품의 특성	열가소성 특성을 갖고 있으므로 보수 및 시공성이 용이하고 내화학적 특성이 우수하며 사용 온도 범위(-50°C~130°C)가 넓음	열 경화성이므로 주위에 높은 열은 절대적으로 피해야 한다
시공방법	접합 부위를 10cm정도씩 접합 후 열융착 실시	접합 부위를 10cm정도씩 접한 후 본드를 이용하여 접착을 함(육안검사)
가격	국산품(별산)	외제품(일제, 관세및부대비용포함) ※ 부자재(접착제, 테이프 등) 포함
납기	발주 후 10일 이내	발주 후 40일
비고	열융착 방법이므로 이음부 기구 사용시 부착성 확인	테이프 접착 방법이므로 완공후 주기적인 접합 부위 확인 및 보수 필요

용이하며 지반 침하시 방수막이 침하 굴곡에 따라 같이 형성되고 방수층의 연결부위가 없어 하자 발생률이 적다. 반면 양질토 확보가 어려울 경우 양질의 토사확보로 시공비용이 증가하며 우기에 시공이 불가능하다.

EPDM 시트 방수법

(1) 정의

EPDM 시트 방수법(인공합성 시트를 이용한 방수법, EPDM : Ethylen Propylene Diene Momoner, 열융착식, 국산제품)은 내화성 및 산 또는 알칼리성에 대한 저항성이 강한 인공합성 방수 시트를 깔아 물의 누수를 방지하는 공법이다.

(2) 방수시트의 물리성, 종류 및 특성

EPDM 방수 시트의 특성은 ① 내화성 및 산 또는 알칼리성에 대한 저항성이 높아야 하며, ② 설치류의 피해를 입지 않은 제품이어야 하고, ③ 자외선에 대한 저항력이 매우 높아야 하며, ④ 지중 또는 수중에서 어떠한 화학변화도 일으켜서는 안되며, 내약품성에 대한 저항성이 높아야 한다.

(3) 시공장비

① Overlap Sealing Tool

- 접합방식 : 열풍 자동 이중 용융접합
- 용접기 사양
  - 입력 전원 : 220V, AV, 단상
  - 출력 : 2.2KW
  - 노즐 온도 : 250°C

② Extrusion Welding Tool

- 접합방식 : 용접봉 용융접합
- 용접기 사양
  - 입력 전원 : 220V, AV, 단상
  - 출력 : 3.2KW
  - 노즐 온도 : 250°C

(4) 장단점

EPDM 방수법의 장점은 연못의 방수기능이 우수하며 연못의 가장자리 조형을 다양하게 할 수 있다. 그러나 인공 시트를 사용하므로 자연 친화적인 공법이 될 수 없으며, 시공기간이 길고, 환기구 설치, 명암거 시설 등 부대공정이 복잡하고 누수시 원인 규명이 어려운 단점이 있다.

정규 퍼블릭 코스로서 넓고 길며, 세계 최장 Par7, 1,004m 홀과 Par6홀 등 다양하고도 특징 있는 코스로 조성되어 있다. 호수와 갈대가 잘 어우러져 4계절 변화를 주고 있어 계절마다 새로운 분위기를 연출한다.

(5) 적용분야

EPDM 시트 방수법은 저수시설인 골프장의 인공연못, 저류지, 하수처리지용, 저류조, 기타 유해물 저류조 등과 환경분야인 위생 매립장 및 토목 구조물인 터널 방수, 농용수로 방수 등에 사용되고 있다.

(6) EPDM 시트 방수법 시방서

① 총칙

본 항은 인공연못 방수공사에 사용되는 EPDM 시트 방수법에 대한 일반사항, 방수시트, 시공장비, 시공 및 검사 등에 관한 내용이다.

② 일반사항

가. EPDM 방수 시트 공사는 용접기의 특성 및 자재물성에 관한 일반적인 지식과 경험이 필요하므로 이에 상응하는 지도 및 관리를 요한다.

나. 자재 운반시 시트의 손상이 없도록 주의한다. 특히 이음부분은 훼손되지 않도록 취급시 주의한다.

다. 용접장비 및 관련기기는 정기적인 점검을 통하여 누전 위험을 방지하고 장비보호와 완전한 용접이 되도록 한다.

③ 재료

EPDM 방수 시트의 물리적 특성은 표와 같다.

표 3 EPDM 방수 시트의 물리성

	종목	단위	결과
물리적 특성	재질	-	자외선 방지처리 EPDM
	두께	mm	1.5 이상
	인장 강도	kgf/m^2	120~160
	신장률	%	600 이상
	인 열강도	kgf/m^2	50 이상
	내 오존성	-	깨진 부분이 없음
	저온 굴곡성	-	30°C 이상 없음

ESS-13 방수법

시간이 경과함에 따라 연못 속의 흙은 가용성 염류의 용출작용에 의해 누수율이 증가하게 된다. 이는 용출된 이온의 자리에 미세한 공극이 생기기 때문이다. 만일 기존 및 신설 연못의 누수로 연못 개보수 공사가 필요할 경우 ESS-13 방수법이 효과적이다.

(1) 정의

ESS-13 방수법은 식물성 기름인 수지성 우유 빛의 환경 친화적인 물질인 ESS-13이 흙과 함께 작용하여 호수나 연못의 영구적인 방수가 가능하게 고안된 공법이다. 즉 ESS-13은 흙 속의 작은 공극에 들어가 팽창하거나 흙 입자를 피복후 팽창되어 흙의 안정화와 공극의 최소화로 누수율을 감소시키는 것이다.

ESS-13은 시간이 지날수록 방수효과가 증가되는 유일한 연못공사 공법이다.

(2) 방수원리

방수원리는 ESS-13의 아주 미세한 입자가 흙 속에서 좀 더 큰 공극을 통과함으로써 자연스럽게 방수막을 형성한다. 특히 각각의 흙 입자에 막을 형성하여 불필요한 이온 용출을 방지한다. 또한 ESS-13은 물 단독 분자보다 큰 분자이므로 공극 메움이 용이하고 불규칙한 지형을 평평하게 하는 혼합과 압축의 윤활유 역할도 한다.

(3) 장단점

영업중인 골프장 연못의 누수 공사시 기존의 방수법은 영업에 지장을 주고, 시공비용이 비싸며 공사기간이 길다. 그러나 방수 소재 ESS-13을 이용한 연못 시공은 경제적이며 공사기간의 단축이 가능하다. 또한 벤토나이트나 콘크리트 등의 방수소재로 시공된 연못의 누수를 기존 방수 소재의 교체 없이 효과적으로 보완할 수 있는 공법이다. 또한 환경친화적이어서 공사 시행시 발생되는 폐기물 및 오염이 적은 장점이 있다.

(4) 적용분야

ESS-13 방수법은 저수시설인 골프장의 신설 및 기존 연못, 저류지, 하수처리지용, 저류조, 기타 유해물 저류조 등에 사용되고 있다.

(5) ESS-13을 이용한 신설 연못 방수공사 시방서

ESS-13 방수법은 방수층을 시공하는 물과 흙 및 ESS-13의 혼합물이 설계된 두께가 될 때까지 15cm 두께로 1차 다짐 후 다시 15cm를 살포 및 다짐하여 마감하는 공법이다. 시방서의 주요 내용은 다음과 같다.

가. 총칙

본 항은 인공연못 방수공사에 사용되는 ESS-13 방수법에 대한 현장토질조사, 토공 작

거대한 필드를 따라 조성된 연못과 폭포가 잔디와 잘 어울리는 보라C.C의 윌리엄코스

북 아이다호의 쾨르드알렌 리조트는 외관적인 부분에 있어 매우 큰 자부심을 갖고 있는 곳이다. 이곳은 골프코스를 위한 지면이 그리 많지 않음에도 불구하고 주변의 자연 경관을 매우 적절히 활용한 코스다. 대표홀인 14번 홀에서는 악명 높기로 유명한 물 위에 떠 있는 그린을 경험할 수 있다. 5백만 파운드의 그린은 레이크 쾨르드알렌 위에 자리 잡고 있으며 작은 배를 타야만 도착할 수 있다. 컴퓨터에 의해 거리가 매일 조절되는 14번홀(91～160m)은 코스에 혁신적인 건축 요소를 더하는 역할을 할 뿐 아니라, 이곳에서 헤쳐나가야 할 여러 개의 딜레마 중 하나를 제공한다.

업, 재료, 시공 및 검사 등에 관한 내용이다.

나. 현장 토질 조사 및 시험의뢰

시공전 현장의 토양상태를 점검한 후 토양의 습윤상태, 혼합액(ESS13+물)과 흙과의 최적함수비, 투수계수 및 프록터(PROCTOR) 값 등에 관하여 시험을 기관에 의뢰한다. 만약 모래성분이 많거나 방수층 시공에 부적합하다고 판단될 때에는 적당한 점질토 성분이 함유된 흙을 미리 준비한다.

다. 토공작업

- 연못은 가장자리 경사가 3 : 1보다 완만한 경사를 유지하여야 한다.
- 터파기 시에는 방수층 및 보호층 두께를 고려하여 계획된 토공선이 나오게 한다.
- 원지반 다짐은 철저히 하여 지반침하로 인한 방수층의 손실이 없도록 한다.
- 다짐에 문제가 있는 바위의 돌출시 이를 제거하고 다른 물질이 없는 지반이 되게 한다.
- 하위지반은 ASTM D698 다짐법에 의거하여 최소 95% 이상의 다짐이 되도록 하고 전문가에 의해 검증되어야 한다.

라. 방수층의 형성 절차

① 흙 및 봉합제

흙 봉합제(SOIL SEALANT)는 SEE PAGE사에서 제조 판매되는 계면활성제인 상품명 ESS-13을 이용한다. 방수층에 사용될 흙은 적당한 점토성분을 함유한 것으로 필요시 반입한다.

② 혼합

흙, 물 및 ESS-13의 혼합시 2,000 갤런 또는 그 이상의 물탱크가 필요하다. 균일한 혼합을 위해 OFFSET타입으로 충분히 디스킹 해야 하며, 여러 번의 반복 작업이 필요하다.

표 4 신설 연못 방수 공사시 방수 면적에 따른 ESS-13 투입량

공법	ESS-13	방수면적	방수층 두께	사용량(ESS-13)
ESS-13을 이용한 방수	830L	4,000m^2	30cm	±10%
	415L	4,000m^2	15cm	±10%
	0.2075L	1m^2	30cm	±10%
	0.10375L	1m^2	15cm	±10%

표 5 신설 연못 방수 공사시 ESS-13과 물(H_2O)의 혼합량

공법	ESS-13	담수용량	비고
ESS-13을 이용한 방수	1L	200L	현지 흙의 습도와 시공면적에 따라 조절(최적 함수비에 맞추어 시공)

③ 1차 살포

불도저로 흙과 물에 균일하게 혼합한 ESS-13을 연못 바닥에 균일(살포 두께는 15cm)하게 포설한다.

④ 1차 다짐

각각 15cm층은 최적의 수분조건에서 ASTMD-698A에 의한 2% 이하 또는 전문가에 의해 검증된 상태에서 최소 90% 이상으로 다짐한다. 다짐은 대형 로울러를 사용하여 토양을 적당한 밀도(압축 다짐)로 다진다.

⑤ 2차 포설 및 다짐

1차로 다짐한 층 위에 2차로 혼합물(ESS-13+물+흙)을 15cm의 두께로 포설후 압축 다짐하여 총 30cm두께의 지층을 다져서 시공한다. 구조물 주위나 물이 스며들만한 곳은 소형 로울러를 사용하여 다진다.

⑥ 현장 실험

들밀도 실험을 한다.

⑦ 습도 조절

작업과정 또는 작업 후에 건조로 방수층이 균열되는 것을 방지하기 위해 연못에 물이 찰 때까지 수분(최초 시험시의 최적 함수비)을 유지해야 한다.

⑧ 표면 마감 공정

초기 지반 안정을 위해 흙과 시멘트를 일정 비율로 혼합 다짐하여 쇄골을 방지한다.

⑨ 침식 방지 및 담수

연못에 물을 채울 때 침식 현상을 방지해야 한다. 담수시 방수층의 손상을 입지 않도록 비닐이나 보온덮개 등으로 유입구 주변에 깔아준다. 만일 특별한 장비나 전문가의 지시가 없다면 침식방지 시설을 한 후 물 채움작업을 시행해야 한다. 침식문제에 대

해서는 전문가에게 문의하여 자문을 구할 수 있다.

⑩ 기타

연못의 면적에 비해 우수 유입량이 많거나 골프장의 건기 시에 담수된 물을 자주 뽑아 쓰는 곳, 외부 유입수에 의해 사면 피해가 예상되는 지역은 보호층(흙, 쇄석, 기타)을 시공한다. 또는 초기 지반안정을 위해 표면마감 공정으로 흙과 시멘트를 일정비율 혼합 다짐하면 쇄골 방지에 훌륭하다.

⑪ 주의사항

ESS-13은 식물성 기름을 기초로 한 친환경적이고 매우 안전한 무독성 제품이다. 그러나 이 식물성 기름이 물고기의 아가미에 접착되어 물고기를 질식시킬 수 있으므로 ESS-13을 사용하기 전에 연못 속의 물고기를 다른 곳으로 옮겨야 한다. 또한 사용하기 전에 반드시 ESS-13을 잘 흔들어서 각 성분들이 잘 혼합되도록 한다.

(6) ESS-13을 이용한 기존 연못 누수 방수공사 시방서(워터본 공법)

① 공법의 특징

ESS-13을 이용한 워터본(Waterborne system) 방수법은 기존의 연못이나 호수에 물이 하루에 1.27cm에서 20cm까지 감소하는 누수현상이 발견될 때 계산된 ESS-13을 호수나 연못에 직접 투입하는 방법으로 초기에는 60%에서 90% 정도의 누수율이 감소되고 시간의 경과와 함께 점차적으로 방수효과가 향상되는 공법이다. 특히 이 방법은 PVC 천연진흙 방수층 또는 벤토나이트 방수층의 누수뿐만 아니라 콘크리트, 시트류 등으로 시공된 방수연못의 누수방지에서도 효과적이다.

② ESS-13의 작용원리

ESS-13은 물보다 약간 가벼워 물 속에 현탁상태로 존재하다가 누수가 발생되는 부분의 흙으로 스며든다. 흙 속에 스며든 ESS-13은 누수 부분의 흙 입자를 코팅하여 양이온의 교환을 약화시켜 공극을 메운다. 이것은 흙 위에 막을 형성하는 기존의 방수법과

세인트 제임스 플렌테이션에서의 골프는 장식품에 불과하지만, 인트레코스털 워터웨이와 가깝게 위치한 지리적 장점은 바다를 사랑하는 골퍼들에게 더욱 더 큰 장점으로 다가온다. 비치클럽(사진)은 이곳에 머무는 사람들에게 남쪽 해안을 바라보는 해변에서의 특별한 경험을 제공하고 있다.

워싱턴 동쪽에 위치한 서클링레이번의 17번 홀은 골퍼들에게 물과 함께 싸워야 하는 특이한 경험을 제공하는 진귀한 곳이다. 이곳에서는 여름이 골프와 가장 잘 어울리는 계절이다.

는 달리 누수 부분의 흙에 직접적인 작용을 하므로 시간이 지나도 계속적인 방수기능이 유지된다. 또한 ESS-13은 연못수위가 만조를 유지하면 한번만의 사용으로 모든 누수 부분에 작용하므로 물이 얼거나 연못에 주기적인 물 보충 작업 시에도 ESS-13의 기능은 영향을 전혀 받지 않는다.

③ 시공전 현장조사

기 조성된 연못의 방수를 위해 ESS-13을 이용한 워터본 공법을 사용하고자 할 경우에 물의 수위를 가득 채운 후 24시간 동안 물 손실량을 측정 막대기로 측정한다. 연못에 가득 채운 후 1~2주간 누수량 및 부분적인 방수층의 직접손상이나 외부 요인으로 인한 방수층의 파괴가 있는지도 조사한다. 만약 직접적인 피해가 발생되면 기본적으로 피해부위를 복구한 후 ESS-13을 시공한다. 또한 연못의 구조물 주변이나 조경석 쌓기를 한 주변도 철저히 조사한다. 이는 누수량에 따라 ESS-13의 혼합량이 다르기 때문이다.

(7) 배합비

물과 ESS-13의 혼합비는 〈표 6〉과 같다.

표 6 기존 연못 누수 방지 공사시의 ESS-13 투입량

공법	ESS-13	담수용량	비고
ESS-13을 이용한 방수 워터본 방수법	1L	2000L	현장 여건에 따라 1 : 4,000(물)까지 가능

(8) ESS-13을 연못에 투입

누수 부위를 찾았으면 ESS-13을 물이 새는 부분에 직접 투입한다. 만약 물이 새는 곳이 분명치 않으면 ESS-13을 여러 군데 나누어서 붓는다. 물과 혼합되는 과정은 보통 6시간에서 10시간 정

도 걸리며 물의 색은 수 일 또는 수 주간에 걸쳐 흐린 흰색을 띤다. 물 색깔이 정상으로 돌아오면 작업이 완료된 것을 의미한다. 1~2주 동안 반복적으로 누수율을 측정한다.

(9) 주의사항

ESS-13을 이용한 신설 연못 방수법과 동일.

제 2 장

골프코스 그린 · 티 · 벙커 시공

그린공사

홀 구성요소의 시공순서는 플레이상의 중요도데 다르지만 일반적인 시공 순서 1) 그린, 2) 티, 3) 그린칼라, 4) 페어웨이, 5) A러프, 6) B러프, 7) C러프, 8) 헤비러프 순이다.

경기 가평의 산세를 끼고 도는 절묘한 코스 레이아웃과 1급수인 조종천이 내려다 보이는 풍광은 골퍼들의 마음을 넉넉하게 만든다.

지반조성

지반조성은 그린의 수명과 이용횟수를 좌우하는 중요한 요인이다. 이는 이용횟수가 증가함에 따라 토양이 고결화(固結化, hardness)되어 잔디 생장력(生長力)을 많이 감소시키기 때문이다. 이용이 집중되는 골프장 그린의 경우 배수가 용이하고 토양의 고결화를 극복할 수 있는 지반조성이 필수적이다. 지반의 종류는 골퍼들의 경기력(競技力, playability)에도 영향을 미칠 정도로 중요하다.

오래된 골프장의 그린은 USGA(United States of Golf Association) 방식을 변형하여 시공하였으나 적정자재 조달의 어려움, 시공기술과 경험부족으로 그린 지반을 완벽하게 조성하지 못하였다. 그 결과 집중강우 후 배수가 불량하여 잔디의 내구성이 급속히 감소되고 그린이 쉽게 손상되는 실정이다.

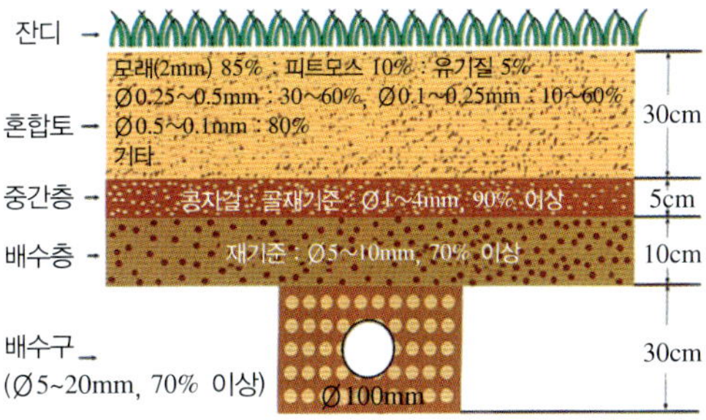

USGA 지반구조

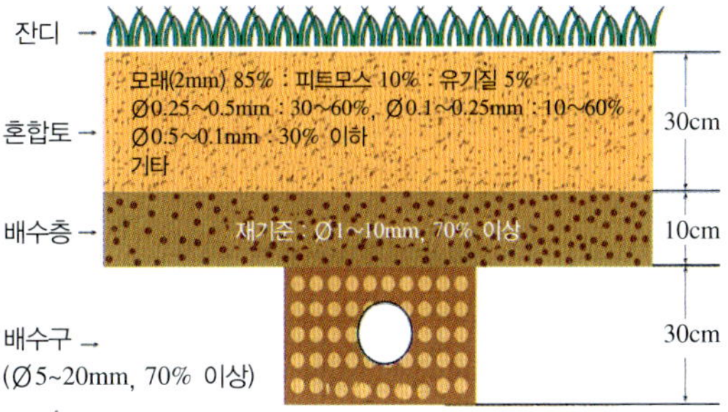

변형 USGA 지반구조

우리나라 골프장에 적합한 지반 시스템은 USGA방식 또는 캘리포니아 방식이다. 이 방식들은 잔디 종류 선택의 폭이 넓고 고품질의 잔디면을 유지할 수 있는 장점이 있지만 조성비와 유지관리 비용이 비싼 단점이 있다. 그린에 적용 가능한 지반은 USGA방식 또는 중간층을 생략한 USGA방식이다.

파인밸리 C.C의 밸리코스 9번 홀 주변으로 꽃이 만발하게 피어 화원에 온 기분이 든다.

USGA 방식

미국골프협회(United States Golf Association)의 지원 아래 1960년대부터 연구되어 널리 보급된 골프장 그린용 지반이다. 모래를 주재료로 사용하여 내답압성과 배수성을 향상시켰다. 또한 토양 수분의 보수성과 배수성을 동시에 고려하고 혼합토층의 물리적 안정을 고려한 지반구조이다. 특히 중간층(chock layer)에 water table 형성으로 건조시 잔디의 물 이용효율이 높다. 그러나 시공비가 비싼 것이 단점이다. 혼합상토층은 직경이 0.25~1mm의 모래 입자가 60% 이상인 모래에 피트모스를 혼합하여 만든다. 혼합비율은 부피비로 모래 80~90%에, 피트모스 10~20%를 혼합하여 조성한다. 혼합층 혼합시 상부 20cm 깊이까지 유기질 비료 또는 토양 개량제, 화학 비료 등이 골고루 혼합되게 해야 한다.

중간층을 생략한 USGA 방식

중간층을 생략한 USGA 지반은 국내에서 구입하기 힘든 굵은 모래층(콩자갈)인 중간층을 제거한 지반으로 USGA 지반에 비하여 직접공사비가 60~70%이다. 본 지반은 건조 시 토양수분이 불균일하며 세사가 배수층으로 내려가 잔디면의 평탄성과 배수력이 나빠질 수 있다.

시공시 고려사항

1) 그린의 지반구조는 USGA 방식 또는 중간층을 생략한 USGA 방식으로 한다.
2) 지반공사 시에는 중장비를 사용할 수 있지만 지반조성 후에는 소형 중장비를 사용하여 지반면의 파괴를 방지해야 한다.
3) 지반면의 시공시 돌, 나뭇가지 등의 이물질을 제거하고 충분한 다짐을 하면서 성토를 하여 그린 면과 동일한 기복(Undulation)이 되게 정지, 다짐 및 조형을 하며 허용오차는 3cm 내외로 한다.
4) 각 층을 조성할 때에는 그린 상세도에 표시된 계획고 위치에 말뚝을 각각 박고 지반층을 계획고에 맞게 조성한 후 각층의 두께별로 리본을 달아 세부측량을 해 나가면서 각층이 균일하게 조성될 수 있도록 해야 한다.
5) 그린 주위에 40~50cm 깊이의 비닐 막을 수직으로 매설하여 두더지 등 해충의 침입을 방지한다.
6) 지반 배수 구조를 완성한 후 자갈층을 포설한다. 그린 혼합층은 모래, 토양개량제를 지정한 혼합 비율로 균일하게 혼합한다. 혼합층은 35cm 두께로 포설한 후 다짐하여 30cm 두께로 맞춘다.
7) 혼합토를 포설시 그린면의 언둘레이션이 도면에 표시된 대로 조절한 후 비료, 토양개량제 등을 표층 15cm 이내의 깊이로 혼합한다. 혼합이 완전하게 되면 다짐을 하면서 그린면의 요철면을 없애고 그린의 파종면을 조성한다. 최종 파종면의 다짐은 사람이 가볍게 달리면 약간의 발자국이 생길 정도로 하며 표토가 건조해 있을 경우에는 충분히 관수를 해준다.
8) 그린에 사용되는 모래의 입도는 도면에 표시된 기준을 만족시켜야 하며 감독자의 승인을 득한 재료를 이용한다.

배수

그린의 배수는 주 배수관(main drainage)과 지선 배수관(sub drainage)으로 구분한다. 주 배수관은 그린의 높은 곳에서 가장 낮은 곳으로 향해서 방향을 잡는다. 경사는 제일 높은 곳을 0점으로 하고 2~3% 경사로 낮은 곳으로 향한다.

지선 배수관은 주 배수관의 교점으로부터 1.5~2%의 경사로 그린 가장자리로 향해 올라가게 한다. 또한 주 배수관과 지선 배수관의 연결각도는 60°로 배치한다. 지선 배수관의 간격은 4m로 한다. 그러나 지선 배수관은 국부적으로 표면배수에 맞추어 그린 좌우의 낮은 곳으로 연결하는 경우도 있다.

잔디 선정

그린용 잔디는 크리핑 벤트그래스가 주로 사용되고 있지만 일본 남부지역의 오래된 골프장에 세엽형 한국 잔디류를 사용한 사례가 있다. 과거 크리핑 벤트그래스로 그린을 조성시 3품종 이상을 혼합하여 사용하였으나 최근에는 균일한 퍼팅 퀄리티와 품종 특성으로 인한 얼룩무늬 현상(품종에 따라 잔디 엽색의 농담이 다름)을 없애기 위해 단일 품종만을 파종하여 조성하고 있는 추세이다.

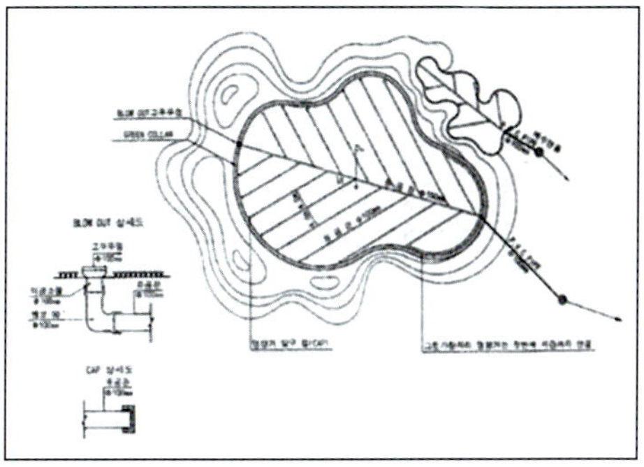

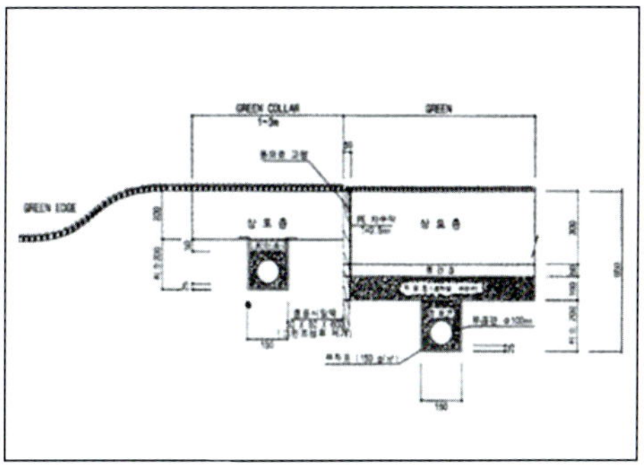

위는 그린 평면도, 아래는 단면도

우리나라의 그린용 잔디 품종 선정 기준은 1) 그린키퍼가 키워 본 품종, 2) 골프장 사장이 좋아하는 품종, 3) 해외에서 좋다고 소문난 품종 순으로 상식을 벗어나 선정하는 경우가 많으므로 시행착오를 범하지 말아야 할 것이다. 올바른 잔디 품종 선정 기준은 1) 내장객을 얼마나 받을 것인가, 2) 관리를 어떻게 할 것인가, 3) 가격이 저렴한가 등을 고려하여 품종을 선정해야 할 것이다.

플레이적인 측면에서 볼 때 신품종은 밀도가 높고, 직립성이 강할 뿐 아니라 잎이 가늘어 우수한 퍼팅 퀄리티를 나타낸다. 그러나 새로운 신품종을 선택시 환경적응성 실험을 통하여 검증된 품종을 사용하여야 할 것이다. 이는 신품종이 개발된 미국과 달리 우리나라의 18홀 골프장

표 1 그린에 사용된 골프장의 벤트그래스 품종 비교

골프장	품종	조성년도	골프장	품종	조성년도
포천 아도니스	SR1020	1996	세븐힐스	SR1020	1997
오크벨리	Dominant	1997	안양베네스트	Dominant	1997
백암비스타	Dominant	1998	서원 벨리	Penn-A-4	1997
썬힐	Penn-A-4 Penncross	1998	양산 아도니스	Viper	1997
비전힐스	Penn-A-1	1997	다이너스티	Crenshaw	1997
휘닉스파크	Penncross	1997	미션힐스	Dominant	1997

표 2 골프장의 벤트그래스 품종별 장 · 단점 비교

품종	파종량(g/m^2)	장점	단점	작용사례
펜크로스	7	관리 비용이 저렴 대중 골프장에 적합	그린 스피드가 늦음 신초밀도가 낮음	오래된 대부분의 골프장
크렌쇼우	9	신초밀도 높음	관리 비용이 비쌈	렉스필드 골프장
L-93	9	그린 스피드가 빠름	관리 비용이 비쌈	강원랜드 골프장
코브라	9	신초밀도 높음	관리 비용이 비쌈	최근 신설 골프장

세계 최대코스로 기네스북에 등재된(216홀) 중국의 심천에 위치한 미션 힐스 골프클럽 중 155개의 크고 작은 벙커가 지천에 널린 올라사발 코스

말레이시아 에이파모사의 크로커다일 코스 7번 홀은 그린 뒤로 악어 서식처가 있다. 그린입구에 들어서면 악어가 산다는 경계 표지가 있다.

은 연간 내장객이 평균 70,000명을 상회하는 한국의 영업 현실을 고려해야 하기 때문이다. 우리나라 골프장에 사용되고 있는 크리핑 벤트그래스의 주요 품종은 〈표 1〉과 같다.

잔디 종자의 포장 단위는 1통 당 11.34kg이다. 그린 한 개의 면적이 1,000m^2이고 벤트그래스를 m^2당 6g 파종할 경우 필요한 종자량은 6kg 정도이다.

시공절차 및 방법

1) 파종을 위한 소요 장비 및 자세

- 비산 방지막 : 120m | 못 또는 나무 젓가락 : 6인치(차광망 고정용) | 마스크 : 다수 | 저울 : 1개 | 차광망 : 75%(그린 1개 당 약3롤) | 핸드 파종기 : 2대 | 작업차 : 2대 | 샌드프로 : 2대 | 작업차 : 2대 | 샌드프로 : 2대 | 롤러 : 1ton | 비닐 : 소량 | 비료 : 기비용 | 칼 : 3개(차광망 절단용) | 종자 : Dominant(5.8~6.5g/m^2) 추천량)

2) 소요인원(8,000~12,000m^2 기준) – 기능공 3명(남), 보통인부 12명(여)

- 차광망 설치 – 기능공 3명, 보통인부 12명 | 비산방지막 설치 – 5명 | 샌드프로 – 2명
- 살수관리 – 1명 | 파종 – 2명 | 롤링 – 1명

3) 파종절차

(1) 파종 전 온도, 바람, 물, 비료, 차광망, 비산 방지막 및 장비점검을 한 후 파종 유무를 결정한다. 파종 적기는 춘계(4~5월), 추계(9월)이며 발아 적정온도는 20~25°C이다.

(2) 파종 하루 전날 그린 면에 20mm 이상의 관수를 한다. 또는 파종전 물을 충분히 준 다음 그린표면이 말랐을 때 작업을 시작한다.

(3) 파종은 바람이 불지 않는 날 아침에 실시하여 바람이 부는 경우 종자가 가장자리 밖으로 비산하여 칼라가 지저분해 보일 우려가 있으므로 파종 전에 비산 방지막을 설치한다. 비산 방지막은 그린의 크기에 따라 다르지만 800m^2를 기준으로 120m 정도면 충분하다.

(4) 종자파종과 같은 방법으로 비료를 먼저 시비한다.

(5) 비료 시비가 끝나면 종자 파종기로 정확한 양을 파종한다. 종자는 최근에 생산된 것으로 발아율 90% 이상이 되어야 한다. 파종방법은 2인 1조로 2방향(동서 혹은 남북 방향)에서 왔다 갔다를 반복한다.

(6) 파종이 끝나면 둘레에 친 비산 방지막을 걷고 샌드프로 바퀴로 다짐을 한다. 다짐 시 2인 1조로 가장자리 부분을 먼저 1m 정도의 폭으로 돌린 다음 그린 내부에서 앞뒤로 왔다 갔다를 반복한다. 다짐

표 3 파종 시기별 관리상의 유의사항

파종시기		파종시기
봄	3월 중순부터 4월 중순까지	일반적인 방법으로 관리한다.
여름	6월 말까지	바랭이 발생을 대비하여 철저한 토양 소독으로 잡초를 제거한다.
가을	9월 초부터 10월 초	일반적인 방법으로 관리한다.
겨울	11월 중순까지	최적 발아 온도를 위해 비닐 피복 후 검정 차광망을 피복한다. 동계기간 온도가 영상으로 올라가면 주기적인 관수로 건조 피해를 준다.

시 주의할 점은 샌드프로 바퀴에 종자가 묻어서 가장자리 밖으로 나가지 않게 하는 것이다.

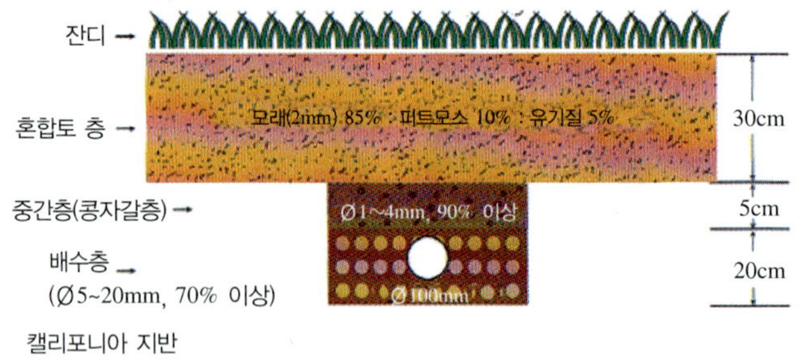

(7) 샌드프로 다짐이 끝나면 1ton엔진 롤러로 샌드프로 다짐과 동일한 방법으로 실행한다. 이때 모래가 롤러의 무게를 못이겨 언둘레이션이 훼손될 우려가 있으므로 그린의 언둘레이션에 따라 롤러의 뒤를 들어 주는 등 그때그때 상황에 대처를 해야 한다.

(8) 다짐이 끝나면 차광망(9m×50m, 75%)으로 덮는다. 차광망을 펼칠 때는 한쪽 가장자리부터 차광을 하고 상토면에서 끌리지 않도록 덮어서 못이나 나무 젓가락으로 고정을 한다. 차광 피복은 서로 겹치지 않게 한다. 피복이 끝나면 그린의 모양에 따라 차광망을 절단하여 그린 가장자리 부분에 식재된 한국잔디 손상을 줄인다. 통상 그린 하나당 차광막 약 3롤 정도가 필요하다.

(9) 차광이 끝나면 약 20분 정도 스프링클러로 관수하고 그 후에는 한 시간 간격으로 6분씩 그린 면이 마르지 않게 관수를 한다. 약 7~10일이면 발아가 끝난다.

4) 파종 시기

최근 각종 그린 시공 및 관리 기술의 향상으로 파종 시기가 늘어나고 있다. 이는 배수를 고려한 모래 지반과 관수시설의 확보 등으로 지연적인 한계를 많이 극복하고 있기 때문이다. 따라서 파종 시기별 유의사항을 고려한다면 실패 확률은 감소할 수 있을 것이다.

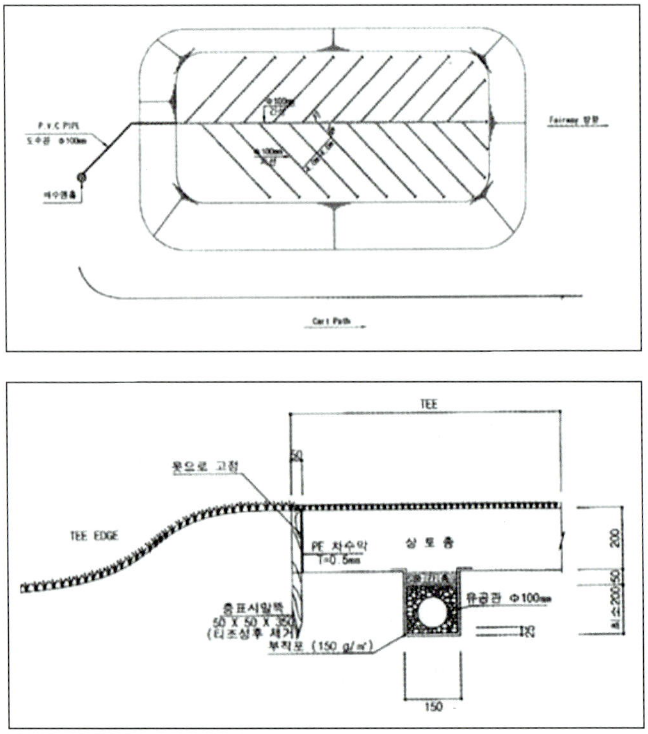

위는 티 배수시설 평면도, 아래는 단면도

그린칼라

1) 표토는 투수성이 좋은 비옥

한 토양을 사용한다.

2) 잔디는 티에 준하여 식재한다. 토질이 불량할 경우 양질의 비옥토를 반입하여 포설하고 시비는 페어웨이에 준한다.

3) 조형, 정지 등은 그린에 준하여 세심하게 한다. 특히 그린, 벙커, 페어웨이 등과 연결관계 및 그린면의 배수 등을 고려하여 시공한다.

4) 그린칼라는 그린 면이 폭 1m 정도 넓어진 지역이므로 경사가 심하지 않도록 하여 그린 관리시 장비의 회전이 용이하도록 한다.

5) 에이프론 칼라(Apron collar)의 주위폭 6m 범위의 지역을 어태치드 에리어(Attached area)로 한다. 에이프론, 칼라 및 어태치드 에리어의 총 면적은 그린 1개당 1,000m^2 내외로 한다.

티공사

지반방식

티 조성에 적용 가능한 기반은 USGA방식 또는 우리나라 여름철 폭우 하에서도 배수력이 우수한 캘리포니아 방식(California system)이다. 캘리포니아 방식은 미국 캘리포니아 대학에서 개발하였다. 캘리포니아 지반의 특징은 내답압성과 배수성을 고려한 USGA 지반의 왕사층을 없애고 배수구 내에 자갈(1~4mm)을 깔고 모래층을 30cm 정도 포설하는 형태이다. USGA 지반 공사비보다 40~50% 저렴한 것이 장점이다. 혼합토 조성은 USGA 지반 구조와 동일하다.

라오라오 베이 골프 리조트는 사이판의 카그만 포인트에 자리한 골프장이다. 이곳은 '골퍼들의 천국'이라 불릴 만큼 최고를 자랑하는 골프장으로 정평이 나있다. 그리고 '호주의 백상어'라 불리는 그렉 노먼이 디자인한 골프코스로 사이판의 대표급 골프장으로 각광을 받고 있다. 서쪽코스와 동쪽코스 두 개의 18홀 코스로 나뉘어진 라오라오 골프장은 자연과 바다가 어우러진 자연 속 플레이로도 유명하다.

> "티 조성에 적용 가능한 지반은 USGA 방식 또는 여름철 폭우 하에서도 배수력이 우수한 캘리포니아 방식(California system)이다. 캘리포니아 방식은 미국 캘리포니아대학에서 개발하였다. 캘리포니아지반의 특징은 내답압성과 배수성을 고려한 USGA 지반의 왕사층을 없애고 배수구 내에 상단 5~10cm에 자갈(1~4mm)을 깔고 모래층을 30cm 정도 포설하는 형태이다. USGA 지반 공사비보다 40~50% 저렴한 것이 장점이다."

배수

티 주위의 사면 등에서 우수나 토사가 티 면에 유입하지 않도록 잔디 배수로(할로우)를 설치한다.

잔디 선정

티용 잔디 종류는 한국잔디와 한지형 잔디가 주로 이용되고 있으나 최근 회복력이 빠르고 이용기간이 긴 켄터키블루그래스가 많이 이용되고 있다. 켄터키블루그래스는 3품종 이상을 혼파(mixture)하여 사용하고 있다. 켄터키블루그래스 잔디 종자의 포장 단위는 1포당 22.5kg이다.

벙커공사

재료

벙커 내에 들어가는 재료는 규사, 모래 및 잔디 등이 이용된다. 국내에는 모래보다 희고 빛나는 규사가 많이 이용되고 있으며, 모래 대신 한국잔디류나 한지형 잔디류를 식재하는 경우도 있다.

제주도 '돈내코 골프 앤 리조트'의 잭 니클라우스의 도전적인 코스, 그리고 밀림같은 울창한 숲

규사

규사는 무수규산인 이산화규소 SiO_2성분을 가진 석영알갱이로 된 모래를 말한다. KS에서는 SiO_2함량이 70% 이상이고 점토분이 2% 미만의 것을 규사라 부른다. 규사는 파쇄 가공을 하지 않은 천연규사와 파쇄 가공을 한 인조규사로 분류된다. 천연규사는 화강암이나 석영섬록암 등이 장구한 지질시대를 거치는 동안 침식, 풍화작용에 의해 파괴 · 붕괴되어 일상으로 된 것으로 퇴적 장소에 따라 입형이 다르다. 천연규사는 해사, 하천사, 산사가 있다. 산사와 하천사는 장석, 점토분 등 불순물을 많이 포함하고 있어 해사에 비해 품질면에서 뒤떨어진다.

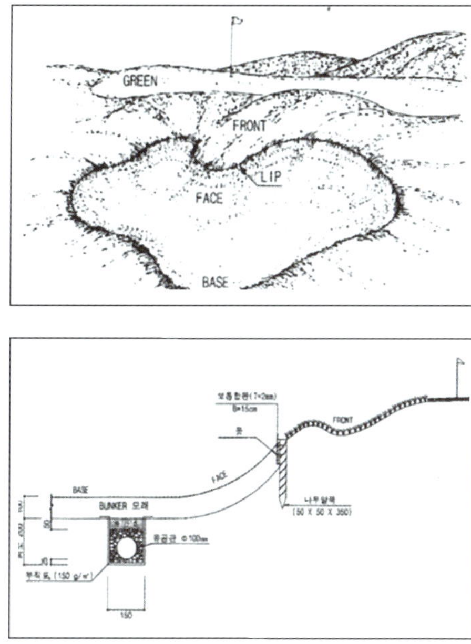

위는 벙커 스케치, 아래는 단면도

인조규사는 석영질 암석을 인위적으로 파쇄하여 입도 조정을 행한 규사이다. 원석의 종류에 따라 세가지로 분류되는데 석영편암을 원석으로 하는 석영편암 규사, 규암을 원석으로 하는 규석규사, 연규석을 원석으로 한 풍화규사가 있다.

국내 천연규사 산지는 경기도 옹진군 영흥면 이작리, 경북 울진군 평해면 직산리, 경북 영일군 청하면 월포리, 충남 서산군 대산면 독호리, 전남 신안군 임자면 진리, 전남 신안군 자은면

레이놀드 랜딩은 조지아주에서 두 번째로 큰 호수를 따라 10마일에 걸쳐 펼쳐져 있으며 누구나 꿈꾸는 드림 홀을 경험할 수 있다. 20년 전에 개장한 곳이기 때문에 최고의 골프 코스에게 주어지는 상을 이미 여러 번 수상했으며 오거스타 내셔널 다음으로 랭킹 2위를 차지한 바 있다.

백길리 등이 있다. 최근에 강원도 강릉시 강동면 월호평동, 상시동, 하시동에서 대량 규사광구가 발견되어 생산되고 있다.

검정 모래

2003년 개장한 렉스필드 골프장의 블랙홀의 벙커는 검정 암석을 파쇄하여 나온 부산물을 벙커사로 활용하여 홀에 개성을 부여하였다.

시공

1) 벙커는 평면계획의 형태, 면적, 위치, 종류 깊이에 따라 정확히 조성한다.
2) 바닥은 돌이 섞이지 않은 흙으로 잘 다진 후 제일 낮은 부분에 맹암거를 설치한다.
3) 벙커 주위에 있는 마운드는 벙커와 일체시키며 벙커와 그린 사이에 마운드를 만든다.
4) 벙커 주위에 있는 표면수가 벙커 안으로 들어가지 않도록 벙커 주변에서 4~5m 정도 떨어진 곳에서 표면수를 처리하는 것을 원칙으로 한다.
5) 벙커용 모래는 일반강사 또는 규사로 포설하며 포설두께는 그린 벙커는 10cm, 페어웨이 벙커는 8~15cm로 한다. 모래의 입자는 여름철 배수를 위해 1~2mm가 좋다.

제 3 장

골프코스 잔디의 시공

작업 범위(SCOPE)

작업 범위는 식재에 쓰일 다양한 잔디를 조달하는 것을 포함한다. 재배된 잔디도 포함한다.

잔디의 선택(SELECTION OF TURF GRASS)

모든 골프코스 식재에 사용될 잔디는 다음에 따른다.

잔디종류(TURF GRASS SEED MATERIALS)

잔디 계획 평면도에 따른다.

씨앗의 품질(SEED QUALITY)

씨앗의 질은 각종 잔디의 최소발아와 생육순도의 표준 퍼센테이지를 충족하거나 초과해야 한다.

모든 씨앗들은 유해한 잡초 씨앗이 포함된 어떤 씨앗도 허락되지 않으며 최근에 채취된 것이어야 한다. 씨앗의 분석 자료는 거래 기준에 따라야 한다.

발아시험은 반드시 지난 6개월 이내에 행한 것이어야 한다. 사용된 씨앗의 각 종류를 분석한 자료는 작업현장으로 그 씨앗이 도착되기 5일 전에 제출되어야 한다.

세계적 메이저 대회 MASTERS가 열리는 Augusta National G.C 13번 홀의 아름다운 모습을 하늘에서 내려다보니 한결 더 매혹적인 풍경이 펼쳐졌다.

재료(MATERIALS)

잔디

잔디는 일반잔디와 롤형 잔디로 구분된

다. 일반잔디는 자연산 또는 재배잔디로 규격은 가로 30cm, 세로 30cm, 두께 3cm의 것을 기준으로 하되, 반입잔디가 소규격인 경우 감독자와 협의하여 시공한다. 롤형 잔디는 난지형 잔디 또는 한지형 잔디를 재배한 것으로서 잔디수확기로 떼어내어 롤형태로 말은 잔디로서 규격은 $1m^2$ 이상의 것을 사용한다.

잔디의 품질은 재배품이거나 야생잔디를 채취한 것으로 구비조건은 다음과 같다.

1) 잡초가 없고 지하경이 치밀하게 발달한 것 이어야 한다.
2) 잎이 불규칙하거나 잎 끝이 찢어지지 않은 것 이어야 한다.
3) 잡초가 섞이지 않고 병충해의 피해가 없는 것 이어야 한다.
4) 두께 및 크기가 균일하게 굴취된 것 이어야 한다.
5) 장기간 적재에 의해 부패되지 않은 것 이어야 한다.
6) 현장에 도착된 잔디는 1일 이내에 식재하는 것을 원칙으로 한다.

> "모든 잔디는 자주 깎아주어야 한다. 그린은 주당 4~6번 깎아주어야 한다. Teeing Surface는 주당 3~4번, Green Apron은 티와 같이 깎아준다. 잔디를 깎는 회수는 잔디의 재성장 비율을 좌우한다. Green Surfaces와 Apron과 Tee Surface의 Vertical Mowing은 퍼팅 표면의 Sand Top-dressing과 같이 정기적으로 행해져야 한다. 현장 책임자는 관리 계획을 성장률과 기후조건들에 의해 조정해야 한다."

잔디종자와 기타 자재

1) 자생잔디는 국내 자생종 조이시아(Zoysia) 계통과 포아(Poa)의 잔디 종자를 사용하되 감

플로리다주 올랜도의 '베이힐 클럽&로지'의 18번 홀은 보기엔 쉬운데 강한 오른쪽 훅을 꽁꽁 감추고 있다. 그린 앞에 있는 홀에서 행운의 불규칙 바운드가 나오기도 하는 멋진 라운드가 아쉽게 끝나는 홀이다.

Augusta의 멋진 풍경 홀의 왼쪽을 따라 이 각도에서 13번 홀 그린을 찍은 사진을 본 일이 있을 것이다. 하지만 선수나 캐디가 아닌 이상 절대로 여기에 가까이 다가갈 수 없다. 일단 로프가 쳐지면 아멘 코너에서 가장 가까이 갈 수 있는 그린이라 봤자 페어웨이의 건너편 정도다.

독자와 협의하여 종을 선택한다. 잔디종자는 2년 이내에 채취된 것으로 발아촉진처리된 것이어야 하며 발아율 60% 이상, 순량률 98% 이상이어야 한다.

2) 도입잔디는 현지의 제반 여건에 따라 감독자와 협의하여 종자를 선정하며 발아율 80%이상, 순량률 98% 이상이어야 한다. 혼합종자를 사용할 경우에는 자재조달 계획서를 제출할 때 원산지 증명과 품질보증서가 첨부되어야 하고 혼합률은 감독자의 승인을 받아야 한다.
3) 잔디에서 흙을 털어낸 포복경 또는 지하경을 5~10cm로 자른 것을 사용하되 마르거나 썩지 아니한 것을 사용한다.
4) 토양개량제와 비료는 농림부 비료공정규격 또는 한국산업규격에 적합한 제품 또는 감독자가 승인하는 제품을 사용하되 배합비율과 사용량 등은 승인된 비율로 사용한다.
5) '종자 뿜어붙이기' 시에 사용되는 화이바, 섬착제, 색소, 양생제 등은 파종종자의 배합비율과 시공방법 등에 관하여 감독자의 승인을 받은 후 사용한다.
6) 잔디식재에 사용되는 용수는 잔디 및 기타 식재지에 유해하지 않은 것으로 한다.

기비(밑비료)

Nitrogen-Phosphorous-Potassium-Magenesium이 16-8-12-4의 화학적 구성을 가진 알멩이 비료나 승인될 동등한 품질의 것으로 한다. 단, N : P : K가 3 : 1 : 2의 비율을 가진 비료를 50g/m^2 사용해도 좋다.

반입(DELIVERY)

현장으로의 반입시 씨앗을 담는 각각의 용기는 명확하게 표시되어 있어야 한다.

유통되고 있는 내용물, 순도와 발아분석표는 각각의 포대나 상자에 부착되어야 한다. 이들 표식들은 파종전에 골프코스 설계사에게 전달하기 위해 시공자가 보관해야 한다. 골프코스 설계사는 씨앗 구입량과 유형을 알 수 있는 송장에 적인 공급에 대한 조사를 요구할 수 있다.

종자용기(SEED CONTAINER)

모든 씨앗용기들이나 포대는 건조한 기후와 방습이 되는 저장창고에서 보관되어야 한다.

파종시기(SEED VARIETY AVAILABLE)

각 종류에 대한 실질적인 파종시기를 현장 책임자는 지시하고 감독한다.

잔디식재 시공(PLANTING)

잔디식재는 어느 한 지역의 상토가 준비 되는대로 가능한 빨리 행한다. 페어웨이와 티 지역들은 현장책임자의 지시에 의해 준비된 지역부터 식재한다.

식재기반조성

토양이 잔디생육에 부적당하다고 판단되는 경우에는 감독자와 협의하여 정지의 식재기반조성에 준하여 잔디생육에 적합한 토양상태로 개량한다.

시공대상지에 산재한 큰 부스러기, 쓰레기 등을 제거하고 지반을 토심 20cm로 경운한 후 흙덩어리를 잘게 부수고 돌, 잡초 등 불순물을 제거한다.

잔디붙이기

1) 전면붙이기는 토양개량과 정지작업이 이루어진 지면을 롤러나 인력으로 다진 후 잔디를 붙인다. 일반잔디는 서로 어긋나게 틈새 없이 붙인 후 모래나 사질토를 살포하고 다시 롤러나 인력으로 다진 후 충분히 관수하며, 롤형 잔디는 전체 지면에 틈새 없이 붙이고 모래나 사질토를 가볍게 살포한 후 롤러로 다지고 충분히 관수한다.
2) 줄떼 붙이기는 설계도면 또는 공사 시반서에 달리 명시하지 않는 경우 잔디장을 10, 15, 20cm 간격으로 어긋나게 놓거나 서로 맞물려 여유 있게 배열하여 호미 또는 괭이로 잔디뿌리가 흙 속에 묻히도록 표토를 파가면서 붙인다.
3) 풀어심기(stolonizing or sprigging)는 잔디에서 풀은 포복경 또는 지하경을 5~10cm 정도로 잘라 산파한 후 잔디뿌리가 묻히도록 흙을 덮는다.
4) 잔디고정을 위해 비탈면에 잔디를 붙일 때에는 잔디 1매당 2개의 떼꽂이로 잔디가 움직이

Oregon 주의 Suriver Golf Resort는 54개의 홀을 갖추고 있으며 진정한 골프의 진수를 즐길 수 있는 곳이다 이중 woodland 코스는 깊은 벙커와 며 몇 개의 호수, 울퉁불퉁한 바위가 노출되어 있는 곳이다.

지 않도록 고정한다. 잔디를 고정한 후 뿌리가 노출되지 않도록 사양토로 잔디 사이를 채우고 인력이나 롤러 등으로 잔디 식재면은 다진다.

식재 완료 후 남은 돌, 기타 부스러기, 쓰레기 등을 제거하고 정리한다.

APRON 식재

현장여건에 맞도록 Rhizom 번식 또는 떼입힘 방법을 사용하는 Green Apron 식재는 Green 파종과 동시에 행한다. 모든 둔덕과 움푹패인 곳, 모래 Bunker 표면의 경사지들은 Green site 스프링클러로 커버되는 범위 내에서 Apron으로서의 식재지가 될 것이다. 토양표면은 부드럽고 완만하며 딱딱한 것들이 없어야 한다. Apron과 Fairway는 동시에 식재될 수도 있다. Apron들은 각각의 퍼팅표면주위 2m의 살수 한계선까지 연장될 수 있으나 어떤 경우든 2m 이내로 한다.

명시된 비료는 식재전에 5cm 정도 도양표면으로 스며들 수 있도록 균일하게 뿌려져야 한다.

잔디파종 시공(SEEDING)

시공일반

1) 파종시기는 난지형 잔디는 5~6월 초순, 한지형 잔디는 9~10월 또는 3~5월을 적기로 하되, 잔디품종의 특성을 고려하며, 공기 및 현장여건에 따라 감독자와 협의하여 결정한다.
2) 잡초의 발생이 우려되는 곳은 대상지 전면에 제초제를 살포하고 일정기간 경과하여야 한다.
3) 파종지는 인력 또는 경운기로 깊이 20cm이상 부드럽게 간다.
4) 비료를 뿌리고 흙을 곱게 부수어 고른 후 롤러로 가볍게 다진다.

5) 모래와 섞어 파종량의 1/2을 종으로 파종하고 나머지 1/2을 횡으로 파종한다. 파종량은 50~150kg/ha를 기준으로 하되 잔디의 종류에 따라 감독자와 협의하여 조정할 수 있다.
6) 파종 후 롤러로 가볍게 눌러서 종자가 흙 속에 박히도록 한다.
7) 파종지가 충분히 젖도록 관수하되 흙이 흘러내리지 않을 정도로 물을 뿌려야 한다.
8) 발아를 위한 적절한 수분과 토양온도 유지를 위하여 폴리에틸렌필름(두께 0.03mm)이나 볏짚, 황마천, 차광막 등으로 피복하고 바람에 날리지 않도록 고정한다.
9) 씨드벨트(seed belt)로 파종할 때에는 정지된 지면에 종자가 닿도록 벨트를 깔고 충분히 관수한 다음, 고운 흙을 1mm 내외 배토하고 다시 관수한 후 폴리에틸렌 필름을 덮어준다.

파종 후 관리

1) 종자가 발아한 후 주시하여 웃자라거나 고온장애를 받을 우려가 있으면 즉시 폴리에틸렌 필름을 제거한다.
2) 파종지가 건조할 경우에는 전면에 살수하되 표면이 마르지 않게 해야 한다.
3) 발아후 2개월 경과시부터 시비를 하되 한국잔디의 경우 연간 순 성분량을 기준하여 질소, 인산, 칼리를 1m^{2}당 각각 15g, 10g, 10g의 비율로 생육기간 중 1~2개월 간격으로 시비한다. 기타 잔디시비는 유진관리계획에 따라 감독자와 협의하여 정한다.
4) 파종 후 20일 이내에 발아되지 않거나 전면에 고루 발아되지 않고 일부만 발아하는 경우에는 처음과 동일한 공법으로 재파종하여야 한다.

축소판 오거스타 1,060야드의 파3코스는 젖어 있는 드라이 클린용 빅 코스를 건조기에 집어넣을 때에 나올 법한 모양처럼 딱 빅코스의 축소판이다. 파3코스는 빅 코스보다 아름다우며 걷기가 쉽다. 대회 기간 중 수요일에 이곳에 올 수 있다면 골프장 회원들과 그 친구들이 골프장 주위에 위치한 별장 발코니에서 쿠어스라이트를 마시는 광경을 볼 수 있다.

오거스타 고스에는 진달래가 만발해있지만 아무데서나 볼 수 있는 것은 아니다. 대부분 아멘 코너(오거스타의 11, 12, 13번 홀)를 따라 피어있다. 흐드러지게 피어있는 진달래는 TV 카메라맨이 선호하는 대상이기도 하다.

종자뿜어붙이기 시공(SEED SPRAY)

시공일반

1) 준비작업으로 파종지는 잡석을 제거하고 계획된 기울기에 따라 평활하게 정지한다. 파종

면이 건조한 경우에는 종자의 발아를 촉진하고 분사부착물의 침투를 좋게 하기 위하여 1m²당 1~3l의 물을 미리 살포한다.

2) 한지형 잔디 종자를 비료, 화이바, 접착제, 색소, 물과 혼합하고 살포기계를 이용하여 분사파종으로 시공한다.

3) 파종 후 1개월 이내에 발아되지 않거나 전면에 고루 발아되지 않고 일부만 발아되었을 때에는 처음과 동일한 공법으로 재파종하여야 한다.

그린용 비료혼합(GREEN FERTILIZER MIXTURE)

그린용 비료혼합은 복합비료 50g/m²을 상토에 5~10cm 정도 혼합되도록 하고 현장책임자는 반대쪽을 혼합하는 동안 혼합상토층의 비료침투 여부를 검측할 수 있다. 만일 비료를 모래와 유기질 부식토의 포설 뒤에 시비하는 것이라면 고른 분포를 위해 Drop type의 시비장비가 사용된다. 비료를 손으로 뿌리는 것은 허용되지 않는다. 시비장비로, 각각의 살포에 있어 요구되는 비료의 50%를 사용해 두 방향으로 살포한다.

그린파종(GREEN SEEDING)

그린은 파종작업 중 제일 먼저 행해진다. 파종에 앞서 퍼팅 표면은 완전히 균일하고 질감에 있어서도 부드럽게 골라야 한다. 씨앗의 명시된 적용률에 따라 Cyclone push type이나 Drop type의 파종기를 이용해 파종할 수 있다. 씨앗은 전체표면에 고르게 파종한다. 전체 표면이 오른쪽 각도에서 각각의 두 방향으로 씨앗의 1/2씩 파종한다. 손으로 씨를 뿌리지 말아야 한다. 파종 후에 갈퀴로 씨앗위를 긁어주어 흙을 덮어준 후 수동식 Water roller로 다져준다. 전체 표면을 서로 반대되는 두 방향으로 다진다.

배토(TOP DRESSING)

퍼팅표면의 Top dressing은 상토용 재질로 파종 후 즉시 행하고 Dressing용 재료는 Basket type롤러를 사용해 전체 표면에 약 3mm(1/8inch) 깊이로 균일하게 복토한다.

관수(WATERING)

그린 사이트지역(각각의 Green site Apron 지역은 동일한 시간 내에 파종한다)의 파종이 끝나자마자 관수하기 시작한다. 관수는 관개시설을 이용해 수동식으로 하고 가볍게 자주준다. 손으로 관수하는 것 역시 필요하다. 파종된 지역은 발아가 성취되고 정상적인 잎수가 시작될 때까지 습기가 유지되어야 한다.

티, 페어웨이 기타지역 식재

티, 페어웨이 기타지역은 명시된 대로 현장 여건에 맞는 방법으로 식재하고 시비계획에 따라 시비한다.

이에 대한 시방은 일반 시방서에 준용한다.

관수의 적용(APPLY IRRIGATION WATER)

어떤 인접한 지역에서의 식재가 끝나자마자 즉시 물을 주어야 한다. 식재된 지역은 습기를 유지하고 토양표면을 습기가 있는 상태로 관리한다. 지나치게 물을 주지는 말아야 하며 표면에서 10cm의 깊이는 건조되게 하지 말아야 한다. 이동펌프와 호스나 물 탱크 트럭의 사용은 가뭄의 상황에 대비해 충분한 물을 제공하는데 필요하다. 습기 있는 상토는 잔디의 발아와 활착을 확실히 해주기 위해서 유지되어야만 한다.

보파 및 보식(OVERSEEDING, REPLANTING)

도급자는 파종한 것이 3주(21일) 이후에도 발아하지 않을 경우나 잔디활착이 불량한 경우 어떤 지역이든 다시 보파 및 보식을 해야한다.

잔디깎기(MOWING)

최초의 적절한 잔디 깎기는 퍼팅 표면을 제외한 어떤 잔디든 50mm의 높이가 되었을 때 행한다. 어떠한 경우에 있어서도 첫 번째 깎기가 있기 이전에 100mm 이상으로 자라게 해서는 안된다. Rotary mower가 적절한 깎기를 수행하기 위해서 사용되어질 수 있다. 어떠한 경우에도 첫 번째 깎기가 잔디의 평균면의 길이를 25% 이상 제거해서는 안되며 첫 번째 깎끼를 퍼팅 표면을 제거해서는 안되며 첫 번째 깎기를 퍼팅 표면을 제외하고 잔디의 높이를 25mm 이하로 해서는 안된다. 퍼팅 그린면과 중지가 식재된 에어프론의 잔디를 깎는 것은 전문적인 퍼팅 그린 Mower로서 예리하고 정확하게 행해져야 한다.

퍼팅그린의 잔디를 깎는 것은 잔디가 최소 20mm 그리고 최대 25mm의 높이가 되었을 때 행한다.

파종 이후 잔디가 활착하는 2~3개월 동안에 모든 지역의 잔디 깎기는 다음에 표시된 높이로 유지되어야 한다.

Greens ··············· 5mm~ 8mm
Tee Surfaces ··············· 10mm~12mm
Teeside Slope ··············· 20mm~25mm
Green Aprons ··············· 10mm~12mm

Fairway Areas ·· 15mm~20mm
Bunker and Lake Edge ·· 35mm~60mm
Maintained Rough Areas ·· 50mm~65mm

모든 잔디는 자주 깎아주어야 한다. 그린은 주당 4~6번 깎아주어야 한다. Teeing Surface는 주당 3~4번, Green Apron은 티와 같이 깎아준다. 잔디를 깎는 회수는 잔디의 재성장 비율을 좌우한다. Green Surfaces와 Apron과 Tee Surface Top-dressing과 같이 정기적으로 행해져야 한다. 현장책임자는 관리 계획을 성장률과 기후조건들에 의해 조정해야 한다.

시비(FERTILIZING)

새롭게 파종된 지역에 비료를 주는 것은 균형있게 배합한 혼합비료로서 한달에 두 번씩 시비한다. 조금씩 자주 주는 것이 신속하고 적절하게 잔디의 성장을 촉진하게 하는데 필요하다. 사용될 비료는 현장책임자가 결정할 것이다. 토양의 pH가 6.0~7.5가 되도록 유지한다. 비료를 조절하고 Liming이나 Sulphur를 자주 살포하는 것은 특히 Fairway Area에서 바람직한 pH의 균형을 유지하는데 필요하다. 미량원소의 주기적인 공급은 그린, 티와 페어웨이지역에 과립상의 것을 살포하거나 엽면 시비한다.

잡초제거(HAND WEEDING)

모든 파종된 지역내 잡초를 손으로 없애는 것도 필요하다. 빈번하고 적절한 잔디깎기는 잡초

바람, 눈, 안개 등으로 인한 장해요인으로 라운딩이 불가할 경우가 거의 없는 제주도 저지대의 온난하고 평활한 곳에 위치한 '라온골프장'의 평온한 가을풍경

의 성장을 최소화시킬 것이다.

보수(REPAIRING)

호우로 인해, 파종 또는 식재된지 얼마되지 않은 지역에 생기는 자국과 세골을 막아야하고 이러한 지역은 같은 종자, 같은 재질로 주변과 조화되도록 원상복구한다.

제8편 골프코스의 계절별 관리

제 1 장

봄 · 여름철 골프코스 관리

봄철 코스관리 (3~5월)

난지형 잔디

휴면을 끝낸 한국잔디는 따뜻한 햇볕에 천천히 싹트기 시작한다. 겨울내 마른 상태에 있었던 직립경의 끝 부분으로부터 바늘과 같은 새로운 잎이 신장된다.

• 월동기간 중 서릿발등에 의하여 그라운드면이 들떠 있으므로 약 1톤 정도의 롤러를 이용하여 롤링을 실시한다. 롤링작업을 함으로써 고른면을 유지시키고 봄철의 건조해를 예방할 수 있다.

• 3월 말경에 스위핑 작업으로 지상부의 월동기 고엽들을 제거해줌으로써 맹아출현을 촉진시킨다. 스위핑 작업 후 3~5mm정도의 배토를 하여 지상부에 드러난 포복경을 덮어 건조를 줄이고 맹아출현을 돕는다.

• 예초는 25~30mm정도로 유지하여 광합성 효율을 높이고 가급적 낮은 예초를 하지 않도록 주의한다.

• 봄철 시비는 신근이 충분히 발생하여 영양분을 흡수할 수 있을 때 실시하여야 한다. 복합비료는 통상 4월말부터 시비가 가능하나 시비량을 생육최적기 보다 줄여 질소순성분량으로 2.5~3.5g/m^2을 시비함으로써 피해를 예방할 수있다. 시비 후에는 비료가 충분히 녹을 정도의 살수가 필요하다. 규산과 석회는 연중 시비가 가능하나 가급적이면 봄 배토 전에 살포하는 것이 유리하며, 유기질비료는 지력 증진을 위하여 5월 중순경에 1회 시비한다.

• 봄철에는 춘고병의 발생과 굼벵이에 의한 피해가 예상되므로 3월말~4월초순경에 각각 1회 정도의 예방시약을 실시한다.

• 봄철에는 잔디가 매우 연약하기 때문에 사용빈도를 줄이고, 뿌리가 완전히 활착하여 회복능력을 갖추기 전에는 잔디에 스트레스를 줄 수 있는 통기작업, 슬라이싱, 버티컬모잉 등과 같은 작업은 피하는 것이 바람직하다.

• 봄철 잡초방제는 4월 중순이후부터 5월 중순까지 발아 전 제초제를 1회 살포하되 약해 발생에 세심한 주의를 요한다.

산정호수가 위치한 명성산 주변에 자리잡고 있는"몽베르 C.C"는 가을이면 억새의 은빛 물결이 장관이다.

한지형 잔디

한지형 잔디는 가을과 함께 생육이 왕성한 계절이므로, 사용으로 인한 마모 등에 대한 회복력이 매우 빠르다. 때문에 사용효율을 높이고, 여름 장마기를 염두해 두고 갱신작업(통기작업, 버티컬 모잉 등)을 실시한다.

- 월동기간 중 서릿발 등에 의하여 그라운드면이 들떠 있으므로 약 1톤 정도의 롤러를 이용하여 롤링을 실시한다. 롤링 작업을 함으로써 고른면을 유지시키고 봄철의 건조해를 예방할 수 있다.
- 예초는 주 2~3회 실시하고 예고는 하향 조정하여 20~30mm정도로 유지한다. 이 시기는 지상부 생육이 왕성하므로 예초시기를 놓쳐 1회에 과다하게 예초할 경우 스캘핑현상이 발생할 수 있으므로 예지물 길이가 2cm를 넘지 않는 깎기 빈도를 유지한다.
- 봄철 시비는 3월 중순부터 실시하는데 첫 시비는 완효성 비료 10~20g/m^{2}을 시비하고 비료가 완전히 녹을 수 있도록 충분한 살수를 실시한다. 복합비료는 3월 말부터 시비 가능하며 질소순성분량으로 2~3g/m^{2}을 시비한다. 규산과 석회는 연중 시비가 가능하나 가급적 봄 배토전에 시비하는 것이 좋다.
- 여름을 대비하여 강한 갱신작업을 실시하여야 하는데 통기작업은 대치(thatch) 축적 정도 및 토양의 답압 정도에 따라 4월, 5월에 1~2회 실시한다. 통기작업 후 3주 정도의 회복기간을 꼭 확보하여야 한다. 특히 5월 말경 통기작업의 경우 급격한 온도 상승 등에 따라 회복기간이 충분히 확보되지 않아 여름 생육에 문제가 될 수 있으므로 주의를 요한다.
- 3월 초순경에는 옐로우 패치 방제시약을 1회 실시하고, 4월~5월에는 달라스팟 방제시 약

1~2회, 5월 말경에는 브라운 패치, 피시움블라이트 각각 1회 예방시약을 실시한다. 충해 방제는 5월경에 1회 정도 실시한다.

PGA 챔피언십이"서던힐즈"에서 사상 4번째로 펼쳐졌다. 이곳에서 가장 힘든 세곳의 Par4 홀 중에 12번홀에는 그린 옆 개천에 들어가 춤을 추게 될지도 모른다.

봄철 대상지별 코스 관리

① 시비

- 그린의 시비

  피복그린의 경우는 잔디가 약해지기 쉬우므로 시비량을 다소 줄이는 것이 안전하다. 3월 중순~4월 중순에 규산질비료를 50g/m^{2}을 시비하여 산도개량과 내답압성을 높여준다. 규산질비료는 가용성 균산뿐만 아니라 석회와 고토가 함유되어 동시에 이들 양분을 공급할 수 있다.

  4월·5월에는 잔디가 가장 왕성한 생육을 나타내는 시기이므로 충분한 영양분 흡수가 이루어지도록 완효성 복합비료를 입제 형태로 시용하고 살수를 하여야 한다. 가급적이면 에어레이션을 실시하고 배토를 하기 전에 시비하여 잔디 뿌리 부근에 비료성분이 보급될 수 있도록 시비하는 것이 더욱 효과적이다.

- 티 및 페어웨이 시비

  산도개량을 위하여 규산질비료 100g/m^{2}을 시비하여 토양의 산성화 방지와 함께 잔디의 내답압성과 내병성이 강화되도록 한다.

  3월 중순~4월 중순에는 완효성 비료를 시비하되, 봄철에는 티나 페어웨이에 황화현상이 우려되므로 사질토양이나 구릉지, 상습적으로 건조해를 받는 지역에서는 잔디의 새싹이 성숙하여 새뿌리가 내리는 5월 초순이후에 복합비료를 10~15g/m²을 사용하여야 한다. 그러나 이 시기에는 요소나 유안을 시용하면 약해진 뿌리에 생육장해가 초래되어 황화현상이 나타나므로 사용하지 않는 것이 좋다. 만약 황화현상이 계속 나타나면 EDTA-Fe와 요소 500~1,000배액을 7~10일 간격 2회 정도 엽면시비하면 치료효과가 좋다.

② 갱신

• 그린

에어레이션작업은 잔디의 빠른 회복을 위해 기온이 10℃를 넘어야 실시한다. 일반적으로 피복그린의 경우 경인지역을 중심으로 3월 하순경에 실시하고 비 피복그린은 4월 초순경에 실시하여 표토고결방지, 노화 잔디 갱신, 대치 제거와 토양 물리성(통기성, 투수성) 개선을 도모하는 것이 바람직하다.

에어레이션 직후 시비하여 비료가 코아속으로 들어가 근권 토양에 양분공급이 효과적으로 이루어지도록 하고 배토작업을 하도록 한다.

그린잔디의 밀도증대와 대치축적 방지를 위하여 그린모아에 대칭릴을 설치하여 잔디생육이 왕성한 4월 중순~6월 중순까지 사용하는 것이 좋다. 스파이킹은 그린의 생육 최성기인 4월 말경에 실시하여 밀집된 잔디를 솎아내고 매트화 현상을 방지하여 잔디를 활성화시키고 이 시기에 2차례 배토를 실시한다.

5월 중순경에는 버티컬 모잉을 하여 잔디의 밀도를 조정하고 축적된 대치를 제거하여 토양의 투수성과 통기성을 증대시킴과 동시에 여름철을 대비한 잔디의 갱신을 도모하며, 회복 후에는 1~3mm정도로 배토한다.

• 티 및 페어웨이

잔디의 지하부 생육층과 토양표면 사이에 축적된 예초물과 휴면기의 고사엽으로 쌓인 대치층을 3월 하순경에 제거해 주면 근권토양의 통기성이 증대되고, 표토층의 채광과 지온 상승으로 인한 토양 화학 반응이 촉진되어 잔디의 봄철 생육을 자극하게 된다. 봄철 잔디밭의 대치는 겨울동안 답압으로 인하여 스위퍼 작업만으로는 제거하기 어려우므로 슬라이싱기계의 칼날을 조정하여 칼날이 토양 속에까지 들어가지 않고 대치층만 긁어낸 다음 스위퍼작업을 행하면 효과적으로 대치층을 제거할 수 있다.

대치를 제거한 후 3월 하순~4월 초순경, 3~4mm두께로 배토하여 코스의 요철교정, 표토층의 물리성 개량과 새로운 작토층의 형성, 대치층의 분해와 매트화 현상의 감소 및 포복경의 발달촉진 등 잔디의 균일한 생육을 도모할 수 있도록 한다.

③ 병해충, 잡초 방제

• 춘고병(春枯病)

춘고증상은 3월 하순~4월 상순경에 티잉그라운드 및 페어웨이의 한국잔디 맹아 출현기에 나타난다. 이러한 증상은 대부분 이미 전년도 가을에 병원균에 의해 감염되어 나타난다. 따라서 가을의 예방관리가 매우 중요하다. 그러나 일부는 봄비가 잦은 초봄에도 감염이 이루어지므로 봄철의 예방도 중요하다. 특히 배토가 과다한 지역, 피복그린의 칼라부위, 건조가 심한 지역 등에 발생이 조장되므로 봄철에 이러한 지역을 중심으로 건조하지 않도록 관리하여야 한다.

예방시약은 봄철 대치제거 작업을 실시한 후에 리조렉스(500배액, 1l/m^2), 온세렌(1,000배액, 1l/m^2)을 관주형식으로 1주일 간격 2회 정도 처리한다. 경미한 병반부위는 치료시약을 하면 5월경에 완전히 회복 가능하지만, 완전히 고사한 대형 병반부위는 7월 말경까지 회복이 불가능하므로 건전한 잔디를 보식하여 회복을 촉진시켜야 한다. 또한 봄철에는 춘고병의 상습 발병지역을 상세히 파악하여 가을철 예방시약에 대비하여야 한다.

• 라지패치병(Large patch)

봄철 라지패치병의 발생은 지역에 따라서 다소 차이가 있는데, 남부 지방의 경우 4월말경, 중부 이북지역의 경우 5월 중순경에 병징이 나타난다. 따라서 예방시약의 적기는 남부지역은 4월 중순, 중부지방은 5월 초순경이 좋다. 발병온도는 15~30°C이며 시기적으로는 4월 초부터 발생이 시작되어 강우의 빈도에 따라 점차적으로 증가하여 6월, 7월의 장마기에 주의를 요한다. 발병은 배수불량지, 대치과다 축적시, 병반부위 잔디의 교체 및 기계작업(버티칼 모잉, 에어레이션)등의 요인에 의하여 조장되며 플레이어의 스파이크에 의하여 전염되기도 한다.

봄철의 방제는 가을철보다는 중요하지 않다. 그러나 발생초기에 방제를 제대로 하지 않으면 연중 문제가 되므로 초기 병징 관찰에 유의하고 발견 즉시 시약을 하여야 한다. 또한 발생시기 약 1주일전의 기상환경 특히, 강우 및 온도가 발병을 좌우하므로 기상변화에 유의하여야 한다. 방제 약제는 춘고병 방제와 마찬가지로 리조렉스(500배액, 1l/m^2), 몬세렌(1,000배액, 1l/m^2)을 관주형식으로 1주일 간격 2회 처리한다. 병원균은 2~3cm의 대치층에 주로 서식하며 잔디의 지제부를 통하여 침입하므로 약량이 부족하면 균체에 농약이 접촉되지 않아 약효가 떨어진다. 그러므로 1l/m^{2}정도를 처리하여야 충분한 약효를 올릴 수 있다. 봄철 예방시약 시에는 대치를 제거하여 주면 약효를 증진시킬수 있다.

• 옐로우 패치병(Yellow patch)

발병률은 10~20°C 온도조건 하에서 봄비가 오면 높아진다. 발병시기는 중부지방의 경우 10월 중순경부터 시작하여 이듬해 3~4월까지이며, 남부지방은 11월 중순에서 익년 3월에 발생한다. 특히 동계에 피복한 그린의 경우 발생이 조장된다.

본 병은 이미 발생하고 나면 방제가 거의 어렵기 때문에 치료적인 방제보다는 예방 위주의 방제가 바람직하다. 약제방제 시기는 10월 중순~11월 하순과 3월 중 · 하순경이 적기이다. 발병시기에는 질소비료의 시용을 감소시키는 것이 바람직하다.

• 굼벵이류

4월 초순경부터 피해가 나타나기 시작한다. 방제약제로는 치아메톡삼입제, 에토프입제 등이 효과적이다. 약제처리시에는 약제가 토양에 충분히 침투될 수 있도록 하여야 하고 약제처리 전에 충분히 살수하거나 비온 직후에 처리하는 것이 좋다. 골프장별 굼벵이의 발생장소를 잘 파악하여 방제적기에 약제를 살포하여야 효과를 기대할 수 있다. 성충 활동이 시작되기 전에 유아등 또는 페로몬 트랩을 설치하여 풍뎅이를 포살하고, 성충의 발생을 예찰하여 적기에 방제하는 것이 효과적이다.

• 소나무좀

봄철은 조경용 수목의 이식이 많은 계절이다. 특히 우리나라에서의 봄철은 가뭄이 많은 편이어서 이식목의 수분공급 부족 등으로 수세 약화가 초래됨으로써 쇠약목을 공격하는 각종 나무좀류의 피해가 예상되고 있다. 나무좀류는 수피 밑의 인피부와 새순의 수(髓 pith)를 가해하여 일단 발생하면 방제가 어려운 해충이므로 대량 발생하지 않도록 철저한 예방조치가 요구된다.

나무좀류는 이식된 노거수(老巨樹), 원거리에서 수송하여 옮겨 심은 나무, 식재 후 사후관리의 미흡등으로 쇠약한 나무가 공격 대상이 된다.

그러므로 가능한 한 인접하여 자라고 있는 향토수종, 기후 풍토가 유사한 지역에서 캐어온 나무 등을 식재하는 것이 바람직하다.

큰 나무를 이식할 때에는 반드시 뿌리돌림을 하여 잔뿌리의 발생을 유도하고, 뿌리분을 크게하여 잘리는 뿌리가 적도록 하며, 줄기는 흙바르기와 부직포 감기를 하여 보호하고, 원거리 수송시에는 포장으로 덮어 수체 내의 수분 손실을 막고, 잎가지와 뿌리 비율

미국 캘리포니아주 페블비치에 위치한 "스파이글래스 힐" 3번홀의 Par3홀 그린 주변이 너무나 근사하다.

이 알맞도록 전정하여 에너지 손실을 막고, 지주 또는 당김줄 설치로 나무가 흔들리지 않아 발생한 뿌리가 착생하도록 하여야 한다. 그 후에는 관수와 시기에 맞추어 시비하는 등의 관리가 뒤따라야 한다.

4월 초순경에 메프수화제를 물 20l/25g을 줄기가 젖을 정도로 5~7일 간격 2~3회 살포하면 월동한 성충 방제가 가능하다. 또 6월 초순경에도 이러한 방법으로 수관에 약제살포를 하면 새순을 옮겨 다니면서 가해하는 새 성충의 방제가 가능하다.

여름 장마기 코스관리 (6~8월)

난지형 잔디

난지형 잔디가 가장 왕성하게 성장하는 시기이므로 외부의 스트레스에 대한 내성이 가장 강하고 병해의 발생이 가장 적은 시기이므로 사용빈도를 높이고, 잔디에 스트레스를 줄 수 있는 물리적인 관리 작업들을 이 시기에 실시한다.

- 잔디깎기는 주 2~3회 정도 실시하여 잔디의 밀도 형성을 촉진시키고 깎기 높이는 25mm 정도로 유지하며 웃자람 후 과도하게 깎기 높이를 낮추어 스캘핑이 발생하지 않도록 주의한다.
- 여름철에는 잔디의 생장량이 많아 대치 축적이 증가되므로 이 기간에 1~2회 정도의 버티컬모잉을 실시하여 대치를 제거한다.
- 답압에 의한 토양의 고결화와 물리성 악화를 개선하기 위하여 연 1~2회 정도 통기작업을 실시한다. 통기작업 후 코어를 1일 정도 말린 후 스틸매트로 끌어 흙을 털어낸 후 스위퍼를 이용하여 대치를 제거한다.
- 여름철 시비는 잔디의 상태에 따라 결정되어야 하는데 잔디 밀도가 떨어질 경우에는 복합비료를 질소 순 성분 함량으로 3~4g/m^{2}을 1회 실시한다. 고온이 지속될 경우에는 피해발생 우려가 높으므로 시비 후 충분한 관수를 실시한다.

숲과 화강암과 늪과 계절에 따라 생겨나는 습지를 잘 요리해서 "리지앳마니토우"를 탄생시켰고, 2006 최고의 캐나다 신설 코스 1위에 이름을 올렸다. 503야드의 내리막 Par5인 18번 홀은 마니토우와빙 호수를 바라보며 아름답게 마무리된다.

- 초여름의 장마기에는 라지패치의 발생이 예상되므로 6월경에 1회 정도의 병해 예방시약을 실시하고, 잔디포충나방, 굼벵이 등의 발생도 예상되므로 여름철에 2회 정도의 충해 예방시약을 실시한다.

한지형 잔디

한지형 잔디는 고온다습한 환경에서는 생육이 급격히 떨어지면서 병해에 대한 저항성, 답압에 대한 내성, 손상에 대한 회복력이 떨어져 피해가 심화된다. 지온이 27°C 이상이 되면 뿌리 생육이 급격히 저하된다.

- 깎기 높이는 가급적 높여 약 30mm정도로 유지하고 병의 확산을 피하기 위하여 경엽이 젖어 있는 경우에는 잔디깎기를 피하고 아침 이슬이 마른 후에 잔디 깎기를 한다.
- 시비는 입상 비료보다는 잔디의 현상유지를 위한 엽면시비 위주로 실시하되 주로 요소, 철, 영양제 등으로 한다. 엽면시비는 500~1,000배액으로 하고 시비효과를 높이기 위하여 잔디 깎기 후 비가 온 후에 실시한다.
- 여름철에는 각종 병해의 발생이 많으므로 예방차원의 시약을 2주 간격으로 실시한다. 피시움블라이트, 브라운 패치, 각종 엽고병, 탄저병등이 주로 문제가 된다. 관수는 잎을 10시간 이상 젖은 상태로 되지 않도록 저녁 무렵의 관수는 피하고 가능한 한 이른 아침에 실시하는 것이 좋다. 질소시비는 발병을 조장할 수 있으므로 시비를 피한다.

그린관리

① 잔디깎기

장마기에는 일조량이 부족하므로 6월 하순경부터 깎는 높이를 점차 높여 광합성량을 증대시키고 뿌리 발육을 촉진시켜 장마 후 고온기 동안의 환경내성을 증대시킨다. 기온이 하강하는 8월 하순경부터는 예고(刈高)를 다시 점차적으로 하향 조정한다. 특히, 토양 과습과 젖은 잔디를 예초할 때 그린칼라의 스캘핑 현상이 높아져 잔디밀도가 낮아지면서 조류가 발생하게 되므로 비가 내리지 않는 날에는 송풍기식 비료 살포기를 이용한 그린칼라 및 집중적인 답압지역 위주로 부분배토가 필요하다.

장마 중 혹은 장마 직후에는 잔디의 내마모성이 매우 약한 상태이므로 중량이 무겁고 회전 각도가 큰 승용식 모아보다는 핸드모아(자주색) 사용이 유리하며, 경기자나 보조원의 답압(踏壓) 분산을 위해 홀컵 이동을 일일 2회 이상, 강우시에는 3회 정도로 실시하는 것이 유리하다. 특히, 강우시에는 그린중앙의 답압피해를 예방하기 위해 그린가장자리 위주의 홀컵배치가 필요하다.

② 그린의 통풍

장마기에는 잦은 강우로 토양이 침수되어 잔디뿌리 호흡불량 및 토양의 혐기화로 인한 잔디 뿌리 고사현상이 나타나므로 장마기간 중에도 그린의 배수상태 및 통풍 여부를 점검하

" 한지형 잔디는 고온다습한 환경에서는 생육이 급격히 떨어지면서 병해에 대한 저항성, 답압에 대한 내성, 손상에 대한 회복력이 떨어져 피해가 심화된다. 지온이 27°C 이상이 되면 뿌리 생육이 급격히 저하된다. "

여 이에 대비한 관리를 해주어야 한다. 배수가 불량한 그린의 경우에는 수분증발을 촉진하여 토양 과습을 막아주는 것이 필요하나 장마기간 동안에는 대기습도가 높기 때문에 수분증발이 잘 이루어지지 않으므로 강제적인 수분증발을 위해 송풍기 설치가 필수적이다.

③ 시비관리

장마기에는 잦은 강우(强雨)로 인하여 토양의 영양분이 유실되어 영양분이 부족될 수 있으며, 이로 인한 볼마크 및 답압피해 회복이 지연되어 잔디품질이 나빠지게 된다. 또한 영양분 부족, 특히 질소부족 시에는 달라스팟병의 발생 원인이 되므로 잔디엽색과 예초물량을 고려하여 주기적인 소량시비가 필요하며, 이때 농약과 혼합시비가 가능한 비종을 선택하는 것이 유리하다. 강우량에 따라 시비된 비료 성분의 소실되는 양이 달라지나 시비 효율을 높이기 위해서는 1회 시비로 지속적인 효과를 볼 수 있는 완효성 액비를 소량 시비하는 것이 일정한 잔디 생장을 유지하는 데 효과적이다. 장마 직후에 잔디상태에 따라 필요한 비종을 선택하되, 고온과 높은 습도로 인한 잔디하고 현상이 심하게 올 수 있으므로 잔디엽색 유지를 위한 최소한의 시비가 필요하며, 특히 인산 함량이 높은 시비는 조류발생의 원인이 되므로 무인산비료의 선택이 매우 중요하다. 또한 장마 후 연약한 잔디의 내마모성과 내병성을 강화시키기 위하여 칼슘, 규산 및 아미노산 함유비료 800~1,000배액을 엽면 살포한다. 특히, 잔디엽색이 불량할 경우 요소 1,000배액, Fe-EDTA 1,000배액 등을 혼합하거나 단독으로 엽면시비하면 단기일 내에 회복시킬 수 있다.

④ 병해충 관리

- 피시움블라이트병(Pythium blight)

  장마기 고온다습한 기후조건, 즉 상대습도 80~90% 상태로 24시간 이상 지속될 때 발병률이 가장 높다. 특히, 야간온도와 습도가 높거나 고온조건에서 흐린 날이 2~3일 계속되면 발병률이 매우 높으므로 즉시 예방시약을 한다. 피시움균은 수인성 전염병으로서 병의 확산이 매우 빠르기 때문에 기상예보에 유의하여 강우 전에 철저한 예방위주로 관리한다. 약제로서는 리도밀, 산도판에이, 안타 프리엔 등이 있으며 병원균의 내성을 방지하기 위하여 약제를 번갈아가면서 사용하는 것이 바람직하다.

- 탄저병(Anthracnose)

  7월 초순에서 8월 초중순경 고온다습한 조건이 계속될 경우 병징이 명확하게 나타나지 않는 것이 특징이다. 피시움블라이트병과 동시에 발병되는 경우가 많으며 고추탄, 리도밀엠지, 안트라콜 등의 약제가 효과적이다. 특히 리도밀엠지는 피시움블라이트병과 탄저병을 동시에 방제하는 효과가 있으므로 여름철 그린에 황화현상이 나타나기 시작하면 예방시약하는 것이 효과적이다.

- 브라운 패치병(Brown Patch)

패치의 형태 및 발생기의 잔디상태, 수분조건 등에 따라 매우 다양한 형태로 나타난다. 예고가 낮은 벤트그라스 그린의 경우 매우 습할 때에는 패치의 가장자리에 암회색의 경계부위가 나타나고 건조할 때에는 패치의 전체가 갈색으로 변하여 고사한다. 병원균의 발육 최적온도는 30°C이고 병원성은 25~35°C에서 강하고 병원균은 대치층에 주로 서식한다. 발생은 예고가 낮은 그린에 많고 질소가 결핍하거나 과습한 토양조건에서 피해가 크다. 장마 기간 중에는 발생빈도가 높아지므로 예방시약이나 방제시약이 필요하며, 발병초기에 논사, 로브랄, 호리쿠어, 몬카트 해리티지 등을 살포하면 효과적이다. 특히 6, 7월의 장마기에는 월 2회 정도 예방적인 시약을 하여야 한다.

- 조류 (Algae)

장마기에는 그린표면이 과습하여 조류의 발생이 많다. 조류는 발병지역이나 잔디생육 불량지역에서 2차적으로 발생하여 피해가 크다. 예방 및 치료시약은 시중에 판매되는 제품이 다수 있으나 구리 함유 제품은 살포 후 약해발생이 높으므로 사용 전 희석농도의 확인이 필요하다. 특히, 한국잔디로 고시된 농용신쿠퍼 수화제는 구리함량이 50%로 매우 높기 때문에 희석배수가 최소 2,000배액 이상으로 사용해야 안전하다. 조류의 발생억제 및 방제에 가장 효과적인 것은 모래배토라고 여겨지며, 주 1회 내지는 2회 정도의 배토가 필요하며, 특히 모래배토전에 약제를 살포하는 것이 더 효과적이다.

페어웨이의 한국 잔디관리

① 예고조절

흐리거나 비 오는 날이 많아 일조가 부족하면 광합성량이 부족하여 잔디밀도가 떨어지고 웃자람 현상, 황화 등이 나타난다. 광합성 부족현상을 방지하기 위해서는 엽면적 확보가 중요하므로 잔디 깎기 높이를 상향 조정한다. 잦은 강우 시에는 과습 토양으로 예초시기를 놓치는 경우가 있으며, 특히 마운드지역에 스캘핑현상이 일어나지 않도록 예초간격과 예고 높이 조절이 필요하다.

② 갱신작업과 시비

한국잔디는 여름철이 생육 최성기이므로 6월말~7월 상순경에 버티칼모잉, 슬라이싱, 코아링 등의 작업으로 노화된 잔디에서의 새로운 개체발생을 유도하고 축적된 대치를 제거한다. 그러나 라지패치병 발생 골프장에는 장마 후 고온시에 이러한 작업을 해주는 것이 병 발생을 억제할 수 있다. 저장된 양분의 소모를 막기 위해서는 잔디의 지상부가 웃자라지 못하게 해야 한다. 특히 질소 사용량을 줄인다. 7~8월 중순에는 고온 다습에 의한 뿌리 및 지상부의 기능이 약해질 수 있으므로 제4종 복비 500ml/m^{2}를 2주 간격으로 2~3회 엽면 시비한다.

③ 병해충 관리

- 라지패치병 방제(Large Patch)

  라지패치병은 5월초부터 발생하여 장마가 시작되는 6월 말부터 7월 중순에 발생률이 높아진다. 장마기간 중에 발생되는 병반은 발생 즉시 병반지역을 중심으로 부분 방제를 실시한다. 약제는 경제성과 약효를 고려하여 발병 최성기에는 약효가 우수한 펜시쿠론 · 터부코나 졸액상수화제 혹은 리조렉스를 처리한다. 예방시약이나 부분방제 시에는 가격이 저렴한 바리신액제(1,000배액)+펜시쿠론수화제(1,000배액) 혹은 펜시쿠론수화제(1,000배액)+헥사코나졸 액상수화제(2,000배액)를 혼합하여 m^{2}당 500ml~1l를 처리하면 경제적이고, 고가의 약제와 비교하여 2배 정도의 높은 농도로 2~3회 더 살포할 수 있다.

수목관리와 장마대비책

① 지주목 세우기와 하계전정

이식목은 완전히 활착되고 생육상태가 양호해 질 때까지 2~3년 간 계속 지주목을 세워둔다. 생육상태가 양호할지라도 마사질 토양 또는 점토질 토양에 식재된 나무는 태풍이 예상될 경우 임시 지주목을 설치해 준다. 태풍이나 강풍을 동반한 비가 예상될 경우 가지솎기와 전정을 하여 지상부와 지하부의 균형을 유지시켜 준다. 특히 바람이 심한 곳은 강전정하여 바람의 저항을 적게 한다.

② 법면관리

폭우시 토양피복이 안정되지 못한 성토지역에서는 비닐을 깔아 강우가 성토지역 내부로 침투하지 못하도록 하여 붕괴나 세골현상을 방지한다. 토양의 표면유실, 산사태 등으로 잔디가 묻히거나 잔디 잎에 흙탕물이 묻었을 경우 즉시 매몰된 흙을 제거하고 잎에 부착된 토분을 씻어내려 원활한 광합성이 이루어지도록 한다.

③ 병해충 관리

- 진딧물류 방제

  진딧물은 수종에 따라 가해종이 다르지만 모든 나무에 발생하는 해충으로서 3월 중순부터 9월경까지 발생하고 수액을 빨아먹어 수세를 약화시킨다. 예찰법은 작업로에 인접한 나무의 경우 도로에 배설물이 떨어져 비가 온 것처럼 젖어 있고, 코스 내 또는 러프지역의 나무는 잎이 번들거리거나 잎, 가지, 줄기에 배설물이 흐르고 그을음이 붙어있다.

  또한 개미가 부지런히 오르내리는 나무는 진딧물류가 크게 발생한 나무이다. 이러한 나무를 대상으로 부분적으로 국부시약을 한다. 방제는 4~5월, 6~7월, 8월에 각 1회씩 진딧물약을 살포하면 쉽게 방제된다.

- 깍지벌레와 응애류 방제

깍지벌레와 응애류는 겨울철에도 활동하기 때문에 연중 발생하는 해충이다. 진딧물류와 마찬가지로 수액을 빨아먹어 수세를 약화시킨다. 예찰법은 흰 종이에 잎과 가지를 털어보면 먼지처럼 빨갛고 검은 벌레가 기어다니며, 잎이 퇴색하여 나무 전체가 고유의 색을 유지하지 못한다. 이러한 나무를 대상으로 계통이 다른 응애약과 깍지벌레약을 각각 2~3품목씩 선정하여 10일 간격으로 2~3회 교호살포하면 효과적이다.

2006년 잭 니클러스와 토니 재클린의 공동 작품인 컨세션 클럽이 최고의 신설 회원제 코스로 선정됐다. 호수 왼쪽으로 보이는 4100야드의 10번 홀에서는 낮게 튀어가는 어프로치샷이 필요하다. 사진의 오른쪽은 4860야드의 par4인 16번 홀이다.

제 2 장

여름철 그린 및 가을, 겨울철 코스관리

여름철 그린의 문제점 및 관리방안

고온장해증상

벤트그래스의 생육적온은 15~25°C인데 25~30°C 이상의 고온이 지속되면 세포의 원형질 단백질이 변성되거나 응고되어 생육이 급격히 저하되거나 고사하게 된다.

우리나라의 여름철은 6월 하순경의 장마를 시작으로 8월중, 하순경까지 고온, 다습한 조건이 지속된다. 이 시기에 벤트그래스 그린은 밀도가 감소하고, 뿌리가 고사하면서 길이가 짧아지고, 생육속도가 둔화되면서 색상이 옅어지는 현상이 발생하게 된다. 고온 장해를 받게 되면 1차적으로 뿌리의 길이가 점차 짧아지고 뿌리의 기능 약화에 따라 결국 지상부 생육 악화로 이어지게 된다. 특히 흐린 날이 지속되다가 갑자기 고온이 유지되면 벤트그래스의 급격한 위조현상이 나타나 순식간에 고사하는 현상이 발생되기도 한다.

개장과 동시에 미국 100대 코스에 이름을 올린 "벤든듄스"는 링크스 코스의 철저한 연구를 동해 사구와 절벽을 자연과 융화되는 전략으로 재탄생 시켰다.

고온장해시 벤트그래스의 생리적 변화

① 급격한 위조현상 발생

여름철 고온이 지속되어 토양의 온도가 약 25°C 이상으로 상승하면 뿌리의 기능이 급격히

2005년 새로운 최고의 퍼블릭 코스로 선정된 "더월드니스앳포춘베이"이곳에서 지름길을 찾을 자신이 있는가? 465야드의 11번홀은 미네소타의 노스우드와 거대한 벙커들을 누비며 지나가야 한다.

떨어져 토양으로부터의 수분 흡수 능력이 감소하게 된다. 반면에 지상부는 고온에 의한 증산율이 증가하여 토양에 충분한 습도가 유지됨에도 불구하고 갑작스런 위조현상이 발생하여 건조장해가 발생된다.

② 저장양분의 고갈현상 초래

잔디는 생명을 유지하기 위하여 탄수화물을 생산하기 위한 광합성 작용과 살아있는 세포에 에너지를 공급하기 위한 탄수화물을 분해하는 호흡과정이 끊임없이 일어난다. 그러나 고온 하에서는 광합성 효율이 급격하게 떨어지고 반면에 호흡이 증가하여 탄수화물의 결핍현상이 발생하게 된다. 탄수화물이 고갈되면 뿌리 세포는 광합성이 일어나는 지상부 조직보다 더 빨리 쇠퇴해 진다. 이에 따라 고온기에는 뿌리의 길이가 짧아지고 기능이 약화되어 결국 지상부 생육(생육과 분열)의 쇠퇴로 이어진다.

③ 뿌리 쇠퇴에 따른 영향

뿌리의 쇠퇴는 여러 가지 문제를 야기시킨다. 영양분과 물의 흡수가 줄어들게 되고, cytokinin(식물생장호르몬)의 생성이 감소되며, 죽은 뿌리는 미부숙 유기원으로 축적된다. 이러한 결과로 신초의 생장은 감소하게 되고, 연약하게 자라게 된다. 또한 뿌리 세포는 파괴되어 그들의 구조를 잃게 되고 물에 녹아 겔처럼 변하여 그린의 상토층에 축적되고 토양공극을 막아 토양산소를 감소시키는 요인이 된다. 이러한 생물학적으로 유발된 유기물 층은 잔디생육의 빠른 악화를 조장할 수 있기 때문에 특히 주의를 기울여야 한다. 모든 뿌리는 세포의 호흡을 유지하기 위하여 토양으로부터 끊임없이 산소를 필요로 한다. 근단(root rip)은 특히 산소의 요구량이 높다. 온도가 증가하면 호흡률 역시 증가하게 되고 산소는 호흡과정에서 사용되기 때문에 토양 중의 산소수요가 높아지는 것이다. 뿌리 바로 아래에 형성된 수분 보유 능력이 높은 죽은 뿌리에 의한 토양공극의 막힘 현상으로 인하여 토양 중의 산소량은 줄어들게 되고 나아가 뿌리의 고사현상이 더욱 심화된다.

고온장해관리방안

① 시린징(syringing) 살수

시린징 살수는 잔디 앞에 매우 작은 양의 물을 미스트로 살포하는 방법이다. 고온기에 상대습도가 낮을 때 보통 오후 2시경에 시린징 살수를 하면 잔디표면의 온도를 약 3~10°C 정도 낮출 수 있다. 시린징 살수는 물이 기화하면서 잔디표면의 온도를 떨어뜨리는 원리를 이용한 것이다.

② 시비

가리질 비료의 시비는 뿌리의 생장을 증가시켜 식물의 고온회피능력과 잔디조직의 생리적인 고온내성을 증가시킨다. 질소질 시비는 가급적 피하고 제3종복비 혹은 당이 함유된 비료를 약하게 시비한다.

③ 시토키닌(cytokinin)처리

시토키닌(cytokinin)은 식물생장호르몬으로서 식물세포의 분열을 촉진시킨다. 시토키닌은 주로 뿌리 끝 부분에서 생성(합성)되어 물관부를 통하여 식물체의 모든 부위에 전달된다. 시토키닌의 주요 기능은 세포 분열과 기관형성을 촉진시키며, 식물체의 노쇠지연과 영양분 저장기능을 증가시키고, 엽록체의 발달과 엽록소 합성을 촉진한다. 뿌리의 기능이 약화되면 시토키닌의 생성이 줄어들어 식물체의 분열 및 생장이 극도로 나빠진다. 역시 벤트그래스의 경우에도 여름철에 고온스트레스를 받게 되면 뿌리의 기능이 약화되어 시토키닌의 생성이 줄어들어 결국 벤트그래스 쇠퇴현상으로 나타나게 되는 것이다. 따라서 한여름에 뿌리 생육이 나빠지기 시작할 때나 혹은 이른 가을에 잔디 뿌리가 다시 생장을 시작할 때에 시토키닌을 처리하면 잔디의 회복에 매우 효과적이다.

④ 예고관리

고온기 동안에는 예고를 약간 높여 광합성 효율을 증가시켜 준다. 또한 잔디깎기 횟수를 줄여 깎기 작업에 의한 스트레스를 줄여 준다. 고온 스트레스 하에서는 잔디의 생장이 매우 늦기 때문에 2일에 1회 깎기 작업을 하여도 볼스피드가 크게 감소하지 않는다. 고온기가 끝난 후에 다시 예고를 원상태로 관리하면 된다. 또한 고온기 동안에 승용식 그린모아를 이용하면 답압 스트레스가 가중되므로 자주식모아를 이용하여 답압 스트레스를 감소시킨다.

⑤ 통풍관리

일반적으로 바람의 흐름을 차단하는 나무나 혹은 잡목이 있는 그린은 공기가 정체되어 잔디표면의 습도를 높이는 원인이 된다. 습한 조건은 발병을 조장할 뿐 아니라 잔디의 증산작용을 저해하여 고온 장해를 조장하게 된다. 따라서 주변의 나무나 잡목을 적절하게 전정하여 통풍을 개선시켜 준다. 공기순환을 촉진시키기 위한 방안으로 대형 선풍기를 이용할 수도 있다. 선풍기를 이용할 경우 그린 표면의 온도를 10°C정도 낮출 수 있다는 연구 보고도 있다.

⑥ 답압스트레스 감소방안

고온기에는 답압에 의한 마모가 쉽게 발생하므로 홀컵 교체를 1일 3회 정도 실시하여 답압을 분산시킨다. 홀컵의 위치는 가급적 건전한 지역을 택하여 실시하고 그린의 진출입구의 집중 답압을 분산할 수 있도록 경계선을 설치하거나 캐디를 통하여 집중답압 분산을 유도한다.

⑦ 배토

고온기의 적절한 배토는 벤트그래스의 관부(생장점) 보호, 볼마크 감소, 볼스피드 향상의 효과가 있다. 배토는 소량 다회의 원칙으로 하되 1주일에 2회, 매회 0.5mm의 양으로 실시한다.

가을철 코스관리(9~11월)

난지형 잔디

이 시기는 기온이 내려감과 동시에 경엽부 생육이 급격히 떨어지면서 영양생장을 하지 않고 저장양분을 축적하게 된다. 따라서 이 시기에 잔디가 손상을 받게 되면 이듬해 봄까지는 회복이 불가능하므로 과다한 사용에 의한 손상, 병해충에 의한 손상, 물리적 작업에 의한 손상 등을 최소화하는 관리를 하여야 한다. 또한 이 시기에 저장양분의 축적 정도에 따라서 이듬해에 맹아 출현에 심각한 영향을 미치므로 광합성효율을 높여 양분의 축적률을 높이는 관리가 요구된다.

- 잔디깎기 횟수를 서서히 줄이고 깎기 높이를 약 30~40mm 정도로 상향 조정하여 광합성을 위한 충분한 엽면적을 확보하여 저장 양분의 합성을 촉진시킨다.
- 마지막 복합 비료 시비는 8월 중순부터 9월 초순까지 질소 순 성분 함량 2.5~3.5g/m^{2}를 1회 시비하다. 과도한 질소시비는 늦게까지 녹색을 유지시킬 수는 있지만 내한성을 저하시키기 때문에 주의한다.

개장한지 3년째인 코스가 골프다이제스트의 베스트코스로 선정되었다 – 크리스탈 밸리 Par4, 1번홀

태국 제2의 대도시 치앙마이는 여행과 골프 휴양지이다. '치앙마이하이랜드' 8번홀은 벙커가 10개가 넘는 특색있는 홀이다.

잔디품질이 극히 나쁘고 토양 내 인산 함량이 부족할 경우에는 용성인비 20g/m^{2}을 1회 사용한다.

- 온도, 생육의 저하에 따라 증발산량이 감소하기 때문에 봄, 여름만큼의 관수는 필요하지 않지만 이 시기에 건조해를 받으면 저장양분 축적에 심각한 영향을 주므로 건조하지 않도록 적절한 관수가 요구된다.
- 가을철에 비가 잦을 경우 라지패치의 발생이 문제가 될 수 있으므로 9월초, 9월 말경에 2회 예방 시약을 실시하고 9월말~10월 중순경에는 춘고병의 발생이 예상되므로 1회 예방 시약을 실시하고 9월 중에 녹병이 발생되므로 1회 예방시약을 실시하고 9월중에 녹병이 발생되므로 1회 예방시약을 실시한다. 또한 8월~9월 중순경에 굼뱅이의 발생이 예상되므로 이 시기에 1회 정도의 살충제 시약을 실시한다. 이 시기에는 잔디의 회복력이 없기 때문에 병해충에 의한 피해가 다른 시기보다도 심각하게 나타나므로 특히 주의를 요한다.
- 가을철 잡초 방제시 약해에 유의한다.

한지형 잔디

봄철과 마찬가지로 생육이 왕성한 계설이어서 경기장 사용으로 인한 마모 등에 대한 회복력이 매우 빠르므로 사용효율을 높이고, 여름에 나빠진 잔디의 회복을 위한 작업을 실시하고 정상적인 생육이 유지되면 갱신작업(통기작업, 버티컬모잉 등)을 실시하여 토양의 물리성을 개선시킨다.

- 잔디깎기 빈도는 높이고 깎기 높이는 하향 조정한다. 봄철에 준하여 깎기 작업을 실시한다.
- 시비는 여름철 나빠진 잔디생육을 위해 9월 초부터 10일 간격으로 복합 비료를 질소순성분 함량으로 2.5~3.5g/m^{2}을 시비한다. 잔디 뿌리 상태가 나쁠 경우에는 황산칼륨고토를 15~20g/m^{2}을 시비하고 충분한 관수를 실시한다.
- 9월경에는 달러스팟, 각종 엽고병류가 발생할 수 있으므로 1~2회 정도 예방시약을 실시

한다.

- 9월 초에 여름철에 나빠진 부분을 보식하거나 혹은 종자로 덧파종을 실시한다. 손상정도에 따라서 손상 정도가 경미할 경우에는 부분 덧파종을 실시하고 손상이 심할 경우에는 전면적인 덧파종을 실시한다.
- 여름철 피해부분이 완전히 회복되면 통기작업을 1회 실시한다. 늦어도 10월 초 전에는 실시되어야 한다.

최고의 새로운 리모델코스로 첫 1위 작품인 "브룩사이드컨트리클럽". 프로미식축구 명예의 전당이 위치한 오하이오주 캔튼에는 완벽한 컨트리클럽 코스인 브룩사이드가 푸릇푸릇하고 완벽한 모습으로 자리잡고 있다.

> 가을철 한지형 잔디는 봄철과 마찬가지로 생육이 왕성한 계절이므로 경기장 사용으로 인한 마모 등에 대한 회복력이 매우 빠르므로 사용효율을 높이고, 여름에 나빠진 잔디의 회복을 위한 작업을 실시하고 정상적인 생육이 유지되면 갱신작업(통기작업, 버티컬모잉 등)을 실시하여 토양의 물리성을 개선시킨다.

그린관리

8월의 연속강우로 인하여 벤트그래스는 광합성률이 감소하고, 토양침수로 인하여 뿌리가 짧아지고, 밀도가 떨어지면서 내답압성이 약해지는 현상으로 나타난다. 이러한 열악한 상황에서는 잔디의 생육을 회복시키는 관리에 중점을 두어야 한다. 밀도가 낮은 그린의 경우 잔디깎기 높이를 5mm 내외로 상향조정하여 회복을 촉진시키고, 장마기에는 잔디의 옷차람 현상과 예초빈도 감소에 따른 스캘핑 현상이 우려되므로 급격히 예고를 낮추지 않도록 주의하고, 점차적으로 하향조정하여 관리한다.

- 비가 개인 후에는 광합성을 증진시키고 잔디밀도와 엽색을 촉진시키기 위해서는 질소비료의 과다시비는 피해야 하며, 아미노산, 요소, 발근촉진제, EDTA-Fe 등과 같은 영양제의 주기적인 엽면 살포가 필수적이다.
  잔디의 뿌리가 착근된 이후에는 복합 비료를 질소 순 성분으로 2.0~3.0g/m^2 정도를 물에 녹여 액비로 살포하거나 알비료로 시비하면 된다.
- 계속 장기간의 토양침수로 인한 유해가스 교환과 토양중의 산소공급을 위하여 통기작업이 필수적이다. 통기작업은 잔디생육에 따라 솔리드타인을 사용하거나 코아 직경이 적은 타인을 사용하고, 잔디상태가 아주 나쁘면 고압관주기로 가볍게 관주한 다음 밀도가 다소 회복된 후에 정상적인 통기 작업을 실시하는 것이 효과적이다.
- 강우 후 연약해진 잔디에 브라운패치, 피시움블라이트 등의 발생이 예상되므로 강우가 끝나는 즉시 예방 시약을 실시한다. 또한 잔디가 연약한 상태에서는 병원성 병해(탄저병, 커블라리아엽고병, 써팔로스포륨엽고병, 포마엽고병 등)의 발생이 예상되므로 안트라콜, 호리쿠어와 같은 약제로 예방 시약을 실시한다. 특히 8월말~9월 초에 그린 주변의 굼벵이 피해가 발생할 수 있으므로 세심한 예찰이 요구된다.

페어웨이 관리

한국잔디는 9, 10월 동안 월동을 위한 저장양분을 축적하는 시기이다. 따라서 영양분축적에 도움을 줄 수 있는 관리를 하여야 한다. 광합성을 증대시키기 위해 잔디깎기 높이를 상향 조정하여 티의 경우 25mm, 페어웨이의 경우 30mm 정도 유지시킨다. 가을철 잔디 휴면기가 시작되는 동안에 건조하게 되면 잔디의 양분 축적에 부정적인 영향이 미칠 수 있으므로 적절한 살수가 필요하다. 9월중 중점관리방향으로는 잔디가 필요로 하는 양분과 수분을 충분히 공급해야 하며, 예고를 상향 조절하여 엽면적을 넓혀 줌으로써 광합성 양을 최대로 늘리고, 잔디 잎이 상처받지 않도록 작업차량 통행이나 집중 답압지역이 생기지 않도록 해야 한다.

- 마지막 시비는 휴면 40일 전까지가 바람직하다. 마지막 시비가 늦어지면 지상부의 녹색기간이 연장되기는 하나 그만큼 지상부의 영양분 소모량이 많아 월동저장영양분의 축적량이 감소되고 동해를 입을 가능성이 있으므로 지역적인 특성과 기상상황을 고려하여 가을철 라지패치방제는 한 해의 잔디관리를 좌우할 정도로 매우 중요하다. 8월 중순 적기에 시비하도록 한다.

  라지패치병의 피해가 있어 왔던 골프장에서는 9월 초 · 중순경에 걸쳐 1~2회 정도의 예방 시약이 가을철 라지패치병의 발생에 큰 영향을 준다. 아울러 이는 봄철의 병 발생 정도에도 영향을 준다. 또한 본 병이 최초로 발생된 골프장에서는 발생지역에 대한 집중적인 시약관리 및 내년 봄의 추가 발생지역에 대한 세심한 관찰이 필요하다.
- 춘고증상의 병징이 발현되는 시기는 3월 하순~4월 상순경의 맹아출현기이지만 병원균의 감염은 대부분 가을에 이루어지며 겨울동안 잔디조직 내에서 월동하고 이듬해 봄에 다시 발병하게 된다. 가을에 감염된 잔디는 지상부 잎의 황화와 더불어 병징의 발현을 관찰할 수 없으며, 이듬해 봄의 새싹이 출현하는 시기에 비로소 나타난다. 발생이 많은 지역은 티잉그라운드, 그린주위, 봄철에 건조하기 쉬운 페어웨이, 벙커주위 등이 이상 난동현상(異狀暖冬現像)이 있으면 발생이 더욱 조장된다. 방제약제는 라지패치병이나 브라운패치병 관련약재를 사용하면 된다. 그 외에 경종적인 방제법으로는 축적된 대치를 제거하여 병원균의 서식처를 없애주고 가을철의 과잉 시비 및 과잉 배토는 발병을 조장하므로 과다하지 않도록 하는 것이 좋다.
- 페어웨이 중 배수가 잘 되는 사질토 지역, 그린주위, 티 등에 대하여 굼벵이 발생을 예찰하여 m^2당 10마리 이상 발견될 경우에는 피해가 우려되므로 방제를 실시하는 것이 좋다. 만약 방제를 하지 못할 경우 피해는 봄에 나타나게 된다.

수목관리

관리방향은 당년 겨울과 이듬해 봄철 가뭄피해 방지를 위한 사전 준비 관리, 금년 성장기 동안 수세불량목 위주의 관리, 병해충 피해목 관리 등에 중점을 두어야 할 것이다.

① 수세불량목관리

낙엽 진 겨울에는 수세 위약 여부를 판정 짓기 어려우므로 잎이 있는 초가을에 불량목은 미리 유색테이프로 표시해 둔다. 농한기에 이들 수목 위주로 보수, 보비력이 우수한 유기질 비료를 시비하여 겨울과 이듬해 봄철 가뭄에 대비한다.

② 경사지 등 가뭄피해가 심한 나무관리

서울경제 골프매거진이 선정한 "한국 10대 골프코스"에 대중 골프장으로 당당히 2회 연속 그 영광을 안게 된 "베어크리크" 코스

사질토, 암반지역, 표토가 얕은 지역에 식재된 나무는 농한기에 유기질 비료를 시비하여 보습력을 유지시켜 줌으로써 가뭄피해를 예방한다. 이 작업은 2~3년간 매년 실시하고 특히, 신설 골프장에서는 필수적으로 실시해야 한다.

③ 병해충 피해목관리

깍지벌레, 응애류가 많이 발생하는 나무에는 봄철 새싹이 돋기 이전에 기계유 유제 등을 살포한다. 소나무류와 같이 겨울에도 잎이 있는 상록수류에서는 약해를 유발하기 쉬우므로 희석농도를 다소 약하게 한다. 이른 봄철 새잎이 나온 뒤에는 사용을 금하고, 해당 약제를 국소지역 방제 원칙으로 시약한다. 꼭 필요시에만 시양하되 가급적 관습적인 시약은 금한다. 왜냐하면 농약 사용량, 인건비, 약값 등의 관리비 상승 요인이 되기 때문이다. 이 농약은 석회유황합제, 석회보르도액과 같은 알칼리양제와 혼용해서는 안된다.

④ 가지치기

가지치기는 수형(樹形)을 정비함으로써 나무의 미적 가치를 높이고 수세를 강화할 수 있다. 특히 골프장 조경수의 가지치기는 겨울철 농한기를 이용함으로써 유효인력 이용효과를 기대할 수 있다. 이듬해 여름철 폭우 시 도복예방 차원의 가지 정리를 실시하고 복잡한 가지를 제거함으로써 병해충 발생을 억제할 수 있다.

겨울철 코스관리(12~3월)

난지형 잔디

난지형 잔디는 겨울 동안에 휴면상태에서 재생력이 없으므로 사용을 줄인다. 겨울 동안에는 지상부가 휴면 상태에 있으므로 건조를 미리 알 수 없어 건조해를 받을 수 있으므로 1~2월 중에 적절한 관수가 필요하다.

한지형 잔디

기온 저하와 함께 잔디의 경엽부의 생장은 멈추고 녹색도 저하되지만 뿌리 활동은 지온 0°C까지 유지된다. 제주지방, 남해안 지방의 경우에는 겨울 동안에도 녹색 유지는 가능하며, 경기 중부의 경우에는 녹색 유지가 어렵다. 이 기간 동안에는 잔디의 생육이 거의 멈춰 있으므로 이용을 줄이는 것이 좋다.

- 월동기간 중에 겨울 건조해가 발생할 수 있으므로 지면이 해빙된 시기에 적절한 관수를 실시한다. 특히 2월중의 해빙기에 건조해가 발생하기 쉬우므로 주의를 요한다.
- 월동기간 중에 눈이 쌓이더라도 가급적 제거하지 않는 것이 좋다. 제거 작업시 마모, 답압 등에 의한 손상이 더 우려되기 때문이다.
- 겨울 동안에 눈 속에서 발생하는 설부병을 방제하기 위하여 첫눈이 오기 전에 설부병 방제 시약을 1회 실시한다.
- 이른 봄 녹색 형성 촉진이 필요할 경우에는 2월 중순부터 피복을 실시하면 약 2주 정도의 녹화를 촉진시킬 수 있다.

제9편 골프코스의 경영과 골프규칙

제1장

골프코스 경영방법과 문제점

국내 골프장 현황

과거 귀족 스포츠라고 경원시되던 골프는 현재 골프인구 400만명 이상, 2010년 골프장 내장객 3,000만명 시대를 맞이할 정도로 발전하게 되었다.

사실상 골프는 축구나 테니스처럼 굉장한 체력과 순발력을 필요로 하는 격한 운동이 아니고 남녀노소 누구나 즐기는"대중친화적 스포츠"이다. 그런 점에서 현재 우리나라의 골프는 이중성을 가지고 있다 할 것이다.

그렇다면"골프는 정말 그렇게 매력 있는 운동인가?", "왜 비용도 싸지 않고 시간 투자도 많은 골프에 매진하는가?"이런 의문은 골프를 하는 사람이라면 다 한번쯤은 생각해보았을 것이다. 아마도 초록 잔디밭이 주는 시원스러움이 인간의 원초적 본능을 자극할 수도 있을 것이고, 제시되는 다양한 상황들에 접하면서 하나에 집중하고 이러면서 현실의 스트레스를 날릴 수 있게 되어 그럴 수도 있을 것이다.

1997년 IMF로 인해 1998년 혹독한 어려움에 처했던 국내 골프장 업계는 DJ 정부 이후 정부의 골프장 인허가에 대한 규제가 풀리면서 골프장수가 빠르게 증가하기 시작했다. 2000년대 들어 박세리 선수의 LPGA우승, 국민 소득 수준 향상과 DJ 정부의 골프 대중화 선언등으로 골프에 대한 국민 정서도 부정적인 인식보다는 대중 스포츠로 즐길 수 있는 스포츠라는 인식으로 변화하기 시작하면서 내장객 수의 증가, 그린피의 고공 인상 등으로 2003년에는 전국 회원제 골프장 평균 영업이익률이 27%까지 치솟는 호황을 누리게 된다.

하지만 2003년을 정점으로 국내 골프장 업계는 빠르게 늘어나는 골프장 수에 비해 내장객의 증가 속도는 제자리 걸음을 걷고 있어, 현재와 같은 추세라면 2010년경에는 골프장 수 400개, 내장객 수 3,000만명 정도로 추정된다. 2003년과 비교해보면, 골프장은 100% 증가하나, 내장객 수는 60% 증가에 그쳐, 1개 골프장당 내장객 수가 77,000명 선에서 60,000명 선으로 22% 정도 감소할 것으로 예상된다. 이럴 경우 매출은 내장객 수 감소 외에 객단가의 감소가 더해져 22%+α가 되어 전국 평균 영업이익률이 10% 이하로 떨어질 것으로 보인다. 특히 제주도, 영·호남권, 경기 일부지역 등 지역별로 적자를 나타내는 골프장도 다수 나타날 것으로 예측된다.

그런데 골프산업의 중흥을 앞둔 현재 한국의 골프장들은 늘어난 골프인구와 골퍼들의 욕구를 충족할 수 있는가? 골퍼들은 골프장에 어떤 서비스를 요구하고 있는지 알고 있는가? 이런 점에 대하여는 부정적인 시각이 많다고 할 수 있을 것 같다.

따라서 골프장 사업에서의 문제점이 무엇인지, 또는 골퍼들은 골프장에 어떠한 것을 바라고 있는지에 대하여 살펴보는 것은 유익할 뿐만 아니라 필연적인 과제라고 할 것이다.

골프장의 경영방법

골프장이 많은만큼 골프장의 경영도 결코 쉽지 않을 것이다. 그렇지만 일단 거액의 자본을 투자한 후 반드시 그것을 극복할 만큼의 수익을 유도하여야 하는 것은 기정 사실이다. 더구나 다른 경쟁 골프장보다 고객의 수가 유난히 많고 그로 인하여 수입이 눈에 띄게 높다면 '금상첨화' 일 것이다.

골프장의 경영자는 고객이 오도록 유인책을 사용하고 일단 방문한 고객에 대해서는 최대한의 배려를 통하여 다시 이용하게끔 하는 것이 필요하다.

새로운 고객을 창출하는데 소요되는 비용은 기존 고객을 유지하는데 지출되는 비용의 3배 정도가 소요된다는 연구결과가 있는 것처럼 자신의 고객을 관리하는 차원이 다각적으로 모색되어야 한다. 새로운 고객을 유치하기 위해서는 홍보를 통해 자신의 골프장에 대한 인지도를 높이는 것이 필요하다.

어떤 사람이든 자신 및 자신의 일을 널리 알리고 상대방에 대해 자랑스럽게 얘기할 때 비로소 상대방도 그를 귀중히 여길 것이고 그가 하는 일을 소중히 생각할 것이다. 만날때마다 골프

밴든트레일스G.C의 1번(왼쪽)과 18번(오른쪽) 홀 때문에 미국내 100대 퍼블릭 코스 21위에 오를 수 있었던 이유다.

의 중요성과 자신의 골프장을 소개하는 것은 고객을 창출하는 소중한 첫 단계일 수 있다.

설령 한번만에 인지를 못한다면 몇 번이고 각인시키듯 해야 할 것이다. 자신이 운영하는 골프장의 장점, 특징, 경쟁력 등을 언급한다면 그곳을 이용하고 싶은 마음이 생길 것이다. 특히 조직회원 및 손님접대를 많이 하는 오피니언 리더(Opinion Leader)의 명단을 입수하여 'VIP(Very Important Person)고객' 으로 등재하고 평소에 꾸준히 친분을 쌓으면 그가 유도할 수 있는 고객은 더욱 많은 것이다. 오피니언 리더를 잘 관리할 경우 그가 참여하고 있는 단체의 행사시 골프칠 기회를 만들어 도움을 주기도 할 것이다.

특히 자신의 골프장을 자주 이용해 주고 수익을 가져다 주는 고객이라면 더욱 잘해줄려고 노력하고 양자간의 사이가 진정한 신뢰의 관계로 변해야 한다. 현실적으로 다른 골프장보다 상대적으로 운영이 잘되는 곳에서의 비결은 대체로 고객에게 잘 응대하고 동시에 고객도 그에 대해 믿음을 갖고 이용해 주기 때문이다.

골프장 경영시 중요사안들

높은 가격과 불필요한 요금 : 골프장도 사정이 있겠지만 높은 그린피와 식음료대, 단체 연부킹 시의 높은 객단가는 골퍼들의 발목을 잡고 있다. 같은 서울 인근의 회원제 골프장에서 그린피만 정확히 5만원 차이가 나는 현실을 어떻게 이해해야 할 것인가? 아무리 그린피를 올려도 고객이 온다고 보는 것 아닌가? 높은 그린피를 책정한 골프장에서 단체팀을 운영하는 동호회들이 그린피가 싸고 객단가가 낮은 골프장으로 옮기고 있으며, 동호회 단체팀이 최근 몇 년간 성원에 애를 먹고 있다는 현실을 알고 있어야 할 것이다.

식당이나 그늘집에서의 요금도 현실화하여 구매를 더 촉진시키는 것이 낫지 않은가? 또한 골프장에서 용역계약을 했는지 몰라도 골퍼가 원하지 않는데도 라커 서비스나 주차 제도를 선택의 여지없이 시행하는 것은 고객의 불만을 사고 있다.

마음으로부터 고객을 위주로 하는 서비스 마인드 정착 : 고객으로 인하여 골프장의 운영이 되고 수익이 나고 있는데도 여전히 골프장이 乙이 아니라 甲의 입장에서 군림하는 태도를 보이는 것 또한 골퍼들의 큰 불만이 되고 있다. 이런 현상은 일부 고객이 많은 수도권 골프장에서, 또는 몰리는 부킹 시간으로 많은 전화를 받는 예약실 등에 많이 나타나는 것 같다. 많이 개선되긴 했지만 골프장을 찾은 고객에게 인사하지 않는 직원이나 캐디가 있다면 아무리 잘 해도 소용이 없고, 세세한 점에서 고객 입장에서 좋아야 한다.

골프장 서비스 상품의 요체 : 골프라는 운동을 통한 심신의 수양과 스트레스 해소로 인한 생산성 증대이며, 현대사회에서 이 점에 관한 요청은 거의 절대적이다. 따라서 가격에 버금가는 페어웨이와 그린 등 코스관리가 절대적이다. 골퍼들은 지형상 레이아웃이 좋지 않아도 관리에 신경을 써 주는 골프장에 높은 점수를 준다.

미국내 베스트 코스 71위에 새로이 이름을 올린 칼루사 파인즈 G.C

휘슬링스트레이츠의 스트레이츠 코스는 미국 100대 퍼블릭 5위에서 4위로 한 계단 올랐다.

골프장이 골퍼들에게 흥미를 배가시키는 제도를 시행하면 만족도가 증가 : 어디의 한 골프장이 2홀 연속 버디 시 경품지급제도, 어려운 홀에서 파를 했을 경우 그린피를 할인하는 등의 방안을 시행한 것은 획기적이다.

비회원에 대한 고려 : 이제까지는 비회원들이 골프칠 수 있는 것이 하나의 혜택으로 인식되지 않았는지 모르겠으나 골프장의 수익에 절대적 기여를 한 비회원들에 대한 고려도 있어야 한다. 충성도 제고를 위하여 자주 오는 비회원들에 대한 요금감면 제도 같은 것을 생각해 볼 수 있다. 이천의 J 골프장이 시행하여 좋은 반응을 불러온 적이 있다.

합리적 요금 책정 : 우천이나 기상 악화를 이유로 경기를 취소하는 경우 골퍼들의 입장에서 합리적인 요금을 책정하는 골프장의 이미지가 상승한다. 고객의 입장에 서지 않고 요금제를 강행하는 골프장에"다시는 안 간다"는 말을 많이 하고 있다.

예약의 투명성으로 원활한 진행 : 어떤 골프장에 가면 진행이 너무 느리거나 진행이 너무 빨라 마치 거북이 또는 토끼가 된 기분도 든다. 캐디들이 벌당을 받지 않게 하기 위해 골프장에 온 느낌이 든다는 이야기도 있다. 골퍼들의 플레이가 느리다고 하기 전에 골프장 측도 티업 시간을 정확히 지키는지, 전체적인 라운드 시간을 공평하게 보장하고 있는지에 대해서도 관심을 가져주었으면 한다. 시설과 서비스가 좋은 고급 호텔에 가서 침 뱉거나 담배 꽁초 버리는 사람 본 적이 없고, 매너 좋은 사람도 예비군복만 입으면 엉망으로 된다는 말을 많이 한다. 고객의 매너를 먼저 요구하기 전에 골프장이 좋은 서비스와 품격으로 노력하면 고객도 그에 맞춰 매너를 갖추게 될 것으로 믿는다.

캐디 : 경기보조원인 캐디의 중요성은 말할 나위가 없다. 우선 캐디는 여왕이 골프칠 때 이를 도와주던 사관 생도를 일컫는 말에서 비롯되었다고 하는데, 전문직으로서 자부심을 느끼도록 많은 교육을 해야 할 것이다. 성의있고 실력있는 캐디는 골프장의 모든 단점을 커버할 수 있다고 감히 말하고 싶다.
라운드 시작 전 캐디들이 인사하지 않고 경기 시작하는 경우도 많은데, 어떤곳은 캐디가 체조를 시키면서 몸을 풀자고 한다. 참 좋은 반응을 낳는다.
어떤 캐디들은 스코어 카드를 정말 성의있고, 재밌게 만들어주면서 못 쳤을 때의 기분을 풀어주고, 잘 쳤을 때 한껏 신나도록 하기도 한다. 진행이 밀릴 때 고객이 기분 나쁘지 않게 스피디한 진행을 요구한다든지 헌 볼인데도 볼을 찾기 위해 뛰어 다니는 성실한 캐디는 내가 왜 골프장에 와서 많은 돈을 쓰고 있는지에 대한 답이 될 수 있다. 고객들은 캐디의 전문성있는 실력과 친절한 서비스를 강력하게 원한다.

연습장과 연습그린의 운용 : 잘 오픈하지 않는 연습장은 왜 있으며, 실제 그린과 다른 연습그린은 왜 만들었는가 하는 얘기가 많다.

아무리 겨울이라고 해도 비용을 깍아 주지도 않으면서 매트에서 티샷하는 것에 대한 불만 : 계절적, 최근 기후적 변화 요소에 따라 요금과 서비스의 차등화 방안을 강구한 골프장에 골퍼들이 몰리고 있다. 전국의 여러 골프장 등 신흥 퍼블릭 골프장들이 시행하면서 겨울에도 많은 고객들이 몰리고 있다.

골프장 사업시 문제점

부정적 여론 : 국내 골프장이 공급자 중심의 시장으로 형성되다 보니 귀족 스포츠라는 부정적인 인식과 환경악화의 주범이라는 여론으로 인하여 특소세 등 세제나 제도적 측면의 리스크가 상존한다.

공급의 확대 : 골프장 공급 부족에서 공급 과잉의 시대로 이행할 가능성이 존재한다. 골프장 건설 후 운용수익이 좋은 퍼블릭 골프장 등의 대량 건설이 현재 진행 중이고, 저가의 비용을 앞세운 신흥 퍼블릭 골프장의 고객 공략이 성공하는 사례는 이미 보편화되어 가고 있다.

경기 악화 등으로 인한 수요의 감소 : 최근 일상화된 경기 불황으로 인한 고객 감소는 물론, 외환위기 등 급속한 경제 리스크 도래시 생존 전략을 갖추지 못하고 있을 수 있다. 이 문제는 개별 골프장에 대한 고객들의 충성도로 풀 수 있을 것인데, 이에 대한 준비가 잘 되어 있는지 고려해 보아야 한다.

기후적 요인 : 여름 장마철이나 겨울철 혹한기로 인한 골프장 사업에 있어서의 부정적인 기후 환경은 계속 존재 한다.

높은 기회비용으로 인한 고객의 이전 : 통계에 의하면 최근 우리나라 사람들이 해외에 나가서 골프치는 인원수가 연간 120만명을 넘는다고 한다. 중요한 것은 이러한 해외골프가 시즌 중에도 증가하고 있다는 것이다.

골프장의 고객만족

고객에 대한 '친절' 은 그로 하여금 또 다시 이용하게 하는 가장 큰 메리트(Merit)를 가진 요인이라고 할 수 있다. 흔히 친절은 최상의 서비스라고 하기도 하고 특히 웃음을 띤 친절은 억만금을 주고도 살 수 없을 정도의 귀중한 자산에 해당한다. 고객에 대한 친절을 의무화해야 하는 직원은 평소에 거울을 보면서 미소짓는 연습, 인사하는 연습, 좋은 말을 선물하듯 하는 상냥한 목소리를 내기 위해 발성 연습을 꾸준히 해야 할 것이다.

골프장 직원은 영업매출의 상승을 위해서는 지속적으로 고객만족을 추구하여야 한다. 만약 고객이 만족한다면 골프장 재이용은 물론이고 다른 사람에게 선전 및 홍보해주는 구전 효과(Word of Mouth)를 노릴 수 있을 것이다. 한 사람을 크게 만족시키면 그는 기회가 있을 때 그것을 상기하면서 10사람의 고객을 유인해주는 결과를 가져올 수 있다. 고객만족(CS : Customer Satisfaction)은 말 그대로 '고객이 만족하고 좋아한다' 는 의미로서 제공받는 서비스에 대해 정신적으로 충족됨을 뜻한다.

맞춤식 고객응대

골프장 직원은 평소에 골프에 대한 풍부한 정보력을 갖추어 해당고객에게 맞는 정보를 제공해주는 것이 필요하다. 소위 '맞춤서비스' 라고 할 수 있다. 과거에는 '대량생산 및 대량 소비' 이었지만 이제는 시대가 바뀌어 '다품종 소량생산' 이라는 개념의 시대로 진입했다. 맞춤서비스를 하려면 고객 한사람 한사람에 대해 그의 상황을 정확히 분석하는 것을 전제로 한다. 기존에는 고객이라는 집단(Group)에 대해 갖는 정보가 중요했지만 이제는 고객 개개인에 대한 상세한 정보를 지녀야 그에 맞는 서비스가 가능하다는 의미이다. 이제부터 골프장의 경영자와 직원은 자신의 골프장을 이용하는 고객에 대해 알려는 노력을 기울이고 또 일단 획득된 정보를 메모하면서 추후 그것을 상기시켜 '자기를 기억해 주고 세심하게 배려한다' 는 측면으로 놀랄만한 정도의 감탄을 자아내도록 해야 한다.

정성스럽게 대하고 자신의 마음을 기꺼이 주는 자세는 고객을 편하게 해줄 것이다. 특히 처음 찾은 고객에게는 직원과의 짧은 첫만남이 오래 기억에 남을 것이다. 구체적으로 본다면 '단 몇초의 순간에서 재이용 여부를 결정짓는다' 는 말이 있을 정도이다. 직원이 가진 지식과 능력

> “이제부터 골프장의 경영자와 직원은 자신의 골프장을 이용하는 고객에 대해 알려는 노력을 기울이고 또 일단 획득된 정보를 메모하면서 추후 그것을 상기시켜 '자기를 기억해 주고 세심하게 배려한다' 는 측면으로 놀랄 만한 정도의 감탄을 자아내도록 해야 한다.”

은 고객에게 정보를 제공함은 물론 골프장에 대해 믿음을 갖게 한다.

왜냐하면 우수한 직원의 말과 행동은 고객으로 하여금 다시 그 골프장을 찾게 하고 만족을 주는 중요한 원천이기 때문이다. 따라서 직원은 고객이 만족할 수 있도록 하기 위해 평소에 고객의 심리를 잘 읽을 줄 알고 고객의 성향을 파악하도록 노력해야 할 것이다. 고객에게는 대접한 것만큼 그 결실이 있다고 생각하면 틀림이 없다. 직원은 '내가 대접받고 싶은만큼 대접해 주면 맞다' 고 한다.

고객 중심 경영을 통한 문제점 해결

골프장 산업의 문제점은 골프장 스스로 해결할 수 없는 부분도 많고 장기간을 요하는 것도 있을 것이다. 하지만 궁극적으로는 서비스 공급자인 골프장 측이 먼저 소비자인 고객의 니즈와 지향점을 알아 이에 잘 대처함으로써 풀어나가는 수밖에 없고, 우선은 골퍼들이 골프장에 대하여 느끼는 불만과 요구사항에 대한 조사, 문제 해결을 위한 방법론을 찾아가는 것부터 시작하여야 할 것이다.

구체적이고 전문적인 것은 앞으로의 연구에 맡기기로 하고, 필자 혹은 필자 주위의 지인들이 느끼는 몇 가지 점을 구체적으로 나열해 보기로 한다.

참고적으로 고객 한 사람이 불만을 가지면 평균적으로 10~16명 정도에게 나쁜 선전을 하게 된다고 한다. 불만을 가지고 있다가 회사에 불만을 얘기하는 고객들 중 50~70%는 그 불만이 풀리면 다시 거래하게 된다고 하니 불만을 표현하게 하고, 이를 해결해 가는 등 고객 관리의 중요성은 더 말할 나위가 없을 것이다.

골퍼들에게 안타까운 것은 골프장이라는 상품이 다른 일반 상품과 다른 특성 때문에 수요가 많다고 하여 갑자기 공급이 확대될 수 없는 것이다 보니 부족한 공급으로 인하여 골퍼들의 불만은 상당히 높다고 할 수 있을 것이다. 골퍼들은 이에 대하여 그 불만을 가슴 속에 담아두고 언제인가, 또는 어떤 식으로든 반응하거나 반응할 준비를 하고 있다고 보면 틀린 말은 아닐 것이다.

골퍼들이 서비스 수준을 느끼는 기준은 요금, 캐디서비스, 페어웨이와 그린 관리 상태 및 안전에 관한 관리, 직원들의 친절, 부킹 끼워주기 등 진행을 많이 이야기하고 있는 것 같다. 이에 반해 코스 레이아웃이나 설계자의 의도 및 잘 쳤을 때와 못 쳤을 때의 샷 밸류에 대한 부분은 많이 거론하지 않는 것으로 보아 전문가의 평가와 다른 점을 보이고 있으므로 골프장 전문가보다는 골퍼들에 대한 시장 조사나 서비스 만족도 향상의 중요성을 인식해야 할 것이다.

아무튼 가장 중요한 것은 주어진 골프장 환경하에서 골프장 종사자들의 서비스 마인드에 따라 그 골프장의 가치가 올라간다는 점을 확실하게 인식하고, 그에 대한 노력과 홍보를 계속 하는 경우 골프장의 가치 상승은 물론 직원들의 업무 만족도도 올라가고 채산성 악화라는 장래의 리스크에 대한 관리도 가능할 것이라는 점이다.

골프장 불황기 고객 증대 방법

첫째, 소비자의 신뢰를 지속적으로 유지시켜 나가는 것이 중요하다.

불황기의 소비자 심리는, 정해진 가격에 그동안 누려 왔던 만족을 그대로 얻기를 원하며 자신의 선택에 대해 지속적으로 안심할 수 있기를 원한다.

따라서 각 골프장은 가격 경쟁력을 높여, 경쟁사보다 낮은 비용으로 과거의 만족을 그대로 유지시키거나, 아니면 경쟁사보다 월등하게 서비스 수준을 높여 현재의 비용으로 서비스 만족도를 대폭 높이거나, 둘 중 하나를 선택해야 할 것이다.

둘째, 고객의 구매 속성을 철저히 파악하여 거기에 맞는 일대일 맞춤서비스를 제공해야 한다.

이를 위해서 고객의 특성을 D/B화하고, 가격 체계도 고객의 필요에 맞게 세분화해야 하며, 식음이나 프로샵의 상품 구성도 더욱 다양하게 준비되어야 할 것이다.

셋째, 다양한 판매 촉진 방법이 개발되어야 한다.

이를 위해서,

- 가격 할인(비수기, 새벽시간대 등)
- 프리미엄 판매(10회 이용시 1회 무료 이용 등)
- 쿠폰 발행
- 환불제도(날씨환불, 불만족 환불 등)
- 제휴 및 연계 판매
- 대회, 게임 이용(골프대회 추첨, 게임 등)
- 선물 제공(저가이면서 활용도 높은 펜, 모자 등)과 같은 판매촉진 방법으로, 경쟁사와의 경쟁우위를 지켜 재구매를 자극하는 방법들이 사용될 수 있다.

골프장 운영 경쟁력 강화 전략

골프장 업의 특성을 개장 전과 개장 후로 나누어 살펴보면, 개장 전은 ① 대규모 투자사업 ② 분양사업이라 할 수 있으며, 개장 후에는 ① 집객사업 ② 한정자원 판매사업이라 할 수 있다.

따라서 골프장 사업은 초기에 정확한 자금 수요가 예측되고, 이 대규모 투자 자금을 조달할 수 있는 자금 조달 계획(차입 계획+회원권 분양 계획)이 철저히 준비되어야 할 것이다. 회원권 분양에 대한 막연한 장미빛 전망만으로 골프장 사업을 시작한다는 것은 무모한 일이며, 철저한 사전 준비로 투자비 규모를 최대한 줄여 나가, 회원권 분양에서부터 가격 경쟁력을 갖추지 않으면 소비자로부터 외면당할 수 밖에 없을 것이다.

개장 후에는 골프장 사업이 매출 규모가 크지 않고, 또한 한정된 자원을 판매하는 사업이란 특성 때문에 불황기로 들어설 경우 불황을 탈출할 수 있는 방법으로는 ① 다양한 마케팅 활동을 통해 집객력을 높이는 방법과 ② 철저한 원가관리를 통해 영업이익률을 높이는 방법이 동시에 연구되어야 할 것이다.

효율적 직원관리와 공생관계

골프장의 경영자는 고객만족을 위해 직원관리를 잘해야 한다. 왜냐하면 고객만족은 직원 만족을 선행조건으로 하기 때문이다. 사실 직원은 고객과의 만남에서 제일 처음 상대하는 사람으로 볼 수 있다. 때로는 리더십(Leadership)의 차원으로 직원관리를 해야 한다. 원래부터 조직과 기업에서 가장 다루기 힘든 객체가 바로 '직원' 이다. 효율적으로 직원관리를 하기란 매우 어렵기는 하지만 경영자가 반드시 수행해야 할 업무이다. 예컨대 직원에 대해 칭찬을 자주 하여 신바람 나도록 해야 할 것이다. 그들은 고객과의 만남에서 제일선에 있는 사람이기 때문에 직원에 대한 만족은 곧바로 고객만족으로 이어진다. 물론 직원에 대한 비용지출이 때로는 부담스럽고 지급하는 급여 이상으로 무엇인가를 얻어내려는 것은 당연하다. 그렇지만"직원은 급여를 받으니까 당연히 근무한다"는 생각에서 벗어나 "직원이 우리 골프장에 도움을 주기 때문에 우리가 발전한다"는 생각을 갖는 것도 필요하다.

사람은 대게 '자신이 받는 것만큼 준다' 는 말이 있듯이 '베풀면 돌아온다' 는 원리를 잊지 않아야 한다. 그리고 골프장 운영에 책임을 지고 있는 사람들은 골프산업의 육성을 위해서라도 서로 도우려는 마음을 가져야 한다. 소위 공생 즉, 윈윈(Win Win)전략으로 보아도 좋을 것이다. 어쩌면 동반자적 관계로 보는 것이 더 나을 것이다.

골프장 경쟁시대의 원가관리 방법

첫째, 골프장 운영의 Cost 발생 구조를 철저히 살펴, Cost down이 가능한 공정 · 업무 · 프로세스를 Re design하도록 하는 것이 중요하다. 골프장의 Cost 발생 구조는 비교적 단순하기 때문에 공정별, 업무별로 원재료의 Loss 부분을 찾아내어 Visual화, 정량화 함으로써 재료비를 절감할 수 있도록 하고, 프로세스별로 구매 방법 및 정책의 변경, 제품 사양의 전략적 변경, 협력업체 관리 방식의 변경 등을 통한 Cost 절감 방법도 찾아보아야 할 것이다.

둘째, 운영 시스템의 혁신을 통해 경영을 합리화 하는 방법이 있다.

일본의 경우도 불황 10년을 타개하기 위한 운영 시스템의 혁신 방법으로 인원 감축 정책과 업무별 아웃소싱이 많이 사용되었다.

일본의 인원 감축 현황을 보면 가장 호황이던 1992년과 불황의 끝인 2004년을 비교해 볼 때

18홀 평균 직원수를 111명(직원 85, 비정규직 26)에서 71명(직원 42, 비정규직 29)으로 36% 감축한 것으로 나타난다.

또한 2004년도 일본 골프장 경영 종합 연구소 앙케이트 조사 자료를 보면 레스토랑 31%, 코스관리 28%, 야간경비 30%, 청소, 린넨 25%가 아웃소싱 된 것으로 조사되어 있는 것으로 보아 아웃소싱이 지속적으로 이루어진 것을 알 수 있다. 따라서, 우리나라도 향후 내장객 감소와 그린피 인하로 인한 매출 감소가 계속될 경우, 상기의 원가관리 방법 등으로 매출 감소분 만큼 원가 절감도 함께 이루어지지 않으면 안될 것이다. 골프는 스포츠로서의 의미를 넘어 엄청난 경제적 효과를 유발시키는 산업적 역할을 하고 있다. 국가 경제발전 및 일자리 창출, 연관산업 발전, 국민 레저문화 선도의 의미에서 골프의 산업적 이의가 재조명 되는 이 때, 골프장 운영에 있어서 보다 체계화되고 효율적인 운영을 통해 경쟁력을 강화하는 것이 필요하다.

밴든듄스 G.C는 미국내 100대 코스 31위, 100대 퍼블릭 코스 7위에 이름을 올린 밴든듄스의 가시금작화.
보기엔 아름답지만 가시밭길의 시작이 될 수 있다.

골프코스 운영시 3가지 차별화 기준

(1) 좀 비싸더라도 골프장이 가깝게 위치하든가!

(2) 좀 멀더라도 골프장 요금이 적절하게 싸든가!

(3) 아니면 한번 가 보기도 어려울 정도로 네임 밸류와 품격등이 있든가.

다시 말하면 다른 곳과 비교하여 만족도나 이미지를 제고할 수 있는 어떤 매력적 요소를 가지고 있는가 하는 것이다. 개별 골프장 스스로 이러한 매력 포인트를 만들어 나가고 관리해가야 한다.

그런데 직원들의 서비스에 대한 이야기는 별로 없다. 거리나 교통, 비용, 골프장 이미지 등에 비하여는 중요한 것으로 각인되지 않는다는 것이며, 그만큼 직원들의 서비스가 비슷하다고 본다.

그런데 일반 골퍼들은 서비스에 대한 불만이 많은 것이 사실이며, 그에 대한 이야기가 제일 많다고 할 수 있다. 따라서 가격, 거리 같은 좀 객관적인 요소보다 노력을 통해 개선할 수 있는 주관적 요소, 즉 친절한 서비스 향상이 더욱 필요한 요소이다.

현재 우리나라의 골프장은 공급 확대와 경기악화로 인한 수요 감소 등 각종 리스크에 노출되어 있고, 서비스에 불만을 가진 골퍼들은 날씨가 좋은 시즌 중에도 해외로 발을 돌리고 있다. 고객 없는 서비스와 상품은 존재하지 않는다. 이 점을 확실하게 인식하고 좀 더 고객에게 다가가고 만족을 주는 체제로 전환하지 않는다면 고객들은 어떤 방법으로든 이에 반응하게 되어 있는 것이다.

이제라도 고객들의 요구를 알아 이에 부응하면서 감동시키는 경영 실천에 눈을 돌려주어야 한다.

제 2 장

골프장 경영시 세금과 손익분석

골퍼들은 현재 다른 스포츠를 즐기는 사람들에 비하여 훨씬 여러 종류의 세금을, 그리고 보다 많은 금액의 세금을 내고 있는데, 그 중 골프장 입장행위에 대한 세금들과 회원제(會員制) 골프장 경영회사(이하 골프 회사라 약칭함)에게 부과되는 세금들 중 다른 사업을 경영하는 회사(일반회사라 약칭함)들에게 부과되는 것보다 무겁게 부과되는 각종 세금(즉, 중과되는 세금)과 각종 부담금을 다루기로 한다. 골프회사에게 중과되는 세금과 부담금은 골프회사가 곧 바로 회원권의 분양가에, 그리고 골프장 입장행위에 대한 Green Fee에 고스란히 반영할 것이므로 결국 골퍼들의 부담으로 돌아간다. 즉, 골퍼들에게 중과되는 것과 다름없는 것이다. 골퍼들은 이 점을 유념하고 골프회사에게 중과되는 세금과 부담금에 대하여 관심을 기울여야 한다.

골프장 입장행위(그린피)에 대한 제세금

그린피 + 특별소비세 + 부가가치세 + 체육진흥기금

(특별소비세 → 교육세, 농특세)

골퍼들은 골프장 입장시 그린피에 더하여 특별소비세(特別消費稅, 이하 특소세라 약함), 교육세, 농어촌특별세(이하 농특세라 약함) 및 부가가치세(附加價値稅)를 내야 한다. 1일 1회의 입장행위에 대한 특소세액은 금 1만 2천원이다. 이 특소세에는 교육세와 농특세가 부가세(附加稅)로 따라 붙는다. 부가세란 세금을 냈다는 것이 또 세금을 내야할 근거인 세금, 즉 세금 위의 세금이다. 교육세와 농특세액은 각 3,600원(특소세액의 각 100분의 30)이다. 부가가치세액은 그린피, 특소세 및 그 부가세들을 모두 합한 금액을 과세표준(課稅標準)으로 삼아 거기에 세율(10%)을 곱한 금액이다.

골퍼들은 그린피, 위의 제 세금에 더하여 체육진흥기금 부가금을 또 더 내야 한다. 부가금은 준조세(準組稅)이므로 위 도표에 세금과 나란히 열거하였다.

이들 세금과 준조세의 납세의무자는 골프장 사업자이다. 사업자는 골퍼들에게서 이를 징수하여 세무서 등에 납부한다. 결과적으로 골퍼들이 이를 부담하게 되는 것이다. 어느 회원제 골프장의 입장료 명세서를 소개한다.

골프장에서 중과되는 각종 세금

취득세

1) 취득세란 특정 재산의 취득에 부과되는 지방세이다. 그 과세 대상인 특정 재산은 ① 부동산(토지 및 건축물) · 차량 · 기계장비 · 입목 · 항공기 · 선박 · 광업권 · 어업권과 ② 골프회원권 · 콘도미니엄회원권 및 종합체육시설이용회원권 등이다. 여기의 취득에는 원시취득 · 승계취득을 불문한다. 유상 · 무상도 불문한다.

표 1 입장료 명세서

(일반적 기준)

구분	회원주중 · 주말	비회원 주중	비회원 주말
그린피	23,982	114,436	159,891
특별소비세	12,000	12,000	12,000
교육세	3,600	3,600	3,600
농특세	3,600	3,600	3,600
부가가치세	4,318	13,364	17,909
체육진흥기금	2,500	3,000	3,000
합계	51,000	150,000	200,000

골프회사가 새로 골프장 시설을 건설하거나 기존의 골프장 시설을 양수할 때에 골프회사는 그 부동산(토지와 건축물의 취득)에 대한 취득세를 납부하여야 한다. 그런데 신설할 때에 그 취득세의 세율이 일반회사의 부동산 취득에 대한 것보다 매우 무겁다. 그 세율이 일률적으로 일반세율(1,000분의 20)의 5배이다. 매우 고율(高率)인 것이다. 별장 · 고급주택 · 고급오락장 · 고급선박 등의 취득에 대한 것이 그와 같은데, 이들과 똑같이 사치성 재산으로 분류되어 중과되고 있는 것이다.

1998년 말까지는 신설할 때와 양수할 때에 그 세율이 일률적으로 일반세율의 7.5배였다. 당시 정부에서도 이를 너무 과하다고 보았는지 골프회사의 부담을 조금 덜어주려 시도하였다. 그 시도로 1998년 말에 신설 취득의 경우에는 일반세율의 5배로 낮추고, 승계취득의 경우에는 일반 세율과 동일하게 낮추었다.

승계취득의 세율이 일반세율과 동일하게 낮추어진 배경은 외국기업이 기존 내지 건설 중인 골프장을 양수하려 할 때에 그 길을 열어주려는데 있는 줄로 안다. 양수시의 세율을 그렇게 낮추면서, 신설시의 세율은 왜 그만큼 못 낮추고 그 5배로 정하였을까? 신설취득의

“ 골프회사에게 중과되는 세금과 부담금은 골프회사가 곧 바로 회원권의 분양가에, 그리고 골프장 입장행위에 대한 green fee에 고스란히 반영할 것이므로 결국 골퍼들의 부담으로 돌아간다. 즉, 골퍼들에게 중과되는 것과 다름없는 것이다.

골퍼들은 이 점을 유념하고 골프회사에게 중과되는 세금과 부담금에 대하여 관심을 기울여야 한다. ”

경우와 승계취득의 경우, 사이에 그렇게 현격한 차이를 둘 합리적인 이유는 보이지 아니한다. 어떻든 그 세율은 지나치게 높다.

2) 신설취득에 대하여 좀 더 설명한다. 토지에 관하여는 체육용지로 매수하거나 기존에 가지고 있던 전답이나 임야를 체육용지로 지목변경한 때에, 건축물에 관하여는 이를 준공한 때에 골프회사가 취득세를 납부하여야 한다. 그 등기 또는 등록과 같은 형식적 요건을 갖추지 아니한 경우라도 대금의 지급 또는 형질변경과 같은 실질적 요건을 갖춘 때가 취득세의 납부 시기이다(대법원 2006. 6. 30. 선고 2004두6761 판결, 동 2001. 7. 27. 선고 99두9919 판결). 위에서 형질변경이란 임야에 대한 산림훼손, 잔디의 파종 및 식재, 수목의 이식, 조경사업 등과 같이 골프장으로서의 이용에 공하는 모든 공사가 완료됨으로써 골프장용의 체육용지로 사실상 지목변경이 되는 때를 말한다(대전지방법원 2006. 4. 20. 선고 2005구합2206 판결). 도로포장비, 주차장 설치 공사비도 과세표준에 포함된다. 지목변경으로 인한 취득세의 과세표준은 그 가액의 증가분이다. 그 증가분이 취득으로 간주됨에 따라 이에 대한 취득세를 납부하여야 하는 것이다. 그 증가분의 평가를 두고 과세당국과 골프회사 사이에 종종 이견(異見)이 생겨 골프회사가 애를 먹는다. 이견이 생기는 예를 하나 들면 과세당국은 시설의 공사비 전액을 지목변경에 소요된 비용으로 보려하고, 골프회사는 실질적으로 지목변경을 위한 공사비만을 그 공사비로 보려하는 것이다.

3) 골프장용으로 구분등록이 된 것은 당연히 중과세의 대상이 된다. 그리고 구분등록이 되지 아니하였더라도 구분등록의 대상이 되는 것으로 과세당국이 인정하는 것은 그 대상이 된다. 이에 과세당국과 골프회사 사이에 그 대상이 되는 여부를 놓고 마찰을 빚을 소지가 있다.

4) 골프회사가 골프장 시설을 증축 · 개축 또는 개선한 경우에 그 증가된 가액도 중과세의 과세대상이 된다. 기존의 시설을 유지하기 위하여 교체 · 보수임을 확실히 밝히는 내용으로 갖추어 놓아야 한다. 그렇지 아니하면 교체 · 보수를 하고도 억울하게 증축 또는 개축한 것으로 취급되어 취득세를 중과세율로 과세당할 염려가 있다. 교체 · 보수할 때에 바닥, 벽, 지붕을 따로따로 교체 · 보수하는 것도 하나의 요령이다. 바닥, 벽, 지붕을 일거에 교체 · 보수하면 증축한 것으로 취급되어 취득세를 과세당할 위험이 높다. 골프회사가 다른

용도로 취득하였다가 5년 내에 토지나 건축물을 골프장용으로 사용하게 된 경우(제112조의 2 제1항)도 위와 같다.

재산세 : 골프장용 토지와 건축물에 대한 재산세를 살펴본다. 토지에 대한 재산세의 과세대상은 종합합산과세대상, 별도합산과세대상, 분리과세대상으로 구분되어 있다. 골프장용 토지는 그 중 분리과세대상에 속한다. 그 세율이 고급오락장용 토지와 나란히 1,000분의 40이다. 골프장용 건축물에 대한 세율도 고급오락장용 건축물, 별장과 나란히 1,000분의 40이다. 그 토지에 대한 세율과 같다. 다른 토지와 건축물에 대한 세율은 1,000분의 0.7에서 1,000분의 5이다. 골프장용 토지와 건축물에 대한 세율은 그 수십배, 적어도 8배인 것이다. 지나치게 고율이다.

1) 재산세의 과세표준은 시가표준액이다. 토지에 관하여 말하면 부동산가격 공시 및 감정평가에 관한 법률(구 지가공시 및 토지 등의 평가에 관한 법률)에 의하여 공시되는 개별공시지가를 과세 표준으로 한다. 그런데 당국이 주변 토지와 같은 기준으로 공시지가를 결정하거나, 골프장 조성공사비가 많이 든 경우에는 오히려 주변 토지보다 높은 가액으로 공시지가를 결정하여 회사들이 이를 감당하기 힘들다. 골프장용 토지는 회사가 매매나 투기의 목적으로 소유하고 있는 것이 아니다. 그 용도가 쉽게 바뀔 것도 아니다. 그리고 많은 회원과 비회원이 공동으로 이용하는 체육시설이다. 이의 공시지가를 주변 토지, 건축물과 같은 기준으로 결정하여서는 안 된다.
2) 근래 주변 토지의 지가가 가파르게 상승함에 따라 공시지가도 매년 상향조정되고 있다. 매매를 목적으로 소유하고 있는 것을 전제로 공시지가를 조정하고 있는데, 그에 따라 골프장용 토지의 공시지가도 조정하여 재산세를 부과하는 것은 부당하다. 과세표준은 그 개념에 비추어 이용에 따른 수익과의 대비, 전년도 과세표준과의 비교로 적정하게 결정되어야 한다.

   공시지가의 결정이 부당하다고 생각되면 회사는 일정한 기간 내에 이의 신청을 하여야 한다. 이의신청을 하지 않고 있다가 그 공시지가를 과세표준으로 삼아 당국으로부터 재산세를 부과당한 뒤에, 공시지가의 결정이 잘못된 것이라는 이유로 과세처분에 불복하는 것은 때늦은 불복이 되기 쉽다.

법인세

토지, 건축물 등 사업용 고정자산의 매입 · 제작 또는 건설에 소요되는 차입금에 대한 이자 또는 이와 유사한 성질의 지출금은 소득금의 계산에 있어서 손금에 산입하지 아니한다. 이를 자본적 지출로 보아 원본에 가산하는 것이다.

1) 골프회사는 시설업자이므로 아무래도 고정자산의 매입 등에 많은 지출을 할 수 밖에 없다. 불이익을 당할 입장에 놓여 있는 셈이다. 골프회사가 진입도로를 건설하여 지자체에

기부한 경우에 그 공사비(포장비 포함)는 어떻게 될까? 그 공사비도 손금에 산입하지 아니한다. 골프장 잔존 토지의 자본적 지출로 보아 원본에 가산하는 것이다. 진입도로 이외에도 그 지출금을 건설자금으로 원본에 가산할 것인지, 운영자금으로 손금에 산입할 것인지의 판정을 놓고 어려움에 부딪치는 경우가 많이 있다.

골프회사들은 지역사회에 많은 기여를 하고 있다. 도로, 교량 등을 건설하여 주고, 마을회관도 지어준다. 농수로, 상하수도도 정비하여 주고, 어린이사생대회, 이웃돕기바자 등도 개최한다. 이들 비용은 어떻게 처리되고 있는지 궁금하다.

2) 골프회사는 접대비, 광고선전비 등의 폭을 타 업종에 비하여 축소 적용받고 있다. 비회원을 회원으로 대우한 경우 세무서가 접대비로 보고 한도를 넘었으므로 손금에 산입할 수 없다고 한 예가 있다. 캐디들에게 숙식, 작업복, 교통편, 무료 라운드의 기회를 제공하고, 캐디들의 친목회에 보조금을 지급한 것을 근로자가 아닌 사람들에게 지급한 것이므로 손금에 산입할 수 없다고 한 예도 있다.

3) 골프회사는 시설업자이므로 토지를 비롯한 많은 자산을 보유하게 된다. 그 중에는 불가피하게 보유하고 있는 토지도 적지 않다. 토지를 과다 보유하고 있다는 지적을 면하기 어렵다. 그리고 그 토지 중에는 비업무용(非業務用) 자산으로 지목될 것들이 있게 마련이다. 회사가 비업무용 토지에 대한 중과세제도가 시행된 바 있다. 그리고 한때 유휴(遊休) 토지에 대한 특별과세제도(토지초과이득세제도)가 시행된 바도 있다.

이런 중과세제도, 특별과세제도가 사라지기는 하였지만, 간접적으로 비업무용 자산에 대하여는 여전히 무거운 부담을 지우는 규정이 법인세법에 들어 있다. 법인이 비업무용 자산을 보유하면 법인이 지출한 경비 중 다음의 것들은 손금에 산입하지 아니한다. 불이익을 당하는 것이다. ① 비업무용 부동산이나 기타 자산을 취득 · 관리함으로써 생기는 비용, 유지비, 수선비 및 이와 관련된 비용. ② 위와 같은 자산을 취득하거나 보유하고 있는 회사가 지급한 차입금의 이자 중 그 취득과 보유에 해당되는 금액.

법인이 취득 · 보유하고 있는 토지를 놓고 업무용인 여부를 판정하기는 쉬운 일이 아니다. 그 판정을 둘러싸고 골프회사와 과세 당국 사이에 실랑이가 벌어지기 쉽다.

과세 당국이 아무리 분명한 기준을 정하여 판정한다고 하지만 견해 차이가 있기 마련이다. 골프장은 주로 산악에 조성된다. 그러므로 코스의 설계상 활용되지 못하고 남는 토지가 생긴다. 이런 토지는 처분이 불가능하다. 이렇게 불용의 토지가 필연적으로 발생하는데, 이의 해결책이 마련되어야 한다. 거기에 최근까지 체시법상 부지면적이 제한되어 있어 그 이상의 토지는 비업무용으로 취급되었다.

다행히 2005년에 그 제한이 삭제되어 골프회사들이 부담을 조금이나마 덜게 되었지만, 어쩔 수 없이 보유하고 있는 불용의 토지를 투기의 목적으로 보유하고 있는 토지와 동일시 한다는 불만은 아직 가시지 않았다.

샌디에이고의 따뜻한 지중해성 기후에 위치한 파4, 483야드. 2008년도 US오픈 개최지인 토리파인스의 5번홀

부가가치세(附加價値稅, value-added tax) : 부가가치세는 국세로서 일반소비세이다. 이 세의 납세의무자는 사업자이지만 그 부담을 거래상대방에게 전가시켜 종국적으로는 최종 소비자가 그 부담을 지게 된다. 사업자는 과세기간 중의 매출세액에서 매입세액을 공제하여 최종 소비자가 그 부담을 지게 되는 것이다. 사업자는 과세기간 중의 매출세액에서 매입세액을 공제하여 최종 소비자가 그 부담을 지게 되는 것이다.

그런데 골프회사는 매입세액의 공제를 둘러싸고 종종 세무당국과 줄다리기를 벌린다. 골프장 조성시 토지와 일체가 되어 코스를 구성하는 시설(연못, 관리도로, 그린, 티, 벙커 등)에 관련된 매입세액은 공제대상이 아니고, 건물, 건축물 공사 관련 매입세액만이 공제대상이다. 진입도로, 지반, 지하수개발, 외곽수로, 정원수의 식재 및 이식, 조경, 인조잔디, 코스의 조형, 연못, 벙커 · 그린 · 티그라운드 등은 분명히 골프장 시설임에도 불구하고 이들을 일괄하여 토지 조성비로 본다. 다른 사업에 대하여는 그렇지 아니한데, 유독 골프장 사업에 대하여만 골프장 조성공사비를 자본적 지출로 보아 불공제 대상으로 삼고 있는 것이다. 그래서 이들 공사비의 공제대상인 여부를 둘러싸고 줄다리기를 벌이는 것이다.

종합부동산세 : 2005년도에 종합부동산세라는 새로운 종목의 조세가 신설되었다. 본래 고

액의 주택 보유자를 겨냥한 것으로 6억원 이상의 주택이 그 과세대상으로 되었다. 그런데 토지 중 분리과세대상인 것을 제외한 토지들이 곁들여 그 과세대상에 포함되었다. 3억원 이상의 종합과세 대상인 것과 40억원 이상의 별도합산 과세대상인 것이 그 과세대상으로 된 것이다.

골프회사가 보유하고 있는 토지 중 구분등록대상인 토지는 위에서 설명한 바와 같이 고율의 재산세 부과대상인 분리과세대상이므로 당연히 종합부동산세의 가세대상에서 제외된다. 하지만 골프회사가 보유하고 있는 토지 중 그 밖의 토지는 이 세의 과세대상이 된다.

골프회사들은"골프장 관리규정"에 의거, 때로는 사업승인시의 조건에 의거 원형보존지를 의무적으로 확보하지 않을 수 없다. 종합부동산세의 시행 이전에도 이런 토지에 대하여 불합리한 과세가 시행된 예가 있다.

심지어 구분등록대상인 것과 거의 동일하게 과세표준을 높인 예 마저 보였다. 이제 원형보존지는 신설된 종합합산대상의 과세대상으로 되어 기왕에 불합리한 과세를 당하지 않았던 골프회사들도 주의를 기울여야 한다. 원형보존지에 대하여 기왕에 과세표준을 높인 것이나 이를 종합부동산세의 과세대상으로 삼은 것은 크게 잘못된 것이다. 원형보존지는 재산세 과세대상의 구분에 있어서 임야와 나란히 하여야 한다. 임야와 나란히 0.07%의 저율의 재산세 부과대상인 분리과세대상으로 삼아야 하는 것이다.

베스베이지블랙 G.C는 2009년 US오픈 개최지로 미국 100대코스 26위에 랭크됐다.

환경친화적인 방법으로 골퍼들의 요구에 부응한 이 코스는 11만평도 안되는 코스지만 풀코스 못지않은 샷 가치를 선사한다. 실리콘밸리에 위치한 로스라고스는 뛰어난 경관과 함께 난이도가 낮은 쉬운 코스다. 그리고 상대적으로 그린피도 저렴하다.

각종 부가세(附加稅) : 취득세를 납부할 때에 골프회사는 농어촌특별세도 함께 신고 · 납부해야 한다. 이 세는 취득세의 부가세이며, 국세이다. 과세표준은 취득세액이고, 그 세율은 100분의 10이다. 골프회사가 골프장 시설을 취득할 때에 무슨 근거로 세법이 취득세에 부가하여 이 특별세를 부과할까? 그럴만한 근거가 없다. 그러므로 이 세는 불공정한 세이다. 주민세 중 소득세도 부가세이다.

2001년도에 지방교육세가 신설되었다. 이것은 등록세, 레저세, 균등한 주민세, 재산세, 자동차세 등의 부가세이다.

각종 부담금 : 신설골프장을 개장하는데 골프장 사업자가 부담하게 되는 각종 부담금에 관하여 언급하기로 한다. 부담금이란 준조세이다. 18홀을 기준으로 그 부담금이 70~80억원에 이른다. 부담금의 종류를 아래에 열거한다.

1) 대중골프장조성비
2) 개발부담금
3) 환경개선부담금, 생태계보전협력금
4) 대체조림비(代替造林費), 산림훼손부담금
5) 농지조성비

기타

1) 골프장 중에는 골프장을 건설할 때에 국공유지를 얼마간 임차하는 골프장이 있다. 임차료를 높이면 회사의 부담이 그만큼 늘어난다. 그 임차료는 당해 국공유지의 가격을 기준으로 산정하게 되는데, 그 국공유지의 가격을 어떻게 산정해야 하는지에 대한 대법원 판례를 하나 소개한다(대법원 1996. 11. 6. 선고 96다6127 판결, 동 2004. 10. 28. 선고 2002다20995 판결).

   "그 가격은 임차인이 국유림을 대부받은 후 자기의 비용과 노력으로 골프장을 조성하여 가치를 증가시킨 현 상태를 놓고 평가할 것이 아니라 임차인이 점유를 개시할 당시의 상태를 상정하여 평가하여야 한다."이 판결로 골프장은 부담을 많이 덜게 되었다.

2) 골프회사는 소비성 사업자로 대우를 받고 있다. 그래서 제1금융권에서 대출을 받기 어렵다. 그리고 제2금융권으로부터 대출을 받을 때에도 불리하다. 골프회사가 회원들로부터 받은 예탁금은 차입금으로 계상된다. 그만큼 부채비율이 높아지고 따라서 기업의 평가가 낮아지기 때문이다. 어떤 골프회사가 그 평가를 높이려고 모기업의 환금 약속아래 회원들로부터 예탁금을 출자금 또는 후순위채권으로 전환하는 편법을 취한 예도 있다.

3) 골퍼들이 골프장에 입장하여 Green Fee를 비롯한 많은 비용을 지출한다. 자기가 근무하고 있는 직장의 일로 골프장에 입장할 경우도 있다.

   그런데 위 비용을 그 직장의 경비로 처리하기 어렵다. 과세당국이 골프장에 가서 지출한 비용은 손금으로 처리하여 주려하지 않기 때문이다.

   일본의 경우 과세당국이 기왕에 손금으로 잘 처리하여 주다가 언제부터인가 손금으로 처리하여 주지 않자 골프장을 찾는 골퍼의 수가 크게 줄었다. 일본의 골프장들이 한때 호황을 누리다가 수년전부터 불황의 늪에 빠지고 상당수가 도산하였는데, 그 연유중 하나가 여기에 있다.

4) 신설골프장을 건설하여 개장하려면 골프회사들은 취득세, 부가가치세 등에 더하여 준조세인 위의 부담금 등을 내야 한다. 합하면 백억원이 훨씬 넘는다.

골프회사들에게는 힘에 벅찬 일이다. 골프회사들은 골프장의 시공에 이미 수백억원은 들였다. 각종 인 · 허가를 얻는 데에도 수년에 걸쳐 적지 않은 비용을 지출하였을 것이다. 거기에 영업을 개시하면서 백억원이 넘는 조세 내지 준조세를 더 내려면 허리가 부러진다. 골프회사들에게는 힘에 벅찬 일이다. 영업을 개시하는 사람에게 이렇게 무거운 부담을 지우는 것은 타당하지 아니하다. 그 부담도 덜어주고, 나아가 일부만 영업의 개시시에 내고 나머지는 몇 년에 나누어 내도록 하여야 한다. 사업자로 하여금 될 수록 벌어서 세금을 내도록 해야지, 벌기도 전에 세금부터 내라고 몰아붙여서는 안된다는 말이다. 그러다 사업자가 도산하면 결국 국가적으로도 손실이다. 실제로 도산한 사업자가 적지 않다.

골프장 운영비용(Running Cost)의 추이

우리나라와 비슷한 어려움을 먼저 겪고 해결해 나가는 과정의 일본 데이터는 우리나라의 골프장들이 관심을 가지고 중요하게 봐야 할 자료이다. 일본의 지난 1999년과 비교한 2004년 골프장 운영 코스트의 변화 추이를 주의 깊게 살펴보고 2008년을 대비한 효과적인 운영과 비용절감에 대해 열거해 본다.

본문자료는 일본 골프세미나 2004년 자료를 기초로 골프세미나 편집부에서 조사하여 정리한 것이다. 본문의 답변 중에는 복수 회답이 포함되어 있다.

골프장에 따라 구분의 방법이 다르기 때문에 '소모품비' 나 '잡비' 등은 고액으로 나타났다. 앞

필리핀에서 가장 전통있는 동부지역을 대표하는 밸리골프장은 과수원 속에서 골프를 치는 듯 수목이 잘 어우러진 곳이다.

표 2 일본 골프장 운영비의 증감률과 차액 : 1999년 대비 2004년 변화추이

항목 / %	증감률(%)	항목 / ¥	차액의 평균(엔)
-30.9%	복리후생비	-505.5만	복리후생비
-18.3%	여비교통비	-80.9만	여비교통비
-29.1%	접대비	-89.7만	접대비
-20.5%	회의비	-22.6만	회의비
-14.0%	통신비	-53.4만	통신비
-9.8%	소모품비	-97.9만	소모품비
-16.8%	사무용품비	-42.1만	사무용품비
-11.2%	광열비(전기 · 수도 · 가스)	-215.2만	광열비(전기 · 수도 · 가스)
-13.6%	연료비(중유 등)	-91.6만	연료비(중유 등)
-30.7%	경비 · 보험료	-209만	경비 · 보험료
-13.0%	수선비(수리)	-146만	수선비(수리)
1.8%	경기비	12.7만	경기비
-20.3%	세금공과(조세)	-556.6만	세금공과(조세)
-17.6%	리스료	-235.7만	리스료
-10.5%	회보비	-29.8만	회보비
-8.6%	광고홍보비	-32.5만	광고홍보비
-34.1%	피복비	-65.7만	피복비
9.9%	청소비	72.1만	청소비
-17.5%	임대료(토지등)	-936.5만	임대료(토지등)
-20.1%	잡비	-203.2만	잡비

서 말한 바와 같이, 인건비나 코스관리 등 고액의 비용으로 예상되는 항목을 제외한 이번 조사에서는 임대료가 4,000만엔을 넘어 가장 큰 지출항목을 나타냈다. 아무리 고액이라도 코스 용지의 경우, 반환할 수도 없고, 임대료가 급격하게 내리는 사례도 적기 때문에 상당한 부담으로 작용한다. 그 다음의 고액 항목은 '세금공과' 이지만,

최근 5년간 감소액이 500만엔을 넘어섰다. 이전 조사(2000년도)에서도 과거 5년간 400만 엔에 가깝게 감소하였는데, 이는 최근 10년간 30% 초과 감액이 되었다는 계산이 나온다. 그 외 항목으로 감소폭이 큰 것은 '복리후생비' 로, 감액률은 '세금공과' 보다 높은 5년간 30.8%로 나타났다. 다음은 증감률을 살펴보기로 한다. '차액의 평균' 과 홀수에 관계없이 회답한 320개 코스 각 골프장의 항목마다 1999년과 2004년과의 차액의 평균과 증감률을 평균한 것이다.

'복리후생비' 와 같이 전체 코스 80% 이상을 줄이고 있다고 대답한 '광열비' 는 금액으로 보면 215만 2,000엔으로 고액이지만, 감소율은 11.2%로 '복리후생비' 보다 매우 낮다. 한편, 과반수에는 못 미치지만 증액하고 있는 코스가 40%를 넘는 항목 중 '경기비' 와 '청소비' 는 차액의 단순평균과 증감률 평균에서도 플러스로 나타났고, 특히 '경기비' 는 이전 조사에서도 증감률은 플러스였다. 반대로, 46%의 골프장이 증액하고 있다고 회답한 '연료비' 는 금액은 91만 6,000엔, 증감률은 −13.6%라는 결과가 나왔다 즉, 증액하고 있는 코스의 수는 많지만, 증액폭은 적은 것을 알 수 있다.

골프장 현황, 내장객과 손익 분석을 통한 대책

2006년 전국 골프장현황과 손익에 대하여 분석 해본 결과 골프장의 영업이익률은 아직까지 우리나라의 일반기업보다 높게 나타나고 있으나 골프장의 공급이 수요를 앞서 치열한 경쟁시대를 예고하고 있다. 그러나 아직까지 높은 영업이익률을 보이는 것과는 대조적으로 전국적으

나인브릿지에서도 가장 인상적인 Par 5, 아웃 9번홀이다. 마지막 퍼트 후 낭만적인 나무교각을 지나가는 것이 깊은 인상을 남긴다.

로 많은 수의 골프장들이 신규로 추진되는 것을 감안한다면 현 시점에서 과연 골프장사업에 투자를 해야 할 것인가? 아니면 그만둘 것인가를 놓고 고민을 하고 있는 분들에게 있어 참고할 만한 사항을 결론적으로 간추려보면 다음과 같다.

주중골퍼의 중요성 : 이제는 영업 가동률을 높이기 위해서 주중골퍼의 유치가 큰 과제로 부각되고 있다. 주말 골퍼는 미래에도 충분히 유치가 가능하리라 예상되지만 주중골퍼의 유치는 더욱더 치열해 질 것으로 예상된다. 따라서 이에 대비한 경영전략이 절실히 요구된다.

객단가 위주의 영업정책 : 차별화된 경영전략이 필요한 시대에 단순히 객단가를 낮추는 것은 누구나가 손쉽게 할 수 있는 경영전략이며, 이는 골프장 모두가 죽는 달콤한 독약 같은 전략인 것이다. 단순히 객단가를 낮추는 전략보다는 시간과 계절, 요일마다 차별화된 객단가를 책정하는 탄력적인 요금제가 효과적일 것이라 제안해 본다.

객단가는 그린피(카트사용료 포함), F&B, 프로샵으로 크게 분류할 수 있으며, 연도별 객단가 자료가 충분치 않아, 2005년을 기준으로 전과후의 객단가 추세만을 예상해 보도록 한다. 2005년도 전국 골프장 객단가는 125,000원 정도로 추정되며(수도권은 150,000원, 기타지역은 100,000~120,000원대), 이 경우 그린피(카트사용료 포함) 105,000원, F&B 15,000원, 프로샵 5,000원 정도로 구분된다. 지금까지 국내 골프 시장은 '수요 〉 공급' 의 격차가 워낙 커서 가격이 비정상적으로, 골프장 위주로 결정되어 계속 상승해 왔다. 하지만 2006년 들어와 제주도와 호남권, 그리고 수도권 일부지역을 중심으로 평일 내장객 감소를 해소하기 위해 객단가 할인 정책을 실시하는 골프장이 늘어나기 시작하는 것으로 보아 2010년경에는 객단가가 상당부분 내려갈 것으로 추정된다.

표 3 연도별 영업이익률

(단위 : %)

구분	2001	2002	2003	2004	2005	2008	2010
회원제	22.3	26.1	27.0	23.0	19.0	13.0	8.0
퍼블릭	–	40.9	43.0	45.0	48.0	–	–

영업이익률의 극대화 : 영업이익률은 내장객 수와 객단가에 의해 결정되어지는 결과 변수이다. 골프장 사업은 대규모 초기자금이 투자되는 장치산업이자 고정비가 많이 드는 일차산업형 구조를 가지고 있어, 내장객 수가 감소하면 영업이익률은 내장객 감소폭 이상으로 감소하며, 이 경우 필연적으로 객단가 감소도 병행되므로 영업이익률은 더 크게 감소하게 된다. 따라서 회원제의 경우 2003년이 골프장당 내장객수 90,697명(골프장 수 129개, 내장객수 1,173만명)으로 정점임을 감안할 때 2010년도 골프장 당 내장객수가 67,500명(골프장수 240개, 내장객수 1,620만명)으로 추정된다. 이럴 경우 25.5% 내장객 수가 감소하게 되므로 영업이익률은 (25.5%+객단가 하락율α)만큼 감소하게 될 것이다.

하드웨어보다는 소프트웨어의 경영전략 : 골프장마다 직원에 교육비 투자를 통한 마인드 강화와 주인의식을 고취시킬 수 있는 소프트웨어에 집중을 해야만 한다.

① 골프장의 고객만족
② 맞춤식 고객응대
③ 효율적 직원관리

골프휴양지 하와이에 있는 후알랄라이 골프코스의 인상 깊은 17번 홀은 백 티에서의 길이가 164야드다.

제 3 장

골프 규칙, 에티켓과 용어의 정의

> " 따로 정하지 않는 한 2구로 플레이하는 조는 3구, 또는 4구의 조보다 우선권을 가지며 패스할 권리도 갖는바, 이에 응하여야 한다. 단독의 플레이어는 아무 권리도 없는 바 어떤 조에게라도 양보를 해야 한다. 1라운드보다 짧은 라운드를 하는 조는 1라운드 전부를 플레이하는 조를 패스시켜야 한다. "

제1장 에티켓(Etiquette)

코스에서의 예의(Courtesy on the Course)

• 안전의 확인(Safety)

플레이어는 스트로크 또는 연습 스윙을 하기에 앞서 클럽으로 다칠만한 가까운 곳 혹은 스트로크나 연습스윙으로 볼, 돌, 자갈이나 나뭇가지 등이 날아 사람이 다칠만한 장소에 아무도 없는가를 확인해야 한다.

• 다른 플레이어에 대한 배려(Consideration For Other Players)

오너(honour)인 플레이어는 상대방 또는 동반경기자가 볼을 티업하기전에 플레이하는 권리가 인정된다.

플레이어가 볼에 어드레스하거나 볼을 치고 있는 동안은 누구도 움직이거나 말을 하거나, 볼 또는 홀의 근처나 바로 뒤에 서서는 안 된다.

누구도 전방의 조가 볼의 도달거리 밖으로 나갈 때 까지는 볼을 쳐서는 안 된다.

• 플레이 속도(Pace of Play)

모든 사람을 위해 플레이어는 지체없이 플레이를 한다.

볼을 찾다가 쉽게 찾지 못할 것이 분명해지면 곧 후속조에게 패스하도록 신호해야 하며 5분 이상 찾아본 후에 지체해서는 안된다. 패스를 받은 후속조가 볼의 도달거리 밖으로 나갈 때까지는 플레이를 재개해서는 안 된다.

만일 어떤 조가 코스에서 지체하여 앞 조와의 간격을 완전히 한 홀 이상 비웠을 때는 후속조를 패스시켜야 한다.

코스의 선행권(Priority on the Course)

따로 정하지 않는 한 2구로 플레이 하는 조는 3구, 또는 4구의 조보다 우선권을 가지며 패스할 권리도 갖는바, 이에 응하여야 한다. 단독의 플레이어는 아무 권리도 없는바 어떤 조에게라도 양보를 해야 한다. 1라운드보다 짧은 라운드를 하는 조는 1라운드 전부를 플레이하는 조를 패스시켜야 한다.

코스의 보호(Care of the Course)

- 벙커 내의 구멍(Holes in Bunkers)
  플레이어는 벙커를 나오기 전에 자기가 만든 구멍이나 발자국을 모두 평탄하게 고쳐 놓아야 한다.
- 디보트(Divot;뜯겨진 잔디)를 원상태로 회복시킬 것
  볼마크(퍼팅 그린위의 볼의 낙하로 인하여 파인곳) 및 스파이크에 의한 손상의 수리(Replace Divots;Repair Ball-marks and Damage by Spikes)
  플레이어는 스루 더 그린에서 뜯겨진 잔디를 즉시 제자리에 놓고 밟아 놓아야 하며 볼로 상처를 입힌 퍼팅 그린을 세심히 수리해야 한다. 한 조의 모든 플레이어가 그 홀의 경기를 마친 후 골프신발의 스파이크에 의한 그 퍼팅 그린 위의 손상은 수리해야 한다.
- 깃대, 백 등에의한 그린의 손상(Damage to Greens-Flagsticks, Bags, etc.)
  플레이어는 백 또는 깃대를 놓을 때, 퍼팅 그린을 상하지 않도록 주의하며 플레이어나 캐디가 홀의 가까이에 설 때 또는 깃대를 빼거나 꽂을 때와 볼을 홀에서 집어 낼 때 홀이 상하지 않도록 조심하여야 한다. 깃대는 퍼팅 그린을 떠나기 전에 홀의 중심에 제대로 세워야한다. 플레이어는 특히 홀에서 볼을 집어 올릴 때 퍼트를 짚게됨으로써 퍼팅 그린을 상하게 하는 일이 있어서는 안된다.
- 골프 카트(Golf Carts)
  골프카트의 운행을 규제하는 주의사항을 엄수하여야 한다.
- 연습스윙에 대한 손상(Damage Through Practice Swings)
  연습스윙을 할 때 디보트를 끊음으로써 코스, 특히 티잉 그라운드를 상하게 하는 일이 없도록 주의해야 한다.

제2장 용어의 정의(Definitions)

용어의 정의는 알파벳 순서로 나열 하였다.

벙커 내의 구멍(Holes in Bunkers) : 플레이어가 스탠스를 취하고 클럽을 지상에 대었을 때"어드레스"한 것으로 친다. 다만, 해저드에서는 스탠스를 취한 때에"어드레스"한 것이된다.

어드바이스(Advice) : "어드바이스"란 플레이어가 플레이의 결단, 클럽의 선택 또는 스트로크의 방법에 영향을 주는 조언이나 시사를 말한다. 규칙이나 공지사항, 예를 들면 해저드나 퍼팅 그린상의 깃대의 위치 등을 알리는 것은 어드바이스가 아니다.

인 플레이의 볼(Ball in Play) : 볼은 플레이가 티잉 그라운드에서 스트로크를 하면 곧"인 플레이"가 된다. 그 볼은 분실되거나 아웃 오브 바운드이거나 집어올렸을 경우나 혹은 다른 볼로 교체되었을 경우를 제외하고 홀 아웃될 때까지 인 플레이 상태를 지속한다. 단, 교체구의 경우 그러한 볼의 교체가 허용되든지 안되든지 상관없이 교체된 볼이 인 플레이의 볼이 된다.

벙커(Bunker) : "벙커"라 함은 대개의 경우 오목한 지역으로 풀과 흙이 제거되고 그 대신 모래 또는 모래와 같은 것을 넣어서 지면에 조성한 구역을 일컫는 해저드이다. 벙커 안이나 주변일지라도 풀로 덮인 부분은 벙커의 일부가 아니다. 벙커의 한계는 수직 아래쪽으로 연장될 뿐 위쪽으로는 아니다. 볼이 벙커 안에 놓여 있거나 볼의 일부라도 벙커에 접촉하고 있을 때는 벙커안의 볼로 본다.

캐디(Caddie) : "캐디"란 플레이 하는 동안 플레이어의 클럽을 운반 또는 취급하거나 본 규칙에 따라 플레이어를 원조하는 사람을 말한다. 공용의 캐디는 볼에 문제가 일어난 때, 그 볼의 소유자의 캐디가 되며, 캐디가 가지고 있는 휴대품도 그 볼의 소유자의 것으로 간주한다. 다만 플레이어의 특별한 지시에 의하여 행동한 때에는 그 지시한 플레이어의 캐디로

데이비드 맥레이 키드는 배든듄스 (공개되자마자 즉시 고전의 반열에 오른)의 첫 번째 코스설계를 의뢰받았을 때만 해도 별로 알려지지 않은 설계가였다. 지금 그는 자신의 고향인 스코틀랜드에서 캐슬코스를 마무리하였는데, 특색없는 농장지대가 그의 손을 거쳐 세인트앤드루스의 근사한 자매코스가 될 전망이다. 도심에서 3.2km도 떨어져 있지 않은 이 코스는 2008년에 개장하였다.

간주한다.

캐주얼워터(Casual Water) : "캐주얼워터"란 플레이어가 스탠스를 취하기 이전 또는 이후에 볼 수 있는 코스상의 일시적으로 고인 물을 말하며 워터 해저드 안에 있는 것은 "캐주얼워터"가 아니다.
이슬과 서리는 캐주얼워터가 아니다. 볼이 캐주얼워터 안에 놓여 있거나, 볼의 일부라도 캐주얼워터에 접촉하고 있을 때 캐주얼워터 안의 볼로 본다.

위원회(Committee) : "위원회"라고 함은 경기를 관리하는 위원회를 말하며, 경기문제가 아닌 경우는 코스를 관리하는 위원회를 말한다.

경기자 / 동반경기자(Competitor / Fellow – Competitor) : "경기자"란 스트로크경기를 할 때의 플레이어를 말한다. "동반경기자"란 경기자와 함께 플레이하는 사람을 말하며 이들은 서로 파트너가 아니다. 그러나 스트로크 플레이에서 두 사람씩 파트너가 되는 포섬 또는 포볼에 있어서는 경기자 또는"동반경기자"라는 말에 그 파트너를 포함한다.

코스(Course) : "코스"란 플레이가 허용된 전지역을 말한다(규칙 제33조 2항 참조).

휴대품(Equipment) : "휴대품"이란 플레이어가 사용, 착용 혹은 휴대하는 물건을 말하며, 플레이어가 플레이중의 볼, 혹은 볼의 위치나 볼을 드롭할 지역을 마크할 때 사용하는 동전이나 티와 같이 작은 물건은 휴대품이 아니다. 골프 카트를 두 명 또는 그 이상의 플레이어가 공동사용 할 경우 그 골프카트와 그 안에 있는 모든 것은 볼이 관련된 플레이어의 휴대품으로 간주한다. 단, 그 카트가 공동으로 사용하는 플레이어 중 한사람에 의하여 이동될 경우, 그 카트 및 그 안에 실린 모든 것들은 그 플레이어의 휴대품으로 간주한다.
※ 플레이중인 홀에서 플레이 되었던 볼이 집어 올려진 후 다시 플레이되지 않았을 경우 그 볼은 휴대품이다.

깃대(Flagstick) : "깃대"란 홀의 위치를 표시하기 위하여 기 또는 이와 유사한 물건을 달거나 또는 달지 않은 채 홀의 중심에 꼿꼿이 세운 움직일 수 있는 표식이다. 깃대의 단면은 원형이어야 한다.

포어캐디(Forecaddie) : "포어캐디"란 코스에 있는 볼의 위치를 플레이어에게 알리기 위하여 위원회가 배치한 자로서 국외자이다.

수리지(Ground Under Repair) : "수리지"란 위원회의 지시로 혹은 대행자에 의하여 수리지로 선언된 코스내의 구역이다. 수리지라는 표시가 없어도 다른 곳으로 옮기기 위하여 쌓아 올려놓은 물건과 그린키퍼가 만든 구멍이 포함된다. 수리지의 경계를 표시하는 말뚝 또는

현대 성우 오스타 C.C. 한 그린의 가드 벙커를 웅장하고 예술적인 곡선으로 처리하여 아름다운 조형미를 보여주고 있다.

2001년 US오픈이 열렸던 서던힐스 12번 홀. 올해도 최고의 코스 상태를 위해 자원봉사팀이 항상 대기하고 있을 것이다.

선은 수리지에 포함된다. 수리지를 표시하는 말뚝은 장해물이다. 수리지 구역의 한계는 수직 아래쪽으로 연장될 뿐 위쪽으로는 아니다. 볼이 수리지안에 놓여 있거나 볼의 일부라도 수리지에 접촉하고 있을 때 수리지안의 볼이다.

주 1) 코스에 남겨 놓은 깎아 놓은 풀이나 기타 물건으로서 다른 곳으로 옮길 의사가 없이 방치되어 있는 것들은 수리지 표시가 없는 한 수리지에 포함되지 않는다.

주 2) 위원회는 수리지에서나, 또는 수리지로 지정된 환경보호구역에서의 플레이를 금지하는 로컬룰을 제정할 수 있다.

해저드(Hazards) : "해저드"란 모든 벙커 또는 워터 해저드를 말한다.

홀(Hole) : "홀"의 직경은 108mm(4.25인치)이고 그 깊이는 100mm(4인치) 이상이어야 한다. 원통은 토질이 허용하는 한 퍼팅 그린면에서 적어도 25mm(1인치)는 아래로 묻어야 한다. 원통의 외경은 108mm(4.2인치) 이내여야 한다.

홀에 들어간 볼(Holed / Ball Holed) : 볼이 홀의 원통 내에 정지했을 때 그리고 볼의 전부가 홀의 가장자리보다도 아래에 있을 때 그 볼은 홀에 들어간 볼이다.

오너(Honour) : 한 사이드가 티잉 그라운드에서 먼저 플레이 할 수 있는 권리를 부여 받은 것을 "오너"를 얻었다고 한다.

래터럴 워터 해저드(Lateral Water Hazard) : "래터럴 워터 해저드"란 워터 해저드 또는 그 일부로서 '제26조 1항 b' 에 따라 볼이 해저드의 경계선을 최후에 넘어간 점과 홀과의 선상 후방에 볼을 드롭하기가 불가능하거나, 위원회가 그렇다고 인정한 위치의 워터 해저드나 그 일부를 말한다. 래터럴 워터 해저드로서 플레이를 해야 되는 워터 해저드의 부분은 명백히 표시되어야 한다. 볼이 레터럴 워터 해저드 안에 놓여 있거나, 볼의 일부라도 래터럴 워터 해저드에 접촉하고 있을 때, 래터럴 워터 해저드 안의 볼이 된다.

주 1) 래터럴 워터 해저드의 구역 한계는 적색 말뚝이나 선으로 한계를 표시하여야한다.

주 2) 위원회는 래터럴 워터 해저드로 지정된 환경보호구역에서의 플레이를 금지하는 로컬 룰을 제정할 수 있다.

플레이의 선(Line of Play) : "플레이의 선"이라 함은 플레이어가 스트로크 후 볼이 가기를 원하는 방향과 그 방향의 양쪽 적절한 거리도 포함한다.
플레이의 선은 지면에서 수직상향으로 연장되거나 홀을 넘어서는 연장되지 않는다.

퍼트의 선(Line of Putt) : "퍼트의 선"이라 함은 퍼팅그린에서 플레이어가 스트로크후에 볼이 가기를 원하는 선을 말한다. '규칙 16조 1항 e' 에 관한 것만 제외하고 퍼트의 선은 의도했던 양쪽 방향의 적절한 거리도 포함한다. 퍼트의 선은 홀을 넘어서는 연장되지 않는다.

루스 임페디먼트(Loose Impediments) : "루스 임페디먼트"란 자연물로서, 고정되어 있지 않거나 또는 생장하지 않고, 땅에 단단히 박혀 있지 않으며, 볼에 부착되어 있지 않은 돌, 나뭇잎, 나뭇가지 같은 것들과 동물의 분, 벌레들과 그들의 배설물 및 이것들이 쌓여 올려진 것들을 말한다. 모래 및 흩어진 흙은 퍼팅그린 위에 있는 경우에 한하여 루스 임페디먼트이다.
서리 이외의 눈과 천연얼음 등은 캐주얼워터 혹은 루스 임페디먼트로 치는데 이는 플레이어의 선택에 따른다. 인공의 얼음은 장해물이다. 이슬과 서리는 루스 임페디먼트가 아니다.

페블비치에 위치한 스파이글래스 힐 G.C는 너무나 근사하다. 그린 주변의 러프는 모래무덤 속에 천연 야생화로 자연의 천지 속에 그린이 위치하고 있다.

분실구(Lost Ball) : 다음의 경우는"분실구"이다.

- 플레이어, 그의 사이드 또는 이들의 캐디가 찾기 시작하여 5분 이내에 발견하지 못하거나, 자기의 볼임을 플레이어가 확인하지 못한 때.
- 원구를 찾지 않고 본 규칙에 따라 다른 볼을 플레이 한 때.

• 원구가 있을 것으로 생각되는 장소로부터 또는 그 장소보다 홀에 가까운 지점에서 잠정구를 플레이 한 때. 이 이후는 잠정구가 인플레이의 볼이 된다.
• 오구의 플레이에 소비한 시간은 '수색을 위하여 부여된 5분간' 에 산입하지 않는다.

마커(Marker) : "마커"란 스트로크 플레이 때 경기자의 스코어를 기록하도록 위원회가 임명한 사람이며 동반경기자가 마커로 될 수 있다. 마커는 심판원이다.

움직인 볼(Move or Moved) : 볼이 정지하고 있는 위치에서 다른 위치로 옮겨가서 정지한 때 그 볼은"움직인 것" 으로 간주한다.

업저버(Observer) : "업저버"란 사실문제의 판정에 관하여 심판원을 보조하여 반칙을 심판원에게 보고하기 위하여 위원회가 임명한 사람을 말한다. 업저버는 깃대에 붙어 서거나, 홀 앞에 서거나, 홀의 위치를 표시하거나, 볼을 집어 올리거나, 그 위치를 마크하지 못한다.

장해물 : "장해물"이란 모든 인공의 물건으로서, 도로와 통로의 인공의 표면과 측면 및 인공의 얼음 등을 포함한다. 단, 다음의 것은 제외된다.
• 아웃 오브 바운드를 표시하는 벽, 담, 말뚝, 울타리.
• 아웃 오브 바운드에 있는 움직이지 못하는 인공물건의 모든 부분.
• 코스와 불가분한 것이라고 위원회가 지정한 모든 구축물.

아웃 오브 바운드(Out of Bounds) : "아웃 오브 바운드"라 함은 플레이가 금지된 구역을 말한다. 아웃 오브 바운드를 말뚝이나 울타리를 기준으로 표시할 경우, 볼이 말뚝이나 울타리를 넘었는가를 문제로 할 때, 그 아웃 오브 바운드의 선은 말뚝이나 울타리(지주를 포함하지 않은)기둥의 지면에 접한 가장 가까운 안쪽 점에 의하여 결정된다. 아웃 오브 바운드가 지상의 선으로 표시되었을 때, 그 선 자체가 아웃 오브 바운드이다.
아웃 오브 바운드의 선은 수직으로 상하게 연장된다. 볼의 전체가 아웃오브 바운드에 있을 때는 아웃 오브 바운드에 설 수 있다.

국외자(Outside Agency) : "국외자"란 매치플레이에서는 매치에 관계없는 사람과 사물을 말하며, 스트로크 플레이에서는 그 경기자의 사이드에 속하지 않는 사람과 사물을 말한다. 심판원, 마커, 업저버, 그리고 포어캐디는 국외자이다.

파트너(Partner) : "파트너"란 같은 사이드에 속하고 있는 자기편의 플레이어를 말한다. 스리섬, 포섬 또는 포볼의 매치에 있어서는 문맥에 반하지 않는 한"플레이어"라는 말에 그의 파트너가 포함된다.

벌타(Penalty Stroke) : "벌타"란 규칙에 따라 플레이어 또는 사이드의 스코어에 부가되는 스트로크를 말한다. 스리섬과 포섬에 있어서의 벌타는 플레이의 타순에 영향을 주지 않는다.

잠정구(Provisional Ball) : "잠정구"란 볼이 워터 해저드 이외에서 분실 또는 아웃 오브 바운드의 염려가 있는 경우 '제27조 2항' 에 의하여 플레이하는 볼을 말한다.

퍼팅 그린(Putting Green) : "퍼팅 그린"이란 현재 플레이를 하고 있는 홀의 퍼팅을 위하여 특별히 정비한 전구역 또는 위원회가 퍼팅 그린이라고 지정한 모든 구역을 말한다. 볼의 일부가 퍼팅 그린에 접촉하고 있으면 퍼팅 그린 위의 볼이다.

심판원(Referee) : "심판원"이란 플레이어와 동행하여 현장의 사실문제를 재정하고 규칙을 적용하기 위하여 위원회가 임명한 사람을 말한다. 심판원은 목격하거나 보고 받은 모든 규칙 위반에 대하여 직권을 행사하여야 한다.
심판원은 깃대에 붙어 서거나 홀의 위치에 서거나 그 위치를 표시하거나 또는 볼을 집어 올리거나 그 위치를 마크해서는 안된다.

럽 오브 더 그린(Rub of the Green) : "럽 오브 더 그린"이란 움직이고 있는 볼이 국외자에 의하여 우연히 방향이 변경되거나 정지된 경우를 말한다(제19조 1항 참조).

규칙(Rule) : "규칙"이란 용어에는 위원회가 '제 33조 8항 a' 에 의하여 제정한 로컬룰도 포함된다.

사이드와 매치(Sides and Matches) : 사이드란 1명의 플레이어 또는 파트너인 2명 혹은 그 이상의 플레이어를 말한다. 싱글이란 1명 대 1명의 매치이다. 스리섬이란 1명의 플레이어가 다른 2명에 대항하여 각 사이드가 1개의 볼을 플레이하는 매치이다. 포섬이란 2명이 2명에게 대항하여 각 사이드가 1개의 볼을 플레이 하는 매치이다.
스리볼이란 3명이 서로 대항하되 각자의 볼을 플레이하는 매치이다. 베스트볼이란 1명의 플레이어가 2명 또는 3명으로 된 사이드에 대항하여, 2명 이상의 사이드는 각자의 볼을 플레이 하되, 그 중 좋은 스코어를 그 사이드의 스코어로 하는 매치이다. 포볼이란 2명이 2명에 대항하여 각 플레이어는 각자의 볼을 플레이 하며 각 홀마다 그 사이드의 적은 스코어를 그 사이드의 스코어로 하는 매치이다.

스탠스(Stance) : 플레이어가 스트로크를 하기 위하여 발을 제 위치에 정하고 섰을 때 "스탠스"를 취한 것으로 한다.

정규의 라운드(Stipulated Round) : "정규의 라운드"란 위원회에서 따로 허용한 경우를 제외하고 홀의 순서에 따라 코스의 여러 홀을 플레이 하는 것을 말한다. 정규의 라운드의 홀 수는 위원회가 18홀 보다 적은 홀수를 허용한 경우를 제외하고는 18홀이다. 매치 플레이에

브리티시오픈 대회가 10번이나 열렸던 로열 리버풀 G.C는 현재 호이레이크로 알려진다. 골프를 하는 치과 의사라면 한번쯤은 이곳에 가봐야 한다. 코스를 꼼꼼히 둘러보고 경기하기 좋은 곳을 찾아내 샷을 날려야 한다.

서 정규의 라운드를 연장할 때는 '제2조 3항' 참조바람.

스트로크(Stroke) : "스트로크"란 볼을 올바르게 쳐서 움직일 의사를 가지고 행한 클럽의 전방향으로의 동작을 말한다. 그러나 클럽 헤드가 볼에 도달하기 전에 플레이어가 다운 스윙을 자발적으로 중지했을 경우 플레이어는 스트로크를 하지 않은 것으로 간주한다.

티잉 그라운드(Teeing Gound) : "티잉 그라운드"란 플레이할 홀의 출발장소를 말한다. 이것은 2개의 티마커의 외측을 경계로 하여 전면과 측면이 한정되며, 측면이 2클럽 길이인 장방형의 구역이다. 볼 전체가 티잉 그라운드구역 밖에 있을 때에는 티잉그라운드의 밖에 있는 볼이다.

스루 더 그린(Through the Green) : "스루 더 그린"이란 다음 구역을 제외한 코스의 전 구역을 말한다.

- 플레이중인 그 홀의 티잉 그라운드와 퍼팅그린
- 코스 내의 모든 해저드

워터 해저드(Water Hazard) : "워터 해저드"란 모든 바다, 호수, 못, 하천, 도랑, 배수구의 표면 또는 뚜껑이 없는 수로(물의 유 · 무를 불문) 및 이와 유사한 유역을 말한다. 워터 해저드구역 경계 내의 모든 지면 또는 수면은 그 워터 해저드 안에 놓여 있거나 볼의 일부가 워터 해저드에 접촉하고 있으면 워터 해저드 안의 볼이다.

주 1) 워터 해저드(래터럴 워터 해저드 제외)는 황색말뚝이나 선으로 한계가 표시되어야 한다.

주 2) 위원회는 워터 해저드로 지정된 환경보호구역에서의 플레이를 금지하는 로컬룰을 제정할 수 있다.

오구(Wrong Ball) : "오구"라 함은 다음에 명시한 플레이어의 볼 이외의 모든 볼을 말한다.

- 인 플레이 볼
- 잠정구
- 스트로크 플레이에 있어서 제3조 3홀 또는 '제20조 7항 B' 에 의하여 플레이 한 제2의 볼

※ 인플레이 볼 중에는 볼의 교체가 허용유무에 상관없이, 인플레이 볼과 교체된 다른 볼도 포함된다.

제 4 장

플레이 규칙 및 골프장 주요 변경사항

게임(The Game)

플레이 규칙(The Rules of Play)

제1조 게임(The Game)

1-1. 통칙(General)

골프의 게임은 본 규칙에 따라 1개의 볼을 티잉 그라운드에서 홀에 넣을 때 까지 1스트로크 또는 연속적인 스트로크로서 플레이 하는 것으로 이루어진다.

1-2. 볼에 미치는 영향(Exerting Influence on Ball)

규칙에 의한 경우를 제외하고 플레이어와 캐디는 볼의 위치 또는 그의 움직임에 영향을 주는 어떠한 행동도 해서는 안된다. 본항의 반칙은 매치 플레이에서는 그 홀의 패. 스트로크 플레이는 2타 부가.

※ 주 : 본 1조 2항의 중대한 반칙인 경우 위원회는 실격의 벌을 부가할 수 있다.

1-3. 합의의 반칙(Agreement to Waive Rules)

플레이어들은 규칙의 적용을 배제하거나 부가된 벌을 소제할 것을 합의해서는 안된다. 본항의 반칙은 매치 플레이는 양사이드 모두 실격. 스트로크 플레이는 관계자의 실격(스트로크 플레이에서 순번을 위반한 플레이에 관한 합의에 대해서는 제10조 2항 c 참조).

1-4. 규칙에 없는 사항(Points Not Covered by Rules)

경기에 대한 쟁점이 규칙에 없는 사항은 형평의 이념에 따라 재정하여야 한다.

제2조 매치플레이(Match Play)

2-1. 홀의 승자와 승홀 계산법(Winner of Hole : Reckoning of Holes)

매치 플레이는 각 홀마다 승패를 결정한다. 본 규칙에 따로 정한 경우를 제외하고 적은 타수로 홀 아웃한 사이드가 그 홀의 승자가 된다. 핸디캡 매치 때에는 적은 네트 스코어인 사이드가 그 홀의 승자이다. 매치 플레이의 승홀을 셈할 때 몇 개 "홀업(holes up)" 또는 비길 때에는 "올 스퀘어(all sqare)", 그리고 몇 개 "투 플레이(to play)" 라고 한다. 홀업한 승홀 수와 나머지 플레이해야 할 홀 수가 동일한 때, 그 사이드는 "도미(dormie)" 라고 한다.

2-2. 비긴 홀(Halved Hole)

양 사이드가 같은 타수로 홀 아웃하면 그 홀은 비긴다. 플레이어가 홀 아웃을 끝내고, 상대가 그 홀을 동점으로 하는데 1스트로크가 남은 때에는 그 플레이어가 그 후에 반칙을 한 경우에도 그 홀은 비긴다.

2-3. 매치의 승자(Winner of Match)

매치(위원회가 따로 정한 경우를 제외한 정규의 라운드)에서는 플레이를 끝내지 않은 홀의 수보다 많은 홀을 이긴 사이드가 승자이다. 위원회는 매치의 타이를 결정하기 위하여 정규의 라운드를 매치의 승패가 결정될 때까지 몇 홀이라도 연장할 수 있다.

2-4. 다음 스트로크, 홀 또는 매치의 양보(Concession of Next Stroke, Hole or Match)

규칙 16조 2항(홀컵에 걸려있는 볼)에 의하여 사대볼이 정지했거나 정지한 것으로 보일 때 플레이어는 상대방이 다음 스트로크로 홀 아웃한 것으로 인정할 수 있으며, 그 볼은 어느 사이드에 의해서나 클럽 또는 다른 방법으로 제거할 수 있다. 플레이어는 한 홀이나 그 매치의 종료전에 어느때라도 홀 또는 매치를 양보할 수 있다(스트로크의 면제 : 홀이나 매치에서의 스트로크 면제는 거절되거나 철회될 수 없다).

2-5. 클레임(Claims)

매치플레이에서 플레이어간에 의문 또는 분쟁이 생기고, 위원회의 정당한 권한을 가진 대표자가 합당한 시간내 현장에 도착하지 못하는 경우, 그 플레이어들은 지체없이 매치를 계속하지 않으면 안된다.

어떠한 클레임이라도 만약 그것이 위원회에서 그 클레임이 수리되려면, 그 매치의 어느 플레이어도 다음 티잉 그라운드에서 플레이하기 전에, 그 매치의 마지막 홀이라면 플레이어 전원이 퍼팅그린을 떠나기 전에 각각 클레임을 제출해야 한다. 플레이어가 사전에 몰랐던 사실에 입각한 클레임이거나 또는 상대방에 의한 오보(제6조 2항 a 및 제9조)인 경우를 제외하고, 전기의 시한 후에 제기된 클레임은 접수될 수 없다. 어떠한 경우에도 상대방이 고의로 오보를 하였다는 것을 위원회가 인정한 경우 이외에는 결과가 공식으로 발표된 후의 클레임도 접수될 수 없다.

2-6. 일반의 벌(General Penalty)

매치 플레이에서, 본 규칙에 따로 정한 경우를 제외하고 반칙의 벌은 그 홀의 벌이다.

제3조 스트로크 플레이(Stroke Play)

3-1. 우승자(Winner)

규정의 라운드 또는 그 이상의 라운드를 최소 타수로 플레이한 경기자가 우승자이다.

3-2. 홀 아웃의 불이행(Failure to Hole Out)

경기자가 어떤 홀에서 홀 아웃을 이행하지 않고 다음 티잉 그라운드에서 스트로크하기

렉스필드 C.C의 파3 레이크 7번 블랙홀은 검정색 벙커사와 발파암의 흑색 페인팅 등 이색 홀로서 차별화를 시도했다.

베어리버 8번 홀은 아일랜드 그린이 한반도 모양을 본따서 조성하였고, 제주도 부분은 원구가 물에 낙구시 드롭존으로 활용한다.

전, 또는 마지막 홀에서 퍼팅그린을 떠나기 전에 자기의 잘못을 시정하지 않고 그린을 떠나면 그 경기자는 실격이다.

3-3. 처리에 관한 의문(Doubt as to Procedure)

a. 처리

스트로크 플레이에 한하여 경기자가 홀의 플레이 중에 자기권리 또는 볼의 처리에 대하여 의문이 있을 때는 벌없이 제2의 볼을 플레이할 수가 있다. 경기자는 의문이 생겼을 때 다음 행동을 취하기 전, 본 규칙에 의한다는 그의 결심과 규칙이 허용하면, 스코어로 채택하고자 하는 볼을 미리 마커 또는 동반경기자에게 선언해야 된다. 경기자는 두 볼의 스코어가 같은 경우를 제외하고 스코어 카드를 제출하기 전에 그 사실을 위원회에 보고해야 한다. 이것을 이행하지 않으면 경기에서 실격된다.

b. 그 홀의 스코어

경기자가 선택한 처리가 규칙에 적합한 것이라면 선택한 볼의 스코어가 그 홀의 스코어가 된다. 만일 경기자가 취한 처리와 볼의 선책을 사전에 마커나 동반경기자에게 통고를 하지 않고 그 원구에 대한 처리가 규칙에 적합한 경우, 원구 쪽의 스코어를 채택하지 않으면 안된다. 다만, 플레이 되고 있는 두 볼이 다 원구가 아닌 때에는 먼저 인 플레이된 볼의 스코어를 채택해야 된다.

※ 주 : 제3조 3항에 의한 제2의 볼은 제27조 2항에 의한 잠정구가 아니다.

3-4. 일반의 벌(General Penalty)

스트로크 플레이에서는 따로 규정이 있는 경우를 제외하고 반칙의 벌은 2타이다.

클럽과 볼(Clubs and the ball)

R&A와 USGA는 클럽, 볼 및 기타 용구에 관한 규칙의 변경과 구조 및 해석의 변경을 행사하는 권한을 항상 보유한다.

제4조 클럽(Clubs)

플레이어가 어떤 클럽의 적합성에 관하여 의문이 있을 때에는 R&A에 문의하여야 한다. 제조업자가 제조하고자 하는 클럽이 규칙 제4조와 부칙Ⅱ에 적합한지 여부를 판정받기 위하여 그 견본을 R&A에 제출할 수 있다. 제출된 견본은 대조용으로써 R&A에 제출하지 않은 경우에는 그 클럽이 골프 규칙에 부적합할 수도 있다는 위험부담을 제조업자는 갖게 된다. 어떤 클럽이나 그 일부분이 어떤 특성을 갖도록 요구되었다는 의미는 그러한 특성을 갖도록 의도적으로 설계, 제조되어야 한다는 것이다. 완성된 클럽이나 그 일부분은 사용된 소재에 적합한 생산허용 오차 범위내에서 그러한 특성을 나타내어야 한다.

4-1. 클럽의 형식과 구조(Form and Make of Clubs)

클럽은 볼을 치는데 사용되도록 디자인된 용구이다. 퍼트는 본래 퍼팅 그린 위에서 사용되도록 디자인 된, 로프트 각도가 10°를 넘지 않는 클럽이다. 플레이어가 사용하는 클럽은 본조 규정과 부칙에 명시된 규격과 해석에 적합한 것이어야 한다.

a. 통칙

클럽은 샤프트와 헤드로서 구성되고 모든 부분은 클럽이 단일의 구조가 되도록 고정되어 있어야 한다. 클럽은 무게의 가감 이외에 다른 것은 조절할 수 있도록 디자인 되어서는 안된다.

b. 샤프트

샤프트는 곧바르고, 어느 방향에도 동일하게 굽어지며 꼬이는 속성을 가진 것이어야 한다. 그리고 클럽 헤드의 힐에 직접 또는 특히 세공을 가하지 않은 네크 또는 소켓에 부착하여야 한다. 퍼터의 샤프트는 헤드의 어느 부분에나 부착할 수 있다.

c. 그립

그립은 플레이어가 클럽을 잡을 수 있도록 디자인된 샤프트의 한 부분과 그것에 부착된 클럽을 단단하게 잡을 수 있도록 하기 위하여 부착된 소재로 구성된다. 그립은 곧고, 특히 단순한 형식의 것으로서 샤프트의 끝까지 뻗어야 하며 어느 부분에도 손가락이나 손바닥의 형이 부착되어서는 안된다.

d. 클럽헤드

클럽헤드의 힐에서 토우까지의 길이는 타면에서 후부까지의 폭보다 길어야 한다. 클럽헤드는 통상 그 형이 단순한 것이어야 한다. 클럽헤드는 오직 1개의 타면이어야 한다. 그러나 퍼터는 양면의 성능이 동일하고 서로 대칭일 경우 타면이 2면이어도 무방하다.

e. 클럽의 타면

클럽의 타면은 단단하고 견고해야 한다(퍼터의 경우는 약간의 예외가 있음). 그리고 부칙 Ⅱ에서 허용된 마킹을 제외하고는 매끄러워야 하며, 조금도 오목해서는 안된다.

f. 마멸과 개조

신품일 때 본항에 적합하던 클럽이 그 후 통상의 사용으로 마멸되어도 규격에 적합한 것으로 간주한다. 어느 부분이라도 고의로 개조된 클럽은 신품으로 간주되며 그 개조된 상태는 규칙에 적합하여야 한다.

g. 손상

클럽이 통상 플레이 과정에서 손상되어 본항에 부적합하게 되었을 경우 플레이어는 다음 조치를 취할 수 있다.

가. 손상을 입은 정규의 라운드의 잔여부분에 한하여 손상된 상태대로 사용할 수 있다.

나. 플레이어가 부당한 지연없이 그 클럽을 수리한다. 통상 플레이 과정 이외의 손상으로 부적합하게 된 클럽은 그 후 라운드 중에 사용해서는 안된다(클럽의 성능을 변경시킬 정도로 손상된 경우 - 제4조 2항 참조, 플레이에 적합하지 않을 정도로 손상된 경우 - 제4조 4항 a 참조).

4-2. 성능의 변경(Playing Characteristics Changed)

정규 그라운드 중 클럽의 성능은 조정 또는 다른 방법에 의하여 고의로 변경되어서는 안된다. 만일 클럽의 성능이 일반 라운드 중에 발생한 손상으로 변경되었다면 플레이어는 다음 조치를 취하여야 한다.

가. 변경된 상태 그대로 클럽을 사용한다.

나. 부당히 플레이를 지연시킴이 없이 그 클럽을 수리한다.

만일 일반 플레이 과정 이외에서 손상되어 클럽의 성능이 변경 되었다면, 그 후 라운드 중 그 클럽을 사용해서는 안된다. 라운드 전에 발생한 클럽의 손상은 그 성능을 변경시키거나 플레이를 부당히 지연 시키지 않는 한, 그라운드 중에 수리할 수 있다.

4-3. 이물질의 부착(Foreign Material)

볼의 움직임에 영향을 줄 목적으로 이물질을 클럽 타면에 부착해서는 안된다. 본 조 1항,

이름처럼 근심걱정 없는 보울더스 리조트코스는 애리조나주 케어프리에 있다.

2항 또는 3항의 반칙은 경기실격.

4-4. 클럽은 14개가 한도(Maximum of Fourteen Clubs)

a. 클럽의 선정과 교체

플레이어는 14개 이내의 클럽을 가지고 정규라운드를 스타트하여야 한다. 플레이어의 사용 클럽은 그 라운드 스타트 시에 선정한 것에 한정하나 단 플레이를 부당하게 지연시키지 않는 한,

가. 14개 미만으로 스타트한 때에는 합계 14개를 넘지 않는 한 몇 개라도 보충할 수 있다.

나. 정상적인 코스의 플레이 중 손상되어 플레이에 부적합하게 된 클럽은 어떤 클럽과도 바꿀 수 있다.

클럽의 보충 혹은 교체에 있어 그 코스에서 플레이하는 다른 플레이어가 플레이를 위하여 선택한 클럽을 차용할 수 없다.

미국 버지니아주 외곽의 2007년도 최고의 신설 퍼블릭 코스로 선정된 '프라임랜드의 하일랜드 코스'는 숲이벽을두르고 있는 삼면이 깊은 골짜기로 한적하고 외딴 곳의 가장 웅장한 풍경이다.

b. 파트너는 클럽의 공용가능

파트너끼리는 그 파트너들이 휴대한 클럽의 수가 14개를 초과하지 않는 한 클럽을 공용할 수 있다. 본항 a 또는 b의 반칙은 휴대한 초과클럽의 개수에 불구하고,

- 매치 플레이 시는 반칙이 발견된 홀의 완료시점에 임하여 반칙이 발생된 각 홀에 1홀의 패를 부가하고, 매치의 상태를 조정하여야 한다. 단 패로 하는 홀수는 1라운드마다 최고 2홀을 한도로 한다.
- 스트로크 플레이시는 반칙을 한 홀마다 2타 부가하되, 1라운드마다 최고 4타 부가를 한도로 한다.
- 보기 및 파 경기시에는 벌이 매치 플레이와 동일하다.

• 스테이블포드 경기자는 제 32조 1항 b 참조.

c. 초과클럽의 불사용 선언

본 규칙에 위반하여 휴대 또는 사용한 모든 클럽에 대하여 플레이어는 반칙을 발견한 때 즉시 불사용선언을 하여야 한다. 그 후 플레이어는 그 라운드 중 그 클럽을 사용해서는 안된다. 본항 위반시는 경기실격.

제5조 볼(The Ball)

5-1. 통칙(General)

플레이어가 사용하는 볼은 부칙Ⅲ에 명시하는 최대중량, 최소사이즈, 구체의 대칭성, 초속, 및 종합거리규격에 적합한 것이라야 한다.

※ 주 : 위원회는 경기조건을 규정함에 있어(제33조 1항)플레이어가 사용하는 볼은 R&A가 발행한 현행 적격 골프볼 리스트에 기재되어 있어야 한다고 요구할 수 있다.

5-2. 이물질의 부착(Foreign material)

볼의 플레이 성능을 변경할 목적으로 이물질을 볼에 부착해서는 안된다. 본조 1항 또는 2항의 반칙은 경기 실격.

5-3. 플레이에 부적합한 볼(Ball Unfit for Play)

볼이 찢어 졌거나 깨졌거나 변형되었음이 분명할 때, 그 볼은 플레이에 부적합한 볼이다. 단순히 흙 또는 기타 물건이 부착되었거나 표면의 페인트가 벗겨졌거나 색깔이 변한 것만으로는 플레이에 부적합한 볼이라고 볼 수 없다.

플레이어는 플레이중 볼이 플레이에 적합하지 않다고 믿을 때에는 볼이 플레이에 적합한지 아닌지를 확인하기 위하여 벌없이 자기볼을 집어 올릴 수 있다.

단 볼을 집어 올리기 전, 매치 플레이에서는 상대방에게, 스트로크 플레이에서는 마커 또는 동반 경기자에게 자신의 의사를 통고하고, 그 볼의 위치를 마커해야 한다. 그후 볼을 집어 올려 닦지 않은 상태로 검사하되 그의 상대방이나 마커 또는 동반 경기자에게 그 볼을 검사할 기회를 주어야 한다. 이러한 절차를 밟지 않으면 1벌타가 부가된다. 그 볼이 플레이를 하고 있는 홀의 플레이 중에 플레이에 부적합하다고 확인된 경우는 플레이어는 원구가 있던 지점에 다른 볼로 플레이스 할 수 있다. 그러나 사용부적합이 확정되지 않을 때는 원구를 리플레이스하여야 한다.

스트로크의 결과로 볼이 두쪽 이상으로 쪼개져 떨어져 나간 경우 그 스트로크는 취소되어야 하며, 플레이어는 원구를 쳤던 되도록 가까운 지점에서 벌없이 다시 플레이 하여야 한다(제20조 5항 참조).

본항의 반칙은 매치 플레이는 그 홀의 패. 스트로크 플레이는 2타 부가. 만일 플레이어가 제5조 3항의 반칙에 대하여 일반의 벌이 부가되었을 경우 본항에 한벌이 추가되어 부가되지 않는다.

※ 주 : 상대방, 마커 또는 동반경기자가 볼의 부적합성에 관한 클레임을 반론하고자 할 경우에는 그 플레이어가 다른 볼을 플레이하기 전에 하여야 한다(퍼팅 그린에서 또는 다른 규칙에 의거 볼을 집어 올려 닦는일, 제21조 참조).

골프 규칙 주요 변경사항 (2008~2011년)

R&A와 USGA는 2008년 골프규칙을 다음과 같이 개정하였다. 금번 규칙변경은 다음과 같이 크게 두 부분으로 나누어 진다.

- 규칙의 명확성을 개선한 점
- 반칙에 대한 벌을 균형있게 하기 위하여 어느 상황에서는 벌을 축소한 점

용어의 정의

(1) 어드바이스(조언)

거리에 대한 정보교환을 '어드바이스' 로 보지 않기 때문에 거리에 대한 정보교환을 허용하는 것으로 수정하였다(재정집(2006~2007년)에 있는 것을 규칙서로 옮겼음).

(2) 분실구

바꾼 볼의 문제를(교체된 공의 문제를) 명백하게 하기 위해, 또 '스트로크와 거리' 의 개념을 포함시키기 위하여 수정하였다(규칙18-1, 24-3, 25-1c, 26, 27-1의 같은 변경을 참조).

- 다음의 경우는 분실한 볼로 간주한다.
  - a. 플레이어 편이나 그들의 캐디가 볼을 찾기 시작하여 5분 이내에 찾지 못하거나 플레이어가 자기의 볼임을 확인하지 못한 때.
  - b. 원구가 있을 것으로 생각되는 곳 또는 그 곳보다 홀에 가까운 지점에서 잠정구를 쳤을 때(규칙27-2b 참조).
  - c. 플레이어가 스트로크와 거리의 벌을 받고 다른 볼을 인 플레이(in play)로 하였을 때(규칙27-1a 참조).
  - d. 찾지 못한 볼이 국외자기 움직였다(규칙18-1 참조). 인공장해물 안에 있다(규칙24-3 참조). 또는 워터 해저드 안에 있다는(규칙26-1) 것을 알고 있거나 또는 사실상 확실하기 때문에 플레이어가 다른 볼을 인 플레이로 하였을 때.

  – 플레이어가 바꾼 공을 쳤을 때.

  ※ 기존에서 c, d가 새로 추가되었다. c는 2003년까지 있었던 것을 다시 부활시킨 것이다.

(3) 매치

"매치"의 정의를 없애고, 그 대신 두 새로운 용어의 정의에서 "매치 플레이 방식"과 "스트

로크 플레이 방식"으로 나누어 표기했다.

규칙의 주요 변경사항

(1) 볼에 미치는 영향(규칙1-2)

규칙1-2의 중대한 위반이 되는 것을 명백하게 하기 위하여 '주'를 추가시켰다.

※ 주 : 볼의 위치나 움직임에 영향을 주는 플레이어의 행위가 플레이어나 다른 플레이어로 하여금 현저한 이익을 얻게 하거나 플레이어의 파트너가 아닌 다른 플레이어가 현저한 불이익을 받게 되었다고 위원회가 인정하면 플레이어는 규칙1-2의 중대한 위반을 하였다고 간주한다.

(2) 클럽의 형태와 구조(규칙4-1)

규칙에 부적합한 클럽이나 규칙4-2의 규정에 위반된 클럽을 휴대하였으나, 사용하지 않은 경우에 대한 벌을 경기실격에서 14개를 초과한 클럽을 휴대했을 경우의 벌과 동일하게 축소하기 위하여 수정하였다(홀마다 2벌타, 최대 4벌타 - 한 라운드 중).

※ 규칙4-1과 4-2의 위반이 발견되는 즉시, 매치 플레이에서는 상대방 그리고 스트로크 플레이에서는 마커 또는 동반경기자에게 불사용 선언을 하여야 한다. 불사용 선언을 하지 않으면 실격이 된다.

(3) 볼 찾기 : 보이는 정도(규칙12-1)

장해물 안에 있는 볼을 찾는 것을 포함시키기 위하여 수정하였다(즉 움직일 수 없는 장해물이나 비정상적인 코스 안이나 위에 있는 볼을 찾다가 우연히 볼을 움직여도 벌은 없다).

인도네시아 빈탄에 세계적 골퍼 4인이 설계하여 만든 4개의 코스 중에서 최고의 작품으로 꼽히는 게리플레이어의"Ria Bintan" G.C

미국에서 가장 아름다운 환경으로 손꼽히는 아이다호의 쾨르달렌 리조트 코스

(4) 볼의 확인(규칙12-2)

플레이어가 해저드 안에 있는 볼을 확인하기 위하여 집어 올리는 것을 허용하는 것으로 수정하였다(해저드 안에 있는 오구를 쳤을 때 벌을 면제하는 조항을 없앴다. 구체적으로 설명하자면 종전에는 해저드 안에서 오구를 친 경우 벌을 받지 않았으나 개정규칙에서는 2벌타를 받는다. - 관련된 변경규칙15-3 참조).

(5) 볼이 해저드 내에 있을 경우 : 금지되는 행위(규칙13-4)

- 예외1 : 명확하게 하기 위하여 수정
- 예외2 : 그 홀의 플레이어의 다음 경기에 원조가 되는 기준을 삭제하는 것으로 수정하였다.

※ 볼을 친 후에 볼이 아직도 해저드 안에 있거나 해저드에서 집어 올렸다가 해저드 안에 드롭하거나 플레이스할 경우는 다음 스트로크에 관련된 규칙13-2의 위반이 안된다면 플레이어는 해저드 안에 있는 모래나 흙을 평평하게 고를 수 있다. 볼을 친 후에 볼이 해저드 밖에 있으면 플레이어는 아무런 제약 없이 해저드 안에 있는 모래나 흙을 평평하게 고를 수 있다(전에는 플레이어와 캐디가 모래나 흙을 고를 수 있었으나 개정규칙에서는 플레이어만으로 제한하였다. 또한 해저드 안에 있는 모래나 흙을 고를 때 '라이의 개선이 되거나 그 홀의 계속되는 플레이에서 플레이어를 원조하는 행위를 해서는 안된다' 를 '다음 스트로크와 관련된 규칙 13-2 - 볼의 위치, 라이, 의도하는 스탠스, 스윙구역, 드롭하거나 플레이스할 장소의 개선 - 의 위반이 안 된다면' 으로 개정하였다)

- 예외3 : 어느 상황에서는 규칙13-4a(해저드의 상태를 테스트하는 것)에 따라 플레이어가 벌을 받는 것을 면제하는 것으로 추가시켰다.

※ 해저드에서 친 볼이 다른 해저드에 와서 멈추어 있으면 규칙13-4a는 앞서 쳤던 해저드에서의 다음 행동에 적용되지 않는다(전에는 해저드에서 친 볼이 다른 해저드로 들어가 있을 때 바로 전에 쳤던 해저드에서 테스트하는 것을 불허하였으나 개정에서는"해도 상관없다"로 완화하여 개정하였다).

(6) 인공장치와 비정상적인 용구(이상한 기구) 그리고 그 기구를 이상하게(비정상적으로) 사용하는 것(규칙14-3) 용구를 비정상적으로 사용하는 것에 관해 수정하였고(전통적으로 인정된 방법으로 그 용구를 사용하는데 대한 새로운 예외 참조), 플레이어가 정당한 의료상의 이유로 인공장치나 비정상적인 용구를 사용하는 것을 새 예외에 추가시켰다(전에는 재정에 의해 허용하였으나, 거리측정기 사용을 허용할 수 있는 로컬룰을 명확히 하기 위하여 '주' 를 규칙에 추가시켰다).

(7) 바꾼 볼(규칙15-2)

플레이어가 볼을 잘못 바꿨을 때와 오소에서 쳤을 때 '이중의 벌' 을 부과하는 것을 피하기 위하여 예외를 추가시켰다(관련된 규정20-7c 주 참조).

※ 구체적으로 설명하자면 전에는 잘못 바꾼 벌 2타 추가, 오소 플레이어의 벌 2타를 합하면 4벌타이나 2벌타로 수정하였다.

(8) 오구(규칙15-3)

해저드 안에서 오구를 친데 대한 벌의 면제조항을 없애는 것으로 수정하였다(관련된 변경 규칙12-2, 플레이어가 해저드 안에 있는 볼을 확인하기 위하여 볼을 집어 올리는 것을 허용).

(9) 퍼트 선을 걸치거나 밟고 서는 것(규칙16-1e)

전에는 재정에 의해 허용하였으나, 부주의에 행위이거나 다른 플레이어의 퍼트 선을 밟는 것을 피하기 위한 행위일 경우에는 벌을 부과하지 않는다는 예외규정을 규칙에 추가하였다.

(10) 멎어 있는 볼이 움직여진 경우(규칙18)

플레이어가 근거 없이 자기 볼을 집어 올리거나 규칙이 허용하지 않는데 볼을 부정확하게 바꾼 경우, '이중과벌' 을 부과하는 것을 피하기 위하여 벌에 관한 설명을 수정하였다(규칙15-2와 290-7c에 관련된 변경사항 참조).

※ 예 : 볼을 바꿔서(규칙에서 허용하지 않는데) 제자리에 놓지 않고 친 경우, 전에는 4벌타, 개정 후 2벌타

• 종전과 개정된 본문 대비

- 종전 : 볼의 리플레이스를 해야 할 플레이어가 이를 이행하지 않으면 그 플레이어는 본 규칙18의 위반으로 일반의 벌이 과하여지며, 잘못 교체된 볼(규칙15-2)의 경우를 제외하고 본 규칙18에 의한 추가의 벌은 부과되지 않는다.
- 개정 : 볼을 리플레이스 해야 할 플레이어가 리플레이스를 하지 않았거나 또는 볼을 바꾸는 것이 허용되지 않는데 규칙18에 따라 바꾼 볼을 쳤다면 본 규칙18의 위반에

대한 일반의 벌(2타)를 받을 뿐 이 규칙에 따른 추가의 벌은 없다.

(11) 멋어 있는 볼이 국외자에 의해 움직인 경우(규칙18-1)

볼이 국외자에 의해 움직여졌을지도 모를 때의 처리를 명확하게 하기 위하여 '주'를 추가시켰다(사실 입증의 문제이다. 국외자가 움직였다는 것을 알고 있거나 사실상 확실한 경우에 한해서 규칙18-1에 의하여 처리할 수 있다. 그렇지않을 경우 규칙27-1로 처리하여야 한다).

(12) 움직이는 볼이 플레이어, 파트너, 캐디 또는 휴대품에 의해 방향이 바뀌거나 정지한 경우(규칙19-2)

매치 플레이나 스트로크 플레이 둘 다 1벌타로 줄이는 것으로 수정하였다.

(13) 플레이스와 리플레이스 : 놓는 사람과 장소(규칙20-3a)

다른 사람이 볼을 플레이스 또는 리플레이스 했을 때의 벌을 1벌타로 수정하였다.

(14) 오소에서 쳤을 경우 : 스트로크 플레이(규칙20-7c)

플레이어가 규칙에서 바꾸는 것을 허용하지 않았는데 볼을 바꾸고 오소에서 쳤을 경우 '이중과벌'을 피하기 위하여 '주'를 추가시켰다.

오리곤에 위치한 밴돈듄스 골프리조트는 최고의 퍼블릭 코스 10위안에 세곳이나 있는데 이중에서 처음 레이아웃된 코스 5번홀

(15) 움직일 수 있는 장해물(규칙24-1)

볼이 움직이고 있을 때 붙어 시중을 들거나, 제거하였거나 또는 들어 올린 깃대를 움직이는 것을 허용하는 것으로 수정하였다.

(16) 장해물 안에 있는 볼을 찾지 못한 경우(규칙24-3)

(17) 비정상적인 코스상태 안에 있는 볼을 찾지 못한 경우(규칙25-1c)

규칙24-3과 규칙25-1의 경우 '볼이 그 안에 있다는 것을 알고 있거나 또는 사실상 확실할 때' 벌 없이 처리할 수 있으나 그렇지 않은 경우는 분실구로 처리하여야 한다.

(18) 워터 해저드 : 러터럴 워터 해저드 포함(규칙26)

'합리적인 증거' 대신 '알고 있거나 사실상 확실할 때'로 바꿨다.

(19) 스트로크와 거리 : OB의 볼, 5분 이내에 볼을 찾지 못한 경우(규칙27-1)

움직일 수 없는 장해물이나 비정상적인 코스상태 또는 워터해저드 안에서 찾지 못한 볼을 분실구로 간주할 것이냐 안할 것이냐를 결정할 때의 용어 '합리적인 증거' 대신 '알고 있거나 또는 사실상 확실한' 으로 대치하였다. 분실구의 정의와 규칙18-1의 관련된 변경사항 참조)

인용문헌-I (1~4편)

A 국어

1. 김인섭. 1987. 주요 잔디의 잔디포(圃) 조성과 관리에 관한 연구. 경북대 박사학위논문 pp. 5~9.
2. 김두환 외 6인. 2002. 녹색 잔디가꾸기 – 월별 잔디용어해설 요령 – 도서출판 조경.
3. 김준범, 양근모, 최준수. 2009. 6. 염해지에서 모세관수 차단층 설치 유무에 따른 한국잔디 및 한지형 잔디류의 생육, 한국잔디학회지 23(1) : pp. 35–44.
4. 김호준. 한국골프장경영협회 부설 한국잔디연구소. 2006. 잔디용어해설.
5. 김태준, 조광윤. 1989. 잔디밭 잡초의 화학적 방제. 한국화학연구소. 잔디연구. pp. 131–137.
6. 김형기. 1994. 잔디학. 선진문화사. pp. 1–524.
7. 김형기. 1987. 한국잔디(*Zoysia japonica* Steud) 생리 · 생태학적 연구(건국대 박사학위 논문) p. 1~57.
8. 김형기, 박병훈. 1995. 초식동물자원학. 세진사. pp. 64–86.
9. 맹원재, 정길생, 김형기 외 13인 공저, 최신 축산학 개론, 선진문화사, 조사료 생산과 이용편 pp. 294–86.
10. 문병철. 2009. 10. 잔디용 제초제의 적정 사용법...관리정보(한국골프장경영협회 부설 한국잔디연구소). pp. 23–31.
11. 심규열. 1995. 골프장 잔디에 병을 일으키는 Rhizoctonia의 동정, 발생생태 및 방제 (1995년. 경상대학교 박사학위논문). P 31–40.
12. 심규열. 2009. 10.(한국골프장경영협회 부설 한국잔디연구소) 티잉그라운드켄터키블루그래스의 네크로틱 링 스팟(Necrotixc ring spot)의 발생원인 및 대책. p. 10–12.
13. 심규열외 4인. 1998. 잔디구장의 조성과 관리. 한국체육과학연구원.
14. 심재성. 1986. 질소시용, 예초 및 재실밀도가 한국잔디(*Zoysia japonica* Steud)의 생육에 미치는 영향. 건국대 박사학위 논문) p. 4–9, 44–45.
15. 안양 칸트리 클럽. 1988. 골프장 코스관리 실무. p. 7–56.
16. 윤익석. 1983. 초지학 개론. 향문사. p. 58–61.
17. 이두형. 1989. Rhizoctonia균에 의한 골프장 잔디의 병 발생과 그 방제대책. p. 6–8.
18. 안용태. 1997. 골프장과 환경관리. 한국잔디연구소.
19. 안용태. 1997. 한국 기후에 적합한 잔디초종 선택에 관한 고찰 GMI.
20. 양승원. 2009. 10. 관리정보(한국골프장경영협회 부설 한국잔디연구소) 신종 잔디해충 '잔디왕바구미' 의 가해 특성과, 생태 및 방제법. p. 4–9.
21. 이동운, 추호열, 신호균, 최병귀, 이근식. 2003. 녹색콩풍뎅이(*Popillia quadriguttata*)의 화학적 방제

와 골프장의 금잔디(*Zoysia matrella*) 및 새로운 기주의 피해. 한국잔디학회지 13 : 101–112.

22. 이동익, 김기동, 주영규. 2009. 6. 골프코스를 조성할 때 폐염전 매립지의 지하수위에 따른 토양산도 및 전기전도도 변화 한국잔디학회지: 23(1) 143–150.
23. 이상재. 1994. 골프장 잔디관리와 코스조성 실무. (주)서원양행.
24. 이상재, 이재필, 김두환 외 18명. 2005. 골프코스 설계 · 시공 · 관리 및 경영실무.
25. 이재필, 권영주, 김석정, 서한용, 이상재, 정종일, 한인송, 김두환. 2001. 버뮤다그래스 신품종 '건우' 의 LSD(Leaves & Siems Dressing = 잎줄기 드레싱) 시공.
26. 이재필, 김두환. 2001. 속성잔디 버뮤다그래스(Bermudagrass) 신품종 '건우' 개발자
('Konwoo' new Cultivar of Bermudagrass with High Speed Coverage)
(개발년도 : 1997년-특허등록번호 : 제 041953호)
27. 이재필, 김두환. 1997. 고품질 세엽잔디 한국잔디 신품종 '건희'
('Konhee' New Cultivar of Zoysiagrass with High Quality and Narrow Leaves)
(개발년도 : –특허등록번호 : 제 0419452호)
28. 이창복. 1985. 대한식물도감. 향문사. p. 115–116.
29. 주영규, 박영진, 안용태, 이성기 KPGA골프관리 매뉴얼 2002. 두산동아.
30. 장남기, 김형기, 유준희, 김용희. 1987. 한국잔디의 분지 발달양상과 광합성기관의 전자현미경적 구조에 관한연구. 한국잔디학회1: (1) 42–48.
31. 장남기, 김형기, 유준희. 1987. 한국잔디에 있어서 Amylase와 Nitrate reductaes의 기관별 활성분배에 관한 연구. 한국잔디학회: 1(1) 49–55.
33. 장남기, 김형기외 3인. 1987. 한국잔디의 예초후 재생과정에 따른 이화적..동화적 생화학변화에 관한 연구. 한국잔디학회 : 1(1) 56–68.
34. 장남기, 김형기외 3인. 1987. 한국잔디에 있어서 Amylase와 Nitrate reductase 활성도의 계절적 변동에 관한 연구. 한국잔디학회 : 1(1) 69–74.
35. 전우방, 잔디조성관리. 1985. 구민사). p. 112–115.
36. 전우방. 1997. 국제종자검정협회(ISTA) 규정 (1) 한국잔디학회지: 11(3) 211–264.
37. 최준수, 잔디관리에 많이 이용되는 제초제 · 살충제 · 살균제 현황. 1989. 잔디연구 뉴스레터 2 : 1) p. 6~8.
38. 최준수, 양근모. 2004 한국잔디 신품종 '세녹(Senock) 개발. 한국잔디학회지: 18(4) 201–209.
39. 한국골프장 사업협회 부설 한국잔디연구소. 2009. 11. 잔디용 품목등록농약 일람표. 잔디관리자를 위한 관리정보지. pp. 70–81.
40. 한국골프장 사업협회 부설 한국잔디연구소. 2009. 1–12월. 각 코스별 일반관리 및 시비관리와 병해충관리.
41. 한국작물보호협회. 2008. 농약사용지침서. 삼정인쇄공사.
42. 한국잔디학회. 한국잔디학회지(1988년~2009년).
43. 함선규. 골프장 잔디예초물의 퇴비화 연구(2005. 8). 충남대 박사학위논문.

B 영어

44. App, B. A. and kerr, S. H. 1969. "Harmful Insects" In *Turfgrass Science* edited by A. A. Hanson and F, V. Jucka, *Agronomy* 14 : 336 – 59. *Madison*, Wis : *American Society of Agronomy.*

45. Beard, J. B. 1973. *Turfgrass : Science and culture*, Englewood Cliffs, N. J : prentice Hall, Inc., p. 1-658.

46. Beard, J. B. ; Dipaola, J .M.; Don Johus, Jr. : and Karnok, K. J.1979. Introduction to turfgrass science and culture -laboratory exercises,. pp 1-217.

47. Beard, J. B. and Rieke, P. E. 1969. "Production Quality Sod." In Turfgrass Science, edited by A.A. Hanson and F. V. Juska, Agronomy 14 : 442 – 61. Madison, Wis : American Socity of Agronomy.

48. Beard, J. B. 1982. Turf Management for Golf Course. p. 97, 134, 158, 228, 229, 213, 226, 207.

49. Britton, M. P. 1969. "Turfgrass Disease." In Turfgrass Science, edited by A.A. Hanson, & F. V. Juska, Agronomy 14 : 228 – 335. Madison, Wis. : American Society of Agronomy.

50. Brooks, C. R. 1966. Growth of roots and tops of Bermudagrass as related to aeration & drainage in stratified golf green soils. Ph. D. Thesis. Texas A & M university.

51. Beard, J. B. 1962. A Comparison of the performance of fifteen winter grasses overseeded on Tiftgreen bermudagrass under putting green condition. M.S. Thesis. University of Florida. pp. 1 – 53.

52. Canaway P. M. B. Sc. 1987-90. The Journal of the Sports Turf Research Institute. Vol. 63 – 66.

53. Clapham, A. J. 1967. Growth response of a mixed stand of perennial grasses treated with maleic hydrazide, M.S.Thesis. University of Rhode Island. pp. 1 – 81.

54. Conover. H. S. 1977. Grounds maintenance Handbook. pp. 1 – 631.

55. Corkill, L. 1967. Turf improvement-the future. New Zealand Institute of Turf Culture Newsletter No. 52 : 3 – 4.

56. Couch, H. B. 1973. Disease of Turfgrasses. 2nd edition. Huntington, N. Y. : Robert E. Krieger Publishing Co., p. 348.

57. Davis, R. R. 1950. The physical condition of putting green soils & other environmental factors affecting the quality of greens. Ph. D. Thesis. Purdue University. pp. 1 – 104.

58. Donahue, R. L. ; Miller. R. W. ; Shickluna, J. C. 1977. An Introduction to Soil and plant growth 4th edition. Englewood cliffs, N. J. : Prentice -Hall, Inc,. pp. 1 – 626.

59. Engel, R.E. & ilnicki, R. D. 1969. "Turf Weeds and their control. In Turfgrass science, edited by A. A. Hanson & F. V. Juaka, Agronomy 14 : 240 – 287. Madison Wis : American Society of Agronomy. Etter, A. G. 1951. "How Kentucky Bluegrass Grows". Annual of Missouri Botonical Gardens 38 : 293 – 375.

60. Etter, A. G. 1951. How Kentucky bluegrass grows. Annals of the Missouri Botanical Garden. 38(1)

: 293 – 376.

61. Ferguson M. H. 1969. "Putting Greens." In Turfgrass science, edited by A. A. Hanson & F. V. Juska, Agronomy 14 : 562 – 83. Madison, Wis : American Society of Agronomy.

62. Ford, D. R. 1967. The influence of temperature & light intensity on the photosynthetic rate and chemical composition of *Festoca arundinacea and Dactylis glomerata*. M.S. Purdue University. pp. 1 – 59.

63. Gary, J. E. 1967. The vegetative establishment of four major turfgrasses and the response of stolonized 'Meyer' zoysiagrass(*Zoysia japonica* Var. Meyer)to mowing height, nitrogen fertization, and light intensity. M. S. Thesis. Mississippi State University. pp. 1 – 50.

64. Georg, D. Y. and Breeden J. B. 1989. Water in the Landscape, OSU.

65. Haldane, E. S. 1934. Scots Gardens in old Times (1200-1800). Alexander Maclehose & Co., London, England. pp. 1 – 244.

66. Hanson A. A and F. V. Juska. 1971. Turfgrass science. pp. 1 – 15.

67. Hanson A. A. : Juska, F. V. Juska. & Button. G. W. 1969. "Species and Varieties." In Turfgrass Science, edited by A. A. Hanson and F. V. Juska, Agronomy 14 : 370 – 409. Madison, Wis : American Society of Agronomy.

68. Harper, J. C. 1969. "Athletic Fields." In Turfgrass Science, edited by A. A. Hanson and F. V, Juska, Agronmy 14 : 542 – 61. Madison, Wis. : American Society of Agronomy.

69. Heald, C. M. and Perry, V. G. 1969. "Nematodes and Other Pests." In Turfgrass Science, edited by A. A. Hanson and F. V. Juska, Agronomy 14 : 360 – 69. Madison Wis. : American Society of Agronomy.

70. Hill, T. 1568. The Profitable Art of Gardening. Thoms Marshe, London, England. pp. 1 – 192.

71. Hodges, T. K. 1960. Factors influencing the rooting depth of Poa pratensis. M. S. Thesis. University of California, Davis. pp. 1 – 53.

72. Hottenstein, W. L. 1969. "Highway Roadsides." In Turfgrass Science, edited by A. A. Hanson and F. V. Juska, Agronomy 14 : 603 – 37. Madison, Wis. : American Society of Agronomy.

73. Houston B. Couch. 1986. Diseases of turfgrass. pp. 1 – 348.

74. Howard, H. L. 1959. The response of some putting green soil mixtures to compaction.

75. Huhhard, C. E. 1980. Grasses. pp. 1 – 463.

76. International Turfgrass society. 1989. 8. Proceedings of the 6th International Turfgrass Research Conference. pp. 1 – 458.

77. Jensen, M. E. 1983. Design and Operation Farm Irrigation systems, Michigan : American Society of Agricultural Engineering.

78. Keith Shepersky, 1984. Landscape Drip Irrigation Design Mannual, Raind Bird Sales, Turf Division.

79. Keith Shepersky, 1987. Landscape Irrigation Design Manual, Rain bird sales inc, Turf Division.

80. Ken Smith. 1985. Home Landscaping. pp. 1 – 192.

81. Klingman G. C, Floyd M. Ashton, and Lyman J. Noordhoff. 1982. Weed Science. pp. 1 – 449.

82. Kunze, R. J. 1956. The effects of compaction proceedings of the 1968 Midwest Regional Turf Conference. pp. 64 – 65.

83. Landphair, H. C. and Klatt, Jr. F. 1979. "Irrigation Design", Landscape Archtectual Construction. New York : Elsevier.

84. Lander, R. M. H. 1972. "How Grasses Grow", Studies in Biology No. 34. Edward Arnold Ltd., pp. 1 – 60.

85. Latting, J. 1972. "Differention In the Grass Inflorenscence." In The Biology and Utilization of Grasses, edited by v. B. Youngner and C. M. Mckell. New Your : Academic Press. pp. 366 – 99.

86. Lecroy, W. C. 1963. Characterizing Zoysia by field and anatomical studies. Ph. D. Thesis. PurdueUniversity. pp. 1 – 82.

87. Leukel, W. A, J. P. Camp, and J. M. Coleman. 1934. Effect of frequent cutting and nitrate fertization on the growth behavior and relative Composition of pasture grasses. Florida Agricultural Experiment Station Bulletin 269. pp. 1 – 48.

88. Linacre. E. T. 1966. Resistances impending the diffusion of water vapor from leaves and crops. Ph. D. Thesis. University of London. pp. 1 – 81.

89. Little, V. A. 1957. General and Applied Entomology. second edition. New York : Harper and Row Publishers, Inc., pp. 1 – 543.

90. Little, R. J. C. Eugene Jones. 1980. A Dictonary of Botany. pp. 1 – 400.

91. Loudon, J. C. 1878. An Encyclopedia of Gardening. Longmans, Green & Co., London, England. pp. 1 – 1278.

92. Macura, P. 1979. Elsevier's Dictionary of Botany. 580.

93. Madison, J. H. 1971. Principles of Turfgrass Culture. New York : Von Nos-trand Reinhold Co., p. 420.

94. Marsh, A.W. 1969. "Soil Water-irrigation and Drainage." In Turfgrass Science, edited by A. A. Hanson and F. V. Juska, Agronomy 14 : 151 – 86.

95. Marshall, C. 1805. Introduction to the Knowledge and Practice of Gardening. Bye and Law, Clerkenwell, England. pp. 1 – 420.

96. Mengel, K. and E. A. Kirkbly. 1987. Principles of plant Nutrition. 1 – 687.

97. Montgomery, R. H. 1961. The evaluration of calcined clay aggregates for putting green rootzones. M. S. Thesis. Purdue University. pp. 1 – 49.

98. Moser, L. E. 1967. Rhizome and tiller development of Kentucky bluegrass (Poa pratensis L.,) as influenced by photoperiod, Vernalization, nitrogen level, growth regulatiors, and variety. Ph. D

Thesis. Ohio. State University. pp. 1－143.

99. Musser. H. B. 1962. Turf Management (For United States Golf Association) New York : McGraw-Hill Book Co., inc., pp. 1－356.

100. Neiderlinger, T. 1965. Poa annual : Susceptibility to sereal herbicides and temperature requirements for germination. M. S Thesis. Orgen state University. pp. 1－82.

101. North, H. F. A. and T. E. Odland. 1934. putting green grasses and their management. Rhode Island Agricultural Experiment Station Bulletin. pp. 1－44.

102. Raid Bird Sales, Inc., 1981. Design Guide for Turf and Ornamental Irrigation System

103. Robert W. Schery. 1976. Lawn Keeping pp.1－232.

104. Samuell. Tisdale, werrer L. Nelson, & James D Beeton 1985. Soil Fertility and Fertilizers .pp. 1－754.

105. Shurtleff, M. C. and R. Randell. 1974. How to control Lawn Disease and Pests Kansas City, Mo. : Intertec Publishing crop., pp. 1－97.

106. The Toro company. 1972. Turf Management Handbook pp. 1－255.

107. Turgeon, A. J. 1985. Turfgrass Management. pp. 1－416.

108. Van Dersal, W. R. 1936. The ecology of a lawn Ecology 17 : 515－527

109. Watkins J. A. 1965. Turf irrigation manual-The Complete Guide to Turf and Landscape Sprinkler systems. pp. 1－353.

110. Youngner,. V. B., C. M Mckell. 1972. The Biology and Utitization of Grasses. Academic Press pp. 1－426.

C 독일어

111. Arnold Finck. 1978. Dunger and Dungung. Verlag Chemie · Weinheim · New York 442 Seite.

112. Beckman, 1989. Das Haus. 86 Seite.

113. Christoph Eisele. 1973. Rasen Gras and Grunflachen, Paul parey 138 Seite.

114. Diedrich Schroeder. 1978. Bodenkunde in stichworten, Ferdinand Hirt. 154 Seite.

115. Erich Volger. 1982. Graserbestimmung nach Photos. Verlag paul parey · Berlin und Hamburg. 107 Seite.

116. Ernst Habegger. 1985. Ver Rasen, Hallway. 140 Seite.

117. Ernst Klapp. 1974. Taschenbuch der Graser, Paul parey. 260 Seite.

118. Ernst Klapp. 1988. Graserbestimmungsschlussel fur die haugigsten Grunland und Rasengraser. 80 Seite.

119. Ernst Klapp/Wilhelm Opitz von Boberfeld. 1988. Krauterbestimmungsschlussel furdie haufigaten Grunldnd und Rasenkrauter, paul parey. 127 Seite.

108. Franz Glissner. 1976. Der Jungbauer, BLV Verlags gesell schaft Munchen Berm Wien. 496 Seite.

120. Frank Hope. 1983. Rasen. Eugen ulmer Stuttgart. 216 Seite.

121. Der Gartneu Bent 4. 1987. Garten, Landschafts und Sportplatzbau, Eugen ulmer Stuttgart

122. Georg E. Siebeneicher. 1980. Neues grosses Gartenlexikon. Sudwest verlagy Munden. 672. Seite.

123. Gotz/Komara. 1978. pfanzenbau. ulmer. 430. Seite.

124. Grimm · Schurig · Weidinger. 1969. Die Hachsellinie in modernen Futtergbaubetrieb. Eugen Ulmer. 146 Seite.

125. Hartmut Bashian. 1973. Ullstein Lexikon der pflanzenwelt. Ullstein GMBH · Frankfurt/M. Berlin wien. 516 Seite.

126. Hartmust Bashian. 1973. Fraser, UTB. 461 Seite.

127. Erich volger. 1962. Graser bestimmung Mach photrs paul parey. 107 Seite.

128. Josef Nosberger. 1986. Grundfutter produktion. 120 Seite.

129. Gerhard Voigtiander ; Gelmunt Jacob. 1987. Grunland Wirtschaft und Futterbau. 480 Seite.

130. Josef van Fimern. 1979. Wetter und Klimakunde. Eugen Ulmer Stuttgart. 269 Seite.

131. Koch/Hurle. 1978. Grundlagen der Unkrautbekampfung. UTB Ulmer. 207 Seite.

132. Martin Stangl. 1977. Mein Hobby der Garten. BLV Sonderausgabe. 248 Seite.

133. Peter F. C. Wolff. 1984. Rasen, Woese, Bodendecker. BLV. 127 Seite.

134. Scheffer/schachtschabel. 1979. Lehrbuch der Bodenkunde. Ferdinand Enke Verleg Stuttgart. 394 Seite.

135. Schlipf. 1769. Praktishes Handbuch der Landwirtschaft. paul parey. 366 Seite.

136. Walter Feuerlein. 1971. Gerate zur Bodenbearbeitung. Eugen ulmer. 195 Seite.

D 일어

137. ガーラソツリーズ. 1976. 芝草と芝庭づくつ. 誠文堂新光社. p. 199.

138. 江原薫. 1988. 芝草と芝地 造成と理, 養賢堂 p. 556.

139. 北付文雄. 1964. 芝生と芝生用 植物. p. 232.

140. 上原敬二. 1976. 芝 · 苔 · 草の庭. p. 126.

141. 細?豊二 · 吉田正義. 1979. 芝生の病蟲害と雜草 · 全國農漁村?育協會. p. 298.

142. 日本芝草學會. 1986~1989. 芝草研究.

143. 日本芝草學會. 1975. 總? 芝草研究. 芝生と芝草 p. 480.

144. 日本芝草學會. 1988. 新訂 芝生と綠化 p. 562.

145. 紫田正 : 大谷清美 · 勝本 博. 1980. 芝生の手入れ p. 96.

인용문헌-II (5~9편)

A 국문 논문 및 서적

골프 경영과 정보 통권.

구자형 외. 2003. 녹색 천연 잔디 운동장의 조성과 관리. 국민체육진흥공단. 165 p.

김원조. 2005. 국내 골프장 연못의 방수기술. 건국대 농축대학원 석사 학위 논문.

김형기. 1991. 잔디학. 선진문화사. pp. 35~70.

김호준, 심규열, 양승원. 1998. 잔디수목 병해충 원색도감, 한국잔디연구소.

동화기술. 1992. 수질오염공정시험법.

박영진, 안용대, 이성기, 주영규. 2001. KPGA 골프관리메뉴얼. 두산동아. 385 p.

배지현. Golf Bank International Korea(http://cafe.daum.net/golfbank.)

서울 경제골프 메가진. 2007~2009.

서천범. 2003. 한국레저산업연구소.

심규열 외 5인. 1998. 잔디구장의 조성과 관리. 한국체육과학연구원. 308 p.

안용태 외 11인. 1993. 골프장 관리의 기본과 실제. 한국잔디연구소. 772 p.

오휘영, 최병권 2001. 해안간척지 친환경적 복원 · 시공. 도서출판 조경. 295 p.

이경주 · 이재필 · 김두환 · 이상재 · 김석정. 2004. 친환경적 비료인 완효성 비료 'Methylen Urea' 및 미생물 비료 'T-Vigor' 처리가 골프장 그린의 크리핑 벤트그래스 생육에 미치는 영향. 한국잔디학회지 18권(2호) 인쇄중.

이기철, 김동필 공역. 1992. 최첨단의 녹화기술. 명보문화사. pp. 143~270.

이두형, 백수봉. 1987. 식물병리학. 선진문화사.

이병현 역. 1991. 잔디 및 잔디밭의 조성과 관리. 대한 Green Keeper 협회.

이상재. 1994. 골프장 잔디관리와 코스조성 실무. 대성인쇄. 552 p.

이상재. 1999. 한국의 골프장 그린의 특성 및 그린 스피드에 관한 연구. 성균관대학교 대학원 박사논문.

이상재, 이재필외. 2005. 골프코스 설계, 시공, 관리 및 경영. KGB.

이인환. 2005. 골프코스를 중심으로 한 리조트 개발, 건국대 농축대학원 석사 학위 논문.

이재필, 김석정, 서한용, 이상재, 정종일, 한인송, 김두환. 2001. 미국 플로리다주의 잔디산업 기여도와 한국잔디 산업의 현황 및 전망. 한국잔디학회지 15(4) : 187~198.

이재필, 한인송, 주영규, 윤원종, 정종일, 장진혁, 긴두환. 2003. 옥상녹화에 적합한 지반, 점적 관수 및 잔디 선정. 한국잔디학회지 17(4) : 155~163.

이재필, 권영주, 김석정, 서한용, 이상재, 정종일, 한인송, 김두환. 2001. 버뮤다그래스 신품종 '건우' 의 LSD(Leaves and Stems Dressing=잎줄기 드레싱) 시공기술. 한국잔디학회지 15(3) : 137~146.

이재필, 조용인, 서한용, 이상재, 김태준, 한인송, 김두환. 2001. 켄터키 블루그래스에 의한 잔디 조성 기술개발, 농자원개발 논집 제23권 p. 1~8.

이재필, 김석정, 서한용, 한인용, 이상재, 김태준, 김두환. 2001. 차광이 한지형 잔디의 여름철 하고현상 감소에 미치는 영향. 한국잔디학회지 15(2) : 51~64.

주영규, 김두환, 이재필, 모숙연. 1997. 한국잔디류의 육종현황. 한국잔디학회지 11(1) : 73~85.

주영규, 이재필, N. E. Christians. 1997. Growth response of bentgrass to polymer coated urea. 한국잔디학회지 11(2) : 97~104.

한국건설기술연구원. 2000. 팔당상수원 비점오염원 유출특성과 최적관리방안.

한국골프장경영자협회. 2003. 한국골프장신문 통권 35, 48호.

환경부. 1992, 2000. 환경백서.

환경부. 1995. 비점오염원 조사연구사업보고서.

환경부. 1999. 국제환경동향.

환경부. 2001. 골프장 농약사용 요령.

황원 역. 2001. 골프코스 설계 및 시공. 도서출판조경. 396 p.

B 영문 논문 및 서적

Beard. J. B. 1973. Turgrass : Science and cultue. 658 p.

Christian. N. E. 1998. Fundamentals of Turfgrass management. Ann Arbor Press. 301 p.

Duble, R. L. 1989. Southern Turfgrass : Their management and use. TexScape, Inc. pp. 64~70.

Emmons, Robert D. 1995. Turfgrass science and management. Delmar Publishers. 512 p.

Gcsaa. Golf Course planning and Development.

Hessayon, D. G. 1988. The lawn expert. Expert boos. pp. 75~78.

Joo, Y. K, J. P. Lee, N. E. Christians. 1999. Mowing effects on the growth of Zoysia japonica Steud. 'wild type' under low maintenance, J. of Turfgrass Management 3(2) : 15~20.

Joo, Y. K., J. P. Lee, N. E. Christians, and D.D.Minner, 2001. Modification of sand-based soil media with organic and inorganic soil amendments. International Turfgrass Society Research Journal Vol. 9 : 525~531.

National Turfgrass Evaluation Program. 1994. National Zoysiagrass Test-1991. 1994 Progress Report NTEP No. 95~8.

R. T. Jones, JR. Golf by Design.

Tom Doak. The Anatomy of a Golf Course.

Tom Fazio. Golf Course Designs.

Turgeon A. J. 1991. Turfgrass Management. PRENTICE HALL. pp. 17~21, 30, 36, 322~3.

C 인터넷 홈페이지

http://cafe.daum.net/golfbank

http://edenvalley.co.kr/course02.php

http://ezgolf.co.kr/golf4women/school/basics03.asp

http://goheung.jares.go.kr/nongjin/A020312.html

http://golfgreenyard.co.kr/board/bbs.cgi?db=test&mode=read&num=3&page=2&ftype=6&fval=&backdepth=1

http://golfgreenyard.co.kr/golfsub01.htm

http://groundwater.netian.com/01ground/21.htm

http://injok.com

http://museum.cnu.ac.kr/outpage/motion/m4.htm

http://petro.hhu.ac.kr/class/project/2002/7/justice.htm

http://sigma6.new21.org/golf-course/yongpyung/yongpyung14.html

http://tax.busan.go.kr/e/e020101-004.html

http://webddori.hihome.com/golftree.html

http://wonye.co.kr

http://www.abcnet.co.kr/mpard/top/jaereung/jenung.htm

http://www.arriagn4u.com/gfss.html

http://www.caddiejob.com/info/caddie.asp

http://www.ces.uga.edu/pubcd/B1233.htm#PythiumRootRot

http://www.concrete-products.co.kr/building-2.htm

http://www.csls21.com/main/vigorous/vigorous.doc

http://www.dadatour.co.kr/ad6.html

http://www.daekunpp.co.kr/product/product05-02.asp?m=5&n=2

http://www.durecons.com

http://www.e-comms.co.kr/03communication/media3.php

http://www.eom.co.kr/2.regulation/4.common/ju-tack-kong-sa-sibangseo/jo-kyung/80910.htm

http://www.ezgolf.co.kr/school/guidebook-06.asp

http://www.freegolf.co.kr

http://www.gcsak.co.kr/greenkeeper-data/publication/public20001220-7.htm

http://www.golfQ.co.kr

http://www.gsgear.com/geargrindmachine.htm

http://www.h1golf.com/membership/guidance.asp

http://www.hellogolf.co.kr/html/course/sudo/batch/seoul.html

http://www.hwresort.co.kr/golf.html

http://www.igolf21.com/lba21/2002-02/66.htm

http://www.inews.org/Snews/articleshow.php?Domain=leisure&No=8386

http://www.jdcenter.com/korean/biz/project/reside.jsp

http://www.joong-ang.co.kr/main-html/pro-main26.htm

http://www.kcfc.co.kr/ddata/ddata-index.html

http://www.kdc2000.com/bulltin/b-list-read.asp?num=106

http://www.koreaairship.co.kr/html/aerialphoto2.htm#

http://www.korexmall.co.kr/contensts/golf/2golf-ball.sap

http://www.ktd.co.kr/bomun/develop/develop12.html

http://www.leadersgolf.com/mpga/mpga-club24.html

http://www.moneytoday.co.kr/news/news.html

http://www.naragolf.co.kr/mem1.htm

http://www.pinxgc.co.kr/kr/sub-coursemain.html

http://www.riskinfo.co.kr

http://www.royalsportscenter.com/golf/golf-beginer.htm

http://www.sand.pe.kr/

http://www.seoseoul.co.kr/courseinfo/view.php

http://www.silicads.co.kr/product/main.htm

http://www.sng.or.kr

http://www.songchoo.co.kr/html/ues2.htm

http://www.yalli.new21.org/golf/study/study2)-02.html

http://www.yongpyong.co.kr/pleasure/photo/ph-a.asp?Npage=11

http://www1.kisti.re.kr/%7Etrend/Content528/construction07.html

부록 1

공원잔디 실무관리

1.1 공원의 잔디조경

표 1-1 각종 한지형(寒地型) 잔디류의 종합적인 특성

(자료 : Berd. J. B. 1975)

Species	Description				Environmental Adaptation				Soil Adaptation				Establishment				Cultural Requirements					Diseases
	Leaf Texture	Grwth Habit	Polystand Comoatibility	Wear Toleranoe	Heat Hardiness	Cold Hardiness	Drought Resistance	Shade Adaptation	pH	Fertility	Moisture	Salinity	Establishment Method	Establishment Rate	Sod Formation	Recuperative Potentia	Cultural Intensity	Cutting Height (In.)	Nlitrogen Requirement	Irrigation Need	Dethatching Need	
Bentgrass:																						Dollar spot, brown patch, *Helminthosporium* diseases, *Fusarium* patch, Take all patch, *Pythium* blight, red thred, *Typhula* blight
Colonial	M	B	M	P	M	G	F	M	5.5–6.7	M	F	F	S	P	M	M	M	0.4–1.0	0.5–1.0	M	H	
Creeping	M	St	P	P	M	E	P	G	5.5–6.5	H	G	G	S/V	P	G	G	H	0.2–0.8	0.5–1.4	H	H	
Velvet	Fi	St	P	P	M	G	P	E	5.0–6.0	M	F	F	S/V	P	G	G	H	0.2–0.5	0.5–1.0	M	H	
Bluegrass:																						Same as been bent grasses, *Helminthosporium* diseases, rust, stripe smut, *Fusarium* blight, powdery mildew
Annual	M	B-St	M	P	P	P	P	G	5.50–6.5	H	W	P	S	G	P	M	H	0.2–1.0	0.5–1.0	H	M	
Kentucky	M	R	G	M	M	G	M	P	6.0–7.0	M	M	P	S/V	M	E	G	H	0.6–2.0	0.4–1.0	M	M	
Rough	M	St	M	P	P	E	P	G	6.0–7.0	M	W	P	S	E	P	M	M	0.5–1.5	0.5–1.0	H	L	
Fescue:																						*Helminthosporium* diseases, red thread *Helminthosporium* diseases, brown patch, *Fusarium* patch, brown patch, *Typhula* blight
Chewings	Fi	B	G	M	F	M	G	E	5.5–6.5	L	L	P	S	G	M	P	L	0.7–2.5	0.2–0.5	L	M	
meadow	M	B	M	G	F	M	M	G	5.0–8.0	M	W	M	S	G	M	M	M	1.3–2.5	0.4–1.0	M	L	
Red	Fi	R	G	M	F	M	G	E	5.5–6.5	L	L	P	S	G	G	M	L	0.7–2.5	0.2–0.5	L	M	
Sheep/hard	Fi	B	M	M	F	M	G	E	5.5–6.5	L	L	P	S	G	P	P	M	0.7–2.5	0.1–0.3	L	L	
Tall	C	B	M	G	G	M	G	G	4.7–8.5	M	M	M	S	E	P	P	M	1.7–2.5	0.4–1.0	M	L	

Species	Description				Environmental Adaptation				Soil Adaptation				Establishment				Cultural Requirements					Diseases
	Leaf Texture	Grwth Habit	Polystand Comoatibility	Wear Toleranoe	Heat Hardiness	Cold Hardiness	Drought Resistance	Shade Adaptation	pH	Fertility	Moisture	Salinity	Establishment Methood	Establishment Rate	Sod Formation	Recuperative Potentia	Cultural Intensity	Cutting Height (In.)	Nlitrogen Requirement	Irrigation Need	Dethatching Need	
Ryegrass:																						
Itallan	C	B	P	M	P	N	F	M	6.0–7.0	M	M	M	S	E	P	P	M	1.5–2.0	0.4–1.0	M	L	*Pythium* blight, rust, *Fusarium* patch, brown patch, *Typhula* blight, red thread
Perennial	M	B	M	G	F	P	F	M	6.0–7.0	M	M	M	S	E	P	P	M	0.5–1.5	0.4–1.0	M	L	
Wheatgrass: Crested	M	B	M	M	F	G	E	F	6.0–8.0	M	L	G	S	G	P	P	L	1.5–2.5	0.2–0.7	L	N	

Source : Adapted from Beard, J. B. 1975. How to Have a Beautiful Lawn. Beard Books, College Station, Tex. For a more detailed discussion, see also Beard J. B. 1973. *Turfgrass : Science and Culture*. Prentice – Hall, Englewood Cliffs, N. J.

Key : B – bunch, E – excellent, Fi – fine, H – high, M – medium, P – poor, S – seeded, S/V – seeded or vegetative, C – coarse, F – fair, G – good, L – low, N – none, R – rtizome, St – stolins, W – wet

* Certain cultivars and be mowed at 0.25 in. When used in winter oberseeding greens.

** Pounds of nitrogen per 1,000sq. per growing month.

표 1-2 각종 난지형(暖地型) 잔디류의 종합적인 특성

(자료 : Berd. J. B. 1975)

Species	Description				Environmental Adaptation				Soil Adaptation				Establishment				Cultural Requirements					Major Pest Problems	
	Leaf Texture	Grwth Habit	Polystand Comoatibility	Wear Toleranoe	Heat Hardiness	Cold Hardiness	Drought Resistance	Shade Adaptation	pH	Fertility	Moisture	Salinity	Establishment Methood	Establishment Rate	Sod Formation	Recuperative Potentia	Cultural Intensity	Cutting Height (In.)	Nlitrogen Requirement	Irrigation Need	Dethatching Need	Diseases	Insects
Bahiagrass	C	B	M	G	E	P	E	M	6.5−7.5	L	L	P	S	M	M	P	L	1.5−2.5	0.1−0.4	L	L	Dollar spot, brown patch	Mole cricket
Bermudagrass: common Improced	M Fi	R−St R−St	M P	G E	E E	P P	E E	P P	5.5−7.5 5.5−7.5	H H	L L	G G	S V	G E	M E	G E	M H	0.5−1.5 0.2−1.0	0.5−1.0 0.8−1.3	L L	M H	Spring dead spot, dollar spot, brown patch, Fusarium patch, Pythium blight	Bermudagrass mite, armyworm, sod webworm, mole cricket
Buffalograss	Fi	St	P	M	E	F	E	P	6.0−7.5	L	L	M	S/V	M	G	G	L	0.7−1.2	0.1−0.4	L	L		
Carpetgrass	C	St	P	P	E	P	P	G	4.5−5.5	L	W	P	S/V	M	M	F	L	1.0−2.0	0.2−0.4	M	L	Brown patch	
Centipedegrass	C	St	P	P	E	P	P	G	4.5−5.5	L	M	P	S/V	P	G	P	L	1.0−2.0	0.1−0.3	M	M	Brown patch, dollar spot	Ground pearls

Species	Description				Environmental Adaptation				Soil Adaptation				Establishment				Cultural Requirements					Major Pest Problems	
	Leaf Texture	Grwth Habit	Polystand Comoatibility	Wear Toleranoe	Heat Hardiness	Cold Hardiness	Drought Resistance	Shade Adaptation	pH	Fertility	Moisture	Salinity	Establishment Method	Establishment Rate	Sod Formation	Recuperative Potentia	Cultural Intensity	Cutting Height (In.)	Nlitrogen Requirement	Irrigation Need	Dethatching Need	Diseases	Insects
Grama, blue	Fi	R	M	F	G	F	F	F	4.5–5.5	L	L	F	S	G	F	F	L	2.0–2.5	0.1–0.3	L	N		
Kikuyugrass	M	R–St	P	G	E	P	G	M	6.5–8.5	H	M	G	S/V	G	E	G	M	0.3–1.5	0.5–1.0	M	H	*Helminthosporium* diseases	Ground pearls
St. Augustine grass	C	St	P	M	E	P	F	E	5.5–7.5	H	H	G	V	G	E	G	M	1.5–2.5	0.5–1.0	H	H	Brown patch, gray leaf spo, dollar spot, SAD, downy mildew	Chinch bug
Zoysiagrass: Japanese lawngrass	M	R–St	P	E	E	F	E	G	5.0–7.8	M	L	G	V	P	E	E	M	0.3–1.0	0.5–0.8	L	H	Rust, brown patch, dollar spot	Hunting billbug, sod webworm, armyworm
Manilagrass	F	R–St	P	E	E	P	E	G	5.0–7.8	M	L	G	V	P	E	E	M	0.3–1.0	0.5–0.8	L	H		

Source : Adapted from Beard, J. B. 1975. How to Have a Beautiful Lawn. Beard Books, College Station, Tex. For a more detailed discussion, see also Beard J. B. 1973. Turfgrass : Science and Culture. Prentice – Hall, Englewood Cliffs, N. J.

Key : B – bunch, E – excellent, Fi – fine, H – high, M – medium, P – poor, S – seeded, S/V – seeded or vegetative, C – coarse, F – fair, G – good, L – low, N – none, R – rtizome, St – stolins, W – wet

* Pounds of nitrogen per 1,000sq. per growing month.

부록 2

우리나라 잔디초지에 발생하는 각종 야초류

출처자료: 박병훈, 박근제, 김영진(농촌진흥청 축산 시험장, 1994. 8. 초지 잡초 방제 핸드북에서 발췌)

1 속새과

(1) 생태적 특성

그림 2-1 쇠뜨기(*Equisetum arvense*, Field horsetail)

쇠뜨기는 밭, 길가, 공한지, 제방, 초지 등 우리나라의 어디서나 쉽게 볼 수 있는 다년생 잡초이다. 이 잡초는 비교적 햇빛이 잘 들고 수분이 많고 비옥도가 낮은 토양에서 잘 자라는 풀로서 토양수분에 대한 지표(指標)식물로 알려져 있다. 초장은 보통 10~20cm 정도이며, 지하경이나 포자(胞子)로써 번식하기 때문에 초지나 사료포에 한 번 발생하면 제거하기 어렵다.

(2) 방제법

쇠뜨기는 논 · 밭 또는 초지의 습한 곳에서 자생하므로 먼저 배수한 후 제초제를 살포한다. 제초제 살포는 연중 어느 때나 가능하나 살초 후 타잡초가 침입하면 목초 정착이 어려우므로 그시기를 조절하는 것이 바람직하다. 일반적으로 제초제 살포는 생육최성기인 6~8월이 좋으며, 화본과 사초가 거의 없어 초지를 완전 갱신하고자 할 때는 300평당 글라신액제 400m*l*를 화본과 사초가 많이 있어 이것을 살리고 쇠뜨기와 광엽잡초만 없애고자할 때는 반벨액제 200m*l*를 물 120*l*에 희석하여 살포한다.

2 고사리과

(1) 고사리(*Pteridium aquilinum*, Fern)

그림 2-2 고사리

1) 생태적 특성

고사리는 산야에서 볼 수 있는 잡초로서 지하경 및 포자에 의하여 번식한다. 이 잡초는 햇빛이 잘 드는 양지에서 수분이 적당하고 질소성분이 적으며 척박한 강산성토양에서 잘 자란다. 지하경에 의해 4~5월경 발생하기 시작하여 여름 및 가을까지 왕성하게 자란다. 키는 100cm 내외로서 주로 중남부 지방의 초지에 발생한다. 고사리는 유독성 식물로서 방목초지에 발생하면 선택 채식하는 한우에는 큰 해가 없으나 젖소나 그 외의 축종은 많이 채식하면 중독을 일으킨다.

2) 방제법

초지에 고사리가 부분적으로 있으면 잎이 전개된 후 글라신액제 또는 발벨액제 4배액을 잎이 점처리하여 주며, 초지 전면에 우점시는 모든 풀을 죽이고 완전갱신 하는 것이 좋은데, 이때 살포약량은 300평당 글라신액제 800m*l* 또는 글라신액제 400m*l*에 반벨액제 200*l*를 화본과 사초는 살리고 고사리와 광엽초만 선택적으로 죽이고자 할 경우는 반벨액제 400m*l*를 물 120*l*에 희석하여 전면살포한다. 그 후 포자에 의해서 다시 발생하는 고사리는 잎이 전개될 때 개체처리 한다.

3 화본과

(1) 강아지풀(*Setaria viridis*, Green Foxtail/Bristle Grass)

1) 생태적 특성

그림 2-3 강아지풀

강아지풀은 밭, 길가, 빈터, 초지 등 어디서나 쉽게 볼 수 있는 고온성 잡초이다. 이 풀은 햇빛이 잘 들고 질소성분이 많은 비옥하고 건조한 약산성 사질양토에서 식양토에 이르기까지 광범위하게 잘 자라는 잡초로서 질소비료에 대한 지표(指標)식물이다. 초장은 40~70cm로서 7~8월에 꽃이 피는 일년생 식물이고 종자로 번식한다. 강아지풀은 주로 건조한 초지나 사료포에서 초여름에 발생하여 기온이 높아짐에 따라 급속히 번성한다.

2) 방제법

강아지풀은 사료포와 초지에서 발생하는 일년생 식물로서 여름철 고온기 때 번무하는 잡초이다. 사료포에서는 옥수수 파종 후 3일 이내에 잡초종자 발아억제제를 살포한다. 이 때 300평당 살포약량은 라소(알유)유제 200m*l*, 들손유제 300m*l*, 코달유제 300m*l*, 스톰프유제 300m*l* 가운데 한 약제를 물 120~150*l*에 희석하여 전면 살포한다. 초지에 제초제 살포는 생육이 왕성한 6~7월이 좋으며, 강아지풀이 많이 발생한 곳은 초지를 완전 갱신한다. 이 때 300평당 글라신액제 300m*l*를 물 120*l*에 희석하여 살포한다.

(2) 개밀(*Agropyron tsukushiense*, Quack Grass/Couch Grass)

1) 생태적 특성

그림 2-4 개밀

개밀은 밭뚝, 길가, 초지에서 자생하는 잡초로서 햇빛이 잘 들고 질소성분이 다소 많은 비옥하고 수분이 적당한 약산성 내지 중성의 사질양토에서 잘 자란다. 초장은 50~100cm이고 총생하며 6~7월에 꽃이 피는 다년생 식물이며 종자로 번식한다. 개밀은 주로 약간 건조한 초지에서 발생하고 기호성이 좋지 않으며 한 번 발생하면 쉽게 번식하지만 제거하기는 어려운 잡초이다.

2) 방제법

개밀은 초지에서 주로 발생하는 다년생 잡초로서 종자로 번식하고 화본과 사초와 같이 생육하므로 제거하기 어려운 잡초이다. 그러므로 이 잡초가 많이 발생한 지역은 제초제로 살포한 후 완전 갱신하는 것이 바람직하다. 제초제 살포는 생육최성기인 6~7월이 좋으며 개밀이 많이 발생한 곳은 모든 풀을 죽이고 초지를 완전 갱신하는 것이 좋은데 이 때 300평당 글라신액제 400m*l*를 물 120*l*에 희석해서 살포한다.

(3) 돌피(*Echinochloa crus-galli*, Barnyard Grass)

1) 생태적 특성

돌피는 길가, 수로변, 초지 등에 자생하는 고온성 잡초이다. 이 풀은 수분이 적당한 곳에서 습한 토양에 이르는 약산성 사양토에서 식양토에 이르기 까지 광범위하게 잘 자란다. 또 햇빛이 잘 들 고 질소성분이 많은 비옥한 곳을 좋아하므로 질소비료에 대한 지표(指標)식물이다. 초장은 80~100cm로서 밑부분에서 가지 고 나오고 7~8월에 꽃이 피는 일년생 식물이며 종자로 번식한다. 돌피는 주로 초지나 사료포에서 초여름에 발생하여 기온이 높아짐에 따라 급속히 번성하는 잡초이다.

그림 2-5 돌피

2) 방제법

돌피는 사료포와 초지에서 여름철 고온기 때 번무하고 많은 종자가 맺힌다. 사료포에서 옥수수 파종 후 3일 이내에 잡초종자 발아억제제를 살포한다. 이 때 300평단 살포약량은 라소(알라)유제 200m*l*, 들손유제 300m*l*, 스톰프유제 300m*l* 가운데 한 약제를 물 120~150*l*에 희석하여 전면 살포한다. 초지에서는 생육이 왕성한 6~7월에 살포하며, 돌피가 많이 발생한 곳은 초지를 완전 갱신한다. 이 때 300평당 글라신액제 300m*l*나 그라목손 300m*l*를 물 120*l*에 희석하여 살포한다.

(4) 뚝새풀(*Alopecurus aequalis*, Water Foxtail)

1) 생태적 특성

뚝새풀은 논, 밭, 초지 등에서 흔히 볼 수 있는 잡초로서 햇빛이 잘 들고 습하며 질소성분이 많고 비옥한 식양토에서 잘 자라며 수분과 질소에 대한 지표(指標)식물로 알려져 있다. 초장은 30~40cm이고 가을에 발생하여 이듬해 4~6월에 꽃이 피는 월년생 잡초이다. 가을에 초지를 조성하거나 갱신하는 경우 이 잡초는 목초의 초기정착에 큰 해를 미치며, 이른 봄부터 생육이 일찍 시작되어 초여름까지 목초의 생육에 큰 해를 끼친다.

그림 2-6 뚝새풀

2) 방제법

뚝새풀은 화본과 사초이므로 초지에서 제초제를 사용하여 이 잡초만 부분적으로 제거하기는 어렵다. 제초제를 살포하면 화본과 사초도 해를 입으므로 월동 전에 목초를 높게 예취해 주고 이듬해 봄부터 적량시비 등 초지를 잘 관리 이용하여 목초의 생육을 좋게 하고 이 잡초의 생육을 억제해주는 것이 좋다. 초지에 이 잡초가 군락상태로 우점되어 있으면 초지를 완전 갱신하여야 한다. 제초제 살포시기는 생육이 왕성한 4~5월이 좋으며, 그라목손 300m*l* 또는 글라신 액제 300m*l*를 물 120*l*에 희석하여 뚝새풀 우점지에 살포한다. 이 때 약제가 날려 주위의 목초에 묻지 않도록 한다.

(5) 바랭이(*Digitaria sanguinalis*, Crabgrass)

1) 생태적 특성

바랭이는 밭, 논둑, 길가, 초지 등에서 볼 수 있는 고온성 잡초로서 햇빛이 잘 들고 다소 비옥하고 건조한 약산성의 사질양토에서 잘 자라는 잡초이다. 초장은 30~70cm로서 줄기의 밑부분이 땅을 기고각 마디에서 뿌리가 나와 빨리 퍼지며 7~8월에 꽃이 피는 일년생 식물이며 종자로 번식한다. 바랭이는 초지나 사료포에서 초여름에 발생하여 기온이 높아짐에 따라 급속히 번성하고 여름철에는 목초를 억압하며, 가을에는 고사되어 초지에 빈 땅이 생기므로 생산성이 낮아진다.

그림 2-7 바랭이

2) 방제법

바랭이는 사료포와 초지에서 일년생 잡초로서 여름철 고온기 때 번무하여 제거하기 어렵다. 사료포에서는 옥수수 파종 후 3일 이내에 잡초종자 발아억제제를 살포한다. 이 때 300평당 살포약량은 라소(알라)유제 200m*l*, 들손유제 300m*l*, 코달유제 300m*l*, 스톰프유제 300m*l* 가운데 한 약제를 물 120~150*l*에 희석하여 전면 살포한다. 초지에서 제초제 살포는 생육이 왕성한 6~7월이 좋으며, 바랭이가 많이 발생하면 초지를 완전 갱신한다. 이 때 300평당 글라신액제 300m*l*나 그라목손 300m*l*를 물 120*l*에 희석하여 살포한다.

4 사초과

(1) 방동사니(*Cyperus amuricu*, Nut Grass/Nut Sedge)

1) 생태적 특성

방동사니는 논, 밭, 초지 등 습한 곳에서 잘 자라는 토양수분에 대한 지표(指標)식물이다. 그리고 이 잡초는 양지식물이며 비옥도가 중정도인 토양에서 잘 자란다. 초장은 10~60cm이고 봄에 발생하여 8~9월에 꽃이 피는 일년생 식물이며 종자로 번식한다. 방동사니는 목초의 생육이 불량한 습한 곳에 쉽게 발생하며 가축이 잘 뜯지 않기 때문에 점차 세력을 확대, 군락을 형성하므로 수량과 사초의 품질이 저하된다.

그림 2-8 방동사니

2) 방제법

방동사니는 습지에 발생하므로 우선 그 지역에 배수로를 설치하여 토양수분을 조절하여야 하며, 많이 발생한 지역은 제초제를 살포한다. 제초제 살포는 생육최성기인 6~8월이 좋으며, 방동사니가 많이 발생한 곳은 모든 풀을 죽이고 초지를 완전 갱신하는 것이 좋은데 이 때 300평당 글라신액제 300m*l*나 그라목손 300m*l*를 물 120*l*에 희석하여 살포한다.

5 마디풀과

(1) 소리쟁이(*Rumex crispus*, Dock)

1) 생태적 특성

다년생 심근성 잡초로 초장은 30~80cm이고 뿌리와 종자로 번식하며, 경운시 뿌리가 절단되면 새로운 개체로 형성되므로 물리적 방제보다는 화학적 방제법을 많이 이용하고 있다. 특히 예취 후 재생이 빠르고 번식력이 강해 단기간에 초지 전역에 확산된다. 꽃은 6~7월에 피며 개체당 3,000~4,000개의 종자가 생긴다. 이 잡초는 퇴비나 액사구비를 많이 시용하고 질소성분이 많은 비옥한 점토질 토양에서 잘 자라므로 이러한 토양의 지표(指標)식물로 알려져 있다.

그림 2-9 소리쟁이

2) 방제법

초지에 소리쟁이가 부분적으로 발생할 경우는 그 개체만 죽이고 사초를 보파할 수 있으므로 반벨액제 4배액 또는 글라신액제 4배액을 식물체에 묻혀 준다. 만약 소리쟁이가 초지 전면적에 골고루(1m^{2}당 5개체 이상) 분포되어 초지의 생산성이 낮을 경우 광엽초만 살초시는 300평당 반벨액제 200m*l*를 화본과 초종까지 비선택적으로 살초한 후 초지를 갱신하고자 할 경우는 글라신액제 400m*l*에 반벨액제 100m*l*를 혼합한 후 물 120*l*에 희석하여 전면 살포한다. 초지 갱신 후 종자에 의해 다시 발생하는 소리쟁이는 개체처리가 효과적이다. 약제 살포시기는 생육왕성기인 4월 중순~10월 상순이다.

(2) 애기수영(*Rumex acetosella*, Sorrel/Sheep Sorrel)

1) 생태적 특성

유럽 원산의 다년생 귀화잡초로 현재 우리나라 전역에 퍼져있다. 초장은 20~50cm이고, 지하경으로도 번식되나 주로 종자에 의해 번식되고, 꽃은 홍록색으로 5~6월에 피며, 한 식물체에서 1,000~10,000개의 종자가 생긴다. 이 잡초는 양제에서 잘 자라고 건조에도 잘 견디며 사질토 또는 사질양토를 좋아하고, 특히 척박하고 석회질이 부족한 산성토양에서 잘 자라므로 산성토양과 척박한 곳의 지표(指標)식물로 알려져 있다.

2) 방제법

그림 2-10 애기수영

애기수영 및 광엽잡초만 선택적으로 죽일 경우는 300평당 반벨액제 400ml를 화본과 초종까지 비선택적으로 살포하고자 할 경우는 글라신액제 400ml에 반벨액제 200ml를 혼합한 후 물 120l에 희석하여 전면 살포한다. 그리고 종자에 의해서 발생되는 개체가 많을 때 반벨액제만 1~2회 반복하여 살포하여야 한다. 약제 살포시기는 생육왕성기인 4월 중순~10월 상순까지이며, 특히 애기수영 살포 후 살포하여 토양산도를 교정해 준다.

(3) 여뀌(*Polygonum hydropiper*, Marsh pepper/Water Pepper)

1) 생태적 특성

그림 2-11 여뀌

논둑이나 습지에서 잘 자라는 일년생 잡초로서 초장은 40~100cm이고 꽃은 6~8월에 핀다. 이 잡초는 종자로 번식하여 6~8월에 왕성하게 자란다. 여뀌는 물 빠짐이 좋지 못하고 산성이며 비옥한 사료포나 초지에서 잘 자라는 유독성 식물이다. 따라서 이 잡초가 초지에 산재하면 사초의 품질을 낮추고 방목축이 잘 뜯지 않으므로 초지를 불량하게 만드는 요인이 된다. 그리고 여뀌는 양지식물로 그늘 속에서는 생육이 불량하므로 키가 큰 사료작물포에서는 잘 자라지 못한다.

2) 방제법

일년생 잡초인 여뀌는 종자로 번식하므로 꽃이 피기 전에 수시로 예취하여 제거하는 것이 바람직하지만 발생이 심하면 그 상태로 봐서 제초제를 사용하는 것이 좋다. 제초제 사용은 생육최성기인 6~8월에 좋으나 일년생 잡초이므로 종자가 결실하기 전에 사용하는 것이 바람직하다. 제초제를 사용할 곳에 화본과 사초가 없어 모든 것을 완전히 살초하고 초지를 갱신하고자 할 때는 300평당 글라신액제 300ml 또는 그라목손 300ml를 화본과 사초는 살리고 여뀌와 광엽초만 없애고자 할 때는 반벨액제 100ml를 물 120l에 희석하여 살포한다.

6 삼과

(1) 환삼덩굴(*Humulus japonicus*, Japanese Hop)

1) 생태적 특성

그림 2-12 환삼덩굴

환삼덩굴은 밭이나 길가 또는 공한지의 비교적 건조하고 양지 바른 곳의 질소성분이 많은 곳이면 잘 자라는 덩굴성의 일년생이면 잘 자라는 덩굴성의 일년생 잡초이다. 이 잡초는 주로 봄에 발생하여 7~8월에 꽃이 피며 종자로서 번식한다. 환삼덩굴은 초지보다는 퇴비를 많이 시용하여 토양이 비옥하고 다소 건조한 사료작물포에서 발생이 많으며 잎이 무성하고 물체를 감으면서 생육하므로 한 번 발생하면 그 피해가 크다.

2) 방제법

환삼덩굴은 일년생 잡초로서 종자로 번식하므로 사료포장에 발생하면 꽃이 피기 전에 제거하는 것이 바람직하며 상습발생지는 옥수수 파종 후 3일 이내 300평당 발아억제제인 라소(알라)유제 300m*l*, 들손유제 300m*l*, 코달유제 300m*l*, 스톰프유제 300m*l* 가운데 한 약제를 120~150*l*에 희석하여 전면 살포한다. 초지에 사용시기는 생육최성기인 5~6월이 좋으며, 환삼덩굴이 우점되어 초지를 완전 갱신하고자 할 때는 300평당 글라신액제 300m*l* 또는 그라목손 300m*l*를 화본과 사초가 많이 있어 이것을 살리고 환삼덩굴과 광엽초만 없애고자 할 때는 반벨액제 200m*l*를 물 120*l*에 희석하여 살포한다.

7 명아주과

(1) 명아주(*Chenopodium album*, Whitegoose Foot/Lambsguarter)

1) 생태적 특성

밭이나 길가의 빈터에서 볼 수 있는 일년생 잡초로서 초장은 100~150cm 내외이고 봄에 발생하여 6~8월에 왕성하게 자란다. 명아주는 비교적 건조하고 비옥도가 높은 사료포에서 주로 자생하나 일부 초지에서도 생육하고 있다. 이 잡초는 질소성분을 선호하는 질소지표(指標)식물로서 질산태질소를 많이 함유하고 있는 유해잡초로서 가축이 많이 먹으면 건강을 해치게 된다.

그림 2-13 명아주

2) 방제법

일년생 잡초인 명아주는 종자로 번식하므로 종자가 맺히기 전에 예취하면 발생을 어느 정도 막을 수 있다. 사료작물 중 옥수수포장에서는 파종 후 3일 이내에 300평당 발아억제제인 라소(알라)유제 200m*l*, 들손유제 300m*l*, 코달유제 300m*l*, 스톰프유제 300m*l* 가운데 한 약제를 물 120~150*l*에 희석하여 전면 살포한다. 초지에서는 생육최성기인 6~8월에 약재를 살포하는 것은 좋으나 일년생 잡초는 보통 종자가 결실하기 전에 사용하는 것이 바람직하다. 명아주가 우점되어 초지를 전면 갱신할 때는 300평당 글라신액제 300m*l* 또는 그라목손 300m*l*를 화본과 사초는 살리고 명아주와 광엽초만 없애고자 할 때는 반벨액제 100m*l*를 물 120*l*에 희석하여 살포한다.

8 비름과

(1) 개비름(*Amaranthus lividus*, Livid Amaranth)

1) 생태적 특성

개비름은 밭, 길가, 빈터 등 우리나라 전역에서 볼 수 있는 고성잡초이다. 개비름은 양지식물로서 햇빛이 잘들고 질소성분이 많은 비옥하고 적당한 건조한 사질양토에서 잘 자라는 잡초로서 질소비료에 대한 지표(指標)식물이다.

그림 2-14 개비름

2) 방제법

개비름은 다소 건조한 사료포에서 발생이 심하므로 옥수수 파종 후 3일 이내에 잡초종자 발아억제제를 살포한다. 300평당 살포약량은 라소(알라) 유제 200m*l*, 들손유제 300m*l*, 코달유제서 제초제 살포는 생육최성기인 6~7

월이 좋으며, 개비름이 많이 발생한 곳은 초지를 완전 갱신하는 것이 좋은데 이 때 300평당 글라신액제 300ml나 그라목손 300ml를 개비름과 광엽잡초만 제거하고자 할 때는 반벨액제 100ml를 물 120l에 희석하여 살포한다.

(2) 털비름(*Amaranthus retroflexus*, Redroot Pigweed/Amaranth)

1) 생태적 특성

털비름은 밭, 빈터에서 흔히 볼 수 있는 고온성 잡초로서 열대 아메리카 원산의 귀화식물이다. 털비름은 양지식물로서 햇빛이 잘 들고 질소성분이 많은 비옥하고 건조한 곳의 중성 내지 약알칼리성 사질양토에서 잘 자라는 잡초이며 질소비료에 대한 지표(指標)식물이다. 초장은 100~150cm로서 초여름에 발생하여 7~8월에 꽃이 피는 일년생이며 종자로 번식한다. 털비름은 주로 사료포에서 많이 발생하며, 초지에서는 그리 흔하지 않으나 다소 건조하고 사포의 식생이 좋지 못한 곳에서 발생한다.

그림 2-15 털비름

2) 방제법

털비름은 건조한 사료포에서 많이 발생하므로 옥수수 파종 후 3일 이내에 잡초종자 발아억제제를 살포하는 것이 좋다. 300평당 살포약량은 라소(알라)유제 200ml, 들손유제 300ml, 코달유제 300ml, 스톰프유제 300ml 가운데 한 약제를 물 120~150l에 희석하여 전면 살포한다. 초지에 발생시 제초제 살포는 생육최성기인 6~7월이 좋으며, 털비름이 많이 발생하면 초지를 완전 갱신하는 것이 좋은데 이 때 300평당 글라신액제 300ml나 그라목손 300ml를 털비름과 광엽잡초만 제거하고자 할 때는 반벨액제 100ml를 물 120l에 희석하여 살포한다.

9 쇠비름과

(1) 쇠비름(*Portulaca oleracea*, Purslane)

1) 생태적 특성

쇠비름은 밭, 길가, 초지 등 우리나라에서 쉽게 볼 수 있는 고온성 잡초이다. 쇠비름은 양지식물로서 비옥하고 건조한 중성내지 약알칼리성 사질토양에서 잘 자라는 잡초로서 건조토양에 대한 지표(指標)식물이다. 초장이 15~30cm로서 초여름에 발생하여 7~8월에 꽃이 피는 일년생식물이며 종자로 번식한다. 주로 사료포장에서 많이 발생하며, 초지에서는 그리 흔하지 않으나 건조한 곳에서 가끔 볼 수 있다.

그림 2-16 쇠비름

2) 방제법

쇠비름은 건조한 사료포에서 많이 발생하므로 옥수수 파종 후 3일 이내에 잡초종자 발아억제제를 살포한다. 300평당 살포약량은 라소(알라)유제 200ml, 들손유제 300ml, 코달유제 300ml, 스톰프유제 300ml 가운데 한 약제를 물 120~150l에 희석하여 전면 살포한다. 초지에서 제초제 살포는 생육최성기인 6~8월이 좋으며, 쇠비름이 많이 발생한 곳은 모든 풀을 죽이고 초지를 완전 갱신한다. 이 때 300평당 글라신액제 300ml나 그라목손 300ml를 쇠비름과 광엽잡초만 죽이고자 할 때는 반벨액제 100ml를 물 120l에 희석하여 살포한다.

10 석죽과

(1) 벼룩나물(*Stellaria alsine*, Bog Stitchwort)

1) 생태적 특성

벼룩나물은 밭이나 논, 초지 등 습하고 비교적 양지바른 곳의 질소분이 적고 다소 척박한 산성 토양이면 어디서나 잘 자라는 월년생 잡초이다. 초장은 15~25cm이고 가을에 발생하여 이듬해 4~5월에 꽃이 피는 잡초이며 종자로 번식한다. 이 잡초는 군락을 형성하며 땅에 낮게 깔리므로 가을에 조성한 초지에 있어서 목초의 정착을 방해할 뿐만 아니라 이듬해 이른 봄부터 생육이 시작되므로 목초의 초기생육을 저해한다.

그림 2-17 벼룩나물

2) 방제법

벼룩나물은 월년생 잡초로서 종자로 번식하여 초지에서 군락을 형성하여 자생하므로 화학적 방제가 용이하다. 제초제 사용시기는 가을(10월 상순)과 이듬해 생육최성기인 4~5월이 바람직하다. 초지조성 당년 가을 화본과 사초의 정착과 초기생육을 좋게 하기 위해서 30평당 반벨액제 100ml를 물 120l에 희석하여 전면 살포해 주고 두과사초는 이듬해 봄에 조파한다. 한편 생육최성기는 300평당 글라신액제 300ml나 그라목손 300ml를 화본과 사초가 비교적 많이 생육하고 있어 이것을 살리고 벼룩나물과 광엽초만 없애고자 할 때는 반벨액제 100ml를 물 120l에 희석하여 살포한다.

(2) 벼룩이자리(*Arenaria serpyllifolia*, Thymeleaf Sandwort)

1) 생태적 특성

그림 2-18 벼룩이자리

벼룩이자리는 밭이나 초지에서 햇빛이 잘 드는 양지바른 곳의 비교적 건조한 약알칼리성토 양이면 어디서나 잘 자라는 월년생 잡초이다. 초장은 10~25cm이며 주로 가을에 발생하여 발생하며 이듬해 5~6월에 꽃이 핀다. 이 잡초는 초지보다는 다소 건조한 사료작물포에서 발생이 심하며 작물이 어릴 때 이 잡초에 의한 피해가 크나 작물이 자라면 그늘 속에서 잡초의 생육이 부진하여 그 피해가 경감된다. 그러나 작물의 생육이 부진한 곳은 이 잡초가 군락을 형성한다.

2) 방제법

벼룩이자리는 월년생 잡초로서 종자로 번식하며 봄철 건조할 때 생육이 왕성한 목초에 피해를 준다. 제초제 사용 시기는 새육최성기인 5~6월이 좋으며, 제초제를 사용하여 초지를 완전 갱신하고자 할 때는 300평당 글라신액제 300ml나 그라목손 300ml를 화본과 사초가 많이 있어 이것을 살리고 벼룩이자리나 광엽초만 없애고자 할 때는 반벨액제 100ml를 물 120l에 희석하여 살포한다.

(3) 별꽃(*Stellaria media*, Common Chickeweed)

1) 생태적 특성

별꽃은 밭이나 길 옆, 초지 등 약간 습한 곳에서 잘 자라는 잡초로서 초장은 10~20cm이며 그늘에서 비교적 잘 자라고, 질소성분이 많은 약알칼리성의 비옥한 토양에서 생육이 왕성하다.

이 잡초는 가을에 발생하여 이듬해 5~6월에 꽃이 피는 월년생 식물이며 종자로 번식한다. 별꽃은 초지의 약간 습한 곳에 군락을 형성하여 생육하며 이런한 곳에서는 목초의 생육이 불량하여 초지가 부실화되고 목초의 수량이나 품질이 저하된다.

그림 2-19 별꽃

2) 방제법

별꽃은 가을에 발생하여 이른 봄부터 초지에서 왕성하게 자라고 군락을 형성하므로 화학적 방제가 용이하다. 제초제 사용 시기는 생육최성기인 4~6월이 적기이며, 종자가 맺히기 전에 살포하는 것이 좋다. 제초제 사용량은 화본과 사초가 거의 없어 초지를 완전 갱신하고자 할 때는 반벨액제 300평당 글라신액제 300m*l*를 화본과 사초가 비교적 많이 생육하고 있어 이것을 살리고 별꽃과 광엽초만 없애고자 할 때는 반벨액제 100m*l*를 물 120*l*에 희석하여 살포한다.

(4) 쇠별꽃(*Stellaria aquatica*, Giant Chickweed)

1) 생태적 특성

밭이나 초지 등 다소 습하고 그늘지며 거름기가 비교적 풍부한 약산성 토양이면 어디서나 잘 자라는 2년생 또는 다년생 잡초이다. 초장은 20~50cm이며 이른 봄부터 많이 발생하여 5~6월에 꽃이 피고 종자로 번식한다. 쇠별꽃은 초지의 습한 곳에 생육이 왕성하여 군락을 형성하므로 목초에 피해를 주며 사료포에서는 작물이 어릴 때 특히 피해가 심하다.

그림 2-20 쇠별꽃

2) 방제법

쇠별꽃은 월년생 또는 다년생 잡초로서 종자로 번식하며 이른 봄부터 초지에 군락을 형성하여 자생하므로 화학적 방제가 용이하다. 제초제는 별과 같이 생육최성기인 4~6월의 종자가 맺히기 전에 살포하는 것이 좋다. 제초제를 사용하여 초지를 완전 갱신하고자 할 때는 300평당 글라신액제 300m*l*를 화본과 사초가 많이 생육하고 있어 이것을 살리고 쇠별꽃과 광엽초만 없애고자 할 때는 반벨액제 100m*l*를 물 120*l*에 희석하여 살포한다.

(5) 점나도나물(*Cerastium holosteoides*, Mouse-Ear Chickweed)

1) 생태적 특성

그림 2-21 점나도나물

밭이나 길가, 초지 등에서 자생하는 2년생 잡초로 비교적 햇빛이 잘 들고 수분이 적당하며 척박하지 않은 토양에서 잘 자란다. 점나도나물은 초장은 15~25cm이며 줄기는 흑자색을 띠고 5~7월에 꽃이 피며 종자로 번식한다. 이 풀은 봄철에 많이 발생하나 목초의 생육이 왕성해지면 점차 생육이 완만해진다. 그러나 점나도나물은 목초의 생육이 부진한 곳에서는 가지가 뿌리 부근에서 많이 생겨 작은 군락을 형성한다.

2) 방제법

점나도나물은 봄철에 발생이 심하므로 제 때 제거하지 않으면 가지가 많이 나와 많은 종자가 맺혀 쉽게 우점된다. 이 잡초는 어릴 때는 지면에 붙어 손으로 제거하기가 어렵다. 그러므로 점나도나물이 많이 발생한 곳은 제초제를 살포한 후 보파 또는 완전 갱신하는 것이 좋다. 제초제 살포는 생육최성기인 4~5월이 좋으며, 목초가 거의 없어 초지를 완전 갱신하고자 할 때는 300평당 글라신액제 400m*l*를 화본과 사초가 많이 있어 이것을 살리고 점나도나물과 광엽초만 없애고자 할 때는 반벨액제 100m*l*를 물 120*l*에 희석하여 살포한다.

11 미나리아재비과

(1) 미나리아재비(*Ranunculus japonicus*, Tall Buttercup)

1) 생태적 특성

그림 2-22 미나리아재비

미나리아재비는 논둑, 수로변, 초지 등 햇빛이 잘 들고 습하여 비교적 비옥한 중성내지 약알칼리성 토양에서 잘 자란다. 이풍은 초지의 습한 곳에서 발생하며 초장은 50~60cm이고, 5~6월에 꽃이 피는 잡초로서 종자와 지하경으로 번식하는 다년생 식물이다. 미나리아재비는 유해식물로서 가축이 많이 뜯게 되면 건강을 해치게 되므로 초지에 10% 이상 점유하면 초지를 생신하여야 한다.

2) 방제법

미나리아재비는 습한 곳에서 생육이 왕성하므로 먼저 초지에 배수로를 설치하여 토양수분을 적당하게 조절하는 것이 가장 좋은 방제방법이다. 이 잡초는 종자가 지하경으로 번식하므로 완전방제가 어려우며 많이 발생한 곳은 제초제를 살포한 후 보파 또는 완전 갱신하는 것이 좋다. 제초제 살포는 생육 최성기인 5~7월이 좋으며, 화본과 사초가 많이 있어 이것을 살리고 미나이라재비와 광엽초만 없애고자 할 때는 반벨액제 200ml를 물 120l에 희석하여 살포한다.

12 십자화과

(1) 개갓냉이(*Rorippa indica*, Yellow Cress/Field Cress)

1) 생태적 특성

개갓냉이는 밭, 초지 등에서 자생하며 다소 높은 온도에서 잘 자라는 잡초이다. 개갓냉이는 양지식물로서 햇빛이 잘 들고 질소성분이 많은 비옥하고 습하며 약산성 내지 약알칼리성 토양에서 잘 자라는 잡초로서 토양수분 및 질소비료에 대한 지표(指標)식물이다. 초장은 20~50cm로서 봄에 발생하여 5~6월에 꽃이 피는 다년생식물이며 종자로 번식한다.

그림 2-23 개갓냉이

2) 방제법

개갓냉이는 습한 곳에서 많이 발생하므로 배수로를 설치하여 토양수분을 조절하여야 한다. 이 잡초는 다년생이고 종자로 번식하므로 많이 발생한 지역은 제초제를 사용한다. 제초제 살포는 생육최성기인 5~7월이 좋으며 개갓냉이가 많이 발생한 곳은 초지를 완전 갱신하여야 하는데 이 때 300평당 글라신액제 400ml를 개갓냉이와 광엽잡초만 죽이고자 할 때는 반벨액제

100ml/를 물 120l/에 희석하여 살포한다.

(2) 꽃다지(*Draba nemorosa*, Wood Whitlowgrass)

1) 생태적 특성

꽃다지는 밭이나 초지 등 볕이 들고 거름기가 다소 있는 습하지 않고 약상성 내지 약알칼리성 토양이면 어디서나 잘 자라는 잡초다. 초장은 20~30cm이며 주로 가을에 발생하여 이듬해 5~6워에 꽃이 피는 월년생 잡초로서 종자로 번식하며 아주 작은 많은 종자가 맺힌다. 꽃다지는 초지 전역에 퍼져 생육하지만 사초가 무성한 곳에서는 생육이 불량하며 생산성이 낮은 초지에 냉이와 같이 군락을 형성하여 부실화되고 사초의 수량이나 품질을 저하시킨다.

그림 2-24 꽃다지

2) 방제법

꽃다지는 월년생 잡초로서 종자로 번식하며 이름 봄 초지에서 군락을 형성하므로 화학적 방제가 용이하다. 그러나 잡초는 한 번의 방제로 끝나면 땅속에 있는 종자에 의해 다시 발생하므로 지속적인 방제가 필요하다. 제초제 살포는 냉이와 같이 생육최성기인 4~5월, 즉 종자가 맺히기 전이 좋다. 제초제 사용량은 초지를 완전 갱신하고자 할 때는 300평당 글라신액제 300ml/ 또는 그라목손 300ml/를 화본과 사초가 비교적 많이 생육하고 있어 이것을 살리고 꽃다지와 광엽초만 없애고자 할 때는 반벨액제 100ml/를 물 120l/에 희석하여 살포한다.

(3) 냉이(*Capsella bursa-pastoris*, Shepherd's-Purse)

1) 생태적 특성

냉이는 밭이나 초지, 마을 근처 길 옆 등 우리나라 전역 어디서나 쉽게 볼 수 있는 잡초 중의 하나로 초장은 10~50cm이며 주로 가을에 발생하여 이듬해 5~6월에 꽃이 피는 월년생 잡초이다. 이 잡초는 종자로 번식하며 1주당 약 10,000여개의 작은 종자가 맺힌다. 냉이는 습기가 있고 비교적 비옥한 양지 쪽에서 잘

그림 2-25 냉이

생육하며, 초지에서는 군락을 이루고 있어 초지가 부실화되고 사초의 수량이나 품질이 저하되는 한 원인이 된다.

2) 방제법

월년생 잡초인 냉이는 종자로 번식하므로 종자가 맺히기 전에 꽃대를 예취하거나 방목을 실시하여 종자가 결실하지 못하게 한다. 그러나 많이 발생하면 물리적 방제에는 한계가 있고 또 장기간이 소요되므로 제초제를 사용하는 것이 바람직하다. 제초제는 생육최성기인 4~5월, 즉 종자가 맺히기 전에 사용한다. 제초제를 사용할 곳에 화본과 사초가 거의 없어 비선택적으로 살초하고 초지를 완전 갱신하고자 할 때는 300평당 글라신액제 300m*l* 또는 그라목손 300m*l*를 화본과 사초는 살리고 냉이와 광엽초만 없애고자 할 때는 반벨액제 100m*l*를 물 120*l*에 희석하여 살포한다.

(4) 콩다닥냉이(*Lepidium virginicum*, Virginia Pepperwee)

1) 생태적 특성

그림 2-26 콩다닥냉이

콩다닥냉이는 길가, 마을 빈터, 밭 근처, 초지 등 우리나라에서 흔히 볼 수 있는 북아메리카 원산의 귀화잡초이다. 이 잡초는 양지식물로서 햇빛이 잘 드는 거조한 곳의 비교적 비옥한 약산성 토양에서 잘 자란다. 초장은 30~50cm이며, 주로 가을에 발생하여 이듬해 5~6월에 꽃이 피는 월년생 식물로서 종자로 번식한다. 이 잡초는 사초의 생육이 불량하고 건조한 초지에서 생육이 왕성하며, 가축이 잘 뜯지 않으므로 번식력이 강하다.

2) 방제법

콩다닥냉이의 방제법으로는 자주 베어 종자가 맺히지 못하게 하는 것이 가장 좋은 빙법이나 이 방법은 장기간 지속되어야 하므로 어려움이 많다. 그러므로 많이 발생한 곳은 제초제를 살포한 후 보파 또는 완전 갱신한다. 제초제 살포는 생육최성기인 4~5월이 좋으며, 화본과 사초가 많이 있어 콩다닥냉이와 광엽초만 없애고자 할 때는 반벨액제 100m*l*를 물 120*l*에 희석하여 살포한다.

(5) 황새냉이(*Cardamin flexuosa*, Virginia Pepperwee)

1) 생태적 특성

황새냉이는 길가, 논 · 밭두렁, 초지 등 햇빛이 잘 들고 비교적 비옥하며 습한 산성토양에서 잘 자라는 잡초이다. 초장은 10~30cm이며, 주로 가을에 발생하여 이듬해 4~5월에 꽃이 피는 월년생 식물로서 종자로 번식한다.

그림 2-27 황새냉이

2) 방제법

황새냉이는 한 번 발생하면 군락을 형성하므로 손으로 제거하기는 어려운 잡초 중의 하나이다. 우선 많이 발생하는 지역은 배수로를 설치하여 토양수분을 조절한 후 제초제를 사용한다. 제초제 살포는 생육최성기인 4~5월이 좋으며 초지를 완전 갱신하고자 할 때는 300평당 글라신액제 300m*l*를 화본과 사초가 많이 있어 황새냉이와 광엽초만 없애고자 할 때는 반벨액제 100m*l*를 물 120*l*에 희석하여 살포한다.

13 대극과

(1) 깨풀(*Acalypha australis*, Virginia Copperleaf)

1) 생태적 특성

깨풀은 비교적 햇빛이 잘 들고 토양수분이 적당하며 비옥도가 중정도인 토양에서 잘 자라는 잡초이다. 초장은 20~50cm이고 봄에 발생하여 7~8월에 꽃이 피는 일년생식물로서 종자로 번식한다. 깨풀은 봄철 일찍부터 생육이 시작되어 사초의 생육이 불량한 곳에 쉽게 침입하면 군락을 형성한다. 따라서 초지가 부실화되고 수량과 사초의 품질이 현저히 저하된다.

그림 2-28 깨풀

2) 방제법

깨풀은 일년생 잡초로서 봄에 발생하므로 꽃이 피기 전에 자주 예취하여 종자가 맺히지 않게 하는 것이 좋으나 많이 발생한 지역은 제초제를 이용하여 살포하는 것이 효과적이다. 제초제 살포는 생육최성기인 6~7월이 좋으며, 화본과 사초가 거의 없어 초지를 완전 갱신하고자 할 때는 300평당 글라신약제 300ml나 그라목손 300ml, 화본과 사초가 많이 있어 깨풀과 광엽초만 없애고자 할 때는 반벨액제 100ml를 물 120l에 희석하여 살포한다.

(2) 애기땅빈대(*Euphorbia supina*, Spurge)

1) 생태적 특성

북아메리카 원산의 귀화식물인 애기땅빈대는 길가, 밭두렁, 초지 등 햇빛이 잘 들고 비교적 비옥하며 토양수분이 적당한 중성내지 약알칼리성 토양에서 잘 자라는 풀이다. 초장은 10~25cm로서 줄기는 연한 붉은 색을 띠며 발생하여 6~8월에 꽃이 피는 일년생 식물이며 종자로 번식한다. 애기땅빈대는 봄철 일찍부터 생육을 시작하여 땅을 기며 생육하므로 사초의 생육이 불량한 곳은 쉽게 번식한다.

그림 2-29 애기땅빈대

2) 방제법

애기땅빈대는 키가 작고 땅 위를 기므로 제거하기가 어렵다. 이 잡초는 양지식물이므로 비배관리를 잘하여 사초의 생육을 촉진시키면 점차 소멸된다. 그러나 많이 발생한 지역은 제초제를 사용한다. 제초제 살포는 생육최성기인 5~7월이 좋으며, 화본과 사초가 많이 있어 애기땅빈대와 광엽초만 없애고자 할 때는 반벨액제 100ml를 물 120l에 희석하여 살포한다.

14 아욱과

(1) 어저귀(*Abutilon avicenae*, Velvetleaf/Button Weed/Butter Print)

1) 생태적 특성

어저귀는 밭, 인가주변, 빈터 등에서 볼 수 있는데 이 풀은 인도 원산의 귀화잡초이다. 어저귀는 섬유식물로서 한 대재배한 것이 있으며 이 때 점파되어 야생화 되었다. 이 풀은 고온성 식물로서 햇빛이 잘 들고 수분이 다소 적으며 질소성분이 많고 비옥한 중성 부근의 양토에서 잘 자란다. 초장은 150cm 내외로서 7~8월에 꽃이 피고 일년생이며 종자로 번식한다. 그리고 식물체에 털이 있어 가축이 좋아하지 않는다. 이 잡초는 초지보다는 일년생 사료작물포에서 발생이 많으며 초여름에 발생하여 성하기에 생육이 번무하므로 사료작물에 피해를 많이준다.

그림 2-30 어저귀

2) 방제법

어저귀는 최근에 사료포에서 발생이 많으며 특히 성하기에 무성하게 자라므로 종자가 맺히기 전에 제거한다. 옥수수를 재배할 때 어저귀 종자가 혼입되지 않도록 하는 것이 예방적 방제법으로 바람직하며, 파종 후 3일 이내에 잡초종자 발아억제제를 사용한다. 전면 살포하고 그 후 발생한 개체는 생육초기(어저귀 3~5 엽기)에 300평당 반벨액제 100m*l*를 물 120*l*에 희석하여 개체처리 한다.

15 메꽃과

(1) 메과(*Calystegia Japonica*, Japanese Morning Glory)

1) 생태적 특성

메꽃은 밭, 밭둑, 길가, 초지 등에 자생하는 다소 높은 온도에서 잘 자라는 잡초이다. 메꽃은 햇빛이 비교적 잘 들고 약간 비옥하며 수분이 적당한 토양에서부터 약간 건조한 토양에 이르기까지 그리고 약산성의 사양토에서 식양토에 이르기까지 광범위하게 잘 자라는 잡초이다. 이 잡초는 덩굴성으로 줄기는 왼쪽으로 감기며 꽃이 6~8월에 피는 다년생으로 열매는 맺히지 않고 지하경으로 번식한다.

그림 2-31 메꽃

2) 방제법

메꽃은 사료포와 초지에서 여름철 고온기대 무성하고 지하경으로 번식하여 방제하기가 어렵다. 제초제를 이용하여 완전히 죽인 후에 경운하는 것이 좋으며 초지에 발생하였을 때 제초제 살포는 생육이 왕성한 5~7월에 한다. 메꽃이 많이 발생하면 초지를 완전 갱신하여야 하는데 이 때 300평당 약제살포량은 글라신액제 400m*l*를 메꽃만 죽이고자 할 때는 반벨액제 100m*l*를 물 120*l*에 희석하여 살포한다. 옥수수재배지에서는 반벨액제로 점처리한다.

16 꿀풀과

(1) 들깨풀(*Mosla punctulata*, Mosla)

1) 생태적 특성

들깨풀은 밭, 초지, 야산 등에서 흔히 볼 수 있는 잡초로서 햇빛이 다소 잘 들고 수분이 적당하며 비옥도가 중정도인 토양에서 잘 자라는 잡초이다. 초장은 20~60cm이고 봄에 발생하여 8~9월에 꽃이 피는 일년생 식물이며 종자로 번식한다. 들깨풀은 봄철 사초의 생육이 불량하고 다소 습한 곳에 쉽게 발생하여 수량과 사초의 품질을 저하시킨다.

그림 2-32 들깨풀

2) 방제법

들깨풀은 꽃이 피기 전에 자주 예취하여 종자가 맺히기 않게 하는 것이 좋으나 많이 발생한 지역은 제초제를 사용한다. 제초제 살포는 생육최성기인 6~8월이 좋으며, 화본과 사초가 거의 없어 초지를 완전 갱신하고자 할 때는 300평당 글라신액제 300m*l*나 그라목손 300m*l*를 화본과 사초가 많이 있어 들깨풀과 광엽초만 없애고자 할 때는 반벨액제 100m*l*를 물 120*l*에 희석하여 살포한다.

17 현삼과

(1) 큰개불알풀(*Veronica persica*, Speedwell)

1) 생태적 특성

그림 2-33 큰개불알풀

큰개불알풀은 밭, 밭둑, 길가빈터, 초지에서 흔히 볼 수 있는 잡초로서 서아시아와 유럽대륙이 원산인 귀화식물이다. 이 잡초는 비교적 햇빛이 잘 들고 수분이 적당하며 질소성분이 많은 약산성 내지 중성의 식양토에서 잘 자라는 풀로서 질소비료에 대한 지표(指標)식물이다. 초장은 10~30cm로서 5~6월에 꽃이 피는 월년생 식물이며 종자로 번식한다. 이 풀은 자주 경작하는 사료보다는 초지에서 주로 발생하며, 이름 봄 일찍 생육을 개시하여 사초의 식생이 불량한 곳에서 군락을 형성한다.

2) 방제법

큰개불알풀은 월년생이며 종자로 번식하므로 꽃이 피기 전에 자주 예초하여 종자가 맺히지 않게 한다. 초지에서는 제초제를 생육이 왕성한 5~6월에 살포하며, 이 잡초가 많이 발생한 곳은 초지를 완전 갱신한다. 이 때 300평당 글라신액제 300m*l*나 그라목손 300m*l*를 큰개불알풀과 광엽초만 살초하고자 할 때는 반벨액제 100m*l*를 물 120*l*에 희석하여 살포한다.

18 질경이과

(1) 질경이(*Plantago asiatica*, Plantain)

1) 생태적 특성

질경이는 길가, 빈터, 초지 등에 자생하는 흔히 볼 수 있는 잡초이다. 이 잡초는 다소 높은 온도에서 잘 자라며 햇빛이 잘 들고 비옥하며 약산성이고 비교적 습한 토양에서도 잘 자란다. 질경이는 원줄기가 없이 많은 잎이 뿌리에서 나오며 초장은 15~30cm이고 6~8월에 꽃이 피는 다년생식물이며 종자로 번식한다. 이 풀은 주로 초지의 다소 습하고 자주 밟히는 곳에서 군락을 형성하고 생육이 왕성하여 조사료의 생산성이나 품질이 저하된다.

2) 방제법

질경이는 다소 습하고 자주 밟히는 곳에서 가는 뿌리가 깊이 들어가는 다년생이며, 종자로 번식하기 때문에 방제가 어렵다. 제초제는 생육이 왕성한 6~7월에 살포하며, 질경이가 많이 발생한 곳은 모든 풀을 죽이고 초지를 완전 갱신하는 것이 좋으며 이 때 300평당 글라신액제 400m*l*를 질경이만 살포하고자 할 때는 반벨액제 200m*l*를 물 120*l*에 희석하여 살포한다.

그림 2-34 질경이

19 국화과

(1) 개망초(*Erigeron annus*, Annual Fleabane)

1) 생태적 특성

북아메리카 원산지로서 월년생이며 초장은 50~100cm이고 꽃은 6~9월에 핀다. 이 잡초는 종자로 번식하며 건조함 곳보다는 약간 습한 곳에서 많이 발생한다. 그러나 과습한 조건에서는 전혀 발아하지 않는다. 발생은 9~10월경이며 월동하여 연중 생육하는 잡초로서 약간 긴조하고 척박한 토양에서 비교적 잘 자란다. 개망초는 주로관리가 부실한 초지에서 많이 발생하고 특히 사초가 죽은 빈 땅에 발생하는 잡초로서 인가나 경작지 근처에서 흔히 볼 수 있는 잡초이다.

그림 2-35 개망초

2) 방제법

개망초는 종자로 번식하는 월년생 잡초로서 꽃이 피기 전에 수시로 제거하는 것(예초 등)이 가장 좋은 방제법이지만 많이 발생하면 발생면적에 맞게 물리적 또는 화학적 방법을 이용하여야 한다. 제초제 살포시기는 생육최성기인 5~7월에 300평당 글라신액제 400ml 또는 반벨액제 200ml를 물 120l에 희석하여 살포한다. 그러나 화본과 사초를 살리고자 할 때는 글라신액제는 사용하지 않는다.

(2) 개쑥갓(*Senecio vulgaris*, Groundsel)

1) 생태적 특성

개쑥갓은 밭, 도로변, 초지 등에 자생하는 유럽 원산의 귀화 잡초이다. 이 잡초는 햇빛이 잘 들고 질소성분이 많고 비옥하며 수분이 적당한 토양에서 잘 자라는 풀로서 질소비료에 대한 지표(指標)식물이다. 초장은 10~30cm로서 5~8월에 꽃이 피는 일년생 또는 월년생 식물이고 종자로 번식한다. 이 풀은 주로 비옥하며 사초의 생육이 부진한 초지나 사료포에서 여름철 고온기에 번무하고 군락을 형성하여 사료의 생산성이나 품질을 저하시킨다.

그림 2-36 개쑥갓

2) 방제법

개쑥갓은 사료포와 초지에서 여름철 고온기 때 번무하여 작물에 피해를 주므로 사료포에서 옥수수 파종 후 3일 이내에 잡초종자 발아억제제를 살포한다. 이 때 300평당 사용량은 라소(알라)유제 200ml, 들손유제 300ml, 코달유제 300ml 가운데 한 약제를 물 120~150l에 희석하여 전면 살포한다. 초지에서는 생육이 왕성한 6~7월에 살포하며, 개쑥갓이 많이 발생한 곳은 초지를 완전 갱신한다. 이 때 300평당 글라신액제 30ml나 그라목손 300ml를 개쑥갓만 살포하고자 할 때는 반벨액제 100ml를 물 120l에 희석하여 살포한다.

(3) 돼지풀(*Ambrosia artemisiifolia*, Ragweed)

1) 생태적 특성

돼지풀은 북아메리카에서 귀화한 일년생잡초로서 햇빛이 잘 들고 건조하며 자갈이 섞인 모래흙에서 비옥도가 중정도 되는 중성 내지 약알칼리성 토양에서 잘 자란다. 잡초인 돼지풀은 초장이 100cm 내외이며 꽃은 8~9월에 피고 종자로서 번식한다. 이 풀은 작물이 잘 자라지 못하고 건조한 곳에서도 생육이 잘되면 종자가 많이 맺히고, 또 가축이 뜯지 않기 때문에 한번 발생하면 초지가 부실화됨은 물론 수량과 사료의 품질을 점차 하락시키는 악성잡초 중의 하나이다.

2) 방제법

돼지풀은은 비교적 건조한 초지에서 자라는데 사초가 잘 자랄 수 없는 곳에서도 생육하며 번식속도가 빠른 일년생 잡초이다. 이 잡초가 발생하면 자주 예초하여 종자가 맺히지 못하게 하여야 하지만 많은 면적에 발생하면 제초제를 살포한 후 보파 또는 갱신하는 것이 바람직하다. 제초제 살포시기는 생육최성기인 6~7월이 좋으며, 사초가 거의 없어 초지를 완전 갱신하고자 할 때는 300평당 글라신액제 300ml나 그라목손 300ml를 화본과 사초가 많이 있어 이것을 살리고 돼지풀과 기타 광엽초만 없애고자 할 때는 반벨액제 100ml를 물 120l에 희석하여 살포한다.

그림 2-37 돼지풀

(4) 망초(*Erigeron canadensis*, Canadian Fleabane)

1) 생태적 특성

논 · 밭둑이나 길가에서 흔히 볼 수 있는 북아메리카 원산의 귀화식물로서 월년생이며 초장은 50~150cm이고 꽃은 7~9월에 핀다. 이 잡초는 종자로 번식하며 1주당 종자수는 70~80만개 정도이고 종자가 가벼워 바람에 잘 날린다. 망초의 종자는 광조건 하에서 발아하며 가을에 발생하여 이듬해 봄에 줄기는 신장한다. 망초는 개망초와 같이 건조하고 척박한 토양에서 비교적 잘 자라며, 주로 관리가 부실한 초지에서 목초가 죽은 빈 땅에 개망초와 함께 발생한다.

그림 2-38 망초

2) 방제법

망초도 개망초와 같이 월년생 잡초로서 종자가 번식하므로 꽃이 피기 전에 자주 예초하거나 방목하여 제거하는 것이 바람직 하지만, 많이 발생하면 제초제를 살포한다. 제초제 살포시기는 생육최성기인 5~7월이 좋은데 망초 및 광엽잡초만 제거할 때는 300평당 반벨액제 200ml를 화본과 사초까지 모두 제거하고자 할 경우는 비선택성인 글라신액제 400ml를 물 120l에 희석하여 전면 살포한다.

(5) 서양민들레(*Taraxacum officinale*, Dandelion)

1) 생태적 특성

그림 2-39 서양민들레

길가, 공한지, 초지 등 우리나라의 어디서나 쉽게 볼 수 있는 민들레는 대개 서양민들레로서 유럽에서 귀화한 식물이다. 이 잡초는 수분이 적당하고 햇빛이 잘 드는 비옥한 초지에서 잘 자라며 특히 액상구비를 다량 준 곳에서 많이 발생한다. 따라서 이러한 곳의 지표(指標)식물로 알려져 있다. 서양민들레는 뿌리가 깊이 들어가 가뭄에 견디는 힘이 강하며 이른 봄에 생육이 시작된다. 10~40cm이고 꽃은 주로 4~5월에 피지만 가을까지도 계속 피는 다년생으로 종자로 번식하는 잡초이다.

2) 방제법

서양민들레는 잡초라고 하지만 가축이 즐겨 먹기 때문에 초지에 10% 이내로 골고루 퍼져 있으면 잡초로 취급하지 않는다. 그러나 군락을 이루어 생육할 때는 제거한다. 제초제의 살포 시기는 생육최성기인 5~6월에 좋으나 사초가 거의 없어 모두 죽이고 초지를 완전 갱신하고자 할 때는 300평당 글라신액제 400m*l*를 화본과 사초가 많이 있어 이것을 살라고 서양민들레와 광엽초만 없애고자 할 때는 반벨액제 400m*l*를 물 120*l*에 희석하여 살포한다.

(6) 쑥(*Artemisia princeps*, Mugwort)

1) 생태적 특성

그림 2-40 쑥

쑥은 밭, 길가, 공한지, 초지 등 우리나라의 어디서나 쉽게 볼 수 있는 잡초로서 햇빛이 잘 들고 수분이 적당한 비교적 비옥한 토양에서 생육이 왕성한 다년생 식물이다. 이 잡초는 주로 이른 봄에 생육이 시작되며 초장은 60~120cm이고 꽃은 7~9월에 피며 종자가 지하경으로 번식하므로 군락을 형성하며 생육한다. 그러므로 초지에 발생되면 단기간에 우점하여 초지를 부실화시켜 사초의 수량이나 품질을 저하시키는 원인이 된다.

2) 방제법

쑥은 다년생잡초로서 종자와 지하경으로 번식하므로 초지에 한 번 발생하면 물리적 방제가 어렵다. 특히 초지조성이나 갱신할 때 경운에 의해 뿌리가 절단되면 잘린 뿌리가 다시 독립개체가 되어 포장 전역에 퍼진다. 따라서 쑥은 제초제로 방제하여야 하며 처리시기는 5~6월이 좋다. 화본과 사초가 거의 없어 초지를 완전 갱신하고자 할 때는 300평당 글라신액제 40m*l*를 화본과 사초가 많이 있어 이것을 살리고 쑥과 광엽초만 없애고자 할 때는 반벨액제 400m*l*를 물 120*l*에 희석하여 살포한다.

자료 : 박병훈, 박근제, 김영진(농림수산부 농촌진흥청 축산시험장),
1994년 8월 초지잡초방제 핸드북에서 발췌

주요 잔디초종류의 원색도감

1. Creeping Bentgrass

① 초형 : 한지(寒地, Cool Season Grass)형 잔디

② 학명 : *Agrostis palustris*

③ 생육특성 : 서늘한 기후에 잘 적응하면서 자라고 골프장(Golf Course)의 putting greens, 스포츠용 잔디(Lawn Bowling) 등으로 이용되고 있으나 아주 낮게 예초하여야 한다. 특히 아주 낮게 예초하는 것이 요구되며 넓은 Thatch층 layer을 형성하며 차라리 자생하는 특성을 갖는다. 그러나 모든 Bentgrass와 같이 Breepong bentgrass는 각종 병에 감염되기 쉬운 것이 단점이다.

그림 3-1 Creeping Bentgrass

④ 내음성(Shade Tolerance) : 약간 내음성(耐陰性)은 있지만 강한 광조건이 가장 좋다.

⑤ 수분요구도(Water Needs) : 수분요구는 높고, 가뭄에 대한 내성(drought tolerance)은 약하다.

⑥ 비료요구도(Fertilizer Needs) : 비료요구는 중간이상 수준이며, 최고의 양질의 잔디생산을 하기 위해서 생육시기별로 1,000 square당 질소는 0.5~1.0 pound를 요구하고 있다.

⑦ 피복도(Wearability) : 양호한 편

⑧ 예초고(Mowing Height) : 1/4~1 inch 사이로 낮게 예초하도록 하여야 한다.

⑨ 주요품종(Cultivars) : 'Penncross' 는 매우 빠르게 정착(Establishment)

2. Kentucky Bluegrass

① 초형 : 한지형 잔디(Cool Season Grass)

② 학명 : *Poa paatensis*

③ 생육특성 : 환경적응도가 좋은 편이며 육종 개량된형은 leaf spot, stripe smut, summer patch와 같은 질병에 대한 내병성(耐病性)이 강하다. 일반형의 품종은 여름철 고온의 피해(summer heat)를 입고 너무 낮게 예초해도 피해를 입는다. 특히 개량형의 품종은 더 많

은 비료와 Dethatching을 요구하고 있다. 종자의 값이 싼 것이 특징이다.

④ 내음성(Shade Tolerance) : 매우 다양한 편이며, 몇 종의 개량된 품종이 있다.

⑤ 수분요구도(Water Needs) : 중간 이상(Medium to High)

⑥ 비료요구도(Fertilizer Needs) : 생육기간 중 월 1,000 square당 질소요구량은 0.4~0.8 1b를 필요로 하지만 개량도니 몇 품종에서는 0.25 1b를 요구한다.

⑦ 피복도(Wearability) : 매우 다양한 변이를 갖고 있음

그림 3-2 Kentucky Bluegrass

⑧ 예초고(Mowing Height) : 1.5~3 inches 정도 이지만 여름에는 더 높게 예초할 것

⑨ 주요품종(Cultivars) : Challenger, Cheri, Columbia, Eclipse, Fylking, Glade, Merit외 십여종

3. Rough Blue Grass

① 초형 : 한지형 잔디(Cool Season Grass)

② 학명 : *Poa trivialis*

③ 생육특성 : 습하고 그늘진 지역 특히 내음성이 아주 강한 편이지만, 얕은 근계(Shallow Root System)로 인해 가뭄에 대한 내성(tolerate drought)은 매우 약하다. 특히 화창한 지역에서 Kentucky bluegrass와 Perennial ryegrass에 좋지 않은 영향을 비친다.

④ 예초고(Mowing Height) : 1~2inches 최적의 적응지역(Best adapted) 미국 북부의 습하고 그늘진 지역

⑤ 주요품종(Cultivars) : Sabre Cott 등

그림 3-3 Rough Bluegrass

4. Chewings Fescue

① 초형 : 한지형 잔디(cool season grass)

② 학명 : *Festuca ruber* var. *Commutata*

③ 생육특성 : 서늘하고 기후에서 낮게 예초하는 것에 잘 견디는 특성이 있으며, 주로 Kentucky bluegrass와 혼파(Mixtures, Blends)하여 이용한다.

④ 예초고(Mowing Height) : 1~2.5inches 정도 예초

⑤ 최적의 적응지역(Best Adapted) : 미국 북서부의 해안 또는 높은 고지와 같이 여름에 서늘한 곳에 널리 분포되어 있으며, 특히 큰 호수가 있는 지역을 좋아한다.

⑥ 주요품종(Cultivars) : Banner, Boreal Cascade Highlight

그림 3-4 Chewings Fescue

5. Hard Fescue

① 초형 : 한지형 잔디(Cool Season Grass)

② 학명 : *Festuca ovina* var. *duriuscula*

③ 생육특성 : 최고 개량된 품종은 더위(heat), 가뭄과 Leaf spot, Anthracnose, Red thread 및 dollar spot 등의 병해에 더 잘 견디는 성질이 있으며 그늘에 대한 적응력(Shade Adaption)도 좋은 편이다.

④ 내음성(Shade Tolerance) : 배수가 잘 되는 토양(Well Drained Soils)에서 내음성이 좋다.

⑤ 예초고(Mowing Height) : 1~1.5 inches

⑥ 최적의 적응지역(Best Adapted) : 미국내 여름의 밤 시간대 온도가 온화한 지역에 분포

⑦ 주요품종(Cultivars) : Aurora, C−26, Reliant, Scaldis, Waldina

그림 3-5 Hard Fescue

6. Creeping Red Fescue

① 초형 : 한지형 잔디(Cool Season Grass)

② 학명 : *Festuca rubra.*

③ 생육특성 : 종종 Bluegrass와 혼파 이용되어 몇몇 Bluegrass가 할 수 없는 일, 즉 그늘에

나 가뭄에 건조한 토양에서 잘 자란다. 산성토양에서 잘 견디는 편이도, 조직 구성이 좋고(Fine Texture) 짙은 녹색을 띠는 것이 특징이다. 무더운 기후, 특히 습하고 비료를 잘 준 비옥한 토양(Fertile Soil)에서 여름 질병들이 잘 감염되기도 한다.

④ 내음성(Shade Tolerance) : 건조하고 그늘진 곳에서 잘 적응하는 잔디초종의 하나이다.

⑤ 수분요구도(Water Needs) : 가뭄에 대한 내성이 좋은 편이다.

⑥ 예초고(Mowing Height) : 1.5~2.5 inches 정도 예초하며, 정착 후에 재초지로 보도록 예초를 하지 않고 남겨둘 수도 있다.

그림 3-6 Creeping Red Fescue

⑦ 최적의 적응지역(Best Adapted) : 미국 북서부의 해안 또는 높은 고지와 같이 여름에 서늘한 곳에 널리 분포되어 있으며, 특히 큰 호수가 있는 지역이 좋다.

⑧ 주요품종(Cultivars) : Boral, Ensylva, Flyer, Fortress, Ruby 등

7. Tall Fescue

① 초형 : 한지형 잔디(Cool Season Grass)

② 학명 : *Festuca arundinacea*.

③ 생육특성 : 생육이 양호하지만 스포츠용 잔디초지에는 다소 거칠다. 그러나 각종 질병과 충해에 대한 저항성은 좋다. 특히 거의 연 중 녹색을 유지하고 있지만 조악한 편(Coarse Texture)이고, 덤불(Clump)을 형성하는 경향이 있어 혼파이용시 이 초종은 우점종으로 남겨진다.

④ 수분요구도(Water Needs) : 관수를 토양 깊이 10~12 inches까지 주지 않아도 가뭄에 대한 내성이 매우 좋은 편이다.

그림 3-7 Tall Fescue

⑤ 피복도(Wearability) : 생육이 빠른 봄과 가을에는 좋으나 여름에 그다지 좋지 않다.

⑥ 예초고(Mowing Height) : 보통 2~3 inches 보다 높은 편

⑦ 최적의 적응지역(Best adapted) : 한지형 잔디 중의 하나로, 특히 고온에 강한 초종이며 기온변화가 심한 지역에 적합하다.

⑧ 주요품종(Cultivars) : Adventure, Alta, Apache, Bonanza, Falcon, Fawn, Kentucky 31, Olympic 등

8. Annual Ryegrass, Italian Ryegrass

① 초형 : 한지형 잔디(Cool Season Grass)

② 학명 : *Lolium multiflorum*

③ 생육특성 : 발아와 정착이 빠르기 때문에 단작 및 간작 등 일시적인 초지에 이용한다. 특히 추위와 더위에 약한 것이 단점이다. 몇몇 Perennial Ryegrass 종자는 잡초덤불에서 잘 자라는 Annual Ryegrass와 보편적으로 이용되고 있다. 이 영구잔디초지(Permanent lawns) 이용에는 추천할 수가 없고 단지 1년생으로 이용된다.

그림 3-8 Annual Ryegrass, Italian Ryegrass

④ 예초고(Mowing Height) : 1.5~2 inches

⑤ 수분요구도(Water Needs) : 높은 편

⑥ 피복도(Wearability) : 중간정도

⑦ 최적의 적응지역(Best adapted) : Perennial ryegrass와 유사한 지역

⑧ 주요품종(Cultivars) : 현재까지 별로 없음

9. Turf Type Perennial Ryegrass

① 초형 : 한지형 잔디(Cool Season Grass)

② 학명 : *Lolium Perenne*

③ 생육특성 : 종자발아(Seed Germination)와 정착이 빠르고 Kentucky bluegrass와 fire fescues와 혼파 이용이 적합하다. 보통의 common perennial ryegrass보다 더 나은 지속성을 갖는 특성이 있다. 특히 고온과 추위에 대한 내성이 개선되었을 뿐만 아니라, 거친 운동경기장 이용에 적합하다. 그러나 아주 추운 기후에서는 겨울 동사(winter kill)의 피해를 받는다. 종자 혼파시 파종량을 20% 정도 더 혼파하게 되면 다른 화분과 잔디초종들의 정착을 어렵게 할 수 있다.

④ 수분요구도(Water Needs) : 높음

⑤ 피복도(Wearability) : 아주 좋은 편
⑥ 예초고(Mowing Height) : 1~2 inches
⑦ 최적의 적응지역(Best Adapted) : 온화한 지역과 서늘하고 습기 찬 여름의 해변지역
⑧ 주요품종(Cultivars) : All star, Birdie II, Blazer, Cowboy, Derby, Manhatlan II 등

그림 3-9 Turf Type Perennial Ryegrass

10. Common Bermudagrass

① 초형 : 난지(暖地, Warm Season Grass)형 잔디
② 학명 : *Cynodon dactylon*
③ 생육특성 : 더위를 좋아하고 토양의 적응력이 좋아 대부분의 토양에서 잘 자란다. 난지형 잔디류 중 가장 넓게 이용되고 있다. 초지유지가 쉬운 편으로 관리만 잘 하게 되면 매우 좋은 잔디초지(good lawn)를 형성할 수 있다. 내음성이 약한 편이고, 가을에서 봄이 될 때까지 종종 황갈색으로 변색되기도 한다.
④ 수분요구도(Water Needs) : 높음
⑤ 피복도(Wearability) : 아주 뛰어난 편임
⑥ 예초고(Mowing Height) : 0.75~1.5 inches 정도

그림 3-10 Common Bermudagrass

⑦ 최적의 적응지역(Best Adapted) : 미국내 남서부의 좀 낮은 고지들 도부의 Moryland Floride 지역, Kansas, Oklahoma와 Texas의 서부지역 등에 분포
⑧ 주요품종(Cultivars) : Common, Arizona Common 등

11. Improved Bermudagrass

① 초형 : 난지형 잔디(Warm Season Grass)

② 학명 : *Cynodon species*

③ 생육특성 : 대부분이 Commn Bermuda Grass와 유사하지만, 더 부드럽고 더 빽빽히 밀집되며 섬세한 조직을 갖고 있다. 한편 대체적으로 휴면기간이 더 짧은 것이 특징이다. 특히 Common Bermudagrass와 비교해 보면 더 많은 양의 물과 비료 및 예초를 필요로 한다. 한편 정규적인 thatch 조절을 요구한다.

④ 내음성(Shade Tolerance) : 극히 약한 편

⑤ 피복도(Wearability) : 매우 강한 편

⑥ 예초고(Mowing Height) : 0.5~1 inches

그림 3-11 Improved Bermudagrass

⑦ 최적의 적응지역(Best Adapted) : 미국내 남부와 남서부, Long island 남부에서부터 Raleigh까지 동부해안 및 Kensas 중봉서 북서부

⑧ 주요품종(Cultivars) : Midiron, Midway, Ormond, Texturf 10, Tifdwarf, Tifgreen 등

12. Centipedegrass

① 초형 : 난지형 잔디(Warm Season Grass)

② 학명 : *Eremochloa ophiuroides*

③ 생육특성 : 일반적으로 잔디를 위한 초종으로 토양적응력 대체적으로 좋은 편이다. 대부분의 화본과 잔디초종보다도 예초를 덜 필요로 한다. Chinch bugs와 rhizoctonia에 대한 저항성이 높은 편이고 주로 St. Augustine grass 대신에 이용되고 있다. 조악한 조직(Chlorosis) 현상도 나타나며, 특히 낮은 온도에는 매우 민감하고 질소 과용시비시 Thatch층을 많이 형성하는 특징이 있다.

그림 3-12 Centipedegrass

④ 수분요구도(Water Needs) : 얕은 근계(Shallow Root System)로 가뭄에 매우 민감하다.

⑤ 피복도(Wearability) : 아주 좋지 못한 편이며 피해를 입게 되면 재피복 되는 것이 매우 느

리다.

⑥ 예초고(Mowing Height) : 1~2 inches

⑦ 최적의 적응지역(Best Adapted) : 미국의 남부지역, 북부는 Alabama와 Raleigh 북부, Carolina 북부 등지

⑧ 주요품종(Cultivars) : Centiseed(seed), Oklawn과 Centennial(sprigs)

13. Bahiagrass

① 초형 : 난지형 잔디(Warm Season Grass)

② 학명 : *Paspalum notatum*

③ 생육특성 : 폭 넓게 근계(Externsive Root System)은 토양침식 조절과 가뭄에 대한 내성에 대해 매우 가치가 있다. 간혹 황백화(Chorosis)현상을 초래하고 Dollar spot의 병과 땅강아지(Mole Crickets) 등이 문제시 된다.

④ 수분요구도(Water Needs) : 가뭄에 대한 저항성은 좋지만, 강우량이 많은 지역에서는 아주 잘 잔디초지가 형성되며 특히 계절에 따라 그 생육속성을 달리 할 수 있다.

그림 3-13 Bahiagrass

⑤ 피복도(Wearability) : 양호한 편

⑥ 예초고(Mowing Height) : 2~3 inches 사이로 대체적으로 높은 편

⑦ 최적의 적응지역(Best Adapted) : 비옥하지 않은 토양(Infertile)과 사토(Sandy Soils) 특히 미국 내 동부 Texas에서 북부 Carolina의 중심부 및 Florida 지역

⑧ 주요품종(Cultivars) : Argentine, Pensacola 등

14. Augustine grass

① 초형 : 난지형 잔디(Warm Season Grass)

② 학명 : *Stenotaphrum secundatum*

③ 생육특성 : 강건(rotust)하고 생육이 빠르며, 내음성이 강하고 염토(Salty Soil)에 대한 내성이 있다. 잔디초지의 해충인 Chinch bugs(긴노린재)의 피해를 상당히 줄일 수 있고, SAD viruse에 대한 감염을 감소시킬 수 있다. 한편 좋지 못한 Thatch 형성하는 경향이 있다.

④ 내음성(Shade Tolerance) : 가장 강한 난지형 잔디 중의 하나이다.

⑤ 수분요구도(Water Needs) : 높은 편

⑥ 피복도(Wearability) : 낮은 편

⑦ 예초고(Mowing Height) : 2~3 inches, 예초 높이가 너무 낮으면 잡초발생이 많으며 너무 높게 되면 thatch층이 빠르게 형성된다.

⑧ 최적의 적응지역(Best Adapted) : 미국내 나무 California, Hawaii, 남서부의 온화한 지역과 Gulf 해안지역, 토양은 중성에서 알칼리성 토양을 좋아한다.

⑨ 주요품종(Cultivars) : Bitter Blue, Floratam 등

그림 3-14 Augustine grass

15. Zoysia grass

① 초형 : 난지형 잔디(Warm Season Grass)

② 학명 : *Zoysia species*

③ 생육특성 : 빽빽한 밀도를 형성하고 섬세한 조직을 갖은 잔디초종으로 잡초에 대한 저항성이 있다. 특히 고온과 가뭄에 대한 내성이 좋을 뿐만 아니라 각종 병해와 충해의 피해가 적은 편이다. 그러나 정착(Establishment)이 매우 느리고 여름이 짧거나 서늘한 곳에서는 번성하지 못한다. 한편 잎이 너무 길게 되면 거친 엽신(Blade)은 예초에 강해지며 질소를 다량시비 하게 되면 Thatch를 형성하는 경향이 짙다.

그림 3-15 Zoysia grass

④ 내음성(Shade Tolerance) : 일반적으로 그늘에서 생육이 느린 편이지만 Bermuda Grass 보다 더 좋은 경향을 보인다.

⑤ 수분요구도(Water Needs) : 중간보다 낮은 요구도를 갖음

⑥ 피복도(Wearability) : 매우 양호한 편

⑦ 최적의 적응지역(Best Adapted) : 미국내 남부 전지역

⑧ 주요품종(Cultivars) : Meyer, Z. 52, El Toro 및 Belair Z. tenuifolia은 추위에 대한 내성은

약한 편이지만 가장 섬세한 조직(The firest textured)을 보이다. Emerald(Z. japonica Z. temuifolia)는 매우 높게 평가될 수 있는 잡종강제(Hiybrid)된 품종이다. 한편 Z. matrella는 비록 육종개량된 변종은 아니지만 널리 이용되고 있다.

찾아보기

P

R

S

T

U

V

W

ㄱ

ㄴ

ㄷ

ㅂ

ㅇ

ㅈ

ㅊ

ㅋ

ㅎ

저자약력

● 김형기

• simon0037@naver.com

• 010-8986-6485/02-453-3730

• 서울특별시 광진구 군자동 출생
• 건국대학교 축산대학 낙농학과(장학생 및 낙농학회장) 졸업
• 건국대학교 대학원 낙농학과 석사 수료
• 스위스 정부초청 국비전액장학생으로 국립대학원 박사과정 수료(초지이용학)
(Eidgenoessische Technische Hochschule E.T.H Zuerich)
• 스위스 국립초지연구소 연구원 역임(E.T.H. Zuerich, Institut fuer Pflanzenbau)
• 건국대학교 대학원 농학박사 취득(초지학 전공)
박사학위논문 : 『韓國 잔디(Zoysia japonica Steud) 의 生理.生態學的인 硏究』 (1987.8) Physiological and Ecological Studies of Korean Lawn, Zoysia japonica Steud.
• 저서 : ① 잔디학(선진문화사, 1991, 초판, 2001. 2쇄 발행, 김형기) ② 초식동물 사료자원학(세진사, 1995)
③ 최신 축산학 개론(선진문화사, 1994) (맹원재 · 정길생 외 공동저서 3편)
• 논문 : 한국의 혼파초지 개량에 관한 연구 외 수십편
• 한국방송통신대학교 서울제1지역대학 법학과 졸업. 논문제목 : 『살인제도의 존폐에 대한 검토』

▶ 저자 주요 경력 :

• 건국대학교 축산대학 유가공실습장(=건국우유) 공장장 및 유가공조교 역임
• 한국야쿠르트.비락(주) 생산 · 관리과장 역임
• 삼육농업전문대학 및 삼육대학 : 낙농학과장 및 교수 역임
• 건국대학교 축산대학 종합실습장 및 목장 지도교수 역임
• 한국잔디학회 제 초대 · 2 · 3대 총무이사 역임
• 건국대학교 축산대학 사료영양학과장 및 교수 역임
• 건국대학교 농축대학원 최고경영자과정 주임지도교수 역임

▶ 사회봉사활동 및 주요 상훈:

• 대한예수교장로회 충현교회(강남구 역삼동內) 성경다독상(장년부) 수상(2000. 12. 31)
• 한국자유총연맹 서울특별시 강남구 삼성1동 지도위원회 지도위원장(2005-2008) 역임
• 서울특별시 강남구 노인복지관 사회봉사활동(2007) • 충남 태안 기름제거 사회봉사활동(2008)
• 서울특별시 강남구구청장 표창패(2006. 12. 21)
• 서울특별시 강남경찰서장 감사장(2007. 12. 28)

현재 : 1. 행복(幸福)한 가정(家庭)가꾸기운동 본부 산하 결혼주례협회 상임위원 www.njure.com
2. 건국대학교 농축대학원 골프장 잔디초지 전공 학위 논문 지도교수
3. 축복(祝福)넘치는 행복한 가정가꾸기 국제연합협회 총회장 blog.daum.net/simon0037
4. 대한예수교 장로회 주님의 교회(정신여중 · 고內) 호산나 찬양대원 · 고등부 신입반교사

저자약력

● **이상재**

- leesjgolf@hanmail.net
- 011-769-3811/02-486-2709

- 경남 고성군 상리면 출생
- 성균관대학교 대학원 조경학과, 조경학 박사 취득
- Newzealand Green Keeper Association 골프장 시공 · 관리기법 이수
- U.S.A Robert Trent Jones Jr. 골프장 설계 · 시공 · 관리기법 이수
- Japan Taki & Suna Golf Enterprise 시공감리 및 관리 컨설팅 이수
- 쌍용그룹 용평리조트 골프장 3개소 설계 · 시공 · 관리 Project manager 역임
- LG그룹 곤지암 골프장 기술 및 관리부장 역임
- 용평리조트 신규개발 및 기존 골프코스 기술고문 역임
- Korea G.C 건설 및 관리 본부장 역임
- Bangladesh KEPZ G.C 설계 수행
- Vietnam Phoenix G.C 감리 및 컨설팅 수행
- Phillipine Battan Golf Resort 설계 컨설팅 수행
- 한국내 골프장 30여개소 정기 지도, 감리 및 컨설팅 수행
- 한국조경학회장 조경학과 최우수 졸업상 수상
- 한국잔디학회장 최우수 논문상 수상외 논문 수십편 발표
- 한국과학기술 총연합회장 골프장분야 최우수 논문상 수상
- 주요저서 : 골프코스 설계 · 시공 · 관리 및 경영외 8권
- 한국잔디학회 11대회장 역임
- 현재 한국 조경학회 이사
- 현재 한국 10대코스 선정위원
- 현재 한국잔디학회 고문
- 현재 한국 그린키퍼협회 고문
- 현재 한국내 다수 골프장 설계 및 감리, 자문 중
- 현재 환경부 골프장 녹색경영 포럼 위원
- 현재 용인대, 아주대, 광운대, 한국생산성 본부등 골프장 C.E.O 과정외 교육
- 현재 건국대학교 농축대학원 골프장 · 잔디전공 겸임교수
- 현재 "이상재 골프장 컨설팅" 대표

"환경을 생각하며 자연을 사랑하는 젊은 사람들이 있습니다.
철학이 있는 Design을 통해 아름다운 자연을 담아보려 합니다."
(주)지앤디인크
Golf Course Design & Development
주소 : 서울특별시 강동구 성내동 452-3
TEL : (02) 486-2709 · FAX : (02) 479-2842
http://www.golfcoursedesign.co.kr
E-mail : gndinc@empal.com
CLUB HOUSE

www.sportsturf.co.kr
한울스포츠잔디
토털잔디 전문업체 www.sportsturf.co.kr
부설 잔디과학연구소
TEL. 055-934-0145

훼손된 경관을 자연상태로 재생시키는 친환경 녹화공법
조경식재,토목,철콘,포장업 등 11종면허를 보유한 전문시공업체
ERS녹화공법, TR-Spray공법, SCATTER공법, 코아+Seed
ISO 9001, 특허 제40-0739926호,특허 제10-0826679호
상 일 토 건 주 식 회 사
TEL 02)3462-1641, FAX 02)3462-8580

www.골프장잔디.kr
고 품격의 골프장 건설, 덕창이 함께 합니다.
■켄터키블루그라스, 크리핑벤트그라스
SOD QUALITY
고 품질의 종자로 우수한 잔디밭 조성!
고 품격의 골프장 건설!
최고의 잔디밭을 선사해 드립니다.
■Green & Fairway용 MU완효성 복합 비료
■잔디착색제 – Yard Green
YardGreen
주식회사 덕창
DUCKCHANG CO.,LTD.
경기도 성남시 분당구 궁내동 203-15(덕창빌딩)
TEL:(02)586-2351(代), FAX:(02)582-9763
http://www.골프장잔디.kr

온 ONTER
Landscape Architecture
미래의 환경문화를 이끌어가는
대표기업!
온터E&C 주식회사
조경공사. 토목공사업
조경 설계 및 시공
환경디자인설계 및 컨설팅
기술서비스
계열사
주식회사 에코랜드
온누리L&C 주식회사
본 사 : 인천 광역시 부평구 청천동 440-4 남광 센트렉스 914호 TEL.032-363-3560 FAX.032-363-3563
서울지사 : 서울시 강서구 화곡4동 797-1 금화프라자 2층 TEL.02-795-0002 FAX.02-795-1305

잔디학과 골프장

2010년 3월 15일 초판 1쇄 발행 값 90,000원

저　　자 김형기 · 이상재 공저

발 행 자 양　　희　　돌

인 쇄 처 천　광　문　화　사

경기도 고양시 일산서구 덕이동 408-4

發行處 先 進 文 化 社

〈등록 제410-2005-000040호〉

ISBN 978-89-7392-258-1 92520

 ☏ (031)925-8237 · 8238, FAX 925-8239